Ergänzende Unterlagen zum Buch bieten wir Ihnen unter **www.schaeffer-poeschel.de/webcode** zum Download an.
Für den Zugriff auf die Daten verwenden Sie bitte Ihre E-Mail-Adresse und Ihren persönlichen Webcode. Bitte achten Sie bei der Eingabe des Webcodes auf eine korrekte Groß- und Kleinschreibung.

Ihr persönlicher Webcode: 3119-r9CZT

SCHÄFFER
POESCHEL

Friedrich von Collrepp

Handbuch Existenzgründung

Sicher in die dauerhaft erfolgreiche Selbstständigkeit

6., erweiterte und aktualisierte Auflage

2011
Schäffer-Poeschel Verlag Stuttgart

Bibliografische Information der Deutschen Nationalbibliothek

Die Deutsche Nationalbibliothek verzeichnet diese Publikation in der Deutschen Nationalbibliografie; detaillierte bibliografische Daten sind im Internet über <http://dnb.d-nb.de> abrufbar.

Gedruckt auf chlorfrei gebleichtem, säurefreiem und alterungsbeständigem Papier

ISBN 978-3-7910-3119-4

© 2011 Schäffer-Poeschel Verlag für Wirtschaft · Steuern · Recht GmbH
www.schaeffer-poeschel.de
info@schaeffer-poeschel.de

Einbandgestaltung: Willy Löffelhardt
Satz: Johanna Boy, Brennberg
Druck und Bindung: Kösel, Krugzell · www.koeselbuch.de
Printed in Germany
August 2011

Schäffer-Poeschel Verlag Stuttgart
Ein Tochterunternehmen der Verlagsgruppe Handelsblatt

Vorwort zur 6. Auflage

Mit der 6. Auflage liegt das **Handbuch Existenzgründung** in erweiterter, überarbeiteter und aktualisierter Form vor. Der bewährte Aufbau des Handbuchs, der den Leser mit Hilfe von übersichtlichen Leitplänen von der Geschäftsidee zur Betriebs-/Geschäftsaufnahme durch die einzelnen Stufen der Existenzgründung führt, ist beibehalten worden. Mit dem Anspruch als Top-Gründungsratgeber zeichnet es sich somit weiterhin durch eine besonders umfassende und praxisorientierte Auseinandersetzung mit dem Thema Existenzgründung und einen besonders benutzerfreundlichen Aufbau aus.

Überarbeitet und aktualisiert wurde das **Handbuch Existenzgründung** u. a. bei den Themen Förderprogramme zur Gründungsfinanzierung, Gründung aus der Arbeitslosigkeit (Gründungszuschuss, Einstiegsgeld), Franchisegründung, wirtschaftsrechtliche Vorschriften (HGB, GmbHG, AktG, Handwerksordnung, Gesetz gegen den unlauteren Wettbewerb), Bedingungen für die soziale Absicherung der Existenzgründer (Krankenversicherung, Rentenversicherung, Arbeitslosenversicherung für Selbstständige, Unfallversicherung, Altersversorgung), arbeits-, sozial- und steuerrechtliche Vorschriften bei der Beschäftigung von Arbeitnehmern, Rechnungswesen (steuerliche Anerkennung von Betriebsausgaben, Abschreibungen, Einnahmen-Überschussrechnung) und Steuerrecht (Gewerbesteuer, Umsatzsteuer, Abgabenordnung).

Erweitert wurde das **Handbuch Existenzgründung** bei den Themen Informationsangebot der EU-Beratungsstellen, Informationsangebot (Außenhandelsinformationen) der Germany Trade & Invest, Förderung von Existenzgründungsberatungen durch die Bundesländer, Unternehmergesellschaft (haftungsbeschränkt), gesetzliche Unfallversicherung (Berufsgenossenschaften), Künstlersozialversicherung und Handelsregisteranmeldung.

Das **Handbuch Existenzgründung** gibt einen aktuellen Überblick über die wichtigsten Förderprogramme des Bundes und der Länder für Existenzgründer. Nur wer weiß, welche Fördermöglichkeiten für sein individuelles Vorhaben in Frage kommen, kann sie auch optimal in Anspruch nehmen.

Es existiert ein Netz von Behörden, Institutionen und Organisationen, die Existenzgründer mit Informationen, Hilfestellungen und Beratungen unterstützen. Das Adressenverzeichnis im **Handbuch Existenzgründung** umfasst diesbezüglich über 500 Adressen, meist mit Internet- und E-Mail-Adressen. Dies liefert einen wertvollen Beitrag für eine schnelle Informationsversorgung, denn inzwischen informieren die meisten Behörden, Institutionen und Organisationen, wie z. B. Wirtschaftsministerien, öffentlichen Finanzierungsgesellschaften, Wirtschaftsförderungsgesellschaften, Kammern, Bürgschaftsbanken, Beteiligungsgesellschaften und Gründungsinitiativen per Internet rund um die Uhr.

Das **Handbuch Existenzgründung** liefert nicht nur Informationen für den Existenzgründer, es eignet sich auch als Nachschlagewerk für Unternehmer, insbesondere für Jungunternehmer während der Aufbauphase u. a. bei den Themen

Businessplan (Geschäftsplan), Finanzplan (Investitionsplan, Kapitalbedarfsplan, Rentabilitätsrechnung, Liquiditätsplan), Gewerberecht (z. B. Gewerbeordnung, Handwerksordnung, Gaststättengesetz), Wachstumsfinanzierung, Fördermittel, Bonität, Rechnungswesen, Controlling, Steuern, Schutz des geistigen Eigentums (Patente, Gebrauchsmuster, Geschmacksmuster, Markenschutz), Marketing, Einstellung von Mitarbeitern (Arbeitsrecht) u. v. m.

Rahmenbedingungen wie Rechtsgrundlagen der Existenzgründung und Förderprogramme unterliegen einem schnellen Wandel. Das **Handbuch Existenzgründung** wird deshalb durch einen Download-Bereich auf der Webseite **www.schaeffer-poeschel.de/webcode** ergänzt. Dort finden die Leser laufend aktualisierte Informationen über neue Förderprogramme und wichtige gesetzliche Neuregelungen. Außerdem stehen in diesem Download-Bereich weitere praktische Arbeitshilfen zur Verfügung:

- ein umfassendes Excel-Tool für die eigene Finanzplanung,
- Musterverträge in Word, die übernommen und / oder auf die individuelle Existenzgründungssituation angepasst werden können,
- Checklisten und Tabellen die Überblick verschaffen und Existenzgründer dabei unterstützen, dass nichts Wesentliches vergessen wird sowie
- alle Abbildungen aus dem Buch zum Ausdrucken für die eigenen Unterlagen.

Verlag und Autor sind weiterhin stets dankbar für Anregungen und Kritik aus dem Leserkreis und wünschen viel Erfolg für das Gründungsvorhaben. Der Autor freut sich auf jeden Besuch auf seiner Webseite.

Berlin, im Sommer 2011   Friedrich von Collrepp
                                                www.von-collrepp.de
                                                info@von-collrepp.de

Vorwort zur 1. Auflage

Das Thema Existenzgründung war noch nie so aktuell wie heute. Immer mehr Menschen streben in die berufliche Selbstständigkeit. Die Gründe sind vielfältiger Natur. Meistens ist es der Wunsch nach Unabhängigkeit und Selbstverwirklichung. Es wächst eine Generation von Gründern heran, die den Erfolg mit einem eigenen Unternehmen suchen. Die Existenzgründung geschieht aber nicht selten auch aus der Not heraus, wenn die Arbeitssituation unbefriedigend ist oder aufgrund von Arbeitslosigkeit.

Existenzgründer schaffen Arbeitsplätze. Das haben inzwischen auch unsere Politiker erkannt, sodass den Existenzgründern soviel Aufmerksamkeit und Wohlwollen wie noch nie zuvor zuteil wird. Um Existenzgründungen finanziell zu unterstützen, stellen Bund, Länder und Europäische Union eine Vielzahl von Förderprogrammen zur Verfügung. Zur Vorbereitung der Existenzgründung hat sich die Förderung der Existenzgründungsberatung als ein nützliches Instrument sehr bewährt.

Die Chancen und Risiken einer selbstständigen Existenz liegen dicht beieinander. Unter den vielen hoffnungsvollen Menschen, die jährlich ihre beruflichen Vorstellungen über die Selbstständigkeit verwirklichen, sind nicht wenige, die früher oder später scheitern. Die häufigsten Gründe für ein Scheitern sind Informationsdefizite und Finanzierungsmängel.

Die Erfahrung zeigt, dass eine gute Geschäftsidee allein noch keine Erfolgsgarantie darstellt. Aus der Idee, so gut sie auch sein mag, muss ein individuelles Gründungskonzept entwickelt werden, das die Möglichkeit einer realistischen Einschätzung für den Markteintritt zulässt. Denn nur derjenige wird Erfolg haben, der sich mit seiner Existenzgründung gründlich und ernsthaft auseinander setzt. Bei einem schlüssigen Konzept darf es dann auch keine Schwierigkeiten bereiten, das noch fehlende Kapital aufzutreiben.

Das **Handbuch Existenzgründung** hat den Anspruch, wesentliche Hilfestellung für eine erfolgreiche Existenzgründung zu leisten. Es soll als Ratgeber und Nachschlagewerk zweckdienliche Informationen zur Planung der Existenzgründung liefern und auf die gesetzlichen Rahmenbedingungen aufmerksam machen, die dem zukünftigen Unternehmer vorgegeben sind. Darüber hinaus soll das **Handbuch Existenzgründung** die Entscheidung zur Existenzgründung erleichtern und Mut machen, den Einstieg in die berufliche Selbstständigkeit selbstbewusst zu wagen.

Das **Handbuch Existenzgründung** enthält übersichtliche Leitpläne, die den Existenzgründer an einem roten Faden entlang von der Geschäftsidee bis zur Betriebs- bzw. Geschäftsaufnahme führen. Es ist erforderlich, dass alle auf diesem Weg liegenden Schritte sorgfältig geplant werden. Die entsprechenden Themen sind kompakt mit vielen Tabellen und Abbildungen praxisnah dargestellt. Während die Beispiele es ermöglichen, das eigene Vorhaben besser beurteilen zu können, erleichtern die Tipps die Entscheidungsfindung.

Der Existenzgründer wird mit dem **Handbuch Existenzgründung** in die Lage versetzt, einen für das eigene Vorhaben zugeschnittenen Geschäftsplan (Businessplan) aufzustellen. Der Sinn des Geschäftsplanes besteht vor allem darin, das Vorhaben überzeugend darzustellen, um die notwendige Finanzierungsmittel zu sichern. Als Handlungsanleitung kann der Existenzgründer damit auch den Kurs der Existenzgründung verfolgen, denn nur eine dauerhaft tragfähige Existenzgründung ist eine erfolgreiche Existenzgründung.

Das **Handbuch Existenzgründung** gibt einen aktuellen Überblick über die wichtigsten Förderprogramme des Bundes und der Länder für Existenzgründer. Nur wer weiß, welche Fördermöglichkeiten für sein individuelles Vorhaben in Frage kommen, kann sie auch optimal in Anspruch nehmen. Alle Förderprogramme unterliegen bestimmten Bedingungen und Restriktionen, die bei der Konzepterstellung rechtzeitig beachtet werden müssen.

Es existiert ein Netz von Behörden, Institutionen und Organisationen, die Existenzgründer mit Informationen und Beratungen unterstützen können. Das Adressenverzeichnis im **Handbuch Existenzgründung** umfasst diesbezüglich nahezu 500 Adressen, soweit vorhanden mit Internet- und E-Mail-Adressen. Dies liefert einen wertvollen Beitrag für eine schnelle Informationsversorgung, denn z.B. informieren die Wirtschaftsministerien und die öffentlichen Finanzierungsgesellschaften inzwischen per Internet rund um die Uhr u.a. über die derzeitigen Förderprogramme mit den aktuellen Konditionen.

Für Anregungen und Kritik aus dem Leserkreis sind Verlag und Autor stets dankbar.

Berlin/Lich, im Februar 1998   Friedrich von Collrepp

Inhaltsverzeichnis

3. Kapitel: Die Planung der Finanzen

4. Kapitel: Die Planung der Finanzierung

Inhalt Download-Bereich

Das **Handbuch Existenzgründung** wird durch einen Download-Bereich auf der Webseite **www.schaeffer-poeschel.de/webcode** ergänzt. Dort finden Sie

- **laufend aktualisierte Informationen** über neue Förderprogramme und wichtige gesetzliche Neuregelungen,
- ein umfassendes **Excel-Tool** für die eigene Finanzplanung,
- Musterverträge in **Word**, die übernommen und/oder auf die individuelle Existenzgründungssituation angepasst werden können,
- **Checklisten** und **Tabellen**, die Überblick verschaffen und Existenzgründer dabei unterstützen, dass nichts Wesentliches vergessen wird sowie
- **alle Abbildungen** aus dem Buch zum Ausdrucken für die eigenen Unterlagen.

Für den Zugriff auf die Daten verwenden Sie bitte Ihre E-Mail-Adresse und Ihren persönlichen Webcode, den Sie ganz vorne im Buch finden.

Abbildungsverzeichnis

Abkürzungsverzeichnis

AAG	Aufwendungsausgleichsgesetz
Abb.	Abbildung
Abs.	Absatz
AbzG	Abzahlungsgesetz
AfA	Absetzung für Abnutzung
AG	Aktiengesellschaft
AGB	Allgemeine Geschäftsbedingungen
AGG	Allgemeines Gleichbehandlungsgesetz
Aktz.	Aktenzeichen
Allg.	Allgemein, -e
ALV	Arbeitslosenversicherung
AMG	Arzneimittelgesetz
AO	Abgabenordnung
AOK	Allgemeine Ortskrankenkasse
AR	Aufsichtsrat
ArbSchG	Arbeitsschutzgesetz
ArbStättR	Arbeitsstättenrichtlinien
ArbStättV	Arbeitsstättenverordnung
ArbZG	Arbeitszeitgesetz
ASiG	Arbeitssicherheitsgesetz
AÜG	Arbeitnehmerüberlassungsgesetz
AufenthG	Gesetz über den Aufenthalt, die Erwerbstätigkeit und die Integration von Ausländern im Bundesgebiet (Aufenthaltsgesetz)
AZO	Arbeitszeitordnung
B	Berlin
BA	Bundesagentur für Arbeit
BAB	Betriebsabrechnungsbogen
BAFA	Bundesamt für Wirtschaft und Ausfuhrkontrolle
BAnz	Bundesanzeiger
BauNVO	Baunutzungsverordnung
BB	Brandenburg
BBiG	Berufsbildungsgesetz
BEEG	Bundeselterngeld- und Elternzeitgesetz
BetrAVG	Gesetz zur Verbesserung der betrieblichen Altersversorgung
BetrVG	Betriebsverfassungsgesetz
BewG	Bewertungsgesetz
BfA	Bundesversicherungsanstalt für Angestellte
bfai	Bundesagentur für Außenwirtschaft
BG	Berufsgenossenschaft
BGB	Bürgerliches Gesetzbuch
BGBl.	Bundesgesetzblatt

BGH	Bundesgerichtshof
BildscharbV	Bildschirmarbeitsverordnung
BImSchG	Bundes-Immissionsschutzgesetz
BMBF	Bundesministerium für Bildung und Forschung
BMF	Bundesministerium für Finanzen
BMFSFJ	Bundesministerium für Familie, Senioren, Frauen und Jugend
BMGS	Bundesministerium für Gesundheit und Soziale Sicherung
BMI	Bundesministerium des Innern
BMJ	Bundesministerium der Justiz
BML	Bundesministerium für Ernährung, Landwirtschaft und Forsten
BMU	Bundesministerium für Umwelt, Naturschutz und Reaktorsicherheit
BMV	Bundesministerium für Verkehr, Bau- und Wohnungswesen
BMVG	Bundesministerium der Verteidigung
BMWi	Bundesministerium für Wirtschaft und Technologie
BMZ	Bundesministerium für wirtschaftliche Zusammenarbeit und Entwicklung
BörsG	Börsengesetz
BörsZulV	Börsenzulassungsverordnung
BR	Bremen
BRAGO	Bundesrechtsanwaltsgebührenordnung
BRTV	Bundesrahmentarifvertrag
BUrlG	Bundesurlaubsgesetz
BW	Baden-Württemberg
BWA	Betriebswirtschaftliche Auswertung
BY	Bayern
bzw.	beziehungsweise
DEÜV	Datenerfassungs- und Übermittlungsverordnung
d.h.	das heißt
DIHK	Deutscher Industrie- und Handelskammertag
DM	Deutsche Mark
DPMA	Deutsches Patent- und Markenamt
DVFA	Deutsche Vereinigung für Finanzanalyse und Anlageberatung e.V.
EDV	Elektronische Datenverarbeitung
EFTA	European Free Trade Association (Freihandelszone)
EIC	Euro Info Centre
EIF	Europäischer Investitionsfonds
e.K.	eingetragener Kaufmann
e.Kfm.	eingetragener Kaufmann
e.Kfr.	eingetragene Kauffrau
EntgFG	Entgeltfortzahlungsgesetz
EPA	Europäisches Patentamt
EPÜ	Europäisches Patentübereinkommen
ERP	European Recovery Program

ESF	European Social Fonds (Europäischer Sozialfonds)
ESt	Einkommensteuer
EStG	Einkommensteuergesetz
EU	Europäische Union
EUR	Euro
e.V.	eingetragener Verein
EWG	Europäiche Wirtschaftsgemeinschaft
ff.	fortfolgend
FördG	Fördergebietsgesetz
FreizügG/EU	Gesetz über die allgemeine Freizügigkeit von Unionsbürgern (Freizügigkeitsgesetz/EU)
FuE	Forschung und Entwicklung
GAAP	Generally Accepted Accounting Standards
GastG	Gaststättengesetz
GebrMG	Gebrauchsmustergesetz
GbR	Gesellschaft bürgerlichen Rechts
GdE	Gesamtbetrag der Einkünfte
gem.	gemäß
GeschmMG	Geschmacksmustergesetz
GewO	Gewerbeordnung
GewStG	Gewerbesteuergesetz
GG	Grundgesetz
ggf.	gegebenenfalls
GmbH	Gesellschaft mit beschränkter Haftung
GmbHG	GmbH-Gesetz
GoB	Grundsätze ordnungsmäßiger Buchführung
GPSG	Geräte- und Produktsicherheitsgesetz
GrESt	Grunderwerbsteuer
GrSt	Grundsteuer
GSV	Gesamtsozialversicherung
GüKG	Güterkraftverkehrsgesetz
GuV	Gewinn- und Verlust (-Rechnung)
GWB	Gesetz gegen Wettbewerbsbeschränkungen (Kartellgesetz)
HAG	Heimarbeitsgesetz
HE	Hessen
HGB	Handelsgesetzbuch
HH	Hamburg
HWK	Handwerkskammer
HR	Handelsregister
HRA	Handelsregister, Abteilung A
HRB	Handelsregister, Abteilung B
HwO	Handwerksordnung

IAS	International Accounting Standards
i.d.F.	in der Fassung
i.d.R.	in der Regel
IHK	Industrie- und Handelskammer
inkl.	inklusive
InvZulG	Investitionszulagengesetz
IKR	Industrie-Kontenrahmen
IKK	Innungskrankenkasse
i.S.	im Sinne
i.V.m.	in Verbindung mit
i.Z.m.	im Zusammenhang mit
JAE	Jahresarbeitsentgelt
JArbSchG	Jugendarbeitsschutzgesetz
kfm.	kaufmännisch, -er, -e, -es
Kfz	Kraftfahrzeug
KfW	Kreditanstalt für Wiederaufbau
KG	Kommanditgesellschaft
KGV	Kurs-Gewinn-Verhältnis
KGaA	Kommanditgesellschaft auf Aktien
KiSt	Kirchensteuer
KK	Kontokorrent
KMU	Kleine und mittlere Unternehmen
KostO	Kostenordnung
KSt	Körperschaftsteuer
KSchG	Kündigungsschutzgesetz
KSVG	Künstlersozialversicherungsgesetz
KU	Kleine Unternehmen
Kug	Kurzarbeitergeld
KV	Krankenversicherung
KWG	Kreditwesengesetz
LadschlG	Ladenschlussgesetz
LMBG	Lebensmittel- und Bedarfsgegenständegesetz
LSt	Lohnsteuer
LStDV	Lohnsteuer-Durchführungsverordnung
LStR	Lohnsteuerrichtlinien
LVA	Landesversicherungsanstalt
MarkenG	Markengesetz
max.	maximal
MBI	Management-Buy-in
MBO	Management-Buy-out
mind.	mindestens
Mio.	Millionen
MU	Mittlere Unternehmen

MuSchG	Mutterschutzgesetz
MV	Mecklenburg-Vorpommern
MWG	Mehraufwands-Wintergeld
MWSt.	Mehrwertsteuer
NachwG	Nachweisgesetz
Nr.	Nummer
NRW	Nordrhein-Westfalen
NS	Niedersachsen
o.g.	oben genannt, -er, -e, -es
OHG	Offene Handelsgesellschaft
ÖPNV	Öffentlicher Personennahverkehr
p.a.	per anno
PAngV	Preisangabenverordnung
PartG	Partnerschaftsgesellschaft
PartGG	Partnerschaftsgesellschaftsgesetz
PatG	Patentgesetz
PatV	Verordnung zum Verfahren in Patentsachen vor dem Deutschen Patent- und Markenamt
PBefG	Personenbeförderungsgesetz
PCT	Patent Cooperation Treaty (Vertrag über die internationale Zusammenarbeit auf dem Gebiet des Patentwesens)
p.M.	per Monat
PR	Partnerschaftsregister
PRV	Partnerschaftsregisterverordnung
PR	Public Relations
PV	Pflegeversicherung
RGBl.	Reichsgesetzblatt
RKW	Rationalisierungs- und Innovationszentrum der deutschen Wirtschaft e.V.
RP	Rheinland-Pfalz
RV	Rentenversicherung
SA	Sachsen-Anhalt
SGB	Sozialgesetzbuch
SH	Schleswig-Holstein
SL	Saarland
sog.	so genannt, -er, -e, -es
SolZ	Solidaritätszuschlag
SolZG	Solidaritätszuschlagsgesetz
StBerG	Steuerberatungsgesetz
StGB	Strafgesetzbuch

TH	Thüringen
TK	Techniker Krankenkasse
TMG	Telemediengesetz
TU	Technologieunternehmen
TVG	Tarifvertragsgesetz
TzBfG	Teilzeit- und Befristungsgesetz
u.a.	unter anderem
UmweltHG	Umwelthaftpflichtgesetz
USt	Umsatzsteuer
UStDV	Umsatzsteuer-Durchführungsverordnung
USt-IdNr.	Umsatzsteuer-Identifikationsnummer
UStG	Umsatzsteuergesetz
usw.	und so weiter
u.Ä.	und Ähnliche, -s
u.U.	unter Umständen
UV	Unfallversicherung
UVV	Unfallverhütungsvorschriften
UWG	Gesetz gegen den unlauteren Wettbewerb
vgl.	vergleiche
VC	Venture Capital
VOB	Verdingungsordnung für Bauleistungen
VOF	Verdingungsordnung für freiberufliche Leistungen
VOL	Verdingungsordnung für Leistungen
VgR	Vergaberecht
WaffG	Waffengesetz
WAG	Winterausfallgeld
WpHG	Gesetz über den Wertpapierhandel
WPO	Wirtschaftsprüferordnung
RpPG	Wertpapierprospektgesetz
z.B.	zum Beispiel
ZPO	Zivilprozessordnung
ZWG	Zuschuss-Wintergeld
zzgl.	zuzüglich
z.Z.	zurzeit

1. Kapitel: Die berufliche Orientierung

Wenn Sie daran denken, sich selbstständig zu machen, stehen Sie an der Schwelle einer wichtigen Entscheidung, die weitreichende Folgen für Ihre zukünftige Lebensgestaltung haben kann. Nehmen Sie deshalb Ihren Wunsch nicht auf die leichte Schulter, denn eine Existenzgründung eignet sich nicht zum Ausprobieren. Springen Sie nicht ins kalte Wasser, sondern planen Sie Ihr Vorhaben gründlich.

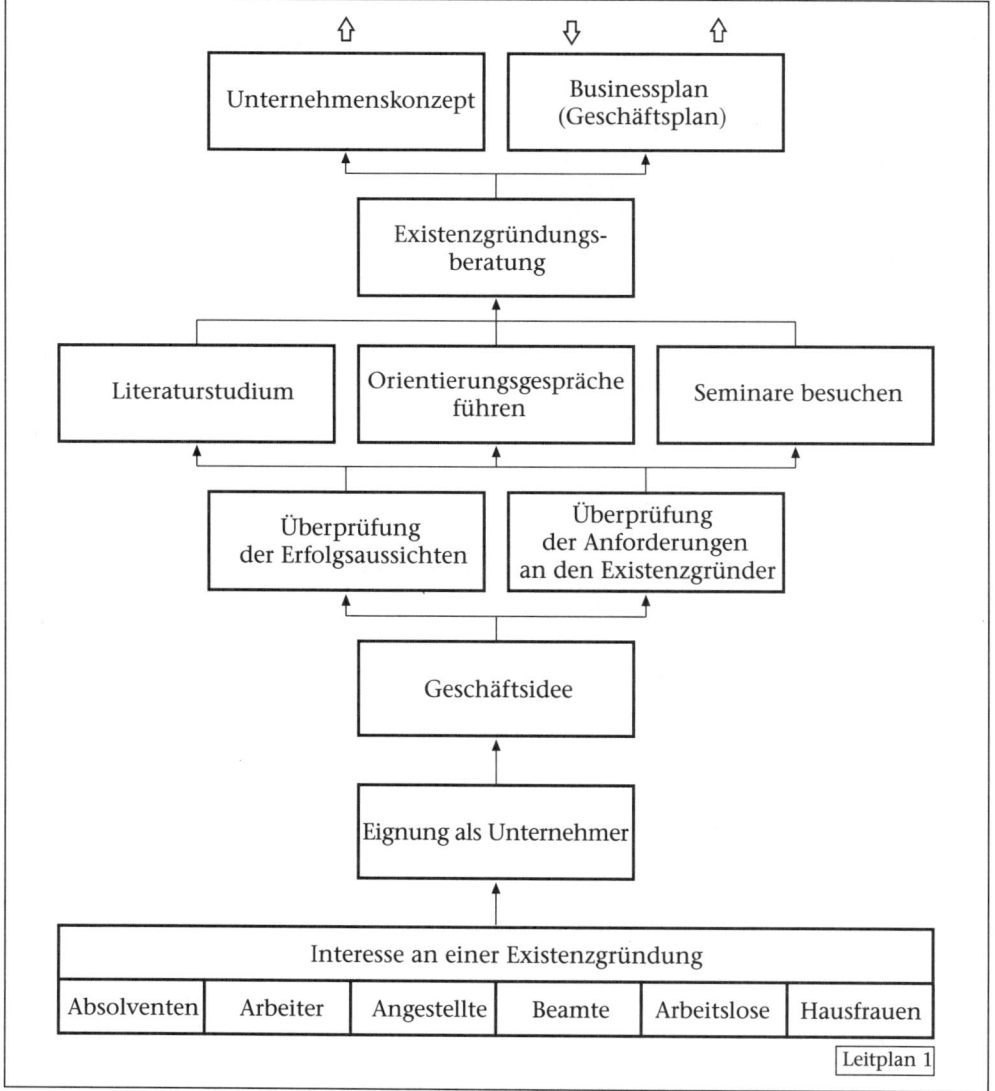

Abb. 1: Orientierungsschritte des Existenzgründers

Die **Orientierungsphase** ist eine wichtige Stufe der Existenzgründungsplanung. Hier sollen Sie rechtzeitig erkennen, ob Sie sich wirklich zum Unternehmer eignen. Eine kritische Selbstprüfung ist deshalb unbedingt notwendig.

Seien Sie ehrlich gegen sich selbst und geben sich keiner Selbsttäuschung hin. Erkennen Sie Ihre Defizite und beheben diese, falls es sich nicht um gravierende Mängel der unternehmerischen Qualifikation handelt. Nehmen Sie sich deshalb Zeit, bis Sie sich den Anforderungen gewachsen fühlen oder beenden Sie Ihr Vorhaben. Vermeiden Sie eine gescheiterte Existenzgründung.

1   Die Gründe für das Streben nach beruflicher Selbstständigkeit

Viele Menschen haben den Wunsch, sich selbstständig zu machen, letztendlich wagen jedoch nur relativ wenige den entscheidenden Schritt. Meist sind es Arbeitnehmer mit mehreren Jahren Berufserfahrung, häufig Absolventen von Ausbildungsstätten, die selbstständige Existenzen anstreben. Äußerst selten treibt es Beamte in die berufliche Selbstständigkeit.

Zurzeit suchen in der Bundesrepublik Deutschland schätzungsweise über 5 Millionen Menschen eine angemessen entlohnte Arbeit. Nicht selten bewerben sich hunderte erfolglos um einen ausgeschriebenen Arbeitsplatz. Aus dieser Hoffnungslosigkeit wächst der Mut zur beruflichen Selbstständigkeit, zwar unfreiwillig – aber immer häufiger.

Alle versprechen sich von dieser beruflichen Alternative große Vorteile. Viele Gründe sprechen dafür.

Zwar hat jeder Arbeitnehmer die Möglichkeit, in seinem Beruf voranzukommen, und auch Karriere zu machen, doch gelingt es planmäßig nur einer Minderheit. Viele bleiben auf dem Weg nach oben hängen. Es gehört schon viel Glück dazu, während eines langen erfolgreichen Arbeitslebens in der richtigen Branche, in der richtigen Firma immer die richtigen Vorgesetzten gehabt zu haben. Bürokratie und autoritärer Führungsstil in vielen, auch kleinen und mittleren Unternehmen lähmt die Entfaltungskraft und den Gestaltungswillen von hochmotivierten Beschäftigten.

Heutzutage bietet fachliche Kompetenz, Disziplin und Arbeitseifer keine Garantie mehr weder für einen beruflichen Aufstieg noch für einen sicheren Arbeitsplatz. Meist sind es typische Managementfehler, wie z. B. mangelnde finanzielle Vorsorge für die nächste Rezession, verplempertes Betriebsvermögen aufgrund falscher Strategie, unzureichende Forschung und Entwicklung, fehlende soziale Kompetenz usw. gegenüber den Mitarbeitern, wenn langjährig verdiente Mitarbeiter aus betrieblichen Gründen »freigesetzt« werden.

Jeder Arbeitnehmer weiß i. d. R., was er von seiner Firma zu halten hat. Aufgrund des Betriebsklimas, der eigenen Behandlung und/oder der Behandlung der Kollegen kann er gut ableiten, wie es mit der Arbeitsplatzsicherheit und damit mit seiner Lebensplanung steht. Besonders ältere Arbeitnehmer sind in vielen Unternehmen nicht mehr gern gesehen und werden trotz langjähriger Berufserfahrung in die Arbeitslosigkeit oder in den Vorruhestand abgeschoben. Schlechte Erfahrun-

• sichere berufliche Existenz • sein eigener Chef sein • berufliche Herausforderung • eigene Ideen durchsetzen • mehr Unabhängigkeit • mehr Erfolgserlebnisse • beruflicher Aufstieg • höheres Einkommen • berufliche und soziale Anerkennung	• Selbstverwirklichung • größere Entscheidungsfreiheit • selbstbestimmte Lebensplanung • soziale Annehmlichkeiten verwirklichen, z. B. betriebliche Altersversorgung, private Kfz-Nutzung • flexible Gestaltung der Arbeitszeit • Hobby zum Beruf machen
Berufliche Selbstständigkeit	
⇧	
Berufliche Abhängigkeit	
Unzufriedenheit mit der Arbeitssituation • berufliche Frustration • fehlende berufliche Anerkennung • kein beruflicher Aufstieg • zu geringes Einkommen • unangenehmer Vorgesetzter • monotone Aufgaben • Arbeitslosigkeit • geringe Arbeitsplatzsicherheit • innere Kündigung • schlechtes Betriebsklima • keine Motivation • Bürokratie • autoritärer Führungsstil	**Marktchance nutzen** • Top Idee • Erfindung/Innovation/Design • Trend erkannt • negative Erfahrung als Kunde **Günstige Gelegenheit nutzen** • Unternehmensaufgabe • Angebot einer tätigen Beteiligung • Franchise-Angebot • Geldanlage, z. B. Erbschaft, Lottogewinn **Unternehmerischer Tatendrang** • eigener Chef sein • unternehmerisches Engagement • Ehrgeiz

Abb. 2: Gründe für eine berufliche Selbstständigkeit

gen mindern die Motivation. Je nach Ausprägung der Unzufriedenheit führt dann die berufliche Frustration unweigerlich zur inneren Kündigung.

Viele Arbeitnehmer finden keine Erfüllung in ihren Berufen!

Die vielen negativen Erfahrungen, die ein Arbeitnehmer macht, bzw. machen kann, sprechen für eine berufliche Selbstständigkeit. Kompetenz, Disziplin und Arbeitseifer garantieren heute zwar keinen beruflichen Aufstieg mehr, bieten jedoch gute Voraussetzungen für eine berufliche Selbstständigkeit.

Existenzgründer sind besonders stark auf ihre Unabhängigkeit bedacht und suchen nach Möglichkeiten zur Selbstentfaltung. Sie haben besonders den Wunsch, etwas **besser, schneller und professioneller** zu machen. Deshalb ist es kein Wunder, dass immer mehr Menschen ihre eigene Firma gründen.

2   Die Risiken der beruflichen Selbstständigkeit

Neben den vielen Vorteilen, die eine selbstständige Existenz mit sich bringt, sollten die Risiken besonders beachtet werden. Der Existenzgründer muss damit rechnen, dass er eine mehr oder weniger lange Durststrecke zurücklegen muss. Als Arbeitnehmer bekommt er regelmäßig sein Gehalt auf sein Konto überwiesen, zum bezahlten Urlaub zusätzlich Urlaubsgeld, zum Jahresende zusätzlich Weihnachtsgeld und hat eine geregelte Arbeitszeit. Die Sozialabgaben, die der Arbeitgeber zur Hälfte bezahlt, muss der Existenzgründer dann voll selbst tragen.

Ärger mit Mitarbeitern, Kunden, Lieferanten, Geldgebern, Behörden usw. wird sich nie ganz vermeiden lassen. Die berufliche Auseinandersetzung gehört zum täglichen Alltag. Allerdings ist der Unternehmer hier immer auf sich allein gestellt.

Niemand wird Ihnen zeigen, wo es lang geht. Es wird von Ihnen erwartet, dass Sie immer die richtigen Entscheidungen treffen. Sie müssen selber fähig sein, sich Ziele zu setzen und diese ohne äußeren Druck zu verfolgen. Der Traum von der Selbstständigkeit darf nicht zum Trauma werden. Beim Abwägen der Chancen und Risiken müssen Sie kritisch entscheiden, ob Sie sich wirklich selbstständig machen wollen.

Risiken der beruflichen Selbstständigkeit	
• Scheitern der Existenzgründung (Pleite) • Einkommensrisiko • Kapitalrisiko • fehlende soziale Sicherheit • Gesundheitsrisiko (Dauerstress) • hoher Arbeitseinsatz, unregelmäßige Arbeitszeit, kein oder wenig Urlaub	• Ärger mit dem Personal • Ärger mit Kunden • Ärger mit Lieferanten • Ärger mit Geldgebern • Ärger mit Behörden • Ärger mit dem Vermieter • Ärger mit der Familie

Abb. 3: Risiken der beruflichen Selbstständigkeit

TIPP
Sichern Sie sich rechtzeitig den notwendigen Rückhalt in Ihrer Familie. Informieren Sie deshalb den engeren Familienkreis über Ihr Vorhaben. Sie werden den finanziellen und emotionalen Beistand dringend benötigen.

Gefahren für das junge Unternehmen	
• mangelnde fachliche Qualifikation • mangelnde unternehmerische Qualifikation • mangelndes Konzept • Informationsdefizite • Planungsmängel • schlechte Zahlungsmoral der Kunden • Fehleinschätzung des Marktes • Rezession, sinkende Nachfrage • zuviel Reklamationen	• Finanzierungsmängel (zu geringe Eigenkapitaldecke) • zu hohe Privatentnahmen • Qualifikationsmängel der Mitarbeiter • Fehlkalkulation • unerwartet hohe Ausgaben • unangemessene hohe Ausgaben (Luxusanschaffungen) • mangelnde Kapazitätsauslastung

Abb. 4: Gefahren für das junge Unternehmen

Viele Existenzgründungen überleben leider nicht die ersten fünf Jahre. Die Ursachen für das Scheitern liegen meist in der mangelhaften Vorbereitung. Wer sein Vorhaben gründlich plant und angemessen gründet, wird aller Wahrscheinlichkeit nach nicht scheitern. Um gerade in der Anfangsphase schwer wiegende Fehler zu vermeiden, muss man wissen, welche Gefahren das Unternehmen bedrohen.
Halten Sie sich immer vor Augen: Die häufigsten Pleiteursachen sind
* Planungsmängel/Informationsdefizite und
* Finanzierungsmängel.

Die Gefahr des Scheiterns wird immer größer, wenn das Unternehmen nicht mindestens den Gewinn erwirtschaftet, um die private Lebensführung zu gewährleisten. Der Unternehmensgründer sollte vorher genau prüfen, ob er den erforderlichen Umsatz überhaupt erreichen kann, um alle Kosten und alle notwendigen Aufwendungen für die private Lebensführung abzudecken. Es ist deshalb sinnvoll, im Finanzierungsplan genügend Reserven zu berücksichtigen.

3 Die Eignung als Unternehmer

Der Unternehmer hat die Aufgabe, das Ziel des Unternehmens, die langfristige Gewinnmaximierung, zu fördern und Schaden von dem Unternehmen fern zu halten. Er muss dafür sorgen, dass keine Überschuldung eintritt und die Zahlungsbereitschaft jederzeit gewährleistet ist.

> Der Erfolg des Unternehmens hängt wesentlich von der Person des Gründers ab.

Insbesondere während der Gründungsphase und in den folgenden ersten Jahren steht die Person des Existenzgründers im Vordergrund. Ein typisches Profil des erfolgreichen Existenzgründers gibt es nicht. Entscheidend ist die erforderliche Qualifikation des Existenzgründers hinsichtlich seines individuellen Vorhabens.

Der Existenzgründer muss eine fachliche und unternehmerische Qualifikation aufweisen sowie körperlich, seelisch und geistig fit sein. Mängel in der fachlichen Qualifikation können durch Fleiß und Ausdauer behoben werden. Die unternehmerische Qualifikation ist es, die im Wesentlichen darüber entscheidet, ob der Schritt in die Selbstständigkeit erfolgreich verläuft.

Über die Art und den Umfang der unternehmerischen Qualifikation lässt sich keine einheitliche Aussage machen. Es hängt immer vom Einzelfall ab, welche Eigenschaften besonders wichtig sind. Je größer und komplexer das Vorhaben ist, desto ausgeprägter muss die unternehmerische Qualifikation sein. Der Existenzgründer muss in der Lage sein, sich selber Ziele zu setzen und diese ohne Druck durch Vorgesetzte selbstständig zu verfolgen. Er muss auch bereit sein, sehr viel Zeit in sein Vorhaben zu investieren und insbesondere in den ersten Jahren auf ein regelmäßiges und stabiles Einkommen zu verzichten. Die Familie sollte dazu bereit sein, die notwendige Unterstützung zu geben.

Fachliche Qualifikation
☐ abgeschlossene Berufsausbildung/abgeschlossenes Studium auf dem Gebiet der selbstständigen Existenz
☐ Branchenerfahrung
☐ mehrjährige praktische Erfahrung
☐ mehrjährige Führungserfahrung
☐ mehrjährige Vertriebserfahrung
☐ gut fundierte kaufmännische/betriebswirtschaftliche Kenntnisse

Unternehmerische Qualifikation
☐ Visionen in Ziele definieren und umsetzen
☐ Erfolgsorientierung
☐ soziale Kompetenz, Verantwortungsbereitschaft
☐ Organisations-, Improvisationstalent
☐ Mut
☐ Verhandlungsgeschick
☐ Kontaktfreude
☐ Selbstsicherheit
☐ Überzeugungskraft
☐ finanzielle Risikobereitschaft
☐ Entscheidungsfreude
☐ gesunder Menschenverstand
☐ Marktorientierung (z. B. Gespür für Trends und Bedürfnisse)
☐ Aufgeschlossenheit für neue Ideen
☐ Anpassungsfähigkeit an technische, wirtschaftliche und soziale Veränderungen
☐ Kundenorientierung, Kundenpflege

Physische und psychische Qualifikation (Belastbarkeit)
☐ körperlich, geistig und seelisch fit
☐ Stressbewältigung

Abb. 5: Qualifikationen des idealen Unternehmers

Eine wesentliche Voraussetzung für den Erfolg der Existenzgründung ist der feste **Glaube an den eigenen Erfolg**. Spätestens bei den Finanzierungsverhandlungen müssen andere vom Konzept überzeugt werden. Man schenkt eher demjenigen sein Vertrauen, der sein Ziel hartnäckig verfolgt.

Der unternehmerische Erfolg hängt nicht von einem hohen Intelligenzquotienten ab. Ein gesunder Menschenverstand reicht aus, um der Aufgabe des Unternehmers gewachsen zu sein.

Der Existenzgründer muss sich selbst genau prüfen, ob er alle Grundvoraussetzungen für eine unternehmerische Tätigkeit im Rahmen seines Vorhabens mitbringt.

4   Die Geschäftsidee

Die Geschäftsidee ist die Leistung des Existenzgründers, die er am Markt anbieten will. Es kann sich dabei um ein materielles Produkt, um eine Dienstleistung (Beratung, Service) oder um eine Kombination von beiden handeln. Die Leistung muss auch am Markt nachgefragt werden, d. h. marktfähig sein. Der Kunde ist nur dann bereit, einen Preis zu bezahlen, wenn die Leistung für ihn einen Nutzen hat. Der Nutzen kann eine wesentliche Ersparnis, eine verbesserte Leistung oder die Befriedigung eines bisher nicht durch den Markt bedienten Bedürfnisses sein.

Einzelhandel	Handel	Gastronomie
• Lebensmittel • Zeitungen/Zeitschriften • Computer u. Zubehör • Autoteile u. Zubehör • Film, Foto, Video • Geschenkartikel • Kinderbekleidung • Sportartikel	• Importeur/Exporteur • Handelsvertreter • Großhändler • Apotheker • Einzelhändler	• Bistro • Diskothek • Kneipe, Gaststätte • Würstchenbude • Imbiss • Café • Hotel, Gasthof, Pension • Eisdiele

Zulassungspflichtiges Handwerk	Zulassungsfreies Handwerk	Handwerksähnliches Gewerbe
• Kraftfahrzeugtechniker • Dachdecker • Heizungsbauer • Augenoptiker • Zimmerer • Zahntechniker • Elektrotechniker • Tischler	• Fliesenleger • Raumausstatter • Buchbinder • Feinoptiker • Damenschneider • Goldschmied • Uhrmacher • Gebäudereiniger	• Kosmetiker • Fahrzeugverwerter • Rohr- u. Kanalreiniger • Bodenleger • Änderungsschneider • Speiseeishersteller • Bestattungsgewerbe • Teppichreiniger

Industrie	Dienstleistung	Freie Berufe
• Zuliefererindustrie • Maschinenbauindustrie • Elektroindustrie • Feinmechanik + Optik • Chemische Industrie • Nahrungs- u. Genussmittelindustrie • Bekleidungsindustrie	• Alten- u. Krankenpflege • Immobilienmakler • Büroservice • Sonnenstudio • Fitness-Center • Reisebüro • Sprachschule • Softwareentwicklung	• Architekt • Unternehmensberater • Rechtsanwalt • Arzt • Steuerberater • Künstler • Schriftsteller • Heilpraktiker

Abb. 6: Branchenbeispiele

Wenn Sie noch keine Geschäftsidee haben, müssen Sie sich gezielt auf die Suche machen. Beginnen Sie am besten mit der Suche in der Branche, in der Sie sich auskennen. Nutzen Sie Ihre Fach- und Branchenkenntnisse. Die Herausforderung an Sie als zukünftiger Unternehmer besteht darin, ein einfaches Bedürfnis zu erkennen.

TIPP
Suchen Sie neue zukunftsweisende Geschäftsfelder. Gesellschaftliche Entwicklungen verändern meist das Nachfrageverhalten. Haben Sie ein Gespür für das Neue, erkennen Sie rechtzeitig den Trend und machen Sie daraus ein Geschäft.

Steigende Erwartungen an Service- und Dienstleistungen in allen Branchen bieten Chancen für Existenzgründer. Es besteht auch ein hoher Bedarf bezüglich der Dienstleistungsqualität. Obwohl die private Nachfrage nach Dienstleistungen eher noch stagniert, sind die Aussichten im Business-to-Business-Bereich ausgezeichnet, da viele Unternehmen im Trend der »Verschlankung« Tätigkeiten auslagern. Dies eröffnet auch neue Märkte für Existenzgründer, z. B. durch Übernahme von Transportdiensten, Ver- und Entsorgungsdiensten, EDV-gestützten Tätigkeiten, Softwareentwicklung, Konstruktionstätigkeiten, Versandtätigkeiten usw.

Suche nach einer Erfolg versprechenden Geschäftsidee
• Beobachtung des Kaufverhaltens der Kunden. Häufig sind Kunden unzufrieden und üben Kritik • Versorgungsmangel • Anregungen beim Besuch von Messen und Ausstellungen • Produktverbesserungen aufgrund von Produktanalyse • zu teures Produkt: Bezug aus dem Ausland oder eigene Herstellung • verändertes Nachfrageverhalten • Nachahmung einer erfolgreichen Geschäftsidee

Abb. 7: Suche nach einer Erfolg versprechenden Geschäftsidee

Es ist nicht selbstverständlich, dass sich gute Ideen durchsetzen. Andererseits haben aber selbst mittelmäßige Ideen bei guter Planung Erfolgschancen. Voraussetzung für den Erfolg ist u.a. konsequentes Ideen-Management.

Zur Realisierung einer technischen Idee bringen Gründer mit speziellem Know-how und beruflicher Erfahrung die besten Voraussetzungen mit. Wissenschaftlich-technische Risiken sowie Unsicherheiten über die Entwicklung des Marktes und des Wettbewerbs sind typisch für Gründungsunternehmen im Technologiebereich, ebenso wie der anfänglich hohe Kapitalbedarf. Bis erste nennenswerte Umsätze erzielt werden, können drei bis fünf Jahre vergehen. Bei Unternehmensgründungen auf der Grundlage innovativer Produkte, Verfahren oder technischer Dienstleistungen (sog. technologieorientierte Unternehmensgründungen) sollte rechtzeitig das Wissen eines Technologiezentrums [→ Adressenverzeichnis] genutzt werden, denn erforderlich werden u.a. Patent- und Literaturrecherchen, Marktrecherchen, Machbarkeitsstudien, Informationsanalysen und Finanzierungsstudien.

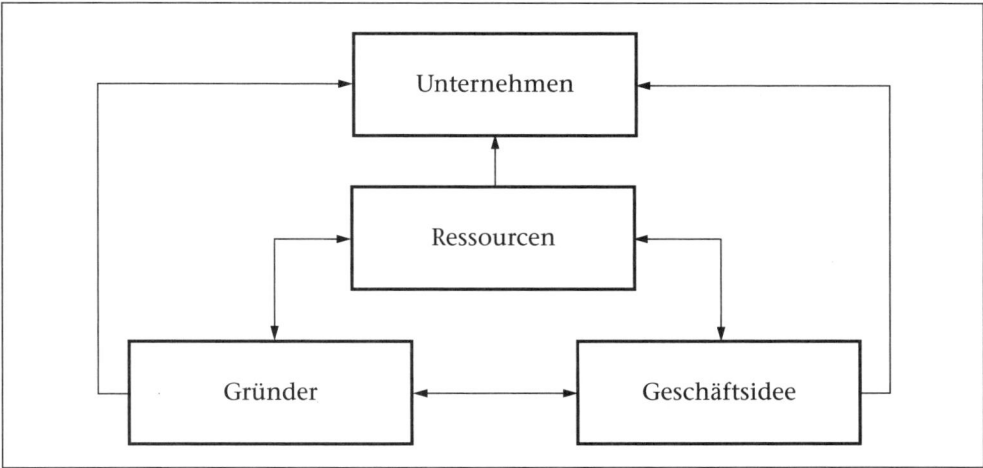

Abb. 8: Voraussetzungen für die Gründung eines Unternehmens

Zur dauerhaft erfolgreichen Gründung eines Unternehmens benötigt der Gründer neben seiner tragfähigen Geschäftsidee Ressourcen, die dem Unternehmen jederzeit in ausreichender Menge zur Leistungserstellung (Herstellung von Gütern und/oder die Erbringung von Dienstleistungen) zur Verfügung stehen müssen (Allokation der Einsatzfaktoren).

Zu den Ressourcen zählen hauptsächlich Sachanlagen (z. B. Grundstücke, Immobilien, Maschinen, technische Anlagen, Geräte, Werkzeuge, Fahrzeuge, Betriebs- und Geschäftsausstattung), erstes Material- und Warenlager (z. B. Roh-, Hilfs- und Betriebsstoffe, Handelsware, Einbauteile), Geldmittel für die Gründung (z. B. Gründungsberatung, Kautionen, Gerichtskosten für die HR-Eintragung, Notarkosten, Franchisegebühr, Eröffnungswerbung) sowie genügend Betriebsmittel für die laufenden Kosten (z. B. Miete, Personal, fremde Dienstleistungen, Verwaltung, Versicherungen, Vertrieb). Damit die erforderlichen Ressourcen zur Verfügung gestellt werden können, ist genügend Kapital erforderlich. Nur durch eine gewissenhafte Finanzplanung unter Berücksichtigung der Rentabilität und Liquidität ist eine optimale Finanzierung möglich.

5   Die Zukunftsaussichten der Existenzgründung

Die Existenzgründung kann nur dann erfolgreich sein, wenn die Zukunftsaussichten positiv sind. Die Frage, wie lange der Erfolg gewährleistet ist, kann nur über die **Markteinschätzung** und **Konkurrenzanalyse** beantwortet werden.

Kann ich mich mit meinem Produkt bzw. mit meiner Dienstleistung am Markt auf Dauer durchsetzen?

Markteinschätzung
• Welche Kunden kommen als Zielgruppe in Frage?
• Welche Wünsche haben diese Kunden?
• Wie groß ist das Marktvolumen?
• Welcher Marktanteil ist realistisch?
• Welche Entwicklung nimmt die Branche?

Konkurrenzanalyse
• Wer sind die Konkurrenten?
• Wie hoch sind jeweils die Marktanteile?
• Was kostet das Produkt bzw. die Dienstleistung bei der Konkurrenz?
• Welche Besonderheiten bietet die Konkurrenz?
• Welche Stärken und Schwächen haben die Konkurrenten?

Abb. 9: Zukunftsaussichten der Existenzgründung

Die Märkte unterliegen einem sehr starken Wandel. Die Renner von heute können schon morgen Ladenhüter sein. Heute haben folgende Bereiche relativ gute Zukunftsaussichten:
- Dienstleistungsbereich
  Umweltschutz, Beratung, EDV, Telekommunikation, Multimedia, Sicherheit und Schutz
- Freizeitbereich
  Hobby, Sport, Reisen, Fitness, Wellness, Fort- und Weiterbildung, Unterhaltung
- Sozialer Bereich
  Altenpflege, Gesundheitswesen, Behindertenbereich.

6 Die gewerberechtlichen Anforderungen an den Existenzgründer

6.1 Die Gewerbefreiheit

Der Grundsatz der Gewerbefreiheit nach § 1 Abs. 1 GewO besagt, dass der Betrieb eines Gewerbes jedermann gestattet ist, soweit nicht durch dieses Gesetz Ausnahmen oder Beschränkungen vorgeschrieben oder zugelassen sind. Die Berufsfreiheit nach Art. 12 Abs. 1 GG gewährleistet als Hauptgrundrecht die freie wirtschaftliche Betätigung, ein Gewerbe zu eröffnen und zu betreiben. Die Gewerbezugangs- und -ausübungsfreiheit des Grundgesetzes beinhaltet neben der Freiheit der Gründung eines Gewerbebetriebs und des Marktzutritts auch die Organisationsfreiheit, Freiheit der Betriebsführung sowie Freiheit der marktmäßigen Betätigung.

Gewerbezugangsvorschriften regeln, ob und unter welchen Voraussetzungen eine gewerbliche Tätigkeit aufgenommen bzw. fortgeführt werden darf. **Gewerbeausübungsvorschriften** regeln, wie und in welcher Art und Weise eine gewerbliche Tätigkeit auszuüben ist. Bei den Gewerbezugangsregelungen unterscheidet man in objektive Zugangsvoraussetzungen (z.B. Bedürfnis, Höchstzahlbeschränkung und Kontingentierung, Erfordernis eines Mindestumsatzes) und subjektive Zugangsvoraussetzungen (liegen in der Person: z.B. Vorbildung, Sach- und Fachkunde, Befähigungsnachweis, persönliche Zuverlässigkeit, finanzielle Leistungsfähigkeit, Alter, Gesundheitszustand).

So ist z. B. der **Einzelhandel mit Lebensmitteln** erlaubnisfrei, die Ausübung des Lebensmitteleinzelhandels unterliegt aber einer Reihe von Vorschriften, wie z. B. der Gesundheitsuntersuchung nach dem Bundesseuchengesetz, den hygienerechtlichen Regelungen, dem Lebensmittel- und Bedarfsgegenständegesetz (LMBG).

Man unterscheidet zwischen der persönlichen und sachlichen Genehmigung. Die **persönliche Genehmigung** ist an die Person des Gewerbetreibenden gebunden, weil das betreffende Gewerbe eine besondere fachliche Befähigung, Sachkunde oder Zuverlässigkeit voraussetzt. Gewerbetreibende, die einer persönlichen Genehmigung bedürfen, sind in den §§ 30 ff. GewO sowie in einer Reihe von Sondergesetzen aufgeführt. Die **sachliche Genehmigung** wird dagegen für die bestimmte Anlage oder für den bestimmten Gewerbebetrieb, nicht für die Person des Inhabers erteilt. Sie ist also in ihrem Fortbestand unabhängig von einem möglichen Wechsel des Inhabers des betreffenden Gewerbebetriebs.

6.2 Das erlaubnispflichtige Gewerbe

In der Gewerbeordnung und in ihren Nebengesetzen werden gewerbliche Tätigkeiten aufgeführt, die neben der Gewerbeanzeige einer besonderen Erlaubnis bedürfen. Der Existenzgründer ist als natürliche Person anzeigepflichtig und falls erforderlich auch Erlaubnisinhaber. Bei stehendem Gewerbe kann ein Stellvertreter bestellt werden, der die personenbezogenen Anforderungen für das betreffende Gewerbe (meistens Zuverlässigkeit) genügen muss. Liegt eine juristische Person vor, dann ist die juristische Person durch ihren gesetzlichen Vertreter anzeigepflichtig bzw. erlaubnispflichtig.

Die Ausübung eines Gewerbes ist nach § 35 Abs. 1 GewO von der zuständigen Behörde ganz oder teilweise zu untersagen, wenn Tatsachen vorliegen, welche die Unzuverlässigkeit des Gewerbetreibenden oder einer mit der Leitung des Gewerbebetriebs beauftragten Person in Bezug auf dieses Gewerbe dartun, sofern die Untersuchung zum Schutz der Allgemeinheit oder der im Betrieb Beschäftigten erforderlich ist.

Das Gaststättengewerbe

Ein Gaststättengewerbe betreibt, wer nach § 1 Abs. 1 GastG im stehenden Gewerbe
* Getränke zum Verzehr an Ort und Stelle verabreicht (Schankwirtschaft), oder
* zubereitete Speisen zum Verzehr an Ort und Stelle verabreicht (Speisewirtschaft),

wenn der Betrieb jedermann oder bestimmten Personenkreisen zugänglich ist. Nach § 1 Abs. 2 GastG betreibt ferner ein Gaststättengewerbe, wer als selbstständiger Gewerbetreibender im Reisegewerbe von einer für die Dauer der Veranstaltung ortsfesten Betriebsstätte aus Getränke oder zubereitete Speisen zum Verzehr an Ort und Stelle verabreicht, wenn der Betrieb jedermann oder bestimmten Personenkreisen zugänglich ist.

Wer ein Gaststättengewerbe betreiben will, bedarf nach § 2 Abs. 1 GastG der Erlaubnis. Die Gaststättenerlaubnis muss beim zuständigen Ordnungs- oder Gewerbeamt beantragt werden.

Der Ausschank alkoholischer Getränke in jeglicher Form ist immer erlaubnispflichtig!

Die Erlaubnis ist nach § 3 Abs. 1 GastG für eine bestimmte Betriebsart und für bestimmte Räume zu erteilen. Die Betriebsart ist in der Erlaubnisurkunde zu bezeichnen. Sie bestimmt sich nach der Art und Weise der Betriebsgestaltung, insbesondere nach den Betriebszeiten und der Art der Getränke, der zubereiteten Speisen, der Beherbergung oder der Darbietungen. Die Erlaubnis darf nach § 3 Abs. 2 GastG auf Zeit erteilt werden, soweit dieses Gesetz es zulässt oder der Antragsteller es beantragt.

Die Erlaubnis ist nach § 4 Abs. 1 GastG zu versagen, wenn
- Tatsachen die Annahme rechtfertigen, dass der Antragsteller die für den Gewerbebetrieb erforderliche Zuverlässigkeit nicht besitzt, insbesondere alkoholabhängig ist oder befürchten lässt, dass er Unerfahrene, Leichtsinnige oder Willensschwache ausbeuten wird oder dem Alkoholmissbrauch, verbotenem Glücksspiel, der Hehlerei oder der Unsittlichkeit Vorschub leisten wird oder die Vorschriften des Gesundheits- oder Lebensmittelrechts, des Arbeits- oder Jugendschutzes nicht einhalten wird,
- die zum Betrieb des Gewerbes oder zum Aufenthalt der Beschäftigten bestimmten Räume wegen ihrer Lage, Beschaffenheit, Ausstattung oder Einteilung für den Betrieb nicht geeignet sind, insbesondere den notwendigen Anforderungen zum Schutz der Gäste und der Beschäftigten gegen Gefahren für Leben, Gesundheit oder Sittlichkeit oder den sonst zur Aufrechterhaltung der öffentlichen Sicherheit oder Ordnung notwendigen Anforderungen nicht genügen oder
- die zum Betrieb des Gewerbes für Gäste bestimmten Räume von behinderten Menschen nicht barrierefrei genutzt werden können, soweit diese Räume in einem Gebäude liegen, für das nach dem 01.11.2002 eine Baugenehmigung für die erstmalige Errichtung, für einen wesentlichen Umbau oder eine wesentliche Erweiterung erteilt wurde oder das, für den Fall, dass eine Baugenehmigung nicht erforderlich ist, nach dem 01.05.2002 fertig gestellt oder wesentlich umgebaut oder erweitert wurde,
- der Gewerbebetrieb im Hinblick auf seine örtliche Lage oder auf die Verwendung der Räume dem öffentlichen Interesse widerspricht, insbesondere schädliche Umwelteinwirkungen i.S. des BImSchG oder sonst erhebliche Nachteile, Gefahren oder Belästigungen für die Allgemeinheit befürchten lässt,
- der Antragsteller nicht durch eine Bescheinigung einer IHK nachweist, dass er oder sein Stellvertreter über die Grundzüge der für den in Aussicht genommenen Betrieb notwendigen lebensmittelrechtlichen Kenntnisse unterrichtet worden ist und mit ihnen als vertraut gelten kann.

Ist eine barrierefreie Gestaltung der Räume nicht möglich oder kann nur mit unzumutbaren Aufwendungen erreicht werden, kann die Erlaubnis erteilt werden.

Gewerbetreibenden, die einer Erlaubnis bedürfen, können nach § 5 Abs. 1 GastG jederzeit Auflagen zum Schutz
1. der Gäste gegen Ausbeutung und gegen Gefahren für Leben, Gesundheit oder Sittlichkeit,
2. der im Betrieb Beschäftigten gegen Gefahren für Leben, Gesundheit oder Sittlichkeit oder

3. gegen schädliche Umwelteinwirkungen i.S. des BImSchG und sonst gegen erhebliche Nachteile, Gefahren oder Belästigungen für die Bewohner des Betriebsgrundstücks oder der Nachbargrundstücke sowie der Allgemeinheit

erteilt werden.

Ist der Ausschank alkoholischer Getränke gestattet, müssen nach § 6 GastG auf Verlangen auch alkoholfreie Getränke zum Verzehr an Ort und Stelle verabreicht werden. Mindestens ein alkoholfreies Getränk darf nicht teurer sein als das billigste alkoholische Getränk in gleicher Menge.

Im Gaststättengewerbe dürfen der Gewerbetreibende oder Dritte auch während der Ladenschlusszeiten Zubehörwaren an Gäste abgeben und ihnen Zubehörleistungen erbringen (§ 7 Abs. 1 GastG). Der Schank- oder Speisewirt darf nach § 7 Abs. 2 GastG außerhalb der Sperrzeit zum alsbaldigen Verzehr oder Verbrauch

1. Getränke und zubereitete Speisen, die er in seinem Betrieb verabreichen,
2. Flaschenbier, alkoholfreie Getränke, Tabak- und Süßwaren

an jedermann über die Straße abgeben.

Die Erlaubnis erlischt, wenn der Inhaber den Betrieb nicht innerhalb eines Jahres nach Erteilung der Erlaubnis begonnen oder seit einem Jahr nicht mehr ausgeübt hat (§ 8 GastG). Die Fristen können verlängert werden, wenn ein wichtiger Grund vorliegt.

Wer ein erlaubnisbedürftiges Gaststättengewerbe durch einen Stellvertreter betreiben will, bedarf nach § 9 GastG einer Stellvertretungserlaubnis. Sie wird dem Erlaubnisinhaber für einen bestimmten Stellvertreter erteilt und kann befristet werden. Wird das Gewerbe nicht mehr durch den Stellvertreter betrieben, so ist dies unverzüglich der Erlaubnisbehörde anzuzeigen.

Nach dem Tode des Erlaubnisinhabers darf das Gaststättengewerbe nach § 10 GastG aufgrund der bisherigen Erlaubnis durch den Ehegatten, Lebenspartner oder die minderjährigen Erben während der Minderjährigkeit weitergeführt werden. Das gleiche gilt für Nachlassverwalter, Nachlasspfleger oder Testamentsvollstrecker bis zur Dauer von zehn Jahren nach dem Erbfall. Die Personen, die den Betrieb fortführen wollen, haben der Erlaubnisbehörde unverzüglich Anzeige zu erstatten.

Personen, die einen erlaubnisbedürftigen Gaststättenbetrieb von einem anderen übernehmen wollen, kann nach § 11 Abs. 1 GastG die Ausübung des Gaststättengewerbes bis zur Erteilung der Erlaubnis auf Widerruf gestattet werden. Die vorläufige Erlaubnis soll nicht für eine längere Zeit als drei Monate erteilt werden. Die Frist kann verlängert werden, wenn ein wichtiger Grund vorliegt. Dies gilt auch für die Erteilung einer vorläufigen Stellvertretungserlaubnis.

Aus besonderem Anlass kann nach § 12 Abs. 1 GastG der Betrieb eines erlaubnisbedürftigen Gaststättengewerbes unter erleichterten Voraussetzungen vorübergehend auf Widerruf gestattet werden. Dem Gewerbetreibenden können jederzeit Auflagen erteilt werden (§ 12 Abs. 2 GastG).

Die Erlaubnis zum Betrieb eines Gaststättengewerbes ist nach § 15 Abs. 1 GastG zurückzunehmen, wenn bekannt wird, dass bei ihrer Erteilung Versagensgründe vorlagen. Die Erlaubnis ist zu widerrufen, wenn nachträglich Tatsachen eintreten, die die Versagung der Erlaubnis rechtfertigen würden (§ 15 Abs. 2 GastG). Sie kann nach § 15 Abs. 3 GastG widerrufen werden, wenn

- der Gewerbetreibende oder sein Stellvertreter die Betriebsart, für welche die Erlaubnis erteilt worden ist, unbefugt ändert, andere als die zugelassenen Räume zum Betrieb verwendet oder nicht zugelassene Getränke oder Speisen verabreicht oder sonstige inhaltliche Beschränkungen der Erlaubnis nicht beachtet,
- der Gewerbetreibende oder sein Stellvertreter Auflagen nicht innerhalb einer gesetzten Frist erfüllt,
- der Gewerbetreibende seinen Betrieb ohne Erlaubnis durch einen Stellvertreter betreiben lässt,
- der Gewerbetreibende oder sein Stellvertreter Personen entgegen einem ergangenen Verbot beschäftigt,
- der Gewerbetreibende bei juristischen Personen oder nichtrechtsfähigen Vereinen nach Erteilung der Erlaubnis eine andere Person zur Vertretung nach Gesetz, Satzung oder Gesellschaftsvertrag beruft, nicht innerhalb von sechs Monaten nach der Berufung den Nachweis über die notwendigen lebensmittelrechtlichen Kenntnisse durch eine Bescheinigung einer IHK erbringt,
- der Gewerbetreibende nicht innerhalb von sechs Monaten nach dem Ausscheiden des Stellvertreters den Nachweis über die notwendigen lebensmittelrechtlichen Kenntnisse durch eine Bescheinigung einer IHK erbringt,
- nach dem Tode des Erlaubnisinhabers die weiterführenden Personen nicht innerhalb von sechs Monaten nach der Weiterführung den Nachweis über die notwendigen lebensmittelrechtlichen Kenntnisse durch eine Bescheinigung einer IHK erbringen.

Für Schank- und Speisewirtschaften sowie für öffentliche Vergnügungsstätten kann nach § 18 GastG durch Rechtsverordnung der Landesregierungen eine Sperrzeit allgemein festgesetzt werden. In der Rechtsverordnung ist zu bestimmen, dass die Sperrzeit bei Vorliegen eines öffentlichen Bedürfnisses oder besonderer öffentlicher Verhältnisse allgemein oder für einzelne Betriebe verlängert, verkürzt oder aufgehoben werden kann. Die Landesregierungen können durch Rechtsverordnung die Ermächtigung auf oberste Landesbehörden oder andere Behörden übertragen.

Verboten nach § 20 GastG ist
- Branntwein oder überwiegend branntweinhaltige Lebensmittel durch Automaten anzubieten,
- in Ausübung eines Gewerbes alkoholische Getränke an erkennbar Betrunkene zu verabreichen,
- im Gaststättengewerbe das Verabreichen von Speisen von der Bestellung von Getränken abhängig zu machen oder bei der Nichtbestellung von Getränken die Preise zu erhöhen,
- im Gaststättengewerbe das Verabreichen alkoholfreier Getränke von der Bestellung alkoholischer Getränke abhängig zu machen oder bei der Nichtbestellung alkoholischer Getränke die Preise zu erhöhen.

Die Beschäftigung einer Person in einem Gaststättenbetrieb kann nach § 21 GastG dem Gewerbetreibenden untersagt werden, wenn Tatsachen die Annahme rechtfertigen, dass die Person die für ihre Tätigkeit erforderliche Zuverlässigkeit nicht besitzt.

Die Vorschriften des Gaststättengesetzes über den Ausschank alkoholischer Getränke findet nach § 23 Abs. 1 GastG auch auf Vereine und Gesellschaften Anwendung, die kein Gewerbe betreiben. Werden alkoholische Getränke in Räumen ausgeschenkt, die im Eigentum dieser Vereine oder Gesellschaften stehen oder ihnen mietweise, leihweise oder aus einem anderen Grund überlassen und nicht Teil eines Gaststättenbetriebes sind, so finden die Vorschriften des Gaststättengesetzes mit einigen Ausnahmen keine Anwendung.

Das Güterkraftverkehrsgewerbe
Güterkraftverkehr ist die geschäftsmäßige oder entgeltliche Beförderung von Gütern mit Kraftfahrzeugen, die einschließlich Anhänger ein höheres zulässiges Gesamtgewicht als 3,5 Tonnen haben (§ 1 Abs. 1 GüKG).

Der gewerbliche Güterkraftverkehr ist erlaubnispflichtig (§ 3 Abs. 1 GüKG). Die Erlaubnis wird nach § 3 Abs. 2 GüKG einem Unternehmer, dessen Unternehmen seinen Sitz im Inland hat, für die Dauer von fünf Jahren erteilt, wenn

1. der Unternehmer und die zur Führung der Güterkraftverkehrsgeschäfte bestellte Person zuverlässig sind,
2. die finanzielle Leistungsfähigkeit des Unternehmens gewährleistet ist und
3. der Unternehmer oder die zur Führung der Güterkraftverkehrsgeschäfte bestellte Person fachlich geeignet ist.

Ein Sitz liegt vor, wenn das Antrag stellende Unternehmen am betreffenden Ort nachweist:

1. eine Einrichtung, die geeignet und bestimmt ist, eine stetige und dauerhafte Teilnahme am Wirtschaftsleben zu ermöglichen, insbesondere die erforderlichen Räumlichkeiten, in denen die Geschäftsunterlagen aufbewahrt werden,
2. eine dem Unternehmenszweck entsprechende Tätigkeit und
3. eine zum selbstständigen Handeln befugte und mit den Geschäftsvorgängen vertraute Person.

Eine Erlaubnis, deren Gültigkeitsdauer abgelaufen ist, wird zeitlich unbefristet erteilt, wenn der Unternehmer die Berufszugangsvoraussetzungen nach wie vor erfüllt.

Die Bedingungen für den Berufszugang sind nach § 3 Abs. 3 GüKG vorbehaltlich gegeben, wenn folgende Voraussetzungen erfüllt sind:

1. Die Zuverlässigkeit ist gegeben, wenn der Unternehmer und die zur Führung der Gütekraftverkehrsgeschäfte bestellte Person die Gewähr dafür bieten, dass das Unternehmen den gesetzlichen Bestimmungen entsprechend geführt wird und die Allgemeinheit bei dem Betrieb des Unternehmens vor Schäden oder Gefahren bewahrt bleibt.
2. Die finanzielle Leistungsfähigkeit ist gegeben, wenn die zur Aufnahme und ordnungsgemäßen, insbesondere verkehrssicheren Führung des Unternehmens erforderlichen finanziellen Mittel verfügbar sind.
3. Die fachliche Eignung ist gegeben, wenn der Unternehmer oder die zur Führung der Güterkraftverkehrsgeschäfte bestellte Person über die zur Führung des Unternehmens erforderlichen Fachkenntnisse verfügt.

Die Erlaubnis kann befristet, unter Bedingungen, Auflagen oder mit verkehrsmäßigen Beschränkungen erteilt werden (§ 3 Abs. 4 GüKG). Hat bei der Erteilung der Erlaubnis eine der Voraussetzungen nicht vorgelegen oder ist diese nachträglich entfallen, kann die Erlaubnis zurückgenommen oder widerrufen werden (§ 3 Abs. 5 GüKG).

Die Gemeinschaftslizenz nach § 5 GüKG gilt für Unternehmer, deren Unternehmenssitz im Inland liegt, als Erlaubnis, es sei denn, es handelt sich um eine Beförderung zwischen dem Inland und einem Staat, der weder Mitglied der EU noch anderer Vertragsstaaten des Abkommens über den Europäischen Wirtschaftsraum (EWR), noch die Schweiz ist. Dies gilt nicht für Inhaber von Gemeinschaftslizenzen aus der Republik Bulgarien und aus Rumänien.

Der Unternehmer ist nach § 7a Abs. 1 GüKG verpflichtet, eine Haftpflichtversicherung abzuschließen und aufrechtzuerhalten, die die gesetzliche Haftung wegen Güter- und Verspätungsschäden nach dem 4. Abschnitt des Handelsgesetzbuches während Beförderungen, bei denen der Be- und Entladeort im Inland liegt, versichert. Die Mindestversicherungssumme beträgt nach § 7a Abs. 2 GüKG 600.000 EUR je Schadensereignis. Die Vereinbarung einer Jahreshöchstersatzleistung, die nicht weniger als das Zweifache der Mindestversicherungssumme betragen darf, und eines Selbstbehalts sind zulässig.

Nach dem Tode des Unternehmers darf der Erbe die Güterkraftverkehrsgeschäfte vorläufig weiterführen (§ 8 Abs. 1 GüKG). Das gleiche gilt für den Testamentsvollstrecker, Nachlasspfleger oder Nachlassverwalter während einer Testamentsvollstreckung, Nachlasspflegschaft oder Nachlassverwaltung.

Das Bundesamt für Güterverkehr führt eine Datei über alle im Inland niedergelassenen Unternehmen des gewerblichen Güterkraftverkehrs, um unmittelbar feststellen zu können, über welche Berechtigungen (Erlaubnis, Gemeinschaftslizenz, CEMT-Genehmigung, CEMT-Umzugsgenehmigung) die jeweiligen Unternehmer verfügen (§ 15 Abs. 1 GüKG).

Das Reisegewerbe

Ein Reisegewerbe nach § 55 Abs. 1 GewO betreibt, wer gewerbsmäßig ohne vorhergehende Bestellung außerhalb seiner gewerblichen Niederlassung oder ohne eine solche zu haben

1. selbstständig oder unselbstständig in eigener Person Waren feilbietet oder Bestellungen aufsucht (vertreibt) oder ankauft, Leistungen anbietet oder Bestellungen auf Leistungen aufsucht oder

2. selbstständig unterhaltende Tätigkeiten als Schausteller oder nach Schaustellerart ausübt.

Wer ein Reisegewerbe betreiben will, benötigt nach § 55 Abs. 2 GewO eine Erlaubnis (Reisegewerbekarte). Die Reisegewerbekarte kann inhaltlich beschränkt, mit einer Befristung erteilt und mit Auflagen verbunden werden, soweit dies zum Schutz der Allgemeinheit oder der Verbraucher erforderlich ist (§ 55 Abs. 3 GewO).

Einer Reisegewerbekarte bedarf nach § 55a Abs. 1 GewO nicht, wer

1. gelegentlich der Veranstaltung von Messen, Ausstellungen, öffentlichen Festen oder aus besonderem Anlass mit Erlaubnis der zuständigen Behörde Waren feilbietet,

2. selbstgewonnene Erzeugnisse der Land- und Forstwirtschaft, des Gemüse-, Obst- und Gartenbaus, der Geflügelzucht und Imkerei sowie der Jagd und Fischerei vertreibt,

3. Tätigkeiten der in § 55 Abs. 1 Nr. 1 GewO genannten Art in der Gemeinde seines Wohnsitzes oder seiner gewerblichen Niederlassung ausübt, sofern die Gemeinde nicht mehr als 10.000 Einwohner zählt,

4. aufgrund einer Erlaubnis nach § 4 des Milch- und Margarinengesetzes Milch oder bei dieser Tätigkeit auch Milcherzeugnisse abgibt,

5. Versicherungsverträge als Versicherungsvermittler oder Bausparverträge vermittelt oder abschließt oder als Versicherungsberater über Versicherungen berät,

6. ein nach Bundes- oder Landesrecht erlaubnispflichtiges Gewerbe ausübt, für dessen Ausübung die Zuverlässigkeit erforderlich ist, und über die erforderliche Erlaubnis verfügt, 8. in einem nicht ortsfesten Geschäftsraum eines Kreditinstituts oder eines Unternehmens i.S. des § 53b Abs. 1 Satz 1 oder Abs. 7 Kreditwesengesetzes tätig ist, wenn in diesem Geschäftsraum ausschließlich banküblichen Geschäfte betrieben werden, zu denen diese Unternehmen nach dem Kreditwesengesetz befugt sind,

7. von einer nicht ortsfesten Verkaufsstelle oder einer anderen Einrichtung in regelmäßigen, kürzeren Zeitabständen an derselben Stelle Lebensmittel oder andere Waren des täglichen Bedarfs vertreibt.

8. Druckwerke auf öffentlichen Wegen, Straßen, Plätzen oder an anderen öffentlichen Orten feilbietet.

Die zuständige Behörde kann für besondere Verkaufsveranstaltungen Ausnahmen von der Erfordernis der Reisegewerbekarte zulassen (§ 55a Abs. 2 GewO).

Eine Reisegewerbekarte ist nach § 55b Abs. 1 GewO nicht erforderlich, soweit der Gewerbetreibende (z. B. Handelsvertreter) andere Personen im Rahmen ihres Geschäftsbetriebs aufsucht.

Der Inhaber einer Reisegewerbekarte ist verpflichtet, sie während der Ausübung des Gewerbebetriebs bei sich zu führen, auf Verlangen den zuständigen Behörden oder Beamten vorzuzeigen und seine Tätigkeit auf Verlangen bis zur Herbeischaffung der Reisegewerbekarte einzustellen (§ 60c Abs. 1 GewO). Auf Verlangen hat er die von ihm geführten Waren vorzulegen. Der Inhaber der Reisegewerbekarte, der die Tätigkeit nicht in eigener Person ausübt, ist nach § 60c Abs. 2 GewO verpflichtet, den im Betrieb Beschäftigten eine Zweitschrift oder eine beglaubigte Kopie der Reisegewerbekarte auszuhändigen, wenn sie unmittelbar mit Kunden in Kontakt treten sollen.

Für die Erteilung, die Versagung, die Rücknahme und den Widerruf der Reisegewerbekarte und für die Erteilung der Zweitschrift der Reisegewerbekarte ist die Behörde örtlich zuständig, in deren Bezirk der Betroffene seinen gewöhnlichen Aufenthalt hat (§ 61 GewO).

Das Handwerk

Der selbstständige Betrieb eines **zulassungspflichtigen Handwerks** als stehendes Gewerbe ist nur den in der Handwerksrolle eingetragenen natürlichen und juristischen Personen und Personengesellschaften (Personenhandelsgesellschaften und Gesellschaften des bürgerlichen Rechts) gestattet (§ 1 Abs. 1 HwO). Ein Gewerbebetrieb ist nach § 1 Abs. 2 HwO ein Betrieb eines zulassungspflichtigen Handwerks, wenn er handwerksmäßig betrieben wird und ein Gewerbe vollständig umfasst, das in der Anlage A zur Handwerksordnung aufgeführt ist, oder Tätigkeiten ausgeübt werden, die für dieses Gewerbe wesentlich sind (wesentliche Tätigkeiten). Keine wesentlichen Tätigkeiten sind insbesondere solche, die

1. in einem Zeitraum von bis zu drei Monaten erlernt werden können,
2. zwar eine längere Anlernzeit verlangen, aber für das Gesamtbild des betreffenden zulassungspflichtigen Handwerks nebensächlich sind und deswegen nicht die Fertigkeiten und Kenntnisse erfordern, auf die die Ausbildung in diesem Handwerk hauptsächlich ausgerichtet ist, oder
3. nicht aus einem zulassungspflichtigen Handwerk entstanden sind.

Die Ausübung mehrerer Tätigkeiten i.S. der Nr. 1 und 2 ist zulässig, es sei denn, die Gesamtbetrachtung ergibt, dass sie für ein bestimmtes zulassungspflichtiges Handwerk wesentlich sind.

Die Vorschriften für den selbstständigen Betrieb eines zulassungspflichtigen Handwerks gelten nach § 2 HwO auch für **handwerkliche Nebenbetriebe**, die mit einem Unternehmen eines zulassungspflichtigen Handwerks, der Industrie, des Handels, der Landwirtschaft oder sonstiger Wirtschafts- und Berufszweige verbunden sind. Ein handwerklicher Nebenbetrieb liegt nach § 3 Abs. 1 HwO vor, wenn in ihm Waren zum Absatz an Dritte handwerksmäßig hergestellt oder Leistungen für Dritte handwerksmäßig bewirkt werden, es sei denn, dass eine solche Tätigkeit nur in unerheblichem Umfang ausgeübt wird, oder dass es sich um einen Hilfsbetrieb handelt. Eine solche Tätigkeit ist nach § 3 Abs. 2 HwO unerheblich, wenn sie während eines Jahres die durchschnittliche Arbeitszeit eines ohne Hilfskräfte Vollzeit arbeitenden Betriebs des betreffenden Handwerkszweigs nicht übersteigt. Hilfsbetriebs sind nach § 3 Abs. 3 HwO unselbstständige, der wirtschaftlichen Zweckbestimmung des Hauptbetriebs dienende Betriebe eines zulassungspflichtigen Handwerks, wenn sie

1. Arbeiten für den Hauptbetrieb oder für andere dem Inhaber des Hauptbetriebs ganz oder überwiegend gehörende Betriebe ausführen oder
2. Leistungen an Dritte bewirken, die
   a) als handwerkliche Arbeiten untergeordneter Art zur gebrauchsfertigen Überlassung üblich sind oder
   b) in unentgeltlichen Pflege-, Installations-, Instandhaltungs- oder Instandsetzungsarbeiten bestehen oder
   c) in entgeltlichen Pflege-, Installations-, Instandhaltungs- oder Instandsetzungsarbeiten an solchen Gegenständen bestehen, die in einem Hauptbetrieb selbst hergestellt worden sind oder für die der Hauptbetrieb als Hersteller i.S. des Produkthaftungsgesetzes gilt.

Nach dem Tod des Inhabers eines Betriebs dürfen der Ehegatte, der Lebenspartner, der Erbe, der Testamentsvollstrecker, Nachlassverwalter, Nachlassinsolvenzverwalter oder Nachlasspfleger den Betrieb fortführen, ohne die Voraussetzungen für die Eintragung in die Handwerksrolle zu erfüllen (§ 4 Abs. 1 HwO). Sie haben dafür Sorge zu tragen, dass unverzüglich ein Betriebsleiter bestellt wird. Die Handwerkskammer kann in Härtefällen eine angemessene Frist setzen, wenn eine ordnungsgemäße Führung des Betriebs gewährleistet ist. Nach dem Ausscheiden des Betriebsleiters haben der in die Handwerksrolle eingetragene Inhaber eines Betriebs eines zulassungspflichtigen Handwerks oder sein Rechtsnachfolger oder sonstige verfügungsberechtigte Nachfolger unverzüglich für die Einsetzung eines anderen Betriebsleiters zu sorgen (§ 4 Abs. 2 HwO).

Wer ein zulassungspflichtiges Handwerk betreibt, kann hierbei auch Arbeiten in anderen zulassungspflichtigen Handwerken ausführen, wenn sie mit dem Leistungsangebot seines Gewerbes technisch oder fachlich zusammenhängen oder es wirtschaftlich ergänzen (§ 5 HwO).

Die Handwerkskammer hat ein Verzeichnis **(Handwerksrolle)** zu führen, in welches die Inhaber von Betrieben zulassungspflichtiger Handwerke ihres Bezirks mit dem von ihnen zu betreibenden Handwerk oder bei Ausübung mehrerer Handwerke mit diesen Handwerken einzutragen sind (§ 6 Abs. 1 HwO).

- Als Inhaber eines Betriebs eines zulassungspflichtigen Handwerks wird eine natürliche oder juristische Person oder eine Personengesellschaft in die Handwerksrolle eingetragen, wenn der Betriebsleiter die Voraussetzungen für die Eintragung in die Handwerksrolle mit dem zu betreibenden Handwerk oder einem mit diesem verwandten Handwerk erfüllt (§ 7 Abs. 1 HwO). Das Bundesministerium für Wirtschaft und Technologie bestimmt durch Rechtsverordnung mit Zustimmung des Bundesrats, welche zulassungspflichtige Handwerke sich so nahe stehen, dass die Beherrschung des einen zulassungspflichtigen Handwerks die fachgerechte Ausübung wesentlicher Tätigkeiten des anderen zulassungspflichtigen Handwerks ermöglicht (verwandte zulassungspflichtige Handwerke).

- In die Handwerksrolle wird eingetragen, wer in dem von ihm zu betreibenden oder in einem mit diesem verwandten zulassungspflichtigen Handwerk die Meisterprüfung bestanden hat (§ 7 Abs. 1a HwO).

- In die Handwerksrolle werden ferner Ingenieure, Absolventen von technischen Hochschulen und von staatlichen oder staatlich anerkannten Fachschulen für Technik und für Gestaltung mit dem zulassungspflichtigen Handwerk eingetragen, dem der Studien- oder der Schulschwerpunkt ihrer Prüfung entspricht (§ 7 Abs. 2 HwO). Dies gilt auch für Personen, die eine andere, der Meisterprüfung für die Ausübung des betreffenden zulassungspflichtigen Handwerks mindestens gleichwertige deutsche staatliche oder staatlich anerkannte Prüfung erfolgreich abgelegt haben. Der Abschlussprüfung an einer deutschen Hochschule gleichgestellt sind Diplome, die nach Abschluss einer Ausbildung von mindestens drei Jahren oder einer Teilzeitausbildung von entsprechender Dauer an einer Universität, einer Hochschule oder einer anderen Ausbildungseinrichtung mit gleichwertigem Ausbildungsniveau in einem anderen Mitgliedstaat der Europäischen Union, einem anderen Vertragsstaat des Abkommens über den Europäischen Wirtschaftsraum oder in der Schweiz erteilt wurden. Falls neben dem Studium eine Berufsausbildung gefordert wird, ist zusätzlich der Nachweis zu erbringen, dass diese abgeschlossen ist. Die Entscheidung, ob die Voraussetzungen für die Eintragung erfüllt sind, trifft die Handwerkskammer. Das Bundesministerium für Wirtschaft und Technologie (BMWi) kann zum Zwecke der Eintragung in die Handwerksrolle im Einvernehmen mit dem Bundesministerium für Bildung und Forschung (BMBF) durch Rechtsverordnung mit Zustimmung des Bundesrats die Voraussetzungen bestimmen, unter denen die in Studien- oder Schulschwerpunkten abgelegten Prüfungen Meisterprüfungen in zulassungspflichtigen Handwerken entsprechen.

- Das Bundesministerium für Wirtschaft und Technologie (BMWi) kann durch Rechtsverordnung mit Zustimmung des Bundesrats bestimmen, dass in die Handwerksrolle einzutragen ist, wer in einem anderen Mitgliedstaat der Europäischen Gemeinschaft oder in einem anderen Vertragsstaat des Abkommens über den Europäischen Wirtschaftsraum eine der Meisterprüfung für die Ausübung des zu betreibenden Gewerbes oder wesentlicher Tätigkeiten dieses Gewerbes gleichwertige Berechtigung zur Ausübung eines Gewerbes erworben hat (§ 7 Abs. 2a HwO).
- In die Handwerksrolle wird ferner eingetragen, wer eine Ausnahmebewilligung nach § 8 oder § 9 Abs. 1 HwO oder eine Bescheinigung nach § 9 Abs. 2 HwO für das zu betreibende zulassungspflichtige Handwerk oder für ein diesem verwandtes zulassungspflichtiges Handwerk besitzt (§ 7 Abs. 3 HwO).
- In die Handwerksrolle wird eingetragen, wer für das zu betreibende Gewerbe oder für ein mit diesem verwandtes Gewerbe eine Ausübungsberechtigung nach § 7a oder § 7b HwO besitzt (§ 7 Abs. 7 HwO).
- Vertriebene und Spätaussiedler, die vor dem erstmaligen Verlassen ihrer Herkunftsgebiete eine der Meisterprüfung gleichwertige Prüfung im Ausland bestanden haben, sind in die Handwerksrolle einzutragen (§ 7 Abs. 9 HwO).

Wer ein zulassungspflichtiges Handwerk betreibt, erhält eine **Ausübungsberechtigung** für ein anderes Gewerbe der Anlage A zur Handwerksordnung oder für wesentliche Tätigkeiten dieses Gewerbe, wenn die hierfür erforderlichen Kenntnisse und Fertigkeiten nachgewiesen sind. Dabei sind auch seine bisherigen beruflichen Erfahrungen und Tätigkeiten zu berücksichtigen (§ 7a Abs. 1 HwO).

Eine **Ausübungsberechtigung** für zulassungspflichtige Handwerke, ausgenommen in den Fällen der Nummern 12 und 33 bis 37 der Anlage A zur Handwerksordnung, erhält nach § 7b Abs. 1 HwO, wer

1. eine Gesellenprüfung in dem zu betreibenden zulassungspflichtigen Handwerk oder in einem mit diesem verwandten zulassungspflichtigen Handwerk oder eine Abschlussprüfung in einem dem zu betreibenden zulassungspflichtigen Handwerk entsprechenden anerkannten Ausbildungsberuf bestanden hat, und
2. in dem zu betreibenden zulassungspflichtigen Handwerk oder in einem mit diesem verwandten zulassungspflichtigen Handwerk oder in einem dem zu betreibenden zulassungspflichtigen Handwerk entsprechenden Beruf eine Tätigkeit von insgesamt sechs Jahren ausgeübt hat, davon insgesamt vier Jahre in leitender Stellung. Eine leitende Stellung ist dann anzunehmen, wenn dem Gesellen eigenverantwortliche Entscheidungsbefugnisse in einem Betrieb oder in einem wesentlichen Betriebsteil übertragen worden sind. Der Nachweis hierüber kann durch Arbeitszeugnisse, Stellenbeschreibungen oder in anderer Weise erbracht werden.
3. Die ausgeübte Tätigkeit muss zumindest eine wesentliche Tätigkeit des zulassungspflichtigen Handwerks umfasst haben, für das die Ausübungsberechtigung beantragt wurde.

Die für die selbstständige Handwerksausübung erforderlichen betriebswirtschaftlichen, kaufmännischen und rechtlichen Kenntnisse gelten i. d. R. durch die Berufserfahrung nach § 7b Abs. 1 Nr. 2 HwO als nachgewiesen (§ 7b Abs. 1a HwO). Soweit dies nicht der Fall ist, sind die erforderlichen Kenntnisse durch Teilnahme an Lehrgängen oder auf sonstige Weise nachzuweisen. Die Ausübungsberechtigung wird auf Antrag des Gewerbetreibenden von der höheren Verwaltungsbehörde nach Anhörung der Handwerkskammer zu den Voraussetzungen erteilt (§ 7b Abs. 2 HwO).

In Ausnahmefällen ist nach § 8 Abs. 1 HwO eine **Ausnahmebewilligung** zur Eintragung in die Handwerksrolle zu erteilen, wenn die zur selbstständigen Ausübung des von dem Antragsteller zu betreibenden zulassungspflichtigen Handwerks notwendigen Kenntnisse und Fertigkeiten nachgewiesen sind. Dabei sind auch seine bisherigen beruflichen Erfahrungen und Tätigkeiten zu berücksichtigen. Ein Ausnahmefall liegt vor, wenn die Ablegung einer Meisterprüfung zum Zeitpunkt der Antragstellung oder danach für ihn eine unzumutbare Belastung bedeuten würde. Nach einer Industriemeisterprüfung ist von einer Unzumutbarkeit einer erneuten Handwerksmeisterprüfung auszugehen. Die Ausnahmebewilligung kann nach § 8 Abs. 2 HwO unter Auflagen oder Bedingungen oder befristet erteilt und auf einen wesentlichen Teil der Tätigkeiten beschränkt werden, die zu einem in der Anlage A zur Handwerksordnung aufgeführten Gewerbe gehören. In diesem Fall genügt der Nachweis der hierfür erforderlichen Kenntnisse und Fertigkeiten. Die Ausnahmebewilligung wird nach § 8 Abs. 3 HwO auf Antrag des Gewerbetreibenden von der höheren Verwaltungsbehörde nach Anhörung der Handwerkskammer zu den Voraussetzungen erteilt. Die Handwerkskammer kann eine Stellungnahme der fachlich zuständigen Innung oder Berufsvereinigung einholen, wenn der Antragsteller ausdrücklich zustimmt. Sie hat ihre Stellungnahme einzuholen, wenn der Antragsteller es verlangt. Gegen die Entscheidung steht nach § 8 Abs. 4 HwO neben dem Antragsteller auch der Handwerkskammer der Verwaltungsrechtsweg offen.

Das Bundesministerium für Wirtschaft und Technologie wird nach § 9 Abs. 1 HwO ermächtigt, durch Rechtsverordnung mit Zustimmung des Bundesrats zur Durchführung von Richtlinien der Europäischen Union über die Anerkennung von Berufsqualifikationen im Rahmen der Niederlassungsfreiheit, des freien Dienstleistungsverkehrs und der Arbeitnehmerfreizügigkeit und zur Durchführung des Abkommens vom 02.05.1992 über den Europäischen Wirtschaftsraum sowie des Abkommens zwischen der Europäischen Gemeinschaft und ihren Mitgliedstaaten einerseits und der Schweizerischen Eidgenossenschaft andererseits über die Freizügigkeit vom 21.06.1999 zu bestimmen,

1. unter welchen Voraussetzungen einem Staatsangehörigen eines Mitgliedstaates der Europäischen Union, eines Vertragsstaates des Abkommens über den Europäischen Wirtschaftsraum oder der Schweiz, der im Inland zur Ausübung eines zulassungspflichtigen Handwerks eine gewerbliche Niederlassung unterhalten oder als Betriebsleiter tätig werden will, eine Ausnahmebewilligung zur Eintragung in die Handwerksrolle zu erteilen ist und

2. unter welchen Voraussetzungen einem Staatsangehörigen eines der vorgenannten Staaten, der im Inland keine gewerbliche Niederlassung unterhält, die grenzüberschreitende Dienstleistungserbringung in einem zulassungspflichtigen Handwerk gestattet ist.

Nach § 1 Absatz 1 EU/EWR HwV (Verordnung über die für Staatsangehörige der Mitgliedstaaten der Europäischen Union (EU) oder eines anderen Vertragsstaates des Abkommens über den Europäischen Wirtschaftsraum (EWR) oder der Schweiz geltenden Voraussetzungen für die Ausübung eines zulassungspflichtigen Handwerks – EU/EWR-Handwerk-Verordnung) wird einem Staatsangehörigen der Mitgliedstaaten der Europäischen Union (EU) oder eines anderen Vertragsstaates des Abkommens über den Europäischen Wirtschaftsraum (EWR) oder der Schweiz, die im Inland zur Ausübung eines Handwerks der Anlage A zur Handwerksordnung eine gewerbliche Niederlassung unterhalten oder als Betriebsleiter tätig sein wollen, nach Maßgabe der Vorschriften dieses Gesetzes auf Antrag eine Ausnahmebewilligung zur Eintragung in die Handwerksrolle nach § 9 Abs. 1 Satz 1 Nr. 1 HwO i.V.m. § 7 Abs. 3 HwO für ein Handwerk der Anlage A zur Handwerksordnung erteilt. Die Möglichkeit einer Ausnahmebewilligung nach § 8 Abs. 1 HwO bleibt unberührt.

Eine Ausnahmebewilligung erhält, wer nach § 2 Abs. 1 EU/EWR HwV in dem betreffenden Gewerbe die notwendige Berufserfahrung besitzt. Dies gilt nicht für die in den Nummern 33 bis 37 der Anlage A zur Handwerksordnung aufgeführten Gewerbe. Die notwendige Berufserfahrung besitzen Personen, die in einem anderen Mitgliedstaat der Europäischen Union, einem anderen Vertragsstaat des Abkommens über den Europäischen Wirtschaftsraum (EWR) oder in der Schweiz zumindest eine wesentliche Tätigkeit des Gewerbes ausgeübt haben:
1. mindestens sechs Jahre ununterbrochen als Selbstständige oder als Betriebsverantwortliche, sofern die Tätigkeit nicht länger als zehn Jahre vor der Antragstellung beendet wurde,
2. mindestens drei Jahre ununterbrochen als Selbstständige oder als Betriebsverantwortliche, wenn eine mindestens dreijährige Ausbildung in der Tätigkeit vorangegangen ist,
3. mindestens vier Jahre ununterbrochen als Selbstständige oder als Betriebsverantwortliche, wenn eine mindestens zweijährige Ausbildung in der Tätigkeit vorangegangen ist,
4. mindestens drei Jahre ununterbrochen als Selbstständige und mindestens fünf Jahre als Arbeitnehmer, sofern die Tätigkeit nicht länger als zehn Jahre vor der Antragstellung beendet wurde, oder
5. mindestens fünf Jahre ununterbrochen in einer leitenden Stellung eines Unternehmens, von denen mindestens drei Jahre auf eine Tätigkeit mit technischen Aufgaben und mit der Verantwortung für mindestens eine Abteilung des Unternehmens entfallen müssen, und wenn außerdem eine mindestens dreijährige Ausbildung in der Tätigkeit statt gefunden hat. Dies gilt nicht für das Friseurgewerbe (Nr. 38 der Anlage A zur Handwerksordnung).

Betriebsverantwortliche sind nach § 2 Abs. 2 EU/EWR HwV Personen, die in einem Unternehmen des entsprechenden Gewerbes tätig sind:
1. als Leiter des Unternehmens oder einer Zweigniederlassung,
2. als Stellvertreter eines Inhabers oder eines Leiters des Unternehmers, wenn mit dieser Stellung eine Verantwortung verbunden ist, die der der vertretenen Person vergleichbar ist, oder
3. in leitender Stellung mit kaufmännischen oder technischen Aufgaben und mit der Verantwortung für mindestens eine Abteilungen des Unternehmens.

Staatsangehörigen eines Mitgliedstaates der Europäischen Union, eines anderen Vertragsstaates des Abkommens über den Europäischen Wirtschaftsraum (EWG) oder der Schweiz, die im Inland keine gewerbliche Niederlassung unterhalten, ist nach § 7 Abs. 1 EU/EWR HwV die vorübergehende und gelegentliche Erbringung von Dienstleistungen in einem Handwerk der Anlage A zur Handwerksordnung gestattet, wenn sie in einem dieser Staaten zur Ausübung vergleichbarer Tätigkeiten rechtmäßig niedergelassen sind. Setzt der Niederlassungsstaat für die Ausübung der betreffenden Tätigkeiten keine bestimmte berufliche Qualifikation voraus und gibt es dort auch keine staatlich geregelte Ausbildung für die Tätigkeiten, ist die vorübergehende und gelegentliche Erbringung von Dienstleistungen in einem Handwerk der Anlage A zur Handwerksordnung nur dann gestattet, wenn die Tätigkeiten mindestens zwei Jahre lang im Niederlassungsstaat ausgeübt worden sind und nicht länger als zehn Jahre zurückliegen. Der Dienstleistungserbringer muss nach § 8 Abs. 1 EU/EWR HwV der zuständigen Behörde die beabsichtigte Erbringung einer Dienstleistung vor dem erstmaligen Tätigwerden schriftlich anzeigen und dabei das Vorliegen der Voraussetzungen durch Unterlagen nachweisen. Die örtliche Zuständigkeit für die Anzeige richtet sich nach dem Ort der erstmaligen Dienstleistungserbringung.

Die Eintragung in die Handwerksrolle erfolgt auf Antrag oder von Amts wegen (§ 10 Abs. 1 HwO). Wenn die Voraussetzungen zur Eintragung in die Handwerksrolle vorliegen, ist die Eintragung innerhalb von drei Monaten nach Eingang des Antrags einschließlich der vollständigen Unterlagen vorzunehmen. Hat die Handwerkskammer nicht innerhalb der Frist eingetragen, gilt die Eintragung als erfolgt. Über die Eintragung in die Handwerksrolle hat die Handwerkskammer nach § 10 Abs. 2 HwO eine Bescheinigung (Handwerkskarte) auszustellen. In die **Handwerkskarte** sind eingetragen: der Name und die Anschrift des Inhabers eines Betriebs eines zulassungspflichtigen Handwerks, der Betriebssitz, das zu betreibende zulassungspflichtige Handwerk und bei Ausübung mehrerer zulassungspflichtiger Handwerke diese Handwerke sowie der Zeitpunkt der Eintragung in die Handwerksrolle. In den Fällen des § 7 Abs. 1 HwO ist zusätzlich der Name des Betriebsleiters, des für die technische Leitung verantwortlichen persönlich haftenden Gesellschafters oder des Leiters eines Nebenbetriebs einzutragen.

Wer den Betrieb eines zulassungspflichtigen Handwerks anfängt, hat gleichzeitig mit der nach § 14 GewO zu erstattenden Anzeige der hiernach zuständigen Behörde die über die Eintragung in der Handwerksrolle ausgestellte Handwerkskarte vorzulegen (§ 16 Abs. 1 HwO). Der Inhaber eines Hauptbetriebs hat der für die Entgegennahme der Anzeige nach § 14 GewO zuständigen Behörde die Ausübung eines handwerklichen Neben- oder Hilfsbetriebs anzuzeigen. Der Gewerbetreibende hat ferner der Handwerkskammer, in deren Bezirk seine gewerbliche Niederlassung liegt oder die nach § 6 Abs. 2 HwO für seine Eintragung in die Handwerksrolle zuständig ist, unverzüglich den Beginn und die Beendigung seines Betriebs und in den Fällen des § 7 Abs. 1 HwO die Bestellung und Abberufung des Betriebsleiters anzuzeigen (§ 16 Abs. 2 HwO). Bei juristischen Personen sind auch die Namen der gesetzlichen Vertreter, bei Personengesellschaften die Namen der für die technische Leitung verantwortlichen und der vertretungsberechtigten Gesellschafter anzuzeigen.

Zulassungspflichtige Handwerksgewerbe		
1	Maurer und Betonbauer	
2	Ofen- und Luftheizungsbauer	
3	Zimmerer	
4	Dachdecker	
5	Straßenbauer	
6	Wärme-, Kälte- und Schallschutzisolierer	
7	Brunnenbauer	
8	Steinmetzen und Steinbildhauer	
9	Stukkateure	
10	Maler und Lackierer	
11	Gerüstbauer	
12	Schornsteinfeger	
13	Metallbauer	
14	Chirurgiemechaniker	
15	Karosserie- und Fahrzeugbauer	
16	Feinwerkmechaniker	
17	Zweiradmechaniker	
18	Kälteanlagenbauer	
19	Informationstechniker	
20	Kraftfahrzeugtechniker	
21	Landmaschinenmechaniker	

Die zweite Spalte:

22	Büchsenmacher
23	Klempner
24	Installateur- und Heizungsbauer
25	Elektrotechniker
26	Elektromaschinenbauer
27	Tischler
28	Boots- und Schiffbauer
29	Seiler
30	Bäcker
31	Konditoren
32	Fleischer
33	Augenoptiker
34	Hörgeräteakustiker
35	Orthopädietechniker
36	Orthopädieschuhmacher
37	Zahntechniker
38	Friseure
39	Glaser
40	Glasbläser und Glasapparatebauer
41	Vulkaniseure und Reifenmechaniker

Abb. 10: Verzeichnis der Gewerbe, die als zulassungspflichtige Handwerke betrieben werden können (Anlage A zur Handwerksordnung)

Wer den selbstständigen Betrieb eines **zulassungsfreien Handwerks** oder eines **handwerksähnlichen Gewerbes** als stehendes Gewerbe beginnt oder beendet, hat dies nach § 18 Abs. 1 HwO unverzüglich der örtlich zuständigen Handwerkskammer anzuzeigen. Bei juristischen Personen sind auch die Namen der gesetzlichen Vertreter, bei Personengesellschaften die Namen der vertretungsberechtigten Gesellschafter anzuzeigen. Ein Gewerbe ist ein zulassungsfreies Handwerk, wenn es handwerksmäßig betrieben wird und in der Anlage B Abschnitt 1 der Handwerksordnung aufgeführt ist (§ 18 Abs. 2 S. 1 HwO). Ein Gewerbe ist ein handwerksähnliches Gewerbe, wenn es handwerksähnlich betrieben wird und in der Anlage B Abschnitt 2 der Handwerksordnung aufgeführt ist (§ 18 Abs. 2 S. 2 HwO).

Die Handwerkskammer hat ein Verzeichnis zu führen, in welches die Inhaber eines Betriebs eines zulassungsfreien Handwerks oder eines handwerksähnlichen Gewerbes mit dem von ihnen betriebenen Gewerbe oder bei Ausübung mehrerer Gewerbe mit diesen Gewerben einzutragen sind (§ 19 HwO).

Inhaber von Betrieben des gleichen zulassungspflichtigen Handwerks oder des gleichen zulassungsfreien Handwerks oder des gleichen handwerksähnlichen Gewerbes oder solcher Handwerke oder handwerksähnlicher Gewerbe, die sich fachlich oder wirtschaftlich nahestehen, können zur Förderung ihrer gemeinsamen gewerblichen Interessen innerhalb eines bestimmten Bezirks zu einer Handwerksinnung zusammentreten (§ 52 Abs. 1 HwO). Voraussetzung ist, dass für das jeweilige Gewerbe eine Ausbildungsordnung erlassen worden ist.

Zulassungsfreie Handwerksgewerbe			
1	Fliesen-, Platten- und Mosaikleger	27	Raumausstatter
2	Betonstein- und Terrazzohersteller	28	Müller
3	Estrichleger	29	Brauer und Mälzer
4	Behälter- und Apparatebauer	30	Weinküfer
5	Uhrmacher	31	Textilreiniger
6	Graveure	32	Wachszieher
7	Metallbildner	33	Gebäudereiniger
8	Galvaniseure	34	Glasveredler
9	Metall- und Glockengießer	35	Feinoptiker
10	Schneidwerkzeugmechaniker	36	Glas- und Porzellanmaler
11	Gold- und Silberschmiede	37	Edelsteinschleifer und -graveure
12	Parkettleger	38	Fotografen
13	Rollladen- und Jalousiebauer	39	Buchbinder
14	Modellbauer	40	Buchdrucker; Schriftsetzer; Drucker
15	Drechsler (Elfenbeinschnitzer) und Holzspielzeugmacher	41	Siebdrucker
		42	Flexografen
16	Holzbildhauer	43	Keramiker
17	Böttcher	44	Orgel- und Harmoniumbauer
18	Korbmacher	45	Klavier- und Cembalobauer
19	Damen- und Herrenschneider	46	Handzuginstrumentenmacher
20	Sticker	47	Geigenbauer
21	Modisten	48	Bogenmacher
22	Weber	49	Metallblasinstrumentenmacher
23	Segelmacher	50	Holzblasinstrumentenmacher
24	Kürschner	51	Zupfinstrumentenmacher
25	Schuhmacher	52	Vergolder
26	Sattler und Feintäschner	53	Schilder- und Lichtreklamehersteller

Abb. 11: Verzeichnis der Gewerbe, die als zulassungsfreie Handwerke betrieben werden können (Anlage B Abschnitt 1 zur Handwerksordnung)

Handwerksähnliche Gewerbe	
1 Eisenflechter	26 Bügelanstalten für Herren-Ober-bekleidung
2 Bautentrocknungsgewerbe	
3 Bodenleger	27 Dekorationsnäher (ohne Schaufenster-dekoration)
4 Asphaltierer (ohne Straßenbau)	
5 Fuger (im Hochbau)	28 Fleckteppichhersteller
6 Holz- und Bautenschutzgewerbe (Mauerschutz und Holzimprägnierung in Gebäuden)	29 Klöppler
	30 Theaterkostümnäher
	31 Plisseebrenner
7 Rammgewerbe (Einrammen von Pfählen im Wasserbau)	32 Posamentierer
	33 Stoffmaler
8 Betonbohrer und -schneider	34 Stricker
9 Theater- und Ausstattungsmaler	35 Textil-Handdrucker
10 Herstellung von Drahtgestellen für Dekorationszwecke in Sonderanfertigung	36 Kunststopfer
	37 Änderungsschneider
	38 Handschuhmacher
11 Metallschleifer und Metallpolierer	39 Ausführung einfacher Schuhrepara-turen
12 Metallsägen-Schärfer	
13 Tankschutzbetriebe (Korrosions-schutz von Öltanks für Feuerungsanlagen ohne chemische Verfahren)	40 Gerber
	41 Innerei-Fleischerei (Kuttler)
	42 Speiseeishersteller (mit Vertrieb von Speiseeis mit üblichem Zubehör)
14 Fahrzeugverwerter	43 Fleischzerleger, Ausbeiner
15 Rohr- und Kanalreiniger	44 Appreteure, Dekorateure
16 Kabelverleger im Hochbau (ohne Anschlussarbeiten)	45 Schnellreiniger
	46 Teppichreiniger
17 Holzschuhmacher	47 Getränkeleitungsreiniger
18 Holzblockmacher	48 Kosmetiker
19 Daubenhauer	49 Maskenbildner
20 Holz-Leitermacher (Sonderanferti-gung)	50 Bestattungsgewerbe
	51 Lampenschirmhersteller (Sonderan-fertigung)
21 Muldenhauer	
22 Holzreifenmacher	52 Klavierstimmer
23 Holzschindelmacher	53 Theaterplastiker
24 Einbau von genormten Baufertig-teilen (z.B. Fenster, Türen, Zargen, Regale)	54 Requisiteure
	55 Schirmmacher
	56 Steindrucker
25 Bürsten- und Pinselmacher	57 Schlagzeugmacher

Abb. 12: Verzeichnis der Gewerbe, die als handwerksähnliche Gewerbe betrieben werden können (Anlage B Abschnitt 2 zur Handwerksordnung)

Gewerbe	Erforderliche Genehmigung
Industrie: • Herstellung von Arzneimitteln (§§ 12 ff. AMG). • Herstellung von Schusswaffen und Munition (§§ 7 ff. WaffG). • Herstellung von explosionsgefährlichen Stoffen (§§ 2 ff. SprengG).	• Die Erlaubnis setzt im Wesentlichen die erforderliche Sachkunde und Zuverlässigkeit, sowie das Vorhandensein geeigneter Räume und Einrichtungen voraus. • Die Erlaubnis setzt die erforderliche Sachkunde und Zuverlässigkeit voraus. • Die Erlaubnis setzt die erforderliche Sachkunde und Zuverlässigkeit voraus.
Großhandel: • Handel mit Branntwein (§§ 106 ff. Gesetz über das Branntweinmonopol). • Handel mit Schusswaffen und Munition (§§ 7 ff. WaffG). • Handel mit explosionsgefährlichen Stoffen (§§ 2 ff. SprengG). • Handel mit Altmetallen (§§ 1 ff. Gesetz über den Verkehr mit unedlen Metallen).	• Die Erlaubnis setzt die erforderliche Zuverlässigkeit voraus. • Die Erlaubnis setzt die erforderliche Sachkunde und Zuverlässigkeit voraus. • Die Erlaubnis setzt die erforderliche Sachkunde und Zuverlässigkeit voraus. • Die Erlaubnis setzt die erforderliche Sachkunde und Zuverlässigkeit voraus.
Einzelhandel: • Inverkehrbringen von Arzneimittel (§§ 43 ff. AMG). • Verkauf von Milch (§§ 14 ff. Milchgesetz). • Handel mit Hackfleisch (§§ 10 ff. Hackfleischverordnung). • Handel mit Schusswaffen und Munition §§ 7 ff. WaffenG). • Betrieb einer Apotheke (§§ 1 ff. Gesetz über das Apothekerwesen). • Handel mit alkoholischen Getränken (§§ 2 ff GastG). • Handel mit Altmetallen (§§ 1 ff. Gesetz über den Verkehr mit unedlen Metallen).	• Die Erlaubnis setzt die erforderliche Sachkunde und Zuverlässigkeit voraus. • Die Erlaubnis setzt die erforderliche Sachkunde und Zuverlässigkeit voraus. • Die Erlaubnis setzt die erforderliche Sachkunde und Zuverlässigkeit voraus. • Die Erlaubnis setzt die erforderliche Sachkunde und Zuverlässigkeit voraus. • Besondere Erlaubnis erforderlich. • Besondere Erlaubnis erforderlich. • Besondere Erlaubnis erforderlich.
Handwerk: • Selbstständiger Betrieb eines zulassungspflichtigen Handwerks als stehendes Gewerbe (§§ 1 ff. HwO).	• Eintragung in die Handwerksrolle. Eingetragen wird nur, wer in dem betreffenden Handwerk die Meisterprüfung bestanden (§ 7 Abs. 1 HwO), eine gleichwertige andere Prüfung erfolgreich abgelegt hat (§ 7 Abs. 2 HwO), eine Ausnahmebewilligung (§ 7 Abs. 3 HwO) oder eine Ausübungsberechtigung (§ 7 Abs. 7 HwO) erhalten hat.

Gewerbe	Erforderliche Genehmigung
Hotel- und Gaststättengewerbe: • Betrieb von Schankwirtschaften, Speisewirtschaften und Beherbergungsbetrieben (§§ 1 ff. GastG).	• Die Erlaubnis setzt im Wesentlichen die erforderliche Zuverlässigkeit und das Vorhandensein geeigneter Räume sowie den Nachweis der zuständigen Industrie- und Handelskammer voraus, dass der Antragsteller über die Grundzüge der für den in Aussicht genommenen Betrieb notwendigen lebensmittelrechtlichen Kenntnisse unterrichtet worden ist und mit ihnen als vertraut gelten kann.
Verkehrswesen: • Personenverkehr: Betrieb für die geschäftsmäßige Beförderung von Personen mit Straßenbahnen, Oberleitungsomnibussen, mit Kraftfahrzeugen im Linienverkehr und mit Taxen im Gelegenheitsverkehr (§§ 2 ff. PBefG). • Güterkraftverkehr: Betrieb eines Güterkraftverkehrsunternehmens (§§ 3 ff. GüKG).	• Die Erlaubnis setzt im Wesentlichen die Gewährleistung der Sicherheit und Leistungsfähigkeit des Betriebs sowie die Zuverlässigkeit und fachliche Eignung des Antragstellers voraus. • Die Erlaubnis setzt die fachliche Eignung und Zuverlässigkeit voraus. Ferner muss die finanzielle Leistungsfähigkeit des Betriebs gewährleistet sein.
Sonstige: • Schaustellungen von Personen (§ 33a GewO), d. h. Vorführungen, bei denen die Person in ihrer körperlichen Erscheinung (geschlechtsbezogen) den eigentlichen Gegenstand der Darstellung bildet. • Betrieb von Spielgeräten mit Gewinnmöglichkeit (§ 33c GewO), Betrieb von anderen Spielen mit Gewinnmöglichkeit (§ 33d GewO).	• Die Erlaubnis setzt die erforderliche Zuverlässigkeit voraus. Die beabsichtigten Veranstaltungen dürfen nicht den Gesetzen oder guten Sitten zuwider laufen. Das Geschäftslokal muss den polizeilichen Anforderungen genügen und darf keine schädlichen Umwelteinwirkungen im Sinne des Bundesimmissionsschutzgesetzes oder sonst eine erhebliche Belästigung der Allgemeinheit befürchten lassen. • Die Erlaubnis setzt die erforderliche Zuverlässigkeit und eine Unbedenklichkeitsbescheinigung (§ 33e GewO) voraus.

Gewerbe	Erforderliche Genehmigung
Sonstige (Forts.): • Betrieb von Spielhallen und ähnlichen Unternehmen (§ 33i GewO).	• Die Erlaubnis setzt die erforderliche Zuverlässigkeit voraus. Das Geschäftslokal muss den polizeilichen Anforderungen genügen und darf keine schädlichen Umwelteinwirkungen im Sinne des Bundesimmissionsschutzes oder sonst einer erheblichen Belästigung der Allgemeinheit befürchten lassen.
• Betrieb des Geschäfts eines Pfandleihers oder Pfandvermittlers (§ 34 GewO).	• Die Erlaubnis setzt die erforderliche Zuverlässigkeit und den Nachweis der für den Gewerbebetrieb erforderlichen Mittel oder entsprechender Sicherheiten voraus.
• Betrieb des Bewachungsgewerbes (§ 34 a GewO).	• Die Erlaubnis setzt die erforderliche Zuverlässigkeit und den Nachweis für den Gewerbebetrieb erforderlichen Mittel oder entsprechender Sicherheiten voraus. Ferner ist durch eine Bescheinigung einer IHK nachzuweisen, dass der Antragsteller über die für die Ausübung des Gewerbes notwendigen rechtlichen Vorschriften unterrichtet worden ist und mit ihnen vertraut ist. Die Landesregierungen können durch Rechtsverordnung bestimmen, dass der Gewerbetreibende zur Überprüfung seiner Zuverlässigkeit der zuständigen Behörde regelmäßig ein Führungszeugnis vorzulegen hat.
• Betrieb des Versteigerergewerbes (§ 34 b GewO).	• Die Erlaubnis setzt die erforderliche Zuverlässigkeit und geordnete Vermögensverhältnisse voraus.
• Vermitteln von Grundstücken, Wohnräumen, Darlehen, Kapitalanlagen als Makler, Anlageberatung, durchführen von Bauvorhaben als Bauträger oder Baubetreuer (§ 34c GewO).	• Die Erlaubnis setzt die erforderliche Zuverlässigkeit und geordnete Vermögensverhältnisse voraus.
• Betrieb eines Reisegewerbes (§§ 55 ff. GewO).	• Die Erlaubnis setzt die erforderliche Zuverlässigkeit voraus.
• Betrieb eines Gewerbes zur Überlassung von Arbeitskräften nach dem Arbeitnehmerüberlassungsgesetz (AÜG).	• Die Erlaubnis setzt die erforderliche Zuverlässigkeit voraus.

Abb. 13: Erlaubnispflichtige Gewerbe

Das Makler-, Bauträger- und Baubetreuergewerbe

Makler vermitteln den Abschluss von Verträgen über Grundstücke, grundstücksgleiche Rechte, gewerbliche Räume, Wohnräume (Immobilienmakler), den Abschluss von Verträgen über Darlehen, den Abschluss von Verträgen über den Erwerb von Anteilscheinen einer Kapitalgesellschaft, von ausländischen Investmentanteilen, von sonstigen öffentlich angebotenen Vermögensanlagen, die für gemeinsame Rechnung der Anleger verwaltet werden, oder von öffentlich angebotenen Anteilen an einer und von verbrieften Forderungen gegen eine Kapitalgesellschaft oder Kommanditgesellschaft (Finanzmakler). Bauträger bereiten Bauvorhaben vor oder führen Bauvorhaben durch als Bauherr im eigenen Namen für eigene oder fremde Rechnung und verwenden dazu Vermögenswerte von Erwerbern, Mietern, Pächtern oder sonstigen Nutzungsberechtigten oder von Bewerbern um Erwerbs- oder Nutzungsrechte. Baubetreuer bereiten Bauvorhaben wirtschaftlich vor oder führen Bauvorhaben durch im fremden Namen für fremde Rechnung.

Wer gewerbsmäßig als Makler, Anlageberater, Bauträger oder Baubetreuer tätig ist, bedarf der Erlaubnis der zuständigen Behörde (§ 34c Abs. 1 GewO). Die Erlaubnis setzt die erforderliche **Zuverlässigkeit** und **geordnete Vermögensverhältnisse** voraus. Die Erlaubnis kann inhaltlich beschränkt und mit Auflagen verbunden werden, soweit dies zum Schutz der Allgemeinheit oder der Auftraggeber erforderlich ist, unter denselben Voraussetzungen ist auch die nachträgliche Aufnahme, Änderung und Ergänzung von Auflagen zulässig. Die erforderliche Zuverlässigkeit besitzt i. d. R. nicht, wer in den letzten fünf Jahren vor Stellung des Antrags wegen eines Verbrechens oder wegen Diebstahls, Unterschlagung, Erpressung, Betrugs, Untreue, Geldwäsche, Urkundenfälschung, Hehlerei, Wuchers oder einer Insolvenzstraftat rechtskräftig verurteilt worden ist. Ungeordnete Vermögensverhältnisse liegen i. d. R. vor, wenn über das Vermögen des Antragstellers das Insolvenzverfahren eröffnet worden oder er in das vom Insolvenzgericht oder vom Vollstreckungsgericht zu führende Verzeichnis eingetragen ist (§ 34c Abs. 2 GewO).

6.3   Das überwachungsbedürftige Gewerbe

Bei folgenden Gewerbezweigen hat die zuständige Behörde unverzüglich nach Erstattung der Gewerbeanmeldung oder der Gewerbeummeldung die Zuverlässigkeit des Gewerbetreibenden zu überprüfen (§ 38 Abs. 1 GewO):
- An- und Verkauf von
  - hochwertigen Konsumgütern, insbesondere Unterhaltungselektronik, Computern, optischen Erzeugnissen, Fotoapparaten, Videokameras, Teppichen, Pelz- und Lederbekleidung,
  - Kraftfahrzeugen und Fahrrädern,
  - Edelmetallen und edelmetallhaltigen Legierungen sowie Waren aus Edelmetall oder edelmetallhaltigen Legierungen,
  - Edelsteinen, Perlen und Schmuck,
  - Altmetallen,
  durch auf den Handel mit Gebrauchtwaren spezialisierte Betriebe,
- Auskunftserteilung über Vermögensverhältnisse und persönliche Angelegenheiten (Auskunfteien, Detekteien),
- Vermittlung von Eheschließungen, Partnerschaften und Bekanntschaften,
- Betrieb von Reisebüros und Vermittlung von Unterkünften,
- Vertrieb und Einbau von Gebäudesicherungseinrichtungen einschließlich der Schlüsseldienste,
- Herstellen und Vertreiben spezieller diebstahlsbezogener Öffnungswerkzeuge.

Zu diesem Zweck hat der Gewerbetreibende unverzüglich ein Führungszeugnis nach § 30 Abs. 5 Bundeszentralregistergesetz und eine Auskunft aus dem Gewerbezentralregister nach § 150 Abs. 5 GewO zur Vorlage bei der Behörde zu beantragen. Kommt er dieser Verpflichtung nicht nach, hat die Behörde diese Auskünfte von Amts wegen einzuholen.

Bei begründeter Besorgnis der Gefahr der Verletzung wichtiger Gemeinschaftsgüter kann ein Führungszeugnis oder eine Auskunft aus dem Gewerbezentralregister auch bei anderen als den o.g. gewerblichen Tätigkeiten angefordert oder eingeholt werden (§ 38 Abs. 2 GewO).

Die Landesregierungen können durch Rechtsverordnung für die o.g. Gewerbezweige bestimmen, in welcher Weise die Gewerbetreibenden ihre Bücher zu führen und dabei Daten über einzelne Geschäftsvorgänge, Geschäftspartner, Kunden und betroffene Dritte aufzuzeichnen haben (§ 38 Abs. 3 GewO).

7 Die rechtlichen Anforderungen für eine selbstständige Tätigkeit ausländischer Staatsangehöriger

Ausländische Gründer sind in Deutschland willkommen. Welche Voraussetzungen für die Aufnahme und Ausübung einer selbstständigen Erwerbstätigkeit erfüllt sein müssen, regeln das Gesetz über die allgemeine Freizügigkeit von Unionsbürgern (Freizügigkeitsgesetz/EU) sowie das Gesetz über den Aufenthalt, die Erwerbstätigkeit und die Integration von Ausländern im Bundesgebiet (Aufenthaltsgesetz).

Das **Freizügigkeitsgesetz/EU** regelt nach § 1 FreizügG/EU die Einreise und den Aufenthalt von Staatsangehörigen anderer Mitgliedstaaten der Europäischen Union (Unionsbürger) und ihrer Familienangehörigen.

Freizügigkeitsberechtigte Unionsbürger und ihre Familienangehörige haben nach § 2 Abs. 1 FreizügG/EU das Recht auf Einreise und Aufenthalt. Gemeinschaftsrechtlich freizügigkeitsberechtigt nach § 2 Abs. 2 FreizügG/EU sind u.a.
*   Unionsbürger, wenn sie zur Ausübung einer selbstständigen Erwerbstätigkeit berechtigt sind (niedergelassene selbstständige Erwerbstätige),
*   Unionsbürger, die, ohne sich niederzulassen, als selbstständige Erwerbstätige Dienstleistungen i.S. des Artikels 50 des Vertrages zur Gründung der EG erbringen wollen (Erbringer von Dienstleistungen), wenn sie zur Erbringung der Dienstleistung berechtigt sind.

Bei Einstellung einer selbstständigen Tätigkeit infolge von Umständen, auf die der Selbstständige keinen Einfluss hat, nach mehr als einem Jahr Tätigkeit, bleibt das Recht auf Freizügigkeit unberührt (§ 2 Abs. 3 FreizügG/EU). Unionsbürger benötigen für die Einreise kein Visum und für den Aufenthalt keinen Aufenthaltstitel (§ 2 Abs. 4 FreizügG/EU). Familienangehörige, die nicht Unionsbürger sind, benötigen für die Einreise ein Visum nach den Bestimmungen für Ausländer, für die das Aufenthaltsgesetz gilt.

Freizügigkeitsberechtigten Unionsbürgern und ihren Familienangehörigen mit Staatsangehörigkeit eines Mitgliedstaates der Europäischen Union wird von Amts wegen unverzüglich eine Bescheinigung über das Aufenthaltsrecht ausgestellt (§ 5 Abs. 1 FreizügG/EU). Freizügigkeitsberechtigten Familienangehörigen, die nicht Unionsbürger sind, wird von Amts wegen innerhalb von sechs Monaten, nachdem sie die erforderlichen Angaben gemacht haben, eine Aufenthaltskarte für Familienangehörige von Unionsbürgern ausgestellt, die fünf Jahre gültig sein soll (§ 5 Abs. 2 FreizügG/EU). Eine Bescheinigung darüber, dass die erforderlichen Angaben gemacht worden sind, erhält der Familienangehörige unverzüglich. Die zuständige Ausländerbehörde kann verlangen, dass die Voraussetzungen des Rechts auf Einreise und Aufenthalt drei Monate nach der Einreise glaubhaft gemacht werden (§ 5 Abs. 3 FreizügG/EU). Für die Glaubhaftmachung erforderliche Angaben und Nachweise können von der zuständigen Meldebehörde bei der meldebehördlichen Anmeldung entgegengenommen werden. Diese leitet die Angaben und Nachweise an die zuständige Ausländerbehörde weiter. Eine darüber hinausgehende Verarbeitung und Nutzung durch die Meldebehörde erfolgt nicht. Der Fortbestand der Erteilungsvoraussetzungen kann aus besonderem Anlass überprüft werden (§ 5 Abs. 4 FreizügG/EU). Sind die Voraussetzungen des Rechts auf Einreise und Aufenthalt innerhalb von fünf Jahren nach Begründung des ständigen Aufenthalts in Deutschland entfallen, kann der Verlust des Rechts auf Einreise und Aufenthalt festgestellt und die Bescheinigung über das gemeinschaftsrechtliche Aufenthaltsrecht eingezogen und die Aufenthaltskarte widerrufen werden (§ 5 Abs. 5 FreizügG/EU).

Staatsangehöriger aus einem EU-Mitgliedstaat	Staatsangehöriger aus einem Nicht-EU-Staat
Gesetzliche Grundlage: Freizügigkeitsgesetz/EU	Gesetzliche Grundlage: Aufenthaltsgesetz
Freizügigkeitsberechtigt zur selbstständigen Erwerbstätigkeit	Nicht Freizügigkeitsberechtigt zur selbstständigen Erwerbstätigkeit
Recht auf Einreise und Aufenthalt. Kein Aufenthaltstitel erforderlich.	Kein Recht auf Einreise und Aufenthalt. Aufenthaltstitel erforderlich.
Freizügigkeitsberechtigt sind auch Staatsangehörige aus dem Europäischen Wirtschaftsraum (EWR) und der Schweiz. Zum EWR gehören neben den EU-Staaten auch Island, Liechtenstein und Norwegen.	Ausnahme: Aufenthaltsrecht durch Recht der EU, durch Rechtsverordnung oder aufgrund des Assoziationsabkommen EWG/Türkei (Niederlassungsfreiheit und Dienstleistungsfreiheit für türkische Staatsangehörige).
Ausstellung einer Bescheinigung für den Unionsbürger, einer Aufenthaltskarte für den Ehepartner	Aufenthaltstitel: • Visum, • Aufenthaltserlaubnis oder • Niederlassungserlaubnis
	Die Aufenthaltserlaubnis zur Ausübung einer selbstständigen Tätigkeit kann erteilt werden, wenn 1. ein übergeordnetes wirtschaftliches Interesse oder ein besonderes regionales Bedürfnis besteht, 2. die Tätigkeit positive Auswirkungen auf die Wirtschaft erwarten lässt und 3. die Finanzierung der Umsetzung durch Eigenkapital oder durch eine Kreditzusage gesichert ist.

Abb. 14: Rechtliche Voraussetzungen für eine selbstständige Tätigkeit ausländischer Staatsangehöriger

Dieses Gesetz gilt auch für Staatsangehörige, denen nach dem Abkommen über den Europäischen Wirtschaftsraum (EWR)[1] Freizügigkeit zu gewährleisten ist (§ 12 FreizügG/EU). Die EU-Staaten haben mit Island, Liechtenstein und Norwegen den Vertrag über den Europäischen Wirtschaftsraum (EWR) geschlossen. Schweizer Staatsbürger sind nach dem Freizügigkeitsabkommen EU-Schweiz den Staatsangehörigen aus dem EWR gleichgestellt.

Das **Aufenthaltsgesetz** dient nach § 1 Abs. 1 AufenthG der Steuerung und Begrenzung des Zuzugs von Ausländern nach Deutschland. Es ermöglicht und gestaltet Zuwanderung unter Berücksichtigung der Aufnahme- und Integrationsfähigkeit sowie der wirtschaftlichen und arbeitsmarktpolitischen Interessen Deutschlands. Das Aufenthaltsgesetz gilt nicht für Ausländer, deren Rechtsstellung von dem Gesetz über die allgemeine Freizügigkeit von Unionsbürgern (Freizügigkeitsgesetz) geregelt ist, soweit nicht durch Gesetz etwas anderes bestimmt ist (§ 1 Abs. 2 AufenthG).

Nach § 2 Abs. 1 AufenthG gilt als Ausländer jeder, der nicht Deutscher i.S. des Artikels 116 Abs. 1 GG ist. Erwerbstätigkeit ist die selbstständige Tätigkeit und die Beschäftigung i.S. des § 7 SGB IV. Beschäftigung nach § 7 Abs. 1 SGB IV ist die nichtselbstständige Arbeit, insbesondere in einem Arbeitsverhältnis. Anhaltspunkte für eine Beschäftigung sind eine Tätigkeit nach Weisungen und eine Eingliederung in die Arbeitsorganisation des Weisungsgebers.

Ausländer bedürfen nach § 4 Abs. 1 AufenthG für die Einreise und den Aufenthalt im Bundesgebiet eines Aufenthaltstitels, sofern nicht durch Recht der EU oder durch Rechtsverordnung etwas anderes bestimmt ist oder aufgrund des Abkommens vom 12.09.1993 zur Gründung einer Assoziation zwischen der EWG und der Türkei (BGBl. 1964 II S. 509) (Assoziationsabkommen EWG/Türkei) ein Aufenthaltsrecht besteht. Die Aufenthaltstitel werden erteilt als

- Visum,
- Aufenthaltserlaubnis,
- Niederlassungserlaubnis oder
- Erlaubnis zum Daueraufenthalt-EG.

Ein Aufenthaltstitel berechtigt zur Ausübung einer Erwerbstätigkeit, sofern es nach diesem Gesetz bestimmt ist oder der Aufenthaltstitel die Ausübung der Erwerbstätigkeit ausdrücklich erlaubt (§ 4 Abs. 2 AufenthG). Jeder Aufenthaltstitel muss erkennen lassen, ob die Ausübung einer Erwerbstätigkeit erlaubt ist. Ausländer dürfen nach § 4 Abs. 3 AufenthG eine Erwerbstätigkeit nur ausüben, wenn der Aufenthaltstitel sie dazu berechtigt.

Einem Ausländer kann nach § 6 Abs. 1 AufenthG ein **Schengen-Visum** für Aufenthalte von bis zu drei Monaten innerhalb einer Frist von sechs Monaten von dem Tag der ersten Einreise an (kurzfristige Aufenthalte) erteilt werden, wenn die Erteilungsvoraussetzungen des Schengener Durchführungsübereinkommens und der dazu ergangenen Ausführungsvorschriften erfüllt sind. Das Visum für kurzfris-

---

1   Zum Europäischen Wirtschaftsraum (EWR) gehören die Länder der EU (Belgien, Dänemark, Deutschland, Finnland, Frankreich, Griechenland, Großbritannien, Irland, Italien, Luxemburg, Niederlande, Österreich, Portugal, Schweden und Spanien, Tschechien, Estland, Republik Zypern, Lettland, Litauen, Ungarn, Malta, Polen, Slowenien, Slowakei, Bulgarien und Rumänien) sowie Island, Norwegen und Liechtenstein.

tige Aufenthalte kann auch für mehrere Aufenthalte mit einem Gültigkeitszeitraum von bis zu fünf Jahren mit der Maßgabe erteilt werden, dass der Aufenthaltszeitraum jeweils drei Monate innerhalb einer Frist von sechs Monaten von dem Tag der ersten Einreise an nicht überschreiten darf (§ 6 Abs. 2 AufenthG). Ein erteiltes Schengen-Visum kann in besonderen Fällen bis zu einer Gesamtaufenthaltsdauer von drei Monaten von dem Tag der ersten Einreise an verlängert werden (§ 6 Abs. 3 AufenthG). Für längerfristige Aufenthalte ist ein Visum für das Bundesgebiet (nationales Visum) erforderlich, das vor der Einreise erteilt wird (§ 6 Abs. 4 AufenthG). Die Erteilung richtet sich nach den für die Aufenthaltserlaubnis, die Niederlassungserlaubnis und die Erlaubnis zum Daueraufenthalt-EG geltenden Vorschriften. Die Dauer des rechtmäßigen Aufenthalts mit einem nationalen Visum wird auf die Zeiten des Besitzes einer Aufenthaltserlaubnis, Niederlassungserlaubnis oder Erlaubnis zum Daueraufenthalt-EG angerechnet.

Die **Aufenthaltserlaubnis** ist nach § 7 Abs. 1 AufenthG ein befristeter Aufenthaltstitel. Sie wird zu vom Gesetz vorgesehenen Aufenthaltszwecken erteilt. In begründeten Fällen kann eine Aufenthaltserlaubnis auch für einen vom Gesetz nicht vorgesehenen Aufenthaltszweck erteilt werden. Die Aufenthaltserlaubnis ist unter Berücksichtigung des beabsichtigten Aufenthaltszwecks zu befristen (§ 7 Abs. 2 AufenthG). Ist eine für die Erteilung, die Verlängerung oder die Bestimmung der Geltungsdauer wesentliche Voraussetzung entfallen, so kann die Frist auch nachträglich verkürzt werden. Auf die Verlängerung der Aufenthaltserlaubnis finden dieselben Vorschriften Anwendung wie auf die Erteilung (§ 8 Abs. 1 AufenthG). Die Aufenthaltserlaubnis kann i. d. R. nicht verlängert werden, wenn die zuständige Behörde dies bei einem seiner Zweckbestimmung nach nur vorübergehenden Aufenthalt bei der Erteilung oder der zuletzt erfolgten Verlängerung der Aufenthaltserlaubnis ausgeschlossen hat (§ 8 Abs. 2 AufenthG). Verletzt ein Ausländer seine Verpflichtung zur ordnungsgemäßen Teilnahme an einem Integrationskurs, ist dies bei der Entscheidung über die Verlängerung der Aufenthaltserlaubnis zu berücksichtigen (§ 8 Abs. 3 AufenthG). Besteht kein Anspruch auf die Erteilung der Aufenthaltserlaubnis, soll bei wiederholter und gröblicher Verletzung der Pflichten die Verlängerung der Aufenthaltserlaubnis abgelehnt werden.

Einem Ausländer kann nach § 21 Abs. 1 AufenthG eine Aufenthaltserlaubnis zur Ausübung einer selbstständigen Tätigkeit erteilt werden, wenn

1.   ein übergeordnetes wirtschaftliches Interesse oder ein besonderes regionales Bedürfnis besteht,
2.   die Tätigkeit positive Auswirkungen auf die Wirtschaft erwarten lässt und
3.   die Finanzierung der Umsetzung durch Eigenkapital oder durch eine Kreditzusage gesichert ist.

Die Voraussetzungen der Nr. 1 und 2 sind i. d. R. gegeben, wenn mindestens 250.000 EUR investiert und fünf Arbeitsplätze geschaffen werden. Im Übrigen richtet sich die Beurteilung der Voraussetzungen insbesondere nach der Tragfähigkeit der zu Grunde liegenden Geschäftsidee, den unternehmerischen Erfahrungen des Ausländers, der Höhe des Kapitaleinsatzes, den Auswirkungen auf die Beschäftigungs- und Ausbildungssituation und dem Beitrag für Innovation und Forschung. Bei der Prüfung sind die für den Ort der geplanten Tätigkeit fachkundigen Körperschaften, die zuständigen Gewerbebehörden, die öffentlich-rechtlichen Berufsvertretungen und die für die Berufszulassung zuständigen Behörden zu beteiligen. Eine Aufenthaltserlaubnis zur Ausübung einer selbstständigen Tätigkeit kann auch erteilt werden, wenn völkerrechtliche Vergünstigungen auf der Grundlage der Gegenseitigkeit bestehen (§ 21 Abs. 2 AufenthG).

Ausländer, die älter sind als 45 Jahre, sollen die Aufenthaltserlaubnis nur erhalten, wenn sie über eine angemessene Altersversorgung verfügen (§ 21 Abs. 3 AufenthG). Die Aufenthaltserlaubnis wird auf längstens drei Jahre befristet (§ 21 Abs. 4 AufenthG). Nach drei Jahren kann eine Niederlassungserlaubnis erteilt werden, wenn der Ausländer die geplante Tätigkeit erfolgreich verwirklicht hat und der Lebensunterhalt durch ausreichende Einkünfte gesichert ist. Zur Beurteilung, ob die geplante Tätigkeit erfolgreich verwirklicht wurde, werden Behörden beteiligt. Zusätzlich kann eine Stellungnahme des zuständigen Finanzamtes eingeholt oder die Vorlage des Einkommensteuerbescheides gefordert werden. Bestehen Zweifel, ob die Voraussetzungen erfüllt sind, kann die Niederlassungserlaubnis erst nach fünf Jahren erteilt werden.

Einem Ausländer kann nach § 21 Abs. 5 AufenthG eine Aufenthaltserlaubnis zur Ausübung einer freiberuflichen Tätigkeit abweichend von § 21 Abs. 1 AufenthG erteilt werden. Eine erforderliche Erlaubnis zur Ausübung des freien Berufes muss erteilt worden oder ihre Erteilung zugesagt sein. Einem Ausländer, der eine Aufenthaltserlaubnis zu einem anderen Zweck erteilt wird oder verteilt worden ist, kann nach § 21 Abs. 6 AufenthG unter Beibehaltung dieses Aufenthaltszwecks die Ausübung einer selbstständigen Tätigkeit erlaubt werden, wenn die nach sonstigen Vorschriften erforderlichen Erlaubnissen erteilt wurden oder ihre Erteilung zugesagt ist.

Die Aufenthaltserlaubnis kann nach § 26 Abs. 1 AufenthG für jeweils längstens drei Jahre erteilt und verlängert werden.

Die Aufenthaltserlaubnis ist nach § 28 Abs. 1 AufenthG dem ausländischen Ehegatten eines Deutschen zu erteilen, wenn der deutsche seinen gewöhnlichen Aufenthalt im Bundesgebiet hat. Dem Ausländer ist i. d. R. eine Niederlassungserlaubnis zu erteilen, wenn er drei Jahre im Besitz einer Aufenthaltserlaubnis ist, die familiäre Lebensgemeinschaft mit dem deutschen Ehegatten im Bundesgebiet fortbesteht, kein Ausweisungsgrund vorliegt und er sich auf einfache Art in deutscher Sprache verständigen kann (§ 28 Abs. 2 AufenthG). Im Übrigen wird die Aufenthaltserlaubnis verlängert, solange die familiäre Lebensgemeinschaft fortbesteht. Die Aufenthaltserlaubnis berechtigt zur Ausübung einer Erwerbstätigkeit (§ 28 Abs. 5 AufenthG).

Für den Familiennachzug zu einem Ausländer muss nach § 29 Abs. 1 AufenthG
1. der Ausländer eine Niederlassungserlaubnis, Erlaubnis zum Daueraufenthalt-EG oder Aufenthaltserlaubnis besitzen und
2. ausreichender Wohnraum zur Verfügung stehen.

Die Aufenthaltserlaubnis berechtigt zur Ausübung einer Erwerbstätigkeit, soweit der Ausländer, zu dem der Familiennachzug erfolgt, zur Ausübung einer Erwerbstätigkeit berechtigt ist oder wenn die eheliche Lebensgemeinschaft seit mindestens zwei Jahren rechtmäßig im Bundesgebiet gestanden hat (§ 29 Abs. 5 AufenthG).

Dem Ehegatten eines Ausländers ist nach § 30 Abs. 1 AufenthG eine Aufenthaltserlaubnis zu erteilen, wenn beide Ehegatten das 18. Lebensjahr vollendet haben, der

Ehegatte sich zumindest auf einfache Art in deutscher Sprache verständigen kann und der Ausländer

- eine Niederlassungserlaubnis besitzt,
- eine Erlaubnis zum Daueraufenthalt-EG besitzt,
- eine Aufenthaltserlaubnis als Asylberechtigter oder Konventionsflüchtling besitzt,
- seit zwei Jahren eine Aufenthaltserlaubnis besitzt oder
- eine Aufenthaltserlaubnis besitzt, die Ehe bei deren Erteilung bereits bestand und die Dauer seines Aufenthalts voraussichtlich über ein Jahr betragen wird.

Die Aufenthaltserlaubnis des Ehegatten wird nach § 31 Abs. 1 AufenthG im Falle der Aufhebung der ehelichen Lebensgemeinschaft als eigenständiges, zum Zweck des Familiennachzugs unabhängiges Aufenthaltsrecht für ein Jahr verlängert, wenn

1. die eheliche Lebensgemeinschaft seit mindestens zwei Jahren rechtmäßig im Bundesgebiet bestanden hat oder
2. der Ausländer gestorben ist, während die eheliche Lebensgemeinschaft im Bundesgebiet bestand

und der Ausländer bis dahin im Besitz einer Aufenthaltserlaubnis, Niederlassungserlaubnis oder Erlaubnis zum Daueraufenthalt-EG war, es sei denn, er konnte die Verlängerung aus von ihm nicht zu vertretenden Gründen nicht rechtzeitig beantragen. Die Aufenthaltserlaubnis berechtigt zur Ausübung einer Erwerbstätigkeit.

Von der Voraussetzung des zweijährigen rechtmäßigen Bestandes der ehelichen Lebensgemeinschaft im Bundesgebiet ist abzusehen, soweit es zur Vermeidung einer besonderen Härte erforderlich ist, dem Ehegatten den weiteren Aufenthalt zu ermöglichen, es sei denn, für den Ausländer ist die Verlängerung der Aufenthaltserlaubnis ausgeschlossen (§ 31 Abs. 2 AufenthG). Wenn der Lebensunterhalt des Ehegatten nach Aufhebung der ehelichen Lebensgemeinschaft durch Unterhaltsleistungen aus eigenen Mitteln des Ausländers gesichert ist und dieser eine Niederlassungserlaubnis oder Erlaubnis zum Daueraufenthalt-EG besitzt, ist dem Ehegatten ebenfalls eine Niederlassungserlaubnis zu erteilen (§ 31 Abs. 3 AufenthG).

Eine Aufenthaltserlaubnis berechtigt in folgenden Fällen uneingeschränkt zur Ausübung einer Erwerbstätigkeit, soweit nicht im Einzelfall berufsrechtliche Vorschriften entgegenstehen (z. B. Ärzte, Anwälte, Steuerberater):

- Aufnahmeerklärung durch das Bundesministerium des Innern oder die von ihm bestimmte Stelle zur Wahrung politischer Interessen (§ 22 AufenthG),
- Asylberechtigte, Konventionsflüchtlinge (§ 25 Abs. 1 u. 2 AufenthG),
- Familiennachzug zu Deutschen (§ 28 Abs. 4 u. 5 AufenthG),
- Familiennachzug zu Ausländern, soweit diese zur Ausübung einer Erwerbstätigkeit berechtigt sind, oder wenn die eheliche Lebensgemeinschaft seit mindestens zwei Jahren rechtmäßig im Bundesgebiet bestanden hat (§ 29 Abs. 5 AufenthG),
- eigenständiges Aufenthaltsrecht der Ehegatten (§ 31 Abs. 1 AufenthG),
- Wiederkehrfälle (§ 37 Abs. 1 AufenthG),
- ehemalige Deutsche (§ 38 Abs. 4 AufenthG).

Bei der Aufenthaltserlaubnis ist in das Klebeetikett im Pass eingedruckt, ob eine Berechtigung zur Erwerbstätigkeit besteht. Lässt die Aufenthaltserlaubnis kraft Gesetzes die Erwerbstätigkeit zu, lautet die Nebenbestimmung: »Erwerbstätigkeit gestattet«.

Die **Niederlassungserlaubnis** ist nach § 9 Abs. 1 AufenthG ein unbefristeter Aufenthaltstitel. Sie berechtigt zur Ausübung einer Erwerbstätigkeit (vorbehaltlich berufsrechtlicher Voraussetzungen) und kann nur in den durch dieses Gesetz ausdrücklich zugelassenen Fällen mit einer Nebenbestimmung versehen werden. Einem Ausländer ist nach § 9 Abs. 2 AufenthG die Niederlassungserlaubnis zu erteilen, wenn

1. er seit fünf Jahren die Aufenthaltserlaubnis besitzt,
2. sein Lebensunterhalt gesichert ist,
3. er mindestens 60 Monate Pflichtbeiträge oder freiwillige Beiträge zur gesetzlichen Rentenversicherung geleistet hat oder Aufwendungen für einen Anspruch auf vergleichbare Leistungen einer Versicherungs- oder Versorgungseinrichtung oder eines Versicherungsunternehmens nachweist,
4. Gründe der öffentlichen Sicherheit oder Ordnung unter Berücksichtigung der Schwere oder der Art des Verstoßes gegen die öffentliche Sicherheit oder Ordnung oder der vom Ausländer ausgehenden Gefahr unter Berücksichtigung der Dauer des bisherigen Aufenthalts und dem Bestehen von Bindungen im Bundesgebiet nicht entgegenstehen,
5. ihm die Beschäftigung erlaubt ist, sofern er Arbeitnehmer ist,
6. er im Besitz der sonstigen für eine dauernde Ausübung seiner Erwerbstätigkeit erforderlichen Erlaubnisse ist,
7. er über ausreichende Kenntnisse der deutschen Sprache verfügt,
8. er über Grundkenntnisse der Rechts- und Gesellschaftsordnung und der Lebensverhältnisse im Bundesgebiet verfügt und
9. er über ausreichenden Wohnraum für sich und seine mit ihm in häuslicher Gemeinschaft lebenden Familienangehörigen verfügt.

Die Voraussetzungen der Nr. 7 und 8 sind nachgewiesen, wenn ein Integrationskurs erfolgreich abgeschlossen wurde.

Bei der Niederlassungserlaubnis ist die Berechtigung zur Erwerbstätigkeit bereits in das Klebeetikett im Pass eingedruckt. Weiter ist nichts zu veranlassen.

Für aufenthalts- und passrechtliche Maßnahmen und Entscheidungen nach dem Aufenthaltsgesetz und nach ausländerrechtlichen Bestimmungen in anderen Gesetzen sind die Ausländerbehörden zuständig (§ 71 Abs. 1 AufenthG). Im Ausland sind für Pass- und Visaangelegenheiten vom Auswärtigen Amt ermächtigten Auslandsvertretungen zuständig (§ 71 Abs. 2 AufenthG).

Die Erlaubnis zum Daueraufenthalt-EG ist nach § 9a Abs. 1 AufenthG ein unbefristeter Aufenthaltstitel. Sie berechtigt zur Ausübung einer Erwerbstätigkeit (vorbehaltlich berufsrechtlicher Voraussetzungen) und kann nur in den durch dieses Gesetz ausdrücklich zugelassenen Fällen mit einer Nebenbestimmung versehen werden. Soweit das Aufenthaltsgesetz nichts anderes regelt, ist die Erlaubnis zum Daueraufenthalt-EG der Niederlassungserlaubnis gleichgestellt.

Die **Aufenthaltsverordnung** (AufenthV) konkretisiert die Bestimmungen des Aufenthaltsgesetzes (AufenthG).

Nach dem Freizügigkeitsabkommen (FZA) zwischen der Europäischen Union (EU) und der Schweiz sind Staatsangehörige der Schweiz vom Erfordernis eines Aufenthaltstitels befreit (§ 28 AufenthV).

Staatsangehörige von Australien, Israel, Japan, Kanada, der Republik Korea, von Neuseeland und der Vereinigten Staaten von Amerika (USA) können auch für einen Aufenthalt, der kein Kurzaufenthalt ist, visumfrei in das Bundesgebiet einreisen und sich darin aufhalten (§ 41 Abs. 1 AufenthV). Ein erforderlicher Aufenthaltstitel kann im Bundesgebiet eingeholt werden. Dasselbe gilt für Staatsangehörige von Andorra, Honduras, Monaco und San Marino, die keine Erwerbstätigkeit ausüben wollen (§ 41 Abs. 2 AufenthV). Ein erforderlicher Aufenthaltstitel ist innerhalb von drei Monaten nach der Einreise zu beantragen (§ 41 Abs. 3 AufenthV).

8   Die fachliche Unterstützung des Existenzgründers

Jeder, der sich selbstständig machen will, wird mit ganz speziellen betriebswirtschaftlichen und rechtlichen Fragen konfrontiert. Es ist deshalb erforderlich, dass sich der Existenzgründer möglichst frühzeitig mit seinem Vorhaben beschäftigt und alle Informationen sammelt, die er für die Planung benötigt.

Bei der beruflichen Orientierung ist der Existenzgründer nicht auf sich allein gestellt. Er kann professionelle Hilfe in Anspruch nehmen, die auch kostenlos bzw. gegen eine geringe Gebühr zu haben ist. Vor den Gesprächen sollte sich der Existenzgründer allerdings so vorbereiten, dass er gezielt Fragen stellen kann. Die Berater sind ungern bereit, Grundlagenwissen zu vermitteln. Zu relevanten Themen der Existenzgründung bieten Kammern, Kreditinstitute, Fach- und Berufsverbände und andere Institutionen Seminare gegen geringe Gebühr an.

Zur beruflichen Orientierung empfiehlt sich folgende Vorgehensweise:
1. Literaturstudium
   Besorgen Sie sich zuerst die kostenlosen Existenzgründungsbroschüren der Kammern, Kreditinstitute, Fach- und Berufsverbände usw. sowie die kostenlosen Broschüren über die Förderprogramme des Bundes und desjenigen Bundeslandes, in dem Sie Ihre Existenzgründung vorhaben. Kaufen Sie zusätzlich Fachliteratur und Gesetzestexte im Buchhandel.
   Bezugsquellen für die kostenlose Literatur und Titel der einschlägigen Fachliteratur finden Sie im → Literaturverzeichnis.
2. Besuch von Existenzgründungs-Seminaren
   Besorgen Sie sich die Weiterbildungsverzeichnisse der Kammern [→ Adressenverzeichnis]. Fragen Sie auch bei den Kreditinstituten und den Fach- und Berufsverbänden nach ihren Seminarangeboten. In der Regel wird eine geringe Teilnehmergebühr erhoben.
   Informations- und Schulungsveranstaltungen für Existenzgründer werden vom Bundesministerium für Wirtschaft und Technologie (BMWi) und dem Europäischen Sozialfonds (ESF) gefördert. Eine Seminarübersicht wird vom Bundesministerium für Wirtschaft und Technologie (BMWi) in Zusammenarbeit mit

Teilbereiche der Existenzgründung	Informations- und Beratungshilfen									
	1	2	3	4	5	6	7	8	9	10
Konzepterstellung	■									
Markteinschätzung	■	■	■	■	□	□	□			
Konkurrenzanalyse	■			□						
Finanzierungsfragen	■	□	□	□	□	■				
Finanzplanung	■	□	□	□	□	■	□			
Rentabilitätsvorschau, Liquiditätsplan	■					□	■			
Rechnungswesen	□						■			
Kalkulation	■						□			
Standortwahl	■	□	□	□	□					■
Steuerfragen	□		■	■			■	□		■
Sozialversicherung	□						■		■	
Personalwesen	■							■		
Vertragsgestaltung								■		
Organisationsfragen	■									
Wahl der Rechtsform	■		□	□			■	■		
Förderprogramme	■	□	■	■	□	■		■		■
Gewerbeerlaubnis/Zulassung	■	□	■	■	■			■		■

1	Existenzgründungs-/Unternehmensberater	▷ gegen Honorar		
2	Berater der Wirtschaftsförderungsgesellschaften	▷ i.d.R. kostenlos		
3	Berater der Industrie- und Handelskammern	▷ i.d.R. kostenlos		
4	Berater der Handwerkskammern	▷ i.d.R. kostenlos		
5	Berater der Fach- und Berufsverbände	▷ i.d.R. kostenlos		
6	Berater der Kreditinstitute	▷ i.d.R. kostenlos		
7	Steuerberater	▷ gegen Honorar		
8	Rechtsanwälte/Notare	▷ gegen Honorar		
9	Berater der Kranken- und Ersatzkassen	▷ i.d.R. kostenlos	□	geeignet
10	Berater der Kreis-, Gemeindeverwaltungen, Behörden	▷ i.d.R. kostenlos	■	am geeignetsten

Abb. 15: Informations- und Beratungshilfen für den Existenzgründer

dem Bundesamt für Wirtschaft und Ausfuhrkontrolle (BAFA) [→ Adressenverzeichnis] online veröffentlicht.

3. Orientierungsgespräche führen
Die Orientierungsgespräche mit Beratern der Kammern, Wirtschaftsförderungsgesellschaften, Kreditinstituten, Fach- und Berufsverbänden und anderen Institutionen sind i.d.R. kostenlos. Vereinbaren Sie am besten telefonisch einen Termin und bereiten Sie Ihre Fragen vor.

Wenn Sie sich als Unternehmer geeignet fühlen und die selbstständige Existenz ernsthaft anstreben:

4. Beratung durch Existenzgründungsberater
    Lassen Sie sich von einem Existenzgründungsberater individuell beraten. Die Beratung kann sich auf alle wirtschaftlichen und technischen Probleme der Gründung erstrecken. Der Berater wird mit Ihnen ein Pauschalhonorar vereinbaren oder auf Basis von Tagessätzen abrechnen.
5. Beratung durch Steuerberater und Rechtsanwalt/Notar
    Als Jungunternehmer können Sie nicht alles alleine machen. Nehmen Sie am besten frühzeitig Kontakt mit einem Steuerberater auf. Er wird bei allen Steuerfragen beraten und bei der Einrichtung der Buchhaltung helfen. Den Rechtsanwalt/Notar benötigen Sie spätestens für die Eintragung in das Handelsregister.

8.1   Die Beratung durch Existenzgründungsberater

Auch wenn Sie von Ihrem Gründungsvorhaben voll überzeugt sind, sollten Sie Ihr Konzept von einem neutralen Fachmann überprüfen lassen. Als Existenzgründer müssen Sie in relativ komplexen Situationen sehr viele Entscheidungen treffen, deren Konsequenzen Sie aufgrund mangelnder Erfahrungen noch nicht abschätzen können. Falsche Entscheidungen kosten teures Lehrgeld, schlimmstenfalls bedeuten sie das Ende Ihres Vorhabens.

> **TIPP**
> Nehmen Sie deshalb rechtzeitig Kontakt mit einem professionellen Existenzgründungsberater auf. Die Beraterbörse der KfW [→ Adressenverzeichnis] hilft Ihnen bei der Auswahl eines geeigneten Beraters. In deren Datenbank im Internet unter http://www.kfw-beraterboerse.de stehen mehr als 24.000 Berater mit ausgewiesenen Fach- und Branchenkenntnissen zur Verfügung, die den Nachweis erbracht haben, dass sie auch kleinere Unternehmen bereits erfolgreich beraten haben.

Die erfolgreiche Durchführung von Gründungsberatungen ist stets abhängig von der Qualifikation und Erfahrung des Gründungsberaters.

Fachliche Anforderungen an den Existenzgründungsberater
1. Betriebswirtschaftliches und juristisches Fachwissen
    Der Existenzgründungsberater kennt sich als Generalist in sämtlichen Teilbereichen der Betriebswirtschaftslehre sowie in den relevanten Rechtsgebieten des Bürgerlichen Gesetzbuchs (BGB) und im Handelsgesetzbuch (HGB), im GmbH-Gesetz, in der Gewerbeordnung (GewO), in der Handwerksordnung (HwO) usw. aus. Bei einer technologieorientierten Unternehmensgründung ist zusätzliches technisches Fachwissen erforderlich.
2. Branchenspezifische Kenntnisse
    Es gibt Existenzgründungsberater, die sich auf bestimmte Branchen, z.B. Einzelhandel, Gastronomie, Reisebüros spezialisiert haben. Zumindest sollte der Berater über branchenspezifische Kenntnisse verfügen.

3. Regionalspezifische Kenntnisse
   Diese sind wichtig für die Beurteilung des optimalen Standorts und bei der Festlegung des Marketingkonzeptes. Darüber hinaus ist es von Vorteil, wenn der Berater über hilfreiche Kontakte zu den regionalen Behörden, Kammern, Banken und sonstigen Institutionen verfügt.

Führen Sie zuerst ein unverbindliches Gespräch mit dem Berater, um ihn kennenzulernen. Diskutieren Sie mit ihm Ihr Vorhaben. Schließen Sie einen Beratungsvertrag erst dann, wenn Sie absolutes Vertrauen gewonnen haben. Klären Sie zunächst folgende Fragen:
- Erscheint die Idee Erfolg versprechend?
- Stimmen die Markteinschätzungen?
- Sind die finanziellen Überlegungen realistisch?
- Sind die Pläne realisierbar?
- Reichen die persönlichen und fachlichen Kenntnisse aus?
- Lohnt es sich überhaupt, das Risiko der Selbstständigkeit einzugehen?

Der Existenzgründungsberater setzt sich intensiv mit Ihrem **Unternehmenskonzept** auseinander. Er überprüft das Konzept auf Erfolgsaussichten und Förderungswürdigkeit. Dabei ist es manchmal nicht der schlechteste Rat, wenn rechtzeitig von einer nicht Erfolg versprechenden Gründungsidee abgeraten wird.

Schließen Sie den **Beratungsvertrag** auf alle Fälle schriftlich ab, damit die Vereinbarungen jederzeit nachvollziehbar und überprüfbar sind. Dieser Vertrag sollte Folgendes regeln:
- das Beratungsthema
- die Beratungsleistungen
- die Dauer der Beratung, Beratungstermine
- das Honorar für die Beratung
- die Nebenkosten (Reisekosten, Spesen, Auslagen)
- die Erstellung eines Beratungsberichts gemäß den Richtlinien der Beratungsförderung.

Die **Beratungsleistungen** haben i.d.R. folgenden Umfang:
- Konzeptionelle Beratung bei der Erstellung bzw. Anpassung des Businessplans (Geschäftsplans)
- Maßnahmenplanung zur Unternehmensgründung
- Kritische Überprüfung bestimmter Teilbereiche, z.B. Standortwahl, Markteinschätzung, Wahl der Rechtsform, Investitionen
- Erstellung einer detaillierten kurz- und mittelfristigen Finanzplanung
  - Umsatzplan
  - Produktionsplan, Absatzplan
  - Investitionsplan, Kostenplan
  - Liquiditätsplan, Erfolgsplan (Rentabilitätsvorschau)
  - Kapitalbedarfsplan, Finanzierungsplan
- Beratung bei der Investitions- und Markteinführungsfinanzierung
- Einrichtung eines effektiven Gründungscontrollings
- Vorbereitende Marktsegmentierung im Angebotsbereich

- Planung der Markteinführungsphase
- Mitwirkung bei den Kreditverhandlungen
- Persönliche und telefonische Beratung in allen betriebswirtschaftlichen Fragen.

Im Rahmen der Beantragung öffentlicher Fördermittel:
- Beratung und Hilfestellung bei der Beantragung öffentlicher Fördermittel
- Erstellung eines Gutachtens über die Erfolgsaussichten des Gründungsvorhabens.

Die **Höhe des Honorars** hängt grundsätzlich von der Art des Beratungsauftrages (Schwierigkeitsgrad), dem Leistungsumfang und der Marktstellung des Beraters ab. Der Existenzgründungsberater wird mit Ihnen ein Pauschalhonorar vereinbaren oder auf Basis von Tagessätzen abrechnen. In der Regel beinhaltet das Pauschalhonorar alle Reisekosten, Spesen und sonstige Nebenkosten. Die Existenzgründungsberatung wird öffentlich mit einem Zuschuss zu den Beratungskosten gefördert.

Der **Beratungsbericht** wird erst *nach* erfolgter Beratung vorgelegt. Die Form und der Inhalt des Berichts soll dem Zweck entsprechen, dem er dient. Bei Existenzgründungsberatungen hat der Beratungsbericht eine umfassende Prüfung und Beurteilung des Gründungsvorhabens widerzuspiegeln. Es muss zum Ausdruck kommen, ob und auf welche Weise sich das Vorhaben zu einer tragfähigen Vollexistenz entwickeln kann, einschließlich individueller Handlungsempfehlungen und ihre Anleitung zur Umsetzung in die Betriebspraxis.

Nach der erfolgreichen Beratung sollten Sie den Kontakt mit Ihrem Berater nicht abreißen lassen. Vereinbaren Sie mit ihm eine individuelle Beratung oder Begleitung (Coaching) während der Entwicklungsphase Ihres Unternehmens. Die Beratung kann projektbezogen hinsichtlich auf ein klar umrissenes Vorhaben oder schwachstellenanalytisch zum Zweck der kritischen Überprüfung sämtlicher bzw. ausgewählter Untersuchungsbereiche sein.

Existenzgründungsberatungen werden i. d. R. öffentlich mit einem Zuschuss zu den Beratungskosten gefördert.

8.2   Die Beratung durch die Industrie- und Handelskammer (IHK)

Die Industrie- und Handelskammern vertreten die Interessen der gewerblichen Wirtschaft in allen Regionen der Bundesrepublik Deutschland. Sie beraten ihre Mitglieder sowie staatliche Entscheidungsträger in vielen Bereichen. Es besteht Zwangsmitgliedschaft für gewerbliche Unternehmen, mit Ausnahme von Handwerksbetrieben, die ihre eigene Einrichtung haben.

Als Existenzgründer sind Sie bei den Industrie- und Handelskammern stets willkommen, auch wenn Sie noch kein Mitglied sind. Sie haben die Möglichkeit der kostengünstigen Teilnahme an Seminaren. Fragen Sie nach dem aktuellen Weiterbildungsverzeichnis. Außerdem können Sie sich zu folgenden Gebieten beraten lassen bzw. Auskünfte einholen:

- Außenwirtschaft und EU-Binnenmarkt
  Auslandsinformationen über Länder und deren Märkte, Zölle, Export-Import-Quoten usw. Vermittlung von Adressen von Vertretern. Verzeichnisse über Ex-

porteure und Importeure, deren Produkte und Absatzländer. Beratung über Devisenvorschriften und Förderzuschüsse für Auslandsinvestitionen. Ausstellung und ggf. Beglaubigung wichtiger Dokumente für den Außenwirtschaftsverkehr. Zurverfügungstellung von Außenwirtschaftsformularen, z.B. Ein- und Ausfuhrerklärungen, Zollfakturen, Ursprungszeugnisse, Warenverkehrsbescheinigungen, Carnets.

Die Kammern halten den kompletten deutschen Zolltarif mit Erläuterungen, Zollvorschriften der Bundesfinanzverwaltung sowie die Zolltarife der wichtigsten Partnerländer vorrätig. Sie erteilen Auskünfte über Importvorschriften in Europa und Übersee, Einfuhrumsatzsteuern, Kontingente, Präferenzen, Markierungs- und Verpackungsvorschriften.

- Berufliche Ausbildung
  - Unterstützung der gewerblichen Wirtschaft, beruflichen Nachwuchs für eine betrieblich-praktische Berufsausbildung zu gewinnen,
  - Überwachung, dass die für die einzelnen Ausbildungsgänge festgelegten inhaltlichen Vorgaben eingehalten werden,
  - Beratung von Betrieben und Auszubildenden, wie die Ausbildungsvorgaben bestmöglichst umzusetzen sind,
  - Mithilfe bei der inhaltlichen und zeitlichen Koordinierung der Ausbildungsbemühungen in Betrieb und Schule,
  - Abnahme anspruchsvoller und praxisgerechter Abschlussprüfungen, auf die hin Ausbildungsbetriebe und Auszubildende ihre Ausbildungsanstrengungen ausrichten.
- Berufliche Weiterbildung
  - Information von Weiterbildungsinteressierten, wann, wo und zu welchen Bedingungen es Möglichkeiten der beruflichen Weiterbildung gibt,
  - Beratung von Weiterbildungswilligen, die sich über ihre weiteren Qualifizierungsziele noch nicht im Klaren sind,
  - Organisation von Weiterbildungsmaßnahmen,
  - Angebot anerkannter Weiterbildungsprüfungen.
- Bezugsquellen
  Auskünfte aus deutschen und ausländischen Adressbücher sowie sonstigen Nachschlagewerken, Datenbankrecherchen.
- Existenzgründungs-/Unternehmensberatung
  Antragsverfahren und Bedingungen öffentlicher Zuschüsse für die Inanspruchnahme von geförderten Beratungen.
- nexxt-change Unternehmensbörse
  Bundeseinheitliche Plattform der nexxt Initiative Unternehmensnachfolge des Bundesministeriums für Wirtschaft und Technologie mit qualifizierter Betreuung und Vermittlung durch Regionalpartner vor Ort.
- Gaststättenerlaubnis
  Wer eine Gastwirtschaft betreiben will, benötigt eine Gaststättenerlaubnis. Sie wird nur erteilt, wenn der angehende Gastwirt vorab über die wichtigsten Lebensmittel- und Hygiene-Vorschriften informiert worden ist. Die dafür erforderliche vierstündige Unterrichtung in der Kammer hilft Existenzgründern, die Materie kennenzulernen.
- Handelsregistereintragung

Die Kammern haben sich nicht nur gegenüber den Registergerichten zu Eintragungen in das Handelsregister gutachterlich zu äußern, ein wesentlicher Teil ihrer Tätigkeit auf diesem Gebiet besteht in der vorangehenden Beratung der beteiligten Kaufleute über Fragen des Register- und Firmenrechts und die Firmierung der jeweiligen Unternehmen.

- Betriebsansiedlung
  Bei Standortnachfragen von investitionswilligen Betrieben weisen die Kammern auf die ihr bekannten Gewerbeflächenangebote hin oder stellen ggf. einen Kontakt zu der gefragten Standortgemeinde her.

- Messen und Ausstellungen
  Information über nationale und internationale Messen, Messeförderung des Bundes und der Länder.

- Öffentliches Auftragswesen
  Bei öffentlichen Ausschreibungen bemühen sich die Kammern, jeweils geeignete liefer- oder leistungsbereite Firmen zu ermitteln und der ausschreibenden Stelle zu benennen. Umgekehrt beraten sie interessierte Firmen über die Möglichkeit der Teilnahme an öffentlichen Ausschreibungen.

- Personenbeförderung
  Wer Personen mit Omnibussen, Mietwagen oder Taxen gewerbsmäßig befördern will, benötigt eine staatliche Genehmigung. Innerhalb eines formellen Antragsverfahrens muss der Unternehmer seine Leistungsfähigkeit, Zuverlässigkeit und fachliche Eignung nachweisen. Die örtlich zuständige Kammer gibt im Rahmen des Antragsverfahrens eine gutachterliche Stellungnahme hinsichtlich der persönlichen Zulassungsvoraussetzungen des Antragsstellers als auch über die Notwendigkeit und Zweckmäßigkeit des beantragten Verkehrs (z.B. einer Omnibuslinie) ab.

- Räumungsverkäufe
  Sonderveranstaltungen im Einzelhandel sind grundsätzlich verboten. Nur unter bestimmten Bedingungen sind Räumungsverkäufe zulässig und müssen bei der IHK angezeigt werden. Diese überprüft, ob die Voraussetzungen für eine solche Sonderveranstaltung vorliegen und ob die Anmeldevorschriften eingehalten sind.

- Sachverständige
  Sachverständige der unterschiedlichsten Sachgebiete sind von den Kammern öffentlich bestellt und vereidigt. Sie stehen nicht nur Gerichten und Behörden, sondern auch Privatpersonen zur Erstellung von Gutachten sowie Aufklärung von Sachverhalten jederzeit zur Verfügung.

- Statistik
  Aktuelle und bedeutende amtliche Statistiken.

- Umweltschutz
  Beratung und Information in den Bereichen Luftreinhaltung, Lärmschutz, Abfall- und Abwasserbeseitigung, gibt Einblick in das umfangreiche Regelwerk von Gesetzen, Verordnungen und Verwaltungsvorschriften. Vermittlung von Kontakten zu Umweltschutzbehörden, gibt Hinweise auf Finanzierungshilfen und bietet die Möglichkeit der Vermittlung technischer Umweltschutzberatungen.

- Wettbewerbsrecht
  Probleme im Wettbewerbsrecht (UWG). Mit Mitteln der Abmahnung und einst-

weiliger Verfügung wird gegen Wettbewerbssünder vorgegangen. Die Einigungsstellen für Wettbewerbsstreitigkeiten zwischen Kaufleuten sind bemüht, außergerichtliche Lösungen zu finden.

- Wirtschafts- und Konjunkturbeobachtung
Konjunkturprognose, Berichte über wirtschaftliche Entwicklung in den verschiedenen Wirtschaftszweigen.

8.3   Die Beratung durch die Handwerkskammer (HWK)

Die Handwerkskammern vertreten die Interessen des Handwerks (§ 90 Abs. 1 HwO). Ebenso wie die Industrie- und Handelskammern sind die Handwerkskammern Körperschaften des öffentlichen Rechts. Zur Handwerkskammer gehören die Inhaber eines Betriebs eines Handwerks und eines handwerksähnlichen Gewerbes des Handwerkskammerbezirks sowie die Gesellen, andere Arbeitnehmer mit einer abgeschlossenen Berufsausbildung und die Lehrlinge dieser Gewerbetreibenden (§ 90 Abs. 2 HwO). Zur Handwerkskammer gehören auch Personen, die im Kammerbezirk selbstständig eine gewerbliche Tätigkeit ausüben, die in einem Zeitraum von bis zu drei Monaten erlernt werden kann, wenn

1.   sie die Gesellenprüfung in einem zulassungspflichtigen Handwerk erfolgreich abgelegt haben,
2.   die betreffende Tätigkeit Bestandteil der Erstausbildung in diesem zulassungspflichtigen Handwerk war und
3.   die Tätigkeit den überwiegenden Teil der gewerblichen Tätigkeit ausmacht.

Aufgabe der Handwerkskammer ist nach § 91 Abs. 1 HwO insbesondere,

- die Interessen des Handwerks zu fördern und für einen gerechten Ausgleich der Interessen der einzelnen Handwerke und ihrer Organisationen zu sorgen,
- die Behörden in der Förderung des Handwerks durch Anregungen, Vorschläge und durch Erstattung von Gutachten zu unterstützen und regelmäßig Berichte über die Verhältnisse des Handwerks zu unterstützen,
- die Handwerksrolle zu führen,
- die Berufsausbildung zu regeln, Vorschriften hierfür zu erlassen, ihre Durchführung zu überwachen sowie eine Lehrlingsrolle zu führen,
- Vorschriften für Prüfungen im Rahmen einer beruflichen Fortbildung oder Umschulung zu erlassen und Prüfungsausschüsse hierfür zu errichten,
- Gesellenprüfungs- und Meisterprüfungsordnungen für die einzelnen Handwerke zu erlassen,
- die technische und betriebswirtschaftliche Fortbildung der Meister und Gesellen zur Erhaltung und Steigerung der Leistungsfähigkeit des Handwerks in Zusammenarbeit mit den Innungsverbänden zu fördern, die erforderlichen Einrichtungen hierfür zu schaffen oder zu unterstützen und zu diesem Zweck eine Gewerbeförderungsstelle zu unterhalten,
- Sachverständige zur Erstattung von Gutachten über Waren, Leistungen und Preise von Handwerkern zu bestellen und zu vereidigen,
- die wirtschaftlichen Interessen des Handwerks und die ihnen dienenden Einrichtungen, insbesondere das Genossenschaftswesen zu fördern,
- die Formgestaltung im Handwerk zu fördern,

- Vermittlungsstellen zur Beilegung von Streitigkeiten zwischen Inhabern eines Betriebs eines Handwerks und ihren Auftraggebern einzurichten,
- Ursprungszeugnisse über in Handwerksbetrieben gefertigte Erzeugnisse und andere dem Wirtschaftsverkehr dienende Bescheinigungen auszustellen,
- die Maßnahmen zur Unterstützung Not leidender Handwerker sowie Gesellen und anderer Arbeitnehmer mit einer abgeschlossenen Berufsausbildung zu treffen oder zu unterstützen.

Die Handwerksinnungen

Die Handwerksinnungen sind nach § 52 Abs. 1 HwO freiwillige Zusammenschlüsse der Inhaber von Betrieben des gleichen zulassungspflichtigen Handwerks oder des gleichen zulassungsfreien Handwerks oder des gleichen handwerksähnlichen Gewerbes oder solcher Handwerke oder handwerksähnlicher Gewerbe, die sich fachlich oder wirtschaftlich nahestehen, innerhalb eines bestimmten Bezirks.

Aufgabe der Handwerksinnung ist, die gemeinsamen gewerblichen Interessen ihrer Mitglieder zu fördern. Insbesondere hat sie (§ 54 Abs. 1 HwO)

- den Gemeingeist und die Berufsehre zu pflegen,
- ein gutes Verhältnis zwischen Meistern, Gesellen und Lehrlingen anzustreben,
- entsprechend den Vorschriften der Handwerkskammer die Lehrlingsausbildung zu regeln und zu überwachen sowie für die berufliche Ausbildung der Lehrlinge zu sorgen und ihre charakterliche Entwicklung zu fördern,
- die Gesellenprüfungen abzunehmen und hierfür Gesellenprüfungsausschüsse zu errichten, sofern sie von der Handwerkskammer dazu ermächtigt ist,
- das handwerkliche Können der Meister und Gesellen zu fördern,
- bei der Verwaltung der Berufsschulen gemäß den bundes- und landesrechtlichen Bestimmungen mitzuwirken,
- das Genossenschaftswesen im Handwerk zu fördern,
- über Angelegenheiten der in ihr vertretenen Handwerke den Behörden Gutachten und Auskünfte zu erstatten,
- die sonstigen handwerklichen Organisationen und Einrichtungen in der Erfüllung ihrer Aufgaben zu unterstützen,
- die von der Handwerkskammer innerhalb ihrer Zuständigkeit erlassenen Vorschriften und Anordnungen durchzuführen.

Die Handwerksinnung soll (§ 54 Abs. 2 HwO)

- zwecks Erhöhung der Wirtschaftlichkeit der Betriebes ihrer Mitglieder Einrichtungen zur Verbesserung der Arbeitsweise und der Betriebsführung schaffen und fördern,
- bei der Vergebung öffentlicher Lieferungen und Leistungen die Vergebungsstellen beraten,
- das handwerkliche Pressewesen unterstützen.

Die Handwerksinnung kann (§ 54 Abs. 3 HwO)

- Tarifverträge abschließen, soweit und solange solche Verträge nicht durch den Innungsverband für den Bereich der Handwerksinnung geschlossen sind,

- für ihre Mitglieder und deren Angehörige Unterstützungskassen für Fälle der Krankheit, des Todes, der Arbeitsunfähigkeit oder sonstiger Bedürftigkeit errichten
- bei Streitigkeiten zwischen den Innungsmitgliedern und ihren Auftraggebern auf Antrag vermitteln.

> **Innungsbetriebe unterliegen der Tarifbindung!**

Der Landesinnungsverband

Der Landesinnungsverband ist der Zusammenschluss von Handwerksinnungen des gleichen Handwerks oder sich fachlich oder wirtschaftlich nahestehender Handwerke im Bezirk eines Landes. Für mehrere Bundesländer kann ein gemeinsamer Landesinnungsverband gebildet werden (§ 79 Abs. 1 HwO).

Der Landesinnungsverband hat die Aufgabe (§ 81 Abs. 1 HwO)
- die Interessen des Handwerks wahrzunehmen, für das er gebildet ist,
- die angeschlossenen Handwerksinnungen in der Erfüllung ihrer gesetzlichen und satzungsmäßigen Aufgaben zu unterstützen,
- den Behörden Anregungen und Vorschläge zu unterbreiten sowie ihnen auf Verlangen Gutachten zu erstatten.

Die Kreishandwerkerschaft

Die Handwerksinnungen, die in einem Stadt- oder Landkreis ihren Sitz haben, bilden die Kreishandwerkerschaft (§ 86 HwO).

Die Kreishandwerkerschaft hat die Aufgabe (§ 87 HwO)
- die Gesamtinteressen des selbstständigen Handwerks und des handwerksähnlichen Gewerbes sowie die gemeinsamen Interessen der Handwerksinnungen ihres Bezirks wahrzunehmen,
- die Handwerksinnungen bei der Erfüllung ihrer Aufgaben zu unterstützen,
- Einrichtungen zur Förderung und Vertretung der gewerblichen, wirtschaftlichen und sozialen Interessen der Mitglieder der Handwerksinnungen zu schaffen oder zu unterstützen,
- die Behörden bei den das selbstständige Handwerk und das handwerksähnliche Gewerbe ihres Bezirks berührenden Maßnahmen zu unterstützen und ihnen Anregungen, Auskünfte und Gutachten zu erteilen,
- die Geschäfte der Handwerksinnungen auf deren Ansuchen zu führen,
- die von der Handwerkskammer innerhalb ihrer Zuständigkeit erlassenen Vorschriften und Anordnungen durchzuführen.

8.4 Die Beratung durch die Kreditinstitute

Kreditinstitute bieten den Existenzgründern speziell in Finanzierungsfragen einen guten Beratungsservice. Gehen Sie am besten zuerst zu Ihrer Hausbank. Zusammen mit dem Firmenkundenbetreuer, der besonders auf die Beratung der mittelständischen Kundschaft eingestellt ist, können Sie die Finanzierung Ihres Vorhabens eingehend besprechen.

Die Firmenkundenbetreuer kennen auch die Förderprogramme, die für den Mittelstand in Frage kommen. Manche Kreditinstitute unterstützen Existenzgründer sogar mit kostenlosen Fachbroschüren.

Die Volksbanken bieten in ihren **Branchenbriefen** hilfreiche Informationen zu unterschiedlichen Vorhaben in den Bereichen Einzelhandel, sonstiger Handel, Handwerk, handwerksähnliche Gewerbe, Freie Berufe, Gastronomie, Dienstleistungen, Innovation und Umweltschutz und sonstige Branchen. Insgesamt stehen Informationen zu mehr als 150 Branchen zur Verfügung. Weil die Daten ständig aktualisiert werden, liegen die Branchenbriefe nicht in den Filialen aus. Sie werden jedes Mal mit dem neusten Stand ausgedruckt und mit der Post zugeschickt. Der Preis für jeden Brief beträgt z.Zt. 5,00 EUR inklusive Porto und Verpackung. Einzelne Volksbanken bieten auf ihren Webseiten die Branchenbriefe zum Download an. Recherchieren lohnt sich!

8.5   Die Beratung durch die Kranken- und Ersatzkassen

Die Regelungen zur gesetzlichen Sozialversicherung sind vielfältig und verändern sich ständig. Es ist nicht leicht, immer auf dem Laufenden zu bleiben. Die Kranken- und Ersatzkassen bieten i. d. R. einen umfangreichen Firmenkundenservice. Als kompetente Ansprechpartner helfen sie gern weiter. Nicht nur, wenn es um Einzelheiten aus dem Versicherungs-, Beitrags- oder Melderecht geht, sondern auch bei der Abrechnung und dem Meldeverfahren.

Das Meldeverfahren in der Sozialversicherung ist in der Datenerfassungs- und -übermittlungsverordnung (DEÜV) geregelt. Meldungen und Beitragsnachweise dürfen nur durch gesicherte und verschlüsselte Datenübertragung aus systemgeprüften Programmen oder mittels zugelassener Ausfüllhilfen an die Datenannahmestellen übermittelt werden. Arbeitgeber, die ein systemgeprüftes Entgeltabrechnungsprogramm einsetzen, können für einzelne Meldungen auch systemgeprüfte Ausfüllhilfen nutzen.

Wenn Sie ein Entgeltabrechnungsprogramm einsetzen, das in der Lage ist, die steuerlichen und sozialversicherungsrechtlichen Aspekte abzuwickeln, dann muss es von der Informationstechnischen Servicestelle der Gesetzlichen Krankenversicherung GmbH (ITSG) im Auftrag des GKV-Spitzenverbandes systemuntersucht und zugelassen worden sein. Eine Übersicht der bereits zugelassenen Programme finden Sie auf der Internetseite der ITSG unter http://www.gkv-ag.de.

Ausfüllhilfen dienen ausschließlich der maschinellen Übermittlung von manuell erfassten Meldungen sowie Beitrags- und ggf. elektronischen Entgeltnachweisen. Auch die Ausfüllhilfen müssen von der ITSG geprüft sein. Die gesetzlichen Krankenkassen stellen die kostenlose Ausfüllhilfe sv.net in zwei Varianten zur Verfügung:
- sv.net/classic wird als Software (nur als Download verfügbar) auf dem PC des Arbeitgebers installiert und verfügt über eine maschinelle Stammdatenverwaltung,
- sv.net/online basiert auf Internettechnologie und steht als Onlineanwendung zur Verfügung.

Vor der Internetübertragung der Melde- und Beitragsnachweisdaten über gesicherte Leitungen werden umfangreiche Plausibilitätsprüfungen durchgeführt, die die Datensicherheit zusätzlich gewährleisten. sv.net kann allerdings nicht die klassische Lohn- und Gehaltsabrechnungsprogramme ersetzen, da weder Arbeitsentgelte noch Sozialversicherungs- und Steueranteile berechnet werden. Neben Meldungen und Beitragsnachweisen können über sv.net/online auch die Entgeltbescheinigungen erstellt und elektronisch an die jeweilige Krankenkasse übermittelt werden.

Nähere Informationen hierzu erhalten Sie von den Firmenkundenberatern der gesetzlichen Krankenkassen und unter http://www.itsg.de

8.6   Die Beratung durch öffentliche Institutionen

8.6.1 Das Serviceangebot des Bundesministeriums für Wirtschaft und Technologie (BMWi)

Infotelefon
zu Mittelstand und Existenzgründung, Montag bis Donnerstag von 08:00 bis 20:00 Uhr, Freitag von 08:00 bis 12:00 Uhr
Telefon: (0180 5) 615-001

Gründerinnenhotline
Montag bis Donnerstag von 08:00 bis 20:00 Uhr, Freitag von 08:00 bis 12:00 Uhr
Telefon: (0180 5) 615-002

Finanzierungshotline
Montag bis Freitag von 09:00 bis 16:00 Uhr
Telefon: (03018) 615-80 00

Förderberatung des BMWi
Informationen zu den Förderprogrammen des Bundes, der Länder und der EU für Existenzgründer und kleine und mittlere Unternehmen. Die Auskünfte schließen Angaben zu Verfahrenswegen zur Erlangung von Fördermitteln, Anlaufstellen und Konditionen der Förderprogramme ein. Nach Terminvereinbarung können Existenzgründer und Investoren kostenlose Informationen über Fördermöglichkeiten auch im persönlichen Gespräch erhalten.

Montag bis Freitag von 09:00 bis 16:00 Uhr
Telefon: (03018) 615-80 00 bzw. (01888) 615-80 00
Telefax: (03018) 615-70 33 bzw. (01888) 615-70 33
E-Mail: foerderberatung@bmwa.bund.de

8.6.1.1 Das Existenzgründerportal des BMWi

Das Existenzgründerportal des Bundesministeriums für Wirtschaft und Technologie (BMWi) im Internet (http://www.existenzgruender.de) informiert über Themen rund um die Existenzgründung:

- Weg in die Selbstständigkeit
  10 Gründungsschritte, Entscheidung, Vorbereitung, Finanzierung, Unternehmensstart.
- BMWi-Expertenforum
  Ein Experten-Team beantwortet Ihre Fragen rund um das Thema Existenzgründung.
- Gründungswerkstatt
  - Entscheidung
    - PC-Lernprogramm Existenzgründung
      Die wichtigsten Etappen auf dem Weg in die Selbstständigkeit.
    - Fahrplan in die Selbstständigkeit
      Die wichtigsten Stationen der Gründungsvorbereitungen mit Informationen für den Start.
    - eTraining Gründerinnen
      Das interaktive eTraining für gründungsinteressierte Frauen.
  - Businessplan erstellen
    - Businessplaner online
      Der Businessplaner hilft bei der Erstellung des Businessplans.
    - BMWi-Softwarepaket
      Das Softwarepaket ist eine kostenlose CD-ROM des Bundesministeriums für Wirtschaft und Technologie (BMWi), die zahlreiche Anwendungshilfen zur Gründungsvorbereitung, Erstellung eines qualifizierten Businessplans sowie Unternehmensplanung und -steuerung bietet.
    - Checklisten und Übersichten
      Checklisten und Übersichten zu allen Themen des BMWi-Existenzgründungsportals.
  - Förderung und Finanzierung
    - Förderdatenbank des Bundes
      Die Förderdatenbank bietet einen Überblick über die Förderprogramme des Bundes, der Länder und der Europäischen Union.
    - eTraining Gründungs- und Wachstumsfinanzierung
      Das interaktive eTraining zeigt, auf was es bei der Finanzierung des Gründungsvorhabens oder der Unternehmenserweiterung ankommt.
    - eTraining Vorbereitung auf das Bankgespräch
      Das interaktive eTraining hilft, sich optimal auf das Bankgespräch vorzubereiten.
  - Unternehmen anmelden und starten
    - BMWi-Behördenwegweiser
      Interaktiver Laufzettel für alle Behördengänge und Formalitäten.
    - Kassenbuch
      In das interaktive Kassenbuch können alle Einnahmen und Ausgaben eingetragen werden.
    - Einnahmen-Überschussrechnung (EÜR)
      Alle wichtigen Unternehmenszahlen auf einem Blick.
    - Controllingplaner
      Für eine erfolgreiche Unternehmensführung ist ein systematisches

Controlling unerlässlich. Es liefert unternehmensbezogene Daten, auf deren Grundlage geplant und entschieden werden kann.

- Checklisten und Übersichten
  - Vorbereitung und Beratung
  Checklisten und Übersichten zu Gründungsvorbereitung, Gründerperson und Beratung.
  - Gründungswege
  Checklisten und Übersichten zu Gründung aus der Arbeitslosigkeit, Franchisetipps, Unternehmensnachfolge und vieles mehr ....
  - Businessplan
  Checklisten und Übersichten zur Vorbereitung des Businessplans.
  - Finanzierung und Förderung
  Checklisten und Übersichten zu Sicherheiten, Bürgschaften und Förderprogrammen.
  - Recht und Verhandlungsgespräche
  Checklisten und Übersichten zu Rechtsformen, Verträgen, AGB, Schutzrechten und Verhandlungen.
  - E-Business
  Checklisten und Übersichten rund um Online-Shops, Online-Marketing und Sicherheit.
  - Steuern, Versicherungen und Formalitäten
  Checklisten und Übersichten zu Steuern, Genehmigungen, Zulassungen und Versicherungen.
  - Personal
  Checklisten und Übersichten zu Bewerbungen und Arbeitsverträgen.
  - Preiskalkulation und Rechnungswesen
  Checklisten und Übersichten zu Kalkulation, Buchführung und Kostenrechnung.
  - Controlling
  Checklisten und Übersichten zu allen Bereichen des Controllings.
  - Marketing
  Checklisten und Übersichten zu Angebot, Preis, Vertrieb und Kommunikation.
  - Büroorganisation
  Checklisten und Übersichten zu Organisation und Ordnung im Büro.
  - Krisenvorbeugung und -management
  Checklisten und Übersichten zu Krise und Insolvenz.
  - Qualitätsmanagement
  Checklisten und Übersichten für mehr Qualität im Unternehmen.
  - Work-Life-Balance
  - Kooperation
  Checklisten und Übersichten zu Vorbereitung von Unternehmenskooperationen.
  - Auslandsgeschäfte
  Checklisten und Übersichten zu Vorbereitung des Exportvorhabens.
- Publikationen
Broschüren, CDs und Flyer, GründerZeiten, Studien

- Mediathek
  Video- und TV-Beiträge, GründerPodcasts, News als RSS, Gründungsmeldungen für unterwegs, Newsmelder, Bildschirmschoner.
- Beratung und Adressen
  Ansprechpartner, Förderung von Existenzgründungsberatungen, Gründungswerkstatt, Gründercoaching Deutschland, Förderung von Unternehmensberatungen für kleine und mittlere Unternehmen sowie freie Berufe, Förderung von Informations- und Schulungsveranstaltungen sowie Workshops, Seminarübersicht, Börsen, Adressen-Infotelefone, Linksammlung, Workshop-Materialien, Kommunen für Gründer und Unternehmen.
- Service
  Aktuelle Meldungen, Newsletter, Daten und Fakten, Leserempfehlungen, Experteninterviews.
- BMWi-Behörden- und Formularwegweiser
  Interaktives Programm unter http://www.bmwi-wegweiser.de.

BMWi Softwarepaket für Gründer und junge Unternehmen
Mit dem Softwarepaket gibt das Bundesministerium für Wirtschaft und Technologie (BMWi) Existenzgründern und jungen Unternehmen eine kostenlose CD-ROM an die Hand, um sie bei der Gründungsplanung und Unternehmensführung zu unterstützen. So hilft das erfolgreiche Softwarepaket z.B. Schritt für Schritt bei der Erstellung eines ersten Businessplans. Alle wichtigen Themen wie z.B. Gründungsvorhaben, Chancen/Risiken, Werbung oder Unternehmensziele werden ausführlich behandelt. Es können alle notwendigen Tabellen und Übersichten, wie ein Kapitalbedarfs- und Finanzierungsplan, eine Liquiditätsplanung, eine Rentabilitätsvorschau oder ein Kostenentwicklungsplan erstellt sowie eine Preiskalkulation durchgeführt werden.

Bereits bestehenden Unternehmen liefert das Softwarepaket umfangreiche Funktionen zur Unternehmensführung. Hier sind verschiedene Instrumente enthalten, z.B. zur Liquiditätsplanung und -steuerung, zur Preiskalkulation, zur Durchführung von Controlling-Operationen oder zur Erstellung revolvierender Planrechnungen und betriebswirtschaftlicher Auswertungen. Auch zu den Themen Forderungsmanagement und Rating stellt das Softwarepaket Unternehmen spezielle Module zur Verfügung.

Erhältlich ist die CD-ROM über den BMWi-Bestellservice oder über das zugehörige Serviceportal (http://www.softwarepaket.de). Hier finden Sie nicht nur Tipps und Hinweise rund um die Anwendung der Software, sondern können sich auch per Newsletter über alle Aktualisierungen auf dem Laufenden halten.

8.6.1.2 Die Förderdatenbank des BMWi

Die Förderdatenbank des Bundesministeriums für Wirtschaft und Technologie (BMWi) im Internet (http://db.bmwi.de oder http://www.foerderdatenbank.de) informiert über die aktuellen Förderprogramme des Bundes, der Länder und der EU für die gewerbliche Wirtschaft und Freie Berufe. Sie enthält die vollständigen Richtlinien und zusätzliche Informationen sowie Links zu allen öffentlichen Förderauskunftsstellen.

8.6.1.3 Der Förderkatalog des BMBF/BMWi

Der Förderkatalog des BMBF/BMWi im Internet (http://www.foerderkatalog.de) bietet aktuelle Informationen zu

- den einzelnen Projektfördermaßnahmen sowie Forschungs- und Entwicklungsaufträgen des Bundesministeriums für Bildung und Forschung (BMBF),
- den einzelnen Projektfördermaßnahmen sowie Forschungs- und Entwicklungsaufträge des Bundesministeriums für Umwelt, Naturschutz und Reaktorsicherheit (BMU),
- den Vorhaben der direkten Projektförderung des Bundesministeriums für Wirtschaft und Technologie (BMWi) in den Bereichen Energie-, Luftfahrtforschung, Multimedia und InnoNet,
- den Vorhaben der direkten Projektförderung des Bundesministeriums für Ernährung, Landwirtschaft und Verbraucherschutz (BMELV),
- den Projektfördermaßnahmen sowie Forschungs- und Entwicklungsaufträgen des Bundesministeriums für Verkehr, Bau und Stadtentwicklung (BMVBS).

8.6.1.4 Die nexxt-change Unternehmensbörse

Unter der Internetadresse http://www.nexxt.org bietet das Bundesministerium für Wirtschaft und Technologie (BMWi) mit der KfW, dem Deutschen Industrie- und Handelskammertag (DIHK), dem Zentralverband des Deutschen Handwerks (ZDH), dem Bundesverband der Deutschen Volksbanken und Raiffeisenbanken (BVR) und dem Deutschen Sparkassen- und Giroverband (DSGV) als Bestandteil der Aktion nexxt Initiative Unternehmensnachfolge vielseitige Informationen und kompetente Betreuung mit dem bundesweit größten Marktplatz für interessierte Nachfolger und Unternehmer bzw. Übernehmer und Übergeber.

Die Unternehmensbörse richtet sich vor allem an

- Existenzgründer und Unternehmer, die im Zuge einer Nachfolge ein Unternehmen zur Übernahme suchen und
- Unternehmer, die einen Nachfolger suchen, an den sie ihr Unternehmen übergeben können.

Nachfolgern und Übergebern wird ein kostenloses Serviceangebot u.a. mit folgenden Vorteilen zur Verfügung gestellt:

- umfangreiches Angebot zu vermittelnder Unternehmen,
- qualifizierte Betreuung und Vermittlung durch über 700 Regionalpartner,
- automatische Benachrichtigung bei passenden Neu-Inseraten (Abo-Funktion),
- einfache Einstellung von Inseraten bzw. Unternehmensprofilen.

Zusätzlich zur Börse bietet die Informationsplattform ein umfangreiches Angebot an themenbezogenen Informationen und Adressen.

Ansprechpartner für die Platzierung der Inserate sind die nexxt-Regionalpartner vor Ort. Ansprechpartner bei generellen Fragen zur Unternehmensbörse ist das Infocenter der KfW.

8.6.1.5 EXIST – Existenzgründungen aus der Wissenschaft

Unter der Internetadresse http://www.exist.de bietet das Bundesministerium für Wirtschaft und Technologie (BMWi) Informationen über das Förderprogramm EXIST. EXIST ist ein Förderprogramm des Bundesministeriums für Wirtschaft und Technologie (BMWi), das mit Mitteln des Europäischen Sozialfonds (ESF) kofinanziert wird. Ziel des Förderprogramms EXIST ist die Verbesserung des Gründungsklimas und die Verbreitung von Unternehmergeist an Hochschulen und außeruniversitären Forschungseinrichtungen in Deutschland sowie die Steigerung der Anzahl technologieorientierter und wissensbasierter Unternehmensgründungen.

Das Förderprogramm EXIST steht auf drei Säulen:
* **EXIST-Gründungskultur**
  Mit dem Wettbewerb »Die Gründerhochschule« – Programm zur Förderung der Gründungsprofilierung von Hochschulen werden Hochschulen dabei unterstützt, eine ganzheitliche hochschulweite Strategie zu Gründungskultur und Unternehmergeist zu formulieren und nachhaltig und sichtbar umzusetzen.
* **EXIST-Gründerstipendium**
  Unterstützt Gründer aus Hochschulen und außeruniversitären Forschungseinrichtungen, ihre technologisch-innovative Gründungsvorhaben umzusetzen.
* **EXIST-Forschungstransfer**
  Fördert herausragende forschungsbasierte Gründungsvorhaben, die mit aufwändigen und risikoreichen Entwicklungsarbeiten verbunden sind. Die Richtlinien und Unterlagen zur Beantragung von EXIST-Forschungstransfer stehen als Downloadangebote zur Verfügung.

8.6.2 Das Serviceangebot des Bundesministeriums für Arbeit und Soziales (BMAS)

Von Montag bis Donnerstag von 8.00 bis 20.00 Uhr steht das Bürgertelefon des Bundesministeriums für Arbeit und Soziales (BMAS) zu den Themen Arbeitsmarktpolitik, Arbeitsmarkt und Arbeitsförderung zur Verfügung (siehe Abb. 16).

8.6.3 Das Serviceangebot des Bundesministeriums der Justiz (BMJ)

Das Bundesministerium der Justiz (BMJ) stellt in einem gemeinsamen Projekt mit der juris GmbH nahezu das gesamte aktuelle Bundesrecht kostenlos im Internet unter (http://www.gesetze-im-internet.de) bereit. Die Gesetze und Rechtsverordnungen können in ihrer geltenden Fassung abgerufen werden. Sie werden durch die Dokumentationsstelle des Ministeriums fortlaufend aktualisiert.

Im Aktualitätendienst werden Links zu allen neu im Bundesgesetzblatt Teil I verkündeten Vorschriften bis zu sechs Monate seit Inkrafttreten vorgehalten. Dort können auch die Texte der den aktualisierten Gesetzen und Verordnungen zugrunde liegenden Änderungsvorschriften aufgerufen werden.

Infotelefon zur Arbeitsmarkt-politik und -förderung	Infotelefon zum Arbeitsrecht	Infotelefon zu den Themen Teilzeit/Altersteilzeit/Mini-Jobs
Telefon: (0180 5) 676-712	Telefon: (0180 5) 676-713	Telefon: (0180 5) 676-714
Informationen u.a. zu: • Einstellungszuschuss bei Neugründungen u.a. Eingliederungszuschüsse • Hilfen für Existenzgründer (Gründungszuschuss) • Förderung von Arbeits-beschaffungsmaßnahmen • Arbeitslosengeld, Insolvenzgeld • Kurzarbeitergeld und Übergangsgeld • Trainingsmaßnahmen, Mobilitätshilfen und Arbeitnehmerhilfe • Ruhen von Leistungen	Informationen u.a. zu: • Rechte und Pflichten im Arbeitsverhältnis • Zulässige bzw. vorgeschriebene Inhalte des Arbeitsvertrages • Entgeltfortzahlung im Krankheitsfall • Feiertagsentlohnung • Urlaubsansprüche nach dem Bundesurlaubsgesetz • Jugendarbeitsschutzgesetz • Zahlung von Sondergratifikationen • Nachweisgesetz • Kündigungsschutz • Kündigungsfristengesetz • Mitbestimmung • Betriebsverfassung • Mobbing	Informationen u.a. zu: • Altersteilzeit • Mini-Jobs und niedrig entlohnte Beschäftigungen • Formen und Organisation von Teilzeit

Abb. 16: Bürgertelefon des Bundesministeriums für Arbeit und Soziales (BMAS)

8.6.4 Das Serviceangebot der KfW

Die KfW bündelt im Bereich Inlandsförderung alle Förderaktivitäten für Gründer und mittelständische Unternehmen. Das sind einerseits die klassischen, langfristigen Kredite und andererseits innovative Programme zur Stärkung der Eigenkapitalbasis.

Förderprogramme
Die KfW bietet Existenzgründern, Freiberuflern und mittelständischen Unternehmen Unterstützung mit Krediten, Nachrangdarlehen, Eigenkapital und Beratung. Sämtliche Investitionsvorhaben, die von der KfW begleitet werden, werden zweckgebunden und zu günstigen Konditionen finanziert. Dabei steht der langfristige Kredit als klassischer Finanzierungsbaustein im Mittelpunkt. Mit den Nachrangdarlehen hilft die KfW Finanzierungshemmnisse zu beseitigen und die Finanzierungsstrukturen von Existenzgründern und kleinen und mittleren Unternehmen (KMU) zu stärken. Das Know-how der KfW ist von großem Vorteil, wenn es darum geht, die Eigenkapitalbasis kleiner und mittlerer Unternehmen zu verbessern. So unterstützt sie den Mittelstand mit speziellen Programmen bei der Aufnahme von Beteiligungskapital. Zu den Hausbanken, die die Finanzierungen durchleiten, hat die KfW ein partnerschaftliches Verhältnis. Die Hausbanken prüfen für die KfW die wirtschaftlichen und finanziellen Verhältnisse, bestellen die Sicherheiten und haften i.d.R. für die Rückzahlung der Darlehen.

KfW Infocenter

Unter der Rufnummer (0180 1) 24 11 24 (bundesweit zum Ortstarif) können Sie sich von Montag bis Freitag von 07:30 bis 17:30 Uhr zu allen Förderprogrammen der KfW beraten lassen.

Aktuelle Zinskonditionen

Die aktuellen Zinskonditionen (Konditionenübersicht für Endkreditnehmer) der Förderprogramme der KfW stehen im Internet (http://www.kfw.de) zur Ansicht, im PDF-Format zum Ausdruck oder zum Herunterladen zu Ihrer Verfügung. In der Konditionenübersicht finden Sie den aktuellen Nominal- und Effektivzinssatz für Ihren Kredit mit der gewünschten Laufzeit. Bei Programmen mit risikogerechtem Zinssystem gelten die Preisklassen mit den entsprechenden maximalen Zinssätzen. Zusätzlich sind die möglichen Zinsbindungsfristen, die tilgungsfreien Anlaufjahre und der Auszahlungskurs angegeben.

Internetportale
- **KfW Beraterbörse**

  Unter der Internetadresse http://www.kfw-beraterboerse.de bietet die KfW eine Plattform, auf der Sie nach einem passenden Berater in Ihrer Nähe recherchieren können, der mit Ihrer Branche und den damit verbundenen Problemstellungen vertraut ist. Ebenso ist die Recherche nach Beratern möglich, die für spezielle Beratungsprodukte, wie z. B. das KfW-Gründercoaching zugelassen sind.
- **nexxt-change Unternehmensbörse**

  Die nexxt-change Unternehmensbörse ist eine Gemeinschaftsinitiative des Bundesministeriums für Wirtschaft und Technologie (BMWi), der KfW, des Deutschen Industrie- und Handelskammertags (DIHK), des Zentralverbandes des Deutschen Handwerks (ZDH), des Bundesverbandes der Deutschen Volksbanken und Raiffeisenbanken (BVR) und des Deutschen Sparkassen- und Giroverbandes (DSGV). Unternehmer, die vor dem Generationswechsel stehen und keinen geeigneten Nachfolger innerhalb der eigenen Familie oder der Mitarbeiterschaft finden, können eine Plattform zur Suche nach externen Übernehmern nutzen. Gleichzeitig wird Existenzgründern als potenziellen Übernehmern eine Alternative zur Neugründung eines Unternehmens geboten. Ziel ist es, mit Hilfe der betreuenden Regionalpartner Kontakte zwischen beiden Parteien herzustellen.

  Informationen zur Unternehmensbörse finden Sie im Internet unter http://www.nexxt-change.org. Ansprechpartner für die Platzierung der Inserate sind die Regionalpartner vor Ort. Ansprechpartner bei generellen Fragen zur Unternehmensbörse ist das Infocenter der KfW.

8.6.5 Das Serviceangebot von Germany Trade & Invest

Die Germany Trade & Invest – Gesellschaft für Außenwirtschaft und Standortmarketing mbH, gefördert vom Bundesministerium für Wirtschaft und Technologie (BMWi) und vom Beauftragten der Bundesregierung für die neuen Bundesländer, ist die Wirtschaftsförderungsgesellschaft von Deutschland. Sie ist durch die Zusammenführung der Bundesagentur für Außenwirtschaft (bfai) und der Invest in Germany GmbH entstanden. Aufgabe von Germany Trade & Invest ist das Marketing für den Wirtschafts-, Investitions- und Technologiestandort Deutschland. Germany Trade & Invest berät zur Anwerbung von Investoren ausländische Unternehmen und unterstützt deutsche Unternehmen, die ausländische Märkte erschließen wollen, mit Außenwirtschaftsinformationen. Die Gesellschaft verfügt über ein weltweites Auslandsnetz von Mitarbeitern, die vor Ort Informationen über Auslandsmärkte recherchieren und ausländische Unternehmen bei der Ansiedlung in Deutschland unterstützen. Sie arbeiten dabei eng mit den Deutschen Auslandshandelskammern (AHKs) zusammen.

Alle Informationen von Germany Trade & Invest (gtai) sind über das Internet (http://www.gtai.de) verfügbar. Die Homepage verweist auf die beiden Bereiche Außenwirtschaft/Trade und Investieren/Invest.

Außenwirtschaft/Trade
In der Rubrik Außenwirtschaft/Trade stehen folgende Informationen zur Verfügung:
- Aktuelle Informationen
  Veranstaltungen (Veranstaltungen der Germany Trade & Invest und externe Veranstaltungen), Recht aktuell (Archiv, Recherche Recht, Recht kompakt, Newsletter Recht, Anwälte im Ausland, ausländische Gesetze, Preisinformationen, Literaturhinweise), Zoll aktuell (Recherche Zoll, Zoll Merkblätter, Zolltipps, Zollpublikationen, Zoll spezial, Geschäftspraxis USA, Newsletter Zoll, ausländische Zolltarife, EU Customs & Trade News, Infothek, Preisinformationen), CDM-Länderinformationen zum kostenlosen Download, Informationen zu den projektbasierten Klimaschutzprojekten Joint Implementation (JI) und Clean Development Mechanism (CDM).
- Datenbank-Recherche
  Länder und Märkte (ca. 10.000 aktuelle Marktanalysen, Wirtschaftsdaten und Länderberichte aus rund 120 Ländern zum Teil kostenlos abrufbar), Zoll (Recherche Zoll, Recherche Zollpublikationen, Recherche Zolltarife), Recht (Recherche Recht, Recherche Rechts- und Patentanwälte), Ausschreibungen (Recherche Ausschreibungen weltweit, Recherche Ausschreibungen EU-weit), Entwicklungsprojekte (Recherche Entwicklungsprojekte, Informationen zu EU-Projekten, Beschaffungswesen der Vereinten Nationen, Informationen zu Weltbank-Projekten, Inter-Amerikanische Entwicklungsbank), Adressen und Internetanschriften (Recherche Kontakte im Ausland, Recherche Adressen Branche kompakt), Geschäftskontakte (Recherche Geschäftskontaktwünsche), Publikationen (Recherche Publikationen).
- Spezialthemen
  z. B. Branchen international, Kreditvergabe international, Konjunkturprogramme weltweit.
- Publikationen
  Recherche Publikationen (Schriften zur Außenwirtschaft von Germany Trade & Invest. Nahezu 3.000 Broschüren stehen zum Download im PDF-Format oder zur Bestellung bereit), Publikationsarten (Reihe Rechtstipps für Expor-

teure, Reihe Zolltipps. Kostenfreie Kompakt-Reihen: Wirtschaftsdaten kompakt, Branche kompakt, Recht kompakt, Verhandlungspraxis kompakt), Publikationslisten (Publikationslisten zu den einzelnen Ländern im PDF-Format, die einen schnellen Überblick über zur Verfügung stehende Publikationen und Dokumente zu einem entsprechenden Land liefern. Per Brief oder Fax können aktuelle Informationen aus den folgenden Rubriken ausgewählt und bestellt werden: Geschäftspraxis, Wirtschaftsklima, Marktanalysen, Recht, Einfuhrverfahren, Zoll, Neuerscheinungen (Liste der Neuerscheinungen gibt einen Überblick über die im aktuellen Monat bei Germany Trade & Invest erschienenen Broschüren), Zeitschriften: markets – Das Servicemagazin für Außenwirtschaft (Informationen über Märkte in aller Welt, internationale Branchenanalysen, fundierte Rechts- und Strategietipps), Geschäftspraxis USA (Einfuhrbestimmungen, Recht, Zoll, US-Exportkontrolle), Zoll spezial (aktuelle Entwicklungen in Zoll- und Einfuhrfragen), Preisinformationen (Preis- und Zahlungsinformationen), markets Online (Magazin, Abonnement, Archiv, Service, markets aktuell).
- Service
  Service (Auskunftsservice per Telefon oder E-Mail), Newsletter im Abonnement, Internet-Abonnement zur Nutzung der Datenbanken, Info- und Kontaktveranstaltungen, Geschäftskontakte, Enterprise Europe Network (EEN).
- gtai-Online-News
  Hier können Sie kostenlos die gtai-Online-News bestellen. Diese enthalten folgende Themen: Länder und Märkte (informiert über die wirtschaftliche Entwicklung weltweit), Branchen (informiert über Marktentwicklungen und Chancen), Infrastruktur (informiert über ausgewählte Projekte), Recht und Zoll, Geschäftspraxis (enthält entscheidende Tipps), Schwerpunkte (informiert über aktuelle Sonderthemen).

Investieren/Invest

In der Rubrik Investieren/Trade stehen folgende Informationen zur Verfügung:
- Investitionsstandort Deutschland
  Kurzer Überblick (Konjunktur, Wirtschaftsstruktur, politisches System, Land und Bevölkerung, Infrastruktur), Wirtschaftliches Profil (Konjunkturentwicklung, Unternehmenslandschaft, Markterschließung), Ausländische Direktinvestitionen (FDI) (Zahlen-Daten-Fakten, Wahrnehmung weltweit), Forschung und Entwicklung (Hightech-Standort, Marktoptionen, FuE-Fördermittel), Geschäftliches Umfeld (Infrastruktur, Rechtssystem, Arbeitsmarkt, Steuerumfeld, Fördermittel).
- Branchen in Deutschland
  Automobilindustrie, Biotechnologie, BPO/Shared Services-Industrie, Chemische Industrie, Contact-Center-Branche, Elektronik und Mikrotechnologie, Energie-Effizienz-Sektor, Erneuerbare-Energien-Sektor, Gesundheitssektor, IKT-Branche, Konsumgüterindustrie, Kunststoffindustrie, Logistikbranche, Luft- und Raumfahrtindustrie, Maschinen- und Anlagenbau, Nahrungs- und Genussmittelindustrie, Nanotechnologie, Reise- und Tourismusbranche, Sicherheitstechnologien, Umwelttechnologien.
- Regionen in Deutschland
  Bundesländer, Powerhouse Estern Germany.

- Business Guide Deutschland
  Importe, Einreise, Unternehmensgründung, Fördermittel, Arbeitsmarkt, Unternehmenssteuern, Rechtsrahmen, Leben in Deutschland.
- Info-Service
  Pressemitteilungen, FDI-Ticker, Messen und Veranstaltungen, Q&A, Publikationen, Videos, weiterführende Links.

iXPOS – Das Außenwirtschaftsportal

iXPOS ist eine Initiative des Bundesministeriums für Wirtschaft und Technologie (BMWi) und bietet unter http://www.ixpos.de kompakte Datenbanken, sachkundige Ansprechpartner und praxisorientiertes Wissen zu allen Fragen der Außenwirtschaft.

iXPOS Serviceleistungen für Ihr Engagement im Ausland:

- Aktuelle Meldungen
  Aktuelle Informationen für das Auslandsgeschäft.
- Veranstaltungen
  Alle aktuellen Termine wichtiger Veranstaltungen über Auslandsmärkte.
- Start ins Ausland
  - Gut zu wissen
    Was Sie beachten müssen. Wobei wir helfen können. Dienstleistungen oder Produkte?
  - Fit für Auslandsmärkte
    Geschäft gut vorbereiten. Eigene Situation analysieren. Produkte und Konkurrenz bewerten. Ziele vorgeben. Kompetenz-Check international.
  - Export planen
    Exportplan: Einleitung, Organisationsfragen, Produkte / Dienstleistungen, Marktüberblick, Markteintrittsstrategie, Organisation der Logistik, Rechtsfragen, Risiko und Absicherungsstrategien, Aktionsplan, Finanzierungsplan.
  - Unterstützung und Beratung
    Unterstützung in Deutschland (Organisationen und Einrichtungen in Deutschland), Unterstützung im Ausland (Kontaktadressen und Ansprechpartner für deutsche Unternehmen im Ausland).
- Länder und Branchen
  - iXPOS-Länderdossiers
    Basisinformationen, aktuelle Wirtschaftsdaten, Links und Kontakte für die wichtigsten deutschen Handelspartner: Westeuropa, Amerika, Asien/Pazifik, Afrika und Nahost, Mittel- und Osteuropa.
  - iXPOS-Brancheninformationen
    Alle relevanten Links und Ansprechpartner für Ihre Branche: Brancheninfo Umwelttechnologie, Maschinenbau, Energiewirtschaft, Exportinitiative Energieeffizienz, Bauwirtschaft und Architektur, Handwerk und Auslandsgeschäft, Export von Dienstleistungen.
- Abnehmer und Partner finden
  - http://www.e-trade-center.de
    Internet-Plattform für internationale Geschäftskontakte.

- Internationale Messen
  Teilnahme an internationalen Messen.
- Kontaktveranstaltungen
  Internationale Kontaktveranstaltungen und Kooperationsbörsen bringen Sie mit den richtigen Partnern für Ihr Auslandsgeschäft zusammen.
- Öffentliche Aufträge
  Die internationale Ausschreibung von großen Projekten bietet gute Chancen, im Ausland Geschäfte zu machen.
- Markteintritt
  - Export und Vertrieb organisieren
    Direkter und indirekter Export, Vertragshändler, Großhändler, Exporteur, Importeur, Direktvertrieb an Endverbraucher, eigene Verkaufsniederlassung, Exportkooperation, Lizenzvergabe.
  - Zoll und Steuern
    Zölle, Vorschriften und Papiere, Kennzeichnung von Exportwaren, weiterführende Informationen und Ansprechpartner.
  - Export von Dienstleistungen
    Dienstleistungen im Ausland erbringen, Erfolgsfaktoren, Recht und Verträge, Gewerbe- und Arbeitsgenehmigungen, Steuern und Abgaben, Finanzierung und Absicherung, Länderinformationen.
  - Investieren im Ausland
    Publik Private Partnership (PPP), Erfolgsfaktoren für Auslandsinvestitionen, Investitionsarten, Finanzierung und Absicherung von Auslandsinvestitionen.
- Finanzieren und Absichern
  - Finanzierung von Exportgeschäften
    Exportfinanzierung, Bestellerkredite, Lieferantenkredite, Forfaitierung, kurzfristige Exportkredite.
  - Absicherung von Auslandsgeschäften
    Staatliche Exportkreditversicherung, private Exportversicherung, Transportversicherung.
  - Recht und Verträge
    Informationen Auslandsrecht, Vertragsgestaltung, Korruptionsbekämpfung.
  - Zahlungsabwicklung
    Zahlungsbedingungen im Außenhandel, Vorauszahlung, Anzahlung, Ratenzahlung, Zahlung bei Lieferung, Zahlung gegen Rechnung, Dokumenten-Inkasso, Dokumenten-Akkreditiv.
- Förderprogramme
  Förderprogramme des Bundes, der Länder und der Europäischen Union rund um das Auslandsgeschäft.
- Publikationen
  Studien, Leitfäden und Länderinformationen rund um das Auslandsgeschäft von über 70 Förderorganisationen.
- Veranstaltungen
  Unternehmerreisen, Messebeteiligungen und Seminare von über 150 Veranstaltern rund um das Auslandsgeschäft.

- Geschäftskontakte
  Die Kooperationsbörse für internationale Kontakte. Tragen Sie sich kostenlos in das e-trade-center ein, um internationale Geschäftskontakte zu knüpfen, Ihre Produkte und Dienstleistungen weltweit anzubieten.
- iXPOS-Newsletter
  Der kostenlose iXPOS-Newsletter versorgt Sie per E-Mail mit den aktuellsten Informationen und Terminen für Ihr Auslandsgeschäft. Sie können zwischen einem allgemeinen Newsletter und einem speziell auf bestimmte Themen abgestimmten Newsletter wählen. Bei der Bestellung wählen Sie die Länder und Veranstaltungsarten aus, die Sie interessieren.

e-trade-center – Die Kooperationsbörse für internationale Geschäftskontakte
Unterstützt vom Bundesministerium für Wirtschaft und Technologie (BMWi) werden Geschäftskontaktwünsche mit der zentralen Geschäftskontaktbörse e-trade-center in enger Vernetzung mit dem Außenwirtschaftsportal iXPOS deutschen und ausländischen Unternehmen zugänglich gemacht.

Unter http://www.e-trade-center.de können deutsche und ausländische Unternehmen ihre Produkte und Dienstleistungen im Internet anbieten bzw. Produkte und Dienstleistungen nachfragen. Sie haben die Möglichkeit, ihre unterschiedlichen Kooperationswünsche vorzustellen. Die Unternehmen können ihren Geschäftswunsch mit Hilfe eines vorgegebenen Fragebogens selbst in das e-trade-center eintragen.

8.6.6 Das Serviceangebot des Enterprise Europe Network Deutschland

Das Enterprise Europe Network (EEN) ist ein europäisches Netzwerk mit dem Ziel, Kooperationen, Technologietransfer und strategische Partnerschaften für kleine und mittelständische Unternehmen zu unterstützen. Besonders im Bereich Forschung und Entwicklung helfen die deutschen Partner im Enterprise Europe Network [→ Adressenverzeichnis] dabei, Kontakte in Wirtschaft und Wissenschaft zu initiieren.

Die deutschen Partner im Enterprise Europe Network
- helfen Unternehmen dabei, potenzielle, internationale Geschäftspartner zu finden,
- helfen kleinen und mittleren Unternehmen (KMU) dabei, neue Produkte zu entwickeln und Zugang zu europäischen Märkten zu finden,
- informieren über EU-Maßnahmen, EU-Programmen und EU-Finanzierungsmöglichkeiten und helfen kleinen und mittleren Unternehmen (KMU) dabei, Zugang dazu zu finden,
- beraten in Bezug auf geistiges Eigentum, Patente, Normen und europäischen Rechtsvorschriften,
- sind Kommunikationskanal und platzieren unternehmensrelevante Neuigkeiten aus Brüssel und spielen Feedback aus der Wirtschaft nach Brüssel.

Das Netzwerk verfügt auch außerhalb der Europäischen Union über Kontaktstellen. Neben den 27 Mitgliedstaaten hat das Enterprise Europe Network Partner in der Türkei, auf dem westlichen Balkan, in den Ländern des EWR und in anderen

Drittländern. Eine Liste sämtlicher Netzwerkpartner finden Sie im Internet unter folgender Adresse: http://ec.europa.eu/enterprise-europe-network.

8.6.7 Das Informationsangebot des Deutschen Patent- und Markenamtes

Das Deutsche Patent- und Markenamt (DPMA) hat seinen Hauptsitz in München und weitere Dienststellen in Jena und Berlin [→ Adressenverzeichnis]. Der gesetzliche Auftrag ist es, gewerbliche Schutzrechte zu erteilen, zu verwalten und zu veröffentlichen sowie über bestehende gewerbliche Schutzrechte für Deutschland zu informieren. Informationen erfolgen über mittels Publikations- und Recherchedienste im Internet. Auskunftsstellen und Recherchesäle des Amtes geben potenziellen Anmeldern Hilfestellung, was es bei einer Patent-, Marken- oder Musteranmeldung zu beachten gilt.

Folgende Informationen/Dienstleistungen stellt das Deutsche Patent- und Markenamt (DPMA) zur Verfügung:
- **DPMAdirekt**
  Mit DPMAdirekt können Schutzrechte (Patent-, Gebrauchsmuster-, Geschmacksmuster- und Markenanmeldungen) online eingereicht werden.
- **DPMAregister**
  Das DPMAregister ist die Internetplattform für die Veröffentlichung der amtlichen Publikationen und der Registerdaten mit aktuellen Rechts- und Verfahrensstandsinformationen zu einem Schutzrecht. Der Dienst eignet sich insbesondere für die Recherche nach angemeldeten, eingetragenen und erteilten Schutzrechten, für die Ermittlung des aktuellen Rechtsstands zu einem Schutzrecht sowie für die regelmäßige und systematische Überprüfung neu publizierter Schutzrechte im Rahmen eines Monitoring.
- **DEPATISnet**
  Das DEPATISnet ermöglicht die Durchführung von Online-Recherchen zu Patentveröffentlichungen aus aller Welt, die sich im Datenbestand des deutschen Patentinformationssystems DEPATIS befinden. Nach der Recherche können Sie sich aus der erhaltenen Trefferliste die bibliografischen Daten (Titel, Anmelder, Erfinder, ...) eines gefundenen Dokuments anzeigen lassen. Es besteht auch die Möglichkeit, das Originaldokument im PDF-Format darzustellen. Innerhalb eines dargestellten Dokuments können Sie seitenweise blättern oder direkt auf bestimmte Dokumententeile (Subdokumente) wie z. B. Ansprüche, Zeichnung, Beschreibung etc. springen. Möglich ist auch der seitenweise Ausdruck des Dokuments. Je nach Nutzererfahrung stehen fünf verschiedene Recherchemöglichkeiten von der Einsteigerrecherche für einfache Suchabfragen bis zur Expertenrecherche für komplexe Suchabfragen zur Verfügung. DEPATISnet wird kostenlos angeboten. Der Zugang erfolgt über http://depatisnet.dpma.de
- **DPMApublikationen**
  In DPMApublikationen können das Patentblatt und die amtlichen Publikationen von Patenten und Gebrauchsmustern heruntergeladen werden. Auch die Suche nach Rechts- und Verfahrensständen einzelner Schutzrechte ist möglich.

- **DPINFO**
  In DPINFO können die aktuellen Rechts- und Verfahrensstände zu Patenten und Gebrauchsmustern ermittelt werden.
- **DEPAROM**
  Mit DEPAROM gibt das Deutsche Patent- und Markenamt (DPMA) seine publizierten Patentdokumente auch als DVD-Reihe heraus.
- **Datenabgabe-Dienste**
  Die Datenabgabe-Dienste bieten die Möglichkeit, die Rohdaten zu allen Schutzrechten bequem über einen Webserver herunterzuladen oder direkt über eine XML-Schnittstelle zu erhalten.
- **Newsletter**
  Der Newsletter kann mit einer E-Mail an newsletter@dpma.de abonniert werden. Er erscheint alle zwei Monate.
- **Veröffentlichungen**
  Jahresberichte zum Download, Statistiken zu Patenten, Marken und Mustern, Erfinderaktivitäten (Patentprüfer berichten über historische und aktuelle Erfindungen), Blatt für Patent-, Muster- und Zeichenwesen (monatliche Zeitschrift), Mitteilungen der Präsidentin, DPMAinformativ (Veröffentlichungen zum Thema Schutzrechtsinformation), Broschüren.
- **Seminare/Veranstaltungen**
  Das Deutsche Patent- und Markenamt (DPMA) organisiert Veranstaltungen zum Thema gewerblicher Rechtsschutz und beteiligt sich an solchen.

Das Deutsche Patent- und Markenamt (DPMA) ist Kooperationspartner in einem Netzwerk nationaler, europäischer und internationaler Schutzrechtssysteme. Die zentralen Informationsdienstleistungen im Internet werden auf regionaler Ebene durch qualifizierte Beratungs- und Informationsangebote ergänzt. Insbesondere werden die mehr als 20 regionalen Patentinformationszentren (PIZ) [→ Adressenverzeichnis] durch das Deutsche Patent- und Markenamt (DPMA) unterstützt. Sie bieten umfassende Informationen zum gewerblichen Rechtsschutz. Die Dienstleistungen der Patentinformationszentren (PIZ) gliedern sich in fünf Hauptgebiete:

- Informationen, insbesondere zu den Anmeldeverfahren für gewerbliche Schutzrechte,
- Organisation von kostenlosen Erfindererstberatungen durch Patentanwälte,
- Auftragsrecherchen und Informationsmanagement,
- individuelle Rechercheunterstützung in den Patentinformationszentren (PIZ) und teilweise auch online,
- Organisation und Durchführung von Veranstaltungen, Schulungen und Seminaren rund um die Themen des gewerblichen Rechtsschutzes.

Einzelne Patentinformationszentren (PIZ) nehmen für das Deutsche Patent- und Markenamt (DPMA) Schutzrechtsanmeldungen entgegen. Leistungen und Veröffentlichungen sind bei den Patentinformationszentren (PIZ) zu erfragen oder können den jeweiligen Webseiten entnommen werden. Die kostenlose Erfinderberatung erfolgt durch Patentanwälte. Ort und Zeit weiterer kostenloser Erstberatung für Erfinder können bei der Patentanwaltskammer [→ Adressenverzeichnis] nachgefragt werden.

Aktuelle Informationen, Formulare und Merkblätter zu allen Schutzrechten sowie eine aktuelle Übersicht über die Patentinformationszentren in allen Regionen der Bundesrepublik Deutschland sind ständig im Internet über http://www.piznet.de abrufbar.

Das Deutsche Patent- und Markenamt bietet im Rahmen des Kooperationsprojektes Esp@cenet zusammen mit dem Europäischen Patentamt (EPA) und anderen nationalen Patentämtern der Europäischen Patentorganisation seinen Nutzern erstmalig die Möglichkeit, vollständige Patentpublikationen per Internet über http://www.espacenet.com zu recherchieren.

9   Die Förderprogramme zur Existenzgründungsberatung

Das **Bundesministerium für Wirtschaft und Technologie (BMWi)** fördert Existenzgründungen mit den Förderprogrammen
*   Gründercoaching Deutschland
    Antragstellung innerhalb der ersten 5 Jahre nach der Gründung, bei Gründungen aus der Arbeitslosigkeit (mit besonderer Förderung) Antragstellung innerhalb der ersten 12 Monate nach der Gründung.
*   Unternehmensberatungen für kleine und mittlere Unternehmen sowie Freie Berufe
*   Antragstellung ab einem Jahr nach der Gründung.

Neben den o.g. Förderprogrammen gibt es **Länderprogramme** für Existenzgründer in der Vorgründungsphase mit teilweise attraktiven Konditionen.

Die Förderprogramme sind nicht kombinierbar. Eine öffentlich geförderte Beratung darf nicht mit anderen öffentlichen Mitteln bezuschusst werden. Ebenso wenig dürfen Beratungen, die aus Mitteln des Bundesministeriums für Wirtschaft und Technologie (BMWi) gefördert werden, mit Beratungen, die aus Mitteln eines Bundeslandes bezuschusst werden, zu einer einheitlichen Beratung zusammengefasst werden.

9.1   Die regionale Förderung von Existenzgründungsberatungen durch die Bundesländer

Die Bundesländer fördern mit Unterstützung des Europäischen Sozialfonds (ESF) Beratungsleistungen für Existenzgründer bzw. Unternehmensnachfolger in der Vorgründungsphase. Die Förderung besteht in der Gewährung eines anteiligen Zuschusses zu den Beratungskosten. Gefördert werden i.d.R. mehrere Beratertage.

Antragsberechtigt sind natürliche Personen, die ein Unternehmen gründen, übernehmen oder eine tätige Beteiligung eingehen wollen. Es kann sich dabei um ein gewerbliches Unternehmen oder um eine freiberufliche Tätigkeit handeln. Das zu gründende oder zu übernehmende gewerbliche Unternehmen muss der KMU-Definition der EU genügen. Der Sitz des Unternehmens muss in dem jeweiligen Bundesland liegen. Vielfach wird auch verlangt, dass der Antragsteller auch seinen Wohnsitz im jeweiligen Bundesland hat.

Die Antragstellung muss vor Beratungsbeginn erfolgen. Zum Zeitpunkt des Beratungsbeginns darf i.d.R. keine tragfähige Vollexistenz durch eine selbstständige Tätigkeit bestehen.

Für die Durchführung der Förderprogramme haben die zuständigen Ministerien der Bundesländer (meist Wirtschaftsministerien) Kammern, Wirtschaftsverbände, Förderbanken etc. als geeignete Beratungsstellen benannt. Die Beratungsstellen müssen in der Lage sein, flächendeckend eine qualifizierte und neutrale Beratung sowie eine zuverlässige Abrechnung der Fördermittel nach Einhaltung der Förderbestimmungen sicherzustellen. Die Beratungsstellen führen die Beratungen selbst oder durch geeignete Dritte durch.

Die hier angegebenen Konditionen basieren auf dem Stand April 2011. Über den aktuellen Stand der Fördermöglichkeiten informiert Sie die Förderdatenbank des Bundesministeriums für Wirtschaft und Technologie (BMWi) im Internet unter http://db.bmwi.de oder http://www.foerderdatenbank.de. Sie enthält die vollständigen Richtlinien und zusätzliche Informationen sowie Links zu allen öffentlichen Förderauskunftsstellen.

9.1.1 Baden-Württemberg

9.1.1.1 Existenzgründungsberatung durch das RKW

Das Land Baden-Württemberg fördert Existenzgründungsberatungen in der Industrie, im Dienstleistungsbereich, im Handel oder in den Freien Berufen bzw. Nachfolgeberatungen von bestehenden Kleinstunternehmen gemäß KMU-Definition der EU durch Gewährung von Zuschüssen zu den Beratungskosten.

Art und Höhe der Förderung: Die Förderung besteht in der Gewährung eines anteiligen Zuschusses zu den Beratungskosten. Gefördert werden bis zu 3 Beratertage. Die Kosten eines Beratungstages können bis zu 740 EUR betragen. Die Höhe des Landeszuschusses beträgt 590 EUR, der Eigenanteil 150 EUR. Ab einer Beratungsdauer von 2 Beratungstagen reduziert sich der Eigenanteil des Gründers einmalig um 150 EUR.

Weitere Informationen und Antragstellung:
RKW Baden-Württemberg GmbH
Königsstraße 49
70173 Stuttgart
Tel.: (0711) 229 98-0
Fax: (0711) 229 98-10
E-Mail: info@rkw-bw.de
Internet: http://www.rkw-bw.de

9.1.1.2 Existenzgründungsberatung durch die Unternehmensberatung Handel

Das Land Baden-Württemberg fördert Existenzgründungsberatungen im Handel bzw. Nachfolgeberatungen von bestehenden Kleinstunternehmen gemäß KMU-Definition der EU durch Gewährung von Zuschüssen zu den Beratungskosten.

Art und Höhe der Förderung: Die Förderung besteht in der Gewährung eines anteiligen Zuschusses zu den Beratungskosten. Gefördert werden bis zu 5 Beratertage. Die Kosten eines Beratungstages können bis zu 740 EUR betragen. Die Höhe des Landeszuschusses beträgt 590 EUR, der Eigenanteil 150 EUR.

Weitere Informationen und Antragstellung:
Unternehmensberatung Handel GmbH
Neue Weinsteige 44
70180 Stuttgart
Tel.: (0711) 648 64 63
Fax: (0711) 648 64 67
E-Mail: info@handel-bw.de
Internet: http://www.handel-bw.de

9.1.1.3 Existenzgründungsberatung Handwerk bei der BWHM

Das Land Baden-Württemberg fördert Existenzgründungsberatungen im Handwerk bzw. Nachfolgeberatungen von bestehenden Kleinstunternehmen des Handwerks gemäß KMU-Definition der EU durch Gewährung von Zuschüssen zu den Beratungskosten.

Art und Höhe der Förderung: Die Förderung besteht in der Gewährung eines anteiligen Zuschusses zu den Beratungskosten. Gefördert werden bis zu 5 Beratertage. Die Kosten eines Beratungstages können bis zu 740 EUR betragen. Die Höhe des Landeszuschusses beträgt 590 EUR, der Eigenanteil 150 EUR. Ab einer Beratungsdauer von 2 Beratungstagen reduziert sich der Eigenanteil des Gründers einmalig um 150 EUR.

Weitere Informationen und Antragstellung:
Beratungs- und Wirtschaftsförderungsgesellschaft für Handwerk und Mittelstand GmbH (BWHM)
Heilbronner Straße 43
70191 Stuttgart
Tel.: (0711) 26 37 09-152
Fax: (0711) 26 37 09-252
E-Mail: bwhm@handwerk-bw.de
Internet: http://www.handwerk-bw.de

9.1.2   Bayern

9.1.2.1 Existenzgründercoaching

Der Freistaat Bayern fördert mit Unterstützung des Europäischen Sozialfonds (ESF) die Finanzierung von Beratungsleistungen für Existenzgründer bzw. Unternehmensnachfolger in der Vorgründungsphase. Förderfähig sind Coachingmaßnahmen zu wirtschaftlichen, finanziellen und organisatorischen Fragen.

Art und Höhe der Förderung: Die Förderung wird in Form eines Zuschusses zu den Beratungskosten gewährt. Die Höhe der Förderung beträgt bis zu 70% des Beratungshonorars bei einer Bemessungsgrundlage von max. 8.000 EUR. Ein Tagewerk umfasst 8 Stunden bei einem max. Tagessatz von 800 EUR. Es werden max. 10 Tagewerke à 8 Stunden pro Tag mitfinanziert.

Weitere Informationen und Antragstellung im Bereich der gewerblichen Wirtschaft: bei der örtlich zuständigen Industrie- und Handelskammer (IHK) oder Handwerkskammer (HWK). Die Adresse kann im [→ Adressenverzeichnis] oder im Internet unter http://www.startup-in-bayern.de ermittelt werden.

Weitere Informationen und Antragstellung im Bereich der Freien Berufe:
Institut für Freie Berufe (IFB)
an der Friedrich-Alexander-Universität Erlangen-Nürnberg,
Abt. Gründungsberatung
Marienstraße 2
90402 Nürnberg
Tel.: (0911) 235 65-0
Fax: (0911) 235 65-52
E-Mail: info@ifb.uni-erlangen.de
Internet: http://www.ifb-gruendung.de

9.1.3   Berlin

9.1.3.1 Coaching in der Vorgründungsphase

Das Land Berlin fördert mit Unterstützung des Europäischen Sozialfonds (ESF) Coachingleistungen für Existenzgründer in der Vorgründungsphase sowie bis zu sechs Monaten nach Gründung zur operativen Ausgestaltung der Startphase. Mitfinanziert werden Assessments zur Ermittlung und Bestimmung des Umfangs einer Unterstützung und Coachingleistungen zur Entwicklung und Umsetzung von Gründungskonzepten vor Gründung sowie Begleitung in der Startphase.

Art und Höhe der Förderung: Mitfinanziert werden Assessments zur Ermittlung und Bestimmung des Umfangs einer Unterstützung und Coachingleistungen zur Entwicklung und Umsetzung von Gründungskonzepten vor Gründung sowie Begleitung in der Startphase.
– Assessments werden mit bis zu 900 EUR je Tag gefördert. Die Dauer eines Assessments ist auf bis zu 4 Tage begrenzt. Ein Assessment muss mit sieben bis zwölf Teilnehmern durchgeführt werden.
– Existenzgründer können mit bis zu 5 Tagewerken für Coaching in der Vorgründungsphase und bis zu 3 Tagewerken in den ersten sechs Monaten nach Gründung gefördert werden. Ein Tagewerk wird mit max. 450 EUR bezuschusst. Übernommen werden i. d. R. 95% der Kosten.

Weitere Informationen und Antragstellung:
zukunft im zentrum GmbH
Rungestraße 19
10179 Berlin
Tel.: (030) 27 87 33 0
Fax: (030) 27 87 33 36
E-Mail: office@ziz-berlin.de
Internet: http://www.ziz-berlin.de

9.1.4   Brandenburg

9.1.4.1 Förderung von Kompetenzentwicklung in Kunst und Kultur

Das Land Brandenburg fördert mit Unterstützung des Europäischen Sozialfonds
(ESF) die Verbesserung der Anpassungs- und Wettbewerbsfähigkeit von Beschäftigten und Unternehmen im Kulturbereich.

Mitfinanziert werden Projekte zur Förderung der Beschäftigung der freiberuflichen bzw. gewerblichen Selbstständigkeit im Kulturbereich bzw. an der Schnitt-
stelle von Kultur und Wirtschaft sowie Projekte zur beruflichen Qualifizierung von
Beschäftigten im Kulturbereich.

Art und Höhe der Förderung: Die Förderung erfolgt in Form eines Zuschusses. Die
Höhe der Förderung beträgt zwischen 10.000 EUR und 250.000 EUR. Der Fördersatz
für jedes Einzelvorhaben beträgt max. 75 %.

Weitere Informationen und Antragstellung:
Ministerium für Wissenschaft, Forschung und Kultur (MWFK) des Landes Bran-
denburg
Dortustraße 36
14467 Potsdam
Tel.: (0331) 866-49 99
Fax: (0331) 866-49 98
E-Mail: mwfk@mwfk.brandenburg.de
Internet: http://www.mwfk.brandenburg.de

9.1.5   Bremen

9.1.5.1 Beratung kleiner und mittlerer Unternehmen

Mit dem Ziel, Anreize zur Inanspruchnahme von Unternehmensberatungen zu ver-
stärken, gewährt das Land Bremen Zuwendungen zu den Beratungskosten. Gefördert werden allgemeine Beratungen, Existenzgründungs- und Betriebsübernahme-
beratungen sowie Existenzfestigungsberatungen.

Art und Höhe der Förderung: Die Förderung wird in Form eines Zuschusses zu
den Beratungskosten gewährt. Die Höhe der Förderung richtet sich nach der Art
der gewählten Beratung. Sie beträgt

– bei allgemeinen Beratungen bis zu 50 % der Beratungskosten bis zu einem Tagessatz von max. 700 EUR, höchstens jedoch 7.000 EUR je Antragsteller,
– bei Existenzgründungsberatungen bis zu 80 % der Beratungskosten bis zu einem Tagessatz von max. 700 EUR, höchstens jedoch 2.800 EUR je Antragsteller,
– bei Existenzfestigungsberatungen bis zu 60 % der Beratungskosten bis zu einem Tagessatz von max. 700 EUR, höchstens jedoch 7.500 EUR je Antragsteller.

Weitere Informationen und Antragstellung:
RKW Bremen GmbH
Langenstraße 6-8
28195 Bremen
Tel.: (0421) 32 34 64-0
Fax: (0421) 32 62 18
Internet: http://www.rkw-bremen.de

9.1.6 Hamburg

In Hamburg ist z.Z. kein spezifisches Landesförderprogramm verfügbar.
   Es gibt eine ganze Reihe von Organisationen und Initiativen, die in Hamburg
geförderte Beratungen für Existenzgründer anbieten.

9.1.7 Hessen

9.1.7.1 Gründungs- und Mittelstandsförderung – Betriebsberatung und Unternehmerschulung

Das Land Hessen fördert Beratungen zur Steigerung der Leistungs- und Wettbe-
werbsfähigkeit der Betriebe sowie zur Verbesserung der Qualifikation der Unter-
nehmer. Gefördert werden Beratungen zur
– Erleichterungen von Gründungen und Wachstum,
– Verbesserung unternehmerischer Qualifikation,
– Anpassung an neue Technologien und Umweltstandards,
– Hilfe in besonderen Fällen (z. B. Unternehmensübergaben) und
– Erhöhung der Absatzchancen, insbesondere der Erleichterung des Zugangs zu
   überregionalen und internationalen Märkten.

Unterstützt werden ferner Projekte und sonstige Maßnahmen zur Stärkung der
Gründungsbereitschaft, Steigerung der Wettbewerbsfähigkeit und Verbesserung
unternehmerischer Qualifikation in Hessen sowie regionale Gründungsoffensi-
ven.

Art und Höhe der Förderung: Die Förderung erfolgt in Form eines Zuschusses. Die
Höhe der Förderung ist abhängig von Art und Umfang der Beratung.

Weitere Informationen und Antragstellung:
–   Beratungsstelle für alle Wirtschaftsbereiche (Betriebswirtschaftliche Beratungen,
     Technologie-, EC/IT-Beratungen, Check-ups und Beratungen zum produktions-
     integrierten Umweltschutz
     RKW Hessen GmbH
     Düsseldorfer Straße 40
     65760 Eschborn
     Tel.: (06196) 97 02 40
     Fax: (06196) 97 02 99
     E-Mail: beratung@rkw-hessen.de
     Internet: http://www.rkw-hessen.de

–   Beratungsstelle für Einzelhandel (Betriebswirtschaftliche Beratungen)
     Unternehmensberatung Hessen für Handel und Dienstleistung GmbH (UHD)
     Westendstraße 70
     60325 Frankfurt am Main
     Tel.: (069) 13 30 91 80
     Fax: (069) 13 30 91 99
     E-Mail: info@uhd-hessen.de
     Internet: http://www.uhd-hessen.de

–   Beratungsstelle für Architekten (Betriebswirtschaftliche Beratungen, Grün-
     dungsberatungen)
     Architekten und Stadtplanerkammer Hessen
     Bierstadter Straße 2
     65189 Wiesbaden
     Tel.: (0611) 17 38-0
     Fax: (0611) 17 38-40
     E-Mail: info@akh.de
     Internet: http://www.akh.de

–   Beratungsstelle für Designberatungen
     Hessen Design e.V.
     Eugen-Bracht-Weg 6
     64287 Darmstadt
     Tel.: (06151) 159 19 11
     Fax: (06151) 159 18 23
     E-Mail: info@hessendesign.de
     Internet: http://www.hessendesign.de

–   Beratungsstelle für Anträge auf Förderung von Projekten und Maßnahmen zur
     Stärkung der Gründungsbereitschaft, Steigerung der Wettbewerbsfähigkeit und
     Verbesserung unternehmerischer Qualifikation in Hessen
     Wirtschafts- und Infrastrukturbank Hessen (WIBank)
     Niederlassung Wiesbaden
     Abraham-Lincoln-Straße 38-42
     65189 Wiesbaden

Tel.: (0611) 774-0
Fax: (0611) 774-72 65
E-Mail: foerderberatung@wibank.de
Internet: http://www.wibank.de

9.1.8 Mecklenburg-Vorpommern

9.1.8.1 Förderung von Beratungen bei kleinen und mittleren Unternehmen

Das Land Mecklenburg-Vorpommern fördert Beratungsleistungen externer Berater, die der wirtschaftlichen Stabilisierung der Unternehmen sowie der Existenzsicherung der Inhaber bzw. der Gesellschafter dienen. Förderfähig sind Beratungen
– zur Behebung unternehmerischer Managementdefizite,
– im Zuge einer Unternehmensnachfolge,
– zur Vorbereitung der Einführung von Produkten und Dienstleistungen auf überregionalen, insbesondere ausländischen Märkten.

Art und Höhe der Förderung: Die Förderung erfolgt in Form eines Zuschusses. Die Höhe der Förderung beträgt bis zu 50 % der zuwendungsfähigen Ausgaben. Die benötigte Anzahl Tagewerke muss nachvollziehbar sein. Der Tagessatz darf höchstens 500 EUR betragen.
Für Beratungen zur Beseitigung unternehmerischer Managementdefizite werden Zuwendungen i.H.v. max. 5.000 EUR gewährt, für Beratungen zur Vorbereitung der Einführung von Produkten und Dienstleistungen auf überregionalen und insbesondere ausländischen Märkten und zur Unternehmensnachfolge max. 10.000 EUR.

Weitere Informationen und Antragstellung:
Landesförderinstitut Mecklenburg-Vorpommern (LFI)
Werkstraße 213
19061 Schwerin
Tel.: (0385) 63 63-0
Fax: (0385) 63 63-12 12
E-Mail: info@lfi-mv.de
Internet: http://www.lfi-mv.de

9.1.9 Niedersachsen

9.1.9.1 Gründercoaching

Das Land Niedersachsen unterstützt die begleitende Beratung von Existenzgründern in der Vorgründungsphase. Gefördert werden Beratungen zu Fragen der individuellen Gründung oder der Übernahme eines Unternehmens.

Art und Höhe der Förderung: Die Förderung erfolgt in Form eines Zuschusses. Die Höhe der Förderung beträgt i.d.R. 50 % der zuwendungsfähigen Ausgaben je Tagewerk im Zielgebiet Regionale Wettbewerbsfähigkeit und Beschäftigung – RWB und bis zu 75 % im Zielgebiet Konvergenz. Die zuwendungsfähigen Ausgaben pro Tagewerk dürfen max. 800 EUR betragen.

Bei Beratungen über Unternehmensübernahmen, Existenz- und Ausgründungen aus Hochschulen und Forschungseinrichtungen verringert sich der Eigenanteil des Antragstellers um 5 %.

Ein Tagewerk umfasst 8 Stunden. Die Förderung kann 3 bis 20 Tagewerke umfassen.

Weitere Informationen und Antragstellung:
Investitions- und Förderbank Niedersachsen GmbH (NBank)
Günther-Wagner-Allee 12-16
30177 Hannover
Tel.: (0511) 300 31-333
Fax: (0511) 300 31-113 33
E-Mail: beratung@nbank.de
Internet: http://www.nbank.de

9.1.10   Nordrhein-Westfalen

9.1.10.1 Beratungsprogramm Wirtschaft NRW (BPW)

Das Land Nordrhein-Westfalen unterstützt Beratungen zur Entwicklung, Prüfung und Umsetzung von Gründungskonzepten vor der Realisierung. Gefördert werden Vorhaben zur Gründung oder Übernahme eines Unternehmens oder zur mehrheitlichen Beteiligung an einem Unternehmen.

Art und Höhe der Förderung: Die Förderung erfolgt in Form eines Zuschusses. Der Zuschuss beträgt 50 % eines Tagewerksatzes, max. jedoch 400 EUR je Tagewerk.

Bei Personen, die Arbeitslosengeld II beziehen sowie Hochschulabsolventen und Berufsrückkehrende mit vergleichbarer Einkommenslage kann der Zuschuss für Gründungsberatungen auf 80 % des Tagewerksatzes, max. jedoch 400 EUR erhöht werden. Bei Zirkelberatungen beträgt der Zuschuss für Arbeitslosengeldempfänger sowie Hochschulabsolventen und Berufsrückkehrende mit vergleichbarer Einkommenslage 90 % des Tagewerksatzes, max. jedoch 720 EUR. Der Eigenanteil beträgt mindestens 50 EUR.

Innerhalb von 12 Monaten ab erster Antragstellung können insgesamt bis zu vier Tagewerke für Beratungen zu Neugründungen und Beteiligungen sowie bis zu sechs Tagewerke für Beratungen zu Betriebsübernahmen gefördert werden. Bei einer Zirkelberatung wird pro teilnehmende Person ein Tagewerk gefördert.

Weitere Informationen und Antragstellung:
Landes-Gewerbeförderungsstelle des nordrhein-westfälischen Handwerks e.V. (LGH)
Auf'm Telelberg 7
40221 Düsseldorf
Tel.: (0211) 30 27 15 28
Fax: (0211) 30 27 15 30

E-Mail: info@lgh.de
Internet: http://www.lgh.de

oder

IHK Beratungs- und Projektgesellschaft mbH (IBP)
Marienstraße 8
40212 Düsseldorf
Tel.: (0211) 367 02-30
Fax: (0211) 367 02-48
E-Mail: ibp.gmbh@duesseldorf.ihk.de

9.1.11 Rheinland-Pfalz

9.1.11.1 Betriebsberatungen für Existenzgründer

Das Land Rheinland-Pfalz unterstützt Vorhaben der Existenzgründung und Unternehmensnachfolge aus den Bereichen Industrie, Handwerk, Handel, Tourismus, sonstige Dienstleistungen und Freie Berufe durch Zuwendungen zu externen Beratungskosten.

Art und Höhe der Förderung: Die Förderung erfolgt durch einen Zuschuss. Die Höhe der Förderung beträgt 50 % der vom Berater in Rechnung gestellten Beratungskosten, jedoch max. 400 EUR je Tagewerk. Ein Tagewerk umfasst mindestens 8 Beratungsstunden. Beratungen unter 4 Stunden sind von der Förderung ausgeschlossen. Je nach Art des Vorhabens sind bis zu 9 Tagewerke förderfähig,

Weitere Informationen und Antragstellung:
Zuständige Handwerkskammer (HWK) [→ Adressenverzeichnis], zuständige Industrie- und Handelskammer (IHK) [→ Adressenverzeichnis]
oder
Landesverband der Freien Berufe Rheinland-Pfalz e.V.
Am Gautor 15
55131 Mainz
Tel.: (06131) 270 12 50
Fax: (06131) 270 12 55
E-Mail: info@lfb-rlp.de
Internet: http://www.lfb-rlp.de

9.1.11.2 FiTOUR – Förderung innovativer technologieorientierter Unternehmensgründungen

Das Land Rheinland-Pfalz fördert Existenzgründer, die ein eigenes innovatives technologieorientiertes Unternehmen aufbauen möchten. Es stehen verschiedene Förderinstrumente zur Verfügung, die ggf. auch miteinander kombiniert werden können, insbesondere

– Ausbildungs- und Beratungsförderung,
– Ausgründungsförderung,

– Förderung von Dienstleistungen und Sachgütern im Vorfeld der Unternehmensgründung und
– Förderung des Markteintritts.

Art und Höhe der Förderung:
– Ausbildungs- und Beratungsleistungen können mit bis zu 20 Tagewerken zu je 500 EUR innerhalb von 24 Monaten gefördert werden. Nach Gründung ist ein Eigenbeitrag von 175 EUR pro Tag und ab dem 12. Monat von 200 EUR pro Tag zu zahlen.
– Bei einer Ausgründungsförderung stellen Hochschulen und Forschungseinrichtungen die Gründer i.d.R. mit 50% der Arbeitszeit unter Fortfall des entsprechenden Vergütungsanteils frei. Gründer aus Unternehmen erhalten neben einer Freistellung von 50% der normalen tariflichen Arbeitszeit und gleichzeitiger Nutzung der Unternehmensinfrastruktur eine Zuwendung i.H.v. 1.000 EUR pro Monat.
– Dienstleistungen und Betriebskosten wie Gutachten und die Beschaffung von Materialien können i.H.v. bis zu 50% mit einer nicht rückzahlbaren Zuwendung von bis zu 20.000 EUR gefördert werden.
– In der Phase des Markteintritts können Kosten für Personal, Ausrüstungen, Beratungs- und gleichartige Dienstleistungen sowie für Material für Prototypen, Nullserien oder ein erstes Warenlager mit einer Förderquote von 35% und einer nicht rückzahlbaren Zuwendung von max. 100.000 EUR gefördert werden.

Weitere Informationen und Antragstellung:
Zuständige Handwerkskammer (HWK) [→ Adressenverzeichnis], zuständige Industrie- und Handelskammer (IHK) [→ Adressenverzeichnis]
oder
Landesverband der Freien Berufe Rheinland-Pfalz e.V.
Am Gautor 15
55131 Mainz
Tel.: (06131) 270 12 50
Fax: (06131) 270 12 55
E-Mail: info@lfb-rlp.de
Internet: http://www.lfb-rlp.de

9.1.12   Saarland

9.1.12.1 Zuwendungen für Beratungen kleiner und mittlerer Unternehmen, aktives Risikomanagement und Unternehmensnachfolge (Beratungsprogramm)

Das Saarland unterstützt externe Beratungsleistungen zu betriebswirtschaftlichen, finanziellen, organisatorischen und technischen Fragen durch Zuschüsse zu den Beratungskosten. Es werden Beratungen in folgenden Bereichen gefördert:
– Vorgründungsphase,
– Beratungen nach Ablauf von 5 Jahren ab der Gründung des Unternehmens,

– Risikomanagement,
– Unternehmensnachfolge.

Art und Höhe der Förderung: Die Förderung erfolgt in Form eines Zuschusses. Die Höhe der Förderung richtet sich nach dem jeweiligen Beratungsbereich und beträgt bis zu max. 400 EUR je Tagewerk und je Antragsteller bei max. 20 Tagewerken.

Weitere Informationen und Antragstellung für Beratungen in der Vorgründungsphase, für Beratungen nach Ablauf von 5 Jahren ab der Gründung des Unternehmens sowie für Beratungen zur Unternehmensnachfolge:
Zentrale für Produktivität und Technologie Saar e.V. (ZPT)
Franz-Josef-Röder-Straße 9
66119 Saarbrücken
Tel.: (0681) 95 20-470
Fax: (0681) 584 61 25
E-Mail: info@zpt.de
Internet: http://www.zpt.de

oder
Handwerkskammer des Saarlandes
Hohenzollernstraße 47
66117 Saarbrücken
Tel.: (0681) 58 09-0
Fax: (0681) 58 09-177
Internet: http://www.hwk-saarland.de

Weitere Informationen und Antragstellung für Beratungen zum Risikomanagement:
Saarländische Investitionskreditbank AG (SIKB)
Franz-Josef-Röder-Straße 17
66119 Saarbrücken
Tel.: (0681) 30 33-0
Fax: (0681) 30 33-100
E-Mail: info@sikb.de
Internet: http://www.sikb.de

9.1.13 Sachsen

9.1.13.1 Förderung von Unternehmergeist und innovativen Unternehmensgründungen aus der Wissenschaft

Der Freistaat Sachsen fördert mit Unterstützung des Europäischen Sozialfonds (ESF)
– Gründungsinitiativen der Hochschulen und Forschungseinrichtungen. Die Finanzierung umfasst sowohl Gruppen- wie Einzelbetreuungsmaßnahmen und Unterstützungsleistungen der Gründerinitiativen von der Ideenfindung über die Qualifizierung bis zur Vorlage eines Businessplans.

– Gründungen junger innovativer Unternehmen aus der Wissenschaft (»futureSAX-Seed«). Gewährt werden so genannte »Seed-Stipendien« sowie Zuschüsse zu Innovationsberatungsdiensten (»Seed-Coaching«).

Art und Höhe der Förderung: Die Förderung erfolgt in Form eines Zuschusses.

– Gründerinitiativen werden i. d. R. mit bis zu 90 %, in besonderen Fällen mit bis zu 95 % der förderfähigen Ausgaben bezuschusst.

– Die Höhe der Seed-Stipendien bemisst sich nach der Graduierung des Gründers und liegt monatlich zwischen 800 EUR für Studierende und 2.500 EUR für promovierte Gründer. Das Seed-Stipendium wird für max. ein Jahr bewilligt. Vom Gründerteam eines Unternehmens können max. drei Personen ein Seed-Stipendium erhalten.

Für das Seed-Coaching kann ein Zuschuss von bis zu 600 EUR je Tagewerk für die in Rechnung gestellten Beratungskosten gewährt werden. max. jedoch 75 % des vereinbarten Tageshonorars. Die Höchstfördersumme beträgt 24.000 EUR in einem Zeitraum von max. zwölf Monaten.

Weitere Informationen und Antragstellung:
Sächsische Aufbaubank – Förderbank – (SAB)
Pirnaische Straße 9
01069 Dresden
Tel.: (0351) 49 10-48 02
Fax: (0351) 49 10-40 00
E-Mail: servicecenter@sab.sachsen.de
Internet: http://www.sab.sachsen.de

9.1.13.2 Innovationsprämien für kleine und mittlere Unternehmen (InnoPrämie)

Der Freistaat Sachsen fördert die Inanspruchnahme externer FuE-Dienstleistungen für die Planung und Entwicklung neuer Produkte, Verfahren und Dienstleistungen, die wesentliche Verbesserung bestehender Produkte, Verfahren und Dienstleistungen sowie die technische Unterstützung in der Umsetzungsphase. Mitfinanziert werden FuE-Dienstleistungen von Hochschulen, außeruniversitären und außeruniversitären wirtschaftsnahen Forschungseinrichtungen sowie privatwirtschaftlichen Anbietern.

Art und Höhe der Förderung: Die Förderung erfolgt in Form eines Zuschusses. Die Höhe der Förderung beträgt bis zu 50 % der zuwendungsfähigen Ausgaben. Die Innovationsprämie kann während der dreijährigen Pilotphase für jedes Kalenderjahr neu beantragt werden. Ein Antragsteller kann insgesamt max. 10.000 EUR erhalten.

Weitere Informationen und Antragstellung:
Sächsische Aufbaubank – Förderbank – (SAB)
Pirnaische Straße 9
01069 Dresden
Tel.: (0351) 49 10-0

Fax: (0351) 49 10-40 00

E-Mail: servicecenter@sab.sachsen.de

Internet: http://www.sab.sachsen.de

9.1.13.3 Mittelstandsförderung – Intensivberatung/Coaching, Außenwirtschaftsberatung

Der Freistaat Sachsen fördert im Rahmen der Richtlinien zur Mittelstandsförderung Beratungen zu Fragen der Unternehmensführung, insbesondere zu betriebswirtschaftlichen, finanziellen, personellen, technischen und organisatorischen Problemen sowie zu Fragen, die mit der Erschließung ausländischer Märkte im Zusammenhang stehen. Die Beratungen umfassen folgende Schwerpunkte: Gründung, Wachstum, Markterschließung, Existenzsicherung, Unternehmensnachfolge, Umweltberatungen.

Art und Höhe der Förderung: Die Förderung erfolgt in Form eines Zuschusses. Die Höhe der Förderung beträgt bis zu 240 EUR je Tagewerk, max. jedoch 30 % der förderfähigen Ausgaben für Beratung und Qualitätssicherung. Gefördert werden bis zu 60 Tagewerke pro Jahr und innerhalb von 3 Jahren max. 100 Tagewerke. Die Kosten der Beratung (ohne Qualitätssicherungskosten) sollen 800 EUR je Tagewerk nicht überschreiten.

Weitere Informationen und Antragstellung bei einem Qualitätssicherer. Die anerkannten Qualitätssicherer können bei der Sächsischen Aufbaubank – Förderbank – (SAB) unter Tel.: (0351) 49 10-49 10 erfragt werden.

9.1.13.4 Mittelstandsförderung – Kurzberatung

Der Freistaat Sachsen fördert im Rahmen der Richtlinien zur Mittelstandsförderung kleine und mittlere Unternehmen (KMU) bei allen kurzberatungsrelevanten Fragestellungen. Zu diesem Zweck kann der Einsatz organisationseigener Berater bei Kammern, Verbänden und sonstigen Organisationen der Wirtschaft ohne Erwerbscharakter gefördert werden.

Art und Höhe der Förderung: Die Beratung ist für Existenzgründer und Unternehmen kostenfrei. In der Regel werden max. 5 Tagewerke pro Jahr und KMU gefördert.

Die Antragstellung von Kammern, Verbänden und sonstigen Organisationen ohne Erwerbscharakter erfolgt bei der Sächsischen Aufbaubank – Förderbank – (SAB).

9.1.13.5 Mittelstandsförderung – Verbesserung der unternehmerischen Leistungsfähigkeit

Der Freistaat Sachsen gewährt Zuwendungen für die nichtinvestive einzelbetriebliche Mittelstandsförderung sowie für die überbetriebliche Mittelstandsförderung, speziell die Kooperationsförderung. Ziel ist es, die Leistungs- und Wettbewerbsfähigkeit kleiner und mittlerer Unternehmen zu verbessern.

Die Mittelstandsförderung umfasst die folgenden Einzelprogramme: Elektronischer Geschäftsverkehr, Intensivberatung/Coaching, Außenwirtschaftsberatung, Kooperation, Kurzberatung, Markteinführung innovativer Produkte, Messen, Produktpräsentationen und weitere Maßnahmen, Mittelstandsforschung, Dokumentation, Veranstaltungen, Produktdesignförderung, überbetriebliche Berufsbildungsstätten (ÜBS), überbetriebliche Lehrunterweisung im Handwerk (ÜLU), Umweltmanagement, Vorgründungsberatung und sonstige Maßnahmen.

Art und Höhe der Förderung: Die Förderung erfolgt in Form eines Zuschusses. Die Höhe der Förderung ist abhängig von Art und Umfang des Vorhabens.

Weitere Informationen bei der zuständigen Industrie- und Handelskammer (IHK), der zuständigen Handwerkskammer (HWK) und für freiberufliche Existenzgründer der Landesverband der Freien Berufe Sachsen e.V. Die Antragstellung erfolgt bei der Sächsischen Aufbaubank – Förderbank – (SAB).

9.1.13.6 Mittelstandsförderung – Vorgründungsberatung

Der Freistaat Sachsen fördert im Rahmen der Richtlinien zur Mittelstandsförderung Beratungsleistungen zu wirtschaftlichen, technischen, finanziellen und organisatorischen Fragen der Existenzgründung. Förderfähig sind folgende Beratungsinhalte: Sicherung und Optimierung der Finanzberatung, Vorbereitung eines Vertriebs- bzw. Marketingkonzeptes, Überarbeitung/Weiterentwicklung des Gründungskonzeptes, Markterschließung, Standortsuche, Erarbeitung von operativen Unternehmenszielen und -strategien sowie Maßnahmen zu Personalaufbau oder Personalkonzeptentwicklung. Ziel ist es, Entscheidungshilfen für die Vorbereitung und Durchführung des beabsichtigten Gründungsvorhabens zu geben.

Art und Höhe der Förderung: Die Förderung erfolgt in Form eines Zuschusses. Die Höhe der Förderung beträgt bis zu 75% des Tageshonorars des Beraters bei einem max. möglichen Tageshonorar von 650 EUR.

Angehende gewerbliche Existenzgründer wenden sich zunächst an die zuständige Industrie- und Handelskammer (IHK) bzw. Handwerkskammer (HWK), angehende freiberufliche Existenzgründer an den
Landesverband der Freien Berufe Sachsen e.V.
Berthold-Brecht-Allee 24
01309 Dresden
Tel.: (0351) 213 00-40
Fax: (0351) 213 00-42
E-Mail: info@lfb-sachsen.de
Internet: http://www.lfb-sachsen.de

Diese können eine Empfehlung für eine geförderte Beratung aussprechen. Nach erteilter Empfehlung muss der Existenzgründer innerhalb von zwei Monaten einen Förderantrag bei der Sächsischen Aufbaubank – Förderbank – (SAB) stellen.

9.1.14   Sachsen-Anhalt

9.1.14.1 Förderung von Unternehmensgründungen (ego.-START)

Das Land Sachsen-Anhalt fördert die Vermittlung unternehmerischen Know-hows an Existenzgründer, um das Gründungsklima zu verbessern. Unterstützt werden insbesondere innovative und technologie- und wissensbasierte Unternehmensgründungen aus Hochschulen und außeruniversitären Forschungseinrichtungen. Gefördert werden

– Ausgaben zur Sicherung des Lebensunterhalts in Form des personenbezogenen ego.-Gründerstipendiums,
– Coachingleistungen für wirtschaftliche, finanzielle und organisatorische Fragen,
– Machbarkeitsstudien und Markteinführungsstudien sowie
– die Teilnahme an Messen.

Art und Höhe der Förderung: Die Förderung erfolgt in Form eines Zuschusses.
– Die Höhe der Förderung im Rahmen des ego.-Gründerstipendiums beträgt bis zu 1.200 EUR je Monat. Darüber hinaus wird pro Kind, für das der Existenzgründer unterhaltspflichtig ist, ein Zuschlag von 100 EUR je Monat gewährt.
– Die Höhe der Förderung von Coachingleistungen, Machbarkeitsstudien und Teilnahmen an Messen beträgt i.d.R. bis zu 90% der förderfähigen Ausgaben. Die Fördersumme beträgt für Coachingleistungen max. 6.000 EUR, in Ausnahmefällen bis zu 8.000 EUR, für Machbarkeitsstudien max. 18.000 EUR.

Weitere Informationen und Antragstellung:
Investitionsbank Sachsen-Anhalt
Domplatz 12
39104 Magdeburg
Tel.: (0391) 589-17 45
Fax: (0391) 589-17-54
E-Mail: info@ib-lsa.de
Internet: http://www.ib-sachsen-anhalt.de

9.1.15   Schleswig-Holstein

9.1.15.1 Zukunftsprogramm Arbeit – Prioritätsachse A – Vorgründungsberatung für Existenzgründer aus Beschäftigung

Das Land Schleswig-Holstein fördert auf der Grundlage der Rahmenrichtlinie zur Verbesserung der Anpassungsfähigkeit von Unternehmen und Beschäftigten im Zukunftsprogramm Arbeit (Prioritätsachse A) die externe Beratung von Arbeitnehmern zur Vorbereitung auf eine selbstständige Tätigkeit. Ziel ist es, die bestehende fachliche Grundkompetenz des Gründungswilligen durch Kenntnisse im betriebswirtschaftlichen Bereich, beim Marketing und bei der Erstellung eines Businessplans zu ergänzen. Die Beratung über Fragen der notwendigen Kreditversorgung kann ebenfalls gefördert werden.

Art und Höhe der Förderung: Die Förderung erfolgt in Form eines Zuschusses. Die Höhe der Förderung beträgt 50% der zuwendungsfähigen Beratungskosten, max. jedoch 300 EUR pro Beratungstag für bis zu 5 Beratungstage. Es werden nur ganze Beratungstage gefördert.

Weitere Informationen und Antragstellung:
Investitionsbank Schleswig-Holstein (IB)
5526 Arbeitsmarktförderung
Fleethörn 29-31
24103 Kiel
Tel.: (0431) 99 05-22 22
E-Mail: foerderprogramme@ib-sh.de
Internet: http://www.ib-sh.de/zukunftsprogramm-arbeit/

9.1.16   Thüringen

9.1.16.1 Förderung betriebswirtschaftlicher und technischer Beratung von KMU und Existenzgründern (Beratungsrichtlinie)

Der Freistaat Thüringen fördert mit Unterstützung des Europäischen Sozialfonds (ESF) die Inanspruchnahme von Externen Beratungsleistungen, insbesondere zu betriebswirtschaftlichen und technischen Fragestellungen. Vorgesehen sind auch finanzielle Hilfe für Beratungsnetzwerke. Gefördert werden
– Beratungen, in denen Strategien zum Aufbau bzw. eine nachhaltige positive Entwicklung und Sicherung von KMU vermittelt werden,
– die Beratung von Handwerksunternehmen und Existenzgründern im Handwerk durch organisationseigene Berater,
– Beratung und Qualifizierung zum Aufbau eines Unternehmens durch Vergabe von Existenzgründerpässen sowie
– die Implementierung von Beratungsnetzwerken.

Art und Höhe der Förderung: Die Förderung erfolgt in Form eines Zuschusses. Die Höhe der Förderung richtet sich nach der Art der Maßnahme:
– Beratungen durch selbstständige Unternehmensberater werden mit bis zu 70% der zuschussfähigen Gesamtausgaben, höchstens jedoch 455 EUR je Tagewerk gefördert. Das Honorar des Qualitätssicherers kann bis zu einer Höhe von 100 EUR pro Tagewerk anerkannt werden. Die Förderung ist auf max. 20 Tagewerke begrenzt.
– Organisationseigene Berater im Handwerk werden durch Personal- und Sachkostenzuschüsse für max. 24 Monate gefördert. Die öffentliche Förderung darf 50% der Beratungsausgaben nicht übersteigen.
– Existenzgründerpässe werden für einen Zeitraum von max. 6 Monaten vergeben. Die Förderung beträgt bis zu 1.500 EUR, bei Unternehmensnachfolgen bis zu 2.100 EUR.
– Beratungsnetzwerke erhalten Zuschüsse i.H.v. bis zu 75% der zuwendungsfähigen Ausgaben ab einer Höhe von insgesamt 30.000 EUR pro Jahr.

Weitere Informationen und Antragstellung:
Gesellschaft für Arbeits- und Wirtschaftsförderung (GFAW) mbH
Warsbergstraße 1
99092 Erfurt
Tel.: (0361) 22 23-0
Fax: (0361) 22 23-17
E-Mail: servicecenter@gfaw-thueringen.de
Internet: http://www.gfaw-thueringen.de

9.2 Das Gründercoaching Deutschland

Förderziel

Gründercoaching ist ein wichtiges Instrument zur Erhöhung der Erfolgsaussichten und nachhaltigen Sicherung von Existenzgründungen. Ziel ist es, Existenzgründern eine Möglichkeit zu geben, Coachingleistungen rechtzeitig in Anspruch zu nehmen, um erfolgreich in den Markt zu treten. Um Existenzgründern die Finanzierung von Coachingmaßnahmen zu erleichtern, und um den Erfolg von Existenzgründungen zu stärken und zu erhöhen, können Zuschüsse zu den Kosten einer Coachingmaßnahme aus Mitteln des Europäischen Sozialfonds (ESF) gewährt werden. Mit der Durchführung des Förderprogramms hat das Bundesministerium für Wirtschaft und Technologie (BMWi) die KfW beauftragt.

Gegenstand der Förderung

Förderfähig sind Coachingmaßnahmen zu wirtschaftlichen, finanziellen und organisatorischen Fragen, die ein Berater im Rahmen eines Einzelcoachings für einen antragstellenden Existenzgründer durchführt. Das Coaching ist mindestens zur Hälfte der Beratungszeit in Anwesenheit des Existenzgründers durchzuführen.

Von der Förderung ausgeschlossen sind Coachingleistungen

- die den Vorgründungsbereich betreffen;
- die mit anderen ESF-Mitteln finanziert werden (Kumulierungsverbot),
- die überwiegend Rechts-, Versicherungs- und Steuerfragen beinhalten;
- die die Ausarbeitung von Verträgen, die Aufstellung von Jahresabschlüssen (Bilanz, Gewinn- und Verlustrechnung) oder Buchführungsarbeiten beinhalten,
- die überwiegend gutachterliche Stellungnahmen darstellen;
- die die Gestaltung und Erstellung von Werbematerialien (wie z.B. Briefpapier, Logos, Flyer) sowie von Internetseiten zum Inhalt haben,
- die Akquisitions- und Vermittlungstätigkeiten beinhalten und/oder deren Zweck auf den Erwerb von Waren oder Dienstleistungen ausgerichtet sind, die von dem Berater oder dem Beratungsunternehmen selbst vertrieben werden,
- die die Beschaffung und Erarbeitung von EDV-Soft- und Hardware oder die Durchführung von EDV-Schulungsmaßnahmen beinhalten.

Förderart

Die Förderung besteht in der Gewährung eines anteiligen Zuschusses zum Beraterhonorar.

Förderumfang und Konditionen

Existenzgründer erhalten im Geltungsbereich der neuen Bundesländer einen Zuschuss i.H.v. 75 %, im Geltungsbereich der alten Bundesländer einschließlich Berlin einen Zuschuss i.H.v. 50 % des Honorars bei einer maximalen Bemessungsgrundlage von 6.000 EUR. Existenzgründer mit Sitz in so genannten »Phasing out«-Regionen (derzeit Südwest-Brandenburg, Lüneburg, Leipzig und Halle) erhalten einen Zuschuss i.H.v. 75 % des Honorars bei einer maximalen Bemessungsgrundlage von 6.000 EUR. Das maximal förderfähige Tageshonorar beträgt 800 EUR. Ein Tagewerk umfasst 8 Stunden pro Tag. Das insgesamt im Vertrag zu vereinbarende Netto-Beraterhonorar darf die Bemessungsgrundlage von maximal 6.000 EUR nicht überschreiten.

Besondere Förderung: Existenzgründer aus der Arbeitslosigkeit erhalten einen erhöhten Zuschuss von 90 % des Beraterhonorars bei einer maximalen Bemessungsgrundlage von 4.000 EUR. Das maximal förderfähige Tageshonorar beträgt 800 EUR. Ein Tagewerk umfasst 8 Stunden pro Tag. Das insgesamt im Vertrag zu vereinbarende Netto-Beraterhonorar darf die Bemessungsgrundlage von maximal 4.000 EUR nicht überschreiten.

Der Eigenmittelanteil, die Fahrtkosten des Beraters, sonstige in der Beratungsrechnung aufgeführte Nebenkosten sowie die Mehrwertsteuer des gesamten Rechnungsbetrags sind durch den Existenzgründer selbst zu finanzieren. Die Mehrwertsteuer kann nur dann innerhalb der Bemessungsgrundlage berücksichtigt werden, wenn keine Vorsteuerabzugsberechtigung für den Antrag stellenden Existenzgründer besteht.

Antragsberechtigte

Antragsberechtigt sind Existenzgründer im Bereich der gewerblichen Wirtschaft (Handel, Handwerk, Industrie, Gast- und Fremdenverkehrsgewerbe, Handelsvertreter und -makler, sonstiges Dienstleistungsgewerbe, Verkehrsgewerbe) sowie der Freien Berufe in den ersten fünf Jahren nach der Gründung oder der Übernahme eines Unternehmens oder der tätigen Beteiligung an einem Unternehmen.

Besondere Förderung: Antragsberechtigt sind Existenzgründer aus der Arbeitslosigkeit im Bereich der gewerblichen Wirtschaft (Handel, Handwerk, Industrie, Gast- und Fremdenverkehrsgewerbe, Handelsvertreter und -makler, sonstiges Dienstleistungsgewerbe, Verkehrsgewerbe) sowie der Freien Berufe, im ersten Jahr nach der Gründung oder der Übernahme eines Unternehmens oder der tätigen Beteiligung an einem Unternehmen, wenn an sie im ersten Jahr nach der Gründung ein Gründungszuschuss (§ 57 SGB III), Regelleistungen zur Sicherung des Lebensunterhalts (§ 20 SGB II), Einstiegsgeld (§ 16b SGB II) oder Leistungen zur Eingliederung von Selbstständigen (§ 16c SGB II) erbracht werden oder wurden.

Bei Beteiligungen muss der Existenzgründer über eine ausreichende unternehmerische Entscheidungsfreiheit verfügen. Die Tätigkeit muss auf eine Vollexistenz ausgerichtet sein. Das Unternehmen muss im letzten Geschäftsjahr vor Beginn des Coachings die Voraussetzungen der KMU-Definition der EU erfüllen und seinen Sitz und Geschäftsbetrieb in Deutschland haben.

Nicht antragsberechtigt sind Existenzgründer von Unternehmen,

* die als Unternehmens- oder Wirtschaftsberater, als Wirtschaftsprüfer, als Steuerberater oder als vereidigte Buchprüfer tätig sind oder tätig werden wollen;

- deren Unternehmenszweck die landwirtschaftliche Primärerzeugung oder die Fischerei und Aquakultur ist.

Coachingleistungen für Unternehmen in Schwierigkeiten i.S.d. Leitlinien der Gemeinschaft für staatliche Beihilfen zur Rettung und Umstrukturierung von Unternehmen in Schwierigkeiten können nicht gefördert werden.

Spezielle Voraussetzungen

Die Gründung bzw. die Übernahme muss erfolgt sein und darf zum Zeitpunkt der Antragstellung nicht länger als fünf Jahre zurückliegen.

Besondere Förderung: Bei der Förderung von Gründungen aus der Arbeitslosigkeit muss das Coaching innerhalb von 12 Monaten nach der Gründung des Unternehmens begonnen worden sein. Als Beginn der Maßnahme wird die Unterzeichnung des Coachingvertrags betrachtet. Zudem muss der Existenzgründer in diesem Zeitraum Leistungen nach dem Sozialgesetzbuch (SGB) zur Aufnahme einer selbstständigen Tätigkeit erhalten haben.

Die Existenzgründung muss auf eine Vollexistenz ausgerichtet sein.

Das Coaching muss innerhalb eines Zeitraums von maximal 12 Monaten ab Erteilung der Zusage durchgeführt werden.

Kombinierbarkeit

Der Existenzgründer bestätigt auf dem Antrag, für die durch das Gründercoaching Deutschland geförderte Maßnahme keine andere Unterstützung aus ESF-Mitteln zu beantragen.

Nimmt ein Existenzgründer weitere Fördermöglichkeiten in Anspruch, müssen sich die Inhalte der einzelnen Fördermaßnahmen unterscheiden.

Antragstellung

Der Antrag ist über einen Regionalpartner der KfW (z.B. Industrie- und Handelskammer, Handwerkskammer, Wirtschaftsförderungsgesellschaft) zu stellen. Eine aktuelle Übersicht der Regionalpartner ist unter http://www.rp-suche.de einsehbar. Vor der Antragstellung ist mit dem Regionalpartner ein persönliches Vorgespräch zu führen. Die Auswahl des Beraters aus der KfW-Beraterbörse (http://www.kfw-beraterboerse.de) erfolgt mit der Antragstellung.

Die Antragsdaten sind von dem Existenzgründer online über die KfW-Antragsplattform zu erfassen. Alle eingegebenen Daten werden automatisch in ein Antragsformular übertragen. Der Existenzgründer reicht das ausgedruckte und unterzeichnete Antragsformular im Original inklusive der „De-minimis"-Erklärung beim Regionalpartner ein. Bei der Beantragung der besonderen Förderung von Existenzgründern aus der Arbeitslosigkeit ist der Bewilligungsbescheid nach SGB II/III und ggf. der Nachweis über die Nicht-Vorsteuerabzugsberechtigung beizufügen. Sofern die formalen und inhaltlichen Fördervoraussetzungen gegeben sind, gibt der Regionalpartner eine Empfehlung für die Bezuschussung des Beraterhonorars ab und leitet diesen an die KfW weiter. Die KfW entscheidet auf Basis der Empfehlung des Regionalpartners über die Gewährung des Zuschusses und erteilt eine entsprechende Zusage an den Existenzgründer.

Nach Erteilung der Zusage schließt der Existenzgründer mit dem ausgewählten Berater einen schriftlichen Coachingvertrag ab, in dem mindestens die Coachinginhalte, die Höhe des Tageshonorars, die Anzahl der Tagewerke und der Coachingzeitraum geregelt sind.

Weitere Informationen
Einzelheiten über das Programm sind den Richtlinien des Bundesministeriums für Wirtschaft und Technologie (BMWi) zu entnehmen. Auskünfte erteilen die akkreditierten Regionalpartner.
Die Richtlinien gelten längstens bis zum 31.12.2013. Coachingleistungen, für die vor diesem Termin eine Zusage der KfW erteilt wurde, können noch bis spätestens 31.12.2014 in Anspruch genommen werden.

9.3   Die Förderung von Unternehmensberatungen für kleine und mittlere Unternehmen sowie Freie Berufe des Bundesministeriums für Wirtschaft und Technologie (BMWi)

Förderziel
Um die Leistungs- und Wettbewerbsfähigkeit kleiner und mittlerer Unternehmen sowie der Freien Berufe zu verbessern und die Anpassung an veränderte Rahmenbedingungen zu erleichtern, können Unternehmensberatungen durch einen Zuschuss gefördert werden. Die Förderung erfolgt aus Mitteln des Bundes und des Europäischen Sozialfonds (ESF).
Gefördert werden Beratungen von Unternehmen der gewerblichen Wirtschaft und der Freien Berufe ab einem Jahr nach Gründung und mit Sitz und Geschäftsbetrieb oder einer Zweigniederlassung in Deutschland.

Gegenstand der Förderung
Gefördert werden
- Allgemeine Beratungen zu allen wirtschaftlichen, technischen, finanziellen, personellen und organisatorischen Fragen der Unternehmensführung.
- Spezielle Beratungen, insbesondere zu folgenden Thematiken:
  - Technologie- und Innovationsberatungen zur Klärung der Chancen und Risiken von Innovation und Anwendung neuer Produkte, Verfahren und Dienstleistungen.
  - Außenwirtschaftsberatungen zur Beurteilung der Absatzchancen der Produkte und Leistungen eines Unternehmens auf Auslandsmärkten,
  - Qualitätsmanagementberatungen zur Einführung oder Anpassung eines Qualitätsmanagementsystems im Unternehmen.
  - Kooperationsberatungen zur zwischenbetrieblichen Zusammenarbeit, um Unternehmen in die Lage zu versetzen, ihre Innovationskraft und Leistung zu steigern.
  - Beratungen über betriebswirtschaftliche Fragen der Mitarbeiterbeteiligung im Unternehmen.
  - Beratung im Vorfeld eines anstehenden Unternehmensratings mit dem Ziel der Beseitigung von ratingrelevanten Schwachstellen.

- Umweltschutzberatungen über alle zur Bewältigung der sich für ein Unternehmen aus dem Schutz der Umwelt ergebenden Fragen.
- Arbeitsschutzberatungen zur Arbeitssicherheit und Arbeitserleichterung der Beschäftigten sowie zur Förderung der Arbeits- und Beschäftigungsfähigkeit im Unternehmen.
- Beratungen für Unternehmen, die von einer Unternehmerin geführt werden, zu allen Fragen der Unternehmensführung.
- Beratungen zur Einführung familienfreundlicher Maßnahmen in Unternehmen zur besseren Vereinbarkeit von Familie und Beruf.
- Beratungen für Unternehmen, die von Immigranten geführt werden, zu allen Fragen der Unternehmensführung.

Nicht gefördert werden Beratungen,
- die ganz oder teilweise mit anderen öffentlichen Zuschüssen inkl. Mitteln der Strukturfonds und des ESF finanziert werden (Kumulierungsverbot);
- deren Zweck auf den Vertrieb von bestimmten Waren oder Dienstleistungen gerichtet ist (Neutralität);
- die überwiegend Rechts- und Versicherungsfragen sowie steuerberatende Tätigkeiten zum Inhalt haben;
- die überwiegend gutachterliche Stellungnahmen zum Inhalt haben;
- die überwiegend Akquisitions- und Vermittlungtätigkeiten zum Inhalt haben;
- gemäß Artikel 1 der Verordnung (EG) Nr. 1998/2006, insbesondere von Unternehmen des gewerblichen Straßengütertransports zum Erwerb von Fahrzeugen für den Straßengütertransport sowie von Unternehmen der landwirtschaftlichen Primärerzeugung, Fischerei und Aquakultur;
- im Rahmen der Existenzgründung.

Eine Förderung ist ausgeschlossen, soweit das antragsberechtigte Unternehmen einen gesetzlichen Anspruch gegen einen Dritten auf thematisch vergleichbare Beratungen hat.

Förderart
Die Förderung besteht in der Gewährung eines Zuschusses zu den dem Antragsteller von dem Berater in Rechnung gestellten Beratungskosten. Zu den Beratungskosten gehören neben dem Honorar auch die Auslagen und Reisekosten des Beraters, nicht jedoch die Umsatzsteuer.

Der Zuschuss wird als Projektförderung in Form einer Anteilfinanzierung gewährt.

Auf die Gewährung des Zuschusses besteht kein Rechtsanspruch. Die Bewilligungsbehörde entscheidet aufgrund ihres pflichtgemäßen Ermessens im Rahmen unter dem Vorbehalt der Verfügbarkeit der veranschlagten Haushaltsmittel.

Förderumfang und Konditionen
Der Zuschuss beträgt für Unternehmen im Geltungsbereich der alten Bundesländer einschließlich Berlin 50%, in allen anderen Bundesländern sowie dem Regierungsbezirk Lüneburg 75% der in Rechnung gestellten Beratungskosten (ohne Mehrwert-

steuer), höchstens jedoch 1.500 EUR je Beratung.

Je Antragsteller können innerhalb der Geltungsdauer dieser Richtlinien mehrere thematisch voneinander getrennte Beratungen gefördert werden, allgemeine Beratungen zusammen bis zu einem Höchstbetrag von insgesamt 3.000 EUR. Dies gilt ebenfalls für spezielle Beratungen.

Für Umweltschutz- und Arbeitsschutzberatungen, Beratungen für Unternehmerinnen und Immigranten sowie zur Einführung frauenfreundlicher Maßnahmen gilt diese Beschränkung nicht.

Antragsberechtigte

Antragsberechtigt sind rechtlich selbstständige Unternehmen und Angehörige der Freien Berufe, die im letzten Geschäftsjahr vor Beginn der Beratung weniger als 250 Mitarbeiter beschäftigen und entweder einen Jahresumsatz von nicht mehr als 50 Mio. EUR oder eine Jahresbilanzsumme von nicht mehr als 43 Mio. EUR erzielten. Das Unternehmen darf die Voraussetzung für Mitarbeiterzahl und Jahresumsatz oder Bilanzsumme zusammen mit einem Partnerunternehmen oder verbundenen Unternehmen nicht überschreiten.

Nicht antragsberechtigt sind
- Unternehmen sowie Angehörige der Freien Berufe, die als Unternehmens- oder Wirtschaftsberater, als Wirtschaftsprüfer, als Steuerberater oder als vereidigte Buchprüfer tätig sind oder tätig werden wollen;
- Unternehmen, über deren Vermögen ein Insolvenzverfahren beantragt oder eröffnet worden ist oder gegen die eine Zwangsvollstreckung eingeleitet oder betrieben wird. Dasselbe gilt für Antragsteller und, sofern der Antragsteller eine juristische Person ist, für den Inhaber der juristischen Person, wenn diese eine eidesstattliche Versicherung nach § 807 ZPO oder § 284 AO 1977 abgegeben haben oder zu deren Abgabe verpflichtet sind.
- gemeinnützige Unternehmen und Vereine sowie Stiftungen;
- Unternehmen, die über die Beratung mit dem Berater im Rechtsstreit liegen.

Spezielle Voraussetzungen

Es können nur Beratungen gefördert werden, die von selbstständigen Beratern oder Beratungsunternehmen durchgeführt werden, deren überwiegender Geschäftszweck auf entgeltliche Unternehmensberatung (mehr als 50 % des Gesamtumsatzes) gerichtet ist. Die Auswahl des Beraters wird dem Antragsteller überlassen. Der Berater muss die für den Beratungsauftrag erforderlichen Fähigkeiten und die notwendige Zuverlässigkeit besitzen. Seine unternehmensberatende Tätigkeit ist mittels aussagefähiger Unterlagen nachzuweisen (z. B. Lebenslauf, beruflicher Werdegang, Gewerbeanmeldung, HR-Auszug, Gesellschaftsvertrag).

Von der Förderung ausgeschlossen sind Beratungen, die von juristischen Personen des öffentlichen Rechts oder von privatrechtlichen Unternehmen, an denen juristische Personen des öffentlichen Rechts mit Mehrheit beteiligt sind, durchgeführt werden. Dasselbe gilt für Beratungen durch Berater, die für ihre Tätigkeit Zuwendungen aus öffentlichen Mitteln erhalten.

Um unternehmerische Entscheidungen vorzubereiten, müssen Beratungen konzeptionell durchgeführt werden. Demzufolge muss die Beratung im Rahmen des Beratungsauftrags

- eine Analyse der Situation des beratenen Unternehmens (Ermittlung der Schwachstellen) sowie
- darauf aufbauend konkrete betriebsindividuelle Handlungsempfehlungen mit detaillierten Anleitungen zur Umsetzung in die betriebliche Praxis beinhalten. Dies kann auch begleitende Maßnahmen im Rahmen der Umsetzung durch den Berater umfassen.

Die konzeptionelle Beratungsleistung ist in einem schriftlichen Beratungsbericht wiederzugeben. Der Bericht ist dem Antragsteller unmittelbar nach der Beratung auszuhändigen.

Antragstellung
Der Antrag ist mit den Unterlagen innerhalb von drei Monaten nach Abschluss der Beratung wahlweise bei einer Leitstelle [→ Adressenverzeichnis] einzureichen. Dem Antrag ist ein Exemplar des Beratungsberichts, die Rechnung des Beraters, der Kontoauszug des Antragstellers sowie bereits erhaltene »De-minimis«-Bescheinigung beizufügen. Werden diese Unterlagen nicht im Original eingereicht, so hat der Antragsteller die Übereinstimmung der eingereichten Fassung mit den Originalen im Antragsformular zu versichern und die entsprechenden Originale bis zum Jahr 2025 aufzubewahren.

Das elektronische Antragsformular steht unter http://www.beratungsfoerderung. net zur Verfügung oder kann kostenpflichtig über den Fachhandel bezogen werden. Die Leitstellen informieren darüber, bei welchem Verlag das Antragsformular zu erhalten ist.

Die Leitstelle überprüft den Antrag und die eingereichten Unterlagen und leitet sie mit dem Ergebnis der Prüfung an die Bewilligungsbehörde weiter. Die Bewilligungsbehörde ist das Bundesamt für Wirtschaft und Ausfuhrkontrolle (BAFA) [→ Adressenverzeichnis]. Sie entscheidet über die Bewilligung des Zuschusses und veranlasst die Auszahlung an den Antragsteller.

Näheres regeln die Richtlinien über die Förderung von Unternehmensberatungen für kleine und mittlere Unternehmen sowie Freie Berufe des Bundesministers für Wirtschaft und Technologie (BMWi) vom 27. Juni 2008.

Diese Richtlinien gelten längstens für Beratungen, die bis zum 31. Dezember 2011 begonnen werden.

10   Der Businessplan (Geschäftsplan)

Zur Realisierung Ihrer Geschäftsidee benötigen Sie unbedingt einen Businessplan (Geschäftsplan), mit dem Sie Ihr Unternehmenskonzept mit all seinen Zielvorstellungen schriftlich zum Ausdruck bringen. Nur so können Sie Ihr Vorhaben systematisch planen und sind später vor unangenehmen Überraschungen geschützt. Es erleichtert sehr Ihre Verhandlungen, wenn Sie Ihren Gesprächspartnern ein geschlossenes Bild Ihres Vorhabens vermitteln können. Kapitalgeber bestehen immer auf einem Geschäftsplan, meistens ist er schon vor der ersten Verhandlung vorzulegen. Bedenken Sie, dass Ihnen niemand vertrauen wird, wenn Sie Ihr Konzept nicht überzeugend genug darstellen.

Der Businessplan ist die niedergeschriebene Vision des Gründers. Er hat das Konzept Ihrer Unternehmensgründung einschließlich der ersten drei Jahre nach der Gründung zu enthalten. Sie können ihn allein oder gemeinsam mit Ihrem Gründungsberater ausarbeiten.

| Muster ohne Gewähr |

Businessplan (Geschäftsplan)

1. Zusammenfassung (Executive Summary)

2. Unternehmensgründer[1]
- Persönliche Daten
  - Name, Anschrift, Telefon, Telefax, E-Mail, Internet
  - Alter, Familienstand, Anzahl der Kinder, Nationalität
- Ausbildung
  - Schulausbildung, Berufsausbildung, Studium
- Berufserfahrung
  - Branchenerfahrung, Führungserfahrung, kfm. Kenntnisse
- Status als Unternehmer
  - Gesellschaftsanteil am Unternehmen
  - Übernahme von Funktionen im Unternehmen

3. Geschäftsidee
- Bezeichnung des Produkts bzw. der Dienstleistung
- Technische Einzelheiten
  - Herkunft der Idee, Innovation, Stand der Technik
- Leistungsbeschreibung
  - Lösung von Kundenproblemen, Befriedigung von Bedürfnissen
  - Vorteile gegenüber Konkurrenzprodukten (Preis, Qualität, Service, Design)
- Gesetzliche Anforderungen an das Produkt oder an die Dienstleistung
  - Zulassungsvoraussetzungen, z. B. BMG-Zulassung, TÜV-Prüfung
  - Gesetzliche Auflagen

- Schutz der Idee
  - Patente, Lizenzen, Gebrauchsmuster, Urheberrecht
- Risiken

4. Unternehmen

- Name des Unternehmens
  - Firma bzw. Unternehmensbezeichnung
  - Anschrift, Telefon, Telefax, E-Mail, Internet
- Unternehmenszweck
- Form der Gründung
  - Neuerrichtung, Unternehmensnachfolge (Kauf, Miete, Pacht), Franchise
- Branche
  - Produktion, Handwerk, Handel, Dienstleistung, Landwirtschaft
- Rechtsform
  - Einzelunternehmen, GbR, OHG, KG, Partnerschaftsgesellschaft, GmbH/ Unternehmergesellschaft (haftungsbeschränkt), AG
- Standort
  - Standortbeschreibung, Standortvorteile, Betriebs-/Geschäftsräume

5. Markt/Zukunftsaussichten

- Branche
  - Aktuelle Situation, Entwicklung der Branche, Zukunftserwartungen, Branchenrendite, Markteintrittsbarrieren
- Kunden
  - Kundenanalyse, Kundenverhalten, Standort der Kunden (regional, überregional, international)
  - Markteinschätzung (Marktvolumen, Marktpotenzial), Marktsegmentierung
- Wettbewerb
  - Wichtigste Konkurrenten
  - Konkurrenzanalyse (Produkte/Dienstleistungen der Konkurrenten, Preisgestaltung
- Lieferanten
  - Qualität, Zuverlässigkeit, Abhängigkeitsgrad

6. Marketingplanung

- Produktstrategie
  - Produktdifferenzierung, Diversifikation
- Preisstrategie
  - Rabatte, Zahlungsfristen
- Distributionsstrategie
  - Vertriebspartnerschaften, Geschäftsbeziehungen, strategische Allianzen
- Kommunikationsstrategie
  - Werbung, Public Relations

7. Leistungserstellung

- Management
  - Unternehmensleitung, Zuständigkeiten
- Produktion
  - Fertigungsorganisation: Fertigungsplanung, Verantwortungsbereiche
  - Maschinen, Anlagen, Werkzeuge, Betriebs- und Geschäftsausstattung
  - Gesetzliche Auflagen, Genehmigungen, Umweltschutz

- Verwaltung und Personalwesen
  - Verwaltung, Organisation
  - Personal: Mitarbeiterbedarf (Anzahl, Qualifikation), Schlüsselqualifikationen
- Materialwirtschaft und Logistik
  - Bedarf an Roh-, Hilfs-, Betriebsstoffen, Handelsware, Einbauteilen
  - Beschaffung von Roh-, Hilfs-, Betriebsstoffen, Handelsware, Einbauteilen
- Rechnungswesen
  - Finanzbuchhaltung, Kostenrechnung, Controlling

8. Finanzplanung
- Umsatzplan
- Investitionsplan, Kostenplan, Kapitalbedarfsplan
- Erfolgsplan (Rentabilitätsvorschau), Liquiditätsplan
- Finanzierungsplan, Finanzierung

9. Anhang (ergänzende Unterlagen)
- Lebenslauf des Existenzgründers [1]
- Zeichnungen, Fotos, Patentschrift, Lizenzvertrag
- Marktforschungsergebnisse
- Referenzen, Empfehlungen
- Gesellschaftsvertrag
- Grundstückskaufvertrag, Unternehmenskaufvertrag, Miet- oder Pachtvertrag
- Handelsregisterauszug
- Zulassung, Konzession, sonstige behördliche Genehmigungen
- Name und Anschrift des Steuer-, Rechts- und Unternehmensberaters
- Zeitplan
  - Kreditverhandlungen, Kreditanträge, Anmeldeformalitäten, Abschluss von Verträgen, Anschaffungen, Personaleinstellung, Betriebs-/Geschäftseröffnung

---

1 Bei mehreren Gründern sind die Angaben für jeden Gründer erforderlich

Abb. 17: Muster für einen Businessplan

Der Businessplan sollte klar gegliedert sein sowie eine einfach verständliche Ausdrucksweise haben. Außerdem ist eine optische Aufbereitung mit Tabellen und Grafiken sehr hilfreich. Unbedingt erforderlich ist eine Zusammenfassung, die am Anfang stehen sollte.

Die Zusammenfassung für Entscheidungsträger soll das Interesse der Kapitalgeber (Banken, Beteiligungsgesellschaften) wecken. Sie enthält einen Überblick über alle wichtigen Aspekte des Businessplans. Insbesondere sollte sie Aufschluss über das Produkt oder die Dienstleistung geben, deren Kundennutzen, die relevanten Märkte, die Zukunftsaussichten, die Kompetenz des Managements und den Kapitalbedarf mit möglicher Rendite.

Über den Umfang des Businessplans lässt sich keine allgemein gültige Aussage machen. Die Anzahl der Seiten sollte angemessen der Komplexität des Vorhabens entsprechen.

TIPP
Vermeiden Sie allgemeine betriebswirtschaftliche Aussagen und Feststellungen. Wichtige Details sollten Sie entsprechend ausführlich beschreiben. Allerdings sollten Sie bei einem sensiblen Produkt wichtige Detailinformationen nicht generell im Businessplan preisgeben, sondern je nach Adressat individuell entscheiden.

11 Die Schritte der systematischen Existenzgründung

Der Gründungsprozess ist i. d. R. sehr komplex. Es sind viele Abhängigkeiten und Wechselwirkungen zu beachten. Grundsätzlich muss jede Existenzgründung auf die Wünsche und Möglichkeiten des Existenzgründers zugeschnitten sein. Außerdem sind finanzielle Grenzen zu berücksichtigen.

Der Weg in die Selbstständigkeit kann in Phasen eingeteilt werden. Je nach Art und Umfang des Vorhabens können die einzelnen Phasen von unterschiedlicher Dauer sein.

Existenzgründung			Existenz-sicherung	Existenz-festigung
Orientierungs-phase	Konzeptions-phase	Realisierungs-phase	Existenz-sicherungs-phase	Existenz-festigungs-phase
⇨	⇨	⇨	⇨	⇨
Beginn der Existenzgründung			Beginn der selbstständigen Existenz	

Abb. 18: Phasen der Existenzgründung

Es ist sehr zu empfehlen, die Existenzgründung systematisch durchzuführen. Von der Orientierung bis zur Realisierung werden im vorliegenden Handbuch die einzelnen Schritte kapitelweise behandelt. Je gewissenhafter die Planung vorgenommen wird, umso eher kann ein Scheitern vermieden werden.

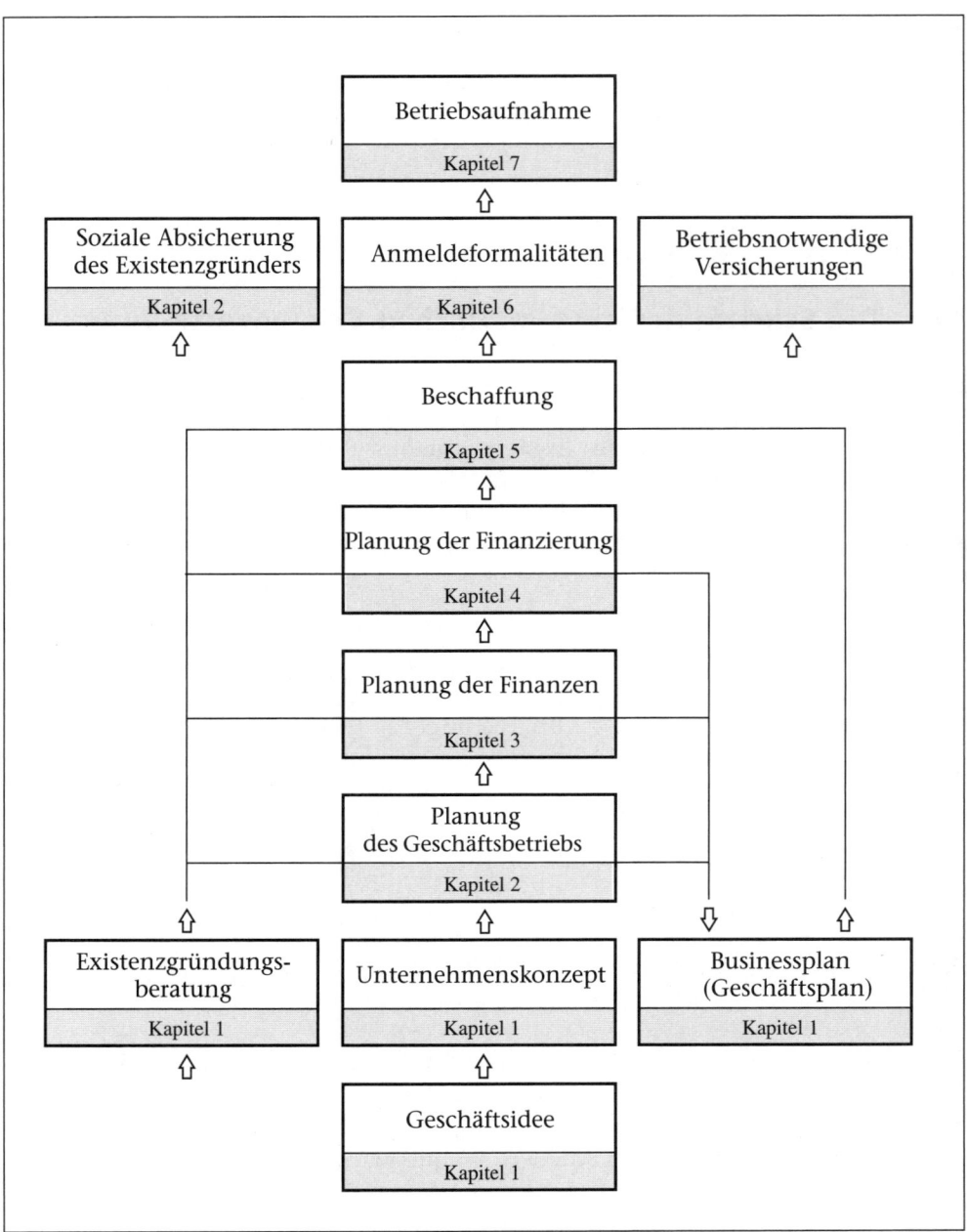

Abb. 19: Schritte der systematischen Existenzgründung

2. Kapitel: Die Planung des Geschäftsbetriebs

Nachdem Sie Ihre berufliche Situation eingehend überprüft haben und hoffentlich absolut sicher sind, als Unternehmer geeignet zu sein, können Sie nun mit der Planung Ihres zukünftigen Geschäftsbetriebs beginnen. Bedenken Sie, dass eine gewissenhafte Planung den Erfolg der Gründung wesentlich positiv beeinflusst.

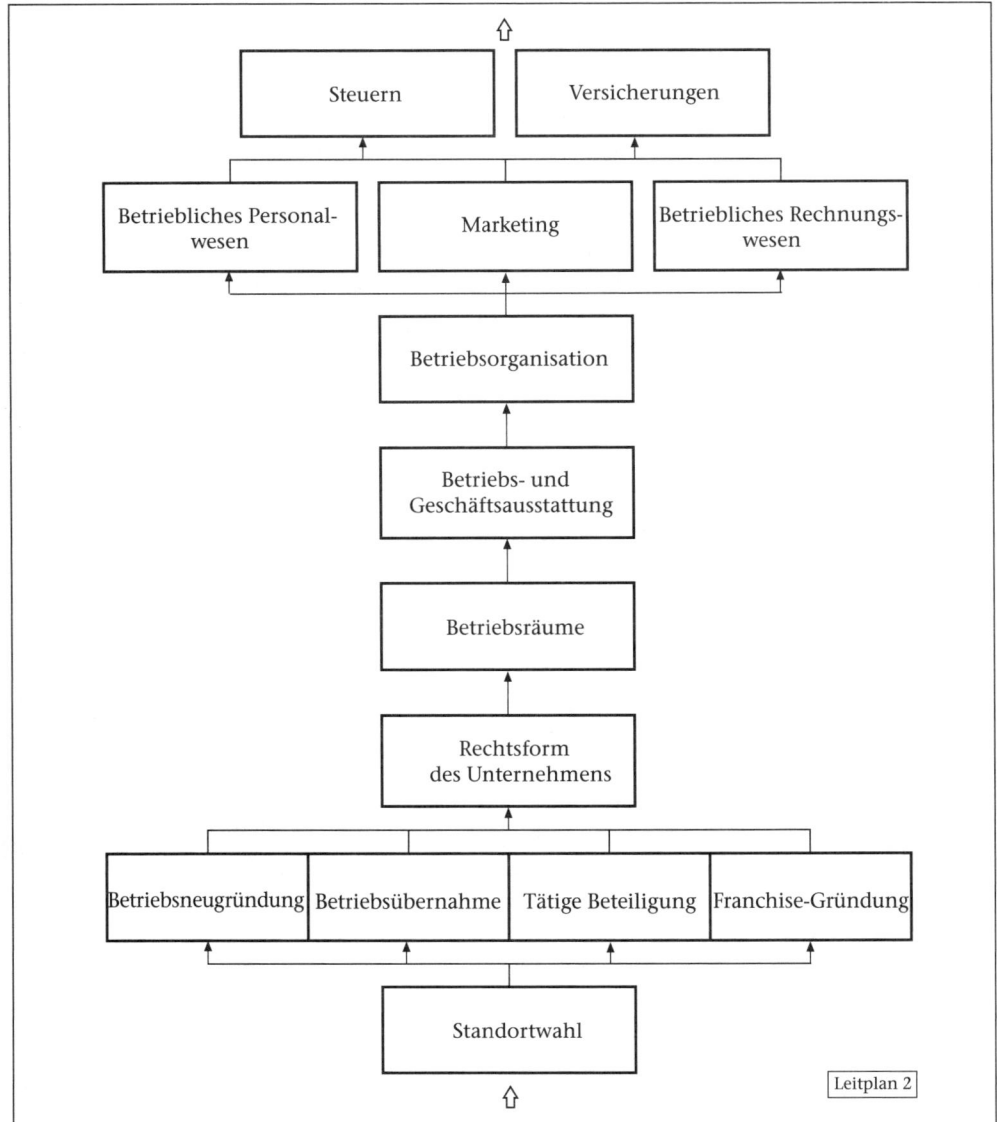

Abb. 20: Schritte zur Planung des Geschäftsbetriebs

1 Die Standortwahl

Die Wahl des Standorts ist eine Grundsatzentscheidung mit langfristiger Wirkung, die sich u.U. nur schwer rückgängig machen lässt. Da der Standort i.d.R. einen großen Einfluss auf den Geschäftserfolg des Betriebes ausübt, darf die Standortfrage nicht dem Zufall überlassen bleiben. Eine sorgfältige Standortplanung ist deshalb erforderlich.

Die Wahl des Standorts ist so zu treffen, dass langfristig der größtmögliche Gewinn erzielt werden kann. Da sowohl die Aufwendungen als auch die Erträge an den verschiedenen Standorten unterschiedlich sind (z. B. Arbeitslöhne, Grundstückspreise, Transportkosten, Steuern, Absatzmöglichkeiten usw.), kann das Gewinnmaximum nur dann erreicht wird, wenn der Betrieb den Standort mit der größten Differenz zwischen standortbedingten Erträgen und standortabhängigen Aufwendungen hat.

Die Wahl des Standorts ist immer ein Problem des Abwägens von Kosten- und Absatzvorteilen. Bei der Überlegung, welcher Ort für einen Betrieb der optimale Standort darstellt, muss eine Vielzahl von Faktoren berücksichtigt werden, die miteinander in Konkurrenz stehen können. So können an einem Standort mit besonders günstigen Arbeitskosten (niedrige Löhne) schlechte Verkehrsbedingungen vorliegen. Oder die Transportkosten für das Material sind besonders niedrig, während in der Region keine Absatzmöglichkeiten bestehen.

Bei der Standortanalyse müssen alle relevanten Standortfaktoren einbezogen und beurteilt werden. Welche dieser Faktoren Einfluss auf den Geschäftserfolg haben, hängt sehr stark von der Art des Betriebes ab. Deshalb ist zunächst die grundsätzliche Orientierung zu klären:

- **Materialorientierung**
  Der Standort richtet sich nach den billigsten Transportkosten für die Beschaffung der für die Produktion erforderlichen Roh-, Hilfs- und Betriebsstoffe.

- **Arbeitsorientierung**
  Für arbeitsintensive Betriebe spielen die Arbeitskosten eine entscheidende Rolle. Neben der Orientierung nach niedrigen Löhnen wird die Orientierung nach qualifizierten Arbeitskräften immer wichtiger. Ein geringer Freizeitwert unattraktiver Standorte muss unter Umständen durch erheblich höhere Gehälter oder Zulagen kompensiert werden.

- **Abgabenorientierung**
  Bei den Realsteuern (Gewerbesteuer, Grundsteuer) haben die Gemeinden das Recht, die Hebesätze entsprechend ihrem Finanzbedarf jährlich neu zu bestimmen. Eventuell besteht insbesondere in Gebieten mit Strukturproblemen eine Förderung des Bundes oder des Landes oder direkt durch die Gemeinde, indem sie günstige Gewerbeflächen zur Verfügung stellen. Diverse Steuervergünstigungen gibt es in den neuen Bundesländern.

- **Energieorientierung**
  Die ausreichende Versorgung des Betriebes mit Strom, Gas, Wasser und sonstigen Energieträgern zu preiswerten Tarifen muss gewährleistet sein.

- **Verkehrsorientierung**
  Es ist notwendig, dass die Kunden das Geschäft oder den Betrieb gut und bequem erreichen können. Für die Kunden und die Mitarbeiter sollte ausreichend

Parkraum zur Verfügung stehen. Wichtig ist die Verkehrssituation für die Lieferanten, für die An- und Abfahrt der Firmenfahrzeuge, die Be- und Entlademöglichkeiten.

- **Umweltorientierung**
  Die zunehmende Beachtung des Umweltschutzes durch den Gesetzgeber hat dazu geführt, dass bestimmte Standorte entweder überhaupt nicht mehr zur Verfügung stehen oder erhebliche zusätzliche Kosten aufgrund behördlicher Auflagen verursachen. Gehen vom Betrieb Umweltbelastungen aus oder wird mit gefährlichen Stoffen umgegangen, müssen die notwendigen Schutzmaßnahmen (z.B. gegen Lärm, Geruch, Staub, Chemikalien) und die ordnungsgemäße Entsorgung von Abfällen schon bei der Planung berücksichtigt werden.

- **Absatzorientierung**
  Nach den optimalen Absatzmöglichkeiten orientieren sich vor allem **Handels- und Dienstleistungsunternehmen**. Sie müssen einen engen Kontakt zu ihren Abnehmern haben. Ihre Standortqualität wird weitgehend durch die Kaufkraft der Einwohner im Einzugsgebiet bestimmt.
  Beim **Einzelhandel** spielt der Absatz die entscheidende Rolle, die Raumkosten kommen erst an zweiter Stelle. Für die Wahl des Standorts ist die Art der angebotenen Waren von besonderer Bedeutung. Man unterscheidet zwischen Geschäften, die Waren des **täglichen Bedarfs** (z.B. Lebensmittel) und Geschäfte, die Waren des **periodisch** (z.B. Bekleidung) oder **aperiodisch** (z.B. Möbel) **wiederkehrenden Bedarfs** anbieten.
  Geschäfte zur Versorgung des täglichen Bedarfs sind gleichmäßig über die ganze Stadt verteilt. Sie meiden die Konkurrenz. Ihr Absatz ist auf ein relativ kleines Gebiet beschränkt. Zu einer zunehmenden Verdrängung von kleinen Einzelhandelsbetrieben trägt die Errichtung von Verbrauchermärkten bei. Diese bieten neben den aufgrund ihrer hohen Umsätze niedrig kalkulierten Preisen den Vorteil, dem Kunden durch das breite Sortiment lange Einkaufswege zu ersparen. Ihr Warensortiment erlaubt die Ansiedlung außerhalb der Stadtzentren an verkehrsgünstigen Punkten. Sie stellen für ihre Kunden ausreichende Parkplätze zur Verfügung. Einzelhandelsbetriebe, die einen nur in größeren Abständen wiederkehrenden Bedarf decken, wählen die Hauptgeschäftsstraßen zum Standort, auch wenn sie ein Vielfaches an Ladenmiete bezahlen müssen. Der Kunde will, bevor er sich zum Kauf entschließt, sich einen möglichst umfassenden Überblick über das Angebot verschaffen.

Wegen der Vielzahl von gewerbe- und baurechtlichen Verordnungen und Gesetzen, die zum Teil nicht bundeseinheitlich geregelt sind, sollte jeder Existenzgründer bei der für ihn zuständigen Gemeinde (Bauplanungsamt) nachfragen, inwieweit das Gebiet, in dem er die Errichtung seines Betriebes plant, im Bebauungsplan rechtsgültig ausgewiesen ist. Befindet er sich im Gewerbe- oder Industriegebiet, so ist die Gründung aufgrund baurechtlicher Bestimmungen i.d.R. unproblematisch. Liegt der geplante Standort dagegen im Wohn- oder Mischgebiet, sollte er prüfen, ob der Ansiedlung seines Betriebes nichts entgegensteht.

Die **Baunutzungsverordnung** (BauNVO) gliedert die für die Bebauung vorgesehenen Flächen (Baugebiete) nach der besonderen Art ihrer baulichen Nutzung:

- Kleinsiedlungsgebiete (WS)
  Kleinsiedlungsgebiete dienen vorwiegend der Unterbringung von Kleinsiedlungen einschließlich Wohngebäuden mit entsprechenden Nutzgärten und landwirtschaftlichen Nebenerwerbsstellen (§ 2 Abs. 1 BauNVO). Zulässig sind Kleinsiedlungen einschließlich Wohngebäude mit entsprechenden Nutzgärten, landwirtschaftliche Nebenerwerbsstellen und Gartenbaubetriebe, die der Versorgung des Gebiets dienenden Läden, Schank- und Speisewirtschaften sowie nicht störende Handwerksbetriebe. Ausnahmsweise können sonstige Wohngebäude mit nicht mehr als zwei Wohnungen, Tankstellen und nicht störende Gewerbebetriebe zugelassen werden.
- Reine Wohngebiete (WR)
  Reine Wohngebiete dienen dem Wohnen. Zulässig sind Wohngebäude (§ 3 Abs. 1 BauNVO). Ausnahmsweise können Läden und nicht störende Handwerksbetriebe, die zur Deckung des täglichen Bedarfs für die Bewohner des Gebiets dienen, sowie kleine Betriebe des Beherbergungsgewerbes zugelassen werden.
- Allgemeine Wohngebiete (WA)
  Allgemeine Wohngebiete dienen vorwiegend dem Wohnen (§ 4 Abs. 1 BauNVO). Zulässig sind Wohngebäude, die der Versorgung des Gebiets dienenden Läden, Schank- und Speisewirtschaften sowie nicht störende Handwerksbetriebe. Ausnahmsweise können Betriebe des Beherbergungsgewerbes, sonstige nicht störende Gewerbebetriebe, Gartenbaubetriebe und Tankstellen zugelassen werden.
- Besondere Wohngebiete (WB)
  Besondere Wohngebiete sind überwiegend bebaute Gebiete, die aufgrund ausgeübter Wohnnutzung und vorhandener sonstiger Anlagen eine besondere Eigenart aufweisen und in denen unter Berücksichtigung dieser Eigenart die Wohnnutzung erhalten und fortentwickelt werden soll. Besondere Wohngebiete dienen vorwiegend dem Wohnen (§ 4a Abs. 1 BauNVO). Zulässig sind Wohngebäude, Läden, Betriebe des Beherbergungsgewerbes, Schank- und Speisewirtschaften, sonstige Gewerbebetriebe, Geschäfts- und Bürogebäude. Ausnahmsweise können Vergnügungsstätten, soweit sie nicht wegen ihrer Zweckbestimmung oder ihres Umfangs nur in Kerngebieten allgemein zulässig sind, und Tankstellen zugelassen werden.
- Dorfgebiete (MD)
  Dorfgebiete dienen der Unterbringung der Wirtschaftsstellen land- und forstwirtschaftlicher Betriebe, dem Wohnen und der Unterbringung von nicht wesentlich störenden Gewerbebetrieben sowie der Versorgung der Bewohner des Gebietes dienenden Handwerksbetrieben (§ 5 Abs. 1 BauNVO). Auf die Belange der land- und forstwirtschaftlichen Betriebe einschließlich ihrer Entwicklungsmöglichkeiten ist vorrangig Rücksicht zu nehmen. Zulässig sind Wirtschaftsstellen land- und forstwirtschaftlicher Betriebe und die dazugehörigen Wohnungen und Wohngebäude, Kleinsiedlungen einschließlich Wohngebäude mit entsprechenden Nutzgärten und landwirtschaftliche Nebenerwerbsstellen, sonstige Wohngebäude, Betriebe zur Be- und Verarbeitung und Sammlung land- und forstwirtschaftlicher Erzeugnisse, Einzelhandelsbetriebe, Schank- und Speisewirtschaften sowie Betriebe des Beherbergungsgewerbes, sonstige Gewerbebetriebe, Gartenbaubetriebe und Tankstellen. Ausnahmsweise können Vergnügungsstätten zugelassen werden.

- Mischgebiete (MI)
  Mischgebiete dienen dem Wohnen und der Unterbringung von Gewerbebetrieben, die das Wohnen nicht wesentlich stören (§ 6 Abs. 1 BauNVO). Zulässig sind Wohngebäude, Geschäfts- und Bürogebäude, Einzelhandelsbetriebe, Schank- und Speisewirtschaften sowie Betriebe des Beherbergungsgewerbes, sonstige Gewebebetriebe, Gartenbaubetriebe, Tankstellen und Vergnügungsstätten in den Teilen des Gebiets, die überwiegend durch gewerbliche Nutzungen geprägt sind. Ausnahmsweise können Vergnügungsstätten außerhalb der bezeichneten Teile des Gebiets zugelassen werden.
- Kerngebiete (MK)
  Kerngebiete dienen vorwiegend der Unterbringung von Handelsbetrieben sowie der zentralen Einrichtungen der Wirtschaft, der Verwaltung und der Kultur (§ 7 Abs. 1 BauNVO). Zulässig sind Geschäfts-, Büro- und Verwaltungsgebäude, Einzelhandelsbetriebe, Schank- und Speisewirtschaften, Betriebe des Beherbergungsgewerbes und Vergnügungsstätten, sonstige nicht wesentlich störende Gewerbebetriebe, Tankstellen im Zusammenhang mit Parkhäusern und Großgaragen, Wohnungen für Aufsichts- und Bereitschaftspersonen sowie für Betriebsinhaber und Betriebsleiter, sonstige Wohnungen nach Maßgabe von Festsetzungen des Bebauungsplans.
- Gewerbegebiete (GE)
  Gewerbegebiete dienen vorwiegend der Unterbringung von nicht erheblich belästigenden Gewerbebetrieben (§ 8 Abs. 1 BauNVO). Zulässig sind Gewerbebetriebe aller Art, Lagerhäuser, Lagerplätze und öffentliche Betriebe, Geschäfts-, Büro- und Verwaltungsgebäude, Tankstellen und Anlagen für sportliche Zwecke. Ausnahmsweise können Wohnungen für Aufsichts- und Bereitschaftspersonen sowie für Betriebsinhaber und Betriebsleiter, die dem Gewerbebetrieb zugeordnet und ihm gegenüber in Grundfläche und Baumasse untergeordnet sind, und Vergnügungsstätten zugelassen werden.
- Industriegebiete (GI)
  Industriegebiete dienen ausschließlich der Unterbringung von Gewerbebetrieben, und zwar vorwiegend solcher Betriebe, die in anderen Baugebieten unzulässig sind (§ 9 Abs. 1 BauNVO). Zulässig sind Gewerbebetriebe aller Art, Lagerhäuser, Lagerplätze und öffentliche Betriebe und Tankstellen. Ausnahmsweise können Wohnungen für Aufsichts- und Bereitschaftspersonen sowie für Betriebsinhaber und Betriebsleiter, die dem Gewerbebetrieb zugeordnet und ihm gegenüber in Grundfläche und Baumasse untergeordnet sind, zugelassen werden.

Die Berufsausübung freiberuflich Tätiger (z. B. Architekten, Rechtsanwälte) und solcher Gewerbetreibender, die ihren Beruf in ähnlicher Art ausüben (z. B. Handelsvertreter ohne Lagerhaltung) ist nach § 13 BauNVO in den o. g. Baugebieten grundsätzlich zulässig.

Tipp
Vor der Neuerrichtung eines Gewerbes, aber auch vor der Änderung einer gewerblichen Nutzung sollten Sie stets prüfen, ob eine Genehmigung beim Bauordnungsamt eingeholt werden muss. Auch die Änderung von Wohnen zu gewerblicher Nutzung oder von einer gewerblichen Nutzung zu einer anderen gewerblichen Nutzung (z. B. Friseursalon zu Imbiss) kann genehmigungspflichtig sein.

Für Existenzgründer sind **Gründerzentren** und **Gewerbeparks** als Standort besonders geeignet. Wenn sich dort Unternehmen aus unterschiedlichen Branchen ansie-
deln, wird ein attraktives Angebot von Produkten und Dienstleistungen an einem
Standort gebündelt. Auch die Unternehmen selbst profitieren davon, denn die unmittelbare Nachbarschaft ermöglicht einen gegenseitigen Informations- und Erfah-
rungsaustausch. Es können bestimmte Ressourcen gemeinsam genutzt werden. Die
Flächen werden meist zu günstigen Mieten angeboten.

Gründerzentrum	**Gewerbepark**
• Unternehmen bestimmter Branchen unter einem Dach • günstige Miete • Nutzung von Sekretariats-, Post- und Kopierservice • gemeinsame Öffentlichkeitsarbeit • gemeinsame Messebeteiligungen • meist Zusammenarbeit mit Hochschulen	• preisgünstige erschlossene Gewerbegrundstücke • unbürokratische Planungsverfahren • gute Verkehrsanbindung • moderne und zukunftsorientierte Versorgung (Telekommunikation, Energie, Wasser) • Dienstleistungen in der Umgebung

Abb. 21: Vorteile von Gründerzentren und Gewerbeparks

Standortfaktor	Gewich-tung	Standort A		Standort B		Standort C	
		Bewer-tung	Punkte	Bewer-tung	Punkte	Bewer-tung	Punkte
Kundenpotenzial	14	4	56	2	28	5	70
Konkurrenzsituation	14	3	42	5	70	4	56
Verkehrslage (Pkw, ÖPNV)	14	4	56	3	42	5	70
Miete, Mietnebenkosten	10	4	40	5	50	3	30
Dauer des Mietverhältnisses	10	3	30	4	40	4	40
Kundenparkplätze	8	3	24	4	32	5	40
Arbeitskräftepotenzial	8	4	32	3	24	5	40
Erweiterungsmöglichkeiten	7	4	28	2	14	4	28
Waren-, Materialversorgung	7	3	21	2	14	5	35
Steuern, kommun. Gebühren	4	4	16	5	20	3	12
Umweltschutzauflagen	2	3	6	4	8	4	8
Energieversorgung	1	5	5	5	5	5	5
Entsorgung von Abfällen	1	5	5	4	4	5	5
Summe der Punkte	100		361		351		439
Rangplatz			2		3		1

Abb. 22: Bewertungsmatrix zur Standortanalyse

Die Idee, besonders jungen, innovativen und technologieorientierten Unternehmen
gute Start- und Rahmenbedingungen zu bieten, fand schnell Verbreitung. Inzwischen besteht ein weitverzweigtes Netzwerk von Innovations-, Technologie- und
Gründerzentren. Informationen sowie eine Adressenliste der Mitgliedszentren sind

von der Arbeitsgemeinschaft Deutscher Technologie- und Gründerzentren ADT e.V. [→ Adressenverzeichnis] erhältlich.

Eine einfache Methode zur Beurteilung mehrerer Standorte stellt **die Bewertungsmatrix zur Standortanalyse** dar. Zuerst werden die relevanten Standortfaktoren hinsichtlich der Betriebsorientierung zusammengetragen und je nach Bedeutung gewichtet. Dazu wird jedem einzelnen Faktor ein Wert vergeben, wobei die Summe aller Gewichte 100 ergeben muss. Der Wert wird umso höher angesetzt, umso bedeutender der Standortfaktor eingeschätzt wird. Nach der Gewichtung werden die einzelnen Standorte benotet. Es werden Noten von 1 bis 5 (Note 1 = schlecht, Note 2 = ausreichend, Note 3 = befriedigend, Note 4 = gut, Note 5 = sehr gut) vergeben. Anschließend wird für jeden Standortfaktor das Gewicht mit der Note multipliziert. Die so ermittelten Punkte werden addiert. Der Standort mit der höchsten Punktzahl entspricht dann am besten den Anforderungen.

> **TIPP**
> Sortieren Sie die ausgewählten Standortfaktoren nach ihrer subjektiven Bedeutung und weisen diesen mit der Jo-Jo-Methode solange eine Gewichtung zu, bis deren Summe 100 ergibt.

2 Die Gründungsmöglichkeiten

Mehrere Wege führen in die berufliche Selbstständigkeit. Möglichkeiten sind
*   Betriebsneugründung
*   Betriebsübernahme
*   Tätige Beteiligung
*   Franchise-Gründung.

2.1 Die Betriebsneugründung

Bei der Betriebsneugründung muss der Existenzgründer seinen Geschäftsbetrieb selbst planen und aufbauen. Der Planungsaufwand ist sehr hoch. Entsprechend hoch ist auch der Gestaltungsspielraum. Deshalb bietet die Neugründung die besondere Chance, die unternehmerischen Vorstellungen zu verwirklichen. Da der Existenzgründer jedoch ohne Kundenstamm beginnt, besteht demzufolge ein höheres Gründungsrisiko.

2.2 Die Betriebsübernahme

Der Vorteil der Betriebsübernahme ist, dass der Betrieb bereits am Markt bekannt ist und einen festen Kundenstamm aufweist. Ein zuverlässiger und eingespielter Mitarbeiterstamm steht bereits zur Verfügung. Die Anfangsschwierigkeiten der Neugründung fallen weg und geben der Existenzgründung mehr Sicherheit.

Nutzen Sie die **nexxt-change Unternehmensbörse**. Unter der Internetadresse http://www.nexxt.org bietet das Bundesministerium für Wirtschaft und Technologie

(BMWi) mit der KfW sowie Vertretern von Verbänden, Institutionen und Organisationen der Wirtschaft, des Kreditwesens und der Freien Berufe als Bestandteil der nexxt Initiative-Unternehmensnachfolge vielseitige Informationen und kompetente Betreuung mit dem bundesweit größten Marktplatz für interessierte Existenzgründer und Unternehmer, die im Zuge einer Nachfolge ein Unternehmen zur Übernahme suchen und Unternehmer, die (einen) Nachfolger suchen, an den/die sie ihr Unternehmen übergeben können.

Formen der Betriebsübernahme sind:
- Kauf des Betriebes
  Der Unternehmenskauf bietet den Erwerb eines Unternehmens oder eines Teilbetriebes »mit allen Aktiva und Passiva«, d.h. mit allen Wirtschaftsgütern, Forderungen und Verbindlichkeiten. Es werden klare Eigentumsverhältnisse geschaffen. Allerdings erfordert der Kauf eines Betriebes mit hohem Substanzwert (z.B. eigene Immobilie) erhebliche Finanzmittel. Das Betriebsvermögen kann als Sicherheit für die Fremdfinanzierung zur Verfügung gestellt werden.
- Pacht des Betriebes
  Der Kapitalbedarf ist wesentlich geringer als beim Kauf. Für die Nutzung der Betriebsräume und des Inventars ist ein laufender Pachtzins zu zahlen.

Nehmen Sie den Betrieb, der Ihnen angeboten wird, genauestens unter die Lupe. Prüfen Sie äußerst sorgfältig die Motivation der Betriebsaufgabe. Sind es wirklich die vorgegebenen Alters-, Gesundheits- oder sonstige persönliche Gründe? Möglicherweise stecken auch wirtschaftliche Schwierigkeiten oder drohende Gefahren für den Betrieb dahinter. Beachten Sie dabei folgende wichtige Kriterien:
- Produkt- und Dienstleistungsprogramm
  Prüfen Sie, inwieweit das bisherige Produkt- und Dienstleistungsprogramm nach wie vor auf Akzeptanz stößt. Meist haben Nachfolgeunternehmen nur noch einen geringen Innovationsgrad. Eventuell ist ein überdurchschnittlich hoher Forschungs- und Entwicklungsaufwand notwendig.
- Kundenstamm
  Prüfen Sie, ob der bisherige Kundenstamm gehalten werden kann und inwieweit neue Kunden gewonnen werden können.
- Marktverhältnisse
  Vergewissern Sie sich, dass sich die Konkurrenzverhältnisse nicht verschlechtert haben oder in absehbarer Zeit verschlechtern werden, weil sich z.B. ein Wettbewerber ansiedelt. Wie werden die Wettbewerber auf den Wechsel reagieren?
- Standort
  Vergewissern Sie sich, dass sich die Standortqualität nicht verschlechtert hat und auch in absehbarer Zeit nicht verschlechtern wird, weil z.B. eine Umgehungsstraße geplant ist.
- Betriebs-/Geschäftsräume
  Sind die Räume auch noch in der Zukunft geeignet? Sind die Räume langfristig vertraglich gesichert? Ist die Höhe des Mietpreises angemessen? Wird der Vermieter Sie zu den gleichen Konditionen akzeptieren?
- Technische Ausstattung
  Überprüfen Sie alle wichtigen Maschinen und Geräte auf ihre Funktionsfähigkeit. Entspricht die technische Ausstattung noch dem Stand der Technik? Wer-

den alle Umweltschutzauflagen eingehalten? Besteht ein Investitionsstau?

- Personal
Managementprobleme hinterlassen ihre Spuren auch in der Belegschaft. Die wenig motivierten Mitarbeiter verteidigen ihre Arbeitsbereiche mit allen ihnen zur Verfügung stehenden Mitteln (z. B. Dienst nach Vorschrift, unterlassene Weitergabe von Informationen usw.). Besitzstandswahrung ist vorherrschend. Eine im Verhältnis zur Betriebsleistung zu große Zahl von Mitarbeitern als auch eine schlechte Verzahnung der Arbeitsabläufe führt zu einer unverhältnismäßigen hohen Kostenbelastung. Erforderliche Reorganisationsmaßnahmen sind extrem schwierig durchzusetzen. Überprüfen Sie, ob die Anzahl der Mitarbeiter und deren Qualifikation noch angemessen ist. Nach § 613a BGB hat weder der bisherige noch der neue Betriebsinhaber das Recht, bezüglich der Betriebsübergabe einen Mitarbeiter zu kündigen. Der Übernehmer eines Betriebes muss daher alle Rechte und Pflichten aus den bestehenden Arbeitsverhältnissen übernehmen. Sprechen Sie rechtzeitig zumindest mit den Mitarbeitern mit Schlüsselpositionen, auf deren Hilfe Sie für einen reibungslosen Übergang angewiesen sind.

- Ertragslage des Betriebes
Lassen Sie sich die Jahresabschlüsse (Bilanzen, Gewinn- und Verlustrechnungen) der letzten Jahre sowie die aktuellen monatlichen BWA´s (Betriebswirtschaftliche Auswertungen) vorlegen. Haben sich wichtige betriebswirtschaftliche Daten verschlechtert oder werden sich bei Betriebsübergang verschlechtern? Zusätzliche Kostenbelastungen können nach der Übergabe eintreten, z. B. durch höhere Miete, höhere Energiepreise, verstärkte Werbung, usw. Vielleicht ist der vermeintlich hohe Gewinn auf außerordentliche Erträge (z. B. Verkauf von Anlagevermögen, Versicherungsentschädigungen) zurückzuführen?

TIPP

Lassen Sie sich jedoch nicht von den o. g. Problemen abschrecken, ein bereits bestehendes Unternehmen zu übernehmen, zumal Sie von dem vorhandenen Marktzugang profitieren können. Jedoch muss unbedingt die Bereitschaft vorhanden sein, mit betriebswirtschaftlichen Methoden das Nachfolgeunternehmen wieder auf konsequenten Erfolgskurs zu bringen.

Untersuchen Sie nun die Zukunftsaussichten des Betriebes. Erstellen Sie eine **Rentabilitätsvorschau** auf der Grundlage realistischer Umsatzverhältnisse. Ob Sie den Betrieb tatsächlich übernehmen, hängt schließlich auch vom Kaufpreis ab. Viele Unternehmer haben Illusionen bezüglich des Wertes ihres eigenen Unternehmens. Akzeptieren Sie nur den Preis, der auch wirklich angemessen ist.

Wie jeder Preis bildet sich der Preis für ein ganzes Unternehmen durch Angebot und Nachfrage. Nur der letzten Endes zum Vertragsabschluss führende und gezahlte Preis stellt den wirklichen Unternehmenswert dar. Beide Parteien haben individuelle Preisvorstellungen. Während der Käufer des Unternehmens einen Preis *äußerstenfalls* zu zahlen bereit ist (Preisobergrenze), muss der Verkäufer des Unternehmens einen Preis *mindestens* erlösen (Preisuntergrenze). Kommt es zwischen den Verhandlungspartnern zu einem Kompromiss, der zu einem Vertragsabschluss und zur Zahlung des entsprechenden Preises führt, so liegt ein Marktwert vor. Nur dieser kann als echter **Unternehmenswert** bezeichnet werden.

Der Käufer muss sehr vorsichtig sein vor überzogenen Preisvorstellungen. Um eine sichere Ausgangsposition für spätere Preisverhandlungen zu haben, muss der Unternehmenswert deshalb objektiviert werden. Dazu eignet sich der Ertragswert. Der Substanzwert hat insofern noch Bedeutung, da dieser als Informationsgröße herangezogen werden kann.

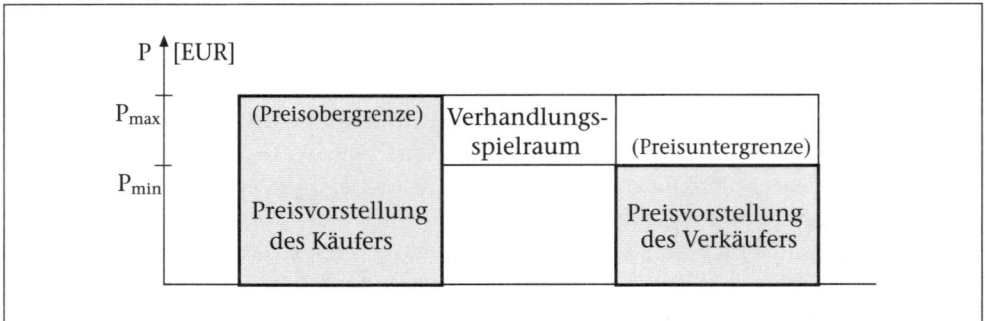

Abb. 23: Preisvorstellungen der Verhandlungsparteien

Als **Substanzwert** eines Unternehmens bezeichnet man alle zu Wiederbeschaffungskosten bewerteten betriebsnotwendigen Vermögensgegenstände (abzüglich entsprechender altersbedingter Abschläge). Davon sind sämtliche Verbindlichkeiten, Rückstellungen, Wertberichtigungen abzuziehen. Nicht erfasst werden immaterielle Werte, wie z. B. Markenname, Bekanntheitsgrad, Kundenstamm usw.

Den Käufer interessiert es jedoch nicht, was der Aufbau eines Unternehmens gekostet hat. Er will wissen, welchen Gewinn er zukünftig mit dem Unternehmen erwirtschaften kann. Demzufolge ist als Bestimmungsgröße des Unternehmenswertes der **Ertragswert** heranzuziehen. Ausgehend von den Gewinn- und Verlustrechnungen der letzten 3-5 Geschäftsjahre werden die Reingewinne der nächsten Geschäftsjahre prognostiziert. Dazu müssen gewisse Bereinigungen vorgenommen werden. So sind z. B. außerordentliche Aufwendungen und Erträge zu neutralisieren. Ferner ist bei Personengesellschaften und Einzelunternehmen ein angemessener Unternehmerlohn als Entgelt für den geschäftsführenden Gesellschafter aufwandswirksam in Ansatz zu bringen. Der Ertragswert ergibt sich dann durch Multiplikation der bereinigten Durchschnittsgewinne vergangener Jahre mit einem Kalkulationszinssatz. Als Orientierungsgröße für den Kalkulationszinssatz gilt die langfristige Rendite des öffentlichen Kapitalmarktes.

$$\text{Ertragswert} = \frac{\text{Reingewinn [EUR]}}{\text{Kalkulationszinssatz [\%]}} \times 100$$

Allerdings wird der Verkäufer eines Unternehmens mit niedrigem Ertragswert wohl kaum bereit sein, sein Unternehmen unter dem höheren Substanzwert abzugeben.

TIPP
Ist der Übernahmepreis wesentlich überhöht, sollten Sie sich ein anderes Objekt suchen. Zahlen Sie keinen Liebhaberpreis! Die Fehleinschätzung des Unternehmenswertes kann unmittelbar die betriebliche und private Existenz bedrohen.

2.3 Die tätige Beteiligung

Wer eine selbstständige Existenz anstrebt, aber kein neues Unternehmen aufbauen oder ein bereits bestehendes Unternehmen übernehmen will, aus welchen Gründen auch immer, kann als tätiger Gesellschafter in ein bestehendes Unternehmen einsteigen.

Viele Gründe sprechen für eine Partnerschaft. Allerdings müssen die Gesellschafter zwecks harmonischer Unternehmensführung zusammenpassen.

Auch tätige Beteiligungen werden durch öffentliche Förderprogramme finanziert. Minderheitsbeteiligungen können gefördert werden, sofern mit der Beteiligung eine wirtschaftlich ausreichende Lebensgrundlage (Vollexistenz) geschaffen wird und der Minderheitsgesellschafter einen hinreichenden unternehmerischen Einfluss hat. Die Bestellung als Geschäftsführer ist obligatorisch. Die Handlungsfähigkeit darf jedoch nicht durch Mitgeschäftsführer eingeschränkt sein.

2.4 Die Franchise-Gründung

Dem Existenzgründer wird die Möglichkeit geboten, ein fertiges Konzept zu kaufen. Dieses System heißt Franchising.

Unter Franchise versteht man eine umfassende Zusammenarbeit beim Vertrieb von Waren und/oder Dienstleistungen. Der Franchise-Geber liefert Know-how, Nutzungsrechte, Image, eine erprobte Strategie und die Unterstützung im Alltagsgeschäft an den Franchise-Nehmer. Dafür erhält der Franchise-Geber eine entsprechende Vergütung.

Die European Franchise Federation (EFF) hat den Begriff **»Franchising«** folgendermaßen definiert:
Franchising ist ein Vertriebssystem, durch das Waren und/oder Dienstleistungen und/oder Technologien vermarktet werden. Es gründet sich auf eine enge und fortlaufende Zusammenarbeit rechtlich und finanziell selbstständiger und unabhängiger Unternehmen, den Franchise-Geber und seine Franchise-Nehmer. Der Franchise-Geber gewährt seinen Franchise-Nehmern das Recht und legt ihnen gleichzeitig die Verpflichtung auf, ein Geschäft entsprechend seinem Konzept zu betreiben. Dieses Recht berechtigt und verpflichtet den Franchise-Nehmer, gegen ein direktes oder indirektes Entgelt im Rahmen und für die Dauer eines schriftlichen, zu diesem Zweck zwischen den Parteien abgeschlossenen Franchise-Vertrags bei laufender technischer und betriebswirtschaftlicher Unterstützung durch den Franchise-Geber, den Systemnamen und/oder das Warenzeichen und/oder die Dienstleistungsmarke und/oder andere gewerbliche Schutz- oder Urheberrechte sowie das Know-how, die wirtschaftlichen und technischen Methoden und das Geschäftssystem des Franchise-Gebers zu nutzen.
Know-how bedeutet, dass das Know-how in seiner Substanz, seiner Struktur oder der genauen Zusammensetzung seiner Teile nicht allgemein bekannt oder nicht

leicht zugänglich ist; der Begriff ist nicht in dem engen Sinne zu verstehen, dass jeder einzelne Teil des Know-hows außerhalb des Geschäfts des Franchise-Gebers völlig unbekannt oder unerhältlich sein müsste.

Wesentlich bedeutet, dass das Know-how Kenntnisse umfasst, die für den Franchise-Nehmer zum Zwecke der Verwendung des Verkaufs- oder des Weiterverkaufs der Vertragswaren oder -dienstleistungen unerlässlich sind. Das Know-how muss für den Franchise-Nehmer unerlässlich sein; dies trifft zu, wenn es bei Abschluss der Vereinbarung geeignet ist, die Wettbewerbsstellung des Franchise-Nehmers insbesondere dadurch zu verbessern, dass es dessen Leistungsfähigkeit steigert und ihm das Eindringen in einen neuen Markt erleichtert.

Identifiziert bedeutet, dass das Know-how ausführlich genug beschrieben sein muss um prüfen zu können, ob es die Merkmale des Geheimnisses und der Wesentlichkeit erfüllt; die Beschreibung des Know-hows kann entweder in der Franchise-Vereinbarung oder in einem besonderen Schriftstück niedergelegt oder in jeder anderen geeigneten Form vorgenommen werden.

Jedes Franchise-System muss einen **Wettbewerbsvorsprung** aufweisen. Das können neue Produkte, neue Problemlösungen, ein hoher Rationalisierungsgrad oder ein besonderes Marketingkonzept sein. Aufgrund der gemeinsamen Marke, der Werbung und dem koordinierten Vorgehen der gesamten Organisation entwickelt sich ein hoher Bekanntheitsgrad mit starkem Image. Klar definierte Standards sind jederzeit einzuhalten. Jedes Franchise-System ist auf Expansion ausgerichtet. Ein erfolgreiches Geschäftskonzept bietet die Gewähr, nach einer gewissen Zeit an vielen Orten vertreten zu sein.

Der Franchise-Nehmer erhofft sich vom Franchise-System einen wirtschaftlichen Erfolg. Dafür setzt er sein Kapital und seine Arbeitskraft ein. Dieser Einsatz wird durch die Weisungen und die Kontrolle der Franchise-Zentrale unterstützt. Sie stellt damit sicher, dass der Partner vor Ort seine Arbeitskraft und die vom Franchise-Geber zur Verfügung gestellten Instrumente konsequent nach der erfolgreich erprobten Marketingkonzeption des Systems zum beiderseitigen Vorteil einsetzt.

Eine weitergehende Variante des Franchisings ist das so genannte **Master-Franchising**. Hierbei wird dem Franchise-Nehmer das Recht und die Pflicht übertragen, eine Region oder ein ganzes Land mit Franchise-Betrieben aufzubauen.

Der **Franchise-Vertrag** beschreibt das gemeinsame Ziel und regelt die Zusammenarbeit. Er dokumentiert die Vereinbarungen und ist im Falle von Streitigkeiten rechtlich ein Beweismittel. Der Franchise-Vertrag ist gesetzlich vorgeschrieben.

Vor Abschluss eines Vertrages ist der Franchise-Geber verpflichtet, vorvertragliche Aufklärung zu leisten. Dazu gehören insbesondere Informationen über die wirtschaftlichen Ergebnisse und Erfahrungen bestehender Franchise-Betriebe, die Leistungen der Systemzentrale, konkrete und realistische Daten über die nötigen Investitionen von Arbeitszeit und Kapital, Renditeerwartungen und Umsatzentwicklungen.

Bei einem Franchise-Vertrag handelt es sich i.d.R. um einen komplizierten Typenkombinationsvertrag, der auf der Vertragsfreiheit nach § 305 BGB beruht. Je nach Konzeption kann er Elemente verschiedener Vertragstypen (Lizenzvertrag, Know-how-Vertrag, Vertretungs-, Geschäftsbesorgungs- und Dienstvertrag) umfassen. Lediglich auf europäischer Ebene gibt es die EU-Gruppenfreistellungsverordnung für Vertikale Vertriebsbindungen (Vertikal-GVO), deren Anwendung durch Guidelines (Richtlinien) erläutert wird. Die Erstellung und Überprüfung eines Franchise-Vertrages sollte unbedingt nach deutschem und europäischem Recht durch spezialisierte Rechtsanwälte erfolgen.

Die EU-Kommission verpflichtet Franchise-Geber, ihr Know-how ausführlich zu beschreiben und den Franchise-Nehmern zu übermitteln. Ebenso bedarf der Franchise-Nehmer einer laufenden Unterstützung und Motivation.

Präambel	Philosophie (Grundlagen) des Geschäftskonzeptes.
Vertragsgegenstand	Leistungskatalog des Franchise-Gebers, der i.d.R. auch das Nutzungsrecht an einem oder mehreren Schutzrechten umfasst.
Know-how-Transfer des Franchise-Gebers	Sollte verstanden werden als eine Gesamtheit von nichtpatentierten praktischen Kenntnissen, die auf Erfahrungen des Franchise-Gebers sowie Erprobungen durch diesen beruhen und die geheim, wesentlich und identifiziert sind.
Pflichten des Franchise-Gebers	Unterstützung bei der Errichtung des Betriebs, laufende Betreuung sowie stetige Weiterentwicklung des Systems.
Pflichten des Franchise-Nehmers	Einsatz von Arbeitskraft und Kapital.
Gebühren	Der Franchise-Geber verlangt eine Eintrittsgebühr für seine Vorleistungen (Entwicklung des Geschäftstyps, Erprobung in Pilotbetrieben, Dokumentation des Know-hows, Image etc.), meist nettoumsatzbezogene laufende Gebühren für die Betreuung (kontinuierliche Nutzung von Know-how, Training, Markenschutz, Beratung etc) und eine Werbegebühr. Die Gebühren (1 bis 15 % des Nettoumsatzes) sollten angemessen sein.
Übertragbarkeit	Recht des Franchise-Nehmers, den Betrieb weiterveräußern zu können.
Wettbewerbsabrede (Konkurrenzklausel)	Einschränkung der Handlungsfreiheit des Franchise-Nehmers nach Beendigung des Vertrages.
Bezugsbindung	Eine 100 %ige Bezugsbindung ist nur zulässig, wenn eine Kontrolle der vom Franchise-Nehmer abzusetzenden Produkte anhand objektiver Qualitätsnormen nicht durchführbar ist oder wenn die Überwachung der Qualitätsnormen wegen der großen Zahl der Franchise-Nehmer zu einem übermäßig hohen Aufwand beim Franchise-Geber führt. Die Bezugsbindung sollte auf höchstens 80 % der eingekauften Ware beschränkt sein.
Preisbindungen	Preisbindungen sind grundsätzlich verboten.

Gebietsschutz	Ein absoluter Gebietsschutz für Franchise-Nehmer ist nicht möglich. Franchise-Geber können sich jedoch verpflichten, im jeweiligen Gebiet des Partners selbst keine Filialen zu eröffnen und keinen neuen Franchise-Nehmer dafür zu gewinnen (Gebietsschutz). Unzulässig ist jedoch die Verpflichtung des Franchise-Nehmers, Waren oder Dienstleistungen, die Gegenstand des Franchise-Vertrags sind, nicht nach außerhalb seines Vertragsgebiets zu liefern. Lediglich die aktiven Vertriebsbemühungen können ihm untersagt werden.
Vertragsdauer	I.d.R. für einen überschaubaren Zeitraum von 5 bis 10 Jahre unter Einschluss einer Option. Nicht ungewöhnlich sind jedoch auch Verträge, die über 10 Jahre fest abgeschlossen werden. Ausschlaggebend sind die jeweilige Branche und die Höhe der Investition.
Kündigungsfrist	Stellen Sie sicher, dass Sie niemals während der Vertragslaufzeit aus dem Vertrag geworfen werden.
Eigentumsrechte am Franchise-Geschäft bei Vertragsbeendigung	Bedingungen, nach denen der Franchise-Nehmer das Franchise-Geschäft verkaufen oder übertragen kann.

Abb. 24: Wichtige Regelungen im Franchise-Vertrag

In Deutschland gibt es inzwischen hunderte von Franchise-Angeboten, jedoch nicht alle sind seriös. Der Franchise-Interessent hat die Qual der Wahl auch hinsichtlich der Geschäftszweige, in denen Franchise-Konzepte verwirklicht werden. So gibt es z. B. erst seit kurzem Nachhilfeschulen, private Arbeitsvermittlung, Büroservice, Bausanierung und Preisagenturen. Lassen Sie sich nicht von unrealistischen Versprechungen blenden. Das »schnelle Geld« ist als Franchise-Nehmer meist nicht zu verdienen. Auch ist eine Franchise-Gründung nicht ohne Risiko. Eine umfassende Information vor Vertragsabschluss ist deshalb unumgänglich. Nehmen Sie Kontakt mit dem Deutschen Franchise-Verband e.V. (DFV) [→ Adressenverzeichnis] auf, der auch Beratung in franchisespezifischen Fragen anbietet.

Alle Mitglieder im Deutschen Franchise-Verband e.V. (DFV) müssen sich auf den DFV-Ethikkodex verpflichten, der die Rechte und Pflichten von Franchise-Gebern und Franchise-Nehmern definiert. Damit wird die einheitliche Erscheinungsweise des seriösen Franchisings festgeschrieben und ermöglicht eine deutliche Abgrenzung zu unlauteren Systemen. Seit 2005 müssen alle Vollmitglieder bei der Aufnahme in den Verband den DFV-System-Check absolvieren, der alle drei Jahre erneuert werden muss. Dieser DFV-System-Check beinhaltet eine Prüfung des Franchise-Vertrages und des Franchise-Handbuchs nach den Qualitäts-Mindeststandards für Unternehmens-Netzwerke. Zudem erfolgen eine Beurteilung des Systemkonzeptes, der Produkte/Leistungen, der Strategie und des Managements sowie eine stichprobenartige Befragung der Franchise-Nehmer-Zufriedenheit.

Prüfen Sie kritisch jedes Franchise-Angebot. Dabei sollten Sie u.a. folgende Kriterien berücksichtigen:

* Seit wann existiert der Franchise-Geber?
* Wie viele Franchise-Nehmer gibt es bereits?
* Welche Schutzrechte bietet der Franchise-Geber?
* Welche Wettbewerbsvorteile bietet das Konzept?
* Wie sind die Marktverhältnisse (evtl. am Wunschstandort)?
* Welche Leistung bietet der Franchise-Geber?
* Gibt es eine Bezugspflicht? Wenn ja, in welcher Höhe?
* Gibt es ein Franchise-Handbuch, das das Franchise-System komplett dokumentiert?
* Welche Gewinnchance bietet das Franchise-System?
* Welche Gebühren werden erhoben?
* Wird die Möglichkeit geboten, Franchise-Nehmer kennenzulernen?
* Ist der Franchise-Geber Mitglied im Deutschen Franchise-Verband e.V. (DFV)?

TIPP
Die jährlich stattfindende Internationale Franchise-Messe wendet sich vor allem an Existenzgründungsinteressierte. Lassen Sie sich vom DFV den Ort und Termin der nächsten Veranstaltung mitteilen.

Damit Sie als Franchise-Nehmer Fördermittel beantragen können, müssen grundsätzlich die spezifischen Voraussetzungen des jeweiligen Kreditprogramms erfüllt sein. Bei einer Antragstellung zur Existenzgründungs- oder Wachstumsfinanzierung aus Kreditprogrammen, in denen die KfW anteilig oder vollständig die Haftung übernimmt (Unternehmerkapital – ERP-Kapital für Gründung, KfW-Gründerkredite), muss das Franchise-System folgende Voraussetzungen erfüllen:

* Im Franchise-Vertrag ist die rechtliche und wirtschaftliche Selbstständigkeit des Franchisenehmers, der im eigenen Namen und auf eigene Rechnung handelt, geregelt.
* Der Franchise-Vertrag sichert dem Franchisenehmer eine nachhaltige selbstständige Existenz, in dem er kein nachvertragliches Wettbewerbsverbot enthält oder bei Vereinbarung eines nachvertraglichen Wettbewerbsverbots die Vertragslaufzeit unter Berücksichtigung von Verlängerungsoptionen mindestens für 10 Jahre (z. B. 5 Jahre Vertragslaufzeit mit einer Verlängerungsoption für 5 Jahre) vereinbart ist.
* Im Franchise-Vertrag ist deutsches Recht oder das Recht in einem EU/EFTA-Staat ansässigen Franchisegebers vereinbart.

Die Erfüllung dieser Voraussetzungen müssen vom Franchise-Nehmer auf einem Formular (Selbsterklärung des Antragstellers zum Franchisevorhaben zur Vorlage bei der Hausbank) bestätigt werden, das bei der Hausbank verbleibt.

Vorteile für den Franchise-Nehmer
* fertiges Unternehmenskonzept,
* Zugriff auf Know-how und langjährige Erfahrung des Systems,
* eingeführte Marke, überregionales Image,

- Wettbewerbsvorsprung durch ein neues Produkt, eine neue Problemlösung, ein hoher Rationalisierungsgrad oder ein besonderes Marketingkonzept,
- hohe Sicherheit bei der Investitionsentscheidung,
- Arbeitsteilung mit dem Franchise-Nehmer,
- Vorteile des Großeinkaufs,
- Schulung, laufende Beratung, Hilfestellung, Weiterbildung durch den Franchise-Geber.

Nachteile für den Franchise-Nehmer
- eingeengte unternehmerische Freiheit,
- wirtschaftlicher Erfolg hängt erheblich von der Qualität des Franchise-Systems ab,
- kaum Gestaltungsspielraum für individuelle Wünsche,
- Beendigung der selbstständigen Existenz durch Ablauf der Vertragsdauer,
- unangemessen hohe Franchise-Gebühren mindern die Rentabilität.

3   Die Rechtsform

Für die Teilnahme am Geschäftsverkehr steht eine Anzahl von Rechtsformen zur Verfügung. Den Eigentümern oder Gründern von Unternehmen bleibt es i.d.R. weitgehend selbst überlassen, nach welchen Gesichtspunkten sie ihre Entscheidung für eine bestimmte Rechtsform treffen.

3.1   Handelsrechtliche Grundlagen

Während das Bürgerliche Gesetzbuch (BGB) für den privaten Rechtsverkehr gilt, enthält das Handelsgesetzbuch (HGB) ein Sonderrecht für die wirtschaftliche Betätigung bestimmter gewerblicher Unternehmen, um den Erfordernissen des Handelsverkehrs gerecht zu werden. Dabei versteht das HGB unter dem Begriff »Handel« nicht nur die Güterverteilung vom Hersteller zum Verbraucher (Groß- und Einzelhandel), sondern umfasst auch die rechtlichen Verhältnisse der Industrie und weitgehend die des Handwerks sowie die Urerzeugung von Grund- und Rohstoffen.

Das Handelsrecht ist Kaufmannsrecht. Handelsgeschäfte sind alle Geschäfte eines Kaufmanns, die zum Betrieb seines Handelsgewerbes gehören (§ 343 HGB).

Kaufmann
Kaufmann ist nur derjenige, der ein Handelsgewerbe betreibt (§ 1 Abs. 1 HGB).

Der Kaufmann ist verpflichtet, seine Firma zur Eintragung in das Handelsregister beim zuständigen Amtsgericht anzumelden (§ 29 HGB). Wenn das Unternehmen nach Art und Umfang einen in kaufmännischer Weise eingerichteten Geschäftsbetrieb erfordert, hat die Eintragung nur deklaratorische, d.h. bestätigende Wirkung.

Einzelunternehmen
- Kleingewerbe
- Einzelkaufmann
- Freier Beruf

Personengesellschaften
- Gesellschaft des bürgerlichen Rechts (GbR) bzw. BGB-Gesellschaft
- Offene Handelsgesellschaft (OHG)
- Kommanditgesellschaft (KG)
- Partnerschaftsgesellschaft (PartG)
- Stille Gesellschaft

Kapitalgesellschaften
- Gesellschaft mit beschränkter Haftung (GmbH)/Unternehmergesellschaft (haftungsbeschränkt)
- Kommanditgesellschaft auf Aktien (KGaA)
- Aktiengesellschaft (AG)

Mischformen
- GmbH & Co. KG

Abb. 25: Überblick über die wichtigsten Rechtsformen

Gewerbe

Mit Gewerbe bezeichnet man jede selbstständige, planmäßige, auf Dauer und Gewinnerzielung angelegte Tätigkeit mit Ausnahme derjenigen Tätigkeiten, die nicht erlaubt sind oder nach der Verkehrsanschauung oder Kraft Gesetzes (z. B. freiberufliche Tätigkeiten) nicht als Gewerbe gelten. Derjenige, der ein Gewerbe ausübt, ist ein Gewerbetreibender.

Handelsgewerbe

Handelsgewerbe ist jedes Gewerbe, wenn das Unternehmen nach Art und Umfang einen in kaufmännischer Weise eingerichteten Geschäftsbetrieb erfordert (§ 1 Abs. 2 HGB) oder die Firma freiwillig in das Handelsregister eingetragen ist.

Kannkaufmann nach § 2 HGB

- ist derjenige, der ein Gewerbe betreibt,
- das nach Art und Umfang einen in kaufmännischer Weise eingerichteten Geschäftsbetrieb *nicht* erfordert (§ 1 Abs. 2 HGB),
- wenn die Firma des Unternehmens in das Handelsregister *freiwillig* eingetragen ist. Die freiwillige Eintragung hat hier konstitutive, d. h. die Kaufmannseigenschaft erst begründende Wirkung. Eine Löschung der Firma auf Antrag findet nur statt, sofern das Unternehmen ein nach Art und Umfang einen in kaufmännischer Weise eingerichteten Geschäftsbetrieb *nicht* erfordert.

Kannkaufmann nach § 3 HGB

- ist derjenige, der einen Betrieb der Land- oder Forstwirtschaft betreibt (§ 3 Abs. 1 HGB),
- unabhängig von Art und Umfang des Geschäftsbetriebs

- die Firma des Unternehmens in das Handelsregister *freiwillig* eingetragen ist. Die freiwillige Eintragung hat hier konstitutive, d. h. die Kaufmannseigenschaft erst begründende Wirkung. Eine Löschung der Firma auf Antrag findet nur statt, sofern das Unternehmen ein nach Art und Umfang einen in kaufmännischer Weise eingerichteten Geschäftsbetrieb *nicht* erfordert (§ 3 Abs. 2 HGB).

Gleiches gilt für ein mit dem Betrieb der Land- oder Forstwirtschaft verbundenes Unternehmen, das nur ein Nebengewerbe des land- oder forstwirtschaftlichen Unternehmens darstellt.

Handelsgesellschaft
Die für Kaufleute geltenden Vorschriften gelten nach § 6 Abs. 1 HGB auch für Handelsgesellschaften.

Handelsgesellschaften sind Personengesellschaften, deren Zweck auf den Betrieb eines gewerblichen Unternehmens gerichtet ist, das nach Art und Umfang einen in kaufmännischer Weise eingerichteten Geschäftsbetrieb erfordert (§ 105 i.V.m. § 1 Abs. 2 HGB) oder dessen Firma in das Handelsregister eingetragen ist (§ 105 Abs. 2 i.V.m. § 2 HGB) sowie alle Kapitalgesellschaften aufgrund ihrer Rechtsform ohne Rücksicht auf den Gegenstand des Unternehmens, unabhängig von Art und Umfang des Geschäftsbetriebs.

Personengesellschaften
- Offene Handelsgesellschaft (OHG)
- Kommanditgesellschaft (KG)

Kapitalgesellschaften
- Gesellschaft mit beschränkter Haftung (GmbH)/Unternehmergesellschaft (haftungsbeschränkt)
- Aktiengesellschaft (AG)

Abb. 26: Handelsgesellschaften

Die kaufmännische Einrichtung
Unternehmen, die nach Art oder Umfang keinen in kaufmännischer Weise eingerichteten Geschäftsbetrieb erfordern, haben die Möglichkeit zum freiwilligen Erwerb der Kaufmannseigenschaft, indem sie beantragen, in das Handelsregister eingetragen zu werden. Für diejenigen, die von dieser Möglichkeit keinen Gebrauch machen, besteht ab dem Zeitpunkt, in dem sie einen Umfang erreichen, der einen kaufmännischen Geschäftsbetrieb erforderlich macht, die Verpflichtung, sich in das Handelsregister eintragen zu lassen.

Es ist in der Praxis oft schwierig zu erkennen, welcher Art ein Unternehmen ist und welchen Umfang es aufweisen muss, um den Erfordernissen der kaufmännischen Einrichtung zu genügen. Für die Beurteilung kann die Rechtsprechung herangezogen werden. Es kommt immer auf die Gesamtwürdigung aller Indizien an.
- Beurteilung nach der **Art der Geschäftstätigkeit** des Unternehmens (qualitativ): Vielfalt der hergestellten oder vertriebenen Erzeugnisse oder der erbrachten Leistungen, Art der Geschäftsbeziehungen (Inanspruchnahme von Kredit, Ge-

währung von Kredit, Wechselgeschäfte, bargeldloser Zahlungsverkehr, Bargeschäfte), Arbeit im Schichtbetrieb, Erfordernis langfristiger Dispositionen, Übernahme von Gewährleistungsverpflichtungen, Lagerhaltung, Werbeaktivitäten, internationale Tätigkeit, Schwierigkeit der Kalkulation.

- Beurteilung nach dem **Umfang der Geschäftstätigkeit** des Unternehmens (quantitativ):
  Umsatzerlöse, Anlage- und Umlaufvermögen, Vielfalt der Geschäftsbeziehungen (Anzahl der Lieferanten und Abnehmer), Anzahl der Geschäftsvorfälle, Anzahl der Betriebsstätten/Filialen, Anzahl der Beschäftigten, Größe des Geschäftslokals.

Gewerbe nach §§ 1, 2 HGB			
Nach Art oder Umfang *keine* kfm. Einrichtung erforderlich + unterbliebene (freiwillige) Eintragung im Handelsregister	Nach Art oder Umfang *keine* kfm. Einrichtung erforderlich + (freiwillige) Eintragung im Handelsregister [Kannkaufmann]	Nach Art und Umfang kfm. Einrichtung erforderlich [Istkaufmann] + unterbliebene (obligatorische) Eintragung im Handelsregister	Nach Art und Umfang kfm. Einrichtung erforderlich [Istkaufmann] + (obligatorische) Eintragung im Handelsregister
Nichtkaufmann (Kleingewerbe)	Kaufmann	Kaufmann	Kaufmann

Gewerbe nach § 3 HGB (Land- und Forstwirtschaft)			
Nach Art oder Umfang *keine* kfm. Einrichtung erforderlich + unterbliebene (freiwillige) Eintragung im Handelsregister	Nach Art oder Umfang *keine* kfm. Einrichtung erforderlich + (freiwillige) Eintragung im Handelsregister [Kannkaufmann]	Nach Art und Umfang kfm. Einrichtung erforderlich + unterbliebene (freiwillige) Eintragung im Handelsregister	Nach Art und Umfang kfm. Einrichtung erforderlich + (freiwillige) Eintragung im Handelsregister [Kannkaufmann]
Nichtkaufmann (Kleingewerbe)	Kaufmann	Nichtkaufmann	Kaufmann

Abb. 27: Kaufmannsarten

Folgende Kriterien sprechen für eine kaufmännische Einrichtung und machen eine Eintragung in das Handelsregister erforderlich: Umsatzerlöse ab einer Höhe der branchenspezifischen Werte, mehr als 5 Beschäftigte, Betriebsvermögen ab einer Höhe von ca. 100.000 EUR, Kreditbeträge über 50.000 EUR, mehrere Standorte bzw. Niederlassungen.

Geschäftsbetrieb	Eintragung in das HR Jahresumsatz
Produktion	300.000 EUR
Großhandel	300.000 EUR
Einzelhandel	250.000 EUR
Dienstleistungen	175.000 EUR
Handelsvertreter (Provision)	120.000 EUR
Gaststätten (nur mit Speisen)	300.000 EUR
Hotels (ohne Gaststätten)	250.000 EUR

Abb. 28: Branchenspezifische Umsatzzahlen (Kammerbezirk Berlin)

Die branchenspezifischen Richtwerte können bei den Industrie- und Handelskammern erfragt werden.

Maßgebend für die Beurteilung des Erfordernisses einer kaufmännischen Einrichtung sind die Verhältnisse im Zeitpunkt der Entscheidung über die Eintragung. Bloße Zukunftserwartungen hinsichtlich der Art und des Umfangs des Unternehmens sind nicht zu berücksichtigen, es sei denn, dass diese anhand konkreter Tatsachen glaubhaft gemacht werden.

Bei gemischten Betrieben (Handwerksbetriebe, denen ein Handelsbetrieb angeschlossen ist) sind die Eintragungsvoraussetzungen für das gesamte Unternehmen zu beurteilen.

Die Firma

Die Firma ist der Name, unter dem der Kaufmann seine Geschäfte betreibt und seine Unterschrift abgibt (§ 17 Abs. 1 HGB). Grundsätzlich dürfen nur Kaufleute eine Firma führen, die in das Handelsregister eingetragen ist.

Nach dem Gesetz sind folgende Firmierungsgrundsätze zu beachten:

- Firmenwahrheit
  Der Firmenname muss der Wahrheit entsprechen. Er darf keine Angaben enthalten, die geeignet sind, über geschäftliche Verhältnisse irrezuführen (§ 18 Abs. 2 HGB).
- Firmenklarheit
  Der Firmenname muss aus sich heraus verständlich sein. Er darf nicht zu Zweifeln oder falschen Schlussfolgerungen führen.
- Firmenunterscheidbarkeit (Firmenausschließlichkeit)
  Die Firmennamen müssen sich deutlich voneinander unterscheiden, damit möglichst keine Verwechselungen auftreten. Um unzumutbare Anforderungen an die Unterscheidbarkeit zu vermeiden, ist dieses Erfordernis auf denselben Ort bzw. dieselbe Gemeinde räumlich beschränkt (§ 30 HGB). Identische oder ähnliche Firmen außerhalb desselben Ortes oder derselben Gemeinde stehen deshalb handelsrechtlich der Eintragung im Handelsregister nicht entgegen. Es könnte jedoch aus urheberrechtlichen Gründen ein Unterlassungsanspruch begründet sein.
- Firmeneinheit
  Für ein Unternehmen darf nur eine Firma geführt werden.

Die Bestimmungen über die Firma dienen nicht nur dem Interesse des einzelnen Kaufmanns, sondern haben zugleich eine Schutzfunktion gegenüber den Geschäftspartnern und auch gegenüber der Allgemeinheit. So bringt die Führung einer Firma für den Kaufmann nicht nur Vorteile mit sich, sondern sie stellt teilweise auch strengere Anforderungen an das Verhalten im Geschäftsverkehr:

- Schutz der Firma vor Verwechslungen.
- Recht auf Bildung griffiger Firmennamen. Zulässig sind Personen-, Sach-, Phantasiefirmen bzw. Mischfirmen. Der starke Einfluss der Werbung hat zur Folge, dass wohlklingende und einprägsame Namen zunehmend wichtiger werden.
- Der Kaufmann kann unter seiner Firma klagen und verklagt werden (§ 17 Abs. 2 HGB). Da nur der Einzelkaufmann neben seinem bürgerlichen Namen den handelsrechtlichen Namen (seine Firma) nach § 17 Abs. 1 HGB führt, ist die Vorschrift des Abs. 2 nur für ihn von Bedeutung. Er kann im Rahmen von Handelsgeschäften sowohl unter seinem bürgerlichen Namen als auch unter seinem u.U. davon abweichenden Firmennamen z.B. Geschäftsforderungen einklagen oder zur Zahlung von Lieferantenschulden verklagt werden. Juristische Personen und Personengesellschaften führen dagegen nur einen Namen, ihre Firma. Infolgedessen können sie nur unter dieser klagen und verklagt werden.
- Die Firma ist unabhängig sowohl vom Namenswechsel des Inhabers als auch vom Inhaberwechsel (§§ 21, 22 und 24 HGB). Diese Verselbstständigung der Firma ist eine der wichtigsten Regelungen zugunsten des Kaufmanns. Sie ermöglicht die Begründung bzw. die Erhaltung und Steigerung des Firmenwertes, d.h. des Wertes, der in dem Ansehen liegt, das ein Unternehmen aufgrund seines eingeführten Namens im Verkehr genießt (Goodwill).
- Nur Kaufleute untereinander können einen vom gesetzlichen abweichenden Gerichtsstand vertraglich vereinbaren (§ 38 Abs. 1 ZPO).
- Nur der Kaufmann kann im Rechtsstreit vor der Zivilkammer eines Landgerichts einen Antrag auf Verweisung an eine Kammer für Handelssachen stellen (§ 98 GVG).
- Das Schweigen eines Kaufmanns, der ein Angebot auf Abschluss eines Geschäftsbesorgungsvertrages erhält, gilt nach § 362 BGB als dessen Annahme. Der Kaufmann ist zur unverzüglichen Antwort verpflichtet.
- Nach § 377 HGB muss der Käufer die Ware unverzüglich untersuchen und, wenn sich ein Mangel zeigt, dem Verkäufer unverzüglich davon Anzeige machen. Unterlässt dies der Käufer, so gilt die Ware als genehmigt, d.h. der Käufer verliert alle Rechte, die er sonst wegen des Mangels hätte.
- Der gesetzliche Zinssatz für Handelsgeschäfte beträgt 5 % (§ 352 HGB). Zinsen können vom Tag der Fälligkeit an gefordert werden. Der Geschäftspartner muss nicht in Verzug gesetzt werden (§ 353 HGB).
- Nur der Kaufmann kann Prokura (§ 48 ff. HGB) erteilen.
- Nur der Kaufmann ist handelsrechtlich verpflichtet, Handelsbücher zu führen und in diesen seine Handelsgeschäfte und die Lage seines Vermögens nach den Grundsätzen ordnungsmäßiger Buchführung ersichtlich zu machen (§ 238 HGB). Jeder Kaufmann hat zu Beginn seines Handelsgewerbes und zum Schluss eines jeden Geschäftsjahres ein Verzeichnis der Vermögensgegenstände (Inventar) aufzustellen (§ 240 HGB). Einzelkaufleute, die an den Abschlussstich-

tagen von zwei aufeinander folgenden Geschäftsjahren nicht mehr als 500.000 EUR Umsatzerlöse und 50.000 EUR Jahresüberschuss aufweisen, sind von der Pflicht zur Buchführung und Erstellung eines Inventars befreit (§ 241a HGB)

- Nur der Kaufmann hat zu Beginn seines Handelsgewerbes und für den Schluss eines jeden Geschäftsjahres einen das Verhältnis seines Vermögens und seiner Schulden darzustellenden Abschluss (Eröffnungsbilanz, Bilanz) aufzustellen (§ 242 Abs. 1 HGB). Der Kaufmann hat für den Schluss eines jeden Geschäftsjahres eine Gegenüberstellung der Aufwendungen und Erträge des Geschäftsjahres (Gewinn- und Verlustrechnung) aufzustellen (§ 242 Abs. 2 HGB).
- Nur der Kaufmann wird in das Handelsregister eingetragen (§ 29 HGB).
- Eine Vertragsstrafe, die von einem Kaufmann im Betrieb seines Handelsgewerbes versprochen ist, kann nicht wegen unverhältnismäßiger Höhe kraft Urteils herabgesetzt werden (§ 348 HGB i.V.m. § 343 BGB).
- Hat ein Kaufmann eine Bürgschaft übernommen, so kann er die Einrede der Vorausklage nicht geltend machen, d.h., er kann sich nicht darauf berufen, dass der Gläubiger zuerst die Zwangsvollstreckung gegen den Hauptschuldner versuchen muss, ehe er sich an den Bürgen hält (§ 349 HGB i.V.m. § 771 BGB).
- Übernimmt ein Kaufmann eine Bürgschaft, gibt er ein Schuldversprechen oder ein Schuldanerkenntnis ab, so sind die entsprechenden Erklärungen auch formlos gültig, müssen also nicht in der sonst notwendigen Schriftform abgegeben werden (§§ 350 HGB i.V.m. §§ 766, 780, 781 BGB).
- Viele Banken und Handelsunternehmen machen die Aufnahme einer Geschäftsverbindung von der Kaufmannseigenschaft abhängig.

Die Firma muss zur Kennzeichnung des Kaufmanns geeignet sein und Unterscheidungskraft besitzen (§ 18 Abs. 1 HGB). Daraus folgt für die **Firmenbildung**:

- Der Firma muss Unterscheidungskraft und damit Kennzeichnungswirkung (Namensfunktion) zukommen,
- die Gesellschaftsverhältnisse (Rechtsformhinweis) und
- die Haftungsverhältnisse müssen ersichtlich sein.

Es besteht das Recht, traditionelle Geschäftsnamen/Etablissementbezeichnungen zu führen. Dies betrifft besonders Gaststätten, Hotels, Apotheken und Kinos. Bezeichnungen wie »Zum goldenen Löwen«, »Park Hotel«, »Filmtheater Hollywood«, »Apotheke am Rathaus« sind zulässig.

Das Handelsregister

Jeder Kaufmann ist verpflichtet, seine Firma, den Ort und die inländische Geschäftsanschrift seiner Handelsniederlassung bei dem Amtsgericht (Registergericht), in dessen Bezirk sich die Niederlassung befindet, zur Eintragung in das Handelsregister anzumelden (§ 29 HGB).

Das Handelsregister dient vor allem der Sicherheit des Geschäftsverkehrs, indem darin gewisse tatsächliche und rechtliche Verhältnisse eingetragen werden.

Man unterscheidet das Handelsregister, **Abteilung A (HRA)** und das Handelsregister, **Abteilung B (HRB)**:

- In der Abteilung A werden die Einzelkaufleute, die Offenen Handelsgesellschaften und die Kommanditgesellschaften eingetragen. Dieser Abteilung sind vor allem zu entnehmen: Firma, Sitz und Rechtsform des Unternehmens, Name des Inhabers bzw. Namen der persönlich haftenden Gesellschafter, bei Kommanditgesellschaften die Höhe der Kommanditeinlage (eine Einlage kann bei Einzelkaufleuten, bei Gesellschaftern einer Offenen Handelsgesellschaft und den Komplementären einer Kommanditgesellschaft nicht erscheinen, da diese mit ihrem gesamten Vermögen haften), die Bestellung oder Abbestellung von Prokuristen, ein möglicher Haftungsausschluss bei Geschäftsübernahme, die Eröffnung, Einstellung oder Aufhebung eines Insolvenzverfahrens, sowie die Auflösung einer Gesellschaft und das Erlöschen der Firma.

- In der Abteilung B werden die Aktiengesellschaften, die Kommanditgesellschaften auf Aktien, die Gesellschaften mit beschränkter Haftung sowie die Versicherungsvereine auf Gegenseitigkeit eingetragen. Diese Abteilung gibt vor allem Auskunft über Firma, Sitz, Rechtsform und Gegenstand des Unternehmens; bei der Aktiengesellschaft ergeben sich aus der Eintragung die Höhe des Grundkapitals und die Mitglieder des Vorstandes, bei der Kommanditgesellschaft auf Aktien die Höhe des Grundkapitals und die persönlich haftenden Gesellschafter, bei der GmbH des Stammkapitals, der oder die Geschäftsführer, ferner bei allen Rechtsformen die Bestellung und Abberufung von Prokuristen, die Eröffnung, Einstellung oder Aufhebung des Insolvenzverfahrens sowie die Auflösung der Gesellschaft und das Erlöschen der Firma.

Aus dem Zweck des Handelsregisters folgt:

1. Die Einsichtnahme in das Handelsregister sowie in die zum Handelsregister eingereichten Dokumente ist jedem zu Informationszwecken gestattet (§ 9 Abs. 1 HGB). Die Landesjustizverwaltungen bestimmen das elektronische Informations- und Kommunikationssystem, über das die Daten aus den Handelsregistern abrufbar sind. Sind Dokumente nur in Papierform vorhanden, kann die elektronische Übermittlung nur für solche Schriftstücke verlangt werden, die weniger als zehn Jahre vor dem Zeitpunkt der Antragstellung zum Handelsregister eingereicht wurden (§ 9 Abs. 2 HGB). Die Übereinstimmung der übermittelten Daten mit dem Inhalt des Handelsregisters und den zum Handelsregister eingereichten Dokumenten wird auf Antrag durch das Gericht beglaubigt (§ 9 Abs. 3 HGB). Dafür ist eine qualifizierte elektronische Signatur nach dem Signaturgesetz zu verwenden. Von den Eintragungen und den eingereichten Dokumenten kann ein Ausdruck verlangt werden. Von den zum Handelsregister eingereichten Schriftstücken, die nur in Papierform vorliegen, kann eine Abschrift gefordert werden (§ 9 Abs. 4 HGB). Die Abschrift ist von der Geschäftsstelle zu beglaubigen und der Ausdruck als amtlicher Ausdruck zu fertigen, wenn nicht auf die Beglaubigung verzichtet wird. Das Gericht hat auf Verlangen eine Bescheinigung darüber zu erteilen, dass bezüglich des Gegenstandes einer Eintragung weitere Eintragungen nicht vorhanden sind oder dass eine bestimmte Eintragung nicht erfolgt ist (§ 9 Abs. 5 HGB). Das Gericht macht die Eintragungen in das Handelsregister in dem von der Landesjustizverwaltung bestimmten elektronischen Informations- und Kommunikationssystem in der zeitlichen Folge ihrer Eintragung nach Tagen geordnet bekannt (§ 10 HGB). Soweit nicht ein Gesetz etwas anderes vorschreibt, werden die Eintragungen ihrem ganzen Inhalt nach veröffentlicht.

2. Die Eintragungen genießen öffentlichen Glauben. Solange eine in das Handelsregister einzutragende Tatsache nicht eingetragen und bekannt gemacht ist, kann sie von demjenigen, in dessen Angelegenheiten sie einzutragen war, einem Dritten nicht entgegengesetzt werden, es sei denn, dass sie diesem bekannt war (§ 15 Abs. 1 HGB). Ist die Tatsache eingetragen und bekannt gemacht worden, so muss ein Dritter sie gegen sich gelten lassen (§ 15 Abs. 2 HGB).

3.2   Die Wahl der passenden Rechtsform

Die Wahl der Rechtsform bedeutet eine wichtige unternehmerische Entscheidung, die i.d.R. langfristig getroffen wird. Da die persönlichen, wirtschaftlichen, rechtlichen und steuerlichen Aspekte, die für die Entscheidung einer bestimmten Rechtsform maßgebend sind, dem zeitlichen Wandel unterliegen, gibt es keine optimale, sondern nur eine individuell wirtschaftlich zweckmäßigste Rechtsform.

> **TIPP**
> Prüfen Sie zuerst, welche Rechtsformen für Ihr Vorhaben *tatsächlich* zur Verfügung stehen!

Für die Gründung stehen zwar alle Rechtsformen zur Auswahl, es müssen jedoch bestimmte rechtliche Voraussetzungen erfüllt sein. Fehlt es z. B. nach Art oder Umfang des Unternehmens an dem Erfordernis der kaufmännischen Einrichtung, ist also die Voraussetzung der Kaufmannseigenschaft nicht erfüllt, so kommen verschiedene Rechtsformen erst durch freiwillige Eintragung in das Handelsregister in Frage. Allerdings muss bei unterlassener freiwilliger Eintragung beachtet werden, dass früher oder später die Kaufmannseigenschaft eintreten kann, die eine Umwandlung erforderlich macht. Wichtig ist dann auch die Kontinuität der Geschäftsbezeichnung (Firma).

Ist die früher einmal gewählte Rechtsform vom wirtschaftlichen Standpunkt aus nicht mehr die zweckmäßigste, so kann ein Wechsel der Rechtsform notwendig werden. Jedoch ist die Umwandlung in eine andere Rechtsform ein komplizierter und kostspieliger Vorgang.

Zur Gründung oder Umwandlung eines Unternehmens ist zu empfehlen, die spezifischen Entscheidungskriterien der in Betracht kommenden Rechtsformen miteinander zu vergleichen.

- Rechtsgestaltung
- Haftung der Eigentümer für die Verbindlichkeiten des Unternehmens
- Leitungsbefugnis (Geschäftsführung: Tätigkeit für das Unternehmen vom Innenverhältnis her gesehen, Vertretung: Tätigkeit für das Unternehmen vom Außenverhältnis her gesehen)
- Gewinn- und Verlustverteilung
- Finanzierungsmöglichkeiten
- Steuerbelastung
- Nachfolgeregelungen
- Gründungskosten, Gründungsaufwand
- Publizitätszwang

Abb. 29: Entscheidungskriterien für die Wahl der Rechtsform

Gründung ohne Partner (evtl. mit einem stillen Gesellschafter) Einzelunternehmen			Gründung mit einem oder mehreren Partnern Gesellschaften				
Klein- gewerbe	**Einzelkauf- mann**	**Freier Beruf**	**GbR**	**OHG**	**KG**	**PartG**	**GmbH**
Nach Art oder Umfang *keine* kfm. Einrichtung erforderlich	Nach Art und Um- fang kfm. Einrichtung erforderlich		Nach Art oder Umfang *keine* kfm. Einrichtung erforderlich	Nach Art und Um- fang kfm. Einrichtung erforderlich	Nach Art und Um- fang kfm. Einrichtung erforderlich		
Keine Ein- tragung im Handels- register	Eintragung im Handels- register		*Keine* Ein- tragung im Handels- register	Eintragung im Handels- register	Eintragung im Handels- register	Eintragung im Partner- schafts- register	Eintragung im Handels- register
↓	↓	↓	↓	↓	↓	↓	↓
Nichtkfm. Gewerbe	Kfm. Ge- werbe	Freiberuf- liche Tätig- keit	Nichtkfm. Gewerbe oder freibe- rufliche Tätigkeit	Kfm. Handels- gewerbe	Kfm. Handels- gewerbe	Freiberuf- liche Tätig- keit	Gewerbe oder freibe- rufliche Tätigkeit
Nach Art oder Umfang *keine* kfm. Einrichtung erforderlich	Nach Art und Um- fang kfm. Einrichtung erforderlich		Nach Art oder Umfang *keine* kfm. Einrichtung erforderlich	Nach Art und Um- fang kfm. Einrichtung erforderlich	Nach Art und Um- fang kfm. Einrichtung erforderlich		
Freiwillige Eintragung im Handels- register	Unter- lassene Eintragung im Handels- register		Freiwillige Eintragung im Handels- register	Freiwillige Eintragung im Handels- register	Freiwillige Eintragung im Handels- register	Eintragung im Partner- schafts- register	Eintragung im Handels- register
↓	↓		↓	↓	↓	↓	↓
Kleinge- werbe wird zum Einzel- kaufmann	Kfm. Ge- werbe		GbR wird zur OHG	Kfm. Handels- gewerbe	Kfm. Handels- gewerbe	Freiberuf- liche Tätig- keit	Gewerbe oder freibe- rufliche Tätigkeit

Abb. 30: Voraussetzungen für die Wahl der Rechtsform

3.3 Die Einzelunternehmen

Die am weitesten verbreitete Rechtsform, sowohl für bereits bestehende Unterneh-men als auch bei Neugründungen ist das Einzelunternehmen. Ein Einzelunterneh-men liegt dann vor, wenn der Unternehmer ein Unternehmen allein, d. h. ohne Ge-sellschafter betreibt. Die Aufnahme *stiller* Gesellschafter ist jederzeit möglich.

Einzelunternehmen	
gewerblich	**nichtgewerblich**
• Kleingewerbe • Einzelkaufmann	• Freie Berufe

Abb. 31: Einzelunternehmen

Eine Einzelunternehmung kann nur von einer natürlichen Person gegründet und betrieben werden. Der Unternehmer ist für sein Unternehmen voll verantwortlich. Er haftet unmittelbar, unbeschränkt mit seinem gesamten privaten und betrieblichen Vermögen für alle Verbindlichkeiten seiner Unternehmung.

Vorteile:
*   eigener Herr im Haus, große Entscheidungsfreiheit
*   kein Mindestkapital notwendig
*   keine besonderen Gründungszwänge, das Unternehmen entsteht mit der Aufnahme des Geschäftsbetriebes
*   hohe Kreditwürdigkeit aufgrund persönlicher Haftung
*   Beginn der gewerblichen Geschäftstätigkeit als Kleingewerbetreibender möglich
*   geringe Gründungskosten
*   hohes Ansehen im Geschäftsverkehr.

Nachteile:
*   unbeschränkte Haftung mit Geschäfts- und Privatvermögen
*   der Erfolg des Unternehmens hängt von einer einzelnen Person ab
*   Finanzierung allein ohne Partner, schmale Kapitalbasis.

3.3.1 Das Kleingewerbe

In der Regel beginnt der gewerbliche Existenzgründer, der die Rechtsform des Einzelunternehmens wählt, als sog. Kleingewerbetreibender. Die Geschäftstätigkeit erfordert nach Art oder Umfang noch keinen in kaufmännischer Weise eingerichteten Geschäftsbetrieb. Eine Eintragung im Handelsregister ist allerdings freiwillig möglich. Für Kleingewerbetreibende gilt ausschließlich das Bürgerliche Gesetzbuch (BGB).

Die Gründung eines Kleingewerbes unterliegt, von gewerberechtlichen Vorschriften abgesehen, keinen besonderen Gründungszwängen. Das Unternehmen entsteht mit Aufnahme des Geschäftsbetriebes.

Name des Kleingewerbes (Geschäftsbezeichnung)
Wegen der fehlenden Kaufmannseigenschaft ist der Kleingewerbetreibende nicht berechtigt, eine Firma zu führen. Das Unternehmen hat stattdessen einen Namen, mit dem der Kleingewerbetreibende sein Unternehmen im Geschäftsverkehr repräsentiert. Der Name des Unternehmens muss den Familiennamen mit mindestens einem ausgeschriebenen Vornamen beinhalten. Darüber hinaus ist es dem Kleingewerbetreibenden unbenommen, seinem Namen einen Tätigkeitshinweis anzufügen

(Kunstschlosserei, Computerservice). Das darf jedoch nicht den Eindruck einer im Handelsregister eingetragenen Firma erwecken.

Beispiele: Modeschmuck Brunhilde Hämmerling; Karl Schulze, Buchhandel.

3.3.2 Der Einzelkaufmann

Einzelkaufmann ist jeder, der ohne Partner ein Gewerbe betreibt, es sei denn, das Unternehmen erfordert nach Art oder Umfang keinen in kaufmännischer Weise eingerichteten Geschäftsbetrieb. Fehlt es an einem nach Art oder Umfang in kaufmännischer Weise eingerichteten Geschäftsbetrieb, besteht die Möglichkeit zum freiwilligen Erwerb der Kaufmannseigenschaft, indem die Eintragung in das Handelsregister beantragt wird. Für diejenigen, die von dieser Möglichkeit keinen Gebrauch machen (Kleingewerbe), entsteht die Kaufmannseigenschaft zum Einzelkaufmann in dem Augenblick, in dem Art und Umfang des Unternehmens einen kaufmännischen Geschäftsbetrieb erfordert. Das entbindet allerdings nicht von der Verpflichtung zur Eintragung in das Handelsregister.

Firma
Die Firma des Einzelkaufmanns kann als Personen-, Sach- oder Phantasiefirma gebildet werden. Auch Mischformen sind zulässig. Notwendige Bezeichnung der Firma (§ 19 Abs. 1 Nr. 1 HGB): eingetragener Kaufmann, eingetragene Kauffrau oder eine Abkürzung e.K., e.Kfm., e.Kfr.

Beispiele: Dachdeckermeister Wolfgang Bender e.K., Exquisit Moden Gisela Müller e.Kfr., Alimex e.K., Johann Müller eingetragener Kaufmann.

Auf allen Geschäftsbriefen des Einzelkaufmanns, die an einen bestimmten Empfänger gerichtet werden, müssen seine Firma, die Bezeichnung der Firma, der Ort seiner Handelsniederlassung, das Registergericht und die Nummer, unter der die Firma in das Handelsregister eingetragen ist, angegeben werden (§ 37a Abs. 1 HGB). Bei Mitteilungen oder Berichten, die im Rahmen einer bestehenden Geschäftsverbindung ergehen und für die üblicherweise Vordrucke verwendet werden, in denen lediglich die im Einzelfall erforderlichen besonderen Angaben eingefügt zu werden brauchen, gilt dies allerdings nicht (§ 37a Abs. 2 HGB).

3.3.3 Der Freie Beruf

Freie Berufe fallen in den Bereich der nichtgewerblichen Tätigkeiten. Freiberuflich Tätige arbeiten i.d.R. selbstständig und gegen Honorar. Die Abgrenzung gegenüber Gewerbetreibenden ist oftmals nicht einfach. Der Bundesverband der Freien Berufe hat sich auf folgende Definition verständigt:

Angehörige Freier Berufe erbringen aufgrund besonderer beruflicher Qualifikation persönlich, eigenverantwortlich und fachlich unabhängig geistig-ideelle Leistungen im Interesse ihrer Auftraggeber und der Allgemeinheit. Ihre Berufsausübung unterliegt i.d.R. spezifischen berufsrechtlichen Bindungen nach Maßgabe der staatlichen Gesetzgebung oder des von der jeweiligen Berufsvertretung autonom gesetzten Rechts, welches die Professionalität, Qualität und das zum Auftraggeber bestehende Vertrauensverhältnis gewährleistet und fortentwickelt.

Die Abgrenzung der Freien Berufe gegenüber dem Gewerbe wurde in der Vergangenheit stark durch das Steuerrecht geprägt. Im Einkommensteuerrecht sind Berufe aufgelistet, die der Gesetzgeber als Freie Berufe (sog. Katalogberufe) anerkennt.

§ 18 Abs. 1 EStG Einkünfte aus freiberuflicher Tätigkeit
Zu der freiberuflichen Tätigkeit gehören die selbstständig ausgeübte wissenschaftliche, künstlerische, schriftstellerische, unterrichtende oder erzieherische Tätigkeit, die selbstständige Berufstätigkeit der Ärzte, Zahnärzte, Tierärzte, Rechtsanwälte, Notare, Patentanwälte, Vermessungsingenieure, Ingenieure, Architekten, Handelschemiker, Wirtschaftsprüfer, Steuerberater, beratenden Volks- und Betriebswirte, vereidigten Buchprüfer (vereidigten Bücherrevisoren), Steuerbevollmächtigten, Heilpraktiker, Dentisten, Krankengymnasten, Journalisten, Bildberichterstatter, Dolmetscher, Übersetzer, Lotsen und ähnliche Berufe.
Ein Angehöriger eines freien Berufes ist auch dann freiberuflich tätig, wenn er sich der Mithilfe fachlich vorgebildeter Arbeitskräfte bedient; Voraussetzung ist, dass er aufgrund eigener Fachkenntnisse leitend und eigenverantwortlich tätig wird.

Abb. 32: Katalogberufe nach dem Einkommensteuergesetz

Aus dem Steuerrecht ist eine Legaldefinition der Freien Berufe aber nicht abzuleiten. Nach der Auffassung des Bundesverfassungsgerichts ist der Freie Beruf kein eindeutiger Rechtsbegriff, sondern ein soziologischer Terminus. Um eine zweifelsfreie Abgrenzung von anderen Tätigkeiten vorzunehmen, hat das Institut für Freie Berufe in Nürnberg konstituierende Merkmale entwickelt, die für Freiberuflichkeit charakteristisch sind:

- Freiberufler erbringen **ideelle Leistungen** und Dienste, auch wenn sie sich dabei materieller Vorleistungen und manueller Verrichtungen bedienen. Es handelt sich um keine Standardleistungen.
- Freiberufler erbringen **persönliche Leistungen**, in direktem Kontakt bzw. in Zusammenarbeit mit ihren Auftraggebern. Mandanten, Klienten und Patienten bekommen Lösungen oder Vorschläge, die auf ihr individuelles Problem zugeschnitten sind.
- Freiberufler sind nicht an Weisungen gebunden. Sie **allein** sind für ihr Handeln **verantwortlich**. Dies ist nicht nur haftungsrechtlich von Bedeutung, sondern findet auch in der berufsethischen Grundeinstellung seinen Niederschlag.
- Die Leistungen der Freien Berufe beruhen auf hoher **Qualifikation und Kompetenz**. Sie müssen strengen Leistungsstandards entsprechen, die sich am jeweiligen Stand der wissenschaftlichen Erkenntnis orientieren und überwiegend korporativ kontrolliert werden. In der Regel haben Freiberufler ihr Fachwissen in einer langen Ausbildung erworben.
- Zwischen den Freiberuflern und ihren Mandanten, Klienten und Patienten besteht ein besonderes **Vertrauensverhältnis**. In diesem Zusammenhang spielt die berufliche Schweigepflicht bei allen klassischen beratenden und heilkundlichen Berufen eine große Rolle.
- Die Leistungen werden in **wirtschaftlicher Selbstständigkeit**, mindestens in wirtschaftlicher Unabhängigkeit erbracht. Die Freiberufler tragen somit ein unternehmerisches Risiko.

Name des Freiberuflers (Geschäftsbezeichnung)

Wegen der fehlenden Kaufmannseigenschaft ist der Freiberufler nicht berechtigt, eine Firma zu führen. Er verwendet stattdessen seinen Namen, mit dem er sein Unternehmen (Praxis, Kanzlei, Büro) im Geschäftsverkehr repräsentiert. Es ist ihm freigestellt, ob er mit oder ohne Verwendung seines Vornamens auftritt. Jedoch spricht ein gewisses Eigeninteresse des Freiberuflers für eine ohnehin vollständige Namens- und Adressenangabe, um für ihn nachteiligen Verwechslungen vorzubeugen. Der Zusatz des Geschäftszwecks darf nicht über die geschäftlichen Verhältnisse und persönlichen Qualifikationen irreführen oder einen im Handelsregister eingetragenen Gewerbebetrieb vortäuschen. Möglicherweise enthalten auch die standesrechtlichen Bestimmungen gewisse Verhaltensregeln für das Auftreten im Geschäftsverkehr.

Beispiele: Jürgen Simon, Rechtsanwalt, Fachanwalt für Steuerrecht; Dipl.-Ing. Horst Becker, Sachverständiger für Kfz-Wesen; Herbert Müller Unternehmensberatung

Freie Heilberufe	Freie rechts-, wirtschafts- und steuer-beratende Berufe
• Ärzte, Zahnärzte, Tierärzte • Apotheker • Psychotherapeuten • Hebammen • Heilpraktiker • Krankengymnasten • Heilmasseure • Logopäden • Beschäftigungs- und Arbeitstherapeuten • Ergotherapeuten	• Rechtsanwälte • Notare • Patentanwälte • Wirtschaftsprüfer / vereidigte Buchprüfer • Steuerberater / Steuerbevollmächtigte • Unternehmensberater / Wirtschaftsberater • Werbe- und PR-Berater • Verkaufsförderer, -trainer

Freie technische und naturwissenschaftliche Berufe	Freie Kulturberufe
• Architekten • Beratende Ingenieure • technische Sachverständige • Chemiker • Lotsen • Restauratoren • Umweltgutachter • Diätassistenten • Tontechniker	• Schriftsteller • Musiker, Komponisten, Dirigenten • darstellende Künstler (Schauspieler) • bildende Künstler (Maler, Bildhauer, Fotografen) • Designer • Journalisten, Bildreporter • Tanz-, Koch-, Turn-, Schwimm-, Reit-, Ski-, Sprach-, Musik-, Zeichen-, Fahrschul-, Nachhilfelehrer • Dozenten • Dolmetscher / Übersetzer

Abb. 33: Beispiele für Freie Berufe

3.4   Die Gesellschaften

Mehrere Personen vereinbaren, sich zur Erreichung eines gemeinsamen Zwecks zusammenzuschließen und auf dessen Verwirklichung hinzuarbeiten. **Personengesellschaften** sind auf die Person der einzelnen Gesellschafter ausgerichtet (persönliche Mitarbeit und insbesondere die persönliche Haftung der einzelnen Gesellschafter). **Kapitalgesellschaften** sind Gesellschaften mit eigener Rechtspersönlichkeit (juristische Person), deren Gesellschafter mit einem Geschäftsanteil beteiligt sind, ohne persönlich für die Verbindlichkeiten der Gesellschaft zu haften. Das Haftungskapital der Gesellschafter beschränkt sich daher auf das Stammkapital.

Gesellschaften	
Personengesellschaften	**Kapitalgesellschaften**
• Gesellschaft des bürgerlichen Rechts (GbR) • Offene Handelsgesellschaft (OHG) • Kommanditgesellschaft (KG) • GmbH & Co. KG • Stille Gesellschaft • Partnerschaftsgesellschaft (PartG)	• Gesellschaft mit beschränkter Haftung (GmbH)/Unternehmergesellschaft (haftungsbeschränkt) • Aktiengesellschaft (AG)

Abb. 34: Gesellschaftsformen

Der Gesellschaftsvertrag
Wird ein Unternehmen mit Partnern gegründet, sollte ein schriftlicher Gesellschaftsvertrag abgeschlossen werden, selbst wenn die Schriftform nicht vorgeschrieben ist. Bei der Rechtsform einer Kapitalgesellschaft ist der Gesellschaftsvertrag notariell zu beurkunden.

Gesellschaftsvertrag	
Personengesellschaften	**Kapitalgesellschaften**
I.d.R. formfrei (mündlich, schriftlich oder notariell beurkundet), für den Partnerschaftsvertrag ist Schriftform vorgesehen	Notarielle Form ist gesetzlich vorgeschrieben

Abb. 35: Formen des Gesellschaftsvertrages

Die Formfreiheit ist allerdings dann eingeschränkt, wenn eine Verpflichtungserklärung eines Beteiligten eine bestimmte Form bedarf. So müssen z. B. Verträge über den Erwerb von Grundstücken notariell beurkundet werden. Verpflichtet sich also ein Gesellschafter, ein Grundstück in das Gesellschaftsvermögen einzubringen, so muss der Gesellschaftsvertrag vor dem Notar geschlossen werden.

Das Gesetz stellt an den Inhalt des Gesellschaftsvertrages geringe Anforderungen. Bei der GbR reicht die rechtsgeschäftliche Verpflichtung zum Zusammenwirken für einen näher beschriebenen Zweck und die Beiträge der Gesellschafter. Die

Gesellschafter der Personenhandelsgesellschaften müssen sich darüber hinaus über die Firma einigen. Bei der KG müssen die Kommanditisten erklären, in welcher Höhe sie eine Kommanditeinlage übernehmen werden.

Nach dem Grundsatz der Vertragsfreiheit besteht Freiheit hinsichtlich der inhaltlichen Ausgestaltung, die nur dadurch beschränkt ist, dass Verträge gegen zwingende Gesetzesvorschriften oder gegen die guten Sitten verstoßen, nichtig sind (§§ 134, 138 BGB). Verträge sind so auszulegen, wie es dem wirklichen Willen der Parteien entspricht (§§ 133, 157 BGB).

Die Gesellschafter können die gesetzlichen Regeln nach ihren Bedürfnissen abändern. Nur wenige Vorschriften sind unabdingbar. Der Gesellschaftsvertrag sollte u.a. folgende Regelungen enthalten:

- Rechtsform
- Firma bzw. Name und Sitz der Gesellschaft
- Gegenstand des Unternehmens bzw. Zweck der Gesellschaft
- Beginn und Dauer der Gesellschaft, Geschäftsjahr
- Kündigung der Gesellschaft
- Einlagen bzw. Beiträge der Gesellschafter
- Gesellschafterkonten
- Gesellschaftskapital, Gesellschafterdarlehen
- Bewertung bereits erbrachter Leistungen und/oder einzubringender Vermögensgegenstände
- Verteilung der Stimmrechte
- Geschäftsführung und Vertretung
- Haftung
- Gesellschafterversammlung
- Jahresabschluss, Gewinn- und Verlustverteilung und Regelung der Entnahmerechte
- Ausscheiden eines Gesellschafters durch Kündigung, Ausschließung, Insolvenz, Tod eines Gesellschafters
- Entgelt bei Ausscheiden
- Firmenfortführung bei Ausscheiden eines Gesellschafters
- Auflösung der Gesellschaft und Verteilung der Vermögenswerte
- Wettbewerbsabsprachen unter den Gesellschaftern
- Schlussbestimmungen.

Geschäftsführung und Vertretung sind nicht zwei verschiedene Formen der Tätigkeit für die Gesellschaft, sondern sehr häufig ein- und dieselbe Handlung. Z.B. ist der Abschluss eines Kaufvertrages für die Gesellschaft vom Innenverhältnis her gesehen eine Handlung der Geschäftsführung, vom Außenverhältnis her gesehen eine Handlung der Vertretung. Geschäftsführungs- und Vertretungsbefugnis eines Gesellschafters werden in der Praxis regelmäßig zusammenfallen. Die Gesellschafter können den Umfang der Geschäftsführung beliebig regeln. Beschränkungen der Vertretungsmacht sind Dritten gegenüber unwirksam. Folgende Beschränkungen sind möglich: Vertretung der Gesellschaft durch alle oder mehrere Gesellschafter nur in Gemeinschaft (Gesamtvertretung) nach § 125 Abs. 2 HGB statt dem Regelfall der Einzelvertretung, Vertretung der Gesellschaft durch die Gesellschafter nur in Gemeinschaft mit einem Prokuristen nach § 125 Abs. 3 HGB, wenn nicht mehrere

Gesellschafter zusammen handeln, Beschränkung auf den Betrieb einer von mehreren Niederlassungen der Gesellschaft nach § 126 Abs. 3 HGB. Dritten gegenüber ist ausreichender Schutz durch die Eintragung im Handelsregister gewährleistet.

Bei den folgenden Gesellschaftsverträgen handelt es sich um beispielhafte Muster ohne Gewähr. Es existiert keine Standartformulierung. Der Inhalt des Vertrages muss immer die besonderen Umstände des Einzelfalls berücksichtigen und auf die individuellen Bedürfnisse der Gesellschafter angepasst werden.

> **TIPP**
> Sie sollten die endgültige Formulierung Ihres Gesellschaftsvertrages unbedingt mit einem Anwalt oder mit dem beurkundenden Notar absprechen.

3.4.1 Die Gesellschaft des bürgerlichen Rechts (GbR)

Gesetzliche Grundlagen: §§ 705-740 BGB

> Bei einer Gesellschaft des bürgerlichen Rechts (GbR) bzw. BGB-Gesellschaft handelt es sich um einen vertraglichen Zusammenschluss mehrerer Gesellschafter zur Erreichung eines gemeinsamen Zwecks.

Für die Entstehung einer GbR müssen folgende Voraussetzungen erfüllt sein:
1. Mehrere Gesellschafter
   Die Gesellschafter können neben natürlichen und juristischen Personen auch andere nicht rechtsfähige Personenvereinigungen sein. Die Gesellschaft muss von mehreren, mindestens aber von zwei Personen gegründet werden. Die GbR gilt dann automatisch als aufgelöst, sobald nur noch ein Gesellschafter übrig bleibt.
2. Gemeinsamer Zweck der Gesellschafter
   In der Regel liegt der gemeinsame Zweck im Streben nach wirtschaftlichem Erfolg. Durch gemeinsame Zusammenarbeit im Rahmen eines kooperativen Geschäftsbetriebes (gemeinsame Nutzung von Personal, der Büro- und Geschäftsausstattung, des Maschinenparks usw.) können erhebliche Kosten eingespart werden. Auch kann ein wirtschaftliches Risiko auf mehrere Schultern verteilt werden. Möglich ist auch die Verfolgung ideeller und gemeinnütziger Interessen. Der Zweck kann dauernd (Dauergesellschaft) oder aber auch nur vorübergehend (Gelegenheitsgesellschaft) sein. Ausgeschlossen ist das Betreiben eines Handelsgewerbes.
3. Gesellschaftsvertrag
   Der Gesellschaftsvertrag kann formlos geschlossen werden. Zumindest aus Beweisgründen ist jedoch die Schriftform zu empfehlen. Die Gesellschaft entsteht i.d.R. mit dem Abschluss des Gesellschaftsvertrages. Im Gesellschaftsvertrag müssen mindestens der gemeinsame Zweck der Gesellschafter (Gesellschaftszweck) und die Beiträge der Gesellschafter festgelegt werden.

Die GbR eignet sich besonders für Existenzgründer als Einstiegsgesellschaft, die sich mit geringem Kapitaleinsatz zum Betreiben eines Gewerbes oder eines Freien Berufs zusammenschließen wollen. Eine Eintragung im Handelsregister ist nicht möglich. Nimmt der Geschäftsbetrieb eines Gewerbes jedoch einen solchen Umfang an, dass er in kaufmännischer Weise eingerichtet sein muss, liegt keine GbR mehr vor, sondern es entsteht aufgrund des gesetzlichen Rechtsformzwanges auch ohne Eintragung im Handelsregister eine OHG. Es besteht auch die Möglichkeit zum freiwilligen Erwerb der Kaufmannseigenschaft, indem die Eintragung in das Handelsregister als OHG oder KG beantragt wird.

TIPP
Freiberufler, die sich zusammenschließen wollen, sollten vorher prüfen, ob nicht die Gründung einer Partnerschaftsgesellschaft sinnvoller ist.

Beispiele für Eignung der GbR:
* Arbeitsgemeinschaften im Baugewerbe (ARGE)
  für die Durchführung von Großprojekten, z. B. Autobahnbau, Kraftwerksbau, Brückenbau usw.
* Gesellschaften zwischen Angehörigen Freier Berufe
  z. B. Ärzte, Zahnärzte, Krankengymnasten, Ingenieure, Architekten, Unternehmensberater, Sachverständige, Steuerberater, Rechtsanwälte usw.
  Alle Gesellschafter müssen die Voraussetzungen zu dem Freien Beruf erfüllen. Ist dies nicht der Fall, so ist die Gesellschaft als Gewerbebetrieb anzusehen.
* Gesellschaften zwischen Handwerkern
  z. B. Dachdecker, Zimmerer, Maurer, Fliesenleger usw.
  Es reicht aus, dass nur ein Gesellschafter in die Handwerksrolle eingetragen ist.
* Gemeinschaftlicher Gewerbebetrieb durch Nichtkaufleute
  z. B. Einzelhandel von Zeitungen und Zeitschriften, Betrieb eines Sonnenstudios usw.
* Projektgesellschaften
  z. B. Entwicklung einer Maschine, Durchführung einer Messe usw.

Für die GbR gelten folgende Grundsätze:
Im Zweifel haben alle Gesellschafter gleiche Beiträge zu leisten. Jeder Gesellschafter hat eine Stimme ohne Rücksicht auf die Höhe seiner Kapitaleinlage und seine Stellung und Tätigkeit in der GbR. Die Geschäfte werden von allen Gesellschaftern gemeinschaftlich geführt, so dass für jedes Geschäft die Zustimmung aller Gesellschafter erforderlich ist. Jeder Gesellschafter hat gleichen Anteil an Gewinn und Verlust. Jeder Gesellschafter ist berechtigt, die GbR jederzeit zu kündigen. Die Kündigung, der Tod eines Gesellschafters sowie die Eröffnung des Insolvenzverfahrens über das Vermögen eines Gesellschafters lösen die GbR auf und führen zur Abwicklung.

Die Führung der Geschäfte steht den Gesellschaftern gemeinschaftlich zu. Für jedes Geschäft ist die Zustimmung aller Gesellschafter erforderlich. Jeder **Geschäftsführer** ist grundsätzlich zur unentgeltlichen Geschäftsführung verpflichtet, da seine Tätigkeit als seine Beitragsleistung zur Förderung des Gesellschaftszwecks angesehen wird.

Für die Verbindlichkeiten der Gesellschaft **haftet** das Gesellschaftsvermögen und das private Vermögen jedes Gesellschafters. Durch ausdrückliche Vereinbarung besteht die Möglichkeit, die Haftung auf das Gesellschaftsvermögen zu begrenzen. Die Gesellschafter der GbR erteilen hierbei Vollmacht zu ihrer Vertretung nur insoweit, dass sie den Gläubigern nur mit dem Gesellschaftsvermögen verpflichtet werden dürfen, dass aber das Privatvermögen der Gesellschafter nicht mithaftet. Im Geschäftsverkehr muss der Vertragspartner ausdrücklich auf diese Haftungsbeschränkung hingewiesen werden.

Die Beiträge der Gesellschafter und die für die Gesellschaft erworbenen Gegenstände werden gemeinschaftliches Vermögen. Wegen der gesamthänderischen Bindung kann ein Gesellschafter nicht allein über seinen Anteil am Gesellschaftsvermögen verfügen. Der Gewinn der Gesellschaft wird nach dem Gesetz grundsätzlich erst nach der Auflösung verteilt. Allerdings kann im Gesellschaftsvertrag etwas Abweichendes vereinbart werden. Ist dies geschehen, so besteht ein Anspruch auf Feststellung und Auszahlung des Gewinns am Ende jedes Geschäfts- bzw. Kalenderjahres.

Die GbR ist keine selbstständige Rechtsperson und zivilrechtlich weder aktiv noch passiv parteifähig. Daraus ergeben sich folgende Konsequenzen:
*   Die Gesellschaft kann nicht selbst Trägerin von Rechten und Pflichten sein. So steht z. B. das Eigentum der in die Gesellschaft eingebrachter Sachen der Gemeinschaft der Gesellschafter zu.
*   Die Gesellschaft kann nicht Vertragspartei sein, sondern nur die einzelnen Gesellschafter.
*   Die Gesellschaft kann weder Gläubigerin noch Schuldnerin sein.
*   Die Gesellschaft ist nicht parteifähig. Sie kann weder klagen noch kann sie verklagt werden. Alle Gesellschafter müssen gemeinsam klagen bzw. müssen gemeinsam verklagt werden.
*   Die GbR darf keine eigene Firma führen.

Nach neuester Rechtsprechung (Aktz. XI ZR 154/96) hat der BGH die Rechtsfähigkeit der GbR bzgl. der Scheckhandhabung anerkannt. Das bedeutet, dass die GbR Schecks ausstellen kann und für die Bezahlung der Schecks einstehen muss.

Pflichten der Gesellschafter
Die Gesellschafter haben neben ihren Rechten auch eine ganze Reihe von Pflichten zu erfüllen, die sich aus dem Gesetz und dem Gesellschaftsvertrag ergeben:
*   Beitragspflicht
    Um die Erreichung des Gesellschaftszweckes zu fördern, sind die Gesellschafter verpflichtet, vereinbarte Beiträge zu leisten. Art und Umfang der Beitragsleistung sind aus dem Gesellschaftsvertrag zu entnehmen. Es können Geldleistungen, Arbeitsleistungen, Dienstleistungen Werkleistungen, Sachleistungen und sonstige Leistungen sein, die einmalig oder wiederholt erfolgen.
*   Treuepflicht
    Alle Gesellschafter unterliegen einer Treuepflicht untereinander und gegenüber der Gesellschaft. Sie haben alles zu unterlassen, was der Gesellschaft schadet. Drohende Gefahren sind von der Gesellschaft abzuwenden. Alle Geschäftsgeheimnisse und sonstige Internas sind zu wahren. Ausgeschiedene Gesellschafter sind weiterhin an ihre Treuepflicht gebunden. Betreibt die Gesellschaft ein Gewerbe, unterliegt jeder Gesellschafter einem Wettbewerbsverbot, auch wenn dies nicht im Gesellschaftsvertrag ausdrücklich geregelt worden ist.

- Pflicht zur Geschäftsführung
  Allen Gesellschaftern steht grundsätzlich das Recht und die Pflicht zu, die Geschäfte der Gesellschaft gemeinschaftlich zu führen. Abweichendes kann jedoch im Gesellschaftsvertrag vereinbart werden.

Name der GbR (Geschäftsbezeichnung)

Wegen der fehlenden Kaufmannseigenschaft ist die GbR nicht berechtigt, eine Firma zu führen. Die Gesellschaft hat stattdessen einen Namen, mit dem die Gesellschafter ihr Unternehmen im Geschäftsverkehr repräsentieren. Der Name der Gesellschaft muss die Familiennamen mit mindestens einem ausgeschriebenen Vornamen beinhalten. Der Zusatz des Geschäftszwecks (Möbeltischlerei, Computerservice) ist erlaubt.

Beispiele: Modeschmuck Gerhard Schultze und Heidelinde Freudenberg GbR, Schlüsseldienst Hermann Schmidt und Ferdinand Müller, ggf. mit Zusatz GbR.

Vorteile der GbR:
- kein Mindestkapital notwendig,
- hohes Maß an Gestaltungsfreiheit,
- vielseitig anwendbar,
- Haftungsbeschränkung durch Ausgestaltung der Vertretung,
- schnelle und flexible Anpassung des Gesellschaftsvertrages an geänderte Bedürfnisse der Gesellschafter aufgrund des fehlenden Registerzwanges.

Nachteile der GbR:
- Vorrang der gesetzlichen Vorschriften, falls im Gesellschaftsvertrag nichts geregelt ist,
- gesamtschuldnerische Haftung aller Gesellschafter,
- grundsätzlich volle persönliche Haftung der Gesellschafter,
- hohes Maß an gegenseitigem Vertrauen der Gesellschafter notwendig,
- Auflösung der Gesellschaft durch Tod oder Kündigung eines Gesellschafters.

Muster ohne Gewähr

Gesellschaftsvertrag

über die Errichtung einer Gesellschaft bürgerlichen Rechts (GbR) zwischen
1. Herrn Klaus-Dieter Lehmann, Goethestraße 42, 14193 Berlin und
2. Frau Christiane Schweitzer, Mühlenweg 2a, 12683 Berlin.

§ 1 Name, Sitz
(1) Der Name der Gesellschaft lautet:
     »Informationstechnik Klaus-Dieter Lehmann und Christiane Schweitzer GbR«.
(2) Der Sitz der Gesellschaft ist Berlin.

§ 2 Zweck der Gesellschaft
(1) Der Zweck der Gesellschaft ist die Entwicklung und die Erbringung von Dienstleistungen der Telekommunikations- und Informationstechnik sowie der Handel mit Hard- und Software.
(2) Die Gesellschaft darf alle Geschäfte tätigen, die den Zweck des Unternehmens fördern.

§ 3 Beginn und Dauer der Gesellschaft, Geschäftsjahr, Kündigung
(1) Die Gesellschaft beginnt am 1. Februar 2011. Sie ist auf unbestimmte Zeit errichtet.
(2) Das Geschäftsjahr ist das Kalenderjahr.
(3) Die Gesellschaft kann mit einer Frist von sechs Monaten zum Ende eines Geschäftsjahres gekündigt werden. Die Kündigung bedarf zu ihrer Wirksamkeit der Schriftform gegenüber den Mitgesellschaftern.

§ 4 Beiträge der Gesellschafter
(1) Die Gesellschafter sind am Gesellschaftsvermögen mit folgenden Anteilen beteiligt:
     Herr Klaus-Dieter Lehmann mit   50 %,
     Frau Christiane Schweitzer mit   50 %.
(2) Die Gesellschafter Herr Klaus-Dieter Lehmann und Frau Christiane Schweitzer haben ihre Einlagen in Höhe von je 15.000 EUR sofort auf das Konto der Gesellschaft einzuzahlen.
(3) Die Gesellschafter sind verpflichtet, ihre volle Arbeitskraft dem gemeinsamen Betrieb zur Verfügung zu stellen. Jede unentgeltliche oder entgeltliche Nebentätigkeit ist nur mit Zustimmung der Mitgesellschafter zulässig.
(4) Die Gesellschafter sind zu Nachschüssen weder berechtigt noch verpflichtet.

§ 5 Geschäftsführung, Vertretung, Haftung
(1) Jeder Gesellschafter ist zur Geschäftsführung allein berechtigt.
(2) Jeder Gesellschafter ist berechtigt, die Gesellschaft bis nur zur Höhe des Geschäftsvermögens zu vertreten. Im Rahmen der Vertretung hat der handelnde Gesellschafter den Vertragspartner darauf hinzuweisen, dass die Gesellschafter nur mit ihrem Anteil am Gesellschaftsvermögen für die Gesellschaftsschulden haften.
(3) Jeder Gesellschafter ist auch befugt, Rechtsgeschäfte mit sich selbst oder mit sich als Vertreter Dritter vorzunehmen (Befreiung von § 181 BGB).
(4) Dauerschuldverhältnisse sowie Geschäfte mit einem Wert von mehr als 500 EUR bedürfen der Zustimmung aller Gesellschafter.

(5) Die Gesellschafter haben einen Anspruch auf eine angemessene Vergütung ihrer Tätigkeit und auf Erstattung der mit der Geschäftsführung und Vertretung verbundenen üblichen und angemessenen Auslagen.

§ 6 Gesellschafterversammlung, Gesellschafterbeschlüsse

(1) Die Gesellschafterversammlung ist für alle zu treffenden Entscheidungen in Angelegenheiten der Gesellschaft zuständig. Jeder Gesellschafter ist zur Einberufung einer Gesellschafterversammlung berechtigt.

(2) Die Gesellschafterversammlung ist beschlussfähig, wenn alle Gesellschafter anwesend sind. Ansonsten ist mit einer Frist von 14 Tagen schriftlich unter Angabe der Tagesordnung erneut zur Gesellschafterversammlung einzuberufen, die dann ohne Rücksicht auf die Anzahl der anwesenden Gesellschafter beschlussfähig ist.

(3) Die Gesellschafterbeschlüsse werden, sofern dieser Vertrag oder das Gesetz nicht zwingend eine andere Mehrheit vorschreibt, mit einfacher Mehrheit aller vorhandenen Stimmen gefasst. Beschlüsse über die Aufnahme neuer Gesellschafter, Änderungen des Gesellschaftsvertrages und der Auflösung der Gesellschaft bedürfen der Stimmen aller Gesellschafter.

(4) Den Gesellschaftern stehen Stimmen im Verhältnis ihrer jeweiligen Beteiligung am Gesellschaftsvermögen zu. Dabei entspricht jeder prozentuale Anteil eine Stimme.

(5) Über jede Gesellschafterversammlung ist ein Protokoll anzufertigen und jedem Gesellschafter unverzüglich zuzuleiten.

§ 7 Jahresabschluss, Gewinnverwendung

(1) Die Gesellschaft erstellt für das abgelaufene Geschäftsjahr eine Einnahmen-Überschussrechnung. Die Ergebnisermittlung erfolgt nach den jeweiligen steuerrechtlichen Vorschriften.

(2) Der Jahresabschluss der Gesellschaft ist innerhalb der gesetzlichen Fristen aufzustellen und allen Gesellschaftern auszuhändigen.

(3) Die Gesellschafter nehmen am Ergebnis der Gesellschaft im Verhältnis ihrer jeweiligen Beteiligung am Gesellschaftsvermögen teil.

§ 8 Entnahmen

(1) Jeder Gesellschafter ist berechtigt, am Anfang jeden Monats seine vereinbarte Tätigkeitsvergütung und seine Auslagen zu entnehmen.

(2) Über darüber hinausgehende Entnahmen entscheidet die Gesellschafterversammlung. Dabei haben die Gesellschafter auf die Liquiditätslage der Gesellschaft Rücksicht zu nehmen.

§ 9 Verfügung eines Gesellschafters

(1) Die Übertragung oder die Belastung von Gesellschaftsanteilen bedarf der Zustimmung der Mitgesellschafter.

(2) Die Abtretung von Ansprüchen aus dem Gesellschaftsverhältnis ist ausgeschlossen.

§ 10 Tod eines Gesellschafters

(1) Stirbt ein Gesellschafter, so wird die Gesellschaft mit den Erben fortgesetzt. Die Erben sind von der Geschäftsführung und Vertretung ausgeschlossen. Sie haben zusammen das nach § 7 Abs. 3 vereinbarte Gewinnbezugsrecht des Erblassers.

(2) Die Erben sind berechtigt, innerhalb von drei Monaten seit Kenntnis vom Erbfall unter Einhaltung einer Frist von einem Monat ihr Ausscheiden aus der Gesellschaft zu erklären und das ihnen zustehende Auseinandersetzungsguthaben zu verlangen.

§ 11 Ausscheiden eines Gesellschafters
(1) Ein Gesellschafter scheidet aus der Gesellschaft aus,
   a) mit der Wirksamkeit der Kündigung des Gesellschafters,
   b) wenn über das Vermögen des Gesellschafters das Insolvenzverfahren rechtskräftig eröffnet oder die Eröffnung eines solchen Verfahrens mangels Masse abgelehnt worden ist oder der Gesellschafter nach § 807 ZPO die Richtigkeit seines Vermögensverzeichnisses an Eides statt versichert hat,
   c) wenn Gläubiger Zwangsvollstreckungsmaßnahmen in den Geschäftsanteil des Gesellschafters betreiben,
   d) im Fall des Todes des Gesellschafters.
(2) Scheidet ein Gesellschafter aus der Gesellschaft aus, wird die Gesellschaft mit den verbleibenden Gesellschaftern fortgesetzt.

§ 12 Abfindung
(1) Auf den Tag des Ausscheidens ist eine Vermögensübersicht aufzustellen, in die alle Vermögensgegenstände und Schulden mit ihren wirklichen Werten einzustellen sind.
(2) Der ausgeschiedene Gesellschafter erhält als Abfindung den entsprechenden Anteil aus der Vermögensübersicht, der seiner Beteiligung am Gesellschaftsvermögen entspricht. Am Firmenwert sowie am Ergebnis schwebender Geschäfte ist der ausgeschiedene Gesellschafter nicht beteiligt.
(3) Das Auseinandersetzungsguthaben ist binnen sechs Monaten nach Feststellung ohne Verzinsung auszuzahlen.
(4) Können sich die Beteiligten über die Höhe der Abfindung nicht einigen, so wird diese durch einen von der Industrie- und Handelskammer zu Berlin zu benennenden vereidigten Sachverständigen mit bindender Wirkung für die Beteiligten festgestellt. Die Kosten des Schiedsgutachtens tragen die verbleibenden und ausscheidenden Gesellschafter je zur Hälfte.

§ 13 Schlussbestimmung
(1) Änderungen oder Ergänzungen dieses Vertrages bedürfen der Schriftform.
(2) Sollten einzelne Bestimmungen dieses Gesellschaftsvertrages ganz oder teilweise unwirksam sein, so werden die übrigen Bestimmungen dieses Vertrages hiervon nicht berührt. Die betreffende Bestimmung ist durch eine wirksame zu ersetzen, die den angestrebten wirtschaftlichen Zweck möglichst nahe kommt.
(3) Die Kosten diesen Vertrages trägt die Gesellschaft.

Berlin, den _____   _____   _____
                                 (Klaus-Dieter Lehmann)   (Christiane Schweitzer)

Abb. 36: Muster für den Gesellschaftsvertrag einer GbR (BGB-Gesellschaft)
(Word-Fassung im Download-Bereich)

3.4.2 Die Offene Handelsgesellschaft (OHG)

Gesetzliche Grundlagen: §§ 105-160 HGB. Die Vorschriften über die GbR sind ergänzend anzuwenden, soweit im Handelsrecht keine Regelungen enthalten sind.

> Bei einer Offenen Handelsgesellschaft (OHG) handelt es sich um einen vertraglichen Zusammenschluss mehrerer Gesellschafter zu dem Zweck, ein Handelsgewerbe unter einer gemeinsamen Firma zu betreiben und bei der bei keinem der Gesellschafter die Haftung gegenüber den Gesellschaftsgläubigern beschränkt ist.

Für die Entstehung einer OHG müssen folgende Voraussetzungen erfüllt sein:
1. Mehrere Gesellschafter
    Die Gesellschafter können sowohl natürlichen als auch juristischen Personen sein. Auch kann eine OHG oder KG Gesellschafterin einer anderen OHG sein, nicht jedoch eine GbR. Die Gesellschaft muss von mehreren, mindestens aber von zwei Gesellschaftern gegründet werden. Die OHG gilt dann automatisch als aufgelöst, sobald nur noch ein Gesellschafter übrig bleibt.
2. Betrieb eines Handelsgewerbes
    Ein Handelsgewerbe ist jedes Gewerbe, wenn das Unternehmen nach Art und Umfang einen in kaufmännischer Weise eingerichteten Geschäftsbetrieb erfordert (§ 1 Abs. 2 HGB) oder das Unternehmen nach Art oder Umfang keinen in kaufmännischer Weise eingerichteten Geschäftsbetrieb erfordert (§ 2 HGB), und die Firma in das Handelsregister eingetragen ist.
3. Gemeinschaftliche Firma
    Die Firma der OHG kann als Personen-, Sach- oder Phantasiefirma gebildet werden. Auch Mischformen sind zulässig. Notwendige Bezeichnung der Firma (§ 19 Abs. 1 Nr. 2 HGB):
    Offene Handelsgesellschaft oder die Abkürzung OHG.
    Beispiele: Bender & Co. OHG, Müller, Meier und Schulze OHG, Schneider, Becker & Müller OHG.
    Wenn in der OHG keine natürliche Person persönlich haftet, muss die Firma eine Bezeichnung enthalten, welche die Haftungsbeschränkung kennzeichnet (§ 19 Abs. 2 HGB).
    Beispiel: Andromeda GmbH & Co. OHG.
    Auf allen Geschäftsbriefen der OHG, die an einen bestimmten Empfänger gerichtet werden, müssen die Rechtsform und der Sitz der Gesellschaft, das Registergericht und die Nummer, unter der die Gesellschaft in das Handelsregister eingetragen ist, angegeben werden (§ 125a Abs. 1 HGB). Ist kein Gesellschafter eine natürliche Person, sind auf den Geschäftsbriefen der Gesellschaft ferner die Firmen der Gesellschafter anzugeben sowie für die Gesellschafter die nach § 35a GmbHG vorgeschriebenen Angaben zu machen. Bei der Verwendung von Vordrucken für Mitteilungen oder Berichte, die im Rahmen einer bestehenden Geschäftsverbindung ergehen und in denen lediglich die im Einzelfall erforderlichen besonderen Angaben eingefügt zu werden brauchen, bedarf es nicht der Angaben (§ 125a Abs. 2 HGB i.V.m. § 37a Abs. 2 HGB). Bestellscheine gelten als Geschäftsbriefe (§ 125a Abs. 2 HGB i.V.m. § 37a Abs. 3 HGB).
4. Gesellschaftsvertrag
    Der Gesellschaftsvertrag kann formfrei geschlossen werden. Zumindest aus Be-

weisgründen ist jedoch die Schriftform zu empfehlen. Es muss jedoch stets der Wille der Beteiligten erkennbar werden, einen gemeinsamen Zweck gerade mit Hilfe einer Gesellschaft zu verfolgen. Die OHG entsteht im Innenverhältnis bereits mit Abschluss des Gesellschaftsvertrages.

Die OHG eignet sich für kleine und mittlere gewerbliche Unternehmen mit überschaubarem Risiko, wenn Arbeitskraft, Kenntnisse, Vermögen und Kredit eines Existenzgründers nicht ausreichen, ein Einzelunternehmen erfolgreich zu führen. Die Gesellschafter schließen sich zusammen, um mit persönlichem Einsatz einen wirtschaftlichen Erfolg zu erzielen. Wegen der unbeschränkt persönlichen Haftung ist ein hohes Maß an gegenseitigem Vertrauen erforderlich. Der Gesellschafterkreis sollte deshalb überschaubar sein.

Die OHG besitzt keine eigene Rechtspersönlichkeit, obwohl ihr das Gesetz in mancher Hinsicht die Rechtsstellung einer juristischen Person einräumt:
- Die OHG kann unter ihrer Firma klagen und verklagt werden.
- Die OHG kann unter ihrer Firma Rechte erwerben und Verbindlichkeiten eingehen.
- Die OHG kann Eigentum an Grundstücken erwerben.
- Aus einem Urteil gegen die OHG kann in das Gesellschaftsvermögen vollstreckt werden.
- Über das Vermögen der OHG kann ein selbstständiges Insolvenzverfahren durchgeführt werden.

Für die OHG gelten folgende Grundsätze:
Jeder Gesellschafter ist zur **Geschäftsführung** berechtigt und verpflichtet (§ 114 Abs. 1 HGB). Davon abweichend kann nach § 114 Abs. 2 HGB die Geschäftsführungsbefugnis ausschließlich an einen oder mehrere Gesellschafter übertragen werden. Es gilt der Grundsatz der Einzelgeschäftsführung. Die Befugnis zur Geschäftsführung erstreckt sich auf alle Handlungen, die der gewöhnliche Betrieb des Handelsgewerbes der Gesellschaft mit sich bringt (§ 116 Abs. 1 HGB). Für ungewöhnliche Geschäfte ist ein Beschluss aller Gesellschafter notwendig, also auch der von der Geschäftsführung ausgeschlossenen Gesellschafter (§ 116 Abs. 2 HGB).

Ungewöhnlich sind alle Geschäfte,
- die dem bisherigen Zweck der Gesellschaft fremd sind (z. B. der Übergang vom bisherigen Gesellschaftszweck Handel zur Herstellung). Daher ist die Fassung des Gesellschaftszweckes wichtig.
- die den normalen Rahmen des bisherigen Geschäftsbetriebs überschreiten (z. B. die Errichtung einer Zweigniederlassung).

Die Entscheidungsfindung und Willensbildung vollzieht sich durch **Gesellschafterbeschlüsse**. Eines Beschlusses bedürfen z. B. außergewöhnliche Geschäftsführungsmaßnahmen nach § 116 Abs. 2 HGB, die Feststellung des erwirtschafteten Jahresergebnisses oder die einvernehmliche Auflösung der Gesellschaft nach § 131 Nr. 2 HGB. Außerdem kann der Gesellschaftsvertrag Maßnahmen aufzählen, die der Geschäftsführung einzelner Gesellschafter entzogen sind und per Gesellschafterbeschluss entschieden werden. Zur Mitwirkung an Gesellschafterbeschlüssen sind alle Gesellschafter grundsätzlich nicht nur berechtigt, sondern auch verpflichtet. Die Gesellschafterbeschlüsse müssen grundsätzlich einstimmig gefasst werden (§ 119 Abs. 1 HGB). Der Gesellschaftsvertrag kann die Entscheidung durch Mehrheitsbeschlüsse zulassen.

Grundlage der **Gewinn- und Verlustverteilung** ist die durch Gesellschafterbeschluss und Unterzeichnung festgestellte Bilanz (§ 120 Abs. 1 HGB). Weist die Bilanz einen Gewinn aus, sind nach § 121 Abs. 1 HGB zunächst die Kapitalanteile der Gesellschafter mit 4 % zu verzinsen. Reicht der Gewinn nicht aus, die Kapitalanteile mit 4 % zu verzinsen, ist der erwirtschaftete Gewinn insgesamt im Verhältnis der Anteile zu verteilen (§ 121 Abs. 1 Satz 2 HGB). Der Rest des Jahresgewinnes sowie ein erwirtschafteter Verlust sind nach Köpfen zu verteilen (§ 121 Abs. 3 HGB).

Jeder Gesellschafter ist berechtigt, aus der Gesellschaftskasse Geld bis zum Betrag von 4 % seines für das letzte Geschäftsjahr festgestellten Kapitalanteiles zu seinen Lasten zu erheben und, soweit es nicht zum offenbaren Schaden der Gesellschaft gereicht, auch die Auszahlung seines den bezeichneten Betrag übersteigenden Anteils am Gewinn des letzten Jahres zu verlangen (§ 122 Abs. 1 HGB). Ein Gesellschafter ist nicht befugt, ohne Einwilligung der anderen Gesellschafter seinen Kapitalanteil zu vermindern (§ 122 Abs. 2 HGB).

Nach § 125 Abs. 1 HGB ist jeder Gesellschafter berechtigt, die Gesellschaft allein zu vertreten (Einzelvertretung). Davon abweichend kann nach § 125 Abs. 2 HGB vereinbart werden, dass die Gesellschaft von allen oder von mehreren Gesellschaftern nur in Gemeinschaft vertreten wird (Gesamtvertretung). Die Vertretungsmacht erstreckt sich auf alle gerichtlichen und außergerichtlichen Geschäfte und Handlungen (§ 126 Abs. 1 HGB). Eine Beschränkung des Umfangs der Vertretungsmacht ist Dritten gegenüber unwirksam (§ 126 Abs. 2 HGB).

Für die **Verbindlichkeiten** der Gesellschaft haftet das Gesellschaftsvermögen. Daneben haftet jeder Gesellschafter unbeschränkt mit seinem privaten Vermögen (§ 128 HGB). Die Gesellschafter haften gesamtschuldnerisch. Es haftet also nicht jeder Gesellschafter anteilig, sondern jeder auf die ganze Leistung oder den ganzen Betrag. Wann eine Verbindlichkeit der OHG gegenüber einem Dritten entstanden ist, spielt für die persönliche Haftung des Gesellschafters keine Rolle, weil der Gesellschafter auch für Schulden haftet, die vor seiner Aufnahme in die OHG bereits entstanden sind. Ebenso wenig endet die Haftung mit dem Ausscheiden aus der OHG. Für Verbindlichkeiten, die bereits während seiner Mitgliedschaft entstanden sind, haftet der Gesellschafter noch fünf Jahre lang weiter, gerechnet von der Eintragung seines Ausscheidens im Handelsregister an. Tritt ein neuer Gesellschafter in eine bestehende OHG ein, haftet er neben den anderen Gesellschaftern auch für die Verbindlichkeiten der OHG, die vor seinem Eintritt in die OHG begründet worden sind.

Nach § 131 Abs. 3 Nr. 1 u. 3 HGB hat das **Ausscheiden eines Gesellschafters** durch den Tod eines Gesellschafters oder durch Kündigung die Auflösung der Gesellschaft zur Folge. Scheidet ein Gesellschafter aus, kann die Gesellschaft unter den übrigen Gesellschaftern fortgeführt werden, wenn im Gesellschaftsvertrag eine sog. Fortsetzungsklausel vereinbart worden ist.

Gesellschaftsvertrag

zwischen
1. Herrn Christian Engelbrecht, Holunderweg 23, 10829 Berlin und
2. Herrn Michael Krause, Am Falkenhorst 3, 14473 Potsdam.

§ 1 Firma, Sitz
(1) Die Gesellschaft ist eine Offene Handelsgesellschaft und führt die Firma »Engelbrecht Metallbau OHG«.
(2) Der Sitz der Gesellschaft ist Berlin.

§ 2 Gegenstand des Unternehmens
(1) Der Gegenstand der Gesellschaft ist die Entwicklung, die Herstellung und der Vertrieb von Metallerzeugnissen aller Art.
(2) Die Gesellschaft ist berechtigt, auch andere Erzeugnisse herzustellen, zu bearbeiten und zu vertreiben. Ferner darf die Gesellschaft gleichartige oder ähnliche Unternehmen errichten und sich an solchen Unternehmen beteiligen. Sie darf auch Zweigniederlassungen errichten.

§ 3 Beginn und Dauer der Gesellschaft, Geschäftsjahr, Kündigung
(1) Die Gesellschaft beginnt am 1. Januar 2011. Sie wird auf unbestimmte Zeit errichtet.
(2) Das Geschäftsjahr ist das Kalenderjahr.
(3) Die Gesellschaft kann mit einer Frist von 12 Monaten zum Ende eines Geschäftsjahres gekündigt werden. Die Kündigung bedarf zu ihrer Wirksamkeit der Schriftform gegenüber den Mitgesellschaftern.
(4) Eine Kündigung der Gesellschaft ist erstmals zum 31. Dezember 2013 zulässig.

§ 4 Einlagen der Gesellschafter
(1) An der Gesellschaft beteiligt sind
    Herr Christian Engelbrecht mit einer Einlage von   30.000 EUR und
    Herr Michael Krause mit einer Einlage von   20.000 EUR.
(2) Die Einlagen sind Bareinlagen. Sie sind mit Unterzeichnung dieses Vertrages auf das Konto der Gesellschaft einzuzahlen.

§ 5 Gesellschafterkonten
(1) Jeder Gesellschafter hat ein festes und ein variables Kapitalkonto.
(2) Das feste Kapitalkonto dient der Verbuchung der Einlagen der Gesellschafter nach § 4. Es ist für die Beteiligung des Gesellschafters am Gesellschaftsvermögen maßgeblich.
(3) Das variable Kapitalkonto dient der Verbuchung von Gewinn- und Verlustanteilen sowie von Entnahmen des Gesellschafters. Der jeweilige Saldo ist mit 2 % über dem jeweiligen Basiszinssatz der Deutschen Bundesbank zu verzinsen. Die Zinsen werden nur am Jahresende errechnet und dem variablen Kapitalkonto zu- bzw. abgeschrieben.

§ 6 Geschäftsführung, Vertretung
(1) Jeder Gesellschaft ist zur Geschäftsführung und Vertretung allein berechtigt und verpflichtet.
(2) Jeder Gesellschafter ist auch befugt, Rechtsgeschäfte mit sich selbst oder mit sich als Vertreter Dritter vorzunehmen (Befreiung von § 181 BGB).
(3) Dauerschuldverhältnisse sowie Geschäfte mit einem Wert von mehr als 1.000 EUR bedürfen der Zustimmung aller Gesellschafter.

§ 7 Vergütung
(1) Die Tätigkeit der Gesellschafter wird auch in Verlustjahren mit einem Vorabgewinn in Höhe von 40.000 EUR p.a. entgolten. Alle drei Jahre ist von den Gesellschaftern über ein Anpassung der Tätigkeitsvergütung an die Entwicklung der allgemeinen Lebenshaltungskosten zu verhandeln.
(2) Die Gesellschafter verpflichten sich, ihre gesamte Arbeitskraft der Gesellschaft zur Verfügung zu stellen. Ist ein Gesellschafter dazu nicht mehr in der Lage oder willens, ist die Tätigkeitsvergütung in angemessenem Umfang herabzusetzen.
(3) Weitere Einzelheiten werden in den Dienstverträgen geregelt.

§ 8 Urlaub, Verhinderung
(1) Jeder Gesellschafter hat Anspruch auf sechs Wochen Urlaub im Jahr. Der Urlaub ist so zwischen den Gesellschaftern abzustimmen, dass die Belange der Gesellschaft möglichst wenig beeinträchtigt werden.
(2) Im Falle von Krankheit oder sonstiger unverschuldeter Verhinderung wird die Tätigkeitsvergütung drei Monate weitergewährt.

§ 9 Gesellschafterversammlung, Beschlussfassung, Stimmrecht
(1) Die Gesellschafterversammlung ist für alle zu treffenden Entscheidungen in Angelegenheiten der Gesellschaft zuständig. Sie findet mindestens einmal jährlich am Sitz der Gesellschaft statt. Jeder Gesellschafter ist zur Einberufung einer Gesellschafterversammlung berechtigt. Die Einberufung hat schriftlich unter Angabe der Tagesordnung mit einer Frist von zwei Wochen zu erfolgen.
(2) Jeder Gesellschafter kann sich in der Gesellschafterversammlung nur von einem anderen Gesellschafter oder von einem Dritten vertreten lassen, der zur beruflichen Verschwiegenheit verpflichtet ist. Die Vollmacht bedarf der Schriftform.
(3) Die Gesellschafterbeschlüsse können auch schriftlich, telefonisch, durch Telefax oder durch E-Mail gefasst werden, wenn sich alle Gesellschafter mit der Art der Beschlussfassung außerhalb der Gesellschafterversammlung einverstanden sind. Der Wortlaut ist dann von allen Gesellschaftern nachträglich zu unterzeichnen.
(4) Die Gesellschafterbeschlüsse werden mit einfacher Mehrheit der Stimmen aller Gesellschafter gefasst, sofern dieser Vertrag oder das Gesetz nicht zwingend eine andere Mehrheit vorschreibt. Beschlüsse über die Aufnahme neuer Gesellschafter, Änderungen des Gesellschaftsvertrages und der Auflösung der Gesellschaft bedürfen der Stimmen aller Gesellschafter.
(5) Das Stimmrecht der Gesellschafter richtet sich nach dem Verhältnis ihrer festen Kapitalkonten. Dabei entspricht jede volle 1.000 EUR eines festen Kapitalkontos einer Stimme.

§ 10 Jahresabschluss, Gewinnverwendung
(1) Der Jahresabschluss der Gesellschaft ist innerhalb der gesetzlichen Fristen nach handelsrechtlichen Grundsätzen unter Beachtung der steuerrechtlichen Gewinnermittlungsvorschriften aufzustellen. Dabei sind die Verzinsung der variablen Kapitalkonten und die Tätigkeitsvergütungen der Gesellschafter im Verhältnis der Gesellschafter untereinander als Aufwand bzw. als Ertrag zu behandeln.
(2) Die Gesellschafter nehmen im Verhältnis ihrer festen Kapitalkonten am Ergebnis der Gesellschaft teil.
(3) Solange alle Gesellschafter nicht etwas Abweichendes beschließen, sind 30 % der jeweiligen Gewinnanteile der Gesellschafter in eine Rücklage einzustellen.

§ 11 Entnahmen
(1) Jeder Gesellschafter ist berechtigt, am Anfang jeden Monats seine vereinbarte Tätigkeitsvergütung zu entnehmen.

(2) Guthaben auf den variablen Kapitalkonten können jederzeit entnommen werden, sofern die Liquidität der Gesellschaft nicht gefährdet wird.
(3) Darüber hinausgehende Entnahmen an Gesellschafter sind nur mit der Zustimmung aller Gesellschafter möglich.

§ 12 Verfügung eines Gesellschafters
(1) Die Übertragung oder die Belastung von Gesellschaftsanteilen bedarf der Zustimmung aller Gesellschafter.
(2) Die Abtretung von Ansprüchen aus dem Gesellschaftsverhältnis ist ausgeschlossen.

§ 13 Tod eines Gesellschafters
(1) Stirbt ein Gesellschafter, so wird die Gesellschaft mit den Erben fortgesetzt. Die Erben sind von der Geschäftsführung und Vertretung ausgeschlossen. Sie erhalten zusammen das in § 10 Abs. 2 vereinbarte Gewinnbezugsrecht des Erblassers.
(2) Wird der Kapitalanteil des verstorbenen Gesellschafters in eine Kommandit- oder stille Beteiligung umgewandelt, so haben die Nachfolger nur die gesetzlichen Rechte und Pflichten als Kommanditisten bzw. stille Gesellschafter mit der Maßgabe, dass sie den Gewinnanteil des Verstorbenen in unveränderter Höhe beanspruchen können.
(3) Die Erben sind berechtigt, innerhalb von drei Monaten seit Kenntnis vom Erbfall unter Einhaltung einer Frist von einem Monat ihr Ausscheiden aus der Gesellschaft zu erklären und das ihnen zustehende Auseinandersetzungsguthaben zu verlangen.

§ 14 Ausschließung
Gesellschafter, die in ihrer Person einen wichtigen Grund im Sinne des § 133 Abs. 1 HGB erfüllen, können durch einstimmigen Beschluss aller übrigen Gesellschafter aus der Gesellschaft ausgeschlossen werden.

§ 15 Ausscheiden eines Gesellschafters
(1) Ein Gesellschafter scheidet aus der Gesellschaft aus,
    a) mit der Wirksamkeit der Kündigung des Gesellschafters,
    b) wenn über das Vermögen des Gesellschafters das Insolvenzverfahren rechtskräftig eröffnet oder die Eröffnung eines solchen Verfahrens mangels Masse abgelehnt worden ist oder der Gesellschafter nach § 807 ZPO die Richtigkeit seines Vermögensverzeichnisses an Eides statt versichert hat,
    c) wenn Gläubiger Zwangsvollstreckungsmaßnahmen in den Gesellschaftsanteil des Gesellschafters betreiben,
    d) mit dem Zugang eines Ausschließungsbeschlusses nach § 14,
    e) im Fall des Todes des Gesellschafters.
(2) Scheidet ein Gesellschafter aus der Gesellschaft aus, wird die Gesellschaft unter Beibehaltung der bisherigen Firma mit den verbleibenden Gesellschaftern fortgesetzt. Verbleibt nur noch ein Gesellschafter, ist er berechtigt, das Unternehmen mit allen Aktiven und Passiven fortzuführen.

§ 16 Abfindung
(1) Auf den Tag des Ausscheidens ist eine Auseinandersetzungsbilanz aufzustellen, in die alle Aktiva und Passiva der Gesellschaft mit ihrem wirklichen Wert einzustellen sind. Der ausscheidende Gesellschafter bzw. seine Erben erhalten den ihrem festen Kapitalkonto entsprechenden Anteil am sich hieraus ergebenden Gesellschaftsvermögen. Am Firmenwert sowie am Ergebnis schwebender Geschäfte ist der ausscheidende Gesellschafter nicht beteiligt.

(2) Das Abfindungsguthaben ist in sechs gleichen Jahresraten auszuzahlen, wobei die erste Rate drei Monate nach Feststellung des Abfindungsguthabens zur Zahlung fällig ist. Die fünf weiteren Raten sind jeweils mit Beginn des Monats des darauffolgenden Jahres fällig, in dem die erste Rate fällig war. Eine frühere Zahlung der Abfindung ist jederzeit möglich.

(3) Bis zur Fälligkeit der ersten Rate ist die Abfindung unverzinslich. Danach ist der jeweils offenstehende Betrag der Abfindung mit jährlich 2 % über dem jeweiligen Basiszinssatz der Deutschen Bundesbank, höchstens mit jährlich 8 % zu verzinsen. Die Zinsen sind jeweils mit den Raten auszuzahlen.

§ 17 Wettbewerbsverbot

(1) Kein Gesellschafter darf während seiner Zugehörigkeit zur Gesellschaft und dem auf das Ausscheiden folgenden Jahr ohne Einwilligung der anderen Gesellschafter in dem Geschäftszweig der Gesellschaft Geschäfte für eigene oder fremde Rechnung vornehmen, noch solche durch Dritte vornehmen zu lassen oder sich an einem Konkurrenzunternehmen für eigene oder fremde Rechnung mittelbar oder unmittelbar beteiligen oder betätigen.

(2) Im Falle der Zuwiderhandlung gegen das Wettbewerbsverbot nach Abs. 1 hat der Zuwiderhandelnde für jeden Fall der Zuwiderhandlung eine Vertragsstrafe von 5.000 EUR an die Gesellschaft zu zahlen. Der Rechtsanspruch auf Schadenersatz oder Unterlassung wird durch die Zahlung der Vertragsstrafe nicht berührt.

§ 18 Schlussbestimmungen

(1) Mündliche Nebenabreden zu diesem Vertrag wurden nicht getroffen.

(2) Änderungen und Ergänzungen des Vertrages bedürfen der Schriftform.

(3) Sollten einzelne Bestimmungen dieses Gesellschaftsvertrages ganz oder teilweise unwirksam sein, so werden die übrigen Bestimmungen dieses Vertrages hiervon nicht berührt. Die betreffende Bestimmung ist durch eine wirksame zu ersetzen, die den angestrebten wirtschaftlichen Zweck möglichst nahe kommt.

(4) Die Kosten dieses Vertrages und seiner Durchführung trägt die Gesellschaft.

Berlin, den _____   _____ _____
                                 (Christian Engelbrecht)   (Michael Krause)

Abb. 37: Muster für den Gesellschaftsvertrag einer OHG
(Word-Fassung im Download-Bereich)

Vorteile der OHG:
- hohes Ansehen im Geschäftsverkehr,
- hohe Kreditwürdigkeit aufgrund persönlicher Haftung,
- flexible Gestaltung des Gesellschaftsvertrages.

Nachteile der OHG:
- volle persönliche Haftung,
- hohes Maß an gegenseitigem Vertrauen notwendig.

3.4.3 Die Kommanditgesellschaft (KG)

Gesetzliche Grundlagen: §§ 161-177a HGB. Die Vorschriften über die OHG sind ergänzend anzuwenden.

> Bei einer Kommanditgesellschaft (KG) handelt es sich um einen vertraglichen Zusammenschluss mehrerer Gesellschafter zu dem Zweck, ein Handelsgewerbe unter einer gemeinsamen Firma zu betreiben und bei der bei einem oder mehreren der Gesellschafter die Haftung gegenüber den Gesellschaftsgläubigern beschränkt ist, während mindestens ein Gesellschafter gegenüber den Gesellschaftsgläubigern unbeschränkt haftet.

Für die Entstehung einer KG müssen folgende Voraussetzungen erfüllt sein:
1. Mehrere Gesellschafter
   Die Gesellschafter können sowohl natürlichen als auch juristischen Personen sein. Der wesentlichste Unterschied zur OHG ist die Haftungsbeschränkung einzelner Gesellschafter. Jede KG muss mindestens einen persönlich haftenden Gesellschafter (Komplementär) und mindestens einen beschränkt haftenden Kommanditisten haben. Auch eine GmbH kann persönlich haftende Gesellschafterin sein. Eine KG kann auch Gesellschafterin einer OHG sein.
2. Betrieb eines Handelsgewerbes
   Ein Handelsgewerbe ist jedes Gewerbe, wenn das Unternehmen nach Art und Umfang einen in kaufmännischer Weise eingerichteten Geschäftsbetrieb erfordert (§ 1 Abs. 2 HGB) oder das Unternehmen nach Art oder Umfang keinen in kaufmännischer Weise eingerichteten Geschäftsbetrieb erfordert (§ 2 HGB), und die Firma in das Handelsregister eingetragen ist.
3. Gemeinschaftliche Firma
   Die Firma der KG kann als Personen-, Sach- oder Phantasiefirma gebildet werden. Auch Mischformen sind zulässig. Notwendige Bezeichnung der Firma (§ 19 Abs. 1 Nr. 3 HGB):
   Kommanditgesellschaft oder die Abkürzung KG.
   Beispiele: Bender KG, Argus KG, Schneider, Becker & Co. KG.
   Wenn in der KG keine natürliche Person persönlich haftet, muss die Firma eine Bezeichnung enthalten, welche die Haftungsbeschränkung kennzeichnet (§ 19 Abs. 2 HGB).
   Beispiel: Andromeda GmbH & Co. KG.
   Auf allen Geschäftsbriefen der KG, die an einen bestimmten Empfänger gerichtet werden, müssen die Rechtsform und der Sitz der Gesellschaft, das Registergericht und die Nummer, unter der die Gesellschaft in das Handelsregister eingetragen ist, angegeben werden (§ 177a i.V.m. § 125a HGB). Bei Gesellschaften, bei der kein Gesellschafter eine natürliche Person ist, sind auf den Geschäftsbriefen der Gesellschaft ferner die Firmen der Gesellschafter anzugeben sowie für die Gesellschafter, die nach § 35a GmbHG für Geschäftsbriefe vorgeschriebenen Angaben zu machen.
4. Gesellschaftsvertrag
   Der Gesellschaftsvertrag kann formfrei geschlossen werden. Zumindest aus Beweisgründen ist jedoch die Schriftform zu empfehlen. Es muss jedoch stets der Wille der Beteiligten erkennbar werden, einen gemeinsamen Zweck gerade mit

Hilfe einer Gesellschaft zu verfolgen. Die KG entsteht im Innenverhältnis bereits mit Abschluss des Gesellschaftsvertrages.

Die Gründung einer KG bietet die Möglichkeit, den persönlichen Einsatz einzelner Gesellschafter mit der kapitalmäßigen Beteiligung anderer zu kombinieren. Sie eignet sich daher zur Verbreiterung der Kapitalbasis eines schon vorhandenen Einzelunternehmens oder einer OHG, falls die zukünftige Geschäftsentwicklung eine Ausdehnung der Eigenkapitalbasis erfordert und der entscheidende Einfluss im Unternehmen nicht aufgegeben werden soll.

Die KG besitzt keine eigene Rechtspersönlichkeit, obwohl ihr das Gesetz in mancher Hinsicht die Rechtsstellung einer juristischen Person einräumt:
- Die KG kann unter ihrer Firma klagen und verklagt werden.
- Die KG kann unter ihrer Firma Rechte erwerben und Verbindlichkeiten eingehen.
- Die KG kann Eigentum an Grundstücken erwerben.
- Aus einem Urteil gegen die KG kann in das Gesellschaftsvermögen vollstreckt werden.
- Über das Vermögen der KG kann ein selbstständiges Insolvenzverfahren durchgeführt werden.

Für die KG gelten folgende Grundsätze:
Die **Geschäftsführung** obliegt den Komplementären. Die Kommanditisten sind von der Geschäftsführung ausgeschlossen und haben nur ein Widerspruchsrecht bei ungewöhnlichen Geschäften (§ 164 HGB). Das Gesetz geht davon aus, dass die Beteiligung der Kommanditisten eher finanzieller Natur ist und sie sich nicht in die laufenden Angelegenheiten der Gesellschaft einzumischen haben. Jedoch kann der Gesellschaftsvertrag davon ohne weiteres abweichen und Kommanditisten mit der Geschäftsführung betrauen.

Die **Kontrollrechte** des Kommanditisten sind gegenüber einem persönlich haftenden Gesellschafter eingeschränkt. Er kann nur abschriftliche Mitteilung des Jahresabschlusses verlangen und darf dessen Richtigkeit unter Einsicht in die Bücher und Papiere der Gesellschaft prüfen (§ 166 Abs. 1 HGB).

Für den Kommanditisten gilt kein **Wettbewerbsverbot** (§ 165 HGB). Es dürfte auch unwirksam sein, ein solches Verbot im Gesellschaftsvertrag zu vereinbaren, wenn es darauf gerichtet ist, dem Kommanditisten zu verbieten, im Handelszweig der KG Geschäfte zu machen. Anders ist es, wenn der Kommanditist seine Arbeitskraft überwiegend der Gesellschaft zur Verfügung stellt und einen maßgeblichen Einfluss auf die Geschäftsleitung besitzt.

Grundlage der **Gewinn- und Verlustverteilung** ist die durch Gesellschafterbeschluss und Unterzeichnung festgestellte Bilanz. Der jedem Gesellschafter zukommende Gewinn wird seinem Kapitalanteil zugeschrieben. Jedoch wird dem Kommanditisten nach § 167 Abs. 2 HGB der zukommende Gewinn seinem Kapitalanteil nur so lange zugeschrieben, bis dieser den Betrag der bedungenen Einlage erreicht. Nach § 167 Abs. 3 HGB nimmt der Kommanditist an einem Verlust nur bis zum Betrag seines Kapitalanteils und seiner noch rückständigen Einlage teil.

Weist die Bilanz einen Gewinn aus, werden nach den §§ 168 Abs. 1, 121 Abs. 1 u. 2 HGB zunächst die Kapitalanteile aller Gesellschafter mit 4 % verzinst. Reicht der Gewinn nicht aus, die Kapitalanteile mit 4 % zu verzinsen, ist der erwirtschaftete Gewinn insgesamt im Verhältnis der Anteile zu verteilen. Der restliche Gewinn wird nach einem den Umständen angemessenen Verhältnis der Anteile verteilt (§ 168 Abs. 2 HGB).

Das **Entnahmerecht** des Kommanditisten ist beschränkt. Er kann nach § 169 Abs. 1 HGB nur Anspruch auf Auszahlung des ihm zukommenden Gewinns. Er kann auch die Auszahlung des Gewinns nicht fordern, solange sein Kapitalanteil durch Verlust unter den auf die bedungene Einlage geleisteten Betrag herabgemindert ist oder durch die Auszahlung unter diesen Betrag herabgemindert werden würde.

Die Kommanditisten sind von der **Vertretung** der KG ausgeschlossen (§ 170 HGB). Die KG wird nur durch die persönlich haftenden Gesellschafter (Komplementäre) vertreten. Einem Kommanditisten kann jedoch Einzelvollmacht, Prokura oder Handlungsvollmacht erteilt werden.

Der Kommanditist haftet den Gläubigern der Gesellschaft persönlich, aber beschränkt auf den Betrag seiner Haftsumme (§ 171 Abs. 1 HGB). Die Haftsumme ist der Betrag, der im Handelsregister eingetragen wird. Die Einlage ist der Betrag, den der Kommanditist der Gesellschaft schuldet.

Für Geschäfte, die vor der Eintragung der KG in das Handelsregister vorgenommen wurden, haftet der Kommanditist nach § 176 Abs. 1 Satz 1 HGB ebenso unbeschränkt wie persönlich haftende Gesellschafter (Komplementäre), wenn sie dem Geschäftsbeginn zugestimmt haben und dem Geschäftspartner ihre Stellung als Kommanditist nicht bekannt war. Um dies zu vermeiden, empfiehlt sich die Regelung, den Eintritt in die Gesellschaft aufschiebend bedingt mit der Eintragung im Handelsregister wirksam werden zu lassen.

Wer in eine bestehende KG als Kommanditist eintritt, haftet nach § 173 HGB für die vor seinem Eintritt begründeten Verbindlichkeiten der Gesellschaft. Scheidet ein Kommanditist aus der Gesellschaft aus, haftet er für die vor seinem Ausscheiden begründeten Verbindlichkeiten fünf Jahre fort, gerechnet von der Eintragung seines Ausscheidens im Handelsregister. Hat er allerdings die Haftsumme geleistet, ist er von seiner Haftung befreit. Ist dem Kommanditisten bei seinem Ausscheiden die Einlage ganz oder teilweise erstatten worden, haftet er gegenüber den Gläubigern bis zur Höhe seiner Haftsumme.

Der **Tod eines Kommanditisten** löst die Gesellschaft nicht auf (§ 177 HGB). Mangels abweichender vertraglicher Bestimmung wird die Gesellschaft mit den Erben fortgesetzt.

Vorteile der KG:
- Alleinentscheidungsrecht des Komplementärs,
- das Gesellschafterverhältnis untereinander kann im Gesellschaftsvertrag weitestgehend nach eigenen Vorstellungen geregelt werden,
- Haftungsbeschränkung für den Kommanditisten,
- für die Beteiligung der Kommanditisten ist kein Mindestkapital erforderlich,
- breitere Kapitalbasis,
- Übertragbarkeit der Gesellschaftsanteile.

Nachteile der KG:
- die unbeschränkte persönliche Haftung zumindest eines Gesellschafters, des Komplementärs.

Gesellschaftsvertrag

zwischen
1. Herrn Roland Tiedemann, Rosenweg 32, 04209 Leipzig,
2. Herrn Willi Wacker, Klosterstraße 23, 04103 Leipzig und
3. Frau Martina Tüchtig, Lindenstraße 69, 041109 Leipzig

§ 1 Firma, Sitz
(1) Die Gesellschaft ist eine Kommanditgesellschaft und führt die Firma »Tiedemann Modeschmuck KG«.
(2) Der Sitz der Gesellschaft ist Leipzig.

§ 2 Gegenstand des Unternehmens
(1) Der Gegenstand des Unternehmens ist das Design, die Herstellung und der Vertrieb von Modeschmuck.
(2) Die Gesellschaft kann Geschäfte jeder Art tätigen, die dem Gesellschaftszweck unmittelbar oder mittelbar dienen.
(3) Die Gesellschaft kann gleichartige oder ähnliche Unternehmen errichten und sich an solchen Unternehmen beteiligen. Sie kann auch Zweigniederlassungen errichten.

§ 3 Beginn und Dauer der Gesellschaft, Geschäftsjahr, Kündigung
(1) Die Gesellschaft beginnt am 1. März 2011. Sie wird auf unbestimmte Dauer errichtet.
(2) Das Geschäftsjahr ist das Kalenderjahr.
(3) Die Gesellschaft kann mit einer Frist von 12 Monaten zum Ende eines Geschäftsjahres gekündigt werden. Die Kündigung bedarf zu ihrer Wirksamkeit der Schriftform gegenüber den Mitgesellschaftern.
(4) Eine Kündigung der Gesellschaft ist bis zum 31. Dezember 2012 ausgeschlossen.

§ 4 Einlagen der Gesellschafter
(1) Die Gesellschafter sind Herr Roland Tiedemann als persönlich haftender Gesellschafter (Komplementär) sowie Herr Willi Wacker und Frau Martina Tüchtig als Kommanditisten.
(2) Die Gesellschaft hat ein Festkapital von 150.000 EUR, an dem die Gesellschafter folgendermaßen beteiligt sind:
Herr Roland Tiedemann mit einer Einlage in Höhe von   100.000 EUR,
Herr Willi Wacker mit einer Einlage in Höhe von   25.000 EUR und
Frau Martina Tüchtig mit einer Einlage in Höhe von   25.000 EUR.
(3) Die Einlagen sind Bareinlagen. Sie sind mit Unterzeichnung dieses Vertrages auf das Konto der Gesellschaft einzuzahlen.

§ 5 Gesellschafterkonten
(1) Jeder Gesellschafter hat ein festes und ein variables Kapitalkonto.
(2) Das feste Kapitalkonto dient der Verbuchung der Einlagen der Gesellschafter nach § 4. Es ist für die Beteiligung des Gesellschafters am Gesellschaftsvermögen maßgeblich.
(3) Das variable Kapitalkonto dient der Verbuchung von Gewinn- und Verlustanteilen sowie von Entnahmen des Gesellschafters. Der jeweilige Saldo ist mit 2 % über dem jeweiligen Basiszinssatz der Deutschen Bundesbank zu verzinsen. Die Zinsen werden nur am Jahresende errechnet und dem variablen Kapitalkonto zu- bzw. abgeschrieben.

§ 6 Geschäftsführung und Vertretung

(1) Zur Geschäftsführung und Vertretung der Gesellschaft ist der persönlich haftende Gesellschafter allein berechtigt und verpflichtet.

(2) Der persönlich haftende Gesellschafter ist auch befugt, Rechtsgeschäfte mit sich selbst oder mit sich als Vertreter Dritter vorzunehmen (Befreiung von § 181 BGB).

§ 7 Vergütung

(1) Die Tätigkeit des persönlich haftenden Gesellschafters wird auch in Verlustjahren mit einem Vorabgewinn in Höhe von 40.000 EUR p.a. entgolten. Alle drei Jahre ist von den Gesellschaftern über eine Anpassung der Tätigkeitsvergütung an die Entwicklung der allgemeinen Lebenshaltungskosten zu verhandeln.

(2) Die Übernahme der persönlichen Haftung wird dem persönlich haftenden Gesellschafter mit einer Haftungsprämie in Höhe von 10 % seiner Einlage auch in Verlustjahren entgolten. Die Haftungsprämie ist jeweils am Ende eines Geschäftsjahres zur Zahlung fällig.

§ 8 Gesellschafterversammlung

(1) Auf den Gesellschafterversammlungen werden die Beschlüsse der Gesellschafter gefasst.

(2) Die Einberufung der Gesellschafterversammlung erfolgt durch den persönlich haftenden Gesellschafter schriftlich unter Angabe der Tagesordnung mit einer Frist von zwei Wochen. Die Gesellschafterversammlungen finden am Sitz der Gesellschaft statt.

(3) Die Gesellschafterversammlung ist beschlussfähig, wenn die anwesenden und vertretenen Gesellschafter drei Viertel aller Stimmen auf sich vereinigen. Ist eine ordnungsgemäß einberufene Gesellschafterversammlung beschlussunfähig, so ist eine neue Gesellschafterversammlung mit gleicher Tagesordnung unter Einhaltung der in Abs. 2 genannten Form- und Fristvorschriften einzuberufen. Diese Gesellschafterversammlung ist ohne Rücksicht auf die Zahl der Stimmen der anwesenden und vertretenen Gesellschafter beschlussfähig.

(4) Jeder Gesellschafter kann sich in der Gesellschafterversammlung nur von einem anderen Gesellschafter oder von einem Dritten vertreten lassen, der in solchen Fällen zur Berufsverschwiegenheit verpflichtet ist. Die Vollmacht bedarf der Schriftform.

§ 9 Gesellschafterbeschlüsse

(1) Die Gesellschafterbeschlüsse werden mit einfacher Mehrheit der abgegebenen Stimmen gefasst, sofern dieser Vertrag oder das Gesetz nicht zwingend eine andere Mehrheit vorschreibt.

(2) Die Feststellung des Jahresabschlusses und die Beschlussfassung über die Gewinnverwendung bedürfen der Mehrheit von drei Viertel aller abgegebenen Stimmen.

(3) Beschlüsse über die Aufnahme neuer Gesellschafter, Änderungen des Gesellschaftsvertrages und der Auflösung der Gesellschaft bedürfen der Stimmen aller Gesellschafter.

(4) Das Stimmrecht der Gesellschafter richtet sich nach dem Verhältnis ihrer festen Kapitalkonten. Dabei entspricht jede volle 1.000 EUR eines festen Kapitalanteils einer Stimme.

§ 10 Jahresabschluss, Gewinnverwendung

(1) Der persönlich haftende Gesellschafter hat innerhalb der gesetzlichen Frist den Jahresabschluss nach handelsrechtlichen Vorschriften unter Beachtung der steuerrechtlichen Vorschriften über die Gewinnermittlung aufzustellen. Der Entwurf des Jahresabschlusses ist den Gesellschaftern unverzüglich, mindestens jedoch 14 Tage vor der Gesellschafterversammlung zuzuleiten.

(2) Die Gesellschafter nehmen im Verhältnis ihrer festen Kapitalkonten am Ergebnis der Gesellschaft teil.

(3) Solange alle Gesellschafter nicht etwas Abweichendes beschließen, sind 30 % der jeweiligen Gewinnanteile der Gesellschafter in eine Rücklage einzustellen.

§ 11 Entnahmen

(1) Der persönlich haftende Gesellschafter ist berechtigt, die Tätigkeitsvergütung und die Haftungsprämie zum jeweiligen Fälligkeitszeitpunkt zu entnehmen. Die Auszahlung an die Kommanditisten beschließt die Gesellschafterversammlung.

(2) Die Gesellschafter sind berechtigt, die auf die Beteiligung an der Gesellschaft entfallenden laufend veranlagten Steuern zu entnehmen.

(3) Das Entnahmerecht der Kommanditisten ist ausgeschlossen, wenn das Verlustvortragskonto nicht ausgeglichen ist oder durch die Entnahme unausgeglichen wird.

(4) Sämtliche Entnahmen werden auf den variablen Kapitalkonten verbucht.

§ 12 Verfügung eines Gesellschafters

(1) Die Übertragung oder die Belastung von Gesellschaftsanteilen bedarf der Zustimmung aller Gesellschafter.

(2) Die Abtretung von Ansprüchen aus dem Gesellschaftsverhältnis ist ausgeschlossen.

§ 13 Tod eines Gesellschafters

(1) Stirbt ein Gesellschafter, so wird die Gesellschaft mit den Erben fortgesetzt. Die Erben des persönlich haftenden Gesellschafters sind von der Geschäftsführung und Vertretung ausgeschlossen. Sie erhalten zusammen das in § 10 Abs. 2 vereinbarte Gewinnbezugsrecht des Erblassers.

(2) Wird der Kapitalanteil des verstorbenen persönlich haftenden Gesellschafters in eine Kommanditbeteiligung umgewandelt, so haben die Nachfolger nur die gesetzlichen Rechte und Pflichten als Kommanditisten mit der Maßgabe, dass sie den Gewinnanteil des Verstorbenen, ausgenommen dessen Gehaltsbezüge, in unveränderter Höhe beanspruchen können.

(3) Die Erben sind berechtigt, innerhalb von drei Monaten seit Kenntnis vom Erbfall unter Einhaltung einer Frist von einem Monat ihr Ausscheiden aus der Gesellschaft zu erklären und das ihnen zustehende Auseinandersetzungsguthaben zu verlangen.

§ 14 Ausschließung

Gesellschafter, die in ihrer Person einen wichtigen Grund im Sinne des § 133 Abs. 1 HGB erfüllen, können durch einstimmigen Beschluss aller übrigen Gesellschafter aus der Gesellschaft ausgeschlossen werden.

§ 15 Ausscheiden eines Gesellschafters

(1) Ein Gesellschafter scheidet aus der Gesellschaft aus,

    a) mit der Wirksamkeit der Kündigung des Gesellschafters,

    b) wenn über das Vermögen des Gesellschafters das Insolvenzverfahren rechtskräftig eröffnet oder die Eröffnung eines solchen Verfahren mangels Masse abgelehnt worden ist oder der Gesellschafter nach § 807 ZPO die Richtigkeit seines Vermögensverzeichnisses an Eides statt versichert hat,

    c) wenn Gläubiger Zwangsvollstreckungsmaßnahmen in den Geschäftsanteil des Gesellschafters betreiben,

    d) mit dem Zugang eines Ausschließungsbeschlusses nach § 14,

    e) im Fall des Todes des Gesellschafters.

(2) Scheidet ein Gesellschafter aus der Gesellschaft aus, wird die Gesellschaft unter Beibehaltung der bisherigen Firma mit den verbleibenden Gesellschaftern fortgesetzt. Verbleibt nur noch ein Gesellschafter, ist er berechtigt, das Unternehmen mit allen Aktiven und Passiven fortzuführen.

§ 16 Abfindung

(1) Auf den Tag des Ausscheidens ist eine Auseinandersetzungsbilanz aufzustellen, in die alle Aktiva und Passiva der Gesellschaft mit ihrem wirklichen Wert einzustellen sind. Der ausscheidende Gesellschafter bzw. seine Erben erhalten den ihrem festen Kapitalkonto entsprechenden Anteil am sich hieraus ergebenden Gesellschaftsvermögen. Am Firmenwert sowie am Ergebnis schwebender Geschäfte ist der ausscheidende Gesellschafter nicht beteiligt.

(2) Das Abfindungsguthaben ist in sechs gleichen Jahresraten auszuzahlen, wobei die erste Rate drei Monate nach Feststellung des Abfindungsguthabens zur Zahlung fällig ist. Die fünf weiteren Raten sind jeweils mit Beginn des Monats des darauffolgenden Jahres fällig, in dem die erste Rate fällig war. Eine frühere Zahlung der Abfindung ist jederzeit möglich.

(3) Bis zur Fälligkeit der ersten Rate ist die Abfindung unverzinslich. Danach ist der jeweils offenstehende Betrag der Abfindung mit jährlich 2 % über dem jeweiligen Basiszinssatz der Deutschen Bundesbank, höchstens mit 8 % p.a. zu verzinsen. Die Zinsen sind jeweils mit den Raten auszuzahlen.

§ 17 Informations- und Überwachungsrechte

(1) Jeder Kommanditist ist berechtigt, von dem geschäftsführenden Gesellschafter Auskunft über die Lage der Gesellschaft insgesamt und über einzelne Geschäfte zu verlangen.

(2) Die Kommanditisten sind berechtigt, jederzeit Einsicht in den Jahresabschluss sowie die Bücher und Papiere der Gesellschaft zu nehmen.

§ 18 Wettbewerbsverbot

(1) Kein Gesellschafter darf während seiner Zugehörigkeit zur Gesellschaft und dem auf das Ausscheiden folgenden Jahr ohne Einwilligung der anderen Gesellschafter in dem Geschäftszweig der Gesellschaft Geschäfte für eigene oder fremde Rechnung vornehmen, noch solche durch Dritte vornehmen zu lassen oder sich an einem Konkurrenzunternehmen für eigene oder fremde Rechnung mittelbar oder unmittelbar beteiligen oder betätigen.

(2) Im Falle der Zuwiderhandlung gegen das Wettbewerbsverbot nach Abs. 1 hat der Zuwiderhandelnde für jeden Fall der Zuwiderhandlung eine Vertragsstrafe von 5.000 EUR an die Gesellschaft zu zahlen. Der Rechtsanspruch auf Schadenersatz oder Unterlassung wird durch die Zahlung der Vertragsstrafe nicht berührt.

§ 19 Liquidation der Gesellschaft

(1) Soweit die Gesellschafterversammlung nichts Abweichendes beschließt, erfolgt die Liquidation der Gesellschaft durch den persönlich haftenden Gesellschafter.

(2) Das nach Befriedigung der Gläubiger verbleibende Vermögen der Gesellschaft ist im Verhältnis der Geschäftsanteile unter die Gesellschafter aufzuteilen.

§ 20 Schlussbestimmungen

(1) Mündliche Nebenabreden zu diesem Vertrag wurden nicht getroffen.

(2) Änderungen oder Ergänzungen dieses Vertrages bedürfen der Schriftform.

(3) Sollten einzelne Bestimmungen dieses Gesellschaftsvertrages ganz oder teilweise unwirksam sein, so werden die übrigen Bestimmungen dieses Vertrages hiervon nicht berührt. Die betreffende Bestimmung ist durch eine wirksame zu ersetzen, die den angestrebten wirtschaftlichen Zweck möglichst nahe kommt.

(4) Die Kosten dieses Vertrages und seiner Durchführung trägt die Gesellschaft.

Leipzig, den _____   _____
                                              (Roland Tiedemann)

_____   _____
(Willi Wacker)   (Martina Tüchtig)

Abb. 38: Muster für den Gesellschaftsvertrag einer KG (Word-Fassung im Download-Bereich)

3.4.4 Die stille Gesellschaft

Gesetzliche Grundlagen: §§ 230–237 HGB. Die Vorschriften über die GbR, OHG und KG sind ergänzend anzuwenden.

> Die stille Gesellschaft ist ein Gesellschaftsverhältnis, das die Beteiligung am Gewinn eines Handelsgewerbes eines anderen durch Leistung einer Vermögenseinlage, die in das Vermögen des Inhabers des Handelsgewerbes übergeht, zum Inhalt hat.

Für die Entstehung einer stillen Gesellschaft müssen folgende Voraussetzungen erfüllt sein:

1. Gesellschaftsverhältnis zwischen stillem Gesellschafter und Inhaber
    Stiller Gesellschafter kann jede natürliche oder juristische Person sein. Auch eine andere Gesellschaft kann stiller Gesellschafter sein, z. B. eine OHG oder GbR. Geht der Inhaber mit mehreren Personen eine stille Gesellschaft ein, so begründet jede Gesellschaft ein selbstständiges Rechtsverhältnis.

2. Betrieb eines Handelsgewerbes
    Das Handelsgewerbe kann sowohl als Einzelunternehmen als auch als Personen- oder Kapitalgesellschaft betrieben werden.

3. Leistung einer Vermögenseinlage
    Der stille Gesellschafter hat eine Einlage zu leisten, die in das Vermögen des Inhabers übergeht. Die Einlage kann jeder Vorteil sein, der als Geldbetrag bewertbar ist. Neben Bargeld können auch Know-how, Dienstleistungen oder Nutzungsrechte zur Verfügung gestellt werden. Die Bewertung der Einlage liegt im Ermessen der Beteiligten. Eine Sicherung der Einlage, z. B. durch Bestellung von Grundpfandrechten oder Sicherungsübereignungen ist möglich.

4. Gewinnbeteiligung
    Es muss sich um eine echte Gewinnbeteiligung handeln. Eine feste Verzinsung ist Darlehen, aber keine stille Gesellschaft. Die Beteiligung am Verlust kann ausgeschlossen werden.

Für die stille Gesellschaft gelten folgende Grundsätze:
Grundlage der **Gewinn- und Verlustverteilung** ist die Handelsbilanz. Der Gewinn-anteil des stillen Gesellschafters wird nach § 232 Abs. 1 HGB an diesen ausbezahlt. An einem Verlust nimmt der stille Gesellschafter nur bis zum Betrag seiner einge-zahlten oder rückständigen Einlage teil.

Der stille Gesellschafter hat kein Mitspracherecht in der Geschäftsführung. Ihm steht lediglich nach § 233 Abs. 1 HGB das Recht (**Kontrollrecht**) zu, die Abschrift des Jahresabschlusses zu verlangen und deren Richtigkeit durch Einsicht in die Bü-cher und Geschäftspapiere zu prüfen. Auf Antrag des stillen Gesellschafters kann das Gericht bei Vorliegen eines wichtigen Grundes die Mitteilung einer Bilanz und eines Jahresabschlusses oder sonstige Aufklärungen sowie die Vorlegung der Bü-cher und Papiere jederzeit anordnen (§ 233 Abs. 3 HGB).

Die **Haftung** des stillen Gesellschafters gegenüber Gläubigern ist auf die Ein-lage beschränkt.

Vorteile für das Unternehmen:
*   gute Finanzierungsmöglichkeiten, sowohl kurz- als auch langfristig,
*   kein Mitspracherecht des stillen Gesellschafters in der Geschäftsführung,
*   das »Entgelt« für die Einlage des stillen Gesellschafters wird nur bei Gewinn fällig,
*   anonyme Beteiligung.

Nachteile für den stillen Gesellschafter:
*   kein Mitspracherecht des stillen Gesellschafters in der Geschäftsführung.

Die atypische stille Gesellschaft
Bei der atypischen stillen Gesellschaft ist der stille Gesellschafter nicht nur am Ge-winn und bei entsprechender Vereinbarung am Verlust der Gesellschaft, sondern auch an den während der Beteiligungszeit entsprechend stillen Reserven und hier-durch am Vermögenszuwachs des Unternehmens beteiligt. Bei Ausscheiden des aty-pischen stillen Gesellschafters hat er außer einem Anspruch auf Rückzahlung seines Guthabens auch einen Anspruch auf Abgeltung seines Anteils an den während der Vertragsdauer gebildeten stillen Reserven.

Die stille Gesellschaft kann vertraglich so ausgestaltet werden, dass der stille Gesellschafter zum Mitunternehmer i.S. des Einkommensteuergesetzes wird. Dann werden die Gewinn- und Verlustanteile des atypischen stillen Gesellschafters als (positive oder negative) Einkünfte aus Gewerbebetrieb angesehen. Dementspre-chend sind diese Vergütungen nicht als Betriebsausgaben abzugsfähig.

Gesellschaftsvertrag

zwischen
Herrn Holger Friedemann, Waldweg 25, 60488 Frankfurt/ Main
– Geschäftsinhaber der Fa. Elektroinstallation Holger Friedemann – und
Herrn Dr. Josef Haferkamp, Zahnarzt, Allensteiner Straße 67, 60386 Frankfurt/ Main
– stiller Gesellschafter –

§ 1 Stille Einlage
(1) Herr Dr. Haferkamp beteiligt sich an dem Unternehmen des Herrn Friedemann als stiller Gesellschafter mit einer Einlage in Höhe von 50.000 EUR.
(2) Die Einlage ist am 01.03.2011 zu leisten.

§ 2 Beginn und Dauer der Gesellschaft, Geschäftsjahr, Kündigung
(1) Die stille Gesellschaft beginnt am 01.03.2011 und endet am 31.12.2015. Sie verlängert sich jeweils um ein Jahr, wenn sie nicht sechs Monate zum jeweiligen Jahresende gekündigt wird.
(2) Die Gesellschaft kann jederzeit aus wichtigem Grund fristlos aufgekündigt werden.
(3) Das Geschäftsjahr ist das Kalenderjahr.

§ 3 Gewinnbeteiligung, Auszahlung
(1) Der stille Gesellschafter ist am Gewinn mit 10 % beteiligt. Für die Gewinnermittlung ist die Steuerbilanz maßgeblich. Änderungen durch das Finanzamt sind zu berücksichtigen. Sonderabschreibungen nach steuerlichen Vorschriften bleiben unberücksichtigt.
(2) An einem etwaigen Verlust des Unternehmens ist der stille Gesellschafter nicht beteiligt.
(3) Spätestens sechs Monate nach Ablauf des Geschäftsjahres ist die Bilanz zu erstellen. Zum gleichen Zeitpunkt ist der Gewinnanteil auszuzahlen.

§ 4 Informations- und Überwachungsrecht des stillen Gesellschafters
Der stille Gesellschafter hat lediglich das Recht auf abschriftliche Mitteilung der Jahresbilanz und Prüfung ihrer Richtigkeit durch Einsicht in die Bücher und Geschäftspapiere. Mit der Prüfung kann eine sachkundige Person betraut werden.

§ 5 Sicherung der stillen Einlage
Herr Friedemann verpflichtet sich, zur Sicherung aller Ansprüche des stillen Gesellschafters aus diesem Vertrag dem stillen Gesellschafter sofort mit gesonderter Urkunde eine Grundschuld über 50.000 EUR an seinem Grundstück Waldweg 25, 60488 Frankfurt/Main zu bestellen und in das Grundbuch eintragen zu lassen.

§ 6 Tod eines Gesellschafters
(1) Durch den Tod des Geschäftsinhabers wird die Gesellschaft nur dann aufgelöst, wenn seine Erben das Unternehmen nicht fortführen.
(2) Beim Tod des stillen Gesellschafters geht dessen stille Beteiligung auf die Ehefrau Veronika Haferkamp über.

---

§ 7 Auseinandersetzung, Abfindungsguthaben

(1) Das Abfindungsguthaben des stillen Gesellschafters bei Beendigung der Gesellschaft besteht aus seiner Einlage, dem auf seinem Privatkonto stehenden Betrag und seinem Gewinnanteil bis zum Tag seines Ausscheidens.

(2) Der stille Gesellschafter nimmt an den am Tag der Beendigung der Gesellschaft noch schwebenden Geschäften nicht teil.

(3) Das Abfindungsguthaben ist spätestens sechs Monate nach Beendigung der Gesellschaft auszuzahlen. Bei Zahlungsverzögerung ist der Anspruch mit 8 % zu verzinsen.

(4) Wird die Gesellschaft infolge Kündigung aus einem wichtigen Grund, den der Geschäftsinhaber zu vertreten hat, aufgelöst, so ist das Abfindungsguthaben des stillen Gesellschafters sofort zur Zahlung fällig. Rückständige Zahlungen sind mit 8 % zu verzinsen.

Frankfurt/Main, den _____   _____   _____

　　　　　　　　　　　　　　　　(Holger Friedemann)　　　　(Dr. Josef Haferkamp)

Abb. 39: Muster für den Gesellschaftsvertrag einer typischen stillen Gesellschaft (Word-Fassung im Download-Bereich

3.4.5 Die Partnerschaftsgesellschaft (PartG)

Gesetzliche Grundlagen: §§ 1-11 PartGG. Die Vorschriften über die OHG sind ergänzend anzuwenden.

> Die Partnerschaftsgesellschaft ist ein vertraglicher Zusammenschluss Angehöriger Freier Berufe zur Ausübung ihrer Berufe.

Seit dem 1. Juli 1995 gibt es die Gesellschaftsform für Freie Berufe. Es handelt sich praktisch um eine Art OHG, bei der als Partner nur Freiberufler zugelassen sind.

Für die Entstehung einer Partnerschaftsgesellschaft müssen folgende Voraussetzungen erfüllt sein:

1. Mehrere Gesellschafter
   Mindestens zwei Partner, die freiberuflich qualifiziert sein müssen, schließen einen Partnerschaftsvertrag. Angehörige einer Partnerschaft können nur natürliche Personen sein.

2. Angehörige Freier Berufe in Ausübung ihrer Berufe
   Die freiberuflich qualifizierten Partner müssen die Freien Berufe entsprechend ihrer Qualifikationen ausüben. Das Partnerschaftsgesellschaftsgesetz definiert nicht den Freien Beruf, sondern stellt einen Katalog von Berufen zur Verfügung, deren selbstständige Berufstätigkeit als Ausübung eines Freien Berufes i.S. des Partnerschaftsgesellschaftsgesetzes gilt.

3. Partnerschaftsvertrag
   Der Partnerschaftsvertrag entspricht dem Gesellschaftsvertrag der OHG und der GbR. Nach § 3 Abs. 1 PartGG bedarf der Partnerschaftsvertrag der Schriftform. Er ist von allen Partnern eigenhändig zu unterzeichnen. Der Partnerschaftsvertrag muss folgenden Mindestinhalt aufweisen (§ 3 Abs. 2 PartGG):

- den Namen und den Sitz der Partnerschaft,
- den Namen, den Vornamen, den Wohnort und den in der Partnerschaft ausgeübten Beruf jedes Partners und
- den Gegenstand der Partnerschaft.

4. Eintragung in das Partnerschaftsregister
   Die Partnerschaft entsteht nach § 7 Abs. 1 PartGG erst mit der Eintragung in das Partnerschaftsregister.

Die Freien Berufe haben im Allgemeinen auf der Grundlage besonderer beruflicher Qualifikation oder schöpferischer Begabung die persönliche, eigenverantwortliche und fachlich unabhängige Erbringung von Dienstleistungen höherer Art im Interesse der Auftraggeber und der Allgemeinheit zum Inhalt. Die Ausübung eines Freien Berufs im Sinne dieses Gesetzes ist die **selbstständige** Berufstätigkeit der Ärzte, Zahnärzte, Tierärzte, Heilpraktiker, Krankengymnasten, Hebammen, Heilmasseure, Diplom-Psychologen, Mitglieder der Rechtsanwaltskammern, Patentanwälte, Wirtschaftsprüfer, Steuerberater, beratenden Volks- und Betriebswirte, vereidigten Buchprüfer (vereidigte Buchrevisoren), Steuerbevollmächtigten, Ingenieure, Architekten, Handelschemiker, Lotsen, hauptberuflichen Sachverständigen, Journalisten, Bildberichterstatter, Dolmetscher, Übersetzer und ähnlicher Berufe sowie der Wissenschaftler, Künstler, Schriftsteller, Lehrer und Erzieher (§ 1 Abs. 2 PartGG).

Interprofessionelle Zusammenschlüsse

Grundsätzlich steht die Partnerschaft allen Freien Berufen offen. Das Partnerschaftsgesellschaftsgesetz kennt keine Einschränkung der Kombination verschiedener Berufe. Letztendlich bleibt den einzelnen Berufsrechten die Entscheidung überlassen, ob ihre Angehörigen die neue Gesellschaftsform in Anspruch nehmen dürfen und mit welchen anderen Berufen sie sich zusammenschließen können. Das bedeutet, dass alle Freien Berufe i.S. des Gesetzes, die kein Berufsrecht haben, unbeschränkt mit anderen nichtreglementierten Freien Berufen in der Partnerschaft zusammenarbeiten können. Dasselbe gilt für alle diejenigen Freien Berufe, die zwar ein Berufsrecht besitzen, das aber keine einschränkende Regelung über die interprofessionelle Zusammenarbeit enthält.

Für die Partnerschaftsgesellschaft gelten folgende Grundsätze:

Da der **Gegenstand der Partnerschaft** in das Partnerschaftsregister eingetragen und veröffentlicht wird, sollte er klar und eindeutig festgelegt sein. Der Gegenstand kann sich nur auf eine freiberufliche Tätigkeit im Rahmen der Partnerschaftsvoraussetzungen des § 1 PartGG erstrecken. Geht der Gegenstand darüber hinaus, wird die Tätigkeit nicht mehr freiberuflich, sondern gewerblich eingeordnet und vom Registergericht abgelehnt.

Unter der **Geschäftsführung** sind alle Handlungen zu verstehen, die im Rahmen des gewöhnlichen Betriebs des Partnerschaftsunternehmens zu erbringen sind. Dazu gehören sämtliche direkt in Ausübung der freiberuflichen Dienstleistungen zu erbringenden geschäftlichen Tätigkeiten. Außergewöhnlicher Geschäftsführungsmaßnahmen sind je nach Einzelfall zu bestimmen und soweit wie möglich im Partnerschaftsvertrag aufzunehmen. Die Durchführung außergewöhnlicher Geschäfte bedarf eines Gesellschafterbeschlusses.

Alle Partner haften gesamtschuldnerisch für die Verbindlichkeiten der Partnerschaft (§ 8 Abs. 1 PartGG). Allerdings besteht die Möglichkeit, die **Haftung** für Ansprüche aus Schäden wegen fehlerhafter Berufsausübung unter Verwendung vorformulierter Vertragsbedingungen auf denjenigen zu beschränken, der innerhalb der Partnerschaft die berufliche Leistung zu erbringen oder verantwortlich zu leiten und zu überwachen hat (§ 8 Abs. 2 PartGG). Für einzelne Berufe kann durch Gesetz eine Beschränkung der Haftung für Ansprüche aus Schäden wegen fehlerhafter Berufsausübung auf einen bestimmten Höchstbetrag zugelassen werden, wenn zugleich eine Pflicht zum Abschluss einer Berufshaftpflichtversicherung der Partner oder der Partnerschaft begründet wird (§ 8 Abs. 3 PartGG).

Name der Partnerschaft
Die Partnerschaft muss den Namen eines Partners, kann aber auch die Namen mehrerer oder aller Partner enthalten und zusätzlich sämtliche Berufsbezeichnungen der in der Partnerschaft vertretenen Berufe sowie einen auf die Partnerschaft hinweisenden Zusatz »und Partner« oder »Partnerschaft« (§ 2 Abs. 1 PartGG). Die Beifügung von Vornamen ist nicht erforderlich. Auf allen Geschäftsbriefen der Partnerschaft, die an einen bestimmten Empfänger gerichtet werden, müssen die Rechtsform und der Sitz der Gesellschaft, das Registergericht und die Nummer unter der die Gesellschaft in das Partnerschaftsregister eingetragen ist, angegeben werden (§ 7 Abs. 5 PartGG i.V.m. § 125a Abs. 1 Satz 1 HGB).
Beispiele: Mühlenhaupt und Partner, Dr. Hausmann Partnerschaft.

Nicht als Partnerschaftsgesellschaften organisierte Gesellschaften dürfen nach § 11 PartGG die Bezeichnung »Partnerschaft« oder »und Partner« nicht mehr fortführen. Ein klärender Zusatz muss auf eine andere Rechtsform hinweisen, z.B. »GmbH«.

Vorteile gegenüber der GbR:
* die Rechtsfähigkeit.

Vorteile gegenüber der Freiberufler-GmbH:
* Image- und Seriositätsvorteil (keine Haftungsbeschränkung im Namen der Gesellschaft),
* vereinfachte Gewinnermittlung nach der Einnahmen-Überschussrechnung (§ 4 Abs. 3 EStG),
* erleichterte Rechnungslegung (keine Bilanzierungspflicht, keine Registerpublizität der Rechnungslegung, keine Prüfungspflichten),
* einfachere Besteuerung (keine Körperschaftssteuer, keine Gewerbesteuer),
* einfachere Gründung und Handhabung (keine Kapitalaufbringung und Kapitalerhaltung, keinen notariell beurkundeten Gesellschaftsvertrag).

Nachteile gegenüber der GbR:
* die Registrierung und deren Kosten.

Nachteile gegenüber der Freiberufler-GmbH:
* die Haftungsbeschränkung deckt nur vertragliche und berufliche Felder ab,
* das Ausscheiden eines Gesellschafters einer Zweipersonen-Partnerschaft beendet die Partnerschaft.

Partnerschaftsvertrag

1. Herr Rechtsanwalt und Notar Dr. jur. Alexander Becker, Zeppelinstr. 25, 14471 Potsdam
2. Herr Rechtsanwalt, Fachanwalt für Steuerrecht Hans-Jürgen Schneller, Xantner Str. 167, 10707 Berlin
3. Herr Wirtschaftsprüfer Karl Wilhelm Redlich, Wendenschloßstr. 2, 12559 Berlin
4. Herr Steuerberater Bernhard Ludwig Vogel, Wilmersdorfer Str. 138, 10627 Berlin

schließen sich durch folgenden Vertrag zu einer Partnerschaftsgesellschaft zusammen.

§ 1 Name, Sitz und Geschäftsjahr
(1) Die Partnerschaft hat den Namen
»Dr. Becker, Schneller, Redlich & Partner, Rechtsanwälte, Wirtschaftsprüfer und Steuerberater«.
(2) Die Partner, deren Name im Namen der Partnerschaft enthalten ist, gestatten einander sowie allen weiteren und zukünftigen Partnern, ihren Namen nach ihrem Ausscheiden aus der Partnerschaft unentgeltlich fortzuführen, soweit dem nicht ein wichtiger Grund entgegensteht. Als wichtiger Grund gilt insbesondere die Ausübung einer Tätigkeit als Rechtsanwalt, Steuerberater bzw. Wirtschaftsprüfer nach dem Ausscheiden außerhalb der Partnerschaft.
(3) Die Partnerschaft hat ihren Sitz in Berlin.
(4) Das Geschäftsjahr ist das Kalenderjahr.

§ 2 Gegenstand der Partnerschaft
(1) Gegenstand und Zweck der Partnerschaft ist die gemeinschaftliche Berufsausübung der Partner als Rechtsanwälte, Wirtschaftsprüfer und Steuerberater.
(2) Die Partnerschaft ist berechtigt, sämtliche Geschäfte zu tätigen, die geeignet sind, den Gegenstand und Zweck des Unternehmens mittelbar und unmittelbar zu fördern. Sie kann Hilfs- und Nebengeschäfte tätigen, soweit dies keine gewerbliche Tätigkeit darstellt

§ 3 Beginn, Dauer und Kündigung der Partnerschaft
(1) Die Partnerschaft beginnt mit ihrer Eintragung im Partnerschaftsregister. Sie ist auf unbestimmte Dauer errichtet.
(2) Die Partnerschaft kann mit einer Frist von einem Jahr zum Ende eines Geschäftsjahres gekündigt werden, erstmals jedoch zum 31.12.2013. Jeder Partner kann die Partnerschaft aus wichtigem Grund i.S. des § 133 Abs. 1 HGB durch schriftliche Erklärung fristlos kündigen.
(3) Die Kündigung hat durch eingeschriebenen Brief an alle anderen Partner zu erfolgen.
(4) Die Partnerschaft wird durch die Kündigung nicht aufgelöst, sondern von den verbleibenden Partnern fortgesetzt.

§ 4 Beteiligung am Gesellschaftsvermögen
Die Partner sind am Vermögen der Gesellschaft im Verhältnis ihres Anteils am Gewinn der Partnerschaft beteiligt.

§ 5 Arbeitsleistung der Partner
(1) Die Partner stellen ihre volle Arbeitskraft der Partnerschaft zur Verfügung. An Arbeitszeiten sind sie nicht gebunden. Die Ausübung von Nebentätigkeit bedarf der vorherigen Zustimmung der Partnerversammlung.

(2) Jedem Partner steht ein Jahresurlaub von 6 Wochen zu. Urlaub von mehr als zwei aufeinanderfolgenden Wochen bedarf der vorherigen Zustimmung der Partnerversammlung.

(3) Im Falle der Arbeitsunfähigkeit eines Partners wegen Krankheit erhält der Partner seine Tätigkeitsvergütung noch drei volle Kalendermonate, wobei der Kalendermonat nicht mitgerechnet wird, in dem die Krankheit begonnen hat. Dauert die Erkrankung eines Partners länger als sechs Monate, so kann die Partnerschaft beschließen, den Gewinnanteil des erkrankten Partners angemessen herabzusetzen. Die Partner sind verpflichtet, für den Fall der Arbeitsunfähigkeit angemessene Vorsorge zu treffen.

§ 6 Mandate

(1) Alle Mandate werden der Partnerschaft erteilt.

(2) Als Einzelmandate sind zulässig:
   a) Bisherige Mandate, die nicht auf die Partnerschaft übergeleitet werden können,
   b) neue Mandate mit Zustimmung aller Partner,
   c) Mandate in Straf- und Bußgeldsachen.
   Alle Einzelmandate werden im Innenverhältnis für Rechnung der Partnerschaft geführt.

(3) Jeder Partner ist berechtigt, im Rahmen seiner Berufsausübung über die Annahme oder Ablehnung neuer Mandate selbstständig zu entscheiden. Dabei sind Partnerschaftsinteressen und insbesondere mögliche Interessenkollisionen zu beachten. Das gilt auch für die Betreuung der Mandate. Alle Partner unterrichten sich fortlaufend über ihre Mandate und deren Fortgang.

§ 7 Tätigkeitsvergütung, Auslagen

(1) Jeder Partner erhält eine monatliche Tätigkeitsvergütung, die von der Partnerversammlung jeweils für ein Jahr im Voraus festgelegt wird. Die Vergütung wird monatlich nachträglich zum Ultimo ausgezahlt.

(2) Auslagen (Reise-, Übernachtungs- und Bewirtungskosten usw.) werden den Partnern gegen Nachweis erstattet. Verpflegungsaufwendungen bei Dienstreisen werden in Höhe der steuerlich anerkannten Pauschalen abgegolten.

§ 8 Haftung

(1) Die Partnerschaft wird die persönliche Haftung der einzelnen Partner für Ansprüche aus Schäden wegen fehlerhafter Berufsausübung unter Verwendung vorformulierter Vertragsbedingungen auf denjenigen Partner beschränken, der innerhalb der Partnerschaft die berufliche Leistung zu erbringen oder verantwortlich zu leiten und zu überwachen hat.

(2) Für alle Partner und juristischen Mitarbeiter werden von der Partnerschaft Berufshaftpflichtversicherungen mit angemessener Deckungssumme abgeschlossen. Über die Angemessenheit der Deckungssumme entscheidet die Partnerversammlung. Es findet eine jährliche Überprüfung statt.

(3) Im Innenverhältnis gilt für Haftpflichtfälle, für die keine Versicherungsdeckung besteht, dass der verursachenden Partner bei grober Fahrlässigkeit und Vorsatz allein und ausschließlich haftet, während die Partnerschaft die Haftung bei lediglich leicht fahrlässiger Verursachung des Schadens übernimmt.

§ 9 Ausschließung

Partner, die in ihrer Person einen wichtigen Grund im Sinne des § 133 Abs. 1 HGB erfüllen, können durch einstimmigen Beschluss aller übrigen Partner aus der Partnerschaftsgesellschaft ausgeschlossen werden. Zugleich kann die Partnerversammlung die Entziehung der Geschäftsführungsbefugnis und/oder der Vertretungsmacht beschließen.

§ 10 Ausscheiden eines Partners

(1) Ein Partner scheidet aus der Partnerschaftsgesellschaft aus,
   a) mit der Wirksamkeit der Kündigung des Partners,
   b) wenn über das Vermögen des Partners das Insolvenzverfahren rechtskräftig eröffnet oder die Eröffnung eines solchen Verfahren mangels Masse abgelehnt worden ist oder der Partner nach § 807 ZPO die Richtigkeit seines Vermögensverzeichnisses an Eides statt versichert hat,
   c) wenn Gläubiger Zwangsvollstreckungsmaßnahmen in den Gesellschaftsanteil des Partners betreiben,
   d) mit dem Zugang eines Ausschließungsbeschlusses nach § 9,
   e) mit dem Verlust der erforderlichen Zulassung zu dem Freien Beruf, den der Partner in der Partnerschaft ausübt,
   f) im Fall des Todes des Gesellschafters.
(2) Scheidet ein Partner aus der Partnerschaft aus, wird die Partnerschaft mit den verbleibenden Partnern fortgesetzt.
(3) In allen Fällen des Ausscheidens erhält der ausscheidende Partner bzw. im Falle des Todes sein Erbe eine Abfindung.

§ 11 Abfindung

(1) Der ausscheidende Partner erhält eine Abfindung.
(2) Als Abfindung erhält der ausscheidende Partner den auf seine Beteiligung entfallenden Anteil der Rücklage, seinen Gewinnanteil für das laufende Rechnungsjahr bis zum Ausscheidensstichtag, den Wert des auf seine Beteiligung entfallenden Anteils am übrigen Gesellschaftsvermögen sowie den auf seine Beteiligung entfallenden Anteil am Praxiswert. Der Anteil am Praxiswert entspricht dem durchschnittlichen Gewinnanteil des ausgeschiedenen Partners, den dieser in den letzten drei vollen Geschäftsjahren vor seinem Ausscheiden erhalten hat. Der ausgeschiedene Partner erhält keine Abfindung für seinen Anteil am Praxiswert, wenn er nicht mindestens 10 volle Kalenderjahre in der Partnerschaft tätig gewesen ist.
(3) Das Abfindungsguthaben ist vier gleichen Vierteljahresraten auszuzahlen. Die erste Rate ist am Ende des dritten Kalendermonats nach dem Ausscheidenstermin fällig.
(4) Darüber hinaus stehen dem ausscheidenden Partner keine weiteren Ansprüche zu.

§ 12 Geschäftsführung

(1) Jeder Partner ist im Rahmen seiner Berufsausübung allein zur Geschäftsführung befugt. Die sonstigen Geschäfte der Partnerschaft werden von einem Partner geführt, den die Partnerversammlung einvernehmlich bestimmt.
(2) Zu den Aufgaben des geschäftsführenden Partners gehören insbesondere die Kassenführung, die Personalangelegenheiten, die betriebsnotwendigen Anschaffungen usw.
(3) Vor der Durchführung bestimmter Geschäfte, die für die Partner von erheblicher Bedeutung sind und von der Partnerversammlung nicht beschlossen wurden, sollen die anderen Partner gehört werden.
(4) Zu folgenden Geschäften bedarf der geschäftsführende Partner der vorherigen Zustimmung der Partnerversammlung:
   a) Anschaffung von Gegenständen im Einzelwert von mehr als 2.000 EUR,
   b) Abschluss von Miet-, Leasing- und Pachtverträgen,
   c) Abschluss, Aufhebung und Änderung von Mietverträgen über Geschäftsräume,
   d) Abschluss, Änderung und Beendigung von Anstellungsverträgen mit Mitarbeitern,
   e) Aufnahme von Darlehen,
   f) Geschäfte, die über den gewöhnlichen Betrieb der Partnerschaft hinausgehen.

§ 13 Vertretung
(1) Jeder Partner ist im Rahmen seiner Berufsausübung zur Vertretung der Partnerschaft befugt. Hierzu gehört insbesondere die Annahme, Ablehnung und Kündigung von Mandaten, der Abschluss, die Änderung und die Kündigung von Honorarvereinbarungen usw.
(2) Bei sonstigen Geschäften wird die Partnerschaft nur von dem jeweiligen geschäftsführenden Partner vertreten.

§ 14 Einnahmen und Ausgaben
(1) Alle Einnahmen der Partner im Rahmen des Gegenstandes und Zwecks der Partnerschaft sind Einnahmen der Partnerschaft. Das gilt auch für Einnahmen aus fachschriftstellerischer Tätigkeit sowie aus der Mitgliedschaft in Beiräten oder Aufsichtsräten.
(2) Alle durch den Betrieb der Partnerschaft veranlassten Ausgaben sind Betriebsausgaben der Partnerschaft.

§ 15 Rechnungslegung
(1) Alle Einnahmen und Ausgaben der Partnerschaft sind in einer geordneten Buchführung laufend aufzuzeichnen.
(2) Innerhalb von sechs Monaten nach Abschluss jeden Geschäftsjahres ist eine Überschussrechnung zu erstellen, aus der sich der Saldo zwischen Einnahmen und Ausgaben ergibt. Der Rechnungsabschluss wird durch Beschluss der Partnerschaft mit bindender Wirkung festgestellt. Einigen sich die Partner nicht innerhalb eines Monats nach Erstellung des Rechnungsabschlusses auf dessen Feststellung, so wird der Rechnungsabschluss durch einen von der Wirtschaftsprüferkammer Berlin zu benennenden Wirtschaftsprüfer als Schiedsgutachter mit verbindlicher Wirkung für alle Partner auf Kosten der Partnerschaft festgestellt.

§ 16 Verteilung von Gewinn und Verlust
(1) Gewinne und Verluste tragen die Partner nach Maßgabe einer gesonderten Vereinbarung, die in der Anlage zu diesem Vertrag enthalten ist.
(2) Die Partnerschaft bildet eine gemeinschaftliche Rücklage in der Höhe der durchschnittlichen Betriebsausgaben von 3 Monaten. Dafür werden vom Gewinnanteil jedes Partners jährlich 10 % einbehalten, bis die Rücklage die genannte Höhe erreicht hat.

§ 17 Partnerversammlungen
(1) Partnerversammlungen finden mindestens einmal monatlich jeweils am ersten Montag statt. Weitere Partnerversammlungen können von jedem Partner mit angemessener Frist einberufen werden.
(2) Abwesende Partner können ihre Stimme durch schriftliche Erklärung ausüben.

§ 18 Gesellschafterbeschlüsse
(1) Die Partner entscheiden über die der Partnerversammlung zugewiesenen Angelegenheiten der Partnerschaften durch Beschlüsse. Die Beschlüsse der Partner bedürfen der einfachen Mehrheit aller Partner, soweit dieser Vertrag oder das Gesetz nicht zwingend etwas Abweichendes bestimmen.
(2) Folgende Beschlüsse bedürfen der Zustimmung aller Partner:
   a) Änderungen dieses Vertrages,
   b) Aufnahme weiterer Partner,
   c) Ausschluss von Partnern,
   d) Festlegung des Abfindungsguthabens.
(3) Jeder Partner hat eine Stimme.

§ 19 Schlussbestimmungen
(1) Mündliche Nebenabreden bestehen nicht. Änderungen und Ergänzungen dieses Vertrages bedürfen zu ihrer Gültigkeit der Schriftform.
(2) Sollte eine Bestimmung dieses Vertrages unwirksam sein oder werden, so bleiben die übrigen Bestimmungen wirksam. In einem solchen Fall sind die Partner verpflichtet, die unwirksame Bestimmung durch eine rechtswirksame Bestimmung zu ersetzen, die ihr in ihrem wirtschaftlichen Inhalt möglichst nahe kommt. Gleiches gilt für das Ausfüllen von Vertragslücken.

§ 20 Kosten des Vertrages
Die Kosten dieses Vertrages und seiner Durchführung trägt die Partnerschaft.

Berlin, den _____   _____   _____
                                  (Dr. Alexander Becker)   (Hans-Jürgen Schneller)

                                  _____   _____
                                  (Karl Wilhelm Redlich)   (Bernhard Ludwig Vogel)

*Abb. 40: Muster für den Gesellschaftsvertrag einer Partnerschaftsgesellschaft
(Word-Fassung im Download-Bereich)*

3.4.6 Die Gesellschaft mit beschränkter Haftung (GmbH)

Gesetzliche Grundlagen: §§ 1 ff. GmbHG.

> Die Gesellschaft mit beschränkter Haftung (GmbH) ist eine Kapitalgesellschaft mit eigener Rechtspersönlichkeit (juristische Person) zu jedem gesetzlich zulässigen Zweck, bei der die Haftung auf das Gesellschaftskapital beschränkt ist.

Eigene Rechtspersönlichkeit bedeutet, dass die Gesellschaft selbst Träger eigener Rechte ist und selbstständig im Rechtsverkehr – vertreten durch ihre Geschäftsführer – handelt. Sie schließt Verträge, hat eigenes Einkommen und Vermögen und muss Steuern bezahlen. Alle Handlungen, die das Unternehmen betreffen, werden der Gesellschaft und nicht den Gesellschaftern zugerechnet.

Beschränkte Haftung bedeutet, dass sich Gläubiger der Gesellschaft nur aus dem Gesellschaftsvermögen, nicht aber auch aus dem Privatvermögen der Gesellschafter befriedigen können. Das Vermögen der Gesellschaft steht den Gläubigern allerdings in seiner Gesamtheit zur Verfügung, also nicht nur bis zur Höhe des Betrages des Stammkapitals.

Gesellschaftsvertrag
Für die Gründung einer GmbH ist der Abschluss eines Gesellschaftsvertrages erforderlich, der notariell beurkundet und von allen Gesellschaftern unterschrieben werden muss. Der Gesellschaftsvertrag muss nach § 3 Abs. 1 und 2 GmbHG folgenden Mindestinhalt aufweisen:
• die Firma und den Sitz der Gesellschaft,

- den Gegenstand des Unternehmens,
- den Betrag des Stammkapitals,
- die Zahl und die Nennbeträge der Geschäftsanteile, die jeder Gesellschafter gegen Einlage auf das Stammkapital (Stammeinlage) übernimmt,
- die etwaige Zeitdauer der Gesellschaft, soll das Unternehmen auf eine gewisse Zeit beschränkt sein,
- noch andere Verpflichtungen der Gesellschafter gegenüber der Gesellschaft außer der Leistung von Kapitaleinlagen.

Die Rechte, welche den Gesellschaftern in den Angelegenheiten der Gesellschaft, insbesondere in Bezug auf die Führung der Gesellschaft zustehen, sowie die Ausübung derselben bestimmen sich, soweit nicht gesetzliche Vorschriften entgegenstehen, nach dem Gesellschaftsvertrag (§ 45 Abs. 1 GmbHG). Der gesetzlich notwendige Inhalt muss darin im Einzelnen je nach den Bedürfnissen und Wünschen der Beteiligten ergänzt werden.

Firma der Gesellschaft

Die Gesellschafter der GmbH haben relativ großen Spielraum bei der Namensgebung. Grundsätzlich muss die Firma den Zusatz »mit beschränkter Haftung« oder die Abkürzung »GmbH« enthalten (§ 4 GmbHG). Es gibt folgende Möglichkeiten:

- Die Firma kann den Namen eines Gesellschafters oder auch die Namen mehrerer Gesellschafter enthalten. (Personenfirma). Die Vornamen können, müssen aber nicht angegeben werden.
  Beispiele: Horst Hübner GmbH (ein Gesellschafter), Horst Hübner & Co. GmbH (mindestens zwei Gesellschafter), Hübner, Schneider und Bergmann GmbH (drei Gesellschafter), Horst Hübner, Gerhard Schneider & Co. GmbH (mindestens drei Gesellschafter).
- Die Firma kann den Gegenstand des Unternehmens enthalten (Sachfirma).
  Beispiele: Kälteanlagenbau GmbH, Lagertechnik GmbH.
- Die Firma kann als Phantasiefirma zugelassen werden, wenn dadurch das Unternehmen unterscheidungskräftig bezeichnet wird.
  Beispiele: Andromeda GmbH, Polar GmbH, Quadriga GmbH.
- Die Firma kann eine Kombination aus Personen-, Sach- und Phantasiefirma sein (Mischfirma).
  Beispiele: Schneider Gebäudereinigung GmbH, WB-Tec Computersysteme GmbH.

Bei der Einbringung bzw. Umwandlung eines bestehenden Unternehmens in eine GmbH kann die bisherige Firma fortgeführt werden, wenn das Recht zur Firmenfortführung auf die GmbH übertragen worden ist. Der Wechsel der Gesellschafter einer GmbH ist auf die Firma ohne Einfluss. Jede Änderung der Firma bedeutet eine Änderung des Gesellschaftsvertrages.

Sitz der Gesellschaft

Als Sitz der Gesellschaft ist der Ort im Inland, den der Gesellschaftsvertrag bestimmt (§ 4a GmbHG). Es ist i. d. R. der Ort, an dem die Gesellschaft einen Betrieb hat, oder an dem sich die Geschäftsleitung befindet oder die Verwaltung geführt wird.

Gegenstand des Unternehmens

Der Gegenstand des Unternehmens kann nach § 1 GmbHG jeder gesetzlich zulässige Zweck sein. Er ist eindeutig im Gesellschaftsvertrag zu bezeichnen. Um das Betätigungsfeld der Gesellschaft nicht zu sehr einzuschränken, ist es zu empfehlen, zusätzlich eine Klausel aufzunehmen, die die Möglichkeit offen lässt, auch noch in anderen Wirtschaftsbereichen tätig zu werden.

Stammkapital und Geschäftsanteil

Das Stammkapital der GmbH muss mindestens 25.000 EUR betragen (§ 5 Abs. 1 GmbHG). Der Nennbetrag jedes Geschäftsanteils muss auf volle Euro lauten. Ein Gesellschafter kann bei Errichtung der Gesellschaft mehrere Geschäftsanteile übernehmen (§ 5 Abs. 2 GmbHG). Die Höhe der Nennbeträge der einzelnen Geschäftsanteile kann verschieden bestimmt werden. Die Summe der Nennbeträge aller Geschäftsanteile muss mit dem Stammkapital übereinstimmen (§ 5 Abs. 3 GmbHG).

Auf jeden Geschäftsanteil ist eine Einlage zu leisten (§ 14 GmbHG). Die Höhe der zu leistenden Einlage richtet sich nach dem bei der Errichtung der Gesellschaft im Gesellschaftsvertrag festgesetzten Nennbetrag des Geschäftsanteils. Im Fall der Kapitalerhöhung bestimmt sich die Höhe der zu leistenden Einlage nach dem in der Übernahmeerklärung festgesetzten Nennbetrag des Geschäftsanteils.

Die Einzahlungen auf die Geschäftsanteile sind nach dem Verhältnis der Geldeinlagen zu leisten (§ 19 Abs. 1 GmbHG). Von der Verpflichtung zur Leistung der Einlagen können die Gesellschafter nicht befreit werden (§ 19 Abs. 2 GmbHG).

Die Einlagen können als Bar- und/oder als Sacheinlagen erbracht werden:
- Bareinlage
  Die Bareinlage ist auf ein Konto der GmbH einzuzahlen und muss zur freien Verfügung der Geschäftsführung stehen.
- Sacheinlage
  Als Einlage können auch Sachen oder Rechte (sog. Sachgründung) übertragen werden, z. B. Wertgegenstände, Betriebs- und Geschäftsausstattung, Maschinen, Kraftfahrzeuge, Grundstücke, Patente, Unternehmen.

Sollen Sacheinlagen geleistet werden, so müssen der Gegenstand der Sacheinlage und der Nennbetrag des Geschäftsanteils, auf den sich die Sacheinlage bezieht, im Gesellschaftsvertrag festgesetzt werden. Die Gesellschafter haben in einem Sachgründungsbericht die für die Angemessenheit der Leistungen für Sacheinlagen wesentlichen Umstände darzulegen und beim Übergang eines Unternehmens auf die Gesellschaft die Jahresergebnisse der beiden letzten Geschäftsjahre anzugeben (§ 5 Abs. 4 GmbHG).

Erreicht der Wert einer Sacheinlage im Zeitpunkt der Anmeldung der Gesellschaft zur Eintragung in das Handelsregister nicht den Nennbetrag des dafür übernommenen Geschäftsanteils, hat der Gesellschafter in Höhe des Fehlbetrags eine Einlage in Geld zu leisten (§ 9 Abs. 1 GmbHG). Sonstige Ansprüche bleiben unberührt. Der Anspruch der Gesellschaft verjährt in zehn Jahren seit der Eintragung der Gesellschaft in das Handelsregister (§ 9 Abs. 2 GmbHG).

Dauer der Gesellschaft

Die GmbH kann auf bestimmte oder unbestimmte Zeit gegründet werden. Soll die Gesellschaft nur für eine bestimmte Zeit bestehen, muss dies im Gesellschaftsvertrag festgelegt sein. Fehlt eine Vereinbarung über die Dauer im Gesellschaftsvertrag, bedarf es eines Beschlusses der Gesellschafter, die GmbH aufzulösen.

Nebenleistungs- und Sonderpflichten

Nebenleistungs- und Sonderpflichten sind alle Pflichten, die im Gesellschaftsvertrag den Gesellschaftern gegenüber der GmbH auferlegt werden. Insbesondere handelt es sich dabei z. B. um Geldleistungen (z. B. Gesellschafterdarlehen), Dienstleistungen, Wettbewerbsverbot. Leistungen von Kapitaleinlagen fallen nicht darunter.

Nachschusspflicht

Die Gesellschafter können im Gesellschaftsvertrag bestimmen, dass die Gesellschafter über die Nennbeträge der Geschäftsanteile hinaus die Einforderung von weiteren Einzahlungen (Nachschüssen) beschließen können (§ 26 Abs. 1 GmbHG). Die Einzahlung der Nachschüsse hat nach Verhältnis der Geschäftsanteile zu erfolgen (§ 26 Abs. 2 GmbHG). Die Nachschusspflicht kann im Gesellschaftsvertrag auf einen bestimmten, nach Verhältnis der Geschäftsanteile festzusetzenden Betrag beschränkt werden (§ 26 Abs. 3 GmbHG). Ist die Nachschusspflicht nicht auf einen bestimmten Betrag beschränkt, so hat jeder Gesellschafter, falls er die Stammeinlage vollständig eingezahlt hat, das Recht, sich von der Zahlung des auf den Geschäftsanteil eingeforderten Nachschusses dadurch zu befreien, dass er innerhalb eines Monats nach der Aufforderung zur Einzahlung den Geschäftsanteil der Gesellschaft zur Befriedigung aus demselben zur Verfügung stellt (§ 27 Abs. 1 GmbHG). Ebenso kann die Gesellschaft, wenn der Gesellschafter binnen der angegebenen Frist weder von der bezeichneten Befugnis Gebrauch macht, noch die Einzahlung leistet, demselben mittels eingeschriebenen Briefes erklären, dass sie den Geschäftsanteil als zur Verfügung gestellt betrachte.

Geschäftsführung und Vertretung

Die Gesellschaft muss nach § 6 Abs. 1 GmbHG einen oder mehrere Geschäftsführer haben. Geschäftsführer kann nur eine natürliche, unbeschränkt geschäftsfähige Person sein (§ 6 Abs. 2 GmbHG). Geschäftsführer kann nicht sein, wer

- aufgrund eines gerichtlichen Urteils oder einer vollziehbaren Entscheidung einer Verwaltungsbehörde einen Beruf, einen Berufszweig, ein Gewerbe oder einen Gewerbezweig nicht ausüben darf, sofern der Unternehmensgegenstand ganz oder teilweise mit dem Gegenstand des Verbots übereinstimmt,
- wegen einer oder mehrerer vorsätzlich begangener Straftaten (z. B. Insolvenzverschleppung, Insolvenzstraftaten) verurteilt worden ist.

Dieser Ausschluss gilt für die Dauer von fünf Jahren seit der Rechtskraft des Urteils.

Zu Geschäftsführern können nach § 6 Abs. 3 GmbHG Gesellschafter oder andere Personen bestellt werden. Die Bestellung erfolgt entweder im Gesellschaftsvertrag oder nach Maßgabe der gesetzlichen Bestimmungen. In jedem Fall empfiehlt es sich, mit den Geschäftsführern einen Anstellungsvertrag zu schließen, in dem Vertretungs- und Verwaltungsbefugnisse, Kontrolle der Geschäftsführung, Gehalt, Tantieme, Gratifikation, Aufwandsentschädigung, Urlaub, Spesen, Dauer des Anstellungsverhältnisses, Kündigungsmöglichkeiten usw. festzulegen sind. Ist im Gesellschaftsvertrag bestimmt, dass sämtliche Gesellschafter zur Geschäftsführung berechtigt sein sollen, so gelten nur die der Gesellschaft bei Festsetzung dieser Bestimmung angehörenden Personen als die bestellten Geschäftsführer (§ 6 Abs. 4 GmbHG). Gesellschafter, die vorsätzlich oder grob fahrlässig einer Person, die nicht Geschäftsführer sein kann, die Führung der Geschäfte überlassen, haften der Gesellschaft solidarisch für den Schaden, der dadurch entsteht, dass diese Person die ihr gegenüber der Gesellschaft bestehenden Obliegenheiten verletzt (§ 6 Abs. 5 GmbHG).

Die Gesellschaft wird nach § 35 Abs. 1 GmbHG durch die Geschäftsführer gerichtlich und außerordentlich vertreten. Hat eine Gesellschaft keinen Geschäftsführer (Führungslosigkeit), wird die Gesellschaft für den Fall, dass ihr gegenüber Willenserklärungen abgegeben oder Schriftstücke zugestellt werden, durch die Gesellschafter vertreten. Sind mehrere Geschäftsführer bestellt, sind sie alle nur gemeinschaftlich zur Vertretung der Gesellschaft (Gesamtvertretung) befügt, es sei denn, dass der Gesellschaftsvertrag etwas anderes bestimmt (§ 35 Abs. 2 GmbHG). Der Gesellschaftsvertrag kann vorsehen, dass auch bei mehreren Geschäftsführern die Gesellschaft durch einen Geschäftsführer allein (Einzelvertretung) oder durch zwei Geschäftsführer gemeinsam vertreten wird. Es wird auch häufig im Gesellschaftsvertrag bestimmt, dass bei Bestellung von mehreren Geschäftsführern die Gesellschaft durch zwei Geschäftsführer gemeinschaftlich oder einen Geschäftsführer zusammen mit einem Prokuristen vertreten wird. Befinden sich alle Geschäftsanteile der Gesellschaft in der Hand eines Gesellschafters oder daneben in der Hand der Gesellschaft, und ist er zugleich deren alleiniger Geschäftsführer, so ist auf seine Rechtsgeschäfte mit der Gesellschaft § 181 BGB (Insichgeschäft) anzuwenden. Rechtsgeschäfte zwischen ihm und der von ihm vertretenen Gesellschaft sind, auch wenn er nicht alleiniger Geschäftsführer ist, unverzüglich nach ihrer Vornahme in eine Niederschrift aufzunehmen (§ 35 Abs. 3 GmbHG).

Nach § 181 BGB kann ein Vertreter, soweit nicht ein anderes ihm gestattet ist, im Namen des Vertretenen mit sich im eigenen Namen oder als Vertreter eines Dritten ein Rechtsgeschäft nicht vornehmen, es sei denn, dass das Rechtsgeschäft ausschließlich in der Erfüllung einer Verbindlichkeit besteht. Eine Befreiung des Geschäftsführers von den Beschränkungen des § 181 BGB ist sinnvoll, besonders wichtig bei der Einpersonen-GmbH. Die Befreiung muss im Handelsregister eingetragen sein.

Die Geschäftsführer sind der Gesellschaft gegenüber verpflichtet, die Beschränkungen einzuhalten, welche für den Umfang ihrer Befugnis, die Gesellschaft zu vertreten, durch den Gesellschaftsvertrag oder, soweit dieser nicht ein anderes bestimmt, durch die Beschlüsse der Gesellschafter festgesetzt sind (§ 37 Abs. 1 GmbHG). Gegenüber dritten Personen hat eine Beschränkung der Befugnis der Geschäftsführer, die Gesellschaft zu vertreten, keine rechtliche Wirkung (§ 37 Abs. 2 GmbHG).

Die Geschäftsführer sind nach § 41 GmbHG verpflichtet, für eine ordnungsgemäße Buchführung der Gesellschaft zu sorgen. Die Geschäftsführer haben den Jahresabschluss und den Lagebericht unverzüglich nach der Aufstellung den Gesellschaftern zum Zweck der Feststellung des Jahresabschlusses vorzulegen (§ 42a Abs. 1 GmbHG).

Die Geschäftsführer haben nach § 43 Abs. 1 GmbHG in den Angelegenheiten der Gesellschaft die Sorgfalt eines ordentlichen Geschäftsmannes anzuwenden. Geschäftsführer, welche ihre Obliegenheiten verletzen, haften der Gesellschaft solidarisch für den entstandenen Schaden (§ 43 Abs. 2 GmbHG).

Die für die Geschäftsführer ergebenden Vorschriften gelten auch für Stellvertreter von Geschäftsführern (§ 44 GmbHG).

Die Geschäftsführer haben nach § 51a Abs. 1 GmbHG jedem Gesellschafter auf Verlangen unverzüglich Auskunft über die Angelegenheiten der Gesellschaft zu geben und die Einsicht der Bücher und Schriften zu gestatten. Die Geschäftsführer dürfen die Auskunft und die Einsicht verweigern, wenn zu besorgen ist, dass der Gesellschafter sie zu gesellschaftsfremden Zwecken verwenden und dadurch der Gesellschaft oder einem verbundenen Unternehmen einen nicht unerheblichen Nachteil zufügen wird (§ 51a Abs. 2 GmbHG). Die Verweigerung bedarf eines Beschlusses der Gesellschafter. Von diesen Vorschriften kann im Gesellschaftsvertrag nicht abgewichen werden (§ 51a Abs. 3 GmbHG).

Gesellschafterversammlung

Die von den Gesellschaftern in den Angelegenheiten der Gesellschaft zu treffenden Bestimmungen erfolgen durch Beschlussfassung nach der Mehrheit der abgegebenen Stimmen (§ 47 Abs. 1 GmbHG). Jeder Euro eines Geschäftsanteils gewährt eine Stimme (§ 47 Abs. 2 GmbHG). Vollmachten bedürfen zu ihrer Gültigkeit der Textform (§ 47 Abs. 3 GmbHG).

Die Beschlüsse der Gesellschaft werden in Versammlungen gefasst (§ 48 Abs. 1 GmbHG). Die Abhaltung einer Versammlung bedarf es nicht, wenn sich sämtliche Gesellschafter in Textform mit der zu treffenden Bestimmung oder mit der schriftlichen Abgabe der Stimmen einverstanden erklären (§ 48 Abs. 2 GmbHG). Befinden sich alle Geschäftsanteile der Gesellschaft in der Hand eines Gesellschafters oder daneben in der Hand der Gesellschaft, so hat er unverzüglich nach der Beschlussfassung eine Niederschrift aufzunehmen und zu unterschreiben (§ 48 Abs. 3 GmbHG).

Die Gesellschafterversammlung wird nach § 49 Abs. 1 GmbHG durch die Geschäftsführer berufen. Sie ist außer den ausdrücklich bestimmten Fällen zu berufen, wenn es im Interesse der Gesellschaft erforderlich erscheint (§ 49 Abs. 2 GmbHG). Insbesondere muss die Versammlung unverzüglich berufen werden, wenn aus der Jahresbilanz oder aus einer im Laufe des Geschäftsjahres aufgestellten Bilanz sich ergibt, dass die Hälfte des Stammkapitals verloren ist (§ 49 Abs. 3 GmbHG).

Die Gesellschafter haben nach § 42a Abs. 2 GmbHG spätestens bis zum Ablauf der ersten acht Monate oder, wenn es sich um eine kleine Gesellschaft handelt, bis zum Ablauf der ersten elf Monate des Geschäftsjahrs über die Feststellung des Jahresabschlusses und über die Ergebnisverwendung zu beschließen.

Gesellschafter, deren Geschäftsanteile zusammen mindestens dem zehnten Teil des Stammkapitals entsprechen, sind berechtigt, unter Angabe des Zwecks und der Gründe die Berufung der Versammlung zu verlangen (§ 50 Abs. 1 GmbHG).

Die Berufung der Versammlung erfolgt durch Einladung der Gesellschafter mittels eingeschriebener Briefe (§ 51 Abs. 1 GmbHG). Sie ist mit einer Frist von mindestens einer Woche zu bewirken. Ist die Versammlung nicht ordnungsgemäß berufen, so können Beschlüsse nur gefasst werden, wenn sämtliche Gesellschafter anwesend sind (§ 51 Abs. 2 GmbHG). Das gleiche gilt in Bezug auf Beschlüsse über Gegenstände, welche nicht wenigstens drei Tage vor der Versammlung in der für die Berufung vorgeschriebenen Weise angekündigt worden sind (§ 51 Abs. 3 GmbHG).

Ergebnisverwendung
Die Gesellschafter haben nach § 29 Abs. 1 GmbHG Anspruch auf den Jahresüberschuss zzgl. eines Gewinnvortrags und abzgl. eines Verlustvortrags, soweit der sich ergebende Betrag nicht nach Gesetz oder Gesellschaftsvertrag, durch Beschluss oder als zusätzlicher Aufwand aufgrund des Beschlusses über die Verwendung des Ergebnisses von der Verteilung unter die Gesellschafter ausgeschlossen ist. Im Beschluss über die Verwendung des Ergebnisses können die Gesellschafter, wenn der Gesellschaftsvertrag nichts anderes bestimmt, Beträge in Gewinnrücklagen einstellen oder als Gewinn vortragen (§ 29 Abs. 2 GmbHG). Die Verteilung erfolgt nach Verhältnis der Geschäftsanteile (§ 29 Abs. 3 GmbHG). Im Gesellschaftsvertrag kann ein anderer Maßstab der Verteilung festgesetzt werden.

Das zur Erhaltung des Stammkapitals erforderliche Vermögen der Gesellschaft darf an die Gesellschafter nicht ausgezahlt werden (§ 30 Abs. 1 GmbHG).

Angaben auf Geschäftsbriefen
Auf allen Geschäftsbriefen, die an einen bestimmten Empfänger gerichtet werden, müssen die Rechtsform und der Sitz der Gesellschaft, das Registergericht des Sitzes der Gesellschaft und die Nummer, unter der die Gesellschaft in das Handelsregister eingetragen ist, sowie alle Geschäftsführer und, sofern die Gesellschaft einen Aufsichtsrat gebildet und dieser einen Vorsitzenden hat, der Vorsitzende des Aufsichtsrats mit dem Familiennamen und mindestens einem ausgeschriebenen Vornamen angegeben werden (§ 35a Abs. 1 GmbH). Werden Angaben über das Kapital der Gesellschaft gemacht, so müssen in jedem Fall das Stammkapital sowie, wenn nicht alle in Geld zu leistenden Einlagen eingezahlt sind, der Gesamtbetrag der ausstehenden Einlagen angegeben werden. Die Angaben nach § 35a Abs. 1 Satz 1 GmbHG bedarf es nicht bei Mitteilungen oder Berichten, die im Rahmen einer bestehenden Geschäftsverbindung ergehen und für die üblicherweise Vordrucke verwendet werden, in denen lediglich die im Einzelfall erforderlichen besonderen Angaben eingefügt zu werden brauchen (§ 35a Abs. 2 GmbHG). Bestellscheine gelten als Geschäftsbriefe i.S. des § 35a Abs. 1 GmbHG.

Vorteile der GmbH:
- die Haftungsbeschränkung der Gesellschafter,
- der geringe Kapitalbedarf,
- die einfache Verwaltung der Gesellschaft durch Geschäftsführer und Gesellschafterversammlung,
- die einfache Veräußerung und Übertragung von GmbH-Anteilen,

- bei Insolvenz Risikoabwälzung auf die Gläubiger,
- bei Handwerksbetrieben: Selbst wenn keiner der Gesellschafter ein Handwerksmeister ist, kann ein Handwerksbetrieb durch Anstellung eines Meisters oder eines Ingenieurs mit 3-jähriger Berufspraxis als fachlicher Betriebsleiter geführt werden,
- nur eingeschränkte Publizitätspflicht für kleine Gesellschaften,
- der Name des Gesellschafters braucht in der Firma nicht genannt werden (Sachfirma).

Nachteile der GmbH:
- geringes Vertrauen der Gläubiger insbesondere bei jungen Gesellschaften,
- aufgrund der geringen Kreditbasis wird persönliche Bürgschaft oder Schuldmitübernahme der Gesellschafter verlangt,
- höhere Gründungskosten als bei den Personengesellschaften,
- wie bei Zahlungsunfähigkeit ist auch bei Überschuldung der Geschäftsführer verpflichtet, die Eröffnung des Insolvenzverfahrens zu beantragen,
- aufwändiger Jahresabschluss,
- steuerliche Nachteile.

Die Unternehmergesellschaft
Die Gesellschaft mit beschränkter Haftung kann nach § 1a GmbHG in einem vereinfachten Verfahren gegründet werden, wenn sie höchstens drei Gesellschafter und einen Geschäftsführer hat. Für die Gründung im vereinfachten Verfahren ist das Musterprotokoll zu verwenden. Darüber hinaus dürfen keine vom Gesetz abweichenden Bestimmungen getroffen werden. Das Musterprotokoll gilt zugleich als Gesellschafterliste.

Eine Gesellschaft mit beschränkter Haftung, die mit einem Stammkapital gegründet wird, das den Betrag des Mindeststammkapitals (25.000 EUR) unterschreitet, muss nach § 5a Abs. 1 GmbHG in der Firma die Bezeichnung »Unternehmergesellschaft (haftungsbeschränkt)« oder »UG (haftungsbeschränkt)« führen. Die Anmeldung darf erst erfolgen, wenn das Stammkapital in voller Höhe eingezahlt ist. Sacheinlagen sind ausgeschlossen (§ 5a Abs. 2 GmbHG).

In der Bilanz des aufzustellenden Jahresabschlusses ist eine gesetzliche Rücklage zu bilden, in die ein Viertel des um einen Verlustvortrag aus dem Vorjahr geminderten Jahresabschlusses einzustellen ist (§ 5a Abs. 3 GmbHG). Die Rücklage darf nur verwandt werden,
1. zur Erhöhung des Stammkapitals,
2. zum Ausgleich eines Jahresfehlbetrags, soweit er nicht durch einen Gewinnvortrag aus dem Vorjahr gedeckt ist,
3. zum Ausgleich eines Verlustvortrags aus dem Vorjahr, soweit er nicht durch einen Jahresüberschuss gedeckt ist.

Die Versammlung der Gesellschafter muss bei drohender Zahlungsunfähigkeit unverzüglich einberufen werden (§ 5a Abs. 4 GmbHG). Diese Regelungen gelten nicht mehr, sobald die Gesellschaft ihr Stammkapital so erhöht, dass es den Betrag des Mindeststammkapitals (25.000 EUR) erreicht oder übersteigt. Die Firma nach § 5a Abs. 1 GmbHG darf beibehalten werden (§ 5a Abs. 5 GmbHG).

Gesellschaftsvertrag

§ 1 Firma und Sitz
(1) Die Firma der Gesellschaft lautet: »MedTech Manfred Schmidt GmbH«.
(2) Die Gesellschaft hat ihren Sitz in Berlin.

§ 2 Gegenstand des Unternehmens
(1) Der Gegenstand des Unternehmens ist der Groß- und Einzelhandel mit medizinischen Geräten aller Art.
(2) Die Gesellschaft ist berechtigt, weitere gleichartige oder ähnliche Unternehmen zu gründen, bestehende zu erwerben oder sich an diesen zu beteiligen sowie sämtliche Geschäfte zu betreiben, die geeignet sind, den Zweck der Gesellschaft zu fördern.

§ 3 Beginn und Dauer der Gesellschaft, Geschäftsjahr, Kündigung
(1) Die Gesellschaft beginnt mit der Eintragung in das Handelsregister. Ihre Dauer ist unbestimmt.
(2) Das Geschäftsjahr ist das Kalenderjahr.
(3) Die Gesellschaft kann mit einer Frist von sechs Monaten zum Ende eines Geschäftsjahres gekündigt werden. Die Kündigung bedarf zu ihrer Wirksamkeit der Schriftform gegenüber den Mitgesellschaftern.
(4) Eine Kündigung der Gesellschaft ist bis zum 31. Dezember 2012 ausgeschlossen.

§ 4 Stammkapital, Geschäftsanteile
(1) Das Stammkapital der Gesellschaft beträgt 50.000 EUR.
(2) Hiervon haben übernommen:
    a) Herr Manfred Schmidt, Dipl.-Ing.,
       ein Geschäftsanteil in Höhe von 30.000 EUR,
    b) Herr Lothar Hildebrand, Dipl.-Betriebswirt,
       ein Geschäftsanteil in Höhe von 20.000 EUR.
(3) Sämtliche Geschäftsanteile sind in Geld zu leisten, und zwar zu je ein Viertel der Nennbeträge, mindestens jedoch mit 12.500 EUR sofort. Über die Einzahlung der restlichen Geschäftsanteile beschließt die Gesellschafterversammlung.

§ 5 Geschäftsführung und Vertretung
(1) Die Gesellschaft hat einen oder mehrere Geschäftsführer. Ist nur ein Geschäftsführer bestellt, so vertritt dieser die Gesellschaft allein.
(2) Sind mehrere Geschäftsführer bestellt, so wird die Gesellschaft durch zwei Geschäftsführer gemeinsam oder durch einen Geschäftsführer gemeinsam mit einem Prokuristen vertreten.
(3) Durch Beschluss der Gesellschafterversammlung kann jedem Geschäftsführer auch Einzelvertretungsbefugnis sowie die Befugnis erteilt werden, die Gesellschaft bei Rechtsgeschäften mit sich selbst oder als Vertreter eines Dritten (Befreiung von § 181 BGB) zu vertreten. Die Befugnis der übrigen Geschäftsführer zur Vertretung wird dadurch nicht berührt.

§ 6 Gesellschafterversammlung
(1) Die Gesellschafterversammlung ist für alle zu treffenden Entscheidungen in Angelegenheiten der Gesellschaft zuständig. Sie findet mindestens einmal jährlich

zur Feststellung des Jahresabschlusses und zur Beschlussfassung über die Gewinnverwendung am Sitz der Gesellschaft statt.

(2) Jeder Geschäftsführer ist zur Einberufung einer Gesellschafterversammlung berechtigt. Die Einberufung hat unter Angabe der Tagesordnung mindestens 14 Tage vor dem Tag der Gesellschafterversammlung per Einschreiben an die Gesellschafter zu erfolgen.

(3) Die Gesellschafterversammlung ist beschlussfähig, wenn die anwesenden und vertretenen Gesellschafter drei Viertel aller Stimmen auf sich vereinigen. Ist eine ordnungsgemäß einberufene Gesellschafterversammlung beschlussunfähig, so ist eine neue Gesellschafterversammlung mit gleicher Tagesordnung unter Einhaltung der in Abs. 2 genannten Form- und Fristvorschriften einzuberufen. Diese Gesellschafterversammlung ist ohne Rücksicht auf die Zahl der Stimmen der anwesenden und vertretenen Gesellschafter beschlussfähig.

(4) Jeder Gesellschafter kann sich in der Gesellschafterversammlung nur von einem anderen Gesellschafter oder von einem Dritten vertreten lassen, der in solchen Fällen zur Berufsverschwiegenheit verpflichtet ist. Die Vollmacht bedarf der Schriftform.

(5) Über den Verlauf der Gesellschafterversammlung ist ein Protokoll anzufertigen, das insbesondere den Inhalt der gefassten Beschlüsse und das jeweilige Abstimmungsergebnis festhält. Jeder Gesellschafter erhält unverzüglich eine Kopie des Protokolls.

§ 7 Gesellschafterbeschlüsse

(1) Die Gesellschafterbeschlüsse werden mit einfacher Mehrheit der abgegebenen Stimmen gefasst, sofern dieser Vertrag oder das Gesetz nicht eine andere Mehrheit zwingend vorschreibt.

(2) Die Feststellung des Jahresabschlusses, die Beschlussfassung über die Gewinnverwendung sowie die Bestellung und Abberufung eines Geschäftsführers bedürfen der Mehrheit von drei Viertel aller abgegebenen Stimmen.

(3) Beschlüsse über die Aufnahme neuer Gesellschafter, Änderungen des Gesellschaftsvertrages und der Auflösung der Gesellschaft bedürfen der Stimmen aller Gesellschafter.

(4) Jede volle 1.000 EUR eines Geschäftsanteils gewährt eine Stimme.

§ 8 Jahresabschluss, Gewinnverwendung

(1) Die Geschäftsführung hat innerhalb der gesetzlichen Frist den Jahresabschluss nach handelsrechtlichen Vorschriften unter Beachtung der steuerrechtlichen Vorschriften über die Gewinnermittlung mit Anhang und Lagebericht aufzustellen. Der Entwurf des Jahresabschlusses ist den Gesellschafter unverzüglich, mindestens jedoch 14 Tage vor der Gesellschafterversammlung zuzuleiten.

(2) Die Gesellschafter haben im Verhältnis ihrer Geschäftsanteile Anspruch auf die Ausschüttung von mindestens der Hälfte des Jahresergebnisses. Über die Verwendung des übrigen Jahresergebnisses beschließt die Gesellschafterversammlung.

§ 9 Verfügung eines Gesellschafters

(1) Die Übertragung oder Belastung von Geschäftsanteilen bedarf der Zustimmung aller Gesellschafter.

(2) Die Abtretung von Ansprüchen aus dem Gesellschaftsverhältnis ist ausgeschlossen.

§ 10 Tod eines Gesellschafters, Erbfolge

(1) Die Geschäftsanteile sind vererblich.

(2) Die Rechte mehrerer Erben können nur durch einen gemeinsamen Bevollmächtigten wahrgenommen werden.

§ 11 Einziehung von Geschäftsanteilen
(1) Die Einziehung von Geschäftsanteilen ist mit Zustimmung des betreffenden Gesellschafters jederzeit zulässig.
(2) Ein Geschäftsanteil kann auch gegen den Willen des betroffenen Gesellschafters eingezogen werden,
    a) mit der Wirksamkeit der Kündigung des Gesellschafters,
    b) wenn über das Vermögen eines Gesellschafters das Insolvenzverfahren rechtskräftig eröffnet oder die Eröffnung eines solchen Verfahrens mangels Masse abgelehnt worden ist oder der Gesellschafter nach 807 ZPO die Richtigkeit seines Vermögensverzeichnisses an Eides statt versichert hat,
    c) wenn Gläubiger Zwangsvollstreckungsmaßnahmen in den Geschäftsanteil des Gesellschafters betreiben.
(3) Die Einziehung bedarf eines Gesellschafterbeschlusses, wobei dem betroffenen Gesellschafter kein Stimmrecht zusteht.
(4) Statt der Einziehung können die Gesellschafter beschließen, dass der Geschäftsanteil an einen oder mehrere Gesellschafter oder an Dritte ganz oder teilweise abgetreten wird.

§ 12 Abfindung
(1) In den Fällen der Einziehung von Geschäftsanteilen hat der betroffene Gesellschafter Anspruch auf eine Abfindung. Das Abfindungsguthaben errechnet sich aus dem Anteil des ausgeschiedenen Gesellschafters aus den Buchwerten der Jahresabschlussbilanz, die dem Ausscheiden des Gesellschafters vorangeht. Ein Firmenwert und spätere Wertveränderungen werden nicht berücksichtigt.
(2) Das Abfindungsguthaben ist in sechs gleichen Halbjahresraten auszuzahlen, wobei die erste Rate am 31. Dezember des Jahres fällig ist, in dem das Ausscheiden stattfindet. Liegen zwischen dem Zeitpunkt des Ausscheidens und dem folgenden 31. Dezember weniger als drei Monate, so wird die erste Rate am 30. Juni des nächsten Jahres fällig. Eine frühere Zahlung der Abfindung ist jederzeit möglich.
(3) Bis zur Fälligkeit der ersten Rate ist die Abfindung unverzinslich. Danach ist der jeweils offen stehende Betrag der Abfindung mit jährlich 2 % über dem jeweiligen Basiszinssatz der Deutschen Bundesbank, höchstens mit 8 % p.a. zu verzinsen. Die Zinsen sind jeweils mit den Raten auszuzahlen.

§ 13 Wettbewerbsverbot
(1) Kein Gesellschafter darf während seiner Zugehörigkeit zur Gesellschaft und dem auf das Ausscheiden folgenden Jahr ohne Einwilligung der anderen Gesellschafter in dem Geschäftszweig der Gesellschaft Geschäfte für eigene oder fremde Rechnung vornehmen noch solche durch Dritte vornehmen zu lassen oder sich an einem Konkurrenzunternehmen für eigene oder fremde Rechnung mittelbar oder unmittelbar beteiligen oder betätigen.
(2) Im Falle der Zuwiderhandlung gegen das Wettbewerbsverbot nach Abs. 1 hat der Zuwiderhandelnde für jeden Fall der Zuwiderhandlung eine Vertragsstrafe von 5.000 EUR an die Gesellschaft zu zahlen. Der Rechtsanspruch auf Schadenersatz oder Unterlassung wird durch die Zahlung der Vertragsstrafe nicht berührt.

§ 14 Liquidation der Gesellschaft
(1) Soweit die Gesellschafterversammlung nichts Abweichendes beschließt, erfolgt die Liquidation der Gesellschaft durch die Geschäftsführer.
(2) Das nach Befriedigung der Gläubiger verbleibende Vermögen der Gesellschaft ist im Verhältnis der Geschäftsanteile unter die Gesellschafter aufzuteilen.

---

§ 15 Bekanntmachungen
Bekanntmachungen der Gesellschaft erfolgen ausschließlich im elektronischen Bundesanzeiger.

§ 16 Schlussbestimmungen
(1) Soweit in diesem Gesellschaftsvertrag keine besonderen Regelungen getroffen sind, gelten die gesetzlichen Bestimmungen.
(2) Sollten einzelne Bestimmungen dieses Gesellschaftsvertrages ganz oder teilweise unwirksam sein, so werden die übrigen Bestimmungen dieses Vertrages hiervon nicht berührt. Die betreffende Bestimmung ist durch eine wirksame zu ersetzen, die den angestrebten wirtschaftlichen Zweck möglichst nahe kommt.

§ 17 Gründungskosten
Die Gründungskosten werden bis zu einem Betrag von 4.000 EUR von der Gesellschaft übernommen. Darüber hinausgehende Gründungskosten tragen die Gesellschafter im Verhältnis ihrer Geschäftsanteile.

Berlin, den _____   _____   _____
                                    (Manfred Schmidt)   (Lothar Hildebrand)

Berlin, den _____   _____
                                        (Notar)

Abb. 41: Muster für den Gesellschaftsvertrag einer GmbH
        (Word-Fassung im Download-Bereich)

3.4.7 Die GmbH & Co. KG

Gesetzliche Grundlagen: §§ 161-177a HGB. Die Vorschriften über die OHG sind ergänzend anzuwenden.

> Bei einer GmbH & Co. KG handelt es sich um eine Kommanditgesellschaft, deren Zweck auf den Betrieb eines Handelsgewerbe unter gemeinschaftlicher Firma gerichtet ist, und bei der bei einem oder mehreren der Gesellschafter die Haftung gegenüber den Gesellschaftsgläubigern beschränkt ist (Kommanditisten), während eine juristische Person, nämlich eine GmbH die Stellung des persönlich haftenden Gesellschafters (Komplementär) einnimmt.

Es handelt sich um zwei selbstständige Unternehmen, für die die jeweiligen Rechtsregeln zu beachten sind.

Die GmbH & Co. KG eröffnet die Möglichkeit der Haftungsbeschränkung, d.h. keine natürliche Person haftet unbeschränkt persönlich. Zum anderen kann eine gesellschaftsfremde Person über die GmbH zum Geschäftsführer mit Vertretungsbefugnis nach außen zu bestellen.

Die GmbH & Co. KG wird wie jede andere KG durch einen Gesellschaftsvertrag errichtet. Je nach Ausgangslage kann die Gründung der GmbH & Co. KG folgendermaßen vorgenommen werden:

- Sowohl die GmbH als auch die KG werden neu gegründet.
- In einer bestehenden KG übernimmt eine GmbH die bisher von einer natürlichen Person eingenommene Stellung des Komplementärs. Der bisherige Komplementär überträgt seinen Gesellschaftsanteil an die GmbH und scheidet aus der KG aus, er wird Kommanditist oder alle bisherigen Komplementäre bringen ihre Gesellschaftsanteile in die GmbH ein.
- Ist die GmbH bereits vorhanden, ist lediglich noch der Abschluss eines Kommanditgesellschaftsvertrags mit den Kommanditisten erforderlich.

Die GmbH & Co. KG ist als Handelsgesellschaft zum Handelsregister anzumelden.

Geschäftsführung und Vertretung
Soweit der Gesellschaftsvertrag nichts anderes regelt, ist der Komplementär zur Geschäftsführung berufen. Vertretungsberechtigt ist immer nur der Komplementär. Da es sich bei der GmbH & Co. KG beim Komplementär um eine GmbH handelt, ist es möglich, jede natürliche Person zum Geschäftsführer zu berufen, wodurch auch die KG durch eine gesellschaftsfremde Person vertreten wird.

Firma der GmbH & Co. KG
Die Firma der GmbH & Co. KG kann als Personen-, Sach- oder Phantasiefirma gebildet werden. Auch Mischformen sind zulässig. Wenn in einer KG keine natürliche Person persönlich haftet, muss die Firma eine Bezeichnung enthalten, welche die Haftungsbeschränkung kennzeichnet (§ 19 Abs. 2 HGB).
Beispiele: Arthur Becker Tiefbauunternehmung GmbH & Co. KG; Bormann Containerdienst GmbH & Co. KG
Bestandteile der Firma der GmbH, die deren Gesellschaftsgegenstand entnommen sind, wie z. B. Verwaltungsgesellschaft, Geschäftsführungsgesellschaft, Besitzgesellschaft, Beteiligungsgesellschaft, können in der Firma der KG als irreführend weggelassen werden, wenn die KG einen anderen Gesellschaftszweck verfolgt.
Sind neben der GmbH noch weitere persönlich haftende Gesellschafter in der KG vorhanden, so kann die Firma auch mit dem Namen eines anderen Komplementärs gebildet werden. Der Name der GmbH braucht dann gar nicht mehr in der Firma angegeben werden.

Angaben auf Geschäftsbriefen
Auf allen Geschäftsbriefen der GmbH & Co. KG, die an einen bestimmten Empfänger gerichtet werden, müssen die Rechtsform und der Sitz der Gesellschaft, das Registergericht und die Nummer, unter der die Gesellschaft in das Handelsregister eingetragen ist (§ 177a i.V.m. § 125a HGB), ferner die Firma der Komplementär-GmbH, deren Handelsregisternummer sowie deren Geschäftsführer (§ 35a GmbHG) angegeben werden.

Vorteile der GmbH & Co. KG:
- Möglichkeit der Haftungsbeschränkung,
- Möglichkeit zur Bestellung einer gesellschaftsfremden Person zum Geschäftsführer mit Vertretungsbefugnis.

Nachteile der GmbH & Co. KG:
- hohe Gründungskosten,
- aufwändiger Jahresabschluss.

3.4.8 Die Aktiengesellschaft (AG)

Gesetzliche Grundlagen: §§ 1 ff. AktG.

> Die Aktiengesellschaft (AG) ist eine Kapitalgesellschaft mit eigener Rechtspersönlichkeit (juristische Person) zu jedem gesetzlich zulässigen Zweck, bei der die Haftung auf das Gesellschaftsvermögen beschränkt ist.

Eigene Rechtspersönlichkeit bedeutet, dass die Gesellschaft selbst Träger eigener Rechte ist und selbstständig im Rechtsverkehr – vertreten durch ihren Vorstand – handelt. In Ausnahmefällen ist die Vertretung durch den Aufsichtsrat oder durch den Vorstand und den Aufsichtsrat gemeinsam möglich. Sie schließt Verträge, hat eigenes Einkommen und Vermögen und muss Steuern bezahlen. Alle Handlungen, die das Unternehmen betreffen, werden der Gesellschaft und nicht den Gesellschaftern (Aktionären) zugerechnet.

Beschränkte Haftung bedeutet, dass sich Gläubiger der Gesellschaft nur aus dem Gesellschaftsvermögen, nicht aber auch aus dem Privatvermögen der Gesellschafter befriedigen können. Das Vermögen der Gesellschaft steht den Gläubigern allerdings in seiner Gesamtheit zur Verfügung, also nicht nur bis zur Höhe des Betrages des Grundkapitals.

Gründer
An der Feststellung der Satzung müssen sich eine oder mehrere Personen beteiligen, welche die Aktien gegen Einlagen übernehmen (§ 2 AktG). Die Gründer der Gesellschaft sind die Aktionäre, die die Satzung festgestellt haben (§ 28 AktG). Mit der Übernahme aller Aktien durch die Gründer ist die Gesellschaft errichtet (§ 29 AktG). Die Gründer haben den ersten Aufsichtsrat der Gesellschaft und den Abschlussprüfer für das erste Voll- oder Rumpfgeschäftsjahr zu bestellen. Die Bestellung bedarf notarieller Beurkundung (§ 30 Abs. 1 AktG).

Die Gründer sind der Gesellschaft als Gesamtschuldner verantwortlich für die Richtigkeit und Vollständigkeit der Angaben, die zum Zweck der Gründung der Gesellschaft über Übernahme der Aktien, Einzahlungen und die Aktien, Verwendung eingezahlter Beträge, Sondervorteile, Gründungsaufwand, Sacheinlagen und Sachübernahmen gemacht worden sind. Sie sind ferner dafür verantwortlich, dass eine zur Annahme von Einzahlungen auf das Grundkapital bestimmte Stelle hierzu geeignet ist und dass die eingezahlten Beträge zur freien Verfügung des Vorstands stehen (§ 46 Abs. 1 AktG).

Satzung (Gesellschaftsvertrag)

Für die Gründung einer Aktiengesellschaft ist der Abschluss einer Satzung erforderlich, die notariell beurkundet und von allen Gründern unterschrieben werden muss. Bevollmächtigte bedürfen einer notariell beglaubigten Vollmacht.

In der Satzungsurkunde sind anzugeben (§ 23 Abs. 2 AktG):
* die Gründer,
* bei Nennbetragsaktien der Nennbetrag, bei Stückaktien die Zahl, der Ausgabebetrag und, wenn mehrere Gattungen bestehen, die Gattung der Aktien, die jeder Gründer übernimmt und
* der eingezahlte Betrag des Grundkapitals.

Ferner muss die Satzung folgende Bestimmungen treffen (§ 23 Abs. 3 AktG):
* die Firma und den Sitz der Gesellschaft,
* den Gegenstand des Unternehmens (namentlich ist bei Industrie- und Handelsunternehmen die Art der Erzeugnisse und Waren, die hergestellt und gehandelt werden sollen, näher anzugeben),
* die Höhe des Grundkapitals,
* die Zerlegung des Grundkapitals entweder in Nennbetragsaktien oder in Stückaktien, bei Nennbetragsaktien deren Nennbeträge und die Zahl der Aktien jeden Nennbetrags, bei Stückaktien deren Zahl, außerdem, wenn mehrere Gattungen bestehen, die Gattung der Aktien und die Zahl der Aktien jeder Gattung,
* ob die Aktien auf den Inhaber oder auf den Namen ausgestellt werden und
* die Zahl der Mitglieder des Vorstands oder die Regeln, nach denen diese Zahl festgelegt wird.

Die Satzung muss nach § 23 Abs. 4 AktG ferner Bestimmungen über die Form der Bekanntmachungen der Gesellschaft enthalten. Die Satzung kann von den Vorschriften dieses Gesetzes nur abweichen, wenn es ausdrücklich zugelassen ist. Ergänzende Bestimmungen der Satzung sind zulässig (§ 23 Abs. 5 AktG).

Firma der Gesellschaft

Die Gründer der Aktiengesellschaft haben relativ großen Spielraum bei der Namensgebung. Grundsätzlich muss die Firma den Zusatz »Aktiengesellschaft« oder die Abkürzung »AG« enthalten (§ 18 Abs. 1 HGB i.V.m. § 4 AktG). Es gibt folgende Möglichkeiten:
* Die Firma darf aus einem oder mehreren Namen bestehen. (Personenfirma). Es können andere Namen als die der Aktionäre verwendet werden. Die Vornamen können, müssen aber nicht angegeben werden.
  Beispiele: Horst Hübner AG, Horst Hübner & Co. AG (mindestens zwei Gesellschafter), Hübner, Schneider und Bergmann AG (drei Gesellschafter), Horst Hübner, Gerhard Schneider & Co. AG (mindestens drei Gesellschafter).
* Die Firma kann den Gegenstand des Unternehmens enthalten (Sachfirma).
  Beispiele: Kälteanlagenbau AG, Lagertechnik AG.

- Die Firma kann als Phantasiefirma zugelassen werden, wenn dadurch das Unternehmen unterscheidungskräftig bezeichnet wird.
  Beispiele: Andromeda AG, Polar AG, Quadriga AG.
- Die Firma kann eine Kombination aus Personen-, Sach- und Phantasiefirma sein (Mischfirma).
  Beispiele: Schneider Gebäudereinigung AG, WB-Tec Computersysteme AG.

Bei der Einbringung bzw. Umwandlung eines bestehenden Unternehmens in eine AG kann die bisherige Firma fortgeführt werden, wenn das Recht zur Firmenfortführung auf die AG übertragen worden ist. Der Wechsel der Gesellschafter einer AG ist auf die Firma ohne Einfluss. Jede Änderung der Firma bedeutet eine Änderung des Gesellschaftsvertrages.

Sitz der Gesellschaft
Als Sitz der Gesellschaft ist i.d.R. der Ort zu bezeichnen, an dem die Gesellschaft einen Betrieb hat, oder an dem sich die Geschäftsleitung befindet oder die Verwaltung geführt wird (§ 5 AktG).

Gegenstand des Unternehmens
Der Gegenstand des Unternehmens kann jeder beliebige Zweck sein. Er ist eindeutig im Gesellschaftsvertrag zu bezeichnen. Um das Betätigungsfeld der Gesellschaft nicht zu sehr einzuschränken, ist es zu empfehlen, zusätzlich eine Klausel aufzunehmen, die die Möglichkeit offen lässt, auch noch in anderen Wirtschaftsbereichen tätig zu werden. Die nötigenfalls erforderliche Zustimmung des Aufsichtsrats oder der Hauptversammlung zu bestimmten Geschäften schränkt die Entscheidungsfreiheit des Vorstandes allerdings ein.

Das Recht, Zweigniederlassungen zu eröffnen, muss nicht ausdrücklich in der Satzung erwähnt werden, da dieses Recht dem Vorstand zusteht.

Grundkapital
Das Grundkapital ist der Vermögensgrundstock der AG und muss nach § 7 AktG mindestens 50.000 EUR betragen.

Die Einlagen können als Bar- und/oder als Sacheinlagen erbracht werden:
- Bareinlage
  Bei Bareinlagen muss der eingeforderte Betrag mindestens ein Viertel des geringsten Ausgabebetrags und bei Ausgabe der Aktien für einen höheren als diesen auch den Mehrbetrag umfassen (§ 36a Abs. 1 AktG). Die Bareinlage ist vor der Einreichung der Anmeldung der Gesellschaft auf ein Konto der Gesellschaft einzuzahlen und muss im Zeitpunkt der Anmeldung zur freien Verfügung des Vorstands stehen (§ 36 Abs. 2 AktG).
- Sacheinlage
  Als Einlage können auch Sachen oder Rechte (sog. Sachgründung) übertragen werden, z. B. Wertgegenstände, Betriebs- und Geschäftsausstattung, Maschinen, Kraftfahrzeuge, Grundstücke, Patente, Unternehmen. Die Sacheinlagen müssen schon vor der Anmeldung zur Eintragung in das Handelsregister zur freien Verfügung der Geschäftsführung stehen.

Aktien

Die Aktie repräsentiert einen nach der Gesamtzahl der ausgegebenen Aktien berechneten Anteil des Gesamtkapitals. Daraus folgen Rechte und Pflichten des Aktionärs gegenüber der Gesellschaft. Die Mitgliedschaft an der Aktiengesellschaft entsteht unabhängig von der Ausgabe der Aktienurkunde. In der Satzung kann die Aushändigung von Einzelurkunden ausgeschlossen werden. Vielfach wird anstelle der Einzelurkunde eine Sammelurkunde, eine Globalurkunde, ausgegeben, in der mehrere Aktien zusammengefasst werden.

Die Aktien können entweder in Nennbetragsaktien oder als Stückaktien begründet werden:
- **Nennbetragsaktien** müssen auf mindestens 1 EUR lauten. Höhere Aktiennennbeträge müssen auf volle Euro lauten (§ 8 Abs. 2 AktG). Der Anteil am Grundkapital bestimmt sich nach dem Verhältnis ihres Nennbetrags zum Grundkapital.
- **Stückaktien** lauten auf keinen Nennbetrag. Die Stückaktien einer Gesellschaft sind am Grundkapital in gleichem Umfang beteiligt. Der auf die einzelne Aktie entfallende anteilige Betrag des Grundkapitals darf 1 EUR nicht unterschreiten (§ 8 Abs. 3 AktG). Der Anteil am Grundkapital bestimmt sich nach der Zahl der Aktien.

Die Aktien können auf den Inhaber (Inhaberaktien) oder auf Namen (Namensaktien) lauten:
- Bei **Inhaberaktien** entsteht die Mitgliedschaft mit der Eintragung der Gesellschaft oder der Kapitalerhöhung. Die Übereignung richtet sich nach den Grundsätzen der Übereignung von beweglichen Sachen nach § 929 ff. BGB. Als vereinfachte Form der Übertragung ist die Abtretung der Mitgliedschaft nach den §§ 398, 413 BGB möglich.
- Aktien müssen auf Namen lauten **(Namensaktien)**, wenn sie vor der vollen Leistung des Nennbetrages oder des höheren Ausgabebetrages ausgegeben werden. Der Betrag der Teilleistungen muss in der Aktie angegeben werden (§ 10 AktG). Namensaktien sind unter Angabe des Namens, Geburtsdatums und der Adresse des Inhabers sowie der Stückzahl oder der Aktiennummer und bei Nennbetragsaktien des Betrags in das Aktienregister der Gesellschaft einzutragen (§ 67 Abs. 1 AktG). Nur der eingetragene Aktionär gilt gegenüber der Gesellschaft als befugt, die Rechte aus der Mitgliedschaft, insbesondere das Stimmrecht auszuüben (§ 67 Abs. 2 AktG).

Jede Aktie gewährt das gleiche Stimmrecht. Es können auch **Vorzugsaktien** als Aktien ohne Stimmrecht ausgegeben werden. (§ 12 AktG). Die Inhaber solcher Aktien erhalten eine nachzuzahlende Vorzugsdividende für den Verlust des Stimmrechts. Die Höhe der Vorzugsdividende kann frei vereinbart werden und beträgt i.d.R. 4 bis 6 % des Aktiennennbetrages. Die Ausgabe von stimmrechtslosen Vorzugsaktien ist allerdings auf die Höhe von 50 % des Gesamtbetrags der stimmberechtigten Aktien beschränkt. Die Bestimmung zur Ausgabe von Vorzugsaktien hat in der Satzung durch Anteilseigner zu erfolgen. Das Stimmrecht lebt allerdings wieder auf, wenn der Vorzugsbetrag nicht vollständig gezahlt und der Rückstand (einschließlich des neuen fälligen Vorzugsbetrages) im folgenden Jahr nicht ausgeglichen wird.

Gründungsbericht

Die Gründer sind nach § 32 AktG verpflichtet, einen schriftlichen Bericht (Gründungsbericht) über den Hergang der Gründung anzufertigen. Darin sind die wesentlichen Umstände darzulegen, von denen die Angemessenheit der Leistungen für Sacheinlagen oder Sachübernahmen abhängt. Darin sind anzugeben:
1. die vorausgegangenen Rechtsgeschäfte, die auf den Erwerb durch die Gesellschaft hingezielt haben,
2. die Anschaffungs- und Herstellungskosten aus den letzten beiden Jahren,
3. beim Übergang eines Unternehmens auf die Gesellschaft die Betriebserträge aus den letzten beiden Geschäftsjahren.

Im Gründungsbericht ist ferner anzugeben, ob und in welchem Umfang bei der Gründung für Rechnung eines Mitglieds des Vorstands oder des Aufsichtsrats Aktien übernommen worden sind und ob und in welcher Weise ein Mitglied des Vorstands oder des Aufsichtsrats sich einen besonderen Vorteil oder für die Gründung oder ihre Vorbereitung eine Entschädigung oder Belohnung ausbedungen hat.

Der Gründungsbericht kann gleichzeitig mit der Beurkundung des Gründungsprotokolls erstellt werden.

Gründungsprüfung

Die Mitglieder des Vorstands und des Aufsichtsrats haben nach § 33 AktG den Hergang der Gründung zu prüfen. Die Prüfung hat durch einen oder mehrere Prüfer (vom Gericht nach Anhörung der IHK bestellte Gründungsprüfer) stattzufinden, wenn
1. ein Mitglied des Vorstands oder des Aufsichtsrats zu den Gründern gehört oder
2. bei der Gründung für Rechnung eines Mitglieds des Vorstands oder des Aufsichtsrats Aktien übernommen worden sind oder
3. ein Mitglied des Vorstands oder des Aufsichtsrats sich einen besonderen Vorteil oder für die Gründung oder ihre Vorbereitung eine Entschädigung oder Belohnung ausbedungen hat oder
4. eine Gründung mit Sacheinlagen oder Sachübernahmen vorliegt.

Die Prüfung durch die Mitglieder des Vorstands und des Aufsichtsrats sowie die Prüfung durch die Gründungsprüfer erstreckt sich nach § 34 AktG darauf,
1. ob die Angaben der Gründer über die Übernahme der Aktien, über die Einlagen auf das Grundkapital sowie über die Festsetzungen bzgl. Sondervorteile und Sacheinlagen oder Sachübernahmen richtig und vollständig sind,
2. ob der Wert der Sacheinlagen oder Sachübernahmen den geringsten Ausgabebetrag der dafür zu gewährenden Aktien oder den Wert der dafür zu gewährenden Leistungen erreicht.

Über jede Prüfung ist schriftlich zu berichten (§ 34 Abs. 2 AktG). In diesem Bericht ist der Gegenstand jeder Sacheinlage oder Sachübernahme zu beschreiben sowie anzugeben, welche Bewertungsmethoden bei der Ermittlung des Wertes angewandt worden sind. Je ein Exemplar des Gründungsberichtes ist dem Registergericht und dem Vorstand auszuhändigen. Jedermann kann beim Registergericht den Bericht einsehen.

Vorstand

Der Vorstand hat unter eigener Verantwortung die Gesellschaft zu leiten (§ 76 Abs. 1 AktG). Der Vorstand kann aus einer oder mehreren Personen bestehen. Bei Gesellschaften mit einem Grundkapital von mehr als 3 Mio. EUR hat er aus mindestens zwei Personen zu bestehen, es sei denn, die Satzung bestimmt, dass er aus einer Person besteht (§ 76 Abs. 2 AktG).

Besteht der Vorstand aus mehreren Personen, so sind sämtliche Vorstandsmitglieder nur gemeinschaftlich zur Geschäftsführung befugt (§ 77 Abs. 1 AktG). Die Satzung oder die Geschäftsordnung des Vorstands kann Abweichendes bestimmen. Der Vorstand kann sich eine Geschäftsordnung geben, wenn nicht die Satzung den Erlass der Geschäftsordnung dem Aufsichtsrat übertragen hat oder der Aufsichtsrat eine Geschäftsordnung für den Vorstand erlässt.

Der Vorstand vertritt die Gesellschaft gerichtlich und außergerichtlich (§ 78 Abs. 1 AktG). Besteht der Vorstand aus mehreren Personen, so sind, wenn die Satzung nichts anderes bestimmt, sämtliche Vorstandsmitglieder nur gemeinschaftlich zur Vertretung der Gesellschaft befugt (§ 78 Abs. 2 AktG). Die Satzung oder der durch die Satzung ermächtigte Aufsichtsrat kann auch bestimmen, dass einzelne Vorstandsmitglieder allein oder in Gemeinschaft mit einem Prokuristen zur Vertretung der Gesellschaft befugt sind (§ 78 Abs. 3 AktG). Zur Gesamtvertretung befugte Vorstandsmitglieder können einzelne von ihnen zur Vornahme bestimmter Geschäfte oder bestimmter Arten von Geschäften ermächtigen (§ 78 Abs. 4 AktG).

Vorstandsmitglieder zeichnen für die Gesellschaft, indem sie der Firma der Gesellschaft oder der Benennung des Vorstands ihre Namensunterschrift hinzufügen (§ 79 AktG). Jede Änderung des Vorstands oder der Vertretungsbefugnis eines Vorstandsmitglieds hat der Vorstand zur Eintragung in das Handelsregister anzumelden (§ 81 Abs. 1 AktG). Die Vertretungsbefugnis des Vorstands kann nicht beschränkt werden (§ 82 Abs. 1 AktG).

Die Bestellung der Vorstandsmitglieder erfolgt durch den Aufsichtsrat auf höchstens fünf Jahre. Eine wiederholte Bestellung oder Verlängerung der Amtszeit, jeweils für höchstens fünf Jahre, ist zulässig (§ 84 Abs. 1 AktG). Werden mehrere Personen zu Vorstandsmitgliedern bestellt, so kann der Aufsichtsrat ein Mitglied zum Vorsitzenden des Vorstands ernennen (§ 84 Abs. 2 AktG). Der Aufsichtsrat kann die Bestellung zum Vorstandsmitglied und die Ernennung zum Vorsitzenden des Vorstands widerrufen, wenn ein wichtiger Grund vorliegt (§ 84 Abs. 3 AktG).

Die Vorstandsmitglieder dürfen ohne Einwilligung des Aufsichtsrats weder ein Handelsgewerbe betreiben noch im Geschäftszweig der Gesellschaft für eigene oder fremde Rechnung Geschäfte machen. Sie dürfen ohne Einwilligung auch nicht Mitglied des Vorstands oder Geschäftsführer oder persönlich haftender Gesellschafter einer anderen Handelsgesellschaft sein (§ 88 Abs. 1 AktG).

Der Vorstand hat dem Aufsichtsrat nach § 90 Abs. 1 AktG zu berichten über

- die beabsichtigte Geschäftspolitik und andere grundsätzliche Fragen der Unternehmensplanung (insbesondere die Finanz-, Investitions- und Personalplanung),

- die Rentabilität der Gesellschaft, insbesondere die Rentabilität des Eigenkapitals,
- den Gang der Geschäfte, insbesondere den Umsatz, und die Lage der Gesellschaft,
- Geschäfte, die für die Rentabilität oder Liquidität der Gesellschaft von erheblicher Bedeutung sein können.

Außerdem ist dem Vorsitzenden des Aufsichtsrats aus sonstigen wichtigen Anlässen zu berichten. Als wichtiger Anlass ist auch ein dem Vorstand bekannt gewordener geschäftlicher Vorgang bei einem verbundenen Unternehmen anzusehen, der auf die Lage der Gesellschaft von erheblichem Einfluss sein kann.

Der Vorstand hat dafür zu sorgen, dass die erforderlichen Handelsbücher geführt werden (§ 91 Abs. 1 AktG). Er hat geeignete Maßnahmen zu treffen, insbesondere ein Überwachungssystem einzurichten, damit den Fortbestand der Gesellschaft gefährdende Entwicklungen früh erkannt werden (§ 91 Abs. 2 AktG). Ergibt sich bei der Aufstellung der Jahresbilanz oder einer Zwischenbilanz oder ist bei pflichtmäßigem Ermessen anzunehmen, dass ein Verlust in Höhe der Hälfte des Grundkapitals besteht, so hat der Vorstand unverzüglich die Hauptversammlung einzuberufen und ihr dies anzuzeigen (§ 92 Abs. 1 AktG). Wird die Gesellschaft zahlungsunfähig oder ergibt sich eine Überschuldung der Gesellschaft, so hat der Vorstand ohne schuldhaftes Zögern, spätestens aber drei Wochen nach Eintritt der Zahlungsunfähigkeit oder Überschuldung, die Eröffnung des Insolvenzverfahrens zu beantragen (§ 92 Abs. 2 AktG). Nachdem die Zahlungsunfähigkeit der Gesellschaft eingetreten ist oder sich ihre Überschuldung ergeben hat, darf der Vorstand nach § 92 Abs. 2 AktG keine Zahlungen leisten. Dies gilt nicht von Zahlungen, die auch nach diesem Zeitpunkt mit der Sorgfalt eines ordentlichen und gewissenhaften Geschäftsleiters vereinbar sind.

Aufsichtsrat
Der Aufsichtsrat besteht aus drei Mitgliedern. Die Satzung kann eine bestimmte höhere (durch drei teilbare) Zahl festsetzen. Die Höchstzahl der Aufsichtsratsmitglieder beträgt bei Gesellschaften mit einem Grundkapital bis zu 1,5 Mio. EUR neun, von mehr als 1,5 Mio. EUR fünfzehn, von mehr als 10,0 Mio. EUR einundzwanzig (§ 95 Abs. 1 AktG).

Der Aufsichtsrat setzt sich i.d.R. zusammen aus den Aufsichtsratsmitgliedern der Aktionäre (§ 96 Abs. 1 AktG).

Die Mitglieder des Aufsichtsrats werden i.d.R. von der Hauptversammlung gewählt (§ 101 Abs. 1 AktG). Ein Recht, Mitglieder in den Aufsichtsrat zu entsenden, kann nur durch die Satzung und nur für bestimmte Aktionäre oder für die jeweiligen Inhaber bestimmter Aktien begründet werden. Inhabern bestimmter Aktien kann das Entsendungsrecht nur eingeräumt werden, wenn die Aktien auf Namen lauten und ihre Übertragung an die Zustimmung der Gesellschaft gebunden ist. Die Entsendungsrechte können insgesamt höchstens für ein Drittel der sich aus dem Gesetz oder der Satzung ergebenden Zahl der Aufsichtsratsmitglieder der Aktionäre eingeräumt werden (§ 101 Abs. 2 AktG).

Aufsichtsratsmitglieder können nicht für längere Zeit als bis zur Beendigung der Hauptversammlung bestellt werden, die über die Entlastung für das vierte Geschäftsjahr nach dem Beginn der Amtszeit beschließt. Das Geschäftsjahr, in dem die Amtszeit beginnt, wird nicht mitgerechnet (§ 102 Abs. 1 AktG).

Ein Aufsichtsratsmitglied kann nicht zugleich Vorstandsmitglied, dauernd Stellvertreter von Vorstandsmitgliedern, Prokurist oder zum gesamten Geschäftsbetrieb ermächtigter Handlungsbevollmächtigter der Gesellschaft sein (§ 105 Akt. 1 AktG).

Der Aufsichtsrat hat nach näherer Bestimmung der Satzung aus seiner Mitte einen Vorsitzenden und mindestens einen Stellvertreter zu wählen (§ 107 Abs. 1 AktG).

Der Aufsichtsrat hat die Geschäftsführung zu überwachen (§ 111 Abs. 1 AktG). Er kann die Bücher und Schriften der Gesellschaften sowie die Vermögensgegenstände, namentlich die Gesellschaftskasse und die Bestände an Wertpapieren und Waren, einsehen und prüfen. Er kann damit auch einzelne Mitglieder oder für bestimmte Aufgaben besondere Sachverständige beauftragen. Er erteilt dem Abschlussprüfer den Prüfungsauftrag für den Jahres- und den Konzernabschluss (§ 111 Abs. 2 AktG). Der Aufsichtsrat hat eine Hauptversammlung einzuberufen, wenn das Wohl der Gesellschaft es erfordert (§ 111 Abs. 3 AktG).

Den Aufsichtsratsmitgliedern kann für ihre Tätigkeit eine Vergütung gewährt werden. Sie soll in einem angemessenem Verhältnis zu den Aufgaben der Aufsichtsratsmitglieder und zur Lage der Gesellschaft stehen. Die Vergütung kann in der Satzung festgesetzt oder von der Hauptversammlung bewilligt werden (§ 113 Abs. 1 AktG).

Hauptversammlung

Die Aktionäre üben ihre Rechte in den Angelegenheiten der Gesellschaft in der Hauptversammlung aus, soweit das Gesetz nichts anderes bestimmt (§ 118 Abs. 1 AktG). Die Mitglieder des Vorstands und des Aufsichtsrats sollen an der Hauptversammlung teilnehmen (§ 118 Abs. 3 AktG).

Die Hauptversammlung beschließt nach § 119 Abs. 1 AktG in den im Gesetz und in der Satzung ausdrücklich bestimmten Fällen über

- die Bestellung der Mitglieder des Aufsichtsrats,
- die Verwendung des Bilanzgewinns,
- die Entlastung der Mitglieder des Vorstands und des Aufsichtsrats,
- die Bestellung des Abschlussprüfers,
- Satzungsänderungen,
- Maßnahmen der Kapitalbeschaffung und der Kapitalherabsetzung,
- die Bestellung von Prüfern zur Prüfung von Vorgängen bei der Gründung oder der Geschäftsführung,
- die Auflösung der Gesellschaft.

Die Hauptversammlung beschließt alljährlich in den ersten acht Monaten des Geschäftsjahres über die Entlastung der Mitglieder des Vorstands und über die Entlastung der Mitglieder des Aufsichtsrats (§ 120 Abs. 1 AktG). Durch die Entlastung billigt die Hauptversammlung die Verwaltung der Gesellschaft durch die Mitglieder des Vorstands und des Aufsichtsrats (§ 120 Abs. 2 AktG). Die Verhandlung über die Entlastung soll mit der Verhandlung über die Verwendung des Bilanzgewinns verbunden werden (§ 120 Abs. 3 AktG).

Die Hauptversammlung ist in den durch Gesetz oder Satzung bestimmten Fällen sowie dann einzuberufen, wenn das Wohl der Gesellschaft es erfordert (§ 121 Abs. 1 AktG). Die Hauptversammlung wird durch den Vorstand einberufen, der darüber mit einfacher Mehrheit beschließt (§ 121 Abs. 2 AktG). Die Einberufung muss die Firma, den Sitz der Gesellschaft, Zeit und Ort der Hauptversammlung enthalten (§ 121 Abs. 3 AktG). Zudem ist die Tagesordnung anzugeben. Die Einberufung ist in den Gesellschaftsblättern bekannt zu machen (§ 121 Abs. 4 AktG). Wenn die Satzung nichts anderes bestimmt, soll die Hauptversammlung am Sitz der Gesellschaft stattfinden (§ 121 Abs. 5 AktG). Sind alle Aktionäre erschienen oder vertreten, kann die Hauptversammlung Beschlüsse ohne Einhaltung von Frist- und Formvorschriften des Aktienrechts fassen, sofern kein Aktionär der Beschlussfassung widerspricht (§ 121 Abs. 6 AktG).

Die Hauptversammlung ist mindestens 30 Tage vor dem Tag der Versammlung einzuberufen (§ 123 Abs. 1 AktG). Die Satzung kann die Teilnahme an der Hauptversammlung oder die Ausübung des Stimmrechts davon abhängig machen, dass die Aktionäre sich vor der Hauptversammlung anmelden (§ 123 Abs. 2 AktG). Die Anmeldung muss der Gesellschaft unter der in der Einberufung hierfür mitgeteilten Adresse mindestens sechs Tage vor der Hauptversammlung zugehen. In der Satzung oder in der Einberufung aufgrund einer Ermächtigung durch die Satzung kann eine kürzere Frist vorgesehen werden.

Die Hauptversammlung kann sich mit einer Mehrheit, die mindestens drei Viertel des bei der Beschlussfassung vertretenen Grundkapitals umfasst, eine Geschäftsordnung mit Regeln für die Vorbereitung und Durchführung der Hauptversammlung geben (§ 129 Abs. 1 AktG). In der Hauptversammlung ist ein Verzeichnis der erschienenen oder vertretenen Aktionäre und der Vertreter von Aktionären mit Angabe ihres Namens und Wohnorts sowie bei Nennbetragsaktien des Betrags, bei Stückaktien der Zahl der von jedem vertretenen Aktien unter Angabe ihrer Gattung aufzustellen. Jeder Beschluss der Hauptversammlung ist durch eine über die Verhandlung notariell aufgenommene Niederschrift zu beurkunden (§ 130 Abs. 1 AktG). Bei nichtbörsennotierten Gesellschaften reicht eine vom Vorsitzenden des Aufsichtsrats zu unterzeichnende Niederschrift aus, soweit keine Beschlüsse gefasst werden, für die das Gesetz eine Dreiviertel- oder größere Mehrheit bestimmt.

Jeder Aktionär ist auf Verlangen in der Hauptversammlung vom Vorstand Auskunft über die Angelegenheiten der Gesellschaft zu geben, soweit sie zur sachgemäßen Beurteilung des Gegenstands der Tagesordnung erforderlich ist (§ 131 Abs. 1 AktG).

Die Beschlüsse der Hauptversammlung bedürfen der Mehrheit der abgegebenen Stimmen (einfache Stimmenmehrheit), soweit nicht das Gesetz oder die Satzung eine größere Mehrheit oder weitere Erfordernisse bestimmen (§ 133 Abs. 1 AktG). Das Stimmrecht wird nach Aktiennennbeträgen, bei Stückaktien nach deren Zahl ausgeübt (§ 134 Abs. 1 AktG).

Angaben auf Geschäftsbriefen

Auf allen Geschäftsbriefen, die an einen bestimmten Empfänger gerichtet werden, müssen die Rechtsform und der Sitz der Gesellschaft, das Registergericht des Sitzes der Gesellschaft und die Nummer, unter der die Gesellschaft in das Handelsregister eingetragen ist, sowie alle Vorstandsmitglieder und der Vorsitzende des Aufsichts-

Aktiengesellschaft mit eigener Rechtspersönlichkeit
Eintragung der AG in das HR und öffentliche Bekanntmachung der Eintragung

Prüfung der ordnungsgemäßen Errichtung u. Anmeldung der Gesellschaft
durch das Registergericht

Anmeldung der Gesellschaft beim Registergericht zur Eintragung in das HR
von allen Gründern und Mitgliedern des Vorstands und des Aufsichtsrats

Prüfung der Gründung durch Vorstand und Aufsichtsrat
ggf. auch durch einen oder mehrere Prüfer (Gründungsprüfer)

Schriftlicher Gründungsbericht
durch die Gründer

Einzahlung des Grundkapitals auf ein Konto der Gesellschaft
Mindestnennbetrag: 50.000 €

Bestellung der Organe der Gesellschaft
Die Gründer bestellen den ersten AR der Gesellschaft und den Abschlussprüfer (notarielle Beurkundung erforderlich). Der erste AR bestellt den ersten Vorstand.

Übernahme aller Aktien durch die Gründer
Durch notarielle Beurkundung der Aktienübernahme gilt die AG als errichtet.

Feststellung der Satzung
durch notarielle Beurkundung

Ausarbeitung der Satzung
Die Gründer regeln vertraglich die Einzelheiten ihres Vorhabens.

Gründung einer Vorgründungsgesellschaft
Die Gründer können natürliche oder juristische Personen sein.
Eine Person reicht aus.

Abb. 42: Schritte zur Gründung einer Aktiengesellschaft

rats mit dem Familiennamen und mindestens einem ausgeschriebenen Vornamen angegeben werden (§ 80 Abs. 1 AktG). Der Vorsitzende des Vorstands ist als solcher zu bezeichnen. Dies gilt nicht bei Mitteilungen oder Berichten, die im Rahmen einer bestehenden Geschäftsverbindung ergehen und für die üblicherweise Vordrucke verwendet werden, in denen lediglich die im Einzelfall erforderlichen Angaben eingefügt zu werden brauchen (§ 80 Abs. 2 AktG). Bestellscheine gelten als Geschäftsbriefe (§ 80 Abs. 3 AktG).

Vorteile der AG:
- wesentliche Erleichterungen für nichtbörsennotierte kleine Aktiengesellschaften,
- die Haftungsbeschränkung der Gesellschafter (Aktionäre),
- kreditunabhängiger durch den Zugang zum Eigenkapitalmarkt (Börse),
- Kapitalbeschaffung durch die Ausgabe von Vorzugsaktien, ohne des Einfluss auf das Unternehmen zu verlieren,
- die einfache Veräußerung und Übertragung von Geschäftsanteilen,
- bei Namensaktien kann die Verkehrsfähigkeit eingeschränkt werden, indem die Übertragung von Geschäftsanteilen erst nach Zustimmung der Gesellschaft übertragen werden kann,
- bei Insolvenz Risikoabwälzung auf die Gläubiger,
- besseres Image bei Investoren, Banken und Lieferanten aufgrund der Ausstattung mit einem Mindestgrundkapital,
- keine Mitbestimmung unter 501 Beschäftigten,
- größerer Bekanntheitsgrad durch die erforderliche höhere Publizität der Börseneinführung.

Nachteile der AG:
- Gefahr eines nur schwer kontrollierbaren Fremdeinflusses,
- der Verkauf von Aktien an der Börse kann weniger Gewinn bringend sein als der Verkauf des gesamten Unternehmens oder von entsprechenden Teilen des Unternehmens,
- höhere Gründungskosten, hohe Kosten bei der Börseneinführung
- wie bei Zahlungsunfähigkeit ist auch bei Überschuldung der Vorstand verpflichtet, die Eröffnung des Insolvenzverfahrens zu beantragen,
- aufwändiger Jahresabschluss.

Satzung

§ 1 Firma und Sitz
(1) Die Firma der Gesellschaft lautet:
»MedTech Manfred Schmidt AG«.
(2) Die Gesellschaft hat ihren Sitz in Berlin.

§ 2 Gegenstand des Unternehmens
(1) Der Gegenstand des Unternehmens ist der Groß- und Einzelhandel mit medizinischen Geräten aller Art.
(2) Die Gesellschaft ist berechtigt, im In- und Ausland weitere gleichartige oder ähnliche Unternehmen zu gründen, bestehende zu erwerben oder sich an anderen Unternehmen zu beteiligen, Niederlassungen errichten sowie sämtliche Geschäfte zu betreiben, die geeignet sind, den Zweck der Gesellschaft zu fördern.

§ 3 Dauer der Gesellschaft und Geschäftsjahr
(1) Die Dauer der Gesellschaft ist nicht auf eine bestimmte Zeit beschränkt.
(2) Das Geschäftsjahr ist das Kalenderjahr.

§ 4 Grundkapital
Das Grundkapital der Gesellschaft beträgt 50.000 EUR. Es ist eingeteilt in 10.000 Namensaktien im Nennbetrag von je 5 EUR.

§ 5 Aktien
(1) Die Aktien lauten auf den Namen der Aktionäre.
(2) Die Aktien können nur mit Zustimmung der Gesellschaft übertragen werden. Über die Zustimmung entscheidet der Aufsichtsrat. Die Zustimmungserklärung der Gesellschaft wird vom Vorstand gegenüber dem Veräußerer oder dem Erwerber der Aktien erteilt. Die Zustimmung ist zu erteilen, wenn die Aktionäre die Aktien auf ihre Ehegatten oder Abkömmlinge übertragen wollen.
(3) Die Form der Aktienurkunden bestimmt der Vorstand mit Zustimmung des Aufsichtsrats. Die Gesellschaft kann über die Aktien nur eine Urkunde ausstellen.
(4) Wird eine Kapitalerhöhung vorgenommen, so haben die neuen Aktien ebenfalls auf den Namen der Aktionäre zu lauten. Die jungen Aktien können mit Vorzügen bei der Gewinnverteilung versehen werden.

§ 6 Einziehung von Aktien
(1) Die Einziehung von Aktien ist nach § 237 AktG zwangsweise zulässig.
(2) Die Zwangseinziehung kann erfolgen, wenn
a) über das Vermögen des betroffenen Aktionärs das Insolvenzverfahren rechtskräftig eröffnet oder die Eröffnung eines solchen Verfahrens mangels Masse abgelehnt worden ist oder der Aktionär nach § 807 ZPO die Richtigkeit seines Vermögensverzeichnisses an Eides statt versichert hat,
b) die Aktien des betroffenen Aktionärs ganz oder teilweise gepfändet oder in sonstiger Weise in diese vollstreckt wird,
c) die Aktien des betroffenen Aktionärs von Todes wegen auf andere Personen als den Ehegatten oder seine ehelichen Abkömmlinge übergehen.
(3) Die Einziehungsbedingungen werden von der Hauptversammlung festgesetzt.

§ 7 Vorstand
(1) Der Vorstand der Gesellschaft besteht aus einer oder mehreren Personen. Besteht der Vorstand nur aus einer Person, so vertritt diese die Gesellschaft allein. Sind mehrere Vorstandsmitglieder bestellt, so wird die Gesellschaft durch zwei Vorstandsmitglieder gemeinschaftlich oder durch ein Vorstandsmitglied gemeinsam mit einem Prokuristen vertreten.
(2) Der Aufsichtsrat bestimmt die Zahl der Vorstandsmitglieder. Er kann einen Vorsitzenden und einen stellvertretenden Vorsitzenden des Vorstandes ernennen. Der Aufsichtsrat kann einzelnen oder allen Vorstandsmitgliedern die Befugnis zur Alleinvertretung erteilen und sie von den Beschränkungen des § 181 BGB befreien.
(3) Die Vorstandsmitglieder werden auf höchstens fünf Jahre bestellt.
(4) Die Führung der Geschäfte durch den Vorstand wird durch eine vom Vorstand einstimmig zu beschließende Geschäftsordnung festgelegt. Die Geschäftsordnung bedarf der Zustimmung des Aufsichtsrats.
(5) Die Beschlüsse des Vorstandes werden mit einfacher Stimmenmehrheit gefasst. Bei Stimmengleichheit entscheidet die Stimme des Vorsitzenden.

§ 8 Aufsichtsrat
(1) Der Aufsichtsrat besteht aus sechs Mitgliedern. Er wählt im unmittelbaren Anschluss an seine Wahl durch die Hauptversammlung aus seiner Mitte einen Vorsitzenden und dessen Stellvertreter.
(2) Der Aufsichtsrat muss mindestens einmal im Kalenderjahr einberufen werden. Der Vorsitzende, ersatzweise sein Stellvertreter, beruft die Sitzungen des Aufsichtsrats mündlich, schriftlich, telefonisch, durch Telefax oder durch E-Mail mit einer Frist von vierzehn Tagen ein.
(3) Die Beschlüsse des Aufsichtsrats bedürfen der einfachen Mehrheit der abgegebenen Stimmen. Der Aufsichtsrat ist beschlussfähig, wenn mindestens die Hälfte seiner Mitglieder, darunter der Vorsitzende oder sein Stellvertreter, an der Beschlussfassung teilnehmen. Bei Stimmengleichheit entscheidet die Stimme des Vorsitzenden oder, falls der Vorsitzende nicht teilnimmt, die Stimme des Stellvertreters.
(4) Die Aufsichtsratsmitglieder erhalten nach Ablauf des Geschäftsjahres neben dem Ersatz ihrer Auslagen eine angemessene Vergütung, die von der Hauptversammlung festgelegt wird. Der Vorsitzende des Aufsichtsrats erhält die doppelte, sein Stellvertreter die eineinhalbfache Vergütung.

§ 9 Hauptversammlung
(1) Die Hauptversammlung findet am Sitz der Gesellschaft statt.
(2) Die Einberufung erfolgt durch den Vorstand oder in den gesetzlich vorgeschriebenen Fällen durch den Aufsichtsrat unter Mitteilung der Tagesordnung mittels eingeschriebenem Brief an die einzelnen Aktionäre mit einer Frist von einem Monat.
(3) Den Vorsitz in der Hauptversammlung führt der Vorsitzende des Aufsichtsrats, im Falle der Verhinderung sein Stellvertreter. Ist auch der Stellvertreter des Vorsitzenden des Aufsichtsrats verhindert, wird der Vorsitzende der Hauptversammlung durch den Aufsichtsrat mit Mehrheitsbeschluss gewählt.
(4) Die Hauptversammlung kann Beschlüsse ohne eine förmliche Einberufung fassen, wenn alle Aktionäre erschienen oder vertreten sind.
(5) Zur Teilnahme an der Hauptversammlung und zur Ausübung des Stimmrechts sind alle Aktionäre berechtigt, die am Tag der Hauptversammlung im Aktienbuch der Gesellschaft eingetragen sind. Umschreibungen im Aktienbuch finden innerhalb der letzten zehn Tage vor der Hauptversammlung nicht mehr statt.

(6) Jede Aktie gewährt eine Stimme. Das Stimmrecht steht dem Aktionär, wenn auf die Aktie die gesetzliche Mindesteinlage geleistet ist.

(7) Die Beschlüsse der Hauptversammlung werden mit einfacher Mehrheit der abgegebenen Stimmen und soweit eine Kapitalmehrheit erforderlich ist, mit einfacher Kapitalmehrheit gefasst, sofern das Gesetz nicht zwingend etwas anderes bestimmt. Wahlen erfolgen mit einfacher Stimmenmehrheit.

(8) Die Hauptversammlung ist beschlussfähig, wenn mehr als die Hälfte des Grundkapitals vertreten ist. Bei fehlender Beschlussfähigkeit ist die Hauptversammlung mit der gleichen Tagesordnung während der folgenden drei Monate erneut einzuberufen. Die nachfolgende Hauptversammlung ist auch dann beschlussfähig, wenn weniger als die Hälfte des Grundkapitals vertreten ist.

(9) Über die Verhandlungen der Hauptversammlung ist eine vom Vorsitzenden des Aufsichtsrat zu unterzeichnende Niederschrift anzufertigen. Werden Beschlüsse gefasst, für die das Gesetz eine Dreiviertel- oder größere Mehrheit bestimmt, so ist die Niederschrift notariell zu beurkunden.

§ 10 Jahresabschluss

(1) Der Vorstand hat in den ersten drei Monaten des Geschäftsjahres den Jahresabschluss sowie den Lagebericht für das vergangene Geschäftsjahr aufzustellen und dem Abschlussprüfer vorzulegen. Der geprüfte Jahresabschluss ist unverzüglich dem Aufsichtsrat vorzulegen. Der Vorstand hat dem Aufsichtsrat zugleich den Vorschlag mitzuteilen, den er der Hauptversammlung für die Verwendung des Bilanzgewinns machen will.

(2) Der Aufsichtsrat hat den Jahresabschluss, den Lagebericht und den Vorschlag für die Verwendung des Bilanzgewinns zu prüfen und über das Ergebnis der Prüfung schriftlich an die Hauptversammlung zu berichten. Er hat seinen Bericht innerhalb eines Monats nach Zugang der Vorlage dem Vorstand zuzuleiten.

(3) Nach Eingang des Berichts des Aufsichtsrats ist unverzüglich die ordentliche Hauptversammlung einzuberufen. Sie stellt den Jahresabschluss fest. Für die Verwendung des Jahresüberschusses gelten die gesetzlichen Vorschriften.

§ 11 Bekanntmachungen

Die gesetzlich vorgeschriebenen Bekanntmachungen der Gesellschaft erfolgen ausschließlich im elektronischen Bundesanzeiger.

§ 12 Gründungskosten

Die Kosten und Steuern der Gründung trägt die Gesellschaft bis zu einem Höchstbetrag von 7.500 EUR.

§ 13 Satzungsänderungen

Der Aufsichtsrat ist ermächtigt, Änderungen der Satzung, die nur die Fassung betreffen, mit Stimmenmehrheit zu beschließen.

Abb. 43: Muster für die Satzung einer Aktiengesellschaft (AG)
(Word-Fassung im Download-Bereich)

Die Gründung einer AG durch eine Person (Einpersonen-AG)

Eine AG kann auch durch eine Person allein gegründet werden. Der Gründer muss über die finanziellen Möglichkeiten verfügen, um das gesamte Aktienkapital zu übernehmen. Er hat für den nicht eingezahlten Betrag eine Sicherung (z. B. Bankbürgschaft) zu stellen.

Gehören alle Aktien allein oder neben der Gesellschaft einem Aktionär, ist unverzüglich eine entsprechende Mitteilung unter Angabe von Name, Vorname, Geburtsdatum und Wohnort des alleinigen Aktionärs zum Handelsregister einzureichen (§ 42 AktG).

Amtlicher Markt	Zugangsvoraussetzungen: • die Unternehmen müssen mindestens drei Jahre bestehen und ihre Jahresabschlüsse offengelegt haben (§ 3 Abs. 1 BörsZulV) • der Kurswert der Aktien muss mindestens 1,25 Mio. EUR betragen (§ 2 Abs. 1 BörsZulV) • die Mindeststückzahl der Wertpapiere muss 10.000 betragen (§ 2 Abs. 3 BörsZulV) • es können auch geringere Beträge zugelassen werden, wenn sich ein ausreichender Markt bilden wird (§ 2 Abs. 4 BörsZulV) • Mindestangaben, die in einem Wertpapierprospekt aufzunehmen sind (§ 7 WpPG) • Pflicht zur Ad-hoc-Publizität nach § 15 WpHG, wonach unverzüglich alle neuen Tatsachen veröffentlicht werden müssen, die im Tätigkeitsbereich der Gesellschaften aufgetreten sind, bislang nicht öffentlich bekannt gemacht wurden und die geeignet sind, den Börsenkurs erheblich zu beeinflussen. → für große Unternehmen geeignet
Geregelter Markt	Zugangsvoraussetzungen: • die Unternehmen müssen mindestens drei Jahre bestehen und ihre Jahresabschlüsse offengelegt haben (§ 3 Abs. 1 BörsZulV) • die Mindeststückzahl der Wertpapiere muss 10.000 betragen (§ 2 Abs. 3 BörsZulV) • ein Unternehmensbericht mit den Angaben über die tatsächlichen und rechtlichen Verhältnisse • Veröffentlichung eines Zwischenberichts für die ersten sechs Monate des Geschäftsjahres • Pflicht zur Ad-hoc-Publizität nach § 15 WpHG • Mitteilungspflicht nach § 21 WpHG → für kleine und mittlere Unternehmen geeignet
Freiverkehr (Open Market)	Gesetzliche Regelungen: §§ 48 ff. BörsG Der Handel mit Aktien findet an den Börsen statt und wird privatrechtlich geregelt. Es sind meist kleine und mittlere Unternehmen notiert, die von einer einfachen, schnellen und kosteneffizienten Einbeziehung in den Börsenhandel profitieren.

Abb. 44: Marktsegmente der Börse für den Aktienhandel

Die Börseneinführung (Going-public)
Der Börsengang (Going-public oder IPO, d. h. Initial Public Offering) eröffnet auch den kleinen Aktiengesellschaften den Weg zur Beschaffung von Eigenkapital durch Kapitalerhöhung. Vor allem innovative Unternehmen mit hohem Wachstumspotenzial haben die beste Chance, durch die Ausgabe neuer Aktien die erforderlichen Mittel zur Finanzierung ihres Wachstums zu beschaffen. Der Handel der Aktien erfolgt über die Börse.

Der Börsengang muss sehr gut vorbereitet werden. Es unterliegt strengen gesetzlichen Anforderungen. Zuerst sollte mit einer **Unternehmensanalyse** die aktuelle Marktsituation dargestellt werden. Auf dieser Grundlage und Prognose der Zukunftserwartungen wird dann eine **Unternehmensplanung** einschließlich des künftigen Kapitalbedarfs erstellt.

Hat das Unternehmen noch nicht die Rechtsform der Aktiengesellschaft, sollte rechtzeitig mit den Vorbereitungen der Umwandlung begonnen werden. Je früher die Rechtsform der AG erworben ist, umso früher ist die zweijährige Nachgründungsfrist abgelaufen (§ 52 AktG).

Das Unternehmen muss die **Börsenfähigkeit** besitzen. Darunter wird die Fähigkeit des Unternehmens verstanden, sämtliche gesetzliche, wirtschaftliche und organisatorische Anforderungen, die mit dem Börsengang verbunden sind, zu erfüllen. Kriterien sind:

- überzeugendes Unternehmenskonzept bzgl. Branche, Produkt, Markt, Zukunftserwartungen,
- wirkungsvolles Planungs- und Controllingsystem,
- leistungsfähiges Rechnungswesen,
- Kapitalausstattung,
- Organisationsstruktur,
- Management.

Im **Emissionskonzept** werden die wichtigsten Rahmenbedingungen für den Börsengang festgelegt. Dazu gehören:

- Emissionshaus (Bank bzw. Bankenkonsortium bei großen Emissionsvolumen),
- Emissionsvolumen,
- Marktsegment der Börse, in dem der Aktienhandel stattfinden soll,
- Börsenplatz,
- Gattung der Aktien (Stammaktien, stimmrechtlose Vorzugsaktien oder Kombination beider Gattungen).

TIPP
Bei der Festlegung des zu platzierenden Kapitals sollten Sie unbedingt das Stimmrechtverhältnis beachten.

Vor der Ermittlung des Emissionskurses ist eine sorgfältige **Unternehmensprüfung (Due Diligence)** durchzuführen.

Die Ermittlung des optimalen **Emissionskurses** ist meistens der schwierigste Teil der Börseneinführung. Grundlage für die Festlegung des Emissionskurses ist der Unternehmenswert, der durch eine ertragsorientierte **Unternehmensbewertung** zu ermitteln ist. Dabei sind die Ertragsaussichten im Rahmen einer Planungsrechnung unter Berücksichtigung der Vergangenheit zu prognostizieren. In der Praxis werden die Empfehlungen der Deutschen Vereinigung für Finanzanalyse und Anlageberatung e.V. (DVFA) angewendet. Das Ergebnis der DVFA-Bewertung entspricht dann dem Gewinn je Aktie. Mit dem Kurs-Gewinn-Verhältnis (KGV) der Branche multipliziert ergibt dann den Emissionskurs je Aktie. Zu berücksichtigen ist noch die Verfassung (Stimmung) der Börse zum Zeitpunkt des Börsengangs.

In der Praxis hat sich zur Festsetzung des Emissionskurses das **Bookbuilding-Verfahren** durchgesetzt. Dabei werden über einen bestimmten Zeitraum Kauforders von Anlegern innerhalb einer von den Emittenten vorgesehenen Preisspanne angenommen, wobei Preisbildung und Aktienzuteilung bis zum Ende der Bookbuilding-Phase offen bleiben. Die Gesamtheit der eingehenden Aufträge bildet das Orderbuch, das sich durch die einzelnen Orders aufbaut (bookbuilding) und die Grundlage für den festzulegenden Emissionskurs darstellt.

Es ist auch üblich, den Emissionsbanken vorübergehend die Option zum Bezug weiterer Aktien im Umfang von bis zu 15% des Emissionsvolumens zum gleichen Bezugspreis einzuräumen **(Greenshoe-Option)**. Durch die Option der Mehrzuteilung sind die Banken in der Lage, den Anlegern mehr Aktien zuzuteilen.

Wertpapiere, die im regulierten Markt an einer Börse gehandelt werden sollen, bedürfen der Zulassung (§ 32 Abs. 1 BörsG). Die Zulassung ist vom Emittenten der Wertpapiere zusammen mit einem Kreditinstitut, Finanzdienstleistungsinstitut oder einem nach dem Kreditwesengesetz (KWG) tätigen Unternehmen zu beantragen. Der Zulassungsantrag ist bei der Zulassungsstelle der jeweiligen Börse einzureichen (§ 48 Abs. 1 BörsZulV). Dem Antrag sind ein Entwurf des Prospekts und die zur Prüfung der Zulassungsvoraussetzungen erforderlichen Nachweise beizufügen (§ 48 Abs. 2 BörsZulV). Der Zulassungsstelle sind auf Verlangen insbesondere vorzulegen:

- ein beglaubigter Auszug aus dem Handelsregister in der neuesten Fassung,
- die Satzung oder der Gesellschaftsvertrag in der neuesten Fassung und
- die Jahresabschlüsse und die Lageberichte für die drei Geschäftsjahre, die dem Antrag vorausgegangen sind, einschließlich der Bestätigungsvermerke der Abschlussprüfer.

Die Zulassung darf frühestens an dem auf das Datum der Einreichung des Zulassungsantrags folgenden Handelstag erfolgen (§ 50 BörsZulV). Die Zulassung wird von der Börse im elektronischen Bundesanzeiger veröffentlicht (§ 51 BörsZulV). Die Einführung der Wertpapiere darf frühestens an dem auf die erste Veröffentlichung des Wertpapierprospekts oder, wenn kein Wertpapierprospekt zu veröffentlichen ist, an dem der Veröffentlichung der Zulassung folgenden Werktag erfolgen (§ 52 BörsZulV).

Der Wertpapierprospekt muss in leicht analysierbarer und verständlicher Form sämtliche Angaben enthalten, die im Hinblick auf den Emittenten und die öffentlich angebotenen oder zum Handel an einem organisierten Markt zugelassenen Wertpapiere notwendig sind, um dem Publikum ein zutreffendes Urteil über die Vermögenswerte und Verbindlichkeiten, die Finanzlage, die Gewinne und Verluste, die Zukunftsaussichten des Emittenten und jedes Garantiegebers sowie über die mit diesen Wertpapieren verbundenen Rechte zu ermöglichen (§ 5 Abs. 1 WpPG). Insbesondere muss der Prospekt Angaben über den Emittenten und über die Wertpapiere, die öffentlich angeboten oder zum Handel an einem organisierten Markt zugelassen werden sollen, enthalten. Der Prospekt muss in einer Form abgefasst sein, die sein Verständnis und seine Auswertung erleichtert. Der Prospekt muss eine Zusammenfassung enthalten (§ 5 Abs. 2 WpPG). In der Zusammenfassung sind kurz und allgemein verständlich die wesentlichen Merkmale und Risiken zu nennen, die auf den Emittenten, jeden Garantiegeber und die Wertpapiere zutreffen.

Vor dem Börsengang ist mit professioneller **Öffentlichkeitsarbeit (Public Relations)** die Aktienemission den potenziellen Anlegern bekannt zu machen.

Mit dem erfolgreichen Verkauf der Aktien ist der Börsengang abgeschlossen.

Der Börsengang verursacht hohe Kosten. Sofern das Unternehmen noch nicht in der Rechtsform der Aktiengesellschaft geführt wird, entstehen Kosten für die Umwandlung.

Für den Börsengang entstehen Kosten für die Unternehmensprüfung (Due Diligence), für die Unternehmensbewertung, für den Prospekt einschließlich der Druckkosten, für die Veröffentlichung im elektronischen Bundesanzeiger, für die PR-Maßnahmen sowie ggf. Druckkosten bei Begebung der Aktien. Die Vergütung für das mitwirkende Emissionshaus ist Verhandlungssache. Üblich sind etwa 4 bis 5 % des Emissionswertes.

Verkauf der Aktien an der Börse
Abschluss der Börseneinführung

Öffentlichkeitsarbeit (Public Relations)
Bekanntmachung der Aktienemission bei den potenziellen Anlegern.

Börsenzulassungsverfahren
Den Zulassungsantrag an der jeweiligen Börse einreichen.

Unternehmensbewertung
Ermittlung des optimalen Emissionskurses.

Due Diligence
Sorgfältige Unternehmensprüfung

Erstellung eines Emissionskonzeptes
Es werden die wichtigsten Rahmenbedingungen für die Börseneinführung festgelegt.

Feststellung der Börsenfähigkeit
Das Unternehmen muss die für die Börseneinführung erforderlichen gesetzlichen, wirtschaftlichen und organisatorischen Anforderungen erfüllen.

Vorbereitung der Börseneinführung
Unternehmensanalyse • Unternehmensplanung

Abb. 45: Schritte der Börseneinführung

Rechtsform	Kleingewerbetreibender	Einzelkaufmann	GbR/BGB-Gesellschaft	OHG	KG	GmbH
Rechtsgestaltung	Einzelunternehmung	Einzelunternehmung	Personengesellschaft Personenzusammenschluss durch Vertrag zu einem beliebigen Zweck	Personengesellschaft Personenzusammenschluss durch Vertrag zu dem Zweck, ein Handelsgewerbe zu betreiben	Personengesellschaft Personenzusammenschluss durch Vertrag zu dem Zweck, ein Handelsgewerbe zu betreiben	Kapitalgesellschaft Notariell beurkundeter Gesellschaftsvertrag, Entstehung durch Eintragung im Handelsregister
Gesetzl. Grundlagen		§§ 1 ff. HGB	§§ 705 bis 740 BGB	§§ 105 bis 160 HGB	§§ 161 bis 177a HGB	§§ 1 ff. GmbHG
Firma	Keine Firma Vor- und Zuname des Inhabers	Personen-, Sach-, Phantasiefirma bzw. Mischfirma	Keine Firma Vor- und Zuname aller Gesellschafter	Personen-, Sach-, Phantasiefirma bzw. Mischfirma	Personen-, Sach-, Phantasiefirma bzw. Mischfirma	Personen-, Sach-, Phantasiefirma bzw. Mischfirma
Rechtliche Selbstständigkeit Rechtsfähigkeit	Rechtlich unselbstständig rechtsfähig	Rechtlich unselbstständig rechtsfähig	Rechtlich unselbstständig nicht rechtsfähig	Rechtlich selbstständig im Außenverhältnis ohne Rechtsfähigkeit	Rechtlich selbstständig im Außenverhältnis ohne Rechtsfähigkeit	Juristische Person rechtsfähig
Vermögen			Gesamthandsvermögen	Gesamthandsvermögen	Gesamthandsvermögen	Stammkapital

Abb. 46: Übersicht der Rechtsformen

Rechtsform	Kleingewerbetreibender	Einzelkaufmann	GbR/BGB-Gesellschaft	OHG	KG	GmbH
Haftung der Eigentümer für die Verbindlichkeiten des Unternehmens	Inhaber haftet unbeschränkt mit Geschäfts- und Privatvermögen	Inhaber haftet unbeschränkt mit Geschäfts- und Privatvermögen	Gesellschafter haften unbeschränkt mit Geschäfts- und Privatvermögen. Haftungsbeschränkung auf das Gesellschaftsvermögen unter best. Voraussetzungen möglich	Gesellschafter haften unbeschränkt mit Geschäfts- und Privatvermögen	Komplementäre haften unbeschränkt mit Geschäfts- und Privatvermögen. Kommanditisten haften nur in Höhe ihrer Einlage	Gesellschafter haften ausschließlich mit ihrer Einlage (Stammkapital)
Geschäftsführung (Innenverhältnis)	Inhaber	Inhaber	Gemeinsame Geschäftsführung durch alle Gesellschafter (Einstimmigkeitsprinzip)	Jeder Gesellschafter ist bei gewöhnlichen Handlungen allein geschäftsführungsbefugt (Einstimmigkeitsprinzip)	Jeder Komplementär ist geschäftsführungsbefugt (Einstimmigkeitsprinzip), die Kommanditisten haben ein Widerspruchsrecht bei ungewöhnlichen Geschäften	Mehrheitsprinzip

Abb. 46: Übersicht der Rechtsformen (Fortsetzung)

Rechtsform	Kleingewerbetreibender	Einzelkaufmann	GbR/BGB-Gesellschaft	OHG	KG	GmbH
Vertretung (Außenverhältnis)	Inhaber	Inhaber	*Alle* Gesellschafter gemeinsam Für jedes Geschäft ist die Zustimmung aller Gesellschafter erforderlich	Jeder Gesellschafter ist alleinvertretungsberechtigt	Jeder Komplementär ist alleinvertretungsberechtigt, die Kommanditisten sind von der Vertretung ausgeschlossen	Ein Geschäftsführer vertritt die Gesellschaft allein, bei mehreren Geschäftsführern vertreten sie gemeinschaftlich (Fremdorganschaft)
Kapitalausstattung	Kein Mindestkapital	Kein Mindestkapital	Kein Mindestkapital	Kein Mindestkapital	Kein Mindestkapital	25.000 EUR Die Stammeinlage jedes Gesellschafters muss mind. 100 EUR betragen. Auf jede Stammeinlage ist mind. ein Viertel sofort einzuzahlen, insges. mind. 12.500 EUR
HR-Eintragung	Nein	Ja	Nein	Ja	Ja	Ja
Kontrollrecht	Inhaber	Inhaber	Alle Gesellschafter	Alle Gesellschafter	Komplementäre Kommanditisten können Kopie des Jahresabschlusses verlangen und dessen Richtigkeit prüfen	Gesellschafterversammlung Aufsichtsrat bei mehr als 500 Arbeitnehmern

Abb. 46: Übersicht der Rechtsformen (Fortsetzung)

Rechtsform	Kleingewerbetreibender	Einzelkaufmann	GbR/BGB-Gesellschaft	OHG	KG	GmbH
Gewinnbeteiligung	Inhaber	Inhaber	Alle Gesellschafter zu gleichen Teilen	Zunächst Verzinsung der Geschäftseinlage mit 4%, der Rest wird nach Köpfen verteilt	Zunächst Verzinsung der Geschäftseinlage mit 4%, der Rest wird nach Köpfen verteilt	Verteilung nach der Höhe der Geschäftsanteile am Stammkapital
Tod eines Gesellschafters	Fortführung der Unternehmung bei Vorliegen einer Erbregelung möglich. Der Inhaberwechsel ist dem Gewerbeamt anzuzeigen	Fortführung der Unternehmung bei Vorliegen einer Erbregelung möglich, sonst Löschung von Amts wegen	Auflösung der Gesellschaft	Auflösung der Gesellschaft	Gesellschaft wird aufgelöst durch Tod eines Komplementärs. Beim Ausscheiden eines Kommanditisten besteht die Gesellschaft weiter, wenn noch mind. ein Kommanditist vorhanden ist	Gesellschaft besteht weiter
Gesellschaftsvertrag	–	–	Großer Gestaltungsspielraum	Großer Gestaltungsspielraum	Großer Gestaltungsspielraum	Eingeschränkter Gestaltungsspielraum
Rechnungslegung, Prüfung, Publizität	Wenig strenge Rechnungslegungsvorschrift, keine Prüfungs- und Publizitätspflicht	Wenig strenge Rechnungslegungsvorschrift, keine Prüfungs- und Publizitätspflicht		Wenig strenge Rechnungslegungsvorschrift, keine Prüfungs- und Publizitätspflicht	Wenig strenge Rechnungslegungsvorschrift, keine Prüfungs- und Publizitätspflicht	Gesetzliche Rechnungslegungsvorschrift, Prüfungs- und Publizitätspflicht

Abb. 46: Übersicht der Rechtsformen (Fortsetzung)

4 Die Betriebs-/Geschäftsräume

Für Ihr Vorhaben benötigen Sie Betriebs- und/oder Geschäftsräume. Nicht jede Wohnung können Sie so ohne weiteres in einen Betrieb umfunktionieren. Abgesehen von der Zustimmung des Vermieters ist eine **Zweckentfremdung von Wohnraum** nur mit Genehmigung der Kreisverwaltungsbehörde möglich. Die Genehmigung kann mit der Zahlung einer einmaligen Abstandssumme für die umzunutzenden Quadratmeter verbunden sein.

Nach den gesetzlichen Bestimmungen muss für jeden gewerblich genutzten Raum eine gewerbliche Genehmigung eingeholt werden. Hierzu ist ein Antrag auf Nutzung (bei Neubau) oder Nutzungsänderung (Änderung der Raumnutzung bei Wechsel der Betriebsart oder Änderung der Raumnutzung innerhalb eines bestehenden Betriebes) beim zuständigen Bauordnungsamt zu stellen.

Wenn Ihr Betrieb in Räumen untergebracht werden soll, die bisher anderweitig genutzt wurden (ehemalige Lagerhallen, anderes Gewerbe), handelt es sich baurechtlich um eine **Nutzungsänderung**. Der **Nutzungsänderungsantrag** muss durch folgende **Bauvorlagen** ergänzt werden:

- Katasterplan-Auszug (Maßstab 1:500, 1:1000) mit gekennzeichnetem Standort,
- Grundriss-Zeichnung der zu ändernden Räume mit Eintragung der geplanten Nutzung,
- ausführliche Betriebsbeschreibung (Formular).

Diese Unterlagen sind üblicherweise in dreifacher Anfertigung einzureichen.

Außerdem ist der **Stellplatznachweis** (Kfz-Parkplätze für Beschäftigte, Kunden, Lieferanten usw.) zu führen. Die erforderliche Anzahl der Stellplätze ist im Vorgespräch mit dem Bauordnungsamt zu erfahren. Sie ist abhängig von der Betriebsart, Betriebsgröße, Kundenfrequenz usw.

Der Antrag auf Nutzungsänderung kann sowohl vom Eigentümer als auch vom Mieter gestellt werden. Die genehmigte Nutzungsänderung ist an die Liegenschaft gebunden und nicht an die Person des Betriebsinhabers.

Unter Umständen ist auch die Änderung oder Erweiterung der Produktion eine antragspflichtige Maßnahme. Beispielsweise könnte der Betrieb an Auflagen gebunden sein.

Vor Beginn von Umbaumaßnahmen und Nutzungsänderungen sollten Sie deshalb unbedingt Auskünfte bei der Baubehörde, beim Gewerbeamt und den Gewerbeaufsichtsamt einholen, ggf. in der Form eines schriftlichen Vorbescheids.

Zunächst sollten Sie Ihren **Raumbedarf** ermitteln. Der zentrale Betriebsraum (Ladengeschäft, Werkstatt oder Büro), in dem die eigentliche Betriebsleistung erbracht wird, steht im Mittelpunkt. Planen Sie, wie viele Quadratmeter erforderlich sind, und berücksichtigen Sie auch zukünftige Erweiterungsmöglichkeiten. Dabei müssen Sie auch die notwendigen Nebenräume zählen wie z. B. Lager, Hof- und Verkehrsflächen, Garagen, Büro- und Archivräume und die Sozialräume für die Mitarbeiter (Toiletten, Wasch- und Umkleideräume, Aufenthaltsräume). Über die notwendige Größe und Ausstattung gibt die Arbeitsstättenverordnung (ArbStättV) Auskunft. Daneben sind die Unfallverhütungsvorschriften (UVV) der jeweiligen Berufsgenossenschaft und die Emissionsschutzgesetze TA-Lärm und TA-Luft zu beachten.

Die **Arbeitsstättenverordnung** dient der Sicherheit und dem Gesundheitsschutz der Beschäftigten beim Einrichten und Betreiben von Arbeitsstätten (§ 1 Abs. 1 ArbStättV). Die Verordnung gilt nicht mit Ausnahme des Nichtraucherschutzes im Reisegewerbe und Marktverkehr, in Transportmitteln, sofern diese im öffentlichen Verkehr eingesetzt werden, für Felder, Wälder und sonstige Flächen, die zu einem land- und forstwirtschaftlichen Betrieb gehören, aber außerhalb seiner bebauten Fläche liegen (§ 1 Abs. 2 ArbStättV).

Arbeitsstätten sind nach § 2 Abs. 1 ArbStättV

* Orte in Gebäuden oder im Freien, die sich auf dem Gelände eines Betriebs oder einer Baustelle befinden und die zur Nutzung für Arbeitsplätze vorgesehen sind,

* andere Orte in Gebäuden oder im Freien, die sich auf dem Gelände eines Betriebs oder einer Baustelle befinden und zu denen Beschäftigte im Rahmen ihrer Arbeit Zugang haben.

Arbeitsplätze sind Bereiche von Arbeitsstätten, in denen sich Beschäftigte bei der von ihnen auszuübenden Tätigkeit regelmäßig über einen längeren Zeitraum oder im Verlauf der täglichen Arbeitszeit nicht nur kurzfristig aufhalten müssen (§ 2 Abs. 2 ArbStättV). Arbeitsräume sind die Räume, in denen Arbeitsplätze innerhalb von Gebäuden dauerhaft eingerichtet sind (§ 2 Abs. 3 ArbStättV). Zur Arbeitsstätte gehören auch Verkehrswege, Fluchtwege, Notausgänge, Lager-, Maschinen- und Nebenräume, Sanitärräume (Umkleide-, Wasch- und Toilettenräume), Pausen- und Bereitschaftsräume, Erste-Hilfe-Räume, Unterkünfte (§ 2 Abs. 4 ArbStättV). Zur Arbeitsstätte gehören auch Einrichtungen, soweit für diese in dieser Verordnung besondere Anforderungen gestellt werden und sie dem Betrieb der Arbeitsstätte dienen. Einrichten ist die Bereitstellung und Ausgestaltung der Arbeitsstätte (§ 2 Abs. 5 ArbStättV). Das Einrichten umfasst insbesondere bauliche Maßnahmen oder Veränderungen, Ausstatten mit Maschinen, Anlagen, Mobiliar, anderen Arbeitsmitteln sowie Beleuchtungs-, Lüftungs-, Heizungs-, Feuerlösch- und Versorgungseinrichtungen, Anlegen und Kennzeichnen von Verkehrs- und Fluchtwegen, Kennzeichnen von Gefahrenstellen und brandschutztechnischen Ausrüstungen, Festlegen von Arbeitsplätzen. Betreiben von Arbeitsstätten umfasst das Benutzen und Instandhalten der Arbeitsstätte (§ 2 Abs. 6 ArbStättV).

> **Einrichten und Betreiben von Arbeitsstätten (§ 3a ArbStättV)**
>
> (1) Der Arbeitgeber hat dafür zu sorgen, dass Arbeitsstätten so eingerichtet und betrieben werden, dass von ihnen keine Gefährdungen für die Sicherheit und die Gesundheit der Beschäftigten ausgehen. Dabei hat er den Stand der Technik und insbesondere die vom Bundesministerium für Arbeit und Soziales nach § 7 Abs. 4 ArbStättV bekannt gemachten Regeln und Erkenntnisse zu berücksichtigen. Wendet der Arbeitgeber die Regeln und Erkenntnisse nicht an, muss er durch andere Maßnahmen die gleiche Sicherheit und den gleichen Gesundheitsschutz der Beschäftigten erreichen.
>
> (2) Beschäftigt der Arbeitgeber Menschen mit Behinderungen, hat er Arbeitsstätten so einzurichten und zu betreiben, dass die besonderen Belange dieser Beschäftigten im Hinblick auf Sicherheit und Gesundheitsschutz be-

> rücksichtigt werden. Dies gilt insbesondere für die barrierefreie Gestaltung von Arbeitsplätzen sowie von zugehörigen Türen, Verkehrswegen, Fluchtwegen, Notausgängen, Treppen, Orientierungssystemen, Waschgelegenheiten und Toilettenräumen.
>
> (3) Die zuständige Behörde kann auf schriftlichen Antrag des Arbeitgebers Ausnahmen von den Vorschriften dieser Verordnung einschließlich ihres Anhangs zulassen, wenn
> 1. der Arbeitgeber andere, ebenso wirksame Maßnahmen trifft oder
> 2. die Durchführung der Vorschrift im Einzelfall zu einer unverhältnismäßigen Härte führen würde und die Abweichung mit dem Schutz der Beschäftigten vereinbar ist.
> **Bei der Beurteilung sind die Belange der kleinen Betriebe besonders zu berücksichtigen.**
> (4) Soweit in anderen Rechtsvorschriften, insbesondere dem Bauordnungsrecht der Länder, Anforderungen gestellt werden, bleiben diese Vorschriften unberührt.

An das Betreiben von Arbeitsstätten bestehen besondere Anforderungen. Der Arbeitgeber hat

- die Arbeitsstätte instand zu halten und dafür zu sorgen, dass festgestellte Mängel unverzüglich beseitigt werden (§ 4 Abs. 1 ArbStättV). Können Mängel, mit denen eine unmittelbare erhebliche Gefahr verbunden ist, nicht sofort beseitigt werden, ist die Arbeit insoweit einzustellen.
- dafür zu sorgen, dass Arbeitsstätten den hygienischen Erfordernissen entsprechend gereinigt werden (§ 4 Abs. 2 ArbStättV).
- Sicherheitseinrichtungen zur Verhütung oder Beseitigung von Gefahren, insbesondere Sicherheitsbeleuchtungen, Feuerlöscheinrichtungen, Signalanlagen, Notaggregate und Notschalter sowie raumlufttechnische Anlagen in regelmäßigen Abständen sachgerecht warten und auf ihre Funktionsfähigkeit prüfen zu lassen (§ 4 Abs. 3 ArbStättV).
- dafür zu sorgen, dass Verkehrswege, Fluchtwege und Notausgänge ständig frei gehalten werden, damit sie jederzeit benutzt werden können (§ 4 Abs. 4 ArbStättV).
- hat Mittel und Einrichtungen zur Ersten Hilfe zur Verfügung zu stellen und diese regelmäßig auf ihre Vollständigkeit und Verwendungsfähigkeit prüfen zu lassen (§ 4 Abs. 5 ArbStättV).
- hat die erforderlichen Maßnahmen zu treffen, damit die nichtrauchenden Beschäftigten in Arbeitsstätten wirksam vor den Gesundheitsgefahren durch Tabakrauch geschützt sind (§ 5 ArbStättV).
- solche Arbeitsräume bereitzustellen, die eine ausreichende Grundfläche und Höhe sowie einen ausreichenden Luftraum aufweisen (§ 6 Abs. 1 ArbStättV).
- Toilettenräume bereitzustellen (§ 6 Abs. 2 ArbStättV). Wenn es die Art der Tätigkeit oder gesundheitliche Gründe erfordern, sind Waschräume vorzusehen. Geeignete Umkleideräume sind zur Verfügung zu stellen, wenn die Beschäftigten bei ihrer Tätigkeit besondere Arbeitskleidung tragen müssen und es ihnen nicht zuzumuten ist, sich in einem anderen Raum umzukleiden. Umkleide-,

Wasch- und Toilettenräume sind für Männer und Frauen getrennt einzurichten oder es ist eine getrennte Nutzung zu ermöglichen.

- bei mehr als zehn Beschäftigten, oder wenn Sicherheits- oder Gesundheitsgründe dies erfordern, den Beschäftigten ein Pausenraum oder ein entsprechender Pausenbereich zur Verfügung zu stellen (§ 6 Abs. 3 ArbStättV). Dies gilt nicht, wenn die Beschäftigten in Büroräumen oder vergleichbaren Arbeitsräumen beschäftigt sind und dort gleichwertige Voraussetzungen für eine Erholung während der Pause gegeben sind.

Zweck des **Bundes-Immissionsschutzgesetzes** (Gesetz zum Schutz vor schädlichen Umwelteinwirkungen durch Luftverunreinigungen, Geräusche, Erschütterungen und ähnliche Vorgänge) ist es, Menschen, Tiere und Pflanzen, den Boden, das Wasser, die Atmosphäre sowie Kultur- und sonstige Sachgüter vor schädlichen Umwelteinwirkungen zu schützen und dem Entstehen schädlicher Umwelteinwirkungen vorzubeugen (§ 1 Abs. 1 BImSchG). Soweit es sich um genehmigungsbedürftige Anlagen handelt, dient dieses Gesetz auch

- der integrierten Vermeidung und Verminderung schädlicher Umwelteinwirkungen durch Emissionen in Luft, Wasser und Boden unter Einbeziehung der Abfallwirtschaft, um ein hohes Schutzniveau für die Umwelt insgesamt zu erreichen, sowie
- dem Schutz und der Vorsorge gegen Gefahren, erhebliche Nachteile und erhebliche Belästigungen, die auf andere Weise herbeigeführt werden.

Die Vorschriften gelten nach § 2 Abs. 1 BImSchG u.a. für die Errichtung und den Betrieb von Anlagen, das Herstellen, Inverkehrbringen und Einführen von Anlagen. Schädliche Umwelteinwirkungen sind Immissionen, die nach Art, Ausmaß oder Dauer geeignet sind, Gefahren, erhebliche Nachteile oder erhebliche Belästigungen für die Allgemeinheit oder die Nachbarschaft herbeizuführen (§ 3 Abs. 1 BImSchG). Immissionen sind auf Menschen, Tiere und Pflanzen, den Boden, das Wasser, die Atmosphäre sowie Kultur- und sonstige Sachgüter einwirkende Luftverunreinigungen, Geräusche, Erschütterungen, Licht, Wärme, Strahlen und ähnliche Umwelteinwirkungen (§ 3 Abs. 2 BImSchG). Emissionen sind die von einer Anlage ausgehenden Luftverunreinigungen, Geräusche, Erschütterungen, Licht, Wärme, Strahlen und ähnliche Erscheinungen (§ 3 Abs. 3 BImSchG). Luftverunreinigungen sind Veränderungen der natürlichen Zusammensetzung der Luft, insbesondere durch Rauch, Ruß, Staub, Gase, Aerosole, Dämpfe oder Geruchsstoffe (§ 3 Abs. 4 BImSchG). Anlagen sind Betriebsstätten und sonstige ortsfeste Einrichtungen, Maschinen, Geräte und sonstige ortsveränderliche technische Einrichtungen, Fahrzeuge und Grundstücke, auf denen Stoffe gelagert oder abgelagert oder Arbeiten durchgeführt werden, die Emissionen verursachen können (§ 3 Abs. 5 BImSchG).

Die Errichtung und der Betrieb von Anlagen, die aufgrund ihrer Beschaffenheit oder ihres Betriebs in besonderem Maße geeignet sind, schädliche Umwelteinwirkungen hervorzurufen oder in anderer Weise die Allgemeinheit oder die Nachbarschaft zu gefährden, erheblich zu benachteiligen oder erheblich zu belästigen, sowie von ortsfesten Abfallentsorgungsanlagen zur Lagerung oder Behandlung von Abfällen bedürfen nach § 4 Abs. 1 BImSchG einer Genehmigung (genehmigungsbedürftige Anlagen). Die Bundesregierung bestimmt nach Anhörung der beteiligten

Kreise durch Rechtsverordnung (Verordnung über genehmigungsbedürftige Anlagen – 4. BImSchV) mit Zustimmung des Bundesrats die Anlagen, die einer Genehmigung bedürfen.

Nicht genehmigungsbedürftige Anlagen sind nach § 22 Abs. 1 BImSchG so zu errichten und zu betreiben, dass

1. schädliche Umwelteinwirkungen verhindert werden, die nach dem Stand der Technik vermeidbar sind,
2. nach dem Stand der Technik unvermeidbare schädliche Umwelteinwirkungen auf ein Mindestmaß beschränkt werden und
3. die beim Betrieb der Anlagen entstehenden Abfälle ordnungsgemäß beseitigt werden können.

5   Die Betriebs- und Geschäftsausstattung

Die Ausstattung der Betriebs- und Geschäftsräume hat sich nach dem Geschäftszweck zu orientieren. Insbesondere bei der Erstausstattung sollten Prestigevorstellungen in den Hintergrund treten. Auch gebrauchte Einrichtungsgegenstände erfüllen den gleichen Zweck und schonen das Budget.

Teilen Sie das Unternehmen in Funktionsbereiche auf und planen entsprechend die Einrichtung:

- Büroausstattung
  - Schreibtische, Drehstühle, Schreibtischlampen, Aktenschränke
  - Besuchertische, Besucherstühle
  - Personalcomputer, Laser- oder Tintenstrahldrucker
  - Standardsoftware (Textverarbeitung, Tabellenkalkulation, Datenbank), Anwendungs-/Branchensoftware
  - Telefonanlage, Anrufbeantworter, Telefax, Handy
  - Kopiergerät
  - Diktiergeräte
  - Schreibpapier, Briefbögen, Briefumschläge, Formulare, Schreibmaterial, Büroklammern usw.
- Ladenausstattung
  - Verkaufstresen
  - Regale
- Werkstattausstattung
  - Maschinen, Anlagen, Geräte
  - Werkzeuge
- Lagerausstattung
  - Regale
  - Behälter
- Ausstattung der Sozialräume.

Das **Arbeitsschutzgesetz** (Gesetz über die Durchführung von Maßnahmen des Arbeitsschutzes zur Verbesserung der Sicherheit und des Gesundheitsschutzes der

Beschäftigten bei der Arbeit) dient dazu, Sicherheit und Gesundheitsschutz der Beschäftigten bei der Arbeit durch Maßnahmen des Arbeitsschutzes zu sichern und zu verbessern. Es gilt in allen Tätigkeitsbereichen (§ 1 Abs. 1 ArbSchG). Maßnahmen des Arbeitsschutzes i.S. dieses Gesetzes sind Maßnahmen zur Verhütung von Unfällen bei der Arbeit und arbeitsbedingten Gesundheitsgefahren einschließlich Maßnahmen der menschengerechten Gestaltung der Arbeit (§ 2 Abs. 1 ArbSchG).

Der Arbeitgeber ist verpflichtet, die erforderlichen Maßnahmen des Arbeitsschutzes unter Berücksichtigung der Umstände zu treffen, die Sicherheit und Gesundheit der Beschäftigten bei der Arbeit beeinflussen. Er hat die Maßnahmen auf ihre Wirksamkeit zu überprüfen und erforderlichenfalls sich ändernden Gegebenheiten anzupassen. Dabei hat er eine Verbesserung von Sicherheit und Gesundheitsschutz der Beschäftigten anzustreben (§ 3 Abs. 1 ArbSchG). Zur Planung und Durchführung der Maßnahmen hat der Arbeitgeber nach § 3 Abs. 2 ArbSchG unter Berücksichtigung der Art der Tätigkeiten und der Zahl der Beschäftigten
1.   für eine geeignete Organisation zu sorgen und die erforderlichen Mittel bereitzustellen sowie
2.   Vorkehrungen zu treffen, dass die Maßnahmen erforderlichenfalls bei allen Tätigkeiten und eingebunden in die betrieblichen Führungsstrukturen beachtet werden und die Beschäftigten ihren Mitwirkungspflichten nachkommen können.

Der Arbeitgeber hat nach § 4 ArbSchG bei Maßnahmen des Arbeitsschutzes von folgenden allgemeinen Grundsätzen auszugehen:
*   Die Arbeit ist so zu gestalten, dass eine Gefährdung für Leben und Gesundheit möglichst vermieden und die verbleibende Gefährdung möglichst gering gehalten wird;
*   Gefahren sind an ihrer Quelle zu bekämpfen;
*   bei den Maßnahmen sind der Stand der Technik, Arbeitsmedizin und Hygiene sowie sonstige gesicherte arbeitswissenschaftliche Erkenntnisse zu berücksichtigen;
*   Maßnahmen sind mit dem Ziel zu planen, Technik, Arbeitsorganisation, sonstige Arbeitsbedingungen, soziale Beziehungen und Einfluss der Umwelt auf den Arbeitsplatz sachgerecht zu verknüpfen;
*   individuelle Schutzmaßnahmen sind nachrangig zu anderen Maßnahmen;
*   spezielle Gefahren für besonders schutzbedürftige Beschäftigtengruppen sind zu berücksichtigen;
*   den Beschäftigten sind geeignete Anweisungen zu erteilen;
*   mittelbar oder unmittelbar geschlechtspezifisch wirkende Regelungen sind nur zulässig, wenn dies aus biologischen Gründen zwingend geboten ist.

Der Arbeitgeber hat durch eine Beurteilung der für die Beschäftigten mit ihrer Arbeit verbundenen Gefährdung zu ermitteln, welche Maßnahmen des Arbeitsschutzes erforderlich sind (§ 5 Abs. 1 ArbSchG). Der Arbeitgeber hat die Beurteilung je nach Art der Tätigkeiten vorzunehmen. Bei gleichartigen Arbeitsbedingungen ist die Beurteilung eines Arbeitsplatzes oder einer Tätigkeit ausreichend (§ 5 Abs. 2 ArbSchG). Eine Gefährdung kann sich nach § 5 Abs. 3 ArbSchG insbesondere ergeben durch

- die Gestaltung und die Einrichtung der Arbeitsstätte und des Arbeitsplatzes,
- physikalische, chemische und biologische Einwirkungen,
- die Gestaltung, die Auswahl und den Einsatz von Arbeitsmitteln, insbesondere von Arbeitsstoffen, Maschinen, Geräten und Anlagen sowie den Umgang damit,
- die Gestaltung von Arbeits- und Fertigungsverfahren, Arbeitsabäufen und Arbeitszeit und deren Zusammenwirken,
- unzureichende Qualifikation und Unterweisung der Beschäftigten.

Der Arbeitgeber mit mehr als 10 Beschäftigten muss über die je nach Art der Tätigkeiten und der Zahl der Beschäftigten erforderlichen Unterlagen (Dokumentation) verfügen, aus denen das Ergebnis der Gefährdungsbeurteilung, die von ihm festgelegten Maßnahmen des Arbeitsschutzes und das Ergebnis ihrer Überprüfung ersichtlich sind (§ 6 Abs. 1 ArbSchG). Bei der Feststellung der Zahl der Beschäftigten sind Teilzeitbeschäftigte mit einer regelmäßigen wöchentlichen Arbeitszeit von nicht mehr als 20 Stunden mit 0,5 und nicht mehr als 30 Stunden mit 0,75 zu berücksichtigen. Unfälle in seinem Betrieb, bei denen ein Beschäftigter getötet oder so verletzt wird, dass er stirbt oder für mehr als drei Tage völlig oder teilweise arbeits- oder dienstunfähig wird, hat der Arbeitgeber zu erfassen.

Bei der Übertragung von Aufgaben auf Beschäftigte hat der Arbeitgeber je nach Art der Tätigkeiten zu berücksichtigen, ob die Beschäftigten befähigt sind, die für die Sicherheit und den Gesundheitsschutz bei der Aufgabenerfüllung zu beachtenden Bestimmungen und Maßnahmen einzuhalten (§ 7 ArbSchG).

Der Arbeitgeber hat entsprechend der Art der Arbeitsstätte und der Tätigkeiten sowie der Zahl der Beschäftigten die Maßnahmen zu treffen, die zur Ersten Hilfe, Brandbekämpfung und Evakuierung der Beschäftigten erforderlich sind. Die Anwesenheit anderer Personen ist dabei mit zu berücksichtigen (§ 10 Abs. 1 ArbSchG). Der Arbeitgeber hat diejenigen beschäftigten Personen zu benennen, die Aufgaben der ersten Hilfe, Brandbekämpfung und Evakuierung der Beschäftigten übernehmen (§ 10 Abs. 2 ArbSchG).

Der Arbeitgeber hat die Beschäftigten über Sicherheit und Gesundheitsschutz bei der Arbeit während ihrer Arbeitszeit ausreichend und angemessen zu unterweisen (§ 12 Abs. 1 ArbSchG).

Die **Bildschirmarbeitsverordnung** (Verordnung über Sicherheit und Gesundheitsschutz bei der Arbeit an Bildschirmgeräten) legt Mindestanforderungen an Bildschirmgeräten, den Arbeitsplatz und die Arbeitsumgebung sowie hinsichtlich der Softwareausstattung und der Arbeitsorganisation fest.

Der Arbeitgeber hat

- bei der Beurteilung der Arbeitsbedingungen nach § 5 ArbSchG bei Bildschirmarbeitsplätzen die Sicherheits- und Gesundheitsbedingungen insbesondere hinsichtlich einer möglichen Gefährdung des Sehvermögens sowie körperlicher Probleme und psychischer Belastungen zu ermitteln und zu beurteilen (§ 3 BildscharbV).
- geeignete Maßnahmen zu treffen, damit die Bildschirmarbeitsplätze den gesetzlichen Anforderungen entsprechen (§ 4 Abs. 1 BildscharbV),
- die Tätigkeit der Beschäftigten so zu organisieren, dass die tägliche Arbeit an Bildschirmgeräten regelmäßig durch andere Tätigkeiten oder durch Pausen un-

terbrochen wird, die jeweils die Belastung durch die Arbeit am Bildschirmgerät verringern (§ 5 BildscharbV),
- den Beschäftigten vor Aufnahme der Tätigkeit an Bildschirmgeräten, anschließend in regelmäßigen Zeitabständen sowie bei Auftreten von Sehbeschwerden, die auf die Arbeit am Bildschirmgerät zurückgeführt werden können, eine angemessene Untersuchung der Augen und des Sehvermögens durch eine fachkundige Person anzubieten (§ 6 BildscharbV). Den Beschäftigten sind im erforderlichen Umfang spezielle Sehhilfen für ihre Arbeit an Bildschirmgeräten zur Verfügung zu stellen, wenn die Ergebnisse einer Untersuchung ergeben, dass spezielle Sehhilfen notwendig und normale Sehhilfen nicht geeignet sind.

6 Die Betriebsorganisation

Das gesamte betriebliche Geschehen vollzieht sich nach bestimmten Regelungen. Die Gesamtheit aller Regelungen, deren sich die Betriebsführung bedient, nennt man Organisation. Die Organisation zielentsprechend zu gestalten ist also eine Aufgabe der Betriebsführung. Die Regelungen gewährleisten, dass eine bestimmte Ordnung im betrieblichen Ablauf herrscht. Sie stellen Anweisungen der Betriebsführung dar, bestimmte Vorgänge in den einzelnen Tätigkeitsbereichen auszuführen.

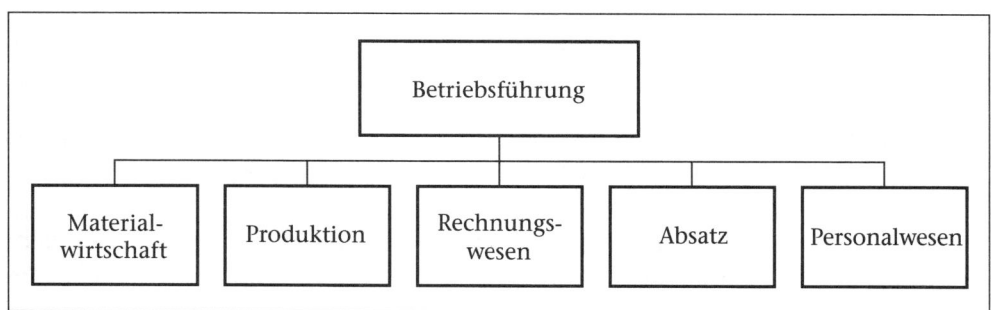

Abb. 47: Funktionsbereiche eines Unternehmens

Der Existenzgründer muss im Rahmen der Realisierung seines Vorhabens i.d.R. alle betrieblichen Funktionen wahrnehmen. Deshalb ist die Kenntnis kaufmännischer Grundlagen unbedingt erforderlich. Der Betriebsablauf muss so gestaltet (organisiert) sein, dass unnütze Kosten, Zeitverluste und Stress vermieden werden.

7   Das betriebliche Personalwesen

Das betriebliche Personalwesen ist ein wichtiger Funktionsbereich in einem Unternehmen. Es umfasst alle Tätigkeiten, die mit Personal zu tun haben. Entscheidet sich der Existenzgründer, Personal einzustellen, so muss er diesbezüglich organisatorische Maßnahmen treffen. Selbst wenn nur ein einziger Mitarbeiter beschäftigt werden soll, ist ein Mindestmaß an Personalverwaltung erforderlich.

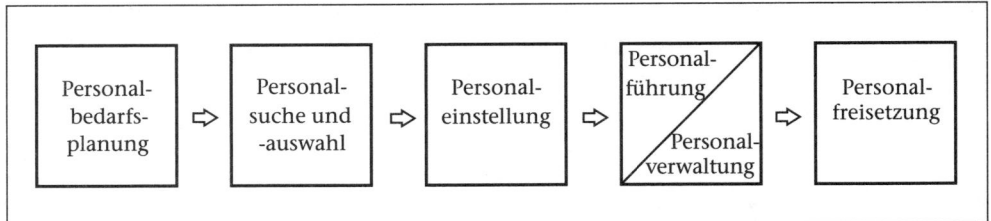

Abb. 48: Aufgaben des betrieblichen Personalwesens

7.1   Die wichtigsten arbeitsrechtlichen Bestimmungen

Betriebsverfassungsgesetz (BetrVG)
*   In Betrieben mit i.d.R. mindestens fünf ständig wahlberechtigten Arbeitnehmern, von denen drei wählbar sind, werden **Betriebsräte** gewählt (§ 1 Abs. 1 BetrVG). Wahlberechtigt sind alle Arbeitnehmer des Betriebs, die das 18. Lebensjahr vollendet haben (§ 7 BetrVG). Wählbar sind alle Wahlberechtigten, die sechs Monate dem Betrieb angehören (§ 8 Abs. 1 BetrVG). Der Betriebsrat besteht in Betrieben mit i.d.R. von 5 bis 20 wahlberechtigten Arbeitnehmern aus einer Person (§ 9 BetrVG). In Betrieben mit mehr Arbeitnehmern erhöht sich die Zahl der Betriebsratsmitglieder.
*   In Betrieben mit i.d.R. mindestens fünf Arbeitnehmern, die das 18. Lebensjahr noch nicht vollendet haben (jugendliche Arbeitnehmer) oder die zu ihrer Berufsausbildung beschäftigt sind und das 25. Lebensjahr noch nicht vollendet haben, werden **Jugend- und Auszubildendenvertretungen** gewählt (§ 60 Abs. 1 BetrVG). Wahlberechtigt sind alle Arbeitnehmer, die das 18. Lebensjahr noch nicht vollendet haben (jugendliche Arbeitnehmer) und die zu ihrer Berufsausbildung beschäftigt sind und das 25. Lebensjahr noch nicht vollendet haben (§ 61 Abs. 1 BetrVG). Wählbar sind alle Arbeitnehmer des Betriebs, die das 25. Lebensjahr noch nicht vollendet haben und dem Betrieb sechs Monate angehören (§ 61 Abs. 2 BetrVG). Die Jugend- und Auszubildendenvertretung besteht in Betrieben mit i.d.R. 5 bis 20 jugendlichen Arbeitnehmern aus einem Jugend- und Auszubildendenvertreter (§ 62 Abs. 1 BetrVG). In Betrieben mit mehr jugendlichen Arbeitnehmern erhöht sich die Zahl der Jugend- und Auszubildendenvertreter.
*   **Unterrichtungs- und Erörterungspflicht des Arbeitgebers (§ 81 BetrVG)**
    Der Arbeitgeber hat den Arbeitnehmer über dessen Aufgabe und Verantwortung sowie über die Art seiner Tätigkeit und ihre Einordnung in den Arbeits-

ablauf des Betriebes zu unterrichten. Er hat den Arbeitnehmer vor Beginn der Beschäftigung über die Unfall- und Gesundheitsgefahren, denen dieser bei der Beschäftigung ausgesetzt ist, sowie über die Maßnahmen und Einrichtungen zur Abwendung dieser Gefahren zu belehren.

Über Veränderungen in seinem Arbeitsbereich ist der Arbeitnehmer rechtzeitig zu unterrichten.

Der Arbeitgeber hat den Arbeitnehmer über die aufgrund einer Planung von technischen Anlagen, von Arbeitsverfahren und Arbeitsabläufen oder der Arbeitsplätze vorgesehenen Maßnahmen und ihre Auswirkungen auf seinen Arbeitsplatz, die Arbeitsumgebung sowie auf Inhalt und Art seiner Tätigkeit zu unterrichten. Sobald feststeht, dass sich die Tätigkeit des Arbeitnehmers ändern wird und seine beruflichen Kenntnisse und Fähigkeiten zur Erfüllung seiner Aufgaben nicht ausreichen, hat der Arbeitgeber mit dem Arbeitnehmer zu erörtern, wie dessen berufliche Kenntnisse und Fähigkeiten im Rahmen der betrieblichen Möglichkeiten den künftigen Anforderungen angepasst werden können.

- **Anhörungs- und Erörterungsrecht des Arbeitnehmers (§ 82 BetrVG)**
  Der Arbeitnehmer hat das Recht, in betrieblichen Angelegenheiten, die seine Person betreffen, von den nach Maßgabe des organisatorischen Aufbaus des Betriebes hierfür zuständigen Personen gehört zu werden. Er ist berechtigt, zu Maßnahmen des Arbeitgebers, die ihn betreffen, Stellung zu nehmen sowie Vorschläge für die Gestaltung des Arbeitsplatzes und des Arbeitsablaufs zu machen.

  Der Arbeitnehmer kann verlangen, dass ihm die Berechnung und Zusammensetzung seines Arbeitsentgelts erläutert und dass mit ihm die Beurteilung seiner Leistungen sowie die Möglichkeiten seiner beruflichen Entwicklung im Betrieb erörtert werden.

- Der Betriebsrat hat, soweit eine gesetzliche oder tarifliche Regelung nicht besteht, in folgenden Angelegenheiten **Mitbestimmungsrechte** (§ 87 Abs. 1 BetrVG):
  - Fragen der Ordnung des Betriebs und des Verhaltens der Arbeitnehmer im Betrieb,
  - Beginn und Ende der täglichen Arbeitszeit einschließlich der Pausen sowie Verteilung der Arbeitszeit auf die einzelnen Wochentage,
  - vorübergehende Verkürzung oder Verlängerung der betriebsüblichen Arbeitszeit,
  - Zeit, Ort und Art der Auszahlung der Arbeitsentgelte,
  - Aufstellung allgemeiner Urlaubsgrundsätze und des Urlaubsplans sowie die Festsetzung der zeitlichen Lage des Urlaubs für einzelne Arbeitnehmer, wenn zwischen dem Arbeitgeber und den beteiligten Arbeitnehmern kein Einverständnis erzielt wird,
  - Einführung und Anwendung von technischen Einrichtungen, die dazu bestimmt sind, das Verhalten oder die Leistung der Arbeitnehmer zu überwachen,
  - Regelungen über die Verhütung von Arbeitsunfällen und Berufskrankheiten sowie über den Gesundheitsschutz im Rahmen der gesetzlichen Vorschriften oder der Unfallverhütungsvorschriften,
  - Form, Ausgestaltung und Verwaltung von Sozialeinrichtungen,

- Fragen der betrieblichen Lohngestaltung, insbesondere die Aufstellung von Entlohnungsgrundsätzen und die Einführung und Anwendung von neuen Entlohnungsmethoden sowie deren Änderung,
- Festsetzung der Akkord- und Prämiensätze und vergleichbarer leistungsbezogener Entgelte,
- Grundsätze über das betriebliche Vorschlagswesen,
- Grundsätze über die Durchführung von Gruppenarbeit.

- **Gestaltung von Arbeitsplatz, Arbeitsablauf und Arbeitsumgebung**
  - Der Arbeitgeber hat den Betriebsrat über die Planung von Neu-, Um- und Erweiterungsbauten von Fabrikations-, Verwaltungs- und sonstigen betrieblichen Räumen, von technischen Anlagen, von Arbeitsverfahren und Arbeitsabläufen oder der Arbeitsplätze rechtzeitig unter Vorlage der erforderlichen Unterlagen zu unterrichten (§ 90 Abs. 1 BetrVG). Der Arbeitgeber hat mit dem Betriebsrat die vorgesehenen Maßnahmen und ihre Auswirkungen auf die Arbeitnehmer rechtzeitig zu beraten, dass Vorschläge und Bedenken des Betriebsrats bei der Planung berücksichtigt werden können. Arbeitgeber und Betriebsrat sollen dabei auch die gesicherten arbeitswissenschaftlichen Erkenntnisse über die menschengerechte Gestaltung der Arbeit berücksichtigen (§ 90 Abs. 2 BetrVG).
  - Werden die Arbeitnehmer durch Änderungen der Arbeitsplätze, des Arbeitsablaufs oder der Arbeitsumgebung, die den gesicherten arbeitswissenschaftlichen Erkenntnissen über die menschengerechte Gestaltung der Arbeit offensichtlich widersprechen, in besonderer Weise belastet, so kann der Betriebsrat angemessene Maßnahmen zur Abwendung, Milderung oder zum Ausgleich der Belastung verlangen (§ 91 BetrVG).

- Der Arbeitgeber hat den Betriebsrat über die **Personalplanung**, insbesondere über den gegenwärtigen und künftigen Personalbedarf sowie über die sich daraus ergebenden personellen Maßnahmen und Maßnahmen der Berufsbildung anhand von Unterlagen rechtzeitig und umfassend zu unterrichten (§ 92 Abs. 1 BetrVG). Der Betriebsrat kann dem Arbeitgeber Vorschläge zur Sicherung und Förderung der Beschäftigung machen (§ 92a BetrVG). Dies können insbesondere eine flexible Gestaltung der Arbeitszeit, die Förderung von Teilzeitarbeit und Altersteilzeit, neue Formen der Arbeitsorganisation, Änderung der Arbeitsverfahren und Arbeitsabläufe, die Qualifizierung der Arbeitnehmer, Alternativen zur Ausgliederung von Arbeit oder ihrer Vergabe an anderen Unternehmen sowie zum Produktions- und Investitionsprogramm zum Gegenstand haben. Der Betriebsrat kann verlangen, dass Arbeitsplätze, die besetzt werden sollen, allgemein oder für bestimmte Arten von Tätigkeiten vor ihrer Besetzung innerhalb des Betriebs ausgeschrieben werden (§ 93 BetrVG). Personalfragebogen bedürfen der Zustimmung des Betriebsrats (§ 94 Abs. 1 BetrVG). Richtlinien über die personelle Auswahl bei Einstellungen, Versetzungen, Umgruppierungen und Kündigungen bedürfen der Zustimmung des Betriebsrats (§ 95 Abs. 1 BetrVG).

- Arbeitgeber und Betriebsrat haben im Rahmen der betrieblichen Personalplanung die **Berufsbildung** der Arbeitnehmer zu fördern (§ 96 Abs. 1 BetrVG).

- In Unternehmen mit i.d.R. mehr als zwanzig wahlberechtigten Arbeitnehmern hat der Arbeitgeber den Betriebsrat vor jeder Einstellung, Eingruppierung, Umgruppierung und Versetzung zu unterrichten, ihm die erforderlichen Bewerbungsunterlagen vorzulegen und Auskunft über die Person der Beteiligten zu geben (§ 99 Abs. 1 BetrVG).

- Der Betriebsrat ist vor jeder **Kündigung** zu hören (§ 102 Abs. 1 BetrVG). Der Arbeitgeber hat ihm die Gründe für die Kündigung mitzuteilen. Eine ohne Anhörung des Betriebsrates ausgesprochene Kündigung ist unwirksam. Hat der Betriebsrat gegen eine ordentliche Kündigung Bedenken, so hat er diese unter Angabe der Gründe dem Arbeitgeber spätestens innerhalb einer Woche schriftlich mitzuteilen (§ 102 Abs. 2 BetrVG). Äußert er sich innerhalb dieser Frist nicht, gilt seine Zustimmung zur Kündigung als erteilt. Hat der Betriebsrat gegen eine außerordentliche Kündigung Bedenken, so hat er diese unter Angabe von Gründen dem Arbeitgeber unverzüglich, spätestens jedoch innerhalb von drei Tagen, schriftlich Mitzuteilen. Der Betriebsrat kann innerhalb einer Frist von einer Woche der Kündigung widersprechen (§ 102 Abs. 3 BetrVG).

Tarifvertragsgesetz (TVG)

- Der Tarifvertrag regelt die Rechte und Pflichten der Tarifvertragsparteien und enthält Rechtsnormen zum Inhalt, Abschluss und zur Beendigung von Arbeitsverhältnissen sowie zu betriebliche und betriebsverfassungsrechtliche Fragen (§ 1 Abs. 1 TVG). Tarifvertragsparteien sind Gewerkschaften, einzelne Arbeitgeber sowie Vereinigungen von Arbeitgebern (§ 2 Abs. 1 TVG).
- Die Mitglieder der Tarifvertragsparteien und der Arbeitgeber, der selbst Partei des Tarifvertrages ist, sind tarifgebunden (§ 3 Abs. 1 TVG). Die Rechtsnormen des Tarifvertrages über betriebliche und betriebsverfassungsrechtliche Fragen gelten für alle Betriebe, deren Arbeitgeber tarifgebunden ist (§ 3 Abs. 2 TVG).
- Ein Tarifvertrag kann auf Antrag einer Tarifvertragspartei für allgemeinverbindlich erklärt werden (§ 5 TVG).

Teilzeit- und Befristungsgesetz (TzBfG) – Gesetz über Teilzeitarbeit und befristete Arbeitsverträge

- Ein Arbeitnehmer ist Teilzeitbeschäftigt, wenn dessen regelmäßige Wochenarbeitszeit kürzer ist als die eines vergleichbaren vollzeitbeschäftigten Arbeitnehmers (§ 2 Abs. 1 TzBfG). Teilzeitbeschäftigt ist auch ein Arbeitnehmer, der eine geringfügige Beschäftigung ausübt (§ 2 Abs. 2 TzBfG). Ein teilzeitbeschäftigter Arbeitnehmer darf wegen der Teilzeitarbeit nicht schlechter behandelt werden als ein vergleichbarer vollzeitbeschäftigter Arbeitnehmer, es sei denn, dass sachliche Gründe eine unterschiedliche Behandlung rechtfertigen (§ 4 Abs. 1 TzBfG).
- Ein Arbeitnehmer ist befristet beschäftigt, wenn dessen Arbeitsvertrag auf bestimmte Zeit geschlossen ist (§ 3 Abs. 1 TzBfG). Ein befristet beschäftigter Arbeitnehmer darf wegen der Befristung des Arbeitsvertrages nicht schlechter behandelt werden als ein vergleichbarer unbefristet beschäftigter Arbeitnehmer, es sei denn, dass sachliche Gründe eine unterschiedliche Behandlung rechtfertigen (§ 4 Abs. 2 TzBfG).
- Die Befristung eines Arbeitsvertrages ist zulässig, wenn sie durch einen sachlichen Grund gerechtfertigt ist (§ 14 Abs. 1 TzBfG). Ein sachlicher Grund liegt insbesondere vor, wenn
  - der betriebliche Bedarf an der Arbeitsleistung nur vorübergehend besteht,

- die Befristung im Anschluss an eine Ausbildung oder ein Studium erfolgt, um den Übergang des Arbeitnehmers in eine Anschlussbeschäftigung zu erleichtern,
- der Arbeitnehmer zur Vertretung eines anderen Arbeitnehmers beschäftigt wird,
- die Eigenart der Arbeitsleistung die Befristung rechtfertigt,
- die Befristung zur Erprobung erfolgt,
- in der Person des Arbeitnehmers liegende Gründe die Befristung rechtfertigen oder
- die Befristung auf einem gerichtlichen Vergleich beruht.

Die kalendermäßige Befristung eines Arbeitsvertrages ohne Vorliegen eines sachlichen Grundes ist bis zur Dauer von zwei Jahren zulässig (§ 14 Abs. 2 TzBfG). Bis zu dieser Gesamtdauer von zwei Jahren ist auch die höchstens dreimalige Verlängerung eines kalendermäßig befristeten Arbeitsvertrages zulässig. Eine Befristung ist nicht zulässig, wenn mit demselben Arbeitgeber bereits zuvor ein befristetes oder unbefristetes Arbeitsverhältnis bestanden hat. Durch Tarifvertrag kann die Anzahl der Verlängerungen oder die Höchstdauer der Befristung festgelegt werden.

In den ersten vier Jahren nach der Gründung eines Unternehmens ist die kalendermäßige Befristung eines Arbeitsvertrages ohne Vorliegen eines sachlichen Grundes bis zur Dauer von vier Jahren zulässig. Bis zu dieser Gesamtdauer von 4 Jahren ist auch die mehrfache Verlängerung eines kalendermäßig befristeten Arbeitsvertrages zulässig (§ 14 Abs. 2a TzBfG).

Die kalendermäßige Befristung eines Arbeitsvertrages ohne Vorliegen eines sachlichen Grundes ist bis zu einer Dauer von fünf Jahren zulässig, wenn der Arbeitnehmer bei Beginn des befristeten Arbeitsverhältnisses das 52. Lebensjahr vollendet hat und unmittelbar vor Beginn des befristeten Arbeitsverhältnisses mindestens vier Monate beschäftigungslos nach SGB III gewesen ist, Transferkurzarbeitergeld bezogen oder an einer öffentlich geförderten Beschäftigungsmaßnahme teilgenommen hat (§ 14 Abs. 3 TzBfG). Bis zu einer Gesamtdauer von fünf Jahren ist auch die mehrfache Verlängerung des Arbeitsvertrages zulässig (§ 14 Abs. 4 TzBfG).

Hinweis: Der Europäische Gerichtshof (EuGH) hat entschieden, dass diese Befristungsmöglichkeit eine nach Gemeinschaftsrecht unzulässige Diskriminierung wegen des Alters darstellt und die Vorschrift von den nationalen Gerichten nicht angewendet werden darf. Das Bundesarbeitsgericht (BSG) hat in einem Rechtsstreit die Wirksamkeit einer begründungslosen Befristung allein wegen des Lebensalters als europarechtswidrig verneint.

Die Befristung eines Arbeitsvertrages bedarf zu ihrer Wirksamkeit der Schriftform (§ 14 Abs. 4 TzBfG).

- Ist die Befristung rechtsunwirksam, so gilt der befristete Arbeitsvertrag als auf unbestimmte Zeit geschlossen (§ 16 Abs. 1 TzBfG).

Nachweisgesetz (NachwG) – Gesetz über den Nachweis der für ein Arbeitsverhältnis geltenden wesentlichen Bedingungen
- Der Arbeitgeber hat spätestens einen Monat nach dem vereinbarten Beginn des Arbeitsverhältnisses die wesentlichen Vertragsbedingungen schriftlich nieder-

zulegen, die Niederschrift zu unterzeichnen und dem Arbeitnehmer auszuhändigen (§ 2 Abs. 1 NachwG). In die Niederschrift sind mindestens aufzunehmen:

1. der Name und die Anschrift der Vertragsparteien,
2. der Zeitpunkt des Beginns des Arbeitsverhältnisses,
3. bei befristeten Arbeitsverhältnissen: die vorhersehbare Dauer des Arbeitsverhältnisses,
4. der Arbeitsort oder, falls der Arbeitnehmer nicht nur an einem bestimmten Arbeitsort tätig sein soll, ein Hinweis darauf, dass der Arbeitnehmer an verschiedenen Orten beschäftigt werden kann,
5. eine kurze Charakterisierung oder Beschreibung der vom Arbeitnehmer zu leistenden Tätigkeit,
6. die Zusammensetzung und die Höhe des Arbeitsentgelts einschließlich der Zuschläge, der Zulagen, Prämien und Sonderzahlungen sowie anderer Bestandteile des Arbeitsentgelts und deren Fälligkeit,
7. die vereinbarte Arbeitszeit,
8. die Dauer des jährlichen Erholungsurlaubs,
9. die Fristen für die Kündigung des Arbeitsverhältnisses,
10. ein in allgemeiner Form gehaltener Hinweis auf die Tarifverträge, Betriebs- und Dienstvereinbarungen, die auf das Arbeitsverhältnis anzuwenden sind.

- Eine Änderung der wesentlichen Vertragsbedingungen ist dem Arbeitnehmer spätestens einen Monat nach der Änderung schriftlich mitzuteilen. Bei einer Änderung der gesetzlichen Vorschriften, Tarifverträge, Betriebs- oder Dienstvereinbarungen und ähnlichen Regelungen, die für das Arbeitsverhältnis gelten ist eine Mitteilung nicht erforderlich (§ 3 NachwG).

Arbeitszeitgesetz (ArbZG)

- Zweck des Gesetzes ist es, die Sicherheit und den Gesundheitsschutz der Arbeitnehmer bei der Arbeitszeitgestaltung zu gewährleisten und die Rahmenbedingungen für flexible Arbeitszeiten zu verbessern sowie den Sonntag und die staatlich anerkannten Feiertage als Tage der Arbeitsruhe und der seelischen Erhebung der Arbeitnehmer zu schützen (§ 1 ArbZG).
- Die werktägliche **Arbeitszeit** der Arbeitnehmer darf acht Stunden nicht überschreiten. Sie kann auf bis zu zehn Stunden nur verlängert werden, wenn innerhalb von sechs Kalendermonaten oder innerhalb von 24 Wochen im Durchschnitt acht Stunden werktäglich nicht überschritten werden (§ 3 ArbZG). In einem Tarifvertrag oder aufgrund eines Tarifvertrages in einer Betriebs- oder Dienstvereinbarung können abweichende Regelungen zugelassen werden (§ 7 Abs. 1 ArbZG).
- Die Arbeit ist durch im Voraus feststehende **Ruhepausen** von mindestens 30 Minuten bei einer Arbeitszeit von mehr als sechs bis zu neun Stunden und 45 Minuten bei einer Arbeitszeit von mehr als neun Stunden insgesamt zu unterbrechen. Die Ruhepausen können in Zeitabschnitten von jeweils mindestens 15 Minuten aufgeteilt werden. Länger als sechs Stunden hintereinander dürfen Arbeitnehmer nicht ohne Ruhepausen beschäftigt werden (§ 4 ArbZG).
- Die Arbeitnehmer müssen nach Beendigung der täglichen Arbeitszeit eine ununterbrochene **Ruhezeit** von mindestens elf Stunden haben. (§ 5 Abs. 1 ArbZG). In Krankenhäusern und anderen Einrichtungen zur Behandlung, Pflege und Betreuung von Personen, in Gaststätten und anderen Einrichtungen zur Be-

wirtung und Beherbergung, in Verkehrsbetrieben, beim Rundfunk sowie in der Landwirtschaft und in der Tierhaltung kann um bis zu eine Stunde verkürzt werden, wenn jede Verkürzung der Ruhezeit innerhalb eines Kalendermonats oder innerhalb von vier Wochen durch Verlängerung einer anderen Ruhezeit auf mindestens zwölf Stunden ausgeglichen wird (§ 5 Abs. 2 ArbZG). In Krankenhäusern und anderen Einrichtungen zur Behandlung, Pflege und Betreuung von Personen können Kürzungen der Ruhezeit durch Inanspruchnahmen während der Rufbereitschaft, die nicht mehr als die Hälfte der Ruhezeit betragen, zu anderen Zeiten ausgeglichen werden (§ 5 Abs. 3 ArbZG).

- Abweichende Regelungen gelten für **Nacht- und Schichtarbeit** (§ 6 ArbZG), für **gefährliche Arbeiten** (§ 8 ArbZG) und für **Sonn- und Feiertagsbeschäftigung** (§ 10 ArbZG).

Arbeitsstättenverordnung (ArbStättV)

- Diese Rechtsvorschrift verpflichtet den Arbeitgeber, die Arbeitsstätten so einzurichten und zu betreiben, dass von ihnen keine Gefährdungen für die Sicherheit und die Gesundheit der Beschäftigten ausgehen.
- Zu den Arbeitsstätten zählen unter anderem Arbeitsräume in Gebäuden, Arbeitsplätze auf dem Betriebsgelände, Verkaufsstände, Lager- und Nebenräume, Pausenräume und Sanitärräume.
- Der Arbeitgeber hat die erforderlichen Maßnahmen für den Nichtraucherschutz zu treffen.
- Der Arbeitgeber hat solche Arbeitsräume bereitzustellen, die eine ausreichende Grundfläche und Höhe sowie einen ausreichenden Luftraum aufweisen.
- Der Arbeitgeber hat Toilettenräume bereitzustellen.
- Der Arbeitgeber hat bei mehr als zehn Beschäftigten, oder wenn Sicherheits- oder Gesundheitsgründe dies erfordern, den Beschäftigten einen Pausenraum oder einen entsprechenden Pausenbereich zur Verfügung zu stellen.
- Allgemeine Anforderungen an Arbeitsstätten, Anforderungen an Maßnahmen zum Schutz vor besonderen Gefahren, Anforderungen an Arbeitsbedingungen, Anforderungen an Sanitärräume, Pausen- und Bereitschaftsräume, Erste-Hilfe-Räume und Unterkünfte sind im Anhang zur Arbeitsstättenverordnung geregelt.
- Sie sollten sich rechtzeitig beim Gewerbeaufsichtsamt über die Vorschriften informieren, da deren Einhaltung erhebliche Investitionen erfordern können.

Arbeitssicherheitsgesetz (ASiG) – Gesetz über Betriebsärzte, Sicherheitsingenieure und andere Fachkräfte für Arbeitssicherheit

- Der Arbeitgeber hat Betriebsärzte und Fachkräfte für Arbeitssicherheit zu bestellen (§ 1 ASiG). Diese sollen ihn beim Arbeitsschutz und bei der Unfallverhütung unterstützen. Damit soll erreicht werden, dass
  - die dem Arbeitsschutz und der Unfallverhütung dienenden Vorschriften den besonderen Betriebsverhältnissen entsprechend angewandt werden,
  - gesicherte arbeitsmedizinische und sicherheitstechnische Erkenntnisse zur Verbesserung des Arbeitsschutzes und der Unfallverhütung verwirklicht werden können,
  - die dem Arbeitsschutz und der Unfallverhütung dienenden Maßnahmen einen möglichst hohen Wirkungsgrad erreichen.

- Der Arbeitgeber hat nach § 2 Abs. 1 ASiG Betriebsärzte schriftlich zu bestellen und ihnen die Aufgaben zu übertragen, soweit dies erforderlich ist im Hinblick auf
  - die Betriebsart und die damit für die Arbeitnehmer verbundenen Unfall- und Gesundheitsgefahren,
  - die Zahl der beschäftigten Arbeitnehmer und die Zusammensetzung der Arbeitnehmerschaft und
  - die Betriebsorganisation, insbesondere im Hinblick auf die Zahl und die Art der für den Arbeitsschutz und die Unfallverhütung verantwortlichen Personen.
- Die Betriebsärzte haben die Aufgabe, den Arbeitgeber beim Arbeitsschutz und bei der Unfallverhütung in allen Fragen des Gesundheitsschutzes zu unterstützen (§ 3 Abs. 1 ASiG).
- Der Arbeitgeber hat nach § 5 Abs. 1 ASiG Fachkräfte für Arbeitssicherheit (Sicherheitsingenieure, -techniker, -meister) schriftlich zu bestellen und ihnen die Aufgaben zu übertragen, soweit dies erforderlich ist im Hinblick auf
  - die Betriebsart und die damit für die Arbeitnehmer verbundenen Unfall- und Gesundheitsgefahren,
  - die Zahl der beschäftigten Arbeitnehmer und die Zusammensetzung der Arbeitnehmerschaft,
  - die Betriebsorganisation, insbesondere im Hinblick auf die Zahl und die Art der für den Arbeitsschutz und die Unfallverhütung verantwortlichen Personen,
  - die Kenntnisse und die Schulung des Arbeitgebers oder der verantwortlichen Personen in Fragen des Arbeitsschutzes.
- Die Fachkräfte für Arbeitssicherheit haben die Aufgabe, den Arbeitgeber beim Arbeitsschutz und bei der Unfallverhütung in allen Fragen der Arbeitssicherheit einschließlich der menschengerechten Gestaltung der Arbeit zu unterstützen (§ 5 Abs. 1 ASiG).

Bundesurlaubsgesetz (BUrlG) – Mindesturlaubsgesetz für Arbeitnehmer

- Jeder Arbeitnehmer hat in jedem Kalenderjahr einen Anspruch auf bezahlten **Erholungsurlaub** (§ 1 BUrlG). Der Urlaub beträgt jährlich mindestens 24 Werktage (§ 3 Abs. 1 BUrlG).
- Ärztlich nachgewiesene Tage der **Arbeitsunfähigkeit** während des Urlaubs dürfen auf den Jahresurlaub nicht angerechnet werden (§ 9 BUrlG). Das Gleiche gilt Maßnahmen der medizinischen Vorsorge oder Rehabilitation, soweit ein Anspruch auf Fortzahlung des Arbeitsentgelts nach den gesetzlichen Vorschriften über die Entgeltfortzahlung im Krankheitsfall besteht (§ 10 BUrlG).
- Das Urlaubsentgelt bemisst sich nach dem durchschnittlichen Arbeitsverdienst, das der Arbeitnehmer in den letzten dreizehn Wochen vor dem Beginn des Urlaubs erhalten hat, mit Ausnahme des zusätzlich für Überstunden gezahlten Arbeitsverdienstes (§ 11 Abs. 1 BUrlG).

Kündigungsschutzgesetz (KSchG)

- Die **Kündigung** des Arbeitsverhältnisses gegenüber einem Arbeitnehmer, dessen Arbeitsverhältnis in denselben Betrieb oder Unternehmen ohne Unterbrechung länger als sechs Monate bestanden hat, ist rechtsunwirksam, wenn sie sozial ungerechtfertigt ist (§ 1 Abs. 1 KSchG). Sozial ungerechtfertigt ist eine Kündigung, wenn sie nicht durch Gründe, die in der Person oder in dem Verhalten des Arbeitnehmers liegen, oder durch dringende betriebliche Erfordernisse, die einer Weiterbeschäftigung des Arbeitnehmers in diesem Betrieb entgegenstehen, bedingt ist (§ 1 Abs. 2 KSchG).

- Ist einem Arbeitnehmer aus dringenden betrieblichen Erfordernissen gekündigt worden, so ist die Kündigung trotzdem sozial ungerechtfertigt, wenn der Arbeitgeber bei der Auswahl des Arbeitnehmers die Dauer der Betriebszugehörigkeit, das Lebensalter, die Unterhaltspflichten und die Schwerbehinderung des Arbeitnehmers nicht oder nicht ausreichend berücksichtigt hat (§ 1 Abs. 3 KSchG). Auf Verlangen des Arbeitnehmers hat der Arbeitgeber dem Arbeitnehmer die Gründe anzugeben, die zu der getroffenen sozialen Auswahl geführt haben. In die soziale Auswahl sind Arbeitnehmer nicht einzubeziehen, deren Weiterbeschäftigung insbesondere wegen ihrer Kenntnisse, Fähigkeiten und Leistungen oder zur Sicherung einer ausgewogenen Personalstruktur des Betriebes, im berechtigten betrieblichen Interesse liegt. Der Arbeitnehmer hat die Tatsachen zu beweisen, die die Kündigung als sozial ungerechtfertigt erscheinen lassen.

- Kündigt der Arbeitgeber wegen dringender betrieblicher Erfordernisse und erhebt der Arbeitnehmer bis zum Ablauf der Frist keine Klage auf Feststellung, dass das Arbeitsverhältnis durch Kündigung nicht aufgelöst ist, hat der Arbeitnehmer mit dem Ablauf der Kündigungsfrist Anspruch auf eine Abfindung (§ 1a KSchG). Der Anspruch setzt den Hinweis des Arbeitgebers in der Kündigungserklärung voraus, dass die Kündigung auf dringende betriebliche Erfordernisse gestützt ist und der Arbeitnehmer bei Verstreichen lassen der Klagefrist die Abfindung beanspruchen kann. Die Höhe der Abfindung beträgt 0,5 Monatsverdienste für jedes Jahr des Bestehens des Arbeitsverhältnisses (§ 1a Abs. 2 KSchG). Bei der Ermittlung der Dauer des Arbeitsverhältnisses ist ein Zeitraum von mehr als sechs Monaten auf ein volles Jahr aufzurunden. Als Abfindung ist ein Betrag bis zu 12 Monatsverdiensten festzusetzen (§ 10 Abs. 1 KSchG). Hat der Arbeitnehmer das 50. Lebensjahr vollendet und hat das Arbeitsverhältnis mindestens 15 Jahre bestanden, so ist ein Betrag bis zu 15 Monatsverdiensten, hat der Arbeitnehmer das 55. Lebensjahr vollendet und hat das Arbeitsverhältnis mindestens 20 Jahre bestanden, so ist ein Betrag bis zu 18 Monatsverdiensten festzusetzen (§ 10 Abs. 2 KSchG).

- Will ein Arbeitnehmer geltend machen, dass eine Kündigung sozial ungerechtfertigt oder aus anderen Gründen rechtsunwirksam ist, so muss er innerhalb von drei Wochen nach Zugang der schriftlichen Kündigung Klage beim Amtsgericht auf Feststellung erheben, dass das Arbeitsverhältnis durch die Kündigung nicht aufgelöst ist (§ 4 KSchG).

- Vom Kündigungsschutz sind Arbeitnehmer in Betrieben ausgenommen, die nicht mehr als 5 Arbeitnehmer beschäftigen (§ 23 Abs. 1 KSchG). Dabei werden Teilzeitbeschäftigte mit einer wöchentlichen Arbeitszeit bis zu 20 Stunden mit 0,5 und mit einer wöchentlichen Arbeitszeit bis zu 30 Stunden mit 0,75 berücksichtigt. In Betrieben mit 10 oder weniger Arbeitnehmern gilt der Kündigungsschutz nicht für Arbeitnehmer, deren Arbeitsverhältnis nach dem 31.12.2003 begonnen hat.

Bürgerliches Gesetzbuch (BGB)

§ 622 Kündigungsfrist bei Arbeitsverhältnissen

- Das Arbeitsverhältnis eines Arbeitnehmers kann mit einer Frist von vier Wochen zum Fünfzehnten oder zum Ende eines Kalendermonats gekündigt werden. Für eine Kündigung durch den Arbeitgeber beträgt die Kündigungsfrist, wenn das Arbeitsverhältnis

  2 Jahre bestanden hat, 1 Monat zum Ende eines Kalendermonats,
  5 Jahre bestanden hat, 2 Monate zum Ende eines Kalendermonats,
  8 Jahre bestanden hat, 3 Monate zum Ende eines Kalendermonats,
  10 Jahre bestanden hat, 4 Monate zum Ende eines Kalendermonats,
  12 Jahre bestanden hat, 5 Monate zum Ende eines Kalendermonats,
  15 Jahre bestanden hat, 6 Monate zum Ende eines Kalendermonats,
  20 Jahre bestanden hat, 7 Monate zum Ende eines Kalendermonats.

  Bei der Berechnung der Beschäftigungsdauer werden Zeiten, die vor der Vollendung des fünfundzwanzigsten Lebensjahres des Arbeitnehmers liegen, nicht berücksichtigt.
- Während einer vereinbarten Probezeit, längstens für die Dauer von sechs Monaten, kann das Arbeitsverhältnis mit einer Frist von zwei Wochen gekündigt werden.
- Durch Tarifvertrag können abweichende Regelungen vereinbart werden. Im Geltungsbereich eines solchen Tarifvertrages gelten die abweichenden tarifvertraglichen Bestimmungen zwischen nicht tarifgebundenen Arbeitgebern und Arbeitnehmern, wenn ihre Anwendung zwischen ihnen vereinbart ist.
- Einzelvertraglich können längere Kündigungsfristen vereinbart werden. Die Kündigungsfrist des Arbeitnehmers darf jedoch nicht länger sein als die Kündigungsfrist des Arbeitgebers.

§ 626 Fristlose Kündigung

- Ein Arbeitsverhältnis kann sowohl vom Arbeitgeber als auch vom Arbeitnehmer aus wichtigem Grund ohne Einhaltung einer Kündigungsfrist gekündigt werden, wenn Tatsachen vorliegen, welche die Fortsetzung des Arbeitsverhältnisses bis zum Ablauf der Kündigungsfrist oder bis zu der vereinbarten Beendigung des Arbeitsverhältnisses nicht zugemutet werden kann.
- Die Kündigung kann nur innerhalb von zwei Wochen erfolgen. Der Kündigende muss dem anderen Teil auf Verlangen den Kündigungsgrund unverzüglich schriftlich mitteilen.

§ 613a Rechte und Pflichten bei Betriebsübergang

- Geht ein Betrieb oder Betriebsteil durch ein Rechtsgeschäft auf einen anderen Inhaber über, so tritt dieser in die Rechte und Pflichten aus den im Zeitpunkt des Übergangs bestehenden Arbeitsverhältnissen ein. Sind diese Rechte und Pflichten tarifvertraglich oder durch eine Betriebsvereinbarung geregelt, so werden sie Inhalt des Arbeitsverhältnisses zwischen dem neuen Inhaber und dem Arbeitnehmer und dürfen nicht vor Ablauf eines Jahres nach dem Zeitpunkt des Übergangs zum Nachteil des Arbeitnehmers geändert werden.

- Der bisherige Arbeitgeber haftet neben dem neuen Inhaber für Verpflichtungen aus dem Arbeitsverhältnis, soweit sie vor dem Zeitpunkt des Übergangs entstanden sind und vor Ablauf von einem Jahr nach diesem Zeitpunkt fällig werden, als Gesamtschuldner.
- Die Kündigung des Arbeitsverhältnisses eines Arbeitnehmers durch den bisherigen Arbeitgeber oder durch den neuen Inhaber wegen des Übergangs des Betriebs oder Betriebsteils ist unwirksam.

Berufsbildungsgesetz (BBiG)
- Die Berufsbildung regelt die **Berufsausbildungsvorbereitung**, die **Berufsausbildung**, die **berufliche Fortbildung** und die **berufliche Umschulung** (§ 1 Abs. 1 BBiG).
- Wer einen Auszubildenden zur Berufsausbildung einstellt, hat mit diesem einen **Berufsausbildungsvertrag** zu schließen (§ 10 Abs. 1 BBiG).
- Während der Probezeit kann das Berufsausbildungsverhältnis jederzeit ohne Einhalten einer Kündigungsfrist gekündigt werden (§ 22 Abs. 1 BBiG). Nach der Probezeit kann das Berufsausbildungsverhältnis nur aus einem wichtigen Grund ohne Einhalten einer Kündigungsfrist gekündigt werden, oder vom Auszubildenden mit einer Kündigungsfrist von vier Wochen, wenn er die **Berufsausbildung** aufgeben oder sich für eine andere Berufstätigkeit ausbilden lassen will (§ 22 Abs. 2 BBiG). Die **Kündigung** muss schriftlich erfolgen (§ 22 Abs. 3 BBiG). Erfolgt die Kündigung nach der Probezeit, ist außerdem die Angabe der Kündigungsgründe erforderlich.
- Auszubildende dürfen nach § 27 Abs. 1 BBiG nur eingestellt und ausgebildet werden, wenn
  1. die Ausbildungsstätte nach Art und Einrichtung für die Berufsausbildung geeignet ist und
  2. die Zahl der Auszubildenden in einem angemessenem Verhältnis zur Zahl der Ausbildungsplätze oder zur Zahl der beschäftigten Fachkräfte steht, es sei denn, dass andernfalls die Berufsausbildung nicht gefährdet wird.
  Eine Ausbildungsstätte, in der die erforderlichen beruflichen Fertigkeiten, Kenntnisse und Fähigkeiten nicht im vollen Umfang vermittelt werden können, gilt als geeignet, wenn diese durch Ausbildungsmaßnahmen außerhalb der Ausbildungsstätte vermittelt werden (§ 27 Abs. 2 BBiG).
- Auszubildende darf nach § 28 Abs. 1 BBiG nur einstellen, wer persönlich geeignet ist. Auszubildende darf nur ausbilden, wer persönlich und fachlich geeignet ist. Wer fachlich nicht geeignet ist oder wer nicht selbst ausbildet, darf Auszubildende nur dann einstellen, wenn er persönlich und fachlich geeignete Ausbilder bestellt, die die Ausbildungsinhalte in der Ausbildungsstätte unmittelbar, verantwortlich und in wesentlichem Umfang vermitteln (§ 28 Abs. 2 BBiG).

Jugendarbeitsschutzgesetz (JArbSchG) – Gesetz zum Schutze der arbeitenden Jugend
- Das Gesetz gilt für die Beschäftigung von Personen, die noch nicht 18 Jahre alt sind (§ 1 Abs. 1 JArbSchG).
- Ein Kind ist, wer noch nicht 15 Jahre alt ist (§ 2 Abs. 1 JArbSchG). Ein Jugendlicher ist, wer 15, aber noch nicht 18 Jahre alt ist (§ 2 Abs. 2 JArbSchG). Auf

Jugendliche, die der Vollzeitschulpflicht unterliegen, finden die für Kinder geltenden Vorschriften Anwendung (§ 2 Abs. 3 JArbSchG).

- Die Beschäftigung von Kindern ist verboten (§ 5 Abs. 1 JArbSchG). Ausnahmen: Beschäftigung zum Zweck der Arbeits- und Beschäftigungstherapie, im Rahmen eines Betriebspraktikums während der Vollzeitschulpflicht und in Erfüllung einer richterlichen Weisung (§ 5 Abs. 2 JArbSchG). Auf Antrag bei der Aufsichtsbehörde können Kinder bei kulturellen Veranstaltungen beschäftigt werden (§ 6 JArbSchG).
- Kinder über 13 Jahren können mit der Einwilligung der Personensorgeberechtigten mit leichten und für Kinder geeigneten Arbeiten beschäftigt werden (§ 5 Abs. 3 JArbSchG). Sie dürfen nicht mehr als zwei Stunden täglich, in landwirtschaftlichen Familienbetrieben nicht mehr als drei Stunden täglich, nicht zwischen 18 und 8 Uhr, nicht vor dem Schulunterricht und nicht während des Schulunterrichts beschäftigt werden. Das Beschäftigungsverbot gilt nicht für Jugendliche während der Schulferien für höchstens vier Wochen im Kalenderjahr (§ 5 Abs. 4 JArbSchG). Der Arbeitgeber ist verpflichtet, die Personensorgeberechtigten über mögliche Gefahren sowie über alle zu ihrer Sicherheit und ihrem Gefahrenschutz getroffenen Maßnahmen zu unterrichten (§ 5 Abs. 4b JArbSchG).
- Jugendliche dürfen nur an fünf Tagen in der Woche (§ 15 JArbSchG), täglich nicht länger als acht Stunden und wöchentlich nicht mehr als 40 Stunden beschäftigt werden (§ 8 Abs. 1 JArbSchG).
- Jugendliche müssen im Voraus feststehende Ruhepausen von angemessener Dauer gewährt werden (§ 11 Abs. 1 JArbSchG). Die Ruhepausen müssen bei einer Arbeitszeit von mehr als viereinhalb Stunden mindestens 30 Minuten und bei einer Arbeitszeit von mehr als sechs Stunden mindestens 60 Minuten betragen. Als Ruhepause gilt nur eine Arbeitsunterbrechung von mindestens 15 Minuten.
- Jugendliche dürfen nicht an Samstagen beschäftigt werden (§ 16 Abs. 1 JArbSchG). Ausnahmen: Zulässige Beschäftigung entsprechend den Ausnahmen an Sonntagen, Beschäftigung in offenen Verkaufsstellen, in Betrieben mit offenen Verkaufsstellen, in Bäckereien und Konditoreien, im Friseurhandwerk und im Marktverkehr, im Verkehrswesen, bei Aufnahmen auf Ton- und Bildträger sowie bei Film- und Fotoaufnahmen, bei außerbetrieblichen Ausbildungsmaßnahmen und in Reparaturwerkstätten für Kraftfahrzeuge. Mindestens zwei Samstage im Monat müssen beschäftigungsfrei bleiben (§ 16 Abs. 2 JArbSchG).
- Jugendliche dürfen nicht an Sonntagen beschäftigt werden (§ 17 Abs. 1 JArbSchG). Ausnahmen: Beschäftigung in Krankenanstalten sowie in Alten-, Pflege- und Kinderheimen, in der Landwirtschaft und Tierhaltung, im Familienhaushalt, im Gaststätten- und Schaustellergewerbe, bei Musikaufführungen, Theatervorstellungen und anderen Aufführungen, bei Direktsendungen im Rundfunk (Hörfunk und Fernsehen), beim Sport und im ärztlichen Notdienst. Jeder zweite Sonntag soll, mindestens zwei Sonntage im Monat müssen beschäftigungsfrei bleiben (§ 17 Abs. 2 JArbSchG).
- Jugendliche dürfen nicht mit Akkordarbeit und sonstigen Arbeiten, bei denen durch ein gesteigertes Arbeitstempo ein höheres Entgelt erzielt werden kann, beschäftigt werden (§ 23 Abs. 1 JArbSchG).

- Jugendliche haben für jedes Kalenderjahr einen Anspruch auf bezahlten Erholungsurlaub (§ 19 Abs. 1 JArbSchG). Der Urlaub beträgt jährlich mindestens 30 Werktage, wenn der Jugendliche zu Beginn des Kalenderjahres noch nicht 16 Jahre alt ist, mindestens 27 Werktage, wenn der Jugendliche zu Beginn des Kalenderjahres noch nicht 17 Jahre alt ist, mindestens 25 Werktage, wenn der Jugendliche zu Beginn des Kalenderjahres noch nicht 18 Jahre alt ist.
- Ein Jugendlicher darf nur beschäftigt werden, wenn er innerhalb der letzten vierzehn Monate vor Aufnahme der Beschäftigung ärztlich untersucht wurde (Erstuntersuchung) und eine Bescheinigung des Arztes vorliegt, dass gegen die beabsichtigte Tätigkeit keine ärztlichen Bedenken bestehen (§ 32 Abs. 1 JArbSchG). Ein Jahr nach Aufnahme der ersten Beschäftigung hat eine Nachuntersuchung zu erfolgen (§ 33 Abs. 1 JArbSchG).
- Arbeitgeber, die regelmäßig mindestens einen Jugendlichen beschäftigen, haben das Jugendarbeitsschutzgesetz und die Anschrift der zuständigen Aufsichtsbehörde an geeigneter Stelle im Betrieb zur Einsicht auszulegen oder auszuhändigen (§ 47 JArbSchG). Arbeitgeber, die regelmäßig mindestens drei Jugendliche beschäftigen, haben einen Aushang über Beginn und Ende der regelmäßigen täglichen Arbeitszeit und der Pausen der Jugendlichen an geeigneter Stelle im Betrieb anzubringen (§ 48 JArbSchG).
- Arbeitgeber haben Verzeichnisse der beschäftigten Jugendlichen unter Angabe des Vor- und Familiennamens, des Geburtsdatums, der Wohnanschrift und das Datum des Beginns der Beschäftigung zu führen (§ 49 JArbSchG).

Sozialgesetzbuch SGB IX – Rehabilitation und Teilhabe behinderter Menschen
- Menschen sind behindert, wenn ihre körperliche Funktion, geistige Fähigkeit oder seelische Gesundheit mit hoher Wahrscheinlichkeit länger als sechs Monate von dem für das Lebensalter typischen Zustand abweichen und daher ihre Teilhabe am Leben in der Gesellschaft beeinträchtigt ist. Sie sind von der Behinderung bedroht, wenn die Beeinträchtigung zu erwarten ist (§ 2 Abs. 1 SGB IX). Menschen sind schwerbehindert, wenn bei ihnen ein Grad der Behinderung von mindestens 50 vorliegt (§ 2 Abs. 2 SGB IX). Schwerbehinderten Menschen gleichgestellt werden sollen behinderte Menschen mit einem Grad der Behinderung von weniger als 50, aber mindestens 30, wenn sie infolge ihrer Behinderung ohne die Gleichstellung einen geeigneten Arbeitsplatz nicht bekommen oder nicht behalten können (§ 2 Abs. 3 SGB IX).
- Arbeitgeber mit jahresdurchschnittlich monatlich mindestens 20 Arbeitsplätzen haben auf wenigstens 5 % der Arbeitsplätze schwerbehinderte Menschen zu beschäftigen. Dabei sind schwerbehinderte Frauen besonders zu berücksichtigen. Arbeitgeber mit jahresdurchschnittlich monatlich weniger als 40 Arbeitsplätzen haben jahresdurchschnittlich je Monat einen schwerbehinderten Menschen, Arbeitgeber mit jahresdurchschnittlich monatlich weniger als 60 Arbeitsplätzen jahresdurchschnittlich je Monat zwei schwerbehinderte Menschen zu beschäftigen (§ 71 Abs. 1 SGB IX).
  Für jeden dieser nicht mit einem schwerbehinderten Menschen besetzten Arbeitsplätze ist eine Ausgleichsabgabe zu entrichten (§ 77 Abs. 1 SGB IX). Die Zahlung der Ausgleichsabgabe hebt die Pflicht zur Beschäftigung schwerbehinderter Menschen nicht auf. Die Ausgleichsabgabe beträgt je unbesetzten

Pflichtarbeitsplatz 105 EUR bei einer jahresdurchschnittlichen Beschäftigungsquote von 3 % bis weniger als bei dem geltenden Pflichtsatz, 180 EUR bei einer jahresdurchschnittlichen Beschäftigungsquote von 2 % bis weniger als 3 %, 260 EUR bei einer jahresdurchschnittlichen Beschäftigungsquote von weniger als 2 %. Für Arbeitgeber mit jahresdurchschnittlich weniger als 40 zu berücksichtigenden Arbeitsplätzen bei einer jahresdurchschnittlichen Beschäftigung von weniger als einem schwerbehinderten Menschen beträgt die Ausgleichsabgabe je unbesetzten Pflichtarbeitsplatz für schwerbehinderte Menschen 105 EUR, für Arbeitgeber mit jahresdurchschnittlich weniger als 60 zu berücksichtigenden Arbeitsplätzen bei einer jahresdurchschnittlichen Beschäftigung von weniger als zwei schwerbehinderten Menschen beträgt die Ausgleichsabgabe je unbesetzten Pflichtarbeitsplatz 105 EUR und bei einer jahresdurchschnittlichen Beschäftigung von weniger als einem schwerbehinderten Menschen 180 EUR (§ 77 Abs. 2 SGB IX).
Der Arbeitgeber zahlt die Ausgleichsabgabe jährlich zugleich mit der Erstattung der Anzeige an das zuständige Integrationsamt (§ 77 Abs. 4 SGB IX).

- Die Arbeitgeber haben ein Verzeichnis der bei ihnen beschäftigten schwerbehinderten, ihnen gleichgestellten behinderten Menschen und sonstigen anrechnungsfähigen Personen laufend zu führen und dieses der zuständigen Agentur für Arbeit und dem zuständigen Integrationsamt auf Verlangen vorzulegen (§ 80 Abs. 1 SGB IX).

- Die Kündigungsfrist für schwerbehinderte Menschen beträgt mindestens vier Wochen (§ 86 SGB IX). Jede Kündigung des Arbeitsverhältnisses durch den Arbeitgeber bedarf der vorherigen Zustimmung des Integrationsamtes (§ 85 SGB IX).

- Schwerbehinderte Menschen haben Anspruch auf einen bezahlten zusätzlichen Urlaub von fünf Arbeitstagen im Urlaubsjahr. Verteilt sich die regelmäßige Arbeitszeit des schwerbehinderten Menschen auf mehr oder weniger als fünf Arbeitstage in der Kalenderwoche, erhöht oder vermindert sich der Zusatzurlaub entsprechend. Tarifliche, betriebliche oder sonstige Urlaubsregelungen für schwerbehinderte Menschen können einen längeren Zusatzurlaub vorsehen (§ 125 SGB IX).

Allgemeines Gleichbehandlungsgesetz (AGG)

- Ziel des Gesetzes ist, Benachteiligungen aus Gründen der Rasse oder wegen der ethnischen Herkunft, des Geschlechts, der Religion oder Weltanschauung, einer Behinderung, des Alters oder der sexuellen Identität zu verhindern oder zu beseitigen (§ 1 AGG).
- Benachteiligungen aus einem o. g. Grund sind nach § 2 Abs. 1 AGG unzulässig in Bezug auf
  - die Bedingungen, einschließlich Auswahlkriterien und Einstellungsbedingungen, für den Zugang zu unselbstständiger und selbstständiger Erwerbstätigkeit, unabhängig von Tätigkeitsfeld und beruflicher Position, sowie für den beruflichen Aufstieg,
  - die Beschäftigungs- und Arbeitsbedingungen einschließlich Arbeitsentgelt und Entlassungsbedingungen, insbesondere in individual- und kollektivrechtlichen Vereinbarungen und Maßnahmen bei der Durchführung und

Beendigung eines Beschäftigungsverhältnisses sowie beim beruflichen Aufstieg.

- Beschäftigte dürfen nicht wegen eines o. g. Grundes benachteiligt werden (§ 7 Abs. 1 AGG). Eine Benachteiligung durch Arbeitgeber oder Beschäftigte ist eine Verletzung vertraglicher Pflichten (§ 7 Abs. 3 AGG).
- Eine unterschiedliche Behandlung wegen eines o. g. Grundes ist zulässig, wenn dieser Grund wegen der Art der auszuübenden Tätigkeit oder der Bedingungen ihrer Ausübung eine wesentliche und entscheidende berufliche Anforderung darstellt, sofern der Zweck rechtmäßig und die Anforderung angemessen ist (§ 8 Abs. 1 AGG).

Heimarbeitsgesetz (HAG)
- **Heimarbeiter** ist, wer in selbstgewählter Arbeitsstätte (eigener Wohnung oder selbstgewählter Betriebsstätte) allein oder mit seinen Familienangehörigen im Auftrag von Gewerbetreibenden oder Zwischenmeistern erwerbsmäßig arbeitet, jedoch die Verwertung der Arbeitsergebnisse dem unmittelbar oder mittelbar auftraggebenden Gewerbetreibenden überlässt (§ 2 Abs. 1 HAG).
  Hausgewerbetreibender ist, wer in eigener Arbeitsstätte (eigener Wohnung oder Betriebsstätte) mit nicht mehr als zwei fremden Hilfskräften oder Heimarbeitern im Auftrag von Gewerbetreibenden oder Zwischenmeistern Waren herstellt, bearbeitet oder verpackt, wobei er selbst wesentlich am Stück mitarbeitet, jedoch die Verwertung der Arbeitsergebnisse dem unmittelbar oder mittelbar auftraggebenden Gewerbetreibenden überlässt (§ 2 Abs. 2 HAG).
  Zwischenmeister ist, wer, ohne Arbeitnehmer zu sein, die ihm von Gewerbetreibenden übertragene Arbeit an Heimarbeiter oder Hausgewerbetreibende weitergibt (§ 2 Abs. 3 HAG).
- Wer Heimarbeit ausgibt oder weitergibt, hat jeden, den er mit Heimarbeit beschäftigt oder dessen er sich zur Weitergabe von Heimarbeit bedient, in Listen auszuweisen (§ 6 HAG). Die Listen sind in den Ausgaberäumen an gut sichtbarer Stelle auszuhängen. Je drei Abschriften sind halbjährlich der Agentur für Arbeit einzusenden.
- Wer erstmalig Personen mit Heimarbeit beschäftigen will, hat dies dem zuständigen Gewerbeaufsichtsamt mitzuteilen. Der Mitteilung sind zwei Abschriften beizufügen (§ 7 HAG).
- Wer Heimarbeit ausgibt oder weitergibt, hat die Personen, die die Arbeit entgegennehmen, vor Aufnahme der Beschäftigung über die Art und Weise der zu verrichtenden Arbeit, die Unfall- und Gesundheitsgefahren, denen diese bei der Beschäftigung ausgesetzt sind, sowie über die Maßnahmen und Einrichtungen zur Abwendung dieser Gefahren zu unterrichten (§ 7a HAG).
- Wer Heimarbeit ausgibt oder abnimmt, hat in den Räumen der Ausgabe und Abnahme Entgeltverzeichnisse und Nachweise über die sonstigen Vertragsbedingungen offen auszulegen (§ 8 Abs. 1 HAG). Soweit Musterbücher Verwendung finden, sind sie den Entgeltverzeichnissen beizufügen. Wird Heimarbeit den Beschäftigten in die Wohnung oder Betriebsstätte gebracht, so hat der Auftraggeber dafür zu sorgen, dass das Entgeltverzeichnis zur Einsichtnahme vorgelegt wird. Die Entgeltverzeichnisse müssen die Entgelte für jedes einzelne Arbeitsstück enthalten (§ 8 Abs. 2 HAG).

- Wer Heimarbeit ausgibt oder weitergibt, hat den Personen, welche die Arbeit entgegennehmen, auf seine Kosten Entgeltbücher für jeden Beschäftigten auszuhändigen (§ 9 Abs. 1 HAG). In die Entgeltbücher, die bei den Beschäftigten verbleiben, sind bei jeder Ausgabe und Abnahme von Arbeit ihre Art und ihr Umfang, die Entgelte und die Tage der Ausgabe und der Lieferung einzutragen. An die Stelle von Entgeltbüchern können auch Entgelt- oder Arbeitszettel mit den zu einer ordnungsmäßigen Sammlung geeigneten Heften ausgegeben werden, falls das Gewerbeaufsichtsamt dieses genehmigt hat (§ 9 Abs. 2 HAG).

- Das Beschäftigungsverhältnis eines in Heimarbeit Beschäftigten kann beiderseits an jedem Tag für den Ablauf des folgenden Tages gekündigt werden (§ 29 Abs. 1 HAG). Wird ein in Heimarbeit Beschäftigter von einem Auftraggeber oder Zwischenmeister länger als vier Wochen beschäftigt, so kann das Beschäftigungsverhältnis beiderseits nur mit einer Frist von zwei Wochen gekündigt werden (§ 29 Abs. 2 HAG). Wird ein in Heimarbeit Beschäftigter überwiegend von einem Auftraggeber oder Zwischenmeister beschäftigt, so kann das Beschäftigungsverhältnis mit einer Frist von vier Wochen zum Fünfzehnten oder zum Ende eines Kalendermonats gekündigt werden (§ 29 Abs. 3 HAG). Während einer vereinbarten Probezeit, längstens für die Dauer von sechs Monaten, beträgt die Kündigungsfrist zwei Wochen. Besteht das Beschäftigungsverhältnis zwei Jahre und länger, beträgt die Frist für eine Kündigung durch den Auftraggeber oder Zwischenmeister mindestens ein Monat zum Ende eines Kalendermonats (§ 29 Abs. 4 HAG).

Entgeltfortzahlungsgesetz (EntgFG) – Gesetz über die Zahlung des Arbeitsentgelts an Feiertagen und im Krankheitsfall

- Für Arbeitszeit, die infolge eines gesetzlichen Feiertages ausfällt, hat der Arbeitgeber dem Arbeitnehmer das Arbeitsentgelt zu zahlen, das er ohne den Arbeitsausfall erhalten hätte (2 Abs. 1 EntgFG). Arbeitnehmer, die am letzten Arbeitstag vor oder am ersten Arbeitstag nach Feiertagen unentschuldigt der Arbeit fernbleiben, haben keinen Anspruch auf Bezahlung für diese Feiertage (§ 2 Abs. 3 EntgFG).

- Wird ein Arbeitnehmer durch Arbeitsunfähigkeit infolge Krankheit an seiner Arbeitsleistung verhindert, ohne dass ihn ein Verschulden trifft, so hat er Anspruch auf Entgeltfortzahlung im Krankheitsfall durch den Arbeitgeber für die Zeit der Arbeitsunfähigkeit bis zur Dauer von sechs Wochen (§ 3 Abs. 1 EntgFG). Wird der Arbeitnehmer infolge derselben Krankheit erneut arbeitsunfähig, so verliert er wegen der erneuten Arbeitsunfähigkeit den Anspruch auf Entgeltfortzahlung für einen weiteren Zeitraum von höchstens sechs Wochen nicht, wenn er vor der erneuten Arbeitsunfähigkeit mindestens sechs Wochen nicht infolge derselben Krankheit arbeitsunfähig war oder seit Beginn der ersten Arbeitsunfähigkeit infolge derselben Krankheit eine Frist von 12 Monaten abgelaufen ist. Der Anspruch auf Entgeltfortzahlung entsteht nach vierwöchiger ununterbrochener Dauer des Arbeitsverhältnisses (§ 3 Abs. 3 EntgFG). Der Arbeitnehmer hat nur dann einen Anspruch auf Entgeltfortzahlung, wenn ihn an der krankheitsbedingten Arbeitsunfähigkeit kein Verschulden trifft. Eine selbstverschuldete Arbeitsunfähigkeit ist nur bei einem groben Verstoß gegen das von einem verständigen Menschen im eigenen Interesse zu erwartende

Verhalten gegeben. Nicht schon jede leichte Fahrlässigkeit bei der Verursachung der Krankheit ist als Verschulden anzusehen. Nach der Rechtsprechung liegt kein Selbstverschulden vor bei Trunkenheit und Sucht, Selbsttötungsversuch und bei Sportunfällen. Vorbehaltlich einer Einzelprüfung kann ein Selbstverschulden angenommen werden z. B. bei tätlicher Auseinandersetzung, Verletzung von Unfallverhütungsvorschriften, bei Verkehrsunfällen, verursacht durch Trunkenheit.

- Für die Zeit der Arbeitsunfähigkeit bis zur Dauer von sechs Wochen ist dem Arbeitnehmer das ihm bei der für ihn maßgebenden regelmäßigen Arbeitszeit zustehende Arbeitsentgelt fortzuzahlen (§ 4 Abs. 1 EntgFG). Zum Arbeitsentgelt gehören nicht das zusätzlich für Überstunden gezahlte Arbeitsentgelt und Leistungen für Aufwendungen des Arbeitnehmers, soweit der Anspruch auf sie im Falle der Arbeitsfähigkeit davon abhängig ist, dass dem Arbeitnehmer entsprechende Aufwendungen tatsächlich entstanden sind, und dem Arbeitnehmer solche Aufwendungen während der Arbeitsunfähigkeit nicht entstehen (§ 4 Abs. 1a EntgFG). Erhält der Arbeitnehmer eine auf das Ergebnis der Arbeit abgestellte Vergütung, so ist der von dem Arbeitnehmer in der für ihn maßgebenden regelmäßigen Arbeitszeit erzielbare Durchschnittsverdienst der Berechnung zugrunde zu legen. Durch Tarifvertrag kann eine abweichende Bemessungsgrundlage des fortzuzahlenden Arbeitsentgelts festgelegt werden (§ 4 Abs. 4 EntgFG).
- Eine Vereinbarung über die Kürzung von Sondervergütungen (Leistungen, die der Arbeitgeber zusätzlich zum laufenden Arbeitsentgelt erbringt), ist auch für Zeiten der Arbeitsunfähigkeit infolge Krankheit zulässig (§ 4a EntgFG). Die Kürzung darf für jeden Tag der Arbeitsunfähigkeit infolge Krankheit ein Viertel des Arbeitsentgelts, das im Jahresdurchschnitt auf einen Arbeitstag entfällt, nicht überschreiten.
- Der Arbeitnehmer ist verpflichtet, dem Arbeitgeber die Arbeitsunfähigkeit und deren voraussichtliche Dauer unverzüglich mitzuteilen (§ 5 Abs. 1 EntgFG). Dauert die Arbeitsunfähigkeit länger als drei Kalendertage, hat der Arbeitnehmer eine ärztliche Bescheinigung über das Bestehen der Arbeitsunfähigkeit sowie deren voraussichtliche Dauer spätestens an dem darauffolgenden Arbeitstag vorzulegen.

Mutterschutzgesetz (MuSchG) – Gesetz zum Schutze der erwerbstätigen Mutter
- Werdende Mütter dürfen nicht beschäftigt werden, soweit nach ärztlichem Zeugnis Leben oder Gesundheit von Mutter und Kind bei Fortdauer der Beschäftigung gefährdet ist. Werdende Mütter dürfen in den letzten sechs Wochen vor der Entbindung nicht beschäftigt werden, es sei denn, dass sie sich zur Arbeitsleistung ausdrücklich bereit erklären (§ 3 MuSchG).
  Mütter dürfen bis zum Ablauf von acht Wochen, bei Früh- und Mehrlingsgeburten bis zum Ablauf von zwölf Wochen nach der Entbindung nicht beschäftigt werden. Frauen, die in den ersten Monaten nach der Entbindung nach ärztlichem Zeugnis nicht voll leistungsfähig sind, dürfen nicht zu einer ihre Leistungsfähigkeit übersteigenden Arbeit herangezogen werden (§ 6 MuSchG).
- Es gelten zeitliche Einschränkungen für bestimmten Tätigkeiten (§ 8 MuSchG).
- Der Arbeitgeber darf während einer Schwangerschaft und bis zum Ablauf von

vier Monaten nach der Entbindung grundsätzlich keine Kündigung aussprechen (§ 9 Abs. 1 MuSchG).

- Frauen, soweit sie nicht Mutterschaftsgeld beziehen können, ist vom Arbeitgeber mindestens der Durchschnittsverdienst der letzten 13 Wochen oder der letzten drei Monate vor Beginn des Monats, in dem die Schwangerschaft eingetreten ist, weiter zu gewähren, wenn sie wegen eines Beschäftigungsverbots teilweise oder völlig mit der Arbeit aussetzen (§ 11 Abs. 1 MuSchG).

- Frauen, die Mitglied einer gesetzlichen Krankenkasse sind, erhalten für die Zeit der Schutzfristen sowie für den Entbindungstag Mutterschaftsgeld (§ 13 Abs. 1 MuSchG). Als Mutterschaftsgeld wird das um die gesetzlichen Abzüge verminderte durchschnittliche kalendertägliche Arbeitsentgelt der letzten drei abgerechneten Kalendermonate vor Beginn der Schutzfrist für werdende Mütter gezahlt, höchstens täglich 13 EUR. Es wird von den gesetzlichen Krankenkassen gezahlt. Frauen, die nicht Mitglied einer gesetzlichen Krankenkasse sind, erhalten, wenn sie bei Beginn der Schutzfrist für werdende Mütter in einem Arbeitsverhältnis stehen, für die Zeit der Schutzfristen sowie für den Entbindungstag Mutterschaftsgeld zu Lasten des Bundes, höchstens insgesamt 210 EUR (§ 13 Abs. 2 MuSchG). Das Mutterschaftsgeld wird diesen Frauen auf Antrag vom Bundesversicherungsamt gezahlt.

  Frauen, die Anspruch auf Mutterschaftsgeld haben, erhalten während ihres bestehenden Arbeitsverhältnisses für die Zeit der Schutzfristen sowie für den Entbindungstag von ihrem Arbeitgeber einen Zuschuss in Höhe des Unterschiedsbetrags zwischen 13 EUR und dem um die gesetzlichen Abzüge verminderten durchschnittlichen kalendertäglichen Arbeitsentgelt (§ 14 Abs. 1 MuSchG). Das durchschnittliche kalendertägliche Arbeitsentgelt ist aus den letzten drei abgerechneten Kalendermonaten, bei wöchentlicher Abrechnung aus den letzten 13 abgerechneten Wochen vor Beginn der Schutzfrist für werdende Mütter zu berechnen. Erhöhungen des Arbeitsentgelts, die während der Schutzfristen wirksam werden und nicht nur vorübergehend gezahlt werden, sind ab dem Zeitpunkt ihrer Wirksamkeit in die Berechnung einzubeziehen.

Bundeselterngeld- und Elternzeitgesetz (BEEG) – Gesetz zum Elterngeld und zur Elternzeit

- Arbeitnehmer haben Anspruch auf Elternzeit, wenn sie mit ihrem Kind, mit einem Kind, für das sie die Anspruchsvoraussetzungen erfüllen, oder mit einem Kind, das sie in Vollzeitpflege aufgenommen haben, in einem Haushalt leben und dieses Kind selbst betreuen und erziehen (§ 15 BEEG). Anspruch auf Elternzeit haben Arbeitnehmer auch, wenn sie mit ihrem Enkelkind in einem Haushalt leben und dieses Kind selbst betreuen und erziehen und ein Elternteil des Kindes minderjährig ist oder ein Elternteil des Kindes sich im letzten oder vorletzten Jahr einer Ausbildung befindet, die vor Vollendung des 18. Lebensjahres begonnen wurde und die Arbeitskraft des Elternteils im Allgemeinen voll in Anspruch nimmt (§ 15 Abs. 1a BEEG).

- Der Anspruch auf Elternzeit besteht bis zur Vollendung des dritten Lebensjahres eines Kindes (§ 15 Abs. 2 BEEG). Die Elternzeit kann, auch anteilig, von jedem Elternteil allein oder von beiden Elternteilen gemeinsam genommen werden (§ 15 Abs. 3 BEEG).

- Der Arbeitnehmer darf während der Elternzeit nicht mehr als 30 Wochenstunden erwerbstätig sein (§ 15 Abs. 4 BEEG). Teilzeitarbeit bei einem anderen Arbeitgeber oder selbstständige Tätigkeit bedürfen der Zustimmung des Arbeitgebers. Dieser kann sie nur innerhalb von vier Wochen aus dringenden betrieblichen Gründen schriftlich ablehnen.
- Der Arbeitnehmer kann eine Verringerung der Arbeitszeit und ihre Ausgestaltung beantragen (§ 15 Abs. 5 BEEG). Über den Antrag sollen sich der Arbeitgeber und der Arbeitnehmer innerhalb von vier Wochen einigen.
- Wer Elternzeit beanspruchen will, muss sie spätestens sieben Wochen vor Beginn schriftlich vom Arbeitgeber verlangen und gleichzeitig erklären, für welche Zeiten innerhalb von zwei Jahren Elternzeit genommen werden soll (§ 16 Abs. 1 BEEG). Bei dringenden Gründen ist ausnahmsweise eine angemessene kürzere Frist möglich.
- Der Arbeitgeber kann den Erholungsurlaub, der dem Arbeitnehmer für das Urlaubsjahr zusteht, für jeden vollen Kalendermonat der Elternzeit um ein Zwölftel kürzen (§ 17 Abs. 1 BEEG). Dies gilt nicht, wenn der Arbeitnehmer während der Elternzeit bei seinem Arbeitgeber Teilzeitarbeit leistet.
- Der Arbeitgeber darf das Arbeitsverhältnis ab dem Zeitpunkt, von dem an Elternzeit verlangt worden ist, höchstens jedoch acht Wochen vor Beginn der Elternzeit, und während der Elternzeit nicht kündigen (§ 18 Abs. 1 BEEG). Der Arbeitnehmer kann das Arbeitsverhältnis zum Ende der Elternzeit nur unter Einhaltung einer Kündigungsfrist von drei Monaten kündigen (§ 19 BErzGG).

7.2   Die Personalbedarfsplanung

Alle Aufgaben im Unternehmen kann der Existenzgründer auf Dauer nicht allein erledigen. Irgendwann kommt der Wunsch und die Notwendigkeit, Mitarbeiter einzustellen. Vor der Einstellung von Personal sollte jedoch überlegt werden, ob es nicht sinnvoll ist, professionelle Dienstleister, z. B. Buchführungshelfer bzw. Steuerberater, Schreibbüros usw. zu beauftragen. Bei kurzzeitigem Personalbedarf können auch Personalüberlassungsunternehmen weiterhelfen.

Der Personalbedarf sollte rechtzeitig erkannt und geplant werden. Die **Analyse der Positionsanforderungen** setzt zunächst eine exakte **Stellenbeschreibung** voraus, die neben der Feststellung der einzelnen Tätigkeiten auch Anforderungen, die aus der organisatorischen Eingliederung und aus den Kommunikationsbeziehungen zu anderen Stellen resultieren, umfassen sollte. Die Positionsanforderungen müssen danach personenunabhängig mit Hilfe bestimmter Leistungskriterien ermittelt werden. Sie ergeben ein **Anforderungsprofil**, das an technische und organisatorische Änderungen anpassungsfähig sein sollte. Die Auswahlkriterien, mit deren Hilfe das Anforderungsprofil ermittelt werden soll, müssen zu Beginn des Auswahlprozesses festgelegt werden, damit eine möglichst sachbezogene Personalauswahl möglich ist.

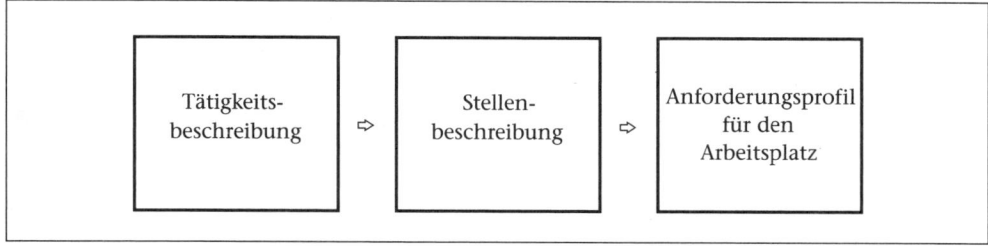

Abb. 49: Personalbedarfsplanung

Das **Anforderungsprofil** ist die Grundlage für die Anwerbung von Kandidaten. Es könnte im Wesentlichen durch folgende Kriterien beschrieben werden:

- Beschreibung der einzelnen Tätigkeiten bzw. der Aufgaben,
- die gewünschte Ausbildung, evtl. Branchenerfahrung,
- das Lebensalter,
- die Anforderungen, z. B. Kompetenzen und Verantwortung,
- die Arbeitszeit,
- der Arbeitsraum und die Ausstattung,
- die Bandbreite der Arbeitsvergütung.

7.3 Die Personalsuche und -auswahl

Die Anwerbung von Kandidaten kann über eine interne oder eine externe Stellenanwerbung erfolgen. Für die interne Stellenanwerbung durch eine innerbetriebliche Stellenausschreibung sind kleine Unternehmen nicht geeignet. Es dürfte sich aber als zweckmäßig erweisen, zunächst einmal in der eigenen Familie Umschau zu halten. Auch aus steuerlichen und sozialversicherungsrechtlichen Gründen könnte es sinnvoll sein, die Ehefrau zu beschäftigen. Zur externen Stellenbesetzung kann das Unternehmen an potenzielle Bewerber z. B. durch Aushang in Schulen oder Hochschulen, Stellenanzeigen in Zeitungen oder Zeitschriften oder über die Arbeitsvermittlung durch die Agentur für Arbeit herantreten.

Bei der Personalsuche per **Zeitungsanzeige** unterscheidet man zwischen der offenen Stellenanzeige und der Chiffreanzeige. Die offene Stellenanzeige enthält den Namen des inserierenden Unternehmens. Sie legt dem Bewerber nicht nur offen, wo er sich bewirbt, sie gibt dem Bewerber vielmehr auch die Möglichkeit, sich gezielt zu bewerben. Es stellt auch eine gute Möglichkeit dar, den Bekanntheitsgrad in der Region zu erhöhen. Die Chiffreanzeige enthält nicht den Namen des inserierenden Unternehmens. Qualifizierte Bewerber neigen wenig dazu, sich auf Chiffreanzeigen zu bewerben. Zeitungsanzeigen, die von Personalberatern aufgegeben werden, gewährleisten, dass Sperrvermerke des Bewerbers beachtet werden.

Das Allgemeine Gleichbehandlungsgesetz (AGG) besagt, dass ein Arbeitsplatz nicht nur für Männer oder nur für Frauen ausgeschrieben werden darf, es sei denn, für die Ausübung der Tätigkeit ist ein bestimmtes Geschlecht unverzichtbare Voraussetzung.

Die Bewerber werden aufgefordert, sich schriftlich mit den üblichen **Bewerbungsunterlagen** zu bewerben. Der Mindestumfang der Bewerbungsunterlagen besteht i.d.R. aus dem Bewerbungsanschreiben, dem tabellarischen Lebenslauf, einem Lichtbild und Zeugniskopien. Eventuell kann auch um Mitteilung des frühestmöglichen Eintrittstermins und Gehaltsvorstellung gebeten werden.

Die Bewerbungsunterlagen werden analysiert und bewertet. Die **Bewerbervorauswahl** erfolgt durch Vergleich mit dem **Anforderungsprofil**. Es werden diejenigen Kandidaten ausgewählt, welche die Kriterien am besten erfüllen und dann zum Vorstellungsgespräch eingeladen.

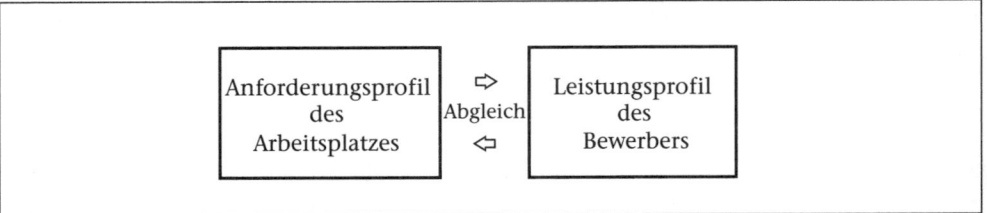

Abb. 50: Bewerberauswahl

Das **Vorstellungsgespräch** ist dann die entscheidende Auswahlmethode. Es ist folgender Ablauf denkbar:
1.   Begrüßung
2.   Lockere Atmosphäre herstellen. Dem Bewerber eine Tasse Kaffee anbieten.
3.   Der Bewerber stellt sich vor. Er berichtet über seinen Ausbildung und seinem beruflichen Werdegang.
4.   Vorstellung des Unternehmens und des zu besetzenden Arbeitsplatz, evtl. mit Rundgang.
5.   Befragung des Bewerbers
6.   Vertragsverhandlungen
7.   Abschluss des Gespräches. Das Ergebnis des Gesprächs dem Bewerber sofort oder schriftlich mitteilen.

Mit der Befragung will sich der Arbeitgeber ein umfassendes Bild von dem zukünftigen Arbeitnehmer machen. Die Grenze ist die Privat- oder Intimsphäre. Solche Fragen muss der Bewerber nicht wahrheitsgemäß beantworten. Zu Einkommens- und Vermögensverhältnissen, Mitgliedschaft in der Gewerkschaft, frühere Betriebsratsaktivitäten darf er lügen. Bei Schwangerschaft darf die Bewerberin leugnen, solange die angestrebte Arbeit nicht Mutter oder Kind gefährden oder die Mitarbeiterin von vornherein ausfallen würde (z. B. Mannequin, Artistin). Laufende Ermittlungsverfahren und Vorstrafen müssen auf Befragen offenbart werden, wenn sie Bezug zur Arbeit haben (z. B. Straßenverkehrsdelikte beim Kraftfahrer, Vermögensdelikte beim Buchhalter). Eine Schwerbehinderung darf nicht geleugnet werden. Beantwortet der Bewerber jedoch eine Frage des Arbeitgebers bewusst falsch, obwohl dieser eine zulässige Frage gestellt hat, steht dem Arbeitgeber dann das Recht zu, das Arbeitsverhältnis sofort zu beenden, ohne eine Kündigungsfrist einhalten zu müssen.

Die Personalauswahl hat eine entscheidende Bedeutung für ein junges Unternehmen, denn der Anteil der Personalkosten ist meistens nicht unerheblich. Eine Fehlbesetzung kann den Betriebserfolg in Frage stellen.

Der Bewerber, der die Anforderungen am besten erfüllt und einverstanden ist mit den Vertragsbedingungen, wird eingestellt. Allen übrigen Bewerber muss abgesagt werden. Selbstverständlich erhalten diese auch ihre Bewerbungsunterlagen zurück. Das Bewerberanschreiben verbleibt im Unternehmen. Der **Absagebrief** sollte so abgefasst sein, dass der Bewerber nicht entmutigt wird. Er soll einen guten Eindruck vom Unternehmen behalten.

7.4 Die Personaleinstellung

Vor der Einstellung von Mitarbeitern sollte sich der Existenzgründer mit den tarifvertraglichen und arbeitsrechtlichen Bestimmungen vertraut machen. Begünstigt eine tarifvertragliche Regelung die Mitarbeiter gegenüber den gesetzlichen Bestimmungen, ist der Tarifvertrag maßgebend, wenn für den Betrieb eine Tarifbindung besteht oder der Tarifvertrag für allgemeinverbindlich erklärt wurde. Darüber hinaus gehen die einzelvertraglichen Vereinbarungen, welche die Arbeitnehmer günstiger stellen, den tarifvertraglichen Regelungen vor.

> **TIPP**
> Beachten Sie insbesondere bei der Einstellung von Minderjährigen und schwerbehinderte Menschen die einschlägigen Gesetze [→ Jugendarbeitsschutzgesetz, → Sozialgesetzbuch SGB IX].

Einstellung von ausländischen Arbeitnehmern aus EU-Staaten
Staatsangehörige aus den Mitgliedstaaten der Europäischen Union (EU), eines anderen Vertragsstaates des Abkommens über den Europäischen Wirtschaftsraum (EWR)[1] und der Schweiz[2] sind grundsätzlich den deutschen Staatsangehörigen gleichgestellt und benötigen daher keine spezielle Arbeitserlaubnis. Für sie gilt die sog. Arbeitnehmerfreizügigkeit. Sie können sich ohne Aufenthaltstitel in Deutschland aufhalten. Die Ausländerbehörde stellt ihnen von Amts wegen eine »Bescheinigung über das gemeinschaftliche Aufenthaltsrecht« aus.

Arbeitnehmer aus den neuen EU-Beitrittsstaaten Bulgarien und Rumänien benötigen für eine Übergangszeit (längstens bis 31.12.2013) eine Arbeitsgenehmigung, die als Arbeitserlaubnis-EU/Arbeitsberechtigung-EU erteilt wird. Für die Erteilung der Arbeitsgenehmigung ist die Zentrale Auslands- und Fachvermittlung (ZAV) der Bundesagentur für Arbeit (BA) zuständig. Die Arbeitserlaubnis-EU wird grundsätzlich zunächst für ein Jahr erteilt. Arbeitnehmer, die zwölf Monate im Besitz einer Arbeitserlaubnis oder arbeitsgenehmigungsfrei erwerbstätig waren, haben Anspruch auf eine Arbeitsberechtigung-EU, die uneingeschränkt und unbefristet erteilt wird.

---

1 Zum Europäischen Wirtschaftsraum (EWR) gehören die Länder der EU (Belgien, Dänemark, Deutschland, Finnland, Frankreich, Griechenland, Großbritannien, Irland, Italien, Luxemburg, Niederlande, Österreich, Portugal, Schweden und Spanien, Tschechien, Estland, Republik Zypern, Lettland, Litauen, Ungarn, Malta, Polen, Slowenien, Slowakei, Bulgarien und Rumänien) sowie Island, Norwegen und Liechtenstein.
2 Schweizer Staatsbürger sind nach dem Freizügigkeitsabkommen EU-Schweiz den Staatsangehörigen aus dem EWR gleichgestellt.

Einstellung von ausländischen Arbeitnehmern aus Nicht-EU-Staaten

Ausländer aus Nicht-EU-Mitgliedstaaten, die in Deutschland eine Beschäftigung ausüben wollen, benötigen einen Aufenthaltstitel, der die Aufnahme dieser Beschäftigung gestattet. Zuständig für die Erteilung des Aufenthaltstitels sind die örtlichen Ausländerbehörden. In der Regel muss die zuständige Agentur für Arbeit allerdings aus arbeitsmarktlichen Gründen der Erteilung eines solchen Aufenthaltstitels zustimmen. Zu diesem Zweck wird die Agentur für Arbeit von der Ausländerbehörde in einem internen Verfahren beteiligt. Dieses Verfahren gilt sowohl für neu einreisende Arbeitnehmer als auch für Ausländer, die ihren Wohnsitz oder gewöhnlichen Aufenthalt in Deutschland haben.

Sind sich Arbeitgeber und Arbeitnehmer einig geworden, wird der **Arbeitsvertrag** abgeschlossen. Der Arbeitsvertrag regelt die rechtlichen Beziehungen zwischen dem Arbeitgeber und dem einzelnen Arbeitnehmer. Es gilt der Grundsatz der Vertragsfreiheit. Arbeitgeber und Arbeitnehmer können grundsätzlich frei entscheiden, ob und mit wem sie ein Arbeitsverhältnis begründen wollen und welchen Inhalt dieses haben soll. Während der Inhalt eines Arbeitsvertrages durch zahlreiche Arbeitnehmerschutzgesetze (z. B. AZO, BUrlG, SGB IX usw.) eingeschränkt wird, unterliegt der Abschluss keinen zwingenden rechtlichen Beschränkungen. Allerdings ist zur Klarstellung und aus Beweisgründen die Schriftform zu empfehlen, um etwaigen Streitigkeiten über den Vertragsinhalt vorzubeugen. Die wichtigsten (sog. Hauptleistungspflichten) sind die Arbeitspflicht auf der Arbeitnehmerseite und nach erbrachter Arbeitsleistung die Vergütungspflicht auf der Arbeitgeberseite. Art und Umfang der Arbeitsleistung richtet sich nach dem Inhalt des Arbeitsvertrages bzw. nach einem ggf. anwendbaren Tarifvertrag. Die Arbeitszeit darf die in der Arbeitszeitordnung (AZO) geregelte Höchstarbeitszeit nicht überschreiten. Die Höhe der Vergütung ergibt sich aus dem Arbeitsvertrag. Besteht für das Arbeitsverhältnis ein anwendbarer Tarifvertrag, so ergibt sich daraus meist der Mindestlohn, der nicht unterschritten werden darf.

Aufgrund des Nachweisgesetzes ist der Arbeitgeber verpflichtet, den Arbeitnehmer spätestens einen Monat nach dem vereinbarten Beginn des Arbeitsverhältnisses schriftlich über die Vertragsbedingungen zu informieren.

Ein **unbefristeter Arbeitsvertrag** (Dauerarbeitsvertrag) kann beendet werden durch
*   einseitige Erklärung (Kündigung) des Arbeitgebers,
*   einseitige Erklärung (Kündigung) des Arbeitnehmers,
*   vertragliche Vereinbarung (Aufhebungsvertrag) zwischen Arbeitgeber und Arbeitnehmer.

Ein **befristeter Arbeitsvertrag** endet ohne diesbezügliche Erklärung oder Vereinbarung, da er von vornherein für eine bestimmte Zeitdauer geschlossen wurde. Ein befristeter Arbeitsvertrag darf grundsätzlich nur abgeschlossen werden, wenn für die Befristung ein sachlicher Grund gegeben ist, z. B. wenn der Arbeitnehmer im Falle freier Entscheidung eine Befristung wünscht, zum Zweck der Erprobung, zur Aushilfe, zur Vertretung (u.a. bei Auslandseinsatz, Mutterschutz, Elternzeit), zur Aus- und Fortbildung des Arbeitnehmers, im Saisongewerbe. Das Teilzeit- und Befristungsgesetz ermöglicht bei Neueinstellung den Abschluss eines befristeten

Arbeitsvertrag

Zwischen

_____ und
        (Arbeitgeber)

_____ wird folgender Arbeitsvertrag geschlossen:
        (Arbeitnehmer)

1. Tätigkeitsbereich

Herr/Frau _____wird als _____einge-
stellt. Die Firma _____ ist berechtigt, Ihnen auch andere
Ihren Fähigkeiten entsprechende gleichwertige Aufgaben zu übertragen.

2. Beginn des Arbeitsverhältnisses/Probezeit

Das Arbeitsverhältnis beginnt am _____ und ist auf unbestimmte Zeit abgeschlossen. Die ersten 6 Monate gelten als Probezeit, in der das Vertragsverhältnis mit
einer Kündigungsfrist von vier Wochen zum Ende eines Kalendermonats gelöst werden kann.

3. Vergütung

Für Ihre Tätigkeit erhalten Sie ein monatliches Bruttogehalt in Höhe von EUR _____,
zahlbar jeweils zum Monatsende.

4. Sonderzahlungen

Die Zahlung der Weihnachtsgratifikation in Höhe von EUR _____ erfolgt freiwillig und unter Vorbehalt des jederzeitigen Widerrufs. Auch durch mehrmalige Zahlungen wird ein Rechtsanspruch für die Zukunft nicht begründet.

5. Urlaub

Ihr Erholungsurlaub beträgt _____ Arbeitstage je Kalenderjahr. Er ist rechtzeitig
vor dem beabsichtigten Urlaubsantritt zu beantragen und auf die betrieblichen Erfordernisse abzustimmen.

6. Arbeitszeit

Die betriebliche Arbeitszeit erstreckt sich von _____ bis _____ Uhr an den Arbeitstagen von Montag bis Freitag bei einer wöchentlichen Arbeitszeit von _____
Stunden und einer Mittagspause von einer halben Stunde.

7. Arbeitsverhinderung

Bei Erkrankung oder sonstiger unverschuldeter Arbeitsverhinderung sind Sie verpflichtet, die Firma _____ unter Angabe der Gründe so-
fort zu verständigen oder verständigen lassen. Sie werden innerhalb von drei Kalen-
dertagen eine ärztliche Arbeitsunfähigkeitsbescheinigung vorlegen, aus der sich die
voraussichtliche Krankheitsdauer ergibt.

8. Kündigung

Die Kündigung des Arbeitsverhältnisses richtet sich nach den gesetzlichen Vorschriften. Die Kündigung hat schriftlich zu erfolgen.

9. Erlöschen von Ansprüchen
Alle Ansprüche, die sich aus diesem Vertrag ergeben, sind von den Parteien innerhalb von 6 Monaten nach ihrer Entstehung zu erheben.

10. Schlussbestimmungen
Mündliche Nebenabreden sind nicht getroffen. Änderungen dieses Arbeitsvertrages bedürfen der schriftlichen Bestätigung.

_____, den_____   _____   _____
                                      (Arbeitgeber)   (Arbeitnehmer)

Abb. 51: Muster für einen Arbeitsvertrag (Word-Fassung im Download-Bereich)

Arbeitsvertrages ohne Vorliegen eines sachlichen Grundes bis zu einer Dauer von zwei Jahren.

Bei Beginn der Beschäftigung hat sich der Arbeitgeber den **Sozialversicherungsausweis** vorlegen zu lassen. Kann der Arbeitnehmer den Ausweis nicht vorlegen, so hat er dies unverzüglich nachzuholen. Es empfiehlt sich, eine Fotokopie des Ausweises zu den Personalunterlagen zu nehmen und darauf das Datum zu vermerken, an dem das Original vorgelegt wurde. So kann sich nämlich der Arbeitgeber vor Erstattung von zu Unrecht gezahlten Sozialleistungen schützen.

Arbeitgeber haben den Beginn eines Beschäftigungsverhältnisses unverzüglich durch eine **Sofortmeldung** anzuzeigen, wenn sie Personen in folgenden Wirtschaftsbereichen oder Wirtschaftszweigen beschäftigen: Baugewerbe, Gaststätten- und Beherbergungsgewerbe, Personenbeförderungsgewerbe, Speditions-, Transport- und das damit verbundene Logistikgewerbe, Schaustellergewerbe, Unternehmen der Forstwirtschaft, Gebäudereinigungsgewerbe, Unternehmen, die sich am Auf- und Abbau von Messen und Ausstellungen beteiligen, Fleischwirtschaft. Die Arbeitnehmer in den genannten Wirtschaftszweigen sind verpflichtet, ihren Personalausweis, Pass, Passersatz oder Ausweisersatz mitzuführen. Hierüber müssen die Arbeitgeber sie nachweislich schriftlich aufklären.

7.5   Die Personalverwaltung

Grundlage für eine rationelle Personalverwaltung sind aufbereitete Informationen, auf die regelmäßig zurückgegriffen werden müssen. Dazu gehören mindestens die Personalakten, eine Personalkartei und diverse Personalstatistiken.

Die **Personalakte** dient dazu, alle Unterlagen eines Mitarbeiters, die für sein Arbeitsverhältnis von Bedeutung sind, geordnet aufzubewahren. Für die Verwaltung empfiehlt es sich, jedem Mitarbeiter bei der Einstellung eine Personalnummer zuzuordnen. Die Personalakte sollte regelmäßig um alle Unterlagen und Änderungen ergänzt werden, die das Arbeitsverhältnis eines Mitarbeiters betreffen. Neben der offiziellen Personalakte, die zentral in der Personalabteilung geführt wird, darf es keine weiteren Personalakten über einen Mitarbeiter im Betrieb geben. Jeder Mitarbeiter hat nach § 83 BetrVG das Recht, in seine Personalakte Einsicht zu nehmen.

Die **Personalkartei** beinhaltet in knapper, übersichtlicher Form alle wichtigen Daten der Mitarbeiter. Die Kartei sollte immer auf dem neuesten Stand gehalten werden. Neben der Verwaltung ist es auch aus organisatorischen Gründen sinnvoll, in einem übersichtlichen Jahreskalender die geplanten und tatsächlichen Abwesenheiten jedes Mitarbeiters einzutragen.

Die Entgeltrechnung (Lohnbuchhaltung)

Jeder Arbeitnehmer hat einen vertraglichen Anspruch auf eine Vergütung seiner Leistung. Grundlage ist der vereinbarte Bruttolohn für Arbeiter bzw. das vereinbarte Bruttogehalt für Angestellte. Zur Errechnung des Nettoverdienstes sind eine Reihe jeweils gültiger gesetzlichen Vorschriften und Bestimmungen zu berücksichtigen. Die mit der **Nettorechnung** ermittelten Nettoverdienste müssen dann zur Zahlung aufbereitet und an die unterschiedlichen Empfänger geleistet werden. Dazu müssen mit der Zahlungsrechnung die Daten in unterschiedlicher Weise ausgegeben werden:

- Mitarbeiterabrechnung,
- Steuerabrechnung,
- Sozialversicherungsabrechnung.

1. Personalien	2. Arbeitsvertrag	3. Tätigkeiten

– Personalfragebogen
– Bewerbungsanschreiben
– Lebenslauf
– Lichtbild
– Zeugnisse
– polizeiliches Führungs-
  zeugnis
– ärztliches Attest
– Familienstands-
  änderungen
	– Arbeitsvertrag
	– Zusatzvereinbarungen
	– Änderung der Bezüge
		– Tätigkeitsberichte
		– Beurteilung von Vor-
		  gesetzten
		– Beförderungen
		– Disziplinarmaßnahmen
		– Aus- und Weiterbildung
		– Vollmachten

4. Bezüge	5. Abwesenheiten	6. Schriftverkehr

– Grundgehalt
– Sonderzahlungen
– Vorschüsse
– Darlehen, Beihilfen
– Lohnsteuer, Kirchen-
  steuer, Solidaritäts-
  zuschlag
– Sozialversicherung
– Lohnpfändungen
	– Urlaub
	– Krankheitsnachweise
	– unentschuldigte Abwe-
	  senheit
	– Arbeitsunfälle
		– Briefe
		– Mitteilungen

Abb. 52: Beispiel für den Aufbau und Inhalt einer Personalakte

7.5.1 Die Mitarbeiterabrechnung

Das vereinbarte Entgelt der Mitarbeiter vermindert sich um Steuern und Sozialversicherungsbeiträge. Oftmals ist das so ermittelte Nettoentgelt für die Mitarbeiter noch nicht der Auszahlungsbetrag, denn vom Nettoentgelt müssen eventuell noch vermögenswirksame Leistungen, Lohnpfändungen, Darlehensrückzahlungen, Vorschusszahlungen abgezogen werden.

	Bruttolohn bzw. Bruttogehalt	2.470,00 EUR
+	Arbeitgeberzuschuss zu den vermögenswirksamen Leistungen	10,00 EUR
+	Fahrgeldzuschuss	20,00 EUR
=	Gesamtbrutto	2.500,00 EUR
−	Lohnsteuer, Steuerklasse III, keine Kinder	130,66 EUR
−	Kirchensteuer 9,00 %	11,75 EUR
−	Solidaritätszuschlag 5,5 %	0,00 EUR
−	Krankenversicherung 8,2 %	205,00 EUR
−	Pflegeversicherung 1,225 %	30,63 EUR
−	Rentenversicherung 9,95 %	248,75 EUR
−	Arbeitslosenversicherung 1,5 %	37,50 EUR
=	Nettoentgelt	1.835,71 EUR
−	Vermögenswirksame Leistungen	40,00 EUR
=	Auszahlung	1.795,71 EUR

Abb. 53: Beispiel einer monatlichen Lohn- bzw. Gehaltsabrechnung (Word-Fassung)

Der Staat fördert die Vermögensbildung der Arbeitnehmer durch Gewährung von Arbeitnehmer-Sparzulagen. Die Förderung ist einkommensabhängig. Neben der Anlage in Bausparverträgen kann auch gleichzeitig die Anlage am Produktivvermögen (Aktienfonds, Beteiligungen am Unternehmen des Arbeitgebers) gefördert werden. Zahlt der Arbeitgeber zusätzlich zum Arbeitsentgelt vermögenswirksame Leistungen, so sind diese Zuwendungen steuer- und beitragspflichtiges Arbeitsentgelt.

Trinkgelder, die im Rahmen eines Arbeitsverhältnisses von Dritten freiwillig und ohne dass darauf ein Rechtsanspruch besteht, gegeben werden, sind steuer- und sozialversicherungsfrei. Besteht ein Rechtsanspruch auf Trinkgelder oder ähnliche Bezüge, unterliegen diese in voller Höhe der Beitragspflicht, z. B. das Metergeld im Transportgewerbe oder der Bedienungszuschlag im Gaststättengewerbe.

Für jeden Mitarbeiter muss eine **Entgeltabrechnung** erstellt werden. In ihr sind alle Abrechnungsdaten der Brutto-, Netto- und Zahlungsrechnung auszuweisen. Neben den Beträgen der betrachteten Periode können auch die aufgelaufenen Summen des Kalenderjahres ausgedruckt werden. Damit kann die Entgeltabrechnung auch als Verdienstbescheinigung verwandt werden.

Für das Unternehmen und die Lohnsteuerprüfung ist zum Jahresende oder zum Ende eines Arbeitsverhältnisses ein **Lohnkonto** auszudrucken. In ihm sind nach der Lohnsteuer-Durchführungsverordnung (LStDV) je Abrechnungszeitraum folgende Daten auszuweisen:

- Personalien des Arbeitnehmers,
- Beschäftigungsbeginn, Beschäftigungsende,
- Art der Beschäftigung,

- bei Versicherungsfreiheit oder Befreiung von der Versicherungspflicht die dafür maßgebenden Angaben,
- geleistete Stunden,
- Bruttoentgelt,
- beitragspflichtiges Arbeitsentgelt bis zur Beitragsbemessungsgrenze der Rentenversicherung,
- bei Arbeitsausfall durch Kurzarbeit bzw. im Baugewerbe durch schlechtes Wetter: gezahltes Kurzarbeiter- bzw. Winterausfallgeld sowie das meldepflichtige Ausfallentgelt,
- Beitragsgruppenschlüssel,
- Einzugsstelle für den GSV-Beitrag,
- der vom Beschäftigten zu tragende Anteil am GSV-Beitrag, getrennt nach Beitragsgruppen,
- Lohn- und Kirchensteuerdaten,
- Abzugswerte und Zahlungen,
- Nettoverdienst,
- Zahlungsbetrag.

7.5.2 Die Steuerabrechnung

Bei Arbeitnehmereinkünften wird die Einkommensteuer nach § 38 Abs. 1 EStG durch Abzug vom Arbeitslohn (Lohnsteuer) erhoben. Der Arbeitnehmer ist Schuldner der Lohnsteuer. Die Lohnsteuer entsteht in dem Zeitpunkt, in dem der Arbeitslohn dem Arbeitnehmer zufließt. Der Arbeitgeber hat die Lohnsteuer für Rechnung des Arbeitnehmers bei jeder Lohnzahlung vom Arbeitslohn einzubehalten.

Die Jahreslohnsteuer bemisst sich nach dem Arbeitslohn, den der Arbeitnehmer im Kalenderjahr bezieht (Jahresarbeitslohn). Die Jahreslohnsteuer wird nach dem Jahresarbeitslohn so bemessen, dass sie der Einkommensteuer entspricht, die der Arbeitnehmer schuldet, wenn er ausschließlich Einkünfte aus nichtselbstständiger Arbeit erzielt.

Vom laufenden Arbeitslohn wird die Lohnsteuer jeweils mit dem auf den Lohnzahlungszeitraum fallenden Teilbetrag der Jahreslohnsteuer erhoben, die sich bei Umrechnung des laufenden Arbeitslohns auf einen Jahresarbeitslohn ergibt. Bei der Ermittlung der Lohnsteuer werden die Besteuerungsgrundlagen des Einzelfalls durch die Einreihung der Arbeitnehmer in Steuerklassen sowie Feststellung von Freibeträgen und Hinzurechnungsbeträgen berücksichtigt.

Pauschalierung der Lohnsteuer für Teilzeitbeschäftigte und geringfügig Beschäftigte (Mini-Jobs)
- Der Arbeitgeber kann unter Verzicht auf die Vorlage einer Lohnsteuerkarte bei Arbeitnehmern, die nur kurzfristig beschäftigt werden, die Lohnsteuer mit einem Pauschsteuersatz von 25 % des Arbeitslohns erheben (§ 40a Abs. 1 EStG). Hinzu kommen der Solidaritätszuschlag (5,5 % der Lohnsteuer) und die Kirchensteuer nach dem jeweiligen Landesrecht. Eine kurzfristige Beschäftigung liegt vor, wenn der Arbeitnehmer bei dem Arbeitgeber gelegentlich, nicht regelmäßig wiederkehrend beschäftigt wird, die Dauer der Beschäftigung 18 zusammenhängende Arbeitstage nicht übersteigt und

1. der Arbeitslohn während der Beschäftigungsdauer 62 EUR durchschnittlich je Arbeitstag nicht übersteigt oder
2. die Beschäftigung zu einem unvorhersehbaren Zeitpunkt sofort erforderlich wird.

Die Pauschalierung ist unzulässig bei Arbeitnehmern, deren Arbeitslohn während der Beschäftigungsdauer durchschnittlich je Arbeitsstunde 12 EUR übersteigt sowie bei Arbeitnehmern, die für eine andere Beschäftigung von demselben Arbeitgeber Arbeitslohn beziehen, der dem Lohnsteuerabzug unterworfen wird (§ 40a Abs. 4 EStG).

*   Der Arbeitgeber kann unter Verzicht auf die Vorlage einer Lohnsteuerkarte die Lohnsteuer einschließlich Solidaritätszuschlag und Kirchensteuern (einheitliche Pauschsteuer) für das Arbeitsentgelt aus geringfügigen Beschäftigungen (Mini-Jobs), für das er pauschale Beiträge zur gesetzlichen Rentenversicherung zu entrichten hat, mit einem einheitlichen Pauschsteuersatz in Höhe von insgesamt 2 % des Arbeitsentgelts erheben (§ 40a Abs. 2 EStG).

    Für die Erhebung der einheitlichen Pauschalsteuer ist die Deutsche Rentenversicherung Knappschaft-Bahn-See/Verwaltungsstelle Cottbus zuständig (§ 40a Abs. 6 EStG).

    Hat der Arbeitgeber für das Arbeitsentgelt aus geringfügigen Beschäftigungen (Mini-Jobs) keine Pflicht- oder pauschale Rentenversicherungsbeiträge zu entrichten, kann er unter Verzicht auf die Vorlage einer Lohnsteuerkarte die Lohnsteuer mit einem Pauschsteuersatz in Höhe von 20 % des Arbeitsentgelts erheben (§ 40a Abs. 2a EStG). Hinzu kommen der Solidaritätszuschlag (5,5 % der Lohnsteuer) und die Kirchensteuer nach dem jeweiligen Landesrecht.

*   Der Arbeitgeber kann unter Verzicht auf die Vorlage einer Lohnsteuerkarte bei Aushilfskräften, die in Betrieben der Land- und Forstwirtschaft ausschließlich mit typisch land- oder forstwirtschaftlichen Arbeiten beschäftigt werden, die Lohnsteuer mit einem Pauschsteuersatz von 5 % des Arbeitslohns erheben (§ 40a Abs. 3 EStG). Aushilfskräfte sind Personen, die für die Ausführung und für die Dauer von Arbeiten, die nicht ganzjährig anfallen, beschäftigt werden. Eine Beschäftigung mit anderen land- und forstwirtschaftlichen Arbeiten ist möglich, wenn deren Dauer 25 % der Gesamtbeschäftigungsdauer nicht überschreitet. Aushilfskräfte sind nicht Arbeitnehmer, die zu den land- und forstwirtschaftlichen Fachkräften gehören oder die der Arbeitgeber mehr als 180 Tage im Kalenderjahr beschäftigt.

    Die Pauschalierung ist unzulässig bei Arbeitnehmern, deren Arbeitslohn während der Beschäftigungsdauer durchschnittlich je Arbeitsstunde 12 EUR übersteigt sowie bei Arbeitnehmern, die für eine andere Beschäftigung von demselben Arbeitgeber Arbeitslohn beziehen, der dem Lohnsteuerabzug unterworfen wird (§ 40a Abs. 4 EStG).

Der Arbeitgeber hat nach § 41 Abs. 1 EStG für jeden Arbeitnehmer und jedes Kalenderjahr ein Lohnkonto zu führen. In das Lohnkonto sind die für den Lohnsteuerabzug erforderlichen Merkmale aus der Lohnsteuerkarte oder aus einer entsprechenden Bescheinigung zu übernehmen. Bei jeder Lohnzahlung für das Kalenderjahr, für das das Lohnkonto gilt, sind im Lohnkonto die Art und Höhe des gezahlten Arbeitslohns einschließlich der steuerfreien Bezüge sowie die einbehaltene oder übernommene Lohnsteuer einzutragen. Die Lohnkonten sind bis zum Ablauf des sechsten Kalenderjahres, das auf die zuletzt eingetragene Lohnzahlung folgt, aufzubewahren.

Der Arbeitgeber hat nach § 41a Abs. 1 EStG spätestens am zehnten Tag nach Ablauf eines jeden Lohnsteuer-Anmeldungszeitraums

1. dem Finanzamt, in dessen Bezirk sich die Betriebsstätte befindet (Betriebsstättenfinanzamt), eine Steuererklärung einzureichen, in der er die Summe der im Lohnsteuer-Anmeldungszeitraum einzubehaltenden und zu übernehmenden Lohnsteuer zzgl. Solidaritätszuschlag und Kirchensteuer je nach Konfessionszugehörigkeit angibt **(Lohnsteuer-Anmeldung)**,

2. die im Lohnsteuer-Anmeldungszeitraum insgesamt einbehaltene und übernommene Lohnsteuer zzgl. Solidaritätszuschlag und Kirchensteuer je nach Konfessionszugehörigkeit an das Betriebsstättenfinanzamt abzuführen.

Die **Lohnsteuer-Anmeldung** ist nach amtlich vorgeschriebenem Datensatz durch Datenfernübertragung zu übermitteln. Auf Antrag kann das Finanzamt zur Vermeidung unbilliger Härten auf eine elektronische Übermittlung verzichten. In diesem Fall ist die Lohnsteuer-Anmeldung nach amtlich vorgeschriebenem Vordruck abzugeben und vom Arbeitgeber oder von einer zu seiner Vertretung berechtigten Person zu unterschreiben. Der Arbeitgeber wird von der Verpflichtung zur Abgabe weiterer Lohnsteuer-Anmeldungen befreit, wenn er Arbeitnehmer, für die er Lohnsteuer einzubehalten oder zu übernehmen hat, nicht mehr beschäftigt und das dem Finanzamt mitteilt.

Der **Lohnsteuer-Anmeldungszeitraum** ist nach § 41a Abs. 2 EStG grundsätzlich der Kalendermonat. Der Lohnsteuer-Anmeldungszeitraum ist das Kalendervierteljahr, wenn die abzuführende Lohnsteuer für das vorangegangene Kalenderjahr mehr als 1.000 EUR, aber nicht mehr als 4.000 EUR betragen hat. Der Lohnsteuer-Anmeldungszeitraum ist das Kalenderjahr, wenn die abzuführende Lohnsteuer für das vorangegangene Kalenderjahr nicht mehr als 1.000 EUR betragen hat.

Hat der Betrieb nicht während des ganzen vorangegangenen Kalenderjahres bestanden, so ist die für das vorangegangene Kalenderjahr abzuführende Lohnsteuer für die Feststellung des Lohnsteuer-Anmeldungszeitraums auf einen Jahresbetrag umzurechnen. Wenn der Betrieb im vorangegangenen Kalenderjahr noch nicht bestanden hat, ist die auf einen Jahresbetrag umgerechnete für den ersten vollen Kalendermonat nach der Eröffnung des Betriebs abzuführende Lohnsteuer maßgebend.

Im Falle nicht rechtzeitiger Abführung der Steuerabzugsbeträge ist ein Säumniszuschlag zu entrichten. Der Säumniszuschlag beträgt 1 % des rückständigen Steuerbetrages für jeden angefangenen Monat der Säumnis.

7.5.3 Die Sozialversicherungsabrechnung

Grundsätzlich unterliegt jeder Arbeitnehmer oder Auszubildender der Pflichtmitgliedschaft zur gesetzlichen Sozialversicherung. Die Versicherungspflicht beginnt mit dem Tag, für den erstmals Anspruch auf Arbeitsentgelt besteht, und zwar auch dann, wenn die Beschäftigung wegen einer Erkrankung des Arbeitnehmers nicht zu dem im Arbeitsvertrag vorgesehenen Zeitpunkt aufgenommen werden kann. Zu den Trägern der Sozialversicherung gehören

- die Arbeitslosenversicherung (ALV),
- die Krankenversicherung (KV),

- die Pflegeversicherung (PV),
- die Rentenversicherung (RV),
- die Unfallversicherung (UV).

In der Sozialversicherung versicherungsfrei sind Personen in einer **geringfügigen Beschäftigung**. Eine geringfügige Beschäftigung liegt nach § 8 Abs. 1 SGB IV vor, wenn

1. das Arbeitsentgelt aus dieser Beschäftigung regelmäßig im Monat 400 EUR nicht übersteigt **(geringfügig entlohnte Beschäftigung bzw. Mini-Job)**. Der Arbeitgeber muss i.d.R. Pauschalbeiträge zur Kranken- und Rentenversicherung sowie eine Pauschsteuer zahlen.

2. die Beschäftigung innerhalb eines Kalenderjahres auf längstens zwei Monate oder 50 Arbeitstage nach ihrer Eigenart begrenzt zu sein pflegt oder im Voraus vertraglich begrenzt ist, es sei denn, dass die Beschäftigung berufsmäßig ausgeübt wird und ihr Entgelt 400 EUR im Monat übersteigt **(kurzfristige Beschäftigung)**. Wird die Beschäftigung an mindestens fünf Tagen in der Woche ausgeübt, ist von einem Zwei-Monats-Zeitraum auszugehen. In allen anderen Fällen ist der Zeitraum von 50 Arbeitstagen maßgebend. Die Beschäftigung muss vertraglich oder nach der Art des Beschäftigungsverhältnisses angelegt sein. Beispiele: Urlaubsvertretungen, Ferienjobs, Saisonarbeiten. Der Arbeitgeber muss keine Beiträge zur Kranken- und Rentenversicherung zahlen.

Unter Beschäftigung im sozialversicherungsrechtlichen Sinne ist die nicht selbstständige Beschäftigung, insbesondere im Rahmen eines Arbeitsverhältnisses, zu verstehen. Als Beschäftigung gilt auch der Erwerb beruflicher Kenntnisse, Fertigkeiten oder Erfahrungen im Rahmen beruflicher Berufsbildung.

Arbeitsentgelt sind nach § 14 Abs. 1 SGB IV alle laufenden oder einmaligen Einnahmen aus einer Beschäftigung, gleichgültig, ob ein Rechtsanspruch auf die Einnahmen besteht, unter welcher Bezeichnung oder in welcher Form sie geleistet werden oder ob sie unmittelbar aus der Beschäftigung oder im Zusammenhang mit ihr erzielt werden. Arbeitseinkommen ist nach § 15 Abs. 1 SGB IV der nach den allgemeinen Gewinnermittlungsvorschriften des Einkommensteuerrechts ermittelte Gewinn aus einer selbstständigen Tätigkeit.

Eine **geringfügig entlohnte Beschäftigung** ist unabhängig von der Dauer der wöchentlichen Arbeitszeit. Wird eine geringfügig entlohnte Beschäftigung weniger als einen vollen Kalendermonat ausgeübt, ist von einem anteiligen Monatswert auszugehen.

Bei der Ermittlung des regelmäßigen Arbeitsentgelts ist von dem Arbeitsentgelt auszugehen, auf das ein Rechtsanspruch besteht. Es kommt somit nicht auf die Höhe des tatsächlich gezahlten Arbeitsentgelts an. Einmalige Einnahmen (z. B. Urlaubsgeld, Weihnachtsgeld) werden nur dann berücksichtigt, wenn sie mindestens einmal jährlich zu erwarten sind und auch tatsächlich gezahlt werden.

Wird die Entgeltgrenze von 400 EUR im Monat überschritten, tritt vom Tage des Überschreitens an Versicherungspflicht ein. Für den zurückliegenden Zeitraum bleibt es bei der Versicherungsfreiheit. Wird die Entgeltgrenze nur gelegentlich (bis zu zwei Monate innerhalb eines Jahres) und unvorhersehbar überschritten, bleibt die Beschäftigung versicherungsfrei.

Übt ein Arbeitnehmer bei einem Arbeitgeber gleichzeitig mehrere Beschäftigungen aus, ist ohne Rücksicht auf die arbeitsvertragliche Gestaltung sozialversicherungsrechtlich von einem einheitlichen Beschäftigungsverhältnis auszugehen. Übt ein Arbeitnehmer bei verschiedenen Arbeitgebern Beschäftigungen nebeneinander aus, sind für die versicherungsrechtliche Beurteilung die Arbeitsentgelte zu addieren (§ 8 Abs. 2 SGB IV). Hierbei ist jedoch zu berücksichtigen, dass nur artgleiche Beschäftigungen zu addieren sind, nicht jedoch eine geringfügig entlohnte mit einer kurzfristigen Beschäftigung. Übt ein Arbeitnehmer neben *einer* versicherungspflichtigen Hauptbeschäftigung geringfügig entlohnte Beschäftigungen aus, so sind diese mit Ausnahme *einer* geringfügig entlohnten Beschäftigung zusammenzurechnen. Es bleibt dann diejenige geringfügig entlohnte Beschäftigung versicherungsfrei, die zeitlich zuerst aufgenommen wurde. Wird bei der Zusammenrechnung festgestellt, dass die Voraussetzungen einer geringfügig entlohnten Beschäftigung nicht mehr vorliegen, tritt die Versicherungspflicht erst mit dem Tage der Bekanntgabe der Feststellung durch die Einzugsstelle oder einen Träger der Rentenversicherung ein.

Auch wenn eine geringfügig entlohnte Beschäftigung sozialversicherungsfrei ist, so sind dennoch vom Arbeitsentgelt pauschale Beiträge zur Kranken- und Rentenversicherung vom Arbeitgeber zu zahlen.

Der Arbeitgeber einer geringfügigen entlohnten Beschäftigung hat für Versicherte, die in dieser Beschäftigung versicherungsfrei oder nicht versicherungspflichtig sind, einen Beitrag zur Krankenversicherung in Höhe von 13 % (§ 249b SGB V), einen Beitrag zur Rentenversicherung in Höhe von 15 % (§ 172 Abs. 3 SGB VI) sowie eine Pauschsteuer in Höhe von 2 % des Arbeitsentgelts dieser Beschäftigung zu tragen. Die Entgelte müssen in der Meldung zur Sozialversicherung (DEÜV) und im jährlichen Lohnnachweis für die Unfallversicherung aufgeführt werden. Die Beiträge können per Einzugsermächtigung vom Konto des Arbeitgebers von der Minijob-Zentrale als gemeinsame Einzugsstelle eingezogen oder per Überweisung an die Minijob-Zentrale überwiesen werden.

Für Beschäftigte in Privathaushalten (z. B. Haushaltshilfen, Babysitter, Gärtner), die in dieser Beschäftigung versicherungsfrei oder nicht versicherungspflichtig sind, hat der Arbeitgeber einen Betrag zur Krankenversicherung in Höhe von 5 % (§ 249b SGB V), einen Beitrag zur Rentenversicherung in Höhe von 5 % (§ 172 Abs. 3a SGB VI) sowie eine Pauschsteuer in Höhe von 2 % des Arbeitsentgelts dieser Beschäftigung zu tragen. Hinzu kommen Umlagen zum Ausgleich der Arbeitgeberaufwendungen bei Krankheit (U1) in Höhe von 0,6 % und Mutterschaft (U2) in Höhe von 0,14 % sowie Beiträge zur gesetzlichen Unfallversicherung in Höhe von 1,6 %. Die Beiträge werden zusammen mit der Pauschsteuer im Haushaltsscheckverfahren per Einzugsermächtigung vom Konto des Arbeitgebers von der Minijob-Zentrale als einheitliche Einzugsstelle eingezogen.

Eine geringfügig entlohnte Beschäftigung in einem Privathaushalt liegt vor, wenn diese durch den privaten Haushalt begründet ist und die Tätigkeit sonst durch Mitglieder des privaten Haushalts erledigt wird.

Arbeitsstelle	KV	RV	Steuer
in einem Unternehmen	13 %	15 %	2 %
in einem Privathaushalt	5 %	5 %	2 %

Abb. 54: Pauschalbeiträge zur geringfügig entlohnten Beschäftigung

Die pauschalen Krankenversicherungsbeiträge sind nur dann zu zahlen, wenn der geringfügig entlohnte Beschäftigte gesetzlich krankenversichert ist. Es kann sich dabei um eine Pflichtversicherung, eine freiwillige Versicherung oder um eine beitragsfreie Familienversicherung handeln. Die Beiträge fallen nur für Zeiträume an, in denen tatsächlich ein Versicherungsverhältnis besteht. Ist der geringfügig entlohnte Beschäftigte privat oder gar nicht krankenversichert, fällt kein Pauschalbeitrag an.

Die pauschalen Rentenversicherungsbeiträge sind selbst dann zu zahlen, wenn der geringfügig entlohnte Beschäftigte von der Versicherungspflicht befreit ist (z. B. als Mitglied einer berufsständischen Versorgungseinrichtung) oder generell in seiner Person rentenversicherungsfrei ist (z. B. als Bezieher einer Vollrente wegen Alters oder Bezieher einer Versorgung nach Erreichen einer Altersgrenze).

Die pauschalen Rentenversicherungsbeiträge wirken sich bei einem späteren Rentenbezug u.U. rentensteigernd aus. Weitergehende Ansprüche können daraus jedoch nicht abgeleitet werden. Möchte ein Arbeitnehmer den vollständigen Schutz der Rentenversicherung sichern, kann er auf die Versicherungsfreiheit verzichten. Wegen dieser recht weit reichenden Wirkung eines Verzichts auf die Versicherungsfreiheit hat der Gesetzgeber den Arbeitgeber eines geringfügig entlohnten Beschäftigten verpflichtet, den Beschäftigten über diese Möglichkeit zu informieren. Der Verzicht auf die Rentenversicherungsfreiheit ist schriftlich gegenüber dem Arbeitgeber zu erklären. Die Verzichtserklärung ist zu den Lohnunterlagen zu nehmen. Wird die Erklärung innerhalb von zwei Wochen nach Aufnahme der Beschäftigung abgegeben, wirkt sie rückwirkend vom Beschäftigungsbeginn an, falls der Arbeitnehmer dies wünscht. Ansonsten beginnt die Rentenversicherungspflicht mit dem Tag, der auf den Eingang der Erklärung folgt. Der Arbeitnehmer hat allerdings die Möglichkeit, einen anderen, in der Zukunft liegenden Termin zu wählen. Der Verzicht auf die Rentenversicherungsfreiheit wirkt für die gesamte Dauer der geringfügig entlohnten Beschäftigung und kann nicht widerrufen werden. Übt ein Arbeitnehmer gleichzeitig mehrere geringfügig entlohnte Beschäftigungen aus, die trotz Zusammenfassung noch die Voraussetzungen der Geringfügigkeit erfüllen, gilt der Verzicht einheitlich für alle Beschäftigungen.

Die Rentenversicherungsbeiträge sind bei einem Verzicht auf die Rentenversicherungsfreiheit grundsätzlich vom tatsächlichen Arbeitsentgelt zu berechnen. Liegt das Arbeitsentgelt des Arbeitnehmers allerdings unter 155 EUR, ist von einem monatlichen Mindestentgelt **(Mindestbemessungsgrundlage)** in Höhe von 155 EUR auszugehen. Der Arbeitgeber zahlt die Beiträge in Höhe der Pauschale nur vom tatsächlich erzielten Arbeitsentgelt. Den Differenzbetrag bis zum Mindestentgelt trägt der Arbeitnehmer.

Kurzfristige Beschäftigungen dürfen neben einer versicherungspflichtigen Hauptbeschäftigung versicherungsfrei ausgeübt werden. Eine Zusammenrechnung mit einer Hauptbeschäftigung ist nicht erforderlich. Mehrere kurzfristige Beschäftigungen in einem Kalenderjahr sind bei der Prüfung, ob die Zeiträume von zwei Monaten oder 50 Arbeitstagen überschritten werden, zusammenzurechnen. Die Addition erfolgt unabhängig davon, ob die Beschäftigungen geringfügig entlohnt sind. Bei Aufnahme einer neuen Beschäftigung ist zu prüfen, ob diese zusammen mit den schon im laufenden Kalenderjahr ausgeübten Beschäftigungen die Zeitgrenzen überschreitet. Führt die Addition zum Überschreiten der Zeitgrenze, tritt Versicherungspflicht ein.

Stellt sich im Laufe einer kurzfristigen Beschäftigung heraus, dass sie länger dauern wird, tritt Versicherungspflicht zu dem Zeitpunkt ein, an dem das Überschreiten erkennbar wird.

Beschäftigungen im Niedriglohnsektor mit einem monatlichen Arbeitsentgelt in der so genannten Gleitzone **(Niedriglohn-Jobs)** sind zwar versicherungspflichtig, allerdings hat der Arbeitnehmer nur einen reduzierten und innerhalb der Gleitzone progressiv ansteigenden Beitragsanteil am Gesamtsozialversicherungsbeitrag zu zahlen. Eine Gleitzone liegt bei einem Beschäftigungsverhältnis vor, wenn das daraus erzielte Arbeitsentgelt zwischen 400,01 EUR und 800,00 EUR im Monat liegt und die Grenze von 800 EUR im Monat regelmäßig nicht überschreitet (§ 20 Abs. 2 SGB IV). Bei mehreren Beschäftigungsverhältnissen ist das insgesamt erzielte Arbeitsentgelt maßgebend.

Bei Arbeitnehmern im Niedriglohnsektor, die gegen ein monatliches Arbeitsentgelt bis zum oberen Grenzbetrag der Gleitzone mehr als geringfügig beschäftigt sind, ist nach § 163 Abs. 10 SGB VI die **beitragspflichtige Einnahme** der Betrag, der sich aus folgender Formel ergibt:

$$\text{Beitragspflichtige Einnahme} = F \times 400 + (2 - F) \times (AE - 400)$$

Dabei ist AE das Arbeitsentgelt und F der Faktor, der sich ergibt, wenn der Wert 30 % (Pauschalabgabe bei geringfügiger Beschäftigung) durch den durchschnittlichen Gesamtsozialversicherungsbeitragssatz des Kalenderjahres, in dem der Anspruch auf das Arbeitsentgelt entstanden ist, geteilt wird. Der Gesamtsozialversicherungsbeitragssatz eines Kalenderjahres ergibt sich aus der Summe der zum 01. Januar desselben Kalenderjahres geltenden Beitragssätze in der allgemeinen Rentenversicherung, in der gesetzlichen Pflegeversicherung sowie zur Arbeitsförderung und des allgemeinen Beitragssatzes in der gesetzlichen Krankenversicherung. Für das Jahr 2011 beträgt der durchschnittliche Gesamtsozialversicherungsbeitragssatz 40,35 %[3] und der Faktor F 0,7435. Der Gesamtsozialversicherungsbeitragssatz und der Faktor F wird vom Bundesministerium für Arbeit und Soziales (BMAS) bis zum 31. Dezember eines Jahres für das Kalenderjahr im Bundesanzeiger bekannt geben.

Der Arbeitnehmer kann durch schriftliche Erklärung gegenüber dem Arbeitgeber bestimmen, dass die beitragspflichtige Einnahme dem Arbeitsentgelt entspricht. Die Erklärung kann nur mit Wirkung für die Zukunft und bei mehreren Beschäftigungen im Niedriglohnsektor nur einheitlich abgegeben werden und ist für die Dauer der Beschäftigung bindend.

7.5.3.1 Die Arbeitslosenversicherung

Die Leistungen der Arbeitsförderung sollen dazu beitragen, dass ein hoher Beschäftigungsstand erreicht und die Beschäftigungsstruktur ständig verbessert wird. Sie sind insbesondere darauf auszurichten, das Entstehen von Arbeitslosigkeit zu vermeiden oder die Dauer der Arbeitslosigkeit zu verkürzen.

---

3   19,9 % Rentenversicherung, 3,0 % Arbeitslosenversicherung, 15,5 % Krankenversicherungsbeitrag, 1,95 % Pflegeversicherung

Personen, die als Beschäftigte versicherungspflichtig sind, stehen in einem Versicherungspflichtverhältnis (§ 24 Abs. 1 SGB III). Das Versicherungspflichtverhältnis beginnt für Beschäftigte mit dem Tag des Eintritts in das Beschäftigungsverhältnis oder mit dem Tag nach der Beendigung der Versicherungsfreiheit (§ 24 Abs. 2 SGB III). Das Versicherungspflichtverhältnis endet für Beschäftigte mit dem Tag des Ausscheidens aus dem Beschäftigungsverhältnis oder mit dem Tag vor Eintritt der Versicherungsfreiheit, für die sonstigen Versicherungspflichtigen mit dem Tag, an dem die Voraussetzungen für die Versicherungspflicht letztmals erfüllt waren (§ 24 Abs. 4 SGB III).

Versicherungspflichtig sind Personen, die gegen Arbeitsentgelt oder zu ihrer Berufsausbildung beschäftigt sind (§ 25 Abs. 1 SGB III).

Versicherungsfrei sind

- Personen in einer Beschäftigung als Mitglieder des Vorstandes einer Aktiengesellschaft (§ 27 Abs. 1 SGB III),
- Personen in einer geringfügigen Beschäftigung (§ 27 Abs. 2 SGB III). In der Arbeitslosenversicherung werden geringfügige Beschäftigungen und nicht geringfügige Beschäftigungen nicht zusammengefasst.
- Personen, die während der Dauer ihrer Ausbildung an einer allgemeinbildenden Schule oder ihres Studiums als ordentliche Studierende einer Hochschule oder einer der fachlichen Ausbildung dienenden Schule eine Beschäftigung ausüben (§ 27 Abs. 4 SGB III).
- Personen, die während der Zeit, in der ein Anspruch auf Arbeitslosengeld besteht, eine mehr als geringfügige, aber weniger als 15 Stunden wöchentlich umfassende Beschäftigung ausüben (§ 27 Abs. 5 SGB III).
- Personen, die das Lebensjahr für den Anspruch auf Regelaltersrente vollenden, mit Ablauf des Monats, in dem sie das maßgebliche Lebensjahr vollenden (§ 28 Abs. 1 SGB III).

Die Beiträge zur Arbeitslosenversicherung werden nach einem Beitragssatz von der Beitragsbemessungsgrundlage erhoben (§ 341 Abs. 1 SGB III). Der **Beitragssatz** beträgt z.Zt. 3,0 % (§ 341 Abs. 2 SGB III). Beitragsbemessungsgrundlage sind die beitragspflichtigen Einnahmen, die bis zur Beitragsbemessungsgrenze berücksichtigt werden (§ 341 Abs. 3 SGB III). Für die Berechnung der Beiträge ist die Woche zu 7, der Monat zu 30 und das Jahr zu 360 Tagen anzusetzen. Beitragspflichtige Einnahmen sind bis zu einem Betrag von 1/360 der Beitragsbemessungsgrenze für den Kalendertag zu berücksichtigen. Einnahmen, die diesen Betrag übersteigen, bleiben außer Ansatz. **Beitragsbemessungsgrenze** ist die Beitragsbemessungsgrenze der allgemeinen Rentenversicherung (§ 341 Abs. 4 SGB III).

Sozialversicherung	Alte Bundesländer	Neue Bundesländer
Arbeitslosenversicherung	3,0 %	3,0 %
Krankenversicherung		
– allgemeiner Beitragssatz	15,5 %	15,5 %
– Zusatzbeitrag	0,0 %	0,0 %
Pflegeversicherung	1,95 %	1,95 %
– Zusatzbeitrag für Kinderlose	0,25 %	0,25 %
Rentenversicherung	19,9 %	19,9 %

Abb. 55: Beitragssätze in der Sozialversicherung im Jahr 2011

Lohn-abrechnungs-zeitraum	Alte Bundesländer		Neue Bundesländer	
	KV/PV	RV/ALV	KV/PV	RV/ALV
Jahr	44.550,00 EUR	66.000,00 EUR	44.550,00 EUR	57.600,00 EUR
Monat	3.712,50 EUR	5.500,00 EUR	3.712,50 EUR	4.800,00 EUR
Woche	866,25 EUR	1.283,33 EUR	866,25 EUR	1.120,00 EUR
Kalendertag	123,75 EUR	183,33 EUR	123,75 EUR	160,00 EUR

Abb. 56: Beitragsbemessungsgrenzen in der Sozialversicherung im Jahr 2011

Beitragspflichtige Einnahme ist
- bei Personen, die beschäftigt sind, das Arbeitsentgelt (§ 342 SGB III),
- bei Personen, die zur Berufsausbildung beschäftigt sind, jedoch mindestens ein Arbeitsentgelt in Höhe von 1 % der Bezugsgröße (§ 342 SGB III),
- bei Arbeitnehmern im Niedriglohnsektor, die gegen ein monatliches Arbeitsentgelt bis zum oberen Grenzbetrag der Gleitzone mehr als geringfügig beschäftigt sind, der Betrag, der sich aus der Formel F x 400 + (2 – F) x (AE – 400) ergibt (§ 344 Abs. 4 SGB III).

Die Beiträge werden nach § 346 Abs. 1 SGB III von den versicherungspflichtig Beschäftigten und den Arbeitgebern je zur Hälfte getragen. Bei versicherungspflichtig Beschäftigten, deren beitragspflichtige Einnahme nach § 344 Abs. 4 SGB III bestimmt sind, werden die Beiträge von den Arbeitgebern in Höhe der Hälfte des Beitrags getragen, der sich ergibt, wenn der Beitragssatz auf das der Beschäftigung zugrunde liegende Arbeitsentgelt angewendet wird, im Übrigen von den versicherungspflichtig Beschäftigten (§ 346 Abs. 1a SGB III). Für Beschäftigte, die wegen Vollendung des für die Regelaltersrente erforderlichen Lebensjahres versicherungsfrei sind, tragen die Arbeitgeber die Hälfte des Betrages, der zu zahlen wäre, wenn die Beschäftigten versicherungspflichtig wären (§ 346 Abs. 3 SGB III).

7.5.3.2 Die gesetzliche Krankenversicherung

Die gesetzliche Krankenversicherung hat als Solidargemeinschaft die Aufgabe, die Gesundheit der Versicherten zu erhalten, wieder herzustellen oder ihren Gesundheitszustand zu bessern.

Die Leistungen und sonstigen Ausgaben der Krankenkassen werden durch Beiträge finanziert. Dazu entrichten die Mitglieder und die Arbeitgeber Beiträge, die sich i.d.R. nach den beitragspflichtigen Einnahmen der Mitglieder richten (§ 3 SGB V). Mitversicherte Familienangehörige bleiben beitragsfrei.

Versicherungspflichtig sind nach § 5 Abs. 1 SGB V
- Arbeiter, Angestellte und zu ihrer Berufsausbildung Beschäftigte, die gegen Arbeitsentgelt beschäftigt sind,
- Landwirte und ihre mitarbeitenden Familienangehörigen nach näherer Bestimmung des Zweiten Gesetzes über die Krankenversicherung der Landwirte,
- Künstler und Publizisten nach näherer Bestimmung des Künstlersozialversicherungsgesetzes,

- Studenten, die an staatlichen oder staatlich anerkannten Hochschulen eingeschrieben sind.

Versicherungsfrei sind
- Arbeiter und Angestellte, deren regelmäßiges Jahresarbeitsentgelt die Jahresarbeitsentgeltgrenze übersteigt und in zwei aufeinander folgenden Kalenderjahren überstiegen hat (§ 6 Abs. 1 SGB V). Zuschläge, die mit Rücksicht auf den Familienstand gezahlt werden, bleiben unberücksichtigt,
- Personen, die nach Vollendung des 55. Lebensjahres versicherungspflichtig werden, wenn sie in den letzten fünf Jahren vor Eintritt der Versicherungspflicht nicht gesetzlich versichert waren (§ 6 Abs. 3a SGB V). Diese Personen müssen mindestens die Hälfte dieser Zeit versicherungsfrei, von der Versicherungspflicht befreit oder nicht versicherungspflichtig gewesen sein.
- geringfügig Beschäftigte (§ 7 Abs. 1 SGB V), aber nicht im Rahmen betrieblicher Berufsbildung.

Die Krankenversicherungspflicht endet, wenn das regelmäßiges **Jahresarbeitsentgelt (JAE)** die **Jahresarbeitsentgeltgrenze (Versicherungspflichtgrenze)** in zwei aufeinander folgenden Kalenderjahren überschreitet (§ 6 Abs. 4 SGB V). Sie endet mit Ablauf des zweiten Kalenderjahres, in dem sie überschritten wird. Dies gilt nicht, wenn das Entgelt die vom Beginn des nächsten Kalenderjahres an geltende Jahresarbeitsentgeltgrenze nicht übersteigt. Rückwirkende Erhöhungen des Entgelts werden dem Kalenderjahr zugerechnet, in dem der Anspruch auf das erhöhte Entgelt entstanden ist. Ein Überschreiten der Jahresarbeitsentgeltgrenze in einem von zwei aufeinander folgenden Kalenderjahren liegt vor, wenn das tatsächlich im Kalenderjahr erzielte regelmäßige Jahresarbeitsentgelt die Jahresarbeitsentgeltgrenze überstiegen hat.

Die allgemeine Jahresarbeitsentgeltgrenze (JAE-Grenze) beträgt im Jahr 2011 bundeseinheitlich 49.500,00 EUR (§ 6 Abs. 6 SGB V). Sie ändert sich zum 01. Januar eines jeden Jahres in dem Verhältnis, in dem die Bruttolohn- und Bruttogehaltssumme je durchschnittlich beschäftigten Arbeitnehmer im vergangenen Kalenderjahr zur entsprechenden Bruttolohn- und Bruttogehaltssumme im vorvergangenen Kalenderjahr steht. Die veränderten Beträge werden nur für das Kalenderjahr, für das die Jahresarbeitsentgeltgrenze bestimmt wird, auf das nächsthöhere Vielfache von 450 aufgerundet.

Abweichend davon beträgt die (besondere) Jahresarbeitsentgeltgrenze für Arbeitnehmer, die am 31. Dezember 2002 wegen Überschreitens der an diesem Tag geltenden Jahresarbeitsentgeltgrenze versicherungsfrei und bei einem privaten Krankenversicherungsunternehmen in einer substitutiven (gleichwertigen) Krankenversicherung versichert waren, im Jahr 2011 bundeseinheitlich 44.550 EUR (§ 6 Abs. 7 SGB V).

Auf Antrag wird von der Versicherungspflicht befreit, wer wegen Änderung der Jahresarbeitsentgeltgrenze versicherungspflichtig wird (§ 8 Abs. 1 SGB V). Der Antrag ist innerhalb von drei Monaten nach Beginn der Versicherungspflicht bei der Krankenkasse zu stellen (§ 8 Abs. 2 SGB V).

Der gesetzlichen Krankenversicherung können nach § 9 Abs. 1 SGB V als freiwillig Versicherte beitreten: Personen, die als Mitglieder aus der Versicherungs-

Lohnabrechnungs- zeitraum	Alte Bundesländer	Neue Bundesländer
	KV/PV	KV/PV
Jahr	49.500,00 EUR	49.500,00 EUR
Monat	4.125,00 EUR	4.125,00 EUR
Woche	962,50 EUR	962,50 EUR
Kalendertag	137,50 EUR	137,50 EUR

Abb. 57: Jahresarbeitsentgeltgrenzen in der Krankenversicherung im Jahr 2011

pflicht ausgeschieden sind und in den letzten fünf Jahren vor dem Ausscheiden mindestens 24 Monate oder unmittelbar vor dem Ausscheiden ununterbrochen mindestens 12 Monate versichert waren.

Zur Berechnung des regelmäßigen Jahresarbeitsentgelts werden nur Bezüge aus versicherungspflichtigen Beschäftigungen berücksichtigt. Voraussetzung ist, dass die Bezüge regelmäßig anfallen und es sich hierbei um Arbeitsentgelt i.S. der Sozialversicherung handelt. Das ist neben dem laufenden Arbeitsentgelt auch einmalig gezahltes Arbeitsentgelt, das mindestens einmal jährlich gezahlt wird, z.B. Weihnachtsgeld und Urlaubsgeld.

Die Mitglieder zahlen Beiträge nach dem **allgemeinen Beitragssatz** (§ 241 SGB V). Dieser Beitragssatz gilt für Mitglieder, die bei Arbeitsunfähigkeit für mindestens 6 Wochen Anspruch auf Fortzahlung ihres Arbeitsentgelts oder auf Zahlung einer die Versicherungspflicht begründenden Sozialleistung haben. Soweit der Finanzbedarf einer Krankenkasse nicht gedeckt ist, kann sie von ihren Mitgliedern einen kassenindividuellen **Zusatzbeitrag** (§ 242 Abs. 1 SGB V) erheben.

Die Beiträge werden getragen

- bei versicherungspflichtigen Beschäftigten, die gegen Arbeitsentgelt beschäftigt werden, von den Versicherten in Höhe von 8,2 % und den Arbeitgebern in Höhe von 7,3 % (§ 249 Abs. 1 SGB V),
- bei Beschäftigten, die Kurzarbeitergeld beziehen, vom Arbeitgeber allein (§ 249 Abs. 2 SGB V),
- bei versicherungspflichtigen Arbeitnehmern im Niedriglohnsektor, die gegen ein monatliches Arbeitsentgelt bis zum oberen Grenzbetrag der Gleitzone mehr als geringfügig beschäftigt sind, vom Arbeitgeber in Höhe der Hälfte des Betrages, der sich ergibt, wenn der Beitragssatz auf das der Beschäftigung zugrunde liegende Arbeitsentgelt angewendet wird, im Übrigen vom Versicherten (§ 249 Abs. 4 SGB V),
- bei einer geringfügigen Beschäftigung für Versicherte, die in dieser Beschäftigung versicherungsfrei oder nicht versicherungspflichtig sind, vom Arbeitgeber allein in Höhe von 13 % (§ 249b SGB V).

7.5.3.3 Die soziale Pflegeversicherung

Als neuer eigenständiger Zweig der Sozialversicherung wurde zur sozialen Absicherung des Risikos der Pflegebedürftigkeit eine soziale Pflegeversicherung geschaffen. In den Schutz der sozialen Pflegeversicherung sind alle einbezogen, die in der gesetzlichen Krankenversicherung versichert sind (§ 20 Abs. 1 SGB XI). Wer gegen Krankheit bei einem privaten Krankenversicherungsunternehmen versichert ist, muss eine private Pflegeversicherung abschließen. Träger der sozialen Pflegeversicherung sind die Pflegekassen. Ihre Aufgaben werden von den Krankenkassen wahrgenommen.

Die Mittel für die Pflegeversicherung werden durch Beiträge sowie sonstige Einnahmen gedeckt (§ 54 Abs. 1 SGB XI). Die Beiträge werden nach einem Beitragssatz von den beitragspflichtigen Einnahmen der Mitglieder bis zur Beitragsbemessungsgrenze erhoben. Die Beiträge sind für jeden Kalendertag der Mitgliedschaft zu zahlen.

Der **Beitragssatz** beträgt bundeseinheitlich z.Z. 1,95 % der beitragspflichtigen Einnahmen der Mitglieder (§ 55 Abs. 1 SGB XI). Beitragspflichtige Einnahmen sind bis zu einem Betrag von 1/360 der festgelegten **Jahresarbeitsentgeltgrenze** für den Kalendertag zu berücksichtigen (Beitragsbemessungsgrenze). Der Beitragssatz erhöht sich für kinderlose Mitglieder um einen Beitragszuschlag in Höhe von 0,25 %-Punkten (§ 55 Abs. 3 SGB XI). Ausgenommen sind Personen bis zur Vollendung des 23. Lebensjahres, Personen, die vor dem 01.01.1940 geboren sind, Bezieher von Arbeitslosengeld II sowie Wehr- und Zivildienstleistende.

In den Bundesländern, die zur Finanzierung der ersten Stufe der Pflegeversicherung einen Feiertag gestrichen haben, tragen Arbeitnehmer und Arbeitgeber den Beitrag zur Pflegeversicherung je zur Hälfte (§ 58 Abs. 1 SGB XI). Da der Freistaat Sachsen keinen Feiertag zur Kompensation der Arbeitgeberbelastung abgeschafft hat, tragen dort die Arbeitnehmer einen Beitragsanteil von 1,475 % (Kinderlose: 1,725 %), die Arbeitgeber von 0,475 %.

Die Beiträge sind an die Krankenkasse, bei der die zuständige Pflegekasse errichtet ist, zugunsten der Pflegeversicherung zu zahlen (§ 60 Abs. 3 SGB XI). Die eingegangenen Beiträge werden dann von der Krankenkasse unverzüglich an die Pflegekasse weitergeleitet.

7.5.3.4 Die gesetzliche Rentenversicherung

Personen, die gegen Arbeitsentgelt oder zu ihrer Berufsausbildung beschäftigt sind, sind in der gesetzlichen Rentenversicherung versicherungspflichtig (§ 1 SGB VI).

Versicherungsfrei sind nach § 5 Abs. 2 SGB VI Personen, die eine geringfügige Beschäftigung (§ 8 Abs. 1 SGB IV) ausüben. Eine Zusammenrechnung mit einer nicht geringfügigen Beschäftigung erfolgt nur, wenn diese versicherungspflichtig ist. Geringfügig Beschäftigte, die durch schriftliche Erklärung gegenüber dem Arbeitgeber auf die Versicherungsfreiheit verzichten, sind versicherungspflichtig. Der Verzicht kann nur mit Wirkung für die Zukunft und bei mehreren geringfügigen Beschäftigungen nur einheitlich erklärt werden und ist für die Dauer der Beschäftigung bindend. Die Versicherungsfreiheit gilt nicht für Personen, die im Rahmen betrieblicher Berufsbildung beschäftigt sind.

Die Beiträge werden nach einem Beitragssatz von der Beitragsbemessungsgrundlage erhoben, die nur bis zur jeweiligen Beitragsbemessungsgrenze berücksichtigt wird (§ 157 SGB VI).

Die Beitragsbemessungsgrenzen in der Rentenversicherung ändern sich zum 01. Januar eines jeden Jahres in dem Verhältnis, in dem die Bruttolöhne und -gehälter je Arbeitnehmer im vergangenen Kalenderjahr zu den entsprechenden Bruttolöhnen und -gehältern im vorvergangenen Kalenderjahr stehen (§ 159 SGB VI). Die veränderten Beträge werden nur für das Kalenderjahr, für das die Beitragsbemessungsgrenze bestimmt wird, auf das nächsthöhere Vielfache von 600 aufgerundet.

Beitragsbemessungsgrundlage für Versicherungspflichtige sind die beitragspflichtigen Einnahmen (§ 161 Abs. 1 SGB VI). Beitragsbemessungsgrundlage für freiwillig Versicherte ist jeder Betrag zwischen der Mindestbeitragsbemessungsgrundlage und der Beitragsbemessungsgrenze (§ 161 Abs. 2 SGB VI).

Beitragspflichtige Einnahmen sind
- bei Personen, die gegen Arbeitsentgelt beschäftigt werden, das Arbeitsentgelt aus der versicherungspflichtigen Beschäftigung (§ 162 Nr. 1 SGB VI),
- bei Personen, die zu ihrer Berufsausbildung beschäftigt werden, mindestens 1 % der Bezugsgröße (§ 162 Nr. 2 SGB VI),
- bei Arbeitnehmern, die eine geringfügige Beschäftigung ausüben und in dieser Beschäftigung versicherungspflichtig sind, weil sie auf die Versicherungsfreiheit verzichtet haben, das Arbeitsentgelt, mindestens jedoch der Betrag in Höhe von 155 EUR (§ 163 Abs. 8 SGB VI),
- bei Arbeitnehmern im Niedriglohnsektor, die gegen ein monatliches Arbeitsentgelt bis zum oberen Grenzbetrag der Gleitzone mehr als geringfügig beschäftigt sind, der Betrag, der sich aus der Formel F x 400 + (2 − F) x (AE − 400) ergibt (§ 163 Abs. 10 SGB VI).

Die Beiträge werden nach § 168 Abs. 1 SGB VI getragen
- bei Personen, die gegen Arbeitsentgelt beschäftigt werden, von den Versicherten und den Arbeitgebern jeweils zur Hälfte,
- bei Personen, die zu ihrer Berufsausbildung beschäftigt sind, ein Arbeitsentgelt erhalten, das monatlich 400 EUR nicht übersteigt, vom Arbeitgeber allein,
- bei Arbeitnehmern, die Kurzarbeitergeld beziehen, vom Arbeitgeber allein,
- bei Personen, die gegen Arbeitsentgelt geringfügig versicherungspflichtig beschäftigt werden, von den Arbeitgebern in Höhe des Betrages, der 15 % des der Beschäftigung zugrunde liegenden Arbeitsentgelts entspricht, im Übrigen vom Versicherten,
- bei Personen, die gegen Arbeitsentgelt in Privathaushalten geringfügig versicherungspflichtig beschäftigt werden, von den Arbeitgebern in Höhe des Betrages, der 5 % des der Beschäftigung zugrunde liegenden Arbeitsentgelts entspricht, im Übrigen vom Versicherten,
- bei Arbeitnehmern im Niedriglohnsektor, die gegen ein monatliches Arbeitsentgelt bis zum oberen Grenzbetrag der Gleitzone mehr als geringfügig beschäftigt sind, von den Arbeitgebern in Höhe der Hälfte des Betrages, der sich ergibt, wenn der Beitragssatz auf das der Beschäftigung zugrunde liegende Arbeitsentgelt angewendet wird, im Übrigen vom Versicherten.

7.5.3.5 Die gesetzliche Unfallversicherung

Aufgabe der Unfallversicherung ist es, mit allen geeigneten Mitteln Arbeitsunfälle und Berufskrankheiten sowie arbeitsbedingte Gesundheitsgefahren zu verhüten, nach Eintritt von Arbeitsunfällen oder Berufskrankheiten die Gesundheit und die Leistungsfähigkeit der Versicherten mit allen geeigneten Mitteln wieder herzustellen und sie oder ihre Hinterbliebenen durch Geldleistungen zu entschädigen.

Träger der gesetzlichen Unfallversicherung sind die nach Branchen ausgerichteten **Berufsgenossenschaften** [→ Adressenverzeichnis]. Die gewerblichen Berufsgenossenschaften sind nach § 121 Abs. 1 SGB VII für alle Unternehmen (Betriebe, Verwaltungen, Einrichtungen, Tätigkeiten) zuständig. Jedes Unternehmen ist gesetzlich zur Mitgliedschaft in der Berufsgenossenschaft verpflichtet.

Versichert sind nach § 2 Abs. 1 SGB VII
- Beschäftigte,
- Lernende während der beruflichen Aus- und Fortbildung in Betriebsstätten, Lehrwerkstätten, Schulungskursen und ähnlichen Einrichtungen,
- Personen, die
  - Unternehmer eines landwirtschaftlichen Unternehmens sind und ihre im Unternehmen mitarbeitenden Ehegatten oder Lebenspartner,
  - im landwirtschaftlichen Unternehmen nicht nur vorübergehend mitarbeitende Familienangehörige sind,
  - in landwirtschaftlichen Unternehmen in der Rechtsform von Kapital- oder Personenhandelsgesellschaften regelmäßig wie Unternehmer selbstständig tätig sind,
  wenn für das Unternehmen eine landwirtschaftliche Berufsgenossenschaft zuständig ist.
- Hausgewerbetreibende und Zwischenmeister sowie ihre mitarbeitenden Ehegatten oder Lebenspartner,
- selbstständig tätige Küstenschiffer und Küstenfischer, die zur Besatzung ihres Fahrzeugs gehören oder als Küstenfischer ohne Fahrzeug fischen und regelmäßig nicht mehr als vier Arbeitnehmer beschäftigen, sowie ihre mitarbeitenden Ehegatten oder Lebenspartner.

Die Satzung kann nach § 3 Abs. 1 SGB VII bestimmen, dass unter welchen Voraussetzungen sich die Versicherung erstreckt auf
- Unternehmer und ihre im Unternehmen mitarbeitenden Ehegatten oder Lebenspartner,
- Personen, die sich auf der Unternehmensstätte aufhalten.

Auf Antrag werden Unternehmer landwirtschaftlicher Unternehmen bis zu einer Größe von 0,25 Hektar und ihre Ehegatten und Lebenspartner unwiderruflich befreit (§ 5 SGB VI).

Auf schriftlichen Antrag können sich nach § 6 Abs. 1 SGB VII versichern,
- Unternehmer und ihre im Unternehmen mitarbeitenden Ehegatten oder Lebenspartner,
- Personen, die in Kapital- oder Personenhandelsgesellschaften regelmäßig wie Unternehmer selbstständig tätig sind.

Die Versicherung beginnt nach § 6 Abs. 2 SGB VII mit dem Tag, der dem Eingang des Antrags folgt. Die Versicherung erlischt, wenn der Beitrag oder Beitragsvorschuss binnen zwei Monaten nach Fälligkeit nicht gezahlt worden ist. Eine Neuanmeldung bleibt so lange unwirksam, bis der rückständige Beitrag oder Beitragsvorschuss entrichtet worden ist.

Beitragspflichtig sind die Unternehmer, für deren Unternehmen Versicherte tätig sind oder zu denen Versicherte in einer besonderen, die Versicherung begründenden Beziehung stehen (§ 150 Abs. 1 SGB VII).

Die Beiträge werden nach Ablauf des Kalenderjahres, in dem die Beitragsansprüche dem Grunde nach entstanden sind, im Wege der Umlage festgesetzt (§ 152 Abs. 1 SGB VII). Die Umlage muss den Bedarf des abgelaufenen Kalenderjahres einschließlich der zur Ansammlung der Rücklage nötigen Beträge decken.

Berechnungsgrundlagen für die Beiträge sind nach § 153 Abs. 1 SGB VII der Finanzbedarf (Umlagesoll), die Arbeitsentgelte der Versicherten und die Gefahrklassen. Das Arbeitsentgelt der Versicherten wird bis zur Höhe des Höchstjahresarbeitsverdienstes zugrunde gelegt (§ 153 Abs. 2 SGB VII). Die Satzung kann bestimmen, dass der Beitragsberechnung mindestens das Arbeitsentgelt in Höhe des Mindestjahresarbeitsverdienstes für Versicherte, die das 18. Lebensjahr vollendet haben, zugrunde gelegt wird (§ 153 Abs. 3 SGB VII). Waren die Versicherten nicht während des ganzen Kalenderjahres oder nicht ganzjährig beschäftigt, wird ein entsprechender Teil dieses Betrages zugrunde gelegt. Berechnungsgrundlage für die Beiträge der kraft Gesetzes versicherten selbstständig Tätigen, der kraft Satzung versicherten Unternehmer, Ehegatten und Lebenspartner, freiwillig versicherte Unternehmer und ihre im Unternehmen mitarbeitenden Ehegatten oder Lebenspartner, freiwillig versicherte Personen, die in Kapital- oder Personenhandelsgesellschaften regelmäßig wie Unternehmer selbstständig tätig sind, ist nach § 154 Abs. 1 SGB VII anstelle der Arbeitsentgelte der kraft Satzung bestimmte Jahresarbeitsverdienst (Versicherungssumme).

Der Unfallversicherungsträger setzt einen Gefahrtarif fest (§ 157 Abs. 1 SGB VII). In dem Gefahrtarif sind zur Abstufung der Beiträge Gefahrklassen festzustellen. Die Gefahrklassen werden aus dem Verhältnis der gezahlten Leistungen zu den Arbeitsentgelten berechnet. Der Unfallversicherungsträger veranlagt die Unternehmen nach dem Gefahrtarif zu den Gefahrklassen (§ 159 Abs. 1 SGB VII). Die Satzung kann bestimmen, dass ein einheitlicher Mindestbeitrag erhoben wird (§ 161 SGB VII). Die gewerblichen Berufsgenossenschaften haben unter Berücksichtigung der anzuzeigenden Versicherungsfälle Zuschläge aufzuerlegen oder Nachlässe zu bewilligen (§ 162 Abs. 1 SGB VII). Die Höhe der Zuschläge und Nachlässe richtet sich nach der Zahl, der Schwere oder den Aufwendungen für die Versicherungsfälle oder nach mehreren dieser Merkmale.

Zur Sicherung des Beitragsaufkommens können die Unfallversicherungsträger nach § 164 Abs. 1 SGB VII Vorschüsse bis zur Höhe des voraussichtlichen Jahresbedarfs erheben. Die Unfallversicherungsträger können bei einem Wechsel der Person des Unternehmers oder bei Einstellung des Unternehmens eine Beitragsabfindung oder auf Antrag eine Sicherheitsleistung festsetzen. Das Nähere bestimmt die Satzung.

Die Unternehmer haben nach § 165 Abs. 1 SGB VII zur Berechnung der Umlage innerhalb von 6 Wochen nach Ablauf eines Kalenderjahres die Arbeitsentgelte der

Versicherten und die geleisteten Arbeitsstunden (Lohnnachweis) in der vom Unfall-versicherungsträger geforderten Aufteilung zu melden. Die Satzung kann die Frist verlängern. Sie kann auch bestimmen, dass die Unternehmer weitere zur Berechnung der Umlage notwendige Angaben zu machen haben. Soweit die Unternehmer die Angaben nicht, nicht rechtzeitig, falsch oder unvollständig machen, kann der Unfallversicherungsträger eine Schätzung vornehmen (§ 165 Abs. 3 SGB VII).

Der **Beitrag** ergibt sich nach § 167 Abs. 1 SGB VII aus den zu berücksichtigenden **Arbeitsentgelten**, den **Gefahrklassen** und dem **Beitragsfuß**. Der Beitragsfuß wird durch Division des Umlagesolls durch die Beitragseinheiten (Arbeitsentgelte x Gefahrklassen) berechnet. Die Einzelheiten der Beitragsberechnung bestimmt die Satzung (§ 167 Abs. 2 SGB VII). Der Unfallversicherungsträger teilt den Beitrags-pflichtigen den von ihnen zu zahlenden Beitrag schriftlich mit (§ 168 Abs. 1 SGB VII).

Die Unternehmen sind nicht verpflichtet, jede Neueinstellung oder Entlassung der Berufsgenossenschaft mitzuteilen, da diese mit dem jährlichen Lohnsummen-nachweis erfasst werden.

Im Durchschnitt aller Branchen und Gefahrklassen betrug 2007 der Beitragssatz 1,33 % der gezahlten Löhne und Gehälter.

7.5.3.6 Die Meldungen zur gesetzlichen Sozialversicherung

Der Arbeitgeber hat nach § 28a Abs. 1 SGB IV der Einzugsstelle für jeden in der Kranken-, Pflege-, Rentenversicherung oder nach dem Recht der Arbeitsförderung gesetzlich Versicherte eine Meldung durch gesicherte und verschlüsselte Datenüber-tragung aus systemgeprüften Programmen oder mittels maschinell erstellter Aus-füllhilfen zu erstatten (**Meldeverfahren**). Der Arbeitgeber hat nach § 28a Abs. 2 SGB IV jeden am 31.12. des Vorjahres Beschäftigten zu melden (Jahresmeldung). Die Ver-sicherungspflicht muss mindestens in einem der Versicherungszweige bestehen. Ei-ne Meldepflicht besteht darüber hinaus aber auch für Personen, die zwar in allen Zweigen versicherungsfrei sind, für die der Arbeitgeber aber seinen Arbeitgeber-anteil zu entrichten hat. Darüber hinaus sind Meldungen für jeden geringfügig Be-schäftigten (ausschließlich bei der Minijob-Zentrale) zu erstatten.

Arbeitgeber haben nach § 28a Abs. 4 SGB IV den Tag des Beginns eines Beschäf-tigungsverhältnisses spätestens bei dessen Aufnahme an die Datenstelle der Träger der Rentenversicherung zu melden (Sofortmeldung), sofern sie Personen in folgen-den Wirtschaftsbereichen oder Wirtschaftszweigen beschäftigen: Baugewerbe, Gast-stätten- und Beherbergungsgewerbe, Personenbeförderungsgewerbe, Speditions-, Transport- und das damit verbundene Logistikgewerbe, Schaustellergewerbe, Un-ternehmen der Forstwirtschaft, Gebäudereinigungsgewerbe, Unternehmen, die sich am Auf- und Abbau von Messen und Ausstellungen beteiligen, Fleischwirtschaft. Die Arbeitnehmer in den genannten Wirtschaftszweigen sind verpflichtet, ihren Perso-nalausweis, Pass, Passersatz oder Ausweisersatz mitzuführen. Hierüber müssen die Arbeitgeber sie nachweislich schriftlich aufklären. Der Nachweis ist aufzubewahren. Im Gegenzug ist die Mitführungspflicht des Sozialversicherungsausweises entfallen, und ein Lichtbild ist im Sozialversicherungsausweis auch nicht mehr erforderlich.

Die Abgabe der Meldungen gehört zu den sozialrechtlichen Aufgaben der Ar-beitgeber. Sie haben sich zu Beginn der Beschäftigung den Sozialversicherungsausweis des Beschäftigten vorlegen zu lassen. Der Arbeitgeber hat dem Beschäftigten mindestens einmal jährlich bis zum 30.04. eines Jahres für alle im Vorjahr durch Datenübertragung erstatteten Meldungen eine maschinell erstellte Bescheinigung zu übergeben, die inhaltlich getrennt alle Daten wiedergeben muss (§ 25 Abs. 1 DEÜV). Bei Auflösung des Arbeitsverhältnisses ist die Bescheinigung unverzüglich nach Abgabe der letzten Meldung auszustellen.

Wichtig für das Meldeverfahren ist die Betriebsnummer des Arbeitgebers, die auf Antrag des Arbeitgebers für die jeweilige Betriebsstätte vom Betriebsnummernservice (BNS) der Bundesagentur für Arbeit in Saarbrücken, Eschberger Weg 68, 66121 Saarbrücken, vergeben wird. Spätere Änderungen der Betriebsdaten sind vom Arbeitgeber dem Betriebsnummernservice (BNS) unverzüglich zu melden (§ 5 Abs. 5 DEÜV).

Für die Abgabe der Meldungen gibt es Fristen, die dem Arbeitgeber einen gewissen Spielraum lassen. Fällt das Ende einer Meldefrist auf einen Samstag, einen Sonntag oder einen gesetzlichen Feiertag, so verlängert sie sich auf den nächstfolgenden Werktag.

Meldeart	Meldefrist
Sofortmeldung	spätestens bei Aufnahme des Beschäftigungsverhältnisses
Anmeldung	mit der ersten Lohn- und Gehaltsabrechnung, spätestens innerhalb von sechs Wochen nach Beschäftigungsbeginn
Abmeldung	mit der nächsten folgenden Lohn- und Gehaltsabrechnung, spätestens innerhalb von sechs Wochen nach ihrem Ende
Unterbrechungsmeldung	innerhalb von zwei Wochen nach Ablauf des ersten vollen Kalendermonats der Unterbrechung
Jahresmeldung	mit der ersten folgenden Lohn- und Gehaltsabrechnung, spätestens bis zum 15.04. des Folgejahres
Sondermeldung für einmalig gezahltes Arbeitsentgelt	mit der ersten folgenden Lohn- und Gehaltsabrechnung, spätestens innerhalb von sechs Wochen nach der Zahlung
Meldung von Arbeitsentgelt bei flexiblen Arbeitszeitregelungen	mit der ersten folgenden Lohn- und Gehaltsabrechnung
Stornierungsmeldung	unverzüglich
Änderungsmeldung	mit der ersten folgenden Lohn- und Gehaltsabrechnung, spätestens innerhalb von sechs Wochen nach der Änderung oder des Eintritts des meldepflichtigen Tatbestands

Abb. 58: Meldefristen für die Sozialversicherung

Beiträge, die nach dem Arbeitsentgelt oder dem Arbeitseinkommen bemessen sind, sind in voraussichtlicher Höhe der Beitragsschuld spätestens am drittletzten Bankarbeitstag des Monats fällig, in dem die Beschäftigung oder Tätigkeit, mit der das Arbeitsentgelt oder Arbeitseinkommen erzielt wird, ausgeübt worden ist oder als ausgeübt gilt (§ 23 Abs. 1 SGB IV). Ein verbleibender Restbeitrag wird zum drittletzten Bankarbeitstag des Folgemonats fällig. Der Arbeitgeber kann davon abweichend den Betrag in Höhe der Beiträge des Vormonats zahlen, wenn Änderungen der Beitragsabrechnung regelmäßig durch Mitarbeiterwechsel oder variable Entgeltbestandteile dies erfordern. Für einen verbleibenden Restbetrag bleibt es bei der Fälligkeit zum drittletzten Bankarbeitstag des Folgemonats. Sonstige Beiträge werden spätestens am Fünfzehnten des Monats fällig, der auf den Monat folgt, für den sie zu entrichten sind. Für Beiträge und Beitragsvorschüsse, die der Zahlungspflichtige nicht bis zum Ablauf des Fälligkeitstages gezahlt hat, ist für jeden angefangenen Monat der Säumnis ein **Säumniszuschlag** von 1,0 % des rückständigen, auf 50 EUR nach unten abgerundeten Betrages zu zahlen (§ 24 Abs. 1 SGB IV).

Die Beiträge in der Arbeitslosen-, Kranken-, Pflege- und Rentenversicherung werden als **Gesamtsozialversicherungsbeitrag** gezahlt (§ 28d SGB IV). Den Gesamtsozialversicherungsbeitrag hat der Arbeitgeber zu zahlen.

Der Arbeitgeber hat nach § 28f Abs. 1 SGB IV für jeden Beschäftigten, getrennt nach Kalenderjahren, Lohnunterlagen zu führen und bis zum Ablauf des auf die letzte Prüfung folgenden Kalenderjahres geordnet aufzubewahren. Der Arbeitgeber hat nach § 28f Abs. 3 SGB IV der Einzugsstelle einen Beitragsnachweis zwei Arbeitstage vor Fälligkeit der Beiträge durch Datenübertragung zu übermitteln.

Die Arbeitgeber sind gesetzlich verpflichtet, Lohnunterlagen, Beitragsabrechnungen (Krankenkassenlisten) und Beitragsnachweise geordnet aufzubewahren, und zwar bis zum Ablauf des Kalenderjahres, das auf die letzte Prüfung folgt. Nach dem Steuerrecht sind nach § 41 Abs. 1 EStG die Lohnkonten bis zum Ablauf des sechsten Kalenderjahres, das auf die zuletzt eingetragene Lohnzahlung folgt, aufzubewahren.

Der Arbeitgeber hat nach § 28g SGB IV gegen den Beschäftigten einen Anspruch auf den vom Beschäftigten zu tragenden Teil des Gesamtsozialversicherungsbeitrags. Dieser Anspruch kann nur durch Abzug vom Arbeitsentgelt geltend gemacht werden. Ein unterbliebener Abzug darf nur bei den drei nächsten Lohn- oder Gehaltszahlungen nachgeholt werden, danach nur dann, wenn der Abzug ohne Verschulden des Arbeitgebers unterblieben ist.

Der Gesamtsozialversicherungsbeitrag ist nach § 28h Abs. 1 SGB IV an die Krankenkassen (Einzugsstellen) zu zahlen. Die Einzugsstelle überwacht die Einreichung des Beitragsnachweises und die Zahlung des Gesamtsozialversicherungsbeitrags. Beitragsansprüche, die nicht rechtzeitig erfüllt worden sind, hat die Einzugsstelle geltend zu machen. Die Einzugsstelle entscheidet nach § 28h Abs. 2 SGB IV über die Versicherungspflicht und Beitragshöhe in der Kranken-, Pflege- und Rentenversicherung sowie nach dem Recht der Arbeitsförderung und prüft die Einhaltung der Arbeitsentgeltgrenzen bei geringfügiger Beschäftigung.

Zuständige Einzugsstelle für den Gesamtsozialversicherungsbeitrag ist die Krankenkasse, von der die Krankenversicherung durchgeführt wird (28i SGB IV). Für Beschäftigte, die bei keiner Krankenkasse versichert sind, werden Beiträge zur Rentenversicherung und zur Arbeitsförderung an die Einzugsstelle gemeldet, die der Arbeitgeber gewählt hat. Bei geringfügigen Beschäftigungen ist die zuständige Einzugsstelle die Deutsche Rentenversicherung Knappschaft-Bahn-See/Verwaltungsstelle Cottbus als Träger der Rentenversicherung.

7.5.3.7 Die Entgeltfortzahlungsversicherung

Die Krankenkassen mit Ausnahme der landwirtschaftlichen Krankenkassen erstatten nach § 1 Abs. 1 AAG (Erstattungsverfahren U1) den Arbeitgebern, die i.d.R. ausschließlich der zu ihrer Berufsausbildung Beschäftigten nicht mehr als 30 Arbeitnehmer beschäftigen, 80 %
1. des für die Zeit der Arbeitsunfähigkeit infolge Krankheit bis zur Dauer von sechs Wochen an Arbeitnehmer fortgezahlten Arbeitsentgelts,
2. der auf die Arbeitsentgelte entfallenden von den Arbeitgebern zu tragenden Beiträge zur Bundesagentur für Arbeit und der Arbeitgeberanteile an Beiträgen zur gesetzlichen Kranken- und Rentenversicherung, zur sozialen Pflegeversicherung.

Die Krankenkassen mit Ausnahme der landwirtschaftlichen Krankenkassen erstatten nach § 1 Abs. 2 AAG (Erstattungsverfahren U2) den Arbeitgebern in vollem Umfang
1. den vom Arbeitgeber nach § 14 Abs. 1 MuSchG gezahlten Zuschuss zum Mutterschaftsgeld,
2. das vom Arbeitgeber nach § 11 MuSchG bei Beschäftigungsverboten gezahlte Arbeitsentgelt,
3. die auf die nach § 11 MuSchG bei Beschäftigungsverboten gezahlten Arbeitsentgelte entfallenden von den Arbeitgebern zu tragenden Beiträge zur Bundesagentur für Arbeit und die Arbeitgeberanteile an Beiträgen zur gesetzlichen Kranken- und Rentenversicherung, zur sozialen Pflegeversicherung.

Die zu gewährenden Beträge werden dem Arbeitgeber von der Krankenkasse ausgezahlt, bei der die Arbeitnehmer, die Auszubildenden oder die nach § 11 MuSchG oder § 14 Abs. 1 MuSchG anspruchsberechtigten Frauen versichert sind (§ 2 Abs. 1 AAG). Für geringfügig Beschäftigte ist zuständige Krankenkasse die Deutsche Rentenversicherung Knappschaft-Bahn-See (Minijob-Zentrale) als Träger der knappschaftlichen Krankenversicherung. Für Arbeitnehmer, die nicht Mitglied einer Krankenkasse sind, wählt der Arbeitgeber die für die Ausgleichsverfahren zuständige Krankenkasse.

Die Erstattung wird auf Antrag erbracht (§ 2 Abs. 2 AAG). Sie ist zu gewähren, sobald der Arbeitgeber Arbeitsentgelt infolge Krankheit, Arbeitsentgelt nach § 11 MuSchG bei Beschäftigungsverboten oder Zuschuss zum Mutterschaftsgeld nach § 14 Abs. 1 MuSchG gezahlt hat. Der Arbeitgeber hat einen Antrag durch gesicherte und verschlüsselte Datenfernübertragung aus systemgeprüften Programmen oder mittels maschineller Ausfüllhilfe an die zuständige Krankenkasse zu übermitteln (§ 2 Abs. 3 AAG).

Die zuständige Krankenkasse hat jeweils zum Beginn eines Kalenderjahrs festzustellen, welche Arbeitgeber für die Dauer dieses Kalenderjahrs an dem Ausgleich der Arbeitgeberaufwendungen infolge Krankheit teilnehmen (§ 3 Abs. 1 AAG). Ein Arbeitgeber beschäftigt i.d.R. nicht mehr als 30 Arbeitnehmer, wenn er in dem letzten Kalenderjahr, das demjenigen, für das die Feststellung zu treffen ist, vorausgegangen ist, für einen Zeitraum von mindestens acht Kalendermonaten nicht mehr als 30 Arbeitnehmer beschäftigt hat. Hat ein Betrieb nicht während des ganzen maßgebenden Kalenderjahrs bestanden, so nimmt der Arbeitgeber am Ausgleich der Arbeitgeberaufwendungen teil, wenn er während des Zeitraums des Bestehens des Betriebs in der überwiegenden Zahl der Kalendermonate nicht mehr als 30 Arbeitnehmer beschäftigt hat. Wird ein Betrieb im Laufe des Kalenderjahres errichtet, für das die Feststellung getroffen ist, so nimmt der Arbeitgeber am Ausgleich der Arbeitgeberaufwendungen teil, wenn nach der Art des Betriebs anzunehmen ist, dass die Zahl der beschäftigten Arbeitnehmer während der überwiegenden Kalendermonate dieses Kalenderjahrs 30 nicht überschreiten wird. Bei der Errechnung der Gesamtzahl der beschäftigten Arbeitnehmer bleiben schwerbehinderte Menschen außer Ansatz. Arbeitnehmer, die wöchentlich regelmäßig nicht mehr als 10 Stunden zu leisten haben, werden mit 0,25, diejenigen, die nicht mehr als 20 Stunden zu leisten haben, mit 0,5 und diejenigen, die nicht mehr als 30 Stunden zu leisten haben, mit 0,75 angesetzt. Der Arbeitgeber hat der zuständigen Krankenkasse die für die Durchführung des Ausgleichs erforderlichen Angaben zu machen (§ 3 Abs. 2 AAG).

Die Mittel zur Durchführung der Ausgleichsverfahren U1 und U2 werden von den am Ausgleich beteiligten Arbeitgebern jeweils durch gesonderte Umlagen aufgebracht, die die erforderlichen Verwaltungskosten angemessen berücksichtigen (§ 7 Abs. 1 AAG). Die Umlagen sind jeweils in einem Prozentsatz des Entgelts (Umlagesatz) festzusetzen, nach dem die Beiträge zur gesetzlichen Rentenversicherung für die im Betrieb beschäftigten Arbeitnehmer und Auszubildenden bemessen werden oder bei Versicherungspflicht in der gesetzlichen Rentenversicherung zu bemessen wären (§ 7 Abs. 2 AAG). Bei der Berechnung der Umlage für Aufwendungen infolge Krankheit sind Entgelte von Arbeitnehmern, deren Beschäftigungsverhältnis bei einem Arbeitgeber nicht länger als vier Wochen besteht und bei denen wegen der Art des Beschäftigungsverhältnisses kein Anspruch auf Entgeltfortzahlung im Krankheitsfall entstehen kann, sowie einmalig gezahlte Arbeitsentgelte nicht zu berücksichtigen. Für die Zeit des Bezugs von Kurzarbeitergeld bemessen sich die Umlagen nach dem tatsächlich erzielten Arbeitsentgelt bis zur Beitragsbemessungsgrenze in der gesetzlichen Rentenversicherung.

Die Satzung der Krankenkasse muss insbesondere Bestimmungen über die Höhe der Umlagesätze enthalten (§ 9 Abs. 1 AGG). Die Satzung kann die Höhe der Erstattung infolge Krankheit beschränken und verschiedene Erstattungssätze, die 40 % nicht unterschreiten, vorsehen, eine pauschale Erstattung des von den Arbeitgebern zu tragenden Teil des Gesamtsozialversicherungsbeitrag für das nach § 11 MuSchG bei Beschäftigungsverboten gezahlte Arbeitsentgelt vorsehen und die Zahlung von Vorschüssen vorsehen (§ 9 Abs. 2 AAG).

Für die beiden Verfahren gibt es unterschiedliche Umlagesätze:
- U1 für den Ausgleich von Aufwendungen durch die Entgeltfortzahlung bei Krankheit. Viele Krankenkassen bieten dazu gestaffelte U1-Umlage- und U1-Erstattungssätze an.
- U2 für den Ausgleich der Zahlungen bei Mutterschaft.

Die Umlagebeiträge sind von den beteiligten Arbeitgebern allein in voller Höhe aufzubringen und zusammen mit den Gesamtsozialversicherungsbeiträgen an die Krankenkasse zu zahlen.

Entgeltfortzahlungsversicherung Beispiel: Techniker Krankenkasse	Umlage
Erstattungsverfahren U1	
– 40 % Erstattung, auf Wunsch ermäßigt	0,90 %
– 70 % Erstattung, Standard	1,70 %
– 80 % Erstattung, auf Wunsch erhöht	3,30 %
Erstattungsverfahren U2	
– 100 % Erstattung	0,30 %

Abb. 59: Umlagesätze in der Entgeltfortzahlungsversicherung im Jahr 2011

7.5.3.8 Die Insolvenzgeldumlage

Arbeitnehmer haben nach § 183 Abs. 1 SGB III Anspruch auf Insolvenzgeld bei

1. Eröffnung des Insolvenzverfahrens über das Vermögen ihres Arbeitgebers,
2. Abweisung des Antrags auf Eröffnung des Insolvenzverfahrens mangels Masse oder
3. vollständiger Beendigung der Betriebstätigkeit, wenn ein Antrag auf Eröffnung des Insolvenzverfahrens nicht gestellt worden ist und ein Insolvenzverfahren offensichtlich mangels Masse nicht in Betracht kommt,

(Insolvenzereignis) für die vorausgehenden drei Monate des Arbeitsverhältnisses noch Ansprüche auf Arbeitsentgelt. Zu den Ansprüchen auf Arbeitsentgelt gehören alle Ansprüche auf Bezüge aus dem Arbeitsverhältnis.

Insolvenzgeld wird nach § 185 Abs. 1 SGB III in Höhe des Nettoarbeitsentgelts geleistet, das sich ergibt, wenn das auf die monatliche Beitragsbemessungsgrenze begrenzte Bruttoarbeitsentgelt um die gesetzlichen Abzüge vermindert wird.

Die Mittel für die Zahlung des Insolvenzgeldes werden nach § 358 Abs. 1 SGB III durch eine monatliche Umlage von den Arbeitgebern aufgebracht. Die Umlage ist nach einem Prozentsatz des Arbeitsentgelts (Umlagesatz) zu erheben (§ 358 Abs. 2 SGB III). Maßgebend ist das Arbeitsentgelt, nach dem die Beiträge zur gesetzlichen Rentenversicherung für die im Betrieb beschäftigten Arbeitnehmer und Auszubildenden bemessen werden oder bei Versicherungspflicht in der gesetzlichen Rentenversicherung zu bemessen wären. Die Umlage ist nach § 359 Abs. 1 SGB III zusammen mit dem Gesamtsozialversicherungsbeitrag an die Einzugsstelle zu zahlen. Die Einzugsstelle leitet die Umlage an die Bundesagentur für Arbeit weiter (§ 359 Abs. 2 SGB III). Zuständige Einzugsstellen sind die Krankenkassen.

Für geringfügig Beschäftigte ist die zuständige Einzugsstelle die Minijob-Zentrale. Sofern Arbeitnehmer bei einer landwirtschaftlichen Krankenkasse versichert sind, ist die Umlage an die landwirtschaftliche Krankenkasse als Einzugsstelle zu zahlen.

Das Bundesministerium für Arbeit und Soziales wird ermächtigt, durch Rechtsverordnung mit Zustimmung des Bundesrates den Umlagesatz für jedes Kalenderjahr festzusetzen (§ 361 SGB III). Im Jahr 2011 beträgt der Umlagesatz 0,00 % des rentenversicherungspflichtigen Arbeitsentgelts.

7.5.3.9 Das Kurzarbeitergeld (Kug)

Arbeitnehmer haben nach § 169 SGB III Anspruch auf Kurzarbeitergeld, wenn
1.   ein erheblicher Arbeitsausfall mit Entgeltausfall vorliegt,
2.   die betrieblichen Voraussetzungen erfüllt sind,
3.   die persönlichen Voraussetzungen erfüllt sind und
4.   der Arbeitsausfall der Agentur für Arbeit angezeigt worden ist.

Ein Arbeitsausfall ist nach § 170 Abs. 1 SGB III erheblich, wenn
1.   er auf wirtschaftlichen Gründen oder einem unabwendbaren Ereignis beruht,
2.   er vorübergehend ist,
3.   er nicht vermeidbar ist und
4.   im jeweiligen Kalendermonat (Anspruchszeitraum) mindestens ein Drittel der in dem Betrieb beschäftigten Arbeitnehmer von einem Entgeltausfall von jeweils mehr als zehn Prozent ihres monatlichen Bruttoentgelts betroffen ist. Dabei sind Auszubildende nicht mitzuzählen.

Ein Arbeitsausfall beruht auch auf wirtschaftlichen Gründen, wenn er durch eine Veränderung der betrieblichen Strukturen verursacht wird, die durch die allgemeine wirtschaftliche Entwicklung bedingt ist (§ 170 Abs. 2 SGB III). Ein unabwendbares Ereignis liegt insbesondere vor, wenn ein Arbeitsausfall auf ungewöhnlichen, dem üblichen Witterungsverlauf nicht entsprechenden Witterungsgründen beruht (§ 170 Abs. 3 SGB III). Ein Arbeitsausfall ist nicht vermeidbar, wenn in einem Betrieb alle zumutbaren Vorkehrungen getroffen worden sind, um den Eintritt des Arbeitsausfalls zu verhindern. Als vermeidbar gilt insbesondere ein Arbeitsausfall, der
1.   überwiegend branchenüblich, betriebsüblich oder saisonbedingt ist oder ausschließlich auf betriebsorganisatorischen Gründen beruht,
2.   bei Gewährung von bezahltem Erholungsurlaub ganz oder teilweise verhindert werden kann, soweit vorrangige Urlaubswünsche der Arbeitnehmer der Urlaubsgewährung nicht entgegenstehen, oder
3.   bei der Nutzung von im Betrieb zulässigen Arbeitszeitschwankungen ganz oder teilweise vermieden werden kann.

Die betrieblichen Voraussetzungen sind erfüllt, wenn in dem Betrieb oder der Betriebsabteilung mindestens ein Arbeitnehmer beschäftigt ist (§ 171 SGB III).

Die persönlichen Voraussetzungen sind nach § 172 Abs. 1 SGB III erfüllt, wenn
1.   der Arbeitnehmer nach Beginn des Arbeitsausfalls eine versicherungspflichtige Beschäftigung fortsetzt oder aus zwingenden Gründen aufnimmt,
2.   das Arbeitsverhältnis nicht gekündigt oder durch Aufhebungsvertrag aufgelöst ist und
3.   der Arbeitnehmer nicht von Kurzarbeitergeldbezug ausgeschlossen ist.

Der Arbeitsausfall ist nach § 173 Abs. 1 SGB III bei der Agentur für Arbeit, in deren Bezirk der Betrieb liegt, schriftlich anzuzeigen. Die Anzeige kann nur vom Arbeitgeber oder der Betriebsvertretung erstattet werden. Der Anzeige des Arbeitgebers ist eine Stellungnahme der Betriebsvertretung beizufügen. Mit der Anzeige sind das Vorliegen eines erheblichen Arbeitsausfalls und die betrieblichen Voraussetzungen für das Kurzarbeitergeld glaubhaft zu machen. Kurzarbeitergeld wird frühestens von dem Kalendermonat an geleistet, in dem die Anzeige über den Betriebsausfall bei der Agentur für Arbeit eingegangen ist. Beruht der Arbeitsausfall auf einem unabwendbaren Ereignis, gilt die Anzeige für den entsprechenden Kalendermonat als erstattet, wenn sie unverzüglich erstattet worden ist.

Arbeitnehmer haben nach § 175 Abs. 1 SGB III in der Zeit vom 1. Dezember bis 31. März (Schlechtwetterzeit) Anspruch auf Saison-Kurzarbeitergeld, wenn

1. sie in einem Betrieb beschäftigt sind, der dem Baugewerbe oder einem Wirtschaftszweig angehört, der von saisonbedingtem Arbeitsausfall betroffen ist,
2. der Arbeitsausfall erheblich ist,
3. die betrieblichen Voraussetzungen des § 171 SGB III sowie die persönlichen Voraussetzungen des § 172 SGB III erfüllt sind und
4. der Arbeitsausfall der Agentur für Arbeit angezeigt worden ist.

Ein Betrieb des Baugewerbes ist ein Betrieb, der gewerblich überwiegend Bauleistungen auf dem Baumarkt erbringt (§ 175 Abs. 2 SGB III). Ein Wirtschaftszweig ist von saisonbedingtem Arbeitsausfall betroffen, wenn der Arbeitsausfall regelmäßig in der Schlechtwetterzeit aufgrund witterungsbedingter oder wirtschaftlicher Ursachen eintritt (§ 175 Abs. 4 SGB III). Ein Arbeitsausfall ist erheblich, wenn er auf wirtschaftlichen oder witterungsbedingten Gründen oder einem unabwendbaren Ereignis beruht, vorübergehend und nicht vermeidbar ist (§ 175 Abs. 5 SGB III). Als nicht vermeidbar gilt auch ein Arbeitsausfall, der überwiegend branchenüblich, betriebsüblich oder saisonbedingt ist. Witterungsbedingter Arbeitsausfall liegt nach § 175 Abs. 6 SGB III vor, wenn

1. dieser ausschließlich durch zwingende Witterungsgründe verursacht ist und
2. an einem Arbeitstag mindestens eine Stunde der regelmäßigen betrieblichen Arbeitszeit ausfällt (Ausfalltag).

Zwingende Witterungsgründe liegen nur vor, wenn atmosphärische Einwirkungen (insbesondere Regen, Schnee, Frost) oder deren Folgewirkungen die Fortführung der Arbeiten technisch unmöglich, wirtschaftlich unvertretbar oder für die Arbeitnehmer unzumutbar machen.

Die Anzeige bei der Agentur für Arbeit ist nicht erforderlich, wenn der Arbeitsausfall ausschließlich auf unmittelbar witterungsbedingten Gründen beruht (§ 175 Abs. 7 SGB III).

Kurzarbeitergeld wird nach § 177 Abs. 1 SGB III für den Arbeitsausfall während der Bezugsfrist geleistet. Die Bezugsfrist gilt einheitlich für alle in einem Betrieb beschäftigten Arbeitnehmer. Sie beginnt mit dem ersten Kalendermonat, für den in einem Betrieb Kurzarbeitergeld gezahlt wird, und beträgt längstens sechs Monate. Saison-Kurzarbeitergeld wird für die Dauer des Arbeitsausfalls während der Schlechtwetterzeit geleistet (§ 177 Abs. 4 SGB III). Das Kurzarbeitergeld beträgt nach § 178 SGB III für Arbeitnehmer, die beim Arbeitslosengeld die Voraussetzungen für den erhöhten Leistungssatz erfüllen würden, 67 %, für die übrigen Arbeitnehmer 60 % der Nettoentgeltdifferenz im Anspruchszeitraum.

Die Nettoentgeltdifferenz entspricht nach § 179 Abs. 1 SGB III dem Unterschiedsbetrag zwischen dem pauschalierten Nettoentgelt aus dem Sollentgelt und dem pauschalierten Nettoentgelt aus dem Istentgelt. Sollentgelt ist das Bruttoar-beitsentgelt, das der Arbeitnehmer ohne den Arbeitsausfall und vermindert um Entgelt für Mehrarbeit in dem Anspruchszeitraum erzielt hätte. Istentgelt ist das in dem Anspruchszeitraum tatsächlich erzielte Bruttoarbeitsentgelt des Arbeitnehmers zuzüglich aller ihm zustehenden Entgeltanteile. Bei der Ermittlung von Sollentgelt und Istentgelt bleibt Arbeitsentgelt, das einmalig gezahlt wird, außer Betracht. Soll-entgelt und Istentgelt sind auf den nächsten durch 20 teilbaren Euro-Betrag zu run-den. Die Vorschriften beim Arbeitslosengeld über die Berechnung des Leistungsent-gelts gelten mit Ausnahme der Regelungen über den Zeitpunkt der Zuordnung der Lohnsteuerklassen und den Steuerklassenwechsel für die Berechnung der pauscha-lierten Nettoarbeitsentgelte beim Kurzarbeitergeld entsprechend.

7.5.3.10 Das Wintergeld

Arbeitnehmer haben nach § 175a Abs. 1 SGB III Anspruch auf Wintergeld als Zu-schuss-Wintergeld und Mehraufwands-Wintergeld (ergänzende Leistungen) und Arbeitgeber haben Anspruch auf Erstattung der von ihnen zu tragenden Beiträge zur Sozialversicherung, soweit für diese Zwecke Mittel durch eine Umlage aufge-bracht werden. Zuschuss-Wintergeld wird in Höhe von bis zu 2,50 EUR je ausge-fallener Arbeitsstunde gewährt, wenn zu deren Ausgleich Arbeitszeitguthaben auf-gelöst und die Inanspruchnahme des Saison-Kurzarbeitergeldes vermieden wird (§ 175a Abs. 2 SGB III). Mehraufwands-Wintergeld wird in Höhe von 1,00 EUR für jede in der Zeit vom 15. Dezember bis zum letzten Kalendertag des Monats Febru-ar geleistete berücksichtigungsfähige Arbeitsstunde an Arbeitnehmer gewährt, die auf einem witterungsabhängigen Arbeitsplatz beschäftigt sind (§ 175a Abs. 3 SGB III). Berücksichtigungsfähig sind im Dezember bis zu 90, im Januar und Februar jeweils bis zu 180 Arbeitsstunden. Die von den Arbeitgebern allein zu tragenden Beiträge zur Sozialversicherung für Bezieher von Saison-Kurzarbeitergeld werden auf Antrag erstattet (§ 175a Abs. 4 SGB III). Die ergänzenden Leistungen gelten im Baugewerbe ausschließlich für solche Arbeitnehmer, deren Arbeitsverhältnis in der Schlechtwetterzeit nicht aus witterungsbedingten Gründen gekündigt werden kann (§ 175a Abs. 5 SGB III).

Die Mittel werden nach § 354 SGB III durch Umlagen aufgebracht. Die Umla-ge wird unter Berücksichtigung von Vereinbarungen der Tarifvertragsparteien der Wirtschaftszweige von Arbeitgebern oder gemeinsam von Arbeitgebern und Arbeit-nehmern aufgebracht und getrennt nach Zweigen des Baugewerbes und weiteren Wirtschaftszweigen aufgebracht.

Die Umlage ist in den einzelnen Zweigen des Baugewerbes und in weiteren Wirtschaftszweigen, die von saisonbedingtem Arbeitsausfall betroffen sind, monat-lich nach einem Prozentsatz der Bruttoarbeitsentgelte der dort beschäftigten Arbeit-nehmer, die ergänzende Leistungen enthalten können, zu erheben (§ 355 SGB III). Die Arbeitgeber führen die Umlagebeträge über die gemeinsame Einrichtung ihres Wirtschaftszweiges oder über eine Ausgleichskasse ab (§ 356 Abs. 1 SGB III). Um-lagepflichtige Arbeitgeber, auf die die Tarifverträge über die gemeinsame Einrich-tungen oder Ausgleichskassen keine Anwendung finden, führen die Umlagebeträge unmittelbar an die Bundesagentur für Arbeit ab.

7.5.4 Die Personalstatistiken

Durch Personalstatistiken sollen alle Beziehungen zwischen dem Betrieb und der Belegschaft, soweit sie sich in Zahlen ausdrücken lassen, erfasst und ausgewertet werden. Beispiele: Personalstruktur, Personalbewegungen (Fluktuation), Ausfallzeiten, Löhne und Gehälter, Personalzusatzkosten.

Die Personalzusatzkosten

Zu den sozialen Leistungen des Unternehmens gehören alle Geld-, Sach- und Dienstleistungen, welche das Unternehmen den Mitarbeitern über das vereinbarte Entgelt hinaus gewährt. Sie sind entweder *durch Gesetz* vorgeschrieben (z. B. Lohnfortzahlung im Krankheitsfall, Beiträge zur Berufsgenossenschaft, Arbeitgeberanteile zur Sozialversicherung, *durch Tarifvertrag* oder *Betriebsvereinbarungen* festgelegt (z. B. Pensionszahlungen, Urlaubsgeld) oder werden *freiwillig* gewährt (z. B. zusätzliche Altersversorgung, Weihnachtsgeld).

Alle Aufwendungen des Arbeitgebers für Arbeitnehmer, die nicht in direktem Zusammenhang mit der eigentlichen Arbeitsleistung stehen, werden als **Personalzusatzkosten** oder **Lohnnebenkosten** bezeichnet.

Das folgende Beispiel zeigt, dass die personalabhängigen Kosten und die personalabhängigen gesetzlichen Sozialkosten insgesamt 64,6 % des Entgelts für die tatsächlich geleistete ausmachen. Auf die Arbeitsstunde mit einem Stundenlohn von 16,00 EUR entfallen 10,34 EUR Personalzusatzkosten. Die Arbeitsstunde kostet also in Wirklichkeit 26,34 EUR.

Personal- und Personalzusatzkosten 2011				
Arbeitstage und bezahlte Frei- und Ausfallzeiten				
Nominelle Arbeitstage[1]	260 Tage	1.976,0 Std.		
Bezahlte Feiertage [2]	6 Tage	45,6 Std.		
Lohnfortzahlung bei Krankheit[3]	8,5 Tage	64,6 Std.		
Urlaubstage[4]	30 Tage	228,0 Std.		
Verpflichtungen nach dem BetrVG[5]	1 Tag	7,6 Std.		
Sonstige bezahlte Frei- u. Ausfallzeiten[6]	0,5 Tage	3,8 Std.		
Geleistete Arbeitstage	214,0 Tage	1.626,4 Std.		
A. Personalabhängige Kosten in absoluten Beträgen und in % des Entgelts für geleistete Arbeit				
Entgelt für geleistete Arbeit[7]	1.626,4 Std.	26.022,40 EUR	100,0 %	100,0 %
Bezahlte Feiertage	45,6 Std.	729,60 EUR	2,8 %	
Lohnfortzahlung bei Krankheit	64,6 Std.	1.033,60 EUR	4,0 %	
Urlaubstage	228,0 Std.	3.648,00 EUR	14,0 %	21,5 %
Verpflichtungen nach dem BetrVG	7,6 Std.	121,60 EUR	0,5 %	
Sonstige bezahlte Frei- und Ausfallzeiten	3,8 Std.	60,80 EUR	0,2 %	
Tarifliches Urlaubsgeld[8]		1.322,40 EUR	5,1 %	
Betriebliche Sonderzahlungen[9]		1.322,40 EUR	5,1 %	12,0 %
Vermögenswirksame Leistungen[10]		468,00 EUR	1,8 %	
Bruttojahresverdienst	1.976,0 Std.	34.728,80 EUR		33,5 %

Personal- und Personalzusatzkosten 2011				
B. Vom Arbeitgeber zu tragende personalabhängige gesetzliche Sozialkosten				
	Anteil am Bruttojahres- verdienst			
Rentenversicherung	9,95 %	3.455,52 EUR	13,3 %	
Arbeitslosenversicherung	1,500 %	520,93 EUR	2,0 %	
Krankenversicherung[11]	7,300 %	2.535,20 EUR	9,7 %	
Pflegeversicherung	0,975 %	338,61 EUR	1,3 %	
Berufsgenossenschaft[12]	1,33 %	461,89 EUR	1,8 %	
SGB IX, BetrAVG	1,80 %	625,12 EUR	2,4 %	
Arbeitssicherheitsgesetz (ASiG)	0,20 %	69,46 EUR	0,3 %	
Freiwillige soziale Leistungen[13]	0,20 %	69,46 EUR	0,3 %	31,1 %
	23,26 %	8.076,19 EUR		64,6 %

Abb. 60: Beispiel für die Berechnung der Personalzusatzkosten
   (Word-Fassung im Download-Bereich)

Erläuterung

1 Maßgebende regelmäßige Arbeitszeit: 38 Stunden pro Woche bzw. 7,6 Stunden pro Tag
2 Bezahlte Feiertage 2011 bundesweit 6 Tage:
   22.04.2011 Karfreitag, 25.04.2011 Ostermontag, 02.06.2011 Christi Himmelfahrt, 13.06.2011 Pfingstmontag, 03.10.2011 Tag der Deutschen Einheit, 26.12.2011 2. Weihnachtsfeiertag
3 Lohnfortzahlung bei Krankheit
   Nach einer Statistik des Bundesgesundheitsministeriums lag der durchschnittliche Kranken-stand im Jahr 2009 bei 3,4 %. Das entspricht einer durchschnittlichen Abwesenheitszeit pflicht-versicherter Arbeitnehmer von ca. 8,5 Tagen.
   Es besteht ein Anspruch auf Lohn- und Gehaltsfortzahlung in Höhe von 100 % des für die maß-gebende regelmäßige Arbeitszeit zustehende Arbeitsentgelt für die Dauer von sechs Wochen.
4 Urlaubstage
   30 Arbeitstage für Arbeiter und Angestellte, unabhängig vom Alter
5 Verpflichtungen nach dem BetrVG
   4 Betriebsversammlungen à 2 Stunden
6 Sonstige bezahlte Frei- und Ausfallzeiten
   Bezahlte Arbeitsversäumnis infolge eigener Eheschließung (2 Tage), Eheschließung von Kin-dern (1 Tag), eines Umzuges (1 Tag) usw.
7 Entgelt für geleistete Arbeit
   Annahme eines Bruttoverdienstes von 16,- EUR pro Stunde bzw. 2.644,80 EUR pro Monat. Die Höhe des Verdienstes übt keinen Einfluss auf die prozentualen Werte der Zusatzkosten aus.
8 Tarifliches Urlaubsgeld
   Durchschnittlich 50 % eines Monatsverdienstes
9 Betriebliche Sonderzahlungen (z. B. Weihnachtsgeld, Jahresbonus usw.)
   Durchschnittlich 50 % eines Monatsverdienstes
10 Vermögenswirksame Leistungen
   468,- EUR lt. Tarifvertrag
11 Krankenversicherung
   Beitragssatz aller Krankenkassen für das Jahr 2011 15,5 %, davon Arbeitgeberanteil 7,3 %
12 Berufsgenossenschaft
   Im Durchschnitt aller Branchen und Gefahrklassen betrug 2007 der Beitragssatz 1,33 % der gezahlten Löhne und Gehälter.
13 Freiwillige soziale Kosten
   Z.B. für Betriebsausflug, Weihnachtsfeier, Jubiläumsgeschenke usw.

Die gesetzlichen Feiertage

Die Feiertagsgesetze der Länder regeln zum Teil neben den gesetzlichen noch die (staatlich) geschützten (kirchlichen) Feiertage, an denen meist bis zum Ende des Hauptgottesdienstes die Läden geschlossen zu halten sind und den konfessionsangehörigen Arbeitnehmern Gelegenheit zu geben ist, am Hauptgottesdienst teilzunehmen.

	BW	BY	B	BB	BR	HH	HE	MV	NS	NRW	RP	SL	SN	SA	SH	TH
Neujahr	•	•	•	•	•	•	•	•	•	•	•	•	•	•	•	•
Karfreitag	•	•	•	•	•	•	•	•	•	•	•	•	•	•	•	•
Ostermontag	•	•	•	•	•	•	•	•	•	•	•	•	•	•	•	•
1. Mai	•	•	•	•	•	•	•	•	•	•	•	•	•	•	•	•
Christi Himmelfahrt	•	•	•	•	•	•	•	•	•	•	•	•	•	•	•	•
Pfingstmontag	•	•	•	•	•	•	•	•	•	•	•	•	•	•	•	•
Tag der Deutschen Einheit	•	•	•	•	•	•	•	•	•	•	•	•	•	•	•	•
1. Weihnachtsfeiertag	•	•	•	•	•	•	•	•	•	•	•	•	•	•	•	•
2. Weihnachtsfeiertag	•	•	•	•	•	•	•	•	•	•	•	•	•	•	•	•
Heilige Drei Könige	•	•												•		
Fronleichnam	•	+					•			•	•	•				+
Maria Himmelfahrt		+										•				
Reformationstag				•				•				•	•	•		×
Allerheiligen	•	•								•	•	•				+
Buß- und Bettag													•			
Zahl der Feiertage Insgesamt	12	(13) 12	9	10	9	9	10	10	9	11	11	12	11	11	9	(10,11) 9

• Gesetzlicher Feiertag
+ Gesetzlicher Feiertag nur in Gebieten mit überwiegend katholischer Bevölkerung
× Gesetzlicher Feiertag nur in Gebieten mit überwiegend evangelischer Bevölkerung

BW Baden Württemberg
BY Bayern
B   Berlin
BB Brandenburg
BR Bremen
HH Hamburg
HE Hessen
MV Mecklenburg-Vorpommern
NS Niedersachsen
NRW Nordrhein-Westfalen
RP Rheinland-Pfalz
SL Saarland
SN Sachsen
SA Sachsen-Anhalt
SH Schleswig-Holstein
TH Thüringen

Abb. 61: Übersicht über die gesetzlichen Feiertage

7.6   Die Personalführung

Die Personalführung dient dazu, den Personaleinsatz so zu gestalten, dass die Unternehmensziele und Entscheidungen möglichst reibungslos durchgesetzt werden. Diese Aufgabe wird durch die Führungskräfte wahrgenommen.

Zu den wichtigsten **Führungsfunktionen** gehören Delegieren, Motivieren und die Entwicklungsförderung der Mitarbeiter. Ein **Delegieren** liegt vor, wenn den Mitarbeitern Aufgaben mit den dazu erforderlichen Kompetenzen und der daraus resultierenden Handlungsverantwortung übertragen werden. Das **Motivieren** ist auf die primär psychologisch bedingten Verhaltensweisen der Mitarbeiter orientiert. Eine positive oder negative Einstellung zur Arbeit beeinflusst deren Ergebnis. Neben der angemessenen Vergütung gelten Anerkennung, Verantwortung und Mitspracherechte als besonders motivationsfördernd. Überwachungen und Kontrollen wirken sich negativ auf die Arbeitszufriedenheit aus. Die Dynamik des Wirtschaftslebens verlangt von allen Mitarbeitern die generelle Bereitschaft zu einer ständigen Anpassung an die wandelnden Anforderungen. Damit der richtige Mann und die richtige Frau auch in Zukunft am richtigen Platz sind, hat die Personalführung die **Entwicklung** der Mitarbeiter zu fördern. Die Mitarbeiter sind deshalb hinreichend zu qualifizieren.

Der **Führungsumfang** beschreibt den Grad der Beteiligung der Mitarbeiter an der Personalführung. Generell unterscheidet man zwischen der autoritären und der kooperativen Führung. Bei der **autoritären Führung** dominiert der Vorgesetzte gegenüber den Untergebenen. An der **kooperativen Führung** nehmen sowohl Vorgesetzte als auch Untergebene teil.

Der Führungsstil charakterisiert die Verhaltensweise des Vorgesetzten gegenüber den Untergebenen. Während die **traditionellen Führungsstile** auf befehlende Willensdurchsetzung beruhen, zeichnen sich **moderne Führungsstile** durch eine beratende Willensdurchsetzung aus. Beispiele für moderne Führungsstile sind der kooperative Führungsstil und der Team-Führungsstil.

7.7   Die Personalfreisetzung

Die Beendigung eines Arbeitsverhältnisses erfolgt durch Zeitablauf eines befristeten Arbeitsvertrages, durch Abschluss eines Aufhebungsvertrages oder durch Kündigung.

Die Kündigung ist eine einseitige, empfangsbedürftige, rechtsgestaltende Willenserklärung, durch die das Arbeitsverhältnis für die Zukunft aufgelöst werden soll. Sie kann sowohl vom Arbeitgeber wie auch vom Arbeitnehmer ausgehen. Die Kündigung bedarf keiner Annahme durch deren Empfänger. Sie wird jedoch erst wirksam, wenn sie dem anderen Vertragspartner zugeht, also so in den Machtbereich des Empfängers gelangt, dass dieser unter gewöhnlichen Umständen von ihr Kenntnis nehmen kann.

Die Kündigung ist formlos möglich, es sei denn, durch Arbeitsvertrag oder Tarifvertrag ist etwas anderes festgelegt (Ausnahme: Berufsausbildungsverhältnis, § 22 Abs. 3 BBiG. Schriftform und evtl. Angabe der Kündigungsgründe erforderlich). Trotz der grundsätzlichen Formfreiheit sollte eine Kündigung in jedem Fall – aus Beweisgründen – schriftlich erfolgen. Die Kündigung muss deutlich und zweifelsfrei erfolgen. Sowohl die außerordentliche als auch die ordentliche Kündigung ist grundsätzlich ohne Angabe des Kündigungsgrundes wirksam. Bei der außerordentlichen Kündigung muss der Kündigende dem Arbeitnehmer den Grund auf Verlangen unverzüglich schriftlich mitteilen (§ 626 Abs. 2 Satz 3 BGB). Die Angabe des Grundes kann wegen entsprechendem Tarifvertrag, Betriebsvereinbarung oder Arbeitsvertrag erforderlich sein.

Der **Betriebsrat** muss nach § 102 BetrVG zur Kündigung angehört werden. Die ordentliche Kündigung ohne vorherige Anhörung des Betriebsrates ist nichtig. Der Arbeitgeber muss angeben: die betreffende Person, Art der Kündigung (ordentliche oder außerordentliche), Kündigungstermine und Kündigungsgründe. Da der Betriebsrat eine Woche Bedenkzeit hat, kann der Arbeitgeber die Kündigung vorher nicht aussprechen. Der Betriebsrat hat jedoch nur ein Anhörungsrecht, kein Mitbestimmungsrecht, es sei denn, dass durch Betriebsvereinbarung etwas anderes bestimmt ist.

Die ordentliche Kündigung

Die ordentliche Kündigung wird unter Einhaltung einer bestimmten Frist ausgesprochen. Es gelten einheitliche gesetzliche Kündigungsfristen für Arbeiter und Angestellte. Die gesetzliche Grundkündigungsfrist beträgt für Arbeitnehmer und Arbeitgeber gleichermaßen vier Wochen zum Fünfzehnten oder zum Ende eines Kalendermonats (§ 622 Abs. 1 BGB). Ab einer Beschäftigungsdauer von zwei Jahren hat der Arbeitgeber eine längere Kündigungsfrist einzuhalten (§ 622 Abs. 2 BGB).

Es muss geprüft werden, ob der Arbeitnehmer **Kündigungsschutz** hat, d.h. ob seine Kündigung gerechtfertigt sein muss. Der allgemeine Kündigungsschutz findet nur Anwendung, wenn im Betrieb i.d.R. mehr als fünf Arbeitnehmer beschäftigt sind (§ 23 Abs. 1 KSchG) und wenn zum Zeitpunkt der Kündigung des Arbeitnehmers dessen Arbeitverhältnis im selben Betrieb bei Zugang der Kündigung länger als sechs Monate bestanden hat (§ 1 Abs. 1 KSchG). In Betrieben mit 10 oder weniger Arbeitnehmern gilt der Kündigungsschutz nicht für Arbeitnehmer, deren Arbeitsverhältnis nach dem 31.12.2003 begonnen hat. Soweit das Kündigungsschutzgesetz Anwendung findet, ist die ordentliche Kündigung nur zulässig, wenn sie durch einen anerkannten Kündigungsgrund sozial gerechtfertigt ist. Zwar ist bei einer sozial ungerechtfertigten Kündigung diese nicht automatisch nichtig, jedoch hat der betroffene Arbeitnehmer innerhalb von drei Wochen nach Zugang der Kündigung ein Klagerecht auf Feststellung, dass das Arbeitsverhältnis durch die Kündigung nicht aufgelöst ist (Kündigungsschutzklage).

Wenn das KSchG anwendbar ist und die Kündigungsschutzklage fristgerecht erhoben wurde, muss das Gericht prüfen, ob die Kündigung sozial gerechtfertigt ist. Der Arbeitgeber muss also beweisen, dass es sich entweder um eine betriebsbedingte Kündigung (dringende betriebliche Erfordernisse), um eine personenbedingte oder um eine verhaltensbedingte Kündigung handelt.

Bestimmte Personengruppen stehen unter besonderem Kündigungsschutz. Die ordentliche Kündigung ist gesetzlich ausgeschlossen. Darunter fallen folgende Arbeitnehmer:

- Betriebsratsmitglieder,
- schwerbehinderte Menschen,
- werdende Mütter bis zum Ablauf von 4 Monaten nach der Entbindung,
- Erziehungsgeldberechtigte während der Elternzeit.

1. Die personenbedingte Kündigung

Die personenbedingte Kündigung wegen Krankheit im Sinne des § 1 Abs. 2 KSchG ist sozial gerechtfertigt, wenn bei Zugang der Kündigung mit häufigen Fehlzeiten in der Zukunft aufgrund eines Rückblicks in die Vergangenheit gerechnet werden muss oder eine langanhaltende Krankheit noch andauert und ihr Ende nicht absehbar ist. Weiter müssen die Fehlzeiten eine unzumutbare Beeinträchtigung betrieblicher Interessen zur Folge haben. Bei dauernder Arbeitsunfähigkeit muss keine gesonderte Beeinträchtigung dargelegt werden. Wird wegen Krankheit gekündigt, ist keine vorherige Abmahnung erforderlich.

2. Die verhaltensbedingte Kündigung

Durch die verhaltensbedingte Kündigung soll es dem Arbeitgeber ermöglicht werden, auf Vertragspflichtverletzungen des Arbeitnehmers zu reagieren. Liegt ein verhaltensbedingter Grund im Sinne des § 1 Abs. 2 KSchG vor, so ist die Kündigung sozial gerechtfertigt und der Arbeitnehmer hat keinen Anspruch auf eine Abfindung. Für eine verhaltensbedingte Kündigung kommen vor allem folgende Gründe in Betracht: Verletzung von Nebenpflichten (z. B. wiederholte Nichtbeachtung der Anzeige- und Nachweispflicht im Krankheitsfall, wiederholte Unpünktlichkeit), Nichterfüllung oder Schlechterfüllung der Arbeitspflicht und Verletzung von Treuepflichten gegenüber dem Arbeitgeber.

Die Anforderungen an einem verhaltensbedingten Grund sind allerdings sehr hoch. Vor Ausspruch einer verhaltensbedingten Kündigung ist eine vorherige vergebliche **Abmahnung** nötig. Sie ist ausnahmsweise entbehrlich, wenn sie im Hinblick auf die Einsichts- oder Handlungsfähigkeit des Arbeitnehmers keinen Erfolg verspricht oder wenn das Verhalten schon zu nicht behebbaren schwerwiegenden Folgen geführt hat. Auch bei Fehlverhalten im Vertrauensbereich bedarf es einer vorherigen Abmahnung, wenn der Arbeitnehmer mit vertretbaren Gründen annehmen konnte, sein Verhalten sei nicht vertragswidrig oder es werde vom Arbeitgeber zumindest nicht als ein erhebliches, dem Bestand des Arbeitsverhältnisses gefährdendes Fehlverhalten angesehen.

Eine Abmahnung ist im Übrigen schon zulässig, wenn der Arbeitgeber einen objektiven Verstoß des Arbeitnehmers gegen seine Pflichten feststellt. Gründe für eine Abmahnung können beispielsweise sein: Alkoholgenuss während der Arbeitszeit trotz Alkoholverbots, Arbeitsverweigerung, Unfreundlichkeit gegenüber Kunden, wiederholte Unpünktlichkeit. Soll auf die Abmahnung eine spätere Kündigung gestützt werden, so muss der Arbeitnehmer aufgefordert werden, sein vertragswidriges Verhalten abzustellen mit dem Hinweis, dass andernfalls das Arbeitsverhältnis gefährdet werde. Die Abmahnung sollte aus Beweisgründen möglichst schriftlich erfolgen. Für die Formulierung ist zu beachten:

- Das Fehlverhalten muss genau bezeichnet und spezifiziert sein.
- Es muss darauf hingewiesen werden, dass dieses Verhalten nicht gebilligt wird.
- Es muss auf die Konsequenz hingewiesen werden, dass im Wiederholungsfall das Arbeitsverhältnis gefährdet ist.

Hierdurch soll es dem Arbeitgeber möglich sein, auf Vertragsverletzungen des Arbeitnehmers zu reagieren. Eine vorherige vergebliche Abmahnung ist nötig. Abmahnungsberechtigt sind alle Mitarbeiter, die befugt sind, verbindliche Anweisungen bzgl. des Ortes, der Zeit sowie der Art und Weise der arbeitsvertraglich geschuldeten Leistung zu erteilen. Die erfolgte Abmahnung gehört in die Personalakte.

3. Die betriebsbedingte Kündigung

Sie soll dem Arbeitgeber ermöglichen, im Interesse der Rentabilität des Unternehmens, den Personalbestand an den Personalbedarf anzupassen.

Die betriebsbedingte Kündigung im Sinne des § 1 Abs. 2 KSchG ist sozial gerechtfertigt, wenn folgende Voraussetzungen erfüllt sind:
1. Tatsächlicher Wegfall des konkreten Arbeitsplatzes
2. Ursache für den Wegfall
   Es müssen **dringende betriebliche Erfordernisse** für eine Kündigung vorliegen, wenn die Durchführung oder eingeleitete Durchführung einer unternehmerischen Entscheidung zum Wegfall einer Beschäftigungsmöglichkeit führt. Eine Beschäftigungsmöglichkeit entfällt immer dann, wenn der Arbeitnehmer nicht mehr vertragsgerecht beschäftigt werden kann.
3. Unmöglichkeit der Weiterbeschäftigung
4. Die soziale Auswahl nach § 1 Abs. 3 KSchG
   Der Arbeitgeber hat bei der Auswahl der Arbeitnehmer soziale Gesichtspunkte ausreichend zu berücksichtigen. Er darf den sozial schutzwürdigeren Arbeitnehmer nicht vor dem weniger schutzbedürftigen Arbeitnehmer kündigen. In die soziale Auswahl sind nur solche Arbeitnehmer einzubeziehen, die dem Betrieb länger als 6 Monate angehören und deren Arbeitsverhältnis ordentlich gekündigt werden kann. Die in die soziale Auswahl einbezogenen Arbeitnehmer müssen nach ihrem Arbeitsvertragsinhalt, d.h. gemäß ihrer geschuldeten Arbeitsleistung horizontal miteinander vergleichbar sein.
   Soziale Auswahlkriterien:
   • die Dauer der Betriebszugehörigkeit,
   • das Lebensalter,
   • die Unterhaltsverpflichtungen des Arbeitnehmers und
   • die Schwerbehinderung des Arbeitnehmers.
   Nach § 1 Abs. 3 Satz 2 KSchG sind Arbeitnehmer nicht in die soziale Auswahl einzubeziehen, deren Weiterbeschäftigung, insbesondere wegen ihrer Kenntnisse, Fähigkeiten und Leistungen oder zur Sicherung einer ausgewogenen Personalstruktur des Betriebs, im berechtigten betrieblichen Interesse liegt. Der Arbeitnehmer hat die Tatsachen zu beweisen, die die Kündigung als sozial ungerechtfertigt erscheinen lassen.

Die außerordentliche (fristlose) Kündigung

Nach § 626 BGB kann eine **Kündigung aus wichtigem Grund** ohne Einhaltung einer Kündigungsfrist erfolgen. Ein wichtiger Grund zur Kündigung liegt dann vor, wenn der Vertragspartner seine Vertragspflichten grob verletzt hat. Die Kündigung muss innerhalb von zwei Wochen nachdem der Kündigungsberechtigte von den für die Kündigung maßgeblichen Tatsachen Kenntnis erlangt hat, erfolgen und es dem Kündigenden nicht zugemutet werden kann, den Ablauf der ordentlichen Kündigungsfrist anzuwarten.

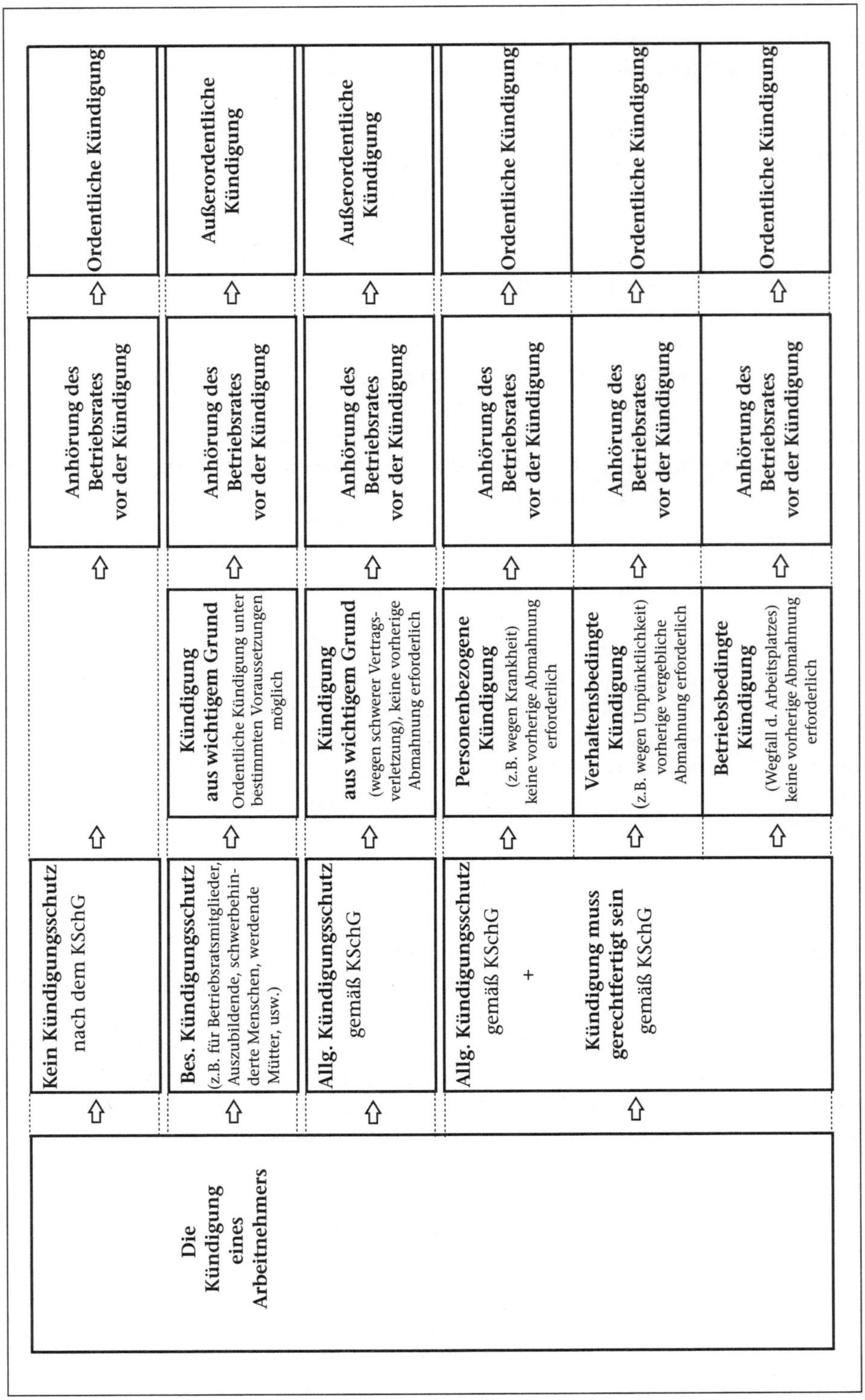

Die Kündigung eines Arbeitnehmers

⇧ **Kein Kündigungsschutz** nach dem KSchG ⇧ **Anhörung des Betriebsrates vor der Kündigung** ⇧ Ordentliche Kündigung

⇧ **Bes. Kündigungsschutz** (z.B. für Betriebsratsmitglieder, Auszubildende, schwerbehinderte Menschen, werdende Mütter, usw.) ⇧ **Kündigung aus wichtigem Grund** Ordentliche Kündigung unter bestimmten Voraussetzungen möglich ⇧ **Anhörung des Betriebsrates vor der Kündigung** ⇧ Außerordentliche Kündigung

⇧ **Allg. Kündigungsschutz** gemäß KSchG ⇧ **Kündigung aus wichtigem Grund** (wegen schwerer Vertragsverletzung), keine vorherige Abmahnung erforderlich ⇧ **Anhörung des Betriebsrates vor der Kündigung** ⇧ Außerordentliche Kündigung

⇧ **Allg. Kündigungsschutz** gemäß KSchG + **Kündigung muss gerechtfertigt sein** gemäß KSchG ⇧ **Personenbezogene Kündigung** (z.B. wegen Krankheit) keine vorherige Abmahnung erforderlich ⇧ **Anhörung des Betriebsrates vor der Kündigung** ⇧ Ordentliche Kündigung

⇧ **Verhaltensbedingte Kündigung** (z.B. wegen Unpünktlichkeit) vorherige vergebliche Abmahnung erforderlich ⇧ **Anhörung des Betriebsrates vor der Kündigung** ⇧ Ordentliche Kündigung

⇧ **Betriebsbedingte Kündigung** (Wegfall d. Arbeitsplatzes) keine vorherige Abmahnung erforderlich ⇧ **Anhörung des Betriebsrates vor der Kündigung** ⇧ Ordentliche Kündigung

Abb. 62: Schritte für eine rechtswirksame Kündigung

Bei schweren Vertragsverletzungen (z.B. beharrliche Arbeitsverweigerung, schwere Verstöße gegen die betriebliche Ordnung, strafbare Handlungen wie Diebstahl, Unterschlagung, Sachbeschädigung, Betrug, grobe Beleidigung) ist der Arbeitgeber grundsätzlich berechtigt, anstelle einer ordentlichen verhaltensbedingten Kündigung eine außerordentliche Kündigung auszusprechen.

Arbeitnehmer, die unter besonderem Kündigungsschutz stehen, z.B. Betriebsratsmitglieder, schwerbehinderte Menschen, werdende Mütter bis zum Ablauf von 4 Monaten nach der Entbindung, Erziehungsgeldberechtigte während der Elternzeit und Auszubildende können nur durch außerordentliche Kündigung gekündigt werden.

Die außerordentliche Kündigung muss ebenso wie die ordentliche Kündigung von einer Vertragspartei der anderen erklärt werden. Auch hier muss der Betriebsrat *vor* Ausspruch der Kündigung angehört werden.

Die Änderungskündigung

Die Änderungskündigung kombiniert eine Kündigung mit dem Angebot, die vertraglichen Arbeitsbedingungen zu ändern (§ 2 Satz 1 KSchG). Die Kündigung wird i.S. der Auflösung des Arbeitsverhältnisses nur dann wirksam, wenn der Arbeitnehmer das Änderungsangebot nicht annimmt.

8 Das betriebliche Rechnungswesen

Unter dem Begriff »betriebliches Rechnungswesen« fasst man sämtliche Verfahren zusammen, deren Aufgabe es ist, alle im Betrieb auftretenden Geld- und Leistungsströme, die vor allem durch den Prozess der betrieblichen Leistungserstellung und -verwertung (betrieblicher Umsatzprozess) hervorgerufen werden, mengen- und wertmäßig zu erfassen und zu überwachen.

Kontroll- und Dokumentationsaufgabe, Dispositionsaufgabe

Die Hauptaufgabe des betrieblichen Rechnungswesens liegt in der Kontrolle der Wirtschaftlichkeit und Rentabilität des Betriebes sowie in der Bereitstellung von Unterlagen für auf die Zukunft gerichtete Planungsüberlegungen der Geschäftsleitung.

Rechenschaftslegungs- und Informationsaufgabe

Neben diesen betriebsinternen Aufgaben erfüllt das Rechnungswesen auch die externen Aufgaben der (freiwilligen oder gesetzlich vorgeschriebenen) Rechenschaftslegung und Information über die Vermögens- und Ertragslage des Betriebes.

Aus den Verschiedenheit der Aufgaben kann man das betriebliche Rechnungswesen folgendermaßen einteilen:

1. Finanzbuchhaltung (Geschäftsbuchhaltung)
2. Kostenrechnung (Betriebsbuchhaltung)
3. Betriebswirtschaftliche Statistik und Vergleichsrechnung
4. Planungsrechnung

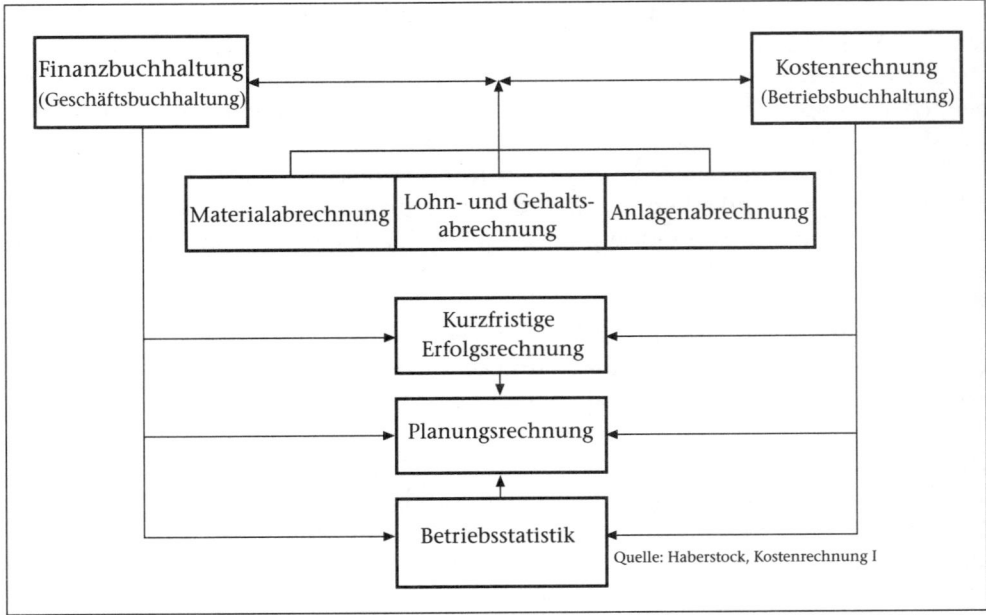

Abb. 63: Teilbereiche des betrieblichen Rechnungswesens

8.1   Die Finanzbuchhaltung

Die Finanzbuchhaltung hat folgende Aufgaben:
*   Ermittlung des Jahreserfolges durch Aufstellung der GuV,
*   Ermittlung der Vermögens- und Schuldbestände durch Aufstellung der Bilanz.

Die Finanzbuchhaltung, auch Geschäftsbuchhaltung genannt, erfüllt diese Aufgaben durch eine belegmäßige Erfassung aller wirtschaftlich bedeutsamen Geschäftsvorfälle, die chronologisch aufgezeichnet und im System der doppelten Buchführung auf Bestands- und Erfolgskonten verbucht werden.

Unternehmen, die im Handelsregister eingetragen sind, müssen nach den Vorschriften des Handelsgesetzbuchs (HGB) ihre Geschäfte in Form der doppelten Buchführung aufzeichnen und über das Geschäftsvermögen sowie den Unternehmenserfolg einen Jahresabschluss (Bilanz nebst Gewinn- und Verlustrechnung) erstellen.

Gewerbliche Unternehmer sowie Land- und Forstwirte, die nicht im Handelsregister eingetragen sind, müssen nach der **Abgabenordnung** (§ 141 AO) dennoch in gleichem Umfang Bücher führen und aufgrund jährlicher Bestandsaufnahmen Abschlüsse zu machen, wenn eine der folgenden Voraussetzungen vorliegen:
*   Umsätze von mehr als 500.000 EUR im Kalenderjahr oder
*   einen Gewinn aus Gewerbebetrieb von mehr als 50.000 EUR im Wirtschaftsjahr oder
*   einen Gewinn aus Land- und Forstwirtschaft von mehr als 50.000 EUR im Kalenderjahr.

Die Buchführungspflicht ist nach § 141 Abs. 2 AO vom Beginn des Wirtschaftsjahres an zu erfüllen, das auf die Bekanntgabe der Mitteilung folgt, durch die die Finanzbehörde auf den Beginn dieser Verpflichtung hingewiesen hat. Die Verpflichtung endet mit dem Ablauf des Wirtschaftsjahres, das auf das Wirtschaftsjahr folgt, in dem die Finanzbehörde feststellt, dass die Voraussetzungen nicht mehr vorliegen. Die Buchführungspflicht geht nach § 141 Abs. 3 AO auf denjenigen über, der den Betrieb im Ganzen zur Bewirtschaftung als Eigentümer oder Nutzungsberechtigter übernimmt.

Besteht keine Buchführungspflicht, so ist der Gewinn nach § 4 Abs. 3 EStG durch Gegenüberstellung von Betriebseinnahmen und Betriebsausgaben (Einnahmen-Überschussrechnung) festzustellen. Liegt mindestens eine der o.g. Voraussetzungen vor, tritt die Buchführungspflicht jedoch erst ein, wenn die Finanzbehörde zur Buchführung auffordert. Die Buchführungspflicht beginnt mit dem Kalenderjahr, das auf die Bekanntgabe folgt. Der Gewinn ist dann nach § 4 Abs. 1 EStG oder § 5 EStG durch Betriebsvermögensvergleich zu ermitteln.

Die Buchführung soll einen möglichst sicheren Einblick in die Vermögens-, Finanz- und Ertragslage des Unternehmens ermöglichen. Sie ist daher nach den Vorschriften des Handelsgesetzbuchs sowie den steuerrechtlichen Vorschriften (EStG, AO, KöStG, GewStG) unter Beachtung der »Grundsätze ordnungsmäßiger Buchführung« (§ 145 Abs. 1 AO) aufzustellen. Sondervorschriften für Gesellschaften mit beschränkter Haftung enthält das GmbH-Gesetz.

Alle Geschäftsvorfälle sind zeitnah, in zeitlicher Reihenfolge vollständig und richtig zu buchen. Erkennt das Finanzamt die Ordnungsmäßigkeit der Buchführung nicht an, kommt es zu einer Schätzung der Steuerbemessungsgrundlage, die meist ungünstiger für den Steuerpflichtigen ausfällt.

Zum Gliedern der Buchführung sollte ein **Kontenrahmen** verwenden werden, der die Anforderungen an die Buchführung und an den Jahresabschluss erfüllt. Der am häufigsten verwendete Kontenrahmen ist der Industrie-Kontenrahmen (IKR). Kontenrahmen für andere Branchen, z.B. Großhandels-Kontenrahmen, Einzelhandels-Kontenrahmen lehnen sich an den Industrie-Kontenrahmen an. Der Kontenrahmen besteht aus 10 Kontenklassen mit den Ziffern 0 bis 9. Innerhalb jeder Kontenklasse unterscheidet man 10 Kontengruppen, die jeweils in einzelne Kontenarten (Konten) unterteilt sind.

Konten-klasse 0, 1, 2	Konten-klasse 3, 4	Konten-klasse 5	Konten-klasse 6, 7	Konten-klasse 8	Konten-klasse 9
Aktiv-konten	Passiv-konten	Ertrags-konten	Aufwands-konten	Bilanz und V+G-Konto	frei für Kalkulation
Bilanzkonten		Erfolgskonten			

Abb. 64: Kontenrahmen

In jedem Unternehmen stellt man bei der Einrichtung der Buchhaltung einen **Kontenplan** auf. In ihm sind alle vorkommenden Konten vorhanden. Andere Konten dürfen bei der Verbuchung von Geschäftsvorfällen nicht benutzt werden. Die Kontenklassen und die Kontengruppen sind dabei obligatorisch und entsprechen denjenigen des jeweiligen Kontenrahmens. Die einzelnen Kontenarten können nach den unternehmensspezifischen Erfordernissen angepasst werden.

Die Buchführung ist so zu organisieren, dass sie bei den vielen Buchungsfällen leistungsfähig ist und vor allem übersichtlich bleibt. Es hat sich folgende **Grundorganisation in der Buchführung** durchgesetzt:

1. Grundlage der Buchführung ist das Inventarverzeichnis.
2. Aus dem Inventar wird die Eröffnungsbilanz erstellt. Diese wird in das **Bilanzbuch** eingetragen.
3. Das Bilanzkonto wird in die einzelnen Konten (Aktivkonten, Passivkonten) aufgelöst. Diese Konten befinden sich im **Hauptbuch**. Außerdem enthält das Hauptbuch noch die Erfolgskonten aus dem Kontenplan. Es werden nur die Anfangsbestände aus der Eröffnungsbilanz in diese Konten übertragen.
4. Die täglich anfallenden Buchungen verbucht man im **Grundbuch (Journal)**. Am Monatsende addiert man das Grundbuch auf und überträgt die Summen auf die Konten des Hauptbuchs, so dass ein Konto im Hauptbuch außer dem Anfangsbestand nur noch die 12 Monatsumsätze im Soll und Haben enthält.
5. Jede Buchführung benötigt zusätzlich noch verschiedene **Nebenbücher**, z. B.:
    – Im **Kassenbuch** werden alle Einnahmen und Ausgaben, die mit dem Betrieb zusammenhängen, täglich vollständig eingetragen. Der Barbestand, der sich aus dem Kassenbuch errechnet, muss mit dem tatsächlichen Bestand an Bargeld übereinstimmen.
    – Jeder Gewerbebetrieb ist nach § 143 Abs. 1 AO verpflichtet, ein **Wareneingangsbuch** zu führen. Hierin werden alle eingekauften Waren einschließlich der Rohstoffe, unfertigen Erzeugnisse, Hilfsstoffe und Zutaten eingetragen. Die Aufzeichnungen müssen folgende Angaben enthalten: den Tag des Wareneingangs oder das Datum der Rechnung, den Namen oder die Firma und die Anschrift des Lieferers, die handelsübliche Bezeichnung der Ware, den Preis der Ware und einen Hinweis auf den Beleg.
    – Ein **Warenausgangsbuch** braucht nach § 144 Abs. 1 AO nur geführt werden, wenn Waren an andere gewerbliche Unternehmer zur Weiterveräußerung oder zum Verbrauch als Hilfsstoffe geliefert werden. Die Aufzeichnungen müssen folgende Angaben enthalten: den Tag des Warenausgangs oder das Datum der Rechnung, den Namen oder die Firma und die Anschrift des Abnehmers, die handelsübliche Bezeichnung der Ware, den Preis der Ware und einen Hinweis auf den Beleg.
    – In der **Kundenkartei** wird das Konto Kundenforderungen nach den einzelnen Kunden aufgelöst, so dass schnell feststellbar ist, wie viel von jedem einzelnen Kunden zu fordern ist. Dies ist besonders wichtig für ein gut funktionierendes Mahnwesen.
    – In der **Lieferantenkartei** wird das Konto Verbindlichkeiten nach den einzelnen Lieferanten aufgelöst, so dass schnell feststellbar ist, wie viel an jeden einzelnen Lieferanten zu zahlen ist.

Die Buchführung muss nach § 145 Abs. 1 AO so beschaffen sein, dass sie einem sachverständigen Dritten innerhalb angemessener Zeit einen Überblick über die

Geschäftsvorfälle und über die Lage des Unternehmens vermitteln kann. Die Geschäftsvorfälle müssen sich in ihrer Entstehung und Abwicklung verfolgen lassen. Die Aufzeichnungen sind nach § 145 Abs. 2 AO so vorzunehmen, dass der Zweck, den sie für die Besteuerung erfüllen sollen, erreicht wird. Die Buchungen und die sonst erforderlichen Aufzeichnungen sind nach § 146 Abs. 1 AO vollständig, richtig, zeitgerecht und geordnet vorzunehmen. Kasseneinnahmen und Kassenausgaben sollen täglich festgehalten werden. Eine Buchung oder eine Aufzeichnung darf nach § 146 Abs. 4 AO nicht in einer Weise verändert werden, dass der ursprüngliche Inhalt nicht mehr feststellbar ist. Auch solche Veränderungen dürfen nicht vorgenommen werden, deren Beschaffenheit es ungewiss lässt, ob sie ursprünglich oder erst später gemacht worden sind.

Für jede Buchung muss ein Beleg vorhanden sein. Die Buchungsbelege sind fortlaufend zu nummerieren. Nach der Buchung auf den einzelnen Konten müssen alle Belege (Rechnungen, Quittungen, Gutschriften, Bankauszüge, Lieferscheine, Kassenbons usw.) systematisch geordnet werden.

Alle Kosten, die mit der Existenzgründung im Zusammenhang stehen, aber bereits vor der Existenzgründung anfallen, können als sog. vorweggenommene Betriebsausgaben steuerlich geltend gemacht werden.

TIPP

Gewöhnen Sie sich schon rechtzeitig an, sämtliche relevanten Belege zu Sammeln. Achten Sie darauf, dass die Mehrwertsteuer gesondert ausgewiesen ist, damit Sie diese als Vorsteuer vom Finanzamt zurückerhalten.

Die Aufzeichnungen brauchen nicht nur in gebundenen Büchern, sondern können auch bei Verwendung eines Computers auf ausgedruckten Listen oder elektronischen Datenträgern erstellt werden.

Für die Buchführungsunterlagen sind nach § 147 AO folgende **Aufbewahrungsfristen** zu beachten:

- zehn Jahre für Handelsbücher und Aufzeichnungen, Inventare, Jahresabschlüsse, Lageberichte, die Eröffnungsbilanz sowie die zu ihrem Verständnis erforderlichen Arbeitsanweisungen und sonstige Organisationsunterlagen und Buchungsbelege,
- sechs Jahre für empfangene Handels- oder Geschäftsbriefe, Wiedergaben der abgesandten Handels- oder Geschäftsbriefe und sonstige Unterlagen, die für die Besteuerung von Bedeutung sind.

Die Aufbewahrungsfrist läuft nach § 147 Abs. 3 AO jedoch nicht ab, soweit und solange die Unterlagen für Steuern von Bedeutung sind, für welche die Festsetzungsfrist nach § 169 AO noch nicht abgelaufen ist. Die Aufbewahrungsfrist beginnt nach § 147 Abs. 4 AO mit dem Schluss des Kalenderjahrs, in dem die letzte Eintragung in das Buch gemacht, das Inventar, die Eröffnungsbilanz, der Jahresabschluss oder der Lagebericht aufgestellt, der Handels- oder Geschäftsbrief empfangen oder abgesandt worden oder der Buchungsbeleg entstanden ist, ferner die Aufzeichnung vorgenommen worden ist oder die sonstigen Unterlagen entstanden sind.

Die Festsetzungsfrist beträgt nach § 169 Abs. 1 AO ein Jahr für Verbrauchssteuern, vier Jahre für Steuern, die keine Verbrauchssteuern sind. Eine Steuerfestsetzung sowie ihre Aufhebung oder Änderung sind nicht mehr zulässig, wenn die Festsetzungsfrist abgelaufen ist. Dies gilt auch für die Berichtigung wegen offensichtlicher Unrichtigkeit. Die Frist ist gewahrt, wenn vor Ablauf der Festsetzungsfrist der Steuerbescheid den Bereich der für die Steuerfestsetzung zuständigen Finanzbehörde verlassen hat oder bei öffentlicher Zustellung die Benachrichtigung bekannt gemacht oder veröffentlicht wird.

Die Festsetzungsfrist beträgt zehn Jahre, soweit eine Steuer hinterzogen, und fünf Jahre, soweit sie leichtfertig verkürzt worden ist.

Verschiedene Steuergesetze (z. B. Umsatzsteuergesetz, Einkommensteuergesetz) stellen weitere Anforderungen an die Organisation der Buchführung:

Nach dem **Umsatzsteuergesetz (UStG)** müssen für die Berechnung der Mehrwertsteuer als Zahlungsverpflichtung oder der Vorsteuer als Erstattungsanspruch erkennbar sein

- die vereinbarten Entgelte für die erbrachten Lieferungen oder Leistungen, getrennt nach den unterschiedlichen Mehrwertsteuersätzen und steuerfreien Umsätzen,
- die eingehenden Lieferantenrechnungen und die darin enthaltene Vorsteuer,
- die aus dem Ausland bezogenen Lieferungen nach Menge, Nettowarenwert und darauf entfallende Einfuhrumsatzsteuer.

Nach dem **Einkommensteuergesetz (EStG)** ist für jeden Arbeitnehmer ein **Lohnkonto** zu führen, auf dem die Angaben aus der Lohnsteuerkarte zu vermerken sind, ebenso Art und Höhe des gezahlten Entgelts, einschließlich der steuerfreien Bezüge und der einbehaltenen oder übernommenen Lohnsteuer. Die Aufzeichnungen müssen bis zum Ablauf des sechsten Kalenderjahres, das dem Jahr der letzten Eintragung folgt, aufbewahrt werden. Das Finanzamt prüft die Einhaltung dieser Vorschrift.

Die gesetzlichen Sozialabgaben müssen ebenfalls einbehalten und abgeführt werden. Auch diese Vorgänge sind auf Konten separat zu erfassen. Prüfungen führen die Krankenkassen durch, die das Ergebnis auch den übrigen Versicherungsträgern mitteilen.

Das **Inventar** stellt die Grundlage der Buchführung dar. Nach § 240 HGB hat jeder Kaufmann zu Beginn seiner Geschäftstätigkeit und zum Schluss eines jeden Geschäftsjahres sämtliche Vermögenswerte und Schulden nach Art, Menge und Wert genau zu verzeichnen. Das Bestandsverzeichnis ist, versehen mit Ort und Datum der Bestandsaufnahme, zu unterschreiben.

Die **Inventur** ist die Bestandsaufnahme zum Erstellen eines Inventars. Je nach Art, Menge und Wert der aufzunehmenden Vermögensgegenstände werden folgende Inventurverfahren unterschieden:
- Körperliche Bestandsaufnahme,
- Buch- und belegmäßige Aufnahme,
- Stichprobeninventur mit Hilfe anerkannter mathematisch-statistischer Methoden.

Die Inventur des Umlaufvermögens kann in der Praxis zu einem großen Arbeitsaufwand innerhalb weniger Tage führen. Folgende Systeme sind daher je nach Art und Umfang der Vermögenswerte anwendbar:

- Stichtagsinventur (Inventur am Bilanzstichtag),
- ausgeweitete Stichtagsinventur (Inventur in der Zeit von zehn Tagen vor und zehn Tagen nach Bilanzstichtag, bei zwischenzeitlichen Veränderungen sind Belege zu erstellen),
- permanente Inventur (körperliche Bestandsaufnahme, über das Geschäftsjahr verteilt, und Fortschreibung über Kartei),
- vor- oder nachverlegte Stichtagsinventur (innerhalb von drei Monaten vor oder zwei Monaten nach Bilanzstichtag durchgeführte Inventur und Fortschreibungsverfahren).

Einzelkaufleute, die an den Abschlussstichtagen von zwei aufeinander folgenden Geschäftsjahren nicht mehr als 500.000 EUR Umsatzerlöse und 50.000 EUR Jahresüberschuss aufweisen, sind nach § 241a HGB von der Pflicht zur Buchführung und Erstellung eines Inventars befreit. Im Fall der Neugründung tritt die Befreiung schon ein, wenn die Werte am ersten Abschlussstichtag nach der Neugründung nicht überschritten werden.

Nach § 242 Abs. 1 HGB hat jeder Kaufmann zu Beginn seiner Geschäftstätigkeit und für den Schluss eines jeden Geschäftsjahres einen das Verhältnis seines Vermögens und seiner Schulden darstellenden Abschluss (Eröffnungsbilanz, Bilanz) aufzustellen. Er hat für den Schluss eines jeden Geschäftsjahres eine Gegenüberstellung der Aufwendungen und Erträge des Geschäftsjahres (Gewinn- und Verlustrechnung) aufzustellen (§ 242 Abs. 2 HGB). Die Bilanz und die Gewinn- und Verlustrechnung bilden den **Jahresabschluss** (§ 242 Abs. 3 HGB). Der Umfang des

Anlagenkarte		
Anlagen-Nr.:	02.473	
Anlagengruppe:	Betriebs- und Geschäftsausstattung	
Gegenstand:	Personalcomputer	
Fabrikat:	Quadriga	
Lieferant:	Heilmann Computertechnik GmbH	
Standort:	Auftragsbearbeitung	
Datum der Anschaffung:	18.01.2011	
Anschaffungskosten:	3.000,00 EUR	
Nutzungsdauer:	3 Jahre	
Abschreibungsverfahren:	linear	
Abschreibungsbetrag p.a.:	1.000,00 EUR	
		kumulierte AfA
Anschaffungskosten	3.000,00 EUR	
– AfA 2011	– 1.000,00 EUR	1.000,00 EUR
= Restbuchwert am 31.12.2011	2.000,00 EUR	
– AfA 2012	– 1.000,00 EUR	2.000,00 EUR
= Restbuchwert am 31.12.2012	1.000,00 EUR	
– AfA 2013	– 999,00 EUR	2.999,00 EUR
= Restbuchwert am 31.12.2013	1,00 EUR	
– AfA 20...	EUR	EUR
= Restbuchwert am 31.12.20...	EUR	EUR

Abb. 65: Beispiel für eine Anlagenkarte (Word-Fassung im Download-Bereich)

Inventar

zum 31.12.20 _____   der Fa. _____

	EUR	EUR
A.Anlagevermögen		
I.Immaterielle Vermögensgegenstände		
1.Lizenz von Fa. _____ , erworben am_____	_____	
2.Patent Nr. _____ , erworben am _____	_____	_____
II.Sachanlagen		
1.Grundstücke und Bauten		
a) Gebäude auf Grundstück_____	_____	
b) Lagerhalle auf Grundstück _____	_____	
2.Technische Anlagen und Maschinen		
a) Laserschneidmaschine, Anlagen-Nr. _____	_____	
b) Drehmaschine, Anlagen-Nr. _____	_____	
3.Andere Anlagen, Betriebs- und Geschäftsausstattung		
a) Personalcomputer, Fabrikat _____ , Anlagen-Nr. _____	_____	
b) 2 Schreibtische, Fabrikat _____ , Anlagen-Nr. _____	_____	
c) Personenkraftwagen, Fabrikat _____ , Anlagen-Nr. _____	_____	_____
III.Finanzanlagen		
Kapitaleinlage bei _____ GmbH, in _____	_____	_____
Summe Anlagevermögen		
B.Umlaufvermögen		
I.Vorräte		
1.Roh-, Hilfs- und Betriebsstoffe		
a) 625 kg Edelstahl V2A, Artikel-Nr. _____	_____	
b) 425 kg Baustahl St 34, Artikel-Nr. _____	_____	
c) 100 Liter Bohröl, Artikel-Nr. _____	_____	
2.Unfertige Erzeugnisse		
a) 120 Stück Artikel-Nr. _____	_____	
b) 59 Stück Artikel-Nr. _____	_____	
3.Fertige Erzeugnisse und Waren		
a) 628 Stück Artikel-Nr. _____	_____	
b) 241 Stück Artikel-Nr. _____	_____	_____
II.Forderungen aus Lieferungen und Leistungen		
a) Lieferung Fa. _____ , Rechnung vom _____	_____	
b) Lieferung Fa. _____ , Rechnung vom _____	_____	_____
III.Wertpapiere		
1.10 Aktien der Fa. _____ , erworben am _____	_____	
2.Bundesobligationen, Nennwert ____ EUR, erworben am ___	_____	_____
IV.Schecks, Kassenbestand, Postbankguthaben, Guthaben bei		
Kreditinstituten		
1.Scheck-Nr. _____ , ausgestellt von _____	_____	
2.Kassenbestand	_____	
3.Postbank _____ , Girokonto-Nr. _____	_____	
4.XYZ Bank, Girokonto-Nr. _____	_____	_____
Summe Umlaufvermögen		

C.Verbindlichkeiten		
1.Verbindlichkeiten gegenüber Kreditinstituten		
a) XYZ Bank, Darlehnskonto-Nr. _____	_____	
b) XYZ Bank, Girokonto-Nr. _____	_____	
2.Verbindlichkeiten aus Lieferungen und Leistungen		
a) Rechnung von Fa. _____ vom _____	_____	
b) Rechnung von Fa. _____ vom _____	_____	
Summe Verbindlichkeiten		

Abb. 66: Beispiel für ein Inventar

	Einzelkaufleute und Personengesellschaften	Kapitalgesellschaften und bestimmte Personen-handelsgesellschaften
Bilanz	×	×
GuV	×	×
Anhang		×
Lagebericht		×

Abb. 67: Umfang des Jahresabschlusses

Kapital-gesellschaften	Bilanzsumme[1] [Mio. EUR]	Umsatz[2] [Mio. EUR]	Arbeitnehmer[3] [Anzahl]
Kleine	bis 4,840	bis 9,680	bis 50
Mittelgroße	bis 19,250	bis 38,500	bis 250
Große	über 19,250	über 38,500	über 250
Große	Alle Kapitalgesellschaften mit börsennotierten Wertpapieren		

Abb. 68: Größenklassen der Kapitalgesellschaften

---

1) nach Abzug eines auf der Aktivseite ausgewiesenen Fehlbetrags
2) in den zwölf Monaten vor dem Abschlussstichtag
3) im Jahresdurchschnitt. Als durchschnittliche Zahl der Arbeitnehmer gilt der vierte Teil der Summe aus den Zahlen der jeweils am 31. März, 30. Juni, 30. September und 31. Dezember beschäftigten Arbeitnehmer einschließlich der im Ausland beschäftigten Arbeitnehmer, jedoch ohne die zu ihrer Berufsausbildung Beschäftigten (§ 267 Abs. 5 HGB).

Kapital-gesellschaften	Große	Mittelgroße	Kleine
Aufstellung des Jahresabschlusses	Bilanz, GuV, Anhang, Lagebericht		Bilanz, GuV, Anhang
Aufstellungs-grundsätze	• Grundsätze ordnungsgemäßer Buchführung (GoB) • Klarheit und Übersichtlichkeit • Vermittlung eines den tatsächlichen Verhältnissen entsprechenden Bildes der Vermögens-, Finanz- und Ertragslage • Grundsätze für die Gliederung der Bilanz und der GuV		
Aufstellungsfrist	3 Monate	3 Monate	6 Monate
Bilanzfeststellung	8 Monate	8 Monate	11 Monate
Pflichtprüfung	ja	ja	nein
Offenlegung	ja	ja	ja
Ort der Offenlegung	Handelsregister und elektronischer Bundesanzeiger	Handelsregister	Handelsregister
• Bilanz • GuV • Anhang • Lagebericht	vollständig vollständig vollständig vollständig	verkürzt verkürzt verkürzt vollständig	verkürzt nicht erforderlich verkürzt nicht erforderlich
Offenlegungsfrist: unverzüglich, spätestens innerhalb von	12 Monate	12 Monate	12 Monate

Abb. 69: Anforderungen an den Jahresabschluss

Aktiva	Bilanz (Eröffnungsbilanz) zum _____20_____	Passiva
Anlagevermögen (Grundstücke, Gebäude, Maschinen, Betriebs- und Geschäftsausstattung)	**Eigenkapital** (Wert der selbsteingebrachten Vermögensgegenstände, Bargeld)	
Umlaufvermögen (Material, Waren, Guthaben, Bargeld)	**Fremdkapital** (Bankkredite, sonstige Darlehen, Lieferantenverbindlichkeiten)	
Bilanzsumme	Bilanzsumme	

Abb. 70: Eröffnungsbilanz

Jahresabschlusses richtet sich nach der gewählten Rechtsform. Während Einzelkaufleute und Personengesellschaften nur die Bilanz und die Gewinn- und Verlustrechnung (GuV) aufzustellen haben, müssen Kapitalgesellschaften den Jahresabschluss noch um einen sog. Anhang (Erläuterung zur Bilanz und GuV) sowie den Lagebericht ergänzen. Bestimmte Personenhandelsgesellschaften (Offene Handelsgesellschaften und Kommanditgesellschaften, bei denen keine natürliche Person persönlich haftender Gesellschafter ist) sind nach § 264a HGB den Kapitalgesellschaften gleichgestellt.

Einzelkaufleute, die von der Pflicht zur Buchführung und Erstellung eines Inventars befreit sind, sind nach § 242 Abs. 4 HGB auch von der Pflicht zur Aufstellung eines Jahresabschlusses befreit.

Die Gliederung für den Jahresabschluss, sonstige Informationspflichten, Aufstellungs-, Prüfungs- und Offenlegungspflichten sind für kleine, mittelgroße und große Kapitalgesellschaften unterschiedlich geregelt. Die Anforderungen an die Rechnungsregelung einer Kapitalgesellschaft nehmen mit steigender Unternehmensgröße zu. Die jeweiligen Größenklassen sind in § 267 HGB festgelegt.

Liegen mindestens zwei der Merkmale Bilanzsumme (nach Abzug eines auf der Aktivseite ausgewiesenen Fehlbetrags), Jahresumsatz (Umsatzerlöse in den zwölf Monaten vor dem Abschlussstichtag) und Anzahl der Arbeitnehmer (im Jahresdurchschnitt) vor, ergeben sich für Kapitalgesellschaften folgende Anforderungen an die Rechnungslegung wie in Abb. 69 dargestellt.

Im Falle der Umwandlung oder Neugründung treten nach § 267 Abs. 4 HGB die Rechtsfolgen schon ein, wenn die Voraussetzungen am ersten Abschlussstichtag nach der Umwandlung oder Neugründung vorliegen.

Die Verletzung der Offenlegungspflicht wird sanktioniert. Gegen die Mitglieder des vertretungsberechtigten Organs einer Kapitalgesellschaft, die die Pflicht zur Offenlegung des Jahresabschlusses, des Lageberichts, des Konzernabschlusses, des Konzernlageberichts und anderer Unterlagen der Rechnungslegung nicht befolgen, ist nach § 335 Abs. 1 HGB wegen des pflichtwidrigen Unterlassens der rechtzeitigen Offenlegung vom Bundesamt für Justiz ein Ordnungsgeldverfahren durchzuführen. Das Ordnungsgeld beträgt mindestens 2.500 EUR und höchstens 25.000 EUR.

In der **Eröffnungsbilanz** werden die in dem Inventar zusammengestellten Vermögenswerte (Aktiva) den Schulden (Passiva) gegenübergestellt (s. Abb. 70). Das eingebrachte Eigenkapital ergibt sich aus der Summe der (bewerteten) Gegenstände des Anlage- und Umlaufvermögens, vermindert um das gesamte Fremdkapital. Die **Bilanz** ist in Kontoform aufzustellen. Dabei haben große und mittelgroße Kapitalgesellschaften auf beiden Seiten die nach § 266 Abs. 2 und Abs. 3 HGB bezeichneten Posten gesondert und in der vorgeschriebenen Reihenfolge auszuweisen. Kleine Kapitalgesellschaften brauchen nur eine verkürzte Bilanz aufzustellen.

Die **Bilanz** ist in Kontoform aufzustellen. Dabei haben große und mittelgroße Kapitalgesellschaften auf beiden Seiten die nach § 266 Abs. 2 und Abs. 3 HGB bezeichneten Posten gesondert und in der vorgeschriebenen Reihenfolge auszuweisen. Kleine Kapitalgesellschaften brauchen nur eine verkürzte Bilanz aufzustellen.

Die **Gewinn- und Verlustrechnung (GuV)** ist nach § 275 HGB in Staffelform entweder nach dem gebräuchlichen Gesamtkostenverfahren oder dem Umsatzkostenverfahren aufzustellen. Das Umsatzkostenverfahren stellt besondere Anforderungen an das betriebliche Rechnungswesen (z. B. an die Kostenrechnung).

	Bilanz	
Aktiva	zum 31.12.20 _____ der Fa. _____	Passiva

	EUR		EUR
A. Anlagevermögen		A. Eigenkapital	
I. Immaterielle Vermögens- gegenstände	_____	I. Gezeichnetes Kapital	_____
II. Sachanlagen	_____	II. Kapitalrücklage	_____
III. Finanzanlagen	_____	III. Gewinnrücklagen	_____
		IV. Gewinn-/Verlustvortrag	_____
B. Umlaufvermögen		V. Jahresüberschuss/-fehlbetrag	_____
I. Vorräte	_____	B. Rückstellungen	_____
II. Forderungen und sonstige Vermögensgegenstände	_____	C. Verbindlichkeiten	_____
III Wertpapiere	_____	D. Rechnungsabgrenzungsposten	_____

IV. Kassenbestand, Bundes-
    bankguthaben, Gut-
    haben bei Kreditinstituten
    und Schecks
	_____		

C. Rechnungsabgrenzungsposten	_____		
Bilanzsumme	=====	Bilanzsumme	=====

Abb. 71: Beispiel für eine Bilanz in Form der verkürzten Darstellung für kleine Kapitalgesellschaften

Steuerpflichtige, die nicht aufgrund gesetzlicher Vorschriften verpflichtet sind, Bücher zu führen und regelmäßig Jahresabschlüsse zu machen, und die auch keine Bücher führen und Abschlüsse machen, können nach § 4 Abs. 3 EStG als Gewinn den Überschuss der Betriebseinnahmen über die Betriebsausgaben (**Einnahmen-Überschussrechnung**) ermitteln. Die Vorschriften über die Bewertungsfreiheit für geringwertige Wirtschaftsgüter, die Bildung eines Sammelpostens und über die Absetzung für Abnutzung oder Substanzverringerung sind zu befolgen. Die Anschaffungs- oder Herstellungskosten für nicht abnutzbare Wirtschaftsgüter des Anlagevermögens, für Anteile an Kapitalgesellschaften, für Wertpapiere und vergleichbare nicht verbriefte Forderungen und Rechte, für Grund und Boden sowie Gebäude des Umlaufvermögens sind erst im Zeitpunkt des Zuflusses des Veräußerungserlöses oder bei Entnahme im Zeitpunkt der Entnahme als Betriebsausgaben zu berücksichtigen. Die Wirtschaftsgüter des Anlagevermögens und Wirtschaftsgüter des Umlaufvermögens sind unter Angabe des Tages der Anschaffung oder Herstellung und der Anschaffungs- oder Herstellungskosten oder des an deren Stelle getretenen Werts in besondere, laufend zu führende Verzeichnisse aufzunehmen. Diese Möglichkeit haben Kleingewerbetreibende und grundsätzlich Angehörige der Freien Berufe.

Bei der vereinfachten Gewinnermittlung werden die Betriebseinnahmen und die Betriebsausgaben grundsätzlich im Zeitpunkt des Zahlungsflusses erfasst. Das Zu- und Abflussprinzip nach § 11 EStG entscheidet nach der zeitlichen Zuordnung und nicht nach der wirtschaftlichen Zugehörigkeit des Geldflusses. Die Vereinnahmung richtet sich danach, ob der Empfänger die wirtschaftliche Verfügungsmacht

---

Gewinn- und Verlustrechnung
zum 31.12.20_____ der Fa. _____

	EUR
1. Umsatzerlöse	_____
2. Erhöhung oder Verminderung des Bestandes an fertigen und unfertigen Erzeugnissen	_____
3. andere aktivierte Eigenleistungen	_____
4. sonstige betriebliche Erträge	_____
5. Materialaufwand:	
a) Aufwendungen für Roh-, Hilfs- und Betriebsstoffe und für bezogene Waren	_____
b) Aufwendungen für bezogene Leistungen	_____
6. Personalaufwand:	
a) Löhne und Gehälter	_____
b) soziale Abgaben und Aufwendungen für Altersversorgung und für Unterstützung,	_____
davon für Altersversorgung _____ EUR	
7. Abschreibungen:	
a) auf immaterielle Vermögensgegenstände des Anlagevermögens und Sachanlagen	_____
b) auf Vermögensgegenstände des Umlaufvermögens, soweit diese die in der Kapitalgesellschaft üblichen Abschreibungen überschreiten	_____
8. sonstige betriebliche Aufwendungen	_____
9. Erträge und Beteiligungen,	_____
davon aus verbundenen Unternehmen _____ EUR	
10. Erträge aus anderen Wertpapieren u. Ausleihungen des Finanzanlagevermögens,	_____
davon aus verbundenen Unternehmen	
11. sonstige Zinsen und ähnliche Erträge,	_____
davon aus verbundenen Unternehmen _____ EUR	
12. Abschreibungen auf Finanzanlagen und auf Wertpapiere des Umlaufvermögens	_____
13. Zinsen und ähnliche Aufwendungen,	_____
davon an verbundene Unternehmen _____ EUR	
14. Ergebnis der gewöhnlichen Geschäftstätigkeit	_____
15. außerordentliche Erträge	_____
16. außerordentliche Aufwendungen	_____
17. außerordentliches Ergebnis	_____
18. Steuern vom Einkommen und vom Ertrag	_____
19. sonstige Steuern	_____
20. Jahresüberschuss/Jahresfehlbetrag	═══════

Abb. 72: Beispiel für eine Gewinn- und Verlustrechnung
(nach dem Gesamtkostenverfahren)

über das Geld oder den Geldwert erlangt hat. Bei der Verausgabung ist der Verlust der wirtschaftlichen Verfügungsmacht entscheidend.

Von dem Zu- und Abflussprinzip gibt es verschiedene Ausnahmen. Die wichtigsten Ausnahmen sind die regelmäßig wiederkehrenden Zahlungen (z. B. Miete, Zinsen, Löhne) und die Anschaffungskosten für Wirtschaftsgüter des Anlagevermögens (Abschreibungen). In diesen Fällen erfolgt die jahresmäßige Zuordnung nach der wirtschaftlichen Zugehörigkeit der Geschäftsvorfälle. Dagegen sind Telefonkosten und Umsatzsteuer-Vorauszahlungen keine regelmäßig wiederkehrenden Ausgaben. Sie werden stets zum Abflusszeitpunkt erfasst.

Die Vereinfachung der Einnahmen-Überschussrechnung besteht darin, dass die Bestände des Betriebsvermögens unberücksichtigt bleiben. Die bei bilanzierungspflichtigen Unternehmen erforderliche Bestandsaufnahme entfällt. Jedoch sind die Vorschriften über die Absetzung für Abnutzung (AfA) anzuwenden.

Einnahmen-Überschussrechnung für das Kalenderjahr/Wirtschaftsjahr _____ Name: _____ Steuer-Nr.:_____	
I. Betriebseinnahmen	EUR
1. Betriebseinnahmen (netto ohne Umsatzsteuer)	_____
2. Veräußerung oder Entnahme von Anlagevermögen	_____
3. Private Kraftfahrzeugnutzung	_____
4. Private Telefonnutzung	_____
5. Sonstige Nutzungs- und Leistungsentnahmen	_____
6. Auflösung von Rücklagen	_____
7. Vereinnahmte Umsatzsteuer sowie Umsatzsteuer auf unentgeltliche Wertabgaben	_____
8. Vom Finanzamt erstattete und ggf. verrechnete Umsatzsteuer	_____
Summe der Betriebseinnahmen	_____
II. Betriebsausgaben (netto ohne MwSt.)	
1. Waren, Rohstoffe und Hilfsstoffe einschl. der Nebenkosten	_____
2. Bezogene Leistungen (z. B. Fremdleistungen)	_____
3. Löhne und Gehälter einschl. LSt, KiSt, SolZ, soziale Aufwendungen	_____
4. Absetzung für Abnutzung (AfA) auf Wirtschaftsgüter des Anlagevermögens (ohne AfA für das häusliche Arbeitszimmer)	
5. Absetzung für Abnutzung (AfA) auf immaterielle Wirtschaftsgüter (z. B. erworbene Firmen-, Geschäfts- oder Praxiswerte)	
6. Absetzung für Abnutzung (AfA) auf bewegliche Wirtschaftsgüter (z. B. Maschinen, Kfz)	
7. Sonderabschreibungen nach § 7g EStG	_____
8. Herabsetzungsbeträge nach § 7g EStG	
9. Aufwendungen für geringwertige Wirtschaftsgüter	
10. Auflösung Sammelposten nach § 6 Abs. 2a EStG	_____
11. Restbuchwert der im Kalenderjahr/Wirtschaftsjahr ausgeschiedenen Anlagegüter	_____
12. Kraftfahrzeugkosten und andere Fahrtkosten	_____
13. Raumkosten und sonstige Grundstücksaufwendungen	_____
14. Schuldzinsen zur Finanzierung von Anschaffungs-/Herstellungskosten von Wirtschaftsgütern des Anlagevermögens	
15. Geschenke (beschränkt abziehbar)	_____
16. Bewirtung (beschränkt abziehbar)	_____
17. Reisekosten (beschränkt abziehbar)	_____
18. Sonstige beschränkt abziehbare Betriebsausgaben (z. B. Geldbußen)	_____
19. Porto, Telefon, Büromaterial	_____
20. Fortbildung und Fachliteratur	_____
21. Rechts- und Steuerberatung, Buchführung	_____
22. Sonstige Betriebsausgaben	_____
23. Gezahlte Vorsteuerbeträge	_____
24. An das Finanzamt gezahlte und ggf. verrechnete Umsatzsteuer	_____
25. Rücklagen, stille Reserven und/oder Ausgleichsposten	
Summe der Betriebsausgaben	_____
III. Gewinn/Verlust	
Summe der Betriebseinnahmen	_____
Summe der Betriebsausgaben	_____
Gewinn (+)/Verlust (–)	======
_____ (Ort, Datum) _____ (Unterschrift)	

Abb. 73: Einnahmen-Überschussrechnung (in Anlehnung an den amtlich vorgeschriebenen Vordruck) (Word-Fassung im Download-Bereich)

Nach § 60 Abs. 4 EStDV ist der Gewinn durch Einnahmen-Überschussrechnung nach amtlich vorgeschriebenem Datensatz durch Datenfernübertragung zu ermitteln. Auf Antrag kann die Finanzbehörde zur Vermeidung unbilliger Härten auf eine elektronische Übermittlung verzichten. In diesem Fall ist der Steuererklärung eine Gewinnermittlung nach amtlich vorgeschriebenem Vordruck beizufügen.

Tipp
Liegen Ihre Betriebseinnahmen unter der Grenze von 17.500 EUR, wird es nicht beanstandet, wenn Sie der Steuererklärung anstelle des Vordrucks eine formlose Gewinnermittlung beifügen.

Sondergebiete des Rechnungswesens:
- Die **Materialabrechnung**, auch Lagerbuchhaltung genannt, erfasst die Bestände sowie die Zu- und Abgänge an Werkstoffen (Roh-, Hilfs- und Betriebsstoffen).
- Die **Lohn- und Gehaltsabrechnung** dient als Bruttoabrechnung der Ermittlung von Personalaufwand und -kosten sowie als Nettoabrechnung der Ermittlung der an die Arbeitnehmer auszuzahlenden Beträge.
- Die **Anlagenabrechnung**, auch Anlagen- oder Betriebsmittelkartei genannt, erfasst die Bestände an Betriebsmitteln sowie ihre Veränderungen, außerdem die entsprechenden Aufwendungen und Kosten. Sie enthält alle technisch und wirtschaftlich bedeutsamen Daten der Betriebsmittel, insbesondere die voraussichtliche Nutzungsdauer und die entsprechenden Abschreibungen.

8.2   Die Kostenrechnung

Die Kostenrechnung hat folgende Aufgaben:
- Kontrolle der Wirtschaftlichkeit
- Kalkulation der betrieblichen Leistungen.

Die Kostenrechnung, auch Betriebsbuchhaltung genannt, ist im Gegensatz zur Finanzbuchhaltung in ihrem Schwerpunkt nach innen gerichtet. Sie verfolgt den Weg der Produktionsfaktoren im betrieblichen Kombinationsprozess und beschränkt sich dabei auf die rechnerische Erfassung jenes Werteverzehrs, der durch die Leistungserstellung und Leistungsverwertung verursacht wird, nämlich die Kosten.

Die Kostenrechnung gliedert sich in drei Teilbereiche:
- Die **Kostenartenrechnung** dient der Erfassung und Gliederung aller im Laufe der jeweiligen Abrechnungsperiode angefallenen Kostenarten.
- In der **Kostenstellenrechnung** werden dann die Kosten auf die Betriebsbereiche (Kostenstellen) verteilt, in denen sie angefallen sind. Diese Verteilung wird mit Hilfe des Betriebsabrechnungsbogens vorgenommen und verfolgt einen doppelten Zweck:
  Einmal muss man für die Kostenkontrolle und -beeinflussung wissen, wo die Kosten entstanden sind, und zum anderen ist eine genaue Stückkostenberechnung nur möglich, wenn die betrieblichen Leistungen mit den Kosten derjenigen Stellen belastet werden, die diese Leistungen erbringen.
- Die **Kostenträgerrechnung** (Selbstkostenrechnung, Stückkostenrechnung, Kal-

kulation) hat die Aufgabe, für alle erstellten Güter und Dienstleistungen (Kostenträger) die Stückkosten zu ermitteln.

Kostenartenrechnung	⇨	**Kostenstellenrechnung**	⇨	**Kostenträgerrechnung**
Welche Kosten sind insgesamt in welcher Höhe angefallen?		**Wo** sind die Kosten in welcher Höhe angefallen?		**Wofür** sind die Kosten in welcher Höhe pro Stück angefallen?

Abb. 74: Teilbereiche der Kostenrechnung

Die Kostenarten- und Kostenstellenrechnung fasst man gelegentlich unter dem Begriff **Betriebsabrechnung** zusammen. Die Kostenrechnung besteht dann aus Betriebsabrechnung und Kalkulation.

8.2.1 Die Kostenartenrechnung

Die geordnete Erfassung der Kosten wird in Zusammenarbeit mit der Finanzbuchhaltung, der Lohn- und Gehaltsabrechnung, der Materialabrechnung und der Anlagenabrechnung vorgenommen.

> **Kosten** sind der bewertete Verzehr von Gütern und Dienstleistungen, der zur Erstellung und zum Absatz der betrieblichen Leistungen sowie zur Aufrechterhaltung der Betriebsbereitschaft (Kapazitäten) erforderlich ist.

Die **kalkulatorischen Kosten** werden eigens für Zwecke der Kostenrechnung ermittelt. Dazu zählen:
- **kalkulatorischer Unternehmerlohn**
  Der kalkulatorische Unternehmerlohn wird nur in Einzelunternehmen und Personengesellschaften angesetzt, wo der Unternehmer kein als Betriebsausgaben abzugsfähiges Gehalt bezieht. Für die Ermittlung der Höhe des kalkulatorischen Unternehmerlohnes richtet man sich i.d.R. nach dem durchschnittlichen Gehalt eines leitenden Angestellten in einer vergleichbaren Position in einem vergleichbaren Betrieb.
- **kalkulatorische Abschreibungen**
  Die kalkulatorischen Abschreibungen erfassen den verursachungsgerechten Werteverzehr am Anlagevermögen. Sie gehen nicht von den Anschaffungs- oder Herstellungskosten aus, sondern von den Wiederbeschaffungskosten.
- **kalkulatorische Zinsen**
  Die kalkulatorischen Zinsen werden auf das gesamte betriebsnotwendige Kapital, also auch auf das Eigenkapital bezogen. Das Eigenkapital verursacht zwar keine Zinszahlungen, es verursacht aber einen Nutzenentgang, nämlich die Zinsen, die der Kapitaleigner bei anderweitiger Anlage erzielen könnte.
- **kalkulatorische Miete**
  Die kalkulatorische Miete wird verrechnet, wenn der Einzelunternehmer oder Personengesellschafter Privaträume für betriebliche Zwecke zur Verfügung stellt.

Nach der Art der Verrechnung unterscheidet man zwischen Einzel- und Gemein-kosten. **Einzelkosten** lassen sich direkt den betrieblichen Leistungen zurechnen, d. h. sie werden unmittelbar aus der Kostenartenrechnung ohne Verrechnung über die Kostenstellen auf die Kostenträger kalkuliert. **Sondereinzelkosten** sind zwar nicht pro Stück, aber pro Auftrag erfassbar. Zu den Sondereinzelkosten der Ferti-gung zählt man z. B. die Kosten für Modelle. Sondereinzelkosten des Vertriebs sind Kosten für Verpackungsmaterial, Fracht usw. **Gemeinkosten** sind nur indirekt den Kostenträgern zurechenbar. Sie sind nicht von *einem* Produkt allein verursacht wor-den. Sie werden deshalb abrechnungstechnisch über die einzelnen Kostenstellen ge-leitet und mit Hilfe besonderer Bezugsgrößen verteilt.

8.2.2 Die Kostenstellenrechnung

In der Kostenstellenrechnung werden die einzelnen Kostenarten auf die Kostenstel-len verteilt. Die verursachungsgerechte Verteilung der Gemeinkosten geschieht im **Betriebsabrechnungsbogen (BAB).** Im Rahmen der innerbetrieblichen Leistungs-verrechnung werden die Hilfskostenstellen den Hauptkostenstellen zugeordnet, da-nach die gegenseitigen Leistungen der Hauptkostenstellen verrechnet. Werden dann die Einzel- und Gemeinkosten je Hauptkostenstelle addiert, erhält man die gesam-ten Kosten für die jeweilige Kostenstelle. Die Kostenentwicklung kann kontrolliert werden, wenn die tatsächlich entstandenen Kosten mit den vorkalkulierten Plan-kosten verglichen werden. Die mit Hilfe des Betriebsabrechnungsbogens ermittelten Kosten sind Grundlage für die **Preiskalkulation**.

Kostenstellen / Kostenarten	Hilfskostenstellen		Hauptkostenstellen			
	Energie-versor-gung	Wasser-versor-gung	Ferti-gung	Material	Verwal-tung	Vertrieb
Einzelkosten – Fertigungsmaterial – Fertigungslöhne						
Gemeinkosten – Gehälter – Miete – Strom – Wasser – kalk. Abschreibungen – kalk. Zinsen						

Abb. 75: Betriebsabrechnungsbogen (BAB)

8.2.3 Die Kostenträgerrechnung

Die Aufgabe der Kostenträgerrechnung bestehen darin, die Herstell- und Selbstkos-ten der Kostenträger zu ermitteln.

Werden die gesamten in einer Abrechnungsperiode angefallenen Kosten – nach Kostenträgern gegliedert – ermittelt, so liegt eine **Kostenträgerzeitrechnung** vor. Die **Kostenträgerstückrechnung (Kalkulation)** ermittelt die Selbst- bzw. Herstellkosten der betrieblichen Leistungseinheiten.

Für die Preiskalkulation müssen die Stückkosten bekannt sein, die sich anhand einer Division der Gesamtkosten des Betriebes durch die hergestellte Stückzahlen ermitteln lassen.

Sicherer ist es, in einer **Zuschlagskalkulation** die Einzel- und Gemeinkosten zu trennen. Während die Einzelkosten den Leistungen verursachungsgerecht direkt zugerechnet werden, sind die Gemeinkosten durch Zuschlagssätze zu berücksichtigen. Die jeweiligen Zuschlagssätze werden im Betriebsabrechnungsbogen ermittelt, indem die Einzel- und Gemeinkosten je Hauptkostenstelle ins Verhältnis gesetzt werden.

Bedenken Sie, dass Sie bei überhöhten Preisen keine Abnehmer für Ihre Produkte bzw. Dienstleistungen finden und bei zu niedrigen Preisen Verluste machen. Die Selbstkosten stellen die äußerste Preisuntergrenze dar. Erst bei Preisen oberhalb der Selbstkosten wird ein Gewinn erwirtschaftet.

Die traditionellen Kalkulationsverfahren haben den Nachteil, dass man für das einzelne Erzeugnis nicht erkennen kann, was es zum Betriebsergebnis beigetragen hat. Das liegt daran, dass in der Vollkostenrechnung auch die fixen Kosten (Kosten der Betriebsbereitschaft) proportional den Erzeugnissen nicht verursachungsgerecht zugerechnet werden. Die **Teilkostenrechnung** versucht, die Mängel der Vollkostenrechnung zu vermeiden und in größerem Maße dem Kostenverursachungsprinzip Rechnung zu tragen. Die angefallenen Kosten werden zunächst wie bei der Vollkostenrechnung nach Kostenstellen erfasst. Auf den Kostenstellen erfolgt eine Trennung der Vollkosten in fixe und variable Bestandteile. Bei der Weiterverrechnung auf die Kostenträger werden nur die proportionalen Kosten berücksichtigt.

Materialeinzelkosten
+ Materialgemeinkosten
= Materialkosten
Fertigungseinzelkosten
+ Fertigungsgemeinkosten
+ Sondereinzelkosten der Fertigung
= Fertigungskosten
Materialkosten
+ Fertigungskosten
= Herstellkosten
+ Verwaltungsgemeinkosten
+ Vertriebsgemeinkosten
= Selbstkosten
+ Gewinnzuschlag
= Verkaufspreis (netto, ohne MwSt.)

Abb. 76: Schema der Zuschlagskalkulation

Die Teilkostenrechnung wird durch Einbeziehung der Erlöse zur **Deckungs-beitragsrechnung**. Sie dient der Ermittlung der Deckungsbeiträge von Produkten bzw. Produktgruppen sowie der kurzfristigen Ermittlung des gesamten Unternehmenserfolges. Die Deckungsbeiträge ergeben sich aus der Differenz zwischen den Erlösen der Erzeugnisse und jeweiligen Produkten zugerechneten variablen Kosten. Die zunächst auf den Kostenstellen verbliebenen fixen Kosten werden als Gesamtsumme von der Summe aller Deckungsbeiträge abgesetzt. Was übrig bleibt, ist der Unternehmenserfolg.

	Produkt 1	Produkt 2	Produkt 3	Summe
Erlöse - variable Kosten	80.000 EUR 35.000 EUR	40.000 EUR 30.000 EUR	30.000 EUR 15.000 EUR	150.000 EUR 80.000 EUR
Deckungsbeitrag - fixe Kosten ·	45.000 EUR	10.000 EUR	15.000 EUR	70.000 EUR 40.000 EUR
Erfolg				30.000 EUR

Abb. 77: Beispiel einer Deckungsbeitragsrechnung

8.3 Die betriebswirtschaftliche Statistik und Vergleichsrechnung

Die betriebswirtschaftliche Statistik beschäftigt sich mit der Zusammenstellung und Auswertung interessanter Zahlen, die nicht schon laufend in anderen Bereichen des Rechnungswesens verarbeitet werden. Beispiele: Aufstellung von Umsatz-, Kosten- oder Unfallstatistiken, die Ermittlung von Kennziffern (z. B. Produktivität), die Durchführung von zwischenbetrieblichen Vergleichen usw.

Durch Vergleichen von betrieblichen Tatbeständen und Entwicklungen oder durch Feststellung von Beziehungen und Zusammenhängen zwischen betrieblichen Größen werden neue zusätzliche Erkenntnisse über betriebliche Vorgänge und Erscheinungen gewonnen.

Die Vergleichsrechnung (Betriebsvergleich) kann als **Zeitvergleich** die Entwicklung bestimmter betrieblicher Größen im Zeitablauf (z. B. Umsatzentwicklung) erfassen, als **Verfahrensvergleich** die Wirtschaftlichkeit verschiedener Verfahren (z. B. Fertigungsverfahren) ermitteln oder als **Soll-Ist-Vergleich** Soll-Werte, d. h. vorgegebene Richtgrößen (z. B. Plankosten), den Ist-Werten, d. h. den tatsächlich angefallenen Größen, gegenüberstellen.

Sie kann ferner als zwischenbetrieblicher Vergleich Betriebe derselben oder verschiedener Branchen vergleichen oder Kennzahlen des eigenen Betriebes an Hand von Branchendurchschnittszahlen (Richtzahlen) überprüfen.

8.4 Die Planungsrechnung

Die Planungsrechnung beschäftigt sich mit der Vorbereitung unternehmerischer Entscheidungen in allen Betriebsbereichen. Sie stellt eine mengen- und wertmäßige Schätzung der erwarteten betrieblichen Entwicklung dar und hat die Aufgabe, die betriebliche Planung in Form von Voranschlägen der zukünftigen Ausgaben und

Einnahmen zahlenmäßig zu konkretisieren. Als Basis dient das bereits von der Buchführung, der Bilanz, der Kostenrechnung und der betriebswirtschaftlichen Statistik erfasste und verarbeitete Zahlenmaterial. Da jedoch jede Planung in die Zukunft gerichtet ist, müssen auch die geschätzten Zukunftserwartungen in die Berechnung einbezogen werden.

9   Das Marketing

Unter Marketing versteht man die konsequente Ausrichtung des Unternehmens auf den Absatzmarkt. Es ist eine **marktorientierte Konzeption** der Unternehmensführung, um die Ziele des Unternehmens zu erreichen. Das i.d.R. wichtigste Ziel, die Gewinnerzielung, kann nur erreicht werden, wenn die Leistungen des Unternehmens, die Produkte und/oder Dienstleistungen auch verkauft werden. Im Mittelpunkt aller Überlegungen muss deshalb der Kunde mit all seinen Bedürfnissen und Wünschen sein. Die Aufgabe der Unternehmensführung wird darin gesehen, die Ansprüche der Kunden möglichst optimal zu befriedigen. Nur zufriedene Kunden sichern den Unternehmenserfolg.

Die **Marketingziele**, z. B. Steigerung des Absatzes, Erhöhung des Marktanteils, des Bekanntheitsgrades der Produkte, der Kundenzufriedenheit usw. werden in Abstimmung mit den Unternehmenszielen definiert.

Grundlage für die Marketingkonzeption stellen **marktbezogene Informationen** dar. Es ist deshalb organisatorisch sicherzustellen, dass die Unternehmensführung laufend über Kundenwünsche und -verhaltensweisen, über Maßnahmen der Konkurrenz, über Trends, aber auch über die Wirkung eigener Marketingmaßnahmen unterrichtet wird.

Die marktbezogenen Informationen zu beschaffen und für unternehmerische Entscheidungen bereitzustellen ist Aufgabe der **Marktforschung**. Verfahren der Marktforschung sind die Primärforschung und die Sekundärforschung. Bei der **Primärforschung** werden repräsentative Daten unmittelbar durch Befragung und Beobachtung erhoben. Die Methoden haben jedoch den gravierenden Nachteil, dass sie recht kostspielig sind. Für Existenzgründer ist deshalb aus Kostengründen die **Sekundärforschung** besser geeignet. Hier wird bereits vorhandenes Zahlenmaterial (betriebsinterne Unterlagen, Adressbücher, Branchenbücher, Veröffentlichungen der statistischen Ämter, Veröffentlichungen der Kammern und Verbände, Zeitungs-, Zeitschriftenartikel, Preislisten, Kataloge, Offenlegung im Handelsregister usw.) ausgewertet.

Die **Marktanalyse** stellt nur die gegenwärtigen Marktverhältnisse dar. Erst die **Marktuntersuchung** zeigt durch laufende Beschaffung der Daten die Entwicklung der Marktverhältnisse im Zeitablauf.

Die Marktforschung liefert **quantitative (objektive) Daten** über die Marktlage und Marktentwicklung sowie **qualitative (subjektive)** Daten über Kaufentscheidungsprozesse.

Quantitative (objektive) Marktdaten	Qualitative (subjektive) Marktdaten
• Abnehmerstruktur Anzahl der potenziellen Kunden, Einteilung der potenziellen Kunden nach Banchen, Regionen, Alter, Berufe, Einkommen, usw., Ermittlung des Bedarfs	Einflussgrößen für Kaufentscheidungsprozesse: • Emotionen (Empfindungen, Gefühle) • Motive des menschlichen Handelns • Reaktionen auf Maßnahmen
• Konkurrenzanalyse Anzahl der Konkurrenten, Informationen über die Konkurrenten (Umsätze, Anzahl der Beschäftigten), Untersuchung der Produkte (technische Eigenschaften, Patente, Lizenzen, Vor- und Nachteile), Analyse der Marktaktivitäten (Preise, Werbung)	
• Marktgrößen Marktvolumen, Marktpotenzial, Marktanteil	

Abb. 78: Quantitative und qualitative Marktdaten

> **TIPP**
> Beobachten Sie sehr genau Ihre Wettbewerber. Lernen Sie aus deren Aktivitäten und überlegen sich, wie Sie es noch besser machen können.

Das Marktpotenzial ist die in einer Periode auf einem Markt von allen Wettbewerbern *theoretisch* realisierbare Absatzmenge (bzw. Umsatz). Das **Marktvolumen** ist die in einer Periode auf einem Markt von allen Wettbewerbern *tatsächlich* realisierbare Absatzmenge (bzw. Umsatz). Werden beide Größen zueinander in Relation gesetzt, stellt das Ergebnis die **Marktsättigung** in Prozent des Marktpotenzials dar.

$$\text{Marktsättigung} = \frac{\text{Marktvolumen [EUR]}}{\text{Marktpotenzial [EUR]}} \times 100$$

Der Anteil des Marktvolumens, den ein Unternehmen in einer Periode auf einem Markt tatsächlich realisiert, wird **Marktanteil** bezeichnet.

$$\text{Marktanteil} = \frac{\text{Absatzvolumen [EUR]}}{\text{Marktvolumen [EUR]}} \times 100$$

Die **Marketingplanung** umfasst alle Maßnahmen zur Erreichung der Marketingziele. Auf der Grundlage aller Informationen aus der Marktforschung werden alternative Strategien zur Zielerreichung entwickelt. Diejenige Strategie ist dann optimal, wenn durch den Einsatz der **marketingpolitischen Instrumente** die vorgegebenen Ziele verwirklicht werden. Entscheidend ist nicht die Optimierung jedes einzelnen Instruments, sondern die optimale Kombination der Marketinginstrumente (**Marketing-Mix**).

Zu den marketingpolitischen Instrumente gehören:
*   die Produktpolitik,
*   die Vertriebspolitik,
*   die Preispolitik und
*   die Kommunikationspolitik.

Wirtschaftlicher Wettbewerb bedeutet, das Verhalten auf den Abschluss von Geschäften mit Kunden derart auszurichten, um den Absatz von Produkten oder Dienstleistungen zu Lasten der Mitbewerber zu fördern. Es werden Kunden gewonnen, auf die auch der Mitbewerber rechnet oder es werden dem Mitbewerber Kunden abgenommen, die dieser bereits hat. Nachteile, die ein Mitbewerber dadurch erleidet, muss er hinnehmen, auch dann, wenn er vom Markt verdrängt wird.

Grundlage des funktionierenden wirtschaftlichen Wettbewerbs ist der freie Wettbewerb. Es muss jedem gestattet sein, sich mit anderen Anbietern auf einem bestimmten Markt um Geschäftsabschlüsse zu bemühen. Jeder Wettbewerber muss seine Leistung ungehindert anbieten und für sie werben können, damit es dem Kunden aufgrund eines Vergleichs der Angebote möglich ist, die Leistung zu wählen, die ihm nach Preis, Qualität und Service als die für ihn geeigneteste erscheint. Ob ein echter Leistungsvergleich vorliegt, bestimmt sich nach dem Verhalten des einzelnen Wettbewerbers auf dem Markt. Dieser handelt wettbewerbswidrig, wenn er sich im Geschäftsverkehr zu Zwecken des Wettbewerbs einen ungerechtfertigten Vorsprung zu verschaffen sucht. Nach § 1 UWG (Zweck des Gesetzes) sind Mitbewerber, Verbraucher und sonstige Marktteilnehmer vor unlauteren geschäftlichen Handlungen zu schützen. Zugleich ist das Interesse der Allgemeinheit an einem unverfälschten Wettbewerb zu schützen.

Während das **Gesetz gegen den unlauteren Wettbewerb (UWG)** unlautere Wettbewerbshandlungen bekämpft, sichert das **Gesetz gegen Wettbewerbsbeschränkungen (Kartellgesetz – GWB)** den freien Wettbewerb gegen Beschränkungen.

Recht gegen den unlauteren Wettbewerb	Recht gegen Wettbewerbsbeschränkungen
• Gesetz gegen den unlauteren Wettbewerb (UWG) • Widerrufsrecht bei Haustürgeschäften nach § 312 BGB • Widerrufs- und Rückgaberecht bei Fernabsatzverträgen nach § 312d BGB • Informationspflichten nach § 5 TMG (Telemediengesetz) • Gesetz über den Ladenschluss (LadschlG) • Verordnung zur Regelung der Preisangaben (Preisangabenverordnung – PAngV) • Gesetz über den Schutz von Marken und sonstigen Kennzeichen (Markengesetz – MarkenG)	• Gesetz gegen Wettbewerbsbeschränkungen (Kartellgesetz – GWB)

Abb. 79: Wettbewerbsrecht

Ein Kartell liegt dann vor, wenn sich unter Wahrung der rechtlichen und wirtschaftlichen Selbstständigkeit mehrere Unternehmen vertraglich in ihrem Verhalten gegenüber Dritten zusammenschließen, um durch Beschränkung des wechselseitigen Wettbewerbs auf die Marktverhältnisse Einfluss zu nehmen. Das gemeinsame Verhalten kann sich auf die Konditionen, die Rabatte und die Preise, auch auf die Herstellung, den Absatz und die Absatzgebiete erstrecken.

Unlautere geschäftliche Handlungen sind unzulässig, wenn sie geeignet sind, die Interessen von Mitbewerbern, Verbrauchern oder sonstigen Marktteilnehmern spürbar zu beeinträchtigen (§ 3 Abs. 1 UWG). Unter geschäftliche Handlung versteht man jedes Verhalten einer Person zugunsten des eigenen oder eines fremden Unternehmens, bei oder nach einem Geschäftsabschluss, das mit der Förderung des Absatzes oder des Bezugs von Waren oder Dienstleistungen objektiv zusammenhängt. Als Waren gelten auch Grundstücke, als Dienstleistungen auch Rechte und Verpflichtungen. Nach § 3 Abs. 2 UWG sind geschäftliche Handlungen gegenüber Verbrauchern jedenfalls dann unzulässig, wenn sie nicht der für den Unternehmer geltenden fachlichen Sorgfalt entsprechen und dazu geeignet sind, die Fähigkeit des Verbrauchers, sich aufgrund von Informationen zu entscheiden, spürbar zu beeinträchtigen und ihn damit zu einer geschäftlichen Entscheidung zu veranlassen, die er andernfalls nicht getroffen hätte. Dabei ist auf den durchschnittlichen Verbraucher oder, wenn sich die geschäftliche Handlung an eine bestimmte Gruppe von Verbrauchern wendet, auf ein durchschnittliches Mitglied dieser Gruppe abzustellen. Auf die Sicht eines durchschnittlichen Mitglieds einer aufgrund von geistigen oder körperlichen Gebrechen, Alter oder Leichtgläubigkeit besonders schutzbedürftigen und eindeutig identifizierbaren Gruppe von Verbrauchern ist abzustellen, wenn für den Unternehmer vorhersehbar ist, dass seine geschäftliche Handlung nur diese Gruppe betrifft.

Nach § 4 UWG handelt unlauter, wer insbesondere
1. geschäftliche Handlungen vornimmt, die geeignet sind, die Entscheidungsfreiheit der Verbraucher oder sonstiger Marktteilnehmer durch Ausübung von Druck, in menschenverachtender Weise oder durch sonstigen unangemessenen unsachlichen Einfluss zu beeinträchtigen,
2. geschäftliche Handlungen vornimmt, die geeignet sind, geistige oder körperliche Gebrechen, das Alter, die geschäftliche Unerfahrenheit, die Leichtgläubigkeit, die Angst oder die Zwangslage von Verbrauchern auszunutzen,
3. den Werbecharakter von geschäftlichen Handlungen verschleiert,
4. bei Verkaufsförderungsmaßnahmen wie Preisnachlässen, Zugaben oder Geschenken die Bedingungen für ihre Inanspruchnahme nicht klar und eindeutig angibt,
5. bei Preisausschreiben oder Gewinnspielen mit Werbecharakter die Teilnahmebedingungen nicht klar und eindeutig angibt,
6. die Teilnahme von Verbrauchern an einem Preisausschreiben oder Gewinnspiel von dem Erwerb einer Ware oder Inanspruchnahme einer Dienstleistung abhängig macht, es sei denn, das Preisausschreiben oder Gewinnspiel ist naturgemäß mit der Ware oder der Dienstleistung verbunden,
7. die Kennzeichen, Waren, Dienstleistungen, Tätigkeiten oder persönlichen oder geschäftlichen Verhältnisse eines Mitbewerbers herabsetzt oder verunglimpft,

8. über die Waren, Dienstleistungen oder das Unternehmen eines Mitbewerbers oder über den Unternehmer oder ein Mitglied der Unternehmensleitung Tatsachen behauptet oder verbreitet, die geeignet sind, den Betrieb des Unternehmens oder den Kredit des Unternehmens zu schädigen, sofern die Tatsachen nicht erweislich wahr sind. Handelt es sich um vertrauliche Mitteilungen und hat der Mitteilende oder der Empfänger der Mitteilung an ihr ein berechtigtes Interesse, so ist die Handlung nur dann unlauter, wenn die Tatsachen der Wahrheit zuwider behauptet oder verbreitet wurden,

9. Waren oder Dienstleistungen anbietet, die eine Nachahmung der Waren oder Dienstleistungen eines Mitbewerbers sind, wenn er
    – eine vermeidbare Täuschung der Abnehmer über die betriebliche Herkunft herbeiführt,
    – die Wertschätzung der nachgeahmten Ware oder Dienstleistung unangemessen ausnutzt oder beeinträchtigt oder
    – die für die Nachahmung erforderlichen Kenntnisse oder Unterlagen unredlich erlangt hat,

10. Mitbewerber gezielt behindert,

11. einer gesetzlichen Vorschrift zuwiderhandelt, die auch dazu bestimmt ist, im Interesse der Marktteilnehmer das Marktverhalten zu regeln.

Unlauter handelt, wer eine irreführende geschäftliche Handlung vornimmt (§ 5 Abs. 1 UWG). Eine geschäftliche Handlung ist irreführend, wenn sie unwahre Angaben enthält oder sonstige zur Täuschung geeignete Angaben über folgende Umstände enthält:

1. die wesentlichen Merkmale der Ware oder Dienstleistung wie Verfügbarkeit, Art, Ausführung, Vorteile, Risiken, Zusammensetzung, Zubehör, Verfahren oder Zeitpunkt der Herstellung, Lieferung oder Erbringung, Zwecktauglichkeit, Verwendungsmöglichkeit, Menge, Beschaffenheit, geografische oder betriebliche Herkunft, von der Verwendung zu erwartende Ergebnisse oder die Ergebnisse oder wesentlichen Bestandteile von Tests der Waren oder Dienstleistungen,

2. den Anlass des Verkaufs wie das Vorhandensein eines besonderen Preisvorteils, den Preis oder die Art und Weise, in der er berechnet wird, oder die Bedingungen, unter denen die Ware geliefert oder die Dienstleistung erbracht wird,

3. die Person, Eigenschaften oder Rechte des Unternehmers wie Identität, Vermögen einschließlich der Rechte des geistigen Eigentums, den Umfang von Verpflichtungen, Befähigung, Status, Zulassung, Mitgliedschaften oder Beziehungen, Auszeichnungen oder Ehrungen, Beweggründe für die geschäftliche Handlung oder die Art des Vertriebs,

4. Aussagen oder Symbole, die im Zusammenhang mit direktem oder indirektem Sponsoring stehen oder sich auf eine Zulassung des Unternehmers oder der Waren oder Dienstleistungen beziehen,

5. die Notwendigkeit einer Leistung, eines Ersatzteils, eines Austauschs oder einer Reparatur,

6. die Einhaltung eines Verhaltenskodexes, auf den sich der Unternehmer verbindlich verpflichtet hat, wenn er auf diese Bindung hinweist, oder

7. Rechte des Verbrauchers, insbesondere solche aufgrund von Garantieversprechen oder Gewährleistungsrechte bei Leistungsstörungen.

Eine geschäftliche Handlung ist nach § 5 Abs. 2 UWG auch irreführend, wenn sie im Zusammenhang mit der Vermarktung von Waren oder Dienstleistungen einschließlich vergleichender Werbung eine Verwechslungsgefahr mit einer anderen Ware oder Dienstleistung oder mit der Marke oder einem anderen Kennzeichen eines Wettbewerbers hervorruft. Angaben sind auch Angaben im Rahmen vergleichender Werbung sowie bildliche Darstellungen und sonstige Veranstaltungen, die darauf zielen und geeignet sind, solchen Angaben zu ersetzen (§ 5 Abs. 3 UWG). Es wird vermutet, dass es irreführend ist, mit der Herabsetzung eines Preises zu werben, sofern der Preis nur für eine unangemessen kurze Zeit gefordert worden ist (§ 5 Abs. 4 UWG). Ist streitig, ob und in welchem Zeitraum der Preis gefordert worden ist, so trifft die Beweislast denjenigen, der mit der Preisherabsetzung geworben hat.

Bei der Beurteilung, ob das Verschweigen einer Tatsache irreführend ist, sind insbesondere deren Bedeutung für die geschäftliche Entscheidung nach der Verkehrsauffassung sowie die Eignung des Verschweigens zur Beeinflussung der Entscheidung zu berücksichtigen (§ 5a Abs. 1 UWG). Unlauter handelt, wer nach § 5a Abs. 2 UWG die Entscheidungsfähigkeit von Verbrauchern dadurch beeinflusst, dass er eine Information vorenthält, die im konkreten Fall unter Berücksichtigung aller Umstände einschließlich der Beschränkungen des Kommunikationsmittels wesentlich ist. Werden Waren oder Dienstleistungen unter Hinweis auf deren Merkmale und Preis in einer dem verwendeten Kommunikationsmittel angemessenen Weise so angeboten, dass ein durchschnittlicher Verbraucher das Geschäft abschließen kann, gelten nach § 5a Abs. 3 UWG folgende Informationen als wesentlich, sofern sie sich nicht unmittelbar aus den Umständen ergeben:
1. alle wesentlichen Merkmale der Ware oder Dienstleistung in dem dieser und dem verwendeten Kommunikationsmittel angemessenen Umfang,
2. die Identität und Anschrift des Unternehmers, ggf. die Identität und Anschrift des Unternehmers, für den er handelt,
3. der Endpreis oder in Fällen, in denen ein solcher Preis aufgrund der Beschaffenheit der Ware oder Dienstleistung nicht im Voraus berechnet werden kann, die Art der Preisberechnung sowie ggf. alle zusätzlichen Fracht-, Liefer- und Zustellkosten oder in Fällen, in denen diese Kosten nicht im Voraus berechnet werden können, die Tatsache, dass solche zusätzlichen Kosten anfallen können,
4. Zahlungs-, Liefer- und Leistungsbedingungen sowie Verfahren zum Umgang mit Beschwerden, soweit sie von Erfordernissen der fachlichen Sorgfalt abweichen, und
5. das Bestehen eines Rechts zum Rücktritt oder Widerruf.

Vergleichende Werbung ist jede Werbung, die unmittelbar oder mittelbar einen Mitbewerber oder die von einem Mitbewerber angebotenen Waren oder Dienstleistungen erkennbar macht (§ 6 Abs. 1 UWG). Unlauter handelt nach § 6 Abs. 2 UWG, wer vergleichend wirbt, wenn der Vergleich
1. sich nicht auf Waren oder Dienstleistungen für den gleichen Bedarf oder dieselbe Zweckbestimmung bezieht,
2. nicht objektiv auf eine oder mehrere wesentliche, relevante, nachprüfbare und typische Eigenschaften oder den Preis dieser Waren oder Dienstleistungen bezogen ist,

3. im geschäftlichen Verkehr zu einer Gefahr von Verwechslungen zwischen dem Werbenden und einem Mitbewerber oder zwischen den von diesen angebotenen Waren oder Dienstleistungen oder den von ihnen verwendeten Kennzeichen führt,

4. den Ruf des von einem Mitbewerber verwendeten Kennzeichens in unlauterer Weise ausnutzt oder beeinträchtigt,

5. die Waren, Dienstleistungen, Tätigkeiten oder persönlichen oder geschäftlichen Verhältnisse eines Mitbewerbers herabsetzt oder verunglimpft oder

6. eine Ware oder Dienstleistung als Imitation oder Nachahmung einer unter einem geschützten Kennzeichen vertriebenen Ware oder Dienstleistung darstellt.

Eine geschäftliche Handlung, durch die ein Marktteilnehmer in unzumutbarer Weise belästigt wird, ist nach § 7 Abs. 1 UWG unzulässig. Dies gilt insbesondere für Werbung, obwohl erkennbar ist, dass der angesprochene Marktteilnehmer diese Werbung nicht wünscht. Eine unzumutbare Belästigung ist nach § 7 Abs. 2 UWG stets anzunehmen

1. bei Werbung unter Verwendung eines in Nr. 2 und Nr. 3 nicht aufgeführten, für den Fernabsatz geeigneten Mittels der kommerziellen Kommunikation, durch die ein Verbraucher hartnäckig angesprochen wird, obwohl er dies erkennbar nicht wünscht,

2. bei Werbung mit einem Telefonanruf gegenüber einem Verbraucher ohne dessen vorherige ausdrückliche Einwilligung oder gegenüber einem sonstigen Marktteilnehmer ohne dessen zumindest mutmaßliche Einwilligung,

3. bei Werbung unter Verwendung einer automatischen Anrufmaschine, eines Faxgerätes oder elektronischer Post, ohne dass eine vorherige ausdrückliche Einwilligung des Adressaten vorliegt, oder

4. bei Werbung mit einer Nachricht, bei der die Identität des Absenders, in dessen Auftrag die Nachricht übermittelt wird, verschleiert oder verheimlicht wird oder bei der keine gültige Adresse vorhanden ist, an die der Empfänger eine Aufforderung zur Einstellung solcher Nachrichten richten kann, ohne dass hierfür andere als die Übermittlungskosten nach den Basistarifen entstehen.

Nach § 7 Abs. 3 UWG ist eine unzumutbare Belästigung bei einer Werbung unter Verwendung elektronischer Post nicht anzunehmen, wenn

1. ein Unternehmer im Zusammenhang mit dem Verkauf einer Ware oder Dienstleistung von dem Kunden dessen elektronische Postadresse erhalten hat,

2. der Unternehmer die Adresse zur Direktwerbung für eigene ähnliche Waren oder Dienstleistungen verwendet,

3. der Kunde der Verwendung nicht widersprochen hat und

4. der Kunde bei Erhebung der Adresse und bei jeder Verwendung klar und deutlich darauf hingewiesen wird, dass er der Verwendung jederzeit widersprechen kann, ohne dass hierfür andere als die Übermittlungskosten nach den Basistarifen entstehen.

Wer eine nach § 3 UWG oder § 7 UWG unzulässige geschäftliche Handlung vornimmt, kann auf Beseitigung und bei Wiederholungsgefahr auf Unterlassung in Anspruch genommen werden (§ 8 Abs. 1 UWG). Der Anspruch auf Unterlassung besteht bereits dann, wenn eine Zuwiderhandlung nach § 3 UWG oder § 7 UWG droht. Ansprüche stehen zu:

1. jedem Mitbewerber,
2. rechtsfähigen Verbänden zur Förderung gewerblicher oder selbstständiger beruflicher Interessen, soweit ihnen eine erhebliche Zahl von Unternehmern angehört, die Waren oder Dienstleistungen gleicher oder verwandter Art auf dem selben Markt vertreiben, soweit sie insbesondere nach ihrer personellen, sachlichen oder finanziellen Ausstattung imstande sind, ihre satzungsmäßigen Aufgaben der Verfolgung gewerblicher oder selbstständiger beruflicher Interessen tatsächlich wahrzunehmen und soweit die Zuwiderhandlung die Interessen ihrer Mitglieder berührt,
3. qualifizierten Einrichtungen, die nachweisen, dass sie in der Liste qualifizierter Einrichtungen nach § 4 Unterlassungsklagengesetz oder in dem Verzeichnis der Kommission der Europäischen Gemeinschaften über Unterlassungsklagen zum Schutz der Verbraucherinteressen eingetragen sind,
4. den Industrie- und Handelskammern und den Handwerkskammern.

Wer vorsätzlich oder fahrlässig eine nach § 3 UWG oder § 7 UWG unzulässige geschäftliche Handlung vornimmt und hierdurch zu Lasten einer Vielzahl von Abnehmern einen Gewinn erzielt, kann von den gem. § 8 Abs. 3 UWG Nr. 3 bis Nr. 4 zur Geltendmachung eines Unterlassungsanspruchs Berechtigten auf Herausgabe dieses Gewinns an den Bundeshaushalt in Anspruch genommen werden (§ 10 Abs. 1 UWG).

Die zur Geltendmachung eines Unterlassungsanspruchs Berechtigten sollen den Schuldner vor der Einleitung eines gerichtlichen Verfahrens abmahnen und ihm Gelegenheit geben, den Streit durch Abgabe einer mit einer angemessenen Vertragsstrafe bewehrten Unterlassungsverpflichtung beizulegen (§ 12 Abs. 1 UWG). Soweit die Abmahnung berechtigt ist, kann der Ersatz der erforderlichen Aufwendungen verlangt werden.

Widerrufsrecht bei Haustürgeschäften. Bei einem Vertrag zwischen einem Unternehmer und einem Verbraucher, der eine entgeltliche Leistung zum Gegenstand hat und zu dessen Abschluss der Verbraucher

1. durch mündliche Verhandlungen an seinem Arbeitsplatz oder im Bereich einer Privatwohnung,
2. anlässlich einer vom Unternehmer oder von einem Dritten zumindest auch im Interesse des Unternehmers durchgeführten Freizeitveranstaltung oder
3. im Anschluss an ein überraschendes Ansprechen in Verkehrsmitteln oder im Bereich öffentlich zugänglicher Verkehrsflächen

bestimmt worden ist (Haustürgeschäft), steht dem Verbraucher ein Widerrufsrecht nach § 355 BGB zu. Dem Verbraucher kann anstelle des Widerrufsrechts ein Rückgaberecht nach § 356 BGB eingeräumt werden, wenn zwischen dem Verbraucher und dem Unternehmer im Zusammenhang mit diesem oder einem späteren Geschäft auch eine ständige Verbindung aufrechterhalten werden soll (§ 312 Abs. 1 BGB). Der Unternehmer ist verpflichtet, den Verbraucher gem. § 360 BGB über sein Widerrufs- oder Rückgaberecht belehren (§ 312 Abs. 2 BGB). Die Belehrung muss auf die Rechtsfolgen des § 357 Abs. 1 und 3 BGB hinweisen.

Das Widerrufs- oder Rückgaberecht besteht nach § 312 Abs. 3 BGB nicht bei Versicherungsverträgen oder wenn,

- wenn die mündlichen Verhandlungen, auf denen der Abschluss des Vertrags beruht, auf vorhergehende Bestellung des Verbrauchers geführt worden sind oder
- die Leistung bei Abschluss der Verhandlungen sofort erbracht und bezahlt wird und das Entgelt 40 EUR nicht übersteigt oder
- die Willenserklärung des Verbrauchers von einem Notar beurkundet worden ist.

Dem Verbraucher steht bei einem **Fernabsatzvertrag** ein Widerrufsrecht nach § 355 BGB zu (§ 312d BGB). Anstelle des Widerrufsrechts kann dem Verbraucher bei Verträgen über die Lieferung von Waren ein Rückgaberecht nach § 356 BGB eingeräumt werden. Das Widerrufsrecht besteht nicht bei Fernabsatzverträgen

- zur Lieferung von Waren, die nach Kundenspezifikation angefertigt werden oder eindeutig auf die persönlichen Bedürfnisse zugeschnitten sind oder die aufgrund ihrer Beschaffenheit nicht für eine Rücksendung geeignet sind oder schnell verderben können oder deren Verfalldatum überschritten würde,
- zur Lieferung von Audio- oder Videoaufzeichnungen oder von Software, sofern die gelieferten Datenträger vom Verbraucher entsiegelt worden sind,
- zur Lieferung von Zeitungen, Zeitschriften und Illustrierten, es sei denn, dass der Verbraucher seine Vertragserklärung telefonisch abgegeben hat,
- zur Erbringung von Wett- und Lotterie-Dienstleistungen, es sei denn, dass der Verbraucher seine Vertragserklärung telefonisch abgegeben hat,
- die in der Form von Versteigerungen (§ 156 BGB) geschlossen werden,
- die die Lieferung von Waren oder die Erbringung von Finanzdienstleistungen zum Gegenstand haben, deren Preis auf dem Finanzmarkt Schwankungen unterliegt, auf die der Unternehmer keinen Einfluss hat und die innerhalb der Widerrufsfrist auftreten können, oder
- zur Erbringung telekommunikationsgestützter Dienste, die auf Veranlassung des Verbrauchers unmittelbar per Telefon oder Telefax in einem Mal erbracht werden, sofern es sich nicht um Finanzdienstleistungen handelt.

Fernabsatzverträge sind nach § 312 b Abs. 1 BGB Verträge über die Lieferung von Waren oder über die Erbringung von Dienstleistungen, einschließlich Finanzdienstleistungen, die zwischen einem Unternehmer und einem Verbraucher unter ausschließlicher Verwendung von Fernkommunikationsmitteln abgeschlossen werden, es sei denn, dass der Vertragsabschluss nicht im Rahmen eines für den Fernabsatz organisierten Vertriebs- oder Dienstleistungssystems erfolgt. Finanzdienstleistungen sind Bankdienstleistungen sowie Dienstleistungen im Zusammenhang mit einer Kreditgewährung, Versicherung, Altersversorgung von Einzelpersonen, Geldanlage oder Zahlung. Fernkommunikationsmittel sind nach § 312 b Abs. 2 BGB Kommunikationsmittel, die zur Anbahnung oder zum Abschluss eines Vertrags zwischen einem Verbraucher und einem Unternehmer ohne gleichzeitige körperliche Anwesenheit der Vertragsparteien eingesetzt werden können, insbesondere Briefe, Kataloge, Telefonanrufe, Telekopien, E-Mails sowie Rundfunk, Tele- und Mediendienste.

Der Unternehmer hat nach § 312c Abs. 1 BGB den Verbraucher bei Fernabsatzverträgen zu unterrichten. Der Unternehmer hat nach § 312c Abs. 2 BGB bei von ihm veranlassten Telefongesprächen seine Identität und den geschäftlichen Zweck des Kontakts bereits zu Beginn eines jeden Gesprächs ausdrücklich offenzulegen.

Diensteanbieter haben nach § 5 Abs. 1 TMG für geschäftsmäßige, i. d. R. gegen Entgelt angebotene Telemedien folgende Informationen (Impressumspflicht) leicht erkennbar, unmittelbar erreichbar und ständig verfügbar zu halten:

1. den Namen und die Anschrift, unter der sie niedergelassen sind, bei juristischen Personen zusätzlich die Rechtsform, den Vertretungsberechtigten und, sofern Angaben über das Kapital der Gesellschaft gemacht werden, das Stamm- oder Grundkapital sowie, wenn nicht alle in Geld zu leistenden Einlagen eingezahlt sind, der Gesamtbetrag der ausstehenden Einlagen,
2. Angaben, die eine schnelle elektronische Kontaktaufnahme und unmittelbare Kommunikation mit ihnen ermöglichen, einschließlich der Adresse der elektronischen Post,
3. soweit der Dienst im Rahmen einer Tätigkeit angeboten oder erbracht wird, die der behördlichen Zulassung bedarf, Angaben zur zuständigen Aufsichtsbehörde,
4. das Handelsregister, Vereinsregister, Partnerschaftsregister oder Genossenschaftsregister, in das sie eingetragen sind, und die entsprechende Registernummer,
5. soweit der Dienst in Ausübung eines Berufs angeboten oder erbracht wird, Angaben über
   – die Kammer, welcher die Diensteanbieter angehören,
   – die gesetzliche Berufsbezeichnung und den Staat, in dem die Berufsbezeichnung verliehen worden ist,
   – die Bezeichnung der berufsrechtlichen Regelungen und dazu, wie diese zugänglich sind,
6. in Fällen, in denen sie eine Umsatzsteueridentifikationsnummer nach § 27a UStG oder eine Wirtschafts-Identifikationsnummer nach § 139c AO besitzen, die Angabe dieser Nummer,
7. bei Aktiengesellschaften, Kommanditgesellschaften auf Aktien und Gesellschaften mit beschränkter Haftung, die sich in Abwicklung oder Liquidation befinden, die Angabe hierfür.

Weitergehende Informationspflichten insbesondere nach dem Fernabsatzgesetz, dem Preisangaben- und Preisklauselgesetz und der Preisangabenverordnung, dem Versicherungsaufsichtsgesetz sowie nach handelsrechtlichen Bestimmungen sind zu beachten.

Diensteanbieter haben nach § 6 Abs. 1 TMG bei kommerziellen Kommunikationen, die Telemedien oder Bestandteile von Telemedien sind, mindestens die folgenden Voraussetzungen zu beachten:

1. Kommerzielle Kommunikationen müssen klar als solche zu erkennen sein.
2. Die natürliche oder juristische Person, in deren Auftrag kommerzielle Kommunikationen erfolgen, muss klar identifizierbar sein.

3. Angebote zur Verkaufsförderung wie Preisnachlässe, Zugaben und Geschenke müssen klar als solche erkennbar sein, und die Bedingungen für ihre Inanspruchnahme müssen leicht zugänglich sein sowie klar und unzweideutig angegeben werden.

4. Preisausschreiben oder Gewinnspiele mit Werbecharakter müssen klar als solche erkennbar und die Teilnahmebedingungen leicht zugänglich sein sowie klar und unzweideutig angegeben werden.

Werden kommerzielle Kommunikationen per elektronischer Post versandt, darf nach § 6 Abs. 2 TMG in der Kopf- und Betreffzeile weder der Absender noch der kommerzielle Charakter der Nachricht verschleiert oder verheimlicht werden. Ein Verschleiern oder Verheimlichen liegt dann vor, wenn die Kopf- und Betreffzeile absichtlich so gestaltet sind, dass der Empfänger vor Einsichtnahme in den Inhalt der Kommunikation keine oder irreführende Informationen über die tatsächliche Identität des Absenders oder den Kommerziellen Charakter der Nachricht erhält. Die Vorschriften des Gesetzes gegen den unlauteren Wettbewerb (UWG) sind zu beachten.

Das Telemediengesetz (TMG) gilt nach § 1 Abs. 1 TMG für alle elektronischen Informations- und Kommunikationsdienste, soweit sie nicht Telekommunikationsdienste nach dem Telekommunikationsgesetz, die ganz der Übertragung von Signalen über Telekommunikationsnetze bestehen, telekommunikationsgestützte Dienste nach dem Telekommunikationsgesetz oder Rundfunk nach dem Rundfunkstaatsvertrag sind (Telemedien).

Nach § 16 Abs. 1 TMG handelt ordnungswidrig, wer absichtlich entgegen § 6 Abs. 2 TMG den Absender oder den kommerziellen Charakter der Nachricht verschleiert oder verheimlicht. Nach § 16 Abs. 2 TMG handelt ordnungswidrig, wer vorsätzlich oder fahrlässig entgegen § 5 Abs. 1 TMG eine Information nicht, nicht richtig oder nicht vollständig verfügbar hält. Die Ordnungswidrigkeit kann mit einer Geldbuße bis zu 50.000 EUR geahndet werden (§ 16 Abs. 3 TMG).

> **TIPP**
> Immer häufiger werden Internetanbieter wegen falscher oder fehlender Angaben auf den Internetseiten abgemahnt. Ein Verstoß gegen die Impressumspflicht kann nicht nur zu einem Bußgeld führen, sondern auch überflüssige Abmahnkosten verursachen.

Die erforderlichen Informationen müssen auf der Internetseite leicht erkennbar, unmittelbar erreichbar und ständig verfügbar sein. Dies ist nur gewährleistet, wenn die Angaben zusammen an einer Stelle (auf der Eingangsseite oder unter einer »Impressum«-Schaltfläche) platziert und nicht über mehrere Seiten verstreut sind.

Rechtsverstöße, insbesondere durch Verletzung wettbewerbsrechtlicher Vorschriften auf Webseiten werden häufig für Abmahnungen zum Anlass genommen. Mit der Abmahnung wird dem Verantwortlichen der Rechtsverstoß vorgehalten und er zur künftigen Unterlassung des Verhaltens aufgefordert. Ihm wird die Gelegenheit gegeben, die Angelegenheit durch Abgabe einer strafbewehrten Unterlassungs- und Verpflichtungserklärung sowie die Übernahme der angefallenen Abmahnkosten zu erledigen. Eine solche Abmahnung dient einerseits der Streitvermeidung, da mit ihr der beanstandete Rechtsverstoß schnell unterbunden werden kann. Andererseits hat die Abmahnung auch eine gewisse Warnfunktion, weil der Abgemahnte auf den Rechtsverstoß aufmerksam gemacht wird und so die Gelegenheit erhält, einer möglichen Klage vorzubeugen.

Wenn Sie eine Abmahnung erhalten, ist es in jedem Fall falsch, auf die Abmahnung nicht zu reagieren. Wird auf die Abmahnung nicht reagiert, besteht die Gefahr, dass vor Gericht eine einstweilige Verfügung erwirkt oder Klage eingereicht wird. Damit können die Kosten in die Höhe schnellen, weil dann auch noch die Gerichtskosten anfallen. Sie sollten zunächst einmal prüfen, ob der mit der Abmahnung erhobene Vorwurf berechtigt ist. Dazu überprüfen Sie die Einhaltung der Mindestanforderungen sowie die Abmahnberechtigung des Abmahners. Wenn Sie sich unsicher sind, sollten Sie in jedem Fall eine Rechtsberatung in Anspruch nehmen.

Das **Ladenschlussgesetz (LadschlG)** gilt nur für Verkaufsstellen. Verkaufsstellen sind nach § 1 Abs. 1 LadschlG

- Ladengeschäfte aller Art, Apotheken, Tankstellen und Bahnhofsverkaufsstellen,
- sonstige Verkaufsstände und -buden, Kioske, Basare und ähnliche Einrichtungen, falls in ihnen ebenfalls von einer festen Stelle aus ständig Waren zum Verkauf an jedermann feilgehalten werden. Dem Feilhalten steht das Zeigen von Mustern, Proben und ähnlichem gleich, wenn Warenbestellungen in der Einrichtung entgegengenommen werden,
- Verkaufsstellen von Genossenschaften.

Verkaufsstellen müssen nach § 3 Abs. 1 LadschlG zu folgenden Zeiten für den geschäftlichen Verkehr mit Kunden geschlossen sein (allgemeine Ladenschlusszeiten):
- an Sonn- und Feiertagen,
- montags bis samstags bis 6 Uhr und ab 20 Uhr,
- am 24. Dezember, wenn dieser Tag auf einen Werktag fällt, bis 6 Uhr und ab 14 Uhr.

Verkaufsstellen für Bäckerwaren dürfen den Beginn der Ladenöffnungszeit an Werktagen auf 5.30 Uhr vorverlegen. Die beim Ladenschluss anwesenden Kunden dürfen noch bedient werden.

Apotheken dürfen an allen Tagen während des ganzen Tag geöffnet sein (§ 4 Abs. 1 LadschlG). An Werktagen während der allgemeinen Ladenschlusszeiten und an Sonn- und Feiertagen ist nur die Abgabe von Arznei-, Krankenpflege-, Säuglingspflege- und Säuglingsnährmittel, hygienischen Artikeln sowie Desinfektionsmitteln gestattet. Die nach Landesrecht zuständige Verwaltungsbehörde hat für eine Gemeinde oder für benachbarte Gemeinden mit mehreren Apotheken anzuordnen, dass während der allgemeinen Ladenschlusszeiten abwechselnd ein Teil der Apotheken geschlossen sein muss. An den geschlossenen Apotheken ist an sichtbarer Stelle ein Aushang anzubringen, der die zur Zeit offenen Apotheken bekannt gibt.

Kioske dürfen für den Verkauf von Zeitungen und Zeitschriften an Sonn- und Feiertagen von 11 bis 13 Uhr geöffnet sein (§ 5 LadschlG).

Tankstellen dürfen an allen Tagen während des ganzen Tages geöffnet sein (§ 6 Abs. 1 LadschlG). An Werktagen während der allgemeinen Ladenschlusszeiten und an Sonn- und Feiertagen ist nur die Abgabe von Ersatzteilen für Kraftfahrzeuge, soweit dies für die Erhaltung oder Wiederherstellung der Fahrbereitschaft notwendig ist, sowie die Abgabe von Betriebsstoffen und von Reisebedarf gestattet.

Verkaufsstellen auf Personenbahnhöfen von Eisenbahnen und Magnetschwebebahnen, soweit sie den Bedürfnissen des Reiseverkehrs zu dienen bestimmt sind, dürfen an allen Tagen während des ganzen Tages geöffnet sein, am 24. Dezember jedoch nur bis 17 Uhr (§ 8 Abs. 1 LadschlG). Während der allgemeinen Ladenschlusszeiten ist der Verkauf von Reisebedarf zulässig.

Verkaufsstellen auf Flughäfen dürfen an allen Tagen während des ganzen Tages geöffnet sein, am 24. Dezember jedoch nur bis 17 Uhr (§ 9 Abs. 1 LadschlG). An Werktagen während der allgemeinen Ladenschlusszeiten und an Sonn- und Feiertagen ist nur die Abgabe von Reisebedarf an Reisende gestattet.

Die Landesregierungen können durch Rechtsverordnung bestimmen, dass und unter welchen Voraussetzungen und Bedingungen in Kurorten und in einzeln aufzuführenden Ausflugs-, Erholungs- und Wallfahrtsorten mit besonders starkem Fremdenverkehr Badegegenstände, Devotionalien, frische Früchte, alkoholfreie Getränke, Milch und Milcherzeugnisse, Süßwaren, Tabakwaren, Blumen und Zeitungen sowie Waren, die für diese Orte kennzeichnend sind, außerhalb der allgemeinen Ladenschlusszeiten an jährlich höchstens 40 Sonn- und Feiertagen bis zur Dauer von acht Stunden verkauft werden dürfen (§ 10 Abs. 1 LadschlG).

Verkaufsstellen aus Anlass von Märkten, Messen oder ähnlichen Veranstaltungen dürfen außerhalb der allgemeinen Ladenschlusszeiten an jährlich höchstens vier Sonn- und Feiertagen geöffnet sein (§ 14 Abs. 1 LadschlG).

Die obersten Landesbehörden können in Einzelfällen befristete Ausnahmen von den Vorschriften der §§ 3 bis 15 LadschlG bewilligen, wenn die Ausnahmen im öffentlichen Interesse dringend nötig werden (§ 23 Abs. 1 LadschlG). Die Landesregierungen werden ermächtigt, durch Rechtsverordnung die zuständigen Behörden zu bestimmen.

Nach der Verordnung über den Verkauf bestimmter Waren an Sonn- und Feiertagen (SonnVerkV) dürfen außerhalb der allgemeinen Ladenschlusszeiten an Sonn- und Feiertagen wie folgt Verkaufsstellen geöffnet sein:
– für die Abgabe frischer Milch für die Dauer von zwei Stunden, Ausnahme: 2. Weihnachts-, Oster- und Pfingstfeiertag,
– für die Abgabe von Bäcker- oder Konditorwaren, die Bäcker- oder Konditorwaren herstellen, für die Dauer von drei Stunden, Ausnahme: 2. Weihnachts-, Oster- und Pfingstfeiertag,
– für die Abgabe von Blumen in Verkaufsstellen, in denen in erheblichem Umfang Blumen feilgehalten werden, für die Dauer von zwei Stunden, jedoch am 1. November (Allerheiligen), am Volkstrauertag, am Buß- und Bettag, am Totensonntag und am 1. Adventssonntag für die Dauer von sechs Stunden, Ausnahme: 2. Weihnachts-, Oster- und Pfingstfeiertag, und
– für die Abgabe von Zeitungen für die Dauer von fünf Stunden.

Die **Preisangabenverordnung (PAngV)** bezieht sich auf den Verkauf von Waren und die Erbringung von Dienstleistungen an den Letztverbraucher. Wer Letztverbrauchern gewerbs- oder geschäftsmäßig oder regelmäßig in sonstiger Weise Waren oder Leistungen anbietet oder als Anbieter von Waren oder Leistungen gegenüber Letztverbrauchern unter Angabe von Preisen wirbt, hat nach § 1 Abs. 1 PAngV die Preise anzugeben, die einschließlich der Umsatzsteuer und sonstiger Preisbestandteile als Endpreise zu zahlen sind (Endpreise). Soweit es der allgemeinen Verkehrsauffassung entspricht, sind auch die Verkaufs- oder Leistungseinheit und die Gütebezeichnung anzugeben, auf die sich die Preise beziehen. Wer Letztverbrauchern gewerbs- oder geschäftsmäßig oder regelmäßig in sonstiger Weise Waren oder Leistungen zum Abschluss eines Fernabsatzvertrages anbietet, hat nach § 1 Abs. 2 PAngV zusätzlich anzugeben, dass die für Waren oder Leistungen geforderten Preise die Umsatzsteuer und sonstige Preisbestandteile enthalten und ob zusätzliche Liefer- und Versandkosten anfallen. Fallen zusätzlich Liefer- und Versandkosten an, so ist deren Höhe anzugeben. Soweit die vorherige Angabe dieser Kosten in bestimmten Fällen nicht möglich ist, sind die näheren Einzelheiten der Berechnung anzugeben, aufgrund derer der Letztverbraucher die Höhe leicht errechnen kann. Bestehen für Waren oder Leistungen Liefer- oder Leistungsfristen von mehr als vier Monaten, so können nach § 1 Abs. 3 PAngV für diese Fälle Preise mit einem Änderungsvorbehalt angegeben werden. Dabei sind die voraussichtlichen Liefer- und Leistungsfristen anzugeben. Die Angaben nach dieser Verordnung müssen der allgemeinen Verkehrsauffassung und den Grundsätzen von Preisklarheit und Preiswahrheit entsprechen (§ 1 Abs. 6 PAngV). Wer zu Angaben nach dieser Verordnung verpflichtet ist, hat diese dem Angebot oder der Werbung eindeutig zuzuordnen sowie leicht erkennbar und deutlich lesbar oder sonst gut wahrnehmbar zu machen. Bei der Aufgliederung von Preisen sind die Endpreise hervorzuheben.

Wer Letztverbrauchern gewerbs- oder geschäftsmäßig oder regelmäßig in sonstiger Weise Waren in Fertigpackungen, offenen Packungen oder als Verkaufseinheiten ohne Umhüllung nach Gewicht, Volumen, Länge oder Fläche anbietet, hat neben dem Endpreis auch den Preis je Mengeneinheit einschließlich der Umsatzsteuer und sonstiger Preisbestandteile (Grundpreis) in unmittelbarer Nähe des Endpreises anzugeben. Dies gilt auch für denjenigen, der als Anbieter dieser Waren gegenüber Letztverbrauchern unter Angabe von Preisen wirbt (§ 2 Abs. 1 PAngV). Wer Letztverbrauchern gewerbs- oder geschäftsmäßig oder regelmäßig in sonstiger Weise unverpackte Waren, die in deren Anwesenheit oder auf deren Veranlassung abgemessen werden (lose Ware), nach Gewicht, Volumen, Länge oder Fläche anbietet oder als Anbieter dieser Waren gegenüber Letztverbrauchern unter Angabe von Preisen wirbt, hat lediglich den Grundpreis anzugeben (§ 2 Abs. 2 PAngV).

Waren, die in Schaufenstern, Schaukästen, innerhalb oder außerhalb des Verkaufsraumes auf Verkaufsständen oder in sonstiger Weise sichtbar ausgestellt werden, und Waren, die vom Verbraucher unmittelbar entnommen werden können, sind durch Preisschilder oder Beschriftung der Ware auszuzeichnen (§ 4 Abs. 1 PAngV). Waren, die nach Katalogen oder Warenlisten oder auf Bildschirmen angeboten werden, sind dadurch auszuzeichnen, dass die Preise unmittelbar bei den Abbildungen oder Beschreibungen der Waren oder in mit den Katalogen oder Warenlisten im Zusammenhang stehenden Preisverzeichnissen angegeben werden (§ 4 Abs. 4 PAngV).

Wer Leistungen anbietet, hat ein Preisverzeichnis mit den Preisen für seine wesentlichen Leistungen oder mit seinen Verrechnungssätzen aufzustellen (§ 5 Abs. 1 PangV). Dieses ist im Geschäftslokal oder am sonstigen Ort des Leistungsangebots und, sofern vorhanden, zusätzlich im Schaufenster oder Schaukasten anzubringen.

In Gaststätten und ähnlichen Betrieben, in denen Speisen und Getränke angeboten werden, sind Preise in Preisverzeichnissen anzugeben (§ 7 Abs. 1 PangV). Die

Preisverzeichnisse sind entweder auf Tischen aufzulegen oder jedem Gast vor Entgegennahme von Bestellungen und auf Verlangen bei Abrechnung vorzulegen oder gut lesbar anzubringen (§ 7 Abs. 1 PAngV). Neben dem Eingang der Gaststätte ist ein Preisverzeichnis anzubringen, aus dem die Preise für die wesentlichen angebotenen Speisen und Getränke ersichtlich sind (§ 7 Abs. 2 PAngV). In Beherbergungsbetrieben ist beim Eingang oder bei der Anmeldestelle des Betriebs an gut sichtbarer Stelle ein Verzeichnis anzubringen oder auszulegen, aus dem die Preise der im Wesentlichen angebotenen Zimmer und ggf. der Frühstückspreis ersichtlich sind (§ 7 Abs. 3 PAngV). Kann in Gaststätten- und Beherbergungsbetrieben eine Telekommunikationsanlage benutzt werden, so ist der bei Benutzung geforderte Preis je Minute oder je Benutzung in der Nähe der Telekommunikationsanlage anzugeben (§ 7 Abs. 4 PAngV). Die in den Preisverzeichnissen aufgeführten Preise müssen das Bedienungsgeld und sonstige Zuschläge einschließen (§ 7 Abs. 5 PAngV).

9.1   Die Produktpolitik

Im Mittelpunkt der Marketingaktivitäten muss das Leistungsangebot des Unternehmens, das Produkt oder die Dienstleistung stehen. Die Produktpolitik ist darauf gerichtet, neue Produkte auf den Markt zu bringen (Produktinnovation), bereits auf dem Markt befindliche Produkte zu modifizieren (Produktvariation) oder bisherige Produkte aus dem Programm herauszunehmen (Produktelimination).

Maßnahmen der Produktpolitik sind:
* Produktentwicklung
  Sie erstreckt sich hinsichtlich des Verwendungszwecks auf die Eigenschaften, Handhabung, Design und Qualität der Produkte. Wichtig ist das Auffinden von **Problemlösungen** und das Absichern der Produkte mit Zusatzleistungen (z. B. Service). Es ist sinnvoll, die eigenen Produkte von den Konkurrenzprodukten deutlich abzuheben und die Austauschbarkeit zu reduzieren.
* Einführung neuer Produkte
  Einen großen Wettbewerbsvorsprung haben Neuheiten, die auf Basistechnologien beruhen (**Innovationen**). Bei der **Produktdifferenzierung** werden neue, *zusätzliche* Produkte auf den Markt gebracht. Damit können Sonderwünsche der Nachfrager besser gerecht werden. Die Ausweitung des Produktionsprogramms auf *andersartige* Produkte stellt die **Diversifikation** dar.
* Marktentwicklung
  Für bereits existierende Produkte werden neue Anwender gesucht.
* Marktdurchdringung
  Es sollen Produktpotenziale besser genutzt werden. Die Produkte werden gegenüber der Konkurrenz abgegrenzt und gegenüber den Abnehmern hervorgehoben (**Produktpositionierung**). Dadurch entsteht eine Produktidentität in Form einer Marke. Der Weg, um eine solche Positionierung durchzuführen, ist die **Marktsegmentierung**. Der Gesamtmarkt wird entsprechend der Segmentierungskriterien (Alter, Geschlecht, Nutzenerwartung usw.) in Teilmärkte zerlegt. Es ergeben sich Marktfelder, die dicht und weniger dicht besetzt sind. Freie Marktfelder besitzen ein hohes Potenzial zur Marktbearbeitung.

9.1.1 Der Schutz des geistigen Eigentums

Der Schutz des geistigen Eigentums ist insbesondere bei technologieorientierten Unternehmensgründungen von existentieller Bedeutung. Jeder Existenzgründer sollte sich deshalb bei innovativen Vorhaben Gedanken machen, wie sein Produkt bzw. Verfahren vor Nachahmern schützen kann und sich einschlägig beraten lassen. Die Patentinformationszentren [→ Adressenverzeichnis] bieten kostenlose Erfinderberatung durch Patentanwälte.

Das geistige Eigentum gilt als eigentumsähnliches Vermögensrecht und wird somit durch die Eigentumsgarantie nach Art. 14 GG geschützt. Geistiges Eigentum besteht an immateriellen Gütern. Es gewährt seinem Inhaber ein ausschließliches Nutzungsrecht, das an Dritte übertragen werden kann. Der Schutz des geistigen Eigentums umfasst den gewerblichen Rechtsschutz und das Urheberrecht. Dem gewerblichen Rechtsschutz unterliegen folgende Rechtsgebiete:

* Patentrecht,
* Gebrauchsmusterrecht,
* Geschmacksmusterrecht,
* Sortenschutzgesetz,
* Halbleiterschutzrecht,
* Markenrecht.

9.1.1.1 Die Patentanmeldung

Patente werden nach § 1 Abs. 1 PatG für Erfindungen erteilt, die *neu* sind, auf einer *erfinderischen Tätigkeit* beruhen und *gewerblich anwendbar* sind.

1. Neuheit	Eine Erfindung gilt als neu, wenn sie nicht zum Stand der Technik gehört (§ 3 Abs. 1 PatG). Der Stand der Technik umfasst alle Kenntnisse, die vor dem für den Zeitrang der Anmeldung maßgeblichen Tag durch schriftliche oder mündliche Beschreibung, durch Benutzung oder in sonstiger Weise der Öffentlichkeit zugänglich gemacht worden sind (absoluter Neuheitsbegriff). Als Stand der Technik gilt auch der Inhalt von Patentanmeldungen mit älterem Zeitrang, die erst an oder nach dem für den Zeitrang der jüngeren Anmeldung maßgeblichen Tag der Öffentlichkeit zugänglich gemacht worden sind (§ 3 Abs. 2 PatG).
2. Erfinderische Tätigkeit	Eine Erfindung gilt als auf einer erfinderischen Tätigkeit beruhend, wenn sie sich für den Fachmann nicht in naheliegender Weise aus dem Stand der Technik ergibt (§ 4 PatG).
3. Gewerbliche Anwendbarkeit	Eine Erfindung gilt als gewerblich anwendbar, wenn ihr Gegenstand auf irgendeinem gewerblichen Gebiet einschließlich der Landwirtschaft hergestellt oder benutzt werden kann (§ 5 PatG).

Abb. 80: Voraussetzungen für die Patentfähigkeit von Erfindungen

Dem Anmelder wird empfohlen, sich über den Stand der Technik sorgfältig zu informieren, bevor er ein Patent beantragt. Beim Deutschen Patent- und Markenamt (DPMA), beim Technischen Informationszentrum (TIZ) in Berlin und bei den Patentinformationszentren [→ Adressenverzeichnis] liegen die patentamtlichen Veröffentlichungen (Offenlegungs-, Auslege-, Patentschriften, Unterlagen eingetragener Gebrauchsmuster) zur Einsicht aus. Der Anmelder sollte vor Einreichung einer Anmeldung in jedem Fall die Druckschriften des technischen Gebiets durchsehen, dem der Gegenstand des Patents angehört.

Keine Erfindungen sind insbesondere Entdeckungen, wissenschaftliche Theorien und mathematische Methoden, ästhetische Formschöpfungen, Pläne, Regeln und Verfahren für gedankliche Tätigkeiten, für Spiele oder für geschäftliche Tätigkeiten sowie Programme für Datenverarbeitungsanlagen, die Wiedergabe von Informationen (§ 1 Abs. 3 PatG), soweit sich die Anmeldung auf diese Gegenstände oder Tätigkeiten erstreckt. Patente werden nicht erteilt für Erfindungen, deren gewerbliche Verwertung gegen die öffentliche Ordnung oder die guten Sitten verstoßen würde (§ 2 Nr. 1 PatG) und für Verfahren zum Klonen von menschlichen Lebewesen, Verfahren zur Veränderung der genetischen Identität der Keimbahn des menschlichen Lebewesens, die Verwendung von menschlichen Embryonen zu industriellen oder kommerziellen Zwecken, Verfahren zur Veränderung der genetischen Identität von Tieren, die geeignet sind, Leiden dieser Tiere ohne wesentlichen medizinischen Nutzen für den Menschen oder das Tier zu verursachen, sowie die mit Hilfe solcher Verfahren erzeugten Tiere (§ 2 Abs. 2 PatG). Für Pflanzensorten und Tierrassen sowie im Wesentlichen biologische Verfahren zur Züchtung von Pflanzen und Tieren, Verfahren zur chirurgischen oder therapeutischen Behandlung des menschlichen oder tierischen Körpers und Diagnostizierverfahren, die am menschlichen oder tierischen Körper vorgenommen werden, werden keine Patente erteilt (§ 2a Abs. 1 PatG). Patente können erteilt werden für Erfindungen, deren Gegenstand Pflanzen oder Tiere sind, wenn die Ausführung der Erfindung technisch nicht auf eine bestimmte Pflanzensorte oder Tierrasse beschränkt ist, Erfindungen, die ein mikrobiologisches oder ein sonstiges technisches Verfahren oder ein durch ein solches Verfahren gewonnenes Erzeugnis zum Gegenstand haben, sofern es sich dabei nicht um eine Pflanzensorte oder Tierrasse handelt (§ 2a Abs. 2 PatG).

Die Patentanmeldung kann man beim Deutschen Patent- und Markenamt (DPMA) oder bei den Dienststellen in Jena oder beim Technischen Informationszentrum (TIZ) in Berlin einreichen. Daneben werden Patentanmeldungen auch von bestimmten Patentinformationszentren entgegengenommen. Diese dokumentieren den Eingangstag und leiten die Patentanmeldungen, ohne sie zu prüfen, an das Deutsche Patent- und Markenamt (DPMA) weiter.

Patentschutz entsteht durch die Erteilung des Patents. Sie erfolgt nach vorschriftsmäßiger Anmeldung der Erfindung und Prüfung der formellen und materiellen Erteilungsvoraussetzungen durch das Deutsche Patent- und Markenamt (DPMA). Das Recht auf das Patent hat der Erfinder oder sein Rechtsnachfolger (§ 6 PatG). Haben mehrere die Erfindung unabhängig voneinander gemacht, so steht das Recht dem zu, der die Erfindung zuerst beim Patentamt angemeldet hat. Das Patent dauert zwanzig Jahre, beginnend mit dem Tag, der auf die Anmeldung der Erfindung folgt (§ 16 Abs. 1 PatG).

Zum Erwerb eines Patents ist zunächst eine formgerechte Patentanmeldung erforderlich, in der der Erfinder die Erfindung deutlich beschreiben und in den Patentansprüchen den Gegenstand seines Schutzbegehrens angeben muss. Über Inhalt und Form der Patentanmeldung enthält die Verordnung zum Verfahren in Patentsachen vor dem Deutschen Patent- und Markenamt (PatV) ausführliche Regelungen. Eine Erfindung ist zur Erteilung eines Patents beim Patentamt anzumelden (§ 34 Abs. 1 PatG). Die Anmeldung kann auch über ein Patentinformationszentrum eingereicht werden, wenn diese Stelle dazu bestimmt ist, Patentanmeldungen entgegenzunehmen (§ 34 Abs. 2 PatG). Die Patentanmeldung muss nach § 34 Abs. 3 PatG Folgendes enthalten:

- den Namen des Anmelders,
- einen Antrag auf Erteilung des Patents auf dem vom Deutschen Patent- und Markenamt herausgegebenen Formblatt (§ 4 PatV) mit Angaben zum Anmelder, eine kurze und genaue Beschreibung der Erfindung, die Erklärung, dass für die Erfindung die Erteilung eines Patents oder eines Zusatzpatents beantragt wird, falls ein Vertreter bestellt worden ist, seinen Namen und seine Anschrift, die Unterschrift aller Anmelder oder deren Vertreter, falls ein Zusatzpatent beantragt wird, so ist auch das Aktenzeichen der Hauptanmeldung oder die Nummer des Hauptpatents anzugeben.
- einen oder mehrere Patentansprüche (§ 9 PatV), in denen angegeben ist, was als patentfähig unter Schutz gestellt werden soll,
- eine Beschreibung der Erfindung (§ 10 PatV),
- die Zeichnungen (§ 12 PatV), auf die sich die Patentansprüche oder die Beschreibung beziehen.

Der Anmeldung ist eine Zusammenfassung (§ 13 PatV) beizufügen, die noch bis zum Ablauf von 15 Monaten nach dem Anmeldetag oder, sofern für die Anmeldung ein früherer Zeitpunkt als maßgebend in Anspruch genommen wird, bis zum Ablauf von 15 Monaten nach diesem Zeitpunkt nachgereicht werden kann (§ 36 Abs. 1 PatG).

Für jede Anmeldung und jedes Patent ist für das dritte und jedes folgende Jahr, gerechnet vom Anmeldetag an, eine Jahresgebühr zu entrichten (§ 17 Abs. 1 PatG). Für ein Zusatzpatent sind Jahresgebühren nicht zu entrichten (§ 17 Abs. 2 PatG).

In der Beschreibung, die als Titel die im Antrag auf Erteilung eines Patents angegebene Bezeichnung der Erfindung erhält, sind nach § 10 Abs. 2 PatAV anzugeben:

- das technische Gebiet, zu dem die Erfindung gehört, soweit es sich nicht aus den Ansprüchen oder den Angaben zum Stand der Technik ergibt,
- der dem Anmelder bekannte Stand der Technik, der für das Verständnis der Erfindung und deren Schutzfähigkeit in Betracht kommen kann, unter Angabe der dem Anmelder bekannten Fundstellen,
- das der Erfindung zugrunde liegende Problem, insbesondere dann, wenn es zum Verständnis der Erfindung oder für ihre nähere inhaltliche Bestimmung unentbehrlich ist,
- die Erfindung, für die in den Patentansprüchen Schutz begehrt wird,
- in welcher Weise der Gegenstand der Erfindung gewerblich anwendbar ist, wenn

es sich aus der Beschreibung oder der Art der Erfindung nicht offensichtlich ergibt,

- ggf. vorteilhafte Wirkungen der Erfindung unter Bezugnahme auf den bisherigen Stand der Technik,
- wenigstens ein Weg zum Ausführen der beanspruchten Erfindung im Einzelnen, ggf. erläutert durch Beispiele und anhand der Zeichnungen unter Verwendung der entsprechenden Bezugszeichen.

TIPP

Sie können eine bloße Recherche zum Stand der Technik beantragen und sich damit die Grundlage für eine eigene Einschätzung verschaffen, wie die Chancen für eine Patenterteilung stehen. Dieser Antrag auf Ermittlung der öffentlichen Druckschriften kann durch Ankreuzen im Antragsformular bereits mit der Einreichung der Anmeldung, aber auch später gestellt werden. Das Deutsche Patent- und Markenamt (DPMA) ermittelt dann aus dem der zuständigen Prüfungsstelle vorliegenden Prüfstoff die inländischen und ausländischen öffentlichen Druckschriften, die für die Beurteilung der Patentfähigkeit der angemeldeten Erfindung in Betracht zu ziehen sind.

Der Anmelder hat nach § 37 Abs. 1 PatG innerhalb von 15 Monaten nach dem Anmeldetag oder, sofern für die Anmeldung ein früherer Zeitpunkt als maßgebend in Anspruch genommen wird, innerhalb von 15 Monaten nach diesem Zeitpunkt den oder die Erfinder zu benennen und zu versichern, dass weitere Personen seines Wissens an der Erfindung nicht beteiligt sind. Ist der Anmelder nicht oder nicht allein der Erfinder, so hat er auch anzugeben, wie das Recht auf das Patent an ihn gelangt ist.

Ist die Anmeldung eingereicht, so erhält der Anmelder, sein Zustellungsbevollmächtigter oder sein Vertreter eine Empfangsbescheinigung, die den Anmelder sowie das für die Anmeldung vergebene Aktenzeichen enthält. Das **Patenterteilungsverfahren** durchläuft folgende Stufen:

1. Prüfung auf offensichtliche Patentierungshindernisse
   Die Anmeldung wird nach ihrem Eingang aufgrund der Bestimmungen des Patentgesetzes (PatG) und der Verordnung zum Verfahren in Patentsachen vor dem Deutschen Patent- und Markenamt (PatV) auf Einhaltung der Formvorschriften (§§ 34 bis 38 PatG) und auf Vorliegen offensichtlicher Patentierungshindernisse (§ 42 PatG) überprüft. Dabei wird u.a. geprüft, ob der Gegenstand der Anmeldung offensichtlich seinem Wesen nach eine Erfindung ist, gewerblich anwendbar ist, eine einheitliche Erfindung betrifft, nach § 2 PatG von der Patenterteilung nicht ausgeschlossen ist und ob ein geltend gemachtes Zusatzverhältnis zu einer anderen Patenterteilung sachlich betrifft.
   Dem Anmelder werden Formmängel und offensichtliche Patentierungshindernisse mitgeteilt, und er wird zur Beseitigung dieser Mängel oder zur Zurücknahme der Anmeldung innerhalb einer bestimmten Frist aufgefordert.
2. Offenlegung
   Unabhängig vom Verfahrensstand erfolgt i.d.R. nach Ablauf von 18 Monaten, gerechnet vom Anmelde- bzw. Prioritätstag die Offenlegung (§ 31 Abs. 2 Nr. 2 PatG). Das geschieht durch Veröffentlichung des Offenlegungshinweises im Patentblatt (§ 32 Abs. 5 PatG) und Herausgabe der Anmeldungsunterlagen als »Offenlegungsschrift« (§ 32 Abs. 2 PatG) mit der Folge, dass jedermann freie

Einsicht in die Akten der Patentanmeldung nehmen kann. Mit der Offenlegung ist ein vorläufiger Schutz der Patentanmeldung verbunden, der allerdings auf die Zahlung einer angemessenen Entschädigung beschränkt ist (§ 33 PatG).

3. Prüfung auf Patentfähigkeit
   Ob die Anmeldung den Anforderungen der §§ 34, 37 und 38 PatG genügt und ob der Gegenstand der Anmeldung nach den §§ 1 bis 5 PatG patentfähig ist, wird erst auf Antrag geprüft. Der Prüfungsantrag nach § 44 PatG kann innerhalb von sieben Jahren nach Einreichung der Patentanmeldung gestellt werden. Das Ergebnis der Prüfung wird dem Anmelder unter Fristsetzung zur Äußerung schriftlich mitgeteilt (Prüfungsbescheid). Ist vor Stellung des Prüfungsantrags ein Rechercheantrag nach § 43 PatG gestellt worden, so werden zuerst die Druckschriften ermittelt und mitgeteilt. Anschließend beginnt dann das Prüfungsverfahren.

4. Erteilung des Patents
   Genügt die Anmeldung den vorgeschriebenen Anforderungen, sind gerügte Mängel beseitigt und ist der Gegenstand der Anmeldung patentfähig, so wird die Erteilung des Patents beschlossen. Mit der Veröffentlichung der Erteilung im Patentblatt treten die gesetzlichen Wirkungen des Patents ein. Gleichzeitig wird die Patentschrift veröffentlicht. Sie enthält die Patentansprüche, die Beschreibung und die Zeichnungen, aufgrund derer das Patent erteilt worden ist. Außerdem werden auf der Patentschrift die Nummern sämtlicher Druckschriften angegeben, die im Erteilungsverfahren in Betracht gezogen worden sind. Auf die übrigen Druckschriften, die im Fall eines vorangegangenen Rechercheantrages ermittelt und dem Anmelder bereits ermittelt worden sind, wird hingewiesen. Die Zusammenfassung wird in die Patentschrift nur aufgenommen, wenn sie nicht schon in die Offenlegungsschrift aufgenommen worden war.

TIPP

Im Patenterteilungsverfahren erhält ein Anmelder, der nachweist, dass er nach seinen persönlichen und wirtschaftlichen Verhältnissen die Gebühr nicht, nur zum Teil oder nur in Raten aufbringen kann, auf Antrag Zahlungserleichterungen durch Verfahrenskostenhilfe. Voraussetzung ist, dass hinreichende Aussicht auf Erteilung des Patents besteht. Für die Erklärung über die persönlichen und wirtschaftlichen Verhältnisse muss ein besonderer Vordruck ausgefüllt und unterschrieben werden, der mit einem Merkblatt über **Verfahrenskostenhilfe** auf Verlangen kostenlos übersandt wird.

Einem Anmelder, dem Verfahrenskostenhilfe bewilligt wurde, wird auf Antrag ein zur Übernahme der Vertretung bereiter Patentanwalt oder Rechtsanwalt seiner Wahl oder auf ausdrückliches Verlangen auch ein Erlaubnisscheininhaber beigeordnet, wenn die Vertretung zur sachdienlichen Erledigung des Erteilungsverfahrens erforderlich erscheint. Die Erforderlichkeit muss der Anmelder erläutern.

Auszug aus dem Gebührenverzeichnis für Patente Stand: 01.01.2011	EUR
Erteilungsverfahren	
Anmeldeverfahren (§ 34 Abs. 6 PatG)	
– bei elektronischer Anmeldung (bis zu zehn Patentansprüche)	40,00
– bei Anmeldung in Papierform	60,00
Recherche (§ 43 PatG)	250,00
Prüfungsverfahren (§ 44 Abs. 3 PatG)	
– wenn ein Antrag nach § 43 PatG bereits gestellt worden ist	150,00
– wenn ein Antrag nach § 43 PatG nicht gestellt worden ist	350,00
Anmeldeverfahren für ein ergänzendes Schutzzertifikat (§ 49a PatG)	300,00
Verlängerung der Laufzeit eines ergänzenden Schutzzertifikats (§ 49a Abs. 3 PatG)	
– wenn der Antrag zusammen mit dem Antrag auf Erteilung des ergänzenden Schutzzertifikats gestellt wird	100,00
– wenn der Antrag nach dem Antrag auf Erteilung eines ergänzenden Schutzzertifikats gestellt wird	200,00
Aufrechterhaltung eines Patents oder einer Anmeldung	
Jahresgebühren (§ 17 Abs. 1 PatG)	
für das 3. Jahr	70,00
für das 4. Jahr	70,00
für das 5. Jahr	90,00
für das 6. Jahr	130,00
für das 7. Jahr	180,00
für das 8. Jahr	240,00
für das 9. Jahr	290,00
für das 10. Jahr	350,00
für das 11. Jahr	470,00
für das 12. Jahr	620,00
für das 13. Jahr	760,00
für das 14. Jahr	910,00
für das 15. Jahr	1.060,00
für das 16. Jahr	1.230,00
für das 17. Jahr	1.410,00
für das 18. Jahr	1.590,00
für das 19. Jahr	1.760,00
für das 20. Jahr	1.940,00

Abb. 81: Gebühren des Deutschen Patent- und Markenamtes bei Patentsachen

Die Bewilligung der Verfahrenskostenhilfe ersetzt nicht den Antrag auf Stundung der Erteilungsgebühr und von Jahresgebühren.

Innerhalb von drei Monaten nach der Veröffentlichung der Patenterteilung können Dritte Einspruch gegen das Patent erheben (§ 59 Abs. 1 PatG). Ist ein zulässiger Einspruch eingelegt, so wird das Patent insgesamt dahingehend überprüft, ob es zu Recht erteilt worden und aufrechtzuerhalten oder zu widerrufen ist.

Erklärt sich der Patentanmelder oder der im Register als Patentinhaber Eingetragene dem Deutschen Patent- und Markenamt (DPMA) gegenüber schriftlich bereit, jedermann die Benutzung der Erfindung gegen angemessene Vergütung zu gestatten, so ermäßigen sich die für das Patent nach Eingang der Erklärung fällig werdenden Jahresgebühren auf die Hälfte (§ 23 Abs. 1 PatG). Die Erklärung ist unzulässig, solange im Register ein Vermerk über die Einräumung einer ausschließlichen Lizenz eingetragen ist oder ein Antrag auf Eintragung eines solchen Vermerks dem Patentamt vorliegt (§ 23 Abs. 2 PatG). Die Lizenzbereitschaftserklärung kann jederzeit gegenüber dem Patentamt schriftlich zurückgenommen werden, solange dem Patentinhaber noch nicht die Absicht angezeigt worden ist, die Erfindung zu benutzen (§ 23 Abs. 7 PatG).

TIPP
Wenn der Anmelder oder Patentinhaber nachweist, dass ihm die Zahlung der Erteilungsgebühr und von Jahresgebühren finanziell zurzeit nicht zuzumuten ist, werden ihm auf Antrag neben der Erteilungsgebühr die Jahresgebühren für das dritte bis zwölfte Jahr bis zum Beginn des dreizehnten Jahres gestundet. Die gestundeten Gebühren werden erlassen, wenn die Anmeldung zurückgenommen wird oder das Patent innerhalb der ersten dreizehn Jahre erlischt.

Das europäische Patent

Neben den nationalen Patenterteilungsverfahren gibt es das europäische Patenterteilungsverfahren. Der Anmelder hat also die Wahl, ob er zur Erlangung des Patentschutzes in einem oder mehreren Vertragsstaaten des Europäischen Patentübereinkommens (EPÜ) den Weg des nationalen Verfahrens in jedem Staat einschlägt, in dem er Schutz begehrt, oder ob er den europäischen Weg beschreitet, der ihm mit einem einzigen Verfahren Schutz in allen Vertragsstaaten verschafft, die er benennt. Strebt der Anmelder ein europäisches Patent an, so hat er ferner die Wahl zwischen dem unmittelbaren europäischen Weg und dem Euro-PCT-Weg. Beim unmittelbaren europäischen Weg gelten für das gesamte europäische Patenterteilungsverfahren einzig und allein die Bestimmungen des Europäischen Patentübereinkommens (EPÜ). Beim Euro-PCT-Weg gelten für die erste Phase des Erteilungsverfahrens die Bestimmungen des PCT (internationale Phase) und für die regionale Phase von dem Europäischen Patentamt (EPA) als Bestimmungsamt oder ausgewähltem Amt in erster Linie die des Europäischen Patentübereinkommens (EPÜ).

Das Europäische Patentübereinkommen (EPÜ) hat ein einheitliches europäisches Patenterteilungsverfahren auf der Grundlage einer einzigen Anmeldung und ein einheitliches materielles Patentrecht geschaffen, um den Schutz von Erfindungen in den Vertragsstaaten zu erleichtern, zu verbilligen und zu stärken. Die Dauer des europäischen Patenterteilungsverfahrens beträgt etwa drei bis fünf Jahre ab der Einreichung der Patentanmeldung. Die Amtssprachen des Europäischen Patentamtes (EPA) sind Deutsch, Englisch und Französisch.

Die Vertragsstaaten sind: Albanien, Belgien, Bulgarien, Dänemark, Deutschland, die ehemalige jugoslawische Republik Mazedonien, Estland, Finnland, Frankreich, Griechenland, Irland, Island, Italien, Kroatien, Lettland, Liechtenstein, Litauen, Luxemburg, Malta, Monaco, Niederlande, Norwegen, Österreich, Polen, Portugal, Rumänien, San Marino, Schweden, Schweiz, Slowakei, Slowenien, Spanien, Tschechische Republik, Türkei, Ungarn, Vereinigtes Königreich und Zypern.

Darüber hinaus können europäische Patente in folgenden Staaten (Erstreckungsstaaten) kraft einer Vereinbarung Wirkung entfalten, die nicht dem Europäische Patentübereinkommen (EPÜ) angehören: Bosnien und Herzegowina, Montenegro und Serbien.

Europäische Patente werden für Erfindungen auf allen Gebieten der Technik erteilt, sofern sie *neu* sind, auf einer *erfinderischen Tätigkeit* beruhen und *gewerblich anwendbar* sind (Art. 52 Abs. 1 EPÜ).

Jede natürliche oder juristische Person und jede Gesellschaft, die nach dem für sie maßgebenden Recht einer juristischen Person gleichgestellt ist, kann die Erteilung eines europäischen Patents beantragen (Art. 58 EPÜ). Das Recht auf das europäische Patent steht dem Erfinder oder seinem Rechtsnachfolger zu (Art. 60 Art. 1 EPÜ). Der Erfinder hat gegenüber dem Anmelder oder Inhaber des europäischen Patents das Recht, vor dem Europäischen Patentamt (EPA) als Erfinder genannt zu werden (Art. 62 EPÜ).

Das europäische Patent gewährt seinem Inhaber ab dem Tag der Bekanntmachung des Hinweises auf seine Erteilung im Europäischen Patentblatt in jedem Vertragsstaat, für den es erteilt ist, dieselben Rechte, die ihm ein in diesem Staat erteiltes nationales Patent gewähren würde (Art. 64 Abs. 1 EPÜ). Eine Verletzung des europäischen Patents wird nach nationalem Recht behandelt (Art. 64 Abs. 3 EPÜ). Die Laufzeit des europäischen Patents beträgt zwanzig Jahre, gerechnet vom Anmeldetag an (Art. 63 Abs. 1 EPÜ). Jeder Vertragsstaat kann, wenn das vom Europäischen Patentamt erteilte Patent nicht in einer seiner Amtssprachen abgefasst ist, vorschreiben, dass der Patentinhaber bei seiner Zentralbehörde für den gewerblichen Rechtsschutz eine Übersetzung des Patents in der erteilten Fassung nach seiner Wahl in einer seiner Amtssprachen oder, soweit dieser Staat die Verwendung einer bestimmten Amtssprache vorgeschrieben hat, in dieser Amtssprache einzureichen hat (Art. 65 Abs. 1 EPÜ). Eine europäische Patentanmeldung, der ein Anmeldetag zuerkannt worden ist, hat in den benannten Vertragsstaaten die Wirkung einer vorschriftsmäßigen nationalen Anmeldung, ggf. mit der für die europäische Patentanmeldung in Anspruch genommene Priorität (Art. 66 EPÜ).

Die europäische Patentanmeldung kann nach Art. 75 Abs. 1 EPÜ eingereicht werden
- beim Europäischen Patentamt oder
- bei der Zentralbehörde für den gewerblichen Rechtsschutz oder bei anderen zuständigen Behörden eines Vertragsstaats, wenn das Recht dieses Staats es gestattet.

Die Zentralbehörde für den gewerblichen Rechtsschutz eines Vertragsstaats leitet die bei ihr oder einer anderen Behörde dieses Staats eingereichten europäischen Patentanmeldungen nach Maßgabe der Ausführungsordnung an das Europäische Patentamt weiter (Art. 77 Abs. 1 EPÜ).

Die europäische Patentanmeldung muss enthalten (Art. 78 Abs. 1 EPÜ):
- einen Antrag auf Erteilung eines europäischen Patents,
- eine Beschreibung der Erfindung,
- einen oder mehrere Patentansprüche,
- die Zeichnungen, auf die sich die Beschreibung oder die Patentansprüche beziehen und
- eine Zusammenfassung.

Für die europäische Patentanmeldung sind die Anmeldegebühr und die Recherchegebühr innerhalb eines Monats nach Einreichung der Anmeldung zu entrichten (Art. 78 Abs. 2 EPÜ). Wird die Anmeldegebühr oder die Recherchegebühr nicht rechtzeitig entrichtet, so gilt die Anmeldung als zurückgenommen.

Im Antrag auf Erteilung eines europäischen Patents gelten alle Vertragsstaaten als benannt, die diesem Übereinkommen bei Einreichung der europäischen Patentanmeldung angehören (Art. 79 Abs. 1 EPÜ). Für die Benennung eines Vertragsstaats kann eine Benennungsgebühr erhoben werden (Art. 79 Abs. 2 EPÜ). Die Benennungsgebühren sind innerhalb von sechs Monaten nach dem Tag zu entrichten, an dem im Europäischen Patentblatt auf die Veröffentlichung des europäischen Recherchenberichts hingewiesen worden ist. Die Benennung eines Vertragsstaats kann bis zur Erteilung des europäischen Patents zurückgenommen werden (Art. 79 Abs. 3 EPÜ). Der Anmeldung einer europäischen Patentanmeldung ist der Tag, an dem die in der Ausführungsordnung festgelegten Erfordernisse erfüllt sind (Art. 80 EPÜ). In der europäischen Patentanmeldung ist der Erfinder zu nennen (Art. 81 EPÜ). Ist der Anmelder nicht oder nicht allein der Erfinder, so hat die Erfindernennung eine Erklärung darüber zu enthalten, wie der Anmelder das Recht auf das europäische Patent erlangt hat. Die europäische Patentanmeldung darf nur eine einzige Erfindung enthalten oder eine Gruppe von Erfindungen, die untereinander in der Weise verbunden sind, dass sie eine einzige allgemeine erfinderische Idee verwirklichen (Art. 82 EPÜ). Die Erfindung ist in der europäischen Patentanmeldung so deutlich und vollständig zu offenbaren, dass ein Fachmann sie ausführen kann (Art. 83 EPÜ). Die Patentansprüche müssen den Gegenstand angeben, für den Schutz begehrt wird (Art. 84 EPÜ). Sie müssen deutlich und knapp gefasst sein und von der Beschreibung gestützt werden. Die Zusammenfassung dient ausschließlich der technischen Information (Art. 85 EPÜ). Sie kann nicht für andere Zwecke, insbesondere nicht für die Bestimmung des Umfangs des begehrten Schutzes herangezogen werden (Art. 85 EPÜ).

TIPP
Die Benennung eines Staates gilt als zurückgenommen, wenn die Benennungsgebühr für diesen Staat nicht rechtzeitig entrichtet worden ist. So können Sie die endgültige Entscheidung, für welche Staaten Sie ein europäisches Patent zu erhalten wünschen, bis zum Ablauf der Frist zur Zahlung der Benennungsgebühren hinausschieben.

Auszug aus dem Gebührenverzeichnis für europäische Patente Stand: 01.01.2011	EUR
Erteilungsverfahren	
Anmeldegebühr (Art. 78 Abs. 2 EPÜ)	
– Anmeldung online	105,00
– Anmeldung nicht online	190,00
Recherchengebühr (Art. 78 Abs. 2 EPÜ)	
– für eine europäische oder eine ergänzende europäische Recherche	1.105,00
– für eine internationale Recherche	1.785,00
Benennungsgebühr für einen oder mehr benannte Vertragsstaaten (Art. 79 Abs. 2 EPÜ)	525,00
Prüfungsgebühr (Art. 94 Abs. 1 EPÜ)	1.480,00
– für eine internationale Anmeldung, für die kein ergänzender europäischer Recherchebericht erstellt wird	1.545,00
Erteilungsgebühr einschließlich Veröffentlichungsgebühr für die europäische Patentschrift	830,00
Veröffentlichungsgebühr für eine neue europäische Patentschrift	65,00
Verwaltung eines europäischen Patents	
Jahresgebühren (Art. 86 Abs. 1 EPÜ)	
für das 3. Jahr	420,00
für das 4. Jahr	525,00
für das 5. Jahr	735,00
für das 6. Jahr	945,00
für das 7. Jahr	1.050,00
für das 8. Jahr	1.155,00
für das 9. Jahr	1.260,00
für das 10. und jedes weitere Jahr	1.420,00

Abb. 82: Gebühren des Europäischen Patentamtes (EPA) bei Patentsachen

Für die europäische Patentanmeldung sind Jahresgebühren an das Europäische Patentamt zu entrichten (Art. 86 Abs. 1 EPÜ). Sie werden für das dritte und jedes weitere Jahr, gerechnet vom Anmeldetag an, geschuldet. Wird eine Jahresgebühr nicht rechtzeitig entrichtet, so gilt die Anmeldung als zurückgenommen.

Jedermann, der in einem oder mit Wirkung für einen Vertragsstaat der Pariser Verbandsübereinkunft zum Schutz des gewerblichen Eigentums oder ein Mitglied der Welthandelsorganisation eine Anmeldung für ein Patent, ein Gebrauchsmuster oder ein Gebrauchszertifikat vorschriftsmäßig eingereicht hat, oder sein Rechtsnachfolger genießt für die Anmeldung derselben Erfindung zum europäischen Patent während einer Frist von 12 Monaten nach dem Anmeldetag der ersten Anmeldung ein Prioritätsrecht (Art. 87 Abs. 1 EPÜ). Als prioritätsbegründet wird jede Anmeldung anerkannt, der nach dem nationalen Recht des Staats, in dem die Anmeldung eingereicht worden ist, oder nach zwei- oder mehrseitigen Verträgen unter Einschluss dieses Übereinkommens die Bedeutung einer vorschriftsmäßigen nationalen Anmeldung zukommt.

Das Europäische Patentamt prüft (Eingangs- und Formalprüfung), ob die Anmeldung den Erfordernissen für die Zuerkennung eines Anmeldetags genügt (Art. 90 Abs. 1 EPÜ). Kann ein Anmeldetag nach der Prüfung nicht zuerkannt werden, so wird die Anmeldung nicht als europäische Patentanmeldung behandelt (Art. 90 Abs. 2 EPÜ). Stellt das Europäische Patentamt bei der Prüfung behebbare Mängel fest, so gibt es dem Anmelder Gelegenheit, diese Mängel zu beseitigen (Art. 90 Abs. 4 EPÜ). Das Europäische Patentamt erstellt einen Recherchenbericht zu der europäischen Patentanmeldung auf der Grundlage der Patentansprüche unter angemessener Berücksichtigung der Beschreibung und der vorhandenen Zeichnungen (Art. 92 EPÜ). Das Europäische Patentamt veröffentlicht die europäische Patentanmeldung so bald wie möglich nach Ablauf von 18 Monaten nach dem Anmeldetag oder, wenn eine Priorität in Anspruch genommen worden ist, nach dem Prioritätstag oder auf Antrag des Anmelders vor Ablauf dieser Frist (Art. 93 Abs. 1 EPÜ). Die europäische Patentanmeldung wird gleichzeitig mit der europäischen Patentschrift veröffentlicht, wenn die Entscheidung über die Erteilung des Patents wirksam wird (Art. 93 Abs. 2 EPÜ). Das europäische Patentamt prüft auf Antrag, ob die europäische Patentanmeldung und die Erfindung, die sie zum Gegenstand hat, den Erfordernissen dieses Übereinkommens genügen (Art. 94 Abs. 1 EPÜ). Der Antrag gilt erst als gestellt, wenn die Prüfungsgebühr entrichtet worden ist. Ergibt die Prüfung, dass die Anmeldung oder die Erfindung, die sie zum Gegenstand hat, den Erfordernissen dieses Übereinkommens nicht genügt, so fordert die Prüfungsabteilung den Anmelder so oft wie erforderlich auf, eine Stellungnahme einzureichen und die Anmeldung zu ändern. Ist die Prüfungsabteilung der Auffassung, dass die europäische Patentanmeldung und die Erfindung, die sie zum Gegenstand hat, den Erfordernissen dieses Übereinkommens genügen, so beschließt sie die Erteilung des europäischen Patents, sofern die in der Ausführungsordnung genannten Voraussetzungen erfüllt sind (Art. 97 Abs. 1 EPÜ). Die Entscheidung über die Erteilung des europäischen Patents wird an dem Tag wirksam, an dem der Hinweis auf die Erteilung im Europäischen Patentblatt bekannt gemacht wird (Art. 97 Abs. 3 EPÜ). Das Europäische Patentamt veröffentlicht die europäische Patentschrift so bald wie möglich nach Bekanntmachung des Hinweises auf die Erteilung des europäischen Patents im Europäischen Patentblatt (Art. 98 EPÜ).

Innerhalb von neun Monaten nach Bekanntmachung des Hinweises auf die Erteilung des europäischen Patents im Europäischen Patentblatt kann jedermann nach Maßgabe der Ausführungsordnung beim Europäischen Patentamt gegen dieses Patent Einspruch einlegen (Art. 99 Abs. 1 EPÜ). Der Einspruch gilt erst als eingelegt, wenn die Einspruchsgebühr entrichtet worden ist. Der Einspruch erfasst das europäische Patent für alle Vertragsstaaten, in denen es Wirkung hat (Art. 99 Abs. 2 EPÜ). Ist der Einspruch zulässig, so prüft die Einspruchsabteilung nach Maßgabe der Ausführungsordnung, ob wenigstens ein Einspruchsgrund der Aufrechterhaltung des europäischen Patents entgegensteht (Art. 101 Abs. 1 EPÜ). Bei dieser Prüfung fordert die Einspruchsabteilung die Beteiligten so oft wie erforderlich auf, eine Stellungnahme zu ihren Bescheiden oder zu den Schriftsätzen anderer Beteiligter einzureichen. Ist die Einspruchsabteilung der Auffassung, dass wenigstens ein Einspruchsgrund der Aufrechterhaltung des europäischen Patents entgegensteht, so widerruft sie das Patent (Art. 101 Abs. 2 EPÜ). Andernfalls weist sie den Einspruch zurück.

9.1.1.2 Die Gebrauchsmusteranmeldung

Das Gebrauchsmuster wird oft auch »kleines Patent« genannt. Es ist ein echtes Erfindungsschutzrecht, das einfach, schnell und kostengünstig erlangt werden kann.

Als Gebrauchsmuster werden nach § 1 Abs. 1 GebrMG Erfindungen geschützt, die *neu* sind, auf einem *erfinderischen Schritt* beruhen und *gewerblich anwendbar* sind.

Nicht gebrauchsmusterfähig sind insbesondere Entdeckungen, wissenschaftliche Theorien und mathematische Methoden, ästhetische Formschöpfungen, Pläne, Regeln und Verfahren für gedankliche Tätigkeiten, für Spiele oder für geschäftliche Tätigkeiten sowie Programme für Datenverarbeitungsanlagen, die Wiedergabe von Informationen, biotechnologische Erfindungen (§ 1 Abs. 2 GebrMG), soweit sich die Anmeldung auf diese Gegenstände oder Tätigkeiten erstreckt. Gebrauchsmuster werden nicht erteilt für Erfindungen, deren Verwertung gegen die öffentliche Ordnung oder die guten Sitten verstoßen würde (§ 2 Nr. 1 GebrMG) und für Pflanzensorten oder Tierarten (§ 2 Nr. 2 GebrMG) oder Verfahren (§ 2 Nr. 3 GebrMG).

Der Gegenstand eines Gebrauchsmusters gilt als neu, wenn er nicht zum Stand der Technik gehört (§ 3 Abs. 1 GebrMG). Der Stand der Technik umfasst alle Kenntnisse, die vor dem für den Zeitrang der Anmeldung maßgeblichen Tag durch schriftliche Beschreibung oder durch eine im Geltungsbereich dieses Gesetzes erfolgte Benutzung der Öffentlichkeit zugänglich gemacht worden sind. Eine innerhalb von sechs Monaten vor dem für den Zeitrang der Anmeldung maßgeblichen Tag erfolgte Beschreibung oder Benutzung bleibt außer Betracht, wenn sie auf der Ausarbeitung des Anmelders oder seines Rechtsvorgängers beruht. Der Gegenstand eines Gebrauchsmusters gilt als gewerblich anwendbar, wenn er auf irgendeinem gewerblichen Gebiet einschließlich der Landwirtschaft hergestellt oder benutzt werden kann (§ 3 Abs. 2 GebrMG).

Erfindungen, für die der Schutz als Gebrauchsmuster verlangt wird, sind beim Deutschen Patent- und Markenamt (DPMA) anzumelden (§ 4 Abs. 1 GebrMG). Die Anmeldung kann auch über ein Patentinformationszentrum eingereicht werden, wenn diese Stelle dazu bestimmt ist, Gebrauchsmusteranmeldungen entgegenzunehmen (§ 4 Abs. 2 GebrMG). Die Anmeldung muss nach § 4 Abs. 3 GebrMG enthalten:

- den Namen des Anmelders,
- einen Antrag auf Eintragung des Gebrauchsmusters, in dem der Gegenstand des Gebrauchsmusters kurz und genau bezeichnet ist,
- einen oder mehrere Schutzansprüche, in denen angegeben ist, was als schutzfähig unter Schutz gestellt werden soll,
- eine Beschreibung des Gegenstandes des Gebrauchsmusters,
- die Zeichnungen, auf die sich die Schutzansprüche oder die Beschreibung beziehen.

Das Patentamt ermittelt auf Antrag die öffentlichen Druckschriften, die für die Beurteilung der Schutzfähigkeit des Gegenstandes der Gebrauchsmusteranmeldung oder des Gebrauchsmusters in Betracht zu ziehen sind (§ 7 Abs. 1 GebrMG).

Entspricht die Anmeldung den Anforderungen der Anmeldung von § 4 GebrMG, so verfügt das Deutsche Patent- und Markenamt (DPMA) die Eintragung in das Register für Gebrauchsmuster. Eine Prüfung des Gegenstandes der Anmeldung auf Neuheit, erfinderischen Schritt und gewerbliche Anwendbarkeit findet nicht statt (§ 8 Abs. 1 GebrMG). Die Eintragungen sind im Patentblatt in regelmäßig erscheinenden Übersichten bekannt zu machen (§ 8 Abs. 3 GebrMG). Die Veröffentlichung kann in elektronischer Form erfolgen.

Die Eintragung eines Gebrauchsmusters hat die Wirkung, dass allein der Inhaber befugt ist, den Gegenstand des Gebrauchsmusters zu benutzen (§ 11 Abs. 1 GebrMG). Jedem Dritten ist es verboten, ohne Zustimmung ein Erzeugnis, das Gegenstand des Gebrauchsmusters ist, herzustellen, anzubieten, in Verkehr zu bringen oder zu gebrauchen oder zu den genannten Zwecken entweder einzuführen oder zu besitzen.

Die Schutzdauer eines eingetragenen Gebrauchsmusters beginnt mit dem Anmeldetag und endet 10 Jahre nach Ablauf des Monats, in dem der Anmeldetag fällt (§ 23 Abs. 1 GebrMG). Die Aufrechterhaltung des Schutzes wird durch Zahlung einer Aufrechterhaltungsgebühr für das vierte bis sechste, siebte und achte sowie für das neunte und zehnte Jahr, gerechnet vom Anmeldetag an, bewirkt (§ 23 Abs. 2 GebrMG). Die Aufrechterhaltung wird im Register vermerkt.

Der Inhaber des eingetragenen Gebrauchsmusters kann zwar wie der Patentinhaber über sein Schutzrecht verfügen, er muss jedoch stets damit rechnen, dieses wieder zu verlieren. Wer geltend machen kann, das der Gegenstand des Gebrauchsmusters nach den §§ 1 bis 3 GebrMG nicht schützwürdig ist, der Gegenstand des Gebrauchsmusters bereits aufgrund einer früheren Patent- oder Gebrauchsmusteranmeldung geschützt worden ist oder der Gegenstand des Gebrauchsmusters über den Inhalt der Anmeldung in der Fassung hinausgeht, in der sie ursprünglich eingereicht worden ist, der hat gegen den Inhaber des eingetragenen Gebrauchsmusters einen Löschungsanspruch (§ 15 Abs. 1 GebrMG). Der Löschungsantrag muss nach § 16 GebrMG beim Deutschen Patent- und Markenamt (DPMA) schriftlich beantragt werden. Verzichtet der Inhaber des eingetragenen Gebrauchsmusters nicht freiwillig auf sein Schutzrecht, wird das Gebrauchsmuster nachträglich streng geprüft (§ 17 Abs. 2 GebrMG). Wenn das Gebrauchsmuster bei dieser Prüfung durchfällt, dann ist der Schutz verloren, und zwar rückwirkend, so, als ob er nie bestanden hätte.

TIPP
Da ein solches Löschungsverfahren sehr teuer werden kann, sollten Sie sich fachlich beraten lassen, ob Ihr Schutzrecht Aussicht hat zu bestehen, bevor Sie darauf beharren.

Auszug aus dem Gebührenverzeichnis für Gebrauchsmuster Stand: 01.01.2011	EUR
Eintragungsverfahren Anmeldeverfahren für die Schutzdauer von 3 Jahren (§ 4 GebrMG)	
– bei elektronischer Anmeldung	30,00
– bei Anmeldung in Papierform	40,00
Recherche (§ 7 GebrMG)	250,00
Aufrechterhaltung eines Gebrauchsmusters Aufrechterhaltungsgebühren (§ 23 Abs. 2 GebrMG)	
für das 4. bis 6. Schutzjahr	210,00
für das 7. bis 8. Schutzjahr	350,00
für das 9. und 10. Schutzjahr	530,00

Abb. 83: Gebühren des Deutschen Patent- und Markenamtes bei Gebrauchsmustersachen

9.1.1.3 Die Geschmacksmusteranmeldung

Im Geschmacksmusterrecht geht es um ästhetische Schöpfungen, um ansprechende, »geschmackvolle« Gestaltung von Erzeugnissen, um den Bereich der Formgebung (Design). Gegenstand des Geschmacksmusterschutzes sind sowohl zweidimensionale (z. B. ein Stoff- oder Tapetenmuster) wie dreidimensionale (z. B. Glas- oder Porzellanartikel) Gestaltungen von gewerblichen Erzeugnissen, die geeignet sind, auf den Formen- und/oder Farbensinn des Betrachters zu wirken.

Ein Muster ist die zweidimensionale oder dreidimensionale Erscheinungsform eines ganzen Erzeugnisses oder eines Teils davon, die sich insbesondere aus den Merkmalen der Linien, Konturen, Farben, der Gestalt, Oberflächenstruktur oder der Werkstoffe des Erzeugnisses selbst oder seiner Verzierung ergibt (§ 1 Nr. 1 GeschmMG). Ein Erzeugnis ist jeder industrielle oder handwerkliche Gegenstand, einschließlich Verpackung, Ausstattung, grafischer Symbole und typografischer Schriftzeichen sowie von Einzelteilen, die zu einem komplexen Erzeugnis zusammengebaut werden sollen (§ 1 Nr. 2 GeschmMG). Ein Computerprogramm gilt nicht als Erzeugnis. Ein komplexes Erzeugnis ist ein Erzeugnis aus mehreren Bauelementen, die sich ersetzen lassen, so dass das Erzeugnis auseinander- und wieder zusammengebaut werden kann (§ 1 Nr. 3 GeschmMG). Eine bestimmungsgemäße Verwendung ist die Verwendung durch den Endbenutzer, ausgenommen Maßnahmen der Instandhaltung, Wartung oder Reparatur (§ 1 Nr. 4 GeschmMG). Als Rechteinhaber gilt der in das Register eingetragene Inhaber des Geschmacksmusters (§ 1 Nr. 5 GeschmMG).

Als Geschmacksmuster wird ein Muster geschützt, das neu ist und Eigenart hat (§ 2 Abs. 1 GeschmMG). Ein Muster gilt als neu, wenn vor dem Anmeldetag kein identisches Muster offenbart worden ist (§ 2 Abs. 2 GeschmMG). Muster gelten als identisch, wenn sich ihre Merkmale nur in unwesentlichen Einzelheiten unterscheiden. Ein Muster hat Eigenart, wenn sich der Gesamteindruck, den es beim informierten Benutzer hervorruft, von dem Gesamteindruck unterscheidet, den ein anderes Muster bei diesem Benutzer hervorruft, das vor dem Anmeldetag offenbart worden ist (§ 2 Abs. 3 GeschmMG). Bei der Beurteilung der Eigenart wird der Grad der Gestaltungsfreiheit des Entwerfers bei der Entwicklung des Musters berücksichtigt.

Das Recht auf das Geschmacksmuster steht dem Entwerfer oder seinem Rechtsnachfolger zu (§ 7 Abs. 1 GeschmMG). Haben mehrere Personen gemeinsam ein Muster entworfen, so steht ihnen das Recht auf das Geschmacksmuster gemeinschaftlich zu. Wird ein Muster von einem Arbeitnehmer in Ausübung seiner Aufgaben oder nach den Weisungen seines Arbeitgebers entworfen, so steht das Recht an dem Geschmacksmuster dem Arbeitgeber zu, sofern vertraglich nichts anderes vereinbart wurde (§ 7 Abs. 2 GeschmMG).

Die Anmeldung zur Eintragung eines Geschmacksmusters ist nach § 11 Abs. 1 GeschmMG in das Register ist beim Deutschen Patent- und Markenamt (DPMA) einzureichen. Die Anmeldung kann auch über ein Patentinformationszentrum eingereicht werden, wenn diese Stelle dazu bestimmt ist, Geschmacksmusteranmeldungen entgegenzunehmen. Die Anmeldung muss nach § 11 Abs. 2 GeschmMG enthalten:

- einen Antrag auf Eintragung,
- Angaben, die es erlauben, die Identität des Anmelders festzustellen,
- eine zur Bekanntmachung geeignete Wiedergabe des Musters und
- eine Angabe der Erzeugnisse, in die das Geschmacksmuster aufgenommen oder bei denen es verwendet werden soll.

Die Anmeldung kann nach § 11 Abs. 4 GeschmMG zusätzlich enthalten:
- eine Beschreibung zur Erläuterung der Wiedergabe,
- einen Antrag auf Aufschiebung der Bildbekanntmachung nach § 21 Abs. 1,
- ein Verzeichnis mit der Warenklasse oder den Warenklassen, in die das Geschmacksmuster einzuordnen ist,
- die Angabe des Entwerfers oder der Entwerfer,
- die Angabe eines Vertreters.

Es können mehrere Muster in einer Sammelanmeldung zusammengefasst werden (§ 12 Abs. 1 GeschmMG).

Das Deutsche Patent- und Markenamt (DPMA) prüft, ob die Anmeldegebühren und der Auslagenvorschuss gezahlt wurden, die Voraussetzungen für die Zuerkennung des Anmeldetages vorliegen und die Anmeldung den sonstigen Anmeldungserfordernissen entspricht (§ 16 Abs. 1 GeschmMG). Das Register für Geschmacksmuster wird vom Deutschen Patent- und Markenamt (DPMA) geführt (§ 19 Abs. 1 GeschmMG). Das Deutsche Patent- und Markenamt (DPMA) trägt die eintragungspflichtigen Angaben des Anmelders in das Register ein, ohne dessen Berechtigung zur Anmeldung und die Richtigkeit der in der Anmeldung gemachten Angaben zu prüfen, und bestimmt, welche Warenklassen einzutragen sind (§ 19 Abs. 2 GeschmMG). Die Eintragung in das Register wird mit einer Wiedergabe des Geschmacksmusters durch das Deutsche Patent- und Markenamt (DPMA) bekannt gemacht (§ 20 GeschmMG). Sie erfolgt ohne Gewähr für die Vollständigkeit der Abbildung und die Erkennbarkeit der Erscheinungsmerkmale des Musters.

Mit der Anmeldung kann für die Wiedergabe die Aufschiebung der Bekanntmachung um 30 Monate ab dem Anmeldetag beantragt werden (§ 21 Abs. 1 GeschmMG). Wird der Antrag gestellt, so beschränkt sich die Bekanntmachung auf die Eintragung des Geschmacksmusters in das Register. Der Schutz kann auf die Schutzdauer von 25 Jahren erstreckt werden, wenn der Rechtsinhaber innerhalb der Aufschiebefrist die Erstreckungsgebühr entrichtet (§ 21 Abs. 2 GeschmMG).

Der Schutz entsteht mit der Eintragung in das Register (§ 27 Abs. 1 GeschmMG). Die Schutzdauer des Geschmacksmusters beträgt 25 Jahre, gerechnet ab dem Anmeldetag (§ 27 Abs. 2 GeschmMG). Die Aufrechterhaltung des Schutzes wird durch Zahlung einer Aufrechterhaltungsgebühr jeweils für das 6. bis 10., 11. bis 15., 16. bis 20. und für das 21. bis 25. Jahr der Schutzdauer bewirkt (§ 28 Abs. 1 GeschmMG). Sie wird in das Register eingetragen und bekannt gemacht.

Auszug aus dem Gebührenverzeichnis für Geschmacksmuster Stand: 01.01.2011	EUR
Anmeldeverfahren	
Anmeldeverfahren für ein Muster (§ 11 GeschmMG)	
– bei elektronischer Anmeldung	60,00
– bei Anmeldung in Papierform	70,00
Sammelanmeldung nach § 12 Abs. 1 GeschmMG für jedes Muster	
– bei elektronischer Anmeldung	6,00
mindestens jedoch	60,00
— bei Anmeldung in Papierform	7,00
mindestens jedoch	70,00
Anmeldeverfahren für ein Muster bei Aufschiebung der Bildbekanntmachung (§ 21 GeschmMG)	30,00
Sammelanmeldung für jedes Muster bei Aufschiebung der Bildbekanntmachung (§§ 12, 21 GeschmMG)	3,00
mindestens jedoch	30,00
Aufrechterhaltung der Schutzdauer	
Aufrechterhaltungsgebühren (§ 28 Abs. 1 GeschmMG) für jedes Geschmacksmuster, auch in einer Sammelanmeldung nach § 7 Abs. 1 Satz 2 GeschmMG	
vom 6. bis 10. Schutzjahr	90,00
vom 11. bis 15. Schutzjahr	120,00
vom 16. bis 20. Schutzjahr	150,00
vom 21. bis 25. Schutzjahr	180,00

Abb. 84: Gebühren des Deutschen Patent- und Markenamtes bei Geschmacksmustersachen

Der Rechtsinhaber kann Lizenzen für das gesamte Gebiet oder einen Teil des Gebiets von Deutschland erteilen (§ 31 Abs. 1 GeschmMG). Das Geschmacksmuster gewährt seinem Rechtsinhaber das ausschließliche Recht, es zu benutzen und Dritten zu verbieten, es ohne seine Zustimmung zu benutzen (§ 38 Abs. 1 GeschmMG). Eine Benutzung schließt insbesondere die Herstellung, das Anbieten, das Inverkehrbringen, die Einfuhr, die Ausfuhr, den Gebrauch eines Erzeugnisses, in das das Geschmacksmuster aufgenommen oder bei dem es verwendet wird, und den Besitz eines solchen Erzeugnisses zu den genannten Zwecken ein.

Wer ein Geschmacksmuster ohne Zustimmung des Rechtsinhabers benutzt (Verletzer), kann von dem Rechtsinhaber oder einem anderen Berechtigten (Verletzten) auf Beseitigung der Beeinträchtigung und bei Wiederholungsgefahr auf Unterlassung in Anspruch genommen werden (§ 42 Abs. 1 GeschmMG). Handelt der Verletzer vorsätzlich oder fahrlässig, ist er zum Ersatz des daraus entstandenen Schadens verpflichtet (§ 42 Abs. 2 GeschmMG). Der Verletzte kann verlangen, dass alle rechtswidrig hergestellten, verbreiteten oder zur rechtswidrigen Verbreitung bestimmten Erzeugnisse, die im Besitz oder Eigentum des Verletzers stehen, vernichtet werden (§ 43 Abs. 1 GeschmMG).

9.1.1.4 Die Markenanmeldung

Das **Markengesetz (MarkenG)** schützt *Marken, geschäftliche Bezeichnungen* und *geografische Herkunftsangaben* (§ 1 MarkenG).

Als Marke schutzfähig sind nach § 3 Abs. 1 MarkenG alle Zeichen, insbesondere Wörter einschließlich Personennamen, Abbildungen, Buchstaben, Zahlen, Hörzeichen, dreidimensionale Gestaltungen einschließlich der Form einer Ware oder ihrer Verpackung sowie sonstige Aufmachungen einschließlich Farben und Farbzusammenstellungen, die geeignet sind, Waren oder Dienstleistungen eines Unternehmens von denjenigen anderer Unternehmen zu unterscheiden. Dem Schutz als Marke nicht zugänglich sind Zeichen, die ausschließlich aus einer Form bestehen, die durch die Art der Ware selbst bedingt ist, die zur Erreichung einer technischen Wirkung erforderlich ist oder die der Ware einen wesentlichen Wert verleiht (§ 3 Abs. 2 MarkenG).

Als geschäftliche Bezeichnungen werden nach § 5 Abs. 1 MarkenG Unternehmenskennzeichen und Werktitel geschützt. Unternehmenskennzeichen sind Zeichen, die im geschäftlichen Verkehr als Name, als Firma oder als besondere Bezeichnung eines Geschäftsbetriebs oder eines Unternehmens benutzt werden (§ 5 Abs. 2 MarkenG). Werktitel sind die Namen oder besonderen Bezeichnungen von Druckschriften, Filmwerken, Tonwerken, Bühnenwerken oder sonstigen vergleichbaren Werken (§ 5 Abs. 3 MarkenG). Die Unterschiede zwischen Marke und Unternehmenskennzeichen schließen nicht aus, dass dieselbe Bezeichnung zugleich Marke und Unternehmenskennzeichen sein kann.

Geografische Herkunftsangaben sind nach § 126 Abs. 1 MarkenG die Namen von Orten, Gegenden, Gebieten oder Ländern sowie sonstige Angaben oder Zeichen, die im geschäftlichen Verkehr zur Kennzeichnung der geografischen Herkunft von Waren oder Dienstleistungen benutzt werden. Dem Schutz als geografische Herkunftsangaben sind solche Namen, Angaben oder Zeichen nicht zugänglich, bei denen es sich um Gattungsbezeichnungen handelt (§ 126 Abs. 2 MarkenG). Als Gattungsbezeichnungen sind solche Bezeichnungen anzusehen, die zwar eine Angabe über die geografische Herkunft enthalten oder von einer solchen Angabe abgeleitet sind, die jedoch ihre ursprüngliche Bedeutung verloren haben und als Namen von Waren oder Dienstleistungen oder als Bezeichnungen oder Angaben der Art, der Beschaffenheit, der Sorte oder sonstiger Eigenschaften oder Merkmale von Waren oder Dienstleistungen dienen.

Geografische Herkunftsangaben dürfen im geschäftlichen Verkehr nicht für Waren oder Dienstleistungen benutzt werden, die nicht aus dem Ort, der Gegend, dem Gebiet oder dem Land stammen, das durch die geografische Herkunftsangabe bezeichnet wird, wenn bei der Benutzung solcher Namen, Angaben oder Zeichen für Waren oder Dienstleistungen anderer Herkunft eine Gefahr der Irreführung über die geografische Herkunft besteht (§ 127 Abs. 1 MarkenG). Haben die durch eine geografische Herkunftsangabe gekennzeichneten Waren oder Dienstleistungen besondere Eigenschaften oder eine besondere Qualität, so darf die geografische Herkunftsangabe im geschäftlichen Verkehr für die entsprechenden Waren oder Dienstleistungen dieser Herkunft nur benutzt werden, wenn die Waren oder Dienstleistungen diese Eigenschaften oder diese Qualität aufweisen (§ 127 Abs. 2 MarkenG). Genießt eine geografische Herkunftsangabe einen besonderen Ruf, so darf sie im geschäftlichen Verkehr für Waren oder Dienstleistungen anderer Herkunft auch dann nicht benutzt werden, wenn eine Gefahr der Irreführung über die geografische Herkunft nicht besteht, sondern die Benutzung für Waren oder Dienstleistungen anderer Herkunft geeignet ist, den Ruf der geografischen Herkunftsangabe oder ihre Unterscheidungskraft ohne rechtfertigenden Grund in unlauterer Weise auszunutzen oder zu beeinträchtigen (§ 127 Abs. 3 MarkenG). Die Verbote gelten nach (§ 127 Abs. 4 MarkenG) auch dann, wenn Namen, Angaben oder Zeichen benutzt werden, die der geschützten geografischen Herkunftsangabe ähnlich sind oder wenn die geografische Herkunftsangabe mit Zusätzen benutzt wird, sofern

- in den Fällen des § 127 Abs. 1 MarkenG trotz der Abweichung oder der Zusätze eine Gefahr der Irreführung über die geografische Herkunft besteht oder
- in den Fällen des § 127 Abs. 3 MarkenG trotz der Abweichung oder der Zusätze die Eignung zur unlauteren Ausnutzung oder Beeinträchtigung des Rufs oder der Unterscheidungskraft der geografischen Herkunftsangabe besteht.

Wer im geschäftlichen Verkehr Namen, Angaben oder Zeichen entgegen § 127 MarkenG benutzt, kann von den nach § 8 Abs. 3 UWG zur Geltendmachung von Ansprüchen Berechtigten auf Unterlassung in Anspruch genommen werden (§ 128 Abs. 1 MarkenG). Wer vorsätzlich oder fahrlässig zuwiderhandelt, ist dem berechtigten Nutzer der geographischen Herkunftsangabe zum Ersatz des durch die Zuwiderhandlung entstandenen Schadens verpflichtet (§ 128 Abs. 2 MarkenG).

Der Markenschutz entsteht nach § 4 MarkenG
- durch die Eintragung eines Zeichens als Marke in das vom Deutschen Patent- und Markenamt (DPMA) in München geführte Register,
- durch die Benutzung eines Zeichens im geschäftlichen Verkehr, soweit das Zeichen innerhalb beteiligter Verkehrskreise als Marke Verkehrsgeltung erworben hat, oder
- durch notorische Bekanntheit einer Marke.

Neben natürlichen und juristischen Personen können nach § 7 MarkenG auch Personengesellschaften Inhaber von eingetragenen und angemeldeten Marken sein, sofern sie mit der Fähigkeit ausgestattet sind, Rechte zu erwerben und Verbindlichkeiten einzugehen.

Der Erwerb des Markenschutzes gewährt dem Inhaber der Marke ein ausschließliches Recht (§ 14 Abs. 1 MarkenG). Dritten ist es nach § 14 Abs. 2 MarkenG untersagt, ohne Zustimmung des Inhabers der Marke im geschäftlichen Verkehr
- ein mit der Marke identisches Zeichen für Waren oder Dienstleistungen zu benutzen, die mit denjenigen identisch sind, für die sie Schutz genießt (§ 14 Abs. 2 Nr. 1 MarkenG),
- ein Zeichen zu benutzen, wenn wegen der Identität oder Ähnlichkeit des Zeichens mit der Marke und der Identität oder Ähnlichkeit der durch die Marke und das Zeichen erfassten Waren oder Dienstleistungen für das Publikum die Gefahr von Verwechselungen besteht, einschließlich der Gefahr, dass das Zeichen mit der Marke gedanklich in Verbindung gebracht wird (§ 14 Abs. 2 Nr. 2 MarkenG), oder
- ein mit der Marke identisches Zeichen oder ein ähnliches Zeichen für Waren

oder Dienstleistungen zu benutzen, die nicht denen ähnlich sind, für die die
Marke Schutz genießt, wenn es sich bei der Marke um eine im Inland bekannte Marke handelt und die Benutzung des Zeichens die Unterscheidungskraft
oder die Wertschätzung der bekannten Marke ohne rechtfertigenden Grund in
unlauterer Weise ausnutzt oder beeinträchtigt (§ 14 Abs. 2 Nr. 2 MarkenG).

Unter den Voraussetzungen von § 14 Abs. 2 MarkenG ist es insbesondere untersagt,
- das Zeichen auf Waren oder ihrer Aufmachung oder Verpackung anzubringen
  (§ 14 Abs. 3 Nr. 1 MarkenG),
- unter dem Zeichen Waren anzubieten, in den Verkehr zu bringen oder zu den
  genannten Zwecken zu besitzen (§ 14 Abs. 3 Nr. 2 MarkenG),
- unter dem Zeichen Dienstleistungen anzubieten oder zu erbringen (§ 14 Abs. 3
  Nr. 3 MarkenG),
- unter dem Zeichen Waren einzuführen oder auszuführen (§ 14 Abs. 3 Nr. 4
  MarkenG),
- das Zeichen in Geschäftspapieren oder in der Werbung zu benutzen (§ 14 Abs. 3
  Nr. 5 MarkenG),

Dritten ist es ferner untersagt, ohne Zustimmung des Inhabers der Marke im geschäftlichen Verkehr
- ein mit der Marke identisches Zeichen oder ein ähnliches Zeichen auf Aufmachungen oder Verpackungen oder auf Kennzeichnungsmitteln wie Etiketten,
  Anhängern, Aufnähern oder dergleichen anzubringen (§ 14 Abs. 4 Nr. 1 MarkenG),
- Aufmachungen, Verpackungen oder Kennzeichnungsmittel, die mit einem mit
  der Marke identischen Zeichen oder einem ähnlichen Zeichen versehen sind,
  anzubieten, in den Verkehr zu bringen oder zu den genannten Zwecken zu besitzen oder (§ 14 Abs. 4 Nr. 2 MarkenG),
- Aufmachungen, Verpackungen oder Kennzeichnungsmittel, die mit einem mit
  der Marke identischen Zeichen oder einem ähnlichen Zeichen versehen sind,
  einzuführen oder auszuführen (§ 14 Abs. 4 Nr. 3 MarkenG),
wenn die Gefahr besteht, dass die Aufmachungen oder Verpackungen zur Aufmachung oder Verpackung oder die Kennzeichnungsmittel zur Kennzeichnung von
Waren oder Dienstleistungen benutzt werden, hinsichtlich deren Dritten die Benutzung des Zeichens untersagt wäre.

Wer ein Zeichen entgegen § 14 Abs. 2 bis 4 MarkenG benutzt, kann von dem Inhaber der Marke bei Wiederholungsgefahr auf Unterlassung in Anspruch genommen
werden (§ 14 Abs. 5 MarkenG).

Der Erwerb des Schutzes einer geschäftlichen Bezeichnung gewährt ihrem Inhaber ein ausschließliches Recht (§ 15 Abs. 1 MarkenG). Dritten ist es untersagt, die
geschäftliche Bezeichnung oder ein ähnliches Zeichen im geschäftlichen Verkehr
unbefugt in einer Weise zu benutzen, die geeignet ist, Verwechslungen mit der geschützten Bezeichnung hervorzurufen (§ 15 Abs. 2 MarkenG). Auch wenn keine Verwechslungsgefahr besteht, es sich jedoch um eine im Inland bekannte geschäftliche
Bezeichnung handelt, so ist es Dritten untersagt, die geschäftliche Bezeichnung oder

ein ähnliches Zeichen im geschäftlichen Verkehr zu benutzen, soweit die Benutzung des Zeichens die Unterscheidungskraft oder die Wertschätzung der geschäftlichen Bezeichnung ohne rechtfertigenden Grund in unlauterer Weise ausnutzt oder beeinträchtigt (§ 15 Abs. 3 MarkenG). Wer eine geschäftliche Bezeichnung oder ein ähnliches Zeichen entgegen § 15 Abs. 2 oder 3 MarkenG benutzt, kann von dem Inhaber der geschäftlichen Bezeichnung bei Wiederholungsgefahr auf Unterlassung in Anspruch genommen werden (§ 15 Abs. 4 MarkenG). Wer die Verletzungshandlung vorsätzlich oder fahrlässig begeht, ist dem Inhaber der geschäftlichen Bezeichnung zum Ersatz des daraus entstandenen Schadens verpflichtet (§ 15 Abs. 5 MarkenG).

Die Anmeldung zur Eintragung einer Marke in das Register ist nach § 32 Abs. 1 MarkenG beim Patentamt einzureichen. Die Anmeldung kann auch über ein Patentinformationszentrum eingereicht werden, wenn diese Stelle dazu bestimmt ist, Markenanmeldungen entgegenzunehmen. Die Anmeldung muss nach § 32 Abs. 2 MarkenG enthalten:
- Angaben, die es erlauben, die Identität des Anmelders festzustellen,
- eine Wiedergabe der Marke und
- ein Verzeichnis der Waren oder Dienstleistungen, für die die Eintragung beantragt wird.

Das Patentamt prüft (§ 3 Abs. 1 MarkenG), ob
- die Anmeldung der Marke den Erfordernissen für die Zuerkennung eines Anmeldetages genügt. Der Anmeldetag ist nach § 33 Abs. 1 MarkenG der Tag, an dem die Unterlagen mit den Angaben nach § 32 Abs. 2 MarkenG beim Patentamt eingegangen sind.
- die Anmeldung den sonstigen Anmeldungserfordernissen entspricht,
- die Gebühren in ausreichender Höhe gezahlt worden sind und
- der Anmelder nach § 7 MarkenG Inhaber einer Marke sein kann.

Es kann ein Antrag auf beschleunigte Prüfung (§ 38 MarkenG) gestellt werden. Er dient dazu, eine rasche Entscheidung der Prüfung der Eintragungsvoraussetzungen herbeizuführen und soll sicherstellen, dass eine Marke, die alle Voraussetzungen für die Eintragung erfüllt, innerhalb von sechs Monaten eingetragen wird.
Entspricht die Anmeldung den Anmeldungserfordernissen, so wird die angemeldete Marke in das Register eingetragen (§ 41 MarkenG). Die Eintragung wird veröffentlicht. Innerhalb einer Frist von drei Monaten nach dem Tag der Veröffentlichung der Eintragung der Marke kann von dem Inhaber einer Marke oder einer geschäftlichen Bezeichnung mit älterem Zeitrang gegen die Eintragung der Marke Widerspruch erhoben werden (§ 42 Abs. 1 MarkenG). Die Schutzdauer einer eingetragenen Marke beginnt mit dem Anmeldetag und endet nach 10 Jahren am letzten Tag des Monats, der durch seine Benennung dem Monat entspricht, in den der Anmeldetag fällt (§ 47 Abs. 1 MarkenG). Die Schutzdauer kann um jeweils 10 Jahre verlängert werden (§ 47 Abs. 2 MarkenG). Die Verlängerung der Schutzdauer wird dadurch bewirkt, dass eine Verlängerungsgebühr und, falls die Verlängerung für Waren und Dienstleistungen begehrt wird, die in mehr als drei Klassen der Klasseneinteilung von Waren und Dienstleistungen fallen, für jede weitere Klasse eine Klassengebühr gezahlt werden (§ 47 Abs. 3 MarkenG). Die Verlängerung der Schutz-

dauer wird am Tag nach dem Ablauf der Schutzdauer wirksam (§ 47 Abs. 5 MarkenG). Sie wird in das Register eingetragen und veröffentlicht. Wird die Schutzdauer nicht verlängert, so wird die Eintragung der Marke mit Wirkung ab dem Ablauf der Schutzdauer gelöscht (§ 47 Abs. 6 MarkenG). Die Eintragung einer Marke wird auf Antrag wegen Verfalls gelöscht, wenn die Marke nach dem Tag der Eintragung innerhalb eines ununterbrochenen Zeitraums von fünf Jahren nicht benutzt worden ist (§ 49 Abs. 1 MarkenG).

Der Inhaber einer eingetragenen Marke kann nach § 107 MarkenG auch eine internationale Registrierung bei dem Internationalen Büro der Weltorganisation für geistiges Eigentum in Genf beantragen. Der Antrag um internationale Registrierung ist beim Deutschen Patent- und Markenamt (DPMA) zu stellen.

Auszug aus dem Gebührenverzeichnis für Marken Stand: 01.01.2011	EUR
Eintragungsverfahren Anmeldeverfahren für eine Marke einschl. der Klassengebühr bis zu drei Klassen (§ 32 Abs. 4 MarkenG) – bei elektronischer Anmeldung – bei Anmeldung in Papierform Klassengebühr bei Anmeldung einer Marke für jede weitere Klasse ab der vierten Klasse Beschleunigte Prüfung der Anmeldung (§ 38 MarkenG)	 290,00 300,00 100,00 200,00
Verlängerung der Schutzdauer Verlängerungsgebühr für eine Marke einschl. der Klassengebühr bis zu drei Klassen (§ 47 Abs. 3 MarkenG) Klassengebühr bei Verlängerung der Schutzdauer einer Marke für jede Klasse ab der vierten Klasse	 750,00 260,00

Abb. 85: Gebühren des Deutschen Patent- und Markenamtes bei Markensachen

Werden beim Deutschen Marken- und Patentamt (DPMA) Anmeldungen von Gemeinschaftsmarken eingereicht, so vermerkt das Patentamt auf der Anmeldung den Tag des Eingangs und leitet die Anmeldung ohne Prüfung unverzüglich an das Harmonisierungsamt für den Binnenmarkt (Marken, Muster und Modelle) weiter (§ 125a MarkenG).

9.2 Die Vertriebspolitik

Darunter werden alle Maßnahmen verstanden, um die marktfähigen Leistungen zum Ort der Nachfrage zu bringen. Die Maßnahmen der Vertriebspolitik umfassen
- den Vertriebsweg
  Betriebseigen: Reisende, Versand; Betriebsfremd: Großhandel, Einzelhandel, Absatzmittler (Handelsvertreter, Kommissionäre)
- den Lieferservice/Kundendienst
  Der Lieferservice besteht aus den Komponenten Lieferzeit und Lieferbereitschaft (Zuverlässigkeit), die gegeneinander konkurrieren. Je kürzer die Lieferzeit, umso mehr muss die Lieferbereitschaft wegen hoher Lagerbestände und

damit hoher Kosten finanziert werden. Bei technisch und qualitativ hochwertigen Leistungen spielt der Kundendienst eine wichtige Rolle. Es ist viel billiger, einen Stammkunden zu halten, als unzufriedene Kunden wiederzugewinnen (Kundenpflege).

9.3   Die Preispolitik

Die Preispolitik umfasst alle Entscheidungen über die Preisfestsetzung für Produkte. Zwischen dem geforderten Preis und der absetzbaren Menge besteht ein direkter Zusammenhang. Steigende Preise bewirken i.d.R. abnehmende, sinkende Preise zunehmende Verkaufsmengen. Wer Marktpreise durchsetzen will muss wissen, dass die Selbstkosten die absolute Untergrenze für die Preisfeststellung darstellt.

Allerdings wird der Einfluss des Preises auf die Kaufentscheidung häufig überschätzt. Denn erst wenn der Kunde vom Produkt überzeugt ist, akzeptiert er auch einen fairen Preis. Der Existenzgründer sollte nicht versuchen, über den Preis in den Markt zu kommen. Einmal eingeführte niedrige Preise sind später nur sehr schwer zu revidieren.

9.4   Die Kommunikationspolitik

Mit der Kommunikationspolitik wird dafür gesorgt, dass die Abnehmer alle notwendigen Informationen über die angebotenen Leistungen erhalten. Diese Informationen haben das Ziel, von der Vorteilhaftigkeit des Angebots zu überzeugen und Kaufhandlungen auszulösen. Die Maßnahmen der Kommunikationspolitik sind nur dann nachhaltig wirksam, wenn durch das Kommunikationskonzept Corporate Identity (CI) ein einheitliches Erscheinungsbild ein ganzheitliches Image vermittelt wird.

Corporate Identity (CI)
Corporate Identity ist ein strategisches Konzept zur Positionierung der Identität (Persönlichkeit) eines Unternehmens sowohl im Unternehmen selbst als auch außerhalb des Unternehmens. Die Unternehmensidentität ist dabei die Summe der kennzeichnenden, von anderen Unternehmen unterscheidenden Merkmale. Die Aufgabe der Unternehmenskommunikation ist es, dem Unternehmen zu einer solchen Identität zu verhelfen. Corporate Identity (CI) wird von folgenden Elementen beeinflusst:
1. **Corporate Behaviour (CB)**
   Corporate Behaviour ist eine Kommunikationsstrategie, die das Verhalten eines Unternehmens nach innen (gegenüber Mitarbeitern) und außen (gegenüber Kunden, Lieferanten, Partnern) zum Gegenstand hat. Corporate Behaviour zeigt sich z. B. im Führungsstil (Mitarbeiterführung), im Stil der Öffentlichkeitsarbeit, im Verhältnis zu Journalisten, im Zahlungsverhalten.
2. **Corporate Communication (CC)**
   Corporate Communication ist eine Kommunikationsstrategie eines Unternehmens, um mit kommunikativen Aktivitäten sowohl im Unternehmen als auch außerhalb des Unternehmens ein bestimmtes Vorstellungsbild vom Unternehmen (Corporate Image) bei den Mitarbeitern und in der Öffentlichkeit erreichen

will. Corporate Communication zeigt sich z. B. in der Kooperation mit dem Betriebsrat (im Unternehmen), in der Öffentlichkeitsarbeit (außerhalb des Unternehmens).

3. **Corporate Design (CD)**
   Corporate Design ist das visuelles Erscheinungsbild eines Unternehmens zur Unterstützung der von der Corporate Identity vorgegebenen Ziele. Corporate Design findet Anwendung bei der Gestaltung von Firmenzeichen (Unternehmenslogo), Farbgebung, Briefbögen, Visitenkarten, Arbeitskleidung, Webseiten, Verpackung, Anzeigen. Das einheitliche Design soll das Unternehmen schnell erkennen lassen und somit einen Wiedererkennungswert besitzen.

Maßnahmen der Kommunikationspolitik sind:
- Werbung
  Werbung ist die bewusste, zweckbezogene und zwangsfreie Kundenbeeinflussung. Mittels spezieller Werbemittel wird auf die Zielgruppe eingewirkt. Im Rahmen der Werbestrategien sind folgende Entscheidungen zu treffen:
  - Bestimmung der Werbeziele, z. B. Steigerung des Bekanntheitsgrades, Gewinn neuer Kunden, Verbesserung des Erscheinungsbildes (Images) des Unternehmens, Hervorhebung der Attraktivität usw.
  - Bestimmung der Werbeobjekte (marktfähige Leistungen, für die geworben werden soll), z. B. einzelnes Produkt (Artikel), Produkte, Sortiment oder ganzes Unternehmen.
  - Bestimmung der Werbesubjekte (Personenkreis, bei dem geworben werden soll), z. B. Heimwerker, Freiberufler, Haushalte in der Umgebung usw.
  - Bestimmung der Werbemittel (Instrumente, mit deren Hilfe geworben werden soll), z. B. Inserate, eigene Homepage, Prospekte, Werbegeschenke, Schaufenster, Außenfront usw.
  - Bestimmung der Werbeträger (Medien, durch die die Werbemittel an die Werbesubjekte herangeführt werden sollen), z. B. Zeitungen, (Fach-) Zeitschriften, Anzeigenblätter, Hörfunk, Fernsehen, Internet, Adressbücher, Plakate, Baustellenschilder, Fahrzeuge, Direktmedien (Handzettel, Kataloge, Postwurfsendungen, Warenproben, Werbebriefe), Verpackung, Messen und Ausstellungen usw.
  - Bestimmung der Werbeperiode (zeitlicher Einsatz der Werbung), z. B. zu besonderen Anlässen wie Sommer-, Winterschlussverkauf, Weihnachten, Ostern.
  - Bestimmung des Werbegebiets (örtlicher Einsatz der Werbung), z. B. Stadtteil, Kreisgebiet, Bundesland usw.
  - Bestimmung des Werbebudgets (Werbekosten für die Maßnahmen)
- Verkaufsförderung (Promotion)
  Zeitlich begrenzte Aktionen und Maßnahmen, um den Verkauf zu stimulieren. Beispiele zur Verkaufsförderung sind:
  - Eröffnungsveranstaltungen,
  - optische Verkaufshilfen,
  - Regalpflege,
  - Abgabe von Proben und Muster, Überlassen von Produkten für Testzwecke,
  - Informationsveranstaltungen (Symposien),
  - Tag der offenen Tür mit Produktpräsentationen.

- Öffentlichkeitsarbeit (Public Relations)
  Die interessierte Öffentlichkeit mit Informationen über das Unternehmen zu versorgen. Über vertrauensbildende Maßnahmen wird letztlich ein positives Firmenimage gebildet. Dazu zählen:
  - Spendenaktionen (Presse informieren),
  - Mitgliedschaft in Fördervereinen,
  - Tag der offenen Tür
  - Anbieten von Schülerpraktika.

Da sich viele Kunden vor dem Kauf über die Schaufensterauslagen informieren, sollten Sie der **Schaufenstergestaltung** besondere Aufmerksamkeit widmen:

- Wechseln Sie regelmäßig, spätestens alle 3 Wochen, die Dekoration. Engagieren Sie bei geringem eigenen Talent einen Dekorateur, der laufend neue Anregungen umsetzten kann.
- Erzeugen Sie hohe Aufmerksamkeit durch Blickfänge (Eye-Catcher) mit Dekoration, Farbe und Beleuchtung.
- Wiederholen Sie typische Anzeigenelemente auch im Schaufenster, um die Erinnerungswirkung zu erhöhen.
- Ergänzen Sie die Preisauszeichnungen der Produkte durch informative Texte.

TIPP

Mit den Geschäftspapieren (Briefbögen, Visitenkarten und Kurzmitteilungen) beeinflussen Sie das Erscheinungsbild Ihres Unternehmens. Achten Sie darauf, dass die Gestaltung zum Unternehmen passt und einen positiven Eindruck hinterlässt.

Der Auftritt im Internet mit einer eigenen Homepage eignet sich sehr gut, um sein Unternehmen bekannt zu machen und um seine Leistungen abzubieten. Die Internetpräsentation hat folgende Vorteile:

- Darstellung der Leistungen mit ausführlichen Texten und Bildern,
- Darstellung des Unternehmens und des Unternehmers, Darstellung des Leistungserbringers insbesondere bei Freien Berufen,
- Angabe der Adresse (evtl. mit Anfahrskizze), der Kommunikationsmittel Telefon, Telefax, E-Mail,
- Vertrauen fördernde Darstellung von Referenzen,
- schnelle Verbreitung der Informationen, schnelle Aktualisierung,
- überregionaler Aktionsradius,
- ständige Verfügbarkeit im Netz (rund um die Uhr),
- geringere Kosten gegenüber Printmedien, geringere Vertriebskosten,
- Möglichkeit, in einem Kontaktfenster Anfragen und Bestellungen der Besucher/Kunden entgegenzunehmen,
- Möglichkeit für registrierte Kunden, Bestellungen abzugeben (Onlineshop),
- Erfolgskontrolle der Präsentation durch Abrufstatistiken für die einzelnen Webseiten (Logfiles),
- Möglichkeit der Besucher/Kunden, per Download Broschüren, Kataloge und Preislisten herunterzuladen.

Ein frühzeitiger Einstieg in die Internetpräsentation ist eine Investition in die Zukunft, die Wettbewerbsvorteile bringt. Neue Kunden werden auf Ihr Leistungsangebot aufmerksam. Es entstehen Kostenvorteile gegenüber der klassischen Werbung, Vertriebskosten werden reduziert. Vorteilhaft ist eine eigene Domain (Internetadresse), unter der Sie im Netz zu finden sind. Unter http://www.denic.de können Sie nachsehen, ob Ihre Wunschdomain noch frei verfügbar ist. Viele Provider (professionelle Anbieter von Internetauftritten) bieten Unternehmen die Möglichkeit, eine Webseite kostengünstig auf ihrem Server zu installieren. Sorgen Sie dafür, dass Ihre Internetpräsentation von vielen potenziellen Kunden besucht wird. Wichtig für die Attraktivität Ihrer Präsenz sind Suchmaschinen. Je genauer Sie Ihre Webseiten mit wichtigen Begriffen (sog. Meta-Tags: Description, Keywords) beschreiben, desto höher ist die Chance, weit vorn bei einer entsprechenden Suchanfrage eines potenziellen Kunden zu sein.

Tipp
Eine Internetpräsentation muss ständig kommuniziert und beworben werden. Geben Sie Ihre Internet- und E-Mail-Adresse immer auf Geschäftsbriefen, Visitenkarten, Anzeigen und sonstigen Printmedien an.

Da Sie als Existenzgründer neu auf dem Markt auftreten, muss der Umfang an Werbung zwangsläufig größer sein als bei schon etablierten Unternehmen. Länger bestehende Unternehmen profitieren von einer gewissen Bekanntheit, von Erfahrungen, die bereits mit den Produkten gemacht worden sind und somit von Empfehlungen. Sie müssen deshalb regelmäßig und über einen längeren Zeitraum werben. Kaufreaktionen sind erst mit einer Zeitverschiebung zu erwarten. Das Werbebudget sollten Sie nicht zu knapp kalkulieren. Werbemaßnahmen für mindestens sechs Monate sollten Sie schon vorsehen.

10   Die Steuern

Die wichtigsten Steuern, die ein Selbstständiger an das Finanzamt abzuführen hat, sind die Einkommensteuer (bei der GmbH die Körperschaftsteuer), die Gewerbesteuer und die Umsatzsteuer.

Unternehmensform / Steuerarten	Einzelunternehmen		
	Kleingewerbe	Einzelkaufmann	Freie Berufe
Gewerbesteuer	•	•	
Umsatzsteuer	•	•	•
Einkommensteuer	•[1]	•[1]	•[2]
Solidaritätszuschlag	•	•	•
Kirchensteuer	•	•	•

Unternehmensform / Steuerarten	Personengesellschaften			
	GbR	PartG	OHG	KG
Gewerbesteuer	•[4]		•	•
Umsatzsteuer	•	•	•	•
Einkommensteuer	•[1, 2]	•[2]	•[1]	•[1]
Solidaritätszuschlag	•	•	•	•
Kirchensteuer	•	•	•	•

Unternehmensform / Steuerarten	Kapitalgesellschaften			
	GmbH	Gesellschafter	AG	Aktionär
Gewerbesteuer	•		•	
Umsatzsteuer	•		•	
Körperschaftsteuer	•		•	
Solidaritätszuschlag	•		•	
Einkommensteuer		•[3]		•[3]
Solidaritätszuschlag		•		•
Kirchensteuer		•		•

4 nur bei Gewerbebetrieben
Bemessungsgrundlage für das zu versteuernde Einkommen:
1 Einkünfte aus Gewerbebetrieb
2 Einkünfte aus selbstständiger Arbeit
3 Einkünfte aus Kapitalvermögen

Abb. 86: Steuerarten

10.1 Die Einkommensteuer (ESt)

Natürliche Personen, die im Inland einen Wohnsitz oder ihren gewöhnlichen Aufenthalt haben, sind nach § 1 Abs. 1 EStG unbeschränkt einkommensteuerpflichtig. Der Einkommensteuer unterliegen nach § 2 Abs. 1 EStG folgende Einkunftsarten:

- Einkünfte aus Land- und Forstwirtschaft,
- Einkünfte aus Gewerbebetrieb,
- Einkünfte aus selbstständiger Arbeit,
- Einkünfte aus nichtselbstständiger Arbeit,
- Einkünfte aus Kapitalvermögen,
- Einkünfte aus Vermietung und Verpachtung,
- sonstige Einkünfte.

Einkünfte sind nach § 2 Abs. 2 EStG bei Land- und Forstwirtschaft, Gewerbebetrieb und selbstständiger Arbeit der Gewinn, bei den anderen Einkunftsarten der Überschuss der Einnahmen über die Werbungskosten. Die Summe der Einkünfte, vermindert um den Altersentlastungsbetrag und den Entlastungsbetrag für Alleinerziehende ist der **Gesamtbetrag der Einkünfte** (§ 2 Abs. 3 EStG). Der Gesamtbetrag der Einkünfte (GdE), vermindert um die Sonderausgaben und die außergewöhnlichen Belastungen, ist das Einkommen (§ 2 Abs. 4 EStG). Das Einkommen, vermindert um die Freibeträge und um die sonstigen vom Einkommen abzuziehenden Beträge, ist das zu versteuernde Einkommen (§ 2 Abs. 5 EStG). Dieses bildet die Bemessungsgrundlage für die tarifliche Einkommensteuer. Die Einkommensteuer ist eine Jahressteuer (§ 2 Abs. 7 EStG).

Der **Gewinn** ist nach § 4 Abs. 1 EStG der Unterschiedsbetrag zwischen dem Betriebsvermögen am Schluss des Wirtschaftsjahres und dem Betriebsvermögen am Schluss des vorangegangenen Wirtschaftsjahres, vermehrt um den Wert der Entnahmen und vermindert um den Wert der Einlagen. Entnahmen sind alle Wirtschaftsgüter (Barentnahmen, Waren, Erzeugnisse, Nutzungen und Leistungen), die der Steuerpflichtige dem Betrieb für sich, für seinen Haushalt oder für andere betriebsfremde Zwecke im Laufe des Wirtschaftsjahres entnommen hat. Einlagen sind alle Wirtschaftsgüter (Bareinzahlungen und sonstige Wirtschaftsgüter), die der Steuerpflichtige dem Betrieb im Laufe des Wirtschaftsjahres zugeführt hat. Bei der Ermittlung des Gewinns sind die Vorschriften über die Betriebsausgaben, über die Bewertung und über die **Absetzung für Abnutzung (AfA)** oder Substanzverringerung zu befolgen.

Steuerpflichtige, die nicht aufgrund gesetzlicher Vorschriften verpflichtet sind, Bücher zu führen und regelmäßig Abschlüsse zu machen, und die auch keine Bücher führen und keine Abschlüsse machen, können nach § 4 Abs. 3 EStG als Gewinn den Überschuss der Betriebseinnahmen über die Betriebsausgaben ansetzen. Die Vorschriften über die Bewertungsfreiheit für geringwertige Wirtschaftsgüter, die Bildung eines Sammelpostens und über die Absetzung für Abnutzung (AfA) oder Substanzverringerung sind zu befolgen. Die Anschaffungs- oder Herstellungskosten für nicht abnutzbare Wirtschaftsgüter des Anlagevermögens sind erst im Zeitpunkt des Zuflusses des Veräußerungserlöses oder bei Entnahme im Zeitpunkt der Entnahme als Betriebsausgaben zu berücksichtigen. Die Wirtschaftsgüter des Anlagevermögens und Wirtschaftsgüter des Umlaufvermögens sind unter Angabe des

Tags der Anschaffung oder Herstellung und der Anschaffungs- oder Herstellungskosten oder des an deren Stelle getretenen Werts in besondere, laufend zu führende Verzeichnisse aufzunehmen.

Betriebsausgaben sind alle Aufwendungen, die durch den Betrieb veranlasst sind.

Schuldzinsen sind nach § 4 Abs. 4a EStG nicht abziehbar, wenn Überentnahmen getätigt worden sind. Eine Überentnahme ist der Betrag, um den die Entnahmen die Summe des Gewinns und der Einlagen des Wirtschaftsjahres übersteigen. Die nicht abziehbaren Schuldzinsen werden typisiert mit 6 % der Überentnahme des Wirtschaftsjahres zuzüglich der Überentnahmen vorangegangener Wirtschaftsjahre und abzüglich der Beträge, um die in den vorangegangenen Wirtschaftsjahren der Gewinn und die Einlagen die Entnahmen überstiegen haben (Unterentnahmen), ermittelt. Bei der Ermittlung der Überentnahme ist vom Gewinn ohne Berücksichtigung der nicht abziehbaren Schuldzinsen auszugehen. Der sich dabei ergebende Betrag, höchstens jedoch der um 2.050 EUR verminderte Betrag der im Wirtschaftsjahr angefallenen Schuldzinsen, ist dem Gewinn hinzuzurechnen. Der Abzug von Schuldzinsen für Darlehen zur Finanzierung von Anschaffungs- oder Herstellungskosten von Wirtschaftsgütern des Anlagevermögens bleibt unberührt. Dieses Verfahren ist bei der Gewinnermittlung nach § 4 Abs. 3 EStG (Einnahmen-Überschussrechnung) sinngemäß anzuwenden. Hierzu sind Entnahmen und Einlagen gesondert aufzuzeichnen.

Folgende Betriebsausgaben dürfen den Gewinn nicht mindern (§ 4 Abs. 5 EStG):
*   **Aufwendungen für Geschenke** an Personen, die nicht Arbeitnehmer des Steuerpflichtigen sind, es sei denn, die Anschaffungs- oder Herstellungskosten der dem Empfänger im Wirtschaftsjahr zugewendeten Gegenstände übersteigen nicht insgesamt 35 EUR.
*   **Aufwendungen für die Bewirtung von Personen** aus geschäftlichem Anlass, soweit sie 70 % der Aufwendungen übersteigen, die nach der allgemeinen Verkehrsauffassung als angemessen anzusehen und deren Höhe und betriebliche Veranlassung nachgewiesen sind. Zum Nachweis der Höhe und der betrieblichen Veranlassung der Aufwendungen hat der Steuerpflichtige schriftlich die folgenden Angaben zu machen: Ort, Tag, Teilnehmer und Anlass der Bewirtung sowie Höhe der Aufwendungen. Hat die Bewirtung in einer Gaststätte stattgefunden, so genügen Angaben zu dem Anlass und den Teilnehmern der Bewirtung. Die Rechnung über die Bewirtung ist beizufügen.
*   **Mehraufwendungen für die Verpflegung** des Steuerpflichtigen. Wird aber der Steuerpflichtige vorübergehend von seiner Wohnung und dem Mittelpunkt seiner dauerhaft angelegten betrieblichen Tätigkeit entfernt betrieblich tätig, ist für jeden Kalendertag, an dem der Steuerpflichtige wegen dieser vorübergehenden Tätigkeit von seiner Wohnung und seinem Tätigkeitsmittelpunkt
    *   24 Stunden abwesend ist, ein Pauschbetrag von 24 EUR,
    *   weniger als 24 Stunden, aber mindestens 14 Stunden abwesend ist, ein Pauschbetrag von 12 EUR,
    *   weniger als 14 Stunden, aber mindestens 8 Stunden abwesend ist, ein Pauschbetrag von 6 EUR,

    abzuziehen. Eine Tätigkeit, die nach 16 Uhr begonnen und vor 8 Uhr des nachfolgenden Kalendertags beendet wird, ohne dass eine Übernachtung stattfindet, ist mit der gesamten Abwesenheitsdauer dem Kalendertag der überwiegenden Abwesenheit zuzurechnen. Bei einer Tätigkeit im Ausland treten an die Stelle der inländischen Pauschbeträge länderweise unterschiedliche Pauschbeträge.

- **Aufwendungen für Fahrten zwischen Wohnung und Betriebsstätte.** Zur Abgeltung der Aufwendungen für Fahrten zwischen Wohnung und Betriebsstätte ist für jeden Tag, an dem der Steuerpflichtige die Betriebsstätte aufsucht, eine Entfernungspauschale zwischen Wohnung und Betriebsstätte von 0,30 EUR anzusetzen. Bei der Benutzung eines Kraftfahrzeugs dürfen die Aufwendungen in Höhe des positiven Unterschiedsbetrags zwischen 0,03 % des inländischen Listenpreises des Kraftfahrzeugs im Zeitpunkt der Erstzulassung je Kalendermonat für jeden Entfernungskilometer und dem sich nach der Entfernungspauschale ergebenden Betrag den Gewinn nicht mindern. Ermittelt der Steuerpflichtige die private Nutzung des Kraftfahrzeugs durch ein ordnungsgemäß geführtes Fahrtenbuch, treten an die Stelle des mit 0,03 % des inländischen Listenpreises ermittelten Betrags für Fahrten zwischen Wohnung und Betriebsstätte die auf diese Fahrten entfallenden tatsächlichen Aufwendungen.
- **Aufwendungen für ein häusliches Arbeitszimmer.** Das gilt nicht, wenn das Arbeitszimmer den Mittelpunkt der gesamten betrieblichen Tätigkeit bildet. Dabei ist auf die gesamte Tätigkeit des Steuerpflichtigen abzustellen.

Bei Gewerbetreibenden, die aufgrund gesetzlicher Vorschriften verpflichtet sind, Bücher zu führen und regelmäßig Abschlüsse zu machen, oder die ohne eine solche Verpflichtung Bücher führen und regelmäßig Abschlüsse machen, ist für den Schluss des Wirtschaftsjahres das Betriebsvermögen anzusetzen, das nach den handelsrechtlichen Grundsätzen ordnungsmäßiger Buchführung (GoB) auszuweisen ist (§ 5 Abs. 1 EStG). Voraussetzung für die Ausübung steuerlicher Wahlrechte ist, dass die Wirtschaftsgüter, die nicht mit dem handelsrechtlichen maßgeblichen Wert in der steuerlichen Gewinnermittlung ausgewiesen werden, in besondere, laufend zu führende Verzeichnisse aufgenommen werden. In den Verzeichnissen sind der Tag der Anschaffung oder Herstellung, die Anschaffungs- oder Herstellungskosten, die Vorschrift des ausgeübten steuerlichen Wahlrechts und die vorgenommenen Abschreibungen nachzuweisen. Steuerrechtliche Wahlrechte bei der Gewinnermittlung sind in Übereinstimmung mit der handelsrechtlichen Rechnungslegung auszuüben:
- Für immaterielle Wirtschaftsgüter des Anlagevermögens ist ein Aktivposten nur anzusetzen, wenn sie entgeltlich erworben wurden (§ 5 Abs. 2 EStG).
- Für Verpflichtungen, die nur zu erfüllen sind, soweit künftig Einnahmen oder Gewinne anfallen, sind Verbindlichkeiten oder Rückstellungen erst anzusetzen, wenn die Einnahmen oder Gewinne angefallen sind (§ 5 Abs. 2a EStG).
- Rückstellungen für drohende Verluste aus schwebenden Geschäften dürfen nicht gebildet werden (§ 5 Abs. 4a EStG).
- Rückstellungen für Aufwendungen, die in künftigen Wirtschaftsjahren als Anschaffungs- oder Herstellungskosten eines Wirtschaftsguts zu aktivieren sind, dürfen nicht gebildet werden (§ 5 Abs. 4b EStG).
- Als Rechnungsabgrenzungsposten sind nur anzusetzen (§ 5 Abs. 5 EStG)
  - auf der Aktivseite für Ausgaben vor dem Abschlussstichtag, soweit sie Aufwand für eine bestimmte Zeit nach diesem Tag darstellen,

– auf der Passivseite für Einnahmen vor dem Abschlussstichtag, soweit sie Ertrag für eine bestimmte Zeit nach diesem Tag darstellen.
- Die Vorschriften über die Entnahmen und die Einlagen, über die Zulässigkeit der Bilanzänderung, über die Betriebsausgaben, über die Bewertung und über die Absetzung für Abnutzung (AfA) oder Substanzverringerung sind zu befolgen (§ 5 Abs. 6 EStG).

Für die Bewertung der einzelnen Wirtschaftsgüter, die zur Gewinnermittlung als Betriebsvermögen anzusetzen sind, gilt nach § 6 Abs. 1 EStG Folgendes:
- Wirtschaftsgüter des Anlagevermögens, die der Abnutzung unterliegen, sind mit den Anschaffungs- oder Herstellungskosten oder dem an deren Stelle tretenden Wert, vermindert um die Abschreibungen (AfA), erhöhte Absetzungen, Sonderabschreibungen und Abzüge anzusetzen. Ist der Teilwert aufgrund einer voraussichtlich dauernden Wertminderung niedriger, so kann dieser angesetzt werden. Der Teilwert ist der Betrag, den der Erwerber des ganzen Betriebs im Rahmen des Gesamtkaufpreises für das einzelne Wirtschaftsgut ansetzen würde. Dabei ist davon auszugehen, dass der Erwerber den Betrieb fortführt.
- Andere Wirtschaftsgüter des Betriebs (Grund und Boden, Beteiligungen, Umlaufvermögen) sind mit den Anschaffungs- oder Herstellungskosten oder dem an deren Stelle tretenden Wert, vermindert um Abzüge anzusetzen. Ist der Teilwert aufgrund einer voraussichtlich dauernden Wertminderung niedriger, so kann dieser angesetzt werden.
- Steuerpflichtige, die aufgrund gesetzlicher Vorschriften verpflichtet sind, Bücher zu führen und regelmäßig Abschlüsse zu machen, oder die ohne eine solche Verpflichtung Bücher führen und regelmäßig Abschlüsse machen, können für den Wertansatz gleichartiger Wirtschaftsgüter des Vorratsvermögens unterstellen, dass die zuletzt angeschafften oder hergestellten Wirtschaftsgüter zuerst verbraucht und veräußert worden sind, soweit dies den handelsrechtlichen Grundsätzen ordnungsmäßiger Buchführung (GoB) entspricht. Der Vorratsbestand am Schluss des Wirtschaftsjahres, das der erstmaligen Anwendung dieser Bewertung vorangeht, gilt mit seinem Bilanzansatz als erster Zugang des neuen Wirtschaftsjahres. Von der Verbrauchs- oder Veräußerungsfolge kann in den folgenden Wirtschaftsjahren nur mit Zustimmung des Finanzamts abgewichen werden.
- Verbindlichkeiten sind mit einem Zinssatz von 5,5 % abzuzinsen. Ausgenommen von der Abzinsung sind Verbindlichkeiten, deren Laufzeit am Bilanzstichtag weniger als zwölf Monate beträgt, und Verbindlichkeiten, die verzinslich sind oder auf einer Anzahlung oder Vorausleistung beruhen.
- Rückstellungen sind höchstens insbesondere unter Berücksichtigung folgender Grundsätze anzusetzen:
    - Bei Rückstellungen für gleichartige Verpflichtungen ist auf der Grundlage der Erfahrungen in der Vergangenheit aus der Abwicklung solcher Verpflichtungen die Wahrscheinlichkeit zu berücksichtigen, dass der Steuerpflichtige nur zu einem Teil der Summe dieser Verpflichtungen in Anspruch genommen wird.
    - Rückstellungen für Sachleistungsverpflichtungen sind mit den Einzelkosten und den angemessenen Teilen der notwendigen Gemeinkosten zu bewerten.
    - Künftige Vorteile, die mit der Erfüllung der Verpflichtung voraussichtlich ver-

bunden sein werden, soweit sie nicht als Forderung zu aktivieren sind, bei ihrer Bewertung wertmindernd zu berücksichtigen.

– Rückstellungen für Verpflichtungen, für deren Entstehen im wirtschaftlichen Sinn der laufende Betrieb ursächlich ist, sind zeitanteilig in gleichen Raten anzusammeln. Rückstellungen für gesetzliche Verpflichtungen zur Rücknahme und Verwertung von Erzeugnissen, die vor Inkrafttreten entsprechender gesetzlicher Verpflichtungen in Verkehr gebracht worden sind, sind zeitanteilig in gleichen Raten bis zum Beginn der jeweiligen Erfüllung anzusammeln.

– Rückstellungen für Verpflichtungen sind mit einem Zinssatz von 5,5 % abzuzinsen. Ausgenommen von der Abzinsung sind Verbindlichkeiten, deren Laufzeit am Bilanzstichtag weniger als zwölf Monate beträgt, und Verbindlichkeiten, die verzinslich sind oder auf einer Anzahlung oder Vorauszahlung beruhen. Für die Abzinsung von Rückstellungen für Sachleistungsverpflichtungen ist der Zeitraum bis zum Beginn der Erfüllung maßgebend.

• Entnahmen des Steuerpflichtigen für sich, für seinen Haushalt oder für andere betriebsfremde Zwecke sind mit dem Teilwert anzusetzen. Die private Nutzung eines Kraftfahrzeugs, das zu mehr als 50 % betrieblich genutzt wird, ist für jeden Kalendermonat mit 1 % des inländischen Listenpreises im Zeitpunkt der Erstzulassung zuzüglich der Kosten für Sonderausstattung einschließlich der Umsatzsteuer anzusetzen. Die private Nutzung kann davon abweichend mit den auf die Privatfahrten entfallenden Aufwendungen angesetzt werden, wenn die für das Kraftfahrzeug insgesamt entstehenden Aufwendungen durch Belege und das Verhältnis der privaten zu den übrigen Fahrten durch ein ordnungsgemäß geführtes Fahrtenbuch nachgewiesen werden.

• Einlagen sind mit dem Teilwert für den Zeitpunkt der Zuführung anzusetzen. Sie sind jedoch höchstens mit den Anschaffungs- oder Herstellungskosten anzusetzen, wenn das zugeführte Wirtschaftsgut

– innerhalb der letzten drei Jahre vor dem Zeitpunkt der Zuführung angeschafft oder hergestellt worden ist,

– ein Anteil an einer Kapitalgesellschaft ist und der Steuerpflichtige an der Gesellschaft beteiligt ist, oder

– ein Wirtschaftsgut ist.

Ist die Einlage ein abnutzbares Wirtschaftsgut, so sind die Anschaffungs- oder Herstellungskosten um Abschreibungen (AfA) zu kürzen, die auf den Zeitraum zwischen der Anschaffung oder Herstellung des Wirtschaftsguts und der Einlage entfallen. Ist die Einlage ein Wirtschaftsgut, das vor der Zuführung aus einem Betriebsvermögen des Steuerpflichtigen entnommen worden ist, so tritt an die Stelle der Anschaffungs- oder Herstellungskosten der Wert, mit dem die Entnahme angesetzt worden ist, und an die Stelle des Zeitpunkts der Anschaffung oder Herstellung der Zeitpunkt der Entnahme. Entsprechendes gilt auch bei der Eröffnung eines Betriebes.

• Bei entgeltlichem Erwerb eines Betriebs sind die Wirtschaftsgüter mit dem Teilwert, höchstens jedoch mit den Anschaffungs- oder Herstellungskosten anzusetzen.

Die Anschaffungs- oder Herstellungskosten oder der niedrigere Teilwert von abnutzbaren beweglichen Wirtschaftsgütern des Anlagevermögens, die einer selbstständigen Nutzung fähig sind, können nach § 6 Abs. 2 EStG im Wirtschaftsjahr der Anschaffung, Herstellung oder Einlage des Wirtschaftsguts oder der Eröffnung des Betriebs in voller Höhe als Betriebsausgaben abgesetzt werden, wenn die Anschaffungs- oder Herstellungskosten, vermindert um einen darin enthaltenen Vorsteuerbetrag, oder der an deren Stelle tretende niedrigere Teilwert für das einzelne Wirtschaftsgut 410 EUR nicht übersteigen (**geringwertige Wirtschaftsgüter**). Ein Wirtschaftsgut ist einer selbstständigen Nutzung nicht fähig, wenn es nach seiner betrieblichen Zweckbestimmung nur zusammen mit anderen Wirtschaftsgütern des Anlagevermögens genutzt werden kann und die in den Nutzungszusammenhang eingefügten Wirtschaftsgüter technisch aufeinander abgestimmt sind. Das gilt auch, wenn das Wirtschaftsgut aus dem betrieblichen Nutzungszusammenhang gelöst und in einen anderen betrieblichen Nutzungszusammenhang eingefügt werden kann. Die Wirtschaftsgüter, deren Wert 150 EUR übersteigt, sind unter Angabe des Tages der Anschaffung, Herstellung oder Einlage des Wirtschaftsguts oder der Eröffnung des Betriebs und der Anschaffungs- oder Herstellungskosten oder des an deren Stelle tretenden Werts in ein besonderes, laufend zu führendes Verzeichnis aufzunehmen. Das Verzeichnis braucht nicht geführt zu werden, wenn diese Angaben aus der Buchführung ersichtlich sind.

Anstelle der Absetzung in voller Höhe kann nach § 6 Abs. 2a EStG für die abnutzbaren beweglichen Wirtschaftsgüter des Anlagevermögens, die einer selbstständigen Nutzung fähig sind, im Wirtschaftsjahr der Anschaffung, Herstellung oder Einlage des Wirtschaftsgutes oder der Eröffnung des Betriebs ein Sammelposten gebildet werden, wenn die Anschaffungs- oder Herstellungskosten, vermindert um einen darin enthaltenen Vorsteuerbetrag für das einzelne Wirtschaftsgut 150 EUR, aber nicht 1.000 EUR übersteigen. Der Sammelposten ist im Wirtschaftsjahr der Bildung und den folgenden vier Wirtschaftsjahren mit jeweils einem Fünftel gewinnmindernd aufzulösen. Scheidet ein Wirtschaftsgut aus dem Betriebsvermögen aus, wird der Sammelposten nicht vermindert. Die Anschaffungs- oder Herstellungskosten von abnutzbaren beweglichen Wirtschaftsgütern des Anlagevermögens, die einer selbstständigen Nutzung fähig sind, können im Wirtschaftsjahr der Anschaffung, Herstellung oder Einlage des Wirtschaftsgutes oder der Eröffnung des Betriebs in voller Höhe als Betriebsausgaben abgezogen werden, wenn die Anschaffungs- oder Herstellungskosten, vermindert um einen darin enthaltenen Vorsteuerbetrag 150 EUR nicht übersteigen.

Immaterielle Wirtschaftsgüter sind grundsätzlich nicht beweglich. Computerprogramme (Software) unter 150 EUR werden jedoch als Trivialprogramme angesehen, gelten als beweglich und dürfen als geringwertige Wirtschaftsgüter sofort abgeschrieben werden.

Bei Wirtschaftsgütern, deren Verwendung oder Nutzung durch den Steuerpflichtigen zur Erzielung von Einkünften sich erfahrungsgemäß auf einen Zeitraum von mehr als einem Jahr erstreckt, ist nach § 7 Abs. 1 EStG jeweils für ein Jahr der Teil der Anschaffungs- oder Herstellungskosten abzusetzen, der bei gleichmäßiger Verteilung dieser Kosten auf die Gesamtdauer der Verwendung oder Nutzung auf ein Jahr entfällt (Abschreibung in gleichen Jahresbeträgen). Die Abschreibung bemisst sich hierbei nach der betriebsgewöhnlichen Nutzungsdauer des Wirtschaftsguts. Je kürzer die voraussichtliche betriebsgewöhnliche Nutzungsdauer der Wirtschaftsgüter ist, desto schneller können die Aufwendungen steuerlich abgezogen werden. Zur Orientierung für die Festlegung der betriebsgewöhnlichen Nutzungsdauer dienen die von der Finanzverwaltung herausgegebenen sog. **AfA-Tabellen**.

Die AfA-Tabelle für allgemein verwendbare nach dem 31.12.2000 angeschafften oder hergestellten Anlagegüter kann auf der Internetseite des Bundesfinanzministeriums (http://www.bundesfinanzministerium.de) unter dem Stichwort »AfA-Tabelle« heruntergeladen werden.

Als betriebsgewöhnliche Nutzungsdauer des Geschäfts- oder Firmenwerts eines Gewerbebetriebs oder eines Betriebs der Land- und Forstwirtschaft gilt ein Zeitraum von 15 Jahren. Bei der Übernahme einer freiberuflichen Praxis sind die auf den Praxiswert entfallenden Aufwendungen i.d.R. auf 3 bis 5 Jahre zu verteilen. Gebraucht erworbene Wirtschaftsgüter sind auf deren voraussichtliche Restnutzungsdauer abzuschreiben. Bei der Schätzung der voraussichtlichen Restnutzungsdauer kommt es neben dem Zustand des Wirtschaftsguts im Zeitpunkt des Erwerbs auf die Art und den Umfang der voraussichtlichen jährlichen Nutzung im Betrieb an.

Bei beweglichen Wirtschaftsgütern des Anlagevermögens, bei denen es wirtschaftlich begründet ist, die Abschreibung (AfA) nach Maßgabe der Leistung des Wirtschaftsguts vorzunehmen, kann der Steuerpflichtige dieses Verfahren statt der Abschreibung (AfA) in gleichen Jahresbeträgen anwenden, wenn er den auf das einzelne Jahr entfallenden Umfang der Leistung nachweist. Abschreibungen für außergewöhnliche technische oder wirtschaftliche Abnutzung sind zulässig. Soweit der Grund hierfür in späteren Wirtschaftsjahren entfällt, ist eine entsprechende Zuschreibung vorzunehmen.

Bei gekauften Wirtschaftsgütern beginnt die Abschreibung mit der Anschaffung, bei selbst hergestellten Wirtschaftsgütern im Zeitpunkt der Fertigstellung. Dies führt i.d.R. dazu, dass im Jahr des Erwerbs bzw. der Fertigstellung nur der zeitanteilige Jahresabschreibungsbetrag zu berücksichtigen ist. Findet z.B. der Erwerb im März (im November) statt, beträgt der zeitanteilige Jahresabschreibungsbetrag 10/12 (2/12) des Jahresbetrags. Der Zeitpunkt der Zahlung ist für den Beginn der Abschreibung ohne Bedeutung.

Die Abschreibung eines Wirtschaftsguts endet, wenn dessen Anschaffungs- oder Herstellungskosten vollständig abgesetzt sind, also mit Ablauf der zugrunde gelegten Nutzungsdauer. Scheidet ein Wirtschaftsgut schon vorher aus, endet die planmäßige Abschreibung in diesem Zeitpunkt.

TIPP
Wird ein Anlagegut vor dem Ablauf der betriebsgewöhnlichen Nutzungsdauer zerstört, können Sie den Restbuchwert sofort und in vollem Umfang als Betriebsausgabe abschreiben.

Die **lineare Abschreibung** verteilt die Abschreibungsbeträge gleichmäßig auf die Nutzungsdauer:

$$\text{Jährliche Abschreibung} = \frac{\text{Anschaffungs- oder Herstellungskosten [EUR]}}{\text{Nutzungsdauer [Jahre]}}$$

Anlagegüter	Nutzungsdauer [Jahre]
Betriebsanlagen	
Ladeneinbauten, Gaststätteneinbauten, Schaufensteranlagen und -einbauten	8
Lichtreklame	9
Schaukästen, Vitrinen	9
Transportcontainer, Baucontainer, Bürocontainer, Wohncontainer	10
Fahrzeuge	
Personenkraftwagen, Kombiwagen	6
Lastkraftwagen, Sattelschlepper, Kipper	9
Traktoren, Schlepper	12
Kleintraktoren	8
Anhänger, Auflieger, Wechselaufbauten	11
Be- und Verarbeitungsmaschinen	
Bohrmaschinen, stationär	16
Bohrmaschinen, mobil	8
Drehmaschinen	16
Fräsmaschinen, stationär	15
Fräsmaschinen, mobil	8
Pressmaschinen, Stanzmaschinen	10
Schweißgeräte, Lötgeräte	13
Sonstige Be- und Verarbeitungsmaschinen (Abkanten, Beschichten, Drucken, Entgraten, Etikettieren, Falzen, Gießen, Galvanisieren, Gravieren, Härten, Heften, Lackieren, Nieten)	13
Betriebs- und Geschäftsausstattung	
Wirtschaftsgüter der Werkstätten-, Labor- und Lagereinrichtungen	14
Wirtschaftsgüter der Ladeneinrichtungen	8
Telekommunikationsanlagen	
– Fernsprechnebenstellenanlagen	10
– Kommunikationsendgeräte, allgemein	8
– Kommunikationsendgeräte, mobil	5
– Faxgeräte	6
Büromaschinen und Organisationsmittel	
– Adressier-, Kuvertier-, Frankiermaschinen	8
– Aktenvernichter	8
– Beschallungsanlagen	9
– Datenverarbeitungsanlagen	
– Großrechner	7
– Workstations, Personalcomputer, Notebooks, und deren Peripheriegeräte (Drucker, Scanner, Bildschirme etc.)	3
– Präsentationsgeräte, Datensichtgeräte	8
– Registrierkassen	6
Bepflanzungen in Gebäuden	10
Büromöbel	13
Kunstwerke (ohne Werke anerkannter Künstler)	15
Stahlschränke	14
Teppiche, normale	8
Teppiche, hochwertige	15
Verkaufstheken	10

Abb. 87: AfA-Tabelle für allgemein verwendbare Anlagegüter

Die lineare Abschreibung geht davon aus, dass die Wertminderung während der Nutzungsdauer gleichmäßig erfolgt. Das ist jedoch häufig nicht der Fall. In der Regel sind die Wertminderungen von Anlagegütern in den ersten Jahren besonders hoch.

Lineare Abschreibung		
Anschaffungskosten: 100.000 EUR Nutzungsdauer: 10 Jahre Abschreibungssatz: 10%		
Jahr	Abschreibung [EUR]	Restbuchwert [EUR]
1	10.000	90.000
2	10.000	80.000
3	10.000	70.000
4	10.000	60.000
5	10.000	50.000
6	10.000	40.000
7	10.000	30.000
8	10.000	20.000
9	10.000	10.000
10	9.999	1
Σ	99.999	

Abb. 88: Beispiel für lineare Abschreibung

Aufwendungen für die betriebliche Nutzung eines Personenkraftwagens sind als Betriebsausgaben abzugsfähig. Wird das Fahrzeug aber auch privat genutzt, sind die auf diesen Teil der Nutzung entfallenden Kosten jedoch nicht abzugsfähig. Sie erhöhen den zu versteuernden Gewinn.

Betriebliche Nutzung	Gewinnermittlung durch Jahresabschluss (Bilanz, GuV)	Gewinnermittlung durch Einnahmen-Überschuss-rechnung
unter 10%	Privatvermögen	Privatvermögen
10 bis 50%	*kann* als Betriebsvermögen behandelt werden	Privatvermögen
mehr als 50%	Betriebsvermögen	Betriebsvermögen

Abb. 89: Vermögenszuordnung für betrieblich genutzte Personenkraftwagen

TIPP

Wenn Sie Ihren Privat-PKW für betriebliche Fahrten einsetzen, können Sie die hierfür anfallenden Kosten als Betriebsausgaben absetzen.

Laufende Aufwendungen	Sämtliche Aufwendungen sind Betriebsausgaben, auch für Urlaubsfahrten.
Abschreibungen	PKWs sind i.d.R. auf einen Zeitraum von 6 Jahren abzuschreiben. Bei gebraucht erworbenen PKWs erfolgt die Abschreibung auf die voraussichtliche Restnutzungsdauer. Bei einer sehr hohen Jahresfahrleistung kann auch eine kürzere Abschreibungsdauer gewählt werden.
Private Mitbenutzung	Ermittlung des Privatanteils – bei Anwendung der 1 %-Regelung, sofern das Fahrzeug zu mehr als 50 % betrieblich genutzt wird: Der private Nutzungsanteil beträgt pro Monat 1 % des inländischen Listenpreises zum Zeitpunkt der Erstzulassung zzgl. der Kosten für Sonderausstattungen inkl. MwSt. Unberücksichtigt bleiben die Kosten für die Überführung und Zulassung des Fahrzeuges. Der Listenpreis gilt auch bei gebraucht erworbenen Fahrzeugen. Der Privatanteil ist nach oben begrenzt (sog. Kostendeckelung): Der private Nutzungsanteil zzgl. der nicht abzugsfähigen Betriebsausgaben i.Z.m. Fahrten zwischen Wohnung und Betrieb darf nicht höher sein als die tatsächlich angefallenen gesamten Kfz-Kosten. – bei Führung eines Fahrtenbuches: Im Fahrtenbuch werden die betrieblichen und privaten Kilometer aufgezeichnet, sodass der private Nutzungsanteil entsprechend der tatsächlichen Nutzung ermittelt werden kann. Aus den Aufzeichnungen müssen die betrieblichen Fahrten (mit Angabe des Reiseziels, der Reiseroute und des Reisezwecks) und die Privatfahrten (Kilometerangaben genügen) ersichtlich sein. Wird das Fahrzeug auch für Fahrten zwischen Wohnung und Betrieb genutzt, genügt jeweils ein kurzer Vermerk. Alle Eintragungen sind fortlaufend und zeitnah vorzunehmen. Für betrieblich veranlasste Reisen können Pauschalen für Verpflegungsmehraufwendungen in Anspruch genommen werden. Um die vorübergehenden Abwesenheiten von der Wohnung und der regelmäßigen Betriebsstätte nachweisen zu können, müssen auch die Abfahrts- und Ankunftszeiten festgehalten werden. Der Privatanteil erhöht den betrieblichen Gewinn.

Fahrten zwischen Wohnung und Betriebsstätte	Abzug als Betriebsausgaben in Höhe von 0,30 EUR je Entfernungskilometer.
	Die darüber hinausgehenden Kosten sind nicht abzugsfähig. Der (positive) Differenzbetrag zwischen den tatsächlichen Kosten und dem Pauschalbetrag sind als »nicht abzugsfähige Betriebsausgabe« zu korrigieren.
	Ermittlung der tatsächlichen Aufwendungen – bei Anwendung der 1 %-Regelung, sofern das Fahrzeug zu mehr als 50 % betrieblich genutzt wird. 0,03 % des inländischen PKW-Listenpreises im Zeitpunkt der Erstzulassung (zzgl. der Kosten für Sonderausstattungen) inkl. MwSt. für jeden Kalendermonat und jeden Entfernungskilometer. – bei Führung eines Fahrtenbuches: Nachweis aller Fahrten und der Gesamtkosten.
Vorsteuerabzug	Soweit zum Abzug berechtigt: Die im Kaufbeleg und in den Kostenbelegen ausgewiesenen MwSt.-Beträge sind als Vorsteuer abzugsfähig.
Umsatzsteuerpflicht	Bei privater Mitbenutzung liegt Verwendungseigenverbrauch vor. Der private Nutzungsanteil ist umsatzsteuerpflichtig.
	Ermittlung des umsatzsteuerpflichtigen Privatanteils – bei Anwendung der 1 %-Regelung: Der Privatanteil ist um 20 % zu kürzen, damit die nicht mit Vorsteuer belasteten Kosten aus der Bemessungsgrundlage ausscheiden. – bei Führung eines Fahrtenbuches: Bei der Ermittlung der Bemessungsgrundlage für den Eigenverbrauch sind solche Aufwendungen herauszurechnen, bei denen kein Vorsteuerabzug möglich ist, und die nicht mit Vorsteuer belastet waren (z.B. Kfz-Versicherung).

Abb. 90: Betriebsausgaben für Personenkraftwagen im Betriebsvermögen

Laufende Aufwendungen	Pauschale in Höhe von 0,30 EUR je nachgewiesene km betriebliche Fahrten oder Nachweis der tatsächlichen Kosten.
Fahrten zwischen Wohnung und Betriebsstätte	Abzug der Kosten als Betriebsausgaben in Höhe von 0,30 EUR je Entfernungskilometer

Abb. 91: Betriebsausgaben für Personenkraftwagen im Privatvermögen

Wird ein Betriebs-PKW auch für private Fahrten mitbenutzt, muss ein privater Nutzungsanteil angesetzt werden. Für die Ermittlung gibt es die 1%-Regelung, sofern das Fahrzeug zu mehr als 50% betrieblich genutzt wird oder das Fahrtenbuch.

Monat: _____ **20** ___						
Tag	Reiseziel/-route	Zweck der Reise	Ankunft km-Stand	gefahrene km		
				Wohnung/ Betrieb	betrieblich	privat
km-Stand am Monatsanfang						
Summe						

Abb. 92: Beispiel für ein Fahrtenbuch (Word-Fassung im Download-Bereich)

Welche Methode günstiger ist, lässt sich nur im Einzelfall beantworten. Es gilt jedoch folgende **Faustregel**: Je mehr Sie privat fahren, desto günstiger ist die Anwendung der 1%-Regelung. Je weniger Sie privat fahren bzw. bei nur geringen Fahrzeugkosten (z.B. weil der PKW bereits abgeschrieben ist) lohnt sich ein Fahrtenbuch. Ein Wechsel der Methode ist während des Jahres nur bei einem Fahrzeugwechsel möglich.

Ermittlung der jährlichen Fahrleistung	
Kilometerstand am Jahresende	_____ km
− Kilometerstand am Jahresanfang	_____ km
= **Fahrleistung**	_____ km

Aufteilung der jährlichen Fahrleistung	
Betriebsfahrten	_____ km
+ Fahrten zwischen Wohnung und Betrieb	_____ km
+ Privatfahrten	_____ km
= **Fahrleistung**	_____ km

Aufteilung der jährlichen Fahrzeugkosten	
Abschreibung	_____ EUR
+ Zinsen und Gebühren für die Fahrzeugfinanzierung	_____ EUR
+ Versicherungsprämien (Haftpflicht, Kasko, Insassenunfall, Schutzbrief, Verkehrs-Rechtsschutz)	_____ EUR
+ Kraftfahrzeugsteuer	_____ EUR
+ Rundfunkgebühren (für das Autoradio)	_____ EUR
+ Beiträge zu Automobilclubs	_____ EUR
+ Garagen-/Stellplatzmiete	_____ EUR
+ Treibstoff	_____ EUR
+ Ölwechsel	_____ EUR
+ Kraftfahrzeugpflege (Wäsche, Pflegemittel)	_____ EUR
+ Inspektionen	_____ EUR
+ Reparaturen (Unfallkosten abzgl. Erstattungen)	_____ EUR
+ TÜV-/ASU-Gebühren	_____ EUR
+ Parkgebühren	_____ EUR
+ sonstige Kosten	_____ EUR
= **Gesamtkosten**	_____ EUR

$$\text{Fahrzeugkosten [EUR/km]} = \frac{\text{jährliche Gesamtkosten [EUR]}}{\text{jährliche Fahrleistung [km]}}$$

Abb. 93: Ermittlung der Fahrzeugkosten

Verlustabzug nach § 10d EStG

Negative Einkünfte, die bei der Ermittlung des Gesamtbetrags der Einkünfte (GdE) nicht ausgeglichen werden, sind nach § 10d Abs. 1 EStG bis zu einem Betrag von 511.500 EUR, bei Ehegatten, die zusammenveranlagt werden, bis zu einem Betrag von 1.023.000 EUR vom Gesamtbetrag der Einkünfte (GdE) des unmittelbar vorangegangenen Veranlagungszeitraums vorrangig vor Sonderausgaben, außergewöhnlichen Belastungen und sonstigen Abzugsbeträgen abzuziehen (**Verlustrücktrag**). Ist für den unmittelbar vorangegangenen Veranlagungszeitraum bereits ein Steuerbescheid erlassen, so ist er insoweit zu ändern, als der Verlustrücktrag zu gewähren oder zu berichtigen ist. Das gilt auch dann, wenn der Steuerbescheid unanfechtbar geworden ist. Die Festsetzungsfrist endet insoweit nicht, bevor die Festsetzungsfrist für den Veranlagungszeitraum abgelaufen ist, in dem die negativen Einkünfte nicht ausgeglichen werden. Auf Antrag des Steuerpflichtigen ist ganz oder teilweise auf den Verlustrücktrag abzusehen. Im Antrag ist die Höhe des Verlustrücktrags anzugeben.

Nicht ausgeglichene negative Einkünfte, die nicht nach § 10d Abs. 1 EStG abgezogen worden sind, sind in den folgenden Veranlagungszeiträumen bis zu einem Gesamtbetrag der Einkünfte (GdE) von 1 Mio. EUR unbeschränkt, darüber hinaus bis zu 60 % des 1 Mio. EUR übersteigenden GdE vorrangig vor Sonderausgaben, außergewöhnlichen Belastungen und sonstigen Abzugsbeträgen abzuziehen (**Verlustvortrag**). Bei Ehegatten, die zusammen veranlagt werden, tritt an die Stelle des Betrags von 1 Mio. EUR ein Betrag von 2 Mio. EUR. Der Abzug ist nur insoweit zulässig, als die Verluste nicht nach § 10d Abs. 1 EStG abgezogen worden sind und in den vorangegangenen Veranlagungszeiträumen nicht nach Satz 1 und 2 abgezogen werden können (§ 10d Abs. 2 EStG).

Der am Schluss eines Veranlagungszeitraums verbleibende Verlustvortrag ist gesondert festzustellen. Verbleibender Verlustvortrag sind die bei der Ermittlung des Gesamtbetrags der Einkünfte (GdE) nicht ausgeglichenen negativen Einkünfte, vermindert um die nach § 10d Abs. 1 EStG abgezogenen und die nach § 10d Abs. 2 EStG abziehbaren Beträge und vermehrt um den auf den Schluss des vorangegangenen Verlustzeitraums festgestellten verbleibenden Verlustvortrag (§ 10d Abs. 4 EStG).

Auf Antrag können Sie die Möglichkeiten der Verlustverrechnung erweitern:
- Sie können auf den Verlustrücktrag zugunsten eines größeren Verlustvortrags verzichten.
- Sie können den Verlustrücktrag in der Höhe begrenzen.

TIPP
Der Verlustabzug ist vor den Sonderausgaben, außergewöhnlichen Belastungen und sonstigen Abzugsbeträgen durchzuführen. Beantragen Sie deshalb, dass der Verlustrücktrag maximal in der Höhe des Betrags stattfinden soll, damit sich die Sonderausgaben, außergewöhnlichen Belastungen und sonstigen Abzugsbeträge noch steuerlich auswirken können.

Einkünfte aus Gewerbebetrieb
Zu den Einkünften aus Gewerbebetrieb gehören nach § 15 Abs. 1 EStG
- die Einkünfte aus gewerblichen Unternehmen,
- die Gewinnanteile der Gesellschafter einer OHG, einer KG und einer anderen Gesellschaft, bei der der Gesellschafter als Unternehmer (Mitunternehmer) des Betriebs anzusehen ist und die Vergütungen, die der Gesellschafter von der Gesellschaft für seine Tätigkeit im Dienst der Gesellschaft oder für die Hingabe von Darlehen oder für die Überlassung von Wirtschaftsgütern bezogen hat,
- die Gewinnanteile der persönlich haftenden Gesellschafter einer Kommanditgesellschaft auf Aktien (KGaA), soweit sie nicht auf Anteile am Grundkapital entfallen, und die Vergütungen, die der persönlich haftende Gesellschafter von der Gesellschaft für seine Tätigkeit im Dienst der Gesellschaft oder für die Hingabe von Darlehen oder für die Überlassung von Wirtschaftsgütern bezogen hat.

Eine selbstständige nachhaltige Betätigung, die mit der Absicht, Gewinn zu erzielen, unternommen wird und sich als Beteiligung am allgemeinen wirtschaftlichen

Verkehr darstellt, ist Gewerbebetrieb, wenn die Betätigung weder als Ausübung von Land- und Forstwirtschaft noch als Ausübung eines freien Berufs noch als eine andere selbstständige Arbeit anzusehen ist (§ 15 Abs. 2 EStG). Eine durch die Betätigung verursachte Minderung der Steuern vom Einkommen stellt kein Gewinn dar. Ein Gewerbebetrieb liegt, wenn seine Voraussetzungen im Übrigen gegeben sind, auch dann vor, wenn die Gewinnerzielungsabsicht nur ein Nebenzweck ist.

Zu den Einkünften aus Gewerbebetrieb gehören nach § 16 Abs. 1 EStG auch Gewinne, die erzielt werden bei der Veräußerung

- des ganzen Gewerbebetriebs oder eines Teilbetriebs. Als Teilbetrieb gilt auch die das gesamte Nennkapital umfassende Beteiligung an einer Kapitalgesellschaft,
- des gesamten Anteils eines Gesellschafters, der als Unternehmer (Mitunternehmer) des Betriebs anzusehen ist,
- des gesamten Anteils eines persönlich haftenden Gesellschafters einer Kommanditgesellschaft auf Aktien (KGaA).

Veräußerungsgewinn ist der Betrag, um den der Veräußerungspreis nach Abzug der Veräußerungskosten den Wert des Betriebsvermögens oder den Wert des Anteils am Betriebsvermögen übersteigt (§ 16 Abs. 2 EStG). Der Wert des Betriebsvermögens oder des Anteils ist für den Zeitpunkt der Veräußerung nach § 4 Abs. 1 EStG oder nach § 5 EStG zu ermitteln. Als Veräußerung gilt auch die Aufgabe des Gewerbebetriebs sowie eines Anteils (§ 16 Abs. 3 EStG). Hat der Steuerpflichtige das 55. Lebensjahr vollendet oder ist er im sozialversicherungsrechtlichen Sinne dauernd berufsunfähig, so wird der Veräußerungsgewinn auf Antrag zur Einkommensteuer nur herangezogen, soweit er 45.000 EUR übersteigt (§ 16 Abs. 4 EStG). Der Freibetrag ist dem Steuerpflichtigen nur einmal zu gewähren. Er ermäßigt sich um den Betrag, um den der Veräußerungsgewinn 136.000 EUR übersteigt.

Zu den Einkünften aus Gewerbebetrieb gehört auch der Gewinn aus der Veräußerung von Anteilen an einer Kapitalgesellschaft, wenn der Veräußerer innerhalb der letzten fünf Jahre am Kapital der Gesellschaft unmittelbar oder mittelbar zu mindestens 1,0 % beteiligt war (§ 17 Abs. 1 EStG). Veräußerungsgewinn ist der Betrag, um den der Veräußerungspreis nach Abzug der Veräußerungskosten die Anschaffungskosten übersteigt (§ 17 Abs. 2 EStG). Der Veräußerungsgewinn wird zur Einkommensteuer nur herangezogen, soweit er den Teil von 9.060 EUR übersteigt, der dem veräußerten Anteil an der Kapitalgesellschaft entspricht (§ 17 Abs. 3 EStG). Der Freibetrag ermäßigt sich um den Betrag, um den der Veräußerungsgewinn den Teil von 36.100 EUR übersteigt, der dem veräußerten Anteil an der Kapitalgesellschaft entspricht. Als Veräußerung gilt auch die Auflösung einer Kapitalgesellschaft, die Kapitalherabsetzung, wenn das Kapital zurück gezahlt wird, und die Ausschüttung oder Zurückzahlung von Beträgen aus dem steuerlichen Einlagenkonto (§ 17 Abs. 4 EStG). In diesen Fällen ist als Veräußerungspreis der gemeine Wert des dem Steuerpflichtigen zugeteilten oder zurück gezahlten Vermögens der Kapitalgesellschaft anzusehen.

Die Einkünfte aus Gewerbebetrieb werden gemeinschaftlich für alle Gesellschafter im Verfahren der einheitlichen und gesonderten Gewinnfeststellung ermittelt. Sie werden anhand der Besteuerungsmerkmale des einzelnen Gesellschafters im Rahmen dessen persönlicher Einkommensteuer-Veranlagung erfasst.

Bei Einkünften aus gewerblichen Unternehmen ermäßigt sich nach § 35 Abs. 1 EStG die tarifliche Einkommensteuer um das 3,8fache des jeweils für den dem Veranlagungszeitraum entsprechenden Erhebungszeitraum für das Unternehmen festgesetzten Gewerbesteuer-Messbetrags.

Einkünfte aus selbstständiger Arbeit

Zu den Einkünften aus selbstständiger Arbeit gehören nach § 18 Abs. 1 EStG die Einkünfte aus freiberuflicher Tätigkeit. Zu der freiberuflichen Tätigkeit gehören die selbstständig ausgeübte wissenschaftliche, künstlerische, schriftstellerische, unterrichtende oder erzieherische Tätigkeit, die selbstständige Berufstätigkeit der Ärzte, Zahnärzte, Tierärzte, Rechtsanwälte, Notare, Patentanwälte, Vermessungsingenieure, Ingenieure, Architekten, Handelschemiker, Wirtschaftsprüfer, Steuerberater, beratenden Volks- und Betriebswirte, vereidigten Buchprüfer (vereidigten Buchrevisoren), Steuerbevollmächtigten, Heilpraktiker, Dentisten, Krankengymnasten, Journalisten, Bildberichterstatter, Dolmetscher, Übersetzer, Lotsen und ähnliche Berufe.

Ein Angehöriger eines freien Berufs ist auch dann freiberuflich tätig, wenn er sich der Mithilfe fachlich vorgebildeter Arbeitskräfte bedient. Voraussetzung ist, dass er aufgrund eigener Fachkenntnisse leitend und eigenverantwortlich tätig wird. Eine Vertretung im Fall vorübergehender Verhinderung steht der Annahme einer leitenden und eigenverantwortlichen Tätigkeit nicht entgegen.

Zu den Einkünften aus selbstständiger Arbeit gehört auch der Gewinn, der bei der Veräußerung des Vermögens oder eines selbstständigen Teils des Vermögens oder eines Anteils am Vermögen erzielt wird, das der selbstständigen Arbeit dient (§ 18 Abs. 3 EStG).

Auf die vom Finanzamt durch Bescheid festgesetzte voraussichtliche jährliche Einkommensteuerschuld haben Sie vierteljährlich Vorauszahlungen jeweils am 10. der Monate März, Juni, September und Dezember zu leisten. Gegen festgesetzte Vorauszahlungen können Sie Einspruch einlegen, wenn Sie begründen können, dass Ihre Einkommensteuerschuld wahrscheinlich niedriger sein wird als vom Finanzamt angenommen.

Nach Ablauf eines Kalenderjahres, spätestens bis zum 31. Mai des Folgejahres, muss eine Einkommensteuererklärung abgegeben werden. Eine generelle Fristverlängerung für die Abgabe der Einkommensteuererklärung bis zum 30. September wird nur dann gewährt, wenn ein Angehöriger der steuerberatenden Berufe bei der Anfertigung der Steuererklärung mitwirkt.

Wird der Gewinn nach § 4 Abs. 1 EStG oder § 5 EStG durch Betriebsvermögensvergleich ermittelt, so ist der Steuererklärung eine Abschrift der Bilanz, die auf dem Zahlenwerk der Buchführung beruht, im Fall der Eröffnung des Betriebs auch eine Abschrift der Eröffnungsbilanz beizufügen. Werden Bücher geführt, die den Grundsätzen der doppelten Buchführung entsprechen, ist eine Gewinn- und Verlustrechnung beizufügen (§ 60 Abs. 1 EStDV). Wird der Gewinn nach § 4 Abs. 3 EStG durch den Überschuss der Betriebseinnahmen über die Betriebsausgaben (Einnahmen-Überschussrechnung) ermittelt, ist als Unterlage zur Steuererklärung die Einnahmen-Überschussrechnung nach amtlich vorgeschriebenem Datensatz durch Datenfernübertragung zu übermitteln (§ 60 Abs. 4 EStDV). Auf Antrag kann die Finanzbehörde zur Vermeidung unbilliger Härten auf eine elektronische Übermittlung verzichten. In diesem Fall ist der Steuererklärung eine Gewinnermittlung nach amtlich vorgeschriebenem Vordruck beizufügen.

Gegen denjenigen, der seiner Verpflichtung zur Abgabe einer Steuererklärung nicht oder nicht fristgemäß nachkommt, kann nach § 152 Abs. 1 AO ein Verspätungszuschlag festgesetzt werden. Der Verspätungszuschlag darf 10 % der festgesetzten Steuer nicht übersteigen und höchstens 25.000 EUR betragen (§ 152 Abs. 2 AO).

10.2 Die Kapitalertragsteuer

Die Einkommensteuer wird nach § 43 Abs. 1 EStG bei folgenden Kapitalerträgen durch Abzug vom Kapitalertrag (Kapitalertragsteuer) erhoben:
- Gewinnanteile (Dividenden) aus Aktien, Genussrechten, aus Anteilen an Gesellschaften mit beschränkter Haftung,
- Einnahmen aus der Beteiligung an einem Handelsgewerbe als stiller Gesellschafter und aus partiarischen Darlehen, es sei denn, dass der Gesellschafter oder Darlehensgeber als Mitunternehmer anzusehen ist.

Die Kapitalertragsteuer beträgt nach § 43a Abs. 1 EStG 25 % des Kapitalertrags. Schuldner der Kapitalertragsteuer ist der Gläubiger der Kapitalerträge (§ 44 Abs. 1 EStG). Die Kapitalertragsteuer entsteht in dem Zeitpunkt, in dem die Kapitalerträge dem Gläubiger zufließen. In diesem Zeitpunkt hat der Schuldner der Kapitalerträge den Steuerabzug für Rechnung des Gläubigers der Kapitalerträge vorzunehmen.

Gewinnanteile (Dividenden) und andere Kapitalerträge, deren Ausschüttung von einer Körperschaft beschlossen wird, fließen nach § 44 Abs. 2 EStG dem Gläubiger der Kapitalerträge an dem Tag zu, der im Beschluss als Tag der Auszahlung bestimmt worden ist. Ist die Ausschüttung nur festgesetzt, ohne dass über den Zeitpunkt der Auszahlung ein Beschluss gefasst worden ist, so gilt als Zeitpunkt des Zufließens der Tag nach der Beschlussfassung.

Ist bei Einnahmen aus der Beteiligung an einem Handelsgewerbe als stiller Gesellschafter in dem Beteiligungsvertrag über den Zeitpunkt der Ausschüttung keine Vereinbarung getroffen, so gilt nach § 44 Abs. 3 EStG der Kapitalertrag am Tag nach der Aufstellung der Bilanz oder einer sonstigen Feststellung des Gewinnanteils des stillen Gesellschafters, spätestens jedoch sechs Monate nach Ablauf des Wirtschaftsjahres, für das der Kapitalertrag ausgeschüttet oder gutgeschrieben werden soll, als zugeflossen. Entsprechendes gilt auch bei Zinsen aus partiarischen Darlehen.

Haben Gläubiger und Schuldner der Kapitalerträge vor dem Zufließen ausdrücklich Stundung des Kapitalertrags vereinbart, weil der Schuldner vorübergehend zur Zahlung nicht in der Lage ist, so ist nach § 44 Abs. 4 EStG der Steuerabzug erst mit Ablauf der Stundungsfrist vorzunehmen.

Die innerhalb eines Kalendermonats einbehaltene Steuer ist jeweils bis zum 10. des folgenden Monats an das Finanzamt abzuführen, das für die Besteuerung des Schuldners der Kapitalerträge zuständig ist. Dabei sind die Kapitalertragsteuer und der Zinsabschlag, die zu demselben Zeitpunkt abzuführen sind, jeweils auf den nächsten vollen Euro-Betrag abzurunden.

10.3 Die Körperschaftsteuer (KSt)

Kapitalgesellschaften sind als Körperschaften nach § 1 Abs. 1 KStG unbeschränkt körperschaftsteuerpflichtig mit ihren sämtlichen Einkünften. Die Körperschaftsteuer bemisst sich nach dem zu versteuernden Einkommen (§ 7 Abs. 1 KStG). Die Ermittlung des Einkommens bestimmt sich nach den Vorschriften des Einkommensteuergesetzes und des Körperschaftsteuergesetzes, vermindert um Freibeträge (§ 7 Abs. 2 KStG).

Die Körperschaftsteuer beträgt nach § 23 Abs. 1 KStG 15 % des zu versteuernden Einkommens.

Vom Einkommen der steuerpflichtigen Körperschaften ist ein Freibetrag von 5.000 EUR, höchstens jedoch in Höhe des Einkommens, abzuziehen (§ 24 KStG).

Die Körperschaftsteuer entsteht (§ 30 KStG)
- für Steuerabzugsbeträge in dem Zeitpunkt, in dem die steuerpflichtigen Einkünfte zufließen,
- für Vorauszahlungen mit Beginn des Kalendervierteljahres, in dem die Vorauszahlungen zu entrichten sind, oder, wenn die Steuerpflicht erst im Laufe des Kalenderjahres begründet wird, mit Begründung der Steuerpflicht,
- für die veranlagte Steuer mit Ablauf des Veranlagungszeitraums, soweit nicht die Steuer schon früher entstanden ist.

Wie bei der Einkommensteuer sind auf die voraussichtliche Körperschaftsteuerschuld vierteljährliche Vorauszahlungen zu leisten. Die Termine der Vorauszahlung sind jeweils der 10. März, Juni, September und Dezember. Die Abgabefrist für die Steuererklärung ist der 31. Mai des Folgejahres.

10.4 Die Kirchensteuer (KiSt)

Grundlage der Besteuerung ist das Gesetz über die Erhebung von Steuern durch öffentlich-rechtliche Religionsgemeinschaften (Kirchensteuergesetz) in den einzelnen Bundesländern.

Die Kirchensteuern sind Geldleistungen, die von den Religionsgemeinschaften von ihren Mitgliedern aufgrund gesetzlicher Vorschriften erhoben werden. Sie wird zusammen mit der Einkommensteuer erhoben. Je nach Bundesland beträgt die Kirchensteuer 8 oder 9 % des zu versteuernden Einkommens.

In den meisten Bundesländern wird die Kirchensteuer bei höheren Beträgen unterschiedlich von Amts wegen oder auf Antrag begrenzt (sog. Kappung). Außer in Bayern und Mecklenburg-Vorpommern ist das der Fall, wenn die Kirchensteuer je nach Bundesland 3, 3,5 oder 4 % des zu versteuernden Einkommens übersteigt.

Die Kirchensteuerpflicht erlischt u.a. durch Austritt. Dieser ist je nach Bundesland vor dem Amtsgericht, dem Standesamt, dem Notar oder vor kirchlichen Stellen zu erklären. Der Austritt wirkt monatlich, abhängig vom jeweiligen Bundesland, entweder mit Ablauf des Monats der Austrittserklärung oder mit Ende des Monats nach dem Kirchenaustritt.

Gezahlte Kirchensteuern sind im jeweiligen Kalenderjahr unbegrenzt abziehbare Sonderausgaben.

Bundesland	Regelsteuersatz [%]	Kappungsgrenze [%]
Baden-Württemberg	8,0	3,5[1]
Bayern	8,0	-
Berlin	9,0	3,0
Brandenburg	9,0	3,0
Bremen	9,0	3,0
Hamburg	9,0	3,0
Hessen	9,0	4,0[1]
Mecklenburg-Vorpommern	9,0	-
Niedersachsen	9,0	3,5
Nordrhein-Westfalen	9,0	4,0[1]
Rheinland-Pfalz	9,0	4,0[1]
Saarland	9,0	4,0[1]
Sachsen	9,0	3,5
Sachsen-Anhalt	9,0	3,5
Schleswig-Holstein	9,0	3,5
Thüringen	9,0	3,5

[1] Nur in den evangelischen Landeskirchen und in den Diözesen Aachen, Essen, Freiburg, Fulda, Köln, Limburg, Mainz, Münster, Paderborn, Rottenburg-Stuttgart, Speyer.

Abb. 94: Kirchen-Regelsteuersätze der Bundesländer

10.5 Der Solidaritätszuschlag (SolZ)

Zur Einkommen- und Körperschaftsteuer wird ein Solidaritätszuschlag in Höhe von 5,5 % der Steuerschuld als Ergänzungsabgabe erhoben (§ 1 SolZG).

Der Solidaritätszuschlag bemisst sich nach der festgesetzten Einkommensteuer, verringert um die anzurechnende Körperschaftsteuer.

Der Solidaritätszuschlag wird bei den Vorauszahlungen auf die Einkommen- und Körperschaftsteuer schon vorweg erhoben. Bei der Jahresveranlagung wird der Zuschlag sodann auf die Jahressteuerschuld erhoben und ggf. mit dem Solidaritätszuschlag auf die Vorauszahlungen verrechnet.

10.6 Die Gewerbesteuer (GewSt)

Die Gewerbesteuer gehört zu den Realsteuern, deren Aufkommen den Gemeinden zufließen. Sie ist zwar im Gewerbesteuergesetz (GewStG) bundeseinheitlich geregelt, jedoch steht den Gemeinden das Recht zu, die Hebesätze entsprechend ihrem Finanzbedarf jährlich neu zu bestimmen. So kann der Hebesatz derzeit von ca. 150 % bis über 500 % betragen. Auf diese Weise können von Gemeinde zu Gemeinde erhebliche Unterschiede in der Gewerbesteuerbelastung der Unternehmen bestehen. Gewerbesteuerpflichtig sind alle inländischen Gewerbebetriebe und Kapitalgesellschaften.

Steuerschuldner ist der Unternehmer. Als Unternehmer gilt der, für dessen Rechnung das Gewerbe betrieben wird (§ 5 Abs. 1 GewStG). Geht ein Gewerbebetrieb im Ganzen auf einen anderen Unternehmer über, so ist der bisherige Unternehmer bis zum Zeitpunkt des Übergangs Steuerschuldner. Der andere Unternehmer ist von diesem Zeitpunkt an Steuerschuldner (§ 5 Abs. 2 GewStG).

Der Vergleich des Gewerbesteuer-Hebesatzes von Berlin mit den Gewerbe-steuer-Hebesätzen einiger in unmittelbarer Umgebung befindlichen Gemeinden im Land Brandenburg zeigt die nicht unerhebliche Bedeutung des Gewerbesteuer-Hebesatzes als wichtiger Standortfaktor. Der gesetzliche Mindestgewerbesteuer-Hebesatz beträgt 200 %.

Stadt/Gemeinde	Gewerbesteuer-Hebesatz [%] 2011
Berlin	410
Potsdam	450
Oranienburg, Senftenberg	370
Hennigsdorf, Falkensee, Mahlow, Rathenow	350
Teltow, Wiesenburg/Mark, Jüterbog, Nauen	320
Wusterwitz, Michendorf, Schwarzheide, Elsterwerda	300
Meyenburg/Prignitz, Rhinow	280
Zossen, Wünsdorf, Liebenwalde	200

Abb. 95: Gewerbesteuer-Hebesätze für Berlin und Umgebung (Beispiele)

Besteuerungsgrundlage für die Gewerbesteuer ist der **Gewerbeertrag** (§ 6 GewSt). Der Gewerbeertrag ist der nach den Vorschriften des Einkommensteuergesetzes oder des Körperschaftsteuergesetzes zu ermittelnde Gewinn aus dem Gewerbebe-trieb, korrigiert um die im Gewerbesteuergesetz genannten Hinzurechnungen und Kürzungen (§ 7 GewSt).

Wichtige Hinzurechnungen nach § 8 GewStG:
- ein Viertel der Summe aus Entgelten für Schulden,
- ein Viertel aus Renten und dauernden Lasten,
- ein Viertel aus Gewinnanteilen des stillen Gesellschafters,
- einem Fünftel der Miet- und Pachtzinsen (einschließlich Leasingraten) für die Benutzung von beweglichen Wirtschaftsgütern des Anlagevermögens, die im Eigentum eines anderen stehen, und
- einem Viertel der Aufwendungen für die zeitlich befristete Überlassung von Rechten (insbesondere Konzessionen und Lizenzen),

soweit die Summe den Betrag von 100.000 EUR übersteigt.

Wichtige Kürzungen nach § 9 GewStG:
- 1,2 % des Einheitswerts des zum Betriebsvermögen des Unternehmers gehören-den Grundbesitzes,
- die Anteile am Gewinn einer OHG, einer KG oder einer anderen Gesellschaft, bei der die Gesellschafter als Unternehmer (Unternehmer) des Gewerbebetriebs anzusehen sind, wenn die Gewinnanteile bei der Ermittlung des Gewinns an-gesetzt worden sind.

Maßgebend ist der Gewerbeertrag, der in dem Erhebungszeitraum bezogen worden ist, für den der Steuermessbetrag festgesetzt wird (§ 10 GewStG). Der maßgeben-de Gewerbeertrag wird nach § 10a GewSt um die Fehlbeträge gekürzt, die sich bei der Ermittlung des maßgebenden Gewerbeertrags für die vorangegangenen Erhebungszeiträume ergeben haben, soweit die Fehlbeträge nicht bei der Ermittlung des Gewerbeertrags für die vorangegangenen Erhebungszeiträume berücksichtigt worden sind **(Verlustvortrag)**. Die Höhe der vortragsfähigen Fehlbeträge ist gesondert festzustellen. Im Gegensatz zum Einkommensteuerrecht besteht keine Möglichkeit des Verlustrücktrags.

Steuermesszahl und Steuermessbetrag

Bei der Berechnung der Gewerbesteuer ist von einem Steuermessbetrag auszugehen. Dieser ist durch Anwendung eines Prozentsatzes (Steuermesszahl) auf den Gewerbeertrag zu ermitteln. Der Gewerbeertrag ist auf volle 100 EUR nach unten abzurunden und bei Einzelunternehmen und bei Personengesellschaften um einen Freibetrag in Höhe von 24.500 EUR, höchstens jedoch in Höhe des abgerundeten Gewerbeertrags, zu kürzen (§ 11 Abs. 1 GewStG). Die Steuermesszahl für den Gewerbeertrag beträgt 3,5 % (§ 11 Abs. 2 GewStG).

Steuermessbetrag = Gewerbeertrag [EUR] x Steuermesszahl [%]

Der Steuermessbetrag wird für den Erhebungszeitraum nach dessen Ablauf festgesetzt. Erhebungszeitraum ist das Kalenderjahr (§ 14 GewStG). Der Steuerschuldner hat für steuerpflichtige Gewerbebetriebe eine Erklärung zur Festsetzung des Steuermessbetrags nach amtlich vorgeschriebenem Datensatz durch Datenfernübertragung zu übermitteln. Auf Antrag kann die Finanzbehörde zur Vermeidung unbilliger Härten auf eine elektronische Übermittlung verzichten. In diesem Fall ist die Erklärung nach amtlich vorgeschriebenem Vordruck abzugeben (§ 14a GewStG).

Die Ermittlung der Gewerbesteuer

Die Gewerbesteuer wird aufgrund des Steuermessbetrages mit einem Prozentsatz (Hebesatz) festgesetzt und erhoben, der von der Gemeinde zu festgesetzt ist (§ 16 Abs. 1 GewStG).

Gewerbesteuerschuld = Steuermessbetrag [EUR] x Hebesatz [%]

Auf die Gewerbesteuerschuld sind vierteljährliche Vorauszahlungen am 15. der Monate Februar, Mai, August und November zu leisten (§ 19 Abs. 1 GewStG). Jede Vorauszahlung beträgt grundsätzlich ein Viertel der Steuer, die sich bei der letzten Veranlagung ergeben hat (§ 19 Abs. 2 GewStG). Die Gemeinde kann die Vorauszahlungen der Steuer anpassen, die sich für den Erhebungszeitraum voraussichtlich ergeben wird (§ 19 Abs. 3 GewStG). Die einzelne Vorauszahlung ist auf den nächsten vollen Betrag in EUR nach unten abzurunden. Sie wird nur festgesetzt, wenn sie mindestens 50 EUR beträgt (§ 19 Abs. 5 GewStG).

Für alle gewerbesteuerpflichtigen Unternehmen, deren Gewerbeertrag im Erhebungszeitraum den Betrag von 24.500 EUR überstiegen hat, sowie für Kapitalgesellschaften, wenn sie nicht von der Gewerbesteuer befreit sind, ist jährlich eine **Gewerbesteuererklärung** abzugeben. Abgabefrist für die Gewerbesteuererklärung ist der 31. Mai des Folgejahres.

Gewerbesteuer	Beispiel: **Personengesellschaft** (z. B. OHG) Gewerbeertrag: 100.000,- EUR Hebesatz: 350 %	Beispiel: **Kapitalgesellschaft** (z. B. GmbH) Gewerbeertrag: 100.000,- EUR Hebesatz: 350 %
Steuermessbetrag = Gewerbeertrag x Steuermesszahl	Gew. Ertrag 100.000,- EUR Freibetrag <u>24.500,- EUR</u> 3,5 % von 75.500,- EUR 2.642,50 EUR	100.000,- EUR x 3,5 % = 3.500,- EUR
Gewerbesteuer- schuld = Steuermessbetrag x Hebesatz	2.642,50 EUR x 350 % = 9.248,75 EUR	3.500,- EUR x 350 % = 12.250,- EUR

Abb. 96: Beispiele für die Berechnung der Gewerbesteuer

Gegen denjenigen, der seiner Verpflichtung zur Abgabe einer Steuererklärung nicht oder nicht fristgemäß nachkommt, kann nach § 152 Abs. 1 AO ein Verspätungszuschlag festgesetzt werden. Der Verspätungszuschlag darf 10 % des festgesetzten Messbetrags nicht übersteigen und höchstens 25.000 EUR betragen (§ 152 Abs. 2 AO).

10.7 Die Umsatzsteuer (USt)

Der Umsatzsteuer unterliegen die folgenden Umsätze (§ 1 Abs. 1 UStG):
* die Lieferungen und sonstigen Leistungen, die ein Unternehmer im Inland gegen Entgelt im Rahmen seines Unternehmens ausführt,
* die Einfuhr von Gegenständen im Inland **(Einfuhrumsatzsteuer)** und
* der innergemeinschaftliche Erwerb im Inland gegen Entgelt.

Ein **innergemeinschaftlicher Erwerb** gegen Entgelt liegt vor, wenn nach § 1a Abs. 1 UStG die folgenden Voraussetzungen erfüllt sind:
* Ein Gegenstand gelangt bei einer Lieferung an den Abnehmer (Erwerber) aus dem Gebiet eines Mitgliedstaates in das Gebiet eines anderen Mitgliedstaates oder aus dem übrigen Gemeinschaftsgebiet in das Inland, auch wenn der Lieferer den Gegenstand in das Gemeinschaftsgebiet eingeführt hat,
* der Erwerber ist ein Unternehmer, der den Gegenstand für sein Unternehmen erwirbt und
* die Lieferung an den Erwerber wird durch einen Unternehmer gegen Entgelt im Rahmen seines Unternehmens ausgeführt und ist nach dem Recht des Mitgliedstaates, der für die Besteuerung des Lieferers zuständig ist, nicht aufgrund der Sonderregelung für Kleinunternehmer steuerfrei.

Als innergemeinschaftlicher Erwerb gegen Entgelt gilt nach § 1a Abs. 2 UStG das Verbringen eines Gegenstandes des Unternehmens aus dem übrigen Gemeinschaftsgebiet in das Inland durch einen Unternehmer zu seiner Verfügung, ausgenommen zu einer nur vorübergehenden Verwendung, auch wenn der Unternehmer den Gegenstand in das Gemeinschaftsgebiet eingeführt hat. Der Unternehmer gilt als Erwerber.

Ein innergemeinschaftlicher Erwerb liegt nicht vor, wenn nach § 1a Abs. 3 UStG die folgenden Voraussetzungen erfüllt sind:
- Der Erwerber ist
  - ein Unternehmer, der nur steuerfreie Umsätze ausführt, die zum Ausschluss vom Vorsteuerabzug führen,
  - ein Unternehmer, für dessen Umsätze Umsatzsteuer nach § 19 Abs. 1 UStG nicht erhoben wird,
  - ein Unternehmer, der den Gegenstand zur Ausführung von Umsätzen verwendet, für die die Steuer nach Durchschnittssätzen des § 24 UStG festgesetzt ist,
- und der Gesamtbetrag der Entgelte für Erwerbe hat den Betrag von 12.500 EUR im vorangegangenen Kalenderjahr nicht überstiegen und wird diesen Betrag im laufenden Kalenderjahr voraussichtlich nicht übersteigen (**Erwerbsschwelle**).

Der Erwerber kann auf die Anwendung des § 1a Abs. 3 UStG verzichten. Der Verzicht ist gegenüber dem Finanzamt zu erklären und bindet den Erwerber mindestens für zwei Kalenderjahre. Der Verzicht ist nicht möglich für den Erwerb neuer Fahrzeuge und verbrauchssteuerpflichtiger Waren (Mineralöle, Alkohol und alkoholische Getränke sowie Tabakwaren).

Unternehmereigenschaft nach § 2 Abs. 1 UStG
Unternehmer ist, wer eine gewerbliche oder berufliche Tätigkeit selbstständig ausübt. Das Unternehmen umfasst die gesamte gewerbliche oder berufliche Tätigkeit des Unternehmers. Gewerblich oder beruflich ist jede nachhaltige Tätigkeit zur Erzielung von Einnahmen, auch wenn die Absicht, Gewinn zu erzielen, fehlt oder eine Personenvereinigung nur gegenüber ihren Mitgliedern tätig wird.

Die gewerbliche oder berufliche Tätigkeit wird nach § 2 Abs. 2 UStG nicht selbstständig ausgeübt,
1. soweit natürliche Personen, einzeln oder zusammengeschlossen, einem Unternehmen so eingegliedert sind, dass sie den Weisungen des Unternehmers zu folgen verpflichtet sind,
2. wenn eine juristische Person nach dem Gesamtbild der tatsächlichen Verhältnisse finanziell, wirtschaftlich und organisatorisch in das Unternehmen des Organträgers eingegliedert ist (Organschaft). Die Wirkungen der Organschaft sind auf Innenleistungen zwischen den im Inland gelegenen Unternehmensteilen beschränkt. Diese Unternehmensteile sind als ein Unternehmen zu behandeln. Hat der Organträger seine Geschäftsleitung im Ausland, gilt der wirtschaftlich bedeutendste Unternehmensteil im Inland als der Unternehmer.

Von den **Lieferungen und Leistungen**, die ein Unternehmer im Inland gegen Entgelt im Rahmen seines Unternehmens ausführt, sind nach § 4 UStG u.a. steuerfrei:

- Ausfuhrlieferungen, Lohnveredelungen an Gegenständen der Ausfuhr, innergemeinschaftliche Lieferungen,
- Gewährung und Vermittlung von Krediten, Umsätze aus der Tätigkeit als Bausparkassenvertreter, Versicherungsvertreter und Versicherungsmakler,
- die Umsätze aus der Tätigkeit als Arzt, Zahnarzt, Heilpraktiker, Physiotherapeut (Krankengymnast), Hebamme oder aus einer ähnlichen heilberuflichen Tätigkeit i.S. des § 18 Abs. 1 Nr. 1 EStG und aus der Tätigkeit als klinischer Chemiker. Steuerfrei sind auch die sonstigen Leistungen von Gemeinschaften dieser Berufe gegenüber ihren Mitgliedern, soweit diese Leistungen unmittelbar zur Ausführung der steuerfreien Umsätze verwendet werden.

Eine innergemeinschaftliche Lieferung liegt nach § 6a Abs. 1 UStG vor, wenn bei einer Lieferung die folgenden Voraussetzungen erfüllt sind:
1. Der Unternehmer oder der Abnehmer hat den Gegenstand der Lieferung in das übrige Gemeinschaftsgebiet befördert oder versendet,
2. der Abnehmer ist
   - ein Unternehmer, der den Gegenstand der Lieferung für sein Unternehmen erworben hat,
   - oder bei der Lieferung eines neuen Fahrzeugs auch jeder andere Erwerber und
3. der Erwerb des Gegenstandes der Lieferung unterliegt beim Abnehmer in einem anderen Mitgliedstaat den Vorschriften der Umsatzbesteuerung.

Der Gegenstand der Lieferung kann durch Beauftragte vor der Beförderung oder Versendung in das übrige Gemeinschaftsgebiet bearbeitet oder verarbeitet worden sein.

Der Umsatz wird bei **Lieferungen und sonstigen Leistungen** und bei dem **innergemeinschaftlichen Erwerb** nach § 10 Abs. 1 UStG nach dem Entgelt bemessen (Bemessungsgrundlage). Entgelt ist alles, was der Leistungsempfänger aufwendet, um die Leistung zu erhalten, jedoch abzüglich der Umsatzsteuer. Zum Entgelt gehört auch, was ein anderer als der Leistungsempfänger dem Unternehmer für die Leistung gewährt. Bei dem innergemeinschaftlichen Erwerb sind Verbrauchssteuern, die vom Erwerber geschuldet oder entrichtet werden, in die Bemessungsgrundlage einzubeziehen.

Der Umsatz wird bei der **Einfuhr** nach § 11 Abs. 1 UStG nach dem Wert des eingeführten Gegenstandes nach den jeweiligen Vorschriften über den Zollwert bemessen (Bemessungsgrundlage).

Die Umsatzsteuer beträgt nach § 12 Abs. 1 UStG für jeden steuerpflichtigen Umsatz 19% der Bemessungsgrundlage. Die Umsatzsteuer ermäßigt sich nach § 12 Abs. 2 UStG auf 7% u.a. für die folgende Umsätze:

- die Lieferungen, die Einfuhr und den innergemeinschaftlichen Erwerb von Lebensmitteln, lebenden Tieren, Druckerzeugnissen, Schnittblumen, Rollstühlen, Prothesen, Herzschrittmacher und Kunstgegenständen,
- die Leistungen aus der Tätigkeit als Zahntechniker,
- die Eintrittsberechtigung für Theater, Konzerte und Museen, sowie die den Theatervorführungen und Konzerten vergleichbaren Darbietungen ausübender Künstler,
- die Zirkusvorführungen, die Leistungen aus der Tätigkeit als Schausteller,

- die Beförderung von Personen innerhalb einer Gemeinde oder wenn die Beförderungsstrecke nicht mehr als fünfzig Kilometer beträgt (gilt bis zum 31.12.2011).

Für folgende steuerpflichtige Umsätze entsteht die Umsatzsteuer mit Ausstellung der Rechnung, spätestens jedoch mit Ablauf des der Ausführung der Leistung folgenden Kalendermonats:
- Werklieferungen und sonstige Leistungen, die der Herstellung, Instandsetzung, Instandhaltung, Änderung oder Beseitigung von Bauwerken dienen, mit Ausnahme von Planungs- und Überwachungsleistungen (§ 13b Abs. 2 Nr. 4 UStG).
- Reinigen von Gebäuden und Gebäudeteilen (§ 13b Abs. 2 Nr. 8 UStG).

In den in § 13b Abs. 2 Nr. 4 UStG genannten Fällen schuldet der Leistungsempfänger die Steuer, wenn er ein Unternehmer ist, der Leistungen i.S. des § 13b Abs. 2 Nr. 4 UStG erbringt (§ 13b Abs. 5 UStG). In den in § 13b Abs. 2 Nr. 8 UStG genannten Fällen schuldet der Leistungsempfänger die Steuer, wenn er ein Unternehmer ist, der Leistungen i.S. des § 13b Abs. 2 Nr. 8 UStG erbringt. Dies gilt auch, wenn die Leistung für den nichtunternehmerischen Bereich bezogen wird. Dies gilt nicht, wenn bei dem Unternehmer, der die Umsätze ausführt, die Umsatzsteuer nach § 19 Abs. 1 UStG (Kleinunternehmer) nicht erhoben wird.

Führt der Unternehmer Lieferungen oder sonstige Leistungen aus, ist er berechtigt und, soweit er die Umsätze an einen anderen Unternehmer für dessen Unternehmen oder an eine juristische Person ausführt, auf deren Verlangen verpflichtet, Rechnungen auszustellen, die nach § 14 Abs. 4 UStG folgende Angaben enthalten müssen:
- den vollständigen Namen und die vollständige Anschrift des leistenden Unternehmers,
- den vollständigen Namen und die vollständige Anschrift des Leistungsempfängers,
- die dem leistenden Unternehmen vom Finanzamt erteilte Steuernummer oder die ihm vom Bundeszentralamt für Steuern erteilte Umsatzsteuer-Identifikationsnummer (USt-IdNr.),
- das Ausstellungsdatum,
- eine fortlaufende Nummer, die zur Identifizierung der Rechnung vom Rechnungsaussteller einmalig vergeben wird (Rechnungsnummer),
- die Menge und die Art (handelsübliche Bezeichnung) der gelieferten Gegenstände oder die Art und den Umfang der sonstigen Leistung,
- den Zeitpunkt der Lieferung oder der sonstigen Leistung,
- das nach Steuersätzen und einzelnen Steuerbefreiungen aufgeschlüsselte Entgelt für die Lieferung oder sonstige Leistung sowie jede im Voraus vereinbarte Minderung des Entgelts, sofern sie nicht bereits im Entgelt berücksichtigt ist,
- den anzuwendenden Steuersatz sowie den auf das Entgelt entfallenden Steuerbetrag oder im Fall einer Steuerbefreiung einen Hinweis darauf, dass für die Lieferung oder sonstige Leistung eine Steuerbefreiung gilt.

Der Unternehmer hat nach § 14b UStG ein Doppel der Rechnung, die er selbst oder ein Dritter in seinem Namen und für seine Rechnung ausgestellt hat, sowie alle Rechnungen, die er erhalten oder die ein Leistungsempfänger oder in dessen Namen und für dessen Rechnung ein Dritter ausgestellt hat, zehn Jahre aufzubewahren. Die Rechnungen müssen für den gesamten Zeitraum lesbar sein. Die Aufbewahrungsfrist beginnt mit dem Schluss des Kalenderjahres, in dem die Rechnung ausgestellt worden ist.

Rechnungen, deren Gesamtbetrag 150 EUR nicht übersteigt (Kleinbetragsrechnungen), müssen mindestens nach § 33 UStDV folgende Angaben enthalten:
1. den vollständigen Namen und die vollständige Anschrift des leistenden Unternehmers,
2. das Ausstellungsdatum,
3. die Menge und die Art der gelieferten Gegenstände oder den Umfang und die Art der sonstigen Leistung und
4. das Entgelt und den darauf entfallenden Steuerbetrag für die Lieferung oder sonstige Leistung in einer Summe sowie
5. den anzuwendenden Steuersatz oder im Fall einer Steuerbefreiung einen Hinweis darauf, dass für die Lieferung oder sonstige Leistung eine Steuerbefreiung gilt.

Die Umsatzsteuerschuld gegenüber dem Finanzamt wird in der Weise ermittelt, dass die in Rechnung gestellte Umsatzsteuer (Mehrwertsteuer) um die in den Lieferantenrechnungen gesondert ausgewiesene Umsatzsteuer (Vorsteuer) zu kürzen ist. Der Besteuerung unterliegt also nur der im Unternehmen geschaffene »Mehrwert«.

Verkauf	
In Rechnung gestellt:	
Warenwert	1.000,00 EUR
19 % Umsatzsteuer (Mehrwertsteuer)	190,00 EUR
Rechnungsbetrag	1.190,00 EUR
Einkauf	
Rechnung des Lieferanten:	
Warenwert	600,00 EUR
19 % Umsatzsteuer (Vorsteuer)	114,00 EUR
Rechnungsbetrag	714,00 EUR
Umsatzsteuerschuld	
In Rechnung gestellte (erhaltene) Mehrwertsteuer	190,00 EUR
Bezahlte Vorsteuer	114,00 EUR
An das Finanzamt abzuführende Umsatzsteuer	76,00 EUR

Abb. 97: Beispiel für die Berechnung der Umsatzsteuer

Der Unternehmer kann nach § 15 Abs. 1 UStG folgende Vorsteuerbeträge abziehen:
*   die gesetzlich geschuldete Steuer für Lieferungen und sonstige Leistungen, die von einem anderen Unternehmer für sein Unternehmen ausgeführt worden sind. Die Ausübung des Vorsteuerabzugs setzt voraus, dass der Unternehmer eine ausgestellte Rechnung nach den Vorschriften des Steuerrechts besitzt. Soweit der gesondert ausgewiesene Steuerbetrag auf eine Zahlung vor Ausfüh-

rung dieser Umsätze entfällt, ist er bereits abziehbar, wenn die Rechnung vorliegt und die Zahlung geleistet worden ist.

- die entrichtete Einfuhrumsatzsteuer für Gegenstände, die für sein Unternehmen in das Inland eingeführt worden sind,
- die Steuer für den innergemeinschaftlichen Erwerb von Gegenständen für sein Unternehmen.

Nicht als für das Unternehmen ausgeführt gilt die Lieferung, die Einfuhr oder der innergemeinschaftliche Erwerb eines Gegenstands, den der Unternehmer zu weniger als 10% für sein Unternehmen nutzt.

Die Umsatzsteuer ist nach **vereinbarten Entgelten (Sollbesteuerung)** zu berechnen (§ 16 Abs. 1 UStG). Sie wird geschuldet, sobald der Umsatz bewirkt und die Rechnung gestellt ist. Der Zeitpunkt des Rechnungsausgleichs durch ihren Abnehmer ist unerheblich. Besteuerungszeitraum ist das Kalenderjahr. Bei der Berechnung der Umsatzsteuer ist von der Summe der Umsätze auszugehen, soweit für sie die Umsatzsteuer in dem Besteuerungszeitraum entstanden und die Umsatzsteuerschuldnerschaft gegeben ist. Von der berechneten Umsatzsteuer sind die in den Besteuerungszeitraum fallenden abziehbaren Vorsteuerbeträge abzusetzen (§ 16 Abs. 2 UStG). Die Einfuhrumsatzsteuer ist von der Umsatzsteuer für den Besteuerungszeitraum abzusetzen, in dem sie entrichtet worden ist. Die bis zum 16. Tag nach Ablauf des Besteuerungszeitraums zu entrichtende Einfuhrumsatzsteuer kann bereits von der Umsatzsteuer für diesen Besteuerungszeitraum abgesetzt werden, wenn sie in ihm entstanden ist.

Hat der Unternehmer seine gewerbliche oder berufliche Tätigkeit nur in einem Teil des Kalenderjahres ausgeübt, so tritt dieser Teil an die Stelle des Kalenderjahres (§ 16 Abs. 2 UStG). Das Finanzamt kann nach § 16 Abs. 3 UStG einen kürzeren Besteuerungszeitraum bestimmen, wenn der Eingang der Steuer gefährdet erscheint oder der Unternehmer damit einverstanden ist.

Die für Umsätze geschuldete Umsatzsteuer wird von **Kleinunternehmern** nicht erhoben, wenn der Umsatz zuzüglich der darauf entfallenden Steuer im vorangegangenen Kalenderjahr 17.500 EUR nicht überstiegen hat und im laufenden Kalenderjahr 50.000 EUR voraussichtlich nicht übersteigen wird (§ 19 Abs. 1 UStG). Der Umsatz ist der nach vereinnahmten Entgelten bemessene Gesamtumsatz, gekürzt um die darin enthaltenen Umsätze von Wirtschaftsgütern des Anlagevermögens.

Der Unternehmer kann dem Finanzamt bis zur Unanfechtbarkeit der Steuerfestsetzung erklären, dass er auf die Anwendung der Nichtbesteuerung verzichtet (§ 19 Abs. 2 UStG). Nach Eintritt der Unanfechtbarkeit der Steuerfestsetzung bindet die Erklärung den Unternehmer mindestens für fünf Kalenderjahre. Sie kann nur mit Wirkung vom Beginn eines Kalenderjahres an widerrufen werden. Der Widerruf ist spätestens bis zur Unanfechtbarkeit der Steuerfestsetzung des Kalenderjahres, für das er gelten soll, zu erklären.

Soweit der Unternehmer die Umsatzsteuer nach **vereinnahmten Entgelten (Istbesteuerung)** berechnet, ist nach § 19 Abs. 3 UStG auch der Gesamtumsatz nach diesen Entgelten zu berechnen. Hat der Unternehmer seine gewerbliche oder berufliche Tätigkeit im Laufe des Jahres aufgenommen und deshalb nur in einem Teil des Kalenderjahres ausgeübt, so ist der tatsächliche Gesamtumsatz in einen Jahresumsatz umzurechnen. Angefangene Kalendermonate sind bei der Umrechnung als volle Kalendermonate zu behandeln, es sei denn, dass die Umrechnung nach Tagen zu einem niedrigeren Jahresgesamtumsatz führt. Für die Anwendung der Kleinunternehmer-Regelung kommt es in diesem Fall nur darauf an, ob der Unternehmer voraussichtlich die Grenze von 17.500 EUR nicht überschreitet.

Vorteile	Nachteile
• Ausweis der Umsatzsteuer in Rechnungen nicht erforderlich • geringer Buchführungsaufwand • keine Umsatzsteuervoranmeldungen • keine Umsatzsteuererklärung • Angebotsvorteil gegenüber Kunden. Der Preisvorteil ist umso höher, je geringer der Material-/Wareneinkauf ist, z. B. Friseure, Kosmetiker. Der Preisvorteil ist besonders hoch gegenüber Kunden, die nicht vorsteuerabzugsberechtigt sind, z. B. Privatkunden, Ärzte.	• in Rechnungen Hinweis als Kleinunternehmer i.S.d. § 19 Abs. 1 UStG auf Verzicht der Regelbesteuerung • keine Vorsteuerabzugsberechtigung bei Einkäufen, z. B. Waren, Investitionen • evtl. schlechtes Image • muss der Kleinunternehmerstatus aufgrund von Umsatzsteigerungen aufgegeben werden, sind evtl. Preiserhöhungen erforderlich oder Gewinneinbußen möglich • fünf Jahre Bindung, wenn freiwillig auf die Steuerfreiheit verzichtet wird

Abb. 98: Umsatzsteuer bei Kleinunternehmern

TIPP
Prüfen Sie, ob die Anwendung der Nichtbesteuerung für Sie wirklich sinnvoll ist. Sie müssen zwar keine Umsatzsteuer an das Finanzamt abführen, dürfen aber in Ihren Rechnungen keine Umsatzsteuer ausweisen und die Ihnen in Rechnung gestellten Umsatzsteuerbeträge nicht als Vorsteuer abziehen. Um vorsteuerabzugsberechtigt zu sein, können Sie als Kleinunternehmer jedoch bei Ihrem Finanzamt zur Umsatzsteuer »optieren« und Ihren Kunden die Mehrwertsteuer in Rechnung stellen. An diese Erklärung sind Sie dann aber mindestens fünf Jahre gebunden.

Das Finanzamt kann nach § 20 Abs. 1 UStG auf Antrag gestatten, dass ein Unternehmer,

1. dessen Gesamtumsatz im vorangegangenen Kalenderjahr nicht mehr als 250.000 EUR[4] betragen hat, oder

2. der von der Verpflichtung, Bücher zu führen und aufgrund jährlicher Bestandsaufnahmen regelmäßig Abschlüsse zu machen, nach § 148 AO befreit ist, oder

3. soweit er Umsätze aus einer Tätigkeit als Angehöriger eines freien Berufs ausführt,

die Steuer nicht nach den vereinbarten Entgelten (Sollbesteuerung), sondern nach den **vereinnahmten Entgelten (Istbesteuerung)** berechnet.

---

4   Vom 01.07.2009 bis zum 31.12.1011 tritt an die Stelle des Betrags von 250.000 EUR der Betrag von 500.000 EUR.

TIPP

Machen Sie von dieser Möglichkeit Gebrauch, wenn Sie die Voraussetzung dazu erfüllen. Sie können dann mit der Abführung der Steuer solange warten, bis Ihr Kunde die Rechnung beglichen hat. Dies verbessert die Liquidität Ihres Unternehmens.

Der Unternehmer hat bis zum 10. Tag nach Ablauf jedes Voranmeldungszeitraums eine **Umsatzsteuer-Voranmeldung** nach amtlich vorgeschriebenem Datensatz durch Datenfernübertragung zu übermitteln, in der er die Steuer für den Voranmeldungszeitraum selbst berechnet hat (§ 18 Abs. 1 UStG). Auf Antrag kann das Finanzamt zur Vermeidung von unbilligen Härten auf eine elektronische Übermittlung verzichten. In diesem Fall hat der Unternehmer eine Voranmeldung nach amtlich vorgeschriebenem Vordruck abzugeben. Die Vorauszahlung ist am 10. Tag nach Ablauf des Voranmeldungszeitraums fällig. Voranmeldungszeitraum ist das Kalendervierteljahr (§ 18 Abs. 2 UStG). Beträgt die Umsatzsteuer für das vorangegangene Kalenderjahr mehr als 7.500 EUR, ist der Kalendermonat Voranmeldungszeitraum. Beträgt die Umsatzsteuer für das vorangegangene Kalenderjahr nicht mehr als 1.000 EUR, kann das Finanzamt den Unternehmer von der Verpflichtung zur Abgabe der Voranmeldungen und Entrichtung der Vorauszahlungen befreien. Nimmt der Unternehmer seine gewerbliche oder berufliche Tätigkeit auf, ist im laufenden und folgenden Kalenderjahr Voranmeldungszeitraum der Kalendermonat.

Der Unternehmer kann anstelle des Kalendervierteljahres den Kalendermonat als Voranmeldungszeitraum wählen, wenn sich für das vorangegangene Kalenderjahr ein Überschuss zu seinen Gunsten von mehr als 7.500 EUR ergibt (§ 18 Abs. 2a UStG). In diesem Fall hat der Unternehmer bis zum 10. Februar des laufenden Kalenderjahres eine Voranmeldung für den ersten Kalendermonat abzugeben. Die Ausübung des Wahlrechts bindet den Unternehmer für dieses Kalenderjahr.

Das Finanzamt hat nach § 46 UStDV dem Unternehmer auf Antrag die Fristen für die Abgabe der Voranmeldungen und für die Entrichtung der Vorauszahlungen um einen Monat zu verlängern **(Dauerfristverlängerung)**. Das Finanzamt hat den Antrag abzulehnen oder eine bereits gewährte Fristverlängerung zu widerrufen, wenn der Steueranspruch gefährdet erscheint.

Die Fristverlängerung ist nach § 47 Abs. 1 UStDV bei einem Unternehmer, der die Vorauszahlungen monatlich abzugeben hat, unter der Auflage zu gewähren, dass dieser eine **Sondervorauszahlung** auf die Steuer eines jeden Kalenderjahres entrichtet. Die Sondervorauszahlung beträgt ein Elftel der Summe der Vorauszahlungen für das vorangegangene Kalenderjahr. Hat der Unternehmer seine gewerbliche oder berufliche Tätigkeit nur in einem Teil des vorangegangenen Kalenderjahres ausgeübt, so ist nach § 47 Abs. 2 UStDV die Summe der Vorauszahlungen dieses Zeitraumes in eine Jahressumme umzurechnen. Angefangene Kalendermonate sind hierbei als volle Kalendermonate zu behandeln. Hat der Unternehmer seine gewerbliche oder berufliche Tätigkeit im laufenden Kalenderjahr begonnen, so ist nach § 47 Abs. 3 UStDV die Sondervorauszahlung auf der Grundlage der zu erwartenden Vorauszahlungen dieses Kalenderjahres zu berechnen.

Der Unternehmer hat nach § 48 Abs. 1 UStDV die Fristverlängerung für die Abgabe der Voranmeldungen bis zu dem Zeitpunkt zu beantragen, an dem die Voranmeldung, für die die Fristverlängerung erstmals gelten soll, abzugeben ist. Der Antrag ist nach amtlich vorgeschriebenem Vordruck zu stellen. In dem Antrag hat der Unternehmer, der die Voranmeldungen monatlich abzugeben hat, die Sondervorauszahlung selbst zu berechnen und anzumelden. Gleichzeitig hat er die angemeldete Sondervorauszahlung zu entrichten. Während der Geltungsdauer der Fristverlängerung hat der Unternehmer, der die Voranmeldungen monatlich abzugeben hat, nach § 48 Abs. 2 UStDV die Sondervorauszahlung für das jeweilige Kalenderjahr bis zum gesetzlichen Zeitpunkt der Abgabe der ersten Voranmeldung zu berechnen, anzumelden und zu entrichten. Das Finanzamt kann nach § 48 Abs. 3 UStDV die Sondervorauszahlung festsetzen, wenn sie vom Unternehmer nicht oder nicht richtig berechnet wurde oder wenn die Anmeldung zu einem offensichtlich unzutreffenden Ergebnis führt. Die festgesetzte Sondervorauszahlung ist bei der Festsetzung der Vorauszahlung für den letzten Voranmeldungszeitraum des Besteuerungszeitraums nach § 48 Abs. 3 UStDV anzurechnen, für den die Fristverlängerung gilt.

Der Unternehmer hat für das Kalenderjahr oder für den kürzeren Besteuerungszeitraum eine **Umsatzsteuererklärung (Steueranmeldung)** nach amtlich vorgeschriebenem Datensatz durch Datenübertragung zu übermitteln, in der er die zu entrichtende Umsatzsteuer oder den Überschuss, der sich zu seinen Gunsten ergibt, selbst zu berechnen hat (§ 18 Abs. 3 UStG). Die Umsatzsteueranmeldung ist binnen einem Monat nach Ablauf des kürzeren Besteuerungszeitraums zu übermitteln. Auf Antrag kann das Finanzamt zur Vermeidung von unbilligen Härten auf eine elektronische Übermittlung verzichten. In diesem Fall hat der Unternehmer eine Steuererklärung nach amtlich vorgeschriebenem Vordruck abzugeben und eigenhändig zu unterschreiben.

Berechnet der Unternehmer die zu entrichtende Umsatzsteuer oder den Überschuss in der Steueranmeldung für das Kalenderjahr abweichend von der Summe der Vorauszahlungen, so ist der Unterschiedsbetrag zugunsten des Finanzamts einen Monat nach dem Eingang der Steueranmeldung fällig (§ 18 Abs. 4 UStG). Setzt das Finanzamt die zu entrichtende Umsatzsteuer oder den Überschuss abweichend von der Steueranmeldung für das Kalenderjahr fest, so ist der Unterschiedsbetrag zugunsten des Finanzamts einen Monat nach der Bekanntgabe des Steuerbescheids fällig.

Gegen denjenigen, der seiner Verpflichtung zur Abgabe einer Steuererklärung nicht oder nicht fristgemäß nachkommt, kann nach § 152 Abs. 1 AO ein Verspätungszuschlag festgesetzt werden. Der Verspätungszuschlag darf 10 % der festgesetzten Steuer nicht übersteigen und höchstens 25.000 EUR betragen (§ 152 Abs. 2 AO).

Der Unternehmer hat nach § 18a UStG bis zum 25. Tag nach Ablauf jedes Kalendervierteljahres (Meldezeitraum), in dem er innergemeinschaftliche Warenlieferungen ausgeführt hat, dem Bundeszentralamt für Steuern eine Meldung **(Zusammenfassende Meldung)** nach amtlich vorgeschriebenem Datensatz durch Datenfernübertragung zu übermitteln, in der er folgende Angaben zu machen hat:

- die Umsatzsteuer-Identifikationsnummer jedes Erwerbers, die ihm in einem anderen Mitgliedstaat erteilt worden ist und unter der die innergemeinschaftlichen Warenlieferungen an ihn ausgeführt worden sind, und
- für jeden Erwerber die Summe der Bemessungsgrundlagen der an ihn ausgeführten innergemeinschaftlichen Warenlieferungen.

Beabsichtigen Sie, künftig auch in andere EU-Mitgliedstaaten zu liefern oder von dort Waren zu beziehen, benötigen Sie eine sog. **Umsatzsteuer-Identifikationsnummer** (USt-IdNr.). Die USt-IdNr. wird ausschließlich vom Bundeszentralamt für Steuern [→ Adressenverzeichnis] auf schriftlichen Antrag erteilt. In dem Antrag sind Name, Anschrift und Steuernummer, unter der der Antragsteller umsatzsteuerlich geführt wird, anzugeben (§ 27a UStG).

Zur Sicherstellung einer gleichmäßigen Festsetzung und Erhebung der Umsatzsteuer können nach § 27b UStG die damit betrauten Amtsträger der Finanzbehörde ohne vorherige Ankündigung und außerhalb einer Außenprüfung Grundstücke und Räume von Personen, die eine gewerbliche oder berufliche Tätigkeit selbstständig ausüben, während der Geschäfts- und Arbeitszeiten betreten, um Sachverhalte festzustellen, die für die Besteuerung erheblich sein können (**Umsatzsteuer-Nachschau**). Wohnräume dürfen gegen den Willen des Inhabers nur zur Verhütung dringender Gefahren für die öffentliche Sicherheit und Ordnung betreten werden. Soweit dies zur Feststellung einer steuerlichen Erheblichkeit zweckdienlich ist, haben die von der Umsatzsteuer-Nachschau betroffenen Personen den damit betrauten Amtsträgern auf Verlangen Aufzeichnungen, Bücher, Geschäftspapiere und andere Urkunden über die der Umsatzsteuer-Nachschau unterliegenden Sachverhalte vorzulegen und Auskünfte zu erteilen. Wenn die bei der Umsatzsteuer-Nachschau getroffenen Feststellungen hierzu Anlass geben, kann ohne vorherige Prüfungsanordnung (§ 196 AO) zu einer Außenprüfung nach § 193 AO übergegangen werden. Auf den Übergang zur Außenprüfung wird schriftlich hingewiesen.

10.8 Die Grundsteuer (GrSt)

Die Grundsteuer wird ebenso wie die Gewerbesteuer von der Gemeinde erhoben, in deren Gebiet sich der Grundbesitz befindet.

Der Wert des Grundstücks wird nach dem Ertragswert festgelegt. Anhand des Ertragswertes wird ein **Steuermessbetrag** (i.d.R. **3,5 ‰** des Ertragswertes) für bebaute und unbebaute Grundstücke festgelegt, der dann von der Gemeinde mit dem Hebesatz für Grundvermögen multipliziert wird.

Der Wert eines bebauten Grundstücks ist nach § 146 Abs. 2 BewG das 12,5fache der im Besteuerungszeitpunkt vereinbarten Jahresmiete, vermindert um die Wertminderung wegen des Alters des Gebäudes. Jahresmiete ist das Gesamtentgelt, das die Mieter (Pächter) für die Nutzung der bebauten Grundstücke aufgrund vertraglicher Vereinbarungen für den Zeitraum von 12 Monaten zu zahlen haben. Betriebskosten sind nicht einzubeziehen. An die Stelle der Jahresmiete tritt nach § 146 Abs. 3 BewG die übliche Miete für solche Grundstücke oder Grundstücksteile,

- die eigengenutzt, ungenutzt, zu vorübergehendem Gebrauch oder unentgeltlich überlassen sind,
- die der Eigentümer dem Mieter zu einer um mehr als 20 % von der üblichen Miete abweichenden tatsächliche Miete überlassen hat.

Die übliche Miete ist die Miete, die für nach Art, Lage, Größe, Ausstattung und Alter vergleichbare, nicht preisgebundene Grundstücke von fremden Mietern bezahlt wird. Betriebskosten sind hierbei nicht einzubeziehen. Die Wertermittlung wegen Alters des Gebäudes beträgt für jedes Jahr, das seit Bezugsfertigkeit des Gebäudes bis zum Besteuerungszeitpunkt vollendet worden ist, 0,5 %, höchstens jedoch 25 % des Werts (§ 146 Abs. 4 BewG). Enthält ein bebautes Grundstück, das ausschließlich Wohnzwecken dient, nicht mehr als zwei Wohnungen, ist der ermittelte Wert um 20 % zu erhöhen (§ 146 Abs. 5 BewG).

> Grundsteuer =   Ertragswert des Grundstücks [EUR] x 3,5 ‰
>   x Hebesatz der Gemeinde [%]

Die Grundsteuer ist als Betriebsausgabe abzugsfähig.

Die Grundsteuer wird zu je einem Viertel ihres Jahresbetrages am 15. der Monate Februar, Mai, August und November fällig.

10.9 Die Grunderwerbsteuer (GrESt)

Der Erwerb von Grundstücken unterliegt der Grunderwerbsteuer in Höhe von **3,5 %** der Bemessungsgrundlage. Der Steuersatz kann von den Bundesländern abweichend festgelegt werden. Ist das Grundstück bebaut, gehört der Gebäudewert zur Bemessungsgrundlage der Grunderwerbsteuer. Die Steuer entsteht bereits mit Abschluss des Kaufvertrages.

> Grunderwerbsteuer = Kaufpreis des Grundstücks [EUR] x 3,5 %

Die Grunderwerbsteuer ist keine Betriebsausgabe, sondern Teil der Anschaffungskosten. Sie ist daher mit dem Gebäude abzuschreiben.

11   Die Versicherungen

Das unternehmerische Risiko Ihnen nimmt kein Versicherungsunternehmen ab. Allerdings kann eine Versicherungspolice für den finanziellen Ausgleich sorgen. Für die persönlichen und betrieblichen Risiken sollten Sie sich immer fragen: **Was *muss* versichert werden?**

Eigensicherung des Existenzgründers	Betriebliche Risikoabsicherung

• Krankenversicherung
  – gesetzlich (freiwillige Versicherung)
  – privat
• Pflegeversicherung
  – gesetzlich (freiwillige Versicherung)
  – privat
• Rentenversicherung (Altersversorgung)
  – gesetzlich (Pflichtversicherung auf
    Antrag oder freiwillige Versicherung)
  – privat (Kapitallebensversicherung)
	• Sachversicherungen
	  – Feuerversicherung
	  – Einbruchdiebstahlversicherung
	  – Leitungswasserversicherung
	  – Glasversicherung
	  – Transportversicherung
	  – Maschinenversicherung
	  – Sturm- und Hagelversicherung
	  – Kfz-Kaskoversicherung

Eigensicherung des Existenzgründers	Betriebliche Risikoabsicherung
• Unfallversicherung – gesetzlich (Pflichtversicherung gem. Satzung oder freiwillige Versicherung) – privat	• Vermögensversicherung – Betriebshaftpflichtversicherung – Produkthaftpflichtversicherung – Umwelthaftpflichtversicherung – Betriebsunterbrechungsversicherung – Rechtsschutzversicherungen – Entgeltfortzahlungsversicherung

Abb. 99: Versicherungsarten

11.1 Die Eigensicherung des Existenzgründers

Mit dem Schritt in die Selbstständigkeit verliert der Existenzgründer die soziale Sicherheit des Arbeitnehmers insbesondere in der Kranken-, Renten- und Arbeitslosenversicherung. Er nimmt nicht nur unternehmerische, sondern auch persönliche Risiken für sich und seine Familienangehörigen in Kauf. Um diese Risiken abzudecken, ist ein angemessener Versicherungsschutz notwendig.

Die **Versicherungspflicht** in der gesetzlichen Sozialversicherung besteht, von einigen Ausnahmen in der Rentenversicherung abgesehen, nicht für selbstständige Erwerbstätige. Wann eine selbstständige oder unselbstständige Erwerbstätigkeit ausgeübt wird, hängt von der Beurteilung gesetzlich festgelegter Kriterien ab.

Nach § 7 Abs. 1 SGB IV ist die Beschäftigung nichtselbstständige Arbeit, insbesondere in einem Arbeitsverhältnis. Anhaltspunkte für eine Beschäftigung sind eine Tätigkeit nach Weisungen und eine Eingliederung in die Arbeitsorganisation des Weisungsgebers.

Wichtigstes **Merkmal der unselbstständigen Beschäftigung** ist die persönliche Abhängigkeit des Arbeitnehmers vom Arbeitgeber. Sie ergibt sich i.d.R. aus dem Arbeitsvertrag. Der Beschäftigte stellt seine Arbeitskraft mit seinen beruflichen Kenntnissen und Fähigkeiten dem Arbeitgeber für eine gewisse Zeitdauer gegen Arbeitsentgelt zur Verfügung. Der Arbeitgeber macht von der Arbeitskraft Gebrauch, indem er den Beschäftigten anweist, wie und wozu er seine Arbeitskraft während dieser Zeit einzusetzen hat. Der Arbeitgeber bestimmt also über die Zeit, den Ort sowie Art und Weise der auszuführenden Arbeit. Der Arbeitnehmer wird in den Betrieb des Arbeitgebers eingegliedert. Aber auch eine ihrem Inhalt nach ohne Weisungsgebundenheit frei gestaltete Tätigkeit kann ein abhängiges Beschäftigungsverhältnis begründen, wenn der Beschäftigte in eine fremde Arbeitsorganisation eingegliedert ist. Als eingegliedert gilt, wer sich dienstbereit der Verfügungsbefugnis eines Arbeitgebers über seine Arbeitskraft unterwirft.

Ein wichtiges **Merkmal der Selbstständigkeit** ist die Möglichkeit, die Arbeit im Wesentlichen frei zu gestalten und die Arbeitszeit zu bestimmen, verbunden mit der Übernahme des Unternehmer- bzw. Kapitalrisikos.

Ob jemand als abhängig Beschäftigter oder als selbstständig Tätiger zu beurteilen ist, hängt davon ab, welche Merkmale überwiegen. Dabei sind alle Umstände

Merkmale der unselbstständigen Beschäftigung	Merkmale der selbstständigen Tätigkeit
Persönliche Abhängigkeit (Weisungsgebundenheit) • hinsichtlich Zeit, Ort, Art und Weise der auszuführenden Arbeit. **Eingliederung in die Organisation des Auftraggebers** • Zusammenarbeit mit Mitarbeitern des Auftraggebers (personelle Eingliederung), • Arbeit mit Arbeitsmitteln des Auftraggebers (materielle Eingliederung). **Fehlendes Unternehmerrisiko** • Keine eigene Unternehmensorganisation, keine eigenen Mitarbeiter, keine eigenen Geschäftsräume, kein eigenes Betriebskapital, kein Auftreten am Markt, nur ein Auftraggeber, keine angemessene Verteilung von Chancen und Risiken, keine örtliche, zeitliche, inhaltliche unternehmerische Freiheit, kein eigener Kundenstamm, keine freie Preisgestaltung.	• Mehrere Auftraggeber, wobei die Einkünfte von einem dieser Auftraggeber weniger als fünf Sechstel der gesamten Einkünfte betragen, • freie Verfügung über die Arbeitskraft, • Vorhandensein einer eigenen Betriebsstätte, • Bezahlung nach Einzelauftrag, • Vorliegen eines Unternehmerrisikos bzgl. Kapitaleinsatz, Kalkulation, Preisgestaltung, Werbung, Annahme und Ablehnung von Aufträgen, • Beschäftigung mindestens eines Arbeitnehmers/Auszubildenden mit einem monatlichen Arbeitsentgelt von mehr als 400 EUR.

Abb. 100: Merkmale der unselbstständigen Beschäftigung und der selbstständigen Tätigkeit

des Einzelfalls zu berücksichtigen. Maßgebend ist stets das Gesamtbild der jeweiligen Arbeitsleistung unter Beachtung der Verkehrsanschauung. Bei der Beurteilung des Gesamtbildes ist von den tatsächlichen Verhältnissen auszugehen. Die Bestimmungen des Vertrags sind zwar von Bedeutung, jedoch dann unbeachtlich, wenn sie den tatsächlichen Verhältnissen widersprechen.

Die Beteiligten können nach § 7a Abs. 1 SGB IV schriftlich eine Entscheidung beantragen, ob eine Beschäftigung vorliegt, es sei denn, die Einzugsstelle oder ein anderer Versicherungsträger hatte im Zeitpunkt der Antragstellung bereits ein Verfahren zur Feststellung einer Beschäftigung eingeleitet (**Statusfeststellungsverfahren**). Die Einzugsstelle hat einen Antrag zu stellen, wenn sich aus der Meldung des Arbeitgebers ergibt, dass der Beschäftigte Ehegatte, Lebenspartner oder Abkömmling des Arbeitgebers oder geschäftsführender Gesellschafter einer GmbH ist. Über den Antrag entscheidet die Deutsche Rentenversicherung Bund.

- Die Deutsche Rentenversicherung Bund entscheidet aufgrund einer Gesamtwürdigung aller Umstände des Einzelfalles, ob eine Beschäftigung vorliegt (§ 7a Abs. 2 SGB IV).
- Die Deutsche Rentenversicherung Bund teilt den Beteiligten schriftlich mit, welche Angaben und Unterlagen sie für ihre Entscheidung benötigt. Sie setzt den Beteiligten eine angemessene Frist, innerhalb der diese die Angaben zu machen und die Unterlagen vorzulegen haben (§ 7a Abs. 3 SGB IV).
- Die Deutsche Rentenversicherung Bund teilt den Beteiligten mit, welche Ent-

scheidung sie zu treffen beabsichtigt, bezeichnet die Tatsachen, auf die sie ihre Entscheidung stützen will, und gibt den Beteiligten Gelegenheit, sich zu der beabsichtigten Entscheidung zu äußern (§ 7a Abs. 4 SGB IV).
- Die Deutsche Rentenversicherung Bund fordert die Beteiligten auf, innerhalb einer angemessenen Frist die Tatsachen anzugeben, die eine Widerlegung begründen, wenn diese die Vermutung widerlegen wollen (§ 7a Abs. 5 SGB IV).

Wird der Antrag innerhalb eines Monats nach Aufnahme der Tätigkeit gestellt und stellt die Deutsche Rentenversicherung Bund ein versicherungspflichtiges Beschäftigungsverhältnis fest, tritt nach § 7a Abs. 6 SGB IV die Versicherungspflicht mit der Bekanntgabe der Entscheidung ein, wenn der Beschäftigte
1. zustimmt und
2. er für den Zeitraum zwischen Aufnahme der Beschäftigung und der Entscheidung eine Absicherung gegen das finanzielle Risiko von Krankheit und zur Altersvorsorge vorgenommen hat, die der Art nach den Leistungen der gesetzlichen Krankenversicherung und der gesetzlichen Rentenversicherung entspricht.

Der Gesamtsozialversicherungsbeitrag wird erst zu dem Zeitpunkt fällig, zu dem die Entscheidung, dass eine Beschäftigung vorliegt, unanfechtbar geworden ist.

Gesellschafter	Versicherungsrechtliche Beurteilung
einer GbR	Grundsätzlich keine Versicherungspflicht
einer OHG	Grundsätzlich keine Versicherungspflicht
einer Partnerschaftsgesellschaft	Grundsätzlich keine Versicherungspflicht
einer KG	Komplementär: Grundsätzlich keine Versicherungspflicht Kommanditist: Versicherungspflicht, wenn er weder aufgrund seiner Kapitalbeteiligung noch nach den ihm im Gesellschaftsvertrag eingeräumten Befugnissen maßgeblichen Einfluss in der KG besitzt.
einer GmbH	Grundsätzlich keine Versicherungspflicht, wenn der Gesellschafter aufgrund seines Kapitalanteils maßgeblichen Einfluss auf die GmbH nehmen kann oder als deren Mitarbeiter (z.B. als Geschäftsführer) beherrschend im Unternehmen tätig ist.
einer AG	Vorstandsmitglied und Stellvertreter: Keine Versicherungspflicht in der Renten- und Arbeitslosenversicherung, in der Kranken- und Pflegeversicherung gelten die allgemeinen Grundsätze. Aktionär: I.d.R. Versicherungspflicht. Keine Versicherungspflicht liegt vor, wenn der Aktionär durch die Höhe seiner Kapitalbeteiligung die Beschlüsse der AG beeinflussen kann.

Abb. 101: Versicherungsrechtliche Beurteilung von Gesellschaftern

Widerspruch und Klage gegen die Entscheidung, dass eine Beschäftigung vorliegt, haben aufschiebende Wirkung. Eine Klage auf Erlass der Entscheidung ist nach Ablauf von drei Monaten zulässig (§ 7a Abs. 7 SGB IV).

Personen, die in Unternehmen gegen Entlohnung arbeiten, an denen sie selbst finanziell beteiligt sind, haben oftmals eine Doppelstellung. Sie nehmen einerseits Unternehmerfunktionen wahr und verrichten andererseits wie Arbeitnehmer gegen Bezahlung fremdbestimmte Arbeit. Gleiches gilt prinzipiell auch für Organmitglieder (z. B. Geschäftsführer einer GmbH oder Mitglied des Vorstands einer AG), wenn sie am Kapital des Unternehmens nicht beteiligt sind.

Ob **Gesellschafter oder Organmitglieder von Personen- und Kapitalgesellschaften** versicherungspflichtig sind, ist individuell nach den tatsächlichen Verhältnissen zu beurteilen. Dabei kommt es darauf an, inwieweit sie zu der Gesellschaft in einem Beschäftigungsverhältnis gegen Entgelt stehen. Besondere Bedeutung hat in diesem Zusammenhang das Unternehmerrisiko als das wesentliche Merkmal einer selbstständigen Tätigkeit. Haftet der Gesellschafter als Mitunternehmer der Gesellschaft persönlich unbeschränkt, so ist er nicht Arbeitnehmer im sozialversicherungsrechtlichen Sinne und daher nicht versicherungspflichtig.

Familienangehörige sind nur dann versicherungspflichtig, wenn tatsächlich ein abhängiges Beschäftigungsverhältnis und nicht lediglich eine Mithilfe vorliegt. Ein Beschäftigungsverhältnis mit einem Familienangehörigen ist insbesondere dann anzunehmen, wenn er in den Betrieb als Arbeitnehmer eingegliedert ist und die Beschäftigung, für die sonst eine andere Arbeitskraft benötigt würde, auch tatsächlich ausübt. Ferner muss für die Arbeitsleistung ein angemessenes Entgelt gezahlt werden.

11.1.1 Die Arbeitslosenversicherung

Für Selbstständige besteht keine Versicherungspflicht in der Arbeitslosenversicherung. Versicherungsfrei sind auch Personen, die eine geringfügige selbstständige Tätigkeit ausüben (§ 27 Abs. 2 SGB III). Unter bestimmten Voraussetzungen ist eine freiwillige Versicherung für Selbstständige möglich.

Ein Versicherungspflichtverhältnis auf Antrag können Personen begründen, die eine selbstständige Tätigkeit mit einem Umfang von mindestens 15 Stunden wöchentlich aufnehmen und ausüben (§ 28a Abs. 1 SGB III). Gelegentliche Abweichungen von der wöchentlichen Mindeststundenzahl bleiben unberücksichtigt, wenn sie von geringer Dauer ist. Voraussetzung für die Versicherungspflicht ist, dass nach § 28a Abs. 2 SGB III der Antragsteller

1. innerhalb der letzten 24 Monate vor Aufnahme der Tätigkeit mindestens 12 Monate in einem Versicherungspflichtverhältnis gestanden hat,
2. eine Entgeltersatzleistung nach SGB III (z. B. Arbeitslosengeld) unmittelbar vor Aufnahme der Tätigkeit bezogen hat oder
3. eine als Arbeitsbeschaffungsmaßnahme geförderte Beschäftigung, die ein Versicherungspflichtverhältnis oder den Bezug einer laufenden Entgeltersatzleistung nach SGB III unterbrochen hat, unmittelbar vor Aufnahme der Tätigkeit ausgeübt hat

und in der Arbeitslosenversicherung weder versicherungspflichtig noch versicherungsfrei ist. Eine geringfügige Beschäftigung schließt die Versicherungspflicht nicht aus. Die Begründung eines Versicherungspflichtverhältnisses auf Antrag ist ausgeschlossen, wenn der Antragsteller bereits versicherungspflichtig als Selbstständiger war, die zu dieser Versicherungspflicht führende Tätigkeit zweimal unterbrochen hat und in den Unterbrechungszeiten einen Anspruch auf Arbeitslosengeld geltend gemacht hat.

Der Antrag muss spätestens innerhalb von drei Monaten nach Aufnahme der Tätigkeit, die zur Begründung eines Versicherungspflichtverhältnisses auf Antrag berechtigt, gestellt werden (§ 28a Abs. 3 SGB III).

Die Versicherungspflicht auf Antrag ruht, wenn während der Versicherungspflicht auf Antrag eine weitere Versicherungspflicht oder Versicherungsfreiheit nach § 27 SGB III eintritt. Eine geringfügige Beschäftigung führt nicht zum Ruhen der Versicherungspflicht auf Antrag (§ 28a Abs. 4 SGB III). Das Versicherungsverhältnis endet (§ 28a Abs. 5 SGB III),

1. wenn der Versicherte eine Entgeltersatzleistung nach SGB III bezieht,
2. mit Ablauf des Tages, an dem die Voraussetzungen zur Versicherungspflicht auf Antrag letztmals erfüllt waren,
3. wenn der Versicherte mit der Beitragszahlung länger als drei Monate in Verzug ist, mit Ablauf des Tages, für den letztmals Beiträge gezahlt wurden,
4. in den Fällen des § 28 SGB III,
5. durch Kündigung des Versicherten. Die Kündigung ist erstmals nach Ablauf von fünf Jahren zulässig. Die Kündigungsfrist beträgt drei Monate zum Ende eines Kalendermonats.

Die Beiträge werden nach einem Prozentsatz (Beitragssatz) von der Beitragsbemessungsgrundlage erhoben (§ 341 Abs. 1 SGB III). Der Beitragssatz beträgt z. Z. 3,0 % (§ 341 Abs. 2 SGB III). Beitragsbemessungsgrundlage sind die beitragspflichtigen Einnahmen, die bis zur Beitragsbemessungsgrundlage berücksichtigt werden (§ 341 Abs. 3 SGB III). Beitragsbemessungsgrenze ist die Beitragsbemessungsgrenze der allgemeinen Rentenversicherung (§ 341 Abs. 4 SGB III).

Für Personen, die ein Versicherungspflichtverhältnis auf Antrag begründen, gilt nach § 345b SGB III als beitragspflichtige Einnahme ein Arbeitsentgelt in Höhe der monatlichen Bezugsgröße. Abweichend gilt bis zum Ablauf von einem Kalenderjahr nach einem Jahr der Aufnahme der selbstständigen Tätigkeit als beitragspflichtige Einnahme ein Arbeitsentgelt i. H. v. 50 % der monatlichen Bezugsgröße. Dabei ist die Bezugsgröße jeweils für alte oder neue Bundesländer maßgebend.

Bei Aufgabe der selbstständigen Tätigkeit wird unter bestimmten Voraussetzungen **Arbeitslosengeld** gewährt. Anspruch auf Arbeitslosengeld hat, wer arbeitslos ist, sich bei der Agentur für Arbeit arbeitslos gemeldet und die Anwartschaftszeit erfüllt hat (§ 118 Abs. 1 SGB III). Die Anwartschaftszeit hat erfüllt, wer nach § 123 Abs. 1 SGB III in der Rahmenfrist mindestens zwölf Monate in einem Versicherungspflichtverhältnis gestanden hat. Die Rahmenfrist beträgt zwei Jahre und beginnt mit dem Tag vor der Erfüllung aller sonstigen Voraussetzungen für den Anspruch auf Arbeitslosengeld (§ 124 Abs. 1 SGB III).

11.1.2 Die Krankenversicherung

Selbstständig Erwerbstätige haben zwei Möglichkeiten für ihren Krankenversicherungsschutz:
- als freiwilliges Mitglied in der gesetzlichen Krankenversicherung (GKV) zu bleiben oder
- eine private Krankenversicherung (PKV) abzuschließen.

11.1.2.1 Die gesetzliche Krankenversicherung

Selbstständige sind in der gesetzlichen Krankenversicherung nicht versicherungspflichtig (§ 5 Abs. 5 SGB V).

Der gesetzlichen Krankenversicherung können Personen als freiwillig Versicherte beitreten, die als Mitglieder aus der Versicherungspflicht ausgeschieden sind und in den letzten fünf Jahren vor dem Ausscheiden mindestens 24 Monate oder unmittelbar vor dem Ausscheiden ununterbrochen mindestens 12 Monate versichert waren (§ 9 Abs. 1 Nr. 1 SGB V). Der Beitritt ist der Krankenkasse innerhalb von drei Monaten nach Beendigung der Mitgliedschaft anzuzeigen (§ 9 Abs. 2 SGB V).

Derjenige, der seine Krankenversicherung verlässt, kann als Selbstständiger dort nicht wieder Mitglied werden. Lediglich im Falle einer Arbeitslosigkeit mit Leistungsbezug von Arbeitslosengeld erfolgt der Versicherungsschutz durch eine gesetzliche Krankenversicherung.

Soweit der Selbstständige bisher in der gesetzlichen Krankenversicherung versichert war und seine Familienangehörigen ebenfalls Versicherungsschutz bekamen, bleiben die Familienmitglieder weiterhin auch ohne Beitragserhöhung bei der freiwilligen Versicherung mitversichert (§ 10 Abs. 1 SGB V). Kinder sind nicht mitversichert, wenn der mit den Kindern verwandte Ehegatte oder Lebenspartner des Mitglieds nicht Mitglied einer Krankenkasse ist und sein Gesamteinkommen regelmäßig im Monat 1/12 der Jahresarbeitsentgeltgrenze übersteigt und regelmäßig höher als das Gesamteinkommen des Mitglieds ist (§ 10 Abs. 3 SGB V). Aber auch Kinder, die aufgrund der Ausschlussregelung nicht familienversichert sind, können der gesetzlichen Krankenversicherung freiwillig beitreten.

Die **Beiträge** sind für jeden Kalendertag der Mitgliedschaft zu zahlen (§ 223 Abs. 1 SGB V). Sie werden nach den beitragspflichtigen Einnahmen der Mitglieder bemessen (§ 223 Abs. 2 SGB V). Für die Berechnung ist die Woche zu 7, der Monat zu 30 und das Jahr zu 360 Tagen anzusetzen. Beitragspflichtige Einnahmen sind nach § 223 Abs. 3 SGB V zu einem Betrag von 1/360 der Jahresarbeitsentgeltgrenze für den Kalendertag zu berücksichtigen (**Beitragsbemessungsgrenze**). Einnahmen, die diesen Betrag übersteigen, bleiben außer Ansatz.

Für freiwillige Mitglieder wird die Beitragsbemessung durch die Satzung geregelt. Dabei ist sicherzustellen, dass die Beitragsbelastung die gesamte wirtschaftliche Leistungsfähigkeit des freiwilligen Mitglieds berücksichtigt. Die Satzung der Krankenkasse muss mindestens die Einnahmen des freiwilligen Mitglieds berücksichtigen, die bei einem vergleichbaren versicherungspflichtig Beschäftigten der Beitragsbemessung zugrunde zu legen sind. I.d.R. sind es die Einnahmen aus der selbstständigen Tätigkeit (abzüglich Betriebsausgaben) und zusätzlich sonstige Einnahmen (z. B. aus Kapitaleinkünften, Vermietung und Verpachtung).

Abrech-nungszeit-raum	allgemeiner Beitragssatz	ermäßigter Beitragssatz	Beitragsbemessungsgrenze	Bezugsgröße
Jahr	15,5%	14,9%	44.550,00 EUR	30.660,00 EUR
Monat			3.712,50 EUR	2.555,00 EUR
Woche			866,25 EUR	596,17 EUR
Kalendertag			123,75 EUR	85,17 EUR

Abb. 102: Beitragsbemessungsgrenzen und Bezugsgrößen in der gesetzlichen Krankenversicherung im Jahr 2011

Als **beitragspflichtige Einnahmen** gilt nach § 240 Abs. 4 SGB V für den Kalendertag mindestens der neunzigste Teil der monatlichen Bezugsgröße. Für freiwillige Mitglieder, die hauptberuflich selbstständig erwerbstätig sind, gilt als beitragspflichtige Einnahmen für den Kalendertag der dreißigste Teil der monatlichen Beitragsbemessungsgrenze, bei Nachweis niedrigerer Einnahmen jedoch mindestens der vierzigste, für freiwillige Mitglieder, die Anspruch auf einen monatlichen Gründungszuschuss nach § 57 SGB III oder eine Leistung zur Eingliederung nach § 16 SGB II haben, der sechzigste Teil der monatlichen Bezugsgröße. Veränderungen der Beitragsbemessung aufgrund eines vom hauptberuflich selbstständig erwerbstätigen Versicherten geführten Nachweises können nur zum ersten Tag des auf die Vorlage dieses Nachweises folgenden Monats wirksam werden.

Die **Bezugsgröße** i.S. der Vorschriften für die Sozialversicherung ist nach § 18 Abs. 1 SGB IV das Durchschnittsentgelt der gesetzlichen Rentenversicherung im vorvergangenen Kalenderjahr, aufgerundet auf den nächsthöheren, durch 420 teilbaren Betrag. Sie beträgt für das Jahr 2011 bundeseinheitlich 30.660 EUR jährlich oder 2.555 EUR monatlich.

Versichertenkreis	Beitragspflichtige Einnahme monatlich
Freiwillige Mitglieder (beitragspflichtige Mindesteinnahme)	min. 851,67 EUR
Freiwillige Mitglieder, hauptberuflich selbstständig	3.712,50 EUR
Freiwillige Mitglieder, hauptberuflich selbstständig, bei Nachweis niedrigerer Einnahmen	min. 1.916,25 EUR
Freiwillige Mitglieder, hauptberuflich selbstständig, mit Anspruch auf einen monatlichen Gründungszuschuss nach § 57 SGB III oder ein monatliches Einstiegsgeld nach § 16b SGB II	min. 1.277,50 EUR

Abb. 103: Beitragspflichtige Einnahmen freiwilliger Mitglieder in der gesetzlichen Krankenversicherung im Jahr 2011

Die Beiträge werden nach einem **Beitragssatz** erhoben, der in Prozent der beitragspflichtigen Einnahmen in der Satzung festgesetzt ist. Mitglieder, die bei Arbeitsunfähigkeit einen Anspruch auf Krankengeld (Fortzahlung des Arbeitsentgelts für mindestens sechs Wochen) haben, zahlen Beiträge nach dem allgemeinen Beitragssatz (§ 241 Abs. 1 SGB V), der 15,5% beträgt. Mitglieder, die bei Arbeitsunfähigkeit keinen Anspruch auf Krankengeld haben, zahlen Beiträge nach dem ermäßigten Beitragssatz (§ 243 Abs. 1 SGB V), der 14,9 % beträgt. Soweit der Finanzbedarf einer Krankenkasse nicht gedeckt ist, kann sie von ihren Mitgliedern einen kassenindividuellen Zusatzbeitrag erheben (§ 242 Abs. 1 SGB V). Zukünftige Beitragssteigerungen tragen die Versicherten über höhere Zusatzbeiträge.

Freiwillige Mitglieder tragen den Beitrag allein (§ 250 Abs. 2 SGB V). Die Wahl eines gesetzlichen Krankengeldanspruchs muss gegenüber der Krankenkasse erklärt werden. Eine Vereinbarung ohne Krankengeldanspruch ist zumindest dann sinnvoll, wenn das Krankengeld über eine private Zusatzversicherung gezahlt wird.

Existenzgründer können bei Vorliegen der Vorbeschäftigungszeiten weiterhin als freiwillige Mitglieder in der GKV bleiben. Für Selbstständige gilt als beitragspflichtige Einnahme die monatliche Beitragsbemessungsgrenze. Bei Nachweis von geringeren Einnahmen reduziert sich der Beitrag entsprechend. Bei geringeren Einnahmen gilt ein Mindestbetrag.

Die gesetzliche Krankenversicherung ist verpflichtet, einmal im Jahr den Beitrag zur Krankenversicherung zu überprüfen. Für die Höhe der Beiträge sind grundsätzlich die Einnahmeverhältnisse des letzten Einkommensteuerbescheides maßgebend. Dieses Jahreseinkommen wird mindestens um den Prozentsatz erhöht, um den sich die Beitragsbemessungsgrenze seit Ablauf des Jahres, in dem das Einkommen erzielt wurde, jeweils erhöht hat. Tritt im laufenden Kalenderjahr eine wesentliche Änderung der Verhältnisse ein, so wird das berücksichtigt, wenn eine entsprechende Erklärung abgegeben wird. Ist das tatsächlich erzielte Einkommen höher, müssen höhere Beiträge entrichtet und ggf. auch nachgezahlt werden, falls die ursprüngliche Beitragseinstufung unter Vorbehalt erfolgt ist.

Inwieweit sich eine **selbstständige Nebentätigkeit** eines Arbeitnehmers auf die gesetzliche Krankenversicherung auswirkt, hängt vom Einzelfall ab. Ausschlaggebend für eine Versicherungsfreiheit ist der Umfang der selbstständigen Tätigkeit, d. h., es ist festzustellen, ob der Arbeitnehmer hauptberuflich selbstständig tätig wird.

Hauptberuflich ist eine selbstständige Erwerbstätigkeit dann, wenn sie von der wirtschaftlichen Bedeutung und dem zeitlichen Aufwand her die übrigen Erwerbstätigkeiten deutlich übersteigt und den Mittelpunkt der Erwerbstätigkeit darstellt. Hiervon kann grundsätzlich ausgegangen werden, wenn die wöchentliche Arbeitszeit der Nebenbeschäftigung unter 18 Stunden liegt und das monatliche Arbeitsentgelt im Jahr 2011 nicht mehr als 1.277,50 EUR (Hälfte der monatlichen Bezugsgröße) beträgt. Auch Personen, die in ihrem Betrieb Arbeitnehmer mehr als geringfügig beschäftigen, sind hauptberuflich selbstständig tätig.

Personen, die neben einer hauptberuflich selbstständigen Erwerbstätigkeit eine Nebenbeschäftigung ausüben, unterliegen in dieser Beschäftigung nicht der Versicherungspflicht in der Kranken- und Pflegeversicherung.

Eine Besonderheit gilt für landwirtschaftliche Unternehmer, die Mitglied einer landwirtschaftlichen Krankenkasse sind und eine Beschäftigung aufnehmen, deren Dauer voraussichtlich 26 Wochen nicht überschreitet. Sie unterliegen aufgrund der Beschäftigung auch dann nicht der Versicherungspflicht in der Kranken- und Pflegeversicherung, wenn die landwirtschaftliche Tätigkeit nicht hauptberuflich ausgeübt wird, sondern bleiben weiterhin in der landwirtschaftlichen Krankenversicherung versichert. Allerdings hat der Arbeitgeber seinen Beitragsanteil zur Krankenversicherung zu zahlen.

11.1.2.2 Die private Krankenversicherung

Der Existenzgründer hat die Alternative, sich in der privaten Krankenversicherung (PKV) zu versichern. Die Leistungen richten sich in einer persönlichen Vertragsgestaltung nach den unterschiedlichen Bedürfnissen des Versicherungsnehmers. Die Beiträge hängen ab vom Alter, Geschlecht, Gesundheitszustand und der Qualität des gewünschten Versicherungsschutzes. Mit einer Selbstbeteiligung lässt sich der Beitrag reduzieren. Die meisten Versicherungsunternehmen gewähren bei Nichtinanspruchnahme von Leistungen Beitragsrückerstattungen. Nicht berufstätige Ehepartner und Kinder müssen eigene Beiträge zahlen.

Ein vollständiger privater Versicherungsschutz sollte mindestens dem Leistungsumfang der gesetzlichen Krankenversicherung entsprechen. Zur Vollversicherung gehören neben der ambulanten, stationären und zahnärztlichen Heilbehandlung auch die Krankentagegeldversicherung, die Pflegeversicherung und auf Wunsch die Versicherung eines Krankenhaustagegeldes. Das Krankentagegeld ist frei vereinbar. Selbstständige können sich ab dem 4. Krankheitstag absichern.

Selbstständige Frauen, die privat krankenversichert sind, erhalten kein Mutterschaftsgeld. Sie müssen sich bei ihrer Versicherung erkundigen, welche Leistungen sie aufgrund ihres Versicherungsvertrages erhalten.

11.1.3 Die Pflegeversicherung

Die soziale Pflegeversicherung wird von den Pflegekassen durchgeführt, die unter dem Dach der gesetzlichen Krankenkassen eingerichtet sind.

Die Pflegeversicherung folgt der Krankenversicherung. Wer in der gesetzlichen Krankenversicherung krankenversichert ist, kann nur dort pflegeversichert sein. Freiwillig Krankenversicherte sind in der sozialen Pflegeversicherung pflichtversichert. Für sie besteht jedoch nach § 22 Abs. 1 SGB XI die Möglichkeit, auf Antrag von der Versicherungspflicht in der sozialen Pflegeversicherung befreit zu werden, wenn sie nachweisen, dass sie bei einem privaten Versicherungsunternehmen gegen Pflegebedürftigkeit versichert sind und für sich und ihre Angehörigen oder Lebenspartner, die bei Versicherungspflicht familienversichert wären, Leistungen beanspruchen können, die nach Art und Umfang den Leistungen der sozialen Pflegeversicherung gleichwertig sind. Der Antrag kann nur innerhalb von drei Monaten nach Beginn der Versicherungspflicht bei der Pflegekasse gestellt werden (§ 22 Abs. 2 SGB XI). Die Befreiung wirkt vom Beginn der Versicherungspflicht an, wenn seit diesem Zeitpunkt noch keine Leistungen in Anspruch genommen wurden, sonst vom Beginn des Kalendermonats an, der auf die Antragstellung folgt. Die Befreiung kann nicht widerrufen werden. Eine Rückkehr zur sozialen Pflegeversicherung ist i.d.R. ausgeschlossen. Mit einer privaten Krankenversicherung ist stets auch eine private Pflegeversicherung verbunden.

In der sozialen Pflegeversicherung sind Ehepartner, Lebenspartner und Kinder kostenfrei mitversichert. Die private Pflegeversicherung erhebt dagegen für den Ehegatten oder Lebenspartner einen zusätzlichen Beitrag. Kinder sind in der privaten Pflegeversicherung beitragsfrei.

Der private Pflegeversicherungsvertrag kann nach § 27 SGB XI mit dem Tag des Eintritts der Versicherungspflicht in der sozialen Pflegeversicherung gekündigt werden. Wird der Vertrag innerhalb von drei Monaten danach gekündigt, steht dem

Versicherer die Prämie auch nur bis zu diesem Tag zu. Bei späterer Kündigung endet die private Pflegeversicherung erst zum Ende des Monats, in dem der Eintritt der Versicherungspflicht in der sozialen Pflegeversicherung nachgewiesen worden ist. Das Kündigungsrecht gilt auch für Familienangehörige und Lebenspartner, wenn für sie eine Familienversicherung eintritt.

Der **Beitragssatz** der sozialen Pflegeversicherung beträgt bundeseinheitlich z.Z. 1,95 % der beitragspflichtigen Einnahmen der Mitglieder (§ 55 Abs. 1 SGB XI). Beitragspflichtige Einnahmen sind nach § 55 Abs. 2 SGB XI bis zu einem Betrag von 1/360 der in der gesetzlichen Krankenversicherung festgelegten **Jahresarbeitsentgeltgrenze** für den Kalendertag zu berücksichtigen (Beitragsbemessungsgrenze). Der Beitragssatz erhöht sich für kinderlose Mitglieder um einen Beitragszuschlag in Höhe von 0,25 %-Punkten (§ 55 Abs. 3 SGB XI). Ausgenommen sind Personen bis zur Vollendung des 23. Lebensjahres, Personen, die vor dem 01.01.1940 geboren sind, Bezieher von Arbeitslosengeld II sowie Wehr- und Zivildienstleistende.

11.1.4 Die Rentenversicherung

Selbstständig Erwerbstätige haben i.d.R. zwei Möglichkeiten für ihre Altersversorgung:
- als Mitglied in der gesetzlichen Rentenversicherung entweder pflichtversichert kraft Gesetz, pflichtversichert auf Antrag oder freiwillig versichert oder
- eine private Rentenversicherung abzuschließen.

11.1.4.1 Die gesetzliche Rentenversicherung

Die gesetzliche Rentenversicherung zahlt Renten wegen verminderter Erwerbsfähigkeit oder aus Altersgründen sowie Renten an Hinterbliebene. Außerdem können u.a. Heilbehandlungen sowie andere Leistungen zur Erhaltung, Besserung und Wiederherstellung der Erwerbsfähigkeit einschließlich wirtschaftlicher Hilfen in Anspruch genommen werden. Zum Leistungsangebot gehören auch berufliche Hilfen wie Fortbildung, Ausbildung, Berufsförderung und Umschulung, wenn dafür nicht ein anderer Träger der Sozialversicherung zuständig ist.

Versicherte	Träger der Rentenversicherung
Versicherte Arbeiter und Angestellte	Deutsche Rentenversicherung Bund Regionalträger der Deutschen Rentenversicherung
Versicherte – bei der Deutschen Bahn AG – in der Seefahrt (Seeschifffahrt und Seeschifferei) und Selbstständige, die als Seelotse, Küstenschiffer oder Küstenfischer versicherungspflichtig sind, – in Bergwerksbetrieben (knappschaftliche Rentenversicherung)	Deutsche Rentenversicherung Knappschaft-Bahn-See
Landwirte	Landwirtschaftliche Alterskassen

Abb. 104: Träger der gesetzlichen Rentenversicherung

Die Aufgaben der gesetzlichen Rentenversicherung (allgemeine Rentenversicherung und knappschaftliche Rentenversicherung) werden von Regionalträgern und Bundesträgern wahrgenommen. Die Regionalträger der gesetzlichen Rentenversicherungen heißen Deutsche Rentenversicherung mit einem Zusatz für ihre jeweilige regionale Zuständigkeit. Bundesträger sind die Deutsche Rentenversicherung Bund und die Deutsche Rentenversicherung Knappschaft-Bahn-See. Die Deutsche Rentenversicherung Bund nimmt auch die Grundsatz- und Querschnittsaufgaben und die gemeinsamen Angelegenheiten der Träger der Rentenversicherung wahr.

Für die Erfüllung der Aufgaben der Rentenversicherung sind in der allgemeinen Rentenversicherung die Regionalträger, die Deutsche Rentenversicherung Bund (DRV) und die Deutsche Rentenversicherung Knappschaft-Bahn-See zuständig.

Die Alterssicherung der Landwirte (AdL) ist eine berufsständische, gesetzliche Altersversorgung für Landwirte sowie deren Ehegatten und mitarbeitende Familienangehörige. Versicherungspflichtig sind alle Landwirte, immer auch die Ehegattin eines Landwirts, unerheblich, ob die Ehefrau im landwirtschaftlichen Betrieb mitarbeitet oder nicht.

Die Ausübung selbstständiger Tätigkeiten führt grundsätzlich nicht zur Versicherungspflicht in der gesetzlichen Rentenversicherung. Eine Ausnahme bilden Selbstständige, die aufgrund ihrer »sozialen Schutzbedürftigkeit« von der Rentenversicherungspflicht kraft Gesetz erfasst werden.

Zu den **pflichtversicherten Selbstständigen** gehören nach § 2 SGB VI:

1. Lehrer und Erzieher, die im Zusammenhang mit ihrer selbstständigen Tätigkeit regelmäßig keinen versicherungspflichtigen Arbeitnehmer beschäftigen,
2. Pflegepersonen, die in der Kranken-, Wochen-, Säuglings- oder Kinderpflege tätig sind und im Zusammenhang mit ihrer selbstständigen Tätigkeit keinen versicherungspflichtigen Arbeitnehmer beschäftigen. Hierzu gehören u.a. selbstständige Physiotherapeuten (Krankengymnasten), Masseure (und medizinische Bademeister) sowie Ergotherapeuten (Beschäftigungs- und Arbeitstherapeuten), soweit sie überwiegend auf ärztliche Verordnung tätig werden, nicht dagegen selbstständige Humanmediziner und Heilpraktiker.
3. Hebammen und Entbindungspfleger,
4. Seelotsen der Reviere i.S. des Gesetzes über das Seelotsenwesen.
5. Künstler und Publizisten nach näherer Bestimmung des Künstlersozialversicherungsgesetzes. Künstler oder Publizist i.S. dieses Gesetzes ist, wer nicht nur vorübergehend selbstständig erwerbstätig Musik, darstellende oder bildende Kunst schafft, ausübt oder lehrt oder als Schriftsteller, Journalist oder in anderer Weise publizistisch tätig ist, oder Publizistik lehrt. Die Künstlersozialkasse (KSK) [→ Adressenverzeichnis] entscheidet nach den besonderen Vorschriften des Künstlersozialversicherungsgesetzes über die Versicherungspflicht, die Versicherungsfreiheit und zieht auch die Beiträge ein.
6. Hausgewerbetreibende,
7. Küstenschiffer und Küstenfischer, die zur Besatzung ihres Fahrzeuges gehören oder als Küstenfischer ohne Fahrzeug fischen und regelmäßig nicht mehr als vier versicherungspflichtige Arbeitnehmer beschäftigen,
8. Gewerbetreibende, die in die Handwerksrolle eingetragen sind und in ihrer Person die für die Eintragung in die Handwerksrolle erforderlichen Voraus-

setzungen erfüllen, wobei Handwerksbetriebe i.S. der §§ 2 und 3 HwO sowie Betriebsfortführungen aufgrund von § 4 HwO außer Betracht bleiben. Ist eine Personengesellschaft in die Handwerksrolle eingetragen, gilt als Gewerbetreibender, wer als Gesellschafter in seiner Person die Voraussetzungen für die Eintragung in die Handwerksrolle erfüllt,

9. Personen, die
   - im Zusammenhang mit ihrer selbstständigen Tätigkeit regelmäßig keinen versicherungspflichtigen Arbeitnehmer beschäftigen und
   - auf Dauer und im Wesentlichen nur für einen Auftraggeber tätig sind **(Selbstständige mit einem Auftraggeber)**. Bei Gesellschaften gelten als Auftraggeber die Auftraggeber der Gesellschaft.

Für **Künstler und Publizisten** ist zwar der zuständige Rentenversicherungsträger die Deutsche Rentenversicherung Bund, jedoch führt die Künstlersozialkasse (KSK) [→ Adressenverzeichnis] die Renten- und auch die Kranken- und Pflegeversicherung durch. Dort muss der Antrag gestellt und durch entsprechende Unterlagen belegt werden. Die Künstlersozialkasse (KSK) entscheidet, ob und ggf. ab welchem Zeitpunkt die Versicherungspflicht eintritt und teilt die Beitragshöhe mit.

Die Versicherungspflicht selbstständiger **Handwerker** beginnt stets nach der Eintragung in die Handwerksrolle, frühestens jedoch mit dem Tag der Aufnahme der selbstständigen Tätigkeit. Die Versicherungspflicht gilt grundsätzlich für jede Art selbstständig ausgeübter Handwerkstätigkeit, z. B. auch für Gesellschafter einer in die Handwerksrolle eingetragenen Personengesellschaft, die den handwerkerrechtlichen Befähigungsnachweis (z. B. Meisterprüfung) besitzen. Zuständig für die Durchführung der Versicherung ist der örtlich zuständige Regionalträger der Rentenversicherung. Die Handwerkskammern müssen den Regionalträgern der Rentenversicherung Anmeldungen, Änderungen und Löschungen in die Handwerksrolle oder dem Verzeichnis nach § 19 HwO (Verzeichnis der Inhaber von Betrieben eines zulassungsfreien Handwerks oder handwerksähnlichen Betriebs), soweit es sich um zulassungsfreie Handwerksbetriebe bezieht, mitteilen. Die Mitteilungen sind von den Regionalträgern an den zuständigen Träger der Rentenversicherung weiterzuleiten. Die Deutsche Rentenversicherung Bund setzt sich dann mit dem selbstständigen Handwerker in Verbindung und klärt unter Zuhilfenahme eines Fragebogens den Beginn der Versicherungspflicht und die Höhe der Beitragsleistung. Es besteht die Möglichkeit der Befreiung von der Versicherungspflicht nach Zahlung des 216. Monatsbeitrags. Der Antrag auf Befreiung muss innerhalb von drei Monaten nach der Erfüllung der Voraussetzung gestellt werden. Wird er später gestellt, ist die Befreiung erst ab Antragseingang möglich.

Ein **Selbstständiger mit einem Auftraggeber** ist dann im Wesentlichen für einen Auftraggeber tätig, wenn er mindestens fünf Sechstel seines gesamten Arbeitseinkommens aus den zu beurteilenden Tätigkeiten allein aus der Tätigkeit für einen Auftraggeber erzielt. Grundsätzlicher Beurteilungszeitraum hierfür ist ein Kalenderjahr. Als Auftraggeber kommt jede natürliche und juristische Person in Betracht. Konzernunternehmen i.S. des § 18 AktG und verbundene Unternehmen i.S. der §§ 291, 319 AktG gelten als ein Auftraggeber. Gleiches gilt, wenn innerhalb des Auftragsverhältnisses mit einem Auftraggeber zulässigerweise und gewünscht auch Produkte von Kooperationspartnern vermittelt werden.

Auf Antrag versicherungspflichtig sind nach § 4 Abs. 2 SGB VI Personen, die nicht nur vorübergehend selbstständig tätig sind, wenn sie die Versicherungspflicht innerhalb von fünf Jahren nach der Aufnahme der selbstständigen Tätigkeit oder dem Ende einer Versicherungspflicht aufgrund dieser Tätigkeit beantragen. Hierdurch wird derselbe Versicherungsschutz erlangt wie der bei pflichtversicherten Selbstständigen. Nach der Bewilligung ist allerdings eine Rücknahme des Antrags nicht möglich, d. h. der Selbstständige bleibt für die Dauer der Selbstständigkeit versicherungspflichtig. Wurde bereits einmal ein Beitrag zur gesetzlichen Rentenversicherung entrichtet, ist der Versicherungsträger zuständig, zu dem der letzte Beitrag gezahlt worden ist. Wurden noch nie Beiträge zur gesetzlichen Rentenversicherung gezahlt, ist die Deutsche Rentenversicherung Bund zuständig.

Personen, die eine **geringfügige selbstständige Tätigkeit** ausüben, sind in dieser selbstständigen Tätigkeit versicherungsfrei (§ 5 Abs. 2 SGB VI). Eine geringfügige selbstständige Tätigkeit liegt nach § 8 Abs. 3 SGB IV vor, wenn

1. das Arbeitsentgelt aus dieser selbstständigen Tätigkeit regelmäßig im Monat 400 EUR nicht übersteigt **(geringfügig entlohnte selbstständige Tätigkeit bzw. selbstständiger Mini-Job)**,
2. die selbstständige Tätigkeit innerhalb eines Kalenderjahres auf längstens zwei Monate oder 50 Arbeitstage nach ihrer Eigenart begrenzt zu sein pflegt oder im Voraus vertraglich begrenzt ist, es sei denn, dass die selbstständige Tätigkeit berufsmäßig ausgeübt wird und ihr Entgelt 400 EUR im Monat übersteigt **(kurzfristige selbstständige Tätigkeit)**.

Wesentlich für die versicherungsrechtliche Beurteilung ist, dass Beschäftigungsverhältnisse und selbstständige Tätigkeiten getrennt voneinander zu betrachten sind, also nicht zusammengerechnet werden. Übt jemand gleichzeitig mehrere geringfügig entlohnte selbstständige Tätigkeiten aus, werden die Einkünfte aus den Tätigkeiten für die Prüfung der Versicherungsfreiheit zusammengerechnet.

Arbeitseinkommen ist der nach den allgemeinen Gewinnermittlungsvorschriften des Einkommensteuerrechts ermittelte Gewinn aus einer selbstständigen Tätigkeit.

Von der **Versicherungspflicht befreit** werden nach § 6 Abs. 1 SGB VI

*   selbstständig Tätige für die selbstständige Tätigkeit, wegen der sie aufgrund einer durch Gesetz angeordneten oder auf Gesetz beruhenden Verpflichtung Mitglied einer öffentlich-rechtlichen Versicherungseinrichtung oder Versorgungseinrichtung ihrer Berufsgruppe (berufsständische Versorgungseinrichtung) und zugleich kraft gesetzlicher Verpflichtung Mitglied einer berufsständischen Kammer sind, wenn
    *   am jeweiligen Ort der selbstständigen Tätigkeit für ihre Berufsgruppe bereits vor dem 01. Januar 1995 eine gesetzliche Verpflichtung zur Mitgliedschaft in der berufsständischen Kammer bestanden hat,
    *   für sie nach näherer Maßgabe der Satzung einkommensbezogene Beiträge unter Berücksichtigung der Beitragsbemessungsgrenze zur berufsständischen Versorgungseinrichtung zu zahlen sind und
    *   aufgrund dieser Beiträge Leistungen für den Fall verminderter Erwerbsfähigkeit und des Alters sowie für Hinterbliebene erbracht und angepasst werden, wobei auch die finanzielle Lage der berufsständischen Versorgungseinrichtung zu berücksichtigen ist,

- Gewerbetreibende in Handwerksbetrieben, wenn für sie mindestens 18 Jahre lang Pflichtbeiträge gezahlt worden sind, ausgenommen bevollmächtigte Bezirksschornsteinfegermeister.

Selbstständige mit einem Auftraggeber, die nach § 2 Satz 1 Nr. 9 SGB VI versicherungspflichtig sind, werden nach § 6 Abs. 1a SGB VI von der Versicherungspflicht befreit
1.   für einen Zeitraum von drei Jahren nach erstmaliger Aufnahme einer selbstständigen Tätigkeit, die die Merkmale des § 2 Satz 1 Nr. 9 SGB VI erfüllt,
2.   nach Vollendung des 58. Lebensjahres, wenn sie nach einer zuvor ausgeübten selbstständigen Tätigkeit erstmals nach § 2 Satz 1 Nr. 9 SGB VI versicherungspflichtig werden.

Die Befreiung erfolgt auf Antrag des Versicherten (§ 6 Abs. 2 SGB VI). Über die Befreiung entscheidet der Träger der Rentenversicherung (§ 6 Abs. 3 SGB VI). Die Befreiung wirkt vom Vorliegen der Befreiungsvoraussetzungen an, wenn sie innerhalb von drei Monaten beantragt wird, sonst vom Eingang des Antrags an (§ 6 Abs. 4 SGB VI). Die Befreiung ist auf die jeweilige selbstständige Tätigkeit beschränkt (§ 6 Abs. 5 SGB VI).

Personen, die nicht versicherungspflichtig sind, können sich für Zeiten von der Vollendung des 16. Lebensjahres an **freiwillig versichern** (§ 7 Abs. 1 SGB VI). Mit freiwilligen Beiträgen kann kein Schutz auf **Berufsunfähigkeitsrente** oder **Erwerbsunfähigkeitsrente** erworben werden, es sei denn, der Versicherte hatte am 31.12.1983 die Wartezeit von 60 Monaten erfüllt und ab 1.1.1984 (ab 1.1.1992 in den neuen Bundesländern) *jeden* Monat mit einem Pflicht- oder freiwilligen Beitrag oder einer anderen rentenrechtlichen Zeit belegt.

Inwieweit eine freiwillige Weiterversicherung für den Existenzgründer angestrebt werden sollte, ist individuell für jede Person festzustellen. Auf jeden Fall sollten die Dienste der Auskunfts- und Beratungsstellen der Deutschen Rentenversicherung Bund in Anspruch genommen werden. Die freiwillige Weiterversicherung ist i.d.R. dann sinnvoll, wenn die Anwartschaft für eine Rente wegen Berufs- oder Erwerbsunfähigkeit erhalten werden kann. Der Anspruch auf Altersruhegeld bleibt auf jeden Fall bestehen.

Zuständig für Versicherte ist der Träger der Rentenversicherung, der durch die Datenstelle der Träger der Rentenversicherung bei der Vergabe der Versicherungsnummer festgelegt worden ist (§ 127 SGB VI). Ist eine Versicherungsnummer noch nicht vergeben, ist bis zur Vergabe der Versicherungsnummer die Deutsche Rentenversicherung Bund zuständig.

Die Beiträge werden nach einem Beitragssatz von der Beitragsbemessungsgrundlage erhoben, die nur bis zur jeweiligen Beitragsbemessungsgrenze berücksichtigt wird (§ 157 SGB VI). Beitragsbemessungsgrundlage für Versicherungspflichtige sind die beitragspflichtigen Einnahmen (§ 161 Abs. 1 SGB VI). Beitragsbemessungsgrundlage für freiwillig Versicherte ist jeder Betrag zwischen der Mindestbeitragsbemessungsgrundlage und der Beitragsbemessungsgrundlage (§ 161 Abs. 2 SGB VI).

Beitragspflichtige Einnahmen sind (§ 165 Abs. 1 Satz 1 SGB VI)
- bei selbstständig Tätigen ein Arbeitseinkommen in Höhe der **Bezugsgröße (Regelbeitrag)**, bei Nachweis eines niedrigeren oder höheren Arbeitseinkommens

jedoch dieses Arbeitseinkommen, mindestens jedoch monatlich 400 EUR,

- bei Seelotsen das Arbeitseinkommen,
- bei Künstlern und Publizisten das voraussichtliche Jahresarbeitseinkommen (§ 12 KSVG), mindestens jedoch 3.900 EUR, wobei Arbeitseinkommen auch die Vergütung für die Verwertung und Nutzung urheberrechtlich geschützter Werke oder Leistungen sind,
- bei Hausgewerbetreibenden das Arbeitseinkommen,
- bei Küstenschiffern und Küstenfischern das in der Unfallversicherung maßgebende beitragspflichtige Arbeitseinkommen.

Davon abweichend sind **beitragspflichtige Einnahmen** bei selbstständig Tätigen bis zum Ablauf von drei Kalenderjahren nach dem Jahr der Aufnahme der selbstständigen Tätigkeit ein Arbeitseinkommen in Höhe von 50 % der Bezugsgröße **(halber Regelbeitrag)**, auf Antrag des Versicherten jedoch ein Arbeitseinkommen in Höhe der Bezugsgröße (§ 165 Abs. 1 Satz 2 SGB VI). Für den Nachweis des von der Bezugsgröße abweichenden Arbeitseinkommens sind die sich aus dem letzten Einkommensteuerbescheid für das zeitnaheste Kalenderjahr ergebenden Einkünfte aus der versicherungspflichtigen selbstständigen Tätigkeit so lange maßgebend, bis ein neuer Einkommensteuerbescheid vorgelegt wird. Die Einkünfte sind mit dem Prozentsatz zu vervielfältigen, der sich aus dem Verhältnis des vorläufigen Durchschnittsentgelts für das Kalenderjahr, für das das Arbeitseinkommen nachzuweisen ist, zu dem Durchschnittsentgelt für das maßgebende Veranlagungsjahr des Einkommensteuerbescheides ergibt. Übersteigt das festgestellte Arbeitseinkommen die Beitragsbemessungsgrenze des nachzuweisenden Kalenderjahres, wird ein Arbeitseinkommen in Höhe der jeweiligen Beitragsbemessungsgrenze so lange zugrunde gelegt, bis sich aus einem neuen Einkommensteuerbescheid niedrigere Einkünfte ergeben. Der Einkommensteuerbescheid ist dem Träger der Rentenversicherung spätestens zwei Kalendermonate nach seiner Ausfertigung vorzulegen. Statt des Einkommensteuerbescheides kann auch eine Bescheinigung des Finanzamtes vorgelegt werden, die die für den Nachweis des Arbeitseinkommens erforderlichen Daten des Einkommensteuerbescheides enthält. Änderungen des Arbeitseinkommens werden vom Ersten des auf die Vorlage des Bescheides oder der Bescheinigung folgenden Kalendermonats, spätestens aber vom Beginn des dritten Kalendermonats nach Ausfertigung des Einkommensteuerbescheides, an berücksichtigt. Ist eine Veranlagung zur Einkommensteuer aufgrund der versicherungspflichtigen selbstständigen Tätigkeit noch nicht erfolgt, sind für das Jahr des Beginns der Versicherungspflicht die Einkünfte zugrunde zu legen, die sich aus den vom Versicherten vorzulegenden Unterlagen ergeben.

TIPP
Für die ersten drei Kalenderjahre nach Aufnahme der selbstständigen Tätigkeit kann auf Antrag auch der halbe Regelbeitrag gezahlt werden.

	Beitrags-satz	Beitragsbemessungsgrenze		Bezugsgröße	
		jährlich	monatlich	jährlich	monatlich
Alte Bundesländer	19,9%	66.000,00 EUR	5.500,00 EUR	30.660,00 EUR	2.550,00 EUR
Neue Bundesländer	19,9%	57.600,00 EUR	4.800,00 EUR	26.880,00 EUR	2.240,00 EUR

Abb. 105: Beitragsbemessungsgrenzen und Bezugsgrößen in der gesetzlichen Rentenversicherung im Jahr 2011

Für den Nachweis des von der Bezugsgröße abweichenden Arbeitseinkommens ist abweichend auf Antrag des Versicherten vom laufenden Arbeitseinkommen auszugehen, wenn dieses im Durchschnitt voraussichtlich um wenigstens 30 % geringer ist als das Arbeitseinkommen aus dem letzten Einkommensteuerbescheid (§ 165 Abs. 1a SGB VI). Das laufende Arbeitseinkommen ist durch entsprechende Unterlagen nachzuweisen. Änderungen des Arbeitseinkommens werden vom Ersten des auf die Vorlage der Nachweise folgenden Kalendermonats an berücksichtigt. Das festgestellte laufende Arbeitseinkommen bleibt so lange maßgebend, bis der Einkommensteuerbescheid über dieses Veranlagungsjahr vorgelegt wird und zu berücksichtigen ist.

Die **Bezugsgröße** i.S. der Vorschriften für die Sozialversicherung ist nach § 18 Abs. 1 SGB IV das Durchschnittsentgelt der gesetzlichen Rentenversicherung im vorvergangenen Kalenderjahr, aufgerundet auf den nächsthöheren, durch 420 teilbaren Betrag. Sie beträgt für das Jahr 2011 für die alten Bundesländer 30.660 EUR jährlich oder 2.550 EUR monatlich, für die neuen Bundesländer 26.880 EUR jährlich oder 2.240 EUR monatlich.

Bei Selbstständigen, die auf Antrag versicherungspflichtig sind, gelten als Arbeitseinkommen auch die Einnahmen, die steuerrechtlich als Einkommen aus abhängiger Beschäftigung behandelt werden (§ 165 Abs. 3 SGB VI).

Die Beiträge werden nach § 169 SGB VI getragen
- bei selbstständig Tätigen von ihnen selbst,
- bei Künstlern und Publizisten von der Künstlersozialkasse,
- bei Hausgewerbetreibenden von den Versicherten und den Arbeitgebern je zur Hälfte.

Die Beiträge sind nach § 173 SGB VI von denjenigen, die sie zu tragen haben (Beitragsschuldner), unmittelbar an die Träger der Rentenversicherung zu zahlen. Pflichtbeiträge sind wirksam, wenn sie gezahlt werden, solange der Anspruch auf ihre Zahlung noch nicht verjährt ist (§ 197 Abs. 1 SGB VI).

Die Mindestbeitragsbemessungsgrundlage beträgt für freiwillig Versicherte monatlich 400 EUR (§ 167 SGB VI). Freiwillig Versicherte tragen ihre Beiträge selbst (§ 171 SGB VI). Freiwillige Beiträge sind wirksam, wenn sie bis zum 31. März des Jahres, das dem Jahr folgt, für das sie gelten sollen, gezahlt werden (§ 197 Abs. 2 SGB VI).

Selbstständig Tätige, die nach § 2 Nr. 1 bis 3 und 9 SGB VI versicherungspflichtig sind, sind nach § 190a Abs. 1 SGB VI verpflichtet, sich innerhalb von drei Monaten nach der Aufnahme der selbstständigen Tätigkeit beim zuständigen Rentenversicherungsträger zu melden. Die Vordrucke des Rentenversicherungsträgers sind zu verwenden. Die Handwerkskammern haben nach § 196 Abs. 3 SGB VI den Regionalträgern der Rentenversicherung Anmeldungen, Änderungen und Löschungen in der Handwerksrolle mitzuteilen.

	Mindestbeitrag	Regelbeitrag	Halber Regelbeitrag	Höchstbeitrag
Alte Bundesländer	79,60 EUR	508,45 EUR	254,22 EUR	1.094,50 EUR
Neue Bundesländer	79,60 EUR	445,76 EUR	222,88 EUR	955,20 EUR

Abb. 106: Beiträge in der gesetzlichen Rentenversicherung im Jahr 2011

Die Beitragsbemessungsgrenze (West) für das Jahr 2011 beträgt nach § 275c Abs. 1 SGB VI in der gesetzlichen Rentenversicherung 66.000 EUR jährlich und 5.500 EUR monatlich. Die Beitragsbemessungsgrenze (Ost) für das Jahr 2011 beträgt nach § 275c Abs. 2 SGB VI 57.600 EUR jährlich und 4.800 EUR monatlich.

11.1.4.2 Die private Rentenversicherung

Die private Rentenversicherung ist eine Kapitallebensversicherung ohne Todesfallschutz. Der Versicherungsnehmer zahlt einmalig oder regelmäßig Beiträge ein, dafür verspricht ihm das Versicherungsunternehmen eine lebenslange monatliche Leibrente. Wegen des fehlenden Hinterbliebenenschutzes wird eine höhere Rendite geboten als bei Kapitallebensversicherungen. Ein Vorteil der privaten Rentenversicherung ist, dass nur der so genannte Ertragsanteil der Monatsrente der Steuerpflicht unterliegt.

Die Berufsunfähigkeitsversicherung

Die Berufsunfähigkeitsversicherung bietet Schutz für alle, die sich umfassend für den Fall absichern, dass sie ihre Arbeitskraft verlieren. Normalerweise wird eine Berufsunfähigkeitsrente gezahlt, wenn der Versicherte länger als sechs Monate durch Krankheit oder Unfall an der Berufsausübung gehindert ist. Und zwar so lange, bis er wieder seiner gewohnten Tätigkeit nachgehen kann, oder bis zum vereinbarten Ablauf der Versicherung. Außerdem entfällt jede weitere Beitragzahlung im Versicherungsfall.

Die **Berufsunfähigkeitszusatzversicherung** ist stets an eine Lebensversicherung gekoppelt, meist an eine Risiko- oder Kapitallebensversicherung. Die preiswerteste Variante ist die Kombination mit einer Risikolebensversicherung. Im Unterschied zur selbstständigen Berufsunfähigkeitsversicherung bietet die Zusatzversicherung noch einen Hinterbliebenenschutz.

Im Versicherungsfall richten sich die Leistungen der Versicherungsunternehmen nach der Schwere der Schädigung. Schon bei Vertragsabschluss muss sich der Versicherungsnehmer entscheiden, ab welchem Invaliditätsgrad die Rente gezahlt werden soll. Dabei hat er zwei Möglichkeiten. Die Pauschalregelung verspricht die volle Rente, wenn der Versicherungsnehmer mindestens zu 50 % berufsunfähig ist. Unterhalb dieser Grenze gibt es nichts. Beim Staffelsystem leisten die Versicherungsunternehmen schon ab 25 % Berufsunfähigkeit, aber nur anteilig, entsprechend dem Grad der Invalidität. Die volle Rente gibt es ab 75 %.

11.1.5 Die Künstlersozialversicherung

Die Künstlersozialkasse ist eine Abteilung der Unfallkasse des Bundes. Sie hat die Aufgabe, die Versicherungspflicht von selbstständigen Künstlern und Publizisten nach dem Künstlersozialversicherungsgesetz festzustellen sowie die Versicherungsbeiträge zu berechnen, einzuziehen und abzuführen. Für die Leistungen aus dem Versicherungsverhältnis sind ausschließlich die Leistungsträger, d.h. die gesetzliche Kranken- und Pflegekasse sowie die Deutsche Rentenversicherung zuständig. Im Verhältnis zu den Unternehmen hat die Künstlersozialkasse festzustellen, wer als Verwerter künstlerischer oder publizistischer Leistungen abgabepflichtig ist. Sie zieht von den abgabepflichtigen Unternehmen die Künstlersozialabgabe ein.

Selbstständige Künstler und Publizisten werden nach § 1 KSVG in der allgemeinen Rentenversicherung, in der gesetzlichen Krankenversicherung und in der sozialen Pflegeversicherung versichert, wenn sie
1. die künstlerische oder publizistische Tätigkeit erwerbsmäßig und nicht nur vorübergehend ausüben und
2. im Zusammenhang mit der künstlerischen oder publizistischen Tätigkeit nicht mehr als einen Arbeitnehmer beschäftigen, es sei denn, die Beschäftigung erfolgt zur Berufsausbildung oder ist geringfügig.

Künstler i.S. des Künstlersozialversicherungsgesetzes ist, wer Musik, darstellende oder bildende Kunst schafft, ausübt oder lehrt (§ 2 Satz 1 KSVG). Publizist i.S. des Künstlersozialversicherungsgesetzes ist, wer als Schriftsteller, Journalist oder in anderer Weise publizistisch tätig ist oder Publizistik lehrt (§ 2 Satz 2 KSVG).

- **Künstler aus dem Bereich Musik**
  Komponisten, Arrangeure, Dirigenten, Chorleiter, Sänger, Musikpädagogen u.Ä.
- **Künstler aus dem Bereich darstellende Kunst**
  Balletttänzer, Schauspieler, Kabarettisten, Sprecher, Moderatoren, Dramaturgen, Bühnen-, Film-, Kostüm- und Maskenbildner, Kameramänner, Theaterpädagogen, Atem-, Sprech- und Stimmlehrer u.Ä.
- **Künstler aus dem Bereich bildende Kunst und Design**
  Bildhauer, Maler, Zeichner, Graphiker, künstlerische Fotografen, Pressefotografen, Karikaturisten, Layouter, Mode-, Textil- und Industriedesigner, Keramiker, Glas-, Textil-, Holz- und Metallgestalter, Restauratoren, Ausbilder im Bereich bildende Kunst und Design u.Ä.
- **Publizisten, die auch in anderer Weise publizistisch tätig sind**
  Schriftsteller, Dichter, Lektoren, Journalisten, Redakteure, Bildjournalisten, Kritiker, wissenschaftliche Autoren, PR-Fachleute, publizistische Übersetzer u.Ä.

Abb. 107: Selbstständige Künstler und Publizisten nach dem Künstlersozialversicherungsgesetz

Versicherungsfrei ist nach § 3 Abs. 1 KSVG, wer in dem Kalenderjahr aus selbstständiger künstlerischer und publizistischer Tätigkeit voraussichtlich ein Arbeitseinkommen erzielt, das 3.900 EUR nicht übersteigt. Wird die selbstständige künstlerische oder publizistische Tätigkeit nur während eines Teils des Kalenderjahrs ausgeübt, ist die Grenze entsprechend herabzusetzen. Ausgenommen sind Berufsanfänger bis zum Ablauf von drei Jahren nach erstmaliger Aufnahme der Tätigkeit

(§ 3 Abs. 2 KSVG). Der Versicherungspflicht bleibt bestehen, solange das Arbeitseinkommen nicht mehr als zweimal innerhalb von sechs Kalenderjahren die Grenze von 3.900 EUR nicht übersteigt (§ 3 Abs. 3 KSVG).

In der gesetzlichen Rentenversicherung ist nach dem Künstlersozialversicherungsgesetz versicherungsfrei (§ 4 KSVG), wer
- aufgrund einer Beschäftigung oder einer nicht unter § 2 KSVG fallende selbstständigen Tätigkeit in der gesetzlichen Rentenversicherung versicherungsfrei oder von der Versicherungspflicht befreit ist, es sei denn, die Versicherungsfreiheit beruht auf einer geringfügigen Beschäftigung oder einer geringfügigen selbstständigen Tätigkeit,
- aus einer Beschäftigung ein beitragspflichtiges Arbeitsentgelt oder aus einer nicht unter § 2 KSVG fallenden selbstständigen Tätigkeit ein Arbeitseinkommen bezieht, wenn das Arbeitsentgelt oder Arbeitseinkommen während des Kalenderjahres voraussichtlich mindestens die Hälfte der für dieses Jahr geltenden Beitragsbemessungsgrenze in der allgemeinen Rentenversicherung beträgt. Wird die Beschäftigung oder selbstständige Tätigkeit nur während eines Teils des Kalenderjahres ausgeübt, ist diese Grenze entsprechend herabzusetzen.
- als Gewerbetreibender, der in die Handwerksrolle eingetragen ist, nach § 2 Satz 1 Nr. 8 SGB VI oder § 229 Abs. 2a SGB VI versicherungspflichtig ist.

In der gesetzlichen Krankenversicherung ist nach dem Künstlersozialversicherungsgesetz versicherungsfrei (§ 5 Abs. 1 KSVG), wer
- als Arbeiter, Angestellter und zu seiner Berufsausbildung Beschäftigter in der gesetzlichen Krankenversicherung versichert ist,
- nach Erreichen der Regelaltersgrenze der gesetzlichen Rentenversicherung eine selbstständige künstlerische oder publizistische Tätigkeit aufnimmt,
- nach einer anderen gesetzlichen Vorschrift mit Ausnahme von § 7 SGB V (Versicherungsfreiheit bei geringfügiger Beschäftigung) versicherungsfrei oder von der Versicherungspflicht befreit ist,
- eine nicht unter § 2 KSVG fallende selbstständige Tätigkeit erwerbsmäßig ausübt, es sei denn, diese ist geringfügig i.S. des § 8 SGB IV (geringfügige Beschäftigung und geringfügige selbstständige Tätigkeit).

In der sozialen Pflegeversicherung ist nach dem Künstlersozialversicherungsgesetz versicherungsfrei (§ 5 Abs. 2 KSVG), wer
- nach § 5 Abs. 1 KSVG versicherungsfrei oder
- nach § 6 KSVG oder § 7 KSVG von der Krankenversicherungspflicht befreit worden ist.

Wer erstmals eine Tätigkeit als selbstständiger Künstler oder Publizist aufnimmt und nicht nach dem Künstlersozialversicherungsgesetz in der gesetzlichen Krankenversicherung versicherungsfrei ist, wird auf Antrag von der Krankenversicherungspflicht nach dem Künstlersozialversicherungsgesetz befreit, wenn er der Künstlersozialkasse eine Versicherung für den Krankheitsfall bei einem privaten Krankenversicherungsunternehmen nachweist (§ 6 Abs. 1 KSVG). Voraussetzung ist, dass er für sich und seine Familienangehörigen, die bei Versicherungspflicht des Künstlers oder Publizisten in der gesetzlichen Krankenversicherung versichert wären, Vertragsleistungen beanspruchen kann, die der Art nach den Leistungen der gesetzlichen Krankenversicherung bei Krankheit entsprechen. Der Antrag ist spätestens drei Monate nach Feststellung der Versicherungspflicht bei der Künstlersozialkasse zu stellen. Wer von der Krankenversicherungspflicht befreit worden ist, kann gegenüber der Künstlersozialkasse bis zum Ablauf der in § 3 Abs. 2 KSVG genannten Frist schriftlich erklären, dass seine Befreiung von der Versicherungspflicht enden soll (§ 6 Abs. 2 KSVG). Die Versicherungspflicht beginnt nach Ablauf der in § 3 Abs. 2 KSVG genannten Frist.

Wer als selbstständiger Künstler oder Publizist in drei aufeinanderfolgenden Kalenderjahren insgesamt ein Arbeitseinkommen erzielt hat, das über der Summe der Beiträge liegt, die für diese Jahre als Jahresarbeitsentgeltgrenze (JAE-Grenze) festgelegt waren, wird auf Antrag von der Krankenversicherungspflicht nach diesem Gesetz befreit (§ 7 Abs. 1 KSVG). Die Befreiung kann nicht widerrufen werden. Der Antrag ist bis zum 31.03. des auf den Dreijahreszeitraum folgenden Kalenderjahres bei der Künstlersozialkasse zu stellen (§ 7 Abs. 2 KSVG).

Die Künstlersozialkasse entscheidet über den Antrag auf Befreiung von der Versicherungspflicht (§ 7a Abs. 1 KSVG). Die Befreiung nach § 6 Abs. 1 KSVG wirkt vom Beginn der Versicherungspflicht an (§ 7a Abs. 2 KSVG). Sind bereits Leistungen der gesetzlichen Krankenversicherung in Anspruch genommen worden, wirkt die Befreiung vom Beginn des Monats an, der auf die Antragstellung folgt. Die Befreiung nach § 7 KSVG wirkt vom Beginn des Monats an, der auf die Antragstellung folgt. Der Anspruch auf Leistungen aus der gesetzlichen Krankenversicherung endet mit der Mitgliedschaft (§ 7a Abs. 3 KSVG).

Die Versicherungspflicht in der gesetzlichen Renten- und Krankenversicherung sowie in der sozialen Pflegeversicherung beginnt mit dem Tag, an dem die Meldung des Versicherten eingeht, beim Fehlen einer Meldung mit dem Tag des Bescheides, durch den die Künstlersozialkasse die Versicherungspflicht feststellt (§ 8 Abs. 1 KSVG). Sie beginnt frühestens mit dem Tag, an dem die Voraussetzungen für die Versicherung erfüllt sind.

Wer bei einem privaten Krankenversicherungsunternehmen versichert ist und nach dem Künstlersozialversicherungsgesetz krankenversicherungspflichtig wird, kann den Versicherungsvertrag zum Ende des Monats kündigen, in dem er den Eintritt der Versicherungspflicht nachweist (§ 9 Abs. 1 KSVG). Das gilt entsprechend für den Versicherungsvertrag eines Familienangehörigen, wenn ein Künstler oder Publizist nach dem Künstlersozialversicherungsgesetz versicherungspflichtig wird und der Angehörige dadurch in der gesetzlichen Krankenversicherung versichert wird. Wer bei einem privaten Versicherungsunternehmen gegen Pflegebedürftigkeit versichert ist und nach diesem Gesetz pflegeversicherungspflichtig wird, kann den Versicherungsvertrag mit Wirkung vom Eintritt der Versicherungspflicht kündigen (§ 9 Abs. 2 KSVG). Das gilt entsprechend für den Versicherungsvertrag eines Familienangehörigen, wenn ein Künstler oder Publizist nach dem Künstlersozialversicherungsgesetz versicherungspflichtig wird und der Angehörige dadurch in der sozialen Pflegeversicherung versichert wird.

Selbstständige Künstler und Publizisten, die nach § 7 KSVG von der Versicherungspflicht befreit und freiwillig in der gesetzlichen Krankenversicherung versichert sind, erhalten auf Antrag von der Künstlersozialkasse als vorläufigen Beitragszuschuss die Hälfte des Beitrages, der im Falle der Versicherungspflicht für einen Künstler oder Publizisten bei Anwendung des um 0,9 Beitragssatzpunkte verminderten allgemeinen Beitragssatzes der gesetzlichen Krankenversicherung, zu zahlen wäre, höchstens jedoch die Hälfte des Betrages, den sie tatsächlich zu zahlen haben (§ 10 Abs. 1 KSVG). Für Künstler und Publizisten, die im Falle einer Versicherungspflicht keinen Anspruch auf Krankengeld hätten, ist bei der Berechnung des Zuschusses anstelle des allgemeinen Beitragssatzes der ermäßigte Beitragssatz der gesetzlichen Krankenversicherung zugrunde zu legen. Der Anspruch beginnt mit dem auf den Antrag folgenden Kalendermonat. Bei Zuschussberechtigten, die nach dem Künstlersozialversicherungsgesetz in der allgemeinen Rentenversicherung nicht versichert sind, ist für die Berechnung des endgültigen Zuschusses das erzielte Jahresarbeitseinkommen maßgebend. Es ist der Künstlersozialkasse bis zu der Höhe der Beitragsbemessungsgrenze in der gesetzlichen Krankenversicherung bis zum 31.05. des folgenden Jahres zu melden.

Selbstständige Künstler und Publizisten, die nach § 6 Abs. 3a SGB V i.V.m. § 5 Abs. 1 Nr. 4 KSVG versicherungsfrei oder nach den §§ 6 oder 7 KSVG von der Versicherungspflicht befreit und bei einem privaten Krankenversicherungsunternehmen versichert sind, erhalten auf Antrag von der Künstlersozialkasse einen vorläufigen Beitragszuschuss, wenn sie für sich und ihre Familienangehörige, die bei Versicherungspflicht des Künstlers oder Publizisten in der gesetzlichen Krankenversicherung versichert wären, Vertragsleistungen beanspruchen können, die der Art nach den Leistungen der gesetzlichen Krankenversicherung bei Krankheit entsprechen (§ 10 Abs. 2 KSVG). Der Zuschuss beträgt die Hälfte des Beitrages, den die Künstlersozialkasse bei Versicherungspflicht unter Zugrundelegung des um 0,9 Beitragssatzpunkte verminderten allgemeinen Beitragssatzes der gesetzlichen Krankenversicherung zu zahlen hätte, höchstens jedoch die Hälfte des Betrages, den der Künstler oder Publizist für seine private Krankenversicherung zu zahlen hat. Für Künstler und Publizisten, die bei Mitgliedschaft in einer Krankenkasse keinen Anspruch auf Krankengeld hätten, ist bei der Berechnung des Zuschusses anstelle des allgemeinen Beitragssatzes der ermäßigte Beitragssatz der gesetzlichen Krankenversicherung zugrunde zu legen. Bei einer Befreiung nach § 6 KSVG beginnt der Anspruch mit dem Kalendermonat, in dem die Meldung eingeht.

Selbstständige Künstler und Publizisten, die nach § 7 KSVG von der Krankenversicherungspflicht befreit und in der sozialen Pflegeversicherung versichert sind, erhalten auf Antrag von der Künstlersozialkasse als vorläufigen Beitragszuschuss die Hälfte des Betrages, den die Künstlersozialkasse bei Versicherungspflicht nach dem Künstlersozialversicherungsgesetz an die Pflegekasse zu zahlen hätte, höchstens jedoch die Hälfte des Betrages, den sie tatsächlich zu zahlen hätte (§ 10a Abs. 1 KSVG).

Selbstständige Künstler und Publizisten, die nach § 6 Abs. 3a SGB V i.V.m. § 5 Abs. 1 Nr. 4 KSVG versicherungsfrei oder nach den §§ 6 oder § 7 KSVG von der Krankenversicherungspflicht befreit und bei einem privaten Versicherungsunternehmen gegen Pflegebedürftigkeit versichert sind, erhalten auf Antrag von der Künstlersozialkasse einen vorläufigen Beitragszuschuss, wenn sie für sich und ihre Angehörige, die bei Versicherungspflicht des Künstlers oder Publizisten in der sozialen Pflegeversicherung versichert wären, Vertragsleistungen beanspruchen können, die der Art und Umfang den Leistungen der sozialen Pflegeversicherung gleichwertig sind (§ 10a Abs. 2 KSVG). Der Zuschuss beträgt die Hälfte des Beitrages, den die Künstlersozialkasse bei Versicherungspflicht an die Pflegekasse zu zahlen hätte, höchstens jedoch die Hälfte des Betrages, den der Künstler oder Publizist für seine private Pflegeversicherung zu zahlen hat.

Wer nach dem Künstlersozialversicherungsgesetz in der gesetzlichen Renten- oder Krankenversicherung oder in der sozialen Pflegeversicherung versichert wird, hat sich bei der Künstlersozialkasse zu melden (§ 11 KSVG).

Versicherte und Zuschussberechtigte haben der Künstlersozialkasse bis zum 01.12. eines Jahres das voraussichtliche Arbeitseinkommen, das sie aus der Tätigkeit als selbstständige Künstler und Publizisten erzielen, bis zur Höhe der Beitragsbemessungsgrenze in der allgemeinen Rentenversicherung für das folgende Kalenderjahr zu melden (§ 12 Abs. 1 KSVG).

Die Künstlersozialkasse kann von den Versicherten und den Zuschussberechtigten Angaben darüber verlangen, in welchem der Bereiche selbstständiger künstlerischer und publizistischer Tätigkeiten das Arbeitseinkommen jeweils erzielt wurde, in welchem Umfang das Arbeitseinkommen auf Geschäften mit zur Künstlersozialabgabe Verpflichteten beruhte und von welchen zur Künstlersozialabgabe Verpflichteten Arbeitseinkommen bezogen wurde (§ 13 KSVG). Außerdem kann die Künstlersozialkasse von den Versicherten und den Zuschussberechtigten Angaben darüber verlangen, in welcher Höhe Arbeitseinkommen aus künstlerischen, publizistischen und sonstigen selbstständigen Tätigkeiten in den vergangenen vier Kalenderjahren erzielt wurde. Für den Nachweis der Angaben zur Höhe des Arbeitseinkommens kann sie die Vorlage der erforderlichen Unterlagen, insbesondere von Einkommensteuerbescheiden oder Gewinn- und Verlustrechnungen verlangen. Die Erhebung dieser Angaben erfolgt durch eine wechselnde jährliche Stichprobe.

Die Mittel für die Versicherung nach dem Künstlersozialversicherungsgesetz werden durch Beitragsanteile der Versicherten zur einen Hälfte, durch die Künstlersozialabgabe und durch einen Zuschuss des Bundes zur anderen Hälfte aufgebracht (§ 14 KSVG). Der Versicherte hat an die Künstlersozialkasse als Beitragsanteil zur gesetzlichen Rentenversicherung für den Kalendermonat die Hälfte des Beitrages zu zahlen (§ 15 KSVG). Der Beitragsanteil für einen Kalendermonat wird am Fünften des folgenden Monats fällig. Der Versicherte hat an die Künstlersozialkasse als Beitragsanteil zur gesetzlichen Krankenversicherung die Hälfte des Beitrages gemäß dem allgemeinen Beitragssatz der gesetzlichen Krankenversicherung zuzüglich 0,45 Beitragssatzpunkte zu zahlen (§ 16 Abs. 1 KSVG). Hat der Versicherte keinen Anspruch auf Krankengeld, ist bei der Berechnung des Beitrages anstelle des allgemeinen Beitragssatzes der ermäßigte Beitragssatz der gesetzlichen Krankenversicherung zugrunde zu legen. Der Beitragsanteil für einen Kalendermonat wird am Fünften des folgenden Monats fällig. Versicherte haben an die Künstlersozialkasse als Beitragsanteil zur sozialen Pflegeversicherung für den Kalendermonat die Hälfte des Beitrages zu zahlen (§ 16a KSVG). Der Beitragsanteil erhöht sich um einen Beitragszuschlag, der sich aus § 57 Abs. 3 SGB XI ergibt. Der Beitragsanteil für einen Kalendermonat wird am Fünften des Folgemonats fällig.

11.1.6 Die Unfallversicherung

11.1.6.1 Die gesetzliche Unfallversicherung

Die gesetzliche Unfallversicherung ist ein Zweig der Sozialversicherung. Sie ist ebenso wie die anderen Versicherungszweige eine Pflichtversicherung. Träger der gesetzlichen Unfallversicherung sind die gewerblichen Berufsgenossenschaften [→ Adressenverzeichnis], die landwirtschaftliche Berufsgenossenschaften sowie die Unfallkassen der öffentlichen Hand. Die gewerblichen Berufsgenossenschaften sind fachlich, d.h. nach Gewerbezweigen gegliedert. Sie haben sich zum Spitzenverband der gewerblichen Berufsgenossenschaften und der Unfallversicherungsträger der öffentlichen Hand Deutsche Gesetzliche Unfallversicherung (DGUV) mit Sitz in Berlin zusammengeschlossen, der bundesweit durch Landesverbände vertreten ist.

Die gesetzliche Unfallversicherung bietet Schutz vor allem für Unfälle bei der Arbeit (Arbeitsunfälle), auf dem Weg nach und von der Arbeitsstätte (Wegeunfälle) und bei Berufskrankheiten, die sich der Versicherte im Zusammenhang mit der versicherten Tätigkeit zuzieht. Zu den Aufgaben und Leistungen gehört die Verhütung von Unfällen und erste Hilfe, Leistungen zur Rehabilitation der Unfallverletzten sowie Entschädigung durch Geldleistungen.

Es sind folgende Geldleistungen vorgesehen:
* Leistungen an den Verletzten
  – Verletztengeld bei Arbeitsunfähigkeit und Übergangsgeld der Berufshilfe
  – Verletztenrente
* Bei Tod durch Arbeitsunfall
  – Sterbegeld
  – Kosten der Überführung des Verstorbenen an den Ort der Bestattung
  – Rente an die Hinterbliebenen.

Die **Höhe der Beiträge** richtet sich nach der im abgelaufenen Jahr im Unternehmen gezahlten Lohn- und Gehaltssumme und nach Veranlagung des Unternehmens zu dem Gefahrtarif. Der Gefahrtarif berücksichtigt die unterschiedliche Unfallbelastung der einzelnen Unternehmenszweige. Darüber hinaus sind dem Unternehmen unter Berücksichtigung der anzuzeigenden Arbeitsunfälle Zuschläge aufzuerlegen oder Nachlässe zu bewilligen.

Grundsätzlich sind alle Personen versichert, die in einem Arbeits-, Dienst- oder Ausbildungsverhältnis beschäftigt sind. Inwieweit der Unternehmer selbst versicherungspflichtig ist, hängt von der jeweiligen Satzung der einzelnen Berufsgenossenschaften ab. Viele Berufsgenossenschaften haben Unternehmer und ihre im Unternehmen tätigen Ehegatten in den Versicherungsschutz mit einbezogen. Ansonsten besteht die Möglichkeit der freiwilligen Versicherung.

Die Satzung einer Berufsgenossenschaft kann bestimmen, dass und unter welchen Voraussetzungen sich die Unfallversicherung auf Unternehmer und ihre im Unternehmen mitarbeitenden Ehegatten oder Lebenspartner erstreckt (§ 3 Abs. 1 SGB VII).

Auf schriftlichen Antrag können sich nach § 6 Abs. 1 SGB VII freiwillig versichern
1. Unternehmer und ihre im Unternehmen mitarbeitenden Ehegatten oder Lebenspartner,
2. Personen, die in Kapital- oder Personenhandelsgesellschaften regelmäßig wie Unternehmer selbstständig tätig sind.

Die Versicherung beginnt mit dem Tag, der dem Eingang des Antrags folgt (§ 6 Abs. 2 SGB VII). Die Versicherung erlischt, wenn der Beitrag oder Beitragsvorschuss binnen zwei Monaten nach Fälligkeit nicht gezahlt worden ist. Eine Neuanmeldung bleibt so lange unwirksam, bis der rückständige Beitrag oder Beitragsvorschuss entrichtet worden ist.

Berechnungsgrundlage für die Beiträge der kraft Gesetzes versicherten selbstständigen Tätigen, der kraft Satzung versicherten Unternehmer, Ehegatten und Lebenspartner und der freiwillig Versicherten ist nach § 154 Abs. 1 SGB VII anstelle der Arbeitsentgelte der kraft Satzung bestimmte Jahresarbeitsverdienst (Versicherungssumme). Beginnt oder endet die Versicherung im Laufe eines Kalenderjahres, wird der Beitragsberechnung nur ein entsprechender Teil des Jahresarbeitsverdienstes zugrunde gelegt. Die Beiträge werden für volle Monate erhoben.

Berufsgenossenschaft	Versicherungsverhältnis für Unternehmer
BG Rohstoffe und chemische Industrie (BG RCI)	Versicherungsberechtigt auf Antrag sind (freiwillige Versicherung): 1. Unternehmer sowie ihre im Unternehmen mitarbeitenden Ehegatten oder Lebenspartner, 2. Personen, die in Kapital- oder Personenhandelsgesellschaften regelmäßig wie Unternehmer selbstständig tätig sind (unternehmerähnliche Personen). Für die Zeit getrennter Umlagen wird im bisherigen Zuständigkeitsbereich der Lederindustrie-Berufsgenossenschaft die Versicherung auf Unternehmer und ihre im Unternehmen mitarbeitenden Ehegatten oder Lebenspartner erstreckt. Auf schriftlichen Antrag wird der Unternehmer und sein Ehegatte von der Pflichtversicherung befreit.
BG Holz und Metall (BGHM)	Versicherungsberechtigt auf Antrag sind (freiwillige Versicherung): 1. Unternehmer sowie ihre im Unternehmen mitarbeitenden Ehegatten oder Lebenspartner, 2. Personen, die in Kapital- oder Personenhandelsgesellschaften regelmäßig wie Unternehmer selbstständig tätig sind (unternehmerähnliche Personen).

Berufsgenossenschaft	Versicherungsverhältnis für Unternehmer
BG Energie Textil Elektro Medienerzeugnisse (BG ETEM)	Die Versicherungspflicht kraft Satzung für Unternehmer, die den Unternehmensarten Textil und Bekleidung und Druck und Papierverarbeitung zuzurechnen sind sowie ihre im Unternehmen mitarbeitenden Ehegatten oder Lebenspartner. Versicherungsberechtigt auf Antrag sind (freiwillige Versicherung): 1. Unternehmer sowie ihre im Unternehmen mitarbeitenden Ehegatten oder Lebenspartner, 2. Personen, die in Kapital- oder Personenhandelsgesellschaften regelmäßig wie Unternehmer selbstständig tätig sind (unternehmerähnliche Personen).
BG Nahrungsmittel und Gastgewerbe (BGN)	Versicherungsberechtigt auf Antrag sind (freiwillige Versicherung): 1. Unternehmer sowie ihre im Unternehmen mitarbeitenden Ehegatten oder Lebenspartner, 2. Personen, die in Kapital- oder Personenhandelsgesellschaften regelmäßig wie Unternehmer selbstständig tätig sind (unternehmerähnliche Personen). Versicherungspflicht kraft Satzung für Unternehmer in Fleischbe- und verarbeitenden Betrieben sowie ihre im Unternehmen mitarbeitenden Ehegatten oder Lebenspartner. Versicherungsberechtigt auf Antrag sind in Fleischbe- und verarbeitenden Betrieben (freiwillige Versicherung): 1. Personen, die in Kapital- oder Personenhandelsgesellschaften regelmäßig wie Unternehmer selbstständig tätig sind (unternehmerähnliche Personen), 2. Hausschlachter – sofern sie Unternehmer i.S. d. § 136 Abs. 3 Nr. 1 SGB VII sind – und ihre im Unternehmen mitarbeitenden Ehegatten oder Lebenspartner.
BG der Bauwirtschaft (BG Bau)	Versicherungsberechtigt auf Antrag sind (freiwillige Versicherung): 1. Unternehmer sowie ihre im Unternehmen mitarbeitenden Ehegatten oder Lebenspartner, 2. Personen, die in Kapital- oder Personenhandelsgesellschaften regelmäßig wie Unternehmer selbstständig tätig sind (unternehmerähnliche Personen).
BG Handel und Warendistribution (BG HW)	Versicherungsberechtigt auf Antrag sind (freiwillige Versicherung): 1. Unternehmer sowie ihre im Unternehmen mitarbeitenden Ehegatten oder Lebenspartner, 2. Personen, die in Kapital- oder Personenhandelsgesellschaften regelmäßig wie Unternehmer selbstständig tätig sind (unternehmerähnliche Personen).
Verwaltungs-BG (VBG)	Versicherungsberechtigt auf Antrag sind (freiwillige Versicherung): 1. Unternehmer und ihre im Unternehmen mitarbeitenden Ehegatten oder Lebenspartner, 2. Personen, die in Kapital- oder Personenhandelsgesellschaften regelmäßig wie Unternehmer selbstständig tätig sind (unternehmerähnliche Personen).

Berufsgenossenschaft	Versicherungsverhältnis für Unternehmer
BG für Transport und Verkehrswirtschaft (BG Verkehr)	Versicherungspflicht für Küstenschiffer, Küstenfischer sowie ihre mitarbeitende Ehegatten oder Lebenspartner. Die Versicherung wird auf Unternehmer in den Gewerbezweigen straßengebundenes Verkehrsgewerbe, Flugverkehr und Binnenschifffahrt genannten Betriebe erstreckt sowie auf patentierte Binnenlotsen, die ein amtl. Lotsenpatent besitzen und den Lotsendienst auf der im Patent bezeichneten Strecke versehen. Die versicherten Personen können von der Versicherungspflicht befreit werden, wenn im Jahresdurchschnitt regelmäßig mehr als 5 Personen beschäftigt werden. Versicherungsberechtigt sind mitarbeitende Ehegatten oder Lebenspartner von Unternehmern der in den Gewerbezweigen genannten Unternehmen. Versicherungsberechtigt auf Antrag sind (freiwillige Versicherung): 1. Unternehmer der in dem Gewerbezweig Seefahrt genannten Betriebe 2. Personen, die in Kapital- oder Personenhandelsgesellschaften regelmäßig wie Unternehmer selbstständig tätig sind (unternehmerähnliche Personen).
BG Handel und Warendistribution (BG HW)	Versicherungsberechtigt auf Antrag sind (freiwillige Versicherung): 1. Unternehmer sowie ihre im Unternehmen mitarbeitenden Ehegatten oder Lebenspartner, 2. Personen, die in Kapital- oder Personenhandelsgesellschaften regelmäßig wie Unternehmer selbstständig tätig sind (unternehmerähnliche Personen).
Verwaltungs-BG (VBG)	Versicherungsberechtigt auf Antrag sind (freiwillige Versicherung): 1. Unternehmer und ihre im Unternehmen mitarbeitenden Ehegatten oder Lebenspartner, 2. Personen, die in Kapital- oder Personenhandelsgesellschaften regelmäßig wie Unternehmer selbstständig tätig sind (unternehmerähnliche Personen).
BG für Transport und Verkehrswirtschaft (BG Verkehr)	Versicherungspflicht für Küstenschiffer, Küstenfischer sowie ihre mitarbeitende Ehegatten oder Lebenspartner. Die Versicherung wird auf Unternehmer in den Gewerbezweigen straßengebundenes Verkehrsgewerbe, Flugverkehr und Binnenschifffahrt genannten Betriebe erstreckt sowie auf patentierte Binnenlotsen, die ein amtl. Lotsenpatent besitzen und den Lotsendienst auf der im Patent bezeichneten Strecke versehen. Die versicherten Personen können von der Versicherungspflicht befreit werden, wenn im Jahresdurchschnitt regelmäßig mehr als 5 Personen beschäftigt werden. Versicherungsberechtigt sind mitarbeitende Ehegatten oder Lebenspartner von Unternehmern der in den Gewerbezweigen genannten Unternehmen. Versicherungsberechtigt auf Antrag sind (freiwillige Versicherung): 1. Unternehmer der in dem Gewerbezweig Seefahrt genannten Betriebe 2. Personen, die in Kapital- oder Personenhandelsgesellschaften regelmäßig wie Unternehmer selbstständig tätig sind (unternehmerähnliche Personen).

Abb. 108: Unfallversicherung für Unternehmer in den Berufsgenossenschaften

Soweit keine Versicherungspflicht besteht, ist jedem Unternehmer zu empfehlen, sich **freiwillig** bei der Berufsgenossenschaft zu versichern. Bei relativ geringen Jahresbeiträgen wird erheblicher Versicherungsschutz gewährt. Die **Höhe des Beitrages** richtet sich nach der vom freiwillig Versicherten selbst gewählten Versicherungssumme, der Gefahrklasse und nach dem Beitragsfuß. Unerheblich ist der Familienstand des Versicherten, sein Alter oder sein tatsächliches Einkommen. Es werden grundsätzlich Jahresbeiträge erhoben. Im Versicherungsfall ist die Versicherungssumme nur für die Höhe zu gewährender Geldleistungen maßgebend. Ob Geldleistungen in Frage kommen oder nur Sachleistungen (Behandlungskosten) zu gewähren sind, richtet sich allein nach dem erlittenen Körperschaden.

Beispiel: **Selbstständige Friseurin**

Versicherungspflicht kraft Satzung bei der Berufsgenossenschaft für Gesundheitsdienst und Wohlfahrtspflege (BGW)
Die Versicherungssumme beträgt gem. § 44 der BGW-Satzung mindestens 60 % der maßgebenden Bezugsgröße, aufgerundet auf volle 1.000 EUR. Für 2011 beträgt die Pflichtversicherungssumme damit 19.000 EUR. Die Höchstversicherungssumme beträgt 84.000 EUR.
Beitragsfuß BGW: 2,14 (Stand: 2009)
Gefahrklasse Friseure: 5,9 (Auszug aus dem 3. BGW-Gefahrtarif)

$$\text{Jahresbeitrag} = \frac{\text{Versicherungssumme x Gefahrklasse x Beitragsfuß}}{1000}$$

Versicherungs-summe	Beitrag (jährlich)	Leistungen im Versicherungsfall		
		Verletztengeld (monatlich)	Vollrente bei Verlust der Erwerbsfähigkeit (monatlich)	Teilrente bei einer MdE von 20 % (monatlich)
19.000 EUR	264,29 EUR	1.266,60 EUR	1.055,56 EUR	211,11 EUR
20.000 EUR	278,20 EUR	1.333,20 EUR	1.111,11 EUR	222,22 EUR
30.000 EUR	417,30 EUR	2.000,10 EUR	1.666,67 EUR	333,33 EUR
45.000 EUR	625,95 EUR	3.000,00 EUR	2.500,00 EUR	500,00 EUR
50.000 EUR	695,50 EUR	3.333,30 EUR	2.777,78 EUR	555,56 EUR
72.000 EUR	1.001,52 EUR	4.800,00 EUR	4.000,00 EUR	800,00 EUR
84.000 EUR	1.168,44 EUR	5.600,10 EUR	4.666,67 EUR	933,33 EUR

Abb. 109: Beispiel für Beiträge und Leistungen im Versicherungsfall bei der Berufsgenossenschaft für Gesundheitsdienst und Wohlfahrtspflege (BGW)

Nicht nur gewerbliche Unternehmer können sich freiwillig versichern, auch Freiberufler haben diese Möglichkeit. Der Versicherungsschutz wird von der jeweils zuständigen Berufsgenossenschaft gewährt.

Die Rentenleistungen der Berufsgenossenschaften sind in der Höhe begrenzt. Es erfolgt keine Leistung bei Minderung der Erwerbsfähigkeit (MdE) unter 20 %. Für Unfälle im Freizeitbereich werden überhaupt keine Leistungen erbracht. Daher ist eine private Unfallversicherung eine sinnvolle Ergänzung zur gesetzlichen Unfallversicherung.

Das Verletztengeld und die Rente sind steuerfreie Versicherungsleistungen. Das Verletztengeld wird pro Kalendertag mit 1/450 der Versicherungssumme berechnet. Eine volle Rente in Höhe von 2/3 der Versicherungssumme pro Jahr erhalten Sie, wenn Sie langfristig gar nicht mehr erwerbstätig sein können. Bei einer teilweise Minderung der Erwerbsfähigkeit (MdE) wird die Rente anteilig nach dem Grad der MdE berechnet.

11.1.6.2 Die private Unfallversicherung

Die private Unfallversicherung gilt weltweit für Unfälle im privaten und beruflichen Bereich und zahlt bei Invalidität eine Geldsumme. Im Versicherungsfall entscheidet die vereinbarte Versicherungssumme und der Invaliditätsgrad über die Höhe der Auszahlung. Die volle Leistung erhält nur, wer zu 100 % invalide ist.

Beim Vertragsabschluss muss sich der Versicherungsnehmer für eine von drei verschiedenen Tarifformen entscheiden. Lineare Leistung: Das Versicherungsunternehmen zahlt den Teil der Versicherungssumme, der dem Invaliditätsgrad entspricht. Mehrleistung: Bei höheren Invaliditätsgraden wird die Leistung meist verdoppelt oder verdreifacht. Progression: Ab einem Invaliditätsgrad von meist 26 % wird überproportional viel, bei 100 % dann je nach Progression 225 oder 350 % der Versicherungssumme.

> **TIPP**
> Prüfen Sie sehr genau, ob Sie eine private Unfallversicherung tatsächlich benötigen, denn das Risiko der Invalidität wird besser mit einer Berufsunfähigkeitsversicherung abgesichert.

11.1.7   Die Lebensversicherung

Die Lebensversicherung dient der Absicherung der Familie des Unternehmers gegen die finanziellen Folgen des Todes des Unternehmers und zur Altersversorgung. Darüber hinaus kann sie als Sicherheit für den Einsatz von Fremdkapital und zur Tilgung von Krediten verwendet werden.

11.1.7.1 Die Risikolebensversicherung

Die reinste Form der Lebensversicherung ist die Risikolebensversicherung, die ausschließlich Todesfallschutz bietet. Sie eignet sich zur preisgünstigen Absicherung für die Familie oder von Krediten. Die Versicherungssumme wird ausgezahlt, wenn der Versicherungsnehmer stirbt.

Schon beim Vertragsabschluss muss sich der Versicherungsnehmer entscheiden, wie die Überschussbeteiligung verrechnet werden soll. Beim Bonussystem erhöhen die Überschüsse die Auszahlung im Todesfall. Alternativ kann der Versicherungsnehmer von vornherein eine niedrigere Versicherungssumme vereinbaren.

11.1.7.2 Die Kapitallebensversicherung

Der überwiegende Teil der Lebensversicherungen wird abgeschlossen, um Vermögen für das Alter anzusparen. Das geschieht mit der Kapitallebensversicherung, die den Hinterbliebenenschutz mit einem zusätzlichen Sparvertrag kombiniert. Erträge von Kapitallebensversicherungen, die ab 01.01.2005 abgeschlossen werden, sind voll steuerpflichtig. Bei einer Laufzeit von mehr als zwölf Jahren und Auszahlung nach Vollendung des 60. Lebensjahres werden nur 50 % der Erträge versteuert. Bei Versicherungsverträgen, die bis zum 31.12.2004 abgeschlossen worden sind, ist ein Sonderausgabenabzug i.H.v. 88 % der Beiträge sowie die generelle Steuerbefreiung von Erträgen nur noch bei Kapitalauszahlungen nach Ablauf von zwölf Jahren möglich. Bis zu diesem Zeitpunkt muss auch ein Versicherungsbeitrag gezahlt worden sein.

Der Abschluss einer Kapitallebensversicherung ist Vertrauenssache. Beim Vertragsabschluss ist die Höhe der späteren Auszahlung ungewiss. Sicher ist dem Versicherungsnehmer lediglich die vereinbarte Versicherungssumme. Die endgültige Ablaufleistung ist Prognose.

TIPP

Die Stiftung Warentest bewertet regelmäßig in »Finanztest« die Ablauf- und Rückkaufwerte der angebotenen Kapitallebensversicherungen. Nutzen Sie dieses Angebot!

11.2 Die betriebliche Risikoabsicherung

Als Unternehmer sind Sie vielen, unkalkulierbaren, unter Umständen existenzbedrohenden Risiken ausgesetzt. Verschaffen Sie sich erst einmal einen Überblick darüber, welchen Risiken Ihr Unternehmen ausgesetzt ist und welche Risiken Sie versichern wollen:

Risiken für den Betrieb	Ursachen (Beispiele)	Risiko	
		selbst tragen	versichern
Sachrisiken	Feuer, Explosion, Blitzschlag	☐	☐
	Sturm, Hagel	☐	☐
	Leitungswasser	☐	☐
	Einbruchdiebstahl, Vandalismus	☐	☐
	Beschädigung	☐	☐
	Maschinenschaden	☐	☐
	Glasbruch	☐	☐
	Transportschaden	☐	☐
	Ausfall von Elektronikgeräten	☐	☐
	Kfz-Schaden	☐	☐

Risiken für den Betrieb	Ursachen (Beispiele)	Risiko	
		selbst tragen	versichern
Vermögensrisiken	Betriebsunterbrechung durch		
	– Feuer	☐	☐
	– Maschinenschaden	☐	☐
	– Energieausfall	☐	☐
	– Verseuchung	☐	☐
	– Computerausfall	☐	☐
	Ansprüche aus		
	– Berufs-/ Betriebshaftpflicht	☐	☐
	– Umwelthaftpflicht	☐	☐
	– Produkthaftpflicht	☐	☐
	– Kraftfahrzeughaftpflicht	☐	☐
	Forderungsausfall	☐	☐
	Entgeltfortzahlung	☐	☐

Abb. 110: Betriebliche Risiken (Word-Fassung im Download-Bereich)

In einer **Risikoanalyse** müssen Sie Ihre Risiken frühzeitig erkennen, analysieren und Maßnahmen zu ihrer Vermeidung oder Verminderung ergreifen. Zu einer richtigen Beurteilung der Risiken bedarf es zuerst der Kenntnis der Risiken. Die großen Versicherungsgesellschaften haben Fachleute, die Ihnen die möglichen Schadenursachen und Möglichkeiten zur Vermeidung von Schadenfällen erläutern können.

Der Vorteil der Abwälzung des betrieblichen Risikos auf ein Versicherungsunternehmen ist dem Nachteil der **Prämienbelastung** gegenüberzustellen. Nicht alle Risiken müssen versichert werden. Es ist zu empfehlen, Risiken mit marginaler Bedeutung selbst zu tragen. Existenzbedrohende Schäden müssen unbedingt versichert sein.

TIPP
Versichern Sie unbedingt zuerst diejenigen Risiken, bei denen ein Schaden die höchsten finanziellen Folgen für Ihr Unternehmen haben kann. Dann sichern Sie sich gegen Risiken ab, bei denen Schäden mit hoher Wahrscheinlichkeit zu erwarten sind.

Mit dem **Abschluss der Versicherung** gehen Sie i.d.R. langfristig eine Partnerschaft mit der Versicherungsgesellschaft ein. Wählen Sie das Versicherungsunternehmen nicht allein nach der Höhe der Prämien aus, sondern Sie sollten auch weitere Faktoren berücksichtigen wie

• den Umfang und die Qualität der Beratung vor dem Vertragsabschluss,

- die Betreuung während der Versicherungsdauer,
- die schnelle und unbürokratische Abwicklung von Schadenfällen.

Achten Sie auf die richtige Versicherungssumme. Die Versicherungsunternehmen ersetzen Schäden nur in voller Höhe, wenn die im Vertrag aufgeführte Summe dem tatsächlichen Wert der versicherten Sachen entspricht.

Der Versicherungsschutz beginnt i.d.R. mit der Unterschrift auf dem Antrag und der unverzüglichen Zahlung der Versicherungsprämie. Wenn der Versicherer Sicherheitsvorkehrungen verlangt, sollte dies unverzüglich veranlasst werden, da sonst der Versicherungsschutz gefährdet sein kann. Der Versicherungsschutz endet mit Ablauf der Vertragsdauer. Der Vertrag verlängert sich automatisch i.d.R. um ein weiteres Jahr, sofern nicht drei Monate vor diesem Termin eine schriftliche Kündigung beim Versicherer eingegangen ist.

11.2.1 Die Sachversicherungen

Im Anlage- und Umlaufvermögen stecken oft erhebliche Werte. Dieses Vermögen sollte durch Sachversicherungen ausreichend geschützt werden. Zu den wichtigsten Sachversicherungen zählen:

Die Feuerversicherung

Die Feuerversicherung ersetzt Schäden, die durch Brand, Explosion oder Blitzschlag an den versicherten Sachen (Gebäude, Betriebseinrichtung, Vorräte usw.) entstehen, sowie damit verbundene Aufräumungs-, Abbruch- und Feuerlöschkosten.

Die Einbruchdiebstahlversicherung

Die Einbruchdiebstahlversicherung leistet Ersatz, wenn versicherte Sachen entwendet, beschädigt oder zerstört werden. Versichert ist nur das Eigentum des Unternehmers. Fremdes Eigentum (z. B. geliehene Maschinen) können durch besondere Vereinbarungen in die Einbruchdiebstahlversicherung aufgenommen werden. Für besonders hohe Werte und größere Summen Bargeld werden Prämienzuschläge und entsprechende Sicherheitsbehältnisse der verschiedenen Geldschrank-Klassen gefordert.

Die Leitungswasserversicherung

Die Leitungswasserversicherung deckt Schäden an Gebäuden, Betriebseinrichtungen und Vorräten, die durch Wasser verursacht werden, wenn es aus Wasserleitungs-, Warmwasserversorgungs- oder Zentralheizungsanlagen unbeabsichtigt ausläuft. Wasserschäden, die durch Reinigungs-, Grund- oder Hochwasser entstehen, werden nicht erstattet.

Die Glasversicherung

Die Glasversicherung deckt Schäden, die durch Bruch von Glasscheiben entstehen. Sie trägt die Kosten für die neue Verglasung und die Einsetzarbeiten. Verkratzungen oder Beschädigungen an der Oberfläche sind jedoch nicht versichert.

Die Transportversicherung

Der Transport von Gütern bringt Risiken mit sich, für die es die unterschiedlichsten Ursachen gibt. Das liegt zum einen an der Ware selbst, die beispielsweise aufwändig zu transportieren, besonders empfindlich, leicht verderblich, zerbrechlich oder gar brisanter Art ist. Zum anderen bergen die Transportmittel die vielfältigsten Risiken, z. B. Transportunfall, Brand, Explosion, höhere Gewalt, Elementarereignisse, Diebstahl, Unterschlagung, Beraubung, Beschädigung.

Der Versicherungsschutz gilt bei Verlusten und Beschädigungen (Sachschäden) von Transportgütern, die bei einer Beförderung mit allen üblichen Transportmitteln (Lkw, Eisenbahn, Schiff, Flugzeug) weltweit entstehen. Entschädigt werden nicht nur die Werte der Güter, sondern auch Beiträge, Kosten zur Feststellung von Schäden durch Dritte und Aufwendungen zur Abwendung und Minderung von Schäden.

Die Sturm- und Hagelversicherung

Die Sturm- und Hagelversicherung deckt Schäden, die durch unmittelbare Einwirkung von Sturm oder Hagel entstehen. Ebenso Schäden, wenn der Sturm umgestürzte Bäume oder Teile von Dächern auf versicherte Gegenstände geworfen hat. Nicht versichert sind Schäden, die durch Sturmflut, Eindringen von Schmutz oder Nässe durch nicht von Sturm oder Hagel zerstörte Türen oder Fenster entstanden sind. Nach den Versicherungsbedingungen liegt Sturm nur dann vor, wenn mindestens Windstärke 8 herrscht.

Die Maschinenversicherung

Auch bei ausgereifter Technik, sorgfältiger Wartung und fachmännischer Bedienung sind Maschinenschäden nicht vermeidbar. Die Maschinenversicherung leistet Entschädigung eintretender Schäden (Beschädigung oder Zerstörung) am Maschinenpark, z. B. durch Bedienungsfehler, Ungeschicklichkeit, Fahrlässigkeit, Böswilligkeit, Konstruktions-, Material- oder Ausführungsfehler, technische Gefahren, Sturm, Frost oder Eis.

Die Versicherung soll den gesamten Maschinenpark umfassen, mindestens aber eine geschlossene Betriebsabteilung. Der Versicherungsnehmer beteiligt sich an jedem Schaden mit einem im Maschinenverzeichnis angegebenen Selbstbehalt.

Einer besonderen Versicherung bedürfen fahrbare Geräte, insbesondere von Baugeräten mit erweitertem Versicherungsschutz durch Einschluss von Schäden durch Brand, Blitzschlag, Explosion, höhere Gewalt, Transport- und Montageunfälle bzw. mit einem eingeschränktem Versicherungsschutz lediglich gegen Schäden durch von außen einwirkende Ereignisse (Unfallschäden).

Die Elektronikversicherung

Die Elektronikversicherung kommt für finanzielle Schäden an der Hardware auf. Versichert sind alle denkbaren Schadenursachen (Allgefahrendeckung).

Die Ausstellungsversicherung

Die Ausstellungsversicherung deckt Schäden am Stand, an Exponaten und – wenn gewünscht – auch die persönlichen Wertsachen des Standpersonals. Die Police schützt Unternehmen vor Verlusten oder Schäden während sämtlicher Transporte, beim Be- und Entladen sowie der gesamten Dauer der Ausstellung, Beschädigungen durch Besucher an Messestand und Ausstellungsgütern, Schäden durch Feuer, Explosion, Blitz und Leitungswasser. Der Versicherungsschutz gilt i.d.R. jedoch nur in Deutschland und in den angrenzenden Ländern. Für Unternehmen, die sich an den großen internationalen Messen beteiligen, bieten die deutschen Messegesellschaften preisgünstigen Versicherungsschutz für die Dauer der Ausstellung.

11.2.2 Die Vermögensversicherungen

Nicht nur Sachwerte, sondern auch finanzielle Belastungen und Vermögensverluste, die durch Ansprüche Dritter gegen das Unternehmen, den Inhaber oder die Arbeitnehmer des Betriebes entstehen können, sollten abgesichert werden.

Die Berufshaftpflichtversicherung

Die Berufshaftpflichtversicherung ist eine Vermögensschadenhaftpflichtversicherung insbesondere für Freiberufler und andere Selbstständige. Sie tritt für finanzielle Verluste ein und wehrt ungerechtfertigte Ansprüche ab, die an den Versicherten gestellt werden. Für einige Berufsgruppen, z. B. für Wirtschaftsprüfer, Steuerberater, Notare ist eine Berufshaftpflichtversicherung gesetzlich vorgeschrieben.

Die Betriebshaftpflichtversicherung

Der Unternehmer haftet unbegrenzt für verschuldete Schäden. Grundsätzlich lässt sich diese Haftungsverpflichtung weder ausschließen noch ihrer Höhe nach begrenzen. Die Haftpflichtversicherung schützt den Versicherungsnehmer vor gesetzlichen Haftpflichtansprüchen. Mitversichert sind darüber hinaus seine Mitarbeiter. Gegenstand der Versicherung ist die gesetzliche Haftpflicht aus Eigenschaften, Rechtsverhältnissen und Tätigkeiten, die im Zusammenhang mit dem Betrieb stehen. Der Versicherungsschutz erstreckt sich auf das Betriebsstättenrisiko mit den Bereichen Grundstücke, Gebäude, Betriebsmittel und Personal und auf das Produktrisiko mit den Bereichen Beschaffung, Fertigung und Vertrieb.

Die Produkthaftpflichtversicherung

Der Hersteller von Produkten haftet für Schäden aus Produktmängeln auch dann, wenn ihn kein Verschulden trifft. Die Produkthaftpflichtversicherung kann mit der Betriebshaftpflichtversicherung kombiniert werden.

Die Umwelthaftpflichtversicherung

Seit dem 1.1.1991 ist das neue Umwelthaftpflichtgesetz (UmweltHG) in Kraft. Die Inhaber bestimmter, in einem Anhang zu diesem Gesetz aufgeführten Anlagen haften verschuldensunabhängig für Schäden durch Umwelteinwirkungen, die von diesen Anlagen ausgehen. Der Versicherungsschutz gilt für Ansprüche wegen Schäden durch Umwelteinwirkungen, die durch Stoffe, Erschütterungen, Geräusche, Druck, Strahlen, Gase, Dämpfe, Wärme oder sonstige Erscheinungen verursacht werden und sich in Boden, Luft oder Wasser ausgebreitet haben.

Die Betriebsunterbrechungsversicherung (BU)

Betriebsunterbrechungen aufgrund von Sachschäden können schwerwiegende Folgen haben. So kann ein Sachschaden, wie z.B. die Beschädigung oder Zerstörung eines Betriebsbereiches oder einer Maschine den gesamten Betriebsablauf blockieren. Gegenstand der Versicherung sind Ertragsausfälle, die aufgrund einer Betriebsunterbrechung verursacht werden. Unterbrechungsschaden ist der entgehende Betriebsgewinn sowie die fortlaufenden Kosten, wie z.B. Miete, Gehälter oder Zinsen. Ersetzt werden Ertragsausfallschäden infolge eines Sachschadens durch Brand, Blitzschlag oder Explosion, Einbruchdiebstahl/ Vandalismus, Leitungswasser, Sturm oder Hagel.

Für kleine und mittlere Unternehmen ist die so genannte **Klein-BU-Versicherung** besonders vorteilhaft. Sie deckt Schäden bis zu 500.000 EUR Versicherungssumme, kann aber immer nur zusammen mit einer Geschäftsinhaltsversicherung (Feuer-, Einbruchdiebstahl-, Leitungswasser-, Sturmversicherung) abgeschlossen werden.

Die Rechtsschutzversicherungen

- **Berufs-Rechtsschutz für Selbstständige**
    - bei arbeitsrechtlichen Streitigkeiten mit Arbeitnehmern (Arbeits-Rechtsschutz),
    - z.B. wegen Nichtbeachtung eines Umweltschutzgesetzes oder wegen fahrlässiger Körperverletzung (Straf-Rechtsschutz),
    - z.B. Schadenersatzansprüche gegen Dritte wegen Beschädigung von Betriebsmitteln (Schadenersatz-Rechtsschutz),
    - bei sozialgerichtlichen Auseinandersetzungen (Sozialgerichts-Rechtsschutz).
- **Verkehrs-Rechtsschutz**
    - bei Bußgeldbescheiden und Strafverfahren aufgrund von Verletzungen fahrlässiger Verkehrsdelikte (Straf-Rechtsschutz),
    - bei Führerscheinentzug (Verwaltungs-Rechtsschutz in Verkehrssachen),
    - Schadenersatzansprüche gegen Dritte (Schadenersatz-Rechtsschutz),
    - bei Streitigkeiten aus Kfz-bezogenen Verträgen, z.B. Kauf-, Verkaufs-, Reparatur- und Versicherungsverträgen (Kfz-Vertrags-Rechtsschutz),
    - bei Streitigkeiten in Kfz-bezogenen Steuersachen (Kfz-Steuer-Rechtsschutz),
    - in verkehrsrechtlichen Verwaltungsverfahren.
- **Rechtsschutz für Eigentümer und Mieter von Grundstücken und Gebäuden**
    - bei nachbarrechtlichen Streitigkeiten gegenüber Eigentümern, Mietern oder Pächtern,
    - bei Streit über Miet- oder Pachtverträge im betrieblichen wie im privaten Bereich,
    - beim Einspruch gegen Kündigung,
    - bei Auseinandersetzungen aufgrund des Wohnungseigentumsgesetzes.
- **Privatrechtsschutz**
    - beim Durchsetzen von Schadenersatzansprüchen gegen Dritte (Schadenersatz-Rechtsschutz),
    - beim Vorwurf einer fahrlässigen Straftat (Straf-Rechtsschutz),
    - bei anwaltlicher Beratung in familien- und erbrechtlichen Fragen nach veränderter Rechtslage (Beratungs-Rechtsschutz),

- bei Streitigkeiten aus Verträgen des täglichen Lebens, z.B. Kaufverträgen, Reparaturaufträgen, Reisebuchungen, Versicherungsverträgen (Vertrags-Rechtsschutz),
- bei Streitigkeiten in Steuersachen (Steuer-Rechtsschutz).

• **Straf-Rechtsschutz**
Strafrechtliche Risiken sind persönliche Risiken. Denn nicht das Unternehmen, sondern dessen Mitarbeiter, insbesondere Unternehmensleiter und Führungskräfte, werden als Verantwortliche persönlich belangt. Daher muss jeder, der in einem Unternehmen Verantwortung trägt, trotz aller Sorgfalt und Umsicht damit rechnen, in ein staatsanwaltliches Ermittlungs- oder gerichtliches Strafverfahren verwickelt zu werden. Besondere Bedeutung kommt in diesem Zusammenhang dem Vorwurf eines Organisationsverschuldens, also der Verletzung von Auswahlpflichten, Instruktions- und Anweisungspflichten, Kontroll- und Überwachungspflichten.
Die Strafrechtschutz-Versicherung zahlt die Verfahrenskosten in allen Instanzen, also Honorare der Strafverteidiger, Honorare der Sachverständigen, Kosten einer Stellungnahme des Unternehmens, Kosten einer anwaltlichen Zeugenbetreuung, Gerichtskosten, Kosten der Nebenkläger, Zeugengebühren und Auslagen, Reisekosten, alle Vorschüsse auf diese Kosten.

Die Warenkreditversicherung

Warenkredit- und Investitionsgüter-Kreditversicherungen schützen vor Forderungsausfällen aus Lieferungen und Leistungen. Die Versicherungsunternehmen überwachen dabei die Kreditwürdigkeit der Abnehmer, warnen, wenn sich die wirtschaftliche Lage des Kunden verschlechtert. Darüber hinaus übernehmen sie fehlende oder nicht ausreichende Eigentumsvorbehalte, wenn Raten- oder Leasingzahlungen vereinbart sind. Tritt ein Ausfall ein, muss der Versicherungsnehmer einen Teil der nicht einzutreibenden Forderungen als Selbstbehalt übernehmen.

Die Exportkreditversicherung

Bei Lieferungen in das Ausland kann eine Exportkreditversicherung schützen, wenn der ausländische Kunde nicht bezahlt. Es können sowohl staatliche Hilfen als auch private Versicherungen für Sicherheit sorgen.
Die staatliche Exportkreditversicherung deckt folgende Risiken ab:
• wirtschaftliche Risiken, z.B. Zahlungsunfähigkeit des ausländischen Schuldners
• politische Risiken, z.B. ausbleibende Zahlungen wegen Devisenmangels des importierenden Landes, Erlass von Zahlungsverboten oder Nichtzahlung aufgrund von Krieg, Aufruhr oder Revolution.

Deutsche Exporteure können für die Risiken vor dem Versand der Ware (Fabrikationsdeckung) und für Risiken nach dem Versand (Ausfuhrdeckung) Exportkreditversicherungen abschließen. Die Höhe der Prämie hängt ab von:
• von der Art der Deckung, ob also nur die Forderungsrisiken als auch die Fabrikationsrisiken abgesichert werden,
• vom gedeckten Forderungsbetrag bzw. den gedeckten Selbstkosten,
• vom jeweiligen Käuferland. Es gibt sieben Länderkategorien, die von 1 (geringes Risiko) bis 7 (stark erhöhtes Risiko) reichen.

- von der Käuferkategorie. Je nach Art des ausländischen Schuldners gibt es vier Käuferkategorien mit unterschiedlichen Zuschlägen.
- von der Risikolaufzeit.

Zur Prämie kommt auf den Exporteur im Ernstfall noch eine Selbstbeteiligung hinzu. Diese beträgt bei den politischen Risiken 5 %, bei Fabrikationsrisiken 10 % und bei wirtschaftlichen Risiken 15 %.

Im Schadensfall muss mit einer Karenzzeit von mehreren Monaten gerechnet werden. Nähere Informationen gibt die Euler-Hermes-Kreditversicherungs-AG [→ Adressenverzeichnis], die sämtliche staatlichen Absicherungsprogramme organisiert.

Private Exportkreditversicherer bieten im Wesentlichen nur Schutz vor wirtschaftlichen Risiken. Versichert sind Forderungsausfälle durch:
- Insolvenz,
- gerichtliche und außergerichtliche Vergleichsverfahren,
- fruchtlose Zwangsvollstreckung,
- nachgewiesene Uneinbringlichkeit der Forderung.

Die private Exportkreditversicherung ist nur über einen Mantelvertrag möglich. Mit diesem Vertrag sind alle Ausfuhrgeschäfte des Exporteurs in eine Region zusammengefasst. Für jeden Kunden wird eine Kreditobergrenze festgelegt, bis zu der der Exporteur dem Kunden Lieferantenkredite einräumt. Die Exportkreditversicherung überprüft die Bonität des Kunden. Bei Exporten mit geringem Volumen besteht zudem die Möglichkeit einer pauschalen Versicherung.

Die Laufzeit der Kredite liegt zwischen einem und sechs Monaten. Die Höhe der Prämien werden individuell festgelegt.

3. Kapitel: Die Planung der Finanzen

Die Finanzplanung ist eine Form der Planungsrechnung zur Vorbereitung unternehmerischer Entscheidungen. Es werden alle zukünftigen Zahlungsströme erfasst, die durch die Leistungserstellung des Unternehmens ausgelöst werden.

Die Aufgaben der Finanzplanung:
- Ermittlung des erforderlichen Gesamtkapitalbedarfs
- Sicherung der Rentabilität
- Gewährleistung der jederzeitigen Zahlungsfähigkeit.

Um das Ziel zu erreichen, müssen alle Teilpläne so aufeinander abgestimmt werden, dass das finanzielle Gleichgewicht des Unternehmens aufrechterhalten wird. Dabei sind Interdependenzen zu berücksichtigen.

Für den Existenzgründer ist die Finanzplanung keine leichte Aufgabe, da keine Daten aus der Vergangenheit zur Verfügung stehen. Große Probleme bereitet die richtige Prognose der Umsätze. Vermeiden Sie zu optimistische oder eupho-

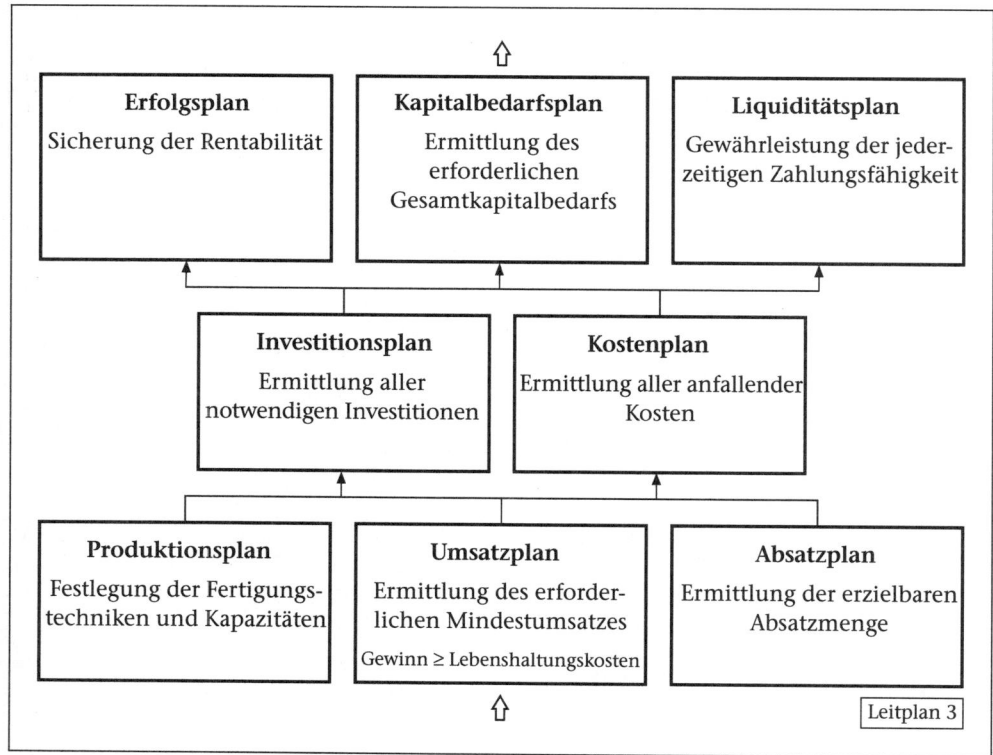

Abb. 111: Schritte der Finanzplanung

rischen Vorausschätzungen, die zu unrealistischen Vorstellungen über Zukunfts-
ergebnisse führen.

Ohne Finanzplanung haben Sie kaum Chancen, durch eine Bank finanziert zu
werden. Die Bank wird sich vergewissern, dass zum einen der Existenzgründer eine gewissenhafte betriebswirtschaftliche Planung durchgeführt hat, und zum anderen will die Bank auch die Überlebenschancen des Unternehmens einschätzen
können.

1   Die Umsatzplanung

Unter Umsatz versteht man die Summe aller Erlöse für die verkauften Leistungseinheiten (Produkte oder Dienstleistungen) einer Unternehmung.

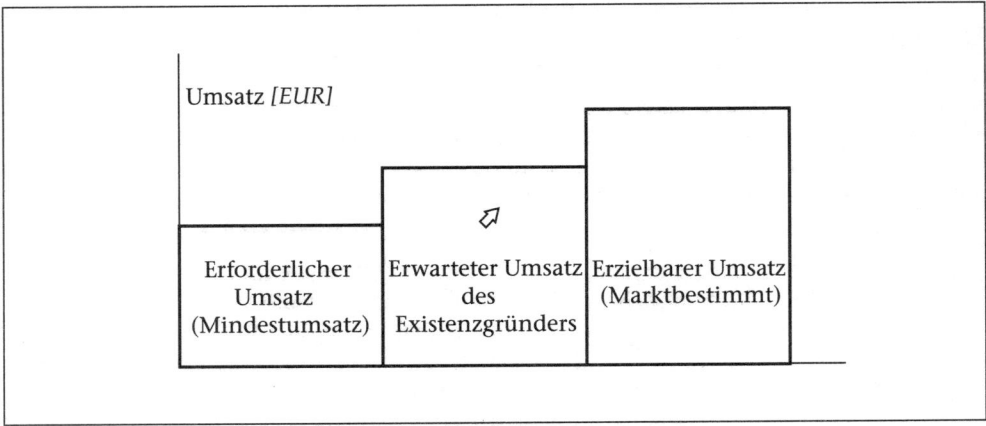

Abb. 112: Erwarteter Umsatz des Existenzgründers

Der **erforderliche Mindestumsatz** ergibt sich aus der Addition aller voraussichtlich
anfallenden Kosten und dem erforderlichen Mindestgewinn. Der Mindestgewinn
entspricht dem Betrag, der alle privaten Ausgaben des Existenzgründers und seiner
Familie sicherstellen muss. Zu den privaten Ausgaben zählen auch die Tilgungsleistungen der aufgenommenen Kredite für das Unternehmen.

Beispiel: Private Ausgaben des Existenzgründers und seiner Familie = 3.000,- EUR p.M.
(Brutto), Summe aller Kosten (Material-, Personal-, Sachgemeinkosten, Zinsen
und Abschreibungen) = 15.000,- EUR p.M., 2 tilgungsfreie Jahre

$$\text{Umsatz}_{min} = 36.000 \text{ EUR} + 180.000 \text{ EUR} = 216.000 \text{ EUR p.a. bzw. } 18.000 \text{ EUR p.M.}$$

Bei der Berechnung des **Umsatzes** kann auf die Zahlen anderer Unternehmen zurückgegriffen werden. Die Ergebnisse von **Betriebsvergleichen** geben den Gewinn

in Prozent des erzielten Umsatzes (einschließlich Mehrwertsteuer) an. Die **Richtsatz-sammlung** zur Ermittlung des steuerpflichtigen Gewinns enthält für eine Vielzahl von Branchen Angaben über den Roh- und Reingewinn in Prozent der Umsätze (ohne Mehrwertsteuer). Es stellt ein Hilfsmittel für die Finanzverwaltung dar, z.B. bei der Schätzung des Gewinns von Gewerbetreibenden, wenn keine ordnungsge-mäße Buchführung vorliegt.

Beispiel: Die Berechnung hat ergeben, dass sich der Gewinn pro Monat auf mindestens 3.000,- EUR belaufen muss. Der Richtsatzsammlung für Gewerbetreibende kann entnommen werden, dass von der Mehrzahl der geprüften Unternehmen 16 % des wirtschaftlichen Umsatzes als Reingewinn erzielt wird.

$$\text{Umsatz} = \frac{\text{Reingewinn [EUR]} \times 100}{\text{Richtsatz [\%]}} = \frac{36.000 \times 100}{16} = 225.000 \text{ EUR p.a.}$$

Beispiel: Der Gewinn muss mindestens 36.000 EUR p.a. betragen. Die Kalkulation hat er-geben, dass für den Materialeinsatz 135.000 EUR p.a. aufgewendet werden müs-sen und 54.000 EUR p.a. an sonstigen Kosten entstehen. Der Richtsatzsammlung für Gewerbetreibende kann entnommen werden, dass bei der Mehrzahl der ge-prüften Unternehmen die Handelsspanne (= Rohgewinn) 40 % beträgt.

$$\text{Umsatz} = \frac{\text{Rohgewinn [EUR]} \times 100}{\text{Richtsatz [\%]}} = \frac{90.000 \times 100}{40} = 225.000 \text{ EUR p.a.}$$

Bei Betriebsvergleichsergebnissen handelt es sich immer um Durchschnittszahlen. Über das konkrete Betriebsergebnis entscheiden immer Kosten und Erträge.

Der **erzielbare Umsatz** wird durch das Marktpotenzial bestimmt. Zur Ermitt-lung des Marktpotenzials wird die Marktforschung herangezogen. Darunter ver-steht man die planmäßige und umfassende Untersuchung und Erfassung der Markt-verhältnisse. Die Ergebnisse finden Eingang im **Absatzplan**. Der Existenzgründer wird den erzielbaren Umsatz aus dem Stand zwar nicht erreichen könne, sollte ihn aber anstreben. Dabei darf die Kapazität des Unternehmens nicht außer acht gelas-sen werden. So ist z.B. im Einzelhandel auf einer bestimmten Verkaufsfläche nur ein bestimmter maximaler Umsatz erzielbar. Das Gleiche gilt für das Personal. Eine Ar-beitskraft hat eine Kapazitätsgrenze, die den erzielbaren Umsatz begrenzt. Aufgabe der Umsatzplanung ist, die Absatzmöglichkeiten mit den vorhandenen Kapazitäten in Einklang zu bringen. Ist die Kapazität für den zu erwartenden Umsatz zu groß, so gefährden die zu hohen Kosten die Rentabilität des Unternehmens.

Die **Umsatzplanung** wird durch den Absatzplan und den Produktionsplan nach dem Abgleich der Kapazitäten bestimmt. Den Planumsatz errechnet man, in-dem die Menge der einzelnen Produkte mit dem erwarteten Verkaufspreis multipli-ziert. Im Umsatzplan lässt sich der Umsatz den einzelnen Monaten des Planjahres zuordnen. Eventuelle saisonale Einflüsse können dabei gut berücksichtigt werden.

$$\text{Umsatz} = \text{Absatzmenge} \times \text{Preis [EUR/Einheit]}$$

Umsatzplan	Januar EUR	Februar EUR	März EUR	April EUR		Dezember EUR	Summe EUR
Produkt A Produkt B Produkt C							
Gesamt- umsatz							

Abb. 113: Umsatzplan (Word-Fassung im Download-Bereich)

Freiberufler erhalten für ihre Dienstleistungen Honorare (auf Stundenbasis, pro Tagewerk oder als Pauschalvergütung). Bei der Planung des Umsatzes ist zu berücksichtigen, dass für die Akquisition von Aufträgen, den Besuch von Kongressen, Tagungen, Weiterbildungsveranstaltungen usw. keine Honorare eingenommen werden. Der Auslastungsgrad der Arbeitszeit sollte nicht zu optimistisch gewählt werden.

Umsatz = Arbeitszeit [h/Woche] x 52 Wochen x ø Honorar [EUR/h]
           x Auslastungsgrad [%]

2   Die Investitionsplanung

In der Investitionsplanung werden die für die geplante Leistungserstellung erforderlichen Vermögensgegenstände und deren Anschaffungskosten ermittelt. Dabei muss immer die Angemessenheit des Vorhabens bezüglich der vorhandenen finanziellen Mittel beachtet werden.

Die Kapazität des Unternehmens muss so dimensioniert sein, dass der erforderliche Mindestumsatz gewährleistet ist. Wird die Kapazität zu knapp dimensioniert, kann der erforderliche Mindestumsatz u.U. nicht realisiert werden. Ist andererseits die Kapazität für den zu erwartenden Umsatz zu groß, so gefährden zu hohen Kostenbelastungen die Rentabilität des Unternehmens.

TIPP
Stellen Sie eine optimale Kapazitätsauslastung sicher. Es ist sinnvoll, mit dem Unternehmen eher relativ klein anzufangen und dann je nach finanziellen Möglichkeiten allmählich zu wachsen.

Gründe, die eine Investition erforderlich machen:
- **Gründungsinvestition (Errichtungsinvestition)**
  Ausgaben für die Planung der Errichtung und Erstausstattung eines Unternehmens. Sie ist typisch für Existenzgründungen.

- **Ersatzinvestition (Reinvestition)**
  Ersatz vorhandener Investitionsobjekte zur Aufrechterhaltung der betrieblichen Leistungsfähigkeit.
- **Erweiterungsinvestition**
  Investition zur Erhöhung der betrieblichen Leistungsfähigkeit. Die Erweiterung kann sowohl horizontal (mengenmäßige Ausweitung des Produktions- und Absatzprogramms) als auch vertikal (Vergrößerung der Produktionstiefe durch Angliederung von Produktionsstufen) sein.
- **Rationalisierungsinvestition**
  Investition, mit der primär eine wirtschaftlichere Leistungserstellung durch Kostensenkung angestrebt wird.

Wesentliche Grundlage der Investitionsentscheidung bildet das Ergebnis der Investitionsrechnung. Unter der **Investitionsrechnung** versteht man Methoden, mit deren Hilfe die Vorteilhaftigkeit investitionspolitischer Maßnahmen geprüft und das im Hinblick auf die Zielsetzung des Unternehmens optimale Investitionsprogramm rechnerisch bestimmt werden soll.

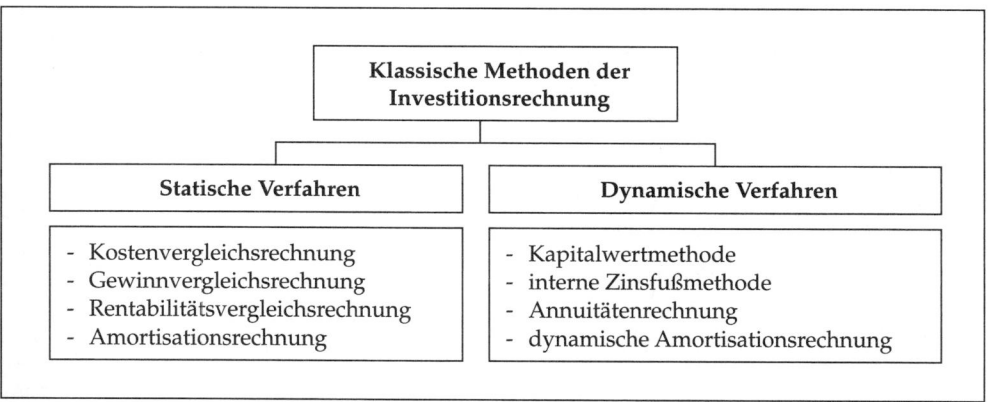

Abb. 114: *Klassische Methoden der Investitionsrechnung*

Die Investitionsplanung beinhaltet folgende Teilaufgaben:
1. Konkretisierung der technischen und wirtschaftlichen Anforderungen
2. Ermittlung des erforderlichen betriebsnotwendigen Anlagevermögens
3. Kalkulation der Anschaffungskosten
4. Erstellung des Investitionsplans.

Der **Investitionsplan** stellt das Ergebnis der Investitionsplanung dar. Er zeigt alle Vermögensgegenstände, die im Rahmen der Existenzgründung aufgrund der technischen und wirtschaftlichen Anforderungen angeschafft werden müssen. Zur Finanzierung der Anschaffungen wird der Investitionsplan in den Kapitalbedarfsplan übertragen.

Investitionsplan	EUR	EUR
Anlagevermögen		
Immaterielle Vermögensgegenstände		
• Patente	_____	
• Lizenzen	_____	
• Konzessionen	_____	
• sonstige Rechte	_____	_____
Sachanlagevermögen		
• Immobilien		
- Grundstücke, Gebäude	_____	
- Maklercourtage	_____	
- Grunderwerbsteuer	_____	
- Planungsaufwand (Architekt, Gutachter, Kommune)	_____	
- Erschließungskosten	_____	
- Aus-, Umbau- und Renovierungskosten	_____	
• Produktionsanlagen, Maschinen, Werkzeuge (einschl. Fracht und Installationskosten)	_____	
• Betriebs- und Geschäftsausstattung		
- Mobiliar (Möbel, Teppichböden, Schreibtischlampen, Dekoration)	_____	
- Technische Einrichtungen (Telefonanlage, Telefax, Anruf-beantworter, Handy, Computer, Software, Drucker, Kopierer, Diktiergerät)	_____	
- Büromaterial (Aktenordner, Papier, Schreibstifte, Heft-klammern)	_____	
• Fahrzeuge		
- Lkw, Pkw	_____	
- Gabelstapler	_____	_____
Anlagevermögen, insges.		▢
Umlaufvermögen		
Vorräte (erstes Material- und Warenlager)		
• Roh-, Hilfs- und Betriebsstoffe	_____	
• Handelsware	_____	
• Einbauteile	_____	
Umlaufvermögen, insges.		▢
Investitionen		▢

Abb. 115: Investitionsplan (Excel-Fassung im Download-Bereich enthalten: Modul Finanzplanung)

3 Die Kostenplanung

Die Kostenplanung hat die Aufgabe, die künftigen betrieblichen Ausgaben mengen- und wertmäßig zu erfassen.

Der Vollzug der Existenzgründung verursacht sog. **Gründungskosten**. Falls ein Gewerbe betrieben werden soll, ist eine Gewerbeanmeldung obligatorisch, außerdem müssen vollkaufmännische Unternehmen in das Handelsregister eingetragen werden. Eventuell sind aufgrund rechtlicher Vorschriften bestimmte Genehmigungen und Abnahmen erforderlich.

Einmalige Kosten	EUR
Gründungskosten	
• Existenzgründungs-, Umweltschutz-, Rechts-, Steuerberatung	
• Gewerbeanmeldung	
• Notar	
• Kautionen	
• Maklercourtage	
• Gerichtskosten für HR-Eintragung und -Veröffentlichung	
• Genehmigungen, Abnahmen	
• Franchisegebühr	
• Markterschließung (z.B. Beratung und Erschließung eines ersten Werbekonzepts, Maßnahmen zur Anknüpfung konkreter Geschäftskontakte, Informationserfordernisse bei der Erschließung neuer Märkte, Teilnahme an oder den Besuch von geschäftlich wichtigen Messen/Ausstellungen, Ausbildung von Handelsvertretern)	

Abb. 116: Gründungskosten – Einmalige Kosten (Excel-Fassung im Download-Bereich enthalten: Modul Finanzplanung)

Nach der Gründung entstehen **laufende Kosten**, für die noch kein ausreichender Deckungsbeitrag zur Verfügung steht. Deshalb müssen alle laufenden Kosten erfasst werden, die in der Anlaufphase entstehen. Im Wesentlichen sind dies:

Laufende Kosten	1. Monat EUR	2. Monat EUR	3. Monat EUR
Material- und Wareneinsatz • Roh-, Hilfs- und Betriebsstoffe • Handelsware • Einbauteile • Fremdleistungen			
Personalkosten • Löhne und Gehälter der Mitarbeiter • Entgelt für Aushilfen • Eigenes Geschäftsführergehalt (bei Kapitalgesellschaften) • Ehegattengehalt • Sonderzahlungen (Urlaubsgeld, Weihnachtsgeld) • Vermögenswirksame Leistungen			
Soziale Abgaben • Rentenversicherung • Arbeitslosenversicherung • Krankenversicherung • Pflegeversicherung • Berufsgenossenschaft • Aufwendungen für die Altersversorgung			
Fremde Dienstleistungen • Steuerberatung, Buchführung, Rechtsberatung • Notarielle Beurkundungen, Beglaubigungen • Gebühren • Genehmigungen, Abnahmen • EDV-Beratung • Unternehmensberatung			
Mitgliedsbeiträge • IHK, HWK, Handwerksinnung • (Berufs-/Fach-) Verbände			
Raumkosten • Pacht • Miete für Büro-, Produktions-, Verkaufs-, Lagerräume • Miete für Garage, Stellflächen für Kraftfahrzeuge • Nebenkosten (z.B. Hausmeister, Aufzug) • Heizung, Strom, Gas, Wasser • Reinigung • Wartung, Reparaturen, Instandhaltung			

Laufende Kosten	1. Monat EUR	2. Monat EUR	3. Monat EUR
Maschinen			
• Reparaturen			
• Wartung, Pflege			
Fahrzeuge			
• Treibstoffe			
• Wartung, Pflege, Reparaturen			
• Kfz-Versicherung			
• Kfz-Steuer			
Leasing			
• Produktionsanlagen, Maschinen, Werkzeuge			
• Betriebs- und Geschäftsausstattung			
• Fahrzeuge			
Vertriebskosten			
• Provisionen			
• Reisekosten (Vertreter, Monteure)			
• Werbung (Schaufensterdekoration, Anzeigen, Handzettel, Postwurfsendung, Mailings usw.)			
• Präsentationen (intern, extern)			
• Messen und Ausstellungen			
• Frachten/Verpackung			
Verwaltungskosten			
• Repräsentation			
• Fachliteratur			
• Reisekosten (Management)			
• Büromaterial			
• Telefon, Telefax, Internet, Porto			
• Fotokopien			
Steuern			
• Grundsteuer			
• Grunderwerbsteuer			
• Gewerbesteuer			
Versicherungen			
• Feuerversicherung			
• Betriebshaftpflichtversicherung			
• Berufshaftpflichtversicherung			
• Unfallversicherung			
• Transportversicherung			
• Kreditversicherung			
• Diebstahlversicherung			

Laufende Kosten	1. Monat EUR	2. Monat EUR	3. Monat EUR
Zinsen/Kreditbeschaffungskosten			
• Kreditzinsen			
• Bürgschaftsprovision			
• Bearbeitungsgebühren			
• Kontoführungsgebühren			
Abschreibungen			
• Grundstücke und Gebäude			
• Maschinen und Anlagen			
• Werkzeuge			
• Fahrzeuge			
• Büromaschinen (z.B. Postbearbeitung, EDV-Anlagen, Kopierer), Telefonanlage, Büromöbel			

Abb. 117: Gründungskosten – Laufende Kosten

Da jedoch die Kostenplanung in die Zukunft gerichtet ist, müssen die Ausgaben geschätzt werden. Je unvollkommener die Informationen sind, die dem Existenzgründer zur Verfügung stehen, desto größer sind die Unsicherheiten, die in den Erwartungen stecken.

Es müssen Kosten berücksichtigt werden, denen keine Aufwendungen gegenüberstehen. Der kalkulatorische Unternehmerlohn ist das durchschnittliche Gehalt eines leitenden Angestellten in einer vergleichbaren Position in einem vergleichbaren Unternehmen. Die kalkulatorische Miete wird angesetzt, wenn das Unternehmen in eigenen Räumen arbeitet und deshalb keine Miete bezahlt. Der kalkulatorische Mietzins richtet sich nach den örtlichen Verhältnissen.

Kalkulatorische Kosten	1. Monat EUR	2. Monat EUR	3. Monat EUR
Kalkulatorische Kosten			
• Kalkulatorischer Unternehmerlohn			
• Kalkulatorische Miete			

Abb. 118: Kalkulatorische Kosten

4   Die Kapitalbedarfsplanung

Der gesamte Kapitalbedarf für das betriebliche Anlage- und Umlaufvermögen, für die einmalig anfallenden Gründungskosten sowie für die Anlaufkosten bis zum ersten Geldeingang aus dem Umsatz, kann dem Investitionsplan und dem Kostenplan entnommen werden. Der Kapitalbedarf der Existenzgründung ist so zu planen, dass die Rentabilität sichergestellt und die Zahlungsfähigkeit jederzeit gewährleistet ist.

Das Ergebnis der Kapitalbedarfsplanung stellt der **Kapitalbedarfsplan** dar. Er legt die Höhe der Mittel fest, die für die Existenzgründung aufgebracht werden müssen. Der Kapitalbedarfsplan zeigt somit die Mittelverwendung.

> **TIPP**
> Versuchen Sie, den Kapitalbedarf so genau wie möglich, aber nicht zu knapp zu ermitteln.

Kapitalbedarfsplan	- für den Erwerb eines bestehenden Unternehmens - für die Neuerrichtung eines Unternehmens	
		EUR
Erwerb eines bestehenden Unternehmens • Kaufpreis für das gesamte Unternehmen • Aus- und Umbaukosten, Renovierungskosten • Material-/Warenübernahme • _____		_____ _____ _____ _____
Kaufpreis, insges.		☐

Anlagevermögen
• Patente, Lizenzen, Konzessionen, sonstige Rechte
• Immobilien einschl. Nebenkosten
• Produktionsanlagen, Maschinen, Werkzeuge
• Betriebs- und Geschäftsausstattung
• Fahrzeuge
  - Pkw, Lkw
  - Gabelstapler
		_____
		_____
		_____
		_____
		
		_____
		_____

Anlagevermögen, insges.		☐

Umlaufvermögen
• Vorräte (Erstes Material- und Warenlager)
  - Roh-, Hilfs- und Betriebsstoffe
  - Handelsware
  - Einbauteile
• Forderungen aus Lieferungen und Leistungen (Außenstände)
		
		_____
		
		_____
		_____

Umlaufvermögen, insges.		☐

Betrieblicher Aufwand		
• Gründungskosten		
- Existenzgründungs-, Rechts-, Steuer- u. sonstige Beratung	_____	
- Notar	_____	
- Gerichtskosten für HR-Eintragung	_____	
- Franchisegebühr	_____	
- Mietkaution	_____	
- Maklercourtage	_____	
- Eröffnungswerbung	_____	
• Betriebliche Anlaufkosten (Ausgaben bis zum ersten Geldeingang aus Umsatz, mindestens für 3 Monate)		
- Personal- und Sozialkosten, inkl. eigenes Geschäftsführergehalt bei Kapitalgesellschaften	_____	
- Beratungskosten	_____	
- Raumkosten	_____	
- Leasingkosten	_____	
- Allg. Verwaltungskosten	_____	
- Werbe- und Reisekosten	_____	
- Betriebliche Steuern	_____	
- Zinsen/Kreditbeschaffungskosten, Kontoführungsgebühren	_____	
- Versicherungen	_____	
Betrieblicher Aufwand, insges.		☐
Privater Aufwand		
• Sicherstellung der priv. Lebensführung bei Nicht-Kapitalgesellschaften (für die ersten 4-6 Monate)	_____	
• Tilgung von Krediten (für die ersten 4-6 Monate)	_____	
Privater Aufwand, insges.		☐
Kapitalbedarf, insges.		☐

Abb. 119: Kapitalbedarfsplan (Excel-Fassung im Download-Bereich enthalten: Modul Finanzplanung)

Kapitalbedarf für das Material- bzw. Warenlager

Wenn Sie in Ihrem zukünftigen Unternehmen ein Produkt herstellen wollen, benötigen Sie einen bestimmten Lagerbestand für das Material. Wenn Sie einen Handel betreiben wollen, müssen Sie Ihr Geschäft mit einem angemessenem Bestand an Waren ausstatten. Den erforderlichen Kapitalbedarf für das Material- bzw. Warenlager können Sie mit folgenden Formeln ermitteln:

$$\text{Kapitalbedarf} = \frac{\text{Material-/Wareneinsatz p.a. [EUR]}}{\text{ø Material-/Warenumschlag p.a.}}$$

$$\text{Kapitalbedarf} = \frac{\text{Wareneinsatz p.a. [EUR] x Lagerdauer [Tage]}}{360 \text{ [Tage]}}$$

Beispiel: Ein Blumenfachgeschäft benötigt einen Umsatz in Höhe von 200.000 EUR (100,0 %) p.a., um einen Reingewinn in Höhe von 28.000 EUR (14,0 %) zu erwirtschaften. Der Richtsatzsammlung für Gewerbetreibende kann entnommen werden, dass bei der Mehrzahl der geprüften Unternehmen der Rohgewinn 48,0 % beträgt. Daraus ergibt sich einen Wareneinsatz in Höhe von 104.000 EUR (52,0 %). Das Institut für Handelsforschung an der Universität zu Köln hat für Blumenfachgeschäfte einen Lagerumschlag von 16,8 ermittelt.

$$\text{Kapitalbedarf} = \frac{\text{Wareneinsatz p.a. [EUR]}}{\text{Lagerumschlag p.a.}} = \frac{104.000 \text{ EUR}}{16,8} = 6.190 \text{ EUR}$$

Kapitalbedarf für Betriebsmittel

Bis Ihre Produkte verkauft sind, dauert eine gewisse Zeit. Es ist deshalb ein Kapitalbedarf erforderlich, der die betrieblichen Aufwendungen (z.B. Personal-, Raum-, Fahrzeug-, Werbe-, Verwaltungskosten, Zinsen) sowie die erforderlichen Privatentnahmen des Unternehmers (bei Einzelunternehmen und Personengesellschaften) während dieser Zeitspanne sicherstellt. Den erforderlichen Kapitalbedarf für die Betriebsmittel können Sie mit folgender Formel ermitteln:

$$\text{Kapitalbedarf} = \frac{\text{Betriebsmittel p.a. [EUR] x ø Produktions- bzw. Verkaufsdauer [Tage]}}{360 \text{ [Tage]}}$$

Beispiel: Das Unternehmen hat p.a. Personalkosten in Höhe von 20.000 EUR, Sachgemeinkosten in Höhe von 45.000 EUR, Zinsen in Höhe von 2.000 EUR. Für den Lebensunterhalt des Unternehmers sind Privatentnahmen in Höhe von 33.000 EUR erforderlich. Die Verkaufsdauer beträgt durchschnittlich 25 Tage.

$$\text{Kapitalbedarf} = \frac{100.000 \text{ [EUR] x 25 [Tage]}}{360 \text{ [Tage]}} = 6.944 \text{ EUR}$$

Kapitalbedarf für Außenstände

Nicht alle Kunden zahlen bar. Bei Verkäufen auf Rechnung vergeht eine gewisse Zeit zwischen Auftragseingang und Zahlungseingang. Es ist deshalb ein Kapitalbedarf erforderlich, der die Rechnungsbeträge während dieser Zeitspanne finanziert. Den erforderlichen Kapitalbedarf für die Außenstände können Sie mit folgender Formel ermitteln:

$$\text{Kapitalbedarf} = \frac{\text{Verkäufe auf Rechnung p.a. [EUR] x ø Zahlungsziel der Kunden [Tage]}}{360 \text{ [Tage]}}$$

Beispiel: Es ist ein Umsatz in Höhe von 250.000 EUR geplant. Die Barverkäufe werden voraussichtlich 200.000 EUR betragen. Den Kunden wird ein Zahlungsziel von 30 Tagen eingeräumt. Der Zahlungseingang erfolgt meist schon nach 15 Tagen.

$$\text{Kapitalbedarf} = \frac{50.000 \text{ EUR} \times 15 \text{ Tage}}{360 \text{ Tage}} = 2.083 \text{ EUR}$$

5   Die Erfolgsplanung

Die Erfolgsplanung dient der Ermittlung des nachhaltig erzielbaren Erfolges. Aus dem geplanten Umsatz und den kalkulierten Gesamtkosten lässt sich der Erfolgsplan entwickeln. Ziel der Erfolgsrechnung ist es, den **voraussichtlichen Gewinn** des Unternehmens zu ermitteln, denn die selbstständige Existenz lohnt sich auf Dauer nur, wenn auch ein ausreichender Gewinn zu erwirtschaften ist.

$$\text{Gewinn} = \text{Umsatz [EUR]} - \text{Kosten [EUR]}$$

5.1   Der Mindestgewinn

Die Unternehmensgründung muss zumindest Erträge erwirtschaften, die alle privaten Ausgaben des Existenzgründers und seiner Familie sicherstellt. Längerfristig ist jedoch ein Gewinn erforderlich, der eine angemessene Vergütung für Ihre Arbeitsleistung und das Unternehmerrisiko beinhaltet.

Ermitteln Sie, wie viel Sie pro Jahr verdienen müssen, um zumindest Ihre private Lebensführung (und Ihrer Familie) zu decken. Beachten Sie dabei, dass Sie als Unternehmer die Sozialversicherungsbeiträge in voller Höhe tragen müssen. Die aufgenommenen Kredite für das Unternehmen müssen von Ihrem Einkommen (Gewinn nach Steuern) zurückgezahlt werden, denn anders als bei den Zinsen stellen die Tilgungsleistungen *keine* Betriebsausgaben dar.

Ein Unternehmen bietet nur dann eine auf Dauer gesicherte Existenzgrundlage, wenn der betriebliche Reingewinn nicht nur den Lebensunterhalt sowie die Eigenkapitalverzinsung deckt, sondern darüber hinaus auch die Substanzerhaltung des Unternehmens sicherstellt, die Finanzierung eines angemessenen Unternehmenswachstums zulässt und die Bildung ausreichender Rücklagen ermöglicht, mit denen Risiken im Verlauf der unternehmerischen Tätigkeit gemeistert werden können.

	EUR
Ausgaben der privaten Lebensführung	
• Lebensunterhalt der Familie (Lebensmittel, Kleidung, Freizeit)	_____
• Miete für die Wohnung	_____
• Mietnebenkosten für die Wohnung bzw. Wohngeld für die Eigentumswohnung	_____
• Strom, Gas, Telefon	_____
• soziale Absicherung	_____
- Krankenversicherung	_____
- Pflegeversicherung	_____
- Rentenversicherung	_____
- Lebensversicherung	_____
• sonstige vertragliche Verpflichtungen (Bausparkasse, Ratenzahlungen, Hypothekentilgungen usw.)	_____
• private Nutzung des Kraftfahrzeuges	_____
• Rücklagen für Urlaub, Krankheit usw.	_____
Summe	_____
Private Ausgaben für das Unternehmen	
• Tilgung der aufgenommenen Kredite	_____
+ ESt, SolZ, ggf. KiSt	_____
Mindestgewinn, **der die private Lebensführung sicherstellt**	_____

Abb. 120: Mindestgewinn zur Deckung der privaten Lebensführung (Excel-Fassung im Download-Bereich enthalten: Modul Finanzplanung)

5.2   Der Unternehmensgewinn

Die Existenzgründung lohnt sich nur dann, wenn auf Dauer ausreichend Gewinn erzielt wird. Damit eine bessere Beurteilung möglich ist, müssen Sie vor Ihrer Gründung unbedingt eine **Rentabilitätsvorschau** (Rentabilitätsrechnung) machen. Diese sollte mindestens die ersten drei Geschäftsjahre umfassen, denn das dritte Jahr ist besonders kritisch. Dann beginnt i.d.R. auch bei zinsgünstigen Krediten aus öffentlichen Förderprogrammen die Tilgung. Dies lässt dann die finanzielle Belastung sprunghaft ansteigen.

In der Regel werden Sie bei realistischer Betrachtung feststellen, dass mindestens im ersten Jahr der Existenzgründung ein niedriger Gewinn, evtl. sogar ein Verlust entsteht. Lassen Sie sich jedoch dadurch nicht entmutigen. Dies ergibt sich zum einen aus den einmalig anfallenden hohen Gründungskosten, zum anderen durch das noch nicht ausgeschöpfte Nachfragepotenzial. Stellen Sie bei der Betrachtung jedoch fest, dass im zweiten und dritten Jahr keine Besserung eintritt, müssen Sie Ihr Vorhaben noch einmal grundsätzlich überdenken.

Die Errechnung des kostendeckenden Mindestumsatzes (Umsatz, bei dem weder Gewinn noch Verlust entsteht) erfolgt mit Hilfe folgender Formel:

$$\text{Mindestumsatz} = \frac{\Sigma \text{ Kosten [EUR]}}{\text{Rohgewinn I [\%]}} \times 100$$

Rentabilitätsvorschau	1. Jahr		2. Jahr		3. Jahr	
	EUR	%	EUR	%	EUR	%
Umsatz – Material-/Wareneinsatz	_____	100	_____	100	_____	100
= **Rohgewinn I** – Personalkosten						
= **Rohgewinn II**						
Sachgemeinkosten • Raumkosten • Versicherungen • Beiträge, Gebühren • Betriebliche Steuern • Leasingraten • Werbe- und Reisekosten • Fahrzeugkosten • Reparaturen, Instandhaltung • Allg. Geschäfts- u. Verwaltungskosten – Sachgemeinkosten, insgesamt						
= **Erweiterter Cashflow** – Zinsen						
= **Cashflow** – Abschreibungen						
= **Reingewinn**						

Abb. 121: Rentabilitätsrechnung (Excel-Fassung im Download-Bereich enthalten: Modul Finanzplanung)

6   Die Liquiditätsplanung

Unter der Liquidität versteht man die Aufrechterhaltung der jederzeitigen Zahlungsfähigkeit. Zahlungsunfähigkeit endet – auch bei rentabel arbeitenden Unternehmen – meist in der Insolvenz. Deshalb ist folgender Grundsatz zu beachten:

Liquidität vor Rentabilität !!

Bei der Aufrechterhaltung der Liquidität und deren Sicherung geht es in erster Linie um folgende Teilziele:
• Erhaltung des finanziellen Gleichgewichts
• Erhaltung der Kreditwürdigkeit
• Ermittlung der Zahlungsmittelbestände.

Die Liquiditätsplanung verfolgt das Ziel, die betrieblichen Geldströme hinsichtlich der Höhe und des Zeitpunktes so aufeinander abzustimmen, dass bei möglichst

Liquiditätsplan	Januar EUR	Februar EUR	März EUR	April EUR	Dezember EUR
A. Liquide Mittel					
Kassenbestand					
Bankguthaben					
Summe					
B. Einzahlungen					
Umsatzerlöse					
Darlehen					
Privateinzahlungen					
Sonstige Einnahmen					
Summe					
Verfügbare Mittel (A + B)					
C. Auszahlungen					
Material/Wareneinkauf					
Raumkosten					
Personalkosten					
Versicherungen					
Beiträge, Gebühren					
Betriebliche Steuern					
Fahrzeugkosten					
Werbe- und Reisekosten					
Allgemeine Verwaltungskosten					
Reparaturen, Instandhaltung					
Zinsen					
Tilgung					
Sonstige Ausgaben					
Zwischensumme					
Investitionen					
Privatentnahmen					
Summe					
D. Ergebnis (Differenz)					
(+) Überdeckung					
(–) Unterdeckung					
Ausgleich durch KK-Kredit					
E. Liquidität					

Abb. 122: Liquiditätsplan (Excel-Fassung im Download-Bereich enthalten: Modul Finanzplanung)

geringem Fremdmittelbedarf die Zahlungen pünktlich vorgenommen werden können. Die Ausgaben sind möglichst unter Abzug von Skonto ohne Inanspruchnahme von Fremdmitteln vorzunehmen, das vorübergehend nicht benötigtes Kapital ist ertragreich anzulegen.

Sie müssen genau wissen, wann und in welcher Höhe Einnahmen und Ausgaben zu erwarten sind. Durch die Aufstellung eines **monatlichen Liquiditätsplans** erkennen Sie dann, ob sich die Geldströme ausgleichen. Einnahmen und Ausgaben sind nicht gleichmäßig über das Jahr verteilt. So können zeitweise Einnahmen erheblich unter den Ausgaben liegen. Kurzfristige Unterdeckung müssen dann durch kurzfristige Fremdmittel, z.B. Kontokorrentkredit ausgeglichen werden.

Die **Ausgaben** lassen sich relativ leicht aus dem Kostenplan entnehmen. Meist handelt es sich um regelmäßige Zahlungsverpflichtungen, die nach Höhe und Fälligkeit feststehen. Unregelmäßige Zahlungsverpflichtungen müssen besonders beachtet werden. Wegen unregelmäßiger Sonderzahlungen wie Urlaubs- und Weihnachtsgeld werden die Personalausgaben schwanken. Umfang und Zeitpunkt der Ausgaben für den Material- und Wareneinsatz entnehmen Sie Ihren Beschaffungsplänen. Die Ausgaben für Anlageinvestitionen ergeben sich aus dem Investitionsplan.

Die **Einnahmen** sind schwieriger zu planen. Die Möglichkeiten, auf das Zahlungsverhalten der Kunden einzuwirken, ist eingeschränkt. Allerdings können Sie durch Ihre Zahlungsbedingungen einen gewissen Einfluss ausüben, indem Sie höhere Skonti gewähren und/oder Zahlungsziele verkürzen. Vorsicht: Schlechte Zahlungsmoral der Kunden kann zu Zahlungsverzögerungen und Zahlungsausfällen führen. Zur Planung Ihrer Einnahmen schätzen Sie zunächst anhand Ihres Absatzplans Ihren voraussichtlichen Jahresumsatz, und verteilen diesen auf die jeweiligen Monate. Beachten Sie dabei saisonale Schwankungen.

Summieren Sie sämtliche Ausgaben sowie die zu erwartenden Einnahmen innerhalb eines Monats. Aus der Differenz der Einnahmen und Ausgaben ergibt sich der monatliche Überschuss (Überdeckung) oder der monatliche Fehlbetrag (Unterdeckung). Von einem liquiden Unternehmen ist nur dann zu sprechen, wenn die Summe aller Zahlungseingänge plus Anfangsbestand an liquiden Mitteln die Zahlungsausgänge übersteigen. Die Einnahmen und Ausgaben werden sich nie ganz ausgleichen. Reagieren Sie deshalb rechtzeitig *vor* dem Entstehen einer Unterdeckung oder Überdeckung. Berücksichtigen Sie immer **Liquiditätsreserven** ein. Diese können Bargeld, Sichtguthaben oder ein nicht in Anspruch genommener Kontokorrentkredit sein.

Eine drohende Illiquidität können Sie u.a. durch folgende Maßnahmen vermeiden:
- Ausgaben vermindern und/oder verzögern
  - keine unnötigen Anschaffungen
  - Anschaffungen zurückstellen
  - Zahlungsziele verlängern
  - keine überhöhten Privatentnahmen
- Einnahmen erhöhen und/oder beschleunigen
  - sofortige Rechnungserstellung
  - Zahlungsziele verkürzen
  - Anzahlungen von Kunden vereinbaren
  - schnelles Mahnwesen
  - Barzahlung vereinbaren
  - Skonto gewähren als Anreiz
  - Lagerbestände schnell abbauen durch günstige Preise (Sonderverkäufe)
  - Forderungsabtretung an die Hausbank
  - Reklamationen schnell bearbeiten
- Befristete Erhöhung des Kreditrahmens durch die Hausbank.

Mit Hilfe der Bilanz kann man durch die Ermittlung von **Liquiditätskennzahlen** zu Liquiditätsaussagen kommen. Sie werden durch Gegenüberstellung bestimmter Vermögenspositionen (kurzfristiger Deckungsmittel) und kurzfristiger Verbindlichkeiten gebildet und sollen Aussagen über die Zahlungsfähigkeit des Unternehmens machen.

$$\text{Liquidität 1. Grades} = \frac{\text{Zahlungsmittel [EUR]}}{\text{kurzfristige Verbindlichkeiten [EUR]}} \times 100$$

$$\text{Liquidität 2. Grades} = \frac{\text{kurzfristiges Umlaufvermögen [EUR]}}{\text{kurzfristige Verbindlichkeiten [EUR]}} \times 100$$

$$\text{Liquidität 3. Grades} = \frac{\text{gesamtes Umlaufvermögen [EUR]}}{\text{kurzfristige Verbindlichkeiten [EUR]}} \times 100$$

7 Die Betriebsvergleichsrechnung

Für die Betriebsvergleichsrechnung stehen **Betriebsvergleichszahlen** zur Verfügung. Betriebsvergleichszahlen sind Aufbereitungen statistischer Erhebungen, die in einer größeren Anzahl von Betrieben unterschiedlicher Branchen geordnet nach Betriebsgröße durchgeführt werden. Die Betriebsvergleiche enthalten, abhängig von der jeweiligen Branche, Angaben über typische Charaktermerkmale der jeweiligen Branche.

Mit Hilfe der Betriebsvergleichszahlen können Sie Ihre Finanzplanung kalkulieren und/oder verifizieren. U.a. werden folgende Betriebsvergleichszahlen angeboten:

- **Branchenbriefe der Volksbanken**
  Die Volksbanken bieten mehr als 150 Branchenbriefe an, die u.a. auch Betriebsvergleichszahlen enthalten. Die Branchenbriefe werden auf Anforderung jedes Mal mit dem neuesten Stand ausgedruckt und mit der Post zugeschickt. Der Preis für jeden Brief beträgt z.Zt. 5,00 EUR inklusive Porto und Verpackung.
- **Betriebsvergleichszahlen der Handwerkskammern und Innungen**
  Alle Handwerkskammern und Innungen haben Betriebsvergleichszahlen. Betriebsvergleiche im Handwerk führt die Rationalisierungs-Gemeinschaft Handwerk Schleswig-Holstein e. V., Russeer Weg 167, 2300 Kiel, Tel.: (0431) 523 460, durch. Die kostenlose Teilnahme am Betriebsvergleich ist auf Betriebe in Schleswig-Holstein beschränkt. Die ermittelten Angaben sind jedoch auch bundesweit verwertbar.
- **Richtsatz-Sammlung für Gewerbetreibende**
  Bei der Richtsatz-Sammlung handelt es sich um amtliche Steuerrichtsätze. Die-

Betriebsvergleichszahl	Dimension
Umsatz (Absatz) je m^2 Geschäftsraum	[EUR/m^2]
Umsatz (Absatz) je m^2 Verkaufsraum	[EUR/m^2]
Anteil des Verkaufsraums am Gesamtgeschäftsraum	[%]
Geschäftsraumgröße je beschäftigte Person	[m^2/Person]
Lagerumschlag	[-]
Lagerbestand je m^2 Geschäftsraum	[EUR/m^2]
Ø Verweildauer der Ware im Geschäft	[Tage]
Ø Lagerdauer	[Tage]
Instandhaltung, Reparaturen in % des Umsatzes	[%]
Material-/Wareneinsatz in % des Umsatzes	[%]
Miete für Geschäftsräume in % des Umsatzes	[%]
Energiekosten in % des Umsatzes	[%]
Personalkosten in % des Umsatzes	[%]
Werbekosten in % des Umsatzes	[%]
Betriebs- und Verwaltungskosten in % des Umsatzes	[%]
Gewerbesteuer in % des Umsatzes	[%]
Abschreibungen in % des Umsatzes	[%]
Alle übrigen Kosten in % des Umsatzes	[%]
Betriebsergebnis in % des Umsatzes	[%]
Rohgewinn I, II, Reingewinn in % des Umsatzes	[%]

Abb. 123: Betriebsvergleichszahlen

se bietet gleichzeitig wichtige Informationen zur Branchensituation. Außerdem sind sie für die Finanzverwaltung Anhaltspunkt, Umsätze und Gewinne der Gewerbetreibenden zu überprüfen und evtl. bei Fehlen anderer geeigneter Unterlagen zu schätzen (§ 162 AO).

Die Richtsätze sind für die einzelnen Gewerbeklassen auf der Grundlage von Betriebsergebnissen zahlreicher geprüfter Unternehmen ermittelt worden. Sie gelten nicht für Industriebetriebe (Großbetriebe).

Die Richtsätze orientieren sich an den Verhältnissen eines Normalbetriebs (Richtbetriebs). Der Normalbetrieb ist ein Einzelunternehmen mit Gewinnermittlung durch Bestandsvergleich. Die Richtsätze können angewendet werden bei Einzelunternehmen, Personengesellschaften und Kapitalgesellschaften.

Die Richtsätze werden in Prozentsätzen des wirtschaftlichen Umsatzes für den Rohgewinn (Rohgewinn I bei Handelsbetrieben, Rohgewinn II bei Handwerks- und gemischten Betrieben), für den Halbreingewinn und den Reingewinn ermittelt. Bei Handelsbetrieben wird daneben der Rohgewinn-Aufschlagssatz angegeben.

Die Richtsatzsammlung kann auf der Internetseite des Bundesministeriums der Finanzen [→ Adressenverzeichnis] unter der Rubrik »Steuern – Veröffentlichungen zu Steuerarten – Betriebsprüfung« eingesehen werden.

- **Vergleichszahlen für Freiberufler**
  Das Statistische Bundesamt ermittelt regelmäßig Strukturdaten für Freie Berufe. Diese Daten geben Aufschluss über die durchschnittlichen Gesamtkosten und den durchschnittlichen Reinertrag.

Für folgende Freie Berufe stehen Vergleichszahlen zur Verfügung: Architekten-büros, Arztpraxen, Zahnarztpraxen, Ingenieurbüros für bautechnische Gesamt- und technische Fachplanung, Praxen von Steuerberatern, Steuerbevollmächtigten und Wirtschaftsprüfern, Rechtsanwaltpraxen mit und ohne Notariat.

Neben dem Reinertrag in Prozent der Einnahmen werden folgende Kostenarten in Prozent der Einnahmen veröffentlicht: Strom, Gas, Wasser und Heizung, Personal, Mieten und Pachten, Kraftfahrzeughaltung, Reisen, Versicherungsprämien, Steuerliche Abschreibungen.

Diese Angaben können Sie dem Statistischen Jahrbuch für die Bundesrepublik Deutschland entnehmen. Das Statistische Jahrbuch erscheint jährlich beim Statistischen Bundesamt.

- **Betriebsvergleichszahlen der DATEV**
  Die DATEV (Datenverarbeitungsorganisation des steuerberatenden Berufes in der Bundesrepublik Deutschland) bietet Betriebsvergleichszahlen, die allerdings nur über den Steuerberater erhältlich sind.

- **Betriebsvergleiche für den Einzel- und Großhandel**
  Das Institut für Handelsforschung an der Universität zu Köln, Säckinger Str. 5, 5000 Köln 41, Tel.: (0221) 470 22 80 erstellt jährlich Betriebsvergleiche für den Einzel- und Großhandel. Zu beziehen sind diese Betriebsvergleiche vom Verlag Otto Schwartz & Co., Annastr. 7, 37075 Göttingen, Tel.: (0551) 310 51.

  Eine zusätzliche Auswertung führt das Institut für Handelsforschung für Einzelhandelsfachgeschäfte in Nordrhein-Westfalen durch. Auch diese Publikation ist über den Verlag Otto Schwarz & Co., Annastr. 7, 37075 Göttingen, Tel.: (0551) 310 51 zu beziehen.

  Über die Forschungsstelle für den Handel Berlin (FfH) e.V., Fehrbelliner Platz 3, 10707 Berlin, Tel.: (030) 86 30 94 - 0, gibt es für den Großhandel folgende Betriebsvergleiche: Großhandel mit Schreib-, Papierwaren- und Bürobedarf, Großhandel für Heizungs-, Lüftungs- und Klimabedarf, Großhandel mit Baustoffen, Tabakwaren-Großhändler und Automatenaufsteller.

4. Kapitel: Die Planung der Finanzierung

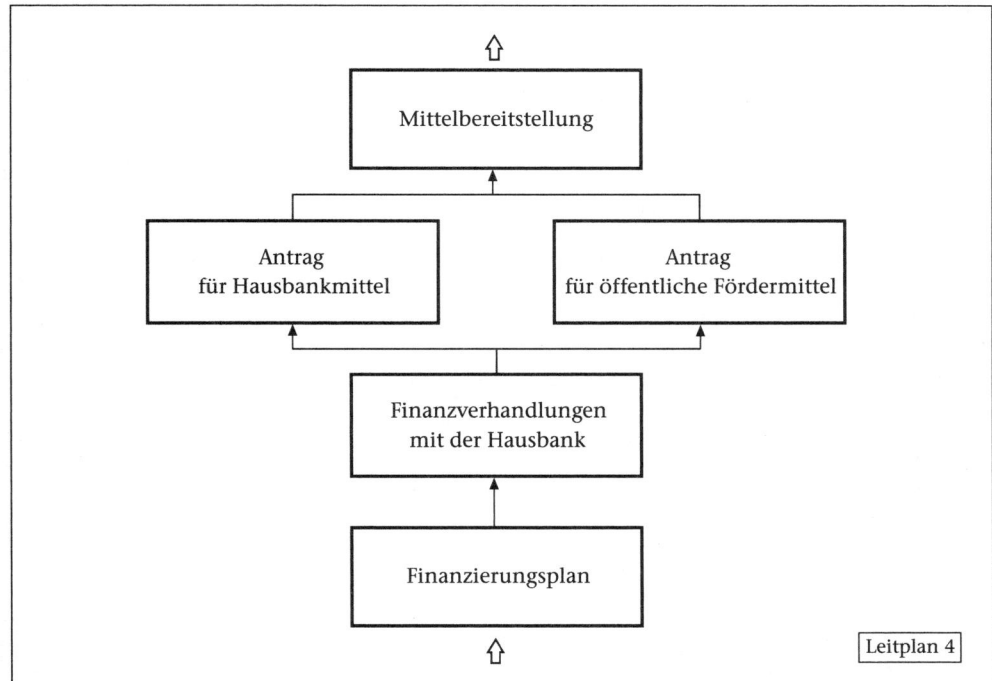

Abb. 124: Schritte der Finanzierungsplanung

1   Die Gründungsfinanzierung

Die finanzielle Absicherung des Unternehmens ist eine der wichtigsten Aufgaben des Existenzgründers. Der Erfolg wird im Wesentlichen durch das **Finanzierungs-konzept** bestimmt. Erst eine gute Finanzierung schafft die Grundlage für den erfolgreichen Aufbau des Unternehmens.

> Der häufigste Grund des Scheiterns von Existenzgründungen
> sind Finanzierungsfehler!!!

Wichtig ist die Angemessenheit der Finanzierung. Finanzieren Sie Ihr Vorhaben weder zu knapp noch zu üppig. Achten Sie bei der Planung darauf, dass der Kapitaldienst immer gewährleistet ist.

Abb. 125: Finanzierungskette

1.1 Der Finanzierungsbedarf

Zur Ermittlung des Finanzierungsbedarfs für die Existenzgründung wird der Kapitalbedarfsplan herangezogen. Wegen der unterschiedlichen Bindungsdauer des Kapitalbedarfs muss unbedingt die Fristigkeit berücksichtigt werden. Das erste Material- und Warenlager unterliegt grundsätzlich der langfristigen Bindung. Die Dauer des Kapitalbedarfs für Maschinen und Anlagen sollte nicht die Abschreibungsdauer unterschreiten. Betriebsmittel haben grundsätzlich kurzfristigen Charakter.

- Langfristiger Kapitalbedarf (über fünf Jahre)
  für Anschaffungen, die dem Unternehmen längerfristig dienen, z.B. Grundstücke, Gebäude, Maschinen, Fahrzeuge usw. Das eingesetzte Kapital fließt erst über mehrere Jahre durch verdiente Abschreibungen zurück.
- Mittelfristiger Kapitalbedarf
  für Anschaffungen, die dem Unternehmen mittelfristig dienen
- Kurzfristiger Kapitalbedarf (bis zu einem Jahr)
  zur Betriebsmittelfinanzierung, z.B. Löhne und Gehälter, Miete, Material usw.

1.2 Die Finanzmittelherkunft

Zur Finanzierung der Existenzgründung ist zunächst möglichst viel Eigenkapital einzusetzen, unter Beachtung der Finanzierungsregeln zusätzliches Fremdkapital.

TIPP
Planen Sie die Finanzierung Ihrer Existenzgründung so sorgfältig wie nur möglich. Beachten Sie dabei die Finanzierungsregeln.

1.2.1 Die Eigenfinanzierung

Quellen des Eigenkapitals sind:
- Eigene Mittel (Ersparnisse und Vermögenswerte),
- Sachmittel, die in den Betrieb eingebracht werden können,
- haftendes Kapital von Teilhabern,
- Beteiligungen von Kapitalbeteiligungsgesellschaften (Venture-Capital-Gesellschaften) oder Business Angels

Kapitalbedarfsplan		
	EUR	EUR
Langfristiger Kapitalbedarf		
• Kaufpreis für das gesamte Unternehmen	‒‒‒‒‒	
• Aus- und Umbaukosten, Renovierungskosten	‒‒‒‒‒	
• Patente, Lizenzen, Konzessionen, sonstige Rechte	‒‒‒‒‒	
• Immobilien einschließlich Nebenkosten	‒‒‒‒‒	
• Produktionsanlagen, Maschinen, Werkzeuge	‒‒‒‒‒	
• Betriebs- und Geschäftsausstattung	‒‒‒‒‒	
• Fahrzeuge		
- Pkw, Lkw	‒‒‒‒‒	
- Gabelstapler	‒‒‒‒‒	
• Vorräte (erstes Material- und Warenlager)		
- Roh-, Hilfs- und Betriebsstoffe	‒‒‒‒‒	
- Handelsware	‒‒‒‒‒	
- Einbauteile	‒‒‒‒‒	
• Gründungskosten		
- Existenzgründungs-, Rechts-, Steuer- u. sonstige Beratung	‒‒‒‒‒	
- Notar	‒‒‒‒‒	
- Gerichtskosten für HR-Eintragung und Veröffentlichung	‒‒‒‒‒	
- Mietkaution	‒‒‒‒‒	
- Maklercourtage	‒‒‒‒‒	
- Franchisegebühr	‒‒‒‒‒	
- Eröffnungswerbung	‒‒‒‒‒	
Langfristiger Kapitalbedarf, insges.		☐
Kurzfristiger Kapitalbedarf		
• Betriebliche Anlaufkosten (Ausgaben bis zum ersten Geldeingang aus Umsatz, entspricht dem Betriebsmittelbedarf)		
- Personal- und Sozialkosten	‒‒‒‒‒	
- Eigenes Geschäftsführergehalt bei Kapitalgesellschaften	‒‒‒‒‒	
- Beratungskosten	‒‒‒‒‒	
- Raumkosten	‒‒‒‒‒	
- Leasingraten	‒‒‒‒‒	
- Verwaltungskosten	‒‒‒‒‒	
- Vertriebskosten	‒‒‒‒‒	
- Werbekosten	‒‒‒‒‒	
- Forderungen aus Lieferungen und Leistungen	‒‒‒‒‒	
- Steuern	‒‒‒‒‒	
- Zinsen/Kreditbeschaffungskosten, Kontoführungsgebühren	‒‒‒‒‒	
- Versicherungen	‒‒‒‒‒	
• Privatentnahmen		
- für die private Lebensführung bei Nicht-Kapitalgesellschaften	‒‒‒‒‒	
- für die Tilgung von Krediten	‒‒‒‒‒	
Kurzfristiger Kapitalbedarf, insges.		☐
Kapitalbedarf, insges.		☐

Abb. 126: Modifizierter Kapitalbedarfsplan nach Fristigkeit der Bindung

- Zuschüsse, Investitionszulagen
- Eigenleistungen (z.B. Umbau oder Renovierung)

Kapitalbeteiligungsgesellschaften (Venture-Capital-Gesellschaften) bieten attraktive Finanzierungsmöglichkeiten für technologieorientierte Existenzgründer ohne banktübliche Sicherheiten. Sie stellen Beteiligungen (i.d.R. höchstens 49 %) in Form von Einlagen als Stamm- oder Grundkapital oder als stille Beteiligungen zur Verfügung, die während der Laufzeit eine feste Verzinsung und/oder eine Beteiligung am Gewinn der Gesellschaft vorsehen. Gerade für innovative Unternehmensgründer ist es schwer, Geldgeber zu finden. Die Finanzierung ist mit mehr oder weniger intensiver Managementberatung und -betreuung sowie Controlling verbunden.

Je nach Herkunft des Beteiligungskapitals kann man folgende Typen von Venture-Capital-Gesellschaften unterscheiden:
- Beteiligungsgesellschaften privater Investoren
  Die privaten Investoren haben hohe Renditeerwartungen. Es werden nur Unternehmen finanziert, die große Wachstumschancen bieten.
- Beteiligungsgesellschaften der Banken
  Die Banken legen Fonds auf und investieren das Geld der privaten Anleger in Erfolg versprechende Vorhaben. Die Renditeerwartungen sind hoch. Es werden nur Unternehmen finanziert, die große Wachstumschancen bieten.
- Förderorientierte Beteiligungsgesellschaften
  Sie sind nicht auf hohe Renditeerwartungen angewiesen. Es werden Unternehmen finanziert, die überdurchschnittliche Wachstumschancen bieten.

Welche Beteiligungsgesellschaft für welches Projekt am besten geeignet ist, kann beim Bundesverband Deutscher Kapitalbeteiligungsgesellschaften e.V. (BVK) [→ Adressenverzeichnis] erfragt werden. Für die Beteiligungsgesellschaften des Bundes ist die KfW [→ Adressenverzeichnis] der richtige Ansprechpartner.

Zur Finanzierung betrieblicher Vorhaben wie Bau-, Maschinen- und Einrichtungsinvestitionen, Warenlageraufstockung, Innovationen, Markterschließung usw. gewähren die öffentlich geförderten **Mittelständischen Beteiligungsgesellschaften (MBG)** [→ Adressenverzeichnis] Beteiligungen in Form von stillen und offenen Beteiligungen bis zur Höhe von 1,0 Mio. EUR. Empfänger sind kleine und mittlere Unternehmen, denen die Beteiligung mit einer Laufzeit von bis zu 15 Jahren gewährt wird. Die Rückzahlung einer stillen Beteiligung erfolgt zum Nominalwert. Für die Beteiligung ist üblicherweise eine einmalige Bearbeitungsgebühr (i.d.R. 1,0 % des Beteiligungsbetrages), ein einmaliger Haftungsfondsbeitrag (i.d.R. 1,0 % p.a. des Beteiligungsbetrages) sowie bei einer stillen Beteiligung ein Beteiligungsentgelt, gegliedert in eine feste und erfolgsabhängige Komponente (i.d.R. insgesamt 12,0 % p.a. des Beteiligungsentgeltes) zu zahlen.

Mittelständische Kapitalbeteiligungsgesellschaften (MBG) sind in allen Bundesländern vertreten.

Im Rahmen des mit dem Bundesministerium für Wirtschaft und Technologie (BMWi) aufgelegten Programms »ERP-Startfonds – Beteiligungskapital für technologieorientierte Unternehmensgründungen« [→ Die Förderprogramme des Bundes] geht die KfW [→ Adressenverzeichnis] Beteiligungen an innovativen Technologieunternehmen (TU) ein, ohne sich i.d.R. an der Geschäftsführung des Technologieunternehmens (TU) zu beteiligen. Die Beteiligungen dienen der Finanzierung von Innovationsvorhaben, und zwar für die Entwicklung und Markteinführung neuer oder wesentlich verbesserter Produkte, Verfahren und Dienstleistungen.

Finanzierungsphasen	Finanzierungsanlässe
Seed-Phase (Gründungsphase eines Unternehmens, bei der die Geschäftsidee entwickelt und umgesetzt wird)	• Entwicklung einer Geschäftsidee • Erstellung eines Businessplans • Entwicklung/Herstellung eines Prototyps • Umsetzung der Geschäftsidee
Early-Stage-Phase (Frühentwicklungsphase)	• Entwicklung eines Produktes oder Verfahrens bis zur Serienreife • Aufbau einer geeigneten Organisationsstruktur • Erstellung eines prüffähigen Businessplans
Start-up-Phase (Gründungsphase eines Unternehmens, bei der die Infrastruktur aufgebaut und die ersten Geschäftsfelder durch Marketingaktivitäten erschlossen werden)	• Aufbau der Infrastruktur • Markteinführung: Verkauf eines Produktes oder einer Dienstleistung
Later-Stage-Phase (Expansions- bzw. Wachstumsphase)	• Erweiterung von Kapazitäten • Sortimentserweiterung, Einstieg in neue Märkte • Entwicklung oder Verbesserung eines Produktes oder Folgeproduktes, um neue Märkte zu erschließen.
Bridge-Phase (Überbrückungsphase bis zum IPO)	• Vorbereitung eines Börsenganges
MBO/MBI (Management-Buy-Out/Management-Buy-In)	• Unternehmensnachfolge: Externes Management kauft sich in ein Unternehmen ein oder das bestehende Management übernimmt ein Unternehmen. Das Management kann nicht die finanziellen Mittel aufbringen, um die Eigentümer auszuzahlen.
Turn-Around-Phase (Trendwende nach schlechter Unternehmensentwicklung)	• Überwindung wirtschaftlicher Schwierigkeiten

Abb. 127: Finanzierungsanlässe für Beteiligungen

Business Angels sind vermögende Privatpersonen, meist frühere Unternehmer oder Manager, die eigenes Kapital, ihr Know-how und ihre Kontakte einbringen. Sie beteiligen sich an Unternehmen mit hohem Wachstumspotenzial und sind an einer hohen Rendite ihres Einsatzes interessiert. Anlaufstelle ist das Business Angels Netzwerk Deutschland (BAND) e.V. [→ Adressenverzeichnis]. BAND will Business Angels und junge, innovative Unternehmen zusammenführen. Hierzu hat der Verein in Kooperation mit der KfW und der Deutschen Börse AG die Internetvermittlung »Business Angels Forum« eingerichtet. Business Angels und Gründer, aber auch Initiativen präsentieren sich hier (i.d.R. anonym) und können Kontakt zueinander aufnehmen.

Inzwischen gibt es in Deutschland eine Vielzahl von Kapitalbeteiligungsgesellschaften. Da der Markt für Beteiligungskapital unreguliert und recht unübersichtlich ist, ist es sehr zu empfehlen, sich noch vor der ersten Kontaktaufnahme eingehend über die einzelnen Beteiligungsgesellschaften zu informieren.

TIPP
Erkundigen Sie sich rechtzeitig, welcher Investor hinter der Beteiligungsgesellschaft steht. Es sollte nicht gerade ein Konkurrent Ihres Unternehmens sein. Gegebenenfalls hilft ein Blick in das Handelsregister oder eine Anfrage beim Bundesverband Deutscher Kapitalbeteiligungsgesellschaften (BVK).

Beteiligungsvertrag
Rechtliche Ausgestaltung des Beteiligungsverhältnisses zwischen Beteiligungsgesellschaft und Beteiligungsnehmer.

Feinprüfung
Einigung über die Ziele (Strategie) der Partnerschaft

Letter of Intent
Schriftliche Absichtserklärung der Beteiligungsgesellschaft

Due Diligence
Gründliche Prüfung des Unternehmenskonzeptes bzgl. Produkt, Markt und Zukunftsaussichten, Bewertung der Unternehmensbeteiligung.

Präsentation des Unternehmenskonzeptes
Die Beteiligungsgesellschaft will das zukünftige Management kennen lernen. Wichtig sind die Personen, die hinter der Geschäftsidee stehen. Beurteilung der Marktposition und der Zukunftsaussichten.

⇧

Beurteilung des Unternehmenskonzeptes Die Beteiligungsgesellschaft prüft den Businessplan. Bei Interesse werden die Antragsteller (meist sind es mehrere Existenzgründer) zu einem persönlichen Gespräch eingeladen.

⇧

Übergabe des Businessplans an die Beteiligungsgesellschaft Kontaktaufnahme mit der Beteiligungsgesellschaft

⇧

Auswahl der Beteiligungsgesellschaft	
Auswahlkriterien: • Referenzen • Seriosität, Vertrauenswürdigkeit • langjährige Marktpräsenz • wirtschaftliche Erfolge • Erfahrungen (Management, Controlling, Börseneinführung), Branchenerfahrung	• Marktkenntnisse • internationale Kontakte • Portfolio der Beteiligungsgesellschaft: (horizontal: nach Branchen, vertikal: nach Finanzierungsphasen) • Beteiligungshöhe (Mindest- und Höchstbetrag)

Abb. 128: Schritte zur Akquisition von Beteiligungskapital

Da die Zusammenarbeit i.d.R. über mehrere Jahre angelegt ist, sollte darauf geachtet werden, dass neben den geschäftlichen Interessen auch die persönlichen Interessen gewahrt bleiben.

Die Auszahlung der Beteiligung erfolgt i.d.R. entsprechend dem Fortschritt des Vorhabens. Häufig wird auch ein Mitarbeiter der Beteiligungsgesellschaft im Beirat bzw. Aufsichtsrat des Unternehmens delegiert.

Das Engagement der Beteiligungsgesellschaft ist nicht auf Dauer angelegt. Irgendwann kommt das Ende der Partnerschaft. Schon bei den Vertragsverhandlungen sollten sich beide Parteien über die Modalitäten des Ausstiegs einigen. Folgende Exit-Formen sind möglich:
• Börsengang
• Trade-Deal (freihändiger Verkauf der Anteile)
• Rückzahlung bei stiller Beteiligung
• Rückkauf durch das Management.

Je mehr Eigenkapital Sie haben, desto besser:
• als Sicherheits- und Risikopolster
  um finanzielle Engpässe zu vermeiden, die zur Insolvenz führen
• als Zeichen für die Kreditwürdigkeit
  gegenüber Geldgebern. Denn wer bereit ist, auch eigenes Geld zu riskieren, erweckt mehr Vertrauen bei Kreditgebern.

> Der Eigenkapitalanteil sollte nicht unter 20% liegen!

1.2.2 Die Fremdfinanzierung

Die Gründung eines eigenen Unternehmens erfordert meist einen so hohen Kapitaleinsatz, der die eigenen finanziellen Möglichkeiten übersteigt. Wenn das vorhandene Eigenkapital nicht ausreicht, muss über eine optimale Fremdfinanzierung nachgedacht werden.

Es gibt eine Vielzahl von Möglichkeiten, Fremdkapital zu beschaffen. Dabei handelt es sich um Kredite. Quellen sind:
- Langfristiger Bankkredit (Investitionskredit)
  zur langfristigen Finanzierung des Anlagevermögens (Grundstücke, Gebäude, Maschinen, Kraftfahrzeuge usw.),
- öffentliche Finanzierungshilfen
  zur langfristigen Finanzierung des Anlagevermögens (Grundstücke, Gebäude, Maschinen, Kraftfahrzeuge usw.),
- Kredit von Verwandten und Freunden,
- Lieferantenkredit
  zur kurzfristigen Finanzierung des Umlaufvermögens (Warenfinanzierung),
- Kontokorrentkredit
  zur kurzfristigen Finanzierung des Umlaufvermögens (Betriebsmittelfinanzierung),
- Einrichtungskredit
  zur langfristigen Finanzierung der Betriebs- und Geschäftsausstattung. In einigen Branchen sind Lieferanten (z.B. Brauereien) bereit, ihre Kunden zu unterstützen. Dies ist i.d.R. mit dem Abschluss von Lieferverträgen gekoppelt, die die unternehmerische Entscheidungsfreiheit stark einschränken.

Beim **Kontokorrentkredit** stellen die Kreditinstitute den Unternehmen für ihr Geschäftskonto, über das alle laufenden Zahlungen abgewickelt werden, einen Kreditrahmen (ähnlich dem Dispositionskredit für Privatkunden) zur Verfügung. Die Kreditausnutzung ergibt sich aus den täglichen Dispositionen bis zur vereinbarten Obergrenze. Zu verzinsen ist nur die tatsächliche Inanspruchnahme des Kredits.

> Faustregel für den Kontokorrent-Kreditrahmen: 1 Monatsumsatz

Die Konditionen sind von Bank zu Bank sehr unterschiedlich. Sie hängen stark vom Verhandlungsgeschick des Existenzgründers ab. Es ist zu empfehlen, klare Vereinbarungen mit der Hausbank zu treffen.

Für den in Anspruch genommenen Kontokorrentkredit sind Zinsen fällig, die meist höher sind als für einen langfristigen Investitionskredit. Letztendlich hängt die Höhe des Zinssatzes von der Bonität des Unternehmens, den Sicherheiten und von der Größenordnung des Kredites ab.

Wird die vereinbarte Kreditlinie allerdings überschritten, so wird i.d.R. ein Überziehungszins fällig, der dem Kontokorrentzins hinzugerechnet wird.

Für die Bereitstellung des Kreditrahmens stellen manche Banken zusätzlich noch eine Kreditprovision in Rechnung.

> **TIPP**
> Vermeiden Sie möglichst die Überziehung der eingeräumten Kontokorrent-Linie. Zeichnet sich allerdings eine Überziehung ab, sollten Sie dies vorher mit Ihrer Bank absprechen. Häufen sich jedoch die Überziehungen, müssen Sie mit Ihrer Bank über eine Erhöhung der Kreditlinie verhandeln.

Der **Lieferantenkredit** gewährt ein Zahlungsziel zwischen dem Zeitpunkt der Lieferung der Ware und der Bezahlung der Rechnung. Dem Kunden wird häufig eine Zahlungsfrist eingeräumt. Er hat dann die Gelegenheit, innerhalb dieses Zeitraumes die Ware zu verarbeiten oder zu verkaufen. Allerdings ist der Lieferantenkredit ein sehr teurer Kredit.

Trotz der hohen Zinsbelastung wird der Lieferantenkredit gern in Anspruch genommen, da er ohne Formalitäten gewährt wird. Außerdem müssen keine Sicherheiten gestellt werden. In der Regel wird die Ware unter Eigentumsvorbehalt geliefert.

Beispiel: Für eine Warenlieferung im Wert von 1.000,- EUR wird die folgende Zahlungsvereinbarung getroffen: »Zahlung innerhalb von 14 Tagen nach Rechnungsdatum mit Abzug von 2% Skonto oder innerhalb von 30 Tagen ohne jeden Abzug.«

Falls der Kunde die Ware erst nach 30 Tagen ohne Abzug von Skonto bezahlt, nimmt er einen Lieferantenkredit für 16 Tage in Anspruch. Dieser kostet

$$\frac{\text{Skontosatz [\%]} \times 360 \text{ Tage}}{\text{Zahlungsziel [Tage]} - \text{Skontofrist [Tage]}} = \frac{2 \times 360}{30 - 14} = 45\% \text{ p.a.}$$

Ist der Kunde allerdings clever, nimmt er das Skontoangebot in Anspruch. Er zieht vom Rechnungsbetrag 20,00 EUR ab und finanziert den Kaufpreis der Ware durch einen Kontokorrent-Kredit (z.B. 11% Zinsen p.a.). Für die 16 Tage zahlt er 4,79 EUR Zinsen. Es bleibt ein Überschuss in Höhe von 15,21 EUR. Daraus folgt, dass durch die Ausnutzung des Skontos ein Ertrag von 1,52% entsteht.

> **TIPP**
> Vermeiden Sie den teuren Lieferantenkredit. Vereinbaren Sie stattdessen mit Ihrer Bank eine höhere Kontokorrent-Kreditlinie.

Das **Leasing** stellt eine Alternative zu traditionellen Finanzierungsformen dar. Auf der Grundlage eines Leasingvertrages überlässt der Leasinggeber dem Leasingnehmer ein Wirtschaftsgut über einen bestimmten Zeitraum gegen Entgelt zur Nutzung. Der Leasingnehmer mietet also ein Wirtschaftsgut, anstatt zu kaufen. Nach dem Verpflichtungscharakter des Vertrages unterscheidet man:

- **Operating-Leasing**
  Das Operating-Leasing stellt ein kurzfristiger Mietvertrag (Laufzeit 3-5 Jahre) dar, der vom Mieter und auch vom Vermieter unter Einhaltung einer bestimmten Frist jederzeit kündbar ist. Das Leasingobjekt kann immer wieder neu ver-

mietet werden. Der Leasinggeber bleibt Eigentümer des Objektes. Der Vertrag ist dann sinnvoll, wenn der Leasingnehmer das Leasingobjekt kürzer als die betriebsgewöhnliche Nutzungsdauer nutzen möchte. Der Leasingnehmer zahlt für die Überlassung monatliche Miete. Nahezu alle Risiken liegen beim Vermieter. Er ist verantwortlich für Wartung, Versicherung, Reparaturen usw.

- **Finance-Leasing**
  Zwischen dem Leasingnehmer und dem Leasinggeber wird ein langfristiger Vertrag geschlossen, der über einen längeren Zeitraum hinweg unkündbar ist. Die Grundmietzeit ist kürzer als die betriebsgewöhnliche Nutzungsdauer (mindestens 40%, höchstens 90%), damit das Wirtschaftsgut aus steuerrechtlichen Gründen nicht nur juristisches, sondern auch wirtschaftliches Eigentum des Leasinggebers bleibt. Der Leasingnehmer zahlt Raten für die Anschaffungs- und Finanzierungskosten des Leasingobjektes zzgl. Gewinn für den Leasinggeber und je nach vertraglicher Ausgestaltung zu Beginn der Grundmietzeit eine Anzahlung oder zum Ende der Grundmietzeit eine Schlusszahlung. Der Leasingnehmer ist für das Leasingobjekt verantwortlich und trägt das volle Risiko. Er ist verantwortlich für Wartung, Versicherung, Reparaturen usw. Nach Ablauf der Grundmietzeit gibt der Leasingnehmer das Objekt zurück. Es gibt folgende Arten von Finanzierungs-Leasingverträgen:
  - Vollamortisationsverträge
    Der Leasingnehmer deckt mit seinen Zahlungen während der Grundmietzeit die gesamten Kosten ab. Leasingnehmer und Leasinggeber können im Leasingvertrag vereinbaren, dass nach Ablauf der Grundmietzeit das Objekt an den Leasinggeber zurückgeht, der Leasingnehmer das Objekt zu einem geringen Restbuchwert kaufen (Kaufoption) oder der Leasingnehmer die Leasingzeit zu reduzierten Raten verlängern kann.
  - Teilamortisationsverträge
    Der Leasingnehmer deckt mit seinen Zahlungen während der Grundmietzeit nur ein Teil der Kosten ab. Es bleibt ein Restbetrag, der kalkulierte Restwert. Leasingnehmer und Leasinggeber können im Leasingvertrag vereinbaren, dass nach Ablauf der Grundmietzeit das Objekt an den Leasinggeber zurückgeht oder das Objekt zum Zeitwert an den Leasingnehmer oder anderweitig verkauft wird. Der Leasingnehmer muss den Leasinggeber am Verkaufserlös beteiligen.

Leasingverträge sind auf die Bedürfnisse der gewerblichen Wirtschaft zugeschnitten. Es besteht ein großer Verhandlungsspielraum. Es ist sehr wichtig, dass die Ausgestaltung steuerlich wirksam anerkannt wird.

> **Tipp**
> Hersteller-Leasinggeber können zum Zweck der Absatzförderung den Leasingnehmern oft günstigere Angebote unterbreiten als unabhängige Leasinggesellschaften.

Eine **Bürgschaft** wird notwendig, wenn für langfristige Kredite mit regelmäßiger Tilgung bankmäßige Sicherheiten nicht oder nicht mit erforderlichem Umfang zur Verfügung stehen. Diese kann entweder von dritter Seite (z.B. Verwandten, Lieferanten des Existenzgründers) gewährt werden, es kann aber auch die Ausfallbürgschaft einer **Bürgschaftsbank** [→ Adressenverzeichnis] beantragt werden. Bürgschaftsbanken sind Selbsthilfeeinrichtungen der mittelständischen gewerblichen Wirtschaft. Den Großteil des Risikos tragen Bund und Land in Form von Rückbürgschaften. Es können Ausfallbürgschaften bis zu einer Höhe von 1,5 Mio. EUR übernommen werden. Die Höhe des Bürgschaft ist grundsätzlich auf 80 % des Kreditbetrages begrenzt. Die restlichen 20 % bleiben im Eigenrisiko der Hausbank. Die Laufzeit der Bürgschaft darf 15 Jahre, bzw. 23 Jahre bei überwiegend baulichen Investitionen, nicht übersteigen. Für die Bürgschaft ist eine einmalige Bearbeitungsgebühr (i.d.R. 1,0/1,5 % des Kreditbetrags) sowie eine Bürgschaftsprovision (i.d.R. 1,0 % p.a. des valuierenden Kreditbetrags) zu zahlen.

Der Unternehmer und die Hausbank stellen gemeinsam einen **Bürgschaftsantrag** bei der Bürgschaftsbank. Die Bürgschaftsbank prüft das **Unternehmenskonzept** und die **Qualifikation** des Kreditnehmers. Eine positive Bürgschaftsentscheidung führt dann zum **Darlehensvertrag** zwischen Unternehmen und Hausbank.

Die Bürgschaft entbindet den Kreditnehmer nicht von der Haftung für den Kreditbetrag. Es wird nur die fehlende Sicherheit ausgeglichen.

1.2.3 Die Mezzanine-Finanzierung

Mezzanine-Kapital ist ein Finanzierungsmittel, das die Lücke zwischen Eigen- und Fremdkapital in der Kapitalstruktur von Unternehmen füllt. Dazu gehören

* Genussscheinkapital
  Das Genussscheinkapital ist eine Anlageform zwischen Aktie und Anleihe. Als Wertpapier verbrieft es verschiedene Genussrechte. Es gewährt regelmäßig die Rückzahlung des Anlagebetrages zum Nominalwert am Laufzeitende und einen grundsätzlichen Anspruch auf eine Verzinsung. Die Höhe dieser Verzinsung hängt aber von der Gewinnentwicklung des Unternehmens ab.
* Wandel-/Optionsanleihe
  Es handelt sich um eine festverzinsliche Anleihe, die dem Inhaber das Recht einräumt, sie während ihrer Laufzeit zu einem vorher festgelegten Verhältnis in Gesellschaftsanteile einzutauschen. Wird diese Möglichkeit nicht genutzt, so wird die Anleihe am Ende ihrer Laufzeit zurückgezahlt.
* Nachrangdarlehen
  Das Nachrangdarlehen stellt Kapital dar, das nachrangig gegenüber anderen Verbindlichkeiten im Unternehmen verbleibt. Im Falle einer Insolvenz wird das Nachrangdarlehen nachrangig zu Verbindlichkeiten nicht nachrangiger Gläubiger zurückgezahlt, besitzt jedoch Vorrang gegenüber dem Eigenkapital. Die Verzinsung liegt höher als bei Bankkrediten, zusätzlich kann eine variable Gewinnkomponente vereinbart werden.
* Gesellschafterdarlehen
  Das Gesellschafterdarlehen wird durch einen oder mehrere Gesellschafter des Unternehmens gegeben.
* Patriarchisches Darlehen
  Das patriarchische Darlehen ist ähnlich dem Nachrangdarlehen. Es besitzt eine niedrigere Verzinsung und höhere Gewinnbeteiligung.

Mezzanine-Kapital ist ein sehr flexibles Finanzierungsinstrument. Es ist vor allem geeignet für mittelständische Unternehmen, die Beteiligungskapital suchen, aber weder die bisherige Kapitalstruktur durch Aufnahme von Fremdkapital schwächen noch Einflussnahmerechte abgeben wollen. Wegen der Eigenschaft, steuerlich als Fremdkapital und gegenüber Gläubigern als Eigenkapital zu wirken, verbessert Mezzanine-Kapital entscheidend die Bonität und auch das Rating von Unternehmen.

1.3 Die Finanzierungsregeln

Hinweise für die zweckmäßige Finanzierung einer Existenzgründung bilden die sog. Finanzierungsregeln, die darauf abstellen, wie lange die Mittel im Unternehmen gebunden sind.

Goldene Finanzierungsregel
Die Kapitalüberlassungs- und Kapitalbindungsdauer muss übereinstimmen (Fristenkongruenz von Mittelherkunft und Mittelverwendung).

Goldene Bilanzregel
Die goldene Bilanzregel besagt in ihrer engsten Fassung, dass das Anlagevermögen mit Eigenkapital zu finanzieren sei, in einer weiteren Fassung, dass das Anlagevermögen langfristig, also mit Eigenkapital und langfristigem Fremdkapital finanziert werden müsse. Diese Faustregel kann dahingehend erweitert werden, dass alles langfristig gebundene Kapital auch langfristig zu finanzieren ist. Das bedeutet, dass zum Anlagevermögen auch die langfristig gebundenen Teile des Umlaufvermögens (sog. eiserner Bestand zur Aufrechterhaltung der Betriebsbereitschaft) zu zählen sind. Die übrigen Teile des Umlaufvermögens können kurzfristig finanziert werden.

Die **Anlagenfinanzierung** ist wesentlich für die Beurteilung der Kapitalausstattung eines Unternehmens. Anlagegegenstände sind langfristig gebundenes Kapital und müssen daher auch entsprechend durch langfristiges Kapital finanziert werden.

$$\text{Anlagendeckung} = \frac{\text{Eigenkapital}}{\text{Anlagevermögen}} \times 100$$

$$\text{Anlagendeckung} = \frac{\text{langfristiges Kapital}}{\text{Anlagevermögen}} \times 100$$

1.4 Der Finanzierungsplan

Im Finanzierungsplan wird die Mittelherkunft dargestellt. Es wird aufgezeigt, welche Finanzierungsquellen zur Deckung des benötigten Anlage- und Umlaufvermögens sowie der Anlaufkosten notwendig sind. Dadurch werden Liquiditätsengpässe von vornherein vermieden. Grundlage für den Finanzierungsplan ist der Kapitalbedarfsplan.

Finanzierungsplan		
	EUR	EUR
Eigenmittel		
• Bereits vorhandene liquide Mittel	_____	
• Bis zur Betriebseröffnung zusätzlich zur Verfügung stehende liquide Mittel	_____	
• Eigenleistungen (z.B. Umbau oder Renovierung)	_____	
• Investitionszulage	_____	
• ERP-Kapital für Gründung (Nachrangdarlehen)	_____	
• Zuschuss (z.B. Meistergründungsprämie)	_____	
Eigenfinanzierung, insges.		_____
Fremdmittel		
Langfristige Fremdfinanzierung		
• Fördermittel	_____	
• Hausbankmittel	_____	
• Sonstige Fremdfinanzierung, z.B. Verwandten- oder Versicherungsdarlehen, Verkäuferdarlehen	_____	
Langfristige Fremdmittel, insges.		_____
Kurzfristige Fremdfinanzierung		
• Kontokorrentkredit der Hausbank		
• Lieferantenkredite, Wechselkredite usw.	_____	
Kurzfristiger Kapitalbedarf, insges.		_____
Finanzierungsmittel, insges.		_____

Abb. 129: Finanzierungsplan (Excel-Fassung im Download-Bereich enthalten: Modul Finanzplanung)

1.5   Die Kreditverhandlungen

Für den Existenzgründer ist der Weg zur Bank unumgänglich. Der erste Kontakt wird i. d. R. mit der kontoführenden Hausbank hergestellt. Da die Kreditkonditionen der Banken oft erheblich voneinander abweichen, sollten Sie sich auch bei anderen Banken Angebote einholen. Achten Sie aber dabei nicht nur auf die Konditionen, sondern auch auf die Qualität der Geschäftsbeziehung. Wenn Sie mit mehreren Banken in Geschäftsbeziehung stehen vermindern Sie die Abhängigkeit von einer Bank und verbessern Ihre Verhandlungsposition. Als Hausbank sollten Sie sich für die Bank entscheiden, mit der Sie den größten Teil Ihrer Geschäfte abwickeln.

Die Geschäftsbeziehungen zwischen dem Kunden und seiner Bank bilden ein gegenseitiges Vertrauensverhältnis. Der Kreditgeber gründet sein Vertrauen auf die in der Zukunft liegende Rückzahlung des überlassenen Kapitals. Trotz fundierter Unternehmensplanung bleibt durch den Zeitfaktor immer eine Unsicherheit beim Einschätzen der wirtschaftlichen Entwicklung eines Kreditnehmers. Diese Unwägbarkeit gleicht üblicherweise die Vereinbarung von Sicherheiten aus.

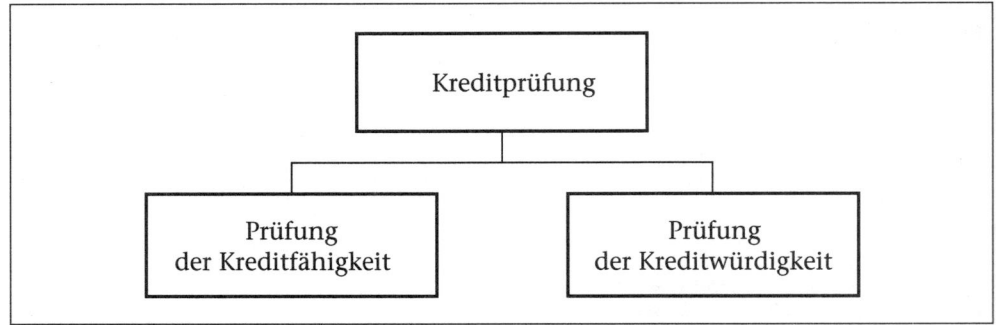

Abb. 130: Teilbereiche der Kreditprüfung

Machen Sie zu Ihrer **Kreditanfrage** hinreichend genaue Angaben zur **Kredithöhe** und zum **Verwendungszweck**. Als Grundlage dient der Kapitalbedarfsplan und der darauf aufbauende Finanzierungsplan. Bestehen Sie auf die Einbeziehung von öffentlichen Fördermitteln. Legen Sie der Bank Ihr komplettes Gründungskonzept (Businessplan) vor, aus dem sich die Marktchancen Ihrer Geschäftsidee unter Berücksichtigung der Konkurrenzsituation und flankierendem Marketingkonzept entnehmen lassen.

Die **Kreditprüfung** besteht aus der Kreditfähigkeitsprüfung und der Kreditwürdigkeitsprüfung. Der Umfang der Kreditprüfung hängt vom beabsichtigten Kreditvolumen, der beabsichtigten Kreditüberlassungsdauer und der Qualität der Kreditbesicherung ab. Dabei spielt es keine Rolle, ob Kredite aus Mitteln der Bank oder aus öffentlichen Mitteln gewährt werden sollen.

Kreditfähigkeit ist die Befähigung, rechtswirksam einen Kreditvertrag abzuschließen. Kreditfähig sind natürliche Personen, die unbeschränkt geschäftsfähig sind, juristische Personen (z. B. GmbHs) und Personenhandelsgesellschaften (z. B. OHGs). Beschränkt geschäftsfähige Personen, die das siebente Lebensjahr, aber noch nicht das achtzehnte Lebensjahr vollendet haben, bedürfen zur Kreditaufnahme der Genehmigung ihrer gesetzlichen Vertreter und des Vormundschaftsgerichts. Für die Beurteilung der Kreditfähigkeit einer juristischen Person (z. B. GmbH) prüft die Bank, wer diese in welchem Umfang rechtswirksam vertritt.

Kreditwürdigkeit ist der Maßstab für die Beurteilung der Fähigkeit eines Kreditnehmers, einen gewährten Kredit vereinbarungsgemäß verzinst zurückzahlen zu können. Dabei wird zwischen persönlicher und wirtschaftlicher Kreditwürdigkeit unterschieden. Die persönliche Kreditwürdigkeit richtet sich nach dem Vertrauen der Bank in die Person des Kreditnehmers aufgrund seiner Qualifikation, Zuverlässigkeit und unternehmerischen Fähigkeiten. Die wirtschaftliche Kreditwürdigkeit richtet sich nach der gegenwärtigen und zukünftigen Einkommens- und Vermögensverhältnisse, die auf eine störungsfreie Rückzahlung des Kredits schließen lässt. Mit der Kreditwürdigkeitsprüfung analysiert die Bank die persönlichen und wirtschaftlichen Verhältnisse des potenziellen Kreditnehmers zur Abschätzung des mit einer Kreditvergabe verbundenen Risikos.

Kreditinstitute unterliegen bei der Kreditgewährung strengen Vorschriften. Nach § 18 KWG sind sie z. B. grundsätzlich verpflichtet, Die wichtigsten Pflichten

Art der Sicherheit	Wertansatz
Sicherungsübereignung (z. B. Maschinen, Geräte, Fahrzeuge, Einrichtungen, Warenlager usw.) Die sicherungsübereigneten Gegenstände bleiben im Besitz des Unternehmens bzw. des Unternehmers, Eigentümer wird die Bank.	Preis, den die Bank bei einer Veräußerung voraussichtlich erzielen kann.
Immobilien im Rahmen von im Grundbuch eingetragenen Grundschulden oder Hypotheken	i. d. R. zwischen 50 % und 80 % des Beleihungswertes
Risikolebensversicherung	nach Vereinbarung
Bürgschaft des Ehepartners/Lebensgefährten oder von fremden Dritter (z. B. Lieferanten)	von der Bonität des Bürgen abhängig
Bürgschaft einer Bürgschaftsbank	100 % des Bürgschaftsbetrages
Kapitallebensversicherung	i. d. R. 100 % des Rückkaufwertes abzgl. KapESt
Festgelder, Sparguthaben, Sparbriefe	i. d. R. zu 100 %
Inländische festverzinsliche Wertpapiere	i. d. R. zwischen 80 % und 100 % des Kurswertes
Inländische Aktien	i. d. R. zwischen 40 % und 60 % des Kurswertes
Forderungsabtretung	i. d. R. je nach Bonität des Schuldners zwischen 50 % und 90 %

Abb. 131: Kreditsicherheiten

des Kreditnehmers (und der Bank) sind in den »Allgemeinen Geschäftsbedingungen (AGB)«, den »Allgemeinen Bedingungen für gewerbliche Darlehen« und im Kreditwesengesetz (KWG) geregelt. § 18 KWG verlangt von den Kreditinstituten, die **Kreditwürdigkeit** von Kreditnehmern sorgfältig zu prüfen.

Kredite werden nur gewährt, wenn ausreichende **Sicherheiten** zur Verfügung stehen. Die Höhe der Bewertung richtet sich nach dem jeweiligen Wertansatz.

Nach dem erfolgreichen Bankgespräch (Vorverhandlung) folgt der Kreditantrag, der allgemein folgende Formulare enthält:
* Selbstauskunft
  - Angaben zur Person,
  - Angaben zu Einnahmen und Ausgaben, Lebenshaltungskosten,
  - Angaben zu Vermögen und Verbindlichkeiten, Sicherheiten,
  - Nachweise, z. B. Gehaltsbescheinigungen der letzten drei Monate, Einkommensteuerbescheide der letzten drei Jahre, Versicherungspolicen, SCHUFA-Erklärung (Einwilligung zur Übermittlung von Daten an die SCHUFA und Einwilligung zum Abruf von gespeicherten Daten bei der SCHUFA).
* Angaben zum Unternehmen
  - Unternehmensbeschreibung,
  - Verwendungszweck des Kredits,
  - Kapitalbedarf und Finanzierungsbedarf,

– Planungsunterlagen (Investitionsplanung und Kapitalbedarfsermittlung, Rentabilitätsvorschau für drei Jahre, Liquiditätsplanung, Ermittlung der Gründungskosten.

Für das **Kreditgespräch** mit der Bank sollten Sie sich gut vorbereiten. Damit das Gespräch in Ihrem Sinne verläuft, sollten Sie folgendermaßen vorgehen:

- Verabreden Sie möglichst rechtzeitig einen Gesprächstermin.
- Es spricht nichts dagegen, wenn Sie Ihren Berater mitnehmen. Das Gespräch müssen Sie führen, wenn Sie überzeugen wollen. Regeln Sie vorher die Rollenverteilung.
- Schaffen Sie Vertrauen und geben Sie von sich aus alle notwendigen Informationen. Machen Sie Ihrem Gesprächspartner klar, dass Sie ihn auch künftig gut informieren werden und an einer vertrauensvollen Zusammenarbeit interessiert sind.
- Zeigen Sie, dass Sie von Ihrem Vorhaben total überzeugt sind.
  Für die Kredite haften Sie persönlich. Ihre Bank wird misstrauisch, wenn Sie an einer Begrenzung der Haftung interessiert sind. Kreditinstitute unterstützen nicht gern Existenzgründer, die selbst Zweifel am eigenen Erfolg haben.
- Legen Sie der Bank folgende Unterlagen vor:
  – Unternehmenskonzept bzw. Businessplan (Geschäftsplan)
  – Investitionsplan (mit Angeboten bzw. Kostenschätzungen), Kostenplan
  – Ertragsvorschau (Rentabilitätsvorschau)
  – Lebenslauf, beruflicher Werdegang
  – Ausbildungsnachweise (bei zulassungspflichtigen Gewerben: Prüfungen, Befähigungsnachweise)
  – Unbedenklichkeitsbescheinigung des Finanzamtes (Nachweis, dass keine Steuerschulden bestehen)
  – Selbstauskunft
  – Aufstellung des privaten Vermögens und der Schulden
  – Aufstellung der Lebenshaltungskosten (Miete, Nebenkosten, Versicherungen, Nahrungsmittel, Schulden usw.)
  – Kauf-, Miet- oder Pachtvertrag, Gesellschaftsvertrag
  – bei fertigem Objekt: Fotos
- Sie müssen die Bank überzeugen, Ihr Vorhaben zu finanzieren. Präsentieren Sie Ihre Vorstellung des Finanzierungsmixes: I.d.R. öffentliche Fördermittel ergänzt um ein Hausbankdarlehen. Suchen Sie gemeinsam mit Ihrem Gesprächspartner nach der optimalen Lösung. Bleiben Sie hartnäckig, wenn die Bank von Fördermitteln abrät.
- Lassen Sie sich nicht unter Druck setzen. Geben Sie Ihre Unterschrift erst dann, wenn Sie sich ganz sicher sind.

Auf der Grundlage der Kreditwürdigkeit entscheidet die Bank, ob der Antragsteller die Voraussetzungen für die Auszahlung eines Darlehens erfüllt und in welcher Höhe der Zinssatz bemessen wird.

TIPP

Akzeptieren Sie nicht zu leichtfertig jede angebotene Kondition. Akzeptieren Sie nicht gleich jeden Sicherheitenwunsch der Bank, sondern verhandeln Sie über Sicherheiten genauso wie über den Zinssatz. Haben Sie keine Scheu, das Gespräch mit der Bitte um Bedenkzeit abzubrechen.

Das Ergebnis des Kreditgesprächs sollte ein optimaler **Finanzierungsmix** aus öffentlichen Mitteln und Hausbankmitteln sein. Dementsprechend werden die **Kreditanträge** formuliert.

1.5.1 Rating (Unternehmensbewertung)

Koordiniert durch die Bank für Internationalen Zahlungsausgleich (BIZ) in Basel hatten im Jahr 1988 die Bankaufsichtsbehörden der zehn größten westlichen Industrienationen einheitliche Richtlinien (Basel I) für die Eigenkapitalausstattung von Banken erlassen, um für die Zukunft Bankpleiten auszuschließen. Nach diesen Richtlinien sind alle Kreditinstitute verpflichtet, für jeden anrechnungspflichtigen Kredit, den sie vergeben, mit 8,0 % Eigenkapital zu unterlegen, und zwar unabhängig von der Bonität (Kreditwürdigkeit) des Kreditnehmers.

Die neuen Baseler Eigenkapitalvereinbarungen bestehen aus drei sich gegenseitig ergänzenden Säulen, um die Stabilität des nationalen und des internationalen Bankensystems besser abzusichern.

Säule 1: Mindesteigenkapitalanforderungen
Zur Berechnung der Eigenkapitalquote werden alle Mindesteigenkapitalanforderungen für das Kreditrisiko, das Marktrisiko und das operationelle Risiko erläutert. Das Marktpreisrisiko setzt sich zusammen aus dem Fremdwährungsrisiko, dem Rohwa-

Die Neue Baseler Eigenkapitalvereinbarung		
SÄULE I	SÄULE II	SÄULE III
Mindesteigenkapital-anforderungen	Überprüfung durch die Aufsicht	Marktdisziplin
bzgl. der • Kreditrisiken, • Marktrisiken, • operationellen Risiken.	bzgl. der bankinternen • Beurteilungen und Strategien zur angemessenen Eigenkapitalausstattung, • Überwachung und Einhaltung der Eigenkapitalanforderungen	bzgl. • angemessener Offenlegungspflichten zur Erhöhung der Transparenz

Abb. 132: Das Grundkonzept von Basel II

renrisiko, dem Aktienpreisrisiko und dem Zinsrisiko. Operationelles Risiko ist das Risiko von Verlusten infolge der Unangemessenheit oder des Versagens von internen Verfahren, Menschen und Systemen oder von externen Ereignissen.

Bei der Unterlegung von Kreditrisiken mit Eigenkapital steht nunmehr die individuelle Bonität des jeweiligen Kreditnehmers im Vordergrund. Wurde bisher unabhängig von der Bonität des Kreditnehmers eine pauschale Eigenkapitalunterlegung von 8,0 % des Kreditbetrages gefordert, so ist nunmehr eine Unterlegung nach dem tatsächlichen Risiko vorgesehen. Das bedeutet, dass die Kreditinstitute für eine geringere Bonität (wegen der höheren Risiken) künftig einen höheren Eigenkapitalanteil stellen müssen. Für diesen Eigenkapitalanteil werden Zinsen berechnet, die der Kreditnehmer mit einer Risikoprämie bezahlen muss.

Zur Ermittlung der Mindesteigenkapitalanforderungen für das Kreditrisiko können die Kreditinstitute künftig zwischen verschiedenen Ansätzen wählen. Beim **Standardansatz** wird zur Bestimmung des Risikogewichtes auf das Rating einer externen Agentur zurückgegriffen. Da in der Bundesrepublik Deutschland nur sehr wenige Unternehmen über ein externes Rating verfügen und vor allem für kleine und mittlere Unternehmen ein Rating auch zu teuer sein dürfte, ist zu erwarten, dass der auf externen Ratings basierende Standardansatz keine große Rolle spielen wird. Beim **internen Verfahren (Internal Rating-Based Approach)**, von dem es zwei Varianten gibt, nämlich einen **IRB-Basisansatz (Foundation Approach)** und einen **fortgeschrittenen IRB-Ansatz (Advanced Approach)**, werden bankinterne Beurteilungen der wichtigsten Risiken als Grundlage für die Berechnung des Eigenkapitals verwendet. Der IRB-Basisansatz und der fortgeschrittene IRB-Ansatz unterscheiden sich in erster Linie in den Angaben, die von der Bank auf der Grundlage ihrer internen Risikoeinschätzungen ermittelt werden und jenen, die von den Aufsichtsbehörden festgelegt werden. Da die IRB-Ansätze auf bankinternen Einschätzungen beruhen, ist das Potenzial für risikosensitivere Eigenkapitalanforderungen enorm.

Die Berechnung des Risikogewichtes für Kredite nach den internen Verfahren beruht auf vier quantitativen Angaben. Es sind

1. die **Ausfallwahrscheinlichkeit (propability of default, PD)**, als Messgröße für die Wahrscheinlichkeit des Eintritts der Zahlungsunfähigkeit eines Schuldners über einen bestimmten Zeitraum hinweg,
2. die **Verlustquote bei Ausfall (loss given default, LGD)**, die den Anteil des Kredits misst, der uneinbringlich ist, wenn dieser notleidend wird,
3. die **erwartete Höhe der Forderungen zum Zeitpunkt des Ausfalls (exposure at default, EAD)**, durch die für Kreditzusagen der wahrscheinlich beanspruchte Betrag einer Kreditlinie im Falle eines Ausfalls ermittelt wird und
4. die **effektive Restlaufzeit (maturity, M)**, mit deren Hilfe die verbleibende ökonomische Restlaufzeit des Kredits gemessen wird.

Mit den vier Werten ergibt sich aus der IRB-Risikogewichtsfunktion für Unternehmen für jeden Kredit eine bestimmte Mindestkapitalanforderung. Bei der Kreditvergabe an Unternehmen mit einem Jahresumsatz von bis zu 50 Mio. EUR wurde eine größenabhängige Anpassung der Risikogewichtsformel vorgenommen.

Von dem Kreditbetrag, der bei der Berechnung als Berechnungsgrundlage dient, können künftig bestimmte Sicherheiten, die das Kreditinstitut vom Kreditnehmer erhalten hat, abgezogen werden. Neben Barsicherheiten und Wertpapiere sollen auch Sachsicherheiten anerkannt werden, die relativ zügig verwertet werden können. Von der Sicherheit wird, je nach Art, ein bestimmter Sicherheitsabschlag gemacht. Für den gesicherten Teil des Kredits ist dann kein Eigenkapital vorzuhalten.

Säule 2: Bankaufsichtlicher Überprüfungsprozess
Die nationalen Bankaufsichtsbehörden sollen die Möglichkeit erhalten, die Beurteilung der Kreditinstitute hinsichtlich ihrer Eigenkapitalausstattung in Relation zu ihrem Gesamtrisiko zu überprüfen und gegebenenfalls angemessene Maßnahmen zu ergreifen. Bei der Auswahl ihrer Mittel wird der Aufsicht ein großes Ermessen eingeräumt.

Säule 3: Erweiterte Offenlegung
Durch erweiterte Offenlegung von Informationen im Rahmen der externen Rechnungslegung der Kreditinstitute (z.B. Jahresabschlüsse, Quartalsberichte oder Lageberichte) soll die Marktdisziplin gestärkt werden. Eine wirksame Offenlegung soll sicherstellen, dass die Marktteilnehmer einen besseren Einblick in das Risikoprofil und die Angemessenheit der Eigenkapitalausstattung eines Kreditinstituts gewinnen.

> **Rating**
> Instrument zur Erkennung und Beurteilung von Risiken, um die Kreditwürdigkeit (Bonität) eines Unternehmens zu ermitteln. Ratingverfahren leiten die Wahrscheinlichkeit ab, mit der ein Kreditnehmer seine Verbindlichkeiten vollständig und pünktlich bezahlen wird.

Beim Rating geht es um eine umfassende Beurteilung des Unternehmens. Die Kreditinstitute und Ratingagenturen verwenden dabei unterschiedliche Kriterien. Folgende quantitative und qualitative Kriterien werden z.B. von den Volks- und Raiffeisenbanken abgefragt:
- **Quantitative Kriterien**
  zur Beurteilung der vergangenheitsbezogenen und aktuellen Vermögens-, Finanz- und Ertragslage
  - Wirtschaftliche Verhältnisse
    Jahresabschlüsse bzw. Einnahme-Überschussrechnungen der letzten zwei Jahre, aktuelle betriebswirtschaftliche Auswertungen, private Vermögensverhältnisse
  - Kontoführung
    Ausschöpfung oder Überziehung des eingeräumten Kreditrahmens, Verhältnis der Kontoumsätze zum Kontokorrentkreditrahmen, Erfüllung der Informationsverpflichtungen gegenüber der Bank, Einhaltung getroffener Vereinbarungen
- **Qualitative Kriterien**
  zur Beurteilung der zukünftigen Unternehmensentwicklung
  - Markt/Branche

Aktualität der Produkte und Leistungen, Weiterentwicklung, Branchenentwicklung, Abnehmer- und Lieferantenstruktur, Konkurrenzsituation
– Unternehmen/Management
Fachliche und kaufmännische Fähigkeiten der Geschäftsführung, Organisationsstruktur des Unternehmens, Qualität des Rechnungswesens, ausreichendes Controlling
– Unternehmensplanung
Art und Umfang der Planungen im Bereich Bilanz, Ergebnis, Investitionen, Finanzen und Liquidität.

Von den Vorschlägen des Baseler Ausschusses für Bankenaufsicht über die künftigen Anforderungen an eine angemessene Eigenkapitalausstattung der Kreditinstitute werden früher oder später alle kreditnehmenden Unternehmen betroffen sein. Da das Ratingergebnis stark von den zur Verfügung gestellten Informationen abhängt, ist Transparenz durch gezielte Weitergabe von qualitativen und quantitativen Informationen wichtig. Informationsdefizite wirken sich wegen der damit verbundenen Unsicherheit negativ auf das Ratingergebnis aus. Kreditinstitute werden Kre-

Rating-klasse	Ausfall-wahrscheinlichkeit	Bonitätseinstufung
AAA	0,01 %	sehr gut: höchste Bonität, praktisch kein Ausfallrisiko
AA+ AA AA-	0,02 % 0,03 % 0,04 %	sehr gut bis gut: hohe Zahlungswahrscheinlichkeit
A+ A A-	0,05 % 0,08 % 0,11 %	gut bis befriedigend: angemessene Deckung von Zins und Tilgung, viele gute Investmentattribute, aber auch Elemente, sich bei einer Veränderung der wirtschaftlichen Lage negativ auswirken können
BBB+ BBB BBB-	0,15 % 0,20 % 0,40 %	befriedigend: angemessene Deckung von Zins und Tilgung, aber auch spekulative Charakteristika oder mangelnder Schutz gegen wirtschaftliche Veränderungen
BB+ BB BB-	0,65 % 1,20 % 1,95 %	ausreichend: sehr mäßige Deckung von Zins und Tilgung, auch in gutem wirtschaftlichen Umfeld
B+ B B-	3,20 % 7,00 % 13,00 %	mangelhaft: sehr geringe Sicherung von Zins und Tilgung
CCC CC C		ungenügend: niedrigste Qualität, geringster Anlegerschutz in akuter Gefahr eines Zahlungsverzugs
D		zahlungsunfähig: Insolvenz

Abb. 133: Ratingklassen (Beispiel: Ratingagentur Standard & Poor's)

ditnehmern mit guter Bonität günstigere Kreditzinsen gewähren, für höhere Risiken hingegen höhere Kreditzinsen. Schwache Unternehmen müssen mit einer Kreditablehnung rechnen. Eine deutliche Spreizung der Kreditkonditionen in Abhängigkeit von der Bonität des Kreditnehmers zeichnet sich schon jetzt ab.

Im Gegensatz zu bestehenden Unternehmen können Existenzgründer noch keine Jahresabschlüsse vorweisen,. Daher kommt es für Existenzgründer vor allem darauf an, ein überzeugendes Unternehmenskonzept vorzustellen und fachliche sowie kaufmännische Qualifikationen nachzuweisen.

Die Ratingergebnisse werden in Klassen eingeteilt. Mit jeder Ratingklasse ist eine Ausfallwahrscheinlichkeit verbunden, die auf der Grundlage historischer Daten geschätzt wird, die einer bestimmten Risikokategorie entsprechen. Durch ihre feine Abstufung können sie direkt für die Zinsfindung eingesetzt werden.

TIPP
Zukünftig wird eine Kreditvergabe ohne Rating nicht mehr möglich sein. Sie sollten sich deshalb frühzeitig mit der Funktionsweise und Bedeutung bankinterner Ratingverfahren auseinander setzen und sich auf das Rating vorbereiten, damit Sie ein positives Ratingurteil erhalten.

1.5.2 Risikogerechtes Zinssystem für Förderkredite

Die Förderbanken des Bundes und der Länder vergeben ihre Darlehen nicht direkt an die Antragsteller, sondern reichen sie über die Kreditinstitute (Hausbanken) aus. Die mit den Darlehen verbundenen Ausfallrisiken tragen die Hausbanken. Hinsichtlich der Anforderungen von Basel II müssen die Kreditinstitute (Hausbanken) die Kreditvergabe unter Kosten- und Ertragsgesichtspunkten ausrichten. Risiken mindern die Bereitschaft der Kreditvergabe. Um die Bereitschaft der Kreditinstitu-

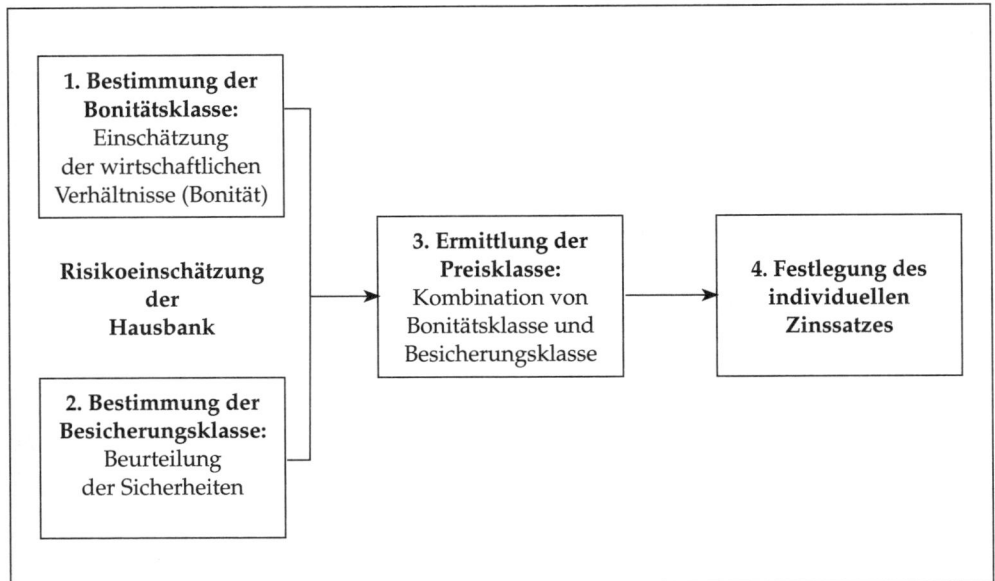

Abb. 134: Anwendung des risikogerechten Zinssystems

te anzuregen, öffentliche Darlehen auszureichen, differenzieren die Förderbanken die Zinssätze risikoabhängig.

Im risikogerechten Zinssystem zahlt jeder Kreditnehmer für seinen Förderkredit einen individuell vereinbarten Zinssatz. Die Ermittlung der Zinshöhe erfolgt in vier Stufen.

1. Stufe: Bestimmung der Bonitätsklasse

Die Hausbank analysiert die wirtschaftlichen Verhältnisse (Bonität) des Unternehmens, um zu beurteilen, inwieweit der Antragsteller des Darlehens in der Lage ist, die aus einer Darlehensgewährung resultierenden Zins- und Tilgungszahlungen ordnungsgemäß zu erbringen. Dazu benötigt die Hausbank Unterlagen zur Vermögens- und Ertragslage des Unternehmens. Dies sind die Jahresabschlüsse der letzten Jahre, eine aktuelle betriebswirtschaftliche Auswertung (BWA) bzw. Einnahmen-Überschussrechnungen. Auf dieser Basis schätzt die Hausbank ein, welches Risiko sie mit der Kreditvergabe eingeht. Zusätzlich werden weitere Kriterien berücksichtigt, die nach Einschätzung der Hausbank die Zukunftsaussichten des Unternehmens beeinflussen, z.B. die erwartete Geschäftsentwicklung, kaufmännische Qualifikation des Managements usw. Bei Gründungsvorhaben zählen das Gründungskonzept, die Gründerperson(en) und die Markteinschätzung.

Zur Einstufung der Risiken, die mit der Kreditvergabe verbunden sind, verwendet die Hausbank ein bankinternes Ratingverfahren, mit dem der Antragsteller in eine Bonitätsklasse eingeordnet wird. Die Ein-Jahres-Ausfallwahrscheinlichkeit zeigt die statistische Wahrscheinlichkeit, dass der Kreditnehmer innerhalb eines Jahres zahlungsunfähig wird. Für die Laufzeit eines Kredites ist die Ausfallwahrscheinlichkeit um ein Vielfaches höher.

Bonitätsklasse RGZS	Bonitätseinschätzung durch die Hausbank	Risikoeinschätzung durch die Hausbank	Ein-Jahres-Ausfall-wahrscheinlichkeit
1	ausgezeichnet	niedrig	$\leq 0,10\%$
2	sehr gut		$> 0,10\%$ und $\leq 0,40\%$
3	gut		$> 0,40\%$ und $\leq 1,20\%$
4	befriedigend		$> 1,20\%$ und $\leq 1,80\%$
5	noch befriedigend		$> 1,80\%$ und $\leq 2,80\%$
6	ausreichend		$> 2,80\%$ bis $\leq 5,50\%$
7	noch ausreichend	hoch	$> 5,50\%$ und $\leq 10,00\%$

Abb. 135: Bestimmung der Bonitätsklassen

2. Stufe: Bestimmung der Besicherungsklasse

Die Hausbank beurteilt die vorgesehenen Sicherheiten. Sicherheiten dienen der Hausbank zur Begrenzung des Kreditverlustes, dass ein Kreditnehmer nicht mehr imstande ist, laufende Zins- und Tilgungsverpflichtungen zu erbringen. Die zur Absicherung des Kredits vorgesehenen Sicherheiten (z.B. Grundschulden, Sicherungsübereignungen) werden von der Hausbank bewertet. Hierbei schätzt sie ein, welcher Anteil des Kredits durch erwartete Erlöse aus den Sicherheiten werthaltig abgedeckt werden kann. Bei der Werthaltigkeit kommt es im Wesentlichen auf den erwarteten Wiederverkaufswert an. Dieser wird u.a. bestimmt durch die Art der Sicherheit, die Wertbeständigkeit, die Marktgängigkeit und den allgemeinen technischen Fortschritt. Bei schwachen Sicherheiten kann durch eine teilweise Risikoübernahme durch eine Bürgschaft (z.B. einer Bürgschaftsbank) eine erhebliche Verbesserung der Absicherungssituation erreicht werden. Je nach Besicherungsquote und Höhe der Bürgschaft können die Zinsen für das Förderdarlehen so stark sinken, dass die zusätzlichen Kosten der Bürgschaft für das Unternehmen mehr als ausgeglichen werden.

Zur Einstufung der Sicherheiten, die mit der Besicherung verbunden sind, verwendet die Hausbank eine bankinterne Bewertung, mit deren Anwendung der Antragsteller in eine Besicherungsklasse eingeordnet wird.

Besicherungsklasse RGZS	Werthaltige Besicherung
1	$\geq 70\%$
2	$> 40\%$ und $< 70\%$
3	$\leq 40\%$

Abb. 136: Bestimmung der Besicherungsklasse

3. Stufe: Ermittlung der Preisklasse
Durch die Kombination von Bonitätsklasse und Besicherungsklasse ermittelt die Hausbank die Preisklasse des Förderkredits.

Bonitätsklasse	1	1	1	2	2	3	4	2	3	5	4	6	5	3	4	6	5
Besicherungsklasse	1	2	3	1	2	1	1	3	2	1	2	1	2	3	3	2	3
	⇩	⇩	⇩	⇩	⇩	⇩	⇩	⇩	⇩	⇩	⇩	⇩	⇩	⇩	⇩	⇩	⇩
Preisklasse	A		B		C		D		E			F		G		H		I

Abb. 137: Ermittlung der Preisklasse

4. Stufe: Ermittlung des individuellen Zinssatzes
Im Rahmen der Anwendung des risikogerechten Zinssystems geben die Förderbanken maximal zulässige Zinsobergrenzen vor. Welche Zinssätze jeweils festgelegt sind, zeigen die Konditionenübersichten der Förderbanken. Die Maximalwerte wurden so kalkuliert, dass sie für die Hausbanken für die jeweils ungünstigste Bonitäts- und Besicherungskombination der jeweiligen Preisklasse noch kostendeckend sein sollten. Jede Preisklasse deckt eine Spannweite unterschiedlicher Kombinationen von Bonität und Besicherung ab. Insofern sollten die individuellen Zinssätze in der Anwendung die maximal zulässigen Obergrenzen unterschreiten.

Die konkrete Höhe des Zinssatzes wird zwischen Kreditnehmer und Hausbank individuell vereinbart.

Preisklasse	Maximaler Zinssatz des Förderkredits nominal (effektiv)
A	4,00 (4,07%)
B	4,25 (4,33%)
C	4,65 (4,75%)
D	4,95 (5,06%)
E	5,45 (5,59%)
F	6,05 (6,22%)
G	6,75 (6,96%)
H	7,25 (7,50%)
I	8,35 (8,68%)
z. B. KfW-Gründerkredit – Universell, 10 Jahre Laufzeit, 2 tilgungsfreie Jahre, Stand: 20.04.2011	

Abb. 138: Ermittlung der individuellen Zinssatzes

Gute Argumente für ein Unterschreiten der Zinsobergrenze gibt es, wenn z.B.
*   die Ausfallwahrscheinlichkeit näher an der Untergrenze der Bonitätsklasse liegt.
*   die Werthaltigkeit der Besicherung näher an der Obergrenze der Besicherungsklasse liegt,
*   das Unternehmen eine überdurchschnittlich gute Zukunftsaussicht aufweist.

Lassen Sie sich von der Hausbank die Ergebnisse von Rating und Sicherheitenbewertung erläutern und Wege aufzeigen, wie sie verbessert werden können. Die Bonität ist meist nur mittelfristig beeinflussbar, es sei denn, Sie stocken das Eigenkapital z.B. durch eine stille Beteiligung auf. So verbleibt Ihnen meist nur kurzfristig die Möglichkeit, weitere Sicherheiten zu stellen, um so die Preisklasse zu verbessern.

Vorteile des risikogerechten Zinssystems:
*   Unternehmen mit schwacher Bonität und/oder schwacher Besicherung erhalten einen besseren Zugang zu Förderkrediten, zahlen allerdings dafür höhere Zinsen als Unternehmen mit besserer Bonität und/oder besserer Besicherung,
*   Unternehmen mit guter Bonität und/oder guter Besicherung zahlen niedrigere Zinsen als Unternehmen mit schwächerer Bonität und/oder schwächerer Besicherung,
*   die Hausbanken erhalten größere Freiheit bei der Festlegung der Zinssätze, indem sie Risiken individuell in Abstimmung mit den Unternehmen berücksichtigen können,
*   die Hausbanken können werthaltige Sicherheiten mit niedrigeren Zinsen belohnen.

TIPP
Der Zinssatz im risikogerechten Zinssystem ist verhandelbar!
Je niedriger das Ausfallrisiko innerhalb einer Bonitätsklasse und je werthaltiger

die Besicherung innerhalb einer Besicherungsklasse, desto niedriger sollte sich der individuelle Angebotszinssatz der Hausbank von der maximal zulässigen Preisobergrenze abheben.

1.5.3 Finanzierungsbeispiele

Das Programm ERP-Kapital für Gründung (Nachrangdarlehen) mit seinen günstigen Konditionen sollte bei der Finanzierung immer einbezogen werden. Es bleibt jedoch i. d. R. auf 30 % (in den alten Bundesländern) bzw. 40 % (in den neuen Bundesländern) der Investition beschränkt. 15 % (in den alten Bundesländern) bzw. 10 % (in den neuen Bundesländern) der benötigten Gesamtsumme sollte als Eigenmittel zur Verfügung stehen. Somit sind noch 55 % (in den alten Bundesländern) bzw. 50 % (in den neuen Bundesländern) der Investitionen ungedeckt. Bis zu 100 % der förderfähigen Investitionssumme kann durch einen KfW-Gründerkredit – Universell finanziert werden.

Die Förderprogramme der einzelnen Bundesländer sollten unbedingt mit in die Planung einbezogen werden.

**Beispiel 1: Gründung einer Möbeltischlerei (Gewerbe) in einem alten Bundes-
land**

Zu finanzieren sind:
*   ein Hallenneubau für die Fertigung von Fenstern, Türen und Rollläden aus Holz und Kunststoff,
*   die entsprechenden Maschinen und Geräte zur Produktion,
*   ein Fahrzeug (Transporter),
*   das Material- und Warenlager,
*   die Markterschließungsaufwendungen für die Eröffnungswerbung, Besuch von Fachmessen und -ausstellungen nach der Geschäftseröffnung sowie
*   der Betriebsmittelbedarf für die laufenden Kosten in den ersten Monaten.

Die Handwerkskammer hat eine uneingeschränkt positive Stellungnahme abgegeben. Die Rentabilitätsvorschau lässt eine langfristige tragfähige Vollexistenz erwarten.

Alle Anforderungen und Fördergrenzen sind beachtet:
*   Es sind 15 % Eigenmittel vorhanden. Zusammen mit dem ERP-Kapital für Gründung machen sie 45 % der Investitionen aus.
*   Mit dem KfW-Gründerkredit – Universell können bis zu 100 % der förderfähigen Investitionskosten abgedeckt werden.
*   Warenlager kann im Rahmen der »De-minimis«-Verordnung der Europäischen Kommission mitfinanziert werden.
*   Es sind nicht genügend Sicherheiten vorhanden. Die fehlende Sicherheit übernimmt eine Bürgschaftsbank (80 % des Kreditbetrages) und die Hausbank (20 % des Kreditbetrages).

Investitionsplan	
Bau- und Baunebenkosten	240.000 EUR
Maschinen und Geräte	235.000 EUR
Fahrzeug	25.000 EUR
Material- und Warenlager	20.000 EUR
Summe Investitionen	520.000 EUR

Finanzierungsplan	
Eigenmittel	78.000 EUR
ERP-Kapital für Gründung	156.000 EUR
KfW-Gründerkredit – Universell	286.000 EUR
Summe Finanzierungsmittel	520.000 EUR

Sicherheitenplan	
KfW-Gründerkredit – Universell	286.000 EUR
– Sicherungsübereignung	132.000 EUR
– Rückkauf Lebens- versicherung	10.000 EUR
Fehlende Sicherheiten	144.000 EUR

Abb. 139: Beispiel 1 für ein Finanzierungsmix (Gewerbe)

Beispiel 2: Übernahme einer Facharztpraxis (Freier Beruf) in einem neuen Bundesland
Zu finanzieren sind:
- die Umbaumaßnahmen langfristig gemieteter Räume,
- die Praxiseinrichtung (Mobiliar, Computer mit Software, Büromaterial),
- die medizinischen Geräte.

Die Kassenärztliche Vereinigung (KV) befürwortet die Gründung aufgrund der ärztlichen Qualifikation und des Standorts.

Alle Anforderungen und Fördergrenzen sind beachtet:
- Da Ärzte nicht vorsteuerabzugsberechtigt sind, lässt sich bei ihnen die Mehrwertsteuer ebenfalls mitfinanzieren.
- Es sind 10 % Eigenmittel vorhanden. Zusammen mit dem ERP-Kapital für Gründung machen sie 50 % der Investitionen aus.
- Mit dem KfW-Gründerkredit – Universell können bis zu 100 % der förderfähigen Investitionskosten abgedeckt werden.
- Es sind nicht genügend Sicherheiten vorhanden. Form und Umfang der Besicherung werden im Rahmen der Kreditverhandlungen zwischen dem Antragsteller und seiner Hausbank vereinbart.

Das erfolgreiche Ergebnis der Kreditanfrage ist die Kreditzusage.

Investitionsplan	
Umbaukosten	20.000 EUR
Einrichtung der Praxis	40.000 EUR
Medizinische Geräte	60.000 EUR
Summe Investitionen	120.000 EUR

Finanzierungsplan	
Eigenmittel	12.000 EUR
ERP-Kapital für Gründung	48.000 EUR
KfW-Gründerkredit – Universell	60.000 EUR
Summe Finanzierungsmittel	120.000 EUR

Sicherheitenplan	
KfW-Gründerkredit – Universell	60.000 EUR
– Rückkaufwert Lebens- versicherung	10.000 EUR
Fehlende Sicherheiten	50.000 EUR

Abb. 140: Beispiel 2 für ein Finanzierungsmix (Freier Beruf)

TIPP
Sollte die Hausbank Ihren Kreditantrag trotz aller Bemühungen ablehnen, so lassen Sie sich auf jeden Fall die Gründe dafür nennen, damit Sie Ihr Konzept auf eventuelle Schwachstellen überarbeiten können.

1.6 Der Kapitaldienst

Nach dem erfolgreichen Abschluss der Kreditverhandlungen muss der **Kapitaldienst** berechnet werden. Für jeden Kredit ist die Tilgung, der Zins und die Gesamtbelastung in absoluten Beträgen für die kommenden Jahre in eine Tabelle einzutragen Die Summe der jährlichen Gesamtbelastung geht in die Erfolgsrechnung und in die Liquiditätsrechnung ein.

Aus der Rentabilitätsvorschau muss nun ermittelt werden, ob aus dem zu erwartenden Betriebsergebnis der Kapitaldienst erbracht werden kann und auch für die Deckung der privaten Ausgaben ausreichende Mittel erwirtschaftet werden. Der **Cashflow** stellt die verfügbaren erarbeiteten Mittel dar. In dem **erweiterten Cashflow** sind die Abschreibungen und die Fremdkapitalzinsen enthalten. Werden die Abschreibungen voll als Finanzierungsmittel eingesetzt, muss berücksichtigt werden, was aus den Abschreibungen für Neuinvestitionen eingesetzt werden soll.

Für den Kapitaldienst stehen somit zur Verfügung:

	Zinsen	_____	EUR
+	Abschreibungen	_____	EUR
+	Einkommensüberschuss	_____	EUR
–	Neuinvestitionen	_____	EUR
=	Kapitaldienstgrenze	_____	EUR

Kapitaldienst					
			1. Jahr		
Nr.	Finanzierungsart und Konditionen	Betrag [EUR]	Tilgung [EUR]	Zins [EUR]	Gesamt [EUR]
1					
2					
3					
4					
5					
Summe					

Abb. 141: Kapitaldienst

Die **Kapitaldienstgrenze** wird in den ersten beiden Jahren i.d.R. nur mit den Zinsen belastet. Ab dem dritten Jahr erhöht sich die Beanspruchung dann jedoch wegen der Einsetzung der Tilgung. Beruhigend ist, dass in den tilgungsfreien Jahren eine ausreichende Liquiditätsreserve verbleibt. Damit können unvorhergesehene Einflüsse während der Anlaufphase bewältigt werden.

2 Die Förderprogramme zur Finanzierung der Existenzgründung

Die Förderprogramme sollen den Aufbau eines leistungsfähigen und breitgefächerten Mittelstand unterstützen. Förderhilfen sind zulässig, soweit die EU-Kommission sie als mit dem gemeinsamen Markt vereinbar erachtet. Dies bedeutet, dass die Vorgaben der Europäischen Union (EU) zu beachten sind. Es können Förderhilfen im Rahmen genehmigter Förderprogramme oder als »De-minimis«-Beihilfen vergeben werden. Die Förderung als »De-minimis«-Beihilfe ist dann der Fall, wenn der beizulegende Beihilfebetrag (Subventionswert), den dasselbe Unternehmen innerhalb von drei Kalenderjahren erhält, den absoluten Höchstbetrag (»De-minimis«-Schwellenwert) von 200.000 EUR (bei Unternehmen, die im Bereich des Straßentransportsektors tätig sind: 100.000 EUR) nicht übersteigt. Auf diesen Betrag anzurechnen sind alle im fraglichen Zeitraum gewährten »De-minimis«-Beihilfen. Der für den Höchstbetrag geltende Dreijahreszeitraum beginnt ab dem Tag zu laufen, an dem das jeweilige Unternehmen erstmals eine »De-minimis«-Beihilfe erhält.

Unter Subventionswert versteht man den Vorteil, den ein Unternehmen aus einer Beihilfe (Förderung) zieht. Bei Zuschüssen stellt die Höhe des Zuschusses den Subventionswert dar. Bei zinsverbilligten Darlehen wird der Subventionswert als

Zinsvorteil festgelegt, der sich aus der Differenz zwischen Effektivzinssatz des Förderdarlehens und einem Normalzinssatz (sog. Referenzzinssatz) finanzmathematisch errechnet. Der Referenzzins wird durch die EU-Kommission nach einem speziellen Verfahren ermittelt.

Bestimmte Beihilfen dürfen nur zugunsten so genannter KMU (kleine und mittlere Unternehmen) gewährt werden. Zurzeit enthält der »Gemeinschaftsrahmen für staatliche Beihilfen an kleine und mittlere Unternehmen« folgende Definition für **kleine und mittlere Unternehmen (KMU):** Es sind diejenigen Betriebe, die

- nicht mehr als 250 Personen beschäftigen *und*
- entweder
    - einen Jahresumsatz von höchstens 50 Mio. EUR erzielen *oder*
    - eine Jahresbilanzsumme von höchstens 43 Mio. EUR haben *und*
- nicht zu 25 % oder mehr des Kapitals oder der Stimmanteile im Besitz eines oder mehrerer Unternehmen gemeinsam stehen, welche die Definition der KMU bzw. der kleinen Unternehmen nicht erfüllen (Unabhängigkeitskriterium).

Dieser Schwellenwert kann in zwei Fällen überschritten werden,

- wenn das Unternehmen im Besitz von öffentlichen Beteiligungsgesellschaften, Risikokapitalgesellschaften oder institutionellen Anlegern steht und diese weder einzeln noch gemeinsam eine Kontrolle über das Unternehmen ausüben,
- wenn aufgrund der Kapitalstreuung nicht ermittelt werden kann, wer die Anteile hält, und das Unternehmen erklärt, dass es nach bestem Wissen davon ausgehen kann, dass es nicht zu 25 % oder mehr seines Kapitals im Besitz eines oder mehrerer Unternehmen gemeinsam steht, die die Definition der KMU bzw. der kleinen Unternehmen nicht erfüllen.

Die drei Kriterien (Beschäftigtenzahl, Umsatz oder Bilanzsumme, Unabhängigkeit) müssen gleichzeitig erfüllt sein. Bei der Berechnung der Beschäftigten- und Finanzschwellen sind die Daten des Unternehmens und aller Unternehmen, bei denen es unmittelbar oder mittelbar 25 % oder mehr des Kapitals oder der Stimmrechte hält, aufzuaddieren. Der Schwellenwert für die Beschäftigtenzahl bezieht sich auf die durchschnittliche Belegschaftsstärke innerhalb eines Geschäftsjahres, also die Anzahl von Vollzeitarbeitnehmern während eines Jahres. Teilzeitbeschäftigte und Saisonarbeitnehmer sind nur entsprechend ihres Anteils an der Jahresarbeitszeit zu berücksichtigen. Bemessungsgrundlage für den Schwellenwert soll der letzte durchgeführte Jahresabschluss sein.

Die Definition für **kleine Unternehmen (KU)** spielt beispielsweise in der Regionalförderung eine große Rolle: Es sind diejenigen Betriebe, die

- weniger als 50 Personen beschäftigen *und*
- entweder
    - einen Jahresumsatz von höchstens 10 Mio. EUR erzielen *oder*
    - eine Jahresbilanzsumme von höchstens 10 Mio. EUR haben *und*
- nicht zu 25 % oder mehr des Kapitals oder der Stimmanteile im Besitz eines oder mehrerer Unternehmen gemeinsam stehen, welche die Definition der KMU bzw. der kleinen Unternehmen nicht erfüllen (Unabhängigkeitskriterium).

Die Kommission der Europäische Union (EU) hat sich auf eine Definition von **Kleinstunternehmen** verständigt. Es sind diejenigen Betriebe, die

- weniger als 10 Personen beschäftigen *und*
- entweder
    - einen Jahresumsatz von höchstens 2 Mio. EUR erzielen *oder*
    - eine Jahresbilanzsumme von höchstens 2 Mio. EUR haben *und*
- nicht zu 25 % oder mehr des Kapitals oder der Stimmanteile im Besitz eines oder mehrerer Unternehmen gemeinsam stehen, welche die Definition der KMU bzw. der kleinen Unternehmen nicht erfüllen (Unabhängigkeitskriterium).

Alle übrigen KMU sind **mittlere Unternehmen (MU).**

Wenn eine Beihilfe nicht im Rahmen eines von der EU genehmigten Programms oder als »De minimis«-Beihilfe vergeben wird, muss die Beihilfe bei der EU einzelnotifiziert werden, d.h. die EU-Kommission prüft im Einzelfall die Vereinbarkeit der Beihilfe mit dem Gemeinsamen Markt. Eine Einzelnotifizierungspflicht ist erforderlich, wenn große Unternehmen in Schwierigkeit Förderhilfen beantragen, also Unternehmen, die das Kriterium für kleine und mittlere Unternehmen nicht erfüllen und erhebliche Liquiditäts- und/oder Rentabilitätsprobleme haben.

Insbesondere bei Bürgschaften und Haftungsfreistellungen für bestehende Unternehmen ist für eine Förderentscheidung von Bedeutung, ob es sich um ein gesundes Unternehmen oder um ein Unternehmen in Schwierigkeiten nach der Definition der Europäischen Union (EU) handelt.

Ein Unternehmen ist nach den »Leitlinien der Gemeinschaft für staatliche Beihilfen zur Rettung und Umstrukturierung von Unternehmen in Schwierigkeiten« als in Schwierigkeiten befindlich anzusehen, wenn es nicht in der Lage ist, mit eigenen finanziellen Mitteln oder Fremdmitteln, die ihm von seinen Eigentümern/ Anteilseignern oder Gläubigern zur Verfügung gestellt werden, Verluste aufzufangen, die das Unternehmen auf kurze oder mittlere Sicht so gut wie sicher in den wirtschaftlichen Untergang treiben werden, wenn der Staat nicht eingreift. Im Sinne der Leitlinien befindet sich ein Unternehmen insbesondere in folgenden Fällen in Schwierigkeiten (sog. operationelle Kriterien), wenn

- Zahlungsunfähigkeit oder Überschuldung im Sinne der Insolvenzordnung vorliegt oder
- mehr als die Hälfte des buchmäßigen Eigenkapitals bei Personengesellschaften bzw. bei Kapitalgesellschaften mehr als die Hälfte des Grund-/Stammkapitals im Sinne der §§ 92 AktG und 49 GmbHG und mehr als 25 % des buchmäßigen Eigenkapitals bzw. Grund-/Stammkapitals innerhalb der letzten 12 Monate verlustbedingt aufgezehrt worden sind.

Für kleine und mittlere Unternehmen (KMU) gelten ausschließlich die operationellen Kriterien. Selbst wenn kein operationelles Kriterium erfüllt ist, kann es sich bei Nicht-KMU um ein Unternehmen in Schwierigkeiten handeln, wenn hierfür typische Symptome auftreten, wie steigende Verluste, sinkende Umsätze, wachsende Lagerbestände, Überkapazitäten, verminderter Cashflow, zunehmende Verschuldung und Zinsbelastung sowie Abnahme oder Verlust des Reinvermögenswerts.

Die Beurteilung, ob sich ein Unternehmen in Schwierigkeiten befindet, ist im Rahmen einer Gesamtabwägung aller Umstände des Einzelfalls unter Berücksichtigung der letzten Jahresabschlüsse und anderer aussagefähiger Unternehmensdaten vorzunehmen.

Junge Unternehmen – auch solche, die aus der Abwicklung oder aus der Übernahme der Vermögenswerte eines anderen Unternehmens hervorgegangen sind – sind in den ersten drei Jahren nach Aufnahme der Geschäftstätigkeit grundsätzlich nicht als Unternehmen in Schwierigkeiten zu qualifizieren.

Existenzgründungen werden durch Bund, Länder und Europäische Union (EU) gefördert.

Förderprogramme des Bundes	Förderprogramme der Länder	Förderprogramme der EU
• Darlehen • Beteiligungen • Bürgschaften • Investitionszuschüsse • Investitionszulagen • Sonderabschreibungen	• Darlehen • Beteiligungen • Bürgschaften • Zuschüsse	• Darlehen • Beteiligungen • Zuschüsse

Abb. 142: Förderprogramme des Bundes, der Länder und der Europäischen Union

Die **Förderprogramme der Europäischen Union** sind für den durchschnittlichen Existenzgründer wenig geeignet. Aktuelle Informationen über die ausgeschriebenen Programme sind sehr schwer zugänglich. Außerdem ist das Antragsverfahren kompliziert und zeitaufwändig. Die Anträge müssen oft in einer zweiten EU-Sprache gestellt werden. Viele Programme verlangen Partnerschaften zwischen den Unternehmen aus verschiedenen EU-Staaten.

Wer sich für EU-Programme interessiert, sollte deshalb professionelle Hilfe in Anspruch nehmen. Erste Anlaufstellen sind die EU-Beratungsstellen **Enterprise Europe Network** [→ Adressenverzeichnis]. Dort informieren Experten über alle aktuellen EU-Programme, suchen die passende Förderung heraus und sind bei der Antragstellung behilflich. Die Grundberatung ist kostenlos. Für die Bewerbung ist eine Gebühr zu zahlen, allerdings nur im Erfolgsfall.

Bei einer gemeinschaftlichen Existenzgründung kann i.d.R. *jeder* Partner die öffentlichen Fördermittel in Anspruch nehmen, bis hin zur Ausschöpfung der jeweiligen Programm-Höchstbeträge.

Die Förderprogramme unterliegen ständigen Änderungen. Eine Gewähr über die folgenden Angaben kann deshalb nicht übernommen werden. Maßgeblich ist immer der Text der jeweils gültigen Förderrichtlinie.

Gründer aus einem EU-Mitgliedsland sowie der Europäischen Freihandelszone (EFTA = EU-Staaten, Schweiz, Island, Norwegen, Liechtenstein) können alle Existenzgründungsprogramme in Deutschland in Anspruch nehmen. Gründer aus anderen Staaten haben ebenfalls Anspruch auf öffentliche Existenzgründungsförderung, wenn sie eine Aufenthaltserlaubnis oder eine Niederlassungserlaubnis haben.

2.1 Die Förderprogramme des Bundes

Der Bund stellt eine Vielzahl von Förderprogrammen zur Verfügung, die allerdings einem ständigen Wandel unterliegen. Die folgende Übersicht zeigt ausgewählte Programme, die ausschließlich zur Finanzierung von Existenzgründungen von Bedeutung sind. Bei den angegebenen Konditionen ist zu beachten, dass diese von den Marktbedingungen abhängen und laufend geändert werden. Die hier angegebenen Konditionen basieren auf dem Stand April 2011. Über den aktuellen Stand der Fördermöglichkeiten informiert Sie die Förderdatenbank des Bundesministeriums für Wirtschaft und Technologie (BMWi) im Internet unter http://db.bmwi.de oder http://www.foerderdatenbank.de. Sie enthält die vollständigen Richtlinien und zusätzliche Informationen sowie Links zu allen öffentlichen Förderauskunftsstellen.

Die ERP-Programme
Die ERP-Kredite aus dem Sondervermögen des Bundes sind eine wichtige Finanzierungshilfe bei der Gründung und zur Finanzierung eines leistungsfähigen Mittelstandes. Grundsätzlich kann jede volkswirtschaftlich förderungswürdige Investition von mittelständischen Unternehmen und Angehörigen Freier Berufe zur Schaffung und Erhaltung von Arbeitsplätzen gefördert werden.

Kleine und mittlere Unternehmen	Umweltschutz und Energieeinsparung	Sonstige Maßnahmen
• Kapital für Gründung • Regionalförderprogramm • Kapitalbeteiligungen • Darlehen an Bürgschaftsbanken • Innovationsprogramm	• Rationelle Energieverwendung • Abwasserreinigung • Luftreinhaltung • Abfallwirtschaft	• Exportfinanzierung

Abb. 143: Schwerpunkte der ERP-Förderung

Alle ERP-Programme stehen Kreditnehmern in den neuen wie in den alten Bundesländern offen, in den neuen Bundesländern jedoch zu günstigeren Konditionen.

Der ERP-Kredit unterscheidet sich mit Ausnahme der Konditionen im Wesentlichen nicht vom kommerziellen Investitionskredit einer Bank oder Sparkasse. Er wird nicht vom Bundesministerium für Wirtschaft und Technologie (Verwaltung des ERP-Sondervermögens) unmittelbar gewährt, sondern über eines der Hauptleihinstitute des ERP-Sondervermögens – KfW, Frankfurt/Main – an die Hausbank des Kreditnehmers geleitet, die für die Kreditrückzahlung i.d.R. auch die Haftung übernimmt.

Für den ERP-Kredit gelten die Allgemeinen Bedingungen für die Vergabe von ERP-Mitteln.

Anträge auf Gewährung eines ERP-Kredites können bei einem beliebigen Kreditinstitut nach Wahl des Antragstellers gestellt werden. Die Banken oder Sparkassen beraten auch, welche Finanzierungsmöglichkeiten bestehen und prüfen die Anträge und die Kreditwürdigkeit der Antragsteller. Sie übernehmen im Allgemeinen die volle Haftung für den Kredit und leiten die Unterlagen an das für die Programmdurchführung zuständige Hauptleihinstitut.

Soweit für einzelne Programme nichts anderes bestimmt ist, entscheidet das Hauptleihinstitut über die Gewährung des Kredits und stellt bei positiver Entscheidung die bewilligten Mittel dem Kreditinstitut zur Auszahlung an den Kreditnehmer zur Verfügung.

Die Hauptleihinstitute stellen darüber hinaus auch eigene Mittel für die gleichen Vorhaben zur Verfügung. Die ebenfalls langfristig bereitstehenden Mittel sind besonders interessant zur Ergänzung oder anstelle von ERP-Krediten, da diese oftmals vom Höchstbetrag her limitiert oder an strengere Voraussetzungen geknüpft sind. So gewährt z.B. die KfW Investitionsdarlehen verschiedener Art auf dem Gebiet des Umweltschutzes und zur Finanzierung gewerblicher Unternehmen.

Vorteile der ERP-Kredite
- günstiger Zins, fest über die volle Laufzeit
- lange Laufzeiten
- keine Tilgung in den ersten Jahren
- jederzeit vorzeitige Rückzahlbarkeit.

Allgemeine Bedingungen für die Vergabe von ERP-Mitteln

Die in dem ERP-Wirtschaftsplan veranschlagten Mittel werden nach Maßgabe von Einzelrichtlinien vergeben. Die nachstehenden Allgemeinen Bedingungen sind Bestandteil jeder Einzelrichtlinie, soweit Abweichendes nicht festgelegt ist.

1. Förderungswürdigkeit
Die ERP-Mittel dienen der Förderung der deutschen Wirtschaft. Es werden nur Vorhaben berücksichtigt, die volkswirtschaftlich förderungswürdig sind, die Wettbewerbs- und Leistungsfähigkeit der geförderten Unternehmen steigern und einen nachhaltigen wirtschaftlichen Erfolg erwarten lassen. ERP-Mittel sollen nur gewährt werden, wenn die Durchführung des Vorhabens ohne diese Förderung wesentlich erschwert würde. Dabei sind auch die wirtschaftlichen Gesamtverhältnisse der Eigentümer zu berücksichtigen. Sanierungsfälle bzw. die Förderung von Unternehmen in Schwierigkeiten im Sinne der EU-Definition sind ausgeschlossen.

2. Investitionsfinanzierung
Die ERP-Mittel werden für die Finanzierung von Investitionen mit langfristigem Finanzierungsbedarf zur Verfügung gestellt. Die Laufzeit von ERP-Darlehen soll sich an der betriebsgewöhnliche Nutzungsdauer orientieren; bei Bauten darf sie höchstens 20 Jahre betragen. Verschiedene Laufzeiten können zu einer Durchschnittslaufzeit zusammengefasst werden.

3. Anteilsfinanzierung
Die ERP-Mittel dienen grundsätzlich nur der anteiligen Finanzierung des Vorhabens. Der Empfänger hat sich entsprechend seiner Vermögenslage und Ertragskraft in angemessenem Umfang mit Eigenmitteln und anderen Fremdmitteln an der Gesamtfinanzierung zu beteiligen. Ermäßigen sich die Kosten des Vorhabens oder erhöhen sich andere öffentliche Finanzierungsmittel, werden die ERP-Mittel anteilig gekürzt.

4. Nachfinanzierung
Die ERP-Mittel dürfen nicht für Vorhaben gewährt werden, mit deren Durchführung im Zeitpunkt der Antragstellung bereits begonnen worden ist.

5. Vergabe und Besicherung
Die ERP-Mittel werden grundsätzlich unter Einschaltung von Kreditinstituten vergeben, die für die Darlehen grundsätzlich die volle Haftung übernehmen. Die ERP-Darlehen sind banküblich abzusichern, unter Umständen durch Bürgschaften der Bürgschaftsbanken/Kreditgarantiegemeinschaften oder der Länder.

6. Zweckbindung
Die ERP-Mittel sind für den nach den Richtlinien festgelegten Zweck zu verwenden. Sie sind zurückzuzahlen, wenn sie bestimmungswidrig verwendet werden oder die Voraussetzungen für ihre Gewährung sich nachträglich ändern oder entfallen.

7. Vergütung für Kreditinstitute
Die Vergütung für Kreditinstitute ist in dem Zinssatz für ERP-Darlehen enthalten.

8. Antragsunterlagen
Der Antrag auf Gewährung von ERP-Mitteln muss eine Beurteilung des Vorhabens ermöglichen und sollte deshalb die dafür erforderlichen Angaben enthalten:
– Beschreibung des Unternehmens, einschließlich der in den jeweiligen Einzelrichtlinien vorgesehenen Antragsberechtigung,
– letzte Jahresabschlüsse oder vergleichbare Unterlagen,
– Beschreibung des Vorhabens unter Berücksichtigung des in den jeweiligen Einzelrichtlinien vorgesehenen Verwendungszwecks,
– Kosten- und Finanzierungsplan,
– künftige Erfolgserwartungen,
– Besicherungsvorschlag,
– ggf. Nachweis der fachlichen Eignung.
Der Antrag muss die Versicherung enthalten, dass die Angaben vollständig und richtig sind. Die Angaben über die Antragsberechtigung und über den Verwendungszweck sind subventionserheblich i.S. von § 264 StGB i.V. mit § 2 des Subventionsgesetzes.

9. Rechtsanspruch
Ein Rechtsanspruch auf ERP-Mittel besteht nicht. Die Gewährung und Bemessung der einzelnen Darlehen richtet sich nach dem Umfang der vorhandenen Mittel.

10. Auskunftspflicht, Prüfung
Den Beauftragten des ERP-Sondervermögens sind auf Verlangen erforderliche Auskünfte zu erteilen, Einsicht in Bücher und Unterlagen sowie Prüfungen zu gestatten.
Das Bundesministerium für Wirtschaft und Technologie darf dem Ausschuss des Deutschen Bundestages für Wirtschaft und Technologie im Einzelfall den Namen des Antragstellers, Höhe und Zweck des Darlehens in vertraulicher Weise bekannt geben, sofern der Wirtschaftsausschuss dies beantragt.
Die Bundesregierung darf zudem Name, Anschrift, Wirtschaftszweig, Beihilfebetrag, förderfähige Kosten des Vorhabens und Gesamtkosten des Vorhabens an die Europäische Kommission übermitteln, sofern er zu den 50 am meisten Begünstigten im jeweiligen ERP-Programm gehört.

Abb. 144: Allgemeine Bedingungen für die Vergabe von ERP-Mitteln

Das **ERP-Kapital für Gründung** ist ein außerordentlich attraktives Förderprogramm für Existenzgründer. Das Nachrangdarlehen ist ein eigenkapitalähnliches Darlehen, das zu einer ausreichender Eigenkapitalbasis im Zusammenhang mit Gründungen und Erwerb von Unternehmen bzw. freiberuflichen Existenzen sowie Übernahme von tätigen Beteiligungen beitragen soll. Heilberufe (z.B. Ärzte, Zahnärzte, Apotheker, Masseure, Heilpraktiker, Krankengymnasten und Tierärzte) werden in allen Bundesländern gefördert.

An die Förderung werden u.a. folgende Bedingungen gestellt:

* Der Nachweis eines nachhaltig tragfähigen Unternehmenskonzeptes,
* Qualifikation des Antragstellers,
* unzureichende Eigenmittel,
* mittelständischer Charakter sowie rechtliche und wirtschaftliche Selbstständigkeit des Unternehmens,
* Antragstellung vor Beginn des Vorhabens.

Das ERP-Kapital für Gründung wird nur gewährt, wenn ohne sie die Durchführung des Vorhabens, insbesondere wegen einer nicht angemessenen Basis an haftendem Kapital, wesentlich erschwert würde. Der Antragsteller muss vorhandene eigene Mittel in angemessenem Umfang für die Finanzierung des Vorhabens zur Verfügung stellen. Es gilt Subsidiarität zu eigenen Mitteln und sonstigen Finanzierungsmöglichkeiten.

Im Zeitpunkt der Antragstellung darf mit der Durchführung des zu finanzierenden Vorhabens noch nicht begonnen worden sein. Ein Vorhaben gilt als begonnen, sobald wesentliche rechtsverbindliche Verpflichtungen eingegangen worden sind (z.B. aus Kaufvertrag, Lieferungs- oder Leistungsvertrag). Die Antragstellung ist i.d.R. rechtzeitig erfolgt, wenn vor diesem Zeitpunkt zumindest konkrete Finanzierungsgespräche im Hinblick auf eine Beantragung der Fördermittel bei der Hausbank geführt und dort aktenkundig gemacht wurden.

Vom Antragsteller wird erwartet, dass er die Schwerpunkte seiner unternehmerischen/freiberuflichen Tätigkeit darlegt sowie anhand geeigneten Zahlenmaterials die **Erfolgsaussichten** seines Vorhabens begründet. Aus dem Vorhabenskonzept und aus der Umsatz-, Kosten- und Ertragsvorschau muss hervorgehen, dass eine nachhaltig tragfähige Vollexistenz erwartet werden kann. Diese einzureichenden Unterlagen sollten insbesondere enthalten:

* Entwicklung der Marktbedingungen,
* Standortwahl und -qualität mit den Faktoren Einzugsgebiet, Nachfragepotenzial, Versorgungs- und Konkurrenzsituation,
* Konkurrenzfähigkeit des eigenen Leistungs- bzw. Lieferangebotes, insbesondere hinsichtlich Qualität, Service, Präsentation und Preis,
* Einschätzung der Wirtschaftlichkeit durch eine realistische Umsatz-, Kosten- und Ertragsvorschau über mehrere Jahre.
* Bei Unternehmenserwerb, tätiger Beteiligung und Existenzfestigungsvorhaben ist der letzte verfügbare Jahresabschluss und ggf. eine aktuelle betriebswirtschaftliche Auswertung (BWA) einzureichen.

Außerdem ist die Stellungnahme einer unabhängigen fachlich kompetenten Stelle beizufügen. Aufgabe dieser Stelle ist es, die Tragfähigkeit und die Angemessenheit des Vorhabens sowie die Qualifikation des Antragstellers unter Berücksichtigung der örtlichen Verhältnisse zu beurteilen. Von der Stelle wird erwartet, dass sie das Vorhabenskonzept und die Umsatz- und Ertragsvorschau einer kompetenten Prüfung unterzieht. Grundsätzlich steht es dem Antragsteller frei, an welche gutachterlich tätige Stelle (z.B. Kammer, Berufsvertretung, Unternehmensberater, Steuerberater oder Wirtschaftsprüfer) er sich wendet.

Anträge auf Gewährung eines Nachrangdarlehens können bei einem beliebigen Kreditinstitut nach Wahl des Antragstellers gestellt werden. Die Banken oder Sparkassen beraten auch, welche Finanzierungsmöglichkeiten bestehen, prüfen die Anträge und leiten die Unterlagen an die KfW weiter. Die KfW entscheidet über die Gewährung des Darlehens und stellt bei positiver Entscheidung die bewilligten Mittel dem Kreditinstitut zur Auszahlung an den Kreditnehmer zur Verfügung. Der Darlehensvertrag über die Eigenkapitalhilfe kommt zwischen dem Antragsteller und seiner Hausbank zustande. Die bestimmungsgemäße Verwendung der Mittel ist gegenüber der Hausbank nachzuweisen.

Vorteile der Nachrangdarlehen
- besonders günstiger Zins, fest für die ersten 10 Jahre
- sehr lange Laufzeiten
- keine Tilgung in den ersten 7 Jahren
- außer der persönlichen Haftung des Antragstellers sind keine weiteren Sicherheiten erforderlich.

Formale Prüfung	Inhaltliche Prüfung
• Unternehmerische Selbstständigkeit • Rechtzeitige Antragstellung • Subsidiarität der Finanzierung	• Förderfähigkeit • Unternehmens-/Vorhabenskonzept • Qualifikation des Antragstellers • Tragfähigkeit der Existenz

Abb. 145: Prüfungskriterien der KfW

Nach einem Urteil des Bundesgerichtshofs (BGH) darf die Vergabe öffentlich geförderter Darlehen zur Existenzgründung nicht mehr generell von der Mithaftung des Ehepartners abhängig gemacht werden. Es ist sittenwidrig, die Haftung des Ehepartners unabhängig von dessen Leistungsfähigkeit zu verlangen (Aktz: XI ZR 50/96).

> **TIPP**
> Es besteht kein Rechtsanspruch auf ERP-Mittel!!
> Seien Sie deshalb sorgfältig mit der Ausarbeitung Ihres Antrages und reichen ein *überzeugendes* Unternehmenskonzept ein. Die Ablehnungsquote ist insbesondere bei den Nachrangdarlehen relativ hoch. Sie gefährden Ihre Existenzgründung, wenn Sie unnötigerweise teuer finanzieren müssen.

Das Bürgschaftsprogramm
In allen Bundesländern stehen Bürgschaftsbanken zur Verfügung, die sich der Besicherung von Krediten vor allem für Existenzgründer und mittelständische Betriebe

annehmen, soweit diese nicht über bankübliche Sicherheiten verfügen und das Unternehmenskonzept tragfähig ist. Bürgschaftsbanken sind Selbsthilfeeinrichtungen der privaten Wirtschaft, die durch 80%ige Rückbürgschaften des Bundes und des jeweiligen Landes unterstützt werden.

Begünstigt sind Betriebe des privaten gewerblichen Mittelstandes (Handwerk, Handel, Kleinindustrie, Gaststätten- und Dienstleistungsgewerbe usw.) sowie Angehörige Freier Berufe.

Die Bürgschaften werden gegenüber den Kreditinstituten (Hausbank) übernommen, soweit der Kreditnehmer ausreichende Sicherheiten nicht stellen kann. Sie decken bis zu 80% des Ausfalls (Selbstbehalt des Kreditgebers 20%). Der Höchstbetrag der Bürgschaft liegt i.d.R. bei 750.000 EUR bei einer Laufzeit bis zu 15 Jahren bzw. bis zu 23 Jahren bei Bauvorhaben.

Die Bürgschaftsbanken erheben eine einmalige Bearbeitungsgebühr und eine laufende Bürgschaftsprovision.

Die Bürgschaft ist über die jeweilige Hausbank bei der Bürgschaftsbank des Landes zu beantragen, in dem der begünstigte Betrieb seinen Sitz hat.

Das Programm der Bundesagentur für Arbeit (BA)
Im Rahmen der Arbeitsförderung gewährt die regional zuständige Agentur für Arbeit folgende Unterstützungen für Existenzgründer:
* **Gründungszuschuss (GZ) nach § 57 SGB III**
  Arbeitnehmer, die durch die Aufnahme einer selbstständigen, hauptberuflichen (d.h. für mindestens 15 Wochenstunden angelegten) Tätigkeit die Arbeitslosigkeit beenden, haben nach § 57 Abs. 1 SGB III zur Sicherung des Lebensunterhalts und zur sozialen Sicherung in der Zeit nach der Existenzgründung Anspruch auf einen Gründungszuschuss. Ein Gründungszuschuss wird nach § 57 Abs. 2 SGB III geleistet, wenn der Arbeitnehmer
  1. bis zur Aufnahme der selbstständigen Tätigkeit
     a) einen Anspruch auf Entgeltersatzleistungen nach SGB III hat oder
     b) eine Beschäftigung ausgeübt hat, die als Arbeitsbeschaffungsmaßnahmen nach SGB III gefördert worden ist,
  2. bei Aufnahme der selbstständigen Tätigkeit noch über einen Anspruch auf Arbeitslosengeld von mindestens 90 Tagen verfügt,
  3. der Agentur für Arbeit die Tragfähigkeit der Existenzgründung nachweist und,
  4. seine Kenntnisse und Fähigkeiten (persönliche und fachliche Eignung) zur Ausübung der selbstständigen Tätigkeit darlegt.

Zum Nachweis der Tragfähigkeit der Existenzgründung ist der Agentur für Arbeit die Stellungnahme einer fachkundigen Stelle (Tragfähigkeitsbescheinigung) vorzulegen. Grundlage der Stellungnahme sind i.d.R. die aussagefähige Beschreibung des Existenzgründungsvorhabens, Lebenslauf (einschließlich ggf. notwendiger Befähigungsnachweise), Kapitalbedarfs- und Finanzierungsplan, Umsatz- und Rentabilitätsvorschau und Angaben des Existenzgründungswilligen zur Selbstständigkeit der Tätigkeit. Fachkundige Stellen sind insbesondere die Industrie- und Handelskammern, Handwerkskammern, berufsständische Kammern, Fachverbände, Kreditinstitute und Unternehmensberater. Bestehen begründete Zweifel an den Kenntnissen und Fähigkeiten zur Ausübung der selbstständigen Tätigkeit, kann die Agentur für Arbeit vom Arbeitnehmer die Teilnahme an Maßnahmen zur Eignungsfeststellung oder zur Vorbereitung der Existenzgründung verlangen.

Der Gründungszuschuss wird nach § 57 Abs. 3 SGB III nicht geleistet, solange Ruhetatbestände (Anspruch auf Krankengeld, Sperrzeit) vorliegen oder vorgelegt hätten.

Die Förderung ist nach § 57 Abs. 4 SGB III ausgeschlossen, wenn nach Beendigung einer Förderung der Aufnahme einer selbstständigen Tätigkeit nach SGB III noch nicht 24 Monate vergangen sind. Von dieser Frist kann wegen besonderer in der Person des Arbeitnehmers liegender Gründe abgesehen werden.

Geförderte Personen haben nach § 57 Abs. 5 SGB III ab dem Monat, in dem sie das Lebensjahr für den Anspruch auf Regelaltersgrenze vollenden, keinen Anspruch auf einen Gründungszuschuss.

Der Gründungszuschuss wird nach § 58 Abs. 1 SGB III für die Dauer von neun Monaten in Höhe des Betrages, den der Arbeitnehmer als Arbeitslosengeld zuletzt bezogen hat, zuzüglich von monatlich 300 EUR, geleistet. Der Gründungszuschuss kann nach § 58 Abs. 2 SGB III für weitere sechs Monate in Höhe von monatlich 300 EUR geleistet werden, wenn die geförderte Person ihre Geschäftstätigkeit anhand geeigneter Unterlagen darlegt. Bestehen begründete Zweifel, kann die Agentur für Arbeit die erneute Vorlage einer Stellungnahme einer fachkundigen Stelle verlangen.

Der Gründungszuschuss ist nach § 3 Abs. 2 EStG eine steuerfreie Einnahme und unterliegt nicht dem Progressionsvorbehalt nach § 32 EStG. Nicht gefördert werden sogenannte Scheinselbstständige, die eher einem abhängigen Beschäftigungsverhältnis entsprechen, z.B. durch persönliche Abhängigkeit (Weisungsgebundenheit), insbesondere örtliche, zeitliche, inhaltliche bzw. fachliche Weisungsbindung; durch Eingliederung in die Organisation des Auftraggebers, insbesondere Zusammenarbeit mit Mitarbeitern des Arbeitgebers oder mit Arbeitsmitteln des Auftraggebers; wegen eines fehlenden Unternehmerrisikos, insbesondere keine eigene Unternehmensorganisation (keine Mitarbeiter, keine eigenen Geschäftsräume, kein eigenes Betriebskapital, kein Auftreten am Markt (nur ein Auftraggeber), keine angemessene Verteilung von Chancen und Risiken (keine örtliche, zeitliche oder inhaltliche unternehmerische Freiheit, kein eigener Kundenstamm, keine freie Preisgestaltung).

Handelsvertreter, Versicherungs- und Bausparkassenvertreter, auch wenn sie vertraglich nicht für weitere Unternehmer tätig werden dürfen oder ihnen dies nach Art und Umfang der Tätigkeit nicht möglich ist (Ausschließlichkeitsbindung), üben trotz wirtschaftlicher Abhängigkeit von den von ihnen vertretenen Unternehmen eine selbstständige Tätigkeit aus, wenn sie ihre Tätigkeit im Wesentlichen frei gestalten und ihre Arbeitszeit bestimmen können (§ 84 Abs. 1 HGB).

- **Einstiegsgeld (ESG) nach § 16b SGB II**
  Zur Überwindung von Hilfebedürftigkeit kann nach § 16b Abs. 1 SGB II erwerbsfähigen Hilfebedürftigen, die arbeitslos sind, bei Aufnahme einer sozialversicherungspflichtigen oder selbstständigen Erwerbstätigkeit ein Einstiegsgeld erbracht werden, wenn dies zur Eingliederung in den allgemeinen

Arbeitsmarkt erforderlich ist. Das Einstiegsgeld kann auch erbracht werden, wenn die Hilfebedürftigkeit durch oder nach Aufnahme der Erwerbstätigkeit entfällt.

Das Einstiegsgeld wird, soweit für diesen Zeitraum eine Erwerbstätigkeit besteht, für höchstens 24 Monate erbracht (§ 16b Abs. 2 SGB II). Bei der Bemessung der Höhe des Einstiegsgeldes soll die vorherige Dauer der Arbeitslosigkeit sowie die Größe der Bedarfsgemeinschaft berücksichtigt werden, in der der erwerbsfähige Hilfebedürftige lebt.

Bei der Bemessung ist neben der Berücksichtigung der Kriterien auch ein Bezug zu der für den erwerbsfähigen Hilfebedürftigen jeweils maßgebenden Regelleistung herzustellen. In der Regel beträgt der Fördersatz 50 % der Regelleistung[1] nach § 20 Abs. 2 SGB II und erhöht sich für jedes Mitglied der Bedarfsgemeinschaft um 10 % der Regelleistung. Weist der erwerbsfähige Hilfebedürftige gravierende Vermittlungshemmnisse auf, kann der Fördersatz erhöht werden. Das Einstiegsgeld soll insgesamt 100 % der Regelleistung nicht übersteigen.

Leistungen zur Eingliederung von erwerbsfähigen Hilfebedürftigen, die eine selbstständige, hauptberufliche Tätigkeit aufnehmen oder ausüben, können nach § 16c Abs. 1 SGB II nur gewährt werden, wenn zu erwarten ist, dass die selbstständige Tätigkeit wirtschaftlich tragfähig ist und die Hilfebedürftigkeit durch die selbstständige Tätigkeit innerhalb eines angemessenen Zeitraums dauerhaft überwunden oder verringert wird. Zur Beurteilung der Tragfähigkeit der selbstständigen Tätigkeit soll die Agentur für Arbeit die Stellungnahme einer fachkundigen Stelle verlangen.

Erwerbsfähige Hilfebedürftige, die eine selbstständige, hauptberufliche Tätigkeit aufnehmen oder ausüben, können nach § 16c Abs. 2 SGB II Darlehen und Zuschüsse für die Beschaffung von Sachgütern erhalten, die für die Ausübung der selbstständigen Tätigkeit notwendig und angemessen sind. Zuschüsse dürfen einen Betrag von 5.000 EUR nicht übersteigen.

Leistungen zur Sicherung des Lebensunterhalts und zur Eingliederung in Arbeit nach SGB II sind nach § 3 Abs. 2b EStG steuerfrei und unterliegen nicht dem Progressionsvorbehalt nach § 32 EStG.

Soweit die Voraussetzungen erfüllt sind, besteht auf den Gründungszuschuss (1. Phase) ein Rechtsanspruch. Alle übrigen Leistungen sind i.d.R. nur im Rahmen der vorhandenen Haushaltsmittel möglich. Informationen erteilen die Agenturen für Arbeit. Sie nehmen auch die entsprechenden Anträge entgegen.

---

1   Die Höhe der monatlichen Regelleistung zur Sicherung des Lebensunterhalts nach § 20 Abs. 2 SGB II beträgt ab 01.07.2009 für Personen, die allein stehend oder allein erziehend sind oder deren Partner minderjährig ist, 359,00 EUR. Die Regelleistung wird jeweils zum 01.07. eines jeden Jahres prozentual angepasst, um den sich der aktuelle Rentenwert in der gesetzlichen Rentenversicherung verändert. Leistungen für Unterkunft und Heizung werden nach § 22 Abs. 1 SGB II in Höhe der tatsächlichen Aufwendungen erbracht.

TIPP

Bei Arbeitslosigkeit sollten Sie unbedingt noch *vor* der Aufnahme der selbstständigen Tätigkeit mit Ihrem Arbeitsvermittler Kontakt aufnehmen. Der Gründungszuschuss und das Einstiegsgeld werden nur gewährt, wenn der Antrag *vor* Aufnahme der selbstständigen Tätigkeit gestellt wird.

Existenzgründer, die ihre Selbstständigkeit aufgeben, können grundsätzlich ihren früheren Leistungsanspruch wieder geltend machen, wenn sie sich im Anschluss an die Selbstständigkeit wieder arbeitslos melden und je nach Leistungsart Fristen beachten.

Arbeitnehmer haben bei Arbeitslosigkeit Anspruch auf Arbeitslosengeld (§ 117 Abs. 1 SGB III). Anspruch auf Arbeitslosengeld bei Arbeitslosigkeit haben Arbeitnehmer, die nach § 118 Abs. 1 SGB III

1. arbeitslos sind,
2. sich bei der Agentur für Arbeit arbeitslos gemeldet und
3. die Anwartschaftszeit erfüllt haben.

Arbeitslos nach § 119 Abs. 1 SGB III ist ein Arbeitnehmer, der

1. nicht in einem Beschäftigungsverhältnis steht (Beschäftigungslosigkeit),
2. sich bemüht, seine Beschäftigungslosigkeit zu beenden (Eigenbemühungen) und
3. den Vermittlungsbemühungen der Agentur für Arbeit zur Verfügung zu steht (Verfügbarkeit).

Die Ausübung einer Beschäftigung, selbstständigen Tätigkeit oder Tätigkeit als mithelfender Familienangehöriger (Erwerbstätigkeit) schließt die Beschäftigungslosigkeit nicht aus, wenn die Arbeits- oder Tätigkeitszeit (Arbeitszeit) weniger als 15 Stunden wöchentlich umfasst (§ 119 Abs. 3 SGB III). Die Anwartschaftszeit hat erfüllt, wer in der Rahmenfrist mindestens 12 Monate in einem Versicherungspflichtverhältnis gestanden hat (§ 123 Abs. 1 SGB III). Zeiten, die vor dem Tag liegen, an dem der Anspruch auf Arbeitslosengeld wegen des Eintritts einer Sperrzeit erloschen ist, dienen nicht zur Erfüllung der Anwartschaftszeit. Die Rahmenfrist beträgt zwei Jahre und beginnt mit dem Tag vor der Erfüllung aller sonstigen Voraussetzungen für den Anspruch auf Arbeitslosengeld (§ 124 Abs. 1 SGB III).

Die Dauer des Anspruchs auf Arbeitslosengeld nach § 127 Abs. 1 SGB III richtet sich

1. nach der Dauer der Versicherungspflichtverhältnisse innerhalb der um drei Jahre erweiterten Rahmenfrist und
2. dem Lebensjahr, das der Arbeitslose bei der Entstehung des Anspruchs vollendet hat.

Die Dauer des Anspruchs verlängert sich um die Restdauer des wegen Entstehung eines neuen Anspruchs erloschenen Anspruchs, wenn nach der Entstehung des erloschenen Anspruchs noch nicht fünf Jahre verstrichen sind (§ 127 Abs. 4 SGB III). Sie verlängert sich längstens bis zu der dem Lebensalter des Arbeitslosen zugeordneten Höchstdauer. Die Dauer des Anspruchs auf Arbeitslosengeld mindert sich um die Anzahl von Tagen, für die ein Anspruch auf einen Gründungszuschuss in der Höhe des zuletzt bezogenen Arbeitslosengeldes erfüllt worden ist (§ 128 Abs. 1 Nr. 9 SGB III).

Der Anspruch auf Arbeitslosengeld kann nicht mehr geltend gemacht werden, wenn nach seiner Entstehung *vier Jahre* verstrichen sind (§ 147 Abs. 2 SGB III).

TIPP

Bei Aufgabe Ihrer Selbstständigkeit sollten Sie sich *sofort* arbeitslos melden, um Ihren früheren Leistungsanspruch wieder geltend zu machen. Die Dauer des Anspruchs auf Arbeitslosengeld richtet sich nach der Dauer der Versicherungspflichtverhältnisse innerhalb der um ein Jahr erweiterten Rahmenfrist und dem Lebensalter, das der Arbeitslose bei der Entstehung des Anspruchs vollendet hat.

Programm	Verwendungszweck	Anspruchsberechtigte
Unternehmerkapital – ERP-Kapital für Gründung	Nachrangdarlehen mit Eigenkapitalcharakter: Gründung, Erwerb und Festigung von Betrieben, Übernahme tätiger Beteiligungen, Beschaffung des ersten Warenlagers und dessen Aufstockung, Markterschließungsaufwendungen.	Existenzgründer in der gewerblichen Wirtschaft und Angehörige der Freien Berufe (einschl. Heilberufe), junge Unternehmen bis 3 Jahre nach Gründung.
ERP-Regionalförderprogramm	Darlehen zur Finanzierung von gewerblichen Investitionen, die einer langfristigen Mittelbereitstellung in wirtschaftlich benachteiligten Regionen bedürfen, z.B. Erwerb von Grundstücken und Gebäuden, gewerbliche Baukosten, Kauf von Maschinen, Fahrzeugen und Einrichtungen, Betriebs- und Geschäftsausstattung, Übernahme eines bestehenden Unternehmens.	In- und ausländische kleine und mittlere Unternehmen der gewerblichen Wirtschaft (produzierendes Gewerbe, Handel, Handwerk und sonstiges Dienstleistungsgewerbe) sowie Angehörige der Freien Berufe, die ein Investitionsvorhaben im GRW-Fördergebiet durchführen.
ERP-Beteiligungsprogramm	Erweiterung der Eigenkapitalbasis oder Konsolidierung der Finanzverhältnisse, um hiermit vornehmlich zu finanzieren: Kooperationen, Innovationsprojekte, Umstellungen bei Strukturwandel, Errichtung, Erweiterung, grundlegende Rationalisierung oder Umstellung von Betrieben, Existenzgründungen.	Private Kapitalbeteiligungsgesellschaften.

Programm	Verwendungszweck	Anspruchsberechtigte
KfW-Gründerkredit – Universell	Darlehen zur Errichtung, Übernahme bestehender Unternehmen, Erwerb einer tätigen Beteiligung und zu Festigungsmaßnahmen innerhalb von 3 Jahren nach Aufnahme der Geschäftstätigkeit.	Existenzgründer, kleine Unternehmen der gewerblichen Wirtschaft, innerhalb von 3 Jahren nach Aufnahme der Geschäftstätigkeit und Angehörige der Freien Berufe.
KfW-Gründerkredit – StartGeld	Darlehen zur Errichtung, Übernahme bestehender Unternehmen, Erwerb tätiger Beteiligungen.	Existenzgründer, kleine Unternehmen der gewerblichen Wirtschaft, die weniger als 3 Jahre bestehen und Angehörige der Freien Berufe.
KfW-Unternehmerkredit	Darlehen (Fremd- und Nachrangkapital) zur Mitfinanzierung von Investitionen, die einer langfristigen Mittelbereitstellung bedürfen und einen nachhaltigen wirtschaftlichen Erfolg erwarten lassen, z.B. Erwerb von Grundstücken und Gebäuden, gewerbliche Baukosten, Kauf von Maschinen, Anlagen, Fahrzeugen und Einrichtungen, Betriebs- und Geschäftsausstattung, immaterielle Investitionen, Erwerb von Vermögenswerten aus anderen Unternehmen sowie Betriebsmittel.	Kleine und mittlere Unternehmen der gewerblichen Wirtschaft und Angehörige der Freien Berufe, die seit mindestens 3 Jahren am Markt tätig sind.
Mikrokreditfonds	Darlehen zur Gründung von Kleinunternehmen.	Existenzgründer, Klein- und Kleinstunternehmen der gewerblichen Wirtschaft und Angehörige der Freien Berufe.
ERP-Startfonds – Frühphase	Beteiligungen zur Finanzierung von innovativen Vorhaben.	Kleine Technologieunternehmen der gewerblichen Wirtschaft, die noch nicht älter sind als 6 Monate.
ERP-Startfonds – Beteiligungskapital	Beteiligungen zur Finanzierung von innovativen Vorhaben.	Kleine Technologieunternehmen der gewerblichen Wirtschaft, die noch nicht älter sind als 5 Jahre.
Gemeinschaftsaufgabe »Verbesserung der regionalen Wirtschaftsstruktur« (GRW)	Investitionszuschüsse zur Errichtung, Erweiterung, Umstellung oder grundlegenden Rationalisierung/Modernisierung, Erwerb, Verlagerung von Betrieben.	Unternehmen der gewerblichen Wirtschaft in den neuen Bundesländern sowie in ausgewiesenen Gebieten in den alten Bundesländern und Berlin.

Abb. 146: Übersicht über die Förderprogramme des Bundes für Existenzgründer

2.1.1 Unternehmerkapital – ERP-Kapital für Gründung

Förderziel/Verwendungszweck

a) Gründung einer selbstständigen gewerblichen oder freiberuflichen Existenz, auch durch tätige Beteiligung mit hinreichendem unternehmerischen Einfluss oder Übernahme eines Betriebes bzw. Betriebsteiles (soweit das Nachrangdarlehen zur wirtschaftlichen Fortführung des Unternehmens erforderlich ist).

b) Festigung einer selbstständigen gewerblichen oder freiberuflichen Existenz bis 3 Jahre nach der Existenzgründung.

Das Nachrangdarlehen haftet im Unternehmen unbeschränkt und erfüllt somit Eigenkapitalfunktion. Es ist dem Unternehmen dazu in geeigneter Form zur Verfügung zu stellen.

Förderfähig sind (Bemessungsgrundlage):
* Grundstücke, Gebäude und Baunebenkosten,
* Sachanlageinvestitionen (Kauf von Maschinen, Anlagen und Einrichtungsgegenständen,
* Betriebs- und Geschäftsausstattung,
* Immaterielle Investitionen in Verbindung mit Technologietransfer,
* Erwerb eines Unternehmens oder Unternehmensteils,
* Material-, Waren- und Ersatzteillager (sofern es sich um eine Erstausstattung oder betriebsnotwendige, langfristige Aufstockung handelt) im Rahmen der De-minimis-Verordnung der Europäischen Kommission,
* Extern erworbene Beratungsdienstleistungen, die einmalige Informationserfordernisse bei der Erschließung neuer Märkte oder Einführung neuer Produktionsmethoden sicherstellen,
* Kosten für erste Messeteilnahmen.

Ausgeschlossen sind Umschuldungen, Nachfinanzierung und Betriebsbeihilfen sowie der Erwerb von Vermögensgegenständen aus dem Eigentum des Ehegatten oder Lebenspartners.

Sanierungen und Unternehmen in Schwierigkeiten im Sinne der Allgemeinen Gruppenfreistellungsverordnung werden nicht unterstützt.

Förderart
Es wird ein zinsverbilligtes, eigenkapitalähnliches Nachrangdarlehen gewährt.

Förderumfang und Konditionen

> **Konditionen im Internet:**
> **http://www.kfw.de**

Finanzierungsanteil: Die eingesetzten eigenen Mittel sollen 15 % (alte Bundesländer) bzw. 10 % (neue Bundesländer und Berlin) der förderfähigen Kosten nicht unterschreiten. Sie können mit dem Nachrangdarlehen bis auf 45 % (alte Bundesländer) bzw. 50 % (neue Bundesländer und Berlin) der förderfähigen Kosten aufgestockt werden.

Höchstbetrag:	500.000 EUR je Antragsteller.
Garantieentgelt:	1,0 % p.a. des jeweils valutierenden Nachrangdarlehens.
Laufzeit:	15 Jahre.
Auszahlung:	100 %
Zinssatz:	Der Zinssatz orientiert sich an der Entwicklung des Kapitalmarktes. Der Zinssatz wird in den ersten 10 Jahren der Laufzeit aus Mitteln des ERP-Sondervermögens vergünstigt. Am Ende des 10. Jahres wird der Zinssatz unter Zugrundelegung des dann bestehenden Marktzinsniveaus für die Restlaufzeit neu vereinbart.
Tilgung:	Nach 7 tilgungsfreien Jahren in 31 gleich hohen, vierteljährlichen Raten und einer ggf. abweichenden Schlussrate. Während der Tilgungsfreijahre sind lediglich die Zinsen und das Garantieentgelt auf den ausgezahlten Kreditbetrag zu leisten. Eine vorzeitige vollständige oder teilweise außerplanmäßige Tilgung ist gegen Zahlung einer Vorfälligkeitsentschädigung möglich.
Sicherheiten:	Persönliche Haftung des Antragstellers, Mithaftung des Ehepartners soweit Vermögensverfügungen zu seinen Gunsten erfolgt sind, die nicht gebräuchlichen Gelegenheitsgeschenken entsprechen. Für den Fall etwaiger Ansprüche auf Zugewinnausgleich muss sich der Ehegatte verpflichten, die Interessen des geförderten Vorhabens angemessen zu berücksichtigen.
Haftungsfreistellung:	Das durchleitende Kreditinstitut wird von der Haftung für das Nachrangdarlehen freigestellt.

Antragsberechtigte

Natürliche Personen, die über die erforderliche fachliche und kaufmännische Qualifikation für das Vorhaben verfügen. Ein durch die Zusage begünstigtes Unternehmen muss die KMU-Kriterien der Europäischen Gemeinschaft erfüllen. Der Antragsteller sollte sich hinsichtlich seines Vorhabens fachlich beraten lassen. Dem Antrag ist die Stellungnahme einer unabhängigen, fachlich kompetenten Stelle beizufügen.

Spezielle Voraussetzungen

Es werden nur Vorhaben gefördert, die eine selbstständige, gewerbliche oder freiberufliche und nachhaltig Existenz als Haupterwerb aufnehmen oder dies in den letzten drei Jahren getan haben. Das Darlehen wird nur gewährt, wenn ohne dieses Darlehen die Durchführung des Vorhabens wegen einer nicht angemessenen Basis an haftendem Kapital wesentlich erschwert würde (Subsidaritätsprinzip).

Es gelten die »Allgemeinen Bedingungen für die Vergabe von ERP-Mitteln«.

Kombinierbarkeit

Die Kombination mit anderen Förderprogrammen ist zulässig.

Antragstellung

Die Anträge können bei jedem Kreditinstitut auf den entsprechenden Vordrucken zur Weiterleitung an die KfW gestellt werden.

Antragsfrist
Im Zeitpunkt der Antragstellung darf mit der Durchführung des zu finanzierenden Vorhabens noch nicht begonnen worden sein.

Weitere Informationen
Einzelheiten über das Programm sind den Richtlinien des Bundesministeriums für Wirtschaft und Technologie (BMWi) zu entnehmen. Auskünfte erteilt die KfW.

2.1.2 KfW-Gründerkredit – Universell

Förderziel/Verwendungszweck
- Alle Formen der Existenzgründung, also Errichtung oder Übernahme bestehender Unternehmen sowie der Erwerb einer tätigen Beteiligung.
- Nebenerwerb, der mittelfristig auf den Vollerwerb ausgerichtet ist.
- Festigungsmaßnahmen innerhalb von drei Jahren nach Aufnahme der Geschäftstätigkeit.
- Eine Erneute Unternehmensgründung kann gefördert werden.

Mitfinanziert werden alle Investitionen, die einer mittel- und langfristigen Mittelbereitstellung bedürfen und einen nachhaltigen wirtschaftlichen Erfolg erwarten lassen. Darüber hinaus können Betriebsmittel finanziert werden. Ausgeschlossen ist die Umschuldung bzw. Nachfinanzierung bereits abgeschlossener Vorhaben.

Sanierungsfälle und Unternehmen in Schwierigkeiten im Sinne der Leitlinien der Gemeinschaft für staatliche Beihilfen zur Rettung und Umstrukturierung von Unternehmen in Schwierigkeiten sind ausgeschlossen.

Förderart
Es wird ein Darlehen gewährt.

Förderumfang und Konditionen

> **Konditionen im Internet:**
> **http://www.kfw.de**

Finanzierungsanteil:	Bis zu 100 % der förderfähigen Investitionskosten bzw. der Betriebsmittel.
Höchstbetrag:	10 Mio. EUR pro Vorhaben.
Laufzeit:	Bis zu 5 Jahre, davon höchstens 1 Jahr tilgungsfrei, bis zu 10 Jahre, davon höchstens 2 Jahre tilgungsfrei. bis zu 20 Jahre, davon höchstens 3 Jahre tilgungsfrei für Vorhaben, bei denen mindestens 2/3 der förderfähigen Kosten auf Grunderwerb, gewerbliche Baukosten oder der Erwerb von Unternehmen und Beteiligungen entfallen. Bis zu 5 Jahre, davon höchstens 1 Jahr tilgungsfrei bei der (teilweisen) Finanzierung von Betriebsmitteln.
Auszahlung:	100 %
Zinssatz:	Der Zinssatz wird zu dem am Tag der Zusage geltenden Programmzinssatz festgelegt. Der Programmzinssatz orientiert sich an der Entwicklung des Kapitalmarktes. Bei Krediten mit

	bis zu 10 Jahre Laufzeit ist der Zinssatz fest für die gesamte Laufzeit. Bei Krediten mit mehr als 10 Jahren Laufzeit ist der Zins für 10 Jahre festgeschrieben. Die Zinsen sind monatlich nachträglich zum letzten Tag des Monats fällig.
Tilgung:	Nach Ablauf der tilgungsfreien Anlaufjahre erfolgt die Tilgung in gleich hohen monatlichen Raten. Während der Tilgungsfreijahre sind lediglich die Zinsen auf den ausgezahlten Kreditbetrag zu leisten. Eine vorzeitige ganze oder teilweise außerplanmäßige Tilgung des ausstehenden Kreditbetrages ist während der ersten Zinsbindungsphase durch den Endkreditnehmer gegen Vorfälligkeitsentschädigung zulässig.
Sicherheiten:	Vom Kreditnehmer sind banktübliche Sicherheiten zu stellen. Form und Umfang der Besicherung werden im Rahmen der Kreditverhandlungen zwischen dem Antragsteller und seiner Hausbank vereinbart. Die KfW gewährt dem durchleitenden Kreditinstitut keine Haftungsfreistellung.

Kombinierbarkeit

Eine Kombination mit anderen Förderprogrammen ist zulässig. Ausgeschlossen ist hingegen eine Kombination von Finanzierungen aus dem KfW-Gründerkredit – Universell und dem KfW-Gründerkredit – StartGeld.

Antragsberechtigte

- Natürliche Personen, die ein Unternehmen bzw. eine freiberufliche Existenz gründen oder hierfür Festigungsmaßnahmen mit einem Vorhabensbeginn innerhalb von drei Jahren nach Aufnahme ihrer Geschäftstätigkeit durchführen. Der Existenzgründer muss über die erforderliche fachliche und kaufmännische Eignung für die unternehmerische Tätigkeit verfügen.
- Freiberuflich Tätige und kleine Unternehmen innerhalb von drei Jahren nach Aufnahme ihrer Geschäftstätigkeit, die die Voraussetzungen für kleine und mittlere Unternehmen i.S. der Definition der Europäischen Union erfüllen.

Antragstellung

Die Anträge sind auf den dafür vorgesehenen Vordrucken über jedes Kreditinstitut (Hausbank) nach Wahl des Antragstellers an die KfW zu stellen. Vom Antragsteller wird erwartet, dass er die Schwerpunkte seiner unternehmerischen Tätigkeit darlegt sowie anhand geeigneten Zahlenmaterials die Erfolgsaussichten des Vorhabens begründet.

Antragsfrist

Im Zeitpunkt der Antragstellung darf mit der Durchführung des zu finanzierenden Vorhabens noch nicht begonnen worden sein.

Weitere Informationen

Einzelheiten über das Programm sind dem Merkblatt der KfW Bankengruppe vom April 2011 zu entnehmen. Auskünfte erteilt die KfW.

2.1.3 KfW-Gründerkredit – StartGeld

Förderziel/Verwendungszweck

*   Alle Formen der Existenzgründung, also Errichtung oder Übernahme bestehender Unternehmen sowie der Erwerb einer tätigen Beteiligung.
*   Nebenerwerb, der mittelfristig auf den Vollerwerb ausgerichtet ist.
*   Festigungsmaßnahmen innerhalb von drei Jahren nach Aufnahme der Geschäftstätigkeit.
*   Eine Erneute Unternehmensgründung kann gefördert werden, wenn keine Verbindlichkeiten aus einer früheren selbstständigen Tätigkeit mehr bestehen.

Mitfinanziert werden z.B.
*   Grundstücke, Gebäude und Baunebenkosten,
*   Kauf von Maschinen, Anlagen und Einrichtungsgegenständen,
*   Betriebs- und Geschäftsausstattung,
*   Erstausstattung und betriebsnotwendige langfristige Aufstockung des Material-, Waren- oder Ersatzteillagers,
*   Betriebsmittel (inklusive Wiederauffüllung des Warenlagers).

Sanierungsfälle und Unternehmen in Schwierigkeiten im Sinne der Leitlinien der Gemeinschaft für staatliche Beihilfen zur Rettung und Umstrukturierung von Unternehmen in Schwierigkeiten sind ausgeschlossen.

Förderart
Es wird ein Darlehen gewährt.

Förderumfang und Konditionen

Konditionen im Internet:
http://www.kfw.de

Höchstbetrag:	100.000 EUR, bis zu 100 % des Gesamtfinanzierungsbedarfs. Betriebsmittel können bis maximal 30.000 EUR mitfinanziert werden. Der Investitionsbetrag kann über 100.000 EUR liegen, wenn der übersteigende Betrag mit eigenen Mitteln finanziert wird.
Laufzeit:	Bis zu 5 Jahre, davon höchstens 1 Jahr tilgungsfrei, bis zu 10 Jahre, davon höchstens 2 Jahre tilgungsfrei.
Auszahlung:	100 %
Zinssatz:	Der Zinssatz wird zu dem am Tag der Zusage geltenden Programmzinssatz festgelegt. Der Programmzinssatz orientiert sich an der Entwicklung des Kapitalmarktes. Der Zinssatz ist fest für die gesamte Laufzeit. Die Zinsen sind monatlich nachträglich zum letzten Tag des Monats fällig.
Tilgung:	Nach Ablauf der tilgungsfreien Anlaufjahre erfolgt die Tilgung in gleich hohen monatlichen Raten. Während der Tilgungsfreijahre sind lediglich die Zinsen auf den ausgezahlten

	Kreditbetrag zu leisten. Eine vorzeitige ganze oder teilweise außerplanmäßige Tilgung des ausstehenden Kreditbetrages ist durch den Endkreditnehmer gegen Vorfälligkeitsentschädigung zulässig.
Sicherheiten:	Die KfW macht keine Vorgaben hinsichtlich der Besicherung. Ob und in welchem Umfang Sicherheiten bestellt werden, ist zwischen Antragsteller und Hausbank zu vereinbaren. Falls Sicherheiten zwischen Antragsteller und Hausbank vereinbart werden, sind sie im Antragsvordruck nicht aufzuführen. Sofern die Antragstellung durch ein Unternehmen mit haftungsbeschränkter Rechtsform (z.B. GmbH, GmbH & Co. KG) erfolgt, hat die Hausbank eine Mithaftung der Anteilseigner des Unternehmens entsprechend ihrer Beteiligungsquote zu vereinbaren (quotale Mithaft).
Haftungsfreistellung:	Die KfW gewährt dem durchleitenden Kreditinstitut eine 80%ige Haftungsfreistellung.

Kombinierbarkeit
Eine Kombination mit anderen KfW- oder ERP-Förderprogrammen ist nicht möglich.

Antragsberechtigte
Natürliche Personen, die ein Unternehmen bzw. eine freiberufliche Existenz gründen oder hierfür Festigungsmaßnahmen mit einem Vorhabensbeginn innerhalb von drei Jahren nach Aufnahme ihrer Geschäftstätigkeit durchführen. Folgende Voraussetzungen sind zu erfüllen:
– Das Vorhaben lässt einen nachhaltigen wirtschaftlichen Erfolg erwarten.
– Der Antragsteller verfügt über die erforderliche fachliche und kaufmännische Qualifikation.
– Der Antragsteller ist zur Geschäftsführung und Vertretung befugt, entsprechend im Handelsregister eingetragen und aktiv in der Unternehmensleitung tätig.
– Der Antragsteller besitzt – insbesondere aufgrund eines Geschäftsanteils von grundsätzlich mindestens 10% - hinreichenden unternehmerischen Einfluss. Förderschädlich ist die Stimmenmehrheit eines anderen Gesellschafters, die Satzungsänderungen ermöglicht.
– Die Voraussetzungen für kleine Unternehmen i.S. der Definition der Europäischen Union sind erfüllt.

Antragsberechtigt sind auch freiberuflich Tätige und kleine Unternehmen i.S. der KMU-Definition der EU, die weniger als drei Jahre bestehen bzw. am Markt tätig und der gewerblichen Wirtschaft (produzierendes Gewerbe, Handwerk, Handel oder sonstiges Dienstleistungsgewerbe) zuzurechnen sind. Voraussetzung ist, dass mindestens ein Gesellschafter die Antragsvoraussetzungen für natürliche Personen erfüllt.

Spezielle Voraussetzungen

Der Antragsteller soll vorhandene eigene Mittel einbringen. Die Höhe der Eigenmittel fließt in die Bonitätsbeurteilung durch die KfW ein.

Antragstellung

Das KfW-Gründerkredit – StartGeld darf zweimal je Antragsteller gewährt werden, sofern der kumulierte Zusagebetrag 100.000 EUR (Betriebsmittel maximal insgesamt 30.000 EUR) nicht übersteigt. Voraussetzung für eine zweite Antragstellung ist, dass das Investitionsvorhaben, welches mit Bewilligung des Erstantrags finanziert wurde, abgeschlossen ist, die bereitgestellten Betriebsmittel eingesetzt wurden sowie die Mittelverwendungskontrolle durchgeführt ist. Bereits gewährte Darlehen aus den Programmen StartGeld werden auf den Betrag von maximal 100.000 EUR angerechnet.

Die Anträge sind auf den dafür vorgesehenen Vordrucken über jedes Kreditinstitut (Hausbank) nach Wahl des Antragstellers an die KfW zu stellen. Vom Antragsteller wird erwartet, dass er die Schwerpunkte seiner unternehmerischen Tätigkeit darlegt sowie anhand geeigneten Zahlenmaterials die Erfolgsaussichten des Vorhabens begründet.

Antragsfrist

Im Zeitpunkt der Antragstellung darf mit der Durchführung des zu finanzierenden Vorhabens noch nicht begonnen worden sein.

Weitere Informationen

Einzelheiten über das Programm sind dem Merkblatt der KfW Bankengruppe vom April 2011 zu entnehmen. Auskünfte erteilt die KfW.

2.1.4 KfW-Unternehmerkredit

Förderziel/Verwendungszweck

Der KfW-Unternehmerkredit dient der mittel- und langfristigen Finanzierung von Vorhaben im In- und Ausland, die einen nachhaltigen wirtschaftlichen Erfolg erwarten lassen.

Das Programm besteht aus zwei Teilen:
- Programmteil A: Fremdkapital
  Gewährt werden mittel- und langfristige Kredite zur Finanzierung von Investitionen und Betriebsmitteln. Für kleine und mittlere Unternehmen (KMU) besteht ein spezielles KMU-Fenster mit zusätzlich vergünstigten Zinskonditionen.
- Programmteil B: Nachrangkapital
  Gewährt werden Nachrangdarlehen zur Finanzierung von Investitionen kleiner und mittlerer Unternehmen.

Im Programmteil A vergibt die KfW
- Investitions- und Beschäftigungsbeihilfen sowie Beihilfen für Beratungsdienstleistungen und Messeteilnahmen für KMU oder
- zur Förderung von Betriebsmitteln im KMU-Fenster Beihilfen unter der »De-minimis«-Verordnung.

Zur Förderung von Investitionen im Programmteil B werden
* Investitions- und Beschäftigungsbeihilfen für KMU vergeben.

Gefördert werden Investitionen, die einer mittel- und langfristigen Mittelbereitstellung bedürfen und einen nachhaltigen wirtschaftlichen Erfolg erwarten lassen. Nicht gefördert werden Anlagen zur Nutzung erneuerbarer Energien. Darüber hinaus können Betriebsmittel finanziert werden. Ausgeschlossen sind die Umschuldung bzw. Nachfinanzierung bereits abgeschlossener Vorhaben, sowie Anschlussfinanzierungen und Prolongationen. Im KMU-Fenster sind folgende Maßnahmen in den Programmteilen A und B förderfähig:
- Erwerb von Grundstücken und Gebäuden,
- gewerbliche Baukosten,
- Kauf von Maschinen, Anlagen, Fahrzeugen und Einrichtungen,
- Betriebs- und Geschäftsausstattung,
- immaterielle Investitionen in Verbindung mit Technologietransfer, die vom Antragsteller zu Marktbedingungen erworben, durch ihn genutzt und mindestens drei Jahre in der Bilanz aktiviert werden,
- Erwerb von Vermögenswerten aus anderen Unternehmen einschließlich Übernahmen in Form von Asset Deals. Erwerber müssen entweder unabhängig (weniger als 25 % der Unternehmensanteile vor dem Erwerb) oder – im Fall kleiner Unternehmen – Familienangehörige bzw. ehemalige Beschäftigte des ursprünglichen Eigentümers sein. Die alleinige Übernahme von Unternehmensanteilen i.S. von Finanzinvestitionen ist nicht förderfähig.

Die Förderung von Immobilieninvestitionen mit anschließender Fremdvermietung ist nur möglich, sofern auch der Mieter die Antragskriterien erfüllt. Handelt es sich um reine Kaufvorhaben, gilt zusätzlich, dass die gekaufte Immobilie grundlegend saniert, hergerichtet oder umgebaut werden muss.
Die Förderung von Investitionen in Immobilien-Leasing ist nur möglich, sofern auch der Leasingnehmer die Antragskriterien erfüllt.

Im Programmteil A sind zusätzlich folgende Investitionsmaßnahmen förderfähig (auch im KMU-Fenster):
* extern erworbene Beratungsdienstleistungen, die einmalige Informationserfordernisse bei Erschließung neuer Märkte oder Einführung neuer Produktionsmethoden sicherstellen,
* Kosten für erste Messeteilnahmen,
* Erwerb einer tätigen Beteiligung durch ein Unternehmen oder durch eine natürliche Person (grundsätzlich mindestens 10 % Gesellschaftsanteil und Geschäftsführerbefugnis),
* die Förderung von Investitionen in Immobilien-Leasing ist nur möglich, sofern auch der Leasingnehmer die Antragskriterien erfüllt,
* bei Investitionen von Leasinggesellschaften in Leasinggüter (einschließlich Immobilien-Leasing) können Vorhaben im Rahmen des Sale & Lease-Back und im so genannten Doppelstockmodell nicht mitfinanziert werden.

Zudem können im KMU-Fenster des Programmteils A Allgemeine Betriebsmittel unter der »De-minimis«-Verordnung finanziert werden.

Sanierungsfälle und Unternehmen in Schwierigkeiten im Sinne der Leitlinien der Europäischen Gemeinschaft für staatliche Beihilfen zur Rettung und Umstrukturierung von Unternehmen in Schwierigkeit bzw. der Allgemeinen Gruppenfreistellungsverordnung im Falle einer Förderung im KMU-Fenster sind ausgeschlossen.

Förderart
Es wird ein zinsgünstiges Darlehen gewährt.

Förderumfang und Konditionen   **Konditionen im Internet:**
                                             http://www.kfw.de

Finanzierungsanteil:	Bis zu 100 % der förderfähigen Investitionskosten, bzw. in Programmteil A zusätzlich bis zu 100 % der Betriebsmittel. Bei Investitionen von Leasinggesellschaften in Leasinggüter (einschließlich Immobilien-Leasing) sind förderfähige Kosten die Gesamtinvestitionskosten abzüglich der in den Leasingverträgen vereinbarten Restwerte.
Kredithöchstbetrag:	Programmteil A
	– 10 Mio. EUR pro Vorhaben bei Investitionsvorhaben/ Betriebsmittel ohne Haftungsfreistellung
	– 5 Mio. EUR je Unternehmensgruppe. Der Kreditbetrag muss kleiner als 50 % der letzten Bilanzsumme des Antragstellers sein.
	Programmteil B
	– 4 Mio. EUR pro Vorhaben.
Laufzeit:	Programmteil A
	– bis zu 5 Jahre, davon höchstens 1 Jahr tilgungsfrei,
	– bis zu 10 Jahre, davon höchstens 2 Jahre tilgungsfrei,
	– bis zu 20 Jahre, davon höchstens 3 Jahre tilgungsfrei für Investitionsvorhaben, bei denen mindestens 2/3 der förderfähigen Investitionskosten auf Grunderwerb, gewerbliche Baukosten oder den Erwerb von Unternehmen und Beteiligungen entfallen.
	– bis zu 5 Jahre, davon höchstens 1 Jahr tilgungsfrei bei der Finanzierung von Betriebsmitteln.
	– bis zu 2 Jahre endfällig bei der Finanzierung von Betriebsmittel im KMU-Fenster.
	Programmteil B
	– bis zu 10 Jahre, davon höchstens 2 Jahre tilgungsfrei (Fremdkapitaltranche),
	– bis zu 10 Jahre, davon höchstens 7 Jahre tilgungsfrei (Nachrangtranche).
Auszahlung:	100 %

Zinssatz:

Der Programmzinssatz orientiert sich an der Entwicklung des Kapitalmarktes. Dabei gelten im KMU-Fenster besonders günstige Konditionen. Das Darlehen wird mit einem kundenindividuellen Zinssatz im Rahmen des am Tag der Zusage geltenden Maximalzinssatzes der jeweiligen Preisklasse zugesagt. Die jeweils geltenden Maximalzinssätze je Preisklasse sind der Konditionenübersicht für Investitionskreditprogramme zu entnehmen.

Der Zinssatz wird unter Berücksichtigung der wirtschaftlichen Verhältnisse des Kreditnehmers (Bonität) und der Werthaltigkeit der für den Kredit gestellten Sicherheiten von der Hausbank festgelegt. Hierbei erfolgt eine Einordnung in eine von der KfW vorgegebenen Bonitätsklassen und Besicherungsklassen. Durch die Kombination von Bonitäts- und Besicherungsklasse ordnet die Hausbank den Förderkredit einer von der KfW vorgegebenen Preisklasse zu. Jede Preisklasse deckt eine Bandbreite ab, die durch eine feste Zinsobergrenze (Maximalzinssatz) abgeschlossen wird. Der kundenindividuelle Zinssatz kann unter dem Maximalzinssatz der jeweiligen Preisklasse liegen.

Für die Nachrangtranche erfolgt eine Einordnung in eine von der KfW vorgegebenen 4 Bonitätsklassen für Nachrangtranchen, wobei innerhalb der Bonitätsklasse 4 Zusagen nur bis zu einer 1-Jahresausfallwahrscheinlichkeit von 2,5 % möglich sind.

Bei Krediten mit bis zu 10 Jahren Laufzeit ist der Zinssatz fest für die gesamte Kreditlaufzeit. Bei Krediten mit mehr als 10 Jahren Laufzeit kann der Zinssatz für 10 Jahre oder die gesamte Laufzeit festgeschrieben werden.

Tilgung:

Nach Ablauf der tilgungsfreien Anlaufjahre erfolgt die Tilgung in gleich hohen vierteljährlichen Raten. Während der Tilgungsfreijahre sind lediglich die Zinsen auf die ausgezahlten Kreditbeträge zu leisten. Bei endfälligen Darlehen erfolgt die Rückzahlung in einer Summe am Ende der Laufzeit. Im Programmteil A kann eine vorzeitige ganze oder teilweise außerplanmäßige Tilgung des ausstehenden Kreditbetrages unter Zahlung einer Vorfälligkeitsentschädigung erfolgen. Im Programmteil B ist eine vorzeitige ganze oder teilweise außerplanmäßige Tilgung der beiden Tranchen ausgeschlossen.

Sicherheiten:

Vom Kreditnehmer sind bankübliche Sicherheiten zu stellen. Form und Umfang der Besicherung werden im Rahmen der Kreditverhandlungen zwischen dem Antragsteller und seiner Hausbank vereinbart.

Im Programmteil B ist eine Absicherung der Fremdkapitaltranche mit Kontoguthaben (Tagesgeld, Festgeld, Termingeld) nicht zulässig. Für die Nachrangtranche sind vom Unternehmen keine Sicherheiten zu stellen.

Haftungsfreistellung: Programmteil A

Im Rahmen von Investitionsfinanzierungen ist weiterhin eine 50-prozentige Haftungsfreistellung des durchleitenden Kreditinstitutes bei Krediten an Unternehmen und freiberuflich Tätige möglich, die bereits zwei Jahre bestehen bzw. seit zwei Jahren am Markt tätig sind.

Bei Betriebsmittelkrediten ist eine 50-prozentige Haftungsfreistellung ausschließlich im KMU-Fenster für endfällige Kredite mit einer maximalen Laufzeit von zwei Jahren möglich.

Programmteil B:

Für die Nachrangtranche wird das durchleitende Kreditinstitut von der Haftung freigestellt. Die Bank tritt mit ihren Forderungen aus der Nachrangtranche im Rang hinter die Forderungen aller gegenwärtigen und künftigen Fremdkapitalgeber zurück.

Die Haftungsfreistellung wird für die gesamte Kreditlaufzeit gewährt. Der maximale Endkreditnehmerzinssatz je Preisklasse ändert sich durch die Inanspruchnahme der Haftungsfreistellung nicht.

Antragsberechtigte

Die Antragsteller sind seit mindestens drei Jahren am Markt aktiv (Aufnahme der Geschäftstätigkeit) und verfügen über eine ausreichende Bonität. Ausnahmsweise kann diese 3-Jahres-Frist unterschritten werden, wenn eine Antragsberechtigung für den KfW-Gründerkredit nicht gegeben ist.

- Freiberuflich Tätige, z.B. Ärzte, Steuerberater, Architekten.
- In- und ausländische Unternehmen der gewerblichen Wirtschaft (produzierendes Gewerbe, Handwerk, Handel, Leasinggesellschaften und sonstiges Dienstleistungsgewerbe), die sich mehrheitlich in Privatbesitz befinden und deren Gruppenumsatz 500 Mio. EUR nicht überschreitet.
- Natürliche Personen, die Gewerbeimmobilien vermieten oder verpachten.

Bei Vorhaben im Ausland können deutsche Unternehmen der gewerblichen Wirtschaft (maximaler Gruppenumsatz 500 Mio. EUR) und freiberuflich Tätige aus Deutschland Anträge stellen. Zusätzlich antragsberechtigt sind:
- Tochtergesellschaften der o.g. deutschen Unternehmen mit Sitz im Ausland,
- sowie Joint-Ventures mit maßgeblicher deutscher Beteiligung im Ausland.

Im Programmteil B können ausschließlich kleine und mittlere Unternehmen (KMU) Anträge stellen, die seit mindestens drei Jahren am Markt aktiv sind und über eine ausreichende Bonität (1-Jahresausfallwahrscheinlichkeit bis 2,5 %) verfügen.

Zur Ermittlung des Gruppenumsatzes werden der Umsatz des Antragstellers und die Umsätze der mit ihm verbundenen Unternehmen in voller Höhe addiert. Innenumsätze können herausgerechnet werden. Als verbundene Unternehmen gelten
- Unternehmen, an denen der Antragsteller direkt oder indirekt mit mehr als 50 % beteiligt ist,

–   Unternehmen, die am Antragsteller direkt oder indirekt mit mehr als 50 % beteiligt sind, sowie
–   alle Unternehmen, zwischen denen formelle und faktische Konzernverhältnisse (z.B. Gesellschafteridentität) bestehen.

Sofern im Gesellschafterkreis des Antragstellers mehrere Unternehmen vertreten sind, deren jeweiliger Umsatz die Höchstgrenze übersteigt und die zusammen direkt oder indirekt zu mehr als 50 % am Antragsteller beteiligt sind, ist eine Förderung ausgeschlossen.

Antragstellung
Die Anträge sind auf den dafür vorgesehenen Vordrucken über jedes Kreditinstitut (Hausbank) nach Wahl des Antragstellers an die KfW zu stellen.

Antragsfrist
Im Zeitpunkt der Antragstellung darf mit der Durchführung des zu finanzierenden Vorhabens noch nicht begonnen worden sein.

Kombinierbarkeit
Die Kombination mit anderen Förderprogrammen ist möglich. Eine Kombination einer Finanzierung aus einem haftungsfreigestellten KfW-Unternehmerkredit mit anderen haftungsfreigestellten Förderprogrammen der KfW ist nicht zulässig. Darüber hinaus ist eine Absicherung der Fremdkapitaltranche aus dem Programmteil B (Finanzierungspaket) mit Bürgschaften der Bürgschaftsbanken ausgeschlossen.

Weitere Informationen
Einzelheiten über das Programm sind dem Merkblatt der KfW Bankengruppe vom April 2011 zu entnehmen. Auskünfte erteilt die KfW.

2.1.5 ERP-Regionalförderprogramm

Förderziel/Verwendungszweck
Förderung von gewerblichen Investitionen in wirtschaftlich benachteiligten Regionen. Dadurch sollen die wirtschaftliche Betätigung und das Arbeitsplatzangebot in den strukturschwachen Gebieten der Gemeinschaftsaufgabe »Verbesserung der regionalen Wirtschaftsstruktur« (GRW-Fördergebiete) gesichert und erweitert werden. Dazu zählen alle Standorte in den neuen Bundesländern sowie die regionalen Fördergebiete in den alten Bundesländern und in Berlin.
Es werden gewerblichen Investitionen finanziert, die einer langfristigen Mittelbereitstellung bedürfen, z.B.
*   Erwerb von Grundstücken und Gebäuden,
*   gewerbliche Baukosten (auch wenn Grundstück bereits vor Antragstellung erworben),
*   Anschaffung von Maschinen, Fahrzeugen, Einrichtungen,
*   Betriebs- und Geschäftsausstattung,
*   Erwerb immaterieller Wirtschaftsgüter,
*   Kaufpreisfinanzierung im Rahmen von Unternehmensübernahmen.

Ferner können mitfinanziert werden:

- Immaterielle Investitionen für Technologietransfer,
- Managementhilfen und Beratung,
- Ausbildungsmaßnahmen,
- Maßnahmen zur Sicherstellung einmaliger Informationserfordernisse bei der Erschließung neuer Märkte oder der Einführung neuer Produktionsmethoden (z.B. Marktforschung und -information).

Sanierungsfälle und Unternehmen in Schwierigkeiten im Sinne der Allgemeinen Gruppenfreistellungsverordnung sind ausgeschlossen.

Förderart
Es werden zinsgünstige Darlehen gewährt.

Förderumfang und Konditionen

> **Konditionen im Internet:**
> **http://www.kfw.de**

Finanzierungsanteil:	In den Regionalfördergebieten der alten Bundesländer bis zu 50 % der förderfähigen Kosten. In den neuen Bundesländern und in Berlin bis zu 85 % der förderfähigen Kosten.
Höchstbetrag:	3,0 Mio. EUR.
Laufzeit:	Bis zu 20 Jahre bei Erwerb oder Errichtung von Grundstücken/Gebäuden, bis zu 15 Jahre bei anderen Investitionen. Die tilgungsfreie Zeit kann höchstens 5 Jahre betragen.
Auszahlung:	100 %
Zinssatz:	Der Zinssatz orientiert sich an der Entwicklung des Kapitalmarktes. Dabei gelten im KU-Fenster besonders günstige Konditionen. Es ist ein risikogerechter Zinssatz in Abhängigkeit von der Zuordnung in die entsprechenden Preisklassen zu entrichten. Der Zinssatz ist fest für die ersten 10 Jahre der Kreditlaufzeit, danach gilt für die Restlaufzeit der bei Ablauf der Zinsbindungsfrist maßgebliche ERP-Zinssatz für Neuzusagen.
Tilgung:	Nach Ablauf der tilgungsfreien Anlaufjahre erfolgt die Tilgung in gleich hohen vierteljährlichen Raten. Während der Tilgungsfreijahre sind lediglich die Zinsen auf die ausgezahlten Kreditbeträge zu leisten. Eine vorzeitige ganze oder teilweise außerplanmäßige Tilgung ist unter Zahlung einer Vorfälligkeitsentschädigung möglich.
Sicherheiten:	Vom Kreditnehmer sind bankübliche Sicherheiten zu stellen. Form und Umfang der Besicherung werden im Rahmen der Kreditverhandlungen zwischen dem Antragsteller und der Hausbank vereinbart.

Antragsberechtigte
In- und ausländische kleine und mittlere Unternehmen (KMU) der gewerblichen Wirtschaft (produzierendes Gewerbe, Handel, Handwerk und sonstiges Dienstleistungsgewerbe) sowie Angehörige der Freien Berufe, die ein Investitionsvorhaben im GRW-Fördergebiet durchführen.
Die Antragsteller müssen die KMU-Kriterien der Europäischen Gemeinschaft erfüllen (KMU-Definition der EU).

Spezielle Voraussetzungen
Es gelten die »Allgemeinen Bedingungen für die Vergabe von ERP-Mitteln«.

Antragstellung
Anträge können bei jedem Kreditinstitut eingereicht werden. Die Antragsteller erhalten die ERP-Darlehen nicht unmittelbar von der KfW, sondern jeweils über das von ihnen gewählte Institut, das gegenüber der KfW die volle Haftung für den durchgeleiteten Kredit übernimmt.

Antragsfrist
Die Antragstellung muss vor Beginn des Vorhabens erfolgen. Die Mitfinanzierung eines Vorhabens ist auch dann möglich, wenn die Antragstellung erst nach Investitionsbeginn erfolgt und dem Endkreditnehmer anderweitig beantragte öffentliche Mittel (z.B. GRW-Zuschüsse oder Mittel aus Länderprogrammen) trotz fristwahrender Antragstellung nicht bewilligt wurden.

Kombinierbarkeit
Eine Kombination mit anderen Förderprogrammen ist möglich.

Weitere Informationen
Einzelheiten über das Programm sind den Richtlinien des Bundesministeriums für Wirtschaft und Technologie (BMWi) zu entnehmen. Auskünfte erteilt die KfW.

2.1.6 ERP-Beteiligungsprogramm

Förderziel/Verwendungszweck
Erweiterung der Eigenkapitalbasis von kleinen und mittleren Unternehmen durch Bereitstellung von Kapital über Kapitalbeteiligungsgesellschaften. Zu diesem Zweck erhalten Kapitalbeteiligungsgesellschaften aus dem ERP-Beteiligungsprogramm Refinanzierungskredite.
Es werden vornehmlich folgende Vorhaben finanziert: Kooperationen, Innovationsprojekte (einschließlich Entwicklung und Kommerzialisierung neuer Produkte), Umstellungen bei Strukturwandel, Errichtung, Erweiterung, grundlegende Rationalisierung oder Umstellung von Betrieben sowie Existenzgründungen. Beteiligungen können auch bei Erbauseinandersetzungen oder in Ausnahmefällen beim Ausscheiden von Gesellschaftern gefördert werden.

Förderart
Bereitstellung von haftendem Eigenkapital über Kapitalbeteiligungsgesellschaften zu günstigen Konditionen.

Förderumfang und Konditionen

> **Konditionen im Internet:**
> **http://www.kfw.de**

Beteiligungshöhe: I.d.R. bis zu 1,0 Mio. EUR, jedoch soll die Beteiligung das vorhandene Eigenkapital nicht übersteigen.
Eine wiederholte ERP-geförderte Beteiligung ist zulässig, solange der jeweilige Höchstbetrag nicht überschritten wird. In Ausnahmefällen sind Beteiligungen bis zu 2,5 Mio. EUR möglich.
Beteiligungsentgelt: Nach freier Vereinbarung.
Dauer der Beteiligung: Bis zu 10 Jahre in den alten Bundesländern, bis zu 15 Jahre in den neuen Bundesländern und in Berlin.
Beteiligungsform: Jede Beteiligungsform ist zulässig. Die Teilnahme des Beteiligungsgebers am Verlust darf im Vergleichs- oder Insolvenzfall nicht ausgeschlossen sein.
Kündigungsrecht: Für die Beteiligungsnehmer jederzeit mit einer Frist von 12 Monaten.
Sicherheiten: Für die Beteiligung dürfen keine Sicherheiten gestellt werden, es sei denn, es handelt sich um Bürgschaften, Garantien oder vergleichbare Sicherheiten, die von Gesellschaftern oder deren Familienangehörigen gestellt werden und die zur Korrektur von Vermögensverschiebungen oder von Haftungsbeschränkungen dienen, die aus der Firmenkonstruktion des Beteiligungsnehmers resultieren.

Die Kapitalbeteiligungsgesellschaft soll – außer in der Anlaufzeit bei Unternehmensneugründungen – keinen Einfluss auf die laufende Geschäftsführung des Unternehmens nehmen, soweit dies den Bestand der Beteiligung und eine angemessene Rendite nicht gefährdet. Entscheidungen, die eine wesentliche Änderung der Vertragsgrundlage des Beteiligungsverhältnisses darstellen, z.B. die Aufnahme neuer Geschäftszweige, die Umstellung der Produktion und die Betriebsaufgabe, kann die Kapitalbeteiligungsgesellschaft von ihrer Zustimmung abhängig machen.
Die Kapitalbeteiligungsgesellschaft kann verlangen, dass ihr der Beteiligungsnehmer mindestens jährlich über die wesentlichen Betriebsdaten berichtet. Dessen unbeschadet hat die Kapitalbeteiligungsgesellschaft das Recht, Jahresabschlussunterlagen einzusehen. Die Kapitalbeteiligungsgesellschaft soll den Beteiligungsnehmer in Finanzierungsangelegenheiten auf Wunsch kostenlos beraten.

Antragsberechtigte für Beteiligungen
Kleine und mittlere Unternehmen (KMU) der gewerblichen Wirtschaft.

Spezielle Voraussetzungen
Es gelten die »Allgemeinen Bedingungen für die Vergabe von ERP-Mitteln«.

Antragstellung
Bei privaten Kapitalbeteiligungsgesellschaften.

Antragsfrist
Im Zeitpunkt der Antragstellung darf mit der Durchführung des zu finanzierenden Vorhabens noch nicht begonnen worden sein.

Kombinierbarkeit
Eine Kombination mit anderen Förderprogrammen ist möglich.

Weitere Informationen
Einzelheiten über das Programm sind den Richtlinien des Bundesministeriums für Wirtschaft und Technologie (BMWi) zu entnehmen. Auskünfte erteilt die KfW.

2.1.7 Mikrokreditfonds

Förderziel/Verwendungszweck
Finanzierung von Gründungen und Kleinunternehmen. Es muss ein Fremdkapitalbedarf gegeben sein, der mit eigenen Mitteln nicht gedeckt werden kann.

Förderart
Es wird ein Darlehen gewährt.

Förderumfang und Konditionen

> **Konditionen im Internet:**
> **http://www.mikrokreditfonds.de**

Höchstbetrag:	20.000 EUR
Laufzeit:	Bis zu 3 Jahren.
Auszahlung:	100%
Zinssatz:	Z.Z. 7,5% p.a. fest für die gesamte Laufzeit.
Tilgung:	in monatlichen Raten oder endfällig
Sicherheiten:	

Antragsberechtigte
Natürliche Personen sowie Kleinst- und Kleinunternehmen.

Spezielle Voraussetzungen
Die Antragsteller sollten persönliche Überzeugungskraft und Glaubwürdigkeit sowie ein tragfähiges Unternehmenskonzept besitzen.

Antragstellung
Die Anträge sind an ein Mikrofinanzinstitut zu richten. Dieses ist vom Antrag bis zur Rückzahlung Ansprechpartner des Kreditnehmers.

Die Anschriften der Mikrofinanzinstitute können im Internet unter http://mikrokreditfonds.gls.de abgerufen werden.

Antragsfrist
Im Zeitpunkt der Antragstellung darf mit der Durchführung des zu finanzierenden Vorhabens noch nicht begonnen worden sein.

Weitere Informationen
Einzelheiten über das Programm sind den Richtlinien des Bundesministeriums für Arbeit und Soziales (BMAS) zu entnehmen. Auskünfte erteilt das Bundesministerium für Arbeit und Soziales (BMAS) und die GLS Gemeinschaftsbank eG.

2.1.8 ERP-Startfonds – Modul Frühphase Beteiligungskapital für technologieorientierte Unternehmensgründungen

Förderziel/Verwendungszweck
Finanzierung innovativer Vorhaben in Form von Beteiligungen an technologieorientierten Unternehmensgründungen.

Finanziert werden Kosten und Investitionen für
- den Aufbau geeigneter Unternehmensstrukturen,
- die Erstellung eines prüffähigen Geschäftsplans inkl. notwendiger Recherchen (Patent-, Marktrecherchen usw.),
- die erste Produkt- und Verfahrensentwicklung.

Das Frühphasenvorhaben soll innerhalb von sechs Monaten abgeschlossen sein. Das antragstellende TU muss von einem Betreuungsinvestor unterstützt werden, der als Mentor eine branchen- und managementbezogene Unterstützung leistet. Der Betreuungsinvestor muss bei der KfW akkreditiert sein.

Förderart
Die KfW geht Beteiligungen an Technologieunternehmen (TU) ein, um die TU für die Aufnahme von institutionellem Beteiligungskapital vorzubereiten (Frühphasenvorhaben). Sie stellt eigenkapitalnahes Genussrechtskapital bereit, das vom TU in Form von Genussscheinen verbrieft werden kann.

Förderumfang und Konditionen

Beteiligungshöhe:	Bis zu 150.000 EUR.
Dauer der Beteiligung:	Analog der regelmäßig Laufzeit des Frühphasenvorhabens wird ein Beteiligungsvertrag für den Zeitraum von sechs Monaten abgeschlossen. Nach Ablauf dieses Vertrages sind TU und KfW nur noch durch die emittierten Genussrechte verbunden. Diese sind mit einer Laufzeit von sieben Jahren ausgestattet.
Auszahlung:	In einer Summe.
Kündigung:	Die ordentliche Kündigung der Beteiligung ist während der Laufzeit ausgeschlossen. Die KfW kann die Beteiligung jedoch aus wichtigem Grund außerordentlich kündigen.

Bearbeitungsgebühr:	Keine.
Beteiligungsentgelt:	Für das Genusrechtskapital wird kein festes Entgelt erhoben.
Sicherheiten:	Es sind keine Sicherheiten zu stellen.

Antragsberechtigte
Kleine Technologieunternehmen (TU) der gewerblichen Wirtschaft in der Rechtsform der GmbH mit Betriebssitz in Deutschland, welche die Kriterien der EU-Kommission für kleine Unternehmen (KU) erfüllen. Dabei müssen sich mehr als 50 % der Geschäftsanteile im Eigentum der Know-how-Träger befinden, die auch in die Geschäftsführung eingebunden sein müssen. Die Technologieunternehmen dürfen zum Zeitpunkt der Antragstellung nicht älter als sechs Monate sein. Auch für ein noch nicht gegründetes Unternehmen kann bereits eine Beteiligung beantragt werden.

Antragstellung
Anträge auf Bewilligung von Beteiligungen sind zusammen mit einer fachlichen Stellungnahme des Betreuungsinvestors auf Vordrucken der KfW an die KfW zu richten. Die KfW behält sich vor, weitere Unterlagen anzufordern. Ein Rechtsanspruch auf Übernahme einer Beteiligung durch die KfW besteht nicht.

Weitere Informationen
Einzelheiten über das Programm sind den Richtlinien des Bundesministeriums für Wirtschaft und Technologie (BMWi) zu entnehmen. Auskünfte erteilt die KfW.

2.1.9 ERP-Startfonds
Beteiligungskapital für kleine Technologieunternehmen (TU)

Förderziel/Verwendungszweck
Beteiligungen zur Deckung des Finanzierungsbedarfs eines innovativen Technologieunternehmens (TU). Wesentliche Beteiligungsvoraussetzung ist, dass ein weiterer Beteiligungsgeber (Leadinvestor) sich in mindestens gleicher Höhe wie die KfW an dem Technologieunternehmen (TU) beteiligt und auf der Grundlage eines Kooperationsvertrages die Beteiligung der KfW mitbetreut.

Kennzeichen eines innovativen Technologieunternehmens (TU) sind:

* Als innovatives Technologieunternehmen entwickelt es neue oder wesentlich verbesserte Produkte, Verfahren und Dienstleistungen und/oder führt diese in den Markt ein.
* Die Entwicklungsanteile, die den innovativen Kern betreffen, werden im Unternehmen selbst erbracht. Wenn für Entwicklungsschritte Dienstleistungen in Anspruch genommen werden, müssen die Spezifikationen im Unternehmen selbst erarbeitet werden.
* Die vom Technologieunternehmen (TU) entwickelten neuen Produkte (Verfahren/Dienstleistungen) unterscheiden sich in ihren wesentlichen Funktionen von den bisherigen Produkten (Verfahren/Dienstleistungen) des Unternehmens und bauen auf Forschungs- und Entwicklungsarbeiten auf.

Auftragsentwicklungen sowie Umschuldungen bereits abgeschlossener und durchfinanzierter Vorhaben sind von der Förderung ausgeschlossen.

Förderart
Die KfW geht Beteiligungen an innovativen Technologieunternehmen (TU) ein, ohne sich i.d.R. an der Geschäftsführung des TU zu beteiligen. Der Leadinvestor, der sich in mindestens der gleichen Höhe wie die KfW beteiligt, soll das Technologieunternehmen (TU) in allen wirtschaftlichen und finanziellen Belangen beraten und unterstützen und ggf. auch Management- und Marketingunterstützung anbieten können. Grundsätzlich soll er bereit und in der Lage sein, zusätzliche Finanzierungsmittel zur Verfügung zu stellen.

Die Beteiligungsform der KfW richtet sich vorrangig nach der Beteiligungsform des Leadinvestors.

Förderumfang und Konditionen
Beteiligungshöhe:	Bis zu 3,0 Mio. EUR für ein Technologieunternehmen (TU) begrenzt. Im Rahmen dieses Höchstbetrages können mehrere Finanzierungsrunden begleitet werden. Die erste von der KfW einzugehende Beteiligung beträgt hierbei max. 1,5 Mio. EUR.
Dauer der Beteiligung:	Sie richtet sich grundsätzlich nach der Dauer der Beteiligung des Leadinvestors.
Auszahlung:	Die Auszahlungen erfolgen grundsätzlich in der gleichen Höhe und zum gleichen Zeitpunkt wie die Auszahlungen des Leadinvestors.
Konditionen:	Die Beteiligungskonditionen richten sich vorrangig nach den Konditionen der Beteiligung des Leadinvestors.
Sicherheiten:	Der Leadinvestor darf sich weder vom TU oder von Gesellschaftern noch von deren Familienangehörigen Sicherheiten stellen lassen.

Antragsberechtigte
Kleine Technologieunternehmen (TU) der gewerblichen Wirtschaft (Kapitalgesellschaften) mit Betriebssitz in Deutschland, welche die Kriterien der EU-Kommission für kleine Unternehmen (KU) erfüllen. Das TU muss über das zur Durchführung der Entwicklungsarbeiten, zur Produktion und zur Vermarktung notwendige technische Fachwissen sowie über die erforderlichen kaufmännischen Kenntnisse verfügen.

Technologieunternehmen (TU) dürfen zum Zeitpunkt der Antragstellung nicht älter als fünf Jahre sein und müssen auch nach Eingehen der beantragten Beteiligung ihre wirtschaftliche Unabhängigkeit aufrechterhalten. Darüber hinaus besteht eine Antragsberechtigung auch dann, wenn es sich um eine Folgefinanzierung für ein zuvor aus dem Vorgängerprogramm BTU, der BTU-Frühphase oder dem Programm FUTOUR gefördertes Unternehmen handelt und die Erstzusage aus dem jeweiligen Programm nicht länger als 5 Jahre zurückliegt.

Mit der KfW kooperierende Leadinvestoren können Beteiligungsgesellschaften sowie natürliche und juristische Personen sein, die Unternehmen Beteiligungskapital zur Verfügung stellen. Beteiligungsgesellschaften müssen bei der KfW akkreditiert sein. Bei Privatpersonen und Unternehmen, die nicht Beteiligungsgesellschaften sind, erfolgt eine Zulassung als Leadinvestor auf Einzelfallbasis.

Spezielle Voraussetzungen
Vor Übernahme einer Beteiligung hat der Leadinvestor die Beteiligungsvoraussetzungen zugleich für die KfW zu prüfen und nachvollziehbar zu dokumentieren. Während der Beteiligungsdauer hat er die Geschäftsführung des TU und die Unternehmensentwicklung zu überwachen und die KfW über die wirtschaftliche Lage des TU und die Unternehmensentwicklung zu unterrichten. Hierfür kann der Leadinvestor von der KfW eine Vergütung erhalten. Einzelheiten regelt ein Kooperationsvertrag zwischen dem Leadinvestor und der KfW.

Antragstellung
Anträge von Technologieunternehmen (TU) auf Beteiligungen sind auf Vordrucken der KfW an die KfW, Bonn, zu richten.

Beizufügen ist eine Erklärung zur Übernahme einer eigenen Beteiligung des kooperierenden Leadinvestors, der seinerseits die Prüfung der Antragsvoraussetzungen des Technologieunternehmens (TU) bereits vorgenommen hat (ggf. unter Einschaltung externer Gutachter, z.B. Technologieberatungsstellen). Die KfW behält sich vor, weitere Unterlagen anzufordern. Der Antrag ist vom Technologieunternehmen (TU) bei der KfW vor Abschluss eines Beteiligungsvertrages zwischen ihm und dem Leadinvestor einzureichen. Ein Rechtsanspruch auf Übernahme einer Beteiligung durch die KfW besteht nicht.

Weitere Informationen
Einzelheiten über das Programm sind den Richtlinien des Bundesministeriums für Wirtschaft und Technologie (BMWi) zu entnehmen. Auskünfte erteilt die KfW.

2.1.10 Gemeinschaftsaufgabe »Verbesserung der regionalen Wirtschaftsstruktur« (GRW)

Förderziel/Verwendungszweck
Es können Vorhaben der gewerblichen Wirtschaft gefördert werden, durch die die Wettbewerbs- und Anpassungsfähigkeit der Wirtschaft gestärkt und neue Arbeitsplätze geschaffen bzw. vorhandene Arbeitsplätze gesichert werden.

Die GRW-Fördermittel dürfen nur in denjenigen Fördergebieten eingesetzt werden, die im Koordinierungsrahmen ausgewiesen sind. Die Fördergebiete werden wie folgt unterteilt:

- A-Fördergebiete – Fördergebiete mit ausgeprägtem Entwicklungsrückstand, dazu gehören die ausgewiesenen Gebiete in den neuen Bundesländern,
- C-Fördergebiete – Fördergebiete mit schwerwiegenden Strukturproblemen, dazu gehören die ausgewiesenen Gebiete in den alten Bundesländern und Berlin,
- D-Fördergebiete – Fördergebiete mit schwerwiegenden Strukturproblemen, dazu gehören die ausgewiesenen Gebiete in den alten Bundesländern und Berlin auf Grundlage der gemeinsamen Vorschriften sowie der besonderen Vorschriften für kleine und mittlere Unternehmen (KMU).

Förderart
Die Fördermittel werden als Zuschüsse gewährt.

Förderumfang und Konditionen
Für die Förderung kommen nur solche Investitionen in Betracht, die, ausgehend vom Volumen oder von der Zahl der geschaffenen Dauerarbeitsplätzen eine besondere Anstrengung des Betriebs erfordern. Dementsprechend sind Investitionsvorhaben nur förderfähig, wenn der Investitionsbetrag, bezogen auf ein Jahr, die in den letzten drei Jahren durchschnittlich verdienten Abschreibungen – ohne Berücksichtigung von Sonderabschreibungen – um mindestens 50% übersteigt, oder die Zahl der bei Investitionsbeginn in der zu fördernden Betriebsstätte bestehenden Dauerarbeitsplätze um mindestens 15% erhöht wird. Bei Errichtungsinvestitionen und dem Erwerb einer stillgelegten oder von Stillegung bedrohten Betriebsstätte gilt diese Voraussetzung als erfüllt.

Zu den förderfähigen Investitionen gehören:
- Errichtung einer Betriebsstätte,
- Erweiterung einer Betriebsstätte,
- Diversifizierung der Produktion einer Betriebsstätte in neue, zusätzliche Produkte,
- grundlegende Änderung des Gesamtproduktionsverfahrens einer bestehenden Betriebsstätte,
- Übernahme einer stillgelegten oder von Stillegung bedrohten Betriebsstätte unter Marktbedingungen durch einen unabhängigen Investor.

In den Fördergebieten dürfen Investitionshilfen mit Mitteln der GRW und mit anderen öffentlichen Fördermitteln max. in Höhe der nachfolgenden Bruttofördersätze gewährt werden:

A-Fördergebiete	• 50% bei Betriebsstätten von kleinen Unternehmen nach der KU-Definition,
	• 40% bei Betriebsstätten von mittleren Unternehmen nach der MU-Definition,
	• 30% bei sonstigen Betriebsstätten.
C-Fördergebiete	• 35% bei Betriebsstätten von kleinen Unternehmen nach der KU-Definition,
	• 25% bei Betriebsstätten von mittleren Unternehmen nach der MU-Definition,
	• 15% bei sonstigen Betriebsstätten.
	In C-Fördergebieten gelten in ausgewiesenen Regionen abweichende Förderhöchstsätze.
D-Fördergebiete	• 20% bei Betriebsstätten von kleinen Unternehmen nach der KU-Definition,
	• 10% bei Betriebsstätten von mittleren Unternehmen nach der MU-Definition
	• max. 200.000 EUR Gesamtbetrag innerhalb von drei Jahren ab dem Zeitpunkt der ersten Beihilfe bei sonstigen Betriebsstätten.

Die genannten Fördersätze sind Förderhöchstsätze, die im Einzelfall nur bei Vorliegen besonderer Struktureffekte ausgeschöpft werden können. Ein besonderer Struktureffekt kann unterstellt werden, wenn das Vorhaben in besonderer Weise geeignet ist, quantitativen und qualitativen Defiziten der Wirtschaftsstruktur und des Arbeitsplatzangebotes in dem Fördergebiet entgegenzuwirken, z.B. durch

*   Investitionen, die zur Hebung bzw. Stabilisierung der Beschäftigung in Regionen mit schwerwiegenden Arbeitsmarktproblemen beitragen,
*   Investitionen, die die regionale Innovationskraft stärken,
*   Investitionen im Zusammenhang mit Existenzgründungen,
*   Investitionen, die Arbeits- und Ausbildungsplätze für Frauen und Jugendliche schaffen.

Die Förderhöchstsätze drücken den Wert der zulässigen öffentlichen Förderungen (Subvention) in Prozent der beihilfefähigen Kosten aus. Der Beihilfehöchstbetrag/ Subventionswert der für das Investitionsvorhaben aus öffentlichen Fördermitteln gewährten Förderungen darf die festgelegten Förderhöchstsätze nicht überschreiten.

Der Betrag des Beihilfeempfängers aus Eigen- und Fremdmitteln zur Finanzierung des Investitionsvorhabens muss mindestens 25 % der beihilfefähigen Kosten betragen. Dieser Mindestbetrag darf keine öffentliche Förderung enthalten.

Für Investitionsvorhaben, welche die Voraussetzungen für eine Förderung mit GRW-Mitteln erfüllen, können modifizierte Ausfallbürgschaften von den Ländern gewährt werden. Der Bund übernimmt hierfür mit gesonderter Erklärung bis zum Gesamtbetrag von 10 Mio. EUR je Einzelfall und Jahr eine Garantie von 50 %.

Spezielle Voraussetzungen
Ein Investitionsvorhaben kann gefördert werden, wenn es geeignet ist, durch Schaffung von zusätzlichen Einkommensquellen das Gesamteinkommen in dem jeweiligen Wirtschaftsraum unmittelbar und auf Dauer nicht unwesentlich zu erhöhen (Primäreffekt). Der Primäreffekt kann als erfüllt angesehen werden, wenn in der zu fördernden Betriebsstätte überwiegend (d.h. zu mehr als 50 % des Umsatzes) Güter hergestellt oder Leistungen erbracht werden, die ihrer Art nach regelmäßig überregional abgesetzt werden (sog. Artbegriff). Eine Förderung ist auch dann möglich, wenn im Einzelfall die in der Betriebsstätte hergestellten Güter oder erbrachten Dienstleistungen tatsächlich überwiegend überregional abgesetzt werden und dadurch das Gesamteinkommen in dem jeweiligen Wirtschaftsraum unmittelbar und auf Dauer nicht unwesentlich erhöht wird (sog. Einzelfallnachweis). Als überregional ist i.d.R. ein Absatz außerhalb eines Radius von 50 km von der Gemeinde, in der die Betriebsstätte liegt, anzusehen.

Eine Förderung kann auch gewährt werden, wenn aufgrund einer begründeten Prognose des Antragstellers zu erwarten ist, dass nach Durchführung des geförderten Investitionsvorhabens die in der Betriebsstätte hergestellten Güter oder erbrachten Dienstleistungen überwiegend überregional abgesetzt werden. Der überwiegend überregionale Absatz ist innerhalb einer Frist von max. drei Jahren nach Abschluss des Investitionsvorhabens nachzuweisen.

Mit den Investitionsvorhaben müssen in den Fördergebieten neue Dauerarbeitsplätze geschaffen oder vorhandene gesichert werden. Dauerarbeitsplätze sind Arbeitsplätze, die von vornherein auf Dauer angelegt sind. Ausbildungsplätze können wie Dauerarbeitsplätze gefördert werden.

Die durch Investitionshilfen geförderten Wirtschaftsgüter müssen mindestens fünf Jahre nach Abschluss des Investitionsvorhabens in der Betriebsstätte verbleiben, es sei denn, sie werden durch gleich- oder höherwertige Wirtschaftsgüter ersetzt.

Die Investitionshilfe kommt nur für den Teil der Investitionskosten in Betracht, der je geschaffenem Dauerarbeitsplatz 500.000 EUR oder je gesichertem Dauerarbeitsplatz 250.000 EUR nicht übersteigt.

Bei lohnkostenbezogenen Zuschüssen gehören zu den förderfähigen Kosten die Lohnkosten, die für eingestellte Personen während eines Zeitraums von zwei Jahren anfallen. Voraussetzung ist, dass es sich um an Erstinvestitionen gebundene Arbeitsplätze handelt. Der überwiegende Teil der neu geschaffenen Arbeitsplätze muss eines der folgenden Kriterien erfüllen:
– Arbeitsplätze mit überdurchschnittlicher Qualifikationsanforderung,
– Arbeitsplätze mit besonders hoher Wertschöpfung oder
– Arbeitsplätze in einem Bereich mit besonders hohem Innovationspotenzial.

Investitionszuschüsse werden grundsätzlich nur für ein Investitionsvorhaben gewährt, das innerhalb von 36 Monaten durchgeführt wird.

Antragsberechtigte
Antragsberechtigt für die Förderung von Investitionen der gewerblichen Wirtschaft ist, wer die betriebliche Investition vornimmt.

Der Investor kann zwischen lohnkostenbezogenen und sachkapitalbezogenen Zuschüssen wählen. Der lohnkostenbezogene Zuschuss kann je zur Hälfte mit der erstmaligen Besetzung der Arbeitsplätze und nach Ablauf des ersten Beschäftigungsjahres an den Zuwendungsempfänger ausgezahlt werden.

Antragstellung
Die Anträge auf Zuschüsse nehmen die Wirtschaftsministerien der Länder bzw. von diesen benannten Stellen entgegen. Die Antragsformulare sind bei den antragsannehmenden Stellen erhältlich. Ein Rechtsanspruch auf GRW-Mittel besteht nicht.

Antragsfrist
Im Zeitpunkt der Antragstellung darf mit der Durchführung des zu finanzierenden Vorhabens noch nicht begonnen worden sein.

Kombinierbarkeit
Die Förderhöchstsätze können entweder voll durch GRW-Mittel oder durch Kumulierung mit anderen Beihilfen ausgeschöpft werden.

Weitere Informationen
Bekanntmachung des Koordinierungsausschusses der Gemeinschaftsaufgabe »Verbesserung der regionalen Wirtschaftsstruktur« (GRW) vom 11.08.2009.

Einzelheiten über das Programm sind den Richtlinien des Bundesministeriums für Wirtschaft und Technologie (BMWi) zu entnehmen. Auskünfte erteilen das Bundesministerium für Wirtschaft und Technologie (BMWi), die Wirtschaftsministerien der Länder, die Antrag annehmenden Stellen und die Wirtschaftsförderungsgesellschaften.

2.1.11 Investitionszulage für betriebliche Investitionen in den neuen Bundesländern und in Berlin (InvZulG 2010)

Förderziel
Förderung von Erstinvestitionsvorhaben in den neuen Bundesländern und Berlin in den Jahren 2007 bis 2013.

Förderart
Begünstigte Investitionen werden durch eine Investitionszulage gefördert.

Begünstigte Investitionen sind die Anschaffung und Herstellung von neuen abnutzbaren beweglichen Wirtschaftsgütern des Anlagevermögens,
1. die zu einem Erstinvestitionsvorhaben gehören,
2. die mindestens fünf Jahre nach Beendigung des Erstinvestitionsvorhabens (Bindungszeitraum)
    – zum Anlagevermögen eines Betriebs oder einer Betriebsstätte eines Betriebs des verarbeitenden Gewerbes, der produktionsnahen Dienstleistungen oder des Beherbergungsgewerbes des Anspruchsberechtigten oder eines mit diesem verbundenen Unternehmens im Fördergebiet gehören,
    – in einer Betriebsstätte eines solchen Betriebs des Anspruchsberechtigten im Fördergebiet verbleiben,
    – in jedem Jahr zu nicht mehr als 10 % privat genutzt werden.

Nicht begünstigt sind geringwertige Wirtschaftsgüter, Luftfahrzeuge und Personenkraftwagen.

Der Bindungszeitraum verringert sich auf drei Jahre, wenn die beweglichen Wirtschaftsgüter in einem begünstigten Betrieb verbleiben, der zusätzlich die Definition der EU-Kommission für kleine und mittlere Unternehmen (KMU) und Kleinstunternehmen im Zeitpunkt des Beginns der Erstinvestitionsvorhabens erfüllt. Ersetzt der Anspruchsberechtigte ein begünstigtes bewegliches Wirtschaftsgut wegen rascher technischer Veränderungen vor Ablauf des jeweils maßgebenden Bindungszeitraums durch ein neues abnutzbares bewegliches Wirtschaftsgut, tritt für die verbleibende Zeit des jeweils maßgebenden Bindungszeitraums das Ersatzwirtschaftsgut an die Stelle des begünstigten beweglichen Wirtschaftsguts.

Betriebe der produktionsnahen Dienstleistungen sind u. a. folgende Betriebe: Betriebe der Datenverarbeitung und Datenbanken, Betriebe der Forschung und Entwicklung, Betriebe der Markt- und Meinungsforschung, Ingenieurbüros für bautechnische Gesamtplanung, Ingenieurbüros für technische Fachplanung, Büros für Industrie-Design, Betriebe der technischen, physikalischen und chemischen Untersuchung, Betriebe der Werbung und Betriebe des fotografischen Gewerbes.

Betriebe des Beherbergungsgewerbes sind die folgenden Betriebe: Betriebe der Hotellerie, Jugendherbergen und Hütten, Campingplätze und Erholungs- und Ferienheime.

Begünstigte Investitionen sind auch die Anschaffung neuer Gebäude, Eigentumswohnungen, im Teileigentum stehender Räume und anderer Gebäudeteile, die selbstständige unbewegliche Wirtschaftsgüter sind (Gebäude), bis zum Ende des Jahres der Fertigstellung sowie die Herstellung neuer Gebäude, soweit die Gebäude zu einem Erstinvestitionsvorhaben gehören und mindestens fünf Jahre nach dem Abschluss des Investitionsvorhabens in einem Betrieb des verarbeitenden Gewerbes, in einem Betrieb der produktionsnahen Dienstleistungen oder in einem Betrieb des Beherbergungsgewerbes verwendet werden.

Erstinvestitionen sind die Anschaffung oder Herstellung von Wirtschaftsgütern bei
a)   Errichtung einer neuen Betriebsstätte,
b)   Erweiterung einer bestehenden Betriebsstätte,
c)   Diversifizierung der Produktion einer Betriebsstätte in neue, zusätzliche Produkte,
d)   grundlegende Änderung des Gesamtproduktionsverfahrens einer bestehenden Betriebsstätte oder,
e)   Übernahme eines Betriebs, der geschlossen worden ist oder geschlossen worden wäre, wenn der Betrieb nicht übernommen worden wäre und wenn die Übernahme durch einen unabhängigen Investor erfolgt.

Investitionen sind begünstigt, wenn sie zu einem Erstinvestitionsvorhaben gehören, mit dem der Anspruchsberechtigte
1.   vor dem 01.01.2010,
2.   nach dem 31.12.2009 und vor dem 01.01.2011,
3.   nach dem 31.12.2010 und vor dem 01.01.2012,
4.   nach dem 31.12.2011 und vor dem 01.01.2013 oder
5.   nach dem 31.12.2012 und vor dem 01.01.2014

begonnen hat und die einzelne begünstigte Investition nach dem 31.12.2009 und vor dem 01.01.2014 abgeschlossen wird oder nach dem 31.12.2013 abgeschlossen wird, soweit vor dem 01.01.2014 Teilherstellungskosten entstanden oder im Fall der Anschaffung Teillieferungen erfolgt sind.

Bemessungsgrundlage der Investitionszulage ist die Summe der Anschaffungs- und Herstellungskosten der im Wirtschaftsjahr oder Kalenderjahr abgeschlossenen begünstigten Investitionen, soweit sie die vor dem 01.01.2010 entstandenen Teilherstellungskosten oder den Teil der Anschaffungskosten, der auf die vor dem 01.01.2010 erfolgten Teillieferungen entfällt, übersteigen. In die Bemessungsgrundlage können die im Wirtschaftsjahr oder Kalenderjahr geleisteten Anzahlungen auf Anschaffungskosten und die entstandenen Teilherstellungskosten einbezogen werden. Das gilt für vor dem 01.01.2010 geleistete Anzahlungen auf Anschaffungskosten nur insoweit, als sie den Teil der Anschaffungskosten, der auf die vor dem 01.01.2010 erfolgten Teillieferungen entfällt, übersteigen.

Förderumfang und Konditionen
Die Investitionszulage wird aus den Einnahmen an Einkommensteuer oder Körperschaftsteuer ausgezahlt.

Folgende maximale Fördersätze gelten im C-Fördergebiet (neue Bundesländer) und D-Fördergebiet (Teile des Landes Berlin):

C-Fördergebiet			D-Fördergebiet		
Jahr	Groß-unternehmen	KMU	Jahr	Mittlere Unternehmen	Kleine Unternehmen
2010	10,0%	20,0%	2010	10,0%	20,0%
2011	7,5%	15,0%	2011	10,0%	15,0%
2012	5,0%	10,0%	2012	10,0%	10,0%
2013	2,5%	5,0%	2013	5,0%	5,0%

Abb. 147: Fördersätze nach dem Investitionszulagengesetz

Die Zugehörigkeit zum C- oder D-Fördergebiet für Berlin kann unter http://www. businesslocationcenter.de/foerdergebietskarte durch Eingabe der Adresse ermittelt werden.

Die Investitionszulage gehört nicht zu den Einkünften im Sinne des Einkommensteuergesetzes. Sie mindert nicht die steuerlichen Anschaffungs- und Herstellungskosten.

Antragsberechtigte
Betriebe des verarbeitenden Gewerbes, der produktionsnahen Dienstleistungen und des Beherbergungsgewerbes, die in den neuen Bundesländern begünstigte Investitionen vornehmen. Nicht Anspruchsberechtigt sind Steuerpflichtige, die nach § 5 KöStG von der Körperschaftsteuer befreit sind.

Antragstellung
Der Antrag ist bei dem für die Besteuerung des Anspruchsberechtigten nach dem Einkommen zuständigen Finanzamt zu stellen. Ist eine Personengesellschaft oder Gemeinschaft Anspruchsberechtigter, so ist der Antrag bei dem Finanzamt zu stellen, das für die einheitliche und gesonderte Feststellung der Einkünfte zuständig ist. Der Antrag ist nach amtlich vorgeschriebenem Vordruck zu stellen und vom Anspruchsberechtigten eigenhändig zu unterschreiben. In dem Antrag sind die Investitionen, für die eine Investitionszulage beansprucht wird, so genau zu bezeichnen, dass ihre Feststellung bei einer Nachprüfung möglich ist.

Weitere Informationen
Einzelheiten sind dem Investitionszulagengesetz 2010 (InvZulG 2010) in der Fassung der Bekanntmachung vom 07.12.2008 (BGBl. I S. 2350), das durch Artikel 10 des Gesetzes vom 22.12.2009 (BGBl. I S. 3950) geändert worden ist, zu entnehmen. Auskünfte erteilen die zuständigen Finanzämter und die Industrie- und Handelskammern.

2.1.12 Investitionsabzugsbeträge und Sonderabschreibungen zur Förderung kleiner und mittlerer Unternehmen (§ 7g EStG)

Für die künftige Anschaffung oder Herstellung abnutzbarer beweglicher Wirtschaftsgüter des Anlagevermögens können nach § 7g Abs. 1 EStG bis zu 40 % der voraussichtlichen Anschaffungs- oder Herstellungskosten gewinnmindernd abgezogen werden. Der Investitionsabzugsbetrag kann nur in Anspruch genommen werden, wenn

1. der Betrieb am Schluss des Wirtschaftsjahres, in dem der Abzug vorgenommen wird, die folgenden Größenmerkmale nicht überschreitet:
   a) bei Gewerbebetrieben oder der selbstständigen Arbeit dienenden Betrieben, die ihren Gewinn nach § 4 Abs. 1 EStG oder § 5 EStG ermitteln, ein Betriebsvermögen von 235.000 EUR,
   b) bei Betrieben der Land- und Forstwirtschaft einen Wirtschaftswert oder einen Ersatzwirtschaftswert von 125.000 EUR oder
   c) bei Betrieben i.S. 1a) und 1b), die ihren Gewinn nach § 4 Abs. 3 EStG (Einnahmen-Überschussrechnung) ermitteln, ohne Berücksichtigung des Investitionsabzugsbetrags einen Gewinn von 100.000 EUR,
2. der Steuerpflichtige beabsichtigt, das begünstigte Wirtschaftsgut voraussichtlich
   a) in den dem Wirtschaftsjahr des Abzugs folgenden drei Wirtschaftsjahren anzuschaffen oder herzustellen,
   b) mindestens bis zum Ende des dem Wirtschaftsjahr der Anschaffung oder Herstellung folgenden Wirtschaftsjahres in einer inländischen Betriebsstätte des Betriebs ausschließlich oder fast ausschließlich betrieblich zu nutzen und
3. der Steuerpflichtige das begünstigte Wirtschaftsgut in den beim Finanzamt einzureichenden Unterlagen seiner Funktion nach benennt und die Höhe der voraussichtlichen Anschaffungs- oder Herstellungskosten angibt.

Abzugsbeträge können auch dann in Anspruch genommen werden, wenn dadurch ein Verlust entsteht oder sich erhöht. Die Summe der Beträge, die im Wirtschaftsjahr des Abzugs und in den drei vorangegangenen Wirtschaftsjahren insgesamt abgezogen und nicht hinzugerechnet oder rückgängig gemacht wurden, darf je Betrieb 200.000 EUR nicht übersteigen.

Im Wirtschaftsjahr der Anschaffung oder Herstellung des begünstigten Wirtschaftsgutes ist nach § 7g Abs. 2 EStG der für dieses Wirtschaftsgut in Anspruch genommene Investitionsabzugsbetrag in Höhe von 40 % der Anschaffungs- oder Herstellungskosten Gewinn erhöhend hinzuzurechnen. Die Anschaffungs- oder Herstellungskosten des Wirtschaftsgutes können im Wirtschaftsjahr der Anschaffung oder Herstellung um bis zu 40 %, höchstens jedoch um die Hinzurechnung, gewinnmindernd herabgesetzt werden. Soweit der Investitionsabzugsbetrag nicht bis zum Ende des dritten auf das Wirtschaftsjahr des Abzugs folgenden Wirtschaftsjahres hinzugerechnet wurde, ist nach § 7g Abs. 3 EStG der Abzug rückgängig zu machen.

Bei abnutzbaren beweglichen Wirtschaftsgütern des Anlagevermögens können nach § 7g Abs. 5 EStG im Jahr der Anschaffung oder Herstellung und in den vier folgenden Jahren neben den Absetzungen für Abnutzung (AfA) Sonderabschreibungen bis zu insgesamt 20% der Anschaffungs- oder Herstellungskosten in Anspruch genommen werden. Die Sonderabschreibungen können nur in Anspruch genommen werden, wenn

1. der Betrieb am Schluss des Wirtschaftsjahres, in dem der Abzug vorgenommen wird, die folgenden Größenmerkmale nicht überschreitet:
   a) bei Gewerbebetrieben oder der selbstständigen Arbeit dienenden Betrieben, die ihren Gewinn nach § 4 Abs. 1 EStG oder § 5 EStG ermitteln, ein Betriebsvermögen von 235.000 EUR,
   b) bei Betrieben der Land- und Forstwirtschaft einen Wirtschaftswert oder einen Ersatzwirtschaftswert von 125.000 EUR oder
   c) bei Betrieben i.S. 1a) und 1b), die ihren Gewinn nach § 4 Abs. 3 EStG (Einnahmen-Überschussrechnung) ermitteln, ohne Berücksichtigung des Investitionsabzugsbetrags einen Gewinn von 100.000 EUR,
2. das Wirtschaftsgut im Jahr der Anschaffung oder Herstellung und im darauf folgenden Wirtschaftsjahr in einer inländischen Betriebsstätte des Betriebs des Steuerpflichtigen ausschließlich oder fast ausschließlich betrieblich genutzt wird.

Sowohl Investitionsabzugsbetrag als auch die Sonderabschreibung sind bei der betrieblichen Gewinnermittlung im Rahmen der jährlichen Steuererklärung beim zuständigen Finanzamt geltend zu machen.

Weitere Informationen
Einzelheiten sind dem Einkommensteuergesetz zu entnehmen. Auskünfte erteilen die zuständigen Finanzämter und die Industrie- und Handelskammern.

2.2 Die Förderprogramme der Länder

Alle Bundesländer stellen eine Vielzahl eigener Förderprogramme zur Verfügung, die allerdings einem ständigen Wandel unterliegen. Die folgende Übersicht zeigt ausgewählte Programme, die ausschließlich zur Finanzierung von Existenzgründungen von Bedeutung sind. Bei den angegebenen Konditionen ist zu beachten, dass diese von den Marktbedingungen abhängen und laufend geändert werden. Die hier angegebenen Konditionen basieren auf dem Stand April 2011. Über den aktuellen Stand der Fördermöglichkeiten informiert Sie die Förderdatenbank des Bundesministeriums für Wirtschaft und Technologie (BMWi) im Internet unter http://db.bmwi.de. Sie enthält die vollständigen Richtlinien und zusätzliche Informationen sowie Links zu allen öffentlichen Förderauskunftsstellen.

Auf Bürgschafts- und Kapitalbeteiligungsprogramme, die es in allen Bundesländern gibt, wird nicht näher eingegangen, da sich diese kaum voneinander unterscheiden. Förderprogramme für kleine und mittlere Unternehmen, z.B. Förderung von Forschung und Entwicklung, Förderung von Messebeteiligungen, Förderung von Qualitätsmanagement usw. können auch von Existenzgründern in Anspruch genommen werden.

TIPP

Für jedes Bundesland gibt es eine Broschüre mit den jeweils geltenden Förderprogrammen. Fordern Sie unbedingt die Broschüre Ihres Bundeslandes [→ Literaturverzeichnis] bei dem zuständigen Wirtschaftsministerium [→ Adressenverzeichnis] an. Der Bezug ist kostenlos.

Die Förderprogramme der Länder gelten nur für Vorhaben innerhalb der jeweiligen Landesgrenzen. Der Wohnort des Antragstellers ist dabei i.d.R. unerheblich.

2.2.1   Baden-Württemberg

2.2.1.1 Gründungs- und Wachstumsfinanzierung (GuW)

Förderziel/Verwendungszweck

Schaffung und Sicherung von wettbewerbsfähigen kleinen und mittleren Unternehmen (KMU) in Baden-Württemberg.

Gefördert werden

a) alle Formen der Existenzgründung (Gründung eines neuen Unternehmens, Übernahme eines bestehenden Unternehmens, Erwerb einer tätigen Beteiligung an einem Unternehmen),

b) Investitionsvorhaben aller Art, z.B. Erweiterung (auch Standortverlagerung), Modernisierung, Rationalisierung, Umstellung von Produktionsverfahren und Produktpalette, Erwerb von Unternehmen, Betriebsmittel und Warenlager.

Finanziert werden können

– Betriebsgrundstücke und Gebäude einschließlich Baunebenkosten,

– Betriebsausstattung (Maschinen, Geräte, Büroeinrichtung, Nutzfahrzeuge usw.),

– Erwerb von Vermögenswerten aus anderen Unternehmen einschließlich tätiger Übernahmen und Beteiligungen. Die alleinige Übernahme von Unternehmensanteilen i.S. von Finanzinvestitionen ist nicht förderfähig.

– Betriebsmittel und Warenlager (ausschließlich in der 5-jährigen Laufzeitvariante),

– Immaterielle Investitionen in Verbindung mit Technologietransfer, sofern sie zu Marktbedingungen erworben wurden und vom Unternehmen selbst genutzt sowie drei Jahre als abschreibungsfähige Kosten in der Bilanz aktiviert werden.

Die selbstständige Tätigkeit muss auf Dauer angelegt sein und innerhalb eines angemessenen Zeitraums den Haupterwerb des Existenzgründers darstellen.

Umschuldungen und Sanierungsfälle sind von der Förderung ausgeschlossen. Nicht gefördert werden Vorhaben in der Land- und Forstwirtschaft sowie in der Fischerei und Aquakultur (Primärproduktion). Unternehmen des Transportgewerbes (Speditionen und Frachtführer) erhalten für den Erwerb von Beförderungsmitteln und Ausrüstungsgütern für den Straßengüter- und Luftverkehr keine Förderung.

Nicht gefördert werden Unternehmen in Schwierigkeiten im Sinne der Allgemeinen Gruppenfreistellungsverordnung der EU-Kommission.

Förderart
Es werden zinsgünstige Kredite gewährt.

Förderumfang und Konditionen

> **Konditionen im Internet:**
> **http://www.l-bank.de**

Finanzierungsanteil: Bis zu 100 % der förderfähigen Kosten.
Höchstbetrag: I.d.R. 10 Mio. EUR
Mindestbetrag: 5.000 EUR
Laufzeit: 5 Jahre, davon 1 Jahr tilgungsfrei,
                      8 Jahre, davon bis zu 2 Jahre tilgungsfrei,
                      10 Jahre, davon bis zu 2 Jahre tilgungsfrei,
                      15 Jahre, davon bis zu 2 Jahre tilgungsfrei,
                      20 Jahre, davon bis zu 3 Jahre tilgungsfrei,
                      bis zu 5 Jahre bei höchstens einem tilgungsfreien Anlaufjahr
                      für die Finanzierung von Betriebsmitteln und/oder Warenlager.
Auszahlung: 100 %
Zinssatz: Das Darlehen wird mit einem kundenindividuellen Zinssatz
                      im Rahmen des am Tag der Zusage geltenden Maximalzinssatzes der jeweiligen Preisklasse zugesagt.
                      Da Kreditsicherheiten und Bonität der Kreditnehmer stark variieren, müssen die Zinssätze die Risikokosten der Hausbank
                      berücksichtigen. Im risikogerechten Zinssystem gibt die L-Bank neun risikoabhängige Preisklassen A bis I vor. Sie entsprechen verschiedenen Kombinationen von wirtschaftlicher
                      Leistungsfähigkeit (Bonität) des Unternehmens und Besicherung des Darlehens.
                      Die Hausbank stuft das Unternehmen in eine Bonitäts- und
                      eine Besicherungsklasse ein und ermittelt daraus die zugehörige Preisklasse. Für jede Preisklasse legt die L-Bank eine
                      Zinsobergrenze fest. Die Hausbank vereinbart mit dem Unternehmen innerhalb dieser Grenzen unter Berücksichtigung
                      individueller Platzierung in den zugrunde liegenden Bonitäts- und Besicherungsklassen einen Angebotszinssatz.
                      Die Preisklasse und der individuelle Angebotszinssatz werden bei Antragstellung festgelegt. Der endgültige kundenindividuelle Zinssatz wird jeweils am Tag der Zusage durch die
                      L-Bank festgelegt.
                      Die Darlehenszinsen gelten für die gesamte Laufzeit, außer
                      bei den 15- oder 20-jährigen Laufzeitvarianten. Hier wird der
                      Zinssatz nach Ablauf der 10-jährigen Zinsbindungsphase unter Zugrundelegung des ggf. geänderten Zinsniveaus für die
                      Restlaufzeit neu festgelegt. Die Zinsen sind monatlich nachträglich zum letzten Tag des Monats fällig.

Tilgung:

Sicherheiten:

Das Land Baden-Württemberg verbilligt die Darlehen für die gesamte Laufzeit. Darlehen mit 15- oder 20-jähriger Laufzeit werden nur innerhalb der 10-jährigen Sollzinsbindungsfrist verbilligt.

Nach Ablauf der tilgungsfreien Jahre erfolgt die Tilgung monatlich nachträglich in gleich hohen Raten. Während der Tilgungsfreijahre sind lediglich die Zinsen auf die ausgezahlten Kreditbeträge zu leisten.

Vom Kreditnehmer sind bankübliche Sicherheiten zu stellen. Hausbank und Unternehmen vereinbaren die Besicherung. Falls das Unternehmen nicht über ausreichende Sicherheiten verfügt, kann die Hausbank eine Bürgschaft bei der Bürgschaftsbank Baden-Württemberg oder der L-Bank beantragen.

Kombinierbarkeit
Eine Kombination mit anderen Förderprogrammen ist möglich.

Antragsberechtigte
Existenzgründer sowie junge kleine und mittlere Unternehmen (KMU) im Bereich der gewerblichen Wirtschaft und Angehörige der Freien Berufe (einschließlich Heilberufe). Die Unternehmensgründung oder Übernahme bzw. die Beteiligung am Unternehmen darf maximal 3 Jahre zurückliegen.

Antragstellung
Die Anträge sind auf den dafür vorgesehenen Vordrucken über jedes Kreditinstitut (Hausbank) nach Wahl des Antragstellers an die L-Bank zu stellen.

Antragsfrist
Im Zeitpunkt der Antragstellung darf mit der Durchführung des zu finanzierenden Vorhabens noch nicht begonnen worden sein. Ein Vorhaben gilt als begonnen, sobald wesentliche rechtsverbindliche Verpflichtungen eingegangen worden sind (z.B. aus Kaufvertrag, Lieferungs- oder Leistungsvertrag).

Besondere Hinweise
Im Rahmen eines vereinfachten Verfahrens ist die Übernahme einer 50%igen Bürgschaft durch die Bürgschaftsbank zu besonderen Konditionen möglich. Die laufende Bürgschaftsprovision beträgt 0,3% bis 1,1% p.a. aus dem valutierenden Darlehensbetrag, je nach Preisklasse des risikogerechten Zinssystems. Die einmalige Gebühr beträgt 1,0% aus dem genehmigten Bürgschaftsbetrag. Reicht diese Bürgschaft nicht aus, kann eine Bürgschaft bis zu 80% (grundsätzlich bis zu 1 Mio. EUR) bei der Bürgschaftsbank beantragt werden. Bei höheren Bürgschaftsbeträgen ist die L-Bank zuständig.

Die Gründungsfinanzierung kann zwischen 100.000 EUR und 500.000 EUR durch eine spezielle stille Beteiligung in Höhe von 25% im Rahmen des Kombi-Programms der Bürgschaftsbank/MBG ergänzt werden.

Weitere Informationen
Einzelheiten über das Programm sind den Richtlinien des Wirtschaftsministeriums Baden-Württemberg zu entnehmen. Auskünfte erteilt die Landeskreditbank Baden-Württemberg (L-Bank).

2.2.1.2 Startfinanzierung 80

Förderziel/Verwendungszweck
Gefördert werden
* Vorhaben zur Existenzgründung durch Neugründung, Betriebsübernahme oder tätige Beteiligung,
* Vorhaben zur Existenzfestigung innerhalb von 3 Jahren nach Aufnahme der selbstständigen Tätigkeit.

Der Gesamtkapitalbedarf für das Vorhaben darf 150.000 EUR nicht überschreiten. Diese Höchstgrenze gilt auch, wenn mehrere Gesellschafter ein Unternehmen gründen.

Finanziert werden können
* Erwerb von Grundstücken und Gebäuden,
* Bau- und Umbaumaßnahmen,
* Betriebsausstattung (Maschinen, Einrichtungen und Fahrzeuge),
* Erwerbspreis für einen zu übernehmenden Betrieb oder Gesellschaftsanteil,
* Erstausstattung oder Aufstockung des Waren- Material- und Ersatzteillagers,
* Bedarf an Betriebsmitteln (z.B. Ausgaben für Löhne und Gehälter, Mietkosten, Unternehmerlohn, Patentanmeldungen, Markteinführungskosten).

Ausgeschlossen ist die Umschuldung bereits bestehender Verbindlichkeiten.

Förderart
Es werden zinsgünstige Darlehen mit obligatorischer Bürgschaft gewährt.

Förderumfang und Konditionen

> **Konditionen im Internet:**
> **http://www.l-bank.de**

Finanzierungsanteil:	Bis zu 100% der förderfähigen Kosten
Höchstbetrag:	100.000 EUR. Die Obergrenze des Gesamtvorhabens liegt bei 150.000 EUR.
Laufzeit:	5 Jahre, davon 1 Jahr tilgungsfrei,
	5 Jahre, rückzahlbar in einer Summe am Ende der Laufzeit,
	8 Jahre, davon 2 Jahre tilgungsfrei,
	10 Jahre, davon 2 Jahre tilgungsfrei.
Auszahlung:	100%
Zinssatz:	Der Zinssatz wird am Tag der Zusage durch die L-Bank festgelegt. Festzins für die gesamte Laufzeit. Die Zinsen sind monatlich nachträglich zum letzten Tag des Monats fällig.

Die Hausbank kann den Nominalzins um bis zu 0,5 %-Punkte in Abhängigkeit von Bonität und Sicherheiten erhöhen. Der Zinsaufschlag wird bei Antragstellung festgelegt.
Das Land Baden-Württemberg verbilligt die Darlehen für die gesamte Laufzeit.

Tilgung: Nach Ablauf der tilgungsfreien Jahre monatlich nachträglich in gleich hohen Raten.

Bearbeitungsgebühr: 1,0 % einmalig aus dem Bürgschaftsbetrag, mind. 200 EUR

Bürgschaftsprovision: 0,8 % p. a. aus dem Kreditbetrag.

Sicherheiten: Es sind banküblichen Sicherheiten zu stellen. Zur Besicherung übernimmt die Bürgschaftsbank eine obligatorische Bürgschaft in Höhe von 80 %.

Antragsberechtigte

Existenzgründer und junge Unternehmen innerhalb von drei Jahren nach Aufnahme der selbstständigen Tätigkeit.

Gewerbliche Unternehmen (KMU) aus Handwerk, Handel, Industrie, Dienstleistungs- und Kleingewerbe, Hotel- und Gaststättengewerbe sowie Angehörige der Freien Berufe (einschließlich der Heilberufe).

Antragsberechtigt sind nicht nur Existenzgründer, die sich zum ersten Mal selbstständig machen, sondern auch diejenigen, die sich erneut (z.B. nach einer zwischenzeitlich ausgeübten unselbstständigen Tätigkeit oder nach der Familienphase) einer selbstständigen Tätigkeit als Hauptberuf zuwenden. Gefördert werden kann auch ein gleitender Übergang in die Selbstständigkeit, sofern die persönlichen und fachlichen Voraussetzungen erfüllt sind und die Vollexistenz innerhalb eines Zeitraumes von drei Jahren erreicht werden kann.

Eheleute werden als wirtschaftliche Einheit betrachtet. Deshalb kann ein Ehepartner, der Investitionen im Privatvermögen tätigt und diese dem Betrieb seines Ehepartners dauerhaft zur Verfügung stellt, ein Starthilfedarlehen erhalten. Die Mitarbeit im Betrieb des Ehepartners ist nicht Voraussetzung.

Antragstellung

Die Anträge sind auf den dafür vorgesehenen Vordrucken über jedes Kreditinstitut (Hausbank) nach Wahl des Antragstellers bei der L-Bank Staatsbank für Baden-Württemberg einzureichen.

Antragsfrist

Im Zeitpunkt der Antragstellung darf mit der Durchführung des zu finanzierenden Vorhabens noch nicht begonnen worden sein. Unter Vorhabensbeginn ist das Eingehen der ersten wesentlichen finanziell bindenden Verpflichtung zu verstehen, soweit diese auf die zu fördernden Vorhaben bezieht (z.B. Abschluss von Kaufverträgen, Auftragsvergabe usw.).

Weitere Informationen

Einzelheiten über das Programm sind dem Merkblatt (vom 01.04.2011) der L-Bank Staatsbank für Baden-Württemberg zu entnehmen. Auskünfte erteilt die L-Bank Staatsbank für Baden-Württemberg.

2.2.2 Bayern

2.2.2.1 Startkredit

Förderziel/Verwendungszweck

Finanziert werden insbesondere Investitionen im Zusammenhang mit Neuerrichtungen und Einrichtungen von Betrieben, Betriebsübernahmen, von tätigen Beteiligungen sowie für die Anschaffung eines ersten Warenlagers sowie im Rahmen von Existenzgründungen.

Innerhalb einer 3-jährigen Existenzgründungsphase begonnene Investitionen können ebenfalls gefördert werden. In Zusammenhang mit diesen Investitionen kann auch die Aufstockung des Warenlagers berücksichtigt werden, wenn der investive Anteil mindestens 50% der Gesamtaufwendungen des förderfähigen Vorhabens erreicht.

Vorhaben der Ersatzbeschaffung sowie Kraftfahrzeuge, die ausschließlich der Personenbeförderung dienen, werden nicht berücksichtigt. Ausgeschlossen sind auch Vorhaben, die unter die Begünstigung des »Erneuerbare-Energien-Gesetz (EEG)« fallen. Die Gewährung von Darlehen zur Ablösung von Bankkrediten (Umschuldung) und zur Sanierung ist ausgeschlossen.

Förderart

Es werden zinsgünstige Darlehen gewährt.

Startkredit

Förderumfang und Konditionen

> **Konditionen im Internet:**
> **http://www.lfa.de**

Finanzierungsanteil: 40% des förderfähigen Vorhabens.
Höchstbetrag: 310.000 EUR
Mindestbetrag: 12.000 EUR. Es können somit Vorhaben mit förderfähigen Aufwendungen ab 30.000 EUR berücksichtigt werden.
Laufzeit: Bis 5 Jahre, davon 1 Jahr tilgungsfrei,
bis 8 Jahre, davon 2 Jahre tilgungsfrei,
bis 10 Jahre, davon 2 Jahre tilgungsfrei,
bis 12 Jahre, endfällig,
bis 15 Jahre, davon 3 Jahre tilgungsfrei,
bis 20 Jahre, davon 3 Jahre tilgungsfrei.
Die Darlehen mit mehr als 12-jähriger Laufzeit sind auf Vorhaben mit mindestens 50% langfristig zu finanzierenden Investitionen (z. B. bauliche Maßnahmen einschließlich Grunderwerb) beschränkt. Abweichend von den Standardlaufzeiten können verkürzte Gesamtlaufzeiten (ganzjährig, mindestens 4 Jahre) und Tilgungsfreijahre (mindestens 1 Freijahr) beantragt werden.
Zinssatz: Der Zinssatz wird zwischen Hausbank und Letztkreditnehmer in Abhängigkeit von Bonität und Besicherung individuell

vereinbart. Dies gilt auch für Darlehen mit teilweiser Haftungsfreistellung »HaftungPlus«.

Bei Darlehen, für die eine Bürgschaft der LfA Förderbank Bayern bzw. der Bürgschaftsbank Bayern GmbH beantragt wird, kommt das risikogerechte Zinssystem ebenfalls zur Anwendung. Die Bürgschaft bewirkt dabei regelmäßig eine Verbesserung der Besicherungsquote und somit meist auch der Preisklasse.

Tilgung:	Nach Ablauf der tilgungsfreien Jahre erfolgt die Tilgung in gleich hohen vierteljährlichen Raten. Während der Tilgungsfreijahre sind lediglich die Zinsen auf die ausgezahlten Kreditbeträge zu leisten.
Auszahlung:	100%
Bearbeitungsgebühr:	0,1%, einmalig jeweils für die Hausbank und für die LfA Förderbank Bayern
Sicherheiten:	Es sind banküblich Sicherheiten zu stellen. Soweit das Darlehen bankmäßig nicht ausreichend abgesichert werden kann, ist eine 70%ige Haftungsfreistellung »HaftungPlus« möglich. Alternativ kann bei nicht ausreichender Absicherung eine LfA-Bürgschaft bzw. Bürgschaft einer Kreditgarantiegemeinschaft beantragt werden.

Startkredit 100

Förderumfang und Konditionen

> **Konditionen im Internet:**
> **http://www.lfa.de**

Finanzierungsanteil:	100% des förderfähigen Vorhabens.
Höchstbetrag:	10 Mio. EUR bei vorhabensbezogener Anrechnung von Startkredit und Ökokredit.
Mindestbetrag:	2.500 EUR
Laufzeit:	Bis 5 Jahre, davon 1 Jahr tilgungsfrei, bis 8 Jahre, davon 2 Jahre tilgungsfrei, bis 10 Jahre, davon 2 Jahre tilgungsfrei, bis 12 Jahre, endfällig, bis 15 Jahre, davon 3 Jahre tilgungsfrei, bis 20 Jahre, davon 3 Jahre tilgungsfrei. Die Darlehen mit mehr als 12-jähriger Laufzeit sind auf Vorhaben mit mindestens 50% langfristig zu finanzierenden Investitionen (z.B. bauliche Maßnahmen einschließlich Grunderwerb) beschränkt. Es besteht die Möglichkeit, das Vorhaben in mehrere Darlehen aufzuteilen (z.B. differenziert nach unterschiedlichen Laufzeiten oder mit und ohne Haftungsfreistellung). Auch können abweichend von den Standardlaufzeiten verkürzte Gesamtlaufzeiten (ganzjährig, mindestens 4 Jahre) und Tilgungsfreijahre (mindestens 1 Freijahr) beantragt werden.

Auszahlung:	96%
Zinssatz:	Der Zinssatz wird zwischen Hausbank und Letztkreditnehmer in Abhängigkeit von Bonität und Besicherung individuell vereinbart. Dies gilt auch für Darlehen mit teilweiser Haftungsfreistellung »HaftungPlus«. Bei Darlehen, für die eine Bürgschaft der LfA Förderbank Bayern bzw. der Bürgschaftsbank Bayern GmbH beantragt wird, kommt das risikogerechte Zinssystem ebenfalls zur Anwendung. Die Bürgschaft bewirkt dabei regelmäßig eine Verbesserung der Besicherungsquote und somit meist auch der Preisklasse.
Tilgung:	Nach Ablauf der tilgungsfreien Jahre erfolgt die Tilgung in gleich hohen vierteljährlichen Raten. Während der Tilgungsfreijahre sind lediglich die Zinsen auf die ausgezahlten Kreditbeträge zu leisten. Bei endfälligen Darlehen erfolgt die Rückzahlung in einer Summe am Ende der Laufzeit.
Abzug:	Der bei der Darlehensauszahlung einbehaltene Abzug teilt sich auf in eine Bearbeitungsgebühr und eine Risikoprämie für das Recht zur außerplanmäßigen Tilgung des Kredits während der Zinsfestschreibungsperiode.
Sicherheiten:	Es sind bankübliche Sicherheiten zu stellen. Soweit das Darlehen bis 1,5 Mio. EUR bankmäßig nicht ausreichend abgesichert werden kann, ist eine 70%ige Haftungsfreistellung »HaftungPlus« möglich. Alternativ und bei Darlehen über 1,5 Mio. EUR kann bei nicht ausreichender Absicherung eine Bürgschaft der LfA bzw. der Bürgschaftsbank Bayern GmbH beantragt werden.

Antragsberechtigte
Kleine und mittlere gewerbliche Unternehmen (KMU) und Angehörige der Freien Berufe (einschließlich der Heil- und Heilhilfsberufe) bis zu 3 Jahre nach Aufnahme der Geschäftstätigkeit sowie natürliche Personen, die in den genannten Bereichen eine tragfähige Vollexistenz gründen. Ambulante und stationäre Pflegeeinrichtungen sind nicht förderfähig.

Kombinierbarkeit
Das Darlehen kann, mit Ausnahme einer Regionalförderung z.B. Regionalkredit bzw. Zuwendungen im Rahmen der Bayerischen regionalen Förderungsprogramme oder ERP-Regionalförderprogramm), mit Förderprogrammen des Bundes und des Landes kumuliert werden.

Antragstellung
Die Anträge sind auf den dafür vorgesehenen Vordrucken über jedes Kreditinstitut (Hausbank) nach Wahl des Antragstellers bei der LfA Förderbank Bayern einzureichen.

Antragsfrist
Im Zeitpunkt der Antragstellung darf mit der Durchführung des zu finanzierenden Vorhabens noch nicht begonnen worden sein.

Weitere Informationen
Einzelheiten über das Programm sind den Richtlinien des Bayerischen Staatsministeriums für Wirtschaft, Infrastruktur, Verkehr und Technologie zu entnehmen. Auskünfte erteilt die LfA Förderbank Bayern.

2.2.2.2   Förderung Technologieorientierter Unternehmensgründungen (BayTOU)

Förderziel/Verwendungszweck
Der Freistaat Bayern fördert die Entwicklung neuer Produkte und Verfahren und die in diesem Zusammenhang stehende Gründung von technologieorientierten Unternehmen.
    Gefördert werden können technologisch und wirtschaftlich risikobehaftete Entwicklungsvorhaben, die im Zusammenhang mit der Gründung von technologieorientierten Unternehmen stehen und darauf abzielen, die technologische Basis von neugegründeten und kleinen Unternehmen aufzubauen oder zu verstärken.

Förderart
Es werden Zuschüsse als Anteilfinanzierung im Rahmen einer Projektförderung gewährt.

Förderumfang und Konditionen

> **Konditionen im Internet:**
> **http://www.lga.de**

Fördersatz:	30 % der zuwendungsfähigen Kosten für die Erstellung eines beurteilungsreifen tragfähigen Konzeptes (Konzeptphase) und bis zu 40 % für ein Entwicklungsvorhaben.
Zuschusshöhe:	Die Höhe bemisst sich nach dem technologischen und wirtschaftlichen Risiko des Vorhabens, seiner technologischen Bedeutung, der Finanzkraft des Antragstellers und nach den verfügbaren staatlichen Haushaltsmitteln.
	Für die Erstellung eines beurteilungsreifen tragfähigen Konzepts beträgt der Zuschuss max. 26.000 EUR, in begründeten Einzelfällen kann bei besonders umfangreichen Zuarbeiten die Obergrenze auf 52.000 EUR angehoben werden. Bei Softwareunternehmen beträgt der Zuschuss für ein Entwicklungsvorhaben max. 150.000 EUR.
Mindestzuschuss:	15.000 EUR

Antragsberechtigte
- Personen, die die Absicht haben, ein technologieorientiertes gewerbliches Unternehmen zu gründen,

* technologieorientierte kleine und mittlere Unternehmen (KMU) der gewerblichen Wirtschaft, die seit weniger als sechs Jahren existieren und die weniger als zehn Mitarbeiter (Vollzeit einschließlich Geschäftsleitung) haben. In begründeten Fällen sind bei Unternehmen, die weder selbst noch über Beteiligungsunternehmen produzierend tätig sind und die mit dem geplanten Entwicklungsvorhaben den Einstieg in das produzierende Gewerbe realisieren wollen, Ausnahmen möglich.

Eine oder mehrere der am antragstellenden Unternehmen beteiligten Personen müssen Geschäftsführer sein und über das zur Durchführung des Vorhabens notwendige technische Fachwissen verfügen. Diese Personen müssen mindestens 50 % der Anteile halten und den größeren Teil ihrer Arbeitszeit dem Gründungsvorhaben widmen. Kaufmännisches Wissen ist bereitzustellen, sofern die Geschäftsführung dies nicht hat. Bei der Gründung von Softwareunternehmen ist eine Beschäftigungszeit von mindestens zwei Jahren an verantwortlicher Stelle bei einem Softwareunternehmen oder eine vergleichbare Tätigkeit nachzuweisen.

Spezielle Voraussetzungen
* Das Vorhaben muss zum Ziel haben, ein neues Produkt oder ein neues Verfahren oder eine technische Dienstleistung, die deutliche Wettbewerbsvorteile und Marktchancen aufgrund der darin enthaltenen technischen Neuheit erwarten lassen, zumindest bis zur Prototypreife zu entwickeln.
* Das Vorhaben muss mit einem erheblichen technologischen Risiko verbunden sein. Es muss trotz dieses Risikos technologisch und wirtschaftlich machbar erscheinen und einen nachhaltigen Unternehmenserfolg erwarten lassen.
* Es muss sich um ein Vorhaben handeln, das der Antragsteller im Wesentlichen selbst konzipiert und im Freistaat Bayern durchführt (einzelbetriebliches Entwicklungsvorhaben). Kooperationen mit Forschungseinrichtungen stehen dem nicht entgegen.
* Der Antragsteller muss bei einer Produktentwicklung die eigene Herstellung des Produkts (mindestens der wichtigsten Produktbestandteile), bei einer Verfahrensentwicklung die eigene Herstellung von für das Verfahren entscheidenden Geräte, Apparaturen, Komponenten oder Materialien beabsichtigen.
Bei einer technischen Dienstleistung muss der Antragsteller die Absicht haben, diese Dienstleistung selbst am Markt anzubieten.
* Der Antragsteller hat entsprechend seiner Vermögens-, Liquiditäts- und Ertragslage in angemessenem Umfang Eigen- und Fremdmittel zur Sicherstellung der Gesamtfinanzierung einzusetzen.
* Der Antragsteller muss ein beurteilungsreifes tragfähiges Konzept für seine Unternehmensgründung und für die Durchführung des Entwicklungsvorhabens vorlegen. Die Arbeiten zur Erstellung eines beurteilungsreifen tragfähigen Konzepts können gefördert werden. Der Förderzeitraum darf neun Monate nicht überschreiten.

Kombinierbarkeit
Eine Förderung entfällt, wenn für das selbe Vorhaben oder für Teile des selben Vorhabens vom Antragsteller andere öffentliche Mittel in Anspruch genommen werden.

Antragstellung
Die Anträge sind auf den dafür vorgesehenen Vordrucken für die Regierungsbezirke Oberbayern, Niederbayern und Schwaben beim Bayerischen Staatsministerium für Wirtschaft, Infrastruktur, Verkehr und Technologie – Innovations- und Technologiezentrum Bayern (ITZB) bzw. für die Regierungsbezirke Oberpfalz, Oberfranken, Mittelfranken und Unterfranken bei der Landesgewerbeanstalt Bayern (LGA) – Innovationsberatungsstelle Nordbayern einzureichen. Die betriebswirtschaftliche Prüfung der Antragsunterlagen erfolgt durch die LfA Förderbank Bayern. Die Bewilligung erteilt das Staatsministerium.

Antragsfrist
Im Zeitpunkt der Antragstellung darf mit der Durchführung des zu finanzierenden Vorhabens noch nicht begonnen worden sein.

Weitere Informationen
Einzelheiten über das Programm sind den Richtlinien (vom 25.11.2010, gültig bis zum 30.06.2014) des Bayerischen Staatsministeriums für Wirtschaft, Infrastruktur, Verkehr und Technologie zu entnehmen. Auskünfte erteilen das Innovations- und Technologiezentrum Bayern (ITZB) und die Landesgewerbeanstalt Bayern (LGA), Innovationsberatungsstelle Nordbayern.

2.2.2.3 Beteiligungskapital für Existenzgründer

Förderziel/Verwendungszweck
Unternehmen in der Gründungsphase und Unternehmen in der Existenzfestigungsphase werden stille Beteiligungen angeboten, um eine solide Eigenkapitalausstattung zu sichern. Die Mittel dienen zur Mitfinanzierung des in Zusammenhang mit der Existenzgründung stehenden Investitions- und Betriebsmittelbedarfs.

Förderart
Es werden typisch stille Beteiligungen gewährt.

Förderumfang und Konditionen

> **Konditionen im Internet:**
> **http://www.lfa.de**

Beteiligungshöhe:	20.000 EUR bis max. 250.000 EUR
Laufzeit:	Bis zu 10 Jahre (tilgungsfrei).
Beteiligungsentgelt:	Neben einer einmaligen Beteiligungsgebühr fällt ein festes sowie ein gewinnabhängiges Entgelt an.
Rückzahlung:	Am Beteiligungsende zum Nominalwert

Antragsberechtigte
Existenzgründer im Bereich der gewerblichen Wirtschaft sowie gewerbliche Unternehmer in der Existenzfestigungsphase bis max. fünf Jahre – bei Aufstockung max. 8 Jahre – nach Aufnahme der selbstständigen Existenz.

Antragstellung
Der Antrag ist als formloses Gründungs- bzw. Unternehmenskonzept mit tabellarischem Lebenslauf bei der LfA Förderbank Bayern einzureichen.

Weitere Informationen
Einzelheiten über das Programm sind dem Merkblatt (vom 03.01.2011) der LfA Förderbank Bayern zu entnehmen. Auskünfte erteilt die LfA Förderbank Bayern.

2.2.3   Berlin

2.2.3.1   Berlin Start

Förderziel/Verwendungszweck
Förderung von Gründungsvorhaben durch Kombination von Darlehen und Bürgschaften.

Folgende Vorhaben werden gefördert:
*   Gründung eines neuen Unternehmens,
*   Übernahme eines bestehenden Unternehmens,
*   Vorhaben bis zu drei Jahren nach der Gründung (Existenzfestigung).

Mitfinanziert werden
*   Investitionskosten,
*   Kosten für Erstausstattung eines Warenlagers,
*   Übernahmepreis,
*   Betriebsmittelbedarf.

Förderart
Es wird ein zinsgünstiges Darlehen in Kombination mit einer Bürgschaft gewährt.

Förderumfang und Konditionen

> **Konditionen im Internet:**
> **http://www.ibb.de**

Finanzierungsanteil:	Bis zu 100 %
Höchstbetrag:	100.000 EUR
Mindestbetrag:	5.000 EUR
Laufzeit:	6 bis 10 Jahre, davon höchstens 2 Jahre tilgungsfrei.
Auszahlung:	100 %
Zinssatz:	Der Zinssatz wird am Tag der Zusage festgelegt. Festzins für die gesamte Laufzeit.
Tilgung:	Nach Ablauf der tilgungsfreien Anlaufjahre erfolgt die Tilgung in gleich hohen vierteljährlichen Raten. Während der Tilgungsfreijahre sind lediglich die Zinsen auf die ausgezahlten Kreditbeträge zu leisten. Eine vorzeitige Tilgung ist nur gegen eine Vorfälligkeitsentschädigung möglich.

Bürgschaftskosten:	Bei Antragstellung Bearbeitungsgebühr von z.Z. 1,5 % des beantragten Kreditbetrages (mindestens 250 EUR) sowie laufende Bürgschaftsprovision von z.Z. 1,0 % p.a. des Kreditbetrages. Die Bürgschaftskosten sind an die BBB zu entrichten.
Sicherheiten:	Neben der Bürgschaft der BBB (bis zu 90 %) banktübliche Besicherung, soweit möglich.

Antragsberechtigte

Existenzgründer im Bereich der gewerblichen Wirtschaft (produzierendes Gewerbe, Handwerk, Handel und sonstiges Dienstleistungsgewerbe) und der Freien Berufe, die über die erforderliche fachliche und kaufmännische Qualifikation für die unternehmerische Tätigkeit verfügen, sowie Unternehmen der gewerblichen Wirtschaft sowie Freiberufler, deren Gründungszeitpunkt höchstens drei Jahre vor der Antragstellung liegt. Es muss sich um kleine und mittlere Unternehmen (KMU) nach der Definition der EU-Kommission handeln.

Spezielle Voraussetzungen

Der Investitionsort oder die Betriebsstätte bzw. der Unternehmenssitz müssen in Berlin sein.

Das Darlehen wird nur in Verbindung mit einer bis zu 90 %igen Bürgschaft der BBB Bürgschaftsbank zu Berlin-Brandenburg GmbH (BBB) im Hausbankverfahren vergeben.

Antragstellung

Die Anträge – auch für die Bürgschaft der BBB – sind auf den dafür vorgesehenen Vordrucken über jedes Kreditinstitut (Hausbank) nach Wahl des Antragstellers bei der Investitionsbank Berlin (IBB) einzureichen.

Kombinierbarkeit

Eine Kombination mit anderen Förderprogrammen ist möglich.

Weitere Informationen

Einzelheiten über das Programm sind dem Merkblatt (vom 01.01.2010) der Investitionsbank Berlin (IBB) zu entnehmen. Auskünfte erteilt die Investitionsbank Berlin (IBB).

2.2.3.2 Berlin Kredit

Der Berlin Kredit basiert auf dem Unternehmerkredit der KfW und wird in Kooperation von der Investitionsbank Berlin (IBB) mit der BBB Bürgschaftsbank zu Berlin-Brandenburg GmbH (BBB) angeboten.

Förderziel/Verwendungszweck

Förderung der langfristigen Finanzierung von Investitionen und Betriebsmitteln.

Finanziert werden
- alle Investitionen, die einer langfristigen Mittelbereitstellung bedürfen und einen nachhaltigen wirtschaftlichen Erfolg erwarten lassen, wie z.B.
  - Grundstücke und Gebäude,
  - Baumaßnahmen,
  - Kauf von Maschinen, Anlagen und Einrichtungsgegenständen,
  - Beschaffung und Aufstockung des Material-, Waren- oder Ersatzteillagers,
  - die Übernahme eines bestehenden Unternehmens oder der Erwerb einer tätigen Beteiligung.
- Betriebsmittel.

Die Förderung von Immobilieninvestitionen mit anschließender Fremdvermietung ist nur möglich, sofern auch der Mieter die Antragskriterien erfüllt. Handelt es sich dabei um reine Kaufvorhaben, gilt zusätzlich, dass die gekaufte Immobilie grundlegend saniert, hergerichtet oder umgebaut werden muss.

Die Förderung von Investitionen in Immobilien-Leasing ist nur möglich, sofern auch der Leasingnehmer die Antragskriterien erfüllt.

Ausgeschlossen sind Umschuldung und Nachfinanzierung bereits abgeschlossener Vorhaben, Sanierungsfälle und Unternehmen in Schwierigkeiten im Sinne der EU-Definition.

Förderart
Es wird ein Darlehen gewährt.

Förderumfang und Konditionen

> **Konditionen im Internet:**
> **http://www.ibb.de**

Höchstbetrag:	10 Mio. EUR für Investitionen und Betriebsmittel.
Finanzierungsanteil:	Bis zu 100 % der förderfähigen Investitionskosten bzw. der Betriebsmittelkosten.
Laufzeit:	Bei Investitionsdarlehen

- bis zu 10 Jahre, davon höchstens 2 Jahre tilgungsfrei,
- bis zu 12 Jahre, rückzahlbar in einer Summe am Ende der Laufzeit,
- bis zu 20 Jahre, davon höchstens 3 Jahre tilgungsfrei für Investitionsvorhaben, bei denen mindestens 2/3 der förderfähigen Investitionskosten auf Grunderwerb, gewerbliche Baukosten oder den Erwerb von Unternehmen und Beteiligungen entfallen. Auf Wunsch ist in diesen Fällen auch die Gewährung eines endfälligen Darlehens möglich.

Bei Betriebsmitteldarlehen
bis zu 6 Jahre, davon höchstens 1 Jahr tilgungsfrei.

Auszahlung:	96 %

Zinssatz:	Der Programmzinssatz orientiert sich an der Entwicklung des Kapitalmarktes. Das Darlehen wird mit einem kundenindividuellen Zinssatz im Rahmen des am Tag der Zusage durch die IBB geltenden Maximalzinssatzes der jeweiligen Preisklasse zugesagt.
	Die Hausbank legt den kundenindividuellen Zinssatz unter Berücksichtigung der wirtschaftlichen Verhältnisse des Kreditnehmers (Bonität) und der Werthaltigkeit der für den Kredit gestellten Sicherheiten fest. Hierbei erfolgt eine Einordnung in eine von der KfW vorgegebene Bonitäts- und Besicherungsklasse. Durch die Kombination von Bonitäts- und Besicherungsklasse ordnet die Hausbank den Förderkredit einer Preisklasse zu. Jede Preisklasse deckt eine Bandbreite ab, die durch eine feste Zinsobergrenze (Maximalzinssatz) abgeschlossen wird. Der mit der Hausbank vereinbarte kundenindividuelle Zinssatz kann unter dem Maximalzinssatz der jeweiligen Preisklasse liegen.
	Bei Krediten mit bis zu 10 Jahren Laufzeit und bei endfälligen Krediten ist der Zinssatz fest für die gesamte Laufzeit. Bei Krediten mit mehr als 10 Jahren Laufzeit kann der Zinssatz für 10 Jahre oder die gesamte Laufzeit festgeschrieben werden.
	Für Unternehmen, die das KMU-Kriterium der EU-Kommission erfüllen, wird der Kredit zusätzlich um 0,20 %-Punkte durch die Investitionsbank Berlin (IBB) zinsvergünstigt.
	Die Zinsen sind vierteljährlich nachträglich zu zahlen.
Tilgung:	Nach Ablauf der tilgungsfreien Anlaufjahre erfolgt die Tilgung in gleich hohen vierteljährlichen Raten. Während der Tilgungsfreijahre sind lediglich die Zinsen auf die ausgezahlten Kreditbeträge zu leisten. Bei endfälligen Darlehen erfolgt die Rückzahlung in einer Summe am Ende der Laufzeit. Eine vorzeitige ganze oder teilweise außerplanmäßige Tilgung des ausstehenden Kreditbetrages ist während der ersten Zinsbindungsphase möglich.
Sicherheiten:	Vom Kreditnehmer sind bankübliche Sicherheiten zu stellen. Form und Umfang der Besicherung werden zwischen dem Kreditnehmer und seiner Hausbank vereinbart.
	Mit dem Antrag zur Gewährung eines Berlin Kredits kann der Kreditnehmer über das durchleitende Kreditinstitut eine Bürgschaft der Bürgschaftsbank zu Berlin-Brandenburg GmbH (BBB) entsprechend den üblichen Bedingungen der BBB beantragen.

Antragsberechtigte

• Existenzgründer im Bereich der gewerblichen Wirtschaft (produzierendes Gewerbe, Handwerk, Handel, Leasinggesellschaften und sonstiges Dienstleistungsgewerbe) und der Freien Berufe, die über die erforderliche fachliche und kaufmännische Qualifikation für die unternehmerische Tätigkeit verfügen und für die diese Existenz die Haupterwerbsgrundlage darstellt.

- Freiberuflich Tätige (z.B. Ärzte, Steuerberater, Architekten).
- Unternehmen der gewerblichen Wirtschaft (produzierendes Gewerbe, Handwerk, Handel, Leasinggesellschaften und sonstiges Dienstleistungsgewerbe).
- Natürliche Personen, die Gewerbeimmobilien vermieten oder verpachten.

Spezielle Voraussetzungen
Der Investitionsort oder Unternehmenssitz bzw. Betriebsstätte muss in Berlin sein.

Kombinierbarkeit
Eine Kombination mit anderen Förderprogrammen ist möglich.

Antragstellung
Die Anträge sind auf den dafür vorgesehenen Vordrucken über jedes Kreditinstitut (Hausbank) nach Wahl des Antragstellers bei der Investitionsbank Berlin (IBB) einzureichen.

Antragsfrist
Im Zeitpunkt der Antragstellung darf mit der Durchführung des zu finanzierenden Vorhabens noch nicht begonnen worden sein.

Weitere Informationen
Einzelheiten über das Programm sind dem Merkblatt (vom 01.01.2010) der Investitionsbank Berlin (IBB) zu entnehmen. Auskünfte erteilt die Investitionsbank Berlin (IBB).

2.2.3.3   KMU-Fonds

Förderziel/Verwendungszweck
Der KMU-Fonds investiert in die Gründung, Frühphase und Erweiterung von Unternehmen, überwiegend kleinen und mittleren Unternehmen (KMU) durch:
- Mikrokredite bis 25.000 EUR ohne Beteiligung einer Geschäftsbank (Hausbank) im vereinfachten Verfahren,
- Gründungs- und Wachstumsdarlehen bis zu 250.000 EUR vorrangig gemeinsam mit einer Geschäftsbank oder einem sonstigen privaten Kofinanzierer,
- Wachstumsdarlehen bis 10 Mio. EUR gemeinsam mit einer Geschäftsbank oder einem sonstigen privaten Kofinanzierer.

Das Darlehen kann insbesondere für folgende Maßnahmen verwendet werden:
Mitfinanzierung von Investitionen des Anlagevermögens (die einer langfristigen Mittelbereitstellung bedürfen, im Rahmen von Betriebsübernahmen, Neuansiedlungen, Erweiterungen, Rationalisierungsmaßnahmen und Reinvestitionen) und im Zusammenhang mit dieser Investition stehenden Betriebsmitteln.
Ausgeschlossen sind Umschuldung und Nachfinanzierung bereits begonnener und abgeschlossener Investitionsvorhaben und Sanierungsfinanzierungen.

Förderart
Es wird ein Darlehen gewährt.

Förderumfang und Konditionen

**Konditionen im Internet:
http://www.ibb.de**

Höchstbetrag:	10 Mio. EUR, zzgl. Finanzierung durch Hausbank oder einen sonstigen Kofinanzierer.
Direktdarlehen:	Bis 250.000 EUR.
Mikrokredite:	Bis 25.000 EUR.
Laufzeit:	Bis zu 20 Jahre, tilgungsfreie Jahre sind vereinbar, bei Mikrokrediten bis zu 6 Jahre.
Auszahlung:	100 %
Zinssatz:	Die Festlegung erfolgt marktüblich durch den Fonds, bei Konsortialfinanzierungen marktüblich in Abstimmung mit der Hausbank/dem privaten Kofinanzierer.
Tilgung:	Die Tilgung erfolgt in gleich bleibenden Raten. Eine vorzeitige vollständige oder teilweise Tilgung ist grundsätzlich nicht vorgesehen. Für eine vorzeitige Rückführung der Darlehen wird dem Endkreditnehmer eine Vorfälligkeitsentschädigung berechnet. Bei Mikrokrediten bis zu 25.000 EUR kann auf eine Vorfälligkeitsentschädigung verzichtet werden. Bei Konsortialfinanzierungen erfolgt die endgültige Vereinbarung zu den Tilgungen über die Hausbank.
Sicherheiten:	Das Darlehen ist banküblich zu besichern. Bei Mikrokrediten bis zu 25.000 EUR kann auf banküblich ausreichende Sicherheiten verzichtet werden. Bei haftungsbeschränkten Gesellschaftsformen ist von den Gesellschaftern/Geschäftsführern des Darlehensnehmers, die Kraft ihrer Stellung als Gesellschafter wesentlichen Einfluss auf das Unternehmen ausüben, eine selbstschuldnerische Bürgschaft zu übernehmen. Diese wird bei Kommanditgesellschaften üblicherweise auch von den Kommanditisten verlangt. Die Sicherheitenverwaltung erfolgt in den Fällen der Finanzierung über die Hausbank durch diese, ansonsten durch die Investitionsbank Berlin.

Spezielle Voraussetzungen

Voraussetzungen für die Gewährung von Darlehen sind ein tragfähiges Unternehmenskonzept, dessen Durchführung eine nachhaltige Festigung oder Verbesserung der Wettbewerbsfähigkeit des Unternehmens sowie die planmäßige Verzinsung und Tilgung der gewährten Mittel erwarten lässt. Für Darlehen ab 25.000 EUR ist zusätzlich ein Besicherungsvorschlag erforderlich. Wesentliches Kriterium für die Darlehensvergabe ist weiterhin die Gewährleistung von ausreichendem betriebswirtschaftlichem Know-how. Dieses kann auch durch externes Coaching sichergestellt werden.

Das zu finanzierende Vorhaben muss in Berlin durchgeführt werden.

Antragsberechtigte
Unternehmen der gewerblichen Wirtschaft, Angehörige der Freien Berufe sowie natürliche Personen während der Existenzgründungsphase, mit Sitz oder Betriebsstätte in Berlin.

Antragstellung
Bei der Finanzierung ohne Hausbankenbeteiligung erfolgt die Antragstellung und Darlehensvergabe direkt durch den KMU-Fonds über die Investitionsbank Berlin (IBB).
Bei der Finanzierung mit Hausbankenbeteiligung (Konsortialfinanzierungen) erfolgt die Antragstellung und Darlehensvergabe über die Hausbank.

Kombinierbarkeit
Eine Kombination mit anderen Förderprogrammen ist möglich.

Weitere Informationen
Einzelheiten über das Programm sind dem Merkblatt (vom 16.11.2009) der Investitionsbank Berlin (IBB) zu entnehmen. Auskünfte erteilt die Investitionsbank Berlin (IBB).

2.2.3.4   Meistergründungsprämie für Existenzgründer

Förderziel/Verwendungszweck
Erleichterung von Existenzgründungen im Handwerksbereich in Berlin. Gefördert werden Betriebsgründungen, Übernahmen von Betrieben und tätigen Beteiligungen (mindestens 30 % Anteil am Kapital, muss über eine Sperrminorität verfügen) in dem Handwerk, zu dessen Ausübung der Meister durch die Prüfung berechtigt ist und die eine nachhaltige Existenz erwarten lassen. Werden im Rahmen der Existenzgründung zusätzliche Arbeitsplätze geschaffen, so kann der Gründungsprozess in einer zweiten Stufe mit einer zusätzlichen Prämie unterstützt werden.

Förderart
Es wird ein nicht rückzahlbarer Zuschuss gewährt.

Förderumfang und Konditionen
Die Meistergründungsprämie kann bis zu 12.000 EUR betragen und wird in zwei Teilbeträgen ausgezahlt. Mit der Basisförderung in Höhe von 7.000 EUR wird der Gründungsprozess erleichtert. Wenn die Gründung mit der Schaffung von zusätzlichen Arbeitsplätzen verbunden und entsprechend aufwändiger ist, kann in einer zweiten Stufe eine weitere Förderung in Höhe von 5.000 EUR gewährt werden.

Spezielle Voraussetzungen
Existenzgründungen in Berlin werden gefördert, wenn der Antragsteller
*   sich innerhalb von drei Jahren nach Ablegung der deutschen Meisterprüfung in dem von ihm ausgeübten Handwerk erstmalig selbstständig macht (Basisförderung),

- in den ersten drei Jahren nach Betriebsgründung mindestens einen sozialversicherungspflichtigen Arbeitsplatz für einen Arbeitnehmer in Vollzeit oder von entsprechenden Teilzeitkräften (jeweils mit mindestens 50 % der Vollzeit) über zusammengerechnet mindestens 12 Monate schafft oder einen Ausbildungsplatz für mindestens 12 Monate schafft und besetzt (2. Förderstufe),
- die erstmalige Ausübung von selbstständiger handwerklicher Tätigkeit in Berlin nachweist und daneben keine unselbstständige oder andere selbstständige Tätigkeit ausübt und keine Einkünfte aus unselbstständiger oder anderer selbstständiger Tätigkeit haben wird.

Die Fristen können auf Antrag in besonderen Einzelfällen (insbesondere bei vorübergehender Berufsunfähigkeit, Mutterschaft, Erziehungsurlaub, Wehrpflicht) angemessen verlängert werden.

Die Selbstständigkeit muss mindestens drei Jahre bestehen.

Antragsberechtigte
Handwerksmeister, die in Berlin eine Existenz gründen.

Antragstellung
Die Anträge sind auf den dafür vorgesehenen Vordrucken über die Handwerkskammer Berlin an die Senatsverwaltung für Wirtschaft, Technologie und Frauen zu stellen.

Antragsfrist
Der Antrag ist vor der Aufnahme der selbstständigen Tätigkeit zu stellen.

Kombinierbarkeit
Eine Kombination mit anderen Förderprogrammen ist möglich.

Weitere Informationen
Einzelheiten über das Programm sind den Richtlinien (gültig bis zum 31.12.2011) der Senatsverwaltung für Wirtschaft, Technologie und Frauen des Landes Berlin zu entnehmen. Auskünfte erteilen die Senatsverwaltung für Wirtschaft, Technologie und Frauen und die Handwerkskammer Berlin.

2.2.4   Brandenburg

2.2.4.1   Brandenburg-Kredit für den Mittelstand (BKM)

Förderziel/Verwendungszweck
Gefördert werden Investitionen in Brandenburg, die einer langfristigen Mittelbereitstellung bedürfen und einen nachhaltigen wirtschaftlichen Erfolg erwarten lassen. Darüber hinaus können Betriebsmittel finanziert werden. Im KMU-Fenster sind folgende Maßnahmen förderfähig:
- Erwerb von Grundstücken und Gebäuden,
- gewerbliche Baukosten,

- Kauf von Maschinen, Anlagen, Fahrzeugen und Einrichtungen,
- Erwerb von Grundstücken und Gebäuden,
- Betriebs- und Geschäftsausstattung,
- immaterielle Investitionen (Patente, Lizenzen etc.) in Verbindung mit Technologietransfer, die von dem Unternehmen zu Marktbedingungen erworben, nur von diesem Unternehmen genutzt und mindestens 3 Jahre in der Bilanz aktiviert werden und solange in der Betriebsstätte des Beihilfeempfängers verbleiben,
- die Übernahme eines bestehenden Unternehmens oder der Erwerb einer tätigen Beteiligung durch eine natürliche Person (grundsätzlich mindestens 10% Geschäftsanteil und Geschäftsführerbefugnis). Voraussetzung ist grundsätzlich, dass das Unternehmen bzw. der Unternehmensteil von einem unabhängigen Investor (weniger als 25% der Unternehmensanteile vor dem Erwerb) erworben wird. Diese Bedingung entfällt, wenn es sich um Übernahmen durch Familienmitglieder oder ehemalige Beschäftigte handelt.

Die Förderung von Immobilieninvestitionen mit anschließender Fremdvermietung ist nur möglich, sofern auch der Mieter die Antragskriterien erfüllt. Handelt es sich um reine Kaufvorhaben, gilt zusätzlich, dass die gekaufte Immobilie grundlegend saniert, hergerichtet oder umgebaut werden muss.

Die Förderung von Investitionen in Immobilien-Leasing ist nur möglich, sofern auch der Leasingnehmer die Antragskriterien erfüllt.

Ausgeschlossen sind Umschuldungen (außer bei Betriebsmittelfinanzierung).

Förderart
Es wird ein zinsgünstiges Darlehen gewährt.

Förderumfang und Konditionen

> **Konditionen im Internet:**
> **http://www.ilb.de**

Kredithöchstbetrag: 10 Mio. EUR pro Vorhaben
Finanzierungsanteil: Bis zu 100% der förderfähigen Investitionskosten bzw. der Betriebsmittel.
Bei Investitionen von Leasinggesellschaften in Leasinggüter (einschließlich Immobilien-Leasing) sind förderfähige Kosten die Gesamtinvestitionskosten abzüglich der in den Leasingverträgen vereinbarten Restwerte.
Laufzeit: Bei Investitionsdarlehen
    – bis zu 5 Jahre, davon höchstens 1 Jahr tilgungsfrei,
    – bis zu 10 Jahre, davon höchstens 2 Jahre tilgungsfrei,
    – bis zu 12 Jahre, rückzahlbar in einer Summe am Ende der Laufzeit,
    – bis zu 20 Jahre, davon höchstens 3 Jahre tilgungsfrei für Investitionsvorhaben, bei denen mindestens 2/3 der förderfähigen Investitionskosten auf Grunderwerb, gewerb-

liche Baukosten oder den Erwerb von Unternehmen und Beteiligungen entfallen.

Bei Betriebsmitteldarlehen
– bis zu 5 Jahre, davon höchstens 1 Jahr tilgungsfrei.

Auszahlung: 96 %

Zinssatz: Der Programmzinssatz orientiert sich an der Entwicklung des Kapitalmarktes. Dabei gelten im KMU-Fenster besonders günstige Konditionen. Das Darlehen wird mit einem kundenindividuellen Zinssatz im Rahmen des am Tag der Zusage geltenden Maximalzinssatzes der jeweiligen Preisklasse zugesagt. Der Zinssatz wird unter Berücksichtigung der wirtschaftlichen Verhältnisse des Kreditnehmers (Bonität) und der Werthaltigkeit der für den Kredit gestellten Sicherheiten von der Hausbank festgelegt. Hierbei erfolgt eine Einordnung in eine von der KfW vorgegebenen Bonitätsklassen und Besicherungsklassen. Durch die Kombination von Bonitäts- und Besicherungsklasse ordnet die Hausbank den Förderkredit einer von der KfW vorgegebenen Preisklasse zu. Jede Preisklasse deckt eine Bandbreite ab, die durch eine feste Zinsobergrenze (Maximalzinssatz) abgeschlossen wird.

Der kundenindividuelle Zinssatz wird darüber hinaus für eine Laufzeit von bis zu 10 Jahren zusätzlich um 0,20 %-Punkte nom. p.a. durch die InvestitionsBank des Landes Brandenburg (ILB) zinsvergünstigt.

Bei Krediten mit bis zu 10 Jahren Laufzeit und bei endfälligen Krediten ist der Zinssatz fest für die gesamte Kreditlaufzeit. Bei Krediten mit mehr als 10 Jahren Laufzeit kann der Zinssatz für 10 Jahre oder die gesamte Laufzeit festgeschrieben werden.

Tilgung: Nach Ablauf der tilgungsfreien Anlaufjahre erfolgt die Tilgung in gleich hohen vierteljährlichen Raten. Während der Tilgungsfreijahre sind lediglich die Zinsen auf die ausgezahlten Kreditbeträge zu leisten. Bei endfälligen Darlehen erfolgt die Rückzahlung in einer Summe am Ende der Laufzeit. Eine vorzeitige ganze oder teilweise außerplanmäßige Tilgung des ausstehenden Kreditbetrages ist während der ersten Zinsbindungsphase möglich.

Sicherheiten: Vom Kreditnehmer sind bankübliche Sicherheiten zu stellen. Form und Umfang der Besicherung werden im Rahmen der Kreditverhandlungen zwischen dem Antragsteller und seiner Hausbank vereinbart.

Bei fehlenden banküblichen Sicherheiten kann eine Bürgschaft der Bürgschaftsbank Brandenburg bis zu 80 % des Darlehensbetrages, max. 1,0 Mio. EUR, beantragt werden. Die Bürgschaftsbank wird ermächtigt, der InvestitionsBank des Landes Brandenburg (ILB) Auskünfte über den Stand des Antragsverfahrens zu geben.

Antragsberechtigte

- Existenzgründer im Bereich der gewerblichen Wirtschaft und der Freien Berufe, die über die erforderliche fachliche und kaufmännische Qualifikation für die unternehmerische Tätigkeit verfügen und für die diese Existenz die Haupterwerbsgrundlage darstellt.
- Freiberuflich Tätige, z. B. Ärzte, Steuerberater, Architekten.
- Unternehmen der gewerblichen Wirtschaft (produzierendes Gewerbe, Handwerk, Handel, Leasinggesellschaften und sonstiges Dienstleistungsgewerbe), die sich mehrheitlich in Privatbesitz befinden und deren Gruppenumsatz 500 Mio. EUR nicht überschreitet.
- Natürliche Personen, die Gewerbeimmobilien vermieten oder verpachten.

Zur Ermittlung des Gruppenumsatzes werden der Umsatz des Antragstellers und die Umsätze der mit ihm verbundenen Unternehmen in voller Höhe addiert. Innenumsätze können herausgerechnet werden. Als verbundene Unternehmen gelten

- Unternehmen, an denen der Antragsteller direkt oder indirekt mit mehr als 50 % beteiligt ist,
- Unternehmen, die am Antragsteller direkt oder indirekt mit mehr als 50 % beteiligt sind, sowie
- alle Unternehmen, zwischen denen formelle und faktische Konzernverhältnisse (z. B. Gesellschafteridentität) bestehen.

Sofern im Gesellschafterkreis des Antragstellers mehrere Unternehmen vertreten sind, deren jeweiliger Umsatz die Höchstgrenze übersteigt und die zusammen direkt oder indirekt zu mehr als 50 % am Antragsteller beteiligt sind, ist eine Förderung ausgeschlossen.

Vorhaben der landwirtschaftlichen Primärproduktion, Forstwirtschaft, Fischerei und Aquakultur sowie Sanierungsfälle und Unternehmen in Schwierigkeiten im Sinne der Leitlinien der Europäischen Gemeinschaft für staatliche Beihilfen zur Rettung und Umstrukturierung von Unternehmen in Schwierigkeiten bzw. Ausschlüsse gemäß der Allgemeinen Gruppenfreistellungsverordnung (AGVO) im Falle einer Förderung im KMU-Fenster sind ausgeschlossen.

Antragstellung

Die Anträge sind auf den dafür vorgesehenen Vordrucken über jedes Kreditinstitut (Hausbank) nach Wahl des Antragstellers an die KfW zu stellen. Eine Antragstellung im KMU-Fenster ist möglich, sofern die KMU-Kriterien der EU-Kommission erfüllt werden.

Antragsfrist

Im Zeitpunkt der Antragstellung darf mit der Durchführung des zu finanzierenden Vorhabens noch nicht begonnen worden sein.

Kombinierbarkeit

Eine Kombination mit anderen Förderprogrammen ist unter Einhaltung der jeweils geltenden Kumulierungsvorschriften möglich.

Weitere Informationen
Einzelheiten über das Programm sind den Richtlinien des Ministeriums für Wirtschaft und Europaangelegenheiten des Landes Brandenburg zu entnehmen. Auskünfte erteilt die InvestitionsBank des Landes Brandenburg (ILB).

2.2.5   Bremen

2.2.5.1   Bremer Unternehmerkredit (BUK)

Förderziel/Verwendungszweck
Förderung der langfristigen Finanzierung von Investitionen durch zusätzliche Vergünstigung von Mitteln des KfW-Unternehmerkredits.
* Finanzierung von Investitionen, die einer langfristigen Mittelbereitstellung bedürfen und einen nachhaltigen wirtschaftlichen Erfolg erwarten lassen, z.B.
  – Grundstücke und Gebäude,
  – Baumaßnahmen,
  – Kauf von Maschinen, Anlagen und Einrichtungsgegenständen,
  – Beschaffung und Aufstockung des Material-, Waren- und Ersatzteillagers,
  – die Übernahme eines bestehenden Unternehmens oder der Erwerb einer tätigen Beteiligung.
* Finanzierung von Betriebsmitteln zur Deckung wachstumsbedingten Liquiditätsbedarfs im Rahmen der Ausweitung der Unternehmensaktivitäten.
* Variante BUK »PLUS«: Finanzierung von Investitionen, die einer langfristigen Mittelbereitstellung bedürfen und einen nachhaltigen wirtschaftlichen Erfolg erwarten lassen sowie Finanzierung von Betriebsmitteln zur Deckung wachstumsbedingten Liquiditätsbedarfs im Rahmen der Ausweitung der Unternehmensaktivitäten.

Die Förderung von Immobilieninvestitionen mit anschließender Fremdvermietung ist nur möglich, sofern auch der Mieter die Antragskriterien erfüllt. Handelt es sich um reine Kaufvorhaben, gilt zusätzlich, dass die gekaufte Immobilie grundlegend saniert, hergerichtet oder umgebaut werden muss.
    Die Förderung von Investitionen in Immobilien-Leasing ist nur möglich, sofern auch der Leasingnehmer die Antragskriterien erfüllt.
    Ausgeschlossen sind Sanierungsfälle und Unternehmen in Schwierigkeiten im Sinne der EU-Definition.

Förderart
Es wird ein zinsgünstiges Darlehen gewährt. Bei der Variante BUK »PLUS« wird ein zinsgünstiges Darlehen in Verbindung mit einer Ausfallbürgschaft gewährt.

Förderumfang und Konditionen

> **Konditionen im Internet:**
> **http://www.bremer-unternehmerkredit.de**

Höchstbetrag: 5 Mio. EUR pro Vorhaben für Investitionen und Betriebsmittel.

Finanzierungsanteil: Bis zu 100% der förderfähigen Investitionskosten bzw. der Betriebsmittelkosten.

Laufzeit: Bei Investitionsdarlehen
- bis zu 5 Jahre, davon höchstens 1 Jahr tilgungsfrei,
- bis zu 10 Jahre, davon höchstens 2 Jahre tilgungsfrei,
- bis zu 12 Jahre, rückzahlbar in einer Summe am Ende der Laufzeit,
- bis zu 20 Jahre, davon höchstens 3 Jahre tilgungsfrei für Investitionsvorhaben, bei denen mindestens 2/3 der förderfähigen Investitionskosten auf Grunderwerb, gewerbliche Baukosten oder den Erwerb von Unternehmen und Beteiligungen entfallen. Auf Wunsch ist in diesen Fällen auch die Gewährung eines endfälligen Darlehens möglich.

Bei Betriebsmitteldarlehen
- bis zu 6 Jahre, davon höchstens 1 Jahr tilgungsfrei.

Auszahlung: 96%

Zinssatz: Der Programmzinssatz orientiert sich an der Entwicklung des Kapitalmarktes. Das Darlehen wird mit einem kundenindividuellen Zinssatz im Rahmen des am Tag der Zusage geltenden Maximalzinssatzes der jeweiligen Preisklasse zugesagt. Die Hausbank legt den kundenindividuellen Zinssatz unter Berücksichtigung der wirtschaftlichen Verhältnisse des Kreditnehmers (Bonität) und der Werthaltigkeit der für den Kredit gestellten Sicherheiten fest. Aus der Zuordnung von vorgegebenen Bonitäts- und Besicherungsklassen der Bremer Aufbau-Bank GmbH ergibt sich eine Preisklasse für den Kredit. Jede Preisklasse deckt eine Bandbreite ab, die durch einen Maximalzinssatz begrenzt wird. Der kundenindividuelle Zinssatz darf diesen Maximalzinssatz nicht übersteigen.

Bei Krediten bis zu 10 Jahren Laufzeit und bei endfälligen Krediten ist der Zinssatz fest für die gesamte Kreditlaufzeit. Bei Krediten mit mehr als 10 Jahren Laufzeit kann der Zinssatz für 10 Jahre oder die gesamte Laufzeit festgeschrieben werden.

Der Zinssatz wird aus Mitteln der Bremer Aufbau-Bank GmbH vergünstigt. Eine darüber hinausgehende Zinsvergünstigung wird für Vorhaben in Bremerhaven gewährt. Die Zinsvergünstigung wird für einen Zeitraum von maximal 10 Jahren gewährt.

Tilgung: Nach Ablauf der tilgungsfreien Anlaufjahre erfolgt die Tilgung in gleich hohen vierteljährlichen Raten. Während der Tilgungsfreijahre sind lediglich die Zinsen auf die ausgezahlten Kreditbeträge zu leisten. Bei endfälligen Darlehen erfolgt die Rückzahlung in einer Summe am Ende der Laufzeit.

Eine vorzeitige ganze oder teilweise außerplanmäßige Tilgung des ausstehenden Kreditbetrages ist während der ersten Zinsbindungsphase möglich.

Sicherheiten: Vom Kreditnehmer sind banktübliche Sicherheiten zu stellen. Form und Umfang der Besicherung werden im Rahmen der Kreditverhandlungen zwischen dem Antragsteller und seiner Hausbank vereinbart. Der Kredit kann durch Bürgschaften der Bürgschaftsbank Bremen ergänzend besichert werden. Bei der Investitionsvariante BUK »PLUS« ist für Kredite bis zu einer Höhe von 100.000 EUR eine Verbürgung von max. 80 % möglich. Die Betriebsmittelvariante BUK »PLUS« kann bis zu einer Höhe von 50.000 EUR beantragt werden. Eine Verbürgung ist bis max. 80 % möglich.

Antragsberechtigte

* Existenzgründer im Bereich der gewerblichen Wirtschaft (produzierendes Gewerbe, Handwerk, Handel und sonstiges Dienstleistungsgewerbe) und der Freien Berufe, die im Land Bremen ein Unternehmen gründen und über die erforderliche fachliche und kaufmännische Qualifikation für die unternehmerische Tätigkeit verfügen und für die diese Existenz die Haupterwerbsgrundlage darstellt.
* Freiberuflich Tätige, z.B. Ärzte, Steuerberater, Architekten.
* In- und ausländische Unternehmen der gewerblichen Wirtschaft (produzierendes Gewerbe, Handwerk, Handel, Leasinggesellschaften und sonstiges Dienstleistungsgewerbe), die sich mehrheitlich in Privatbesitz befinden.
* Natürliche Personen, die Gewerbeimmobilien vermieten oder verpachten.

Bei der Variante BUK »PLUS«: Kleine und mittlere Unternehmen (KMU) sämtlicher Gewerbezweige sowie Angehörige aller Freien Berufe (einschl. Heilberufe) mit Sitz im Land Bremen, die seit mindestens drei Jahre existieren.

Die beantragenden Unternehmen und Freiberufler müssen grundsätzlich wettbewerbsfähig sein und positive Zukunftsaussichten haben.

Antragstellung

Die Anträge sind auf den dafür vorgesehenen Vordrucken über jedes Kreditinstitut (Hausbank) nach Wahl des Antragstellers bei der Bremer Aufbau-Bank GmbH einzureichen.

Antragsfrist

Im Zeitpunkt der Antragstellung darf mit der Durchführung des zu finanzierenden Vorhabens noch nicht begonnen worden sein.

Kombinierbarkeit

Eine Kombination mit anderen Förderprogrammen ist möglich.

Weitere Informationen

Einzelheiten über das Programm sind dem Merkblatt (vom Januar 2009) der Bremer Aufbau-Bank GmbH zu entnehmen. Auskünfte erteilt die Bremer Aufbau-Bank GmbH.

2.2.5.2   Starthilfefonds

Förderziel/Verwendungszweck

Das Programm dient vorrangig zur Finanzierung kleiner Gründungsvorhaben, zur Sicherung von Arbeitsplätzen in bestehenden Kleinunternehmen und zur Flankierung von Unternehmensnachfolgeregelungen in Bremen.

Sanierungsfälle und Unternehmen in Schwierigkeiten im Sinne der Vorschriften der Europäischen Kommission sind von den Förderungen ausgeschlossen.

Förderart

Es werden zinsgünstige Darlehen und Zuschüsse gewährt:

»Mikrodarlehen« für Existenzgründungen mit einem Finanzierungsbedarf von bis zu 10.000 EUR

Das Mikrodarlehen ist eine Stufenkreditvariante des Starthilfefonds. Bei Vorhaben, die erkennbar wirtschaftlich erfolgreich sein können, um eine Vollerwerbsexistenz aufzubauen, soll das Mikrodarlehen eine Realisierung ermöglichen, auch ohne dass zunächst ein Hausbankkredit zur Verfügung steht und kein Eigenkapital bzw. Sicherheiten vorhanden sind.

Es können projektabhängige Investitionen und im begrenzten Umfang auch Betriebsmittel als unbedingt rückzahlbare Zuwendung in Form eines zu verzinsenden Darlehens i.H.v. bis zu 10.000 EUR gewährt werden.

Die Laufzeit beträgt bis zu 5 Jahren. Das Darlehen ist bis zu 12 Monate zins- und tilgungsfrei.

»Investitionsdarlehen« für Klein- und Kleinstunternehmen von bis zu 25.000 EUR

Das Investitionsdarlehen ist die Zuwendungsvariante des Starthilfefonds für bestehende Klein- und Kleinstunternehmen, insbesondere Handwerksbetriebe, die über kein ausreichendes Eigenkapital bzw. Sicherheiten verfügen. Es soll die Realisierung betriebsnotwendiger Investitionen zur Schaffung bzw. Sicherung von Arbeitsplätzen ermöglichen, auch wenn kein ausreichender Hausbankkredit zur Verfügung steht.

Es können projektabhängig Investitionen und im begrenzten Umfang auch Betriebsmittel als unbedingt rückzahlbare Zuwendung in Form eines zu verzinsenden Darlehens i.H.v. bis zu 25.000 EUR gewährt werden.

Die Laufzeit beträgt bis zu 5 Jahren. Das Darlehen ist in den ersten 6 Monaten zins- und tilgungsfrei.

»Starthilfedarlehen« für Existenzgründungsvorhaben mit einem Finanzierungsbedarf von bis zu 100.000 EUR

Das Starthilfedarlehen ist für Existenzgründer vorgesehen, die eine Vollerwerbsexistenz gründen wollen, aber über kein ausreichendes Eigenkapital bzw. Sicherheiten verfügen und deren Hausbank bereit ist, das Gründungsvorhaben zu begleiten.

Das Darlehen soll innerhalb der Gründungsphase (Zeitraum von 5 Jahren nach der Existenzgründung) grundsätzlich zur Finanzierung von betriebsnotwendigen Investitionen in das Anlagevermögen, die im direkten Zusammenhang mit der Schaffung von Dauerarbeitsplätzen und der Beschäftigung der Existenzgründer führen, eingesetzt werden.

Es kann projektabhängig eine unbedingt rückzahlbare Zuwendung in Form eines zu verzinsenden Darlehens von i.d.R. bis zu 20.000 EUR je Arbeitsplatz gewährt werden.

Die Laufzeit richtet sich grundsätzlich nach der Investition und deren Abschreibungsdauer (Fristenkongruenz) und beträgt höchstens 10 Jahre bei bis zu zwei zins- und tilgungsfreien Jahren.

»Flankierungsdarlehen« bei Unternehmensnachfolgen mit einem Finanzierungsbedarf von bis zu 250.000 EUR

Das Flankierungsdarlehen ist für Existenzgründer vorgesehen, die einen bestehenden Betrieb übernehmen und damit gleichzeitig die bestehenden Arbeitsplätze sichern wollen.

Das Darlehen soll die Realisierung des Vorhabens unterstützen, wenn kein ausreichendes Eigenkapital bzw. Sicherheiten vorhanden sind und die Hausbank der Existenzgründer bereit ist, das Vorhaben zu begleiten.

Zur Finanzierung der Übernahme eines bestehenden Unternehmens und der damit zusammenhängenden Sicherung von Dauerarbeitsplätzen, kann projektabhängig eine unbedingt rückzahlbare Zuwendung in Form eines zu verzinsenden Darlehens gewährt werden.

Die Höhe des Darlehens orientiert sich an den Anforderungen der mitfinanzierenden Hausbank sowie an der Anzahl der Arbeitsplätze, die neu entstehen sollen bzw. gesichert werden.

Förderfähig ist der Kaufpreis des Unternehmens bzw. des Unternehmensteiles, sowie weitere notwendige Investitionen, die der langfristigen Bestandssicherung des Unternehmens dienen.

Die Förderung eines Betriebsmittelbedarfs ist im begrenzten Umfang ausnahmsweise dann möglich, wenn er zum Ausgleich eines zusätzlichen, wachstumsbedingten Liquiditätsbedarfs (z.B. zusätzliches Warenlager und branchenübliche Markterschließung) dient und die von der Hausbank bereitgestellten Mittel ergänzt.

Die Laufzeit der Zuwendung beträgt höchstens 10 Jahre. Das Darlehen ist bis zu 12 Monaten zins- und tilgungsfrei.

Zuschüsse für Ausbildungsmaßnahmen

Existenzgründer, die bereits ein Darlehen aus dem Starthilfefonds erhalten haben, können aus Landesmitteln einen Zuschuss für die Schaffung von zusätzlichen Arbeitsplätzen erhalten.

Der Zuschuss kann innerhalb der ersten fünf Jahre nach der Existenzgründung i.H.v. 5.000 EUR pro zusätzlich geschaffenen und besetzten Ausbildungsplatz als Ausgleich für anfallende Ausbildungskosten gewährt werden.

Der Zuschuss wird unter der Voraussetzung gewährt, dass die zusätzlichen Ausbildungsplätze mindestens für die Dauer eines regulären Ausbildungsverhältnisses geschaffen und besetzt werden und die Ausbildungsverträge in das Verzeichnis der Berufsausbildungsverhältnisse bei einer nach dem Berufsbildungsgesetz zuständigen Stelle eingetragen worden sind.

Das Ausbildungsverhältnis muss grundsätzlich kurzfristig, d.h. zum nächstmöglichen Termin, beginnen.

Weitere in diesem Zeitraum auch von Dritten gewährte Zuwendungen sind auf die Förderung anzurechnen.

Förderumfang und Konditionen

> **Konditionen im Internet:**
> **http://www.bab-bremen.de**

Auszahlung: 100%

Zinssatz: Der Zinssatz wird halbjährlich oberhalb des jeweils geltenden europäischen Referenzzinssatzes und in Anlehnung an die Konditionen vergleichbarer Programme der KfW festgesetzt.

Tilgung: Die erste Tilgungsrate ist zum Anfang des ersten Monats nach der tilgungsfreien Zeit fällig. Eine vorzeitige vollständige oder teilweise Tilgung des Darlehens ist jederzeit möglich. Eine Vorfälligkeitsentschädigung kann erhoben werden. Die Zinszahlungen und die Tilgung des Darlehens ist in monatlich festen Raten vorzunehmen.

Sicherheiten: Die Zuwendung ist im Rahmen der bestehenden Möglichkeiten zu besichern. Gesellschafter mit wesentlichem Einfluss auf den Betrieb bzw. auf die Gesellschaft müssen für die Zuwendung bürgen.

Antragsberechtigte
- Natürliche Personen, insbesondere Arbeitslose und von Arbeitslosigkeit bedrohte Personen.
- Kleine Unternehmen der gewerblichen Wirtschaft (insbesondere Handwerk, produzierendes Gewerbe, Handel und sonstiges Dienstleistungsgewerbe), wenn diese im Rahmen bestehender Programme der EU und des Bundes keine (ausreichenden) Hilfen zur Finanzierung ihrer Projekte bekommen können.
- Freiberuflich Tätige.

Kombinierbarkeit
Die bestehenden Kreditprogramme des Bundes (KfW) sind vorrangig zu nutzen.

Antragstellung
Die Anträge sind auf den dafür vorgesehenen Vordrucken bei der Bremer Aufbau-Bank GmbH (für Unternehmensgründungen in Bremen) bzw. bei der BIS Bremerhavener Gesellschaft für Investitionsförderung und Stadtentwicklung mbH (für Unternehmensgründungen in Bremerhaven) einzureichen.

Weitere Informationen
Einzelheiten über das Programm sind den Richtlinien (gültig bis zum 31.12.2013) des Senators für Wirtschaft und Häfen der Freien Hansestadt Bremen zu entnehmen. Auskünfte erteilt die Bremer Aufbau-Bank GmbH bzw. die BIS Bremerhavener Gesellschaft für Investitionsförderung und Stadtentwicklung mbH.

2.2.5.3 Eigenkapitalhilfe für innovative Existenzgründungen (Initialfonds)

Förderziel/Verwendungszweck

Unterstützung innovativer Unternehmensgründungen, Stärkung der Innovationsfähigkeit bestehender Unternehmen und Unterstützung des Wachstums bestehender Unternehmen insbesondere zur Entwicklung und Fertigung neuer Produkte sowie zur Entwicklung neuer Produktionsverfahren und neuartiger Dienstleistungen in Bremen.

Förderart

Es werden eigenkapitalnahe Mittel in Form stiller Beteiligungen gewährt.

Förderumfang und Konditionen

> **Konditionen im Internet:**
> **http://www.bab-bremen.de**

Höchstbetrag:	150.000 EUR
Mindestbetrag:	50.000 EUR
Laufzeit:	Bis zu 8 Jahre
Beteiligungsentgelt:	z.Z. 6,5% p.a. auf die jeweils aktuelle Einlage sowie ein an den Verhältnissen des Beteiligungsnehmers auszurichtendes gewinnabhängiges Entgelt von z.Z. 4,0% p.a.
Tilgung:	In den letzten 3 Jahren. Sondertilgungen sind jederzeit ohne zusätzliche Kosten möglich.
Kündigung:	Der Einlagennehmer kann jederzeit vorzeitig unter Einhaltung einer Kündigungsfrist von 12 Monaten kündigen. Der Einlagengeber kann Einlagen nur aus wichtigem Grund kündigen (außerordentliche Kündigung).
Bearbeitungsgebühr:	Einmalig in Höhe von z.Z. 1,0% des Einlagenbetrages, mindestens 1.300 EUR, fällig nach Einreichung des Antrags.
Verwaltungsentgelt:	0,5% p.a.
Sicherheiten:	Es sind keine Sicherheiten zu stellen. Die Einlage ist grundsätzlich durch alle Gesellschafter persönlich zu verbürgen.

Antragsberechtigte

Innovative, vorzugsweise technologieorientierte Existenzgründer sowie junge Klein- und Kleinstunternehmen in den ersten drei Jahren nach der Gründung. Die Bedingungen der KMU-Definition der Europäischen Kommission müssen erfüllt werden.

Spezielle Voraussetzungen

Der Antragstellung geht immer ein ausführliches Beratungsgespräch voraus, im Rahmen dessen die Voraussetzungen und die Situation des Unternehmens und der Gründungspersonen vor einer Aushändigung der Antragsunterlagen geprüft werden.

Antragstellung

Die Anträge sind auf den dafür vorgesehenen Vordrucken bei der Bremer Aufbau-Bank GmbH einzureichen.

Weitere Informationen
Einzelheiten über das Programm sind dem Merkblatt (vom 13.03.2007) der Bremer Aufbau-Bank GmbH zu entnehmen. Auskünfte erteilt die Bremer Aufbau-Bank GmbH.

2.2.6   Hamburg

2.2.6.1   Programm für Existenzgründung und Mittelstand

Förderziel/Verwendungszweck
Die Freie und Hansestadt Hamburg gewährt einmalige Zuwendungen für kreditfinanzierte betriebliche Investitionen in Hamburg.
1. Gefördert werden können kreditfinanzierte Investitionen im Zusammenhang mit der Errichtung von kleinen und mittleren gewerblichen Unternehmen durch Existenzgründer. Die Beteiligung an einer Gründung eines kleinen und mittleren gewerblichen Unternehmens (KMU) oder der Erwerb eines Unternehmensteils an einem solchen Unternehmen kann gefördert werden, wenn Anteil am Kapital mindestens 25 % beträgt und der Antragsteller nicht nur als Gesellschafter, sondern als Mitglied der Unternehmensleitung tätig wird. Die Gründung bzw. Beteiligung soll geeignet sein, die Existenzgrundlage des Gründers zu sichern.
    Im Einzelnen können gefördert werden:
    a) die Gründung eines Unternehmens,
    b) den Erwerb eines Unternehmens oder Betriebs bei einem angemessenen Kaufpreis. Die Förderung des Erwerbs eines Unternehmens oder Betriebs von nahen Familienangehörigen ist nur bei der endgültigen Übergabe an die nachfolgende Generation (sog. Generationswechsel) möglich.
    c) die Erweiterung eines Einzelunternehmens in einem Maße, dass es nunmehr die wesentliche Existenzgrundlage des Inhabers bildet, sofern dieser bisher sein wesentliches Einkommen nicht aus selbstständiger Tätigkeit bezogen hat.
2. Gefördert werden können kreditfinanzierte Investitionen von kleinen und mittleren Unternehmen (KMU) im Zusammenhang mit
    a) der Existenzsicherung des Unternehmens in der Anlaufphase von drei Jahren nach Betriebseröffnung, soweit der durchschnittliche jährliche Reingewinn vor Steuern seit Gründung noch nicht 50.000 EUR (Durchschnitt seit Gründung) erreicht hat, bei Gesellschaften erhöht sich dieser Betrag je weiterer Gesellschafter um 36.000 EUR, insgesamt jedoch um nicht mehr als 72.000 EUR. Der Reingewinn ist das Jahresergebnis zzgl. der für Gesellschafter vorgesehenen Geschäftsführergehälter, Tantiemen und andere Einkünfte der Gesellschafter vor Steuern aus dem Unternehmen oder aus anderer unternehmerischer Tätigkeit, bei Kapitalgesellschaften auch Körperschaftsteuer.
    b) der wesentlichen Erweiterung des Unternehmens, wenn dadurch mindestens 20 % mehr Arbeitsplätze auf Dauer geschaffen werden. Bei Unternehmen mit bisher fünf oder weniger Arbeitnehmern, muss mindestens ein zusätzlicher neuer Arbeitsplatz auf Dauer geschaffen werden. Sind im Jahr vor der Antragstellung Arbeitsplätze im Unternehmen abgebaut worden, wir dies i.d.R. bei

der Bemessung der zusätzlich zu schaffenden Arbeitsplätze berücksichtigt werden und führt zu einer Erhöhung der Anzahl der zu schaffenden Arbeitsplätze. Die Förderung kommt nicht in Frage für Antragsteller, bei denen im Hinblick auf die Ertragslage die mögliche Finanzierungshilfe unerheblich ist. Dies gilt dann, wenn der jährliche Reingewinn (Durchschnitt der letzten drei Geschäftsjahre vor Antragstellung) vor Steuern 125.000 EUR übersteigt. Bei Gesellschaften erhöht sich dieser Betrag je weiterer Gesellschafter um 62.500 EUR, insgesamt jedoch um nicht mehr als 125.000 EUR. Der Reingewinn ist das Jahresergebnis zzgl. der für Gesellschafter vorgesehenen Geschäftsführergehälter, Tantiemen und andere Einkünfte der Gesellschafter vor Steuern aus dem Unternehmen oder aus anderer unternehmerischer Tätigkeit, bei Kapitalgesellschaften auch Körperschaftsteuer.

Förderart
Anteilsfinanzierung durch einen nicht rückzahlbaren Zuschuss.

Förderumfang und Konditionen

> **Konditionen im Internet:**
> **http://www.bwa.hamburg.de**

Die Gesamtinvestitionen dürfen 1,2 Mio. EUR nicht überschreiten. Bei betrieblichen Investitionen unter 25.000 EUR wird kein Zuschuss gewährt.

Bemessungsgrundlage für den Zuschuss sind 50 % der förderfähigen Investitionskosten, wenn diese mindestens in gleicher Höhe fremdfinanziert sind. Werden weniger als 50 % der förderfähigen Investitionskosten fremdfinanziert, so berechnet sich der Zuschuss auf den geringeren Betrag der Fremdfinanzierung. Werden weniger als 12.500 EUR fremdfinanziert, wird kein Zuschuss bewilligt.

Auf die Bemessungsgrundlage wird auf den Betrag von 12.500 EUR ein Zuschuss von 20 % und auf den restlichen Betrag ein Zuschuss von 12 % gewährt. Der Mindestzuschussbetrag liegt bei 2.500 EUR. Bleibt der bei Antragsprüfung berechnete Zuschussbetrag unter dem Mindestzuschussbetrag, wird kein Zuschuss bewilligt. Der maximale Zuschuss beträgt 25.000 EUR. Ergibt die Berechnung einen höheren Zuschuss als 25.000 EUR, so wird der Zuschuss auf 25.000 EUR gekappt (Kappungsgrenze).

Spezielle Voraussetzungen
Für die geförderten Investitionskosten müssen ganz oder teilweise Investitionskredite (keine Betriebsmittelkredite oder -linien) auf Dauer von mindestens fünf Jahren bei einer Bank oder Sparkasse aufgenommen werden.

Antragsberechtigte
1. Im Falle der Existenzgründung nur natürliche Personen, die in den letzten drei Jahren vor Antragstellung (auch Freiberufler) nicht selbstständig gewesen sind. Bei der Existenzsicherung, der wesentlichen Erweiterung und bei der notwendigen Verlagerung nur natürliche oder juristische Personen, die eine gewerbliche Tätigkeit mit kleinen und mittleren Unternehmen ausüben.

Es werden nur solche Existenzgründer gefördert, bei denen eine nachhaltig ausreichende Existenzgrundlage erwartet werden kann.

2. Ausgeschlossen sind kleine und mittlere Unternehmen, die nicht zur Gewerbesteuer veranlagt werden bzw. Existenzgründer, die nach Aufnahme ihrer unternehmerischen Tätigkeit mit ihrem Unternehmen nicht der Gewerbesteuerpflicht unterliegen werden.

Es können nur solche Unternehmen gefördert werden, die gesunde Unternehmen im Sinne der Richtlinien für Unternehmen in Schwierigkeiten sind.

Kombinierbarkeit
Nicht berücksichtigt und durch dieses Programm nicht gefördert werden alle Investitionen, die mit öffentlich geförderten Krediten aus dem ERP-Sondervermögen (z. B. ERP-Kapital für Gründung, ERP-Regionalförderprogramm) oder Leasing (auch Mietkauf) gefördert werden.

Antragstellung
Die Anträge sind auf den dafür vorgesehenen bei der Behörde für Wirtschaft und Arbeit, Referat Finanzierungshilfen – EF 1 – einzureichen.

Antragsfrist
Im Zeitpunkt der Antragstellung darf mit der Durchführung des zu finanzierenden Investitionsvorhabens noch nicht begonnen worden sein. Das Investitionsvorhaben darf erst nach schriftlicher Bestätigung des Antrageingangs durch die Behörde auf alleiniges Risiko des Antragstellers begonnen werden.

Weitere Informationen
Einzelheiten über das Programm sind den Richtlinien (vom 01.01.2011, gültig bis zum 31.12.2015) der Behörde für Wirtschaft und Arbeit zu entnehmen. Auskünfte erteilt die Behörde für Wirtschaft und Arbeit.

2.2.6.2 Gründung von Kleinstunternehmen durch Erwerbslose

Förderziel/Verwendungszweck
Die Freie und Hansestadt Hamburg fördert die Gründung von gewerblichen und freiberuflichen Kleinstunternehmen durch Gewährung von Investitions- und Betriebsmitteldarlehen.

Mobile Verkaufsstände, Tätigkeiten im Rahmen von Strukturvertrieben, Vermögensberatung oder die Vermittlung von Finanzdienstleistungen sowie von Telekommunikationsdiensten, Handel mit gebrauchten Kfz, Kfz-Teilen oder Schrott, Export- und Importgeschäfte sowie vergleichbare Bereiche sind grundsätzlich nicht förderfähig. Nicht förderfähig sind auch Gründungen oder Betriebsübernahmen, die sich wesentlich auf Rechtsgeschäfte zwischen engen Verwandten oder in einem gemeinsamen Haushalt lebenden Personen stützen.

Förderart
Die Förderung erfolgt als Projektförderung in Form verzinslicher Ratendarlehen.

Förderumfang und Konditionen

Konditionen im Internet:
http://www.lawaetz.de

Höchstbetrag:	12.500 EUR pro Gründer, bis zu 25.000 EUR pro Unternehmen (bei zwei antragsberechtigten Personen). Voraussetzung für die Gewährung einer Förderung bei Gemeinschaftsgründungen ist, dass die Personen weder verwandt sind noch einen gemeinsamen Haushalt führen. Zudem müssen beide im Haupterwerb im zu gründenden Unternehmen tätig werden.
Laufzeit:	Bis zu 5 Jahre, davon höchstens 6 Monate tilgungsfrei.
Zinssatz:	Der Nominalzinssatz richtet sich nach dem zum Zeitpunkt der Zusage geltenden Basiszinssatz der Deutschen Bundesbank, erhöht um einen festen Zuschlag von 5,0 %-Punkten. Der Nominalzins gilt für die gesamte vereinbarte Laufzeit des Darlehens.
Tilgung:	Nach Ablauf von höchstens sechs tilgungsfreien Monaten innerhalb von–höchstens fünf Jahren in gleich hohen monatlichen Raten (Annuitätendarlehen). Eine vorzeitige oder teilweise Tilgung des Darlehens ist jederzeit möglich. Eine Vorfälligkeitsentschädigung wird nicht erhoben.
Sicherheiten:	Sicherungsübereignung bzw. Abtretung von Sach- oder Finanzvermögen (soweit vorhanden und geeignet).

Spezielle Voraussetzungen

Der Antragsteller muss über ausreichendes fachliches und kaufmännisches Wissen verfügen, ein tragfähiges Unternehmenskonzept vorweisen und persönlich hinreichend Gewähr für die Einhaltung der eingegangenen vertraglichen Verpflichtungen sowie für eine erfolgreiche Arbeit des zu gründenden Unternehmens bieten. Die angestrebte selbstständige Tätigkeit darf keine direkte arbeitnehmerähnliche Bindung an einen Auftraggeber erwarten lassen.

Das zu gründende Unternehmen muss seinen Sitz in Hamburg haben. Der Gesamtkapitalbedarf der Gründung soll 25.000 EUR (bei einer Einzelgründung) bzw. 50.000 EUR je Unternehmen (bei einer Gemeinschaftsgründung durch zwei Personen) nicht überschreiten. Insbesondere bei Projekten mit überdurchschnittlich hohem Gründungsrisiko kann ein angemessener Eigenkapitalanteil zur Voraussetzung einer Förderung gemacht werden.

Eine Förderung kann i.d.R. nur gewährt werden, wenn der Antragsteller in den letzten zwei Jahren vor der Antragstellung keine Gründungsförderung nach dem SGB II, dem SGB III oder nach diesen Richtlinien in Anspruch genommen hat.

Bei Gründungswilligen mit Anspruch auf SGB-II-Leistungen kann eine Förderung i.d.R. nur nachrangig erfolgen.

Antragsberechtigte

Natürliche Personen, die in Hamburg seit mindestens drei Monaten mit Hauptwohnsitz gemeldet sind. Der Antragsteller muss erwerbslos oder von Erwerbslosigkeit bedroht sein und darf unmittelbar vor Antragstellung (d.h. i.d.R. in dem der Antragstellung vorangehenden Dreimonatszeitraum) keiner hauptberuflichen selbstständigen Tätigkeit nachgegangen sein.

Kombinierbarkeit
Das Darlehen wird nicht in Kombination mit anderen Zuwendungen der Freien und Hansestadt Hamburg für den gleichen Zuwendungszweck gewährt.

Antragstellung
Die Anträge sind auf den dafür vorgesehenen Vordrucken bei der Johann Daniel Lawaetz-Stiftung, Neumühlen 16-20, 22763 Hamburg einzureichen.

Antragsfrist
Im Zeitpunkt der Antragstellung darf mit der Durchführung des zu finanzierenden Vorhabens noch nicht begonnen worden sein.

Weitere Informationen
Einzelheiten über das Programm sind den Richtlinien (gültig bis 31.12.2012) der Behörde für Wirtschaft und Arbeit zu entnehmen. Auskünfte erteilt die Johann Daniel Lawaetz-Stiftung.

2.2.6.3   Mikrokreditprogramm

Förderziel/Verwendungszweck
Das Land Hamburg fördert die Gründung und das Wachstum von Unternehmen mit geringem Kapitalbedarf. Gewährt werden Investitions- und Betriebsmitteldarlehen zur Finanzierung der Selbstständigkeit und zur Auftragsvorfinanzierung. Finanziert werden neben- und hauptberufliche Existenzgründungen sowie Selbstständige in der Wachstums- und Erweiterungsphase.

Förderart
Es wird ein Darlehen gewährt.

Förderumfang und Konditionen

> **Konditionen im Internet:**
> **http://www.lawaetz.de**

Die Förderung erfolgt in Form eines Darlehens i.H.v.
– bis zu 5.000 EUR für nebenberufliche Gründungen,
– bis zu 7.500 EUR für hauptberufliche Gründungen und
– bis zu 10.000 EUR für bestehende Unternehmen.

Spezielle Voraussetzungen
- Der Antragsteller muss die erforderliche fachliche und kaufmännische Eignung aufweisen und ein tragfähiges Unternehmenskonzept vorweisen.
- Er muss eine gute Bonität haben und eine Bürgschaft über mindestens 50% der Kreditsumme beibringen.

- Der Antragsteller muss die Bereitschaft haben, kurze monatliche Statusmeldungen abzugeben und sich im Krisenfall durch die Lawaetz-Stiftung begleiten zu lassen.
- Unternehmen, die sich in der Krise befinden, und Personen in Privatinsolvenz oder mit gravierenden Bonitätsstörungen werden nicht gefördert.

Antragsberechtigte
Existenzgründer und Selbstständige mit Sitz oder Betriebsstätte in der Metropolregion Hamburg.

Antragstellung
Die Anträge sind auf den dafür vorgesehenen Vordrucken bei der Johann Daniel Lawaetz-Stiftung, Neumühlen 16-20, 22763 Hamburg einzureichen.

Antragsfrist
Im Zeitpunkt der Antragstellung darf mit der Durchführung des zu finanzierenden Vorhabens noch nicht begonnen worden sein.

Weitere Informationen
Einzelheiten über das Programm sind den Richtlinien der Behörde für Wirtschaft und Arbeit zu entnehmen. Auskünfte erteilt die Johann Daniel Lawaetz-Stiftung.

2.2.7   Hessen

2.2.7.1   Gründungs- und Wachstumsfinanzierung (GuW)

Die Finanzierung erfolgt auf der Basis der bestehenden Konditionen des Unternehmerkredits der KfW.

Förderziel/Verwendungszweck
a) Gründung einer gewerblichen oder freiberuflichen selbstständigen Existenz, auch durch Erwerb eines Unternehmens oder einer tätigen Beteiligung.
b) Investitionen mit Schaffung und Sicherung zusätzlicher sozialversicherungspflichtiger Dauerarbeitsplätze sowie Ausbildungsplätze.
c) Erweiterungs- oder Festigungsinvestitionen, d. h. Investitionen, die für das Unternehmen eine besondere Herausforderung darstellen.

Mitfinanziert werden können alle Investitionen in Hessen, die einer langfristigen Mittelbereitstellung bedürfen und einen nachhaltigen wirtschaftlichen Erfolg erwarten lassen. Hierzu gehören z.B.
- Grundstücke und Gebäude,
- Baumaßnahmen,
- Kauf von Maschinen, Anlagen und Einrichtungsgegenständen

Alle Maßnahmen innerhalb von drei Jahren nach Geschäftseröffnung gelten als Existenzgründung.

Umschuldung bzw. Nachfinanzierung bereits abgeschlossener Investitionsvorhaben sowie Sanierungsfälle und Unternehmen in Schwierigkeiten sind von der Finanzierung ausgenommen.

Förderart
Es wird ein zinsgünstiges Darlehen gewährt.

Förderumfang und Konditionen

> **Konditionen im Internet:**
> http://www.wibank.de

Finanzierungsanteil: Bis zu 100 % der Investitionen. Die Kumulierung mehrerer Verwendungszwecke im Rahmen eines Vorhabens ist nicht möglich.

Höchstbetrag: 2 Mio. EUR je Verwendungszweck

Laufzeit: Bis zu 5 Jahre, davon 1 Jahr tilgungsfrei,
bis zu 10 Jahre, davon bis zu 2 Jahre tilgungsfrei,
bis zu 12 Jahre, endfällig,
bis zu 20 Jahre, davon bis zu 3 Jahre tilgungsfrei.

Auszahlung: 96 %

Zinssatz: Der Programmzinssatz orientiert sich an der Entwicklung des Kapitalmarktes. Das Darlehen wird mit einem kundenindividuellen Zinssatz im Rahmen des am Tag der Zusage geltenden Maximalzinssatzes der jeweiligen Preisklasse zugesagt. Bei Krediten mit bis zu 10 Jahren Laufzeit und bei endfälligen Krediten ist der Zinssatz fest für die gesamte Kreditlaufzeit. Bei Krediten mit mehr als 10 Jahren Laufzeit kann der Zinssatz für 10 Jahre oder die gesamte Laufzeit festgeschrieben werden.
Das Land Hessen gewährt eine Zinsvergünstigung. Die Höhe der Zinsvergünstigung gilt grundsätzlich landesweit und beträgt z.Z. 0,2%-Punkte. In den hessischen EFRE-Vorranggebieten erhöht sich für alle Verwendungszwecke der Richtlinien die Zinsvergünstigung nochmals um weitere 0,2%-Punkte. Die Zinsvergünstigung des Landes Hessen wird max. 10 Jahre gewährt.
Die durchleitende Bank kann den Nominalzinssatz in Abhängigkeit von ihrer Einschätzung bezüglich der Bonität bzw. der Sicherheiten des Antragstellers um bis zu 0,50 % p.a. erhöhen. Dies ist dem Antragsteller sowie der IBH zu begründen und gegenüber der IBH bei der Antragstellung zu dokumentieren.

Tilgung: Nach Ablauf der tilgungsfreien Anlaufjahre erfolgt die Tilgung in gleich hohen vierteljährlichen Raten. Während der Tilgungsfreijahre sind lediglich die Zinsen auf die ausgezahlten Kreditbeträge zu entrichten. Bei endfälligen Darlehen erfolgt die Rückzahlung in einer Summe am Ende der Laufzeit. Eine vorzeitige ganze oder teilweise außerplanmäßige

Tilgung des ausstehenden Kreditbetrages ist während der ersten Zinsbindungsphase möglich.

Sicherheiten: Vom Kreditnehmer sind banktübliche Sicherheiten zu stellen. Zur Reduzierung des Hausbankrisikos können die Kredite mit einer Bürgschaft der Bürgschaftsbank Hessen kombiniert werden. Der Bürgschaftsantrag ist direkt bei der Bürgschaftsbank Hessen einzureichen.

Antragsberechtigte
Natürliche Personen, kleine und mittlere Unternehmen (KMU) im Bereich der gewerblichen Wirtschaft und Angehörige der Freien Berufe (einschließlich der Heilberufe).

Kombinierbarkeit
Eine Kombination mit anderen Förderprogrammen ist möglich. Eine Kumulation mit einem Zuschuss ist ausgeschlossen.

Antragstellung
Die Anträge sind auf den dafür vorgesehenen Vordrucken bei jedem Kreditinstitut (Hausbank) nach Wahl des Antragstellers bei der Investitionsbank Hessen AG (IBH) einzureichen.

Antragsfrist
Im Zeitpunkt der Antragstellung darf mit der Durchführung des zu finanzierenden Vorhabens noch nicht begonnen worden sein. Die Antragsfrist ist gewahrt, wenn der Antragsteller vor Beginn der Maßnahme ein konkretes Gespräch über die Beantragung des Darlehens geführt hat, dies aktenkundig gemacht wurde und dem Antragsteller auf Anforderung bestätigt werden kann.

Weitere Informationen
Einzelheiten über das Programm sind den Richtlinien und dem ergänzenden Merkblatt (vom Januar 2011) der Wirtschafts- und Infrastrukturbank Hessen (WIBank) zu entnehmen. Auskünfte erteilt die Wirtschafts- und Infrastrukturbank Hessen (WIBank).

2.2.7.2 Gründungs- und Wachstumsfinanzierung (GuW) – Betriebsmittel

Förderziel/Verwendungszweck
Im Auftrag des Landes Hessen gewährt die Wirtschafts- und Infrastrukturbank Hessen WIBank)im Rahmen einer Kooperation mit dem Hessischen Ministerium für Wirtschaft, Verkehr und Landesentwicklung (HMWVL) und der KfW Darlehen für Betriebsmittel, um die Kreditversorgung der Hessischen Wirtschaft zu erhalten.

Die Mittel können für folgende Verwendungszwecke beantragt werden:
- Finanzierung von Betriebsmitteln, Warenlager und Auftragsvorfinanzierung.
- Sonstiger Finanzierungsbedarf wie z. B. Verlängerung auslaufender Betriebsmittelfinanzierungen oder auslaufender Kontokorrentkredite.

Das geförderte Unternehmen muss eine Betriebsstätte in Hessen haben oder gründen. Der steuerliche Sitz soll sich in Hessen befinden.

Umschuldung bzw. Nachfinanzierung bereits abgeschlossener Vorhaben sowie Unternehmen in Schwierigkeiten sind von der Finanzierung ausgeschlossen.

Förderart
Es wird ein zinsgünstiges Darlehen gewährt.

Förderumfang und Konditionen

> **Konditionen im Internet:**
> **http://www.wibank.de**

Finanzierungsanteil: Bis zu 100 % der Investitionen.
Höchstbetrag: 1,0 Mio. EUR
Laufzeit: Bis zu 5 Jahre, davon 1 Jahr tilgungsfrei.
Auszahlung: 96 %
Zinssatz: Festzins für die gesamte Laufzeit. Die Höhe des Zinses ist risikoabhängig und wird am Tag der Zusage festgelegt.
Das Land Hessen gewährt eine Zinsvergünstigung. Die Höhe der Zinsvergünstigung beträgt z.Z. 0,2 %-Punkte.
Tilgung: Nach Ablauf des tilgungsfreien Anlaufjahres in gleich hohen vierteljährlichen Raten.
Sicherheiten: Vom Kreditnehmer sind bankübliche Sicherheiten zu stellen.

Antragsberechtigte
Natürliche Personen, kleine und mittlere Unternehmen (KMU) im Bereich der gewerblichen Wirtschaft und Angehörige der Freien Berufe (einschließlich der Heilberufe).

Kombinierbarkeit
Eine Kombination mit anderen Förderprogrammen ist möglich. Die Kumulierung mit einem Zuschuss des Landes Hessen für dasselbe förderfähige Vorhaben ist nicht möglich.

Antragstellung
Die Anträge sind auf den dafür vorgesehenen Vordrucken bei jedem Kreditinstitut (Hausbank) nach Wahl des Antragstellers bei der Wirtschafts- und Infrastrukturbank Hessen (WIBank) einzureichen.

Antragsfrist
Im Zeitpunkt der Antragstellung darf mit der Durchführung des zu finanzierenden Vorhabens noch nicht begonnen worden sein.

Weitere Informationen
Einzelheiten über das Programm sind den Richtlinien und dem ergänzenden Merkblatt (vom Januar 2011) der Wirtschafts- und Infrastrukturbank Hessen (WIBank) zu entnehmen. Auskünfte erteilt die Wirtschafts- und Infrastrukturbank Hessen (WIBank).

2.2.8   Mecklenburg-Vorpommern

2.2.8.1   Kleindarlehensprogramm für KMU

Förderziel/Verwendungszweck
Finanzierung von Investitionen, Beteiligungen oder Betriebsmitteln, soweit diese im Zusammenhang mit Investitionen oder Beteiligungen stehen oder der Erschließung neuer Geschäftsfelder dienen.

Zu den zuwendungsfähigen Ausgaben gehören
* die Anschaffungs- oder Herstellungskosten der zum Investitionsvorhaben zählenden Wirtschaftsgüter des Sachanlagevermögens einschließlich Grundstücke und gebrauchte Wirtschaftsgüter sowie Baunebenkosten,
* das erste Warenlager, Sortimentserweiterungen, Erweiterungen oder Umstellungen des Produkt- oder Dienstleistungsangebots,
* Wert eines Unternehmens oder -teiles, Erwerb einer unternehmerischen Beteiligung,
* Mittel für die Auftragsvorfinanzierung, Anzahlungen für geleaste Wirtschaftsgüter sowie sonstige Betriebsmittel.

Nicht Zuwendungsfähig sind Ausgaben für exportbezogene Tätigkeiten und Ausgaben von Unternehmen des gewerblichen Straßengütertransports für den Erwerb von Fahrzeugen für den Straßengütertransport.
Umschuldungen oder Unternehmenssanierungen sind ausgeschlossen.

Förderart
Es wird ein Darlehen gewährt. Die Förderung ist nur subsidiär unter der Voraussetzung möglich, dass die Hausbank nicht bereit ist, das Vorhaben in entsprechender Form und entsprechendem Umfang zu finanzieren. Dies ist durch den Antragsteller in geeigneter Form zu dokumentieren.

Förderumfang und Konditionen

> **Konditionen im Internet:**
> **http://www.lfi-mv.de**

Höchstbetrag:	200.000 EUR; 500.000 EUR, sofern die Förderung im zeitlichen Geltungsbereich des Vorübergehenden Gemeinschaftsrahmens für staatliche Beihilfen zur Erleichterung des Zugangs zu Finanzierungsmitteln in der gegenwärtigen Finanz- und Wirtschaftskrise erfolgt und ein Kreditinstitut einen angemessenen Beitrag erbringt; bei Unternehmen im Bereich des Straßentransportsektors 100.000 EUR.
Mindestbetrag:	20.000 EUR
Laufzeit:	Bei Investitionsdarlehen
	– bis zu 20 Jahre, davon max. 2 Jahre tilgungsfrei.
	Bei Betriebsmitteldarlehen
	– bis zu 8 Jahre, davon max. 2 Jahre tilgungsfrei.

Auszahlung:	100 %
Zinssatz:	Bei Investitionsdarlehen fest für höchstens 10 Jahre, bei Betriebsmitteldarlehen fest für höchstens 8 Jahre. Die Festlegung der Höhe und ggf. des Beihilfewertes des Zinssatzes erfolgt anhand eines risikogerechten Zinssystems entsprechend den Vorgaben der EU-Kommission.
Tilgung:	Nach Ablauf der tilgungsfreien Jahre erfolgt die Tilgung in gleich hohen vierteljährlichen Raten. Während der Tilgungsfreijahre sind lediglich die Zinsen auf die ausgezahlten Kreditbeträge zu entrichten. Eine vorzeitige Tilgung ist jederzeit möglich.
Sicherheiten:	Vom Kreditnehmer sind banktübliche Sicherheiten zu stellen, soweit vorhanden. Soweit nicht vorhanden, vollstreckbare Ausfertigung eines notariellen Schuldanerkenntnisses des Darlehensnehmers oder der Gesellschafter bei juristischen Personen.

Spezielle Voraussetzungen
Die zu fördernde Betriebsstätte muss sich in Mecklenburg-Vorpommern befinden.

Antragsberechtigte
Kleinste, kleine und mittlere Unternehmen (KMU) sowie Freiberufler. Existenzgründer sind nur förderfähig, wenn sie bereits bei Antragstellung ihren Hauptwohnsitz in Mecklenburg-Vorpommern haben und die Gründung in Form einer vollerwerbswirtschaftlichen Existenz erfolgt. Sie müssen branchenspezifisch und kaufmännisch-unternehmerisch geeignet und qualifiziert sein und ein tragfähiges Unternehmenskonzept vorlegen.

Nicht antragsberechtigt sind Unternehmen aus folgenden Bereichen: Fischerei, Aquakultur, Primärerzeugung landwirtschaftlicher Produkte, Kfz-Handel, Tankstellen, Kreditinstitute, Versicherungsgewerbe, Rechts- und Patentanwälte, Notare sowie sonstige rechtsberatende Berufe, Wirtschafts- und Buchprüfer, Steuerberater, Unternehmensberater sowie sonstige steuer- und wirtschaftsberatende Berufe, Ärzte, Tierärzte, Apotheker, Detekteien und gewerbsmäßige Vermittlung von Arbeitskräften, mobiler Einzelhandel und mobiler Imbiss, Hausmeisterservice, Makler sowie sonstige Vertriebsbeauftragte- und Vertretertätigkeiten, Finanz- und Immobiliendienstleister.

Unternehmen des Bauhaupt- und Baunebengewerbes können im Einzelfall gefördert werden, wenn es sich um einen Betriebsübergang durch Rechtsnachfolge des Inhabers handelt oder wenn mit dem Vorhaben noch nicht ausgeschöpfte überregionale Nachfragepotenziale erschlossen werden. Neuerrichtungen werden grundsätzlich nicht gefördert.

Antragstellung
Die Anträge sind auf den dafür vorgesehenen Vordrucken beim Landesförderinstitut Mecklenburg-Vorpommern einzureichen.

Antragsfrist
Im Zeitpunkt der Antragstellung darf mit der Durchführung des zu finanzierenden Vorhabens noch nicht begonnen worden sein.

Weitere Informationen
Einzelheiten über das Programm sind den Richtlinien (vom 02.05.2008) des Ministeriums für Wirtschaft, Arbeit und Tourismus Mecklenburg-Vorpommern zu entnehmen. Auskünfte erteilt das Landesförderinstitut Mecklenburg-Vorpommern.

2.2.8.2 Mikro-Darlehen für Existenzgründer

Förderziel/Verwendungszweck
Unterstützung von Existenzgründern, um die Gründung nachhaltiger selbstständiger Existenzen zu ermöglichen oder zu erleichtern.

Die Förderung findet keine Anwendung auf die Sektoren Stahlindustrie, Schiffbau, Kunstfaserindustrie und Kfz-Industrie sowie auf den Erwerb von Fahrzeugen für den Straßengütertransport durch Unternehmen des gewerblichen Straßengütertransports, exportbezogene Tätigkeiten sowie Beihilfen, die von der Verwendung heimischer Erzeugnisse zu Lasten von Importwaren abhängig gemacht werden.

Der neu zu gründende Betrieb darf nicht auf folgende Branchen, Berufe und Tätigkeitsbereiche ausgerichtet sein:
- Rechts- und Patentanwälte, Notare, Makler, Wirtschafts- und Buchprüfer sowie rechts-, steuer- und wirtschaftsberatende Berufe, Vertreter, Vertriebsbeauftragte, Finanz- und Immobiliendienstleister, Ärzte, Zahnärzte, Apotheker, Tierärzte, Kinderbetreuer, Berufsbetreuer, Künstler, Autohäuser, Tankstellen,
- Detekteien und gewerbsmäßige Vermittlung von Arbeitskräften,
- mobiler Einzelhandel und mobiler Imbiss,
- Bauhaupt- und Baunebengewerbe, sofern nicht ein Betriebsübergang durch Erbschaft oder sonstige Rechtsnachfolge des Inhabers vorliegt,
- Einbau von genormten Baufertigteilen, Holz- und Bautenschutz, Trockenbau, Abriss, Hausmeisterservice.

Unternehmen in Schwierigkeiten im Sinne der Leitlinien der Europäischen Gemeinschaft für staatliche Beihilfen zur Rettung und Umstrukturierung von Unternehmen in Schwierigkeiten werden nicht gefördert.

Förderart
Es werden zinsgünstige Darlehen gewährt:
1. Darlehen vor Aufnahme der Geschäftstätigkeit
    1.1 Mikrodarlehen im Zusammenhang mit dem Gründungsvorhaben
    1.2 Mikrodarlehen, wenn zusätzlich zu dem Arbeitsplatz des Gründers mindestens ein weiterer Arbeitsplatz oder Ausbildungsplatz geschaffen wird,
    1.3 Mikrodarlehen im Zusammenhang mit dem Gründungsvorhaben, sofern sich eine Geschäftsbank an der Finanzierung in mindestens adäquater Höhe beteiligt.
2. Darlehen innerhalb der ersten 36 Monate nach Aufnahme der Geschäftstätigkeit
    2.2 Mikrodarlehen, wenn zusätzlich zu den bereits im Unternehmen bestehen-

den Arbeitsplätzen (hierzu zählen auch Arbeitsplätze des oder der Gründer) mindestens ein weiterer Arbeitsplatz oder Ausbildungsplatz geschaffen wird,

2.3 Mikrodarlehen für Vorhaben, sofern sich eine Geschäftsbank an der Finanzierung in mindestens adäquater Höhe beteiligt.

Förderumfang und Konditionen

> **Konditionen im Internet:**
> **http://www.gsa-schwerin.de**

Höchstbetrag:	20.000 EUR je Existenzgründer
	Darlehen der Typen 1.1, 1.2 und 2.2 können bis zu einer Höhe von 10.000 EUR, Darlehen der Typen 1.3 und 2.3 können bis zu einer Höhe von 20.000 EUR, jedoch nur bis zur adäquaten Höhe des Darlehens einer Geschäftsbank, gewährt werden. Dabei können die Darlehen einzeln beantragt oder bis zur Erreichung des Höchstbetrages von 20.000 EUR miteinander kombiniert werden.
Laufzeit:	Bis zu 5 Jahre, davon bis zu 1 Jahr tilgungsfrei.
Auszahlung:	100 %
Zinssatz:	5,0 % p.a. Festzins für die gesamte Laufzeit des Darlehens
Tilgung:	Nach Ablauf des tilgungsfreien Jahres in gleich hohen viertel-jährlichen Raten. Während des Tilgungsfreijahres sind ledig-lich die Zinsen auf die ausgezahlten Kreditbeträge zu entrich-ten. Eine vorzeitige vollständige oder teilweise Tilgung des Darlehens ist jederzeit möglich. Eine Vorfälligkeitsentschädi-gung wird nicht erhoben.
Sicherheiten:	Eine Besicherung des Darlehens durch den Darlehensneh-mer ist nicht erforderlich. Erfolgt die Darlehensbeantragung durch mehrere Gesellschafter haften alle Gesellschafter ge-samtschuldnerisch für das Darlehen.

Spezielle Voraussetzungen
Die angestrebte Selbstständigkeit ist persönlich unabhängig ausgestaltet, d.h. ohne
die direkte arbeitnehmerähnliche Bindung an einen Auftraggeber. Diese unabhängige Selbstständigkeit ist anzunehmen, wenn Umstände dafür sprechen, dass die
Arbeit nicht ständig für denselben Auftraggeber und ohne Eingliederung in ein anderes Unternehmen erbracht wird, insbesondere, dass das Auftreten am Markt aufgrund unternehmerischer Tätigkeit erfolgt.

Antragsberechtigte
Natürliche Personen, auch als Gesellschafter von Personen- und Kapitalgesellschaf-
ten, die ein Unternehmen neu gründen wollen. Für die Gesellschafter von Kapital-
gesellschaften gilt dies nur unter der Voraussetzung, dass das Darlehen nicht zur
Finanzierung des Stammkapitals der Gesellschaft verwendet wird. Bei mehreren
Gesellschaftern ist eine gemeinsame Darlehensbeantragung erforderlich.
Der Antragsteller muss

- seinen Hauptwohnsitz und seinen zukünftigen Betriebssitz in Mecklenburg-Vorpommern haben und
- die erforderlichen Kenntnisse und Fähigkeiten zur Gründung und zum Betreiben einer Existenz sowohl im Hinblick auf Fachkunde und Unternehmensführung, z.B. durch die Teilnahme an entsprechenden Schulungen und Seminaren oder durch seinen bisherigen beruflichen Werdegang oder andere Qualifikationen, die auf das Vorhandensein der erforderlichen Kenntnisse und Fähigkeiten schließen lassen, nachweisen.

Antragstellung
Die Anträge sind auf den dafür vorgesehenen Vordrucken vor Beginn des Vorhabens bei der Gesellschaft für Struktur- und Arbeitsmarktentwicklung mbH (GSA), Schulstraße 1-3, 19055 Schwerin einzureichen. Bewilligungsbehörde ist das Landesförderinstitut Mecklenburg-Vorpommern.

Weitere Informationen
Einzelheiten über das Programm sind den Richtlinien (vom 16.02.2009) des Ministeriums für Wirtschaft, Arbeit und Tourismus Mecklenburg-Vorpommern zu entnehmen. Auskünfte erteilt die Gesellschaft für Struktur- und Arbeitsmarktentwicklung mbH (GSA).

2.2.9   Niedersachsen

2.2.9.1   Niedersachsen-Gründerkredit

Förderziel/Verwendungszweck
a)   Investitionen in Niedersachsen, die einer langfristigen Mittelbereitstellung bedürfen und einen nachhaltigen wirtschaftlichen Erfolg erwarten lassen.
b)   Betriebsmittel inklusive Warenlager.

Es können gefördert werden:
- Alle Formen der Existenzgründung, ,also Errichtung oder Übernahme eines Unternehmens sowie der Erwerb einer tätigen Beteiligung.
- Nebenerwerb, der mittelfristig (i.d.R. drei Jahre) auf den Haupterwerb ausgerichtet ist.
- Festigungsmaßnahmen, mit denen innerhalb von drei Jahren nach Aufnahme der Geschäftstätigkeit begonnen wird.
- Eine erneute Unternehmensgründung.

Sanierungsfälle und Unternehmen in Schwierigkeiten im Sinne der EU-Definition werden nicht gefördert.

Förderart
Es werden zinsgünstige Darlehen gewährt.

Förderumfang und Konditionen

> **Konditionen im Internet:**
> http://www.nbank.de

Finanzierungsanteil: Bis zu 100 % der förderfähigen Kosten.

Höchstbetrag: Bei Investitionsdarlehen
  – 500.000 EUR, mindestens 20.000 EUR je Vorhaben.
  Bei Betriebsmitteldarlehen (inkl. Warenlagerfinanzierung)
  – max. 500.000 EUR je Vorhaben.

Laufzeit: Bei Investitionsdarlehen
  – 5 Jahre ohne tilgungsfreien Jahre,
  – 10 Jahre, davon höchstens 1 Jahr tilgungsfrei,
  – 20 Jahre, davon höchstens 2 Jahre tilgungsfrei für Investitionsvorhaben, bei denen mindestens 2/3 der förderfähigen Kosten auf Grunderwerb, gewerbliche Baukosten oder den Erwerb von Unternehmen oder Beteiligungen entfallen.
  Bei Betriebsmitteldarlehen (inkl. Warenlagerfinanzierung)
  – 5 Jahre ohne tilgungsfreien Jahre.

Auszahlung: 96 %

Zinssatz: Der Programmzinssatz orientiert sich an der Entwicklung des Kapitalmarktes. Das Darlehen wird mit einem kundenindividuellen Zinssatz im Rahmen des am Tag der Antragstellung geltenden Maximalzinssatzes der jeweiligen Preisklasse zugesagt.
  Die Hausbank legt den kundenindividuellen Zinssatz unter Berücksichtigung der wirtschaftlichen Verhältnisse des Kreditnehmers (Bonität) und der Werthaltigkeit der für den Kredit gestellten Sicherheiten fest. Aus der Zuordnung zu von der NBank vorgegebenen Bonitäts- und Besicherungsklassen ergibt sich eine Preisklasse für den Kredit. Jede Preisklasse deckt eine Bandbreite ab, die durch einen Maximalzinssatz begrenzt wird. Der kundenindividuelle Zinssatz darf diesen Maximalzinssatz nicht übersteigen.
  Bei Krediten mit bis zu 10 Jahren Laufzeit ist der Zinssatz fest für die gesamte Kreditlaufzeit. Bei Krediten mit mehr als 10 Jahren Laufzeit ist der Zinssatz für 10 Jahre festgeschrieben.
  Die NBank verbilligt die von der KfW zu günstigen Konditionen bereitgestellten Darlehensmittel zusätzlich mit Mitteln des Landes Niedersachsen.
  Die Zinsen sind monatlich nachträglich zum letzten Tag des Monats fällig.

Tilgung: Nach Ablauf der tilgungsfreien Anlaufjahre erfolgt die Tilgung in gleich hohen monatlichen Raten. Während der Tilgungsfreijahre sind lediglich die Zinsen auf die ausgezahlten Kreditbeträge zu leisten. Eine vorzeitige ganze oder teilweise außerplanmäßige Tilgung ist während der ersten Zinsbin-

	dungsphase durch den Endkreditnehmer unter Zahlung einer Vorfälligkeitsentschädigung möglich.
Sicherheiten:	Vom Kreditnehmer sind banktübliche Sicherheiten zu stellen. Form und Umfang der Sicherheiten werden zwischen dem Kreditnehmer und seiner Hausbank vereinbart.

Antragsberechtigte

- Natürliche Personen, die ein Unternehmen bzw. eine freiberufliche Existenz gründen oder hierfür Festigungsmaßnahmen innerhalb von drei Jahren nach Aufnahme der Geschäftstätigkeit durchführen. Der Existenzgründer muss über die erforderliche fachliche und kaufmännische Eignung für die unternehmerische Tätigkeit verfügen.
- Kleine und mittlere Unternehmen (KMU) im Bereich der gewerblichen Wirtschaft (produzierendes Gewerbe, Handwerk, Handel und sonstiges Dienstleistungsgewerbe) und der Verarbeitung und Vermarktung landwirtschaftlicher Produkte, die sich mehrheitlich in Privatbesitz befinden und deren Gruppenumsatz 20 Mio. EUR nicht überschreitet, innerhalb von drei Jahren nach Aufnahme ihrer Geschäftstätigkeit.
- Freiberuflich Tätige innerhalb von drei Jahren nach Aufnahme ihrer Geschäftstätigkeit.

Antragstellung

Die Anträge sind auf den dafür vorgesehenen Vordrucken über jedes Kreditinstitut (Hausbank) nach Wahl des Antragstellers bei der Investitions- und Förderbank Niedersachsen GmbH (NBank) einzureichen.

Antragsfrist

Im Zeitpunkt der Antragstellung darf mit der Durchführung des zu finanzierenden Vorhabens noch nicht begonnen worden sein.

Kombinierbarkeit

Bei der Beantragung anderer Finanzierungshilfen des Landes, des Bundes oder der EU ist die Gewährung von Landesdarlehen ausgeschlossen.

Besondere Hinweise

Mit dem Antrag zur Gewährung eines Niedersachsen-Kredits kann der Kreditnehmer über das durchleitende Kreditinstitut eine Bürgschaft der Niedersächsischen Bürgschaftsbank (NBB) GmbH beantragen. Der Verbürgungsgrad beträgt
- bis zu 80 % bei Existenzgründungs- und Investitionsdarlehen je nach Bonität,
- bis 60 % bei Betriebsmitteldarlehen.

Bei Gewährung einer Bürgschaft durch die NBB erhöht sich für den Kreditnehmer der Programmzinssatz um nominal 1,6 %-Punkte. Die Bürgschaft ist in die Bewertung der Sicherheiten mit einzubeziehen und verbessert deren Werthaltigkeit.

Weitere Informationen
Einzelheiten über das Programm sind Merkblatt (vom 01.04.2011) der Investitions-
und Förderbank Niedersachsen (NBank) zu entnehmen. Auskünfte erteilt die Inves-
titions- und Förderbank Niedersachsen GmbH (NBank).

2.2.10   Nordrhein-Westfalen

2.2.10.1 NRW.BANK Gründungskredit

Förderziel/Verwendungszweck
Unterstützung von Gründungsvorhaben in Nordrhein-Westfalen, die einen nachhaltigen wirtschaftlichen Erfolg erwarten lassen und deren Gesamtfinanzierung gesichert ist:

- Erwerb von Grundstücken und Gebäuden,
- Baumaßnahmen und Kosten für Außenanlagen,
- Anschaffung und/oder Herstellung von Betriebs- und Geschäftsausstattung
  (Maschinen, Fahrzeuge usw.),
- Kauf von immateriellen Wirtschaftsgütern, soweit diese aktiviert werden,
- Beschaffung und Aufstockung des Material-, Waren- oder Ersatzteillagers,
- Übernahme eines bestehenden mittelständischen Unternehmens oder einer
  bestehenden freiberuflichen Praxis oder der Erwerb einer tätigen Beteiligung
  (mind. 10%),
- Betriebsmittelbedarf.

Bei Existenzgründungsvorhaben, die zur Gründung eines kleinen oder mittleren
Unternehmens (KMU) gemäß EU-Definition führen oder einen Beteiligungserwerb
an einem solchen vorsehen, können für

- Investitionen in das Anlagevermögen,
- Kosten für extern erworbene Beratungsdienstleistungen, die einmalige Informationserfordernisse bei der Erschließung neuer Märkte oder der Einführung
  neuer Produktionsmethoden sicherstellen, sowie
- Kosten für erste Messeteilnahmen

die Sonderkonditionen des sog. »KMU-Fenster« in Anspruch genommen werden.
Fördermittel für Investitionen in das Umlaufvermögen (Waren- oder Materiallager-
bestand) und/oder für einen zusätzlichen (sonstigen) Betriebsmittelbedarf sind in
diesem Fall gesondert zu den normalen Konditionen zu beantragen.
   Maßnahmen für exportbezogene Tätigkeiten und solche, die der Erzeugung von
land-, forst- und fischereiwirtschaftlichen Produkten dienen, sind nicht förderfähig.
Ferner sind der Erwerb von Fahrzeugen für den Straßengütertransport durch Unternehmen des gewerblichen Straßengütertransports sowie Anlagen zur Nutzung
erneuerbarer Energien von einer Förderung ausgeschlossen. Umschuldungen und
Nachfinanzierungen sind nicht möglich.

Förderart
Es wird ein zinsgünstiges Darlehen gewährt.

Förderumfang und Konditionen

Konditionen im Internet:
http://www.nrwbank.de

Finanzierungsanteil:	Bis zu 100 % der förderfähigen Investitionskosten bzw. Betriebsmittel
Höchstbetrag:	5,0 Mio. EUR
Mindestbetrag:	25.000 EUR
Laufzeit:	Bei Investitionsdarlehen

Bei Investitionsdarlehen
- 5 Jahre, davon bis zu 1 Jahr tilgungsfrei,
- 10 Jahre, davon bis zu 2 Jahre tilgungsfrei,
- 20 Jahre, davon bis zu 3 Jahren tilgungsfrei, sofern mindestens 2/3 der förderfähigen Investitionen einen langfristigen Finanzierungsbedarf haben (z. B. Grunderwerb, gewerbliche Baumaßnahmen oder Unternehmens-/Beteiligungserwerb).

Bei Betriebsmitteldarlehen
- 5 Jahre, davon bis zu 1 Jahr tilgungsfrei.

Auszahlung: 96 %

Zinssatz: Investitions- und Betriebsmitteldarlehen werden mit einem kundenindividuellen Zinssatz im Rahmen des am Tag der Zusage geltenden Maximalzinssatzes der jeweiligen Preisklasse zugesagt.

Der Zinssatz wird unter Berücksichtigung der wirtschaftlichen Verhältnisse des Kreditnehmers (Bonität) und der Werthaltigkeit der für den Kredit gestellten Sicherheiten von der Hausbank festgelegt, ggf. unter Einbeziehung der Bürgschaft der Bürgschaftsbank NRW. Hierbei erfolgt eine Einordnung in eine der von der NRW.BANK vorgegebenen Bonitäts- und Besicherungsklasse. Durch die Kombination von Bonitäts- und Besicherungsklasse ordnet die Hausbank den Förderkredit einer von der NRW.BANK vorgegebenen Preisklasse zu. Jede Preisklasse deckt eine Bandbreite ab, die durch eine feste Zinsobergrenze (Maximalzinssatz) abgeschlossen wird. Die Ermittlung der Preisklasse basiert auf dem risikogerechten Zinssystem der KfW. Der kundenindividuelle Zinssatz kann unter dem Maximalzinssatz der jeweiligen Preisklasse liegen.

Bei Darlehen mit 5 bzw. 10 Jahren Laufzeit ist der Zinssatz fest für die gesamte Laufzeit. Bei Darlehen mit mehr als 10 Jahren Laufzeit ist der Zinssatz für die ersten 10 Jahre der Laufzeit fest. Nach Ablauf der 10-jährigen Zinsbindung wird dann der Zinssatz unter Zugrundelegung des ggf. geänderten Zinsniveaus für die Restlaufzeit neu festgelegt.

Tilgung: Nach Ablauf der Tilgungsfreijahre erfolgt die Tilgung in gleich hohen vierteljährlichen Raten. Während der Tilgungsfreijahre sind lediglich die Zinsen auf die ausgezahlten Kreditbeträge zu leisten.

Sicherheiten:

Die Darlehen sind banküblich zu besichern. Form und Umfang der Besicherung werden im Rahmen der Kreditverhandlungen zwischen den Antrag stellenden Unternehmen und der Hausbank vereinbart.

Zur Verstärkung der banküblichen Sicherheiten bietet das Programm die Option einer Beantragung einer Bürgschaft der Bürgschaftsbank NRW. Diese Option steht allerdings nur bei Existenzgründungsvorhaben offen, die zur Gründung eines kleinen und mittleren Unternehmens (KMU) gemäß EU-Definition führen oder einen Beteiligungserwerb an einem solchen vorsehen.

Antragsberechtigte
Existenzgründer sowie von diesen neu gegründete Unternehmen.

Antragstellung
Die Antragstellung für das Darlehen und ggf. die Bürgschaft der Bürgschaftsbank NRW sind auf den dafür vorgesehenen Vordrucken und den ggf. erforderlichen zusätzlichen Unterlagen bei jedem Kreditinstitut (Hausbank) nach Wahl des Antragstellers zu stellen. Die Hausbank leitet die Anträge an die NRW.BANK weiter.

Antragsfrist
Im Zeitpunkt der Antragstellung darf mit der Durchführung des zu finanzierenden Vorhabens noch nicht begonnen worden sein. Ein Vorhaben gilt als begonnen, sobald wesentliche rechtsverbindliche Verpflichtungen eingegangen worden sind (z. B. aus Kaufvertrag, Lieferungs- oder Leistungsvertrag). Die Antragsfrist ist gewahrt, wenn der Antragsteller vor Beginn der Maßnahme ein konkretes Gespräch über die Beantragung des Darlehens geführt hat, dies aktenkundig gemacht wurde und dem Antragsteller auf Anforderung bestätigt werden kann.

Weitere Informationen
Einzelheiten über das Programm sind dem Merkblatt (vom Februar 2011) der NRW.BANK zu entnehmen. Auskünfte erteilt die NRW.BANK.

2.2.10.2   NRW/EU.Mikrodarlehen

Förderziel/Verwendungszweck
Das Land Nordrhein-Westfalen fördert mit Unterstützung des Europäischen Fonds für regionale Entwicklung (EFRE) die Gründung und den Erhalt sowie die Weiterentwicklung von Kleinstunternehmen bis zu fünf Jahren nach Aufnahme der Geschäftstätigkeit. Mit der Vergabe dieser Kleinstdarlehen sollen insbesondere
* die Finanzierung für nachhaltige Kleinstgründungen ermöglicht werden,
* Gründungs- und Erweiterungs-/Wachstumsvorhaben von Menschen mit Migrationshintergrund und Frauen ermöglicht und unterstützt werden,
* der Aufbau und der Erhalt von eigenverantwortlichen wirtschaftlichen Existenzen ermöglicht, unterstützt oder nachhaltig gesichert werden,

- in einem Teil der Fälle auch die Schaffung weiterer Arbeitsplätze ermöglicht werden,
- mittelbare Effekte aufgrund der getätigten Investitionen erzielt werden,
- für Kleinstgründungen mit geringer Bonität die Voraussetzungen für die Erlangung von Fremdkapital bei einer Geschäftsbank während oder nach der Laufzeit des NRW/EU.Mikrodarlehens verbessert werden.

Gefördert werden auch erneute Unternehmensgründungen, soweit Verpflichtungen aus vorherigen Gründungen das aktuelle Gründungsvorhaben nicht belasten und die für die vorherigen Gründungen gewährten Darlehen ohne Schaden abgewickelt werden.

Förderart
Es wird ein Darlehen gewährt.

Förderumfang und Konditionen

> **Konditionen im Internet:**
> **http://www.nrwbank.de**

Höchstbetrag:	25.000 EUR, bis zu 100% des Finanzbedarfs.
Mindestbetrag:	5.000 EUR
Laufzeit:	6 Jahre, davon 6 Monate tilgungsfrei.
Zinssatz:	Festzins für die gesamte Laufzeit. Die Höhe des Zinses ist risikoabhängig und wird am Tag der Zusage festgelegt.
Tilgung:	Nach Ablauf des tilgungsfreien Zeitraums von 6 Monaten in gleich hohen monatlichen Raten. Während des tilgungsfreien Zeitraums sind lediglich die Zinsen auf den ausgezahlten Kreditbetrag zu leisten. Eine vorzeitige Rückzahlung des gesamten Darlehens oder in Teilbeträgen ist ohne Kosten jederzeit möglich.

Spezielle Voraussetzungen
- Der Unternehmensstandort muss in Nordrhein-Westfalen liegen.
- Der Antragsteller muss vor Antragstellung eine Beratung in einem STARTER-CENTER NRW wahrnehmen und dessen positives Votum erhalten.
- Der Antragsteller muss eine beratende Begleitung des Gründungsvorhabens für zwei Jahre ab Beginn der Darlehenslaufzeit wahrnehmen.
- Bei Erweiterungs-/Wachstumsvorhaben kann die NRW.BANK im Einzelfall eine Begleitberatung verlangen.

Antragsberechtigte
Natürliche Personen mit Hauptwohnsitz in Nordrhein-Westfalen,
- die eine selbstständige Tätigkeit als gewerbliches Unternehmen oder als eine freiberufliche Tätigkeit aufnehmen wollen,
- die ein gewerbliches Unternehmen betreiben oder eine freiberufliche Tätigkeit ausüben.

Voraussetzung ist deren fachliche und kaufmännische Qualifikation für das Gründungs- bzw. Erweiterungs-/Wachstumsvorhaben.

Kombinierbarkeit
Eine Kombination des Darlehens mit weiteren öffentlichen Mitteln ist nicht möglich.

Antragstellung
Die Anträge sind vor Beginn des Vorhabens auf den dafür vorgesehenen Vordrucken bei einem STARTERCENTER NRW einzureichen.

Weitere Informationen
Einzelheiten über das Programm sind dem Merkblatt (vom April 2011) der NRW. BANK zu entnehmen. Auskünfte erteilt die NRW.BANK.

2.2.10.3 Meistergründungsprämie NRW

Förderziel/Verwendungszweck
Erleichterung von Existenzgründungen im Handwerksbereich. Gefördert werden Betriebsneugründungen, Übernahmen von Betrieben und mehrheitliche Beteiligung an einem bestehenden oder neu gegründeten Unternehmen mit mindestens 50 % des gezeichneten Kapitals als selbstständige Vollexistenz (tätige Beteiligung).

Förderart
Es wird ein Zuschuss gewährt.

Förderumfang und Konditionen
Der Zuschuss beträgt einmalig 7.500 EUR.

Spezielle Voraussetzungen
Die Zuwendung kann gewährt werden, wenn im Falle der Neugründung und der tätigen Beteiligung
* ein oder mehrere sozialversicherungspflichtige Arbeitnehmer (Vollzeitkräfte oder eine entsprechende Anzahl von Teilzeitkräften) für insgesamt wenigstens 24 Monate beschäftigt werden. Geringfügige Beschäftigungsverhältnisse werden nicht berücksichtigt. Die Voraussetzung ist für 12 Monate erfüllt, wenn ein Ausbildungsplatz eingerichtet und besetzt wird. Es wird ein Ausbildungsvertrag anerkannt.
* mindestens einer der geförderten Arbeitsplätze innerhalb eines Jahres nach Auszahlung der Zuwendung und innerhalb von drei Jahren nach Auszahlung der Zuwendung insgesamt geforderten Arbeitsplätze geschaffen und besetzt werden oder
* im Falle der Betriebsübernahme die vorhandenen Arbeitsplätze für mindestens 12 Monate erhalten und besetzt bleiben. Bei Übernahme eines Betriebs mit weniger als 2 Beschäftigten sind die vorstehenden Bestimmungen für Neugründungen sinngemäß anzuwenden.

Sonstige Voraussetzungen:
- Der Finanzierungsbedarf für Investitionen und Betriebsmittel beträgt mindestens 25.000 EUR bzw. bei Vorhaben von Frauen mindestens 20.000 EUR.
- Es muss ein Gründungskonzept vorgelegt werden, in dem die Schaffung der erforderlichen Arbeitsplätze bzw. des erforderlichen Ausbildungsplatzes nachvollziehbar dargelegt ist.
- Es muss der Nachweis über die Durchführung einer Existenzgründungsberatung durch die zuständige Handwerkskammer erbracht werden.
- Es muss der Nachweis erbracht werden, dass die Finanzierung des Vorhabens gesichert ist.

Antragsberechtigte
Handwerksmeister

Antragstellung
Die Antragstellung muss vor Aufnahme der selbstständigen Tätigkeit auf den dafür vorgesehenen Vordrucken bei der zuständigen Handwerkskammer gestellt werden. In einem persönlichen Gespräch prüft und beurteilt die Handwerkskammer das Gründungskonzept im Hinblick auf seine Schlüssigkeit und Tragfähigkeit als Vollexistenz. Die Handwerkskammer prüft, ob die Voraussetzungen für die Gewährung der Zuwendung gegeben sind und erstellt ein Fördervotum. Bewilligungsbehörde ist die Landes-Gewerbeförderungsstelle des nordrhein-westfälischen Handwerks e.V. (LGH).

Kombinierbarkeit
Die Zuwendung kann zusätzlich zu anderen Existenzgründungshilfen gewährt werden.

Weitere Informationen
Einzelheiten über das Programm sind den Richtlinien (befristet bis zum 31.12.2010) des Ministeriums für Wirtschaft, Mittelstand und Energie des Landes Nordrhein-Westfalen zu entnehmen. Auskünfte erteilen die Landes-Gewerbeförderungsstelle des nordrhein-westfälischen Handwerks e.V. (LGH) sowie alle Handwerkskammern in Nordrhein-Westfalen.

2.2.11 Rheinland-Pfalz

2.2.11.1 Mittelstandsförderungsprogramm

Förderziel/Verwendungszweck
Investitionen in Rheinland-Pfalz, die einer langfristigen Mittelbereitstellung bedürfen und einen nachhaltigen wirtschaftlichen Erfolg erwarten lassen und die der Schaffung von Arbeitsplätzen in Rheinland-Pfalz dienen, z. B.
- Erwerb von Grundstücken und Gebäuden,
- gewerbliche Baumaßnahmen,
- Kauf von Maschinen, Anlagen und Einrichtungen,
- Betriebs- und Geschäftsausstattung,

- die Übernahme eines bestehenden Unternehmens oder der Erwerb einer tätigen Beteiligung durch eine natürliche Person (mindestens 10% Geschäftsanteil und Geschäftsführerbefugnis). Voraussetzung ist grundsätzlich, dass das Unternehmen bzw. der Unternehmensteil von einem unabhängigen Investor (weniger als 25% der Unternehmensanteile vor dem Erwerb) erworben wird. Die alleinige Übernahme der Unternehmensanteile gilt nicht als Investition. Darüber hinaus können Betriebsmittel finanziert werden.

Die Förderung von Immobilieninvestitionen mit anschließender Fremdvermietung ist nur möglich, sofern auch der Mieter die Antragskriterien erfüllt. Handelt es sich dabei um reine Kaufvorhaben, gilt zusätzlich, dass die gekaufte Immobilie grundlegend saniert, hergerichtet oder umgebaut werden muss.

Sanierungsfälle und Unternehmen in Schwierigkeiten im Sinne der Leitlinien der Europäischen Gemeinschaft für staatliche Beihilfen zur Rettung und Umstrukturierung von Unternehmen in Schwierigkeiten sind ausgeschlossen. Das Darlehen kann nicht zur Umschuldung bestehender Kredite verwendet werden.

Förderart
Es werden zinsverbilligte Darlehen gewährt.

Förderumfang und Konditionen

> **Konditionen im Internet:**
> **http://www.isb.rlp.de**

Finanzierungsanteil: Bis zu 100% der förderfähigen Kosten
Höchstbetrag: 2,0 Mio. EUR für Investitionsdarlehen,
500.000 EUR bei Betriebsmittelfinanzierungen.
Laufzeit: Bei Investitionsdarlehen
- bis zu 5 Jahre, davon höchstens 1 Jahr tilgungsfrei,
- bis zu 10 Jahre, davon höchstens 2 Jahre tilgungsfrei,
- bis zu 20 Jahre, davon höchstens 3 Jahre tilgungsfrei für Investitionsvorhaben, bei denen mindestens 2/3 der förderfähigen Investitionskosten auf Grunderwerb, gewerbliche Baukosten oder den Erwerb von Unternehmen und Beteiligungen entfallen.

Bei Betriebsmitteldarlehen
- bis zu 5 Jahre, davon höchstens 1 Jahr tilgungsfrei.

Auszahlung: 96%
Zinssatz: Der Programmzinssatz orientiert sich an der Entwicklung des Kapitalmarktes. Das Darlehen wird mit einem kundenindividuellen Zinssatz im Rahmen des am Tag der Zusage geltenden Maximalzinssatzes der jeweiligen Preisklasse zugesagt. Der Zinssatz wird unter Berücksichtigung der wirtschaftlichen Verhältnisse des Kreditnehmers (Bonität) und der Werthaltigkeit der für den Kredit gestellten Sicherheiten von der Hausbank festgelegt. Hierbei erfolgt eine Einordnung in eine von der KfW vorgegebenen Bonitätsklassen und Besiche-

rungsklassen. Durch die Kombination von Bonitäts- und Besicherungsklasse ordnet die Hausbank den Förderkredit einer von der KfW vorgegebenen Preisklasse zu. Jede Preisklasse deckt eine Bandbreite ab, die durch eine feste Zinsobergrenze (Maximalzinssatz) abgeschlossen wird. Der kundenindividuelle Zinssatz kann unter dem Maximalzinssatz der jeweiligen Preisklasse liegen.

Die Zinsfestschreibung erfolgt über einen Zeitraum von max. 10 Jahren.

Tilgung:	Nach Ablauf der tilgungsfreien Anlaufjahre erfolgt die Tilgung in gleich hohen vierteljährlichen Raten. Während der Tilgungsfreijahre sind lediglich die Zinsen auf die ausgezahlten Kreditbeträge zu leisten.
Sicherheiten:	Vom Kreditnehmer sind bankübliche Sicherheiten zu stellen. Form und Umfang der Besicherung werden im Rahmen der Kreditverhandlungen zwischen dem Antragsteller und seiner Hausbank vereinbart.

Antragsberechtigte

- Existenzgründer im Bereich der gewerblichen Wirtschaft und der Freien Berufe, die über die erforderliche fachliche und kaufmännische Qualifikation für die unternehmerische Tätigkeit verfügen und für die diese Existenz die Haupterwerbsgrundlage darstellt.
- Freiberuflich Tätige, z.B. Ärzte, Steuerberater, Architekten.
- Kleine und mittlere Unternehmen (KMU) der gewerblichen Wirtschaft (Handwerk, Handel und sonstiges Dienstleistungsgewerbe).
- Natürliche Personen, die Gewerbeimmobilien vermieten oder verpachten.

Kombinierbarkeit

Eine Kombination mit anderen Förderprogrammen ist möglich.

Antragstellung

Die Anträge sind auf den dafür vorgesehenen Vordrucken über jedes Kreditinstitut (Hausbank) nach Wahl des Antragstellers bei der Investitions- und Strukturbank Rheinland-Pfalz (ISB) GmbH einzureichen.

Antragsfrist

Im Zeitpunkt der Antragstellung darf mit der Durchführung des zu finanzierenden Vorhabens noch nicht begonnen worden sein. Der Antrag kann bei Vorliegen eines aktenkundigen Finanzierungsgesprächs noch innerhalb von drei Monaten nach Vorhabensbeginn eingereicht werden. Sollte der formelle Darlehensantrag nach Ablauf der drei Monate eingereicht werden, ist eine Darlehenszusage möglich, wenn aktenkundige Finanzierungsgespräche vor Vorhabensbeginn stattgefunden haben und das Investitionsvorhaben zum Zeitpunkt des Antragseingangs bei der ISB zu weniger als 50 % realisiert ist.

Weitere Informationen

Einzelheiten über das Programm sind den Richtlinien (vom 01.01.2009) des Ministeriums für Wirtschaft, Verkehr, Landwirtschaft und Weinbau Rheinland-Pfalz zu entnehmen. Auskünfte erteilt die Investitions- und Strukturbank Rheinland-Pfalz (ISB) GmbH.

2.2.12   Saarland

2.2.12.1   Gründungs- und Wachstumsfinanzierung (GuW)

Förderziel/Verwendungszweck

Unterstützung der Investitionstätigkeit von KMU und damit Leistung eines Beitrags zum Strukturwandel der saarländischen Wirtschaft und zur Schaffung, Besetzung sowie Sicherung von Arbeits-/Ausbildungsplätzen im Saarland.

Zu den förderfähigen Kosten gehören:

- Erwerb von Grundstücken und Gebäuden,
- gewerbliche Baumaßnahmen,
- Kauf von Maschinen, Anlagen, Fahrzeugen und Einrichtungen,
- Betriebs- und Geschäftsausstattung,
- immaterielle Investitionen in Verbindung mit Technologietransfer, die vom Antragsteller zu Marktbedingungen erworben, durch ihn genutzt und mindestens 3 Jahre in der Bilanz aktiviert werden,
- die Übernahme eines bestehenden Unternehmens oder der Erwerb einer tätigen Beteiligung durch eine natürliche Person (grundsätzlich mindestens 10 % Gesellschaftsanteil und Geschäftsführerbefugnis). Voraussetzung ist grundsätzlich, dass das Unternehmen bzw. der Unternehmensteil von einem unabhängigen Investor (weniger als 25 % der Unternehmensanteile vor dem Erwerb) erworben wird.
- extern erworbene Beratungsdienstleistungen, die einmalige Informationserfordernisse bei Erschließung neuer Märkte oder Einführung neuer Produktionsmethoden sicherstellen,
- Kosten der ersten Messeteilnahmen.

Darüber hinaus können Waren-/Materialinvestitionen und Betriebsmittel gefördert werden.

Die Förderung von Immobilieninvestitionen mit anschließender Fremdvermietung ist nur möglich, sofern auch der Mieter die Antragskriterien erfüllt. Handelt es sich dabei um reine Kaufvorhaben, gilt zusätzlich, dass die gekaufte Immobilie grundlegend saniert, hergerichtet oder umgebaut werden muss.

Die Förderung von Investitionen in Immobilien-Leasing ist nur möglich, sofern auch der Leasingnehmer die Antragkriterien erfüllt.

Sanierungsfälle und Unternehmen in Schwierigkeiten im Sinne der Leitlinien der Europäischen Gemeinschaft für staatliche Beihilfen zur Rettung und Umstrukturierung von Unternehmen in Schwierigkeiten bzw. der Allgemeinen Gruppenfreistellungsverordnung sind ausgeschlossen.

Förderart

Es werden zinsgünstige Kredite gewährt.

Förderumfang und Konditionen

> **Konditionen im Internet:**
> **http://www.sikb.de**

Finanzierungsanteil: Bis zu 100 % der förderfähigen Investitionen, bzw. des Betriebsmittelbedarfs.

Höchstbetrag: 2 Mio. EUR pro Vorhaben

Laufzeit: Bei Investitionsdarlehen
  – bis zu 5 Jahre, davon höchstens 1 Jahr tilgungsfrei,
  – bis zu 10 Jahre, davon höchstens 2 Jahre tilgungsfrei,
  – 12 Jahre, rückzahlbar in einer Summe am Ende der Laufzeit,
  – bis zu 20 Jahre, davon höchstens 3 Jahre tilgungsfrei für Investitionsvorhaben, bei denen mindestens 2/3 der förderfähigen Investitionskosten auf Grunderwerb, gewerbliche Baukosten oder den Erwerb von Unternehmen und Beteiligungen entfallen,
  – bis zu 20 Jahre, rückzahlbar in einer Summe am Ende der Laufzeit.
  Bei Betriebsmitteldarlehen
  – bis zu 5 Jahre, davon höchstens 1 Jahr tilgungsfrei.

Auszahlung: 96 %

Zinssatz: Der Programmzinssatz orientiert sich an der Entwicklung des Kapitalmarktes. Das Darlehen wird mit einem kundenindividuellen Zinssatz im Rahmen des am Tag der Zusage geltenden Maximalzinssatzes der jeweiligen Preisklasse zugesagt. Der Zinssatz wird unter Berücksichtigung der wirtschaftlichen Verhältnisse des Kreditnehmers (Bonität) und der Werthaltigkeit der für den Kredit gestellten Sicherheiten von der Hausbank festgelegt. Hier erfolgt eine Einordnung in eine der vorgegebenen Bonitätsklassen und Besicherungsklassen. Durch die Kombination von Bonitäts- und Besicherungsklasse ordnet die Hausbank den Förderkredit einer der vorgegebenen Preisklassen zu. Jede Preisklasse deckt eine Bandbreite ab, die durch eine feste Zinsobergrenze (Maximalzinssatz) abgeschlossen wird. Bei Krediten bis zu 10 Jahren Laufzeit und bei endfälligen Krediten ist der Zinssatz fest für die gesamte Kreditlaufzeit. Bei Krediten mit mehr als 10 Jahren Laufzeit kann der Zinssatz für 10 Jahre oder die gesamte Laufzeit festgeschrieben werden. Es ist eine Zinsverbilligung durch das Saarland möglich, längstens für die ersten 10 Jahre der Darlehenslaufzeit. Die

	Zinsverbilligung beträgt grundsätzlich 0,50 % p.a., wobei es hinsichtlich des Alters des Unternehmens keine zeitliche Befristung gibt. Die Finanzierung von Investitionen zur Schaffung neuer Arbeitsplätze wird im Zins mit insgesamt 0,75 % p.a. verbilligt. Dabei muss die Zahl der bei Investitionsbeginn in der zu fördernden Betriebsstätte bestehenden Dauerarbeits-/Ausbildungsplätze um mindestens 15 % erhöht werden. Für Existenzgründer im Rahmen einer Unternehmensnachfolge beträgt die Zinsverbilligung ebenfalls 0,75 % p.a.
Tilgung:	Nach Ablauf der tilgungsfreien Anlaufjahre erfolgt die Tilgung in gleich hohen vierteljährlichen Raten. Während der Tilgungsfreijahre sind lediglich die Zinsen auf die ausgezahlten Kreditbeträge zu leisten. Bei endfälligen Darlehen erfolgt die Rückzahlung in einer Summe am Ende der Laufzeit. Eine vorzeitige ganze oder teilweise außerplanmäßige Tilgung des ausstehenden Kreditbetrages ist während der ersten Zinsbindungsphase möglich.
Sicherheiten:	Vom Kreditnehmer sind banktübliche Sicherheiten zu stellen. Hierzu zählen z.B. Grundschuld, Sicherungsübereignung von Maschinen, Bürgschaft der Bürgschaftsbank Saarland GmbH. Form und Umfang der Besicherung werden im Rahmen der Kreditverhandlungen zwischen dem Antragsteller und seiner Hausbank vereinbart.

Antragsberechtigte

- Existenzgründer im Bereich der gewerblichen Wirtschaft und der Freien Berufe, die über die erforderliche fachliche und kaufmännische Qualifikation für die unternehmerische Tätigkeit verfügen und für die diese Existenz die Haupterwerbsgrundlage darstellt.
- Freiberuflich Tätige, z.B. Ärzte, Steuerberater, Architekten.
- In- und ausländische Unternehmen der gewerblichen Wirtschaft (produzierendes Gewerbe, Handwerk, Handel, Leasinggesellschaften und sonstiges Dienstleistungsgewerbe), die sich mehrheitlich in Privatbesitz befinden und die KMU-Kriterien der EU-Kommission erfüllen.
- Natürliche Personen, die Gewerbeimmobilien vermieten oder verpachten, sofern der Mieter die KMU-Kriterien der EU-Kommission erfüllt.

Kombinierbarkeit
Eine Kombination mit anderen Förderprogrammen ist möglich.

Antragstellung
Die Anträge sind auf den dafür vorgesehenen Vordrucken über jedes Kreditinstitut (Hausbank) nach Wahl des Antragstellers bei der Saarländischen Investitionskreditbank AG (SIKB) einzureichen.

Antragsfrist
Im Zeitpunkt der Antragstellung darf mit der Durchführung des zu finanzierenden Vorhabens noch nicht begonnen worden sein. Ein Vorhaben gilt als begonnen, sobald wesentliche rechtsverbindliche Verpflichtungen eingegangen worden sind (z.B. aus Kaufvertrag, Lieferungs- oder Leistungsvertrag). Die Antragstellung ist i.d.R. rechtzeitig erfolgt, wenn vor diesem Zeitpunkt zumindest konkrete Finanzierungsgespräche im Hinblick auf eine Beantragung der Fördermittel bei der Hausbank geführt und dort aktenkundig gemacht wurden.

Weitere Informationen
Einzelheiten über das Programm sind den Richtlinien (vom 01.01.2009) des Ministeriums für Wirtschaft und Wissenschaft zu entnehmen. Auskünfte erteilt die Saarländischen Investitionskreditbank AG (SIKB).

2.2.12.2 Startkapitalprogramm des Saarlandes

Förderziel/Verwendungszweck
Erleichterung des Zugangs zum Kapitalmarkt für die Gründung selbstständiger Existenzen. Das Startkapital kann sowohl für die Finanzierung von Investitionen als auch zur Anschaffung des Betriebsmittelbedarfs verwendet werden.

Förderart
Es werden zinsgünstige Darlehen gewährt.

Förderumfang und Konditionen

> **Konditionen im Internet:**
> **http://www.sikb.de**

Finanzierungsanteil:	Bis zu 80% des Finanzierungsbedarfs
Höchstbetrag:	25.000 EUR innerhalb von drei Jahren nach Aufnahme der selbstständigen Tätigkeit.
Mindestbetrag:	2.500 EUR
Laufzeit:	Bis zu 10 Jahre, davon 2 Jahre tilgungsfrei.
Auszahlung:	100%
Zinssatz:	Das Darlehen wird zu einem festen Zinssatz (Kapitalmarktsatz) für die gesamte Laufzeit zur Verfügung gestellt. Während der ersten 24 bzw. 36 Monate der Darlehenslaufzeit trägt das Saarland den Zinsaufwand.
Bearbeitungsgebühr:	einmalig 200 EUR bei Antragstellung des Darlehens, einmalig 100 EUR bei Antragstellung auf den Zuschuss.
Tilgung:	Nach Ablauf der tilgungsfreien Jahre erfolgt die Tilgung in gleich hohen vierteljährlichen Raten. Während der Tilgungsfreijahre sind lediglich die Zinsen auf die ausgezahlten Kreditbeträge zu leisten.
Sicherheiten:	Vom Kreditnehmer sind keine banküblichen Sicherheiten zu stellen. Die bankübliche Absicherung erfolgt durch eine Bürgschaft des Saarlandes.

Antragsberechtigte

Existenzgründer sowie Existenzfestiger innerhalb einer Frist von drei Jahren nach Aufnahme der selbstständigen Tätigkeit im Bereich der gewerblichen Wirtschaft sowie in den Freien Berufen. Existenzgründungen und Existenzfestigungen im Gaststättengewerbe werden nicht gefördert.

Existenzgründer, die zunächst nebenberuflich tätig werden oder bereits nebenberufliche Einkünfte aus Gewerbebetrieb oder aus selbstständiger Tätigkeit erzielt haben.

In begründeten Fällen, insbesondere bei Frauen, die nach Erziehungszeiten wieder ins Erwerbsleben eintreten möchten, wird auch eine zweite Existenzgründung gefördert.

Spezielle Voraussetzungen

Das Saarland fördert die Existenzgründung/-festigung durch Gestellung von Landesbürgschaften sowie die Übernahme der Darlehenszinsen für die ersten 24 Monate der Darlehenslaufzeit. Die Zinssubvention verlängert sich auf 36 Monate für Personen, die eine Meisterprüfung im Handwerk (§ 45 HwO), in der Industrie, im Hotel- und Gaststättengewerbe und in der Hauswirtschaft (§§ 46, 81, 95 BBiG) oder eine staatliche Prüfung zum Techniker bestanden haben.

Sofern Darlehensnehmer innerhalb von zwei Jahren nach der Bewilligung des Darlehens mindestens drei zusätzliche Vollarbeitsplätze/Ausbildungsplätze schaffen und mit Sozialversicherungspflichtigen besetzen, können darüber hinaus auf Antrag zur Stärkung des Eigenkapitals 20 % des ursprünglichen Darlehensbetrages in einen verlorenen Zuschuss – maximal jedoch in Höhe der Darlehensrestschuld zum Zeitpunkt der Bewilligung des Zuschusses – umgewandelt werden, wenn die Arbeitsplätze mindestens drei Jahre besetzt waren und zum Zeitpunkt der Antragstellung noch besetzt sind. Sozialversicherungspflichtige Teilzeitarbeitsplätze werden zur Hälfte angerechnet.

Kombinierbarkeit

Die Mittel aus diesem Programm sind grundsätzlich subsidiär zu anderen öffentlichen Fördermitteln einzusetzen. Bei Existenzgründungsvorhaben/-festigungsvorhaben, deren Finanzierungsbedarf 50.000 EUR nicht übersteigt, kann von der Beachtung des Subsidiaritätsprinzips abgesehen werden. In diesen Fällen kann der Finanzierungsanteil bis zu 80 % des Finanzierungsbedarfs ausmachen, sofern die Gesamtfinanzierung durch Einsatz von Eigenmitteln oder anderen Kreditmitteln sichergestellt werden kann.

Die 80 % Finanzierungsgrenze kann bei Existenzgründung überschritten werden, wenn der Existenzgründer entsprechende Aufwendungen für die Berufsausbildung, eine berufliche Weiterqualifizierung nachweisen kann oder die Existenzgründung unmittelbar nach dem Studienabschluss an einer Universität, Fachhochschule oder einer vergleichbaren Bildungseinrichtung erfolgt.

Antragstellung

Die Anträge sind auf den dafür vorgesehenen Vordrucken über jedes Kreditinstitut (Hausbank) nach Wahl des Antragstellers bei der Saarländischen Investitionskreditbank AG (SIKB) einzureichen. Die Anträge auf Gewährung von Zuschüssen sind direkt an die SIKB zu richten.

Antragsfrist
Im Zeitpunkt der Antragstellung darf mit der Durchführung des zu finanzierenden Vorhabens noch nicht begonnen worden sein. Als Beginn des Vorhabens wird der Zeitpunkt angesehen, in dem erste finanzielle Verpflichtungen im Zusammenhang mit der geplanten Existenzgründung/-festigung eingegangen werden.

Weitere Informationen
Einzelheiten über das Programm sind den Richtlinien (vom 01.09.2003) des Ministeriums für Wirtschaft und Wissenschaft zu entnehmen. Auskünfte erteilt die Saarländischen Investitionskreditbank AG (SIKB).

2.2.13   Sachsen

2.2.13.1 Gründungs- und Wachstumsfinanzierung (GuW)

Förderziel/Verwendungszweck
Schaffung und Festigung von wettbewerbsfähigen, insbesondere innovativen und wachstumsorientierten kleinen und mittleren Unternehmen (KMU) im Freistaat Sachsen.

Der Freistaat Sachsen gewährt Zinszuschüsse bei Aufnahme eines Darlehens zur
*   Finanzierung von Investitionen
    a) Gründung einer gewerblichen oder freiberuflichen selbstständigen Existenz, auch durch Erwerb oder tätige Beteiligung,
    b) Festigung einer selbstständigen Existenz, z.B. durch Erwerb einer Beteiligung.
*   Finanzierung von Betriebsmitteln
    a) Finanzierung von zusätzlichem bzw. erhöhtem Betriebsmittelbedarf zum Zweck der Umsatzausweitung,
    b) Verbesserung der Finanzierungsstruktur von Unternehmen, etwa durch Umschuldung von Kontokorrentkrediten und anderen kurzfristig fälligen Passiva (außer Steuern und öffentlichen Abgaben) in längerfristige Verbindlichkeiten,
    c) Finanzierung von Forderungsausfällen und verzögerten Forderungen.

Folgende Ausgaben bzw. Kosten sind förderfähig:
*   der Erwerb von Betriebsgrundstücken einschließlich der Grunderwerbsnebenkosten und von Betriebsgebäuden (Kauf- oder Baukosten einschließlich Baunebenkosten),
*   der Erwerb von Betriebsausstattung (Maschinen, Anlagen und Einrichtungsgegenstände, usw.),
*   die Übernahme eines bestehenden Unternehmens oder der Erwerb einer Beteiligung),
*   der Erwerb von immateriellen Investitionen (Patente, Lizenzen, usw.),
*   Beschaffung und Aufstockung des Material-, Waren- oder Ersatzteillagers,
*   Betriebsmittel.

Immobilieninvestitionen mit anschließender Fremdvermietung werden nicht gefördert. Die Vermietung und Verpachtung im Rahmen einer Betriebsaufspaltung, Organschaft, Mitunternehmerschaft sowie zwischen Eheleuten ist förderunschädlich.

Förderart

Die Zuwendungen werden im Rahmen einer Projektförderung als Zinszuschüsse zum Darlehen gewährt. Die Zuwendungen werden als Anteilsfinanzierung zur Verfügung gestellt.

Förderumfang und Konditionen

> **Konditionen im Internet:**
> **http://www.sab.sachsen.de**

Finanzierungsanteil:	Bis zu 100 % der förderfähigen Ausgaben bzw. Kosten.
Höchstbetrag:	2,5 Mio. EUR pro Vorhaben.
Laufzeit:	Bei Investitionsdarlehen

       – bis zu 10 Jahre, davon höchstens 2 Jahre tilgungsfrei,

       – bis zu 20 Jahre, davon höchstens 3 Jahre tilgungsfrei, wenn mindestens 2/3 der förderfähigen Investitionskosten auf Grunderwerb, gewerbliche Baukosten oder den Erwerb von Unternehmen und Beteiligungen entfallen.

       Bei Betriebsmitteldarlehen

       – 5 Jahre, davon höchstens 1 Jahr tilgungsfrei.

Auszahlung:	96 %
Zinssatz:	Das Darlehen wird mit einem kundenindividuellen Zinssatz im Rahmen des am Tag der Zusage geltenden Maximalzinssatzes der jeweiligen Preisklasse zugesagt. Die Festlegung dieses Zinssatzes erfolgt aufgrund der von der Hausbank angegebenen Bonitäts- und Besicherungsklassen unter Verwendung des Risikogerechten Zinssatzsystems der KfW (RGZS). Die Zinszuschüsse werden für die in der Konditionenübersicht der Sächsische Aufbaubank GmbH (SAB) aufgeführten Darlehensmodelle entsprechend der darin festgelegten Zinsfestschreibungszeiträume gewährt. Die Zinszuschüsse betragen zwischen 0,2 und 3,0 %, werden durch das Staatsministerium für Wirtschaft, Arbeit und Verkehr festgelegt und ebenfalls in der Konditionenübersicht veröffentlicht. Bei der Festlegung der Zinszuschüsse werden Vorhaben zur Gründung einer gewerblichen oder freiberuflichen selbstständigen Existenz besonders berücksichtigt.
Tilgung:	Nach Ablauf der tilgungsfreien Anlaufjahre erfolgt die Tilgung in gleich hohen vierteljährlichen Raten. Während der tilgungsfreien Jahre sind lediglich die Zinsen auf die ausgezahlten Kreditbeträge zu leisten.
Sicherheiten:	Vom Kreditnehmer sind banküblichen Sicherheiten zu stellen. Bei fehlenden banküblichen Sicherheiten können im Rahmen der bestehenden Förderprogramme öffentliche Bürgschaften für diese Darlehen gewährt werden.

Antragsberechtigte
Natürliche Personen, kleine und mittlere Unternehmen (KMU) im Bereich der gewerblichen Wirtschaft und Angehörige der Freien Berufe. Zahnärzte sind generell von der Förderung ausgenommen. Ärzte werden auf Basis der offenen Planungsbereiche für das jeweilige Fachgebiet gefördert oder dann, wenn sie sich in bestimmten Gebieten eines Planungsbereiches niederlassen, in denen eine in absehbare Zeit drohende Unterversorgung durch den Landesausschuss Ärzte/Krankenkassen festgestellt wurde.

Spezielle Voraussetzungen
Der Investitions-/Maßnahmeort muss sich im Freistaat Sachsen befinden.
Für eine Förderung eines Gründungsvorhabens muss die Gründung einer selbstständigen Tätigkeit auf Dauer angelegt sein und innerhalb eines Jahres die Haupterwerbsgrundlage des Existenzgründers darstellen. Der Antragsteller muss über die nötige fachliche und kaufmännische Qualifikation für die unternehmerische Tätigkeit verfügen.

Kombinierbarkeit
Mit dem Darlehen können bis zu 100 % der förderfähigen Ausgaben bzw. Kosten finanziert werden, soweit diese nicht durch andere öffentliche Finanzierungshilfen abgedeckt werden.

Antragstellung
Die Anträge sind auf den dafür vorgesehenen Vordrucken über jedes Kreditinstitut (Hausbank) nach Wahl des Antragstellers bei der Sächsischen Aufbaubank GmbH (SAB) einzureichen.

Antragsfrist
Mit dem zu finanzierenden Vorhaben darf bei Antragstellung noch nicht begonnen worden sein. Unter Vorhabensbeginn ist das Eingehen der ersten wesentlich finanziell bindenden Verpflichtung zu verstehen, soweit sich diese auf die zu fördernden Maßnahmen bezieht (Abschluss von Kaufverträgen, Auftragsvergabe und dergleichen).

Weitere Informationen
Einzelheiten über das Programm sind den Richtlinien (vom 01.01.2011) des Sächsischen Staatsministeriums für Wirtschaft, Arbeit und Verkehr zu entnehmen. Auskünfte erteilt die Sächsische Aufbaubank GmbH (SAB).

2.2.13.2 ESF-Mikrodarlehen

Förderziel/Verwendungszweck
Förderung von Gründungen nachhaltiger selbstständiger Existenzen im Freistaat Sachsen. Als Gründung einer selbstständigen Existenz gilt auch eine erneute Unternehmensgründung (»Zweite Chance«), wenn Verpflichtungen aus der ersten Gründung das neue Gründungsvorhaben nicht belasten. Verbindlichkeiten aus einer früheren Selbstständigkeit müssen daher im Rahmen einer privat-autonomen

Schuldenbereinigung oder im Wege des gesetzlichen Restschuld-befreiungsverfahrens erledigt sein.

Die Gründung einer selbstständigen Existenz muss auf Dauer angelegt sein und innerhalb eines Jahres nach Antragstellung zum Haupterwerb des Antragstellers führen.

Umschuldungen, Nachfinanzierungen und Unternehmen in Schwierigkeiten im Sinne der EU-Definition werden nicht gefördert.

Förderart
Es wird ein verzinsliches Darlehen gewährt.

Förderumfang und Konditionen

> **Konditionen im Internet:**
> **http://www.sab.sachsen.de**

Eigenanteil:	Mindestens 20% für das geplante Vorhaben, dabei muss der Eigenanteil für geplante betriebliche Investitionen 40% betragen.
Höchstbetrag:	20.000 EUR einmalig pro Vorhaben pro Darlehensnehmer.
Laufzeit:	Bis zu 5 Jahre, davon höchstens 1 Jahre tilgungsfrei.
Auszahlung:	100%
Zinssatz:	Fest in Höhe des zum Zeitpunkt der Bewilligung geltenden EU-Basiszinssatzes.
Tilgung:	Nach Ablauf des tilgungsfreien Anlaufjahres in gleich hohen vierteljährlichen Raten. Während der Tilgungsfreijahre sind lediglich die Zinsen auf die ausgezahlten Kreditbeträge zu leisten. Eine vorzeitige vollständige oder teilweise Tilgung des Darlehens ist jederzeit möglich. Eine Vorfälligkeitsentschädigung wird nicht erhoben.
Sicherheiten:	Keine Besicherung des Darlehens durch den Darlehensnehmer erforderlich. Beantragen mehrere Gesellschafter das Darlehen, haften alle Gesellschafter gesamtschuldnerisch dafür.

Antragsberechtigte
Existenzgründer, die eine selbstständige Tätigkeit aufnehmen wollen oder in den letzten drei Jahren aufgenommen haben.

Der Antragsteller muss
* seinen Hauptwohnsitz und seinen Betriebssitz im Freistaat Sachsen haben und
* die erforderlichen Kenntnisse und Fähigkeiten zur Gründung und zum Betreiben eines Unternehmens im Hinblick auf Fachkunde und Unternehmensführung nachweisen.

Kombinierbarkeit
Eine Kombination mit den Produkten der KfW oder mit dem Darlehensprogramm Gründung und Wachstumsfinanzierung (GuW) der SAB ist nicht möglich.

Antragstellung
Die Anträge sind auf den dafür vorgesehenen Vordrucken bei der Sächsische Aufbaubank GmbH (SAB) einzureichen.

Antragsfrist
Mit dem zu finanzierenden Vorhaben darf bei Antragstellung noch nicht begonnen worden sein. Unter Vorhabensbeginn ist das Eingehen der ersten finanziell bindenden Verpflichtung zu verstehen, soweit sich diese auf die zu fördernden Maßnahmen bezieht (Abschluss von Kaufverträgen, Auftragsvergabe und dergleichen).

Weitere Informationen
Einzelheiten über das Programm sind den Richtlinien (vom 01.01.2009) des Sächsischen Staatsministeriums für Wirtschaft, Arbeit und Verkehr zu entnehmen. Auskünfte erteilt die Sächsische Aufbaubank GmbH (SAB).

2.2.14 Sachsen-Anhalt

2.2.14.1 Sachsen-Anhalt IMPULS

Förderziel/Verwendungszweck
Bereitstellung von Darlehen für Existenzgründungen sowie für solvente Unternehmen einschließlich der Angehörigen freier Berufe, welche zusätzliche finanzielle Mittel für Gründung und Wachstum benötigen, um die Schwierigkeiten von kleinen und mittleren Unternehmen (KMU) bei dem Zugang zu Fremdkapital verringert werden.

Es können für folgende Zwecke Darlehen zur Verfügung gestellt werden:
- Ausgaben im Zusammenhang mit Auftragsfinanzierung,
- anderweitige Betriebsausgaben,
- Ausgaben für die Vorfinanzierung von Zulagen und Zuschüssen,
- Ausgaben für Forschung, Entwicklung und Innovation,
- Investitionen, die einer langfristigen Mittelbereitstellung bedürfen und einen nachhaltigen wirtschaftlichen Erfolg erwarten lassen, insbesondere:
  - Grundstücke und Gebäude,
  - Baumaßnahmen,
  - Maschinen, Anlagen und Einrichtungen,
  - immaterielle Wirtschaftsgüter,
- Erwerb einer tätigen Beteiligung, insbesondere im Rahmen der Unternehmensnachfolge bzw. Unternehmensfortführung.

Unternehmen in Schwierigkeiten im Sinne der EU-Definition werden nicht gefördert.
Die Gründung einer selbstständigen Tätigkeit muss auf Dauer angelegt sein und innerhalb eines angemessenen Zeitraums den Haupterwerb des Existenzgründers darstellen.

Förderart
Es wird ein Darlehen gewährt.

Förderumfang und Konditionen

Konditionen im Internet:
http://www.ib-sachsen.anhalt.de

Finanzierungsanteil:	Bis zu 100 % des Finanzierungsbedarfs
Höchstbetrag:	1,5 Mio. EUR
Mindestbetrag:	25.000 EUR
Laufzeit:	15 Jahre, davon höchstens 2 Jahre tilgungsfrei
Auszahlung:	100 %
Zinssatz:	Der geltende Zinssatz für Neubewilligungen wird von der Investitionsbank Sachsen-Anhalt unter Berücksichtigung der Geld- und Kapitalentwicklungen und den daraus resultierenden Refinanzierungskosten festgelegt. Zinszahlungen sind jeweils monatlich und nachträglich zu leisten. Der Zinssatz ist fest für die ersten 10 Jahre der Laufzeit. Danach wird der Zinssatz unter Zugrundelegung des ggf. geänderten Zinsniveaus für die Restlaufzeit neu festgelegt.
Tilgung:	Nach Ablauf der tilgungsfreien Anlaufjahre erfolgt die Tilgung in gleich hohen monatlichen Raten. Während der tilgungsfreien Jahre sind lediglich die Zinsen zu leisten.
Sicherheiten:	Vom Kreditnehmer sind bankübliche Sicherheiten zu stellen. Die Besicherung des Darlehens erfolgt bei haftungsbeschränkten Gesellschaftsformen in Form von selbstschuldnerischen Bürgschaften der Gesellschafter. Eine Verstärkung der Sicherheiten kann gefordert werden.

Antragsberechtigte

Natürliche Personen, die eine gewerbliche oder freiberufliche Gründung planen sowie kleine Unternehmen (KMU) im Bereich der gewerblichen Wirtschaft und Angehörige der Freien Berufe. Der Investitionsort muss im Land Sachsen-Anhalt liegen.

Kombinierbarkeit

Eine Kombination mit anderen Förderprogrammen ist möglich.

Antragstellung

Die Anträge sind bei der Investitionsbank Sachsen-Anhalt einzureichen. Den Anträgen ist eine Stellungnahme der Hausbank beizufügen, deren Beteiligung an der Gesamtfinanzierung angestrebt wird.

Antragsfrist

Mit dem zu finanzierenden Vorhaben darf bei Antragstellung noch nicht begonnen worden sein. Unter Vorhabensbeginn ist das Eingehen der ersten wesentlich finanziell bindenden Verpflichtung zu verstehen, soweit sich diese auf die zu fördernden Maßnahmen bezieht (Abschluss von Kaufverträgen, Auftragsvergabe und dergleichen).

Weitere Informationen
Einzelheiten über das Programm sind den Richtlinien des Ministerium für Wirtschaft und Arbeit des Landes Sachsen-Anhalt zu entnehmen. Auskünfte erteilt die Investitionsbank Sachsen-Anhalt.

2.2.15 Schleswig-Holstein

2.2.15.1 Starthilfe Schleswig-Holstein

Förderziel/Verwendungszweck
Förderung von Erfolg versprechenden kleineren Existenzgründungsvorhaben und Festigungsfinanzierungen, die sonst wegen des hohen Verwaltungsaufwandes nicht von einer Bank oder Sparkasse mitfinanziert würden. Unterstützt werden Existenzgründung, Betriebsübernahme und tätige Beteiligung.

Förderart
Zugangserleichterung zu den Existenzgründungsdarlehen der KfW durch Übernahme der Hausbankfunktion. Es werden sowohl Darlehen aus Kreditmitteln der KfW als auch Darlehen aus Mitteln der Investitionsbank Schleswig-Holstein (IB) vergeben.

Förderumfang und Konditionen

> **Konditionen im Internet:**
> **http://www.ib-sh.de**

Höchstbetrag: 100.000 EUR Investitionsvolumen und/oder
                     50.000 EUR Betriebsmittelbedarf.

KfW-Programme:
Es gelten die Konditionen der jeweils im Einzelfall eingesetzten KfW-Programme.

IB-Darlehen:

Zinssatz:	Z.Z. 8,0% nominal, fest für die gesamte Laufzeit, monatliche Raten
Auszahlung:	100%
Laufzeit:	5 Jahre, davon 1 Jahr tilgungsfrei,
	10 Jahre, davon 2 Jahre tilgungsfrei,
	5 Jahre, davon 1 Jahr tilgungsfrei bei Betriebsmittelfinanzierungen
Tilgung:	Nach Ablauf der tilgungsfreien Anlaufjahre erfolgt die Tilgung in gleich hohen monatlichen Raten. Während der Tilgungsfreijahre sind lediglich die Zinsen auf den ausgezahlten Kreditbetrag zu leisten. Eine vorzeitige ganze oder teilweise außerplanmäßige Tilgung des ausstehenden Kreditbetrages ist nur gegen Zahlung einer Vorfälligkeitsentschädigung möglich.
Sicherheiten:	Es sind werthaltige Sicherheiten anzubieten.

Antragsberechtigte

Gründer, Unternehmen der gewerblichen Wirtschaft und Angehörige der Freien Berufe innerhalb der ersten drei Jahre nach der Existenzgründung.

Spezielle Voraussetzungen

- Stellungnahme der Kammer, bei Vorhaben mit einem Fremdfinanzierungsbedarf ab 50.000 EUR ein positiver Erstberatungsbericht durch eine Unternehmensberatung.
- Eigenkapital von mindestens 15 % der gesamten Investition ab einem Finanzierungsbedarf von mehr als 50.000 EUR.

Kombinierbarkeit

Sofern das ERP-Kapital für Gründung und/oder der KfW-Unternehmerkredit bereits bewilligt wurden, kann das KfW-StartGeld für ein Festigungsvorhaben nicht mehr beantragt werden. Eine zusätzliche Finanzierung zur Festigung über das ERP-Kapital für Gründung und/oder über das IB-Darlehen ist möglich.

Falls das KfW-StartGeld bereits bewilligt wurde, ist eine Finanzierung für Festigungsvorhaben im KfW-StartGeld nur möglich, wenn der Maximalbetrag von 50.000 EUR (davon 20.000 EUR für Betriebsmittel) noch nicht ausgeschöpft wurde. Alternativ ist ein Antrag im ERP-Kapital für Gründung und/oder über das IB-Darlehen möglich.

Antragstellung

Die Anträge sind auf den dafür vorgesehenen Vordrucken mit Empfehlungsschreiben des Kreditinstituts (Hausbank) bei der Investitionsbank Schleswig-Holstein (IB) einzureichen. Nach Prüfung der eingereichten Unterlagen entscheidet die Investitionsbank Schleswig-Holstein (IB), ob sie die Finanzierung des Vorhabens bei der KfW beantragen wird bzw. Darlehen aus eigenen Mitteln vergibt. Die Hausbank bleibt kontoführende Stelle.

Weitere Informationen

Einzelheiten über das Programm sind den Richtlinien des Ministeriums für Wissenschaft, Wirtschaft und Verkehr des Landes Schleswig-Holstein zu entnehmen. Auskünfte erteilt die Investitionsbank Schleswig-Holstein (IB).

2.2.16   Thüringen

2.2.16.1   Thüringen-Kapital

Förderziel/Verwendungszweck

Nachrangdarlehen zur Stärkung der Eigenkapitalausstattung und zur Verbesserung der Wirtschaftsstruktur im Freistaat Thüringen.

Nachrangdarlehen werden gewährt für die Finanzierung von:
a) Investitionen zur Gründung und Festigung einer selbstständigen Existenz,
b) Erwerb von Anteilen an anderen Unternehmen (mindestens 10 %),

c) Betriebliche Umstellungen und grundlegenden Rationalisierungen, Kooperationen, Innovationen,
d) Betriebsmitteln.

Nicht förderfähig sind Sanierungen und Umschuldungen von Bankverbindlichkeiten sowie die Nachfinanzierung bereits abgeschlossener Vorhaben.

Förderart
Es wird ein Nachrangdarlehen gewährt.

Förderumfang und Konditionen

> **Konditionen im Internet:**
> **http://www.aufbaubank.de**

Höchstbetrag:	200.000 EUR je Antragsteller und Vorhaben.
Mindestbetrag:	10.000 EUR
Laufzeit:	10 Jahre, davon 6 Jahre tilgungsfrei,
Auszahlung:	100 %
Zinssatz:	Festzins für die gesamte Laufzeit. Die Höhe des Zinses ist risikoabhängig und wird am Tag der Zusage festgelegt.
Tilgung:	Nach Ablauf der tilgungsfreien Anlaufjahre erfolgt die Tilgung in gleich hohen monatlichen Raten. Während der tilgungsfreien Jahre sind lediglich die Zinsen zu leisten. Eine ordentliche Kündigung und Rückzahlung des Nachrangdarlehens vor Ablauf der vereinbarten Laufzeit durch den Darlehensnehmer ist nicht möglich.
Bearbeitungsentgelt:	400 EUR, das mit der Antragstellung zu zahlen ist.
Sicherheiten:	Selbstschuldnerische Bürgschaften der Gesellschafter in Abhängigkeit von der Rechtsform des Unternehmens.

Antragsberechtigte
Kleine und mittlere Unternehmen (KMU) aus dem Bereich der gewerblichen Wirtschaft und Angehörige der Freien Berufe mit Sitz oder Betriebsstätte in Thüringen.

Kombinierbarkeit
Eine Kombination mit anderen Förderprogrammen ist möglich.

Antragstellung
Die Anträge sind auf den dafür vorgesehenen Vordrucken bei der Thüringer Aufbaubank GmbH einzureichen.

Antragsfrist
Im Zeitpunkt der Antragstellung darf mit der Durchführung des zu finanzierenden Vorhabens noch nicht begonnen worden sein. Ein Vorhaben gilt als begonnen, sobald die erste wesentliche finanziell bindende Verpflichtung eingegangen worden ist (z. B. Abschluss von Kaufverträgen, Lieferungs- oder Leistungsverträge), soweit sich diese auf die zu fördernden Investitionen bezieht.

Weitere Informationen
Einzelheiten über das Programm sind den Richtlinien (vom 23.12.2009, gültig bis
31.12.2011) der Thüringer Aufbaubank GmbH (TAB) zu entnehmen. Auskünfte erteilt die Thüringer Aufbaubank GmbH (TAB).

2.2.16.2 Thüringen-Dynamik

Förderziel/Verwendungszweck
Im Auftrag des Thüringer Ministeriums für Wirtschaft, Arbeit und Technologie
(TMWAT) gewährt die Thüringer Aufbaubank (TAB) kleinen und mittleren Unternehmen der gewerblichen Wirtschaft sowie Angehörigen wirtschaftsnaher Freier
Berufe Zuwendungen in Form von zinsgünstigen Darlehen für Investitionen und
Betriebsmittel:

Förderfähig sind alle zum Investitionsvorhaben gehörenden
*   neu anzuschaffenden aktivierungspflichtigen und betrieblich genutzten Sachanlagevermögenswerte und
*   das erste Material- und Warenlager. Eine Förderung kann nur in Verbindung
    mit einer Investitionsförderung aus dem Programm für das jeweilige Vorhaben
    erfolgen. Die Darlehenssumme kann max. 20 % des beantragten Investitionsvorhabens betragen und das Darlehen muss spätestens sechs Monate vor dem
    Investitionsende bei der Thüringer Aufbaubank (TAB) beantragt werden.

Förderart
Es werden zinsgünstige Darlehen gewährt.

Förderumfang und Konditionen

> **Konditionen im Internet:**
> **http://www.aufbaubank.de**

Darlehenshöchstbetrag:	2,0 Mio. EUR
Mindestbetrag:	5.000 EUR
Auszahlung	100 %
Laufzeit:	– 8 oder 10 Jahre, davon bis zu 2 Jahre tilgungsfrei,
	– 6 Jahre, davon 1 Jahr tilgungsfrei.
Zinsen:	Festzins für die gesamte Laufzeit, vierteljährliche Zahlung. Die Höhe des Zinses ist risikoabhängig und wird am Tag der Zusage festgelegt.
Tilgung:	in gleich hohen Halbjahresraten.
Sicherheiten:	Es sind bankübliche Sicherheiten zu stellen. Der Hausbank kann bei nicht ausreichenden banküblichen Sicherheiten eine 50 %ige Haftungsfreistellung beantragen.

Antragsberechtigte
Kleine und mittlere Unternehmen (KMU) der gewerblichen Wirtschaft, des Tourismus- und Beherbergungsgewerbes, des Dienstleistungssektors sowie der wirtschaftsnahen Freien Berufe.

Antragstellung

Die Anträge sind auf den dafür vorgesehenen Vordrucken bei der Thüringer Aufbaubank (TAB) einzureichen.

Antragsfrist

Der Darlehensantrag muss vor Vorhabensbeginn bei der Hausbank gestellt werden. Beginn des Vorhabens ist grundsätzlich der Abschluss eines der Ausführung zuzurechnenden Lieferungs- oder Leistungsvertrags.

Weitere Informationen

Einzelheiten über das Programm sind den Richtlinien (vom 11.05.2010, gültig bis zum 31.12.2015) des Thüringer Ministeriums für Wirtschaft, Technologie und Arbeit (TMWAT) zu entnehmen. Auskünfte erteilt die Thüringer Aufbaubank GmbH (TAB).

2.2.16.3 Thüringen-Invest

Förderziel/Verwendungszweck

Gefördert werden Investitionsvorhaben von Unternehmen für Betriebsstätten in Thüringen, die nicht im Rahmen der Gemeinschaftsaufgabe »Verbesserung der regionalen Wirtschaftsstruktur« (GRW) gefördert werden. Das Ziel der Förderung ist die Verbesserung der Wirtschaftsstruktur und der Wettbewerbsfähigkeit von kleinen und mittleren Unternehmen (KMU) sowie die Schaffung und Sicherung von Arbeits- und Ausbildungsplätzen in Thüringen.

Zuwendungsfähig sind alle zum Investitionsvorhaben gehörenden
* neu anzuschaffenden aktivierungsfähigen und betrieblich genutzten Sachanlagevermögenswerte,
* anzuschaffenden immateriellen Wirtschaftsgüter (z. B. Patente, Lizenzen), sofern sie als Anlagevermögen dienen sollen,
die mindestens über die Zweckbindefrist im Betrieb des Erwerbers bleiben.

Ausgaben für Grundstücks- bzw. Immobilienerwerb, Ausgaben für die Anschaffung gebrauchter Wirtschaftsgüter, Ausgaben für Fahrzeuge sowie Eigenleistungen werden nicht gefördert.

Rettungs- und Umstrukturierungsbeihilfen an Unternehmen in Schwierigkeiten im Sinne der »Leitlinien der Gemeinschaft für staatliche Beihilfen zur Rettung und Umstrukturierung von Unternehmen in Schwierigkeiten werden nicht gewährt.

Förderart

Es werden Zuschüsse und zinsgünstige Darlehen gewährt.

Förderumfang und Konditionen

> **Konditionen im Internet:**
> http://www.aufbaubank.de

Vorhaben mit einer zuwendungsfähigen Investitionssumme von unter 10.000 EUR werden nicht gefördert.

Der Zuschuss wird projektbezogen als Anteilsfinanzierung gewährt. Der Investitionszuschuss kann höchstens 20 % der zuwendungsfähigen Ausgaben, max. 20.000 EUR, betragen.

Voraussetzung für die Gewährung eines Darlehens ist die Bewilligung eines Thüringen-Invest-Zuschusses.

Darlehenshöchstbetrag:	100.000 EUR
Mindestbetrag:	5.000 EUR
Laufzeit:	Bis zu 10 Jahre, davon bis zu 2 Jahre tilgungsfrei,
Zinsen:	Festzins für die gesamte Laufzeit, vierteljährliche Zahlung,
Tilgung:	in gleich hohen Halbjahresraten,
Auszahlung:	100 %
Sicherheiten:	Es sind bankübliche Sicherheiten zu stellen. Der Hausbank wird eine 50 %ige Haftungsfreistellung gewährt.

Antragsberechtigte

Kleine und mittlere Unternehmen (KMU) der gewerblichen Wirtschaft, insbesondere des Handwerks, des Handels, des Gaststätten- und Beherbergungsgewerbes, des Dienstleistungsgewerbes sowie Angehörige der wirtschaftsnahen Freien Berufe. Zu den wirtschaftsnahen Freien Berufen im Sinne dieser Richtlinie gehören die Freien technischen und naturwissenschaftlichen Berufe, bildende Künstler und Designer.

Spezielle Voraussetzungen

Es werden
- Investitionsvorhaben gefördert, die zur Schaffung von Arbeits- und Ausbildungsplätzen in kleinen und mittleren Unternehmen (KMU) beitragen. Dies ist dann der Fall, wenn das antragstellende Unternehmen bis zum Ende des Jahres, in dem die Investition abgeschlossen wird, mindestens einen zusätzlichen Arbeitsplatz für die Dauer der Zweckbindefrist von i. d. R. drei Jahren schafft oder mindestens einen Ausbildungsplatz einrichtet und besetzt und einen neuen Ausbildungsvertrag abschließt.
- Investitionsvorhaben von Existenzgründern gefördert.

Antragstellung

Die Anträge für Zuwendungen sind auf den dafür vorgesehenen Vordrucken bei der Thüringer Aufbaubank (TAB) einzureichen.

Antragsfrist

Im Zeitpunkt der Antragstellung darf mit der Durchführung des zu finanzierenden Vorhabens noch nicht begonnen worden sein. Ein Vorhaben gilt als begonnen, sobald die erste wesentliche finanziell bindende Verpflichtung eingegangen worden ist (z. B. Abschluss von Kaufverträgen, Lieferungs- oder Leistungsverträge), soweit sich diese auf die zu fördernden Investitionen bezieht.

Weitere Informationen
Einzelheiten über das Programm sind den Richtlinien (vom 21.01.2008, gültig bis zum 31.12.2013) des Thüringer Ministeriums für Wirtschaft, Technologie und Arbeit zu entnehmen. Auskünfte erteilt die Thüringer Aufbaubank GmbH (TAB).

2.2.16.4 Existenzgründungshilfe

Förderziel/Verwendungszweck
Unterstützung beim Aufbau und der Sicherung junger Unternehmen im Freistaat Thüringen durch die Gewährung von Zuschüssen zu Ausgaben des Unternehmens

Förderart
Es wird eine Existenzgründungsbeihilfe als nicht rückzahlbarer Zuschuss gewährt.

Förderumfang und Konditionen

> **Konditionen im Internet:**
> http://www.gfaw-thueringen.de

Die Förderung beträgt bis zu 600 EUR pro Monat für die Dauer von bis zu 12 Monaten. Eine Bewilligungssumme von unter 600 EUR ist ausgeschlossen.

Antragsberechtigte
Arbeitslos gemeldete Personen, die durch die Aufnahme einer selbstständigen Tätigkeit ihre Arbeitslosigkeit beenden wollen. Es bestehen folgende Voraussetzungen:
- Der Antragsteller muss seinen Hauptwohnsitz in Thüringen haben.
- Eine Förderung erfolgt nur, wenn kein Anspruch auf Leistungen nach § 57 SGB III (Gründungszuschuss) besteht.
- Der Antragsteller muss die Gewähr für eine ordnungsgemäße Durchführung und Abrechnung der Förderung bieten.
- Eine Zuwendung kann nicht erfolgen, wenn gegen den Antragsteller bereits ein Insolvenzverfahren beantragt wurde oder eröffnet ist, ein Antrag auf Eröffnung eines Insolvenzverfahrens innerhalb der letzten drei Jahre abgewiesen oder ein Verfahren auf Abgabe der eidesstattlichen Versicherung nach § 807 ZPO eingeleitet wurde.
- Voraussetzung für die Bewilligung ist das Vorliegen einer befürworteten Stellungnahme einer fachkundigen Stelle zur fachlichen Qualifikation des Gründers und zur Tragfähigkeit der Gründung.
- Der Antragsteller muss durch die Stellungnahme nachweisen, dass für das Unternehmen nach Konzeption und Marktsituation Erfolgsaussichten bestehen und eine nachhaltig tragfähige Existenz zu erwarten ist. Aus der Stellungnahme muss auch hervorgehen, dass die selbstständige Tätigkeit keinen Nebenerwerbscharakter hat.

- Antragsteller, die bereits Existenzgründungszuschüsse des Freistaates Thüringen erhalten haben, können grundsätzlich nach Ablauf dieser Förderung keine Förderung für den gleichen oder einen vergleichbaren Zweck erhalten.
- Erfolgt die Begründung der selbstständigen wirtschaftlichen Existenz in Form einer Kapital- bzw. Personengesellschaft, so wird die Existenzgründungshilfe nur einem Gesellschafter/Teilhaber gewährt.

Antragstellung
Die Anträge sind auf den dafür vorgesehenen Vordrucken an die Gesellschaft für Arbeits- und Wirtschaftsförderung (GFAW) mbH zu richten.

Antragsfrist
Im Zeitpunkt der Antragstellung darf mit der Durchführung der zu fördernden Maßnahme noch nicht begonnen worden sein.

Kombinierbarkeit
Eine Kombination mit anderen Förderprogrammen ist möglich.

Weitere Informationen
Einzelheiten über das Programm sind den Richtlinien vom 23.03.2009, gültig bis 31.12.2013) des Thüringer Ministeriums für Wirtschaft, Technologie und Arbeit zu entnehmen. Auskünfte erteilt die Gesellschaft für Arbeits- und Wirtschaftsförderung (GFAW) mbH.

5. Kapitel: Die Beschaffung

Wenn die Finanzmittel zur Verfügung stehen, können die geplanten Investitionen endlich durchgeführt werden. Grundlage ist der Investitionsplan. Die Vorgaben aus dem Investitionsplan sind strikt einzuhalten.

Zum Komplex der Beschaffung gehört neben der Anschaffung des Anlagevermögens und des ersten Material- und Warenlagers auch die Sicherstellung von Lieferungen (Material, Waren, Energie- und Wasserversorgung) sowie von Dienstleistungen (Personal, Versicherungen, Post, Telekommunikation) für das eigene Unternehmen.

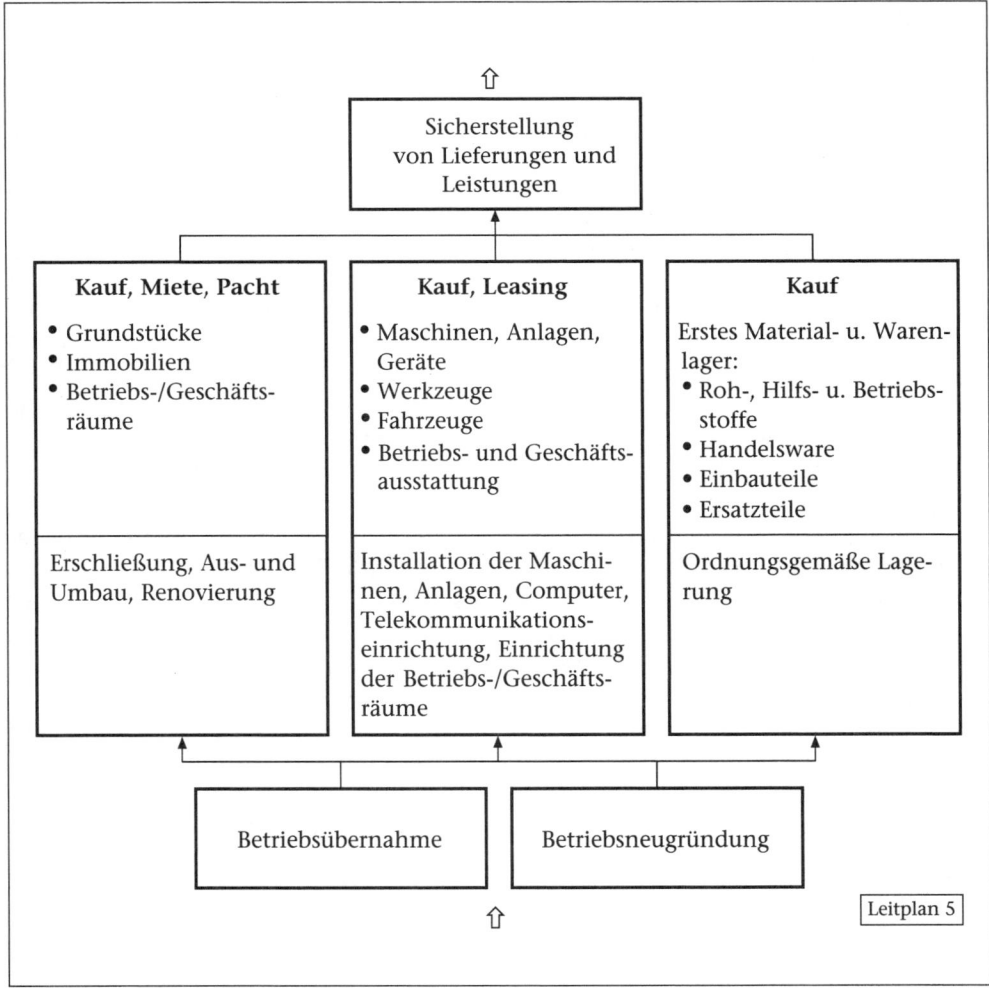

Abb. 148: Beschaffungsaktivitäten

Die Übernahme des ganzen Betriebs

Die Übernahme des ganzen Betriebs kann durch Kauf, Pacht oder tätige Beteiligung erfolgen. Für die Übernahme ist i.d.R. keine gesetzliche Form vorgeschrieben. Nur bei vorhandenem Grundbesitz muss die Veräußerung durch einen Notar beurkundet werden. Die schriftliche Abfassung der Vereinbarungen ist jedoch aus Beweisgründen grundsätzlich zu empfehlen. Der **Kaufvertrag** sollte sämtliche Gegenstände (Inventar) sowie alle bestehenden Forderungen und Verbindlichkeiten enthalten. Sind Patente, Lizenzen, Marken und / oder sonstige gewerbliche Schutzrechte vorhanden, sind diese ebenfalls im Kaufvertrag aufzuführen. Bei Mietverhältnissen müssen Sie sich noch vor der Vertragsunterzeichnung mit dem Vermieter abstimmen. Der **Pachtvertrag** regelt das Nutzungsrecht der überlassenen Sachen, die Nutzungsdauer sowie die sonstigen Rechte und Pflichten. Der Pächter ist gesetzlich zur Erhaltung des Inventars verpflichtet. Verschleißteile sind zu ersetzen. Nach Vertragsende muss das Inventar einschließlich der ersatzweise angeschafften Gegenstände zurückgegeben werden. Für die Überlassung sind regelmäßige, i.d.R. monatliche Pachtzahlungen fällig.

> **TIPP**
> *Kaufvertrag*: Verzichten Sie insbesondere bei teuren oder betriebswichtigen Maschinen und Anlagen nicht auf die Gewährleistungsverpflichtung des Verkäufers.
> *Pachtvertrag*: Treffen Sie eine Vereinbarung darüber, wer für die Instandhaltung z.B. des Gebäudes, der Maschinen und Anlagen oder der Betriebs-/Geschäftsausstattung aufzukommen hat.

Eventuell ist die Vereinbarung eines Wettbewerbsklausel sinnvoll, das den bisherigen Unternehmer daran hindert, direkt oder indirekt gleichartige Aktivitäten am Ort oder in der Region aufzunehmen (Konkurrenzverbot). Müssen Sie für die Fortsetzung des Betriebs noch bestimmte Voraussetzungen erfüllen, z.B. behördliche Auflagen, Anschlussmietvertrag, sollten Sie im Vertrag eine aufschiebende Bedingung oder ein Rücktrittsrecht vereinbaren. Ist im Unternehmen Personal vorhanden, das Sie nicht übernehmen möchten, sollte noch vor der Übergabe des Unternehmens eine Lösung gefunden werden. Andernfalls gehen alle Arbeitsverhältnisse automatisch mit allen Rechten und Pflichten auf Sie über (§ 613a BGB).

Wer ein im Handelsregister eingetragenes Unternehmen übernimmt und unter der bisherigen Firma fortführt, haftet nach § 25 Abs. 1 HGB für alle im Unternehmen begründeten **Verbindlichkeiten** des früheren Inhabers. Die im Unternehmen begründeten Forderungen gelten den Schuldnern gegenüber als auf den Erwerber übergegangen, falls der bisherige Inhaber in die Fortführung der Firma eingewilligt hat. Gegen die Haftung der Verbindlichkeiten kann sich der Übernehmer nach § 25 Abs. 2 HGB nur schützen, indem er mit dem Veräußerer eine abweichende Vereinbarung trifft, diese in das Handelsregister einträgt und bekanntmacht oder den betreffenden Gläubigern ausdrücklich mitteilt. Wird die Firma nicht fortgeführt, haftet der Erwerber nach § 25 Abs. 3 HGB für frühere Verbindlichkeiten nur, wenn die Haftung vertraglich besonders vereinbart und die Übernahme der Verbindlichkeiten vom Erwerber handelsüblich bekannt gemacht worden ist.

Besteht das Vermögen des Veräußerers im Wesentlichen aus dem Unternehmen, das übernommen wird, so liegt eine Vermögensübernahme nach § 419 BGB vor, bei der der Erwerber sämtliche, ggf. auch die privaten Schulden des Veräußeres übernimmt und entsprechend dafür haftet. Die Schuldübernahme kann im Kaufvertrag nicht ausgeschlossen werden. Es kann lediglich ein Rücktritt des Übernehmers gegen den Veräußerer vereinbart werden.

> **TIPP**
> Erkundigen Sie sich vor Abschluss des Kaufvertrages über die Vermögensverhältnisse des Veräußerers.

Wer ein Unternehmen als Ganzes übernimmt, haftet nach der Abgabenordnung dem Finanzamt für nicht bezahlte Umsatzsteuer, für nicht oder unvollständig abgeführte Lohnsteuer sowie der Gemeinde für nicht bezahlte Gewerbesteuer des Vorgängers. Die Haftung reicht nur zurück bis zum Beginn des Kalenderjahres, das vor dem Jahr des Erwerbs des Unternehmens liegt. Diese Haftung kann im Kaufvertrag nicht ausgeschlossen werden. Im Innenverhältnis kann vereinbart werden, dass der Veräußerer dem Erwerber die Steuernachforderungen ersetzt, die noch in die Zeit vor der Übergabe fallen. Um sicherzugehen, dass keine Steuerrückstände mehr bestehen, könnte sich der Veräußerer allerdings vom Finanzamt und bzgl. der Gewerbesteuer von der Gemeinde eine entsprechende Bescheinigung ausstellen lassen. Diese Bescheinigung sollte auch beinhalten, dass die fällige Umsatzsteuer-Voranmeldung und Lohnsteueranmeldungen abgegeben worden sind.

Wer ein im Handelsregister eingetragenes Unternehmen übernimmt, darf die **bisherige Firma** mit oder ohne Beifügung eines Nachfolgezusatzes fortführen, wenn der bisherige Inhaber ausdrücklich in die Fortführung der Firma einwilligt. Ist das Unternehmen nicht im Handelsregister eingetragen, besteht grundsätzlich kein Recht auf Weiterführung des bisherigen Namens. Der Nachfolger muss also unter seinem eigenen Namen auftreten.

Bei der Übernahme sind alle **bestehenden Verträge** zu beachten. Jeder Schuldnerwechsel bedarf der Information und/oder Zustimmung der Gläubiger.

- Mietvertrag
  Ein Mietverhältnis kann nur mit Zustimmung des bisherigen Vermieters auf den Erwerber übertragen werden.
- Arbeitsverträge
  Bei der Übernahme tritt der Erwerber in alle Rechte und Pflichten aus den bestehenden Arbeitsverträgen ein.
- Kreditverträge
  Zum Übergang bestehender Kreditverträge ist grundsätzlich die Zustimmung der Kreditgeber erforderlich.
- Versicherungsverträge
  Der Erwerber tritt i.d.R. in die bestehenden Verträge ein.
- Lieferverträge
  Sie sollten mit allen bisherigen Lieferanten Kontakt aufnehmen und Angebote abfordern.

Die Beschaffungsplanung
Die Beschaffung muss so geplant sein, dass die benötigten Güter und Dienstleistungen wie erforderlich zum richtigen Zeitpunkt zur Verfügung stehen. Der Bedarf

wird gemäß Produktions- bzw. Absatzplan ermittelt und im Investitionsplan determiniert. Zur Materialbedarfsermittlung stehen verschiedene Verfahren zur Verfügung, die in der Literatur zum Thema Materialwirtschaft ausführlich beschrieben werden.

Die Beschaffungsvorbereitung
Steht der Bedarf nach Art und Menge fest, muss die Bestellung wirtschaftlich und rechtlich entsprechend vorbereitet werden. Dabei besteht die wirtschaftliche Vorbereitung der Bestellung hauptsächlich aus der Beschaffungsmarktforschung und der Kontaktpflege mit den Lieferanten. Grundsätzlich müssen mehrere Angebote eingeholt und geprüft werden. Bewertungskriterien sind z.B. Preis, Qualität, Termineinhaltung usw.

Sachanlagen	Grundstücke, Immobilien
	Maschinen, Anlagen, Werkzeuge
	Betriebs- und Geschäftsausstattung
Material	Rohstoffe
	Hilfsstoffe
	Betriebsstoffe
Waren	Handelsware
	Einbauteile
	Ersatzteile
Fremde Dienstleistungen	z. B. Buchführung, Transport

Abb. 149: Objekte der Beschaffung

Die Bestellung
Steht der günstigste Lieferant fest, kann die Bestellung erfolgen. Mit der Bestellung sind folgende Vereinbarungen zu treffen:
- Qualität
  Art, Beschaffenheit und Eigenschaften der zu liefernden Güter
- Menge
  in Stück oder nach Gewicht
- Preis und Zahlungsbedingungen
  Preis pro Mengeneinheit, Preiszuschläge, Preisnachlässe (Skonto, Bonus, Rabatt), Gesamtpreis, Zahlungstermin.
- Liefertermin und Lieferbedingungen
  Sofortige Lieferung oder zu einem späteren Termin. Der Erfüllungsort ist der Ort, an dem die geschuldete Leistung bewirkt wird.

Mit der Bestellung erklärt der Einkäufer den Willen, Güter nach den vereinbarten Bedingungen zu kaufen. Erfolgt die Bestellung infolge Annahme eines festen Angebots, dann kommt der Vertrag zwischen Käufer und Verkäufer zustande, sobald der Verkäufer die Bestellung erhalten hat. Die Bestellung infolge eines freibleibenden Angebots bedarf jedoch der Bestätigung des Verkäufers, damit der Vertrag zustande kommt. Die Bestellung ist der Antrag zur Schließung eines Vertrages, wenn sie ohne ein vorhergehendes Angebot erfolgt oder von einem solchen abweicht. Auch hier ist für den Abschluss des Vertrages die Bestätigung des Verkäufers erforderlich. Unter Kaufleuten bedeutet jedoch auch Stillschweigen die Annahme der Bestellung.

> **TIPP**
> Legen Sie Wert auf eine schriftliche Auftragsbestätigung. Diese ist nach ihrem Eingang unverzüglich inhaltlich zu prüfen.

Für die Beschaffung kommen u.a. folgende Vertragsarten in Frage:
*   Kaufvertrag (§ 433 ff. BGB)
    Durch den Kaufvertrag wird der Verkäufer einer Sache verpflichtet, dem Käufer die Sache zu übergeben und das Eigentum an der Sache zu verschaffen. Der Käufer ist verpflichtet, dem Verkäufer den vereinbarten Kaufpreis zu zahlen, und die gekaufte Sache abzunehmen.
*   Werkvertrag (§§ 631 ff. BGB)
    Durch den Werkvertrag wird der Unternehmer zur Herstellung des versprochenen Werkes, der Besteller zur Entrichtung der vereinbarten Vergütung verpflichtet. Gegenstand des Werkvertrages kann sowohl die Herstellung oder Veränderung einer Sache als ein anderer durch Arbeit oder Dienstleistung herbeizuführender Erfolg sein.
*   Werklieferungsvertrag (§ 651 ff. BGB)
    Verpflichtet sich der Unternehmer, das Werk aus einem von ihm zu beschaffenden Stoffe herzustellen, so hat er dem Besteller die hergestellte Sache zu übergeben und das Eigentum an der Sache zu verschaffen.
*   Mietvertrag (§§ 535 ff. BGB)
    Der Vermieter ist verpflichtet, dem Mieter den Gebrauch der vermieteten Sache während der Mietzeit zu gewähren. Der Mieter ist verpflichtet, dem Vermieter den vereinbarten Mietzins zu entrichten.
*   Pachtvertrag (§§ 581 ff. BGB)
    Der Verpächter ist verpflichtet, dem Pächter den Gebrauch des verpachteten Gegenstandes und den Genuss der Früchte, soweit sie nach den Regeln einer ordnungsmäßigen Wirtschaft als Ertrag anzusehen sind, während der Pachtzeit zu gewähren. Der Pächter ist verpflichtet, dem Verpächter den vereinbarten Pachtzins zu entrichten.
*   Darlehensvertrag (§§ 607 ff. BGB)
    Wer Geld oder andere vertretbare Sachen als Darlehen empfangen hat, ist verpflichtet, dem Darlehengeber das Empfangene in Sachen von gleicher Art, Güte und Menge zurückzuerstatten.

Der **Mietvertrag** wirkt sich unmittelbar auf den Erfolg des Unternehmens aus. Insbesondere bei Klein- und Mittelbetrieben können Raumkosten und Vertragsbedingungen existenzbedrohend sein. Beim Abschluss des Mietvertrages sollte der

Existenzgründer darauf achten, dass seine Interessen angemessen berücksichtigt werden. Wenn nicht Räume zu Wohnzwecken genutzt werden, handelt es sich bei dem Mietvertrag immer um einen **Gewerbemietvertrag,** auch wenn der Mieter freiberuflich tätig ist. In der Regel werden Sicherheitsleistungen verlangt. Statt in Geldleistungen können Kautionen auch in Form von Bankbürgschaften zur Verfügung gestellt werden.

TIPP
Wenn Sie die Kaution in Bargeld leisten, achten Sie auf eine zinsbringende Anlage.

Zur Beschaffungsabwicklung sind alle Maßnahmen zu zählen, die mit der Anlieferung der Waren und der Zahlungsabwicklung verbunden sind. Für die Warenannahme gilt eine unverzügliche Untersuchungspflicht.

Mit der Anlieferung der Waren ist die Überprüfung der Begleitpapiere und der Qualität der gelieferten Güter verbunden. Weist die Lieferung Mängel auf, müssen mit einer unverzüglichen Mängelanzeige entsprechende Reklamationsansprüche gegen den Lieferanten geltend gemacht werden. Die Mängelanzeige ist ein formloses Schreiben, aus dem die Art und der Umfang der Mängel hervorgeht. Liegen Sachmängel vor, hat der Käufer nach den §§ 459 ff., 480 und 378 BGB das Recht auf

- Neulieferung bei Gattungskäufen,
- Wandlung, d.h. Rückgängigmachung des Kaufs,
- Minderung, d.h. Senkung des Preises oder Rückerstattung eines Teilbetrages, wenn die Rechnung bezahlt worden ist,
- Schadenersatz beim Fehlen von zugesicherten Eigenschaften.

Die **Beschaffung des Material- und Warenlagers** muss gut organisiert sein, damit die erforderlichen Mengen in bestimmter Qualität termingerecht verfügbar sind. Unterschätzen Sie nicht das Risiko, das von der Lagerhaltung ausgeht. Beim Aufbau des ersten Material- und Warenlagers erfolgt eine hohe Kapitalbindung, die dauernde Zinsaufwendungen hervorrufen. Zusätzlich steigt mit der Lagermenge das Risiko, dass die beschafften Güter verderben oder (technisch/modisch) veralten.

Zum Material- und Warenlager gehören

- Rohstoffe
Stoffe, die unmittelbar in das hergestellte Produkt eingehen und dessen Hauptbestandteil bilden. Beispiele: Holz (Möbelherstellung), Papier (Bücher) usw.
- Hilfsstoffe
Stoffe, die ebenfalls in das hergestellte Produkt eingehen, aber lediglich eine Hilfsfunktion erfüllen, da ihr mengen- und wertmäßiger Anteil gering ist. Beispiele: Schrauben, Leim, Lack usw.
- Betriebsstoffe
Stoffe, die nicht in das hergestellte Produkt eingehen, sondern mittelbar oder unmittelbar bei der Herstellung des Produkts verbraucht werden. Beispiele: Energie (Strom, Gas), Schmierstoffe, Kühlstoffe usw.
- Handelsware
Gekaufte Ware, die das eigene Produktionsprogramm ergänzt und neben den hergestellten Produkten verkauft wird.

- Einbauteile
Zulieferteile mit hohem Reifegrad, die in das hergestellte Produkt eingehen. Beispiele: Kugellager und Zahnräder im Kfz-Motor, Pumpe in der Waschmaschine usw.

Betriebsnotwendige Lieferungen	Betriebsnotwendige Leistungen
• Versorgung mit Roh-, Hilfs- und Betriebsstoffen, Handelsware • Energieversorgung Bezug von Strom und Gas • Wasserversorgung Bezug von Wasser	• Inanspruchnahme von Post- und Paket-Dienstleistungen: Deutsche Bundespost (Einrichten eines Postfachs), Kurierdienst, UPS, Fluggesellschaften, usw. • Eröffnung von Bankkonten Girokonto bei der Hausbank, evtl. noch bei einer anderen Bank, Postgirokonto • Einrichtung eines Telekommunikations-Hauptanschlusses (Telefon, Telefax) • Anmeldung eines Funktelefons (Handy) • Abschluss von Versicherungen Betriebliche Risikoabsicherung und Eigensicherung des Existenzgründers • Einstellung Personal Vollzeit- oder Teilzeitbeschäftigte • Entsorgung von Abfällen, Abwasser

Abb. 150: Sicherstellung von Lieferungen und Leistungen für das eigene Unternehmen

Bei der Disposition der Beschaffungsmengen sollten Sie Folgendes beachten:
- Liquiditätsabfluss
- Kapitalbindung
- Lagerhaltungskosten
- Alterungsrisiko
- Preisentwicklung der Güter
- Abhängigkeit von Lieferanten.

TIPP
Vermeiden Sie eine zu hohe Kapitalbindung im Material- und Warenlager. Lassen Sie sich nicht von niedrigen Einkaufspreisen und hohen Rabatten verleiten, einen zu hohen Lagerbestand aufzubauen. Achten Sie auf die Lieferzeiten und bestellen rechtzeitig.

Achten Sie bei der Einrichtung des Telekommunikations-Hauptanschlusses auch auf die korrekte Eintragung in das Telefon- und Branchenbuch.

TIPP
Eine wichtige Kaufmannsregel besagt: **der Gewinn liegt im Einkauf!**
Akzeptieren Sie nicht zu leichtfertig Listenpreise. In der Regel haben Sie als Kunde immer die bessere Verhandlungsposition. Holen Sie sich Angebote mehrerer Lieferanten ein und verhandeln auf dieser Grundlage.

6. Kapitel: Die gesetzlichen Anmeldeformalitäten zur Existenzgründung

Die Gründung eines Unternehmens erfordert eine Vielzahl von Anmeldeformalitäten und die Beachtung von zahlreichen gesetzlichen Vorschriften. Die Errichtung von Anlagen mit besonderen Umwelteinflüssen muss nach dem Bundes-Immissionsschutzgesetz genehmigt werden. Die Anmeldeformalitäten sind rechtsformabhängig. Den geringsten Aufwand erfordert die Anmeldung eines Freien Berufs.

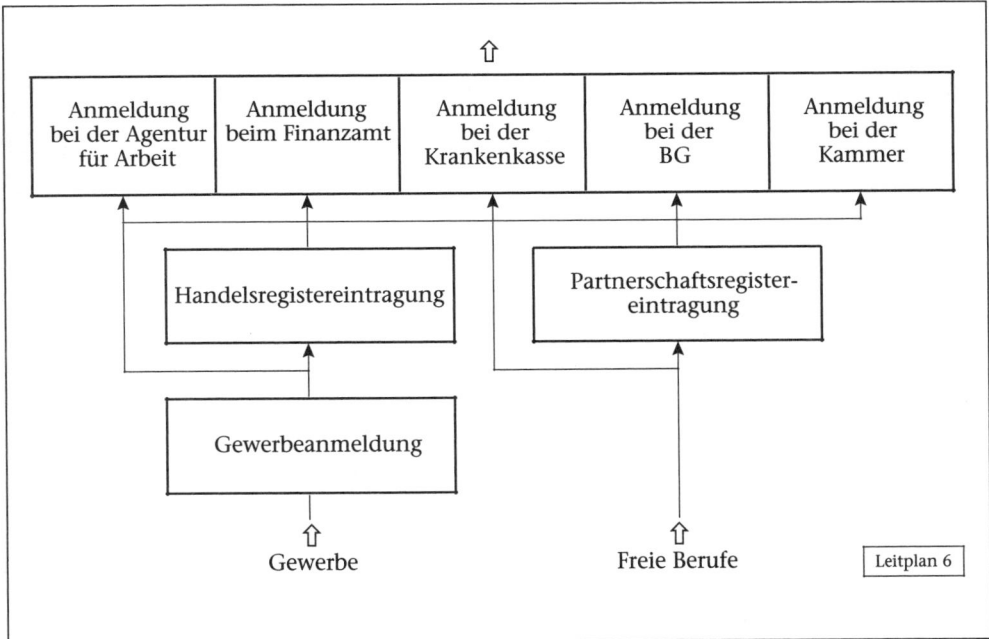

Abb. 151: Gesetzliche Anmeldeformalitäten

Anmeldung	Einzelunternehmen		
	Kleingewerbe	Einzelkaufmann	Freie Berufe
Gewerbeanmeldung	•	•	
HR-/PR-Eintragung		•	
Finanzamt	•	•	•
Agentur für Arbeit [1]	•	•	•
Sozialversicherung [1]	•	•	•
IHK/HWK	•	•	

Anmeldung	Personengesellschaften			
	GbR	OHG	KG	PartG
Gewerbeanmeldung	• [2]	•	•	
HR-/PR-Eintragung		•	•	•
Finanzamt	•	•	•	•
Agentur für Arbeit [1]	•	•	•	•
Sozialversicherung [1]	•	•	•	•
IHK/HWK	• [2]	•	•	

Anmeldung	Kapitalgesellschaften	
	GmbH	AG
Gewerbeanmeldung	•	•
HR-/PR-Eintragung	•	•
Finanzamt	•	•
Agentur für Arbeit [1]	•	•
Sozialversicherung [1]	•	•
IHK/HWK	•	•

• [1] nur bei Beschäftigung von Arbeitnehmern
• [2] außer Freie Berufe

Abb. 152: Rechtsformabhängige Anmeldungen

1 Die Gewerbeanmeldung

Jeder selbstständige Betrieb eines stehenden Gewerbes muss bei der für den Betriebssitz zuständigen Gemeinde (Ordnungsamt bzw. Amt für öffentliche Ordnung) gemeldet sein. Es gilt eine **Anzeigepflicht** für
* den Beginn eines stehenden Gewerbes, einer Zweigniederlassung oder einer unselbstständigen Zweigstelle,
* die Verlegung des Betriebs,
* den Wechsel des Geschäftsgegenstandes auf andere Waren oder Leistungen.

Die **Gewerbeanzeige** nach § 14 GewO erfolgt mit einem Vordruck, den die Gemeinde vorrätig hält. Der Vordruck ist vollständig, in der vorgeschriebenen Anzahl und gut leserlich auszufüllen. Die Gewerbeanzeige ist durch den Gewerbetreibenden persönlich oder auch durch einen Vertreter vorzunehmen. Bei Gesellschaften ist die Anzeige von sämtlichen Gesellschaftern vorzunehmen, die sich vertreten lassen können. Wird die Gewerbeanzeige persönlich erstattet, so ist zur Prüfung der Identität der Personalausweis oder Reisepass vorzulegen. Wird die Anzeige durch einen Bevollmächtigten erstattet, so kann der Nachweis der Vollmacht verlangt werden.

Die Aufnahme der gewerblichen Tätigkeit ist nicht Voraussetzung für die Anmeldung, sondern begründet erst die Anzeigepflicht. Das bedeutet, dass die Anzeige mit der ersten gewerblichen Handlung unverzüglich erfolgen muss.

Die Anzeige dient zur Überwachung der Gewerbeausübung. Die erhobenen Daten werden u.a. an folgende Ämter, Behörden und Institutionen weitergeleitet:

* Industrie- und Handelskammer (IHK),
* Handwerkskammer (HWK) bei Handwerksbetrieben,
* Gewerbeaufsichtsamt (zuständig für den Arbeits- und Gesundheitsschutz der Beschäftigten und Kunden),
* Deutsche Gesetzliche Unfallversicherung e.V. (DGUV) zur Weiterleitung an die zuständige Berufsgenossenschaft
* Registergericht (Handelsregister),
* Finanzamt,
* Statistisches Landesamt.

Innerhalb von drei Tagen nach Eingang der Anzeige wird deren Empfang von der Behörde auf einem Durchschlag (**Gewerbeschein**) bestätigt, unabhängig davon, ob eine für den Gewerbebetrieb erforderliche Erlaubnis erteilt worden ist oder nicht, da die Anmeldebehörde das Vorliegen derartiger Voraussetzungen nicht zu prüfen hat. Bei der Empfangsbescheinigung handelt es sich nur um eine Bestätigung, dass der Gewerbetreibende seiner gesetzlichen Pflicht nachgekommen ist. Die Behörde wird jedoch i.d.R. auf die gesetzlichen Folgen des Fehlens einer erforderlichen Genehmigung oder Bedingung aufmerksam machen.

Wer den selbstständigen Betrieb eines **zulassungspflichtigen Handwerks** beginnt, hat gleichzeitig mit der Gewerbeanzeige der zuständigen Behörde die über die Eintragung in der Handwerksrolle ausgestellte Handwerkskarte vorzulegen (§ 16 Abs. 1 HwO).

Wer ein **erlaubnispflichtiges Gewerbe** beginnen möchte, z.B. Betrieb einer Gaststätte, einer Immobilienvermittlung oder eines Reisegewerbes, muss neben der Gewerbeanzeige zusätzlich bei der hierfür zuständigen Behörde (Landratsamt oder Stadtverwaltung einer Kreisstadt bzw. kreisfreien Stadt) erforderliche Erlaubnis beantragen. Häufig ist auch dieses Formular bei der Gemeinde erhältlich. Dann kann der Erlaubnisantrag ebenso wie die Gewerbeanmeldung dort eingereicht werden. Auch muss die Erlaubnis persönlich unter Vorlage des Personalausweises oder Reisepasses beantragt werden. Außerdem sind ein Führungszeugnis und ein Auszug aus dem Gewerbezentralregister neuesten Datums erforderlich. Beide Bescheinigungen müssen bei der Meldebehörde des Haupt- oder Nebenwohnsitzes persönlich beantragt werden. Der Antrag auf Erlaubnis wird erst entgegengenommen, wenn eine Quittung über die Beantragung dieser Bescheinigungen vorgelegt werden kann. Während das Führungszeugnis unmittelbar an die für die Erlaubnis zuständige Behörde geht, wird der Auszug aus dem Gewerbezentralregister dem Antragsteller zugeschickt.

Wird ein Gewerbe, zu dessen Ausübung eine Erlaubnis, Genehmigung, Konzession oder Bewilligung (Zulassung) erforderlich ist, ohne diese Zulassung betrieben, so kann die Fortsetzung des Betriebs von der zuständigen Behörde verhindert werden.

Da **Freie Berufe** kein Gewerbe ausüben, bedürfen diese auch keiner Gewerbeanmeldung.

Kosten der Gewerbeanmeldung

Ob für die Gewerbeanzeige nach § 14 GewO Gebühren erhoben werden, ist nicht einheitlich geregelt. Die erforderliche Empfangsbescheinigung der Behörde nach § 15 Abs. 1 GewO ist hingegen gebührenpflichtig. Für die Erteilung einer persönlichen oder sachlichen Genehmigung wird regelmäßig eine Gebühr erhoben. Maßgebend sind landesrechtliche Gebührenvorschriften.

2   Die Anmeldung zum Handelsregister

Sowohl Einzelkaufleute als auch Handelsgesellschaften sind bei dem Gericht (Amtsgericht) in dessen Bezirk sie ihren Sitz haben, zur Eintragung in das Handelsregister anzumelden. Gewerbeunternehmen, die keinen nach Art oder Umfang einen in kaufmännischer Weise eingerichteten Geschäftsbetrieb erfordern sowie land- und forstwirtschaftliche Unternehmen und Nebengewerbe, die mit einem Betrieb der Land- und Forstwirtschaft verbunden sind, unabhängig von Art oder Umfang eines in kaufmännischer Weise eingerichteten Geschäftsbetriebs, können auf Antrag in das Handelsregister eingetragen werden. Das Handelsregister ist organisatorisch aufgeteilt in Registerabteilung A (Zuständigkeitsbereich: Einzelkaufleute, Offene Handelsgesellschaften und Kommanditgesellschaften) und Registerabteilung B (Zuständigkeitsbereich: Gesellschaften mit beschränkter Haftung)

Das Handelsregister ist ein öffentliches Register, das Auskunft über den rechtlichen Aufbau eines Unternehmens gibt. Jedermann hat das Recht, das Register und die hierzu eingereichten Schriftstücke einzusehen.

Das Handelsregister wird von den Gerichten elektronisch geführt (§ 8 Abs. 1 HGB). Eine Eintragung in das Handelsregister wird wirksam, sobald sie in den für die Handelsregistereintragungen bestimmten Datenspeicher aufgenommen ist und auf Dauer inhaltlich unverändert in lesbarer Form wiedergegeben werden kann (§ 8a Abs. 1 HGB).

Das Unternehmensregister wird nach § 8b HGB vorbehaltlich einer Regelung vom Bundesministerium der Justiz (BMJ) elektronisch geführt. Über die Internetseite des Unternehmensregisters [http://www.unternehmensregister.de] sind zugänglich:

- Eintragungen im Handelsregister und deren Bekanntmachung und zum Handelsregister eingereichte Dokumente,
- Eintragungen im Genossenschaftsregister und deren Bekanntmachung und zum Genossenschaftsregister eingereichte Dokumente,
- Eintragungen im Partnerschaftsregister und deren Bekanntmachung und zum Partnerschaftsregister eingereichte Dokumente,
- Unterlagen der Rechnungslegung und deren Bekanntmachung,
- gesellschaftsrechtliche Bekanntmachungen im elektronischen Bundesanzeiger,
- im Aktionärsforum veröffentlichte Eintragungen nach dem Aktiengesetz,

- Veröffentlichungen von Unternehmen nach dem Wertpapierhandelsgesetz im elektronischen Bundesanzeiger, von Bietern, Gesellschaften, Vorständen und Aufsichtsräten nach dem Wertpapiererwerbs- und Übernahmegesetz im elektronischen Bundesanzeiger sowie Veröffentlichungen nach der Börsenzulassungs-Verordnung im elektronischen Bundesanzeiger,
- Bekanntmachung der Insolvenzgerichte.

Die Einsichtnahme in das Handelsregister sowie in die zum Handelsregister eingereichten Dokumente ist jedem zu Informationszwecken gestattet (§ 9 Abs. 1 HGB). Die Landesjustizverwaltungen bestimmen das elektronische Informations- und Kommunikationssystem, über das die Daten aus den Handelsregistern abrufbar sind, und sind für die Abwicklung des elektronischen Abrufverfahrens zuständig. Sind Dokumente nur in Papierform vorhanden, kann die elektronische Übermittlung nur für solche Schriftstücke verlangt werden, die weniger als zehn Jahre vor dem Zeitpunkt der Antragstellung zum Handelsregister eingereicht wurden (§ 9 Abs. 2 HGB). Die Übereinstimmung der übermittelten Daten mit dem Inhalt des Handelsregisters und den zum Handelsregister eingereichten Dokumenten wird auf Antrag durch das Gericht beglaubigt (§ 9 Abs. 3 HGB). Dafür ist eine qualifizierte elektronische Signatur nach dem Signaturgesetz zu verwenden. Von den Eintragungen und den eingereichten Dokumenten kann ein Ausdruck verlangt werden (§ 9 Abs. 4 HGB). Von den zum Handelsregister eingereichten Schriftstücken, die nur in Papierform vorliegen, kann eine Abschrift gefordert werden. Das Gericht hat auf Verlangen eine Bescheinigung darüber zu erteilen, dass bezüglich des Gegenstandes der Eintragung weitere Eintragungen nicht vorhanden sind oder dass eine bestimmte Eintragung nicht erfolgt ist (§ 9 Abs. 5 HGB).

Das Gericht macht die Eintragungen in das Handelsregister im elektronischen Informations- und Kommunikationssystem in der zeitlichen Folge ihrer Eintragung nach Tagen geordnet bekannt (§ 10 HGB). Die zum Handelsregister einzureichenden Dokumente sowie der Inhalt einer Eintragung können zusätzlich in jeder Amtssprache eines Mitgliedsstaats der Europäischen Union übermittelt werden (§ 11 HGB).

Anmeldungen zur Eintragung in das Handelsregister sind nach § 12 Abs. 1 HGB elektronisch in öffentlich beglaubigter Form einzureichen. Die gleiche Form ist für eine Vollmacht zur Anmeldung erforderlich. Rechtsnachfolger eines Beteiligten haben die Rechtsnachfolge soweit tunlich durch öffentliche Urkunden nachzuweisen. Dokumente sind elektronisch einzureichen (§ 12 Abs. 2 HGB).

Die Errichtung einer Zweigniederlassung ist von einem Einzelkaufmann oder einer juristischen Person beim Gericht der Hauptniederlassung, von einer Handelsgesellschaft beim Gericht des Sitzes der Gesellschaft der Gesellschaft, unter Angabe des Ortes und der inländischen Geschäftsanschrift der Zweigniederlassung und des Zusatzes, falls der Firma der Zweigniederlassung ein solcher beigefügt wird, zur Eintragung anzumelden (13 Abs. 1 HGB). In gleicher Weise sind spätere Änderungen der die Zweigniederlassung betreffenden einzutragenden Tatsachen anzumelden.

> **TIPP**
> Vor der Registeranmeldung sollten Sie die vorgesehenen Eintragungen, insbesondere die gewählte Firmenbezeichnung und den Gegenstand des Unternehmens mit der zuständigen berufsständischen Organisation (z. B. IHK, HWK) abstimmen. Eine Vorabfrage hilft, das Eintragungsverfahren zu beschleunigen und nachträgliche Beanstandungen mit kostspieligen Änderungen zu vermeiden. Klären Sie auch vorher ab, ob und ggf. welche besonderen Genehmigungen für die geplante Tätigkeit erforderlich sind.

Alle neueren Registerbekanntmachungen sind im Internet auf dem gemeinsamen Registerportal der Bundesländer [http://www.handelsregisterbekanntmachungen. de] öffentlich einsehbar. Die Recherchen von Unternehmen und der Abruf von Veröffentlichungen sind kostenlos.

Der elektronische Bundesanzeiger [http://www.ebundesanzeiger.de] ist die zentrale Plattform für amtliche Verkündungen und Bekanntmachungen sowie für rechtlich relevante Unternehmensnachrichten. In dem Teil Gesellschaftsbekanntmachungen finden Sie Bekanntmachungen von Offenen Handels- und Kommanditgesellschaften, Gesellschaften mit beschränkter Haftung, Aktiengesellschaften, Kommanditgesellschaften auf Aktien und Genossenschaften. Im Teil Rechnungslegung/Finanzberichte finden Sie Rechnungslegungsunterlagen nach handelsrechtlichen Vorschriften/Jahresfinanzberichte und weitere Finanzberichte. Zusätzliche Informationen über EU-Unternehmensdaten von über 20 Millionen Unternehmen in Europa sind über das European Business Register möglich. Alle Veröffentlichungen des elektronischen Bundesanzeigers können kostenlos durchsucht werden.

Das Unternehmensregister [http://www.unternehmensregister.de] ist die zentrale Plattform für die Speicherung rechtlich relevanter Unternehmensdaten. Hier werden alle wichtigen veröffentlichungspflichtigen Daten über Unternehmen zentral zusammengeführt und für Interessenten elektronisch abrufbar bereitgestellt. Sie können kostenlos und ohne Registrierung nach allen wichtigen veröffentlichungspflichtigen Daten über Unternehmen suchen und haben Zugriff auf Registereintragungen und zu den Registern eingereichten Dokumente der elektronischen Handels-, Genossenschafts- und Partnerschaftsregister, Bekanntmachungen der Handels-, Genossenschafts- und Partnerschaftsregister, Veröffentlichungen aus dem elektronischen Bundesanzeiger und Bekanntmachungen der Insolvenzgerichte. Der Zugriff auf die Registerdaten des durch die jeweiligen Registergerichte geführten Datenbestandes ist kostenpflichtig.

2.1 Die Anmeldung zur Registerabteilung A

Jeder Kaufmann ist nach § 29 HGB verpflichtet, seine Firma, den Ort und die inländische Geschäftsanschrift seiner Handelsniederlassung bei dem Gericht, in dessen Bezirk sich die Niederlassung befindet, zur Eintragung in das Handelsregister anzumelden.

Jede neue Firma muss sich von allen an demselben Ort oder in derselben Gemeinde bereits bestehenden und in das Handelsregister eingetragenen Firmen deutlich zu unterscheiden (§ 30 Abs. 1 HGB). Hat ein Kaufmann mit einem bereits eingetragenen Kaufmann die gleichen Vornamen und den gleichen Familiennamen und will auch er sich dieser Namen als seiner Firma bedienen, so muss er der Firma einen Zusatz beifügen, durch den sie sich von der bereits eingetragenen Firma deutlich unterscheidet (§ 30 Abs. 2 HGB). Besteht an dem Ort oder in der Gemeinde, wo eine Zweigniederlassung errichtet wird, bereits eine gleiche eingetragene Firma, so muss der Firma für die Zweigniederlassung zur Unterscheidung ein entsprechender Zusatz beigefügt werden (§ 30 Abs. 3 HGB).

Eine Änderung der Firma oder ihrer Inhaber, die Verlegung der Niederlassung an einen anderen Ort sowie die Änderung der inländischen Geschäftsanschrift ist zur Eintragung in das Handelsregister anzumelden (§ 31 Abs. 1 HGB). Das gleiche gilt, wenn die Firma erlischt (§ 31 Abs. 2 HGB).

Nach § 106 Abs. 1 HGB ist eine Offene Handelsgesellschaft (OHG) bei dem Gericht, in dessen Bezirk sie ihren Sitz hat, zur Eintragung in das Handelsregister anzumelden. Die Anmeldung hat nach § 106 Abs. 2 HGB zu enthalten:
* Den Namen, Vornamen, Geburtsdatum und Wohnort jedes Gesellschafters,
* die Firma der Gesellschaft, den Ort, an dem sie ihren Sitz hat, und die inländische Geschäftsanschrift,
* die Vertretungsmacht der Gesellschafter.

Wird die Firma einer Offene Gesellschaft (OHG) geändert, der Sitz der Gesellschaft an einen anderen Ort verlegt, die inländische Geschäftsansicht geändert, tritt ein neuer Gesellschafter in die Gesellschaft ein oder ändert sich die Vertretungsmacht eines Gesellschafters, so ist dies ebenfalls zur Eintragung in das Handelsregister anzumelden (§ 107 HGB). Die Anmeldungen sind von sämtlichen Gesellschaftern zu bewirken (§ 108 HGB).

Handelt es sich bei der Handelsgesellschaft um eine Kommanditgesellschaft (KG), so hat die Anmeldung nach § 162 Abs. 1 HGB zusätzlich zu enthalten:
* Die Bezeichnung der Kommanditisten und
* den Betrag der Einlage eines jeden Kommanditisten.

Bei der Bekanntmachung der Eintragung der Gesellschaft sind nach § 162 Abs. 2 HGB keine Angaben zu den Kommanditisten zu machen. Im Falle des Eintritts eines Kommanditisten in eine bestehende Handelsgesellschaft und im Fall des Ausscheidens eines Kommanditisten aus einer Kommanditgesellschaft finden diese Vorschriften entsprechende Anwendung (§ 162 Abs. 3 HGB).

Bei der Gründung zum Einzelkaufmann ist mit folgenden Kosten zu rechnen:
* Für den Notar
  Anmeldung zum Handelsregister (Entwurf der Anmeldung,
  Beglaubigung der Unterschrift, Registervollzug)   42,00 EUR
* Für das Handelsregister
  Gerichtsgebühr für die Eintragung   <u>70,00 EUR</u>
* Insgesamt   112,00 EUR

Bei der Gründung einer Offenen Handelsgesellschaft (OHG) z. B. mit zwei Gesellschaftern ist mit folgenden Kosten zu rechnen:

- Für den Notar
  Anmeldung zum Handelsregister (Entwurf der Anmeldung,
  Beglaubigung der Unterschrift, Registervollzug)   54,00 EUR
- Für das Handelsregister
  Gerichtsgebühr für die Eintragung   <u>100,00 EUR</u>
- Insgesamt   154,00 EUR

Bei der Gründung einer Kommanditgesellschaft (KG) z. B. mit zwei Gesellschaftern, davon ein Kommanditist mit 10.000 EUR Einlage ist mit folgenden Kosten zu rechnen:
- Für den Notar
  Anmeldung zum Handelsregister (Entwurf der Anmeldung,
  Beglaubigung der Unterschrift, Registervollzug)   51,00 EUR
- Für das Handelsregister
  Gerichtsgebühr für die Eintragung   <u>100,00 EUR</u>
- Insgesamt   151,00 EUR

Zu den Notarkosten können noch Nebenkosten für die elektronische Übermittlung der Anmeldung zum Handelsregister, insbesondere für die Erstellung der Strukturdaten-Datei anfallen. Hinzu kommen noch Auslagen wie Porto, Telefon- und Faxgebühren zzgl. der gesetzlichen Mehrwertsteuer.

2.2   Die Anmeldung zur Registerabteilung B

2.2.1 Die Anmeldung der Gesellschaft mit beschränkter Haftung (GmbH)

Die Gesellschaft mit beschränkter Haftung (GmbH) ist nach § 7 Abs. 1 GmbHG bei dem Gericht, in dessen Bezirk sie ihren Sitz hat, zur Eintragung in das Handelsregister anzumelden. Die Anmeldung darf erst erfolgen, wenn auf jeden Geschäftsanteil, soweit nicht Sacheinlagen vereinbart sind, ein Viertel des Nennbetrags eingezahlt ist (§ 7 Abs. 2 GmbHG). Insgesamt muss auf das Stammkapital mindestens soviel eingezahlt sein, dass der Gesamtbetrag der eingezahlten Geldeinlagen zzgl. des Gesamtnennbetrags der Geschäftsanteile, für die Sacheinlagen zu leisten sind, die Hälfte des Mindeststammkapitals erreicht. Die Sacheinlagen sind vor der Anmeldung der Gesellschaft zur Eintragung in das Handelsregister so an die Gesellschaft zu bewirken, dass sie endgültig zur freien Verfügung der Geschäftsführer stehen (§ 7 Abs. 3 GmbHG).

Der Anmeldung müssen nach § 8 Abs. 1 GmbHG beigefügt sein:
- Der notariell beurkundete Gesellschaftsvertrag und ggf. die notariell beglaubigten Vollmachten der Vertreter, welche den Gesellschaftsvertrag unterzeichnet haben, oder eine beglaubigte Abschrift dieser Urkunden,
- die Legitimation der Geschäftsführer, soweit diese nicht im Gesellschaftsvertrag bestellt sind,
- eine von den Anmeldenden unterschriebene Liste der Gesellschafter, aus der Name, Vorname, Geburtsdatum und Wohnort sowie die Nennbeträge und die

laufenden Nummern der von jedem Gesellschafter übernommenen Geschäftsanteile ersichtlich sind,

- wenn Sacheinlagen vereinbart sind, die Verträge, die den Festsetzungen zugrunde liegen oder zu ihrer Ausführung geschlossen worden sind, und der Sachgründungsbericht,
- wenn Sacheinlagen vereinbart sind, Unterlagen darüber, dass der Wert der Sacheinlagen den Nennbetrag der dafür übernommenen Geschäftsanteile erreicht.

In der Anmeldung ist die Versicherung abzugeben, dass auf jeden Geschäftsanteil, soweit nicht Sacheinlagen vereinbart sind, ein Viertel des Nennbetrags, mindestens aber insgesamt 12.500 EUR eingezahlt ist und dass bei Sacheinlagen der Gegenstand der Leistungen sich endgültig in der freien Verfügung der Geschäftsführer befindet (§ 8 Abs. 2 GmbHG). Das Gericht kann bei erheblichen Zweifeln an der Richtigkeit der Versicherung Nachweise (u.a. Einzahlungsbelege) verlangen. In der Anmeldung haben die Geschäftsführer zu versichern, dass keine Umstände vorliegen, die ihrer Bestellung entgegenstehen (z.B. wegen einer Insolvenzstraftat oder eines Berufs- oder Gewerbeverbots) und dass sie über ihre unbeschränkte Auskunftspflicht gegenüber dem Gericht belehrt worden sind (§ 8 Abs. 3 GmbHG). In der Anmeldung sind eine inländische Geschäftsanschrift sowie Art und Umfang der Vertretungsbefugnis der Geschäftsführer anzugeben (§ 8 Abs. 4 GmbHG).

Bekanntmachung
1. Bekanntmachung der Eintragung im elektronischen Handelsregister
⇧
Registergericht
1. Überprüfung der formellen Voraussetzungen 2. evtl. gutachterliche Stellungnahme einer berufsständischen Organisation (z.B. IHK, HWK) an die Registerabteilung 3. Eintragung der Gesellschaft in das Handelsregister
⇧
Notar
1. Beurkundung des Gesellschaftsvertrages 2. Beurkundung der Geschäftsführerbestellung (Gesellschafterversammlung) 3. ggf. Anfertigung der Gesellschafterliste (betreuende Tätigkeit) 4. Entwurf der Anmeldung (beinhaltet Versicherung des Geschäftsführers und die Belehrung), Beglaubigung der Unterschrift 5. Vollzug der Anmeldung der Gesellschaft zur Eintragung in das Handelsregister
⇧
Existenzgründer
1. Empfehlenswerte Abstimmung der vorgesehenen Registereintragungen, insbesondere zur gewählten Firmenbezeichnung und zum Gegenstand des Unternehmens mit der zuständigen berufsständischen Organisation (z.B. IHK, HWK) 2. Abschluss des Gesellschaftsvertrages zwischen den Gesellschaftern 3. Zahlung eines Kostenvorschusses für das Registergericht

Abb. 153: Anmeldeformalitäten für eine GmbH

Werden zum Zweck der Errichtung der Gesellschaft falsche Angaben gemacht, so haben die Gesellschafter und Geschäftsführer der Gesellschaft als Gesamtschuldner fehlende Einzahlungen zu leisten, eine Vergütung, die nicht unter den Gründungsaufwand aufgenommen ist, zu ersetzen und für den sonst entstehenden Schaden Ersatz zu leisten (§ 9a Abs. 1 GmbHG). Wird die Gesellschaft von Gesellschaftern durch Einlagen oder Gründungsaufwand vorsätzlich oder aus grober Fahrlässigkeit geschädigt, so sind ihr alle Gesellschafter als Gesamtschuldner zum Ersatz verpflichtet (§ 9a Abs. 2 GmbHG). Von diesen Verpflichtungen ist ein Gesellschafter oder ein Geschäftsführer befreit, wenn er die die Ersatzpflicht begründenden Tatsachen weder kannte noch bei Anwendung der Sorgfalt eines ordentlichen Geschäftsmann kennen musste (§ 9a Abs. 3 GmbHG).

Die Eintragung des Unternehmens
Vor der Eintragung überprüft das Registergericht zunächst, ob die formellen Voraussetzungen der Anmeldung erfüllt sind. Falls etwas fehlt, wird das Unternehmen über ihren Notar unterrichtet. Das Registergericht kann zur Beurteilung ggf. bei den jeweils zuständigen Berufsorganisationen (z.B. IHK, HWK) Stellungnahmen einholen.

Zur Beschleunigung der Eintragung besteht die Möglichkeit, sich von der zuständigen Berufsorganisation (IHK, HWK) eine sog. Vorabstellungnahme zur Firma ausfertigen zu lassen. Die Vorabstellungnahme sollte dann zusammen mit den Gründungsurkunden und dem Nachweis, dass die erforderlichen Einzahlungen auf das Stammkapital erfolgt sind, an das Registergericht übermittelt werden. Wichtig für die beschleunigte Eintragung ist die rechtzeitige Einzahlung des Gerichtskostenvorschusses. Zur Beschleunigung können Notare die persönliche Haftung für die Kostenschuld des anmeldenden Unternehmens erklären. In unkomplizierten Fällen können die Handelsregistereintragungen innerhalb von wenigen Tagen erfolgen.

Der Prüfungsmaßstab des Registergerichts, der auch für die Stellungnahmen der Industrie- und Handelskammern gilt, ist beschränkt auf die ersichtliche Irreführungsgefahr. Nach § 18 Abs. 2 HGB darf die Firma keine Angaben enthalten, die geeignet sind, über geschäftliche Verhältnisse, die für die angesprochenen Verkehrskreise wesentlich sind, irrezuführen. Im Verfahren vor dem Registergericht wird die Eignung zur Irreführung nur berücksichtigt, wenn sie ersichtlich ist.

Die Eintragung der Gesellschaft in das Handelsregister hat nach § 10 GmbHG folgenden Inhalt:
- Die Firma und der Sitz der Gesellschaft,
- eine inländische Geschäftsanschrift,
- der Gegenstand des Unternehmens,
- die Höhe des Stammkapitals,
- der Tag des Abschlusses des Gesellschaftsvertrages,
- die Personen der Geschäftsführer,
- die Art der Vertretungsbefugnis der Geschäftsführer,
- ggf. die Zeitdauer der Gesellschaft und
- ggf. das genehmigte Kapital.

Wenn eine Person, die für Willenserklärungen und Zustellungen an die Gesellschaft empfangsberechtigt ist, mit einer inländischen Anschrift zur Eintragung in das Handelsregister angemeldet wird, sind auch diese Angaben in das Handelsregister einzutragen. Dritten gegenüber gilt die Empfangsberechtigung als fortbestehend, bis sie im Handelsregister gelöscht und die Löschung bekannt gemacht worden ist, es sei denn, dass die fehlende Empfangsberechtigung dem Dritten bekannt war.

Vor der Eintragung in das Handelsregister des Sitzes der Gesellschaft besteht die Gesellschaft mit beschränkter Haftung als solche nicht (§ 11 Abs. 1 GmbHG). Ist vor der Eintragung im Namen der Gesellschaft gehandelt worden, so haften die Handelnden persönlich und solidarisch.

Bestimmt das Gesetz oder der Gesellschaftsvertrag, dass von der Gesellschaft etwas bekannt zu machen ist, so erfolgt nach § 12 GmbHG die Bekanntmachung im elektronischen Bundesanzeiger (Gesellschaftsblatt).

Die Kosten der Handelsregistereintragung für eine GmbH
Für die Anmeldung zum Handelsregister und Eintragung in das Handelsregister fallen Kosten an. Der Notar entwirft und beurkundet den Gesellschaftsvertrag. In diesem Zusammenhang berät er die Beteiligten auch über alle mit der Gesellschaftsgründung zusammenhängenden Rechtsfragen. Die Bestellung eines Geschäftsführers durch Beschluss der Gesellschafterversammlung wird im Rahmen der Gründung mitbeurkundet. Der Notar übernimmt den Entwurf der Anmeldung, die sowohl die Versicherung des Geschäftsführers als auch die Belehrung nach § 51 Abs. 2 BZRG beinhaltet. Eine betreuende und zusätzlich zu vergütende Tätigkeit des Notars liegt vor, wenn er die der Anmeldung beizufügende Liste der Gesellschafter fertigt.

Bei der Gründung einer GmbH mit einem Stammkapital von 25.000 EUR und mehreren Gesellschaftern ist mit folgenden Kosten zu rechnen:
*   Für den Notar
    Anmeldung zum Handelsregister (Entwurf der Anmeldung,
    Beglaubigung der Unterschrift, Registervollzug)   42,00 EUR
    Erzeugung der XML-Strukturdatei für das Handelsregister   24,00 EUR
    Beurkundung des Gesellschaftsvertrages   168,00 EUR
    Beurkundung der Geschäftsführerbestellung
    (Gesellschafterversammlung)   168,00 EUR
    Anfertigung der Gesellschafterliste (betreuende Tätigkeit)   13,00 EUR
    Erzeugung einer qualifizierten Signatur bzgl.
    der Gesellschafterliste   10,00 EUR
*   Für das Handelsregister
    Gerichtsgebühr für die Eintragung   150,00 EUR
*   Insgesamt   575,00 EUR

Bei der Gründung einer Unternehmergesellschaft (haftungsbeschränkt) mit Musterprotokoll ist mit folgenden Kosten zu rechnen:
*   Für den Notar
    Anmeldung zum Handelsregister (Entwurf der Anmeldung,
    Beglaubigung der Unterschrift, Registervollzug)   42,00 EUR

Erzeugung der XML-Strukturdatei für das Handelsregister	24,00 EUR
Beurkundung des Gesellschaftsvertrages	0,00 EUR
Beurkundung der Geschäftsführerbestellung (Gesellschafterversammlung)	0,00 EUR
Anfertigung der Gesellschafterliste (betreuende Tätigkeit)	0,00 EUR

- Für das Handelsregister
  Gerichtsgebühr für die Eintragung   150,00 EUR
- Insgesamt   216,00 EUR

Zu den Notarkosten kommen noch Auslagen hinzu wie Porto, Telefon- und Faxgebühren zzgl. der gesetzlichen Mehrwertsteuer.

Änderungen

Jede Änderung in den Personen der Geschäftsführer sowie die Beendigung der Vertretungsbefugnis eines Geschäftsführers ist nach § 39 Abs. 1 GmbHG zur Eintragung in das Handelsregister anzumelden. Der Anmeldung sind die Urkunden über die Bestellung der Geschäftsführer oder über die Beendigung der Vertretungsbefugnis in Urschrift oder öffentlich beglaubigter Abschrift beizufügen (§ 39 Abs. 2 GmbHG). Die neuen Geschäftsführer haben in der Anmeldung zu versichern, dass keine Umstände vorliegen, die ihrer Bestellung entgegenstehen und dass sie über ihre unbeschränkte Auskunftspflicht gegenüber dem Gericht belehrt worden sind (§ 39 Abs. 3 GmbHG).

Die Geschäftsführer haben nach § 40 Abs. 1 GmbHG unverzüglich nach Wirksamwerden jeder Veränderung in den Personen der Gesellschafter oder des Umfangs ihrer Beteiligung eine von ihnen unterschriebene Liste der Gesellschafter zum Handelsregister einzureichen, aus welcher Name, Vorname, Geburtsdatum und Wohnort der letzteren sowie die Nennbeträge und die laufenden Nummern der von einem jeden derselben übernommenen Geschäftsanteile zu entnehmen sind. Die Änderung der Liste durch die Geschäftsführer erfolgt auf Mitteilung und Nachweis. Hat ein Notar an Veränderungen mitgewirkt, hat er unverzüglich nach deren Wirksamwerden ohne Rücksicht auf etwaige später eintretende Unwirksamkeitsgründe die Liste anstelle der Geschäftsführer zu unterschreiben, zum Handelsregister einzureichen und eine Abschrift der geänderten Liste an die Gesellschaft zu übermitteln (§ 40 Abs. 2 GmbHG). Die Liste muss mit der Bescheinigung des Notars versehen sein, dass die geänderten Eintragungen den Veränderungen entsprechen, an denen er mitgewirkt hat, und die übrigen Eintragungen mit dem Inhalt der zuletzt im Handelsregister aufgenommenen Liste übereinstimmen. Geschäftsführer, welche die ihnen obliegende Pflicht verletzen, haften denjenigen, deren Beteiligung sich geändert hat, und den Gläubigern der Gesellschaft für den daraus entstehenden Schaden als Gesamtschuldner (§ 40 Abs. 3 GmbHG).

Die Abänderung des Gesellschaftsvertrags ist nach § 54 Abs. 1 GmbHG zur Eintragung in das Handelsregister anzumelden. Der Anmeldung ist der vollständige Wortlaut des Gesellschaftsvertrags beizufügen. Er muss mit der Bescheinigung eines Notars versehen sein, dass die geänderten Bestimmungen des Gesellschaftsvertrags mit dem Beschluss über die Änderung des Gesellschaftsvertrags und die unveränderten Bestimmungen mit dem zuletzt zum Handelsregister eingereichten vollständigen Wortlaut des Gesellschaftsvertrags übereinstimmen.

2.2.2 Die Anmeldung der Aktiengesellschaft (AG)

Die Gesellschaft ist bei dem Gericht von allen Gründern und Mitgliedern des Vorstands und des Aufsichtsrats in das Handelsregister anzumelden (§ 36 Abs. 1 AktG). Die Anmeldung darf erst erfolgen, wenn auf jede Aktie, soweit nicht Sacheinlagen vereinbart sind, der eingeforderte Betrag ordnungsgemäß eingezahlt worden ist und, soweit er nicht bereits zur Bezahlung der bei der Gründung angefallenen Steuern und Gebühren verwandt wurde, endgültig zur freien Verfügung des Vorstands steht (§ 36 Abs. 2 AktG).

In der Anmeldung ist zu erklären, dass alle Voraussetzungen erfüllt sind (§ 37 Abs. 1 AktG). Dabei sind der Betrag, zu dem die Aktien ausgegeben werden, und der darauf eingezahlte Betrag anzugeben. Es ist nachzuweisen, dass der eingezahlte Betrag endgültig zur freien Verfügung des Vorstands steht. Die Vorstandsmitglieder haben zu versichern, dass keine Umstände vorliegen, die ihrer Bestellung entgegenstehen, und dass sie über ihre unbeschränkte Auskunftspflicht gegenüber dem Gericht belehrt worden sind (§ 37 Abs. 2 AktG).. Die Belehrung kann schriftlich vorgenommen werden. Sie kann auch durch einen Notar oder einen im Ausland bestellten Notar, durch einen Vertreter eines vergleichbaren rechtsberatenden Berufs oder einen Konsularbeamten erfolgen (§ 37 Abs. 2 AktG). Es sind ferner eine inländische Geschäftsanschrift, die Art und den Umfang der Vertretungsbefugnis der Vorstandsmitglieder anzugeben (§ 37 Abs. 3 AktG).

Der Anmeldung sind nach § 37 Abs. 4 AktG beizufügen:
- die Satzung und die Urkunden, in denen die Satzung festgestellt worden ist und die Aktien von den Gründern übernommen worden sind,
- die Verträge bzgl. eingeräumter Sondervorteile, Gründungsaufwand, Sacheinlagen und Sachübernahmen, die den Festsetzungen zugrunde liegen oder zu ihrer Ausführung geschlossen worden sind, und eine Berechnung des der Gesellschaft zur Last fallenden Gründungsaufwands,
- die Urkunden über die Bestellung des Vorstands und des Aufsichtsrats,
- der Gründungsbericht und die Prüfungsberichte der Mitglieder des Vorstands und des Aufsichtsrats sowie der Gründungsprüfer nebst ihren urkundlichen Unterlagen.

Für die Einreichung von Unterlagen gilt § 12 Abs. 2 HGB entsprechend (§ 37 Abs. 5 AktG). Danach sind die Dokumente elektronisch einzureichen. Ist eine Urschrift oder eine einfache Abschrift einzureichen oder ist für das Dokument die Schriftform bestimmt, genügt die Übermittlung einer elektronischen Aufzeichnung. Ist eine notariell beurkundetes Dokument oder eine öffentlich beglaubigte Abschrift einzureichen, so ist ein mit einem einfachen elektronischen Zeugnis versehenes Dokument zu übermitteln.

Bei der Eintragung der Gesellschaft in das Handelsregister sind nach § 39 Abs. 1 AktG anzugeben:
- Die Firma und der Sitz der Gesellschaft,
- eine inländische Geschäftsanschrift,
- der Gegenstand des Unternehmens,
- die Höhe des Grundkapitals,

- der Tag der Feststellung der Satzung,
- die Vorstandsmitglieder,
- die Art der Vertretungsbefugnis der Vorstandsmitglieder,
- ggf. die Zeitdauer der Gesellschaft und
- ggf. das genehmigte Kapital.

Wenn eine Person, die für Willenserklärungen und Zustellungen an die Gesellschaft empfangsberechtigt ist, mit einer inländischen Anschrift zur Eintragung in das Handelsregister angemeldet wird, sind auch diese Angaben in das Handelsregister einzutragen. Dritten gegenüber gilt die Empfangsberechtigung als fortbestehend, bis sie im Handelsregister gelöscht und die Löschung bekannt gemacht worden ist, es sei denn, dass die fehlende Empfangsberechtigung dem Dritten bekannt war.

Vor der Eintragung in das Handelsregister besteht die Aktiengesellschaft als solche noch nicht. Wer vor der Eintragung der Gesellschaft in ihrem Namen handelt, haftet persönlich. Handeln mehrere, so haften sie als Gesamtschuldner (§ 41 Abs. 1 AktG).

Gehören alle Aktien allein oder neben der Gesellschaft einem Aktionär, ist unverzüglich eine entsprechende Mitteilung unter Angabe von Name, Vorname, Geburtsdatum und Wohnort des alleinigen Aktionärs zum Handelsregister einzureichen (§ 42 AktG).

3   Die Anmeldung zum Partnerschaftsregister

Nach § 4 Abs. 1 Satz 1 PartGG i.V.m. §§ 106 Abs. 1, 108 HGB ist die Partnerschaftsgesellschaft bei dem Gericht, in dessen Bezirk sie ihren Sitz hat, zur Eintragung in das Partnerschaftsregister anzumelden. Die Anmeldung hat die im Partnerschaftsvertrag vorgeschriebene Angaben zu enthalten:
- den Namen und den Sitz der Partnerschaft,
- den Namen und den Vornamen sowie den in der Partnerschaft ausgeübten Beruf und den Wohnort jedes Partners,
- den Gegenstand der Partnerschaft.

Die Anmeldung ist von sämtlichen Partnern zu bewirken. Die Anmeldung hat das Geburtsdatum jedes Partners und die Vertretungsmacht der Partner zu enthalten. Änderungen dieser Angaben sind gleichfalls zur Eintragung in das Partnerschaftsregister anzumelden. In der Anmeldung ist die Zugehörigkeit jedes Partners zu dem Freien Beruf, den er in der Partnerschaft ausübt, anzugeben (§ 4 Abs. 2 PartGG). Das Registergericht legt bei der Eintragung die Angaben der Partner zugrunde, es sei denn, ihm ist deren Unrichtigkeit bekannt.

Bedarf die Berufsausübung der staatlichen Zulassung oder einer staatlichen Prüfung, so sollen die Urkunde über die Zulassung oder das Zeugnis über die Befähigung zu diesem Beruf in Urschrift, Ausfertigung oder öffentlich beglaubigter Abschrift vorgelegt werden (§ 3 Abs. 1 PRV). Die anmeldenden Partner sollen eine Erklärung darüber abgeben, dass Vorschriften über einzelne Berufe, insbesondere solche über die Zusammenarbeit von Angehörigen verschiedener Freien Berufe, einer Eintragung nicht entgegenstehen (§ 3 Abs. 2 PRV). Besteht für in der Partnerschaft ausgeübte Berufe Berufskammern, so soll das Gericht diesen in zweifelhaften Fällen vor Eintragung Gelegenheit zur Stellungnahme geben (§ 4 PRV). Die anmeldenden Partner sollen dem Gericht mit der Anmeldung mitteilen, ob und welche Berufskammern für die in der Partnerschaft ausgeübten Berufe bestehen.

Die Eintragung im Partnerschaftsregister hat nach § 5 Abs. 1 PartGG folgende Angaben zu enthalten:
- den Namen und den Sitz der Partnerschaft,
- den Namen und den Vornamen, das Geburtsdatum, den Wohnort, den in der Partnerschaft ausgeübten Beruf jedes Partners sowie die Vertretungsmacht der Partner,
- den Gegenstand der Partnerschaft.

Besteht für einen in der Partnerschaft ausgeübten Beruf eine Berufskammer, so sind dieser nach § 6 PRV sämtliche Eintragungen mitzuteilen. Die Bekanntmachungen erfolgen in dem für das Handelsregister bestimmten Veröffentlichungssystem (§ 7 PRV).

4 Die Anmeldung zum Finanzamt

Wer einen Betrieb der Land- und Forstwirtschaft, einen gewerblichen Betrieb, oder eine Betriebsstätte eröffnet, hat dies nach § 138 Abs. 1 AO nach amtlich vorgeschriebenem Vordruck der Gemeinde mitzuteilen, in der der Betrieb oder die Betriebsstätte eröffnet wird. Die Gemeinde unterrichtet unverzüglich das zuständige Finanzamt von dem Inhalt der Mitteilung. Wer eine freiberufliche Tätigkeit aufnimmt, hat dies dem zuständigen Finanzamt mitzuteilen. Das Gleiche gilt für die Verlegung und die Aufgabe eines Betriebs, einer Betriebsstätte oder einer freiberuflichen Tätigkeit. Unternehmer können nach § 138 Abs. 1a AO ihre Anzeigepflichten zusätzlich bei der für die Umsatzbesteuerung zuständigen Finanzbehörde elektronisch erfüllen. Die Mitteilungen müssen nach § 138 Abs. 3 AO innerhalb eines Monats nach der Eröffnung, Verlegung oder Aufgabe des Betriebs erfolgen.

> **TIPP**
> Falls Sie allerdings längere Zeit seit Ihrer Gewerbeanmeldung nichts vom Finanzamt hören, sollten Sie dort selbst den Beginn Ihrer gewerblichen Tätigkeit mitteilen.

Sobald das Finanzamt Kenntnis von dem Beginn der gewerblichen oder freiberuflichen Tätigkeit erlangt, verschickt es ein Anschreiben mit Fragebogen. Das Finanzamt benötigt die Angaben des Fragebogens, um prüfen zu können, ob eine Steuerpflicht im Sinne des Einkommen-, Umsatz- und Gewerbesteuergesetzes besteht.

TIPP

Gehen Sie bei der Berechnung der künftigen Umsätze und Gewinne eher pessimistisch vor, da von diesen Angaben zunächst die Steuervorauszahlungen abhängen. Denken Sie daran, dass in der Anlaufphase die Kosten im Verhältnis zu den erzielten Umsatzerlösen überdurchschnittlich hoch sein können.

Der Fragebogen ist innerhalb der vorgegebenen Frist ausgefüllt an das Finanzamt zurückzusenden. Das Finanzamt teilt dann die **Steuernummer** mit, die für alle Steuerarten gilt.

Werden Arbeitnehmer beschäftigt, muss nach § 41a Abs. 1 EStG spätestens am 10. Tag nach Ablauf eines jeden Lohnsteuer-Anmeldezeitraums dem zuständigen Finanzamt eine Steuererklärung eingereicht werden, in der die Summe der im Lohnsteuer-Anmeldezeitraum einzubehaltenden und zu übernehmenden Lohnsteuer anzugeben ist (Lohnsteuer-Anmeldung). Die Lohnsteuer-Anmeldung ist nach amtlich vorgeschriebenem Vordruck auf elektronischem Weg zu übermitteln.

Nach § 18 Abs. 1 UStG muss bis zum 10. Tag nach Ablauf jedes Voranmeldungszeitraums dem zuständigen Finanzamt eine Umsatzsteuer-Voranmeldung nach amtlich vorgeschriebenem Datensatz durch Datenfernübertragung zu übermitteln, in der er die Umsatzsteuer für den Voranmeldungszeitraum selbst zu berechnen hat. Die Vorauszahlung ist am 10. Tag nach Ablauf des Voranmeldungszeitraums fällig.

Die Verletzung der Mitteilungspflicht begründet eine Ordnungswidrigkeit nach § 379 Abs. 2 Nr. 1 AO, die mit einer Geldbuße bis zu 5.000 EUR geahndet werden kann (§ 379 Abs. 4 AO).

5   Die Anmeldung zur Agentur für Arbeit

Jeder Betrieb, der Arbeitnehmer beschäftigt, muss bei der Agentur für Arbeit angemeldet werden. Die Betriebsnummer des Arbeitgebers, die für das Meldeverfahren der Sozialversicherung benötigt wird, wird auf Antrag des Arbeitgebers für die jeweilige Betriebsstätte vom Betriebsnummernservice (BNS) der Bundesagentur für Arbeit in Saarbrücken, Eschberger Weg 68, 66121 Saarbrücken vergeben. Spätere Änderungen der Betriebsdaten sind vom Arbeitgeber dem Betriebsnummernservice (BNS) unverzüglich zu melden (§ 5 Abs. 5 DEÜV). Der Antrag kann telefonisch oder schriftlich (per E-Mail, Fax, Brief, Online) gestellt werden. Den PDF-Antrag und den Online-Antrag finden Sie im Internet auf der Webseite der Agentur für Arbeit [http://www.arbeitsagentur.de/nn_49174/Navigation/zentral/Unternehmen/Sozialversicherung/Betriebsnummernvergabe-Nav.html].

Damit in der Betriebsdatei der Agentur für Arbeit künftig alle Veränderungen berücksichtigt werden können, bittet die Agentur für Arbeit um Mitteilung, wenn

- weitere Niederlassungen, Betriebsteile, Arbeitsstätten usw. eröffnet werden,
- sich Anschrift oder Bezeichnung des Betriebs ändern,
- sich der Schwerpunkt der wirtschaftlichen Tätigkeit ändert,

- die Beschäftigten von einer anderen Stelle innerhalb des Unternehmens zur Sozialversicherung angemeldet werden,
- der Betrieb aufgegeben oder stillgelegt wird.

Bei einer Verlegung des Betriebssitzes ändert sich nicht die Betriebsnummer. Dasselbe gilt im Allgemeinen auch bei einer Änderung der Rechtsform eines Betriebs. Wechselt jedoch der Betriebsinhaber, so vergibt der Betriebsnummernservice (BNS) der Bundesagentur für Arbeit eine neue Betriebsnummer.

Die Angaben in den Meldungen zur Sozialversicherung über die ausgeübte Tätigkeit, die Stellung im Beruf und die Ausbildung müssen hinsichtlich der EDV mit Hilfe des von der Bundesaagentur für Arbeit herausgegebenen Schlüsselverzeichnisses verschlüsselt werden. Das »**Schlüsselverzeichnis** für die Angaben zur Tätigkeit in den Versicherungsnachweisen« ist kostenlos bei jeder Agentur für Arbeit erhältlich.

6 Die Anmeldung zur gesetzlichen Sozialversicherung

Beschäftigt ein Betrieb Arbeitnehmer, besteht grundsätzlich eine Anmeldepflicht zur gesetzlichen Sozialversicherung. Zu den Zweigen der gesetzlichen Sozialversicherung gehören
- die Krankenversicherung,
- die Pflegeversicherung,
- die Rentenversicherung,
- die Arbeitslosenversicherung,
- die Unfallversicherung.

6.1 Die Anmeldung zur Kranken-, Pflege-, Renten- und Arbeitslosenversicherung

Die Anmeldung zur Kranken-, Pflege-, Renten- und Arbeitslosenversicherung geschieht mit dem für den Arbeitgeber vorgeschriebenen **Meldeverfahren**. Die Meldung betrifft nicht nur diejenigen Arbeitnehmer, die mindestens in einem dieser Versicherungszweige versicherungspflichtig sind, sondern auch Arbeitnehmer, die zwar in allen Versicherungszweigen versicherungsfrei sind, für die aber der Arbeitgeberanteil gezahlt wird. Auch geringfügig Beschäftigte, für die weder Versicherungs- noch Beitragspflicht besteht, müssen gemeldet werden.

Die Anmeldung eines Arbeitnehmers hat mit der ersten Lohn- und Gehaltsabrechnung, spätestens innerhalb von sechs Wochen nach Beschäftigungsbeginn bei der für den Arbeitnehmer zuständigen gesetzlichen Krankenversicherung mit der **Betriebsnummer** des Arbeitgebers, die auf Antrag des Arbeitgebers für die jeweilige Betriebsstätte vom Betriebsnummernservice (BNS) der Bundesagentur für Arbeit in Saarbrücken, Eschberger Weg 68, 66121 Saarbrücken, vergeben wird, zu erfolgen. Spätere Änderungen der Betriebsdaten sind vom Arbeitgeber dem Betriebsnummernservice (BNS) unverzüglich zu melden (§ 5 Abs. 5 DEÜV).

6.2   Die Anmeldung zur gesetzlichen Unfallversicherung

Im Rahmen der Gewerbeanmeldung informiert die Stadt- bzw. Gemeindeverwaltung den zuständigen Landesverband der gewerblichen Berufsgenossenschaften über die Gründung eines gewerblichen Unternehmens. Der Landesverband leitet dann die Daten an die zuständige Berufsgenossenschaft weiter. Diese setzt sich daraufhin mit dem Betrieb in Verbindung und stellt fest, inwieweit Beiträge zu zahlen sind.

Die Mitteilung der Berufsgenossenschaft über die Gewerbeanmeldung ersetzt allerdings nicht die Anzeige an die Berufsgenossenschaft. Jeder Unternehmer ist gesetzlich verpflichtet, seinen Betrieb **innerhalb einer Woche** nach der Eröffnung bei der fachlich zuständigen Berufsgenossenschaft [→ Adressenverzeichnis] – unabhängig von der Gewerbeanmeldung – anzumelden. Dies gilt auch, wenn er keine Arbeitnehmer beschäftigt, weil in manchen Branchen die gesetzliche Pflichtversicherung nicht nur für die Arbeitnehmer besteht, sondern auch für den Unternehmer selbst.

Ein Formular, das Ihnen die Anmeldung Ihres Unternehmens erleichtert, finden Sie im Internet unter http://www.dguv.de. Es müssen folgende Angaben mitgeteilt werden:
- Name und Anschrift des Betriebs,
- Art der Tätigkeit,
- Datum des Beginns der selbstständigen Tätigkeit,
- Angabe, ob und wie viel Arbeitnehmer zur Zeit der Anmeldung beschäftigt werden.

Senden Sie die Anmeldung an die Berufsgenossenschaft, die Ihrer Hauptbranche und somit dem Schwerpunkt Ihrer Tätigkeit entspricht.

Berufsgenossenschaft	Sachliche Zuständigkeiten/Unternehmensarten
BG Rohstoffe und chemische Industrie (BG RCI)	Branchen: – Baustoffe – Steine – Erden – Bergbau – Chemische Industrie – Lederindustrie – Papierherstellung und Ausrüstung – Zucker
BG Holz und Metall (BGHM)	Sachliche Zuständigkeit: – Unternehmen der Holzgewinnung – Unternehmen, die Holz, Kunststoffe oder ähnliche Werkstoffe be- oder verarbeiten, – Unternehmen der Eisen-, Stahl-, Edelmetall- und Metallerzeugung – Unternehmen, die Eisen, Stahl, Metall, Edelmetall, Edelsteine, Halbedelsteine sowie ähnliche Werkstoffe be- oder verarbeiten.

BG Energie Textil Elektro Medienerzeugnisse (BG ETEM)	Unternehmensarten: 1. Elektrotechnische und feinmechanische Produktion 2. Erzeugung und Verteilung elektrischer Energie einschließlich Kernkraftwerke 3. Gas-, Fernwärme- und Wasserwirtschaft 4. Textil und Bekleidung 5. Druck und Papierverarbeitung
BG Nahrungsmittel und Gastgewerbe (BGN)	Unternehmensarten: 1. Gaststätten- und Beherbergungsgewerbe 2. Herstellung von Backwaren 3. Herstellung von Süßwaren, Speiseeis, 4. Herstellung von Nährmitteln 5. Obst- und Gemüseverarbeitung, 6. Stärkegewinnung und -verarbeitung, Verarbeitung von Kartoffeln, 7. Fischverarbeitung, 8. Milchverarbeitung, 9. Herstellung von Speiseöl und Speisefett, 10. Feinkostherstellung, 11. Verarbeitung von Kaffee und Tee, Herstellung von Kaffee-Ersatz, 12. Herstellung von Würzen und Soßen, 13. Mahl- und Schälmühlen, 14. Herstellung von Futtermitteln, 15. Brauereien und Mälzereien, 16. Brennereien, Herstellung von Spirituosen, Weinherstellung und -verarbeitung, Sektkellereien, 17. Mineralbrunnen, Herstellung von Erfrischungsgetränken, 18. Eisgewinnung, Kühlhäuser, 19. Tabakverarbeitung, 20. Schaustellergewerbe, Zirkusse, 21. Fleischbe- und -verarbeitende Betriebe
BG der Bauwirtschaft (BG Bau)	Unternehmensarten: Abbruch, Entsorgung und Sprengungen, Altlastsanierung im Tiefbau, Bearbeitung von Siedlungs- und Sonderabfällen, Bootsbau, Schiffsbau, Brückenbau, Brunnenbau, Dacharbeiten aller Art, Dekorationsarbeiten, Erdbau, Errichten von Bauwerken des Tiefbaus in offener Baugrube oder Deckelbauweise, Errichtung von Einrichtungen zur Verkehrslenkung, Gerüstbau, Glaserarbeiten, Gleisbau, Herstellung von Fertigteilen aller Art, Herstellung von Betonwaren aller Art, Hochbau aller Art, Installation, Isolierung und Abdichtung aller Art, Kabelbau, Kanal- und Leistungsbau, Malerarbeiten aller Art, Montagearbeiten, Nassbagger-, Saug- und Aufspülarbeiten, Ofenbau, Luftheizungsbau, Pflastererarbeiten, Reinigungen aller Art an oder in Gebäuden, Reinigung und Sanierung von Rohrleitungen und Kanälen, Schornsteinreinigung, Sicherung von Arbeiten im Gleisbereich, Spezialtiefbau aller Art, Sport- und Spielplatzbau, Steinmetzarbeiten, Straßenbau, Straßenreinigung, Stuckarbeiten

BG Handel und Warendistribution (BG HW)	Gewerbezweige 1. Groß- und Einzelhandel jeglicher Art mit und ohne Lager einschließlich handelsähnlicher Unternehmen, 2. Handelsvertretungen, Handelsmaklereien, Kommissions- und Agenturgeschäfte mit Warenumgang, Automatenaufstellungen, Verleih, Leasing von Handelsware, 3. Einkaufs- und Verkaufsvereinigungen, landwirtschaftliche Warengenossenschaften, Kellereiunternehmen, Schrotthandel, Alt-, Rest-, Abfall- und Sekundärrohstoffhandel einschließlich Sortierung und Verpressung u.d dgl. 4. Verlage, deren Erzeugnisse überwiegend im Lohndruck hergestellt werden, Vertrieb, Zustellung, Verteilung von Presseerzeugnissen einschließlich Werbeschriften und dgl., Lesezirkel, 5. Speditionsunternehmen, Speditionsbüros, Warenverteilungs- und Warenlogistikunternehmen, Lagerei- und Speichereiunternehmen, kommunale Hafen- und Umschlagsunternehmen sowie Unternehmen des Hafen- und Seegüterumschlags, der Be- und Entladung, Warenkontrolle und ähnliche Unternehmen, Unternehmen der Leitung und Lenkung von Waren, der Handelshilfsleistungen
Verwaltungs-BG (VBG)	Unternehmensarten: 1. Banken 2. Versicherungen 3. Verwaltungen 4. Freie Berufe 5. Besondere Unternehmen 6. Unternehmen der keramischen und Glas-Industrie 7. Unternehmen der Straßen-, U-Bahnen und Eisenbahnen
BG für Transport und Verkehrswirtschaft (BG Verkehr)	Gewerbezweige: 1. das gesamte straßengebundene Verkehrsgewerbe mit seinen Einrichtungen 2. der Flugverkehr mit seinen Einrichtungen, 3. die Binnenschifffahrt mit seinen Einrichtungen 4. die Seefahrt mit ihren Einrichtungen
BG für Gesundheitsdienst und Wohlfahrtspflege (BGW)	Zuständigkeit: 1. Unternehmen im Gesundheits- und Veterinärwesen oder in der Wohlfahrtspflege 2. Laboratorien und Forschungsunternehmen für medizinische Untersuchungen und Versuche, die für Zwecke des Gesundheits- oder Veterinärwesen verwenden, 3. Unternehmen, die Röntgeneinrichtungen im Gesundheits- oder Veterinärwesen verwenden, 4. Unternehmen des Friseurhandwerks und der Haarbearbeitung, 5. Kosmetikunternehmen, 6. Tageseinrichtungen für Kinder

Abb. 154: Branchen der Berufsgenossenschaften

Unternehmer, die sich bei der Berufsgenossenschaft (BG) nicht gemeldet haben bzw. dort noch nicht erfasst sind, müssen mit einer rückwirkenden Nachzahlung ihrer Beiträge rechnen. Je nach Gefahrenklasse und Anzahl der Arbeitnehmer können dann schnell Beiträge in großer Höhe entstehen. Die Ansprüche auf Beiträge verjähren erst in vier Jahren nach Ablauf des Kalenderjahres, in dem sie fällig geworden sind. Ansprüche auf vorsätzlich enthaltene Beiträge verjähren sogar erst nach 30 Jahren nach Fälligkeit.

7   Die Anmeldung zur Kammer

7.1   Die Anmeldung zur Industrie- und Handelskammer (IHK)

Zur Industrie- und Handelskammer gehören, sofern sie zur Gewerbesteuer veranlagt sind, natürliche Personen, Handelsgesellschaften, andere Personenmehrheiten und juristische Personen des privaten und des öffentlichen Rechts (Kammerzugehörige), welche im Bezirk der Industrie- und Handelskammer [→ Adressenverzeichnis] eine Betriebsstätte unterhalten (§ 2 Abs. 1 IHKG). Dies gilt auch für natürliche Personen und Gesellschaften, welche ausschließlich einen freien Beruf ausüben oder welche Land- und Forstwirtschaft oder ein damit verbundenes Nebengewerbe betreiben, nur, soweit sie in das Handelsregister eingetragen sind (§ 2 Abs. 2 IHKG). Natürliche und juristische Personen und Personengesellschaften, die in der Handwerksrolle oder in dem Verzeichnis der zulassungsfreien Handwerke oder der handwerksähnlichen Gewerbe einzutragen sind oder die zur Handwerkskammer gehören, gehören mit ihrem nichthandwerklichen oder nichthandwerksähnlichen Betriebsteil der Industrie- und Handelskammer an (§ 2 Abs. 3 IHKG).

Die Industrie- und Handelskammer (IHK) ist eine Körperschaft des öffentlichen Rechts (§ 3 Abs. 1 IHKG). Die Kosten der Errichtung und Tätigkeit der Industrie- und Handelskammer (IHK) werden, soweit sie nicht anderweitig gedeckt sind, nach Maßgabe des Wirtschaftsplans durch Beiträge der Kammerzugehörigen gemäß einer Beitragsordnung aufgebracht (§ 3 Abs. 2 IHKG).

Als Beiträge erhebt die Industrie- und Handelskammer (IHK) nach § 3 Abs. 3 IHKG Grundbeiträge und Umlagen. Der Grundbeitrag kann gestaffelt werden. Dabei sollen insbesondere Art, Umfang und Leistungskraft des Gewerbebetriebes berücksichtigt werden. Nicht in das Handelsregister eingetragene natürliche Personen und Personengesellschaften, deren Gewerbeertrag nach dem Gewerbesteuergesetz oder, soweit für das Bemessungsjahr ein Gewerbssteuermessbetrag nicht festgesetzt wird, deren nach dem Einkommensteuergesetz ermittelter Gewinn aus Gewerbebetrieb 5.200 EUR nicht übersteigt, sind vom Beitrag freigestellt. Natürliche Personen sind, soweit sie in den letzten fünf Wirtschaftsjahren vor ihrer Betriebseröffnung weder Einkünfte aus Land- und Forstwirtschaft, Gewerbebetrieb oder selbstständiger Arbeit erzielt haben, noch an einer Kapitalgesellschaft mittelbar oder unmittelbar zu mehr als einem Zehntel beteiligt waren, für das Geschäftsjahr einer Industrie- und Handelskammer (IHK), in dem die Betriebseröffnung erfolgt, und für das darauf folgende Jahr von der Umlage und vom Grundbeitrag sowie für das dritte und vierte Jahr von der Umlage befreit, wenn ihr Gewerbeertrag oder Gewinn aus Gewerbebetrieb 25.000 EUR nicht übersteigt.

Wenn die Zahl der Beitragspflichtigen, die einen Beitrag entrichten, durch die Freistellungsregelungen auf weniger als 55% aller ihr zugehörigen Gewerbetreibenden sinkt, kann die Vollversammlung für das betreffende Geschäftsjahr eine entsprechende Herabsetzung der dort genannten Grenzen für den Gewerbeertrag oder den Gewinn aus Gewerbebetrieb beschließen.

Wird für das Bemessungsjahr ein Gewerbesteuermessbetrag festgesetzt, ist die Bemessungsgrundlage für die Umlage der Gewerbeertrag nach dem Gewerbesteuergesetz, andernfalls der nach dem Einkommensteuer- oder Körperschaftsteuergesetz ermittelte Gewinn aus Gewerbebetrieb. Bei natürlichen Personen und bei Personengesellschaften ist die Bemessungsgrundlage um einen Freibetrag in Höhe von 15.340 EUR zu kürzen. Kapitalgesellschaften, deren gewerbliche Tätigkeit sich in der Funktion eines persönlich haftenden Gesellschafters in nicht mehr als einer Personenhandelsgesellschaft erschöpft, kann ein ermäßigter Grundbeitrag eingeräumt werden, sofern beide Gesellschaften derselben Kammer zugehören.

Natürliche und juristische Personen und Personengesellschaften, die in der Handwerksrolle oder in dem Verzeichnis nach § 19 HwO eingetragen sind und deren Gewerbebetrieb nach Art und Umfang einen in kaufmännischer Weise eingerichteten Geschäftsbetrieb erfordert, sind nach § 3 Abs. 4 IHKG beitragspflichtig, wenn der Umsatz des nichthandwerklichen oder nichthandwerksähnlichen Betriebsteils 130.000 EUR übersteigt. Kammerzugehörige, die Inhaber einer Apotheke sind, werden mit 25% ihres Gewerbeertrags oder, falls für das Bemessungsjahr ein Gewerbesteuermessbetrag nicht festgesetzt wird, ihres nach dem Einkommensteuer- oder Körperschaftsteuergesetz ermittelten Gewinns aus Gewerbebetrieb zum Grundbeitrag und zur Umlage veranlagt. Das gilt auch für Kammerzugehörige, die oder deren sämtliche Gesellschafter vorwiegend einen freien Beruf ausüben oder Land- oder Forstwirtschaft auf einem im Bezirk der Industrie- und Handelskammer belegenen Grundstück oder als Betrieb der Binnenfischerei Fischfang in einem im Bezirk der Industrie- und Handelskammer belegenen Gewässer betreiben und Beiträge an eine oder mehrere andere Kammern entrichten, mit der Maßgabe, dass statt 25% 10% der Bemessungsgrundlage bei der Veranlagung zugrunde gelegt wird.

Die Beiträge variieren von Kammer zu Kammer. Jeder Beitrag setzt sich aus einem Grundbeitrag und einer Umlage zusammen. Beispiel IHK zu Berlin:

- Der Grundbeitrag für Gewerbetreibende, die nicht im Handelsregister eingetragen sind und deren Gewerbebetrieb nach Art und Umfang einen in kaufmännischer Weise eingerichteten Geschäftsbetrieb nicht erfordert, mit einem Gewerbeertrag oder, falls für das Bemessungsjahr ein Gewerbesteuermessbetrag nicht festgesetzt wird, mit einem Gewinn aus Gewerbebetrieb von weniger als 5.200 EUR sind von der Beitragspflicht befreit.
- Der Grundbeitrag für Gewerbetreibende, die nicht im Handelsregister eingetragen sind und deren Gewerbebetrieb nach Art und Umfang einen in kaufmännischer Weise eingerichteten Geschäftsbetrieb nicht erfordert, mit einem Gewerbeertrag oder, falls für das Bemessungsjahr ein Gewerbesteuermessbetrag nicht festgesetzt wird, mit einem Gewinn aus Gewerbebetrieb von über 5.200 EUR bis 15.000 EUR bei 50 EUR, von über 15.000 EUR bis 30.000 EUR bei 75 EUR.
- Der Grundbeitrag für Gewerbetreibende, die im Handelsregister eingetragen sind oder deren Gewerbebetrieb nach Art und Umfang einen in kaufmännischer Weise eingerichteten Geschäftsbetrieb erfordert, mit einem Verlust oder mit

einem Gewerbeertrag oder, falls für das Bemessungsjahr ein Gewerbesteuer-messbetrag nicht festgesetzt wird, mit einem Gewinn aus Gewerbebetrieb bis 50.000 EUR bei 125 EUR bzw. für alle Gewerbetreibende mit einem Gewerbeer-trag oder, falls für das Bemessungsjahr ein Gewerbesteuermessbetrag nicht fest-gesetzt wird, mit einem Gewinn aus Gewerbebetrieb von über 50.000 EUR bis 100.000 EUR bei 200 EUR, von über 100.000 EUR bis 200.000 EUR bei 400 EUR, von über 200.000 EUR bis 400.000 EUR 750 EUR usw.

- Die Umlage ergibt sich aus dem Umlagesatz 0,28 % multipliziert mit dem Ge-werbeertrag oder, falls für das Bemessungsjahr ein Gewerbesteuermessbetrag nicht festgesetzt wird, mit dem Gewinn aus Gewerbebetrieb. Bei natürlichen Personen und Personengesellschaften wird der Gewerbeertrag oder, falls für das Bemessungsjahr ein Gewerbesteuermessbetrag nicht festgesetzt wird, wird der Gewinn aus Gewerbebetrieb um den Freibetrag von 15.340 EUR gekürzt. Dieser Freibetrag gilt nur für die Berechnung der Umlage, nicht für den Grund-beitrag.

TIPP

Auch bei der Freistellung von der Beitragspflicht bleiben Sie Mitglied der In-dustrie- und Handelskammer. Sie haben das aktive und passive Wahlrecht und können Beratung und Service Ihrer Kammer in Anspruch nehmen. Nutzen Sie Ihre Rechte als Mitglied.

7.2 Die Anmeldung zur Handwerkskammer (HWK)

Für die Inhaber eines Betriebs, die ein zulassungspflichtiges Handwerk nach § 1 Abs. 2 HwO (Anlage A zur Handwerksordnung), ein zulassungsfreies Handwerk oder ein handwerksähnliches Gewerbe nach § 18 Abs. 2 HwO (Anlage B zur Hand-werksordnung) betreiben, besteht eine **Pflichtmitgliedschaft** zur Handwerkskam-mer (§ 90 Abs. 2 HwO). Nach § 90 Abs. 3 HwO besteht eine Mitgliedschaft zur Handwerkskammer auch für Personen, die im Kammerbezirk selbstständig eine gewerbliche Tätigkeit ausüben, die in einem Zeitraum von bis zu drei Monaten er-lernt werden kann, wenn

1. sie die Gesellenprüfung in einem zulassungspflichtigen Handwerk erfolgreich abgelegt haben,
2. die betreffende Tätigkeit Bestandteil der Erstausbildung in diesem zulassungs-pflichtigen Handwerk war und
3. die Tätigkeit den überwiegenden Teil der gewerblichen Tätigkeit ausmacht.
   § 90 Abs. 3 HwO findet nur unter der Voraussetzung Anwendung, dass die Tä-tigkeit in einer dem Handwerk entsprechenden Betriebsform erbracht wird. Im Rahmen der Gewerbeanmeldung informiert die Stadt- bzw. Gemeindever-waltung die örtlich zuständige Handwerkskammer über die Gründung eines Unternehmens.

Die Handwerkskammer stellt als Nachweis für die erfolgte Eintragung in die Hand-werksrolle die Handwerkskarte nach § 10 Abs. 2 HwO aus, die bei der Gewerbe-anmeldung nach § 14 GewO vorzulegen ist. Der Gewerbetreibende hat der örtlich zuständigen Handwerkskammer unverzüglich den Beginn seines Betriebs und ggf. die Bestellung des Betriebsleiters, bei juristischen Personen auch die Namen der gesetzlichen Vertreter, bei Personengesellschaften die Namen der für die technische Leitung verantwortlichen und der vertretungsberechtigten Gesellschafter anzuzeigen (§ 16 Abs. 2 HwO).

Der Gewerbetreibende hat der örtlich zuständigen Handwerkskammer unverzüglich den Beginn des selbstständigen Betriebs eines **zulassungsfreien Handwerks** oder eines **handwerksähnlichen Gewerbes** anzuzeigen (§ 18 Abs. 1 HwO). Bei juristischen Personen sind auch die Namen der gesetzlichen Vertreter, bei Personengesellschaften die Namen der vertretungsberechtigten Gesellschafter anzuzeigen.

Die Kosten der Handwerkskammer werden nach § 113 Abs. 1 HwO von den Inhabern eines Betriebs eines Handwerks und eines handwerksähnlichen Gewerbes getragen. Die Handwerkskammer kann nach § 113 Abs. 2 HwO als Beiträge auch Grundbeiträge, Zusatzbeiträge und außerdem Sonderbeiträge erheben. Die Beiträge können nach der Leistungskraft der beitragspflichtigen Kammerzugehörigen gestaffelt werden. Soweit die Handwerkskammer Beiträge nach dem Gewerbesteuermessbetrag, Gewerbeertrag oder Gewinn aus Gewerbebetrieb bemisst, richtet sich die Zulässigkeit der Mitteilung der hierfür erforderlichen Besteuerungsgrundlagen durch die Finanzbehörden. Personen, die nach § 90 Abs. 3 HwO Mitglied der Handwerkskammer sind und deren Gewerbeertrag nach dem Gewerbesteuergesetz oder, soweit für das Bemessungsjahr ein Gewerbesteuermessbetrag nicht festgesetzt wird, deren nach dem Einkommen- oder Körperschaftsteuergesetz ermittelter Gewinn aus Gewerbebetrieb 5.200 EUR nicht übersteigt, sind vom Beitrag befreit. Natürliche Personen, die erstmalig ein Gewerbe angemeldet haben, sind für das Jahr der Anmeldung von der Entrichtung des Grundbeitrags und des Zusatzbeitrags, für das zweite und dritte Jahr von der Entrichtung der Hälfte des Grundbeitrags und vom Zusatzbeitrag und für das vierte Jahr von der Entrichtung des Zusatzbeitrags befreit, soweit deren Gewerbeertrag nach dem Gewerbesteuergesetz oder, soweit für das Bemessungsjahr ein Gewerbesteuermessbetrag nicht festgesetzt wird, deren nach dem Einkommensteuergesetz ermittelter Gewinn aus Gewerbebetrieb 25.000 EUR nicht übersteigt. Wenn die Zahl der Beitragspflichtigen, die einen Beitrag zahlen, durch die Beitragsbefreiungen auf weniger als 55 % aller der Kammer zugehörigen Gewerbetreibenden sinkt, kann die Vollversammlung für das betreffende Haushaltsjahr eine entsprechende Herabsetzung der Grenzen für den Gewerbeertrag oder den Gewinn aus Gewerbebetrieb beschließen.

7.3   Die Anmeldung zu den Kammern der Freien Berufe

Zu folgenden Kammern der Freien Berufe besteht eine Anmeldepflicht:
- Ärztekammer [→ Adressenverzeichnis]
- Zahnärztekammer [→ Adressenverzeichnis]
- Apothekerkammer [→ Adressenverzeichnis]
  Für Apotheken gilt die Pflichtmitgliedschaft sowohl in der IHK (zu einem reduzierten Beitragssatz) als auch in der Apothekerkammer.
- Architektenkammer [→ Adressenverzeichnis]
  Die Architektengesetze der Länder sehen vor, dass die Berufsbezeichnung »Architekt«, »Innenarchitekt« oder »Garten- und Landschaftsarchitekt« nur führen

darf, wer unter dieser Bezeichnung in die Architektenliste eingetragen ist. Diese wird von der Architektenkammer geführt. Eine Architektengesellschaft darf sich nur als solche bezeichnen, wenn deren Gesellschafter auch wirklich Architekten sind, also in der Architektenliste eingetragen sind.

Inzwischen regeln einige Landesgesetze ausdrücklich, dass auch Architektengesellschaften in der Rechtsform der GmbH zulässig sind.

- Rechtsanwaltskammer [→ Adressenverzeichnis]
- Steuerberaterkammer [→ Adressenverzeichnis]

  Nach § 43 Abs. 4 StBerG darf die Bezeichnung »Steuerberater«, »Steuerbevollmächtigter« oder »Steuerberatungsgesellschaft« nur führen, wer dazu berechtigt ist.

- Wirtschaftsprüferkammer [→ Adressenverzeichnis]

  Nach § 1 WPO ist Wirtschaftsprüfer, wer als solcher bestellt ist. Die Bestellung setzt den Nachweis der persönlichen und fachlichen Eignung im Zulassungs- und Prüfungsverfahren voraus. Die Zulässigkeit von Wirtschaftsprüfungsgesellschaften wird ausdrücklich in § 1 Abs. 3 WPO geregelt. Diese bedürfen der Anerkennung. Die Anerkennung setzt den Nachweis voraus, dass die Gesellschaft von Wirtschaftsprüfern verantwortlich geführt wird. Wirtschaftsprüfungsgesellschaften können nach § 27 WPO in der Rechtsform der AG, KGaA, GmbH, OHG oder KG sowie als Partnerschaft geführt werden. Die anerkannte Gesellschaft ist verpflichtet, die Bezeichnung »Wirtschaftsprüfungsgesellschaft« in die Firma aufzunehmen.

7. Kapitel: Die Betriebs-/Geschäftsaufnahme

> **– Herzlichen Glückwunsch –**
>
> Alles Gute und viel Erfolg
> beim Start in die berufliche Selbstständigkeit.

Sie haben es (hoffentlich) geschafft. Sie haben Ihr eigenes Unternehmen geplant, errichtet und ordnungsgemäß angemeldet. Feiern Sie die Eröffnung mit Ihren neuen Kunden und Geschäftspartnern, denn dies ist ein werbewirksamer Anlass.

Damit Sie jetzt möglichst viele und hohe Umsätze tätigen können, müssen Sie bei Ihren Kunden bekannt sein. Mit Hilfe Ihrer **Marketingstrategien** können Sie die notwendigen Impulse auslösen.

Für die erfolgreiche Betriebs-/Geschäftsaufnahme hat die **Eröffnungswerbung** eine wesentliche Bedeutung. Je nach Art des Geschäftsbetriebs sind u.a. folgende Maßnahmen denkbar:

- Zeitungsanzeigen
- Briefkastenverteilung von Handzetteln
- Schaufensterwerbung
- Eröffnungseinladungen, auch an die regionale Presse und an die Kreis- (Landrat) und/oder Gemeindevertretung (Bürgermeister)
- Eröffnungsmitteilung an wichtige potenzielle Kunden
- Gewährung von Preisnachlass während der ersten Tage
- Musik, Tombola, Spende an eine gemeinnützige Organisation.

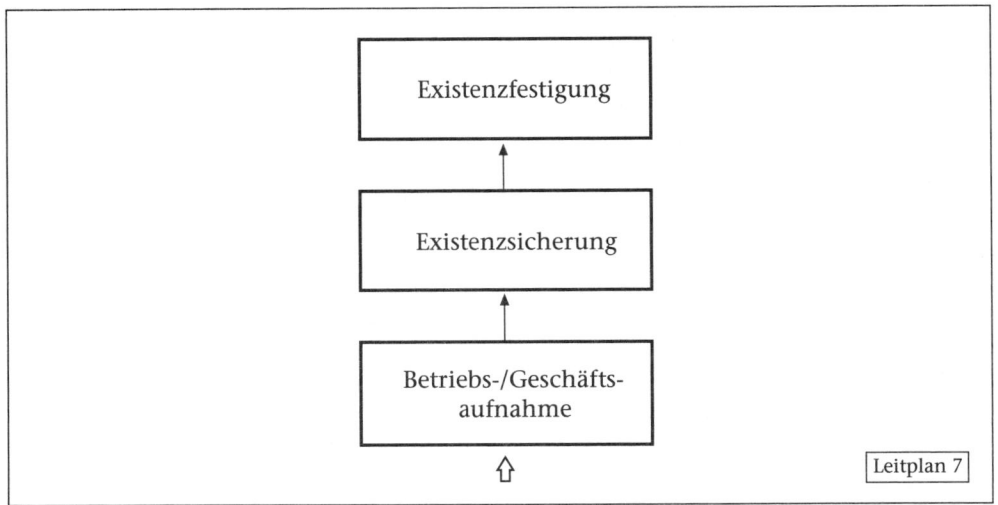

Abb. 155: Betriebs-/Geschäftsaufnahme

Nach der Betriebs- und Geschäftsaufnahme beginnt die Phase der **Existenzsicherung**. Die Schwerpunkte der Existenzsicherung liegen in der
- Erhöhung der Rentabilität
  - Kostensenkungsmaßnahmen
  - gewissenhafte Kalkulation und Nachkalkulation der angebotenen Leistungen
  - Aufbau eines leistungsfähigen Controlling
- Sicherung der Liquidität
  - Minimierung der Außenstände durch ein leistungsstarkes Mahnwesen
  - rechtzeitige Bildung von Rücklagen und Rückstellungen
- Beobachtung und Bearbeitung des Marktes
  - laufende Marktanalysen
  - Besuch und Beschickung von Messen und Ausstellungen
  - Beteiligung an Ausschreibungen
  - Kooperation mit Partnern.

Die konsequente Realisierung des Unternehmenskonzeptes verschafft einen guten Start in die Selbstständigkeit. Spätestens jetzt beginnt die harte Konfrontation mit dem Markt. Zum Tagesgeschäft gehört es, den Auftragseingang und den Verkauf zu steigern. Kunden müssen gewonnen werden. Am Anfang wird es nicht so gut laufen, wie es sich der Existenzgründer vorgestellt hat.

Lassen Sie sich aber nicht von Startschwierigkeiten verunsichern. Die weitere Existenz hängt von einigen **Erfolgsfaktoren** ab, auf die Sie besonderen Augenmerk richten sollen, denn die Beachtung dieser Erfolgsfaktoren ist eine wichtige Managementaufgabe.

TIPP
Die Beachtung und die laufende Kontrolle der Erfolgsfaktoren muss für Sie absolute Chefsache sein.

Ist die Existenzgründung nachhaltig gesichert, folgt die Phase der **Existenzfestigung**. Die Schwerpunkte der Existenzfestigung liegen in der
- Errichtung von Niederlassungen, Filialen
- Verbesserung der Produkte, Innovationen, Erweiterung der Produktpalette
- Kooperation mit Partnern.

Erfolgsfaktoren	Gestaltung
Kundenorientierung • Qualität • Service • Kulanz	Kundenkartei anlegen (PC-gestützt), Stammkundenkreis aufbauen, direkter Kundenkontakt, kurze Reaktionszeiten (Flexibilität), komplette Problemlösungen anbieten, Pünktlichkeit und Zuverlässigkeit, Bereitschaftsdienst z. B. bis 22 Uhr, kostenlose Telefon-Hotline, Lieferservice
Preisgestaltung	Angemessene Preise (nicht zu teuer, nicht zu billig), als junges Unternehmen einen Preiskrieg mit der Konkurrenz vermeiden

Unabhängigkeit von Kunden	Abhängigkeit von wenigen Kunden vermeiden. Begrenzung auf möglichst unter 15% des Gesamtumsatzes.
Unabhängigkeit von Lieferanten	Abhängigkeit von wenigen Lieferanten vermeiden. Preisvorteil von größeren Bezugsmengen ausnutzen, aber Kontakt halten zu Alternativlieferanten.
Controlling	Abweichungen von den gesetzten Zielen rechtzeitig erkennen und sofort gegensteuern, jederzeitige Zahlungsfähigkeit (Liquidität) sicherstellen
Strategische Planung	Permanente Entwicklung von Strategien: Abgeleitete Strategien aus Unternehmensanalyse und -prognose, z. B. FuE, Produktion, neue Geschäftsfelder suchen
Marktorientierung	Konkurrenz nicht unterschätzen, Konkurrenz beobachten, Werbung, PR, Messen besuchen, Kunden befragen bzgl. Anregungen und Wünschen
Personalmanagement	Mitarbeiter motivieren und führen, für gutes Betriebsklima sorgen, leistungsgerechte Bezahlung, regelmäßige Mitarbeiterbesprechungen

Abb. 156: Erfolgsfaktoren für eine dauerhafte selbstständige Existenz

Adressenverzeichnis

Wirtschaftsministerien des Bundes und der Länder

Bund

**Bundesministerium für Wirtschaft und
Technologie (BMWi)
Dienstsitz Berlin**
Scharnhorststraße 34-37
10115 Berlin
Tel.:   (030 18) 615-0
Fax: (030 18) 615-70 10
E-Mail: info@bmwi.bund.de
Internet: http://www.bmwi.de

Baden-Württemberg

**Wirtschaftsministerium
Baden-Württemberg**

Theodor-Heuss-Straße 4
70174 Stuttgart
Tel.:   (0711) 123-0
Fax: (0711) 123-21 26
E-Mail: poststelle@wm.bwl.de
Internet: http://www.wm.baden-
           wuerttemberg.de
**Portal für Gründung und Unternehmens-
nachfolge**
Internet: http://www.newcome.de

Bayern

**Bayerisches Staatsministerium
für Wirtschaft, Infrastruktur, Verkehr
und Technologie**
Prinzregentenstraße 28
80538 München
Tel.:   (089) 21 62-01
Fax: (089) 21 62-27 60
E-Mail: info@stmwivt.bayern.de
Internet: http://www.stmwivt.bayern.de

Servicestelle BAYERN DIREKT
Tel.: (0180 1) 20 10 10
Fax: (0180 1) 20 10 11
E-Mail: direkt@bayern.de
Internet: http://www.bayern.de

Berlin

**Senatsverwaltung für Wirtschaft,
Technologie und Frauen des Landes Berlin**
Martin-Luther-Straße 105
10825 Berlin
Tel.:   (030) 90 13-0
Fax: (030) 90 13-79 00
E-Mail: poststelle@senwtf.berlin.de
Internet: http://www.berlin.de/sen/wtf

Zentrale Anlauf- und Koordinierungsstelle
Tel.:   (030) 90 13-77 77
Fax: (030) 90 13-82 53
E-Mail: zak@senwtf.berlin.de

Brandenburg

**Ministerium für Wirtschaft des Landes
Brandenburg**
Heinrich-Mann-Allee 107
14473 Potsdam
Tel.:   (0331) 866-0
Fax: (0331) 866-15 33
E-Mail: poststelle@mw.brandenburg.de
Internet: http://www.wirtschaft.
           brandenburg.de
Mittelstands-Hotline
Tel.:   (0180 2) 00 02 99

Bremen

**Senator für Wirtschaft und Häfen
der Freien Hansestadt Bremen**
Zweite Schlachtpforte 3
28195 Bremen
Tel.:   (0421) 361-88 08
Fax: (0421) 361-87 17
E-Mail: office@wuh.bremen.de
Internet: http://www.bremen.de/
          wirtschaftssenator

**B.E.G.IN Gründungsleitstelle
RKW Bremen GmbH**
Langenstraße 6-8
28195 Bremen
Tel.:   (0421) 32 34 64-12
Fax: (0421) 32 62 18
E-Mail: info@begin24.de
Internet: http://www.begin24.de

Hessen

**Hessisches Ministerium für Wirtschaft,
Verkehr und Landesentwicklung**
Kaiser-Friedrich-Ring 75 (Landeshaus)
65185 Wiesbaden
Tel.:   (0611) 815-0 /-22 98
Fax: (0611) 815-22 25
E-Mail: poststelle@wirtschaft.hessen.de
Internet: http://www.wirtschaft.hessen.de

Existenzgründung in Hessen
Internet: http://www.existenzgruendung-
          hessen.de

Niedersachsen

**Niedersächsisches Ministerium für
Wirtschaft, Arbeit und Verkehr**

Friedrichswall 1
30159 Hannover
Tel.:   (0511) 120-0
Fax: (0511) 120-57 72
E-Mail: info@mw.niedersachsen.de
Internet: http://www.mw.niedersachsen.de

Hamburg

Behörde für Wirtschaft und Arbeit

Alter Steinweg 4
20459 Hamburg
Tel.:   (040) 428 41-0 /-14 39
Fax: (040) 428 41-16 20
E-Mail: poststelle@bwa.hamburg.de
Internet: http://www.bwa.hamburg.de

**H.E.I. Hamburger Existenzgründungs-
initiative**
Habichtstraße 41
22305 Hamburg
Tel.:   (040) 611 700-0
Fax: (040) 611 700-19
E-Mail: info@hei-hamburg.de
Internet: http://www.hei-hamburg.de
          http://www.gruenderhaus.de

Mecklenburg-Vorpommern

**Ministerium für Wirtschaft, Arbeit und
Tourismus**
Johannes-Stelling-Straße 14
19053 Schwerin
Tel.:   (0385) 588-0 /-50 07
Fax: (0385) 588-58 61 /-58 62
E-Mail: poststelle@wm.mv-regierung.de
Internet: http://www.wm.mv-regierung.de

Existenzgründer-Telefon
Tel.:   (0180 1) 234 123

Nordrhein-Westfalen

**Ministerium für Wirtschaft, Energie,
Bauen, Wohnen und Verkehr des Landes
Nordrhein-Westfalen**
Haroldstraße 4
40213 Düsseldorf
Tel.:   (0211) 837-02
Fax: (0211) 837-22 00
E-Mail: poststelle@mwme.nrw.de
Internet: http://www.wirtschaft.nrw.de

STARTCENTER NRW
Info-Line für Existenzgründungen:
Tel.:   (0180 1) 30 13 00
Internet: http://www.go-online.nrw.de

Rheinland-Pfalz

**Ministerium für Wirtschaft, Verkehr,
Landwirtschaft und Weinbau
Rheinland-Pfalz**
Stiftsstraße 9
55116 Mainz
Tel.:   (06131) 16-0
Fax: (06131) 16-21 00
E-Mail: poststelle@mwvlw.rlp.de
Internet: http://www.mwvlw.rlp.de

Saarland

**Ministerium für Wirtschaft
und Wissenschaft**

Franz-Josef-Röder-Straße 17
66119 Saarbrücken
Tel.:   (0681) 501-00
Fax: (0681) 501-15 95
E-Mail: info@wirtschaft.saarland.de
Internet: http://www.wirtschaft.saarland.de

SOG Saarland Offensive für Gründer
Tel.:   (0681) 501-17 17
E-Mail: info@sog.saarland.de
Internet: http://www.sog.saarland.de

Sachsen

**Sächsisches Staatsministerium
für Wirtschaft, Arbeit und Verkehr**
Wilhelm-Buck-Straße 2
01097 Dresden
Tel.:   (0351) 564-0
Fax: (0351) 564-81 89
E-Mail: presse@smwa.sachsen.de
Internet: http://www.smwa.sachsen.de

Sachsen-Anhalt

**Ministerium für Wirtschaft und Arbeit
des Landes Sachsen-Anhalt**
Hasselbachstraße 4
39104 Magdeburg
Tel.:   (0391) 567-0
Fax: (0391) 567-44 50
E-Mail: zentrale@mw.sachsen-anhalt.de
Internet: http://www.mw.sachsen-anhalt.de

ego INNOVATIV.DE
Kantstraße 5
39104 Magdeburg
Tel.:   (0800) 07 07 700
Fax: (0391) 567-44 44
Internet: http://www.ego-on.de

Schleswig-Holstein

**Ministerium für Wissenschaft, Wirtschaft
und Verkehr des Landes Schleswig-Holstein**
Düsternbrooker Weg 94
24105 Kiel
Tel.:   (0431) 988-0 /-18 44
Fax: (0431) 988-19 56
E-Mail: poststelle@wimi.landsh.de
Internet: http://www.wirtschaftsministe
          rium.schleswig-holstein.de

Thüringen

**Thüringer Ministerium für Wirtschaft,
Arbeit und Technologie**
Max-Reger-Straße 4-8
99096 Erfurt
Tel.:   (0361) 37 97-999
Fax: (0361) 37 97-990
E-Mail: mailbox@th-online.de
Internet: http://www.th-online.de

Wirtschaftsförderungsgesellschaften der Länder

Baden-Württemberg

**Gesellschaft für internationale
wirtschaftliche und wissenschaftliche
Zusammenarbeit mbH (bw-i)**
Willi-Bleicher-Straße 19
70174 Stuttgart
Tel.:   (0711) 227 87-0
Fax: (0711) 227 87-22
E-Mail: info@bw-i.de
Internet: http://www.bw-i.de

**Wirtschaftsministerium Baden-Württemberg
ifex Initiative für Existenzgründungen und
Unternehmensnachfolge**
Theodor-Heuss-Straße 4
70174 Stuttgart
Tel.:   (0711) 123-27 86
Fax: (0711) 123-25 56
E-Mail: ifex@wm.bwl.de
Internet: http://www.newcome.de

Bayern

**Bayerisches Staatsministerium für
Wirtschaft, Infrastruktur, Verkehr und
Technologie**
Prinzregentenstraße 28
80538 München
Tel.:   (089) 21 62-26 42
Fax: (089) 21 62-28 03
E-Mail: poststelle@stmwivt.bayern.de
Internet: http://www.stmwivt.bayern.de

Gründerportal
Internet: http://www.startup-in-bayern.de

Berlin

Berlin Partner GmbH

Fasanenstraße 85
10623 Berlin
Tel.:   (030) 399 80-0
Fax: (030) 399 80-239
E-Mail: internet@berlin-partner.de
Internet: http://www.berlin-partner.de

Brandenburg

ZAB ZukunftsAgentur Brandenburg GmbH
Steinstraße 104-106
14480 Potsdam
Tel.:   (0331) 660-38 33
Fax: (0331) 660-38 40
E-Mail: info@zab-brandenburg.de
Internet: http://www.zab-brandenburg.de

Bremen

WFB Wirtschaftsförderung Bremen GmbH

Langenstraße 2-4
28195 Bremen
Tel.:   (0421) 96 00-10
Fax: (0421) 96 00-810
E-Mail: mail@wfb-bremen.de
Internet: http://www.wfb-bremen.de

**BIS Bremerhavener Gesellschaft
für Investitionsförderung und
Stadtentwicklung mbH**
Am Alten Hafen 118
27568 Bremerhaven
Tel.:   (0471) 946 46-0
Fax: (0471) 946 46-89
E-Mail: wirtschaft@bis-bremerhaven.de
Internet: http://www.bis-bremerhaven.de

Hamburg

HWF Hamburgische Gesellschaft für Wirtschaftsförderung GmbH
Habichtstraße 41
22305 Hamburg
Tel.:   (040) 22 70 19-0
Fax: (040) 22 70 19-29
E-Mail: info@hwf-hamburg.de
Internet: http://www.hwf-hamburg.de

Hessen

Wirtschafts- und Infrastrukturbank Hessen (WIBank)
Strahlenbergerstraße 11
63067 Offenbach
Tel.:   (069) 91 32-01
Fax: (069)
E-Mail: info@wibank.de
Internet: http://www.wibank.de

Mecklenburg-Vorpommern

Invest in Mecklenburg-Vorpommern mbH
Schloßgartenallee 15
19061 Schwerin
Tel.:   (0385) 592 25-0
Fax: (0385) 592 25-22
E-Mail: info@invest-in-mv.de
Internet: http://www.invest-in-mv.de

Niedersachsen

Niedersachsen Global GmbH
Osterstraße 60
30159 Hannover
Tel.:   (0511) 897 039-0
Fax: (0511) 897 039-69
E-Mail: info@nglobal.de
Internet: http://www.nglobal.de

Nordrhein-Westfalen

NRW.INVEST GmbH

Völklinger Straße 4
40219 Düsseldorf
Tel.:   (0211) 130 00-0
Fax: (0211) 130 00-154
E-Mail: nrw@nrwinvest.com
Internet: http://www.nrwinvest.com

Rheinland-Pfalz

Investitions- und Strukturbank Rheinland-Pfalz (ISB) GmbH
Holzhofstraße 4
55116 Mainz
Tel.:   (06131) 985-330
Fax: (06131) 985-399
E-Mail: isb-foerderung@isb.rlp.de
Internet: http://www.isb.rlp.de

Saarland

Gesellschaft für Wirtschaftsförderung Saar mbH (gwSaar)
Franz-Josef-Röder-Straße 17
66119 Saarbrücken
Tel.:   (0681) 99 65-400
Fax: (0681) 99 65-444
E-Mail: info@gwsaar.com
Internet: http://www.gwsaar.com

Sachsen

Wirtschaftsförderung Sachsen GmbH (WFS)

Berthold-Brecht-Allee 22
01309 Dresden
Tel.:   (0351) 21 38-0
Fax: (0351) 21 38-399
E-Mail: info@wfs.sachsen.de
Internet: http://www.wfs.sachsen.de

Sachsen-Anhalt

**IMG Investitions- und Marketing-
gesellschaft Sachsen-Anhalt mbH**

Am Alten Theater
39104 Magdeburg
Tel.:   (0391) 568 99-0
Fax: (0391) 568 99-50
E-Mail: welcome@img-sachsen-anhalt.de
Internet: http://www.img-sachsen-anhalt.de

Schleswig-Holstein

**WTSH-Wirtschaftsförderung und
Technologietransfer Schleswig-Holstein
GmbH**
Lorentzendamm 24
24103 Kiel
Tel.:   (0431) 666 66-0
Fax: (0431) 666 66-767
E-Mail: info@wtsh.de
Internet: http://www.wtsh.de

Thüringen

**Landesentwicklungsgesellschaft (LEG)
Thüringen mbH**
Mainzerhofstraße 12
99084 Erfurt
Tel.:   (0361) 56 03-0
Fax: (0361) 56 03-333
E-Mail: info@leg.thueringen.de
Internet: http://www.leg.thueringen.de

Öffentliche Finanzierungsgesellschaften des Bundes und der Länder

Bund

KfW Bankengruppe

Palmengartenstraße 5-9
60325 Frankfurt/ Main
Tel.:   (069) 74 31-0
Fax: (069) 74 31-29 44
E-Mail: info@kfw.de
Internet: http://www.kfw.de

KfW Bankengruppe
– Niederlassung Bonn –
Ludwig-Erhard-Platz 1–3
53179 Bonn
Tel.:   (0228) 831-0
Fax: (0228) 831-95 00
E-Mail: info@kfw.de
Internet: http://www.kfw.de

KfW Bankengruppe
– Niederlassung Berlin –
Charlottenstraße 33/33a
10117 Berlin
Tel.:   (030) 202 64-0
Fax: (030) 202 64-51 88
E-Mail: info@kfw.de
Internet: http://www.kfw.de

Baden-Württemberg

L-Bank Staatsbank für Baden-Württemberg
Börsenplatz 1
70174 Stuttgart
Tel.:   (0711) 122-0 /-26 24 (Hotline)
Fax: (0711) 122-21 12
E-Mail: info@l-bank.de
Internet: http://www.l-bank.de

Bayern

LfA Förderbank Bayern
Königinstraße 17
80539 München
Tel.:   (0180 1) 21 24-0 /-24
Fax: (0180 1) 21 24-22 16
E-Mail: info@lfa.de
Internet: http://www.lfa.de

Berlin

InvestitionsBank Berlin (IBB)
Kundenzentrum Wirtschaft
Bundesallee 210
10719 Berlin
Tel.:   (030) 21 25-0 /-47 47 (Hotline)
Fax: (030) 21 25-20 20
E-Mail: kundenzentrum.wirtschaft@in
          vestitionsbank.de
Internet: http://www.investitionsbank.de

Brandenburg

InvestitionsBank
des Landes Brandenburg (ILB)
Steinstraße 104-106
14480 Potsdam
Tel.:   (0331) 660-0
Fax: (0331) 660-12 34
E-Mail: postbox@ilb.de
Internet: http://www.ilb.de

Bremen

Bremer Aufbau-Bank GmbH

Langenstraße 2-4
28195 Bremen
Tel.:   (0421) 96 00-40
Fax: (0421) 96 00-840
E-Mail: mail@bab-bremen.de
Internet: http://www.bab-bremen.de

Hamburg

BG Bürgschaftsgemeinschaft Hamburg GmbH
Habichtstraße 41
22305 Hamburg
Tel.:   (040) 61 17 00-0
Fax: (040) 61 17 00-19
E-Mail: info@bg-hamburg.de
Internet: http://www.bg-hamburg.de

Hessen

Wirtschafts- und Infrastrukturbank Hessen (WIBank)
Strahlenberger Straße 11
63067 Offenbach
Tel.:   (069) 91 32-03
Fax: (069) 91 32-46 36
E-Mail: info@wibank.de
Internet: http://www.wibank.de

Förderberatung
Tel.:   (01805) 005 299

Mecklenburg-Vorpommern

Landesförderinstitut Mecklenburg-Vorpommern
Werkstraße 213
19061 Schwerin
Tel.:   (0385) 63 63-0/-12 82
Fax: (0385) 63 63-12 12
E-Mail: info@lfi-mv.de
Internet: http://www.lfi-mv.de

Niedersachsen

Investitions- und Förderbank Niedersachsen GmbH (NBank)
Günther-Wagner-Allee 12-14
30177 Hannover
Tel.:   (0511) 300 31-0 /-333
Fax: (0541) 300 31-300
E-Mail: beratung@nbank.de
Internet: http://www.nbank.de

Nordrhein-Westfalen

NRW.BANK
Kavalleriestraße 22
40213 Düsseldorf
Tel.:   (0211) 917 41-0
Fax: (0211) 917 41-18 00
E-Mail: info@nrwbank.de
Internet: http://www.nrwbank.de

NRW.BANK
Friedrichstraße
48145 Münster
Tel.:   (0251) 917 41-0
Fax: (0251) 917 41-29 21
E-Mail: info@nrwbank.de
Internet: http://www.nrwbank.de

Rheinland-Pfalz

**Investitions- und Strukturbank
Rheinland-Pfalz (ISB) GmbH**
Holzhofstraße 4
55116 Mainz
Tel.:   (06131) 985-0 / -333
Fax: (06131) 985-199
E-Mail: isb@isb.rlp.de
Internet: http://www.isb.rlp.de

Saarland

**Saarländische Investitionskreditbank AG
(SIKB)**
Franz-Josef-Röder-Straße 17
66119 Saarbrücken
Tel.:   (0681) 30 33-0
Fax: (0681) 30 33-100
E-Mail: info@sikb.de
Internet: http://www.sikb.de

Sachsen

Sächsische Aufbaubank GmbH (SAB)
Pirnaische Straße 9
01069 Dresden
Tel.:   (0351) 49 10-0 / -47 41, -47 15
Fax: (0351) 49 10-40 00
E-Mail: Servicecenter@sab.sachsen.de
Internet: http://www.sab.sachsen.de

Sachsen-Anhalt

Investitionsbank Sachsen-Anhalt
Domplatz 12
39104 Magdeburg
Tel.:   (0391) 589 17-0 / -17 45
Fax: (0391) 589 17-54
E-Mail: info@ib-lsa.de
Internet: http://www.ib-sachsen-anhalt.de

Schleswig-Holstein

Investitionsbank Schleswig-Holstein (IB)
Fleethörn 29-31
24103 Kiel
Tel.:   (0431) 99 05-0
Fax: (0431) 99 05-33 83
E-Mail: info@ib-sh.de
Internet: http://www.ib-sh.de

Thüringen

Thüringer Aufbaubank (TAB)
Gorkistraße 9
99084 Erfurt
Tel.:   (0361) 74 47-0
Fax: (0361) 74 47-271
E-Mail: info@tab.aufbaubank.de
Internet: http://www.aufbaubank.de

Leitstellen für die Beantragung von Beratungsförderung des Bundes

DIHK – Service GmbH
Breite Straße 29
10178 Berlin
Tel.:   (030) 203 08-23 53 / -23 54
Fax: (030) 203 08-23 52
E-Mail: info@dihk.de
Internet: www.dihk.de

Gemeinsame Leitstelle des Bundesverbandes
der Deutschen Industrie e.V. (BDI), Berlin,
der Bundesvereinigung der Deutschen
Arbeitgeberverbände (BDA), Berlin, und des
Deutschen Industrie- und Handelskammer-
tages (DIHK), Berlin

**Zentralverband des Deutschen Handwerks
(ZDH)**
**Leitstelle für freiberufliche Beratung und
Schulungsveranstaltungen**
Mohrenstraße 20-21
10117 Berlin
Tel.:   (030) 206 19-341 / -342
Fax: (030) 206 19-593-41
E-Mail: info@zdh.de
Internet: http://www.zdh.de

**Bundesbetriebsberatungsstelle für den
Deutschen Groß- und Außenhandel
(BBG) GmbH**

Am Weidendamm 1A
10117 Berlin
Tel.:   (030) 59 00 99-560
Fax: (030) 59 00 99-460
E-Mail: info@betriebsberatungsstelle.de
Internet: http://www.betriebsberatungsstelle.
de

Interhoga GmbH

Karlplatz 7
10117 Berlin
Tel.:   (030) 590 099 860
Fax: (030) 590 099 851
E-Mail: info@interhoga.de
Internet: http://www.interhoga.de

**Leitstelle für Gewerbeförderungsmittel
des Bundes**
An Lyskirchen 14
50676 Köln
Tel.:   (0221) 350 89 49
Fax: (0221) 36 25 12
E-Mail: info@leitstelle.org
Internet: http://www.leitstelle.org

**Förderungsgesellschaft des BDS-DGV mbH
für die gewerbliche Wirtschaft und Freie
Berufe**
August-Bier-Straße 18
53129 Bonn
Tel.:   (0228) 21 00-33 / -34
Fax: (0228) 21 18-24
E-Mail: info@foerder-bds.de
Internet: http://www.foerder-bds.de

Industrie- und Handelskammern

Zentralverband

**Deutscher Industrie- und Handels-
kammertag (DIHK)**
Breite Straße 29
10178 Berlin
Tel.:   (030) 203 08-0
Fax: (030) 203 08-10 00
E-Mail: infocenter@berlin.dihk.de
Internet: http://www.dihk.de

Baden-Württemberg

IHK Südlicher Oberrhein
Schnewlinstraße 11-13
79098 Freiburg
Tel.:   (0761) 38 58-0
Fax: (0761) 38 58-222
E-Mail: ihk@freiburg.ihk.de
Internet: http://www.suedlicher-oberrhein.
           ihk.de

IHK Heilbronn-Franken
Ferdinand-Braun-Straße 20
74072 Heilbronn
Tel.:   (07131) 96 77-0
Fax: (07131) 96 77-199
E-Mail: info@heilbronn.ihk.de
Internet: http://www.heilbronn.ihk.de

IHK Hochrhein-Bodensee
Schützenstraße 8
78462 Konstanz
Tel.:   (07531) 28 60-140
Fax: (07531) 28 60-165
E-Mail: info@konstanz.ihk.de
Internet: http://www.konstanz.ihk.de

IHK Nordschwarzwald
Dr.-Brandenburg-Straße 6
75173 Pforzheim
Tel.:   (07231) 201-0
Fax: (07231) 201-158
E-Mail: info@pforzheim.ihk.de
Internet: http://www.nordschwarzwald.
           ihk24.de

IHK Ostwürttemberg
Ludwig-Erhard-Straße 1
89520 Heidenheim
Tel.:   (07321) 324-0
Fax: (07321) 324-169
E-Mail: zentrale@ostwuerttemberg.ihk.de
Internet: http://www.ostwuerttemberg.ihk.de

IHK Karlsruhe
Lammstraße 13-17
76133 Karlsruhe
Tel.:   (0721) 174-0
Fax: (0721) 174-290
E-Mail: info@karlsruhe.ihk.de
Internet: http://www.karlsruhe.ihk.de

IHK Rhein-Neckar in Mannheim
L 1,2
68161 Mannheim
Tel.:   (0621) 17 09-0
Fax: (0621) 17 09-100
E-Mail: ihk@rhein-neckar.ihk24.de
Internet: http://www.rhein-neckar.ihk24.de

IHK Reutlingen
Hindenburgstraße 54
72762 Reutlingen
Tel.:   (07121) 201-0
Fax: (07121) 201-41 20
E-Mail: ihk@reutlingen.ihk.de
Internet: http://www.reutlingen.ihk.de

IHK Region Stuttgart
Jägerstraße 30
70174 Stuttgart
Tel.:   (0711) 20 05-0
Fax: (0711) 20 05-354
E-Mail: info@stuttgart.ihk.de
Internet: http://www.stuttgart.ihk24.de

IHK Ulm
Olgastraße 97–101
89073 Ulm
Tel.:   (0731) 173-0
Fax: (0731) 173-173
E-Mail: info@ihk.ulm.de
Internet: http://www.ulm.ihk24.de

IHK Schwarzwald-Baar-Heuberg
Romäusring 4
78050 Villingen-Schwenningen
Tel.:   (07721) 922-0
Fax: (07721) 922-166
E-Mail: info@villingen-schwenningen.
         ihk.de
Internet: http://www.schwarzwald-baar-
         heuberg.ihk.de

IHK Bodensee-Oberschwaben
Lindenstraße 2
88250 Weingarten
Tel.:   (0751) 409-0
Fax: (0751) 409-159
E-Mail: info@weingarten.ihk.de
Internet: http://www.weingarten.ihk.de

Bayern

IHK Aschaffenburg
Kerschensteinerstraße 9
63741 Aschaffenburg
Tel.:   (06021) 880-0
Fax: (06021) 880-22 000
E-Mail: ihk@aschaffenburg.ihk.de
Internet: http://www.aschaffenburg.ihk.de

IHK Schwaben
Stettenstraße 1 u. 3
86150 Augsburg
Tel.:   (0821) 31 62-0
Fax: (0821) 31 62-323
E-Mail: info@schwaben.ihk.de
Internet: http://www.schwaben.ihk.de

IHK für Oberfranken Bayreuth
Bahnhofstraße 25-27
95444 Bayreuth
Tel.:   (0921) 886-0
Fax: (0921) 886-92 99
E-Mail: info@bayreuth.ihk.de
Internet: http://www.bayreuth.ihk.de

IHK zu Coburg
Schloßplatz 5 (Palais Edinburg)
96450 Coburg
Tel.:   (09561) 74 26-0
Fax: (09561) 74 26-50
E-Mail: ihk@coburg.ihk.de
Internet: http://www.coburg.ihk.de

IHK Lindau-Bodensee
Uferweg 9
88131 Lindau
Tel.:   (08382) 93 83-0
Fax: (08382) 93 83-73
E-Mail: ihk@lindau.ihk.de
Internet: http://www.lindau.ihk.de

IHK für München und Oberbayern
Max-Joseph-Straße 2
80333 München
Tel.:   (089) 51 16-0
Fax: (089) 51 16-306
E-Mail: ihkmail@muenchen.ihk.de
Internet: http://www.muenchen.ihk.de

IHK Nürnberg für Mittelfranken
Am Hauptmarkt 25-27
90403 Nürnberg
Tel.:   (0911) 13 35-0
Fax: (0911) 13 35-200
E-Mail: info@ihk-nuernberg.de
Internet: http://www.ihk-nuernberg.de

IHK für Niederbayern in Passau
Nibelungenstraße 15
94032 Passau
Tel.:   (0851) 507-0
Fax: (0851) 507-280
E-Mail: ihk@passau.ihk.de
Internet: http://www.passau.ihk.de

IHK Regensburg
D.-Martin-Luther-Straße 12
93047 Regensburg
Tel.:   (0941) 56 94-0
Fax: (0941) 56 94-279
E-Mail: info@regensburg.ihk.de
Internet: http://www.ihk-regensburg.de

IHK Würzburg-Schweinfurt
Mainaustraße 33
97082 Würzburg
Tel.:   (0931) 41 94-0
Fax: (0931) 41 94-100
E-Mail: info@wuerzburg.ihk.de
Internet: http://www.wuerzburg.ihk.de

Berlin

IHK zu Berlin
Fasanenstraße 85
10623 Berlin
Tel.:   (030) 315 10-0
Fax: (030) 315 10-166
E-Mail: service@berlin.ihk.de
Internet: http://www.ihk-berlin.de

Brandenburg

IHK Cottbus
Goethestraße 1
03046 Cottbus
Tel.:   (0355) 365-0
Fax: (0355) 365-266
E-Mail: ihkcb@cottbus.ihk.de
Internet: http://www.cottbus.ihk.de

IHK Frankfurt/Oder
Puschkinstraße 12 b
15236 Frankfurt/Oder
Tel.:   (0335) 56 21-0
Fax: (0335) 56 21-254
E-Mail: info@ihk-ostbrandenburg.de
Internet: http://www.ihk-ostbrandenburg.de

IHK Potsdam
Breite Straße 2 a-c
14467 Potsdam
Tel.:   (0331) 27 86-0
Fax: (0331) 27 86-111
E-Mail: info@potsdam.ihk.de
Internet: http://www.potsdam.ihk24.de

Bremen

Handelskammer Bremen
Am Markt 13 (Haus Schütting)
28195 Bremen
Tel.:   (0421) 36 37-0
Fax: (0421) 36 37-299
E-Mail: service@handelskammer-bremen.de
Internet: http://www.handelskammer-
          bremen.ihk24.de

IHK Bremerhaven
Friedrich-Ebert-Straße 6
27570 Bremerhaven
Tel.:   (0471) 924 60-0
Fax: (0471) 924 60-90
E-Mail: info@bremerhaven-ihk.de
Internet: http://www.bremerhaven.ihk.de

Hamburg

Handelskammer Hamburg
Adolphsplatz 1
20457 Hamburg
Tel.:   (040) 361 38-0
Fax: (040) 361 38-401
E-Mail: service@hk24.de
Internet: http://www.hk24.de

Hessen

IHK Darmstadt
Rheinstraße 89
64295 Darmstadt
Tel.:   (06151) 871-0
Fax: (06151) 871-101
E-Mail: info@darmstadt.ihk.de
Internet: http://www.darmstadt.ihk24.de

IHK Lahn-Dill
Am Nebelsberg 1
35685 Dillenburg
Tel.:   (02771) 842-0
Fax: (02771) 842-53 99
E-Mail: info@lahndill.ihk.de
Internet: http://www.ihk-lahndill.de

IHK Frankfurt am Main
Börsenplatz 4
60313 Frankfurt/Main
Tel.:   (069) 21 97-0
Fax: (069) 21 97-14 24
E-Mail: info@frankfurt-main.ihk.de
Internet: http://www.frankfurt-main.ihk.de

IHK Fulda
Heinrichstraße 8
36037 Fulda
Tel.:   (0661) 284-0
Fax: (0661) 284-44 /-77
E-Mail: info@fulda.ihk.de
Internet: http://www.fulda-ihk.de

IHK Gießen-Friedberg
Lonystraße 7
35390 Gießen
Tel.:   (0641) 79 54-0
Fax: (0641) 759 14
E-Mail: zentrale@giessen-friedberg.ihk.de
Internet: http://www.giessen-friedberg.
          ihk.de

IHK Hanau-Gelnhausen-Schlüchtern
Am Pedro-Jung-Park 14
63450 Hanau
Tel.:   (06181) 92 90-0
Fax: (06181) 92 90-77
E-Mail: info@hanau.ihk.de
Internet: http://www.hanau.ihk.de

IHK Kassel
Kurfürstenstraße 9
34117 Kassel
Tel.:   (0561) 78 91-0
Fax: (0561) 78 91-290
E-Mail: info@kassel.ihk.de
Internet: http://www.ihk-kassel.de

IHK Offenbach am Main
Frankfurter Straße 90
63067 Offenbach/Main
Tel.:   (069) 82 07-0
Fax: (069) 82 07-149
E-Mail: service@offenbach.ihk.de
Internet: http://www.offenbach.ihk.de

IHK Wiesbaden
Wilhelmstraße 24-26
65183 Wiesbaden
Tel.:   (0611) 15 00-0
Fax: (0611) 15 00-222
E-Mail: info@wiesbaden.ihk.de
Internet: http://www.ihk-wiesbaden.de

IHK Limburg
Walderdorffstraße 7
65549 Limburg/Lahn
Tel.:   (06431) 210-0
Fax: (06431) 210-205
E-Mail: info@limburg.ihk.de
Internet: http://www.ihk-limburg.de

IHK Lahn-Dill
Friedenstraße 2
35578 Wetzlar
Tel.:   (06441) 94 48-0
Fax: (06441) 94 48-33
E-Mail: info@lahndill.ihk.de
Internet: http://www.ihk-wetzlar.de

Mecklenburg-Vorpommern

IHK zu Neubrandenburg
Katharinenstraße 48
17033 Neubrandenburg
Tel.:   (0395) 55 97-0
Fax: (0395) 55 97-510
E-Mail: info@neubrandenburg.ihk.de
Internet: http://www.neubrandenburg.
          ihk.de

IHK zu Schwerin
Schloßstraße 17
19053 Schwerin
Tel.:   (0385) 51 03-0
Fax: (0385) 51 03-136
E-Mail: info@schwerin.ihk.de
Internet: http://www.ihkzuschwerin.de

IHK Rostock
Ernst-Barlach-Straße 1-3
18055 Rostock
Tel.:   (0381) 338-0
Fax: (0381) 338-617
E-Mail: info@rostock.ihk.de
Internet: http://www.rostock.ihk.de

Niedersachsen

IHK Braunschweig
Brabandtstraße 11
38100 Braunschweig
Tel.:   (0531) 47 15-0
Fax: (0531) 47 15-299
E-Mail: postmaster@braunschweig.ihk.de
Internet: http://www.braunschweig.ihk.de

IHK Hannover
Schiffgraben 49
30175 Hannover
Tel.:   (0511) 31 07-0
Fax: (0511) 31 07-333
E-Mail: info@hannover.ihk.de
Internet: http://www.hannover.ihk.de

Oldenburgische IHK
Moslestraße 6
26122 Oldenburg
Tel.:   (0441) 22 20-0
Fax: (0441) 22 20-111
E-Mail: info@oldenburg.ihk.de
Internet: http://www.ihk-oldenburg.de

IHK Stade für den Elbe-Weser-Raum
Am Schäferstieg 2
21680 Stade
Tel.:   (04141) 524-0
Fax: (04141) 524-111
E-Mail: info@stade.ihk.de
Internet: http://www.stade.ihk24.de

IHK für Ostfriesland und Papenburg
Ringstraße 4
26721 Emden
Tel.:   (04921) 89 01-0
Fax: (04921) 89 01-33
E-Mail: ihk@emden.ihk.de
Internet: http://www.ihk-emden.de

IHK Lüneburg-Wolfsburg
Am Sande 1
21335 Lüneburg
Tel.:   (04131) 742-0
Fax: (04131) 742-180
E-Mail: service@lueneburg.ihk.de
Internet: http://www.ihk24-lueneburg.de

IHK Osnabrück-Emsland
Neuer Graben 38
49074 Osnabrück
Tel.:   (0541) 353-0
Fax: (0541) 353-122
E-Mail: ihk@osnabrueck.ihk.de
Internet: http://www.osnabrueck.ihk24.de

Nordrhein-Westfalen

IHK zu Aachen
Theaterstraße 6-10
52062 Aachen
Tel.:   (0241) 44 60-0
Fax: (0241) 44 60-259
E-Mail: info@aachen.ihk.de
Internet: http://www.aachen.ihk.de

IHK Arnsberg, Hellweg-Sauerland
Königstraße 18-20
59821 Arnsberg
Tel.:   (02931) 878-0
Fax: (02931) 878-100
E-Mail: ihk@arnsberg.ihk.de
Internet: http://www.ihk-arnsberg.de

IHK Ostwestfalen zu Bielefeld
Elsa-Brändström-Straße 1-3
33602 Bielefeld
Tel.:   (0521) 554-0
Fax: (0521) 554-219
E-Mail: info@bielefeld.ihk.de
Internet: http://www.bielefeld.ihk.de

IHK Bonn/ Rhein-Sieg
Bonner Talweg 17
53113 Bonn
Tel.:   (0228) 22 84-0
Fax: (0228) 22 84-170
E-Mail: info@bonn.ihk.de
Internet: http://www.ihk-bonn.de

IHK zu Dortmund
Märkische Straße 120
44141 Dortmund
Tel.:   (0231) 54 17-0
Fax: (0231) 54 17-109
E-Mail: info@dortmund.ihk.de
Internet: http://www.dortmund.ihk.de

Niederrheinische IHK
Duisburg-Wesel-Kleve zu Duisburg
Mercatorstraße 22-24
47051 Duisburg
Tel.:   (0203) 28 21-0
Fax: (0203) 265 33
E-Mail: ihk@niederrhein.ihk.de
Internet: http://www.ihk-niederrhein.de

Südwestfälische IHK zu Hagen
Bahnhofstraße 18
58095 Hagen
Tel.:   (02331) 390-0
Fax: (02331) 135 86
E-Mail: sihk@hagen.ihk.de
Internet: http://www.hagen.ihk.de

IHK mittlerer Niederrhein
Krefeld-Mönchengladbach-Neuss
Nordwall 39
47798 Krefeld
Tel.:   (02151) 635-0
Fax: (02151) 635-338
E-Mail: info@krefeld.ihk.de
Internet: http://www.mittlerer-niederrhein.
            ihk.de

IHK im mittleren Ruhrgebiet zu Bochum
Ostring 30-32
44787 Bochum
Tel.:   (0234) 91 13-0
Fax: (0234) 91 13-110
E-Mail: ihk@bochum.ihk.de
Internet: http://www.bochum.ihk.de

IHK Lippe zu Detmold
Leonardo-da-Vinci-Weg 2
32760 Detmold
Tel.:   (05231) 76 01-0
Fax: (05231) 76 01-57
E-Mail: ihk@detmold.ihk.de
Internet: http://www.detmold.ihk.de

IHK zu Düsseldorf
Ernst-Schneider-Platz 1
40212 Düsseldorf
Tel.:   (0211) 35 57-0
Fax: (0211) 35 57-400
E-Mail: ihkdus@duesseldorf.ihk.de
Internet: http://www.duesseldorf.ihk.de

IHK für Essen, Mühlheim an der Ruhr,
Oberhausen zu Essen
Am Waldthausenpark 2
45127 Essen
Tel.:   (0201) 18 92-0
Fax: (0201) 18 92-172
E-Mail: ihkessen@essen.ihk.de
Internet: http://www.essen.ihk24.de

IHK zu Köln
Unter Sachsenhausen 10-26
50667 Köln
Tel.:   (0221) 16 40-0
Fax: (0221) 16 40-129
E-Mail: service@koeln.ihk.de
Internet: http://www.ihk-koeln.de

IHK Nord Westfalen

Sentmaringer Weg 61
48151 Münster
Tel.:   (0251) 707-0
Fax: (0251) 707-325
E-Mail: muenster@ihk-nordwestfalen.de
Internet: http://www.ihk-nordwestfalen.de

IHK Siegen
Koblenzer Straße 121
57072 Siegen
Tel.:   (0271) 33 02-0
Fax: (0271) 33 02-400
E-Mail: si@siegen.ihk.de
Internet: http://www.ihk-siegen.de

IHK Wuppertal-Solingen-Remscheid
Heinrich-Kamp-Platz 2
42103 Wuppertal
Tel.:   (0202) 24 90-0
Fax: (0202) 24 90-999
E-Mail: ihk@wuppertal.ihk.de
Internet: http://www.wuppertal.ihk24.de

Rheinland-Pfalz

IHK zu Koblenz

Schloßstraße 2
56068 Koblenz
Tel.:   (0261) 106-0
Fax: (0261) 106-234
E-Mail: service@koblenz.ihk.de
Internet: http://www.ihk-koblenz.de

**IHK für die Pfalz
in Ludwigshafen am Rhein**
Ludwigsplatz 2-4
67059 Ludwigshafen
Tel.:   (0621) 59 04-0
Fax: (0621) 59 04-12 14
E-Mail: info@pfalz.ihk24.de
Internet: http://www.pfalz.ihk24.de

IHK für Rheinhessen
Schillerplatz 7
55116 Mainz
Tel.:   (06131) 262-0
Fax: (06131) 262-11 13
E-Mail: service@rheinhessen.ihk24.de
Internet: http://www.rheinhessen.ihk24.de

IHK Trier
Herzogenbuscher Straße 12
54292 Trier
Tel.:   (0651) 97 77-0
Fax: (0651) 97 77-150
E-Mail: info@trier.ihk.de
Internet:http://www.ihk-trier.de

Saarland

IHK des Saarlandes
Franz-Josef-Röder-Straße 9
66119 Saarbrücken
Tel.:   (0681) 95 20-0
Fax: (0681) 95 20-888
E-Mail: info@saarland.ihk.de
Internet: http://www.saarland.ihk.de

Sachsen

**IHK Südwestsachsen
Chemnitz-Plauen-Zwickau**
Straße der Nationen 25
09111 Chemnitz
Tel.:   (0371) 69 00-0
Fax: (0371) 64 30 18
E-Mail: chemnitz@chemnitz.ihk.de
Internet: http://www.chemnitz.ihk24.de

IHK Dresden

Langer Weg 4
01239 Dresden
Tel.:   (0351) 28 02-0
Fax: (0351) 28 02-280
E-Mail: service@dresden.ihk.de
Internet: http://www.dresden.ihk.de

IHK Leipzig
Goerdelerring 5
04109 Leipzig
Tel.:   (0341) 12 67-0
Fax: (0341) 12 67-14 21
E-Mail: info@leipzig.ihk.de
Internet: http://www.leipzig.ihk.de

Sachsen-Anhalt

IHK Halle-Dessau
Franckestraße 5
06110 Halle
Tel.:   (0345) 21 26-0
Fax: (0345) 202 96 49
E-Mail: info@halle.ihk.de
Internet: http://www.halle.ihk.de

IHK Magdeburg
Alter Markt 8
39104 Magdeburg
Tel.:   (0391) 56 93-199
Fax: (0391) 56 93-193
E-Mail: internet@magdeburg.ihk.de
Internet: http://www.magdeburg.ihk.de

Schleswig-Holstein

IHK zu Flensburg
Heinrichstraße 28-34
24937 Flensburg
Tel.:   (0461) 806-0
Fax: (0461) 806-98 06
E-Mail: service@flensburg.ihk.de
Internet: http://www.ihk-schleswig-holstein.de

IHK zu Kiel
Bergstraße 2
24103 Kiel
Tel.:   (0431) 51 94-0
Fax: (0431) 51 94-234
E-Mail: ihk@kiel.ihk.de
Internet: http://www.ihk-schleswig-holstein.de

IHK zu Lübeck
Fackenburger Allee 2
23554 Lübeck
Tel.:   (0451) 60 06-0
Fax: (0451) 60 06-999
E-Mail: ihk@ihk-luebeck.de
Internet: http://www.ihk-schleswig-holstein.de

Thüringen

IHK Erfurt
Arnstädter Straße 34
99096 Erfurt
Tel.:   (0361) 34 84-0
Fax: (0361) 34 85-950
E-Mail: info@erfurt.ihk.de
Internet: http://www.erfurt.ihk.de

IHK Ostthüringen zu Gera
Gaswerkstraße 23
07546 Gera
Tel.:   (0365) 85 53-0
Fax: (0365) 85 53-77 100
E-Mail: info@gera.ihk.de
Internet: http://www.gera.ihk.de

IHK Südthüringen Suhl
Hauptstraße 33
98529 Suhl
Tel.:   (03681) 362-0
Fax: (03681) 362-100
E-Mail: info@suhl.ihk.de
Internet: http://www.suhl.ihk.de

Handwerkskammern

Zentralverband

Zentralverband des Deutschen Handwerks (ZDH)
Mohrenstraße 20-21
10117 Berlin
Tel.:   (030) 206 19-0
Fax: (030) 206 19-460
E-Mail: info@zdh.de
Internet: http://www.zdh.de

Zentralverband des Deutschen Handwerks (ZDH) – Vertretung bei der EU
Rue Jacques de Lalaing 4
1040 Brüssel
Tel.:   (00322) 230 85 39
Fax: (00322) 230 21 66
E-Mail: info.bruessel@zdh.de

Baden-Württemberg

HWK Freiburg/Breisgau
Bismarckallee 6
79098 Freiburg
Tel.:   (0761) 218 00-0
Fax: (0761) 218 00-333
E-Mail: info@hwk-freiburg.de
Internet: http://www.hwk-freiburg.de

HWK Heilbronn-Franken
Allee 76
74072 Heilbronn
Tel.:   (07131) 791-0
Fax: (07131) 791-200
E-Mail: info@hwk-heilbronn.de
Internet: http://www.hwk-heilbronn.de

HWK Karlsruhe
Friedrichsplatz 4-5
76133 Karlsruhe
Tel.:   (0721) 16 00-0
Fax: (0721) 16 00-199
E-Mail: info@hwk-karlsruhe.de
Internet: http://www.hwk-karlsruhe.de

HWK Konstanz
Webersteig 3
78462 Konstanz
Tel.:   (07531) 205-0
Fax: (07531) 164 68
E-Mail: info@hwk-konstanz.de
Internet: http://www.hwk-konstanz.de

HWK Mannheim – Rhein – Neckar – Odenwald
B1, 1-2
68159 Mannheim
Tel.:   (0621) 180 02-0
Fax: (0621) 180 02-103
E-Mail: info@hwk-mannheim.de
Internet: http://www.hwk-mannheim.de

HWK Reutlingen

Hindenburgstraße 58
72762 Reutlingen
Tel.:   (07121) 24 12-0
Fax: (07121) 24 12-400
E-Mail: handwerk@hwk-reutlingen.de
Internet: http://www.hwk-reutlingen.de

HWK Region Stuttgart
Heilbronner Straße 43
70191 Stuttgart
Tel.:   (0711) 16 57-0
Fax: (0711) 16 57-222
E-Mail: info@hwk-stuttgart.de
Internet: http://www.hwk-stuttgart.de

HWK Ulm
Keltergasse 3
89073 Ulm
Tel.:   (0731) 14 25-0
Fax: (0731) 14 25-500
E-Mail: info@hk-ulm.de
Internet: http://www.hk-ulm.de

Bayern

HWK für Schwaben
Siebentischstraße 52–58
86161 Augsburg
Tel.:   (0821) 32 59-0
Fax: (0821) 32 59-12 71
E-Mail: info@hwk-schwaben.de
Internet: http://www.hwk-schwaben.de

HWK für Oberfranken
Kerschensteinerstraße 7
95448 Bayreuth
Tel.:   (0921) 910-0
Fax: (0921) 910-349
E-Mail: info@hwk-oberfranken.de
Internet: http://www.hwk-oberfranken.de

HWK für München und Oberbayern
Max-Joseph-Straße 4
80333 München
Tel.:   (089) 51 19-0
Fax: (089) 51 19-129
E-Mail: info@hwk-muenchen.de
Internet: http://www.hwk-muenchen.de

HWK für Mittelfranken
Sulzbacher Straße 11-15
90489 Nürnberg
Tel.:   (0911) 53 09-0
Fax: (0911) 53 09-196
E-Mail: info@hwk-mittelfranken.de
Internet: http://www.hwk-mittelfranken.de

HWK Niederbayern/Oberpfalz
Handwerkskammer in Passau
Nikolastraße 10
94032 Passau
Tel.:   (0851) 53 01-0
Fax: (0851) 53 01-222
E-Mail: info@hwkno.de
Internet: http://www.hwkno.de

HWK Niederbayern/Oberpfalz
Handwerkskammer in Regensburg
Ditthornstraße 10
93055 Regensburg
Tel.:   (0941) 79 65-0
Fax: (0941) 79 65-222
E-Mail: info@hwkno.de
Internet: http://www.hwkno.de

HWK für Unterfranken
Rennweger Ring 3
97070 Würzburg
Tel.:   (0931) 309 08-0
Fax: (0931) 309 08-53
E-Mail: info@hwk-ufr.de
Internet: http://www.hwk-ufr.de

Berlin

HWK Berlin
Blücherstraße 68
10961 Berlin
Tel.:   (030) 259 03-01
Fax: (030) 259 03-232
E-Mail: info@hwk-berlin.de
Internet: http://www.hwk-berlin.de

Brandenburg

HWK Cottbus
Altmarkt 17
03046 Cottbus
Tel.:   (0355) 78 35-0
Fax: (0355) 78 35-281
E-Mail: hwk@hwk-cottbus.de
Internet: http://www.hwk-cottbus.de

HWK Frankfurt/Oder
Bahnhofstraße 12
15230 Frankfurt/Oder
Tel.:   (0335) 56 19-0
Fax: (0335) 53 50 11
E-Mail: hwkinfo@hwk-ff.de
Internet: http://www.hwk-ff.de

HWK Potsdam
Charlottenstraße 34-36
14467 Potsdam
Tel.:   (0331) 37 03-0
Fax: (0331) 37 03-134
E-Mail: info@hwkpotsdam.de
Internet: http://www.hwk-potsdam.de

Bremen

HWK Bremen
Ansgaritorstraße 24
28195 Bremen
Tel.:   (0421) 305 00-0
Fax: (0421) 305 00-109
E-Mail: service@hwk-bremen.de
Internet: http://www.hwk-bremen.de

Hamburg

HWK Hamburg
Holstenwall 12
20355 Hamburg
Tel.:   (040) 359 05-0
Fax: (040) 359 05-208
E-Mail: info@hwk-hamburg.de
Internet: http://www.hwk-hamburg.de

Hessen

HWK Rhein-Main – Darmstadt
Hindenburgstraße 1
64295 Darmstadt
Tel.:   (06151) 30 07-0
Fax: (06151) 30 07-299
E-Mail: info@hwk-rhein-main.de
Internet: http://www.hwk-rhein-main.de

HWK Rhein-Main – Frankfurt/Main
Bockenheimer Landstraße 21
60325 Frankfurt/Main
Tel.:   (069) 971 72-0
Fax: (069) 971 72-199
E-Mail: info@hwk-rhein-main.de
Internet: http://www.hwk-rhein-main.de

HWK Kassel
Scheidemannplatz 2
34117 Kassel
Tel.: (0561) 78 88-0
Fax: (0561) 78 88-165
E-Mail: info@hwk-kassel.de
Internet: http://www.hwk-kassel.de

HWK Wiesbaden
Bierstadter Straße 45
65189 Wiesbaden
Tel.: (0611) 136-0
Fax: (0611) 136-155
E-Mail: info@hwk-wiesbaden.de
Internet: http://www.hwk-wiesbaden.de

Mecklenburg-Vorpommern

HWK Ostmecklenburg-Vorpommern
Hauptverwaltungssitz Neubrandenburg
Friedrich-Engels-Ring 11
17033 Neubrandenburg
Tel.: (0395) 55 93-0
Fax: (0395) 55 93-169
E-Mail: info@hwk-omv.de
Internet: http://www.hwk-omv.de

HWK Ostmecklenburg-Vorpommern
Hauptverwaltungssitz Rostock
Schwaaner Landstraße 8
18055 Rostock
Tel.: (0381) 45 49-0
Fax: (0381) 45 49-139
E-Mail: info@hwk-omv.de
Internet: http://www.hwk-omv.de

HWK Schwerin
Friedensstraße 4 A
19053 Schwerin
Tel.: (0385) 74 17-0
Fax: (0385) 71 60 51
E-Mail: info@hwk-schwerin.de
Internet: http://www.hwk-schwerin.de

Niedersachsen

HWK für Ostfriesland
Straße des Handwerks 2
26603 Aurich
Tel.: (04941) 17 97-0
Fax: (04941) 17 97-40
E-Mail: info@hwk-aurich.de
Internet: http://www.hwk-aurich.de

HWK Braunschweig-Lüneburg-Stade
Burgplatz 2 + 2a
38100 Braunschweig
Tel.: (0531) 12 01-0
Fax: (0531) 12 01-333
E-Mail: info@hwk-bls.de
Internet: http://www.hwk-bls.de

HWK Hannover
Berliner Allee 17
30175 Hannover
Tel.: (0511) 348 59-0
Fax: (0511) 348 59-32
E-Mail: info@hwk-hannover.de
Internet: http://www.hwk-hannover.de

HWK Hildesheim-Südniedersachsen
Braunschweiger Straße 53
31134 Hildesheim
Tel.: (05121) 162-0
Fax: (05121) 338 36
E-Mail: info@hwk-hildesheim.de
Internet: http://www.hwk-hildesheim.de

HWK Lüneburg-Stade
Friedenstraße 6
21335 Lüneburg
Tel.:   (04131) 712-0
Fax: (04131) 447 24
E-Mail: info@hwk-lueneburg-stade.de
Internet: http://www.hwk-lueneburg-
          stade.de

HWK Oldenburg
Theaterwall 32
26122 Oldenburg
Tel.:   (0441) 232-0
Fax: (0441) 232-296
E-Mail: info@hwk-oldenburg.de
Internet: http://www.hwk-oldenburg.de

HWK Osnabrück-Emsland
Bramscher Straße 134-136
49088 Osnabrück
Tel.:   (0541) 69 29-0
Fax: (0541) 69 29-104
E-Mail: info@hwk-os-el.de
Internet: http://www.hwk-os-el.de

Nordrhein-Westfalen

HWK Aachen
Sandkaulbach 17–21
52062 Aachen
Tel.:   (0241) 471-0
Fax: (0241) 471-103
E-Mail: info@hwk-aachen.de
Internet: http://www.hwk-aachen.de

HWK Südwestfalen
Brückenplatz 1
59821 Arnsberg
Tel.:   (02931) 877-0
Fax: (02931) 877-160
E-Mail: info@hwk-suedwestfalen.de
Internet: http://www.hwk-suedwestfalen.de

HWK Ostwestfalen-Lippe zu Bielefeld
Obernstraße 48
33602 Bielefeld
Tel.:   (0521) 56 08-0
Fax: (0521) 56 08-195
E-Mail: hwk@handwerk-owl.de
Internet: http://www.handwerk-owl.de

HWK Dortmund
Reinoldistraße 7-9
44135 Dortmund
Tel.:   (0231) 54 93-0
Fax: (0231) 54 93-119
E-Mail: info@hwk-do.de
Internet: http://www.hwk-do.de

HWK Düsseldorf
Georg-Schulhoff-Platz 1
40221 Düsseldorf
Tel.:   (0211) 87 95-0
Fax: (0211) 87 95-110
E-Mail: info@hwk-duesseldorf.de
Internet: http://www.hwk-duesseldorf.de

HWK zu Köln
Heumarkt 12
50667 Köln
Tel.:   (0221) 20 22-0
Fax: (0221) 20 22-360
E-Mail: info@hwk-koeln.de
Internet: http://www.hwk-koeln.de

HWK Münster
Bismarckallee 1
48151 Münster
Tel.:   (0251) 52 03-0
Fax: (0251) 52 03-108
E-Mail: info@hwk-muenster.de
Internet: http://www.hwk-muenster.de

Rheinland-Pfalz

HWK der Pfalz
Am Altenhof 15
67655 Kaiserslautern
Tel.:   (0631) 36 77-0
Fax: (0631) 36 77-180
E-Mail: info@hwk-pfalz.de
Internet: http://www.hwk-pfalz.de

HWK Koblenz
Friedrich-Ebert-Ring 33
56068 Koblenz
Tel.:   (0261) 398-0
Fax: (0261) 398-999
E-Mail: hwk@hwk-koblenz.de
Internet: http://www.hwk-koblenz.de

HWK Rheinhessen
Dagobertstraße 2
55116 Mainz
Tel.:   (06131) 99 92-0
Fax: (06131) 99 92-63
E-Mail: hwk@hwk.de
Internet: http://www.hwk.de

HWK Trier
Loebstraße 18
54292 Trier
Tel.:   (0651) 207-0
Fax: (0651) 207-115
E-Mail: info@hwk-trier.de
Internet: http://www.hwk-trier.de

Saarland

HWK des Saarlandes
Hohenzollernstraße 47-49
66117 Saarbrücken
Tel.:   (0681) 58 09-0
Fax: (0681) 58 09-177
E-Mail: info@hwk-saarland.de
Internet: http://www.hwk-saarland.de

Sachsen

HWK Chemnitz
Limbacher Straße 195
09116 Chemnitz
Tel.:   (0371) 53 64-0
Fax: (0371) 53 64-222
E-Mail: info@hwk-chemnitz.de
Internet: http://www.hwk-chemnitz.de

HWK Dresden
Am Lagerplatz 8
01099 Dresden
Tel.:   (0351) 46 40-500
Fax: (0351) 471 91 88
E-Mail: info@hwk-dresden.de
Internet: http://www.hwk-dresden.de

HWK zu Leipzig
Dresdner Straße 11-13
04103 Leipzig
Tel.:   (0341) 21 88-0
Fax: (0341) 21 88-198
E-Mail: info@hwk-leipzig.de
Internet: http://www.hwk-leipzig.de

Sachsen-Anhalt

HWK Halle (Saale)
Graefestraße 24
06110 Halle
Tel.:   (0345) 29 99-0
Fax: (0345) 29 99-200
E-Mail: info@hwkhalle.de
Internet: http://www.hwkhalle.de

HWK Magdeburg
Humboldtstraße 16
39112 Magdeburg
Tel.:   (0391) 62 68-0
Fax: (0391) 62 68-110
E-Mail: info@hwk-magdeburg.de
Internet: http://www.hwk-magdeburg.de

Schleswig-Holstein

HWK Flensburg
Johanniskirchhof 1–7
24937 Flensburg
Tel.:   (0461) 866-0
Fax: (0461) 866-110
E-Mail: info@hwk-flensburg.de
Internet: http://www.hwk-flensburg.de

HWK Lübeck
Breite Straße 10-12
23552 Lübeck
Tel.:   (0451) 15 06-0
Fax: (0451) 15 06-192
E-Mail: info@hwk-luebeck.de
Internet: http://www.hwk-luebeck.de

Thüringen

HWK Erfurt
Fischmarkt 13
99084 Erfurt
Tel.:   (0361) 67 07-0
Fax: (0361) 67 07-240
E-Mail: info@hwk-erfurt.de
Internet: http://www.hwk-erfurt.de

HWK für Ostthüringen
Handwerkstraße 5
07545 Gera
Tel.:   (0365) 82 25-0
Fax: (0365) 800 48 30
E-Mail: info@hwk-gera.de
Internet: http://www.hwk-gera.de

HWK Südthüringen
Rosa-Luxemburg-Straße 7-9
98527 Suhl
Tel.:   (03681) 370-0
Fax: (03681) 370-240
E-Mail: info@hwk-suedthueringen.de
Internet: http://www.hwk-suedthueringen.de

Kammern der Freien Berufe

für Architekten

Bundesarchitektenkammer e.V. (BAK)
Askanischer Platz 4
10963 Berlin
Tel.:   (030) 26 39 44-0
Fax: (030) 26 39 44-90
E-Mail: info@bak.de
Internet: http://www.bak.de

für Rechtsanwälte

Bundesrechtsanwaltskammer (BRAK)
Littenstraße 9
10179 Berlin
Tel.:   (030) 28 49 39-0
Fax: (030) 28 49 39-11
E-Mail: zentrale@brak.de
Internet: http://www.brak.de

für Notare

Bundesnotarkammer (BNotK)
Büro Berlin
Mohrenstraße 34
10117 Berlin
Tel.:   (030) 38 38 66-0
Fax: (030) 38 38 66-66
E-Mail: bnotk@bnotk.de
Internet: http://www.bnotk.de

für Wirtschaftsprüfer

Wirtschaftsprüferkammer
Rauchstraße 26
10787 Berlin
Tel.:   (030) 726 161-0
Fax: (030) 726 161-212
E-Mail: kontakt@www.wpk.de
Internet: http://www.wpk.de

für Zahnärzte

Bundeszahnärztekammer

Chausseestraße 13
10115 Berlin
Tel.:   (030) 400 05-0
Fax: (030) 400 05-200
E-Mail: info@bzaek.de
Internet: http://www.bzaek.de

für Ingenieure

Bundesingenieurkammer (BINGK)
Kochstraße 22
10969 Berlin
Tel.:   (030) 25 34-29 00
Fax: (030) 25 34-29 03
E-Mail: info@bingk.de
Internet: http://www.bingk.de

für Patentanwälte

Patentanwaltskammer (PAK)
Tal 29
80469 München
Tel.:   (089) 24 22 78-0
Fax: (089) 24 22 78-24
E-Mail: dpak@patentanwalt.de
Internet: http://www.patentanwalt.de

für Steuerberater

Bundessteuerberaterkammer (BStBK)

Neue Promenade 4
10178 Berlin
Tel.:   (030) 240 087-0
Fax: (030) 240 087-99
E-Mail: zentrale@bstbk.de
Internet: http://www.bstbk.de

für Ärzte

Bundesärztekammer
Herbert-Lewin-Straße 1
50931 Köln
Tel.:   (0221) 40 04-0
Fax: (0221) 40 04-388
E-Mail: info@baek.de
Internet: http://www.baek.de

für Apotheker

ABDA – Bundesvereinigung Deutscher
Apothekerverbände
Jägerstraße 49-50
10117 Berlin
Tel.:   (030) 40 004-0
Fax: (030) 40 004-598
E-Mail: info@abda.de
Internet: http://www.abda.de

Bürgschaftsbanken

Verband Deutscher Bürgschaftsbanken e.V. (VDB)
Schillstraße 10
10785 Berlin
Tel.: (30) 263 96 54-0
Fax: (30) 263 96 54-20
E-Mail: info@vdb-info.de
Internet: http://www.vdb-info.de

Bundeskreditgarantiegemeinschaft des Handwerks GmbH (BKGG)
Mohrenstraße 20-21
10117 Berlin
Tel.: (030) 206 19-260
Fax: (030) 206 19-59 260
E-Mail: info@zdh.de
Internet: http://www.zdh.de

Baden-Württemberg

Bürgschaftsbank Baden-Württemberg GmbH
Werastraße 15-17
70182 Stuttgart
Tel.: (0711) 16 45-0 / -6
Fax: (0711) 16 45-777
E-Mail: info@buergschaftsbank.de
Internet: http://www.buergschaftsbank.de

Bayern

Bürgschaftsbank Bayern GmbH

Max-Joseph-Straße 4
80333 München
Tel.: (089) 54 58 57-0
Fax: (089) 54 58 57-25
E-Mail: info@bb-bayern.de
Internet: http://www.bb-bayern.de

BGG Bayerische Garantiegesellschaft mbH für mittelständische Beteiligungen
Königinstraße 23
80539 München
Tel.: (089) 12 22 80-296
Fax: (089) 12 22 80-290
E-Mail: info@bggmb.de
Internet: http://www.bggmb.de

Berlin

BBB Bürgschaftsbank zu Berlin-Brandenburg GmbH
Schillstraße 9
10785 Berlin
Tel.: (030) 31 10 04-0
Fax: (030) 31 10 04-55
E-Mail: info@buergschaftsbank-berlin.de
Internet: http://www.buergschaftsbank-berlin.de

Brandenburg

Bürgschaftsbank Brandenburg GmbH

Schwarzschildstraße 94
14480 Potsdam
Tel.: (0331) 649 63-0
Fax: (0331) 649 63-21
E-Mail: info@bb-brbg.de
Internet: http://www.bb-brbg.de

Bremen

Bürgschaftsbank Bremen GmbH

Langenstraße 6-8
28195 Bremen
Tel.:   (0421) 33 52-33
Fax: (0421) 3352-355
E-Mail: info@buergschaftsbank-bremen.de
Internet: http://www.buergschaftsbank-
              bremen.de

Bürgschaftsbank des bremischen Handwerks GmbH

Ansgaritorstraße 24
28195 Bremen
Tel.:   (0421) 305 00-39
Fax: (0421) 305 00-10
E-Mail: buergschaftsbank@hwk-bremen.de

Hamburg

BG BürgschaftsGemeinschaft Hamburg GmbH

Habichtstraße 41
22305 Hamburg
Tel.:   (040) 61 17 00-0
Fax: (040) 61 17 00-19
E-Mail: info@bg-hamburg.de
Internet: http://www.bg-hamburg.de

Hessen

Bürgschaftsbank Hessen GmbH

Abraham-Lincoln-Straße 38-42
65189 Wiesbaden
Tel.:   (0611) 15 07-0
Fax: (0611) 15 07-22
E-Mail: info@bb-h.de
Internet: http://www.bb-h.de

Mecklenburg-Vorpommern

Bürgschaftsbank Mecklenburg-Vorpommern GmbH (BMV)

Graf-Schack-Allee 12
19053 Schwerin
Tel.:   (0385) 395 55-0
Fax: (0385) 395 55-36
E-Mail: info@bbm-v.de
Internet: http://www.bbm-v.de

Niedersachsen

Niedersächsische Bürgschaftsbank (NBB) GmbH

Hildesheimer Str. 6
30169 Hannover
Tel.:   (0511) 337 05-0
Fax: (0511) 337 05-55
E-Mail: info@nbb-hannover.de
Internet: http://www.nbb-hannover.de

Nordrhein-Westfalen

Bürgschaftsbank Nordrhein-Westfalen GmbH

Hellersbergstraße 18
41460 Neuss
Tel.:   (02131) 51 07-0
Fax: (02131) 51 07-222
E-Mail: info@bb-nrw.de
Internet: http://www.bb-nrw.de

Rheinland-Pfalz

Kredit-Garantiegemeinschaft des rheinland-pfälzischen Handwerks GmbH
Am Altenhof 15
67655 Kaiserslautern
Tel.:   (0631) 36 77-189
Fax: (0631) 36 77-180
E-Mail: kgg@hwk-pfalz.de
Internet: http://www.kgg-rlp.de

**Investitions- und Strukturbank
Rheinland-Pfalz (ISB) GmbH**
Holzhofstraße 4
55116 Mainz
Tel.:   (06131) 985-0/-333
Fax: (06131) 985-198
E-Mail: isb-buergschaft@isb.rlp.de
Internet: http://www.isb.rlp.de

Saarland

Bürgschaftsbank Saarland GmbH (BBS)
Franz-Josef-Röder-Straße 17
66119 Saarbrücken
Tel.:   (0681) 30 33-0
Fax: (0681) 30 33-100
E-Mail: info@bbs-saar.de
Internet: http://www.bbs-saar.de

Sachsen

Bürgschaftsbank Sachsen GmbH (BBS)
Anton-Graff-Straße 20
01309 Dresden
Tel.:   (0351) 44 09-0
Fax: (0351) 44 09-450
E-Mail: info@bbs-sachsen.de
Internet: http://www.bbs-sachsen.de

Sachsen-Anhalt

**Bürgschaftsbank Sachsen-Anhalt GmbH
(bb)**
Große Diesdorfer Straße 228
39108 Magdeburg
Tel.:   (0391) 737 52-0
Fax: (0391) 737 52-35
E-Mail: info@bb-sachsen-anhalt.de
Internet: http://www.bb-sachsen-anhalt.de

Schleswig-Holstein

Bürgschaftsbank Schleswig-Holstein GmbH

Lorentzendamm 22
24103 Kiel
Tel.:   (0431) 59 38-0 /-161
Fax: (0431) 59 38-160
E-Mail: info@bb-sh.de
Internet: http://www.bb-sh.de

Thüringen

Bürgschaftsbank Thüringen GmbH (BBT)
Bonifaciusstraße 19
99084 Erfurt
Tel.:   (0361) 21 35-0
Fax: (0361) 21 35-100 /-200
E-Mail: info@bb-thueringen.de
Internet: http://www.bb-thueringen.de

Beteiligungsgesellschaften

Baden-Württemberg

**MBG Mittelständische Beteiligungsgesell-
schaft Baden-Württemberg GmbH**
Werastraße 15-17
70182 Stuttgart
Tel.:   (0711) 16 45-6 / -703 (Info)
Fax: (0711) 16 45-777
E-Mail: info@mbg.de
Internet: http://www.mbg.de

Bayern

**BayBG Bayerische Beteiligungsgesellschaft
mbH**
Königinstraße 23
80539 München
Tel.:   (089) 12 22 80-100
Fax: (089) 12 22 80-101
E-Mail: info@baybg.de
Internet: http://www.baybg.de

Bayern Kapital GmbH
Ländgasse 135a
84028 Landshut
Tel.:   (0871) 923 25-0
Fax: (0871) 923 25-55 / -66
E-Mail: info@bayernkapital.de
Internet: http://www.bayernkapital.de

Berlin

**MBG Mittelständische Beteiligungsgesell-
schaft Berlin-Brandenburg GmbH**
Schillstraße 9
10785 Berlin
Tel.:   (030) 31 10 04-0
Fax: (030) 31 10 04-55
E-Mail: bln@mbg-bb.de
Internet: http://www.mbg-bb.de

IBB Beteiligungsgesellschaft mbH
Bundesallee 171
10715 Berlin
Tel.:   (030) 21 25-32 01
Fax: (030) 21 25-32 02
E-Mail: venture@ibb-bet.de
Internet: http://www.ibb-bet.de

Brandenburg

BC Brandenburg Capital GmbH

Steinstraße 104-106
14480 Potsdam
Tel.:   (0331) 660-16 98
Fax: (0331) 660-16 99
E-Mail: bc-capital@ilb.de
Internet: http://www.bc-capital.de

**MBG Mittelständische Beteiligungsgesell-
schaft Berlin-Brandenburg GmbH**
Schwarzschildstraße 94
14480 Potsdam
Tel.:   (0331) 649 63-0
Fax: (0331) 649 63-21
E-Mail: info@mbg-bb.de
Internet: http://www.mbg-bb.de

Bremen

**Bremer Unternehmensbeteiligungsgesell-
schaft mbH (BUG)**
Langenstraße 2-4
28195 Bremen
Tel.:   (0421) 178 87-30
Fax: (0421) 178 87-50
E-Mail: info@bug-bremen.de
Internet: http://www.bug-bremen.de

Hamburg

**BTG Beteiligungsgesellschaft Hamburg
mbH**
Habichtstraße 41
22305 Hamburg
Tel.:   (040) 61 17 00-0
Fax: (040) 61 17 00-19
E-Mail: info@btg-hamburg.de
Internet: http://www.btg-hamburg.de

Hessen

**Mittelständische Beteiligungsgesellschaft
Hessen mbH (MBG H)**

Schumannstraße 4-6
60325 Frankfurt/Main
Tel.:   (069) 13 38 50-78 41
Fax: (069) 13 38 50-78 60
E-Mail: info@mbg-hessen.de
Internet: http://www.mbg-hessen.de

Mecklenburg-Vorpommern

**Mittelständische Beteiligungsgesellschaft
Mecklenburg-Vorpommern GmbH
(MBMV)**
Graf-Schack-Allee 12
19091 Schwerin
Tel.:   (0385) 395 55-0
Fax: (0385) 395 55-36
E-Mail: info@mbm-v.de
Internet: http://www.mbm-v.de

Niedersachsen

**Mittelständische Beteiligungsgesellschaft
Niedersachsen (MBG) mbH**
Hildesheimer Straße 6
30169 Hannover
Tel.:   (0511) 337 05-0
Fax: (0511) 337 05-55
E-Mail: info@mbg-hannover.de
Internet: http://www.mbg-hannover.de

Nordrhein-Westfalen

**Kapitalbeteiligungsgesellschaft NRW
GmbH (KBG)**
Hellersbergstraße 12
41460 Neuss
Tel.:   (02131) 51 07-0
Fax: (02131) 51 07-333
E-Mail: info@kbg-nrw.de
Internet: http://www.kbg-nrw.de

Rheinland-Pfalz

**Mittelständische Beteiligungsgesellschaft
Rheinland-Pfalz (MBG)**
Holzhofstraße 4
55116 Mainz
Tel.:   (06131) 985-0
Fax: (06131) 985-299
E-Mail: isb@isb.rlp.de
Internet: http://www.isb.rlp.de

Saarland

**Saarländische Kapitalbeteiligungsgesell-
schaft mbH (KBG)**
Franz-Josef-Röder-Straße 17
66119 Saarbrücken
Tel.:   (0681) 30 33-0 /-116
Fax: (0681) 30 33-100
E-Mail: info@sikb.de
Internet: http://www.sikb.de

Sachsen

Mittelständische Beteiligungsgesellschaft Sachsen mbH (MBG)
Anton-Graff-Straße 20
01309 Dresden
Tel.:   (0351) 44 09-0
Fax: (0351) 44 09-450
E-Mail: info@mbg-sachsen.de
Internet: http://www.mbg-sachsen.de

SBG Sächsische Beteiligungsgesellschaft mbH
Pirnaische Straße 9
01069 Dresden
Tel.:   (0351) 49 10-18 41/-18 42
Fax: (0351) 49 10-18 49
E-Mail: info@sbg-sachsen.de
Internet: http://www.sbg.sachsen.de

Sachsen-Anhalt

IBG Beteiligungsgesellschaft Sachsen-Anhalt mbH
Kantstraße 5
39104 Magdeburg
Tel.:   (0391) 532 81-40
Fax: (0391) 532 81-59
E-Mail: info@ibg-vc.de
Internet: http://www.ibg-vc.de

Mittelständische Beteiligungsgesellschaft Sachsen-Anhalt mbH (mbg)
Große Diesdorfer Straße 228
39108 Magdeburg
Tel.:   (0391) 737 52-0
Fax: (0391) 737 52-15/-35
E-Mail: info@mbg-sachsen-anhalt.de
Internet: http://www.mbg-sachsen-anhalt.de

Schleswig-Holstein

Gesellschaft für Wagniskapital Mittelständische Beteiligungsgesellschaft Schleswig-Holstein mbH (MBG)
Fleethörn 29-31
24103 Kiel
Tel.:   (0431) 99 05-0
Fax: (0431) 99 05-33 83
E-Mail: info@ib-sh.de
Internet: http://www.ib-sh.de

Thüringen

Mittelständische Beteiligungsgesellschaft Thüringen mbH (MBG)

Bonifaciusstraße 19
99084 Erfurt
Tel.:   (0361) 21 35-0
Fax: (0361) 21 35-100
E-Mail: info@mbg-thueringen.de
Internet: http://www.mbg-thueringen.de

Technologieberatungsstellen

Baden-Württemberg

Steinbeis-Stiftung für Wirtschaftsförderung (StW)

Willi-Bleicher-Straße 19
70174 Stuttgart
Tel.:   (0711) 18 39-5
Fax: (0711) 18 39-700
E-Mail: stw@stw.de
Internet: http://www.stw.de

Bayern

**Bayern Innovativ
Gesellschaft für Innovation und
Wissenstransfer mbH**
Gewerbemuseumsplatz 2
90403 Nürnberg
Tel.:   (0911) 206 71-0
Fax: (0911) 206 71-92
E-Mail: info@bayern-innovativ.de
Internet: http://www.bayern-innovativ.de

Berlin

**TSB Technologiestiftung Innovations-
agentur Berlin GmbH**
Fasanenstraße 85
10623 Berlin
Tel.:   (030) 463 02-500
Fax: (030) 463 02-444
E-Mail: agentur@tsb-berlin.de
Internet: http://www.tsb-berlin.de

Brandenburg

ZAB ZukunftsAgentur Brandenburg GmbH

Steinstraße 104-106
14480 Potsdam
Tel.:   (0331) 660-38 33
Fax: (0331) 660-38 40
E-Mail: info@zab-brandenburg.de
Internet: http://www.zab-brandenburg.de

Bremen

WFB Wirtschaftsförderung Bremen GmbH
Langenstraße 2-4
28195 Bremen
Tel.:   (0421) 96 00-10
Fax: (0421) 96 00-810
E-Mail: mail@wfb-bremen.de
Internet: http://www.wfb-bremen.de

Hamburg

TuTech Innovation GmbH
Harburger-Schloßstraße 6-12
21079 Hamburg
Tel.:   (040) 766 29-0
Fax: (040) 766 29-61 19
E-Mail: info@tutech.de
Internet: http://www.tutech.de

Hessen

HA Hessen Agentur GmbH
Abraham-Lincoln-Straße 38-42
65189 Wiesbaden
Tel.:   (0611) 774-81
Fax: (0611) 774-84 15
E-Mail: info@hessen-agentur.de
Internet: http://www.hessen-agentur.de

Mecklenburg-Vorpommern

TBI Technologie-Beratungs-Institut GmbH
Hauptgeschäftsstelle Schwerin
Hagenower Straße 73
19061 Schwerin
Tel.:   (0385) 39 93-165
Fax: (0385) 39 93-164
E-Mail: info@tbi-mv.de
Internet: http://www.tbi-mv.de

TBI Technologie-Beratungs-Institut GmbH
Geschäftsstelle Neubrandenburg
Lindenstraße 39
17033 Neubrandenburg
Tel.:   (0395) 358 11 72
Fax: (0395) 358 11 73
E-Mail: tbi-nb@t-online.de
Internet: http://www.tbi-mv.de

TBI Technologie-Beratungs-Institut GmbH
Geschäftsstelle Greifswald
Brandteichstraße 19
17489 Greifswald
Tel.:   (03834) 55 03 02
Fax: (03834) 55 03 01
E-Mail: tbi-hgw@t-online.de
Internet: http://www.tbi-mv.de

TBI Technologie-Beratungs-Institut GmbH
Geschäftsstelle Rostock
Joachim-Jungius-Straße 9
18059 Rostock
Tel.:   (0381) 405 98 10
Fax: (0381) 405 98 11
E-Mail: tbi-hro@t-online.de
Internet: http://www.tbi-mv.de

Niedersachsen

Innovationszentrum Niedersachsen GmbH

Kurt-Schumacher Straße 24
30159 Hannover
Tel.:   (0511) 760 726-0
Fax: (0511) 760 726-19
E-Mail: info@iz-nds.de
Internet: http://www.iz-nds.de

Nordrhein-Westfalen

Zentrum für Innovation und Technik in Nordrhein-Westfalen GmbH (ZENIT)
Bismarckstraße 28
45 470 Mühlheim / Ruhr
Tel.:   (0208) 300 04-0
Fax: (0208) 300 04-60/-87
E-Mail: info@zenit.de
Internet: http://www.zenit.de

Rheinland-Pfalz

TZT TechnologieZentrum Trier GmbH

Max-Planck-Straße 6
54296 Trier
Tel.:   (0651) 810 09-700
Fax: (0651) 810 09-97 00
E-Mail: kontakt@tz-trier.de
Internet: http://www.tz-trier.de

Saarland

Zentrale für Produktivität und Technologie Saar e.V. (ZPT)
Franz-Josef-Röder-Straße 9
66119 Saarbrücken
Tel.:   (0681) 95 20-470
Fax: (0681) 584 61 25
E-Mail: info@zpt.de
Internet: http://www.zpt.de

Sachsen

BTI Technologieagentur Dresden GmbH

Gostritzer Straße 61-63
01217 Dresden
Tel.:   (0351) 87 17-555
Fax: (0351) 87 17-556
E-Mail: btikontakt@bti-dresden.de
Internet: http://www.bti-dresden.de

**AGIL Agentur für Innovationsförderung
und Technologietransfer GmbH**
Lessingstraße 2
04109 Leipzig
Tel.:   (0341) 268 266-0
Fax: (0341) 268 266-14
E-Mail: agil@agil-leipzig.de
Internet: http://www.agil-leipzig.de

Sachsen-Anhalt

**tti Technologietransfer und Innovations-
förderung Magdeburg GmbH**
Hauptgeschäftsstelle
Bruno-Wille-Straße 9
39108 Magdeburg
Tel.:   (0391) 744 35 20
Fax: (0391) 744 35 11
E-Mail: ttipost@tti-md.de
Internet: http://www.tti-md.de

Schleswig-Holstein

**WTSH Wirtschaftsförderung und
Technologietransfer Schleswig-Holstein
GmbH**
Lorentzendamm 24
24103 Kiel
Tel.:   (0431) 666 66-0
Fax: (0431) 666 66-767
E-Mail: info@wtsh.de
Internet: http://www.wtsh.de

Thüringen

**Stiftung für Technologie, Innovation und
Forschung Thüringen (STIFT)**

Peterstraße 1
99084 Erfurt
Tel.:   (0361) 789 23-50
Fax: (0361) 789 23-46
E-Mail: info@stift-thueringen.de
Internet: http://www.stift-thueringen.de

Patentämter und Patentinformationszentren

Deutsches Patent- und Markenamt (DPMA)

Deutsches Patent- und Markenamt

Zweibrückenstraße 12
80331 München
Tel.:   (089) 21 95-0 / -34 02
Fax: (089) 21 95-22 21
E-Mail: info@dpma.de
Internet: http://www.dpma.de

Deutsches Patent- und Markenamt
Dienststelle Jena
Goethestraße 1 (Goethegalerie)
07743 Jena
Tel.:   (03641) 40-54 / -55 55
Fax: (03641) 40-56 90
E-Mail: info@dpma.de
Internet: http://www.dpma.de

Deutsches Patent- und Markenamt
Technisches Informationszentrum Berlin
Gitschiner Straße 97
10969 Berlin
Tel.:   (030) 25 992-0 / -220 / -221
Fax: (030) 25 992-404
E-Mail: info@dpma.de
Internet: http://www.dpma.de

Europäisches Patentamt (EPA)

Europäisches Patentamt (EPA)
Informationsstelle
Erhardtstraße 27
80331 München
Tel.:   (089) 23 99-0 / -45 12
Fax: (089) 23 99-44 65
Internet: http://www.epo.org

Europäisches Patentamt (EPA)
Dienststelle Berlin
Gitschiner Straße 97
10969 Berlin
Tel.:   (030) 259 01-0
Fax: (030) 259 01-840
Internet: http://www.epo.org

Baden-Württemberg

Regierungspräsidium Stuttgart
Informationszentrum Patente
Willi-Bleicher-Straße 19
70174 Stuttgart
Tel.:   (0711) 123-25 58 / -25 55
Fax: (0711) 123-25 60
E-Mail: info@patente-stuttgart.de
Internet: http://www.patente-stuttgart.de

Bayern

LGA Training & Consulting GmbH
Patent- und Normenzentrum
Tillystraße 2
90431 Nürnberg
Tel.:   (0911) 655-49 38 /-49 20
Fax: (0911) 655-49 29
E-Mail: piz@lga.de
Internet: http://www.patente.lga.de

LGA Training & Consulting GmbH
Patente und Normen
Fabrikzeile 21
95028 Hof
Tel.:   (09281) 73 75-0 /-55
Fax: (09281) 400 50
E-Mail: harald.rietsch@lga.de
Internet: http://www.patente.lga.de

Bremen

Patent- und Normen-Zentrum
Hochschule Bremen
Neustadtswall 30
28199 Bremen
Tel.:   (0421) 59 05-22 25
Fax: (0421) 59 05-26 25
E-Mail: ries@hs-bremen.de
Internet: http://www.hs-bremen.de

Hamburg

Handelskammer Hamburg
IPC Innovations- und Patent-Centrum
Adolphsplatz 1
20457 Hamburg
Tel.:   (040) 361 38-376
Fax: (040) 361 38-270
E-Mail: ipc@hk24.de
Internet: http://www.hk24.de/ipc

Hessen

Patentinformationszentrum der ULB -
Technische Universität Darmstadt

Schöfferstraße 8
64295 Darmstadt
Tel.:   (06151) 16-54 27
Fax: (06151) 16-55 28
E-Mail: info@main-piz.de
Internet: http://www.main-piz.de

GINo Gesellschaft für Innovation
Nordhessen mbH
Patentinformationszentrum (PIZ)
Möncheberstraße 7
34125 Kassel
Tel.:   (0561) 804-34 80 /-34 82
Fax: (0561) 804-34 27
E-Mail: info@piz-kassel.de
Internet: http://www.piz-kassel.de

Mecklenburg-Vorpommern

Universität Rostock
Universitätsbibliothek, Patent- und
Normenzentrum
Albert-Einstein-Straße 6
18059 Rostock
Tel.:   (0381) 498-86 73
Fax: (0381) 498-86 72
E-Mail: patente@ub.uni-rostock.de
Internet: http://www.patentinfo-rostock.de

TBI Technologie-Beratungs-Institut GmbH
Patent-Information

Hagenower Straße 73
19061 Schwerin
Tel.:   (0385) 399 31 40
Fax: (0385) 399 32 40
E-Mail: pi@tbi-mv.de
Internet: http://www.tbi-mv.de

Niedersachsen

**Technische Informationsbibliothek und
Universitätsbibliothek Hannover, PIN
(Patente, Informationen, Normen)**
Welfengarten 1 B
30167 Hannover
Tel.:   (0511) 762-34 15 / -34 14
Fax: (0511) 76 21 91 30
E-Mail: patents@tib.uni-hannover.de
Internet: http://www.tib.uni-hannover.de

Nordrhein-Westfalen

**Hochschulbibliothek der RWTH Aachen
Patentinformationszentrum (PIZ)**
Eilfschornsteinstraße 18
52062 Aachen
Tel.:   (0241) 80-936 01
Fax: (0241) 80-922 39
E-Mail: piz@bth.rwth-aachen.de
Internet: http://www.bth.rwth-aachen.de/
          piz.html

**Universitätsbibliothek Dortmund
Informationszentrum Technik und Patente
(ITP)**
Vogelpothsweg 76
44227 Dortmund (Eichlinghofen)
Tel.:   (0231) 755-40 14 / -40 68
Fax: (0231) 75 69 02
E-Mail: recherche@itp-ubdo.de
Internet: http://www.itp-ubdo.de

Rheinland-Pfalz

**Technische Universität Kaiserslautern
Patentinformationszentrum (PIZ)
Kontaktstelle für Information und
Technologie (KIT)**
Paul-Ehrlich-Straße, Gebäude 32
67653 Kaiserslautern
Tel.:   (0631) 205-21 72
Fax: (0631) 205-29 25
E-Mail: piz@kit.uni-kl.de
Internet: http://www.kit.uni-kl.de/piz

Saarland

**Zentrale für Produktivität und Technologie
e.V. (ZPT)
Patent- und Markenzentrum**

Franz-Josef-Röder-Straße 9
66119 Saarbrücken
Tel.:   (0681) 95 20-461
Fax: (0681) 58 31 50
E-Mail: patentinfo-saar@zpt.de
Internet: http://www.zpt.de

Sachsen

**Technische Universität Chemnitz
Universitätsbibliothek
Patentinformationszentrum (PIZ)**
Bahnhofstraße 8
09111 Chemnitz
Tel.:   (0371) 531-131 60
Fax: (0371) 531-131 69
E-Mail: piz@bibliothek.tu-chemnitz.de
Internet: http://www.bibliothek.
          tu-chemnitz.de/piz

**Technische Universität Dresden
Andreas-Schubert-Bau
Patentinformationszentrum**
Zellescher Weg 19
01069 Dresden
Tel.:   (0351) 463-327 91
Fax: (0351) 463-371 36
E-Mail: pizkluge@rcs.urz.tu-dresden.de
Internet: http://www.tu-dresden.de/piz

**Agentur für Innovationsförderung und
Technologietransfer GmbH
Patentinformationszentrum (PIZ)**
Lessingstraße 2
04109 Leipzig
Tel.:   (0341) 268 266-31
Fax: (0341) 268 266-32
E-Mail: patent@agil-leipzig.de
Internet: http://www.agil-leipzig.de/
          patent.htm

Sachsen-Anhalt

**MIPO Mitteldeutsche Informations-,
Patent-, Online-Service GmbH
Patentinformationszentrum (PIZ)**
Julius-Ebeling-Straße 6
06112 Halle (Saale)
Tel.:   (0345) 293 98-0 /-821 /-831 /-836
Fax: (0345) 293 98-40
E-Mail: info@mipo.de
Internet: http://www.mipo.de

**Otto-von-Guericke-Universität Magdeburg
Universitätsbibliothek, Patentinformations-
zentrum (PIZ)**
Universitätsplatz 2
39106 Magdeburg
Tel.:   (0391) 67-129 79
Fax: (0391) 67-129 13
E-Mail: patentinformation@uni-
          magdeburg.de
Internet: http://www.ub.ovgu.de/
          patente_normen

Schleswig-Holstein

**WTSH Wirtschaftsförderung und Techno-
logietransfer Schleswig-Holstein GmbH
Servicecenter Schutzrechte**
Lorentzendamm 24
24103 Kiel
Tel.:   (0431) 666 66-0 /-832 /-833
Fax: (0431) 666 66-768
E-Mail: binjung@wtsh.de
Internet: http://www.wtsh.de/schutzrechte

Thüringen

**Technische Universität Ilmenau
PATON Landespatentzentrum Thüringen**
Langewiesener Straße 37
98693 Ilmenau
Tel.:   (03677) 69 45 72
Fax: (03677) 69 45 38
E-Mail: paton@tu-ilmenau.de
Internet: http://www.paton.tu-ilmenau.de

**Friedrich-Schiller-Universität
Patentinformationszentrum** (PIZ)
Kahlaische Straße 1
07745 Jena
Tel.:   (03641) 94 70 20 / 21 / 23
Fax: (03641) 94 70 22
E-Mail: patmail@uni-jena.de
Internet: http://www.uni-jena.de/patente

EU-Beratungsstellen (Enterprise Europe Network)

Baden-Württemberg

**Handwerk International
Baden-Württemberg
Enterprise Europe Network**
Heilbronner Straße 43
70191 Stuttgart
Tel.:   (0711) 657-280
Fax: (0711) 657-827
E-Mail: info@hwk-stuttgart.de
Internet: http://www.handwerk-
              international.de
              http://www.enterprise-europe-bw.de

**IHK Region Stuttgart
Enterprise Europe Network**
Jägerstraße 30
70174 Stuttgart
Tel.:   (0711) 20 05-112
Fax: (0711) 20 05-279
E-Mail: info@stuttgart.ihk.de
Internet: http://www.stuttgart.ihk24.de
              http://www.enterprise-europe-bw.de

**IHK Rhein-Neckar
Enterprise Europe Network**
L 1,2
68161 Mannheim
Tel.:   (0621) 17 09-227
Fax: (0621) 17 09-229
E-Mail: info@rhein-neckar.ihk24.de
Internet: http://www.rhein-neckar.ihk24.de
              http://www.enterprise-europe-bw.de

**IHK Südlicher Oberrhein
Enterprise Europe Network**
Lotzbeckstraße 31
77933 Lahr
Tel.:   (07821) 27 03-690
Fax: (07821) 27 03-777
E-Mail: info@freiburg.ihk.de
Internet: http://www.suedlicher-oberrhein.
              ihk.de
              http://www.enterprise-europe-bw.de

**IHK Hochrhein-Bodensee
Enterprise Europe Network**
Schützenstraße 8
78462 Konstanz
Tel.:   (07622) 39 07-218
Fax: (07622) 39 07-252
E-Mail: info@konstanz.ihk.de
Internet: http://www.konstanz.ihk.de
              http://www.enterprise-europe-bw.de

**IHK Reutlingen
Enterprise Europe Network**
Hindenburgstraße 54
72762 Reutlingen
Tel.:   (07121) 201-112
Fax: (07121) 201-41 20
E-Mail: info@reutlingen.ihk.de
Internet: http://www.reutlingen.ihk.de
              http://www.enterprise-europe-bw.de

**IHK Schwarzwald-Baar-Heuberg
Enterprise Europe Network**
Romäusring 4
78050 Villingen-Schwenningen
Tel.:   (07721) 922-120
Fax: (07721) 922-180
E-Mail: info@villingen-schwenningen.ihk.de
Internet: http://www.schwarzwald-baar-
              heuberg.de
              http://www.enterprise-europe-bw.de

**IHK Ulm
Enterprise Europe Network**
Olgastraße 97-101
89073 Ulm
Tel.:   (0731) 173-122
Fax: (0731) 173-292
E-Mail: info@ulm.ihk.de
Internet: http://www.ulm.ihk24.de
              http://www.enterprise-europe-bw.de

Wirtschaftsministerium Baden-Württemberg
Enterprise Europe Network
Theodor-Heuss-Straße 4
70174 Stuttgart
Tel.:   (0711) 123-21 61
Fax: (0711) 123-22 50
E-Mail: poststelle@wm.bwl.de
Internet: http://www.wm.baden-
            wuerttemberg.de
            http://www.enterprise-europe-bw.de

Steinbeis-Europa-Zentrum
Enterprise Europe Network

Willi-Bleicher-Straße 19
70174 Stuttgart
Tel.:   (0711) 123-40 10
Fax: (0711) 123-40 11
E-Mail: info@steinbeis-europa.de
Internet: http://www.steinbeis-europa.de
            http://www.enterprise-europe-bw.de

Bayern

HWK für München und Oberbayern
Enterprise Europe Network
Max-Joseph-Straße 4
80333 München
Tel.:   (089) 51 19-256
Fax: (089) 51 19-357
E-Mail: info@hwk-muenchen.de
Internet: http://www.hwk-muenchen.de
            http://www.een-bayern.de

Auftragsberatungszentrum Bayern e.V.
Enterprise Europe Network
Orleansstraße 10-12
81669 München
Tel.:   (089) 51 16-475
Fax: (089) 51 16-663
E-Mail: info@abz-bayern.de
Internet: http://www.abz-bayern.de
            http://www.een-bayern.de

Bayerische Forschungsallianz gGmbH
Enterprise Europe Network
Nussbaumstrasse 12
80336 München
Tel.:   (089) 990 18 88-26
Fax: (089) 990 18 88-29
E-Mail: info@bayfor.org
Internet: http://www.bayfor.org
            http://www.een-bayern.de

Bayern Handwerk International GmbH
Enterprise Europe Network
Sulzbacher Straße 11-15
90489 Nürnberg
Tel.:   (0911) 586 856-10
Fax: (0911) 586 856-60
E-Mail: info@bh-international.de
Internet: http://www.bh-international.de
            http://www.een-bayern.de

Bayern Innovativ – Bayerische Gesellschaft
für Innovation und Wissenstransfer mbH
Enterprise Europe Network
Gewerbemuseumsplatz 2
90403 Nürnberg
Tel.:   (0911) 206 71-310
Fax: (0911) 206 71-722
E-Mail: info@bayern-innovativ.de
Internet: http://www.bayern-innovativ.de
            http://www.een-bayern.de

BIHK Service GmbH –
Außenwirtschaftszentrum
Enterprise Europe Network
Lorenzer Platz 27
90402 Nürnberg
Tel.:   (0911) 238 86-41
Fax: (0911) 238 86-50
E-Mail: info@awz-bayern.de
Internet: http://www.awz-bayern.de
            http://www.een-bayern.de

IHK für München und Oberbayern
Enterprise Europe Network
Max-Joseph-Straße 2
80333 München
Tel.:   (089) 51 16-676
Fax: (089) 51 16-615
E-Mail: een@muenchen.ihk.de
Internet: http://www.muenchen.ihk.de
         http://www.een-bayern.de

IHK für Oberfranken Bayreuth
Enterprise Europe Network
Bahnhofstrasse 25
95444 Bayreuth
Tel.:   (0921) 886-152
Fax: (0921) 886-91 52
E-Mail: info@bayreuth.ihk.de
Internet: http://www.bayreuth.ihk.de
         http://www.een-bayern.de

IHK Schwaben
Enterprise Europe Network
Stettenstraße 1+3
86150 Augsburg
Tel.:   (0821) 31 62-375
Fax: (0821) 31 62-171
E-Mail: info@schwaben.ihk.de
Internet: http://www.schwaben.ihk.de
         http://www.een-bayern.de

LGA Training & Consulting GmbH
Enterprise Europe Network
Tillystraße 2
90431 Nürnberg
Tel.:   (0911) 655-49 33
Fax: (0911) 655-49 35
E-Mail: info@lga.de
Internet: http://www.lga.de
         http://www.een-bayern.de

Berlin

Berlin Partner GmbH
Enterprise Europe Network
Fasanenstraße 85
10623 Berlin
Tel.:   (030) 399 80 278
Fax: (030) 399 80 239
E-Mail: eu-beratung@berlin-partner.de
Internet: http://www.berlin-partner.de
         http://www.eu-service-bb.de

Brandenburg

IHK Ostbrandenburg
Enterprise Europe Network
Puschkinstraße 12b
15236 Frankfurt (Oder)
Tel.:   (0335) 56 21-14 40
Fax: (0335) 56 21-14 90
E-Mail: cip@ihk-ostbrandenburg.de
Internet: http://www.ihk-ostbrandenburg.de
         http://www.eu-service-bb.de

Zukunftsagentur Brandenburg GmbH
Enterprise Europe Network
Steinstraße 104-106
14480 Potsdam
Tel.:   (0331) 66 03-205
Fax: (0331) 66 03-235
E-Mail: eu-beratung@zab-brandenburg.de
Internet: http://www.zab.eu
         http://www.eu-service-bb.de

Bremen

.DD Die Denkfabrik Forschungs und
Entwicklungs GmbH
Enterprise Europe Network
Hochschulring 6
28359 Bremen
Tel.:   (0421) 201 56-0
Fax: (0421) 201 56-90
E-Mail: een@een-bremen.de
Internet: http://www.een-bremen.de

WFB Wirtschaftsförderung Bremen GmbH
Enterprise Europe Network

Langenstraße 2-4
28195 Bremen
Tel.:   (0421) 96 00-328
Fax: (0421) 96 00-83 28
E-Mail: info@wfb-bremen.de
Internet: http://www.wfb-bremen.de

BIS Bremerhavener Gesellschaft
für Investitionsförderung und
Stadtentwicklung mbH
Enterprise Europe Network
Am alten Hafen 118
27568 Bremerhaven
Tel.:   (0471) 946 49 71
Fax: (0471) 946 49 69
E-Mail: info@bis-bremerhaven.de
Internet: http://www.bis-bremerhaven.de

TUHH-Technologie GmbH (TuTech)
Enterprise Europe Network

Harburger-Schloßstraße 6-12
21079 Hamburg
Tel.:   (040) 76 61 80-0
Fax: (040) 76 61 80-88
E-Mail: info@tutech.de
Internet: http://www.tutech.de

Hamburg

TU Tech Innovation GmbH
Enterprise Europe Network
Harburger Schlossstraße 6-12
21079 Hamburg
Tel.:   (040) 766 19-63 56
Fax: (040) 766 19-63 59
E-Mail: een@tutech.de
Internet: http://www.tutech.de
          http://www.een-hhsh.de

Hessen

HA Hessen Agentur GmbH
Enterprise Europe Network Hessen
Abraham-Lincoln-Straße 38-42
65189 Wiesbaden
Tel.:   (0611) 774-89 98
Fax: (0611) 774-83 85
E-Mail: een.hessen@hessen-agentur.de
Internet: http://www.hessen-agentur.de
          http://www.een-hessen.de

Mecklenburg-Vorpommern

IHK Rostock
Enterprise Europe Network

Ernst-Barlach-Straße 1-3
18055 Rostock
Tel.:   (0381) 338-243
Fax: (0381) 338-209
E-Mail: een-mv@rostock.ihk.de
Internet: http://www.rostock.ihk24.de
Internet: http://www.europa-mv.de/start.
          htm.de

ATI Küste GmbH – Gesellschaft für
Technologie und Innovation
Enterprise Europe Network
Schonenfahrerstraße 5
18057 Rostock
Tel.:   (0381) 128 87-40
Fax: (0381) 128 87-119
E-Mail: info@ati-kueste.de
Internet: http://www.ati-kueste.de
Internet: http://www.europa-mv.de/start.
          htm.de

Steinbeis Forschungszentrum Technologie-Management Nordost
Enterprise Europe Network
Richard-Wagner-Straße 6
18055 Rostock
Tel.:   (0381) 210-66 10
Fax: (0381) 210-66 11
E-Mail: info@steinbeis-nordost.de
Internet: http://www.steinbeis-nordost.de
Internet: http://www.europa-mv.de/start.
         htm.de

Technologiezentrum Warnemünde e.V.
Enterprise Europe Network

Friedrich-Barnewitz-Straße 3
18119 Rostock
Tel.:   (0381) 51 96-49 99
Fax: (0381) 51 96-114
E-Mail: info@tzw-info.de
Internet: http://www.tzw-info.de
Internet: http://www.europa-mv.de/start.
         htm.de

Niedersachsen

Investitions- und Förderbank Niedersachsen GmbH (NBank)
Enterprise Europe Network
Günther-Wagner-Allee 12-14
30177 Hannover
Tel.:   (0511) 300 31-360
Fax: (0511) 300 31-113 60
E-Mail: info@nbank.de
Internet: http://www.nbank.de
         http://www.een-niedersachsen.de

Fachhochschule Osnabrück
Enterprise Europe Network

Caprivistraße 1
49076 Osnabrück
Tel.:   (0541) 969-29 24
Fax: (0541) 969-29 90
E-Mail: info@fh-osnabrueck.de
Internet: http://www.fh-osnabrueck.de
         http://www.een-niedersachsen.de

Leibnitz Universität Hannover
Enterprise Europe Network
Brühlstraße 27
30169 Hannover
Tel.:   (0511) 762-57 24
Fax: (0511) 762-57 23
E-Mail: info@uni-hannover.de
Internet: http://www.uni-hannover.de
         http://www.een-niedersachsen.de

Nordrhein-Westfalen

ZENIT Zentrum für Innovation und Technik NRW GmbH
Enterprise Europe Network
Bismarckstraße 28
45470 Mülheim a.d. Ruhr
Tel.:   (0208) 300 04-39
Fax: (0208) 300 04-60
E-Mail: info@zenit.de
Internet: http://www.zenit.de
         http://www.nrw-europa.de

NRW.BANK Beratungscenter Ausland
Enterprise Europe Network

Kavatteriestraße 22
40213 Düsseldorf
Tel.:   (0211) 917 41-40 00
Fax: (0211) 917 41-92 19
E-Mail: info@nrwbank.de
Internet: http://www.nrwbank.de
         http://www.nrw-europa.de

Rheinland-Pfalz-Saarland

EIC Trier – IHK/HwK-Europa- und Innovationscentre GmbH
Enterprise Europe Network
Herzogenbuscher Straße 14
54292 Trier
Tel.: (0651) 975 67-0
Fax: (0651) 975 67-33
E-Mail: info@eic-trier.de
Internet: http://www.eic-trier.de
http://www.eu-netz-rlp-saar.de

Innovations-Management GmbH
Enterprise Europe Network

Kurt-Schumacher-Straße 74a
67663 Kaiserslautern
Tel.: (0631) 316 68-10
Fax: (0631) 316 68-99
E-Mail: info@img-rlp.de
Internet: http://www.img-rlp.de
http://www.eu-netz-rlp-saar.de

Zentrale für Produktivität und Technologie Saar e.V.
Enterprise Europe Network
Franz-Josef-Röder-Straße 9
66119 Saarbrücken
Tel.: (0681) 95 20-453
Fax: (0681) 584 61 25
E-Mail: eic@zpt.de
Internet: http://www.zpt.de
http://www.eu-netz-rlp-saar.de

Sachsen

Agentur für Innovationsförderung und Technologietransfer Leipzig GmbH
Enterprise Europe Network
Goerdelerring 5
04109 Leipzig
Tel.: (0341) 268 266-27
Fax: (0341) 268 266-28
E-Mail: eu@agil-leipzig.de
Internet: http://www.agil-leipzig.de
http://www.een-sachsen.eu

BTI Technologieagentur Dresden GmbH
Enterprise Europe Network

Gostritzer Straße 61-63
01217 Dresden
Tel.: (0351) 871-75 55
Fax: (0351) 871-75 56
E-Mail: een@bti-dresden.de
Internet: http://www.bti-dresden.de
http://www.een-sachsen.eu

HWK Dresden
Enterprise Europe Network
Am Lagerplatz 8
01099 Dresden
Tel.: (0351) 46 40-5 03
Fax: (0351) 46 40-349 30
E-Mail: info@hwk-dresden.de
Internet: http://www.hwk-dresden.de
http://www.een-sachsen.eu

HWK zu Leipzig
Enterprise Europe Network
Dresdner Straße 11-13
04103 Leipzig
Tel.: (0341) 21 88-304
Fax: (0341) 21 88-349
E-Mail: info@hwk-leipzig.de
Internet: http://www.hwk-leipzig.de
http://www.een-sachsen.eu

Hochschule Zittau/Görlitz (FH)
Enterprise Europe Network
Furtstraße 3
02826 Görlitz
Tel.:   (03581) 482 842 8
Fax: (03581)
E-Mail: info@hs-zigr.de
Internet: http://www.hs-zigr.de
          http://www.een-sachsen.eu

IHK Dresden
Enterprise Europe Network
Langer Weg 4
01239 Dresden
Tel.:   (0351) 28 02-186
Fax: (0351) 28 02-71 79
E-Mail: service@dresden.ihk.de
Internet: http://www.dresden.ihk.de
          http://www.een-sachsen.eu

IHK Chemnitz
Enterprise Europe Network
Straße der Nationen 25
09111 Chemnitz
Tel.:   (0371) 69 00-12 40
Fax: (0371) 69 00-19 12 40
E-Mail: info@chemnitz.ihk.de
Internet: http://www.chemnitz.ihk.de
          http://www.een-sachsen.eu

IHK zu Leipzig
Enterprise Europe Network
Goerdelerring 5
04109 Leipzig
Tel.:   (0341) 12 67-13 46
Fax: (0341) 12 67-14 25
E-Mail: info@leipzig.ihk.de
Internet: http://www.leipzig.ihk.de
          http://www.een-sachsen.eu

TAC Technologie Agentur Chemnitz GmbH
Enterprise Europe Network
Bernsdorfer Straße 210-212
09126 Chemnitz
Tel.:   (0371) 534-79 31
Fax: (0371) 534-79 29
E-Mail: een@tac-chemnitz.de
Internet: http://www.tac-chemnitz.de
          http://www.een-sachsen.eu

Sachsen-Anhalt

IHK Magdeburg
Enterprise Europe Network

Alter Markt 8
39104 Magdeburg
Tel.:   (0391) 56 93-340
Fax: (0391) 56 93-343
E-Mail: info@magdeburg.ihk.de
Internet: http://www.magdeburg.ihk.de
          http://www.een-sachsen-anhalt.de

TTI Technologietransfer und
Innovationsförderung Magdeburg GmbH
Enterprise Europe Network
Bruno-Wille-Straße 9
39108 Magdeburg
Tel.:   (0391) 744 35 40
Fax: (0391) 744 35 44
E-Mail: ircpost@tti-md.de
Internet: http://www.tti-md.de
          http://www.een-sachsen-anhalt.de

Schleswig-Holstein

Investitionsbank Schleswig-Holstein (IB)
Enterprise Europe Network

Fleethörn 29-31
24103 Kiel
Tel.:   (0431) 99 05-34 97
Fax: (0431) 99 05-634 97
E-Mail: een@ib-sh.de
Internet: http://www.ib-sh.de
        http://www.een-hhsh.de

WTSH Wirtschaftsförderung und
Technologietransfer Schleswig-Holstein
GmbH
Enterprise Europe Network
Lorentzendamm 24
24103 Kiel
Tel.:   (0431) 666 66-862
Fax: (0431) 666 66-769
E-Mail: een@wtsh.de
Internet: http://www.wtsh.de/een
        http://www.een-hhsh.de

Thüringen

IHK Erfurt
Enterprise Europe Network

Arnstädter Straße 34
99096 Erfurt
Tel.:   (0361) 34 84-400
Fax: (0361) 34 84-94 00
E-Mail: info@erfurt.ihk.de
Internet: http://www.erfurt.ihk.de
        http://www.een-thueringen.eu

Stiftung für Technologie, Innovation und
Forschung Thüringen (STIFT)
Enterprise Europe Network
Peterstraße 1
99084 Erfurt
Tel.:   (0361) 789 23 50
Fax: (0361) 789 23 46
E-Mail: info@stift-thueringen.de
Internet: http://www.stift-thueringen.de
        http://www.een-thueringen.eu

Berufsgenossenschaften

Hauptverband

Deutsche Gesetzliche Unfallversicherung e.V. (DGUV)
Mittelstraße 51
10117 Berlin
Tel.:   (030) 288 763 80-0
Fax: (030) 288 763 80-8
E-Mail: info@dguv.de
Internet: http://www.dguv.de

Berufsgenossenschaften

BG Rohstoffe und chemische Industrie (BG RCI)
Kurfürsten-Anlage 62
69115 Heidelberg
Tel.:   (06221) 523-0
Fax: (06221) 523-323
E-Mail: info@bgrci.de
Internet: http://www.bgrci.de

BG Energie Textil Elektro Medienerzeugnisse (BG ETEM) Hauptverwaltung
Gustav-Heinemann-Ufer 130
50968 Köln
Tel.:   (0221) 37 78-0
Fax: (0221) 37 78-11 99
E-Mail: info@bgetem.de
Internet: http://www.bgetem.de

BG Energie Textil Elektro Medienerzeugnisse (BG ETEM) Branchenverwaltung Druck- und Papierverarbeitung
Rheinstraße 6-8
65185 Wiesbaden
Tel.:   (0611) 131-0
Fax: (0611) 131-81 00
E-Mail: info@bgetem.de
Internet: http://www.bgetem.de

BG Holz und Metall (BGHM)

Wilhelm-Theodor-Römheld-Straße 15
55130 Mainz
Tel.:   (06131) 802-0
Fax: (06131) 802-10 900
E-Mail: service@bghm.de
Internet: http://www.bghm.de

BG Energie Textil Elektro Medienerzeugnisse (BG ETEM) Branchenverwaltung Energie und Wasserwirtschaft
Auf'm Hennekamp 47
40225 Düsseldorf
Tel.:   (0211) 93 35-0
Fax: (0211) 93 35-199
E-Mail: info@ bgetem.de
Internet: http://www. bgetem.de

BG Nahrungsmittel und Gastgewerbe (BGN)
Dynamostraße 7-11
68165 Mannheim
Tel.: (0621) 44 56-0
Fax: (0621) 44 56-15 54
E-Mail: info@bgn.de
Internet: http://www.bgn.de

BG der Bauwirtschaft (BG Bau)
Hildegardstraße 28-30
10715 Berlin
Tel.: (030) 857 81-0
Fax: (030) 857 81-500
E-Mail: info@bgbau.de
Internet: http://www.bgbau.de

BG Handel und Warendistribution (BG HW)
M 5,7
68161 Mannheim
Tel.: (0621) 183-0
Fax: (0621) 183-51 91
E-Mail: info@bghw.de
Internet: http://www.bghw.de

Verwaltungs-BG (VBG)
Deelbögenkamp 4
22297 Hamburg
Tel.: (040) 51 46-0
Fax: (040) 51 46-21 46
E-Mail: info@vbg.de
Internet: http://www.vbg.de

BG für Transport und Verkehrswirtschaft (BG Verkehr)
Ottenser Hauptstraße 54
22765 Hamburg
Tel.: (040) 39 80-0
Fax: (040) 39 80-16 66
E-Mail: info@bg-verkehr.de
Internet: http://www.bg-verkehr.de

BG für Gesundheitsdienst und Wohlfahrtspflege (BGW)
Pappelallee 35/37
22089 Hamburg
Tel.: (040) 202 07-0
Fax: (040) 202 07-525
E-Mail: info@bgw-online.de
Internet: http://www.bgw-online.de

Bundesregierung und Bundesministerien

Presse- und Informationsamt der Bundesregierung
Dorotheenstraße 84
11044 Berlin
Tel.: (01888) 18 272-0
Fax: (01888) 18 10 272-0
E-Mail: internetpostebpa.bund.de
Internet: http://www.bundeskanzleramt.de

Bundespräsidialamt
Spreeweg 1
10557 Berlin
Tel.: (030) 20 00-0
Fax: (030) 20 00-19 99
E-Mail: presseebpra.bund.de
Internet: http://www.bundespraesident.de

Deutscher Bundestag
– Referat Öffentlichkeitsarbeit –
Platz der Republik 1
11011 Berlin
Tel.: (030) 227-0
Fax: (030) 227-369 79
E-Mail: mailebundestag.de
Internet: http://www.bundestag.de

Bundesrat
– Referat Öffentlichkeitsarbeit –
Leipziger Straße 3-4
10117 Berlin
Tel.: (030) 18 91 00-0
Fax: (030) 18 91 00-198
E-Mail: internetredaktionebundesrat.de
Internet: http://www.bundesrat.de

Bundesministerium für Wirtschaft und Technologie (BMWi)
Scharnhorststraße 34-37
10115 Berlin
Tel.:   (030) 18 615-0
Fax: (030) 18 615-70 10
E-Mail: info@bmwi.bund.de
Internet: http://www.bmwi.de

Bundesministerium der Finanzen (BMF)
Wilhelmstraße 97
10117 Berlin
Tel.:   (030) 18 682-0
Fax: (030) 18 682-42 48
E-Mail: poststelle@bmf.bund.de
Internet: http://www.bundesfinanz
          ministerium.de

Bundesministerium für Gesundheit (BMG)

Friedrichstraße 108
10117 Berlin
Tel.:   (030) 184 41-0
Fax: (030) 184 41-49 00
E-Mail: info@bmg.bund.de
Internet: http://www.bmg.bund.de

Bundesministerium für Verkehr, Bau- und Stadtentwicklung (BMVBS)
Invalidenstraße 44
10115 Berlin
Tel.:   (030) 18 300-0
Fax: (030) 18 300-19 42
E-Mail: info@bmvbs.bund.de
Internet: http://www.bmvbs.de

Bundesministerium für Umwelt, Naturschutz und Reaktorsicherheit (BMU)
Alexanderstraße 3
10178 Berlin
Tel.:   (018 88) 305-0
Fax: (018 88) 305-20 44
E-Mail: presse@bmu.bmu.de
Internet: http://www.bmu.de

Bundesministerium für Bildung und Forschung (BMBF)
Hannoversche Straße 28-30
53175 Bonn
Tel.:   (030) 18 57-0
Fax: (030) 18 57-55 03
E-Mail: information@bmbf.bund.de
Internet: http://www.bmbf.de

Auswärtiges Amt

Werderscher Markt 1
10117 Berlin
Tel.:   (030) 50 00-0 /-20 00
Fax: (030) 50 00-34 02
Internet: http://www.auswaertiges-amt.de

Bundesministerium für Familie, Senioren, Frauen und Jugend (BMFSFJ)
Glinkastraße 24
10117 Berlin
Tel.:   (030) 555-0
Fax: (030) 555-44 00
E-Mail: poststelle@bmfsfj.bund.de
Internet: http://www.bmfsfj.de

Bundesministerium für Ernährung, Landwirtschaft und Verbraucherschutz, (BMELV)
Rochusstraße 1
53123 Bonn
Tel.:   (0228) 185 29-0
Fax: (0228) 185 29-42 62
E-Mail: poststelle@bmelv.de
Internet: http://www.bmelv.de

Bundesministerium der Justiz (BMJ)

Mohrenstraße 37
10117 Berlin
Tel.:   (030) 580-90 30
Fax: (030) 580-90 46
E-Mail: poststelle@bmj.bund.de
Internet: http://www.bmj.de

Bundesministerium für wirtschaftliche Zusammenarbeit und Entwicklung (BMZ)
Friedrich-Ebert-Allee 40
53113 Bonn
Tel.:   (0228) 535-0
Fax: (0228) 535-35 00
E-Mail: poststelle@bmz.bund.de
Internet: http://www.bmz.de

Bundesministerium der Verteidigung (BMVG)
Fontainengraben 150
52123 Bonn
Tel.:   (0228) 12-00
Fax: (0228) 12-53 57
E-Mail: poststelle@bmvg.bund.de
Internet: http://www.bmvg.de

Bundesministerium des Innern (BMI)

Alt-Moabit 101
10559 Berlin
Tel.:   (01888) 681-0
Fax: (01888) 681-26 54
E-Mail: poststelle@bmi.bund.de
Internet: http://www.bmi.bund.de

Bundesministerium für Arbeit und Soziales (BMAS)
Wilhelmstraße 49
10117 Berlin
Tel.:   (030 18) 527-0
Fax: (030 18) 527-22 36
E-Mail: poststelle@bmas.bund.de
Internet: http://www.bmas.bund.de

Sonstige hilfreiche Adressen

Bundesamt für Wirtschaft und Ausfuhr-kontrolle (BAFA)
Frankfurter Straße 29-35
65760 Eschborn
Tel.:   (06196) 908-0 /-570
Fax: (06196) 908-800
E-Mail: foerderung@bafa.bund.de
Internet: http://www.bafa.de

Germany Trade and Invest-Gesellschaft für Außenwirtschaft und Standortmarketing GmbH
Villemombler Straße 76
53123 Bonn
Tel.:   (0228) 249 93-0
Fax: (0228) 249 93-212
E-Mail: info@gtai.de
Internet: http://www.gtai.de

Germany Trade and Invest-Gesellschaft

Friedrichstraße 60
10117 Berlin
Tel.:   (030) 20 00 99-0
Fax: (030) 00 99-111
E-Mail: info@gtai.de
Internet: http://www.gtai.de

Ausstellungs- und Messe-Ausschuss der Deutschen Wirtschaft e.V. (AUMA)
Littenstraße 9
10179 Berlin
Tel.:   (030) 240 00-0
Fax: (030) 240 00-330
E-Mail: info@auma.de
Internet: http://www.auma.de

Euler Hermes Kreditversicherungs-AG

Friedensallee 254
22763 Hamburg
Tel.:   (040) 88 34-0 /- 91 92
Fax: (040) 88 34-77 44
E-Mail: info@eulerhermes.de
Internet: http://www.eulerhermes.de

Centralvereinigung Deutscher Wirtschafts-verbände für Handelsvermittlung und Vertrieb (CDH) e.V.

Am Weidendamm 1A
10117 Berlin
Tel.: (030) 726 25-600
Fax: (030) 726 25-699
E-Mail: centralvereinigung@cdh.de
Internet: http://www.cdh.de

Deutscher Hotel- und Gaststättenverband e.V. (DEHOGA Bundesverband)

Am Weidendamm 1A
10117 Berlin
Tel.: (030) 72 62 52-0
Fax: (030) 72 62 52-42
E-Mail: dehoga@dehoga.de
Internet: http://www.dehoga.de

ADT – Bundesverband Deutscher Innovations-, Technologie- und Gründerzentren e.V.

Jägerstraße 67
10117 Berlin
Tel.: (030) 392 005 81
Fax: (030) 392 005 82
E-Mail: adt@adt-online.de
Internet: http://www.adt-online.de

VDI/VDE Innovation + Technik GmbH

Steinplatz 1
10623 Berlin
Tel.: (030) 31 00 78-0
Fax: (030) 31 00 78-141
E-Mail: vdivde-it@vdivde-it.de
Internet: http://www.vdivde-it.de

Arbeitsgemeinschaft industrieller For-schungsvereinigungen »Otto von Guericke« AiF Projekt GmbH

Tschaikowskistraße 49
13156 Berlin
Tel.: (030) 481 63-3
Fax: (030) 481 63-401 /-402
E-Mail: info@aif-projekt-gmbh.de
Internet: http://www.aif-projekt-gmbh.de

Forschungszentrum Jülich GmbH Projektträger Jülich (PTJ)

Wilhelm-Johnen-Straße
52428 Jülich
Tel.: (02461) 61-0
Fax: (02461) 61-81 00
E-Mail: info@fz-juelich.de
Internet: http://www.fz-juelich.de/ptj

Deutsche Rentenversicherung Bund

Ruhrstraße 2
10704 Berlin
Tel.: (030) 865-1
Fax: (030) 865-272 40
E-Mail: drv@drv-bund.de
Internet: http://www.drv-bund.de

Deutsche Rentenversicherung Knappschaft-Bahn-See/Minijob-Zentrale Service-Center

54115 Essen
Tel.: (0201) 29 02-707 99
Fax: (0201) 384 979 797
E-Mail: minijob@minijob-zentrale.de
Internet: http://www.minijob-zentrale.de

Unfallkasse des Bundes Abt. Künstlersozialkasse (KSK)

Gökerstraße 14
26384 Wilhelmshaven
Tel.: (04421) 973 405 15 00
Fax: (04421) 75 43-586
E-Mail: auskunft@kuenstlersozialkasse.de
Internet: http://www.kuenstlersozialkasse.de

Seeberufsgenossenschaft/See-Krankenkasse

Reimerstwiete 2
20457 Hamburg
Tel.: (040) 361 37-0
Fax: (040) 361 37-770
E-Mail: support@see-bg.de
Internet: http://www.see-bg.de

**Bundesverband Deutscher Kapital-
beteiligungsgesellschaften e.V. (BVK)**
Reinhardtstraße 27c
10117 Berlin
Tel.:   (030) 30 69 82-0
Fax: (030) 30 69 82-20
E-Mail: bvk@bvkap.de
Internet: http://www.bvkap.de

**Business Angels Netzwerk (BAND)
Deutschland e.V.**
Semperstraße 51
45138 Essen
Tel.:   (0201) 894 15-60
Fax: (0201) 894 15-10
E-Mail: info@business-angels.de
Internet: http://www.business-angels.de

Deutsche Börse AG
Börsenplatz 7-11
60313 Frankfurt/Main
Tel.:   (069) 211-0
Fax: (069) 211-120 05
Internet: http://www.deutsche-boerse.com
E-Mail: info@deutsche-boerse.com

Deutscher Franchise-Verband e.V. (DFV)
Luisenstraße 41
10117 Berlin
Tel.:   (030) 278 902-0
Fax: (030) 278 902-15
E-Mail: info@franchiseverband.com
Internet: http://www.franchiseverband.com

**Bundesverband Deutscher Unternehmens-
berater BDU e.V.**
Kronprinzendamm 1
10711 Berlin
Tel.:   (030) 893-10 70
Fax: (030) 893-47 46
E-Mail: info@bdu.de
Internet: http://www.bdu.de

**Die jungen Unternehmer – BJU
Die Familienunternehmer – ASU e.V.**
Reichsstraße 17
14052 Berlin
Tel.:   (030) 300 65-0
Fax: (030) 300 65-490
E-Mail: info@bju.de
Internet: http://www.bju.de

**Verband deutscher Unternehmerinnen e.V.
(VdU)**
Breite Straße 29
10178 Berlin
Tel.:   (030) 203 08-45 40 /-45 41
Fax: (030) 203 08-45 45
E-Mail: info@vdu.de
Internet: http://www.vdu.de

**Deutscher ReiseVerband e.V.
(DRV)**
Schicklerstraße 5–7
10179 Berlin
Tel.:   (030) 284 06-0
Fax: (030) 284 06-30
E-Mail: info@drv.de
Internet: http://www.drv.de

Literaturverzeichnis

Broschüren über die Förderprogramme des Bundes und der Länder
- kostenlos -

Bund

Wirtschaftliche Förderung
Hilfen für Investitionen und Innovationen
Stand: März 2009
Herausgeber: Bundesministerium für Wirtschaft und Technologie (BMWi), Referat
Öffentlichkeitsarbeit

Gründungsberater – Sie möchten Ihre Geschäftsidee verwirklichen?
Stand: Juni 2010
Herausgeber: KfW Bankengruppe

Baden-Württemberg

Öffentliche Förderprogramme
Stand: Oktober 2007
Herausgeber: ifex Initiative für Existenzgründungen und Unternehmensnachfolge

Bayern

Wegweiser zu Fördermöglichkeiten
für Existenzgründer und Mittelstand in Bayern
Stand: 03/2010
Herausgeber: Bayerisches Staatsministerium für Wirtschaft, Infrastruktur, Verkehr und
Technologie

Bayerische Finanzierungshilfen
für die gewerbliche Wirtschaft und die Freien Berufe
Stand: 06/2010
Herausgeber: LfA Förderbank Bayern, Unternehmenskommunikation

Förderung von Gründungen und Unternehmensnachfolgen in Bayern
Stand: 08/2010
Herausgeber: LfA Förderbank Bayern, Unternehmenskommunikation

Wachstumsförderung in Bayern
Stand: 11/2010
Herausgeber: LfA Förderbank Bayern, Unternehmenskommunikation

Innovationsförderung in Bayern
Stand: 08/2010
Herausgeber: LfA Förderbank Bayern, Unternehmenskommunikation

Stabilisierung für bayerische Unternehmen
Stand: 05/2010
Herausgeber: LfA Förderbank Bayern, Unternehmenskommunikation

LfA Förderbank Bayern im Überblick
Stand: 02/2010
Herausgeber: LfA Förderbank Bayern, Unternehmenskommunikation

Berlin

Förderfibel 2010/2011
Der Ratgeber für Unternehmen und Existenzgründungen
Stand: April 2010
Herausgeber: Investitionsbank Berlin (IBB) in Zusammenarbeit mit der Senatsverwaltung für Wirtschaft, Technologie und Frauen

Info-Heft »Existenzgründung«
Stand: April 2010
Herausgeber: Senatsverwaltung für Wirtschaft, Technologie und Frauen, Referat II A

Brandenburg

Wirtschaftsförderung im Land Brandenburg
Investieren, Wachsen und Gründung
Stand: August 2010
Herausgeber: Ministerium für Wirtschaft des Landes Brandenburg, InvestitionsBank des Landes Brandenburg (ILB), ZukunftsAgentur Brandenburg GmbH (ZAB)

Förderprogramme im Land Berlin
Überblick
Stand: Oktober 2010
Herausgeber: IHK Potsdam

Förderprogramme für Existenzgründer und Unternehmer
Förderfibel
Stand: 07/2010
Herausgeber: InvestitionsBank des Landes Brandenburg

Hessen

Ich mache mich selbständig
Hessen hilft dabei!
Stand: November 2010 (6. Auflage)
Herausgeber: Hessisches Ministerium für Wirtschaft, Verkehr und Landesentwicklung,
Referat Presse- und Öffentlichkeitsarbeit

Förderprogramme für die gewerbliche Wirtschaft und freie Berufe in Hessen
Informationen für Unternehmen und Selbstständige
Stand: August 2010
Herausgeber: Hessisches Ministerium für Wirtschaft, Verkehr und Landesentwicklung,
Referat Presse und Öffentlichkeitsarbeit

Mecklenburg-Vorpommern

Förderinstrumente
für die gewerbliche Wirtschaft, für das Handwerk und die Freien Berufe sowie für
kommunale und private Investoren in Mecklenburg-Vorpommern
Stand: 2010 (19. Auflage)
Herausgeber: Ministerium für Wirtschaft, Arbeit und Tourismus Mecklenburg-Vorpommern

Niedersachsen

NBank – Unser Engagement für Niedersachsen
Das Förderprogramm
Stand: Mai 2010
Herausgeber: Investitions- und Förderbank Niedersachsen GmbH (NBank)

Innovationen fördern!
Die wichtigen Programme, Beispielfälle und Ihre Ansprechpartner im Überblick
Stand: August 2009
Herausgeber: Investitions- und Förderbank Niedersachsen GmbH (NBank)

Rheinland-Pfalz

Gründungswegweiser
Für den Start ins eigene Unternehmen
Stand: 2009 (1. Auflage)
Herausgeber: Ministerium für Wirtschaft, Verkehr, Landwirtschaft und Weinbau
Rheinland-Pfalz

Sachsen

Förderfibel Sachsen 2006
Teil 1: Förderung für Unternehmen und Landwirtschaft
Stand: Juni 2006 (13. Auflage)
Herausgeber: Sächsisches Staatsministerium für Wirtschaft und Arbeit und
Wirtschaftsförderung Sachsen GmbH

Broschüren und sonstiges Informationsmaterial für Existenzgründer und Jungunternehmer
– i.d.R. kostenlos –

Bund

Starthilfe
Der erfolgreiche Weg in die Selbständigkeit
Stand: Januar 2010 (34. Auflage)
Herausgeber: Bundesministerium für Wirtschaft und Technologie (BMWi), Referat Öffentlichkeitsarbeit

Tipps für gründungsinteressierte Frauen mit Familie und zukünftige Kleinunternehmerinnen
Begleitbroschüre zum eTraining »Gründerinnen«
Stand: August 2010
Herausgeber: Bundesministerium für Wirtschaft und Technologie (BMWi), Referat Öffentlichkeitsarbeit

Softwarepaket für Gründer und junge Unternehmen
CD-ROM, Version 10.0, Januar 2011
Herausgeber: Bundesministerium für Wirtschaft und Technologie (BMWi), Referat Kommunikation und Internet

Unternehmensnachfolge
Die optimale Planung
Stand: Februar 2010
Herausgeber: Bundesministerium für Wirtschaft und Technologie (BMWi), Referat Öffentlichkeitsarbeit (P3)

Weltweit aktiv
Ratgeber für kleine und mittlere Unternehmen
Stand: Juli 2007
Herausgeber: Bundesministerium für Wirtschaft und Technologie (BMWi), Referat Öffentlichkeitsarbeit

Periodika »Gründerzeiten«

Informationen zur Existenzgründung und -sicherung

Nr. 1	Existenzgründung in Deutschland	Nr. 29	Internet für Existenzgründer
Nr. 2	Existenzgründungen durch Frauen	Nr. 30	Aus- und Weiterbildung
Nr. 3	Forschung und Entwicklung	Nr. 31	Liquidität
Nr. 4	Franchise	Nr. 32	Beratung
Nr. 5	Betrieblicher Umweltschutz	Nr. 33	Rechtsformen
Nr. 6	Existenzgründungsfinanzierung	Nr. 34	Steuern
Nr. 7	Kapitalbedarf und Rentabilität	Nr. 35	Recht und Verträge
Nr. 8	Verhandlungen führen	Nr. 36	Anmeldungen und Genehmigungen
Nr. 9	Export	Nr. 37	Kunden gewinnen
Nr. 10	Gründungen durch Migranten	Nr. 38	Buchführung
Nr. 11	Kooperationen	Nr. 39	Gründungsideen entwickeln
Nr. 12	Hochschulabsolventen als Existenzgründer	Nr. 40	Patente und andere Schutzrechte
		Nr. 41	Persönliche Absicherung für Existenzgründer und Unternehmer
Nr. 13	Leasing		
Nr. 14	Insolvenz und Neustart	Nr. 42	Standortwahl
Nr. 15	Personal	Nr. 43	Gründerwettbewerbe und -initiativen
Nr. 16	Existenzgründung aus der Arbeitslosigkeit	Nr. 44	Kleingründungen
		Nr. 45	Existenzgründungen durch Freie
Berufe			
Nr. 17	Gründungskonzept/Businessplan	Nr. 46	Unternehmensbewertung/Rating
Nr. 18	Forderungsmanagement	Nr. 47	Qualitätsmanagement
Nr. 19	Arbeits- und Gesundheitsschutz	Nr. 48	Existenzgründung im Handwerk
Nr. 20	Marketing	Nr. 49	Jahreserfolgsrechnungen
Nr. 21	Beteiligungskapital	Nr. 50	Organisation
Nr. 22	Krisenmanagement	Nr. 51	Existenzgründungstipps für Künstler und Publizisten
Nr. 23	Controlling		
Nr. 24	Betriebliche Versicherungen	Nr. 52	Existenzgründungen durch Ältere
Nr. 25	Kostenrechnung	Nr. 53	Existenzgründungen im Handel
Nr. 26	Brancheninformation	Nr. 54	Ziele setzen, Strategien entwickeln
Nr. 27	Sicherheiten und Bürgschaften	Nr. 55	Existenzgründungen im sozialen Bereich
Nr. 28	Preisgestaltung		
		Nr. 56	Wirtschaft in der Schule

Stand: laufende Aktualisierung
Herausgeber: Bundesministerium für Wirtschaft und Technologie (BMWi), Referat Öffentlichkeitsarbeit

Franchise-Ratgeber 2010–2011
Mit starken Partnern gemeinsam zum Ziel
Stand: März 2010
Herausgeber: DFV Deutscher Franchise-Verband e.V.

Existenzgründung
Beruf – Bildung – Zukunft, Nr. 9
Ausgabe 2006/2007
Herausgeber: Bundesagentur für Arbeit, Nürnberg

Die gesetzliche Rente
Vorteil für Handwerker und Selbständige
Stand: 2006 (1. Auflage)
Herausgeber: Deutsche Rentenversicherung Bund, Geschäftsbereich Presse und
Öffentlichkeitsarbeit

Fördern und Finanzieren
Förderbanken in Deutschland – Existenzgründung
Stand: März 2009
Herausgeber: Bundesverband Öffentlicher Banken Deutschlands, VÖB

Fördern und Finanzieren
Förderbanken in Deutschland – Förderbanken – Partner auch in schwierigen Zeiten
Stand: Oktober 2009
Herausgeber: Bundesverband Öffentlicher Banken Deutschlands, VÖB

Bayern

Ihr Leitfaden für den Bankenbesuch
Stand: 01/2010
Herausgeber: LfA Förderbank Bayern, Unternehmenskommunikation

Existenzgründung in Bayern
Ein Wegweiser in die Selbstständigkeit
Stand: (04/2009)
Herausgeber: Bayerisches Staatsministerium für Wirtschaft, Infrastruktur, Verkehr und
Technologie

Unternehmensnachfolge in Bayern
Ein Leitfaden für die erfolgreiche Betriebsübergabe
Stand: (94/2009)
Herausgeber: Bayerisches Staatsministerium für Wirtschaft, Infrastruktur, Verkehr und
Technologie

Steuertipps für Existenzgründer
Stand: Januar 2009 (6. Auflage)
Herausgeber: Bayerisches Staatsministerium der Finanzen, Presse und Öffentlichkeitsarbeit

Berlin

Gründungsführer Berlin 2008/2009
Der Wegweiser zum Berliner Gründungsnetzwerk
Stand: Juni 2008
Herausgeber: Senatsverwaltung für Wirtschaft, Technologie und Frauen mit Unterstützung
der Investitionsbank Berlin (IBB)

Gründen in Berlin
Das kleine 1x1 der Gründung
Stand: Oktober 2010
Herausgeber: Industrie- und Handelskammer zu Berlin und Handwerkskammer Berlin

Brandenburg

Existenzgründung
Leistungsangebot für Existenzgründerinnen und Existenzgründer
Stand: 2010
Herausgeber: Landesarbeitsgemeinschaft der Industrie- und Handelskammern des Landes
Brandenburg

Mecklenburg-Vorpommern

Ich mache mich selbstständig!
Steuertipps für Existenzgründerinnen und Existenzgründer
Stand: April 2010 (3. Auflage)
Herausgeber: Finanzministerium des Landes Mecklenburg-Vorpommern, Pressestelle

Rheinland-Pfalz

Steuertipp
Hinweise zur Existenzgründung
Stand: September 2010 (9. Auflage)
Herausgeber: Ministerium der Finanzen

Saarland

Handbuch für Existenzgründer
Basiswissen – Förderung – Ansprechpartner
Stand: Oktober 2010
Herausgeber: Ministerium für Wirtschaft und Arbeit, Saarland Offensive für Gründer
(SOG)

Handbuch für den Mittelstand
Überblick – Förderung – Ansprechpartner
Stand: Oktober 2010
Herausgeber: Ministerium für Wirtschaft und Arbeit, Saarland Offensive für Gründer
(SOG)

Sachsen

Start in die Selbstständigkeit
Informationen für Existenzgründer in Sachsen
Stand: April 2007
Herausgeber: Sächsisches Staatsministerium für Wirtschaft und Arbeit

Schleswig-Holstein

Selbständig werden
Informationen für Existenzgründerinnen und Existenzgründer in Schleswig-Holstein
Stand: 1010/2011 (8. Auflage)
Herausgeber: Investitionsbank Schleswig-Holstein

Stichwortverzeichnis